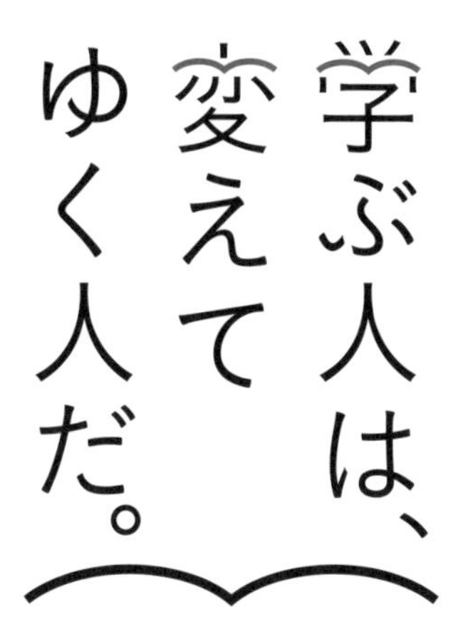

目の前にある問題はもちろん、

人生の問いや、

社会の課題を自ら見つけ、

挑み続けるために、人は学ぶ。

「学び」で、

少しずつ世界は変えてゆける。

いつでも、どこでも、誰でも、

学ぶことができる世の中へ。

旺文社

旺文社

中学 総合的研究 理科

四訂版

旺文社

はじめに

近年では社会のありかたが多様になり、生きていく上でさまざまな選択肢が考えられるようになりました。このことは、いろいろな可能性が広がった側面もある一方、自分にとって必要なものを見極める力が試されるようになったという側面も持っています。この力を身につけるためには、学校でしっかり勉強することに加えて、もっと広く深く学んでいく姿勢が必要となります。

この『中学総合的研究』は、学校で学習する内容がさらにわかりやすくなるように、教科ごとにさまざまな工夫を凝らして編集してあります。これは、単に知識を増やす便利な本で終わらせるものではなく、みなさんの「もっと知りたくなる気持ち」を湧き立たせるために活用するものです。本書の中で心に残る何かがあったら、徹底的に調べてください。研究してください。その教科と離れてもかまわず深めていってください。本書が『総合的研究』と題した理由がそこにあります。本書をそのように活用していただければ、現代社会にあふれるたくさんの情報の中から今の自分に必要なものを見極める力、そして、最終的には、自分の身のまわりにある課題を見つけて解決していく力が身につくことでしょう。それらの力は、みなさんが生きていくためにとても重要です。

高校・大学に進学しても、社会に出てからも、本書はみなさんに愛用されることを望み、きっとそれに応えてくれることでしょう。

株式会社　旺文社　代表取締役社長
生駒大壱

なぜ理科を学ぶのか

晴れた日に空を見上げると，いろいろな形をした雲が高く浮かび，青い空が広がっている。君たちは「どうして空は青いのかなあ？」とか「どうして雲は落ちてこないのかなあ？」などと思ったことがないだろうか。

右の写真を見ると，月面に降り立つ宇宙飛行士の後ろに暗い空が広がっている。「夜なのだろう」と思った人もいるかもしれない。でもよく見てほしい。宇宙飛行士のあしもとに影がうつっている。つまりこの写真をとったのは，太陽の光の当たる時間，すなわち昼間ということになる。ではなぜ月には地球のような青空が見られないのだろうか。

▲月面に降り立つ宇宙飛行士　© NASA,Science

違いを見つける

地球にあって，月にはないもの……，それはまさしく「空気」である。空気が地球の空を青くさせている。

わたしたちの住んでいる地球のまわりに存在する空気は，生き物の呼吸に必要なだけでなく，空を青くするほか，風として木々の枝をゆらしたり，友達の声が聞こえるようにしたりしている。

野球やサッカーで回転をかけるとボールが曲がるのも，空気があるからである。ボールの回転によってボールのまわりの空気の流れが乱されることが，ボールの曲がる原因である。

わたしたちを包んでいる空気1 m^3 の重さは約1.3kgである。空気の重さのために，地球上で生活しているわたしたちには，1 cm^2

当たり約9.8 Nの力がかかっている。この1 cm^2 当たりにかかる空気の力を気圧（大気圧）という。わたしたちは生まれたときから気圧をからだに受けているが，からだのなかからも同じ大きさの力でおし返しているために力を受けていると感じることはない。

しかし，生活のなかで気圧の存在を知ることはできる。旅館などで，おわんのふたがくっついてとれなくなったことはないだろうか。これは，おわんのなかにたまっていた水蒸気が冷えて水にもどり，内部の気体が少なくなって，外側からの気圧によってふたがおさえられてしまうからである。高層ビルのエレベーターで上の階から一気に降りるとき耳が変な感じになるのも，上層階と地上の気圧の差によるものである。

もしも……を想像する

空気は，窒素や酸素，二酸化炭素などが混ざった混合物である。もしも空気が酸素だけからできていたら，どうなるだろうか。

鉄などの金属が，酸素中では線香花火のように燃えるように，酸素中ではほかのものが燃えたり変化したりする速さが非常にはやく，危険な状態となる。空気中の酸素以外の気体（窒素や二酸化炭素，アルゴンなど）は，ものを燃やすのにも呼吸するのにも必要ではないように思えるかもしれないが，ほかのものと反応しにくく，ものが燃えたり変化したりする速さをおさえ，安全に化学変化を起こすことができている。

つまり，現在の地球の空気にふくまれる気体の割合は絶妙なバランスになっていて，それが人類のみならず地球上の生命の存続を支えているのである。

変化でとらえる

では，地球が誕生したときから空気の成分はずっと同じだったのだろうか。答えはノーだ。今から約46億年前に地球が誕生したといわれているが，できたばかりの地球は非常に高温で，空気のほとんどが二酸化炭素と水蒸気で，酸素はほとんどふくまれていなかったと考えられている。それが徐々に冷やされて，気体だった水蒸気は液体の水となって雨になり，やがて海が誕生した。ただし，このころの海は猛毒の海で，また地上では雷がさかんに発生し，宇宙から強い紫外線が降りそそいでいた。

最初の生命は，このような過酷な海のなかで誕生したといわれている。最初の生命は，酸素を必要とせず，まわりから栄養分をとり入れて生活していた。しかしそのうち，二酸化炭素と水からデンプンなどの栄養分をつくり，酸素を放出する，光合成を行う画期的な生物が出現した。そして，さかんに光合成を行い，海水中に酸素を放出していった。その結果，酸素は海水中，そして大気中に増加していった。そして空気中の酸素は太陽からの紫外線と反応してオゾンとなり，上空にオゾン層を形成し，陸上の環境をやさしくし，いまのような環境をつくったと考えられている。

ところで，空気中に大量にふくまれていた二酸化炭素はどこに消えたのか。二酸化炭素は，光合成によって植物のからだにたくわえられたり，海水にとけて炭酸カルシウムに変化して海底に積み重なって石灰岩となったりした。こうして，空気は窒素と酸素を主成分とする組成になったのである。

未来を考える

空気の組成はいまも変わり続けているのだろうか。答えはイエスだ。劇的な変化ではないが，少しずつ空気の組成は変化し続けている。いま注目されているのは二酸化炭素濃度だ。産業革命以降，わたしたちの生活は豊かになってきたが，一方で化石燃料を使い，森林を開拓してきた。それにしたがって空気中の二酸化炭素濃度は上昇し，地球温暖化やそれにともなう気候特性の変化，海水面の上昇，生態系の変化，食糧生産や水資源の枯渇などの問題が出てきていると考えられている。

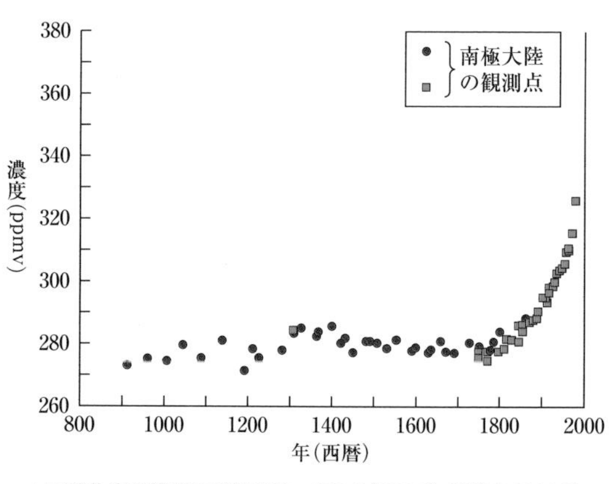

▲二酸化炭素濃度の経年変化　IPCC(1995)，環境庁(2000)

理科はどう役に立つのか

理科とは，身のまわりの現象について考える学問だ。すべての現象には必ず原因が存在する。この原因を解明する学問が理科である。少し大げさかもしれないが，自然現象を分析し，法則を見つけ，それを応用することで，わたしたち人類は活動の範囲を広げ，生活を豊かにし，進歩し，発展してきた。

一言で「理科」といっても，その範囲はとても広い。理科を大きく分けると，物理・化学・生物・地学の４分野に分けられる。しかし，それぞれが独立しているわけではなく，空気ひとつとっても「物化生地」，さまざまな角度から見ることができる。

また，理科は学問としてだけでなく，生活のあらゆる場面で活用されている。野球やサッカーはボールに回転をかけることでゲームが複雑化しておもしろくなった。水泳でも水の抵抗を少なくするフォームを研究したり，ウェアの素材を変えたりすることで，記録を伸ばしてきた。ヒトのからだのしくみを解明し，また病気の原因を探り，治療法や予防法を開発することで，人類はさまざまな病気や感染症を克服してきた。二酸化炭素濃度の上昇にともなうさまざまな問題についても，電気自動車が開発されたり，化石燃料を使用しない，あるいは使用量の少ない発電方法が開発されたりするなど，世界規模で削減の取り組みが加速している。程度の差や重要性の差はあれ，いずれも「理科」の力である。

理科を学ぶことはすなわち，身のまわりの「不思議」を「納得」にかえて，それを「生かす」ということだ。身のまわりにひそむ，小さな疑問や不思議について，これまでにどんな研究がなされているか，先生に聞いたり，本やインターネットを使ったりして，「物化生地」，その他いろいろな視点から調べてみてほしい。

もし，君がもった疑問や不思議が，これまでに誰も調べたことがないことだったら，そこにはまだ誰も知らない，大きな発見が隠れている可能性がある。それはたくさんの人を驚かせたり，助けたり，このあとの世界を大きく変えることもあるだろう。

今後の人類の発展に寄与するのは，これを読んでいる君かもしれない。

本書の特長と使い方

① 日常学習から入試レベルまで対応

中学教科書の内容はもちろん，高校レベルまで網羅されているハイレベルな参考書です。したがって日常の学習から入試まで，これ一冊で対応することができ，効率的な学習が可能です。

② 知りたい事項がすぐ探せる，引く機能重視の構成

わからないことをすぐに理解できるように，検索機能を充実させました。「目次」「索引」はもとより，章ごとの「マトリクス」や，違う分野で出てきた重要語句には「リンクアイコン」をつけるなど，知りたい気持ちに応える構成となっています。

③ 知的好奇心を満足させ，本当の学力が身につく

一流の執筆陣による今までの学習参考書とは一味違う説明は，無味乾燥になりがちな勉強を，豊かで知的興奮に溢れたものに変えました。また，挿入された「コラム」によって現在の勉強がどのような広がりを持っているのかを，わかりやすく解説しており，テストのためではなく本当の学力が身につきます。

理科の特長

①　内容の充実
この１冊で定期テスト対策や日常の授業の予習復習，そして入試対策まで万全です。さらに，一部，高校の学習でも使用できます。中学で学ぶことを網羅したのはもちろん，高校の内容にまで踏み込んで解説しています。
ページの右側には補足的な説明をする欄を設け，理解の手助けをしています。

②　練習問題
章末には練習問題を設けました。高校入試レベルの問題ばかりなので，自分の力が入試で通用するかどうかを確認できます。また，練習問題を全部解いて自分の苦手分野を確認するといった使い方も可能です。

③　実験・観察ページやコラムの充実
理科の授業ではよく実験や観察が行われます。実験・観察を行うときの考え方や，読み取った内容の表現方法がわかるように，「実験・観察の進め方」を巻末に掲載しました。本文中にも実験・観察の例を豊富に掲載し，実験・観察を正確に行えるよう，手順などを記載しています。
また，科学が大きく発展した記念碑的な年をタイムトラベルとしてコラムにし，好奇心が満たされるものとしました。

アイコン・記号一覧

本書ではアイコンを使用し，
きめ細かい内容を盛り込んでいます。

実験器具の使い方などを説明しています。実験器具は正しく，安全にあつかわないといけません。学校の授業で実験を行う前にこのマークがあるところをよく読んでおくと，より一層理解が深まるでしょう。

実験や観察は，仮説を確かめたり，数値をはかったりするときにおこなうものです。その際，手順が正確でないと結果も正確に得られません。実験をおこなうときの手順や注意がかかれています。
実際に目でようすを見たほうがよいものもあります。自分の目で見ると，記憶が定着しやすくなります。

ここに注意

実験や観察などでは，誤ると危険なこともあります。そのような内容，注意しなければいけないことがらをまとめました。

もっとくわしく

本文の説明を読んで，もっと知りたくなったときに見るところです。より深い内容について記述してありますので，知的好奇心が満たされます。

用　語

新しく出てきた単語の説明です。しっかりと意味を覚えましょう。意味をあやふやにしたまま先に進むと，どこかでつまずいてしまうことになります。

本文でふれている内容について，補足的に説明しています。たとえば本文で書かれている現象の原因や，本文で紹介した方法の別のやり方などがかかれています。

科学の発展に寄与した人の紹介です。研究が大成した背景を想像するのもおもしろいものです。

学習をすすめるにつれて疑問を持ちそうなところを解説しています。少し発展的な内容もふくまれますが，よく読んで理解しましょう。

研究

「もっとくわしく」と似たような意味合いですが，欄外では収まりきらないようなところについて，この研究のコーナーを設けました。一見，高度な内容に思われるかもしれませんが，ここを読んでおくとのちのちきっと役立つでしょう。

発展学習

中学校の教科書における発展学習について書かれていますが，さらにくわしく知っておいたほうがよいと思われる内容もふくまれています。高校で学習する内容もありますが，中学生のみなさんにも理解できるものです。目を通しておきましょう。

Level Up!

高校生になって学習するような高度な内容をとりあつかっていますが，「Level Up」の前に書かれたことと大いに関連していますので，本文を読んで自信がついたら「Level Up」も読んでみるといいでしょう。科学に対する理解の幅が広がり，高校生になったときにも役立ちます。

［➡P000］ ▶▶P000

関連するページを示しています。本書は物理・化学・生物・地学というように４つの編に分かれていますが，この４つは完全に分かれた学問ではなく，関連性がある場合もあります。そのようなときに，よりくわしいページを示しています。また，たとえば化学編から化学編にとぶようなこともあります。

「中学総合的研究 理科」
＼こんなふうに使ってみよう／

●わからない言葉があったとき

索引からひいてみよう！

▶▶ P630

学校の宿題をやっているとき、わからない言葉がでてきて、そこから学習が進まなかったことはありませんか。そんなときは、本書の巻末索引から、わからない言葉をひいてみてください。分野のマークがついていたり、本文で赤字になっている用語は索引でも赤字になっていたりするので、知りたい言葉の意味にすぐにたどりつくことができます。

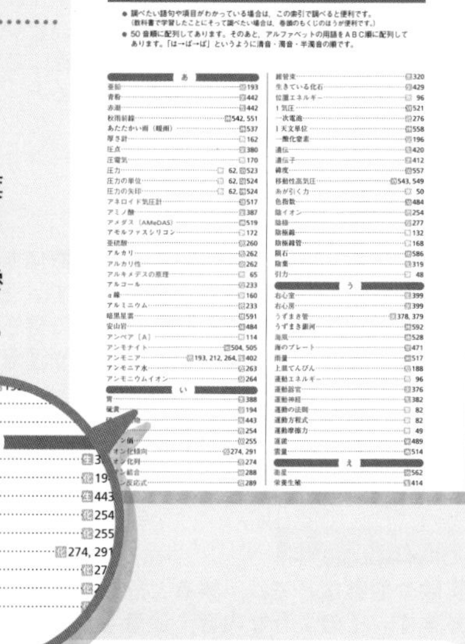
索　引

● 調べたい語句や項目がわかっている場合は、この索引で調べると便利です。（教科書で学習したことにそって調べたい場合は、巻頭のもくじのほうが便利です。）
● 50音順に配列してあります。そのあと、アルファベットの用語をＡＢＣ順に配列してあります。「は→ば→ぱ」というように清音・濁音・半濁音の順です。

★「仕事」についてひいてみよう！

「し」のところを順番に見ていくと、**「仕事」**がのっていて、90ページということがわかるよ。

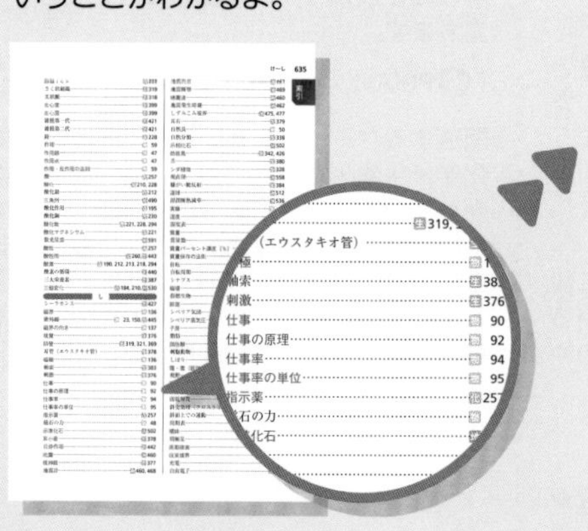

仕事
物体に力を加え，力の向きに物体
は仕事をしたという。
右の図のように，物体に力 F を加
距離 x だけ移動させたとき，力 F が
のように定義する。

<仕事の定義>

$W = Fx$ ……(

90ページをひくと、**「仕事」**の詳しい説明がのっているよ。

●教科書の内容がわからなかったとき

目次からひいてみよう！

▶▶ P10

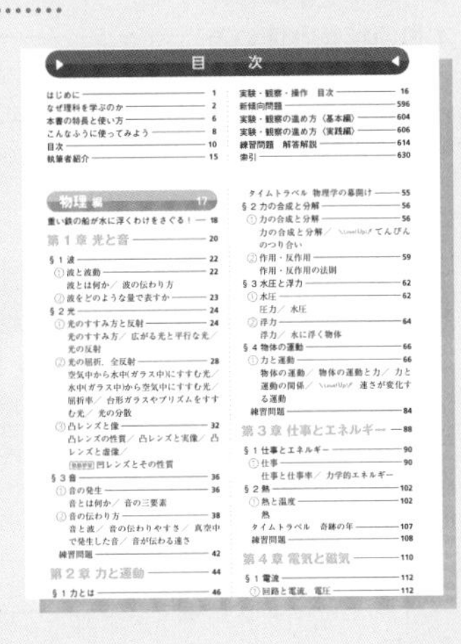

目　次

「教科書を読んでも、この単元がよくわからない」というときは、目次から単元名を探してみましょう。（例：「光のすすみ方と反射」）知りたいページにたどりつくことができます。「中学総合的研究」は、各単元の内容がしっかりくわしく解説されていますので、学習上の疑問点を解決することができます。

また、16ページには実験・観察、操作の目次があります。

●理科をもっと知りたいとき

「Q&A」「研究」「Level Up!」をチェック！

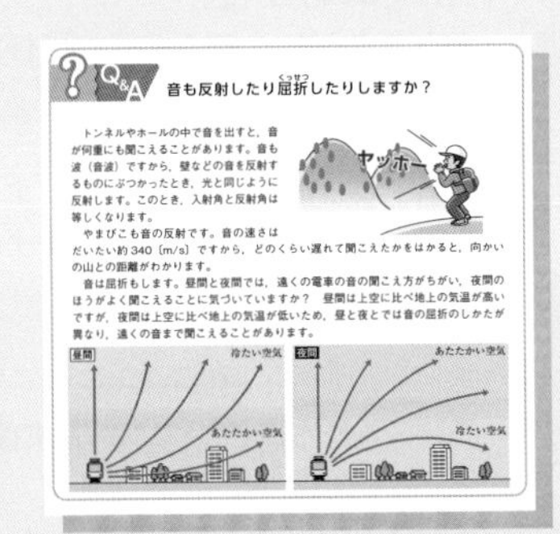

Q&A　音も反射したり屈折(くっせつ)したりしますか？

トンネルやホールの中で音を出すと，音が何重にも聞こえることがあります。音も波（音波）ですから，壁などの音を反射するものにぶつかったとき，光と同じように反射します。このとき，入射角と反射角は等しくなります。

やまびこも音の反射です。音の速さはだいたい約340〔m/s〕ですから，どのくらい遅れて聞こえたかをはかると，向かいの山との距離がわかります。

音は屈折もします。昼間と夜間では，遠くの電車の音の聞こえ方がちがい，夜間のほうがよく聞こえることに気づいていますか？　昼間は上空に比べ地上の気温が高いですが，夜間は上空に比べ地上の気温が低いため，昼と夜とでは音の屈折のしかたが異なり，遠くの音まで聞こえることがあります。

理科がどんなふうに役立っているのかを知りたい、実験や観察をもっと深めたい、教科書のもっと先まで知りたい……。そんなときは「Q&A」「研究」「Level Up!」のコーナーをチェックしてみてください。身近な疑問、さらにくわしい実験やその結果、高校で学習するようなもっと深くておもしろい話がたくさん出ています。

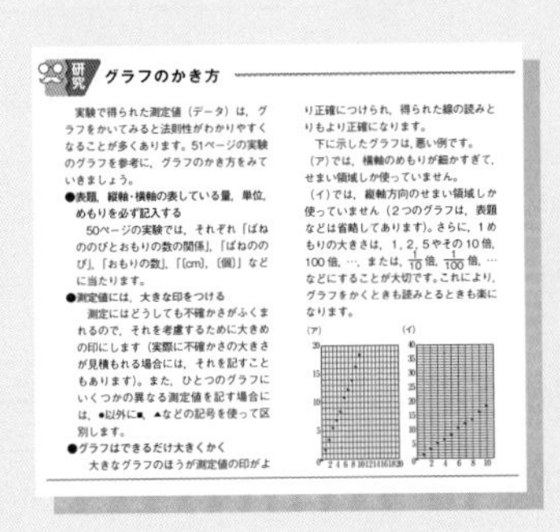

研究　グラフのかき方

実験で得られた測定値（データ）は，グラフをかいてみると法則性がわかりやすくなることが多くあります。51ページの実験のグラフを参考に，グラフのかき方をみていきましょう。

●表題，縦軸・横軸の表している量，単位，めもりを必ず記入する

50ページの実験では，それぞれ「ばねののびとおもりの数の関係」，「ばねののび」，「おもりの数」，「〔cm〕，〔個〕」などに当たります。

●測定値には，大きな印をつける

測定にはどうしても不確かさがふくまれるので，それを考慮するために大きめの印にします（実際に不確かさの大きさが見積もれる場合には，それを記すこともあります）。また，ひとつのグラフにいくつかの異なる測定値を記す場合には，●以外に■，▲などの記号を使って区別します。

●グラフはできるだけ大きくかく

大きなグラフのほうが測定値の印がより正確につけられ，得られた線の読みとりもより正確になります。

下に示したグラフは，悪い例です。

（ア）では，横軸のめもりが細かすぎて，せまい領域しか使っていません。

（イ）では，縦軸方向のせまい領域しか使っていません（2つのグラフは，表題などは省略してあります）。さらに，1めもりの大きさは，1，2，5やその10倍，100倍，…，または，$\frac{1}{10}$倍，$\frac{1}{100}$倍，…などにすることが大切です。これにより，グラフをかくときも読みとるときも楽になります。

目　次

化学編 173

地学編　455

執筆者紹介

1 所属校　2 趣味　3 好きなことば

有山智雄 Ariyama Tomoo
1 開成中学校・高等学校
2 ロードバイク，トレッキング，猫写真
3 天は自ら助くる者を助く

上原隼 Uehara Hayato
1 桐朋中学校・桐朋高等学校
2 家庭料理づくり
3 Weathering with ...

中道淳一 Nakamichi Jun'ichi
1 元・桐朋中学校・桐朋高等学校
2 音楽（ジャズ）鑑賞，楽器（ドラム）演奏
3 自然体であれ

岡田仁 Okada Jin
1 東京学芸大学附属世田谷中学校
2 ハチュウ類・両生類の飼育・観察
3 あきらめなければ何とかなる

宮内卓也 Miyauchi Takuya
1 東京学芸大学
2 写真，旅行，野球観戦
3 人間万事塞翁が馬

小島智之 Kojima Tomoyuki
1 桐朋中学校・桐朋高等学校
2 ギター演奏，ラグビー
3 ラグビーは子供をいち早く大人にし，大人にいつまでも子供の魂を抱かせる

中西克爾 Nakanishi Katsuji
1 元・東京学芸大学附属高等学校
2 囲碁，ガーデニング，サイクリング
3 誠実

実験・観察・操作　目次

物理編

重い鉄の船が水に浮くわけをさぐる！

鉄は重い。重いということは，大きな重力がはたらいているということ。では，その重い鉄でつくった船がしずまないで海の上を進むことができるのはどうしてだろう。
そのわけは「水に重さがあること」と密接に関係がある。そのつながりを２つの実験からさがしてみよう。

仮説 鉄のかたまりはしずむが、空洞があればしずまない。

鉄のかたまりはしずむが、鉄の鍋は浮く。だから、空間があればしずまないと考えられる。

実験A

必要なもの

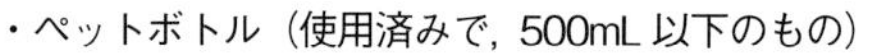

・ペットボトル（使用済みで，500mL 以下のもの）

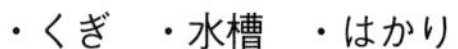

・くぎ　・水槽　・はかり

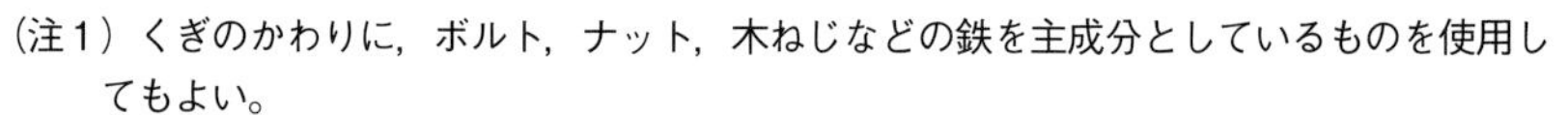

（注１）くぎのかわりに，ボルト，ナット，木ねじなどの鉄を主成分としているものを使用してもよい。
（注２）500mL のペットボトルを使用する場合は，500g 以上のくぎが必要となる。

手順

1 １本のくぎを水に浮かべてみて，しずむかどうかを観察する。
2 ペットボトルのなかに少量のくぎを入れて，水に浮かべてみる。ペットボトルがしずむかどうかを観察する。

結果

図１

・１本のくぎをそのまま水に浮かべると，くぎはしずんだ。
・ペットボトルのなかにくぎを入れてから水に浮かべると，ペットボトルは浮いた（図１）。

考察

・くぎのような鉄のかたまりは，小さくても水にしずむが，ペットボトルのなかのくぎのように，水が入ってこない空間があるとしずまないことがわかった。

+α でやってみたいこと！

ペットボトルに入れたくぎを高温でとかして鉄板にして，ペットボトルの壁にはりつけたとすると，ペットボトルは浮くだろうか。しずむだろうか。

鉄がある量に達するとしずむ。

水がいっぱいまで入ったペットボトルを手でもち水中ではなすと、ペットボトルはしずむ。しかし、水が少量のペットボトルの場合は浮く。鉄をペットボトルに入れた場合も、限界の量を超えたら、しずむと考えられる。

実験B

手　順

1 ペットボトルに入れるくぎの量を少しふやして水に浮かべてみる。これをくり返し，ペットボトルの肩が水面すれすれになるまで，くぎの量をふやしていく。
2 水面すれすれになったときのくぎの重さを，ばねばかりではかる。
（注）くぎをペットボトルから出してはかってもよいが，
「くぎが入ったペットボトルの重さ」－「ペットボトルの重さ」でも求められる。
3 空のペットボトルの肩の位置まで水を入れてふたをし，水に浮かべる。
4 ペットボトルに入っている水の重さを，2と同じようにしてはかる。

結　果

・実験2より，水面すれすれになったときのくぎの重さは500gだった（図2）。
・500g以上の重さのくぎを入れると，ペットボトルはしずんだ。
・実験3より，ペットボトルは2と同じように，肩が水面すれすれのところで浮かんでいた（図3）。
・実験4より，ペットボトルに入っている水の重さは500gだった。

図2

図3

考　察

・ペットボトルの肩の位置まで入れた水と同じ重さのくぎを入れたときが，ペットボトルが浮く限界であることがわかった。

水を入れたペットボトルをもつ手を空気中ではなすと落下する（図4－1）。しかし，水中であれば浮く。これは，水中で落下しないように支えている力があるからである（図4－2）。
ペットボトルの中身が水であってもくぎであっても，ペットボトルで水が入ってこないようにしている空間が変わらなければ，ペットボトルのなかに入った水やくぎの重さと，まわりの水がペットボトルを支える力がつり合っていることになる。このため，実験Bの2で，500gのくぎを入れたペットボトルが浮いたのである。

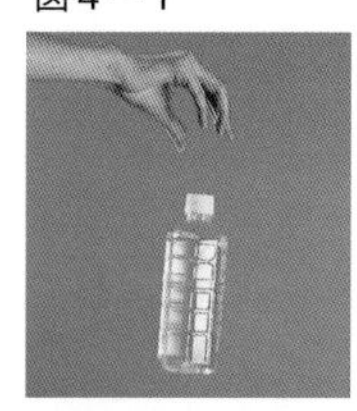

図4－1

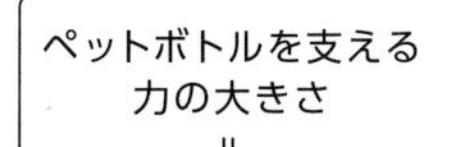

図4－2

関連ページはココ！▶▶ P64

第1章 光と音

↑オーケストラの演奏を聴いたことがあるだろうか。そこにはさまざまな楽器があり，それぞれ音色はちがう。また，音には強弱のちがいもある。この章では音の特徴や光，そして波の性質について学ぶ。

§1 波

▶ここで学ぶこと

波がどのようなものであるかを理解し，身のまわりの現象と波を関連させて考えることができるようにする。

① 波と振動

1 波とは何か

ロープの端を手でもって図のように上下に動かすと，その振動が次々に伝わっていく。また，ばねの端を手でもって図のように左右に動かすと，その振動が次々と伝わっていく。このように，振動が次々と伝わる現象を波➡①という。波は物質を通して伝わるが，物質そのものが移動しているわけではない➡②。

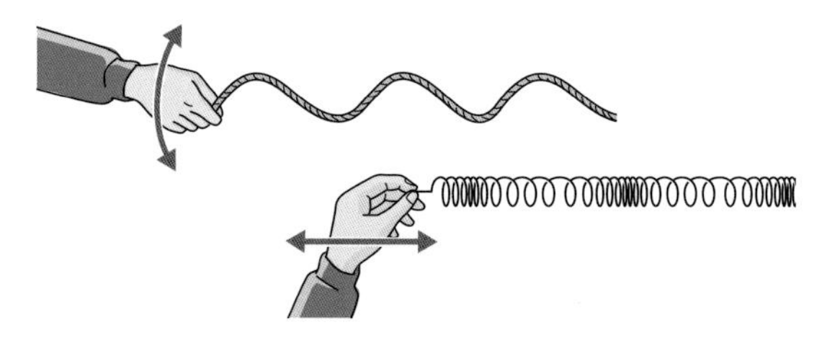

もっとくわしく

①光や音，地震も波である。

②例えば，水槽に木片を浮かべ，小石などを落として水面を振動させると，振動はまわりに伝わって波紋をつくるが，浮かべた木片は上下に動くだけである。つまり，水そのものが移動しているのではなく，振動が水を通して伝わっているのである。

2 波の伝わり方

波には大きくわけて２つの波がある。

▶横波と縦波

● **横波**（よこなみ） 波の進行方向と振動方向が垂直である波。

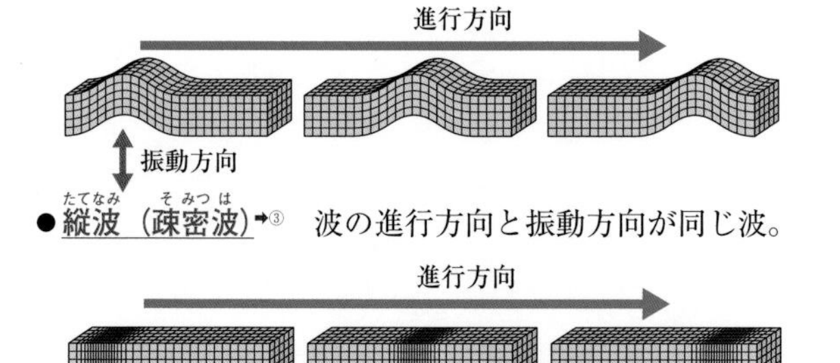

● **縦波（疎密波）**（たてなみ（そみつは））➡③ 波の進行方向と振動方向が同じ波。

参 考

③振動を伝えるとき，疎の部分（物質がつまっていない部分）と密な部分（物質がつまっている部分）ができるので，疎密波ともいう。

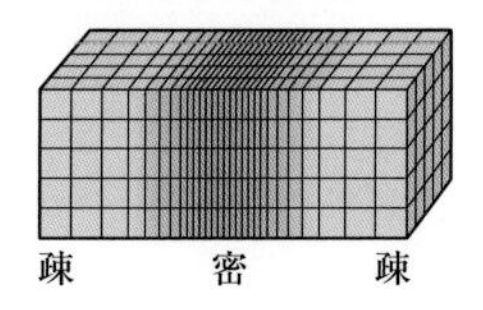

② 波をどのような量で表すか

波の表し方

波が発生したところである波源の振動を物質が伝えるときに生じる波を，図のように表した。縦軸は，振動を伝える物質のもとの位置からのずれ（変位）➡④を表している。

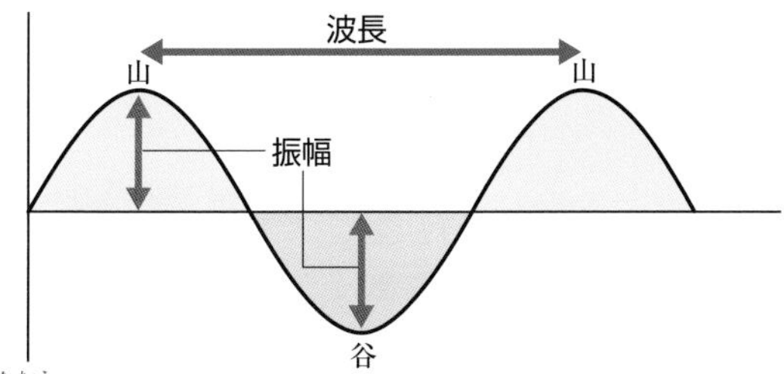

●**波長**　波形の山から山まで（または谷から谷まで）の長さを**波長**という。

●**振動数**　物質が振動するときに，1秒間当たりに往復する回数を**振動数**➡⑤という。

●**振幅**　山の高さ（または谷の深さ）を**振幅**という。

参考

④変位を表す縦軸は，波の振動方向を表しているわけではなく，波のふれ幅の大きさを表していることに注意する。縦波（疎密波）の変位についても同様に表すことができる。

もっとくわしく

⑤振動数の単位はヘルツ〔Hz〕を用いる。例えば，50Hzは1秒間当たり50回振動していることを示している。

もっとくわしく

波長をλ（ラムダ）〔m〕, 振動数をf〔Hz〕とすると，波のすすむ速さv〔m/s〕は次の式で表される。

$v=f\lambda$

研究　光の波長と色

わたしたちの身のまわりにはいろいろな光があふれていますが，光もまた波であることが知られています。例えば，太陽の光はさまざまな波長の光をふくんでいます。

人の目に見える光を可視光線（かしこうせん）といい，波長がおよそ380～780ナノメートル(nm)の範囲の光を見ることができると言われています。「ナノ」は10億分の1を意味する接頭語（せっとうご）です。

波長によって光の色は決まっており，波長の短いほうから紫色，藍（あい）色，青色，緑色，黄色，橙（だいだい）色，赤色と連続的に変化していきます。雨上がりの空に虹がかかるとさまざまな色を見ることができるのは，太陽の光にふくまれていたさまざまな波長の光が分かれて見えるからです。[➡P.31(光の分散)] また，紫色より波長の短い光を紫外線，赤色より波長の長い光を赤外線とよび，目には見えませんが，わたしたちの生活にさまざまな影響を与えています。

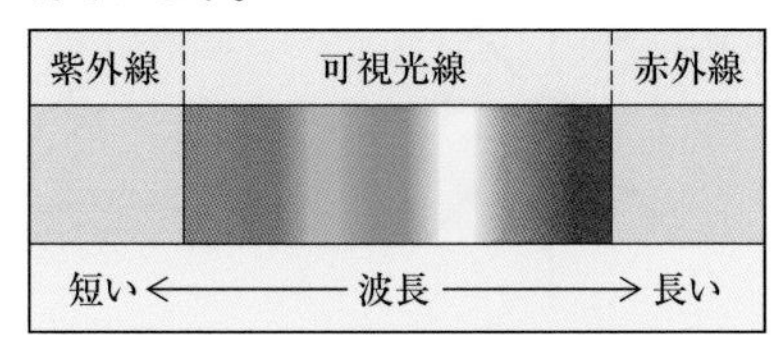

§2 光

▶ここで学ぶこと

光が直進することを確認し，反射，屈折を学習する。これらの学習をもとに，凸レンズの性質を確認し，実像や虚像がどのようにできるかを学んでいく。

① 光のすすみ方と反射

1 光のすすみ方

太陽や電灯のように自ら光を出すものを**光源**(こうげん)という。空気，水，ガラスなどの一様な物質のなかでは，光源から出た光は直進→①する。

例えば，線香の煙で満たした水槽や石けんをとかした水を入れた水槽にレーザーポインター→②で光を当てると，光の通った道すじが直線になるのがわかる。

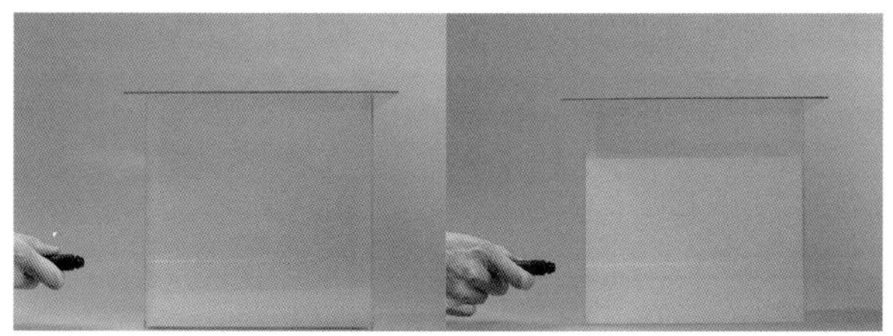

線香の煙や石けん水を入れると，光の道すじが見やすくなる。
▲線香の煙のなかをすすむ光　▲石けん水のなかをすすむ光

2 広がる光と平行な光

光源から出た光は四方八方に広がっていく。太陽の光も同じように四方八方に広がる光だが，地球に対して太陽はきわめて遠いところにあるため，地球上の限られた面に届く光は平行であると考えても問題はない→③。

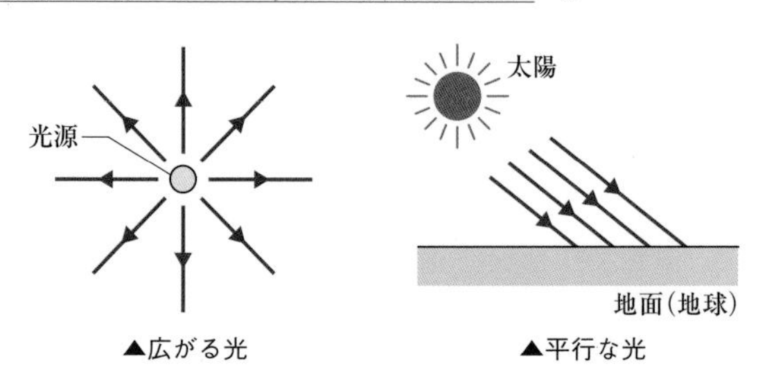

▲広がる光　▲平行な光

参考

①光をさえぎるように手をおくと，手と同じ形の影ができるのは，光が直進しているからである。

用語

②レーザー光
きわめて直進性の高い光。単色で，強度が強いという特徴がある。

ここに注意

②レーザー光線が目に入ると，目を痛めて失明することもあるので注意が必要である。

もっとくわしく

③厳密には平行な光ではないが，わたしたちの目にはわからない程度である。

3 光の反射

ものが見えるとはどういうことか

光が物体に当たってはねかえることを**光の反射**という。わたしたちがものを見ることができるのは，ろうそくの炎のように光源から出た光がそのまま目に入る場合と，光源から出た光がものに反射して目に入る場合とがある。暗い場所でも目が慣れてくればものが見えるが，まったく光のない暗闇(くらやみ)ではものを見ることはできない。

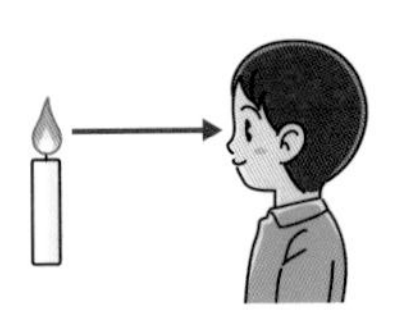

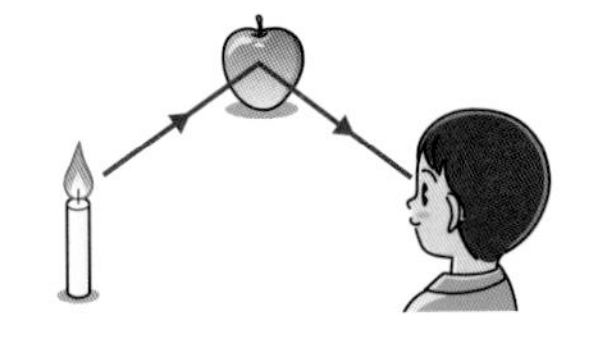

もっとくわしく

わたしたちは，波長が380～780ナノメートル〔nm〕の範囲の光しか見ることができない。この領域の光を可視光(かしこう)という。赤外線カメラや自動ドアのセンサーなどは可視光より長い波長をもつ赤外線をとらえることができる。人やものなどの物体は赤外線を出しているので，それらの存在を認識することができる。

▲赤外線カメラ

▲自動ドアのセンサー

鏡での反射

下の図のように，光源装置からスリット（すき間）を通して出た光を鏡に反射させる。鏡の中心にO点をとり，O点から鏡の面に垂直な線（法線(ほうせん)）を引く。光源装置から出る光をO点に当てたとき，鏡に当たる光を**入射光**，反射する光を**反射光**といい，入射光が法線となす角を**入射角**，反射光が法線となす角を**反射角**という。入射角と反射角の関係は，表のようになる。

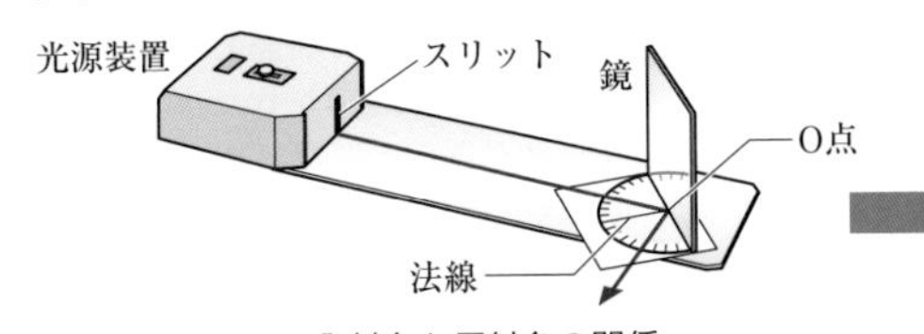

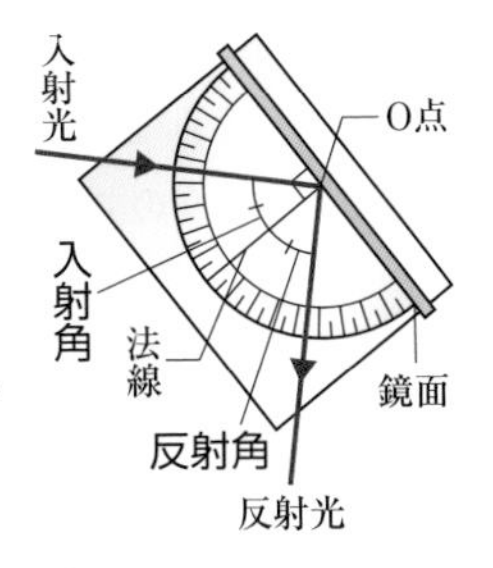

▼入射角と反射角の関係

入射角	0°	10°	20°	30°	40°
反射角	0°	10°	20°	30°	40°

このように，鏡のように表面が平らな面に光が当たるとき，**入射角と反射角は等しくなる**。これを，**（光の）反射の法則**という。

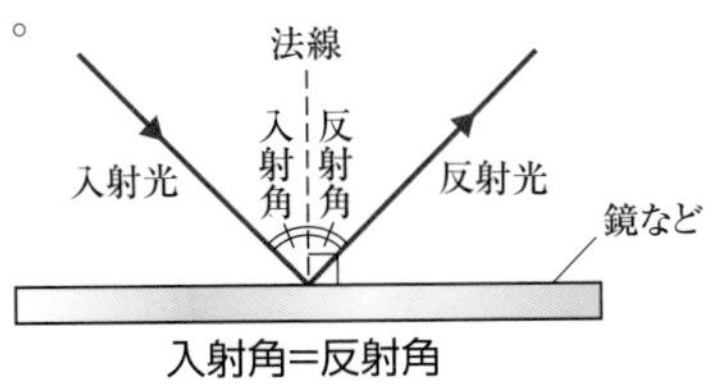

鏡と像

物体を鏡にうつすと，物体から出た光が鏡に当たり，反射した光がわたしたちの目に入ってくる。わたしたちの目は，光はまっすぐすすむと認識するので，物体が鏡のなかにあるように見える。この，物体が鏡にうつったものを像という。わたしたちが見ている鏡にうつった像は実際に光が集まってできた像ではなく，反射した光による，見かけの像なので，特に**虚像**（きょぞう）とよぶ。

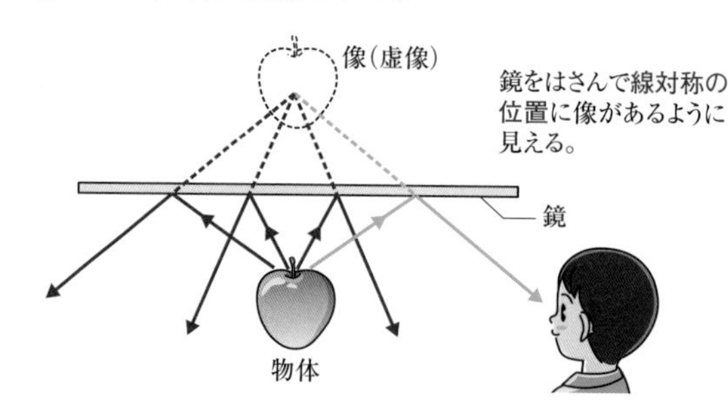

ここに注意

ヒトの目は，直進した光と反射した光を区別できないので，鏡のなかの像（虚像）から点線のように光が直進しているように見えるが，実際の光は実線のように進んでいる。

姿見（すがたみ）の鏡は身長に対してどれぐらいの長さがあればよいですか。

全身をうつす鏡を姿見といいます。全身をうつす鏡ですから，やはり身長分の長さが必要なのでしょうか。

図のように，萌さんが大きな鏡の前に立っています。このとき，鏡をはさんで同じ距離のところに萌さんの像があります。つまり，萌さんと萌さんの像は鏡の面に対して線対称の状態になっています。全身をうつすためには，萌さんが自分自身の像の頭の上端から足の先まで見えることが条件になります。

まず，頭の上端を見るときを考えてみましょう。萌さんには像の頭の上端から光が直進してきたように見えますが，実際の光は鏡の表面で反射しています。この図から，鏡がａ点まであれば頭の上端は見えることになります。

続いて，足の先を見る場合を考えてみましょう。やはり，萌さんには像の足の先から光が直進してきたように見えますが，実際の光は鏡の表面で反射しています。この図から，鏡がｂ点まであれば足の先が見えることになります。

つまり，ａ点からｂ点の間に鏡があれば全身がうつった自分の姿を見ることができるわけで，身長の半分の長さの鏡でよいことになります。

学校の体育館などに大きな鏡があったら，厚紙で鏡をかくしながら，どこまで見えるのか，実際にためしてみましょう。

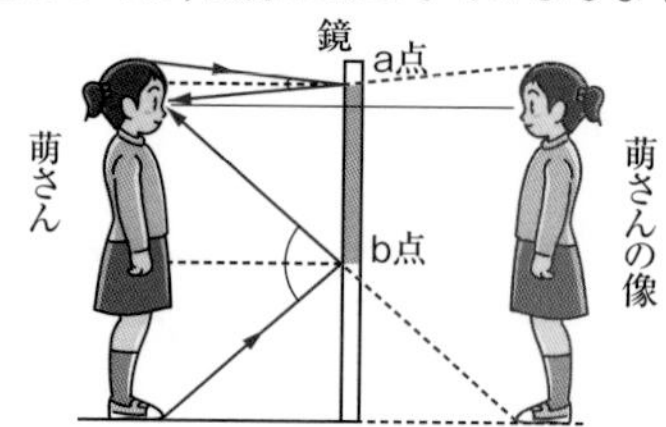

乱反射

光を表面がでこぼこしたものに当てると，鏡の面のようにすべての光が同じ方向に反射（正(せい)反射という）するのではなく，それぞれの場所の表面のようすによって，いろいろな方向に反射する。このような反射を**乱反射**という。このとき，ひとつひとつの光を見ると，入射角と反射角が等しいという関係は保たれている。身のまわりの物体の多くは表面がでこぼこしているので，光が当たると乱反射する。このため，きれいな像はうつらない。わたしたちがいろいろな方向から物体を見ることができるのは，物体に当たった光が乱反射して，いろいろな方向にすすんでいるからである。

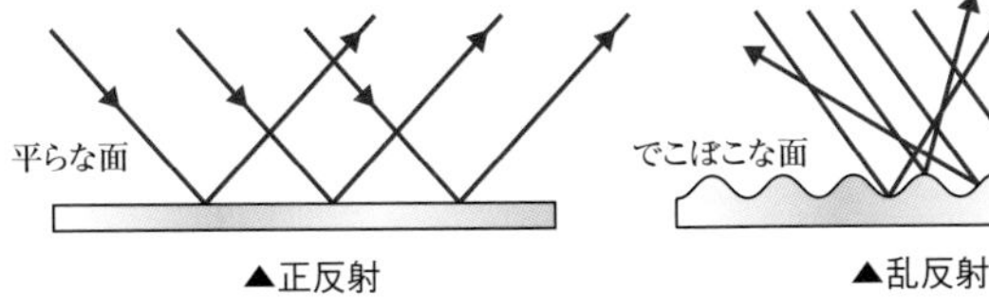

▲正反射

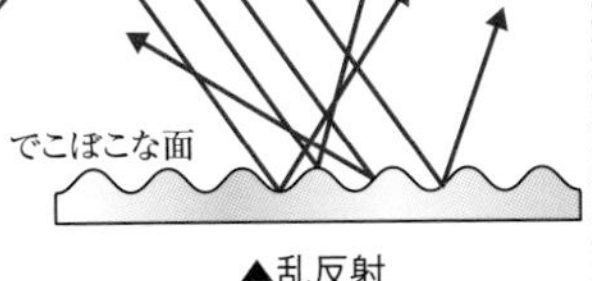

▲乱反射

もっとくわしく

よくみがいた金属の表面はきらきらと光り，鏡のように像ができるが，紙などの表面に光が当たっても金属のようにはならない。これは，紙の表面がでこぼこしているため，光が乱反射しているからである。

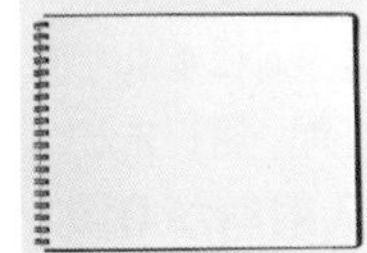

確認問題

2枚の鏡での反射

2枚の平らな鏡を，反射面を内側にして垂直にはり合わせ，水平な面においた方眼紙の上に，鏡と方眼紙が垂直になるように立てて固定した。右の図はこのようすを真上から見たものである。図の矢印は，スリットのついた光源装置から水平に出た光が1枚の鏡の反射面に当たるまでの道すじを表している。

このあと，光はどのようにすすむか。光の道すじを，図に実線でかけ。

鏡の反射面　光源装置　鏡の反射面

●入射角＝反射角であることに注意して作図する。

解き方

入射光は方眼縦2×横3マスの長方形の対角線で表されるので，反射光も方眼2×3マスの長方形の対角線となるように直線を引けば，入射角＝反射角となる。さらにもう1回反射するので，同様の方法で反射光を決める。

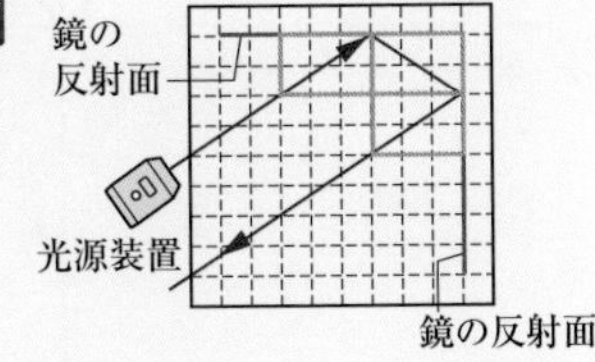

② 光の屈折(くっせつ)，全反射

水のなかに定規を入れると，定規が短く見える→①。これは光がすすむとき，水と空気の境界面で光が曲がるからである。このように，透明な物質から別の透明な物質に光がすすむときに，その境界面で光が折れ曲がる現象を光の屈折という。

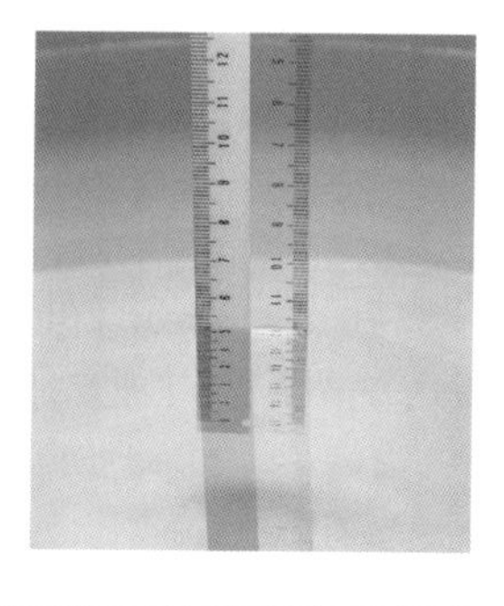

1 空気中から水中（ガラス中）にすすむ光

境界面に垂直な線（法線）に対して入射光がつくる角を**入射角**，屈折光がつくる角を**屈折角**という。

入射角が 0°のとき

屈折角は0°となり，光は直進する。

入射角が 0°より大きいとき

屈折角は入射角より小さくなる（**入射角＞屈折角**）。また，入射光の一部は境界面で反射する→②。

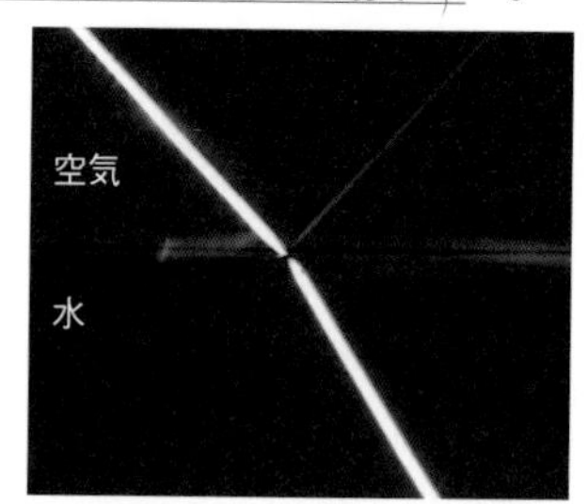

▲空気中から水中へすすむ光

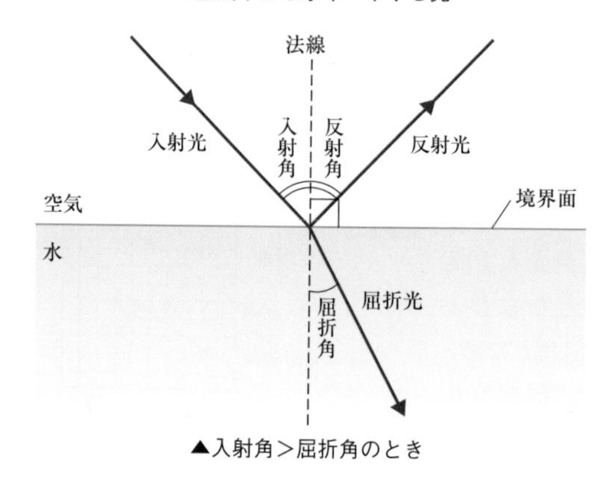

▲入射角＞屈折角のとき

もっとくわしく

①定規の先端から出た光は，水と空気の境界面で，下図のように曲がる。このため，定規は実際の長さより短く見える。

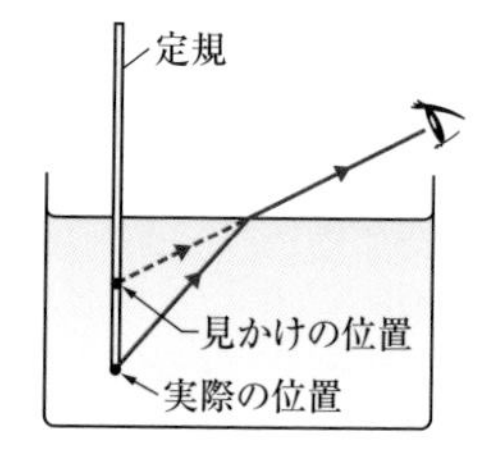

参考

②境界面では，屈折と同時に反射も起こっている。入射角が大きいほど，反射光が強くなる傾向がある。

2 水中（ガラス中）から空気中にすすむ光

入射角が 0° のとき

屈折角は 0° となり，光は直進する。

入射角が 0° より大きいとき

屈折角は入射角より大きくなる（**入射角＜屈折角**）。また，**入射光の一部は境界面で反射する**。入射角がある角度より大きくなると，光は空気中に出ていけなくなる。この角度を**臨界角**（りんかいかく）といい，水の場合は約 48° である。臨界角をこえると，すべての光が境界面で反射してしまう。これを**全反射**→③という。

▲入射角を変えたときの光のすすみ方

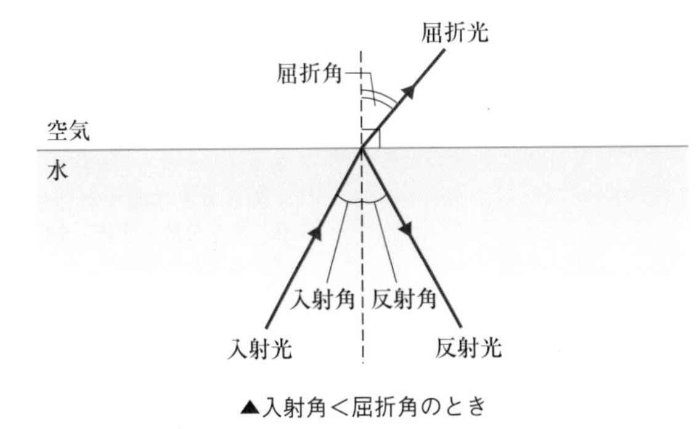

▲入射角＜屈折角のとき

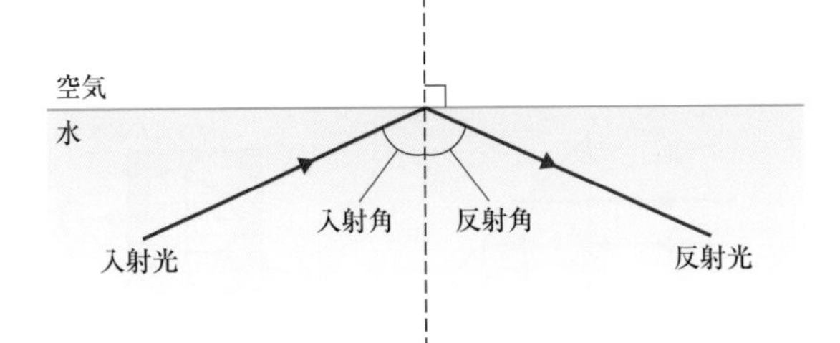

▲光の全反射

もっとくわしく

お茶碗の底に 10 円玉を入れ，水を入れていく。ななめからのぞきこむと，最初は見えなかった10 円玉が水を入れるにしたがって，浮き上がって見えてくる。
これは，光が水中から空気中に出るときに屈折したためである。

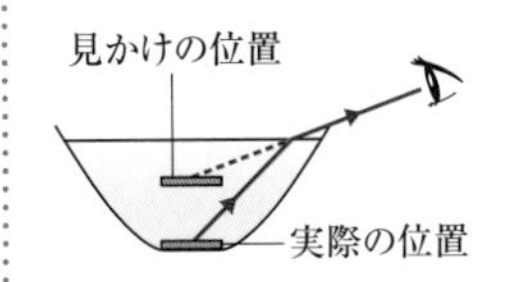

もっとくわしく

③金魚の入っている水槽を下から見上げると，水面に金魚がうつっているのがわかる。これは，光が水中から空気中に出られずに全反射したためである。

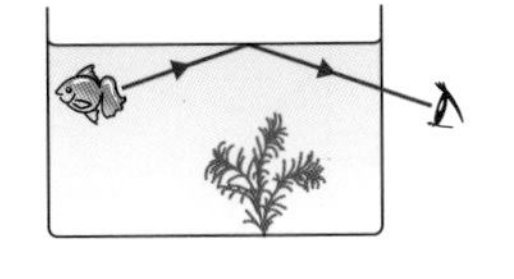

3 屈折率

光が物質Aから物質Bにすすむとき，下の図の $\frac{aa'}{bb'}$ は一定の値になる。これを屈折率➡①という。特に物質Aが真空中の場合を絶対屈折率といい，物質Bが水の場合の絶対屈折率は約 1.3，ダイヤモンドの場合は約2.4，光学ガラスの場合は約 1.4～ 2.0である。

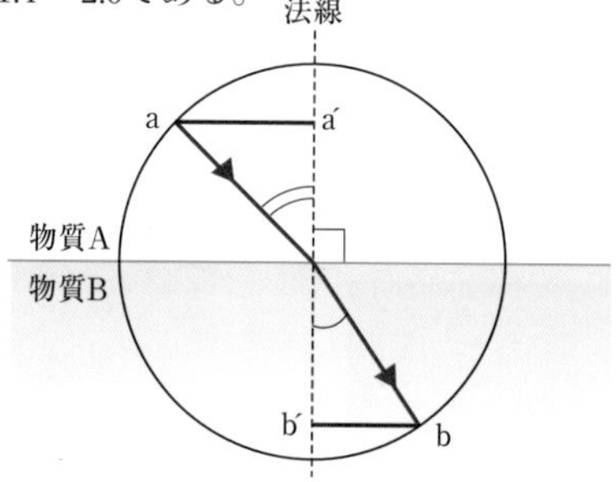

4 台形ガラスやプリズムをすすむ光

台形ガラスのなかでのすすみ方

空気中からガラス中に入射した光は境界面で屈折し，ガラス中から空気中に出るときにもう一度屈折する。このとき，ガラス中に入射した光とガラス中から出た光はたがいに平行にすすんでいる。

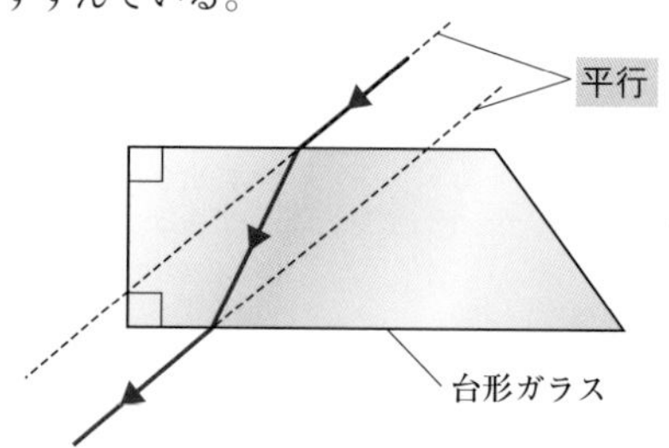

プリズムガラスのなかでのすすみ方

プリズム➡②ガラス中に，図のように入射した光は全反射するので，光がすすむ向きを変えることができる➡③。

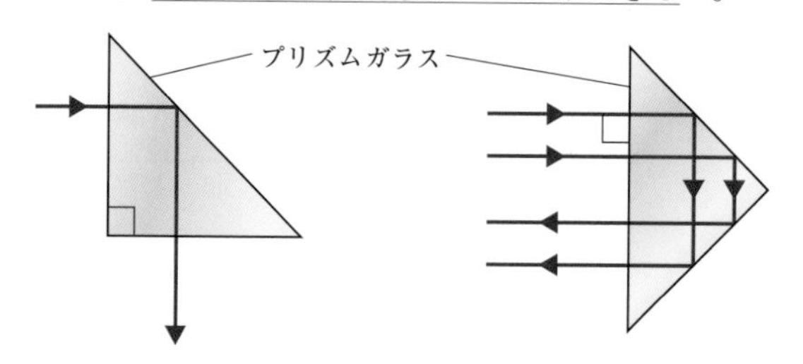

ここに注意

①光が真空から別の物質にすすむ場合の屈折率を，特に絶対屈折率という。空気中の場合も，真空中の場合もほとんど屈折率は変わらないので，空気中でもほぼ同じ値であると考えてよい。

ここに注意

ガラスの臨界角は約 42° である。入射角が臨界角以上になると全反射する。

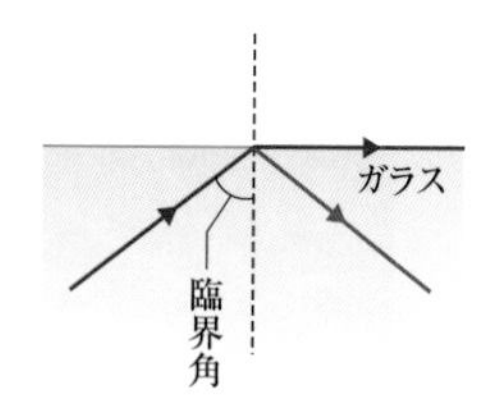

用語

②プリズム
ガラスなどでつくられた，よく磨(みが)かれた平面をもつ多面体。光を分散・屈折・全反射させることができる。

参考

③一眼レフカメラのファインダーをのぞくと，レンズを通して風景を見ることができる。

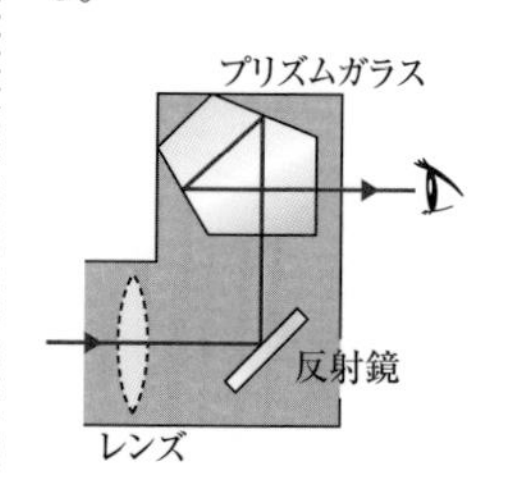

5 光の分散

光と波長

太陽の光はさまざまな波長の光をふくんでいる。ヒトの目に見える光はおよそ380～780nmの波長の光で，この領域の光を可視光という。[➡P.23(光の波長と色)]。

光の屈折率と分散

光は，波長によって屈折率が異なり→④，短い波長の光ほど屈折率が大きい。プリズムを通した太陽光などは，いろいろな色に分かれることが知られている。これは，屈折率のちがいによって太陽の光が分離するためである。この現象を光の分散→⑤という。

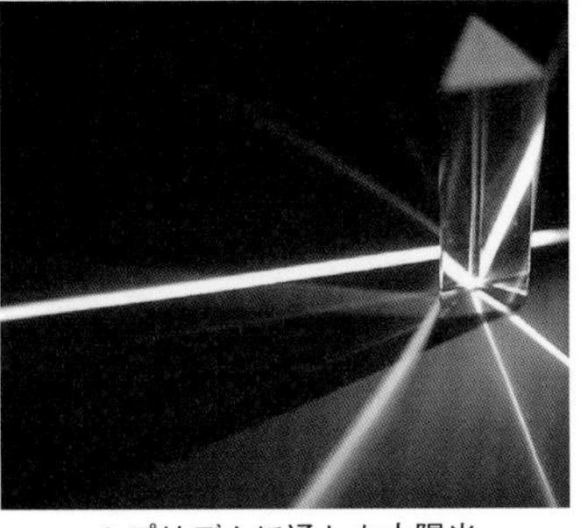
▲プリズムに通した太陽光

参考

④赤色の光は屈折率が小さく，紫色の光は屈折率が大きい。

もっとくわしく

⑤空を彩る虹も，太陽の光が大気中の水滴に当たったときの光の分散によるものである。

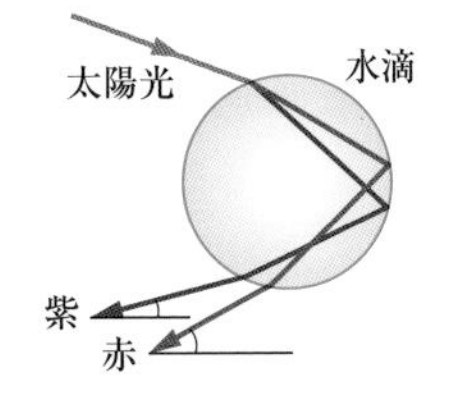

研究 光ファイバー

光ファイバーは，コアとよばれる屈折率の大きいガラス繊維を，クラッドとよばれる屈折率の小さいガラスで包んだものです。入射した光は，コアのなかで全反射をくり返すため，光がコアの内部に閉じこめられたまますすみます。また，光ファイバーは自由に曲げることができるのであつかいやすいのが特徴です。実際に使われている光ファイバーケーブルは，光ファイバーを数本～数百本束ねたものです。

光ファイバーを束（たば）にした面に投影された光は，もう一方の端に届き，映像が再現されます。例えば，胃カメラのように，人体の内部を観察することなどに応用されています。また，情報通信の分野では，光の点滅を信号として伝えるのに光ファイバーが利用され，短時間に大量の情報を送ることが可能になりました。

〔光ファイバーの構造〕

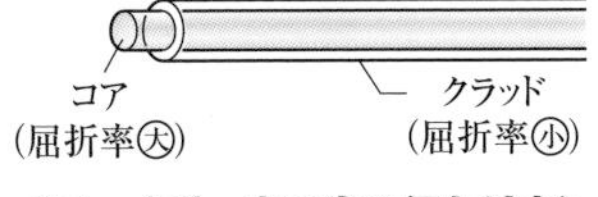

〔ファイバー内の光の伝わり方〕

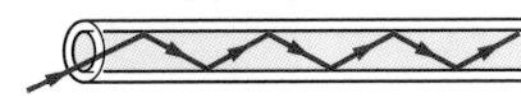

〔曲がったファイバー内の光の伝わり方〕

〔光ファイバー〕

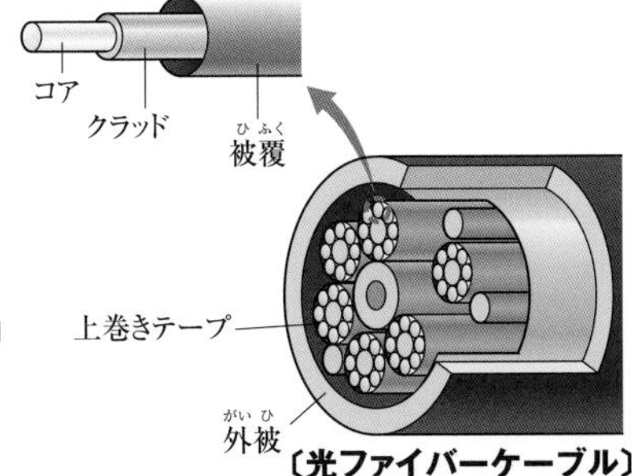

〔光ファイバーケーブル〕

③ 凸(とつ)レンズと像

1 凸レンズの性質

虫めがねなどに使われている，中央部がふくらんでいるレンズを凸レンズという。凸レンズの中心を通り，凸レンズに対して垂直な直線を**光軸**(こうじく)（凸レンズの軸(じく)）という。光軸に平行な光を凸レンズに当てると，光は空気中から凸レンズ中に入るときと凸レンズ中から空気中に出るときにそれぞれ屈折➡①し，光軸上の1点に集まる。この点を**焦点**(しょうてん)といい，一般的に点Fで表す。凸レンズの中心から焦点までの距離を**焦点距離**という。焦点は凸レンズの両側にあり，それぞれの焦点距離はたがいに等しい。

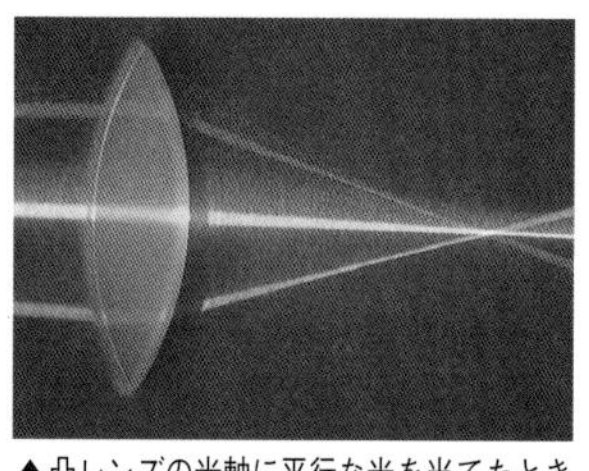
▲凸レンズの光軸に平行な光を当てたとき

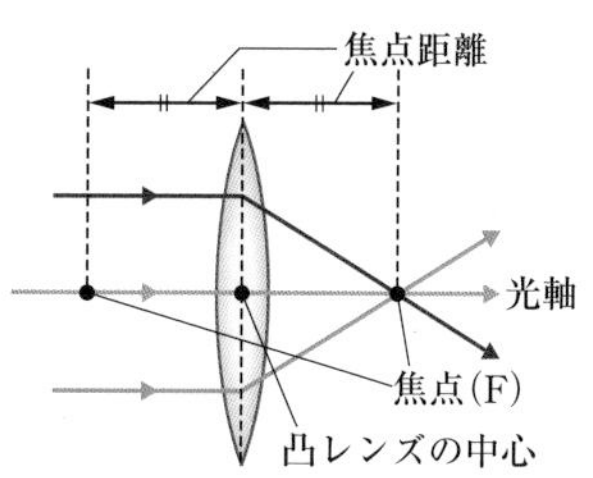

凸レンズを通る光のすすみ方

ア．凸レンズの中心を通る光は直進する。
イ．光軸に平行な光は焦点を通る。
ウ．焦点を通った光は光軸に平行にすすむ。

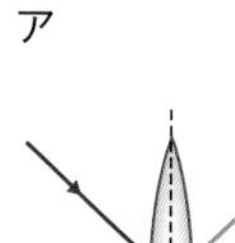

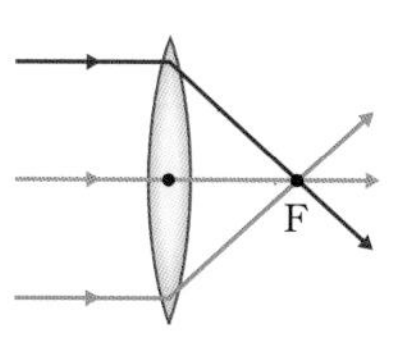
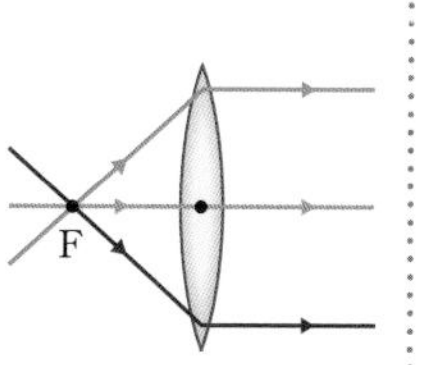

点Fは焦点を表している。

2 凸レンズと実像

物体のある1点から出た光は，あらゆる方向にすすんでいる。これらの光が凸レンズを通過して1点に集まったとき，その場所に上下左右が逆の**実像**ができる。

参考

①凸レンズを通る光は，凸レンズに入るときと出るときに屈折しているが，下の図のようにレンズの中央で1回だけ屈折しているように簡略化してかくことが多い。

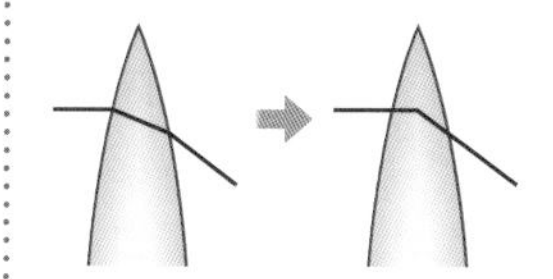

もっとくわしく

素材が同じなら，一般に，厚みのある凸レンズのほうが焦点距離が小さくなる。

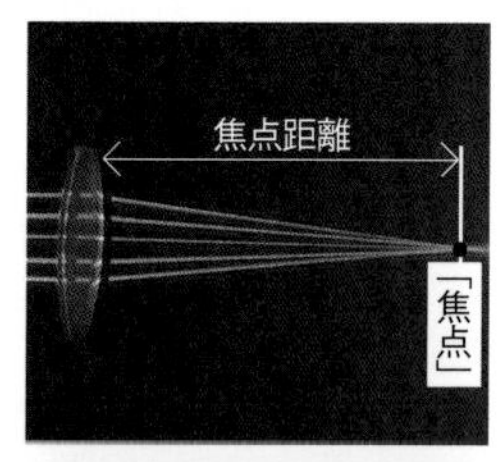

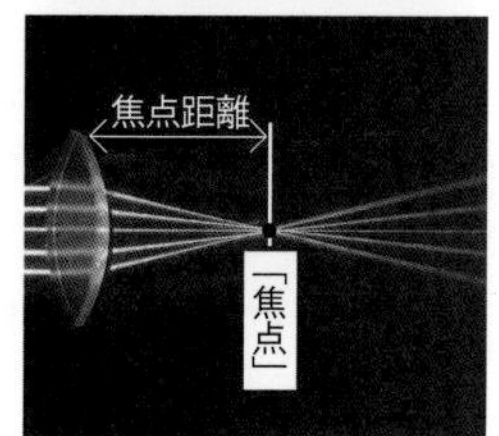

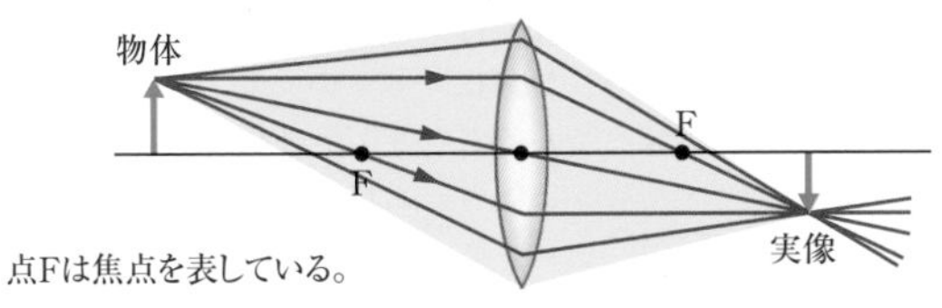

点Fは焦点を表している。

凸レンズから物体までの距離と像の大きさ

凸レンズから物体までの距離を a，凸レンズから実像までの距離を b，焦点距離を f としたとき，次のような関係がある。

ア．a が f 以下のとき，実像はできない。

イ．a が f 以上 $2f$ 未満のとき，a が大きいほど b は小さくなり，実像の大きさは小さくなる。

ウ．$a=2f$ のとき $b=2f$ となり，物体と実像の大きさは等しい。

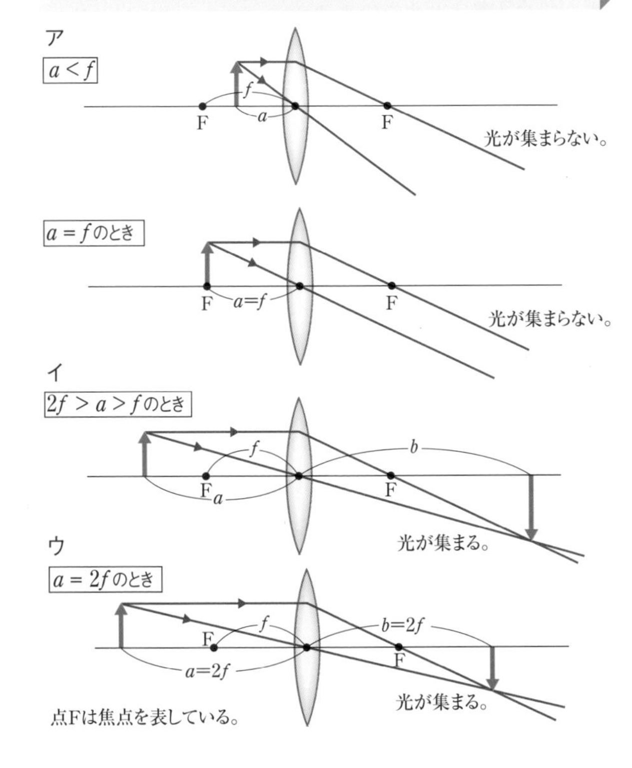

点Fは焦点を表している。

もっとくわしく

凸レンズから物体までの距離 a，凸レンズから実像までの距離 b，焦点距離 f の間には，以下のような関係がある。

$$\frac{1}{a}+\frac{1}{b}=\frac{1}{f}$$

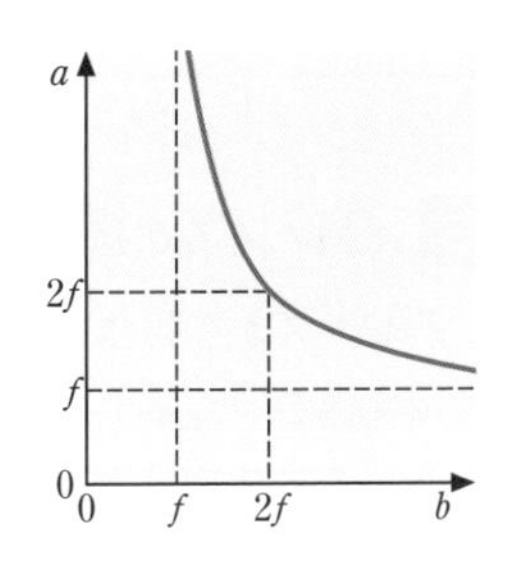

実像の大きさは以下のような方法で求められる。

(物体の大きさ) $\times \frac{b}{a}$ ＝(実像の大きさ)

ピンホールカメラと像

暗い部屋に小さなあなから光が差しこむと，壁に外の風景がうつし出されるという現象が起こります。この現象を利用して，小さなあなをあけた箱に光を通すと，スクリーンに風景をうつし出すことができます。このような装置をピンホールカメラといいます。ピンホールカメラは凸レンズと同様に，スクリーンに像をうつすことができますが，あなが小さいため，とり入れることのできる光が弱いのが難点です。しかし，あなを大きくすると，光の量は多くなりますが，光が当たる範囲が広がってしまうため，物体の輪郭(りんかく)がぼやけてしまいます。

凸レンズは，多くの光を1点に集めて像をつくることができるので，より明るくピントの合った像をうつし出すことが可能となるのです。

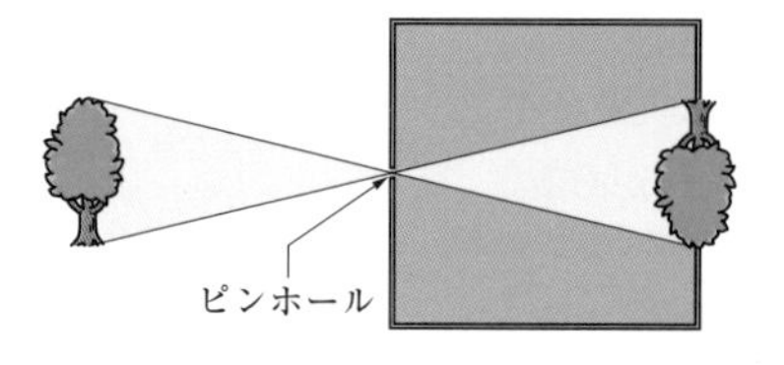

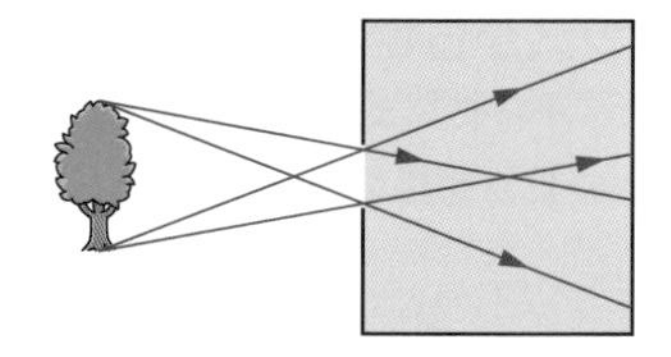

3 凸レンズと虚像

凸レンズから物体までの距離が焦点距離より小さい場合には実像をつくることができないが，このとき，凸レンズを通して物体を見ると物体よりも大きい像を見ることができる。この像は光が集まってできた像ではないため，スクリーン上にうつすことができない。このような像を**虚像**(きょぞう)→①という。わたしたちが虫めがねやルーペで物体を拡大して観察しているものは虚像であり，物体を同じ向きで，物体より大きく見える。

点Fは焦点を表している。

虚像 F 物体 F

▲虚像のでき方

ここに注意

①鏡にうつった像も光が集まってできた像ではないので，スクリーン上にうつすことができない。鏡にうつった像も虚像とよぶ。

虚像

4 凹レンズとその性質

発展学習

中央部がへこんでいる凹レンズに，光軸に平行な光を当てると，光は空気中から凹レンズ中に入るときと，凹レンズ中から空気中に出るときにそれぞれ屈折し，広がってすすむ。このとき，広がってすすむ光を，光のすすむ方向と反対側に延長していくと，その延長線が光軸上の1点に集まる。この点が凹レンズの焦点である。

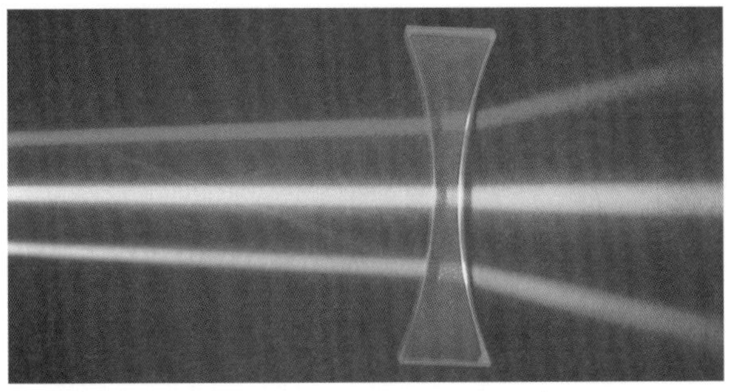

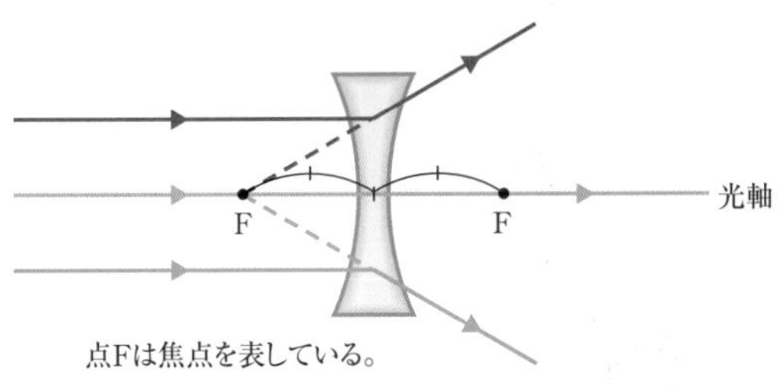

点Fは焦点を表している。

▲凹レンズを通った光のすすみ方

もっとくわしく

ヒトの眼球は凸レンズになっていて，毛様体の筋肉がレンズ（水晶体）の厚みを調節し，レンズを通った光が網膜上に集まって像ができるようになっている。網膜の手前で像ができてしまうとき，これを近視とよぶ。近視用めがねは，凹レンズを使い，網膜上で像ができるように調節している。

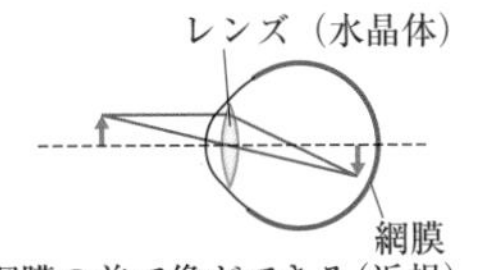

網膜の前で像ができる（近視）

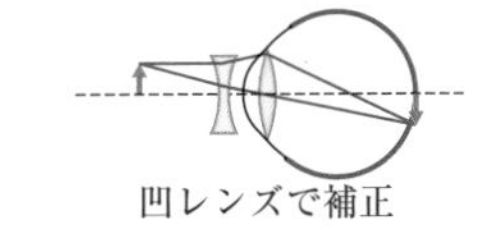

凹レンズで補正

研究 望遠鏡（ケプラー式）や顕微鏡のしくみ

望遠鏡（ケプラー式）や顕微鏡は，おもに対物レンズと接眼レンズと筒からできています。対物レンズによって物体ABの実像A′B′ができます。実像A′B′が接眼レンズの焦点距離内にできるようにすると，接眼レンズを通して実像A′B′を大きな虚像A″B″として観察することができます。

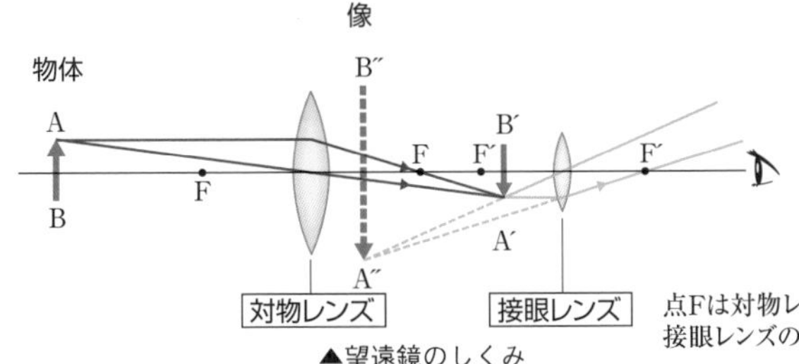

点Fは対物レンズの，点F′は接眼レンズの焦点を表している。

▲望遠鏡のしくみ

§3 音

▶ここで学ぶこと

音は物体が振動することによって発生し，気体，液体，固体を波として伝わる。振動数が多いほど音が高く，振幅が大きいほど音は大きいことを学ぶ。

① 音の発生

1 音とは何か

音さをたたいたり，ギターを弾いたり，ワイングラスを水でぬらした指でこすったり，水の入った試験管に息をふきこんだりすると音が発生する。これは，音さ，ギターの弦，ワイングラス，試験管内の空気がそれぞれ振動している➡①からである。**音は，物体が振動することによって発生する**。音を出しているものを**音源（発音体）**という。

▲音さをたたく

▲ギターを弾く

▲ワイングラスをこする

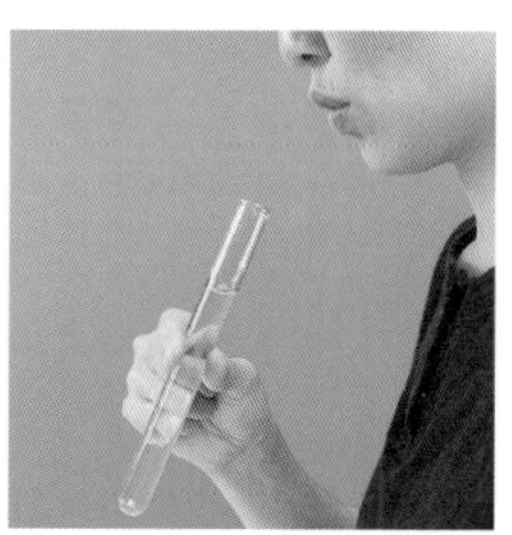
▲試験管をふく

振動が続いているあいだは音が発生し続けるが，音さを指でおさえたり，弦を指でつまむなどして物体の振動をとめたりすると，音が聞こえなくなる。

参考

①ワイングラスを指でこすった場合，振動しているのはワイングラスだが，試験管に息をふきこんだときに振動しているのは，試験管内の空気である。

参考

ヒトの耳に聞こえるのは20～20000Hzの範囲といわれ，この範囲の音を可聴音という。振動数が20000Hz以上の音を超音波といい，ヒトの耳には聞こえないが，動物の種類によって聞こえるものもいる。

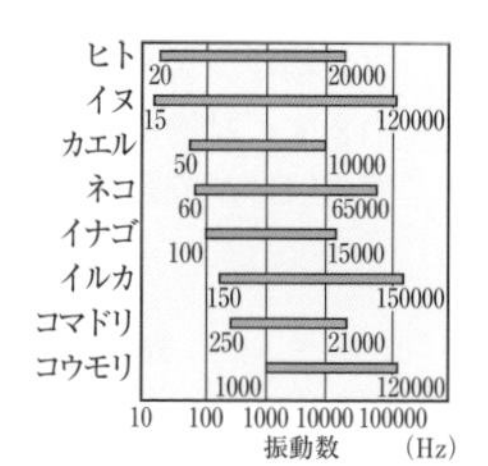

▲いろいろな動物の可聴音の振動数（「人体データブック」日本放送協会より）

2 音の三要素➡②

音の高さ

●**振動数**（しんどうすう）　物体が1秒間に振動する回数を振動数といい，単位はヘルツ〔Hz〕で表す。振動数が多いほど音は高く聞こえ，振動数が少ないほど音は低く聞こえる➡③。

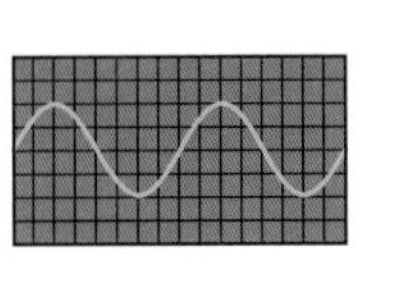

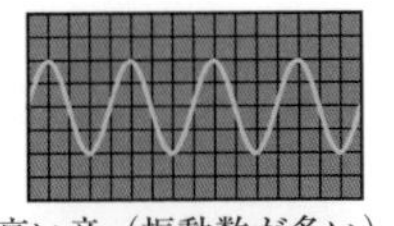
高い音（振動数が多い）
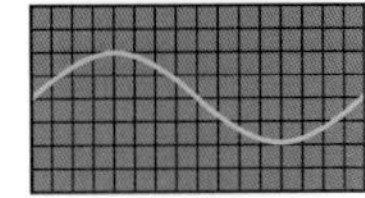
低い音（振動数が少ない）

・音さでは，小さな音さを用いると，より高い音が発生する。
・ギターでは，弦の張り方を強くしたり，細い弦を使用したり，指でおさえて弦の振動する部分を短くしたりすると，より高い音が発生する。
・ワイングラスでは，水の量を減らしたり，小さなワイングラスを用いたりすると，より高い音が発生する。
・試験管をふく場合は，水の量をふやしたり，小さな試験管を用いたりするとより高い音が発生する。

音の大きさ

●**振幅**（しんぷく）　物体の振動の幅を振幅という。振幅が大きいほど音は大きく聞こえ，振幅が小さいほど小さく聞こえる。

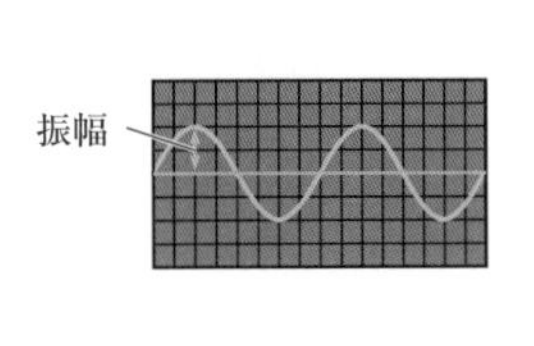

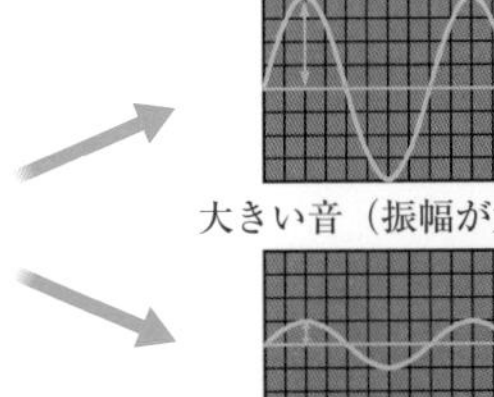
大きい音（振幅が大きい）
小さい音（振幅が小さい）

音さを強くたたいたり，ギターの弦を強くはじいたり，ワイングラスを強くこすったり，試験管に強く息をふきこんだりすると，大きい音が発生する。

ここに注意

②音の高さ，音の大きさ，音色（ねいろ）を音の三要素という。

参考

③音楽で用いる音階のラの振動数は440Hzで，1オクターブ高いラの音では振動数が2倍の880Hzになる。

もっとくわしく

音が発生すると，窓ガラスなどが振動することがある。これは音がエネルギーをもっているからである。一般に，大きい音ほど，音のもつエネルギーは大きい。

音色

高さと大きさが同じでも，楽器の種類によって異なる音がする。このような，音源（発音体）特有の音質を**音色**という。オシロスコープを使用して波のようすを調べると，楽器によって波の形が異なることがわかる➡①。

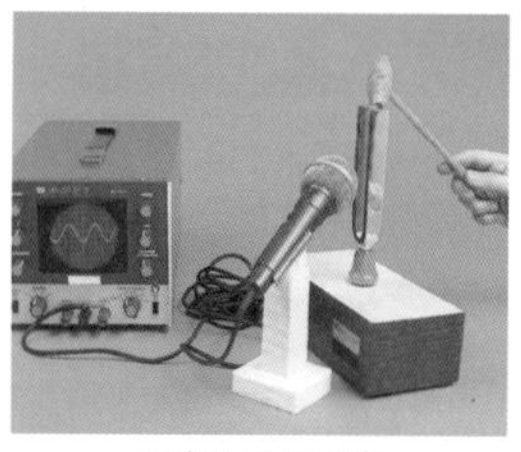
▲波の形の測定

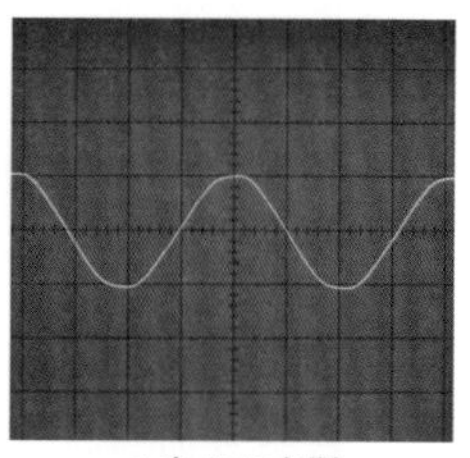
▲音さの音質

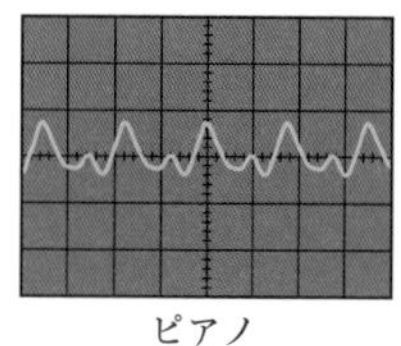
ピアノ

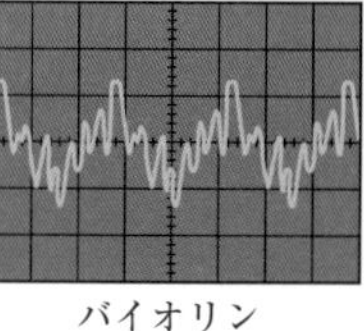
バイオリン

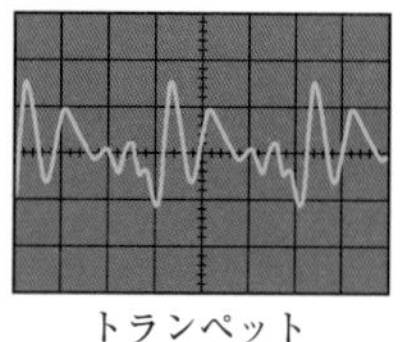
トランペット

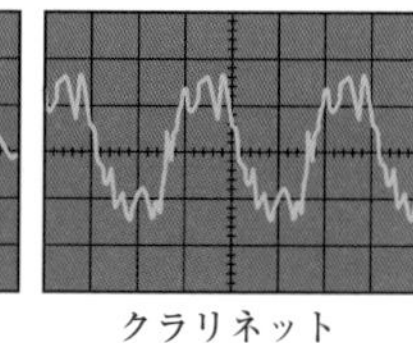
クラリネット

▲いろいろな楽器の音質

参考

①物体が振動して音を発生するとき，もっとも振動数が少ない音を基音といい，一般に楽器の音の高さは基音の振動数で決まる。しかし，実際に楽器が発している音は，基音以外に振動数が多い音（上音）をふくんでおり，この上音の混ざりぐあいで音色が決まる。

② 音の伝わり方

1 音と波

物体が振動すると音が発生し，そのまわりの固体，液体，気体が振動し，その振動が次々と伝わっていく。したがって，音は空気だけでなく，鉄や石などの固体や水などの液体でも伝わっていく。このように，振動が次々と伝わっていく現象を**波**といい，音として伝わる波を**音波**という。音波は縦波（疎密波）[➡P.22]である。

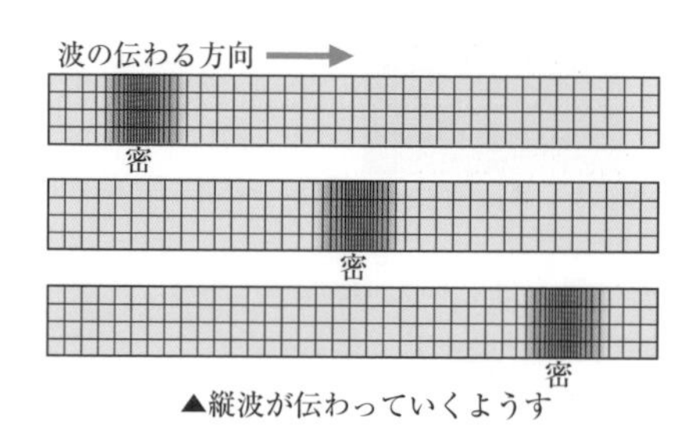

▲縦波が伝わっていくようす

ばねの両端を固定して，端を進行方向と同じ向きにたたくと縦波（疎密波）が伝わるようすがよくわかる。

空気を伝わる音

かさぶくろに小さな発泡ポリスチレンの球を入れ，かさぶくろに向かって大きな声を出すと，球が飛びはねるのがわかる。また，ふくらました風船を両手でもち，風船に向かって大きな声を出すと，風船が振動していることがわかる。これらの現象から，空気の振動によって音が伝わっていることがわかる。

池に小石を投げこむと，小石が落ちた場所を中心に同心円状に振動が伝わっていく。これと同じように，空気中に音源（発音体）がある場合，音波はあらゆる方向（同心円状）に伝わっていく。

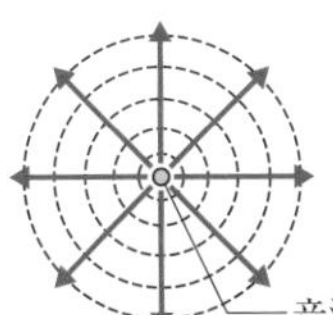

音源(発音体)から同心円状に音が伝わっていく。

▲音波の伝わり方

2 音の伝わりやすさ

紙コップを糸でつなぎ，片方の紙コップで声を出すと，もう一方の紙コップで音を聞くことができる➡②。これは，音の波が空気，紙コップの底，糸，紙コップの底，空気と伝わっていくからである。さらに，糸のかわりに針金を使用すると音が聞こえやすくなり，ゴムを使用すると音が聞こえにくくなる。一般に，かたいものは振動したときに復元力があるため，波が伝わりやすい。

もっとくわしく

振動数が等しい音さを向かい合わせに並べておき，一方の音さを鳴らすともう一方の音さが鳴る。このように，振動数が等しい音源（発音体）の一方を鳴らすともう一方の振動体も鳴り出すという現象を共鳴（きょうめい）という。

振動数の等しい音さ

A B

Aを鳴らすと，Bも鳴りだす。

実験・観察

②糸のかわりにばねをつなぐと，振動が長く続き，エコーがかかったように響く。

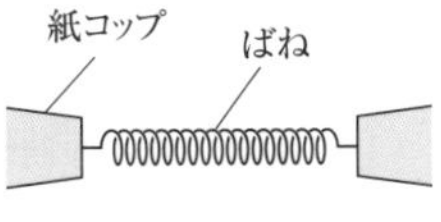

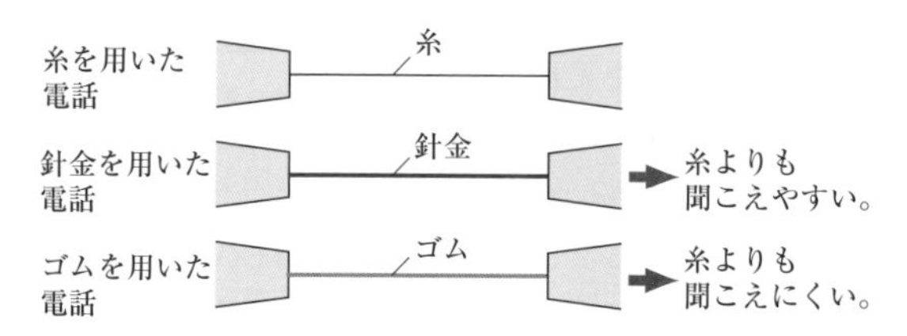

3 真空中で発生した音

下の図のような装置を組み立て，ベルを鳴らしながら真空ポンプで容器内の空気をぬいていくと，ベルの音が小さくなり，やがて音が聞こえなくなる➡①。これは，空気が少なくなったために，音を伝えるものがなくなったからである。

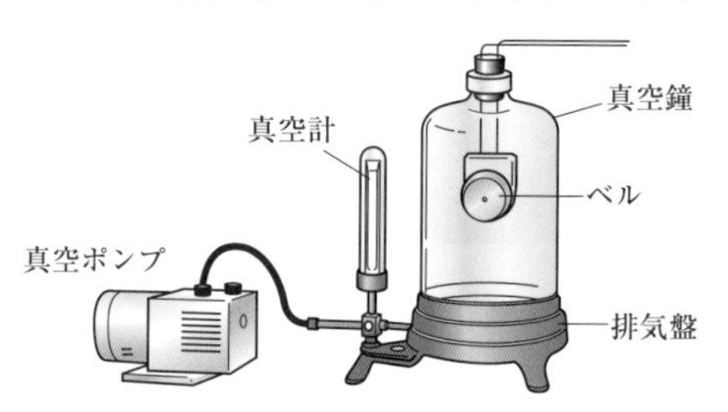

参考

①容器内が真空になっても，ベルが容器に接していると音が聞こえることがある。これは，容器などの固体を通して音が伝わるからである。

4 音が伝わる速さ

音が伝わる速さは，空気中では約340m/s➡②である。光の速さは約300000000m/sなので，音に比べてはるかにはやい。花火や雷の光が見えてから音が聞こえるのは，音の速さと光の速さに差があるからである。

もっとくわしく

②0℃で1気圧の乾燥した空気中を音が伝わる速さは331.5m/sである。音の伝わる速さは気温によって変化し，温度が1℃上がるごとに0.6m/sずつはやくなる。
例えば，気温30℃，1気圧では音の伝わる速さは
331.5+(0.6×30)
=349.5〔m/s〕となる。

実験・観察 音の速さのはかり方

【方法】

1 2つの地点A，Bを決め，その間の距離を測定する。（2点間の距離は100m以上とること。）
2 2人が同時にストップウォッチをおし，それぞれA点とB点まで移動する。
3 A点でピストルの音を出し，2人は音が聞こえたらストップウォッチを止める。
4 ストップウォッチの時間の差が，音がA点からB点に伝わるのに要した時間である。
5 距離（m）を時間（s）で割ると，速さ（m/s）を求めることができる。

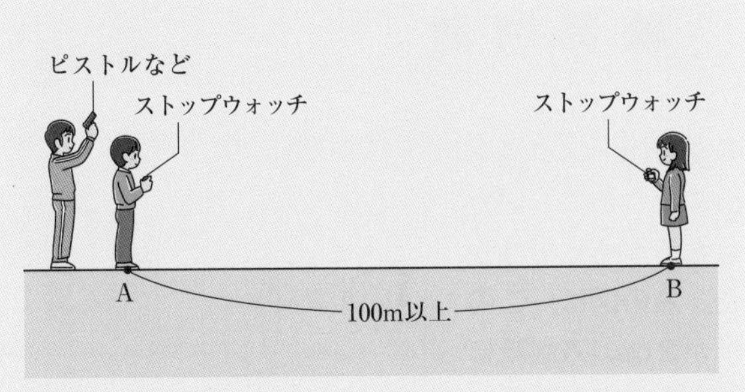

（注）ピストルを使用する場合，近くの人は耳せんをするなど大きい音に注意する。

〈音の速さを求める式〉

$$\text{音の速さ〔m/s〕} = \frac{\text{2点間の距離〔m〕}}{\text{音が伝わるのに要した時間〔s〕}}$$

もっとくわしく

音が伝わる速さは物質によって異なる。単位はm/s。

物質	速さ
空気（0℃）	331.5
水（23～27℃）	1500
鉄	5950
銅	5010
ゴム（天然）	1500

Q&A 音も反射したり屈折（くっせつ）したりしますか？

トンネルやホールの中で音を出すと，音が何重にも聞こえることがあります。音も波（音波）ですから，壁などの音を反射するものにぶつかったとき，光と同じように反射します。このとき，入射角と反射角は等しくなります。

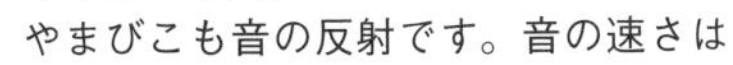

やまびこも音の反射です。音の速さはだいたい約340〔m/s〕ですから，どのくらい遅れて聞こえたかをはかると，向かいの山との距離がわかります。

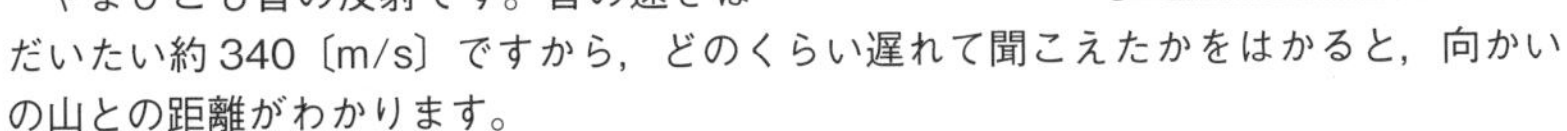

音は屈折もします。昼間と夜間では，遠くの電車の音の聞こえ方がちがい，夜間のほうがよく聞こえることに気づいていますか？　昼間は上空に比べ地上の気温が高いですが，夜間は上空に比べ地上の気温が低いため，昼と夜とでは音の屈折のしかたが異なり，遠くの音まで聞こえることがあります。

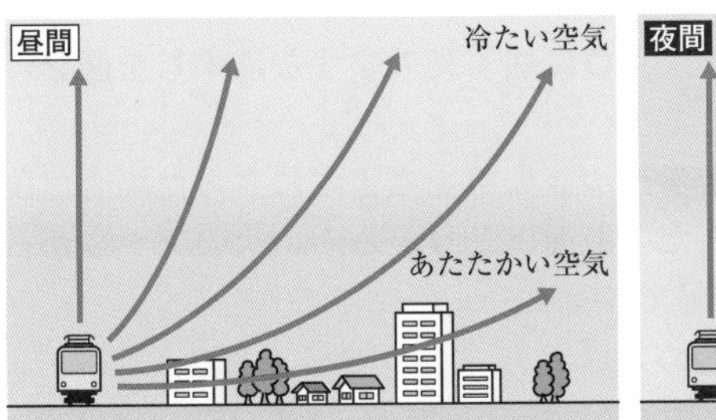

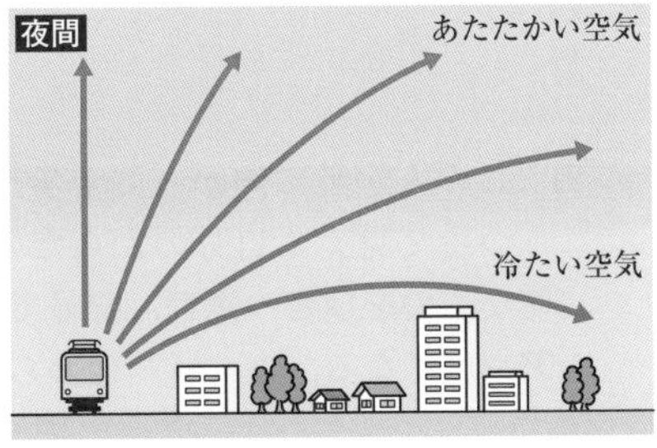

練習問題

解答➡p.614

1

ろうそくを凸レンズの左12㎝，スクリーンを凸レンズの右24㎝のところにおいたところ，はっきりとしたろうそくの像がスクリーン上にできた。右の図は，この実験の結果を１めもりが２㎝の方眼紙に作図しているところである。あとの問いに答えよ。　(熊本県改題)

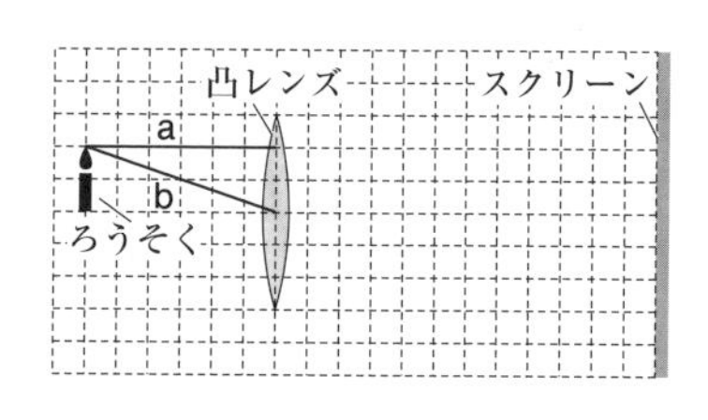

(1)　ろうそくの先端から出た光a，bが凸レンズを通ったあと，スクリーンに達するまでの道すじと，スクリーン上にできた像をかけ。

(2)　この凸レンズの焦点距離は何㎝か。

(3)　凸レンズの上半分を黒い紙でおおったとき，スクリーンにうつるろうそくの像はどうなるか。次のア～エから適切なものをひとつ選び，記号で答えよ。また，選んだ理由も書け。

ア　ろうそくの上半分がうつる。
イ　ろうそくの下半分がうつる。
ウ　ろうそく全体がうつるが暗くなる。
エ　ろうそくが小さくうつる。

2

図１のように，床に対して垂直な鏡の前にある人が立つと，自分の額からひざまでの範囲がうつって見えた。図２は，この人の目の位置をO，ベルトの位置をPとして，真横から見た位置関係である。あとの問いに答えよ。　(奈良県)

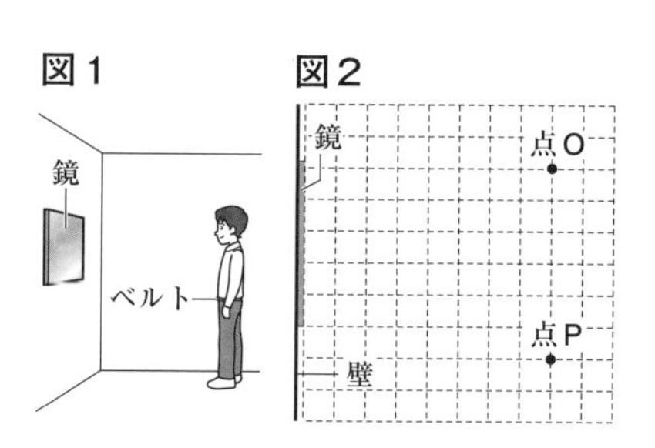

(1)　点Pから出て鏡に当たり，点Oに届く光のすすむ道すじを図２にかけ。

(2)　この人が鏡に向かって１歩近づき姿勢（しせい）を変えずに立った場合，鏡にうつって見える自分のからだの範囲はどうなるか。次のア～ウから適切なものをひとつ選び，記号で答えよ。

ア　広くなる。　　イ　変わらない。　　ウ　せまくなる。

3 右の図のように，校舎の壁から87 mはなれたところに立って太鼓(たいこ)をたたくと，直接音（たたいた瞬間に聞こえる音）が聞こえた少しあとに，反射音（校舎の壁に当たって反射してきた音）が聞こえた。連続して太鼓をたたくと，直接音と反射音が交互に聞こえるが，１秒間隔でたたくと，直接音，反射音，直接音，反射音……と，直接音と反射音が等間隔になって交互に聞こえた。この実験から，空気中を伝わる音の速さを計算し，単位をつけて答えよ。（島根県）

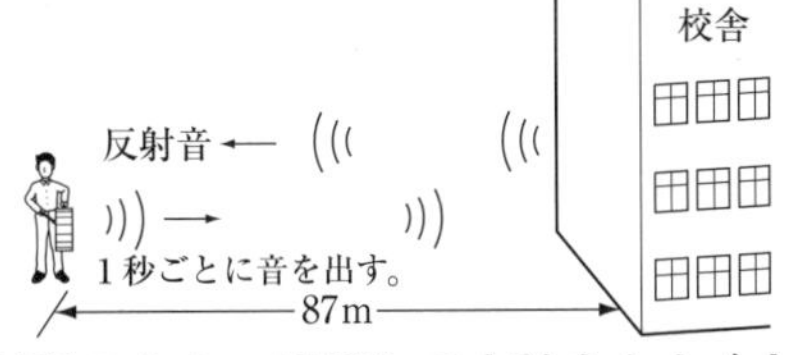

4 図１のようなモノコードを使い，弦をはじいたときに発生した音をマイクを通してコンピュータにとりこんだ。弦の左端をＰ点，コマと弦が接する点をＱ点とし，コマの位置は自由に変えることができる。あとの問いに答えよ。（長崎県）

図１

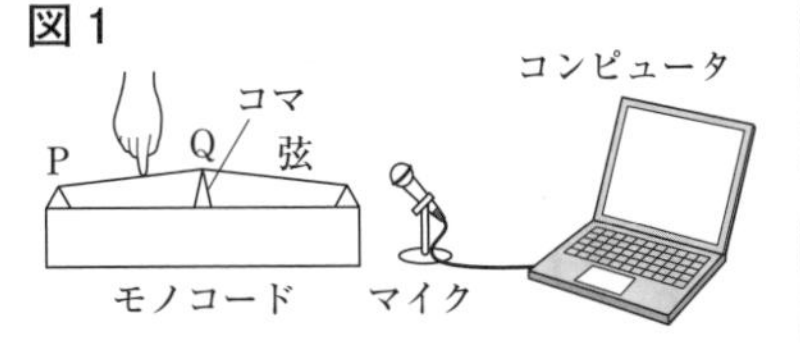

(1) 振動して音を発するものを何というか。

(2) **図１**において，PQ 間の中央をはじき，発生した音の様子をコンピュータの画面に表示させたところ，**図２**のようになった。**図２**の縦軸は振幅を，横軸は時間を表しており，１回の振動にかかる時間は$\frac{1}{400}$秒であった。発生した音の振動数は何Hzか。

図２

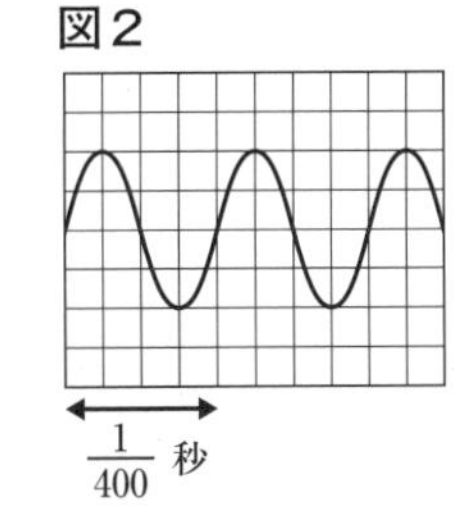

思考力 (3) PQ 間の長さと弦をはじく強さを変えて，ふたたび弦をはじき，発生した音の様子をコンピュータの画面に表示させたところ，**図３**のようになった。PQ 間の長さと弦をはじく強さをどのように変えたか，数値は用いずに簡単に説明せよ。ただし，縦軸，横軸の１めもりの値は**図２**と同じである。

図３

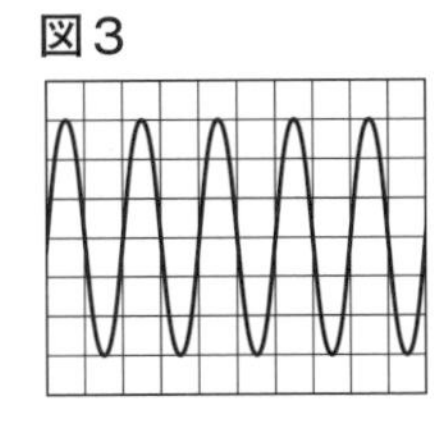

第2章 力と運動

↑物体に力を加えると，運動の速さや運動の方向が変わったりする。例えばテニスをしているとき，ボールをラケットで打つと，ボールは向きを変えて飛んでいく。ここではいろいろな力や運動について学ぼう。

§1 力とは

▶ここで学ぶこと

力とは何か。物体に力がはたらくと何が起こるのか。どのように考えれば物体のようすがわかるのだろうか。ここでは，おもに静止した物体について，以上の疑問を整理していく。

① 力

1 力のはたらき

力は物体ではないので，「これが力である」とさし示すことはできない。そのため，物体に力がはたらくとどのようになるかを考えることで，力とは何であるかを表そう。力のはたらきは，次の3つである。

①物体を変形させる。　②物体を支える。

③物体の運動の状態を変える[①]。

したがって，物体が変形したり，何かに支えられていたり，運動の状態が変化したりすると，その物体には力がはたらいたことがわかる。

力とは，物体に対する作用（はたらき）であるので，物体が受けた作用で，物体にはたらいている力を知ることができる。どのような力であるかを表すには，力の大きさ，力の向き，作用点がわかればよい。

もっとくわしく

①速さ，進行方向が変わること。

力の表し方

●**力の単位**　力の大きさを表す単位には，N（ニュートン）[➡P.55]がある➡②。

●**力の矢印**　力は大きさと向きをもつ量なので，それを表すには矢印を用いると便利である。すなわち，力の大きさを矢印の長さ，力の向きを矢印のさす向きにそれぞれ対応させる。また，力が作用している点のことを**作用点**，矢印がのっている直線のことを**作用線**という。

同じはたらきをする力は，その大きさだけではなく，向きも等しい➡③。

もっとくわしく

② kg重という単位で表すこともある。質量1kgの物体にはたらく地球の重力の大きさを1kg重と表し，1kg重＝約9.8Nである。

参考

③大きさが等しくても，向きが異なれば等しい力とはいえない。

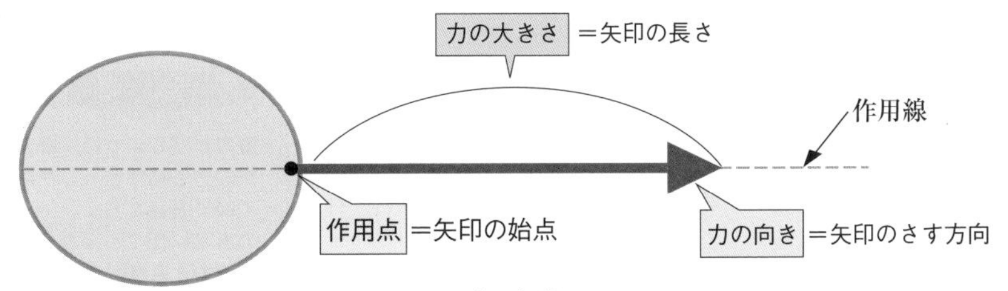

▲力の矢印

●**力の三要素**　力の大きさ，力の向き，作用点を**力の三要素**という。

いろいろな力

●**重力**　物体は地球から，地球の中心に向かって鉛直(えんちょく)下向きの力を受ける。この力が重力である。同じ場所では，**重力の大きさは，物体の質量に比例する**。

場所が変われば重力も変わる。ある物体に対して月面上での重力の大きさは，地球上での重力の大きさの約$\frac{1}{6}$である。これは，おもに物体に力を加えている月と地球の大きさのちがいによるものである。

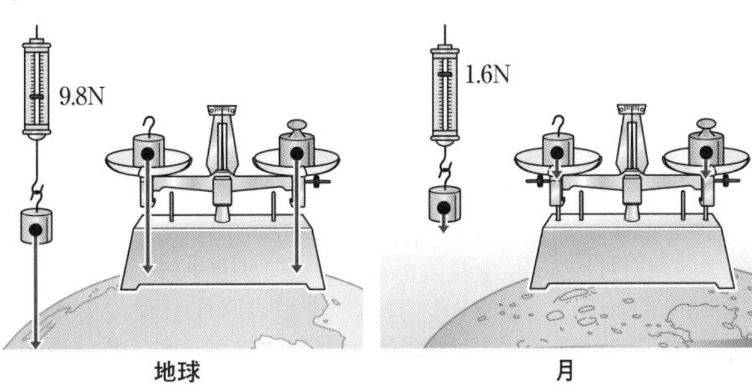

物体にはたらく重力は，物体のあらゆる点にはたらくが，矢印で表すときには，その物体の中心を作用点とするひとつの力として表せばよい。重力の作用線[➡P.47]の方向を鉛直という。したがって，**重力のはたらく向きは，鉛直下向き**→①である。

また，物体が地球とはなれていても，接しているときと同じ大きさ，同じ向きの重力がはたらく。

●**磁力**　磁石の近くに鉄片をおくと，鉄片は磁石に引きつけられる。この力が磁力（磁石の力）[➡P.136]である。磁石どうしでは，N極とN極，S極とS極にはしりぞけ合う力（**斥力**(せきりょく)）がはたらき，N極とS極には引き合う力（**引力**）がはたらく。

●**電気の力**　プラスチックの下じきで，髪の毛をこすってから引きはなすと，下じきに髪の毛が引きつけられる。このとき，髪の毛を引きつける力が電気の力（静電気[➡P.128]の力ともいう）である。電気には＋(正)の電気と－(負)の電気の２種類がある。＋と＋，－と－にはしりぞけ合う力（斥力）がはたらき，＋と－には引き合う力（引力）がはたらく。

●**垂直抗力**(すいちょくこうりょく)　机の上においた本は，机から支えられている。本が机から受ける上向きの力を**垂直抗力**→②という。このよ

参　考

①「方向」と「向き」ということばの意味は，厳密には異なる。方向はひとつの直線により定められるものであり，向きは直線の一方の端を表す。具体的には，例えば南北方向といえば，北と南を結ぶ直線で表されるが，北であるのか南であるのかはわからない。それを表すのが向きであり，南向きといえば，南にすすむ（向いている）ことを表す。

参　考

重力と同じように，磁力も電気の力も物体どうしがはなれていてもはたらく。一方，このあとに出てくる垂直抗力・摩擦力・糸が引く力（張力）・ばねの力（弾性力）は，たがいに接している物体にしかはたらかない。

ここに注意

②垂直抗力の方向は，物体に接している面に垂直である。

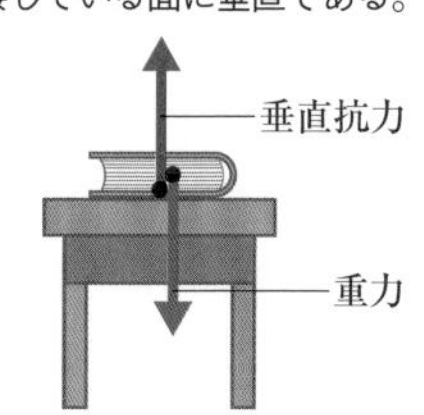

Q&A 月での重力の大きさは，なぜ地球の重力の大きさの$\frac{1}{6}$倍なのですか？

重力の大きさは，地球や月の質量と半径によって決まります。重力の大きさは，重力を加える物体（この場合は地球や月）の質量が大きいほど大きくなり，また，半径が小さいほど大きくなります（中心までの距離が短くなるため）。その結果，月の重力の大きさは地球の重力の大きさの約$\frac{1}{6}$になるのです。

太陽系の惑星(わくせい)では，地球と比べて，木星は約2.37倍，金星は約0.91倍，火星は0.38倍と，惑星によってちがっています。

うに，**物体が面と接触しているとき，物体は面から面に垂直な力（垂直抗力）を受ける**。これは面と接触している物体の部分全体にはたらく力であるが，その作用点は物体の面の中心にあるものとしてあつかえばよい。

鉛直の壁と接触している物体を指でおすと，壁から垂直抗力がはたらく。このときの垂直抗力の向きは，壁に垂直な向きである。

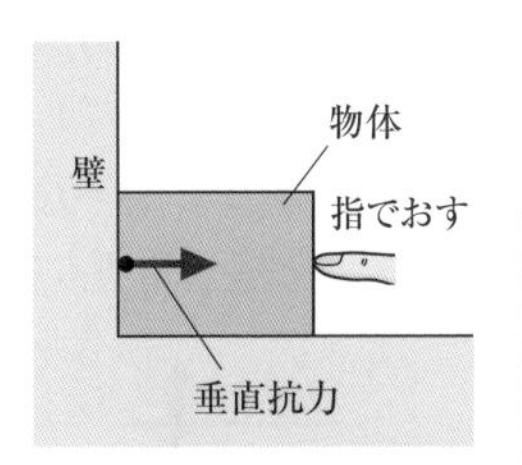

●**摩擦力**（まさつりょく）　床においた荷物をおしても動かなかったり，勢いよくおして床の上をすべらせてもすぐに止まったりしてしまう。これは，物体の運動をさまたげる力がはたらいているためである。この力を摩擦力という。**摩擦力は面から受ける力で，その方向は面に平行である**。

摩擦力には，物体が静止しているときにはたらく**静止摩擦力**と，物体が運動しているときにはたらく**動摩擦力**（または**運動摩擦力**）がある。

摩擦力も面と接触している物体の部分全体にはたらいている。力を表すときは，その作用点は物体の面の中心にとればよい。

①**静止摩擦力**　静止摩擦力は，**物体が動き出すのをさまたげるはたらきをもつ**。物体を静止した状態に保つ（物体に加わる力がつり合う[➡P.54]）ためには，物体にはたらく静止摩擦力の大きさは，状況（そのときに物体に加わっている力）に応じて変化しなければならない➡③。

面と接触している物体にある力より大きな力がはたらく➡④と物体は動き出す。したがって，静止摩擦力には限界（の大きさ）があるといえる。静止摩擦力の最大値（最大摩擦力）の大きさは，物体と面の状態（乾いている，湿っているなど）によって決まり，接触面積にはよらない。

②**動摩擦力**　**物体が面の上をすべっているときにはたらく**摩擦力である。動摩擦力のはたらく向きは，物体の運動をさまたげる向きである。動摩擦力の大きさは，物体の速さによらず，面の性質などで決まる。

物体と面が等しい条件であれば，

最大摩擦力＞動摩擦力

となる。

もっとくわしく

③物体を板の上にのせ，その板をしだいにかたむけていくときを考える。板のかたむきが大きくなるにしたがい，物体にはたらく静止摩擦力は大きくなっていく。
④そして，静止摩擦力の大きさが限界値である最大摩擦力をこえると物体はすべりはじめる。このとき摩擦力は動摩擦力に変わる。

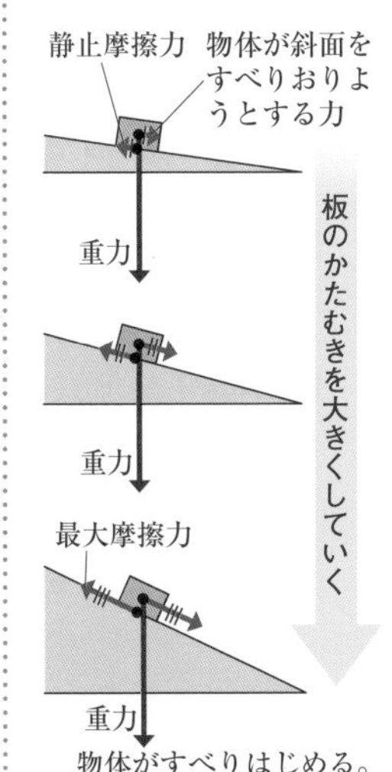

●**糸が引く力（張力）** 糸におもりをつけて天井からつり下げると，下の図のような力がはたらく。このうち，糸が引く力を**張力**ともいう。糸が物体を引く力の大きさは，1本の糸ではどこでも等しい➡①。

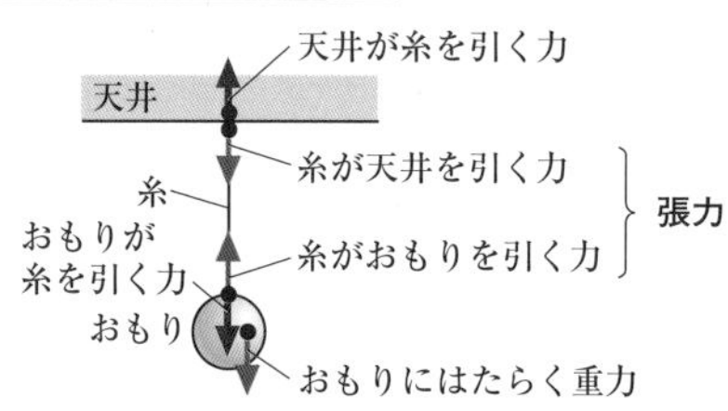

●**ばねの力（弾性力）** ばねに物体をつけて天井からつり下げると，ばねがのびて物体にはたらく力がつり合う。ばねは自然長➡②（もとの長さ）からのびたり縮んだりすると，自然長にもどるような力を物体に加える。この力を**弾性力**という。ばねの質量が無視できる場合は，ばねにはたらく力はどこでも等しい。

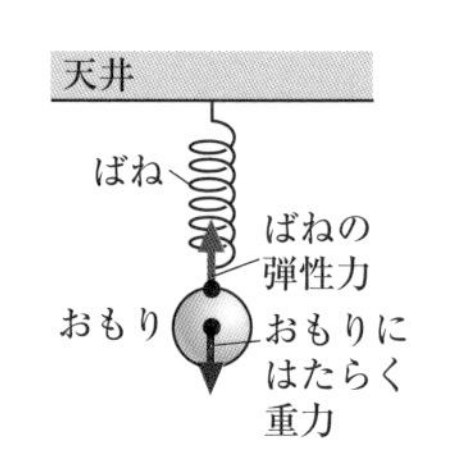

もっとくわしく

①糸の質量を考慮に入れると，糸にはたらく力の大きさはどこでも等しいことにはならない。「糸」といったときには，軽くて（質量が無視できるほど）のび縮みしないという意味がふくまれていると考える。

用語

②ばねの自然長
ばねに力が加わっていないときのばねの長さ。

2 重力と質量

力の大きさとばねののび

おもりがばねを引く力は，おもりにはたらく重力の大きさと等しい。

実験・観察 ばねを引く力とばねののびの関係を調べる。

【方法】

天井からばねをつるし，そのばねに20gのおもりを1個ずつ下げ，ばねの自然長からののびを測定する。

【測定結果】

おもりの数〔個〕	0	1	2	3	4	5	6	7	8	9	10
ばねののび〔cm〕	0	1.7	3.6	5.3	7.2	8.8	10.6	12.5	14.2	16.2	18.0

（注）原則的には，測定は最小めもりの $\frac{1}{10}$ まで読みとるので，0.01cmの桁まで必要である。しかし，この実験では，ばねの振動による誤差が大きいので，0.1cmの桁までしか測定していない。

測定結果をグラフに示すと右のようになる。このグラフは原点を通る直線になるので，おもりの数とばねののびは比例することがわかる。

【考察】
ばねとおもりにはたらく力を矢印で示すと，下のようになる。

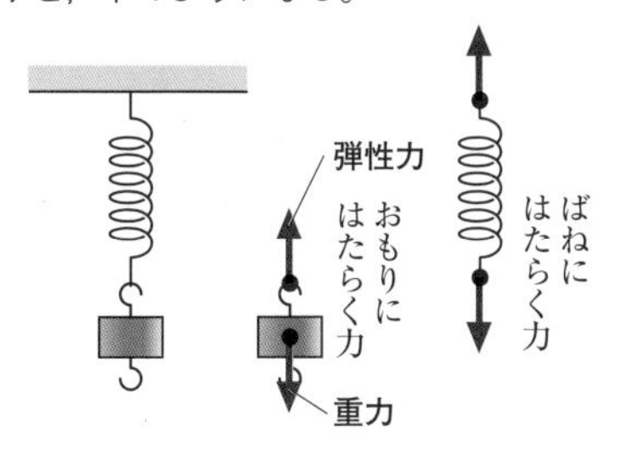

▼ばねののびとおもりの数の関係

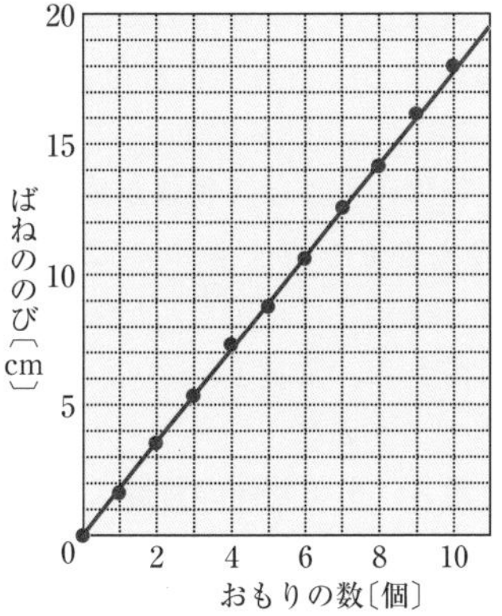

ばねはおもりから力を受ける。その大きさは，おもりの重さに等しい。したがって，おもりを1個，2個，…とふやしていくと，ばねがおもりから受ける力もおもりの重さの1倍，2倍，…と増加していく。よって，おもりによる力の大きさはおもりの数に比例するので，ばねを引く力の大きさとばねののびは比例することが，この実験から確かめられた。

●**フックの法則**　上の実験から，次の結論が導かれる。

「ばねを引く力の大きさとばねののびは比例する」

これを**フックの法則**という。ばねを引く力の大きさをf，ばねの自然長からののびをxとすると，フックの法則は，

〈フックの法則〉

$$f = kx$$

（f：ばねを引く力の大きさ，x：ばねののび，k：比例定数）

と表せる。ここで比例定数kは，**弾性定数**または**ばね定数**とよばれる量である。

$$k = \frac{f}{x}$$

この式からわかるように，kは単位長さだけばねをのばすのに必要な力の大きさを表している。したがってkの値の大きなばねは，のばすのに大きな力を要することになるので，のばしにくいばね，あるいはかたいばねということになる。kの単位は，N/mである➡③。

このようなばねの性質を利用して力の大きさを調べる道具に，ばねばかりがある。

50ページの実験に用いたばねの弾性定数は，おもりひとつの質量が20gであることから，グラフのかたむきより，0.11N/cmと求められる。

人物

ロバート・フック（1635～1703）
イギリスの自然哲学者。

もっとくわしく

③kの場合のように，物理で用いる単位は式のなかの量の単位の組み合わせでできていることが多い。例えば，速さは（距離）÷（時間）で求められるので，速さの単位（m/s）は，m÷s　という意味である。

質量と重さ

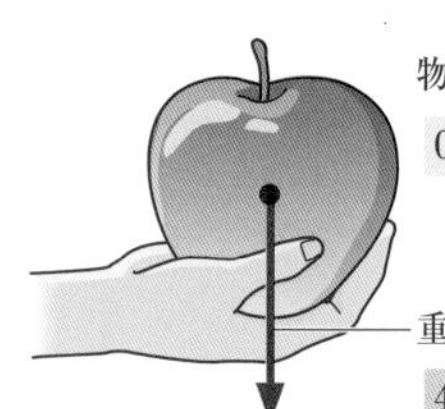

●**質量** 質量とは，**物体そのものの分量を表す物理量**のことである。質量を表す単位は，kgやgである。

●**重さ** 物体の重さは，**物体が地球から受ける重力の大きさ**を表すもので〔➡P.47（重力）〕，その大きさは質量に比例している。重さは力であるから，単位はNである。質量1kgの物体にはたらく重力の大きさは9.8N➡①である。

●**質量と重さ** **ある物体の質量は場所によらず，どこでも一定である**➡②が，物体の重さはどこでも一定ではない。また質量は，物体の運動の状態の変わりにくさを表す量であるともいえる。それは，物体にある大きさの力をあたえたときに，質量の小さい物体のほうが動かしやすいことから理解できるだろう。

参考

上皿てんびんではかる量は質量，ばねばかりではかる量は重さである。

もっとくわしく

①質量1kgの物体にはたらく重力の大きさは，物体のある場所によって異なる。地球上では，9.8N（約10N）とすれば，十分な精度である。

もっとくわしく

②質量1kgの物体は，地球上でも月面上でも上皿てんびんで1kgの分銅とつり合う。

研究 グラフのかき方

実験で得られた測定値（データ）は，グラフをかいてみると法則性がわかりやすくなることが多くあります。51ページの実験のグラフを参考に，グラフのかき方をみていきましょう。

●**表題，縦軸・横軸の表している量，単位，めもりを必ず記入する**

50ページの実験では，それぞれ「ばねののびとおもりの数の関係」，「ばねののび」，「おもりの数」，「〔cm〕，〔個〕」などに当たります。

●**測定値には，大きな印をつける**

測定にはどうしても不確かさがふくまれるので，それを考慮するために大きめの印にします（実際に不確かさの大きさが見積もれる場合には，それを記すこともあります）。また，ひとつのグラフにいくつかの異なる測定値を記す場合には，●以外に■，▲などの記号を使って区別します。

●**グラフはできるだけ大きくかく**

大きなグラフのほうが測定値の印がより正確につけられ，得られた線の読みとりもより正確になります。

下に示したグラフは，悪い例です。

（ア）では，横軸のめもりが細かすぎて，せまい領域しか使っていません。

（イ）では，縦軸方向のせまい領域しか使っていません（2つのグラフは，表題などは省略してあります）。さらに，1めもりの大きさは，1，2，5やその10倍，100倍，…，または，$\frac{1}{10}$倍，$\frac{1}{100}$倍，…などにすることが大切です。これにより，グラフをかくときも読みとるときも楽になります。

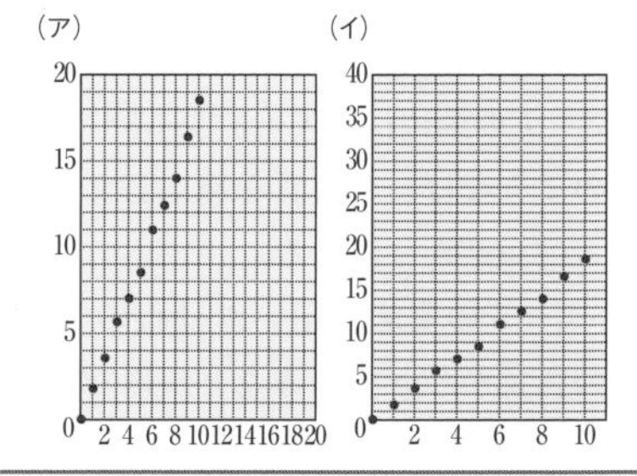

●測定値にもとづいて線を引く

①折れ線グラフにはしない

印をつないだ折れ線グラフにしてはいけません。ひとつひとつの測定値には不確かさがふくまれるので，印をつないでも意味のある関係は得られません。グラフの線が折れ曲がるというのは，その点で何かの関係が大きく変化したことを表しますが，測定値のグラフでは，たまたまその点で測定したに過ぎず，折れ曲がる必然性はありません。したがって，線は直線か曲線ということになります。ただし，折れ線をなめらかにつないだようなクネクネした曲線も，折れ線がよくないのと同じ理由で，引いてはいけません。

②原点を通るかどうか考える

また，原点を通るべきなのかどうかも考えなければなりません。50ページの実験では，おもりが0個のときのばねののびは0cmなので，原点を通るべきです。別の実験では，原点を通らないような測定をするかもしれません。したがって，行った実験の条件から，どのような線になるべきかを考える必要があります。

(ウ)と(エ)のグラフでは，同じ測定点を用いています。(ウ)のほうが各点とも合っているように見えます。しかし，実験によっては，原点を通ることがない場合もあるでしょう。そのときは(エ)のようになることも考えられます。

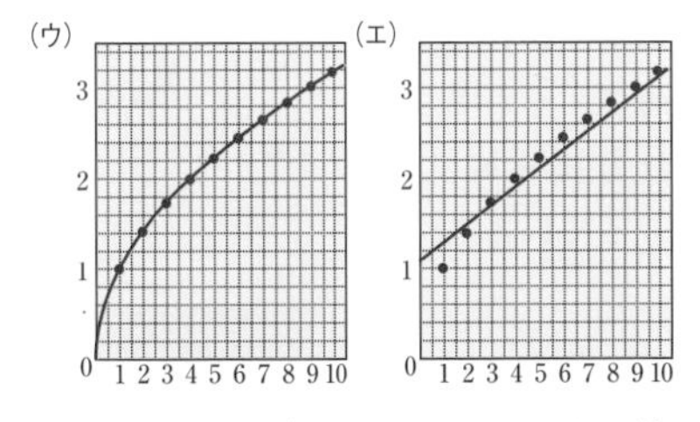

●測定値からのずれが最小になるように線を引く

ここで，引いた線より測定値の印が上にばかりあったり，下にばかりあったりしないように注意が必要です。

(オ)と(カ)も同じ測定点を用いたグラフです。(オ)では，はじめと終わりの点を結んで直線を引いています。これでは，測定値のうち，わずかに1点（原点の値は特に測定したものでないとすると）しか使っていないことになります。測定をたくさん行うことは，精度をあげることにつながるので，これではせっかくの測定がほとんどむだになっています。(カ)のグラフは，線が測定値の印に対して少し下にかたよっています。これもすべての測定値を反映しているとはいえないでしょう。

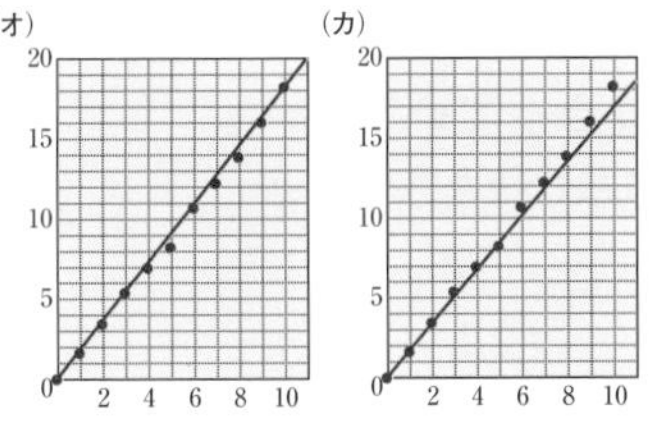

以上のことから考えて，もっとも実験結果に近いのは（キ)のグラフのようになるでしょう。(キ)は，各測定値のばらつきをバランスよくまとめたものになっています。このように，グラフの線を引くには，しっかりとした理由をもって，決断しなければなりません。

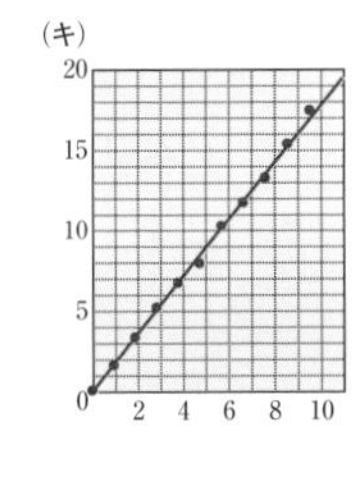

●実験結果はグラフの線

最後に，実験から得られた結果は測定値ではなく，引いた線になります。例えば，50ページの実験では，おもり5個のときのばねののびは，測定値の8.8cmではなく，グラフから得られる8.9cmです。測定値はグラフの線を引くのに必要ですが，線を引いたあとは，その値を用いてはいけません。得られた線は，すべての測定値を用いた結果なので，もっとも不確かさの少ない関係を示すはずです。

3 2力のつり合い

ある物体にいくつかの力がはたらいていて，物体が静止しているとき，この物体にはたらいている力は**つり合っている**という。

図のような厚紙にあなをあけ，2つのあなにつけた糸を左右に引くと，2つの力が厚紙にはたらいているにもかかわらず，厚紙が動かなくなることがある。

このように，**2つの力がひとつの物体にはたらいているにもかかわらず物体が動かないとき，力がつり合っているという。**厚紙にはたらいている2力がつり合っているとき，この2力は同一作用線上にあり，同じ大きさ，反対向きの力の組み合わせになっている。

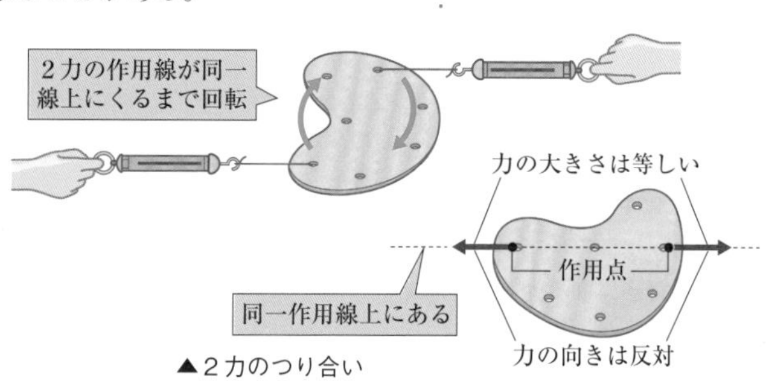

▲2力のつり合い

3力以上のつり合い

ワッシャー（金属の輪）に3本の糸をつけ，その1本におもりをつける。ほかの2本を天井にとめると右の図のように糸が張り合う。このとき，ワッシャーには，3本の糸から引かれる力がはたらいており，この3力がつり合っている。

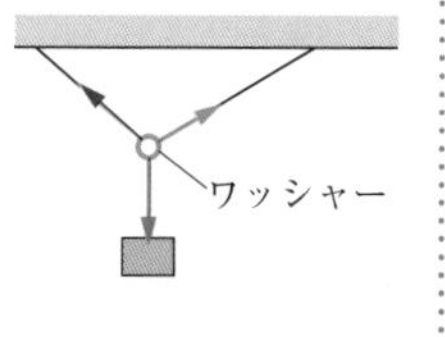

ワッシャーにはたらく3力F_1，F_2，F_3を考えよう。3力のうちのどれか2力（ここでは，F_1とF_2）を選び，それらを合わせた力と同じはたらきをする力（合力[➡P.56]）F_{12}を求めると，合力F_{12}と残りの力F_3がつり合っていることがわかる。

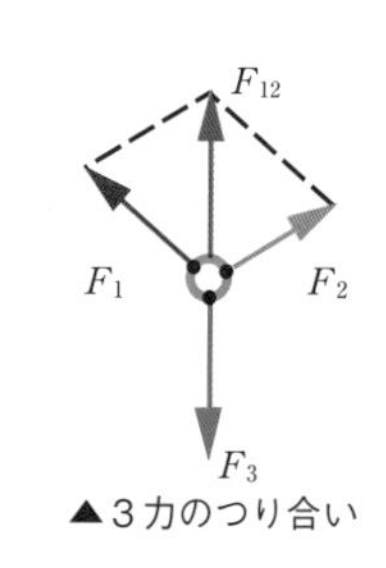

▲3力のつり合い

4力以上がはたらいてつり合っているときも，その合力の大きさは0になる。この場合は，はたらいている力のうちどれか2力を選び，次々に合成して，最後に残った2力がつり合うことになる。さらに，<u>すべての作用線が1点で交わって静止していれば，その力の組はつり合っているといえる</u>➡①。

もっとくわしく

①この条件を満たさなくてもつり合うことはある。例えば，てんびんのつり合いがそうである。ただし，この場合，大きさが同じで，反対向き，同一作用線上にある2力をてんびんのうでに加えることで，作用線を1点に交わらせることができる。

物理学の幕開け

今まで学んできた力の単位「N」はイギリスの物理学者ニュートン（Sir Isaac Newton 1642～1727）にちなんでつけられたものである。

ニュートンは，自宅の前に植えられたリンゴの木から実が落ちるのを見て引力を発見したといわれている。このリンゴの木は，今でもニュートンの生まれ故郷であるイギリスのウールソープという村に残っている。

ニュートンは1642年のクリスマスに生まれた。父はニュートンが生まれる3か月前になくなったため，幼いころのニュートンは祖母に育てられた。

1661年，ケンブリッジ大学に入学したが，23歳になったときに，当時のヨーロッパで大流行していたペストのために大学が一時閉鎖されることとなり，1667年はじめまでの18か月を故郷のウールソープで過ごした。この18か月の間に，ニュートンは万有引力の法則や運動の法則を発見したり，プリズムを使って日光を七色に分ける実験を行ったりと，数多くのすぐれた仕事を成しとげた。そのため，この時期は「創造の18か月」とよばれている。

ニュートンは，「地球のまわりを回っている月がなぜリンゴのように地球に落ちてこないのだろう？」という疑問をいだいた。彼はガリレオ・ガリレイ（Galileo Galilei 1564～1642）の慣性の法則［➡P.71（ニュートンの慣性の法則）］をもとに，次のように考えた。

「慣性の法則にしたがうと，月に何らかの力がはたらかない限り，月はその公転軌道の接線方向にとびさるはずである。月が同じ円周上を回り続けているのは，地球の引力を受けているからである。」

そこで，地球の引力の大きさを計算したニュートンは，「2つの物体の間には，その質量の積に比例し，物体間の距離の2乗に反比例する引き合う力がはたらいている」という「万有引力の法則」にたどりついた。

1667年，ケンブリッジ大学にもどってきたニュートンは，すばらしい才能を認められ，27歳のときにケンブリッジ大学の教授となった。

しかし，当時のニュートンは万有引力の法則などを発表していなかった。まわりの友人たちの熱心なすすめによって，これらの研究をまとめた『プリンキピア』が出版されたのは1687年になってのことであった。この本は3つの部分から構成されていて，第1部，第2部は物体の運動に関するもの，第3部は宇宙に関するもので，万有引力の法則は第3部にふくまれている。

『プリンキピア』の内容はシュレディンガー，ハイゼンベルクらのミクロな現象を記述する「量子力学」によって「古典物理学」とよばれるようになってしまったが，わたしたちの生活のなかでは十分通用するものであり，今後高校でも学ぶことになる。

§2 力の合成と分解

▶ここで学ぶこと

力のはたらき方にはどのようなきまりがあるのだろうか。特に２つ以上の力がはたらくとき，どのように力がはたらくのかを整理していく。

① 力の合成と分解

1 力の合成と分解

力の合成

１人で荷物をもつとき，荷物に加える力 F は右の図１のように表される。また，２人で荷物をもつとき，荷物に加える力 F_1, F_2 は図２のように表される。このとき，**２力 F_1, F_2 は力 F と同じはたらきをしている**[①]。

図１

図２

このように，同じ物体に２つ以上の力が同時にはたらくとき，それらの力は，同じはたらきをするひとつの力におきかえることができる。これを**力の合成**といい，合成して得られた力を**合力**（ごうりょく）とよぶ。

力は大きさと向きをもった量なので，合成するときもこの点を考慮する必要がある。力の大きさが等しい２力でも，２力の向きの組み合わせによって，合力は異なる。

合成する２力の大きさをそれぞれ F_1, F_2, 合力を F とおいて考える。

- **２力の向きが等しいとき**　合力 F の大きさは F_1 と F_2 の和となり，合力 F の向きは F_1, F_2 の向きに等しい。
- **２力の向きが反対のとき**　合力 F の大きさは F_1 と F_2 の差となり，合力 F の向きは F_1, F_2 の大きいほうの向きに等しい。
- **２力の向きが異なるとき**　力の合成は，**力の平行四辺形の法則**により求められる。

① F_1, F_2, F は，力を示す名前であるが，それぞれの力の大きさも表している。

〈平行四辺形の法則〉

右の図のように，２つの矢印を平行移動して，F_1, F_2 の始点（作用点）を一致させる。この２つの矢印を２辺とする平行四辺形をつくる。すると合力 F は，この平行四辺形のひとつの対角線となる。

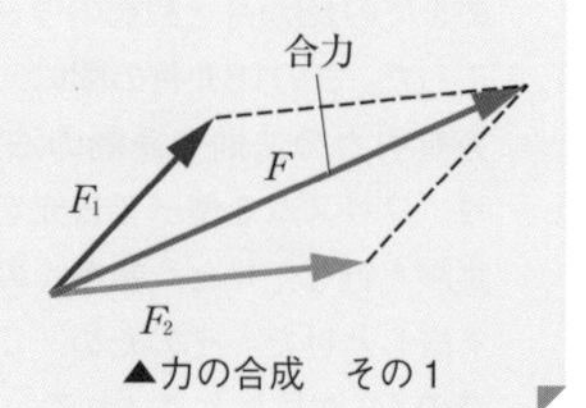

▲力の合成　その１

F_1，F_2の合力Fは，下の図のようにしても求められる。これは，F_2を平行移動してその始点をF_1の終点に移動し，F_1の始点とF_2の終点を直線でつないだ矢印が求める合力となっている。もちろんF_2の終点にF_1の始点をつないでも同じ結果になる。

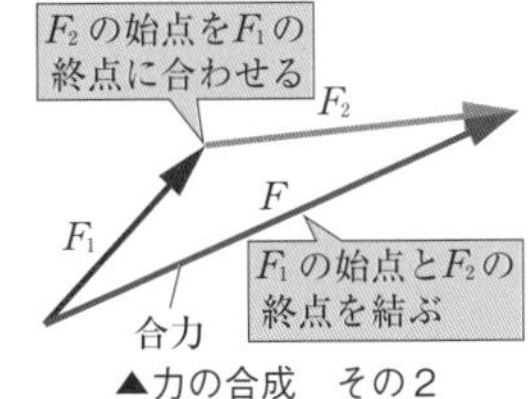

▲力の合成　その2

この方法を用いると，２力の向きが同じ場合や２力の向きが反対の場合も，作図により合力を求めることができる（下の図では，矢印が重なるのを避けるため，少し上下にずらしてかいてある）。

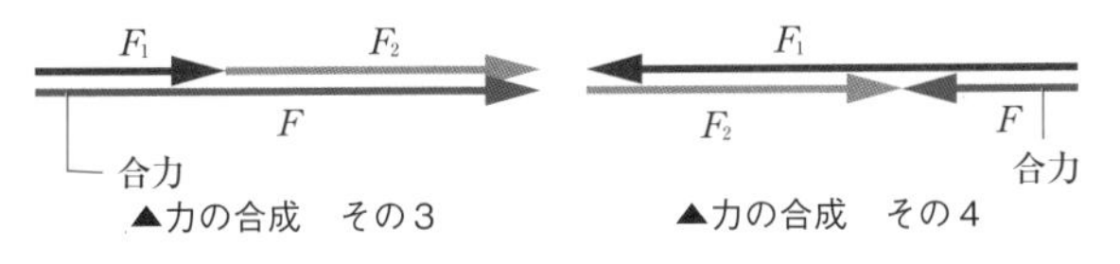

▲力の合成　その3　　▲力の合成　その4

矢印のもとを始点，矢印の先を終点という。

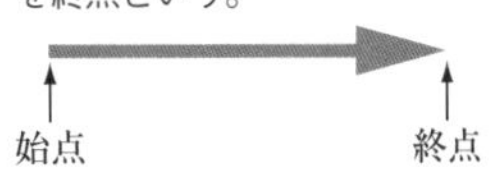

力の分解

坂道を下っているとき，坂道にそって下向きに引かれているように感じる。からだにはたらいている重力を右の図のように，**坂道に平行な力と垂直な力とに分ける**とこの現象は考えやすい。このとき，２力を合成すると重力に等しくなる。

このように，力の合成とは逆に，ひとつの力を複数の力の組に分解することもできる。これを**力の分解**という。また，分解して得られた力を**分力**（ぶんりょく）という。ひとつの力を２力に分解する組み合わせは無数にある。これをただひとつの組に定めるには，

①分力の２方向を定める
②ひとつの分力を定める

のいずれかの条件があたえられなければならない。

もとの力をF，２つの分力をF_1，F_2として，上の２つの条件について考える。

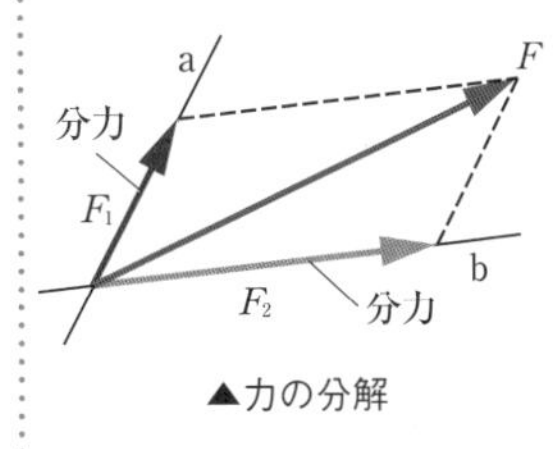

▲力の分解

①分力の２方向を定める

あたえられた２方向a，bが平行四辺形の２辺に，Fがその平行四辺形のひとつの対角線になるように作図する。分力F_1，F_2は，平行四辺形の法則より，平行四辺形の２辺として得られる。

②ひとつの分力を定める

平行四辺形の１辺と対角線のひとつが定まるので，これで平行四辺形が決まる。もうひとつの分力は，得られた平行四辺形の残りの辺から求められる。作図をすると，57ページの「力の合成　その２」の図と同じようにして，あたえられたひとつの分力をF_1とすると，求める分力はF_2となる。また，56ページの「力の合成　その１」の図のように作図をしても，もうひとつの分力が求められる。

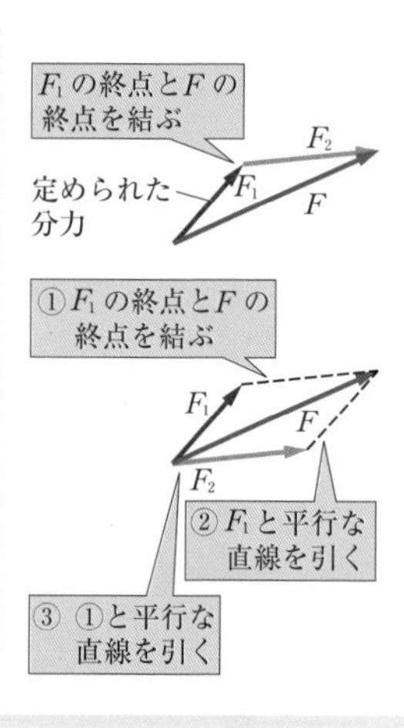

Level Up!

重さの異なる２つのおもりをつるしたてんびんにおける力のつり合いは，どのようになっているのだろうか。力の合成をもとに考えていこう。

2 てんびんのつり合い

太さの一様な棒を糸で天井からつるし，重さの異なるおもりA，Bを棒に下げたところ，右図のようにつり合った。このとき，棒にはたらく力は，糸1，糸2，糸3から受ける力と棒の重力の4力で，これらがつり合っている。糸2，糸3から受ける力と棒の重力の大きさを加えると，糸1から受ける力の大きさに等しくなるはずであるが，この4力の作用線はたがいに平行であり，１点で交わっていない。力の矢印は作用線上以外は移動させることができないので，これでは合力を求められない。

そこで，棒に，同じ大きさで反対向き，同一作用線上にある２力F_1，F_2を右の図のように加えてみる（この２力はつり合っているので，４力のつり合いに影響をおよぼさない）。力F_1，F_2をそれぞれ糸2，糸3から受ける力と合成すると，その合力の作用線とほかの２力の作用線が１点で交わり，３力以上の力のつり合いの条件を満たしていることがわかる。

② 作用・反作用

1 作用・反作用の法則

作用と反作用

ある物体に力がはたらいているとき，この力を加えている別の物体がある。つまり，力がはたらいているときには，力を加える物体と加えられる物体が存在するのである➡①。

右の写真のように，スケートボードにのった人が壁をおすと，壁と反対向きに動き出す。これは，人が壁をおすと，その大きさで反対向きの力を壁が人に加えたからである。

このように，**物体Aに物体Bから力がはたらいているとき，物体Bも物体Aから力を受けている**。この2力は同じ大きさで，反対向き，同一作用線上にある力の組となる。静止している物体間でも，運動している物体間でも，この2力の関係に変わりはない。

●**作用・反作用の法則**　物体Aが物体Bから力を受けているとき，物体Bも物体Aから同じ大きさ，反対向き，同一作用線上にある力を受ける➡②。これを**作用・反作用の法則**という。

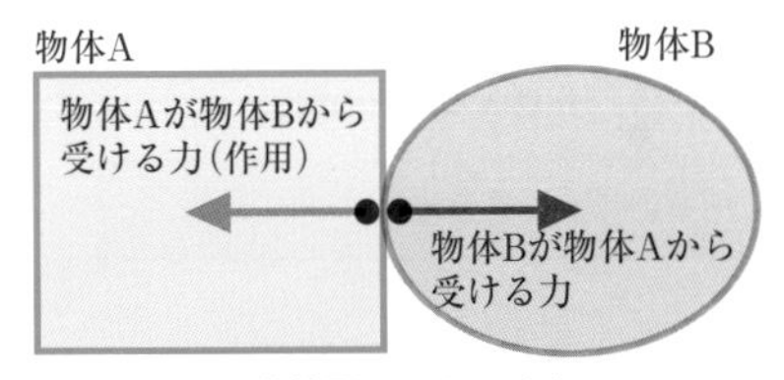

▲物体間にはたらく力

左向きの力（物体Aが物体Bから受ける力）の作用点は物体Aに，右向きの力（物体Bが物体Aから受ける力）の作用点は物体Bにある。作用・反作用の関係にある2力は同時に生じる。例えば，物体Aが物体Bから力を受けた結果として，物体Bが物体Aから力を受けるわけではない。

つり合っている2力と作用・反作用の関係の2力について

つり合っている2力と作用・反作用の関係にある2力は，ともに等しい大きさで反対向き，同一作用線上にある。しかし，これらの2力の関係はまったく異なるので，ここで，そのちがいを整理しておく。

つり合っている2力は，合力が0なので，同じ物体には

もっとくわしく

①物体にはたらいている力は，「物体Aが物体Bから受ける力」のように，力を加える物体（物体B）と力を加えられる物体（物体A）を用いて説明できる。

スケートボードにのった人が壁をおすと，人は壁からおし返されて右に動く。

▲作用・反作用の例

もっとくわしく

②この場合，2力はそれぞれ別の物体にはたらいているので，力のつり合い［➡P.54］とは異なる。

たらいている２力でなければならない。一方，作用・反作用の関係にある２力は，物体Ａが物体Ｂから受ける力と物体Ｂが物体Ａから受ける力の組であるから，作用点はそれぞれ異なる物体にある。

	つり合っている２力	作用・反作用の関係にある２力
大きさ	等しい	等しい
向　き	反対	反対
作用線	等しい	等しい
作用点	同一物体上	異なる物体上

▲つり合っている２力と作用・反作用の関係の２力

次の図の３力について考える。F_1 は物体にはたらく重力，F_2 は物体が床から受ける力，F_3 は床が物体から受ける力である。３力の作用線は一致しているが，図では見やすいように少しずらしてかいてある。

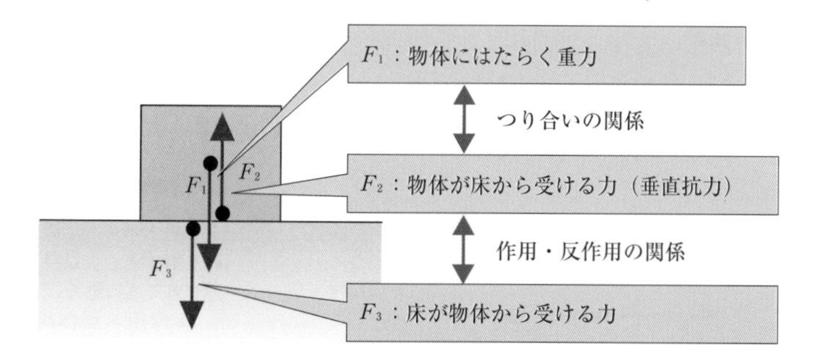

F_1 と F_2 はどちらも物体にはたらいている反対向きの力であり，つり合う条件を満たす。F_2 と F_3 は物体が床から受ける力と床が物体から受ける力の組であるので，作用・反作用の関係にあることがわかる。

ここに注意

この図にはかかれていないが，重力と作用・反作用の関係にある力として，物体が地球を引く力も存在している。

研究 単位の基準

長さ，質量，時間を表す単位の基準は，世界で統一して定められています。以前は，長さの基準にはメートル原器というものさし，時間は地球の自転や公転にもとづく定義が用いられていましたが，現在では，長さの基準は真空中での光の速さであり，時間についてはセシウム原子の出すある特定の光にもとづく基準が定められています。質量に関しても，これまではキログラム原器という分銅が基準となっていましたが，2019年５月から，プランク定数という光のエネルギーに関する定数を利用した計算で求める方法に変更されました。これらの変更は，生活レベルでは影響はありませんが，最先端の科学技術分野のさらなる発展をもたらすと期待されます。

確認問題

つり合っている力，作用・反作用の関係にある力

下の図のように床の上におかれた物体を右からも左からも同じ大きさの力で引いている。次の(1)~(5)の記述で正しいものには○，誤っているものには×を書け。ただし，F_1 と F_1'，F_2 と F_2'，F_3 と F_3' と F_4 はそれぞれ同一線上ではたらくが，図が重なってしまうので，少しずらしてかいてある。

（東京学芸大学附属高）

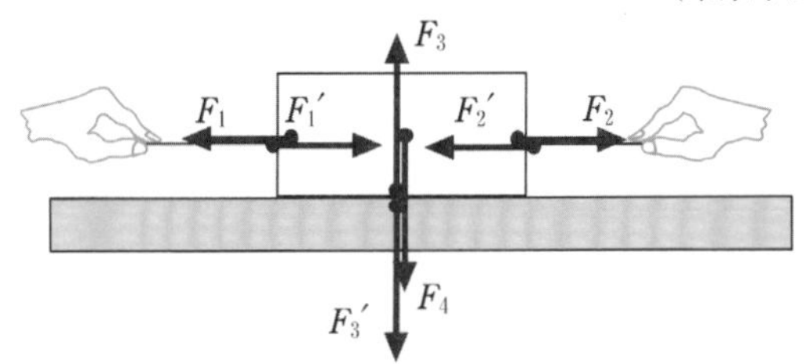

(1)　物体にはたらいている力は，F_1，F_1'，F_2，F_2'，F_3，F_3'，F_4 である。

(2)　F_1 とつり合う力は F_1' である。

(3)　F_4 と作用・反作用の関係にある力は F_3 である。

(4)　F_3 と F_3' が打ち消し合っている。

(5)　作用と反作用は別の物体にはたらいている力なので，打ち消し合わない。

●それぞれの力を，「～が…から受ける力」と説明してみる。
●つり合っている２力と，作用・反作用の関係にある２力のちがいを確認する。

解き方

F_1：物体が糸から受ける力　　F_1'：糸が物体から受ける力
F_2：物体が糸から受ける力　　F_2'：糸が物体から受ける力
F_3：物体が床から受ける力　　F_3'：床が物体から受ける力
F_4：物体が地球から受ける力

(1)　物体にはたらいている力は，F_1，F_2，F_3，F_4 である。

(2)　F_1 と F_1' は作用・反作用の関係。F_1 とつり合う力は F_2 である。

(3)(4)　F_3とF_3' は作用・反作用の関係。F_4 と作用・反作用の関係にある力は，「物体が地球を引く力」である。

解答

(1)　×　　(2)　×　　(3)　×　　(4)　×　　(5)　○

§3 水圧と浮力

▶ここで学ぶこと

水中の物体にはさまざまな力がはたらいている。圧力のはたらきについて理解し，圧力をもとに物体にはたらく浮力について考える。

① 水圧

1 圧力

圧力

●**圧力** 単位面積当たりに垂直にはたらく力の大きさ[➡P.524(圧力)]。したがって，$\dfrac{\text{面を垂直におす力の大きさ}}{\text{力がはたらく面積}}$で表される。

●**圧力の単位** 圧力は$\dfrac{\text{力〔N〕}}{\text{面積〔m}^2\text{〕}}$で求められるので，その単位はN/m²➡①であり，これをPa(パスカル)ともいう。

〈圧力〉 $\text{圧力〔Pa〕}=\dfrac{\text{面を垂直におす力の大きさ〔N〕}}{\text{力がはたらく面積〔m}^2\text{〕}}$

●**圧力の矢印** 力と同様に，圧力も向きと大きさを持つので，矢印で表すことができる。ただし，力の矢印と区別できるように，圧力の矢印は右の図のように表すことが多い。

パスカルの原理

●**パスカルの原理** 水の入っている容器をピストンでおすと，加えられた圧力は，容器内の水のどの点にも等しい大きさで伝わる。これを**パスカルの原理**という。

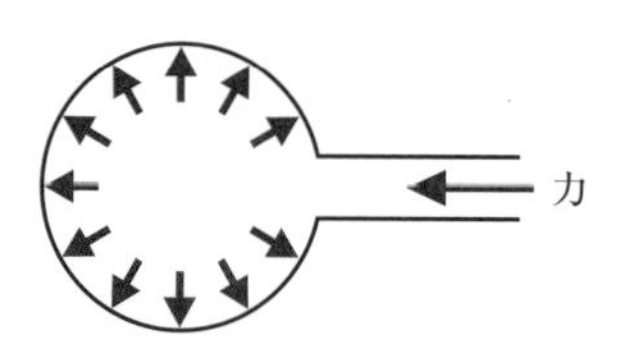

容器の底や側面に小さなあなを開けると，圧力の向きに水がふき出してくる。このときピストンを強くおすほど，ふき出す水の勢いも強くなる。これは，ピストンにより加えられた圧力が水中を一様に伝わったためであり，パスカルの原理にしたがっている。

参考

① N/m²はPa(パスカル)ともいい，1N/m²＝1Pa[➡P.524]。上空にある空気がおもしとなって生じる圧力を大気圧という[➡P.521(気圧)]。

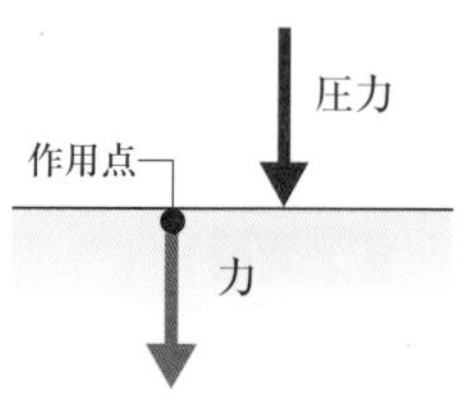

▲力と圧力の矢印

人物

ブレーズ・パスカル(1623～1662)
フランスの哲学者，自然哲学者。

2 水圧

水が多量に入った風呂おけのせんをぬく場合，空の風呂おけのせんをぬくときよりも大きな力が必要となる。これは，水中では水による圧力がはたらいているからである。

水中にある物体にはたらく水圧➡②

水中にある物体がまわりの水から受ける圧力が，**水圧**である。右の図のように水中に静止している物体には，深さ**が同じであれば，あらゆる方向から等しい大きさの水圧がはたらいている**。

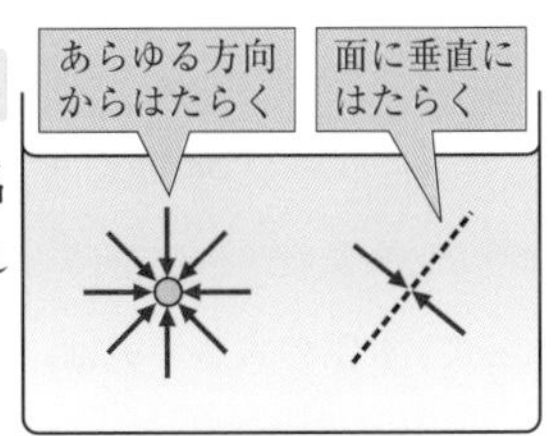

▲水中にある物体や平面にはたらく水圧

水中にある平面にはたらく水圧

水槽の壁にはたらく水圧は，壁に垂直にはたらく。水中にある平面を考えると，この面にはたらく水圧は，面に垂直になる➡③。

水圧が生じる理由

水中にある物体が水圧を受けるのは，まわりにある水におされているからである。水圧は物体の上にある水がおもしとなって，その物体をおすことで生じる。このとき圧力は上からはたらくだけではないが，それはパスカルの原理から説明できる。

上から水がおされても，体積を保つために下からもおし返しているので，水の体積はほとんど変化しない。同様に，水は横ににげていくことができないので，横からもおし返すこととなり，あらゆる方向から等しい大きさの圧力が加わることになる。したがって，**水圧の大きさは，水の深さによって定まり，その深さより上にある水の重さによって生じている**➡④のである。

水圧の大きさ

深さd〔cm〕にある物体にはたらく圧力の大きさを考える。水槽の断面積をS〔cm^2〕とする。深さd〔cm〕より上にある水の体積はSd〔cm^3〕である。水の密度は 1.0〔g/cm^3〕なので，Sd〔cm^3〕の水の質量は Sd〔g〕である。この部分の水が，深さd〔cm〕の断面S〔cm^2〕全体を垂直におすことで水圧が生じる。

力の単位にNを用いるので，質量をkg，面積をm^{2}にかえて，100g の物体にはたらく重力の大きさを 0.98N として

参考

②水圧について考えるが，一般的に圧力全体に成り立つことが多い。

参考

③面に平行な圧力が加わると，その面にそって水の流れが生じてしまうだろう。しかし，実際にはそのようなことは起こらないので，面には垂直な方向の圧力しかはたらいていないことがわかる。

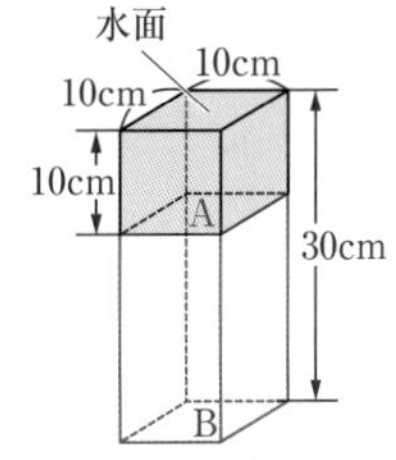

面Bの上にある水の重さは，面Aの上にある水の重さの3倍になる。
➡面Bにかかる水圧は，面Aにかかる水圧の3倍になる。

もっとくわしく

④ 断面積1 cm^2，高さ10mの直方体中に入る水は，1 cm^2×1000cm=1000cm^{3}なので，重さは9.8Nである。9.8N/cm^{2}がおよそ1気圧なので，水の深さが 10 m深くなるごとに，水圧はおよそ1気圧大きくなる。

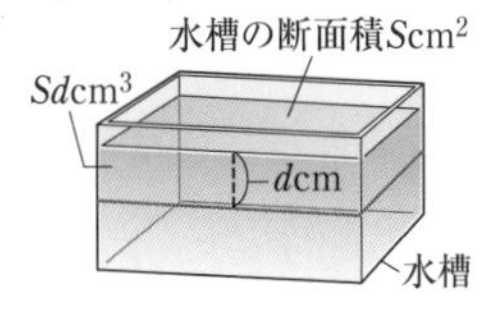

計算すると，

$$Sd\,〔\mathrm{g}〕=\frac{Sd}{1000}〔\mathrm{kg}〕$$

$$S\,〔\mathrm{cm^2}〕=\frac{S}{10000}〔\mathrm{m^2}〕$$

よって，水圧の大きさPは，

$$P=\frac{9.8\times\dfrac{Sd}{1000}〔\mathrm{N}〕}{\dfrac{S}{10000}〔\mathrm{m^2}〕}=98d〔\mathrm{Pa}〕$$

したがって，水圧Pの大きさは深さdに比例することがわかる。

水ではなく，密度がρ（ロー）〔g/cm³〕➡①の液体の場合，深さd〔cm〕にある物体にはたらく圧力の大きさは，Pのρ倍の$98\rho d$〔Pa〕になる。

ここに注意

①ρはギリシャ文字でローと読む。

用語

密度
単位体積当たりの質量で，単位はg/cm³を用いることが多い[➡P.178]。密度は物質によって定まり，例えば水の密度は1.00g/cm³である。

② 浮力（ふりょく）

1 浮力

浮力

水中でからだが浮（う）くのは，水から上向きの力を受けているからである。このように，水中にある物体は水から上向きの力を受ける。この力が**浮力**である。浮力は気体でも生じる➡②。

もっとくわしく

②気球にはたらく浮力は，空気があたえる力である。

水中に，断面積S〔cm²〕，高さがh〔cm〕の物体を入れた。物体の上面の深さを水面からd〔cm〕とする。**物体は水から深さに比例した大きさの圧力を受けている**。物体の側面が水から受ける力は，どの面も等しいのでつり合っている。物体の上面，下面が水から受ける力の大きさをそれぞれF_1，F_2とすると，力の大きさ＝圧力×面積より，

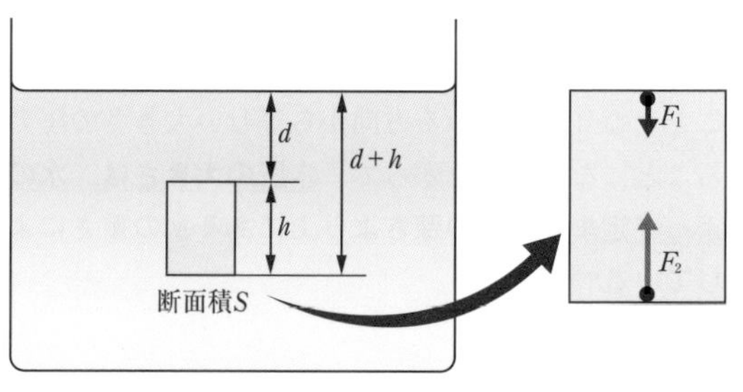

▲浮力が生じるしくみ

$$F_1=98d\times\frac{S}{10000}〔\mathrm{N}〕$$

$$F_2=98(d+h)\times\frac{S}{10000}〔\mathrm{N}〕$$

となるから，合力FはF_1，F_2の向きと大きさを考慮して，

$$F=F_2-F_1=98h\times\frac{S}{10000}〔\mathrm{N}〕=0.0098\,hS〔\mathrm{N}〕$$

となり，これが物体にはたらく浮力の大きさである。

hS〔cm³〕は物体の体積であるから，浮力の大きさは物体と同じ体積の水の重さに等しくなる。

なお，密度 ρ〔g/cm³〕の液体中にある物体が受ける浮力の大きさは，0.0098 ρhS〔N〕となる。

アルキメデスの原理

物体にはたらく浮力の大きさは，その物体がおしのけた液体の重さに等しい。これを**アルキメデスの原理**という。液体を気体にかえてもアルキメデスの原理は成り立つ。

アルキメデス（紀元前 287～紀元前 212）
古代ギリシアの数学者，物理学者。

2　水に浮く物体

浮力と密度

物体が水に浮くためには，浮力＞物体にはたらく重力であるから，同じ体積で比較して，

水の重さ＞物体の重さ

とならなければならない。したがって，

水の密度＞物体の密度

を満たす物体は，水に浮くことができる。

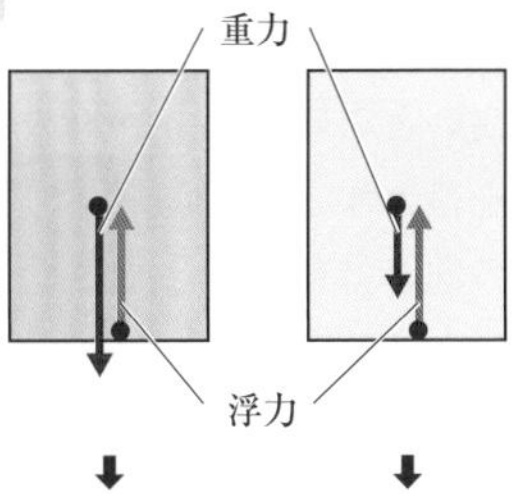

▲ものの浮きしずみ（物体全体を水の中に入れたときにはたらく浮力と重力の関係）

確認問題

浮力

質量 50g の氷を水に浮かべる。氷の密度は 0.92g/cm³ である。水中に入っている氷の体積は全体の何%になるか。

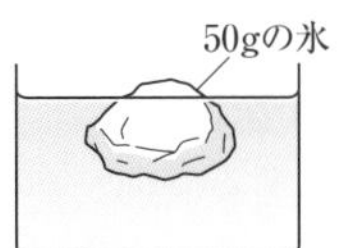

解き方

氷にはたらく重力と浮力がつり合って，氷は水に浮く。よって，氷がおしのけた水の質量は 50g である。したがって，氷がおしのけた水の体積（水中の氷の体積）は 50cm³ である。

また，$体積〔\mathrm{cm^3}〕=\dfrac{質量〔\mathrm{g}〕}{密度〔\mathrm{g/cm^3}〕}$ より，質量 50g の氷の体積は $\dfrac{50}{0.92}$〔cm³〕。

$$よって，\frac{水中の氷の体積}{氷の全体の体積}\times 100=\frac{50}{\frac{50}{0.92}}\times 100=92 \quad よって，92\%$$

解答

92〔%〕

§4 物体の運動

▶ここで学ぶこと

物体の運動と力の関係を考察する。物体に力がはたらくと，運動の状態，すなわち速さや進行方向が変化する。ここでは，物体の運動，力と運動の関係について学ぶ。

① 力と運動

1 物体の運動

▶物体の運動の表し方

高いところから球を落とすと，運動の向きは変化しないが，速さはだんだんはやくなる。また，振り子の運動では，おもりの速さはつねに変化し，運動の向きも変わっている。このような物体の運動のようすを表すには，運動の速さと向きを知る必要がある。

▼球の落ちるようすの写真

▼振り子の運動の写真

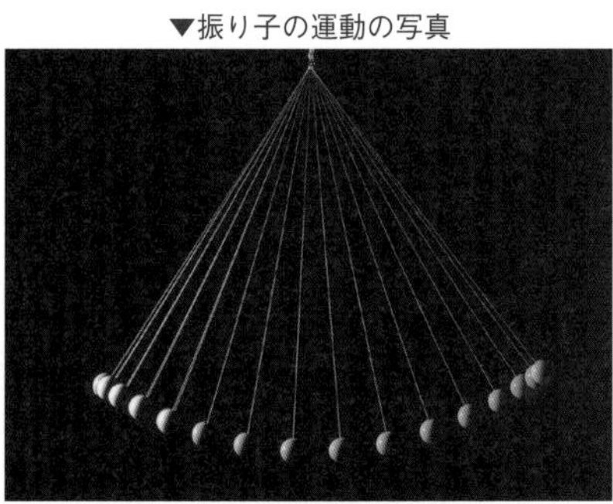

▶速さ

ある時間[①] t の間に物体が距離 s だけすすんだとき，この物体の速さ v は，

〈物体の速さ〉 $v=\dfrac{s}{t}$ ……①

であたえられる。

●**速さの単位** 距離をm（メートル），時間をs（秒）で表すと，m/s（メートル毎秒）が速さの単位となる。車の速度計や野球中継でのスピードガンの単位は，1時間当たりにすすむ距離をkmで表している。この単位は，km/h[②]（キロメートル毎時）となる。

●**速さと速度** 式①の値が等しくても，物体のすすむ向きが異なっていれば，同じ運動ではない。したがって，速さが等しくても，すすむ向きが異なるものを同じ量としてあつかうことはできない。そのため，力と同様に大きさだけ

参考

①しばしば混同して使われることが多いが，厳密には時刻と時間は同じ意味ではない。時刻は，ある瞬間を時刻0の原点として，それを基準に定めた値である。一方，時間はある瞬間とある瞬間の間を表す。

参考

②hは，時間を表すhourの頭文字である。

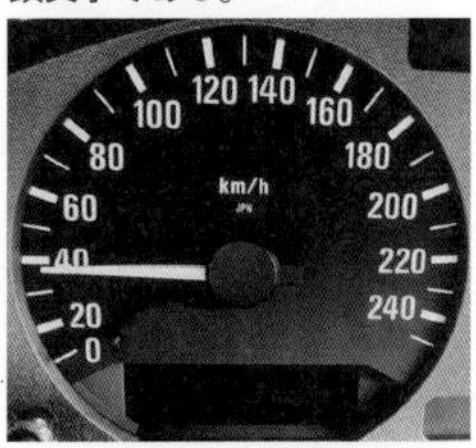

▲車の速度計

ではなく向きも考えなければならない。大きさだけをもつ量を速さ，向きももつ量を速度とよび，たがいに区別する。もちろん速度の大きさは，速さに等しい。

平均の速さと瞬間（しゅんかん）の速さ

●平均の速さ　式①のように，**ある時間内にすすんだ距離を用いて求めた速さ**が平均の速さである。

●瞬間の速さ　**ある瞬間の物体の速さ**を瞬間の速さという。

瞬間の速さを求めるときにも，式①を用いる。短い時間をとって測定した速さを瞬間の速さとみなす。また，瞬間の速さに対応する時刻は，測定した時間の真んなかの時刻とする。

●平均の速さと瞬間の速さの関係　ある瞬間の時刻を0とし，その瞬間の物体の位置を原点としてx軸を定める。ある瞬間の物体の位置をグラフで示すと，右の図のようになったとする。このグラフを**x－t グラフ**という。

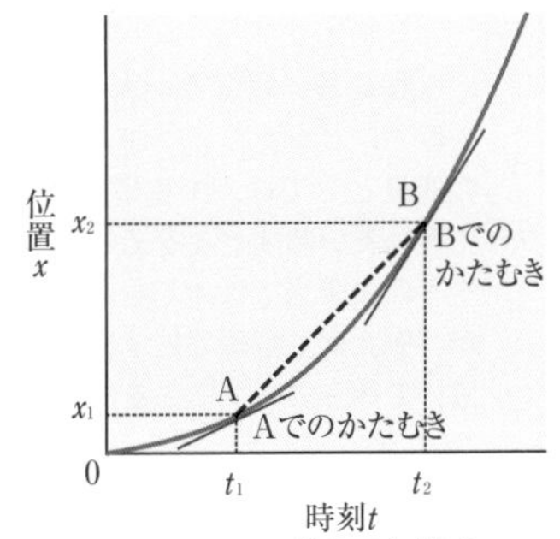

▲ $x-t$ グラフと速さ

下の図のように，時刻t_1のときの物体は位置x_1にあり，時刻t_2のときの物体は位置x_2にあったとする。

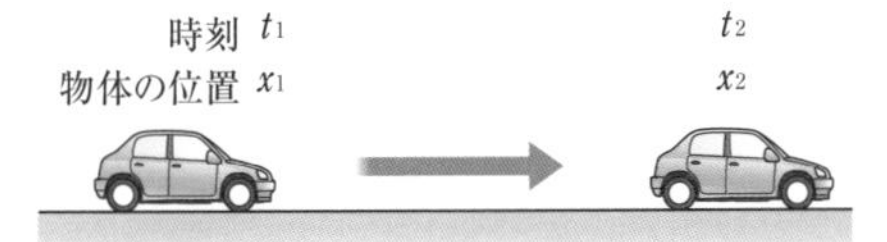

この2つのデータから，物体の速さvは，

〈物体の速さ〉　$v=\dfrac{x_2-x_1}{t_2-t_1}$　……②

と求められる。この速さは，上のグラフの点線で示した線分ABのかたむきに一致する。これは，点Aでのグラフのかたむきとも点Bでのグラフのかたむきとも等しくはないが，線分ABのかたむきは点A，点Bでのそれぞれのかたむきの間の大きさをもつことがわかる。

t_2-t_1の時間で距離x_2-x_1だけすすむとき，一定の速さであるとして考えると，式②で表せる速さvは，平均の速さであることがわかる。またこの速さは，時刻t_1～t_2のどこかの瞬間の速さになっている。

物体が刻々と速さを変えて運動しているのは，上のグラフからわかるだろう。したがって，物体はそれぞれの時刻で，瞬間の速さをもっているといえる。t_2 を t_1 に近づけていくと，短い区間での平均の速さを求めることができ，t_2 を t_1 に限りなく近づけたときの速さは，まさに t_1 の瞬間の速さとみなすことができる。このように，瞬間の速さは，十分に短い間にすすんだ距離により求めることができる。

瞬間の速さは「ある瞬間の」速さとして，時刻と対応づけられる。t_1〜t_2 間が十分短いとみなせるとき，式②で得られた速さを瞬間の速さとみなすことができる。この速さは，t_1〜t_2 間の中間の時刻の瞬間の速さとみなす。

短い時間とは，どのくらいの時間をさすのですか？

1秒は短い時間といえるのでしょうか。1年ではどうでしょうか。私たちのふつうの感覚としては，1秒は短い時間であり，1年は長い時間となるでしょう。この感覚をそのまま当てはめてもよいものでしょうか。例えば，野球でピッチャーがボールを投げてからミットに入るまでのボールの運動を考える場合，1秒という時間では長すぎてボールの運動を説明することができません。恐竜の化石の年代を調べるには，1年という時間は短い時間となるでしょう。したがって，時間が長いか短いかという判断は，対象とするものによることになります。

速さの測定

速さは式①で求められるので，ある時間にすすんだ距離を測定できれば速さを求めることができる。具体的な測定方法としては，次の2通りが考えられる。

ア　距離を定め，その間を通過する時間を測定する。

イ　時間間隔を定めて，その間にすすんだ距離を測定する。

アの方法は，100 m走のように決められた距離を走る時間を測定すればよい。当然もっとも短い時間で走った選手がもっともはやく走ったことになる。また，記録タイマーを用いて，速さを求めるのはイの方法である。

●記録タイマー　記録タイマーは，交流電源 [➡P.145] を用いて，交流の周波数に合わせて，打点していく装置である。東日本では $\frac{1}{50}$ 秒ごとに打点し，西日本では $\frac{1}{60}$ 秒ごとに打点する。したがって，$\frac{1}{50}$ 秒間あるいは $\frac{1}{60}$ 秒間にすすんだ距離を測定することができる。一般に，打点式の記録タイ

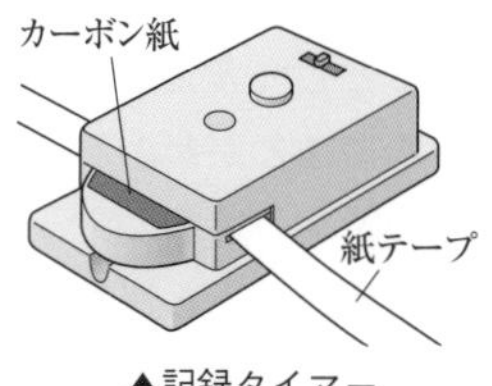

▲記録タイマー

マーでは，５打点あるいは６打点ごとに打点間の距離を測定していく。

記録タイマーの測定で得られた結果は右のようになる。この結果から，5打点間あるいは6打点間の距離を測定→①すると，0.1 秒間にすすんだ距離が求められる。

▲記録タイマーの測定結果

参考

①１打点ごとに測定すると打点時のバラつきが大きいので，0.1秒間の距離を測定する。

確認問題

$\frac{1}{50}$秒ごとに打点する記録タイマーが打点したテープを５打点ごとに切り，下を合わせて，右の図のように並べて順にはっていくと，縦軸が速さ，横軸が時間を表すグラフ（v-tグラフ）になる理由を説明せよ。

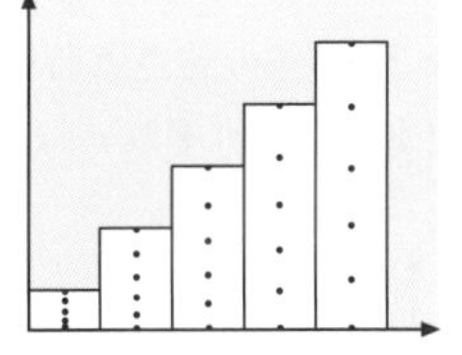

学習のPOINT

●５打点ごとに切ったテープの長さは，0.1 秒間にすすんだ距離である。

●並べてはったテープの幅は，0.1 秒に相当する。

解答

５打点ごとに切ったテープの長さは，５打点すなわち，$\frac{5}{50}=0.1$ 秒間にすすんだ距離である。したがって，この長さを0.1秒で割った（10倍した）ものがその間の平均の速さとなる。

また，横軸方向は，テープの幅で等間隔にはってあるので，その幅を 0.1 秒とすれば，時間軸になる。以上のように，縦軸は長さを 10 倍にしためもりにし，横軸はテープの幅を 0.1 秒とすれば，v-t グラフになる。

上の確認問題にあるグラフに線を引いて，v-t グラフを完成させるにはどうしたらよいだろうか。はったテープの上端は，その区間の平均の速さを表している。線を引くためには，その平均の速さがどの瞬間の速さに対応するのかを決めなければならない。どの瞬間の速さが区間の平均の速さに一致するかは測定からはわからない。そこで，もっとも時刻の不確かさが小さくなるように，区間の真んなかの時刻の速さとみなすことにする。こうすることで，時刻の不確かさを最大でも区間の半分の時間におさえることができる。

2 物体の運動と力

等速直線運動

一定の速さv_0➡①で一直線上をすすむ運動を**等速直線運動**という。また,この運動は**等速度運動**➡②ということもできる。

物体の進行方向にx軸をとる。x軸上のある点を原点とし，その点を通過する瞬間を時刻0➡③とする。物体が等速直線運動をするとき，時刻tにおける物体の速さvと位置xは,

$$v = v_0$$

$$x = v_0 t$$

となる。物体の速さと時間,位置と時間の関係をグラフで表したものをそれぞれ$v-t$グラフ，$x-t$グラフという。

① v_0
v_0は時刻0における速度（初速度）を表す。

もっとくわしく

②等速度＝速さも運動の向きも一定。

参 考

③時刻0における位置と速さを初期条件という。

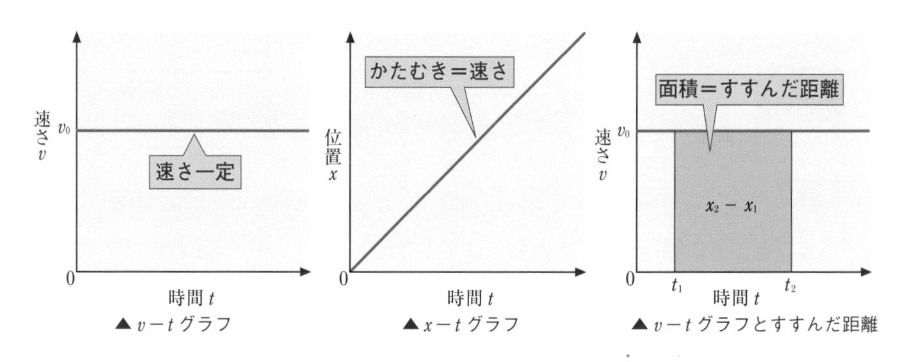

▲$v-t$グラフ　▲$x-t$グラフ　▲$v-t$グラフとすすんだ距離

いま，時刻t_1からt_2の間に物体がx_1からx_2に移動したとする。すすんだ距離x_2-x_1は，$v-t$グラフで，時刻t_1～t_2の範囲におけるグラフの下側（x軸との間）の面積に等しい。式で表すと,

$$x_2 - x_1 = v_0(t_2 - t_1)$$

となる。$v-t$グラフと$x-t$グラフは同じ運動を，異なる観点から見ている➡④。$v-t$グラフと$x-t$グラフの関係は，等速直線運動に限らず，すべての運動で成り立つ。

もっとくわしく

④$x-t$グラフのかたむきは速さに等しい[➡P.67]。

等速直線運動では，速さと進行方向が一定なので，ある時刻の物体の位置と速さ，進行方向がわかれば（初期条件があたえられれば），その後，ある瞬間の物体の
●位置　●速さ　●進行方向
がわかる（予測できる）。
速さと進行方向は，合わせて速度ということもできる。

このように，ある時刻における物体の状況がわかれば，その物体の運動を理解できたといえる。

慣性(かんせい)の法則

物体に力がはたらいていないか，いくつかの力がはたらいていてもつり合っている（合力が0）とき→⑤，**静止している物体はそのまま静止し続け，運動している物体はそのままの速さ，そのままの向きにすすみ続ける（等速直線運動し続ける）**。これを**慣性の法則**という。また，物体が運動の状態（静止しているときはその状態）を保とうとする性質を，**慣性**という。

⑤物理の法則では，このように条件が課されている法則が多い。条件をきちんと理解することが大切である。

物体に力がはたらいていないとき，静止している物体は静止し続けるというのは理解しやすい。しかし，運動している物体が，そのまま同じ向き，同じ速さで運動し続けるというのはどういうことだろうか。力を加えないと物体を一定の速さで動かし続けられないと考えてしまわないだろうか。

実際，自転車を同じ速さでまっすぐにすすめるときには，ペダルをこぎ続けなければならない。この経験から，力を加え続けなければ等速直線運動を続けることはできないように考えてしまうかもしれない。

しかし，慣性の法則からするとこれは誤った考えである。こぎ続け走る自転車には，車軸(しゃじく)にはたらく摩擦力(まさつりょく)や空気の抵抗など，進行方向と反対向きの力が加わっている。したがって，ペダルをこいで前にすすむ力をあたえることで，自転車にはたらく力の合力を0にし，進行方向と反対向きの力とつり合わせることで，等速直線運動し続けていると考えるのが正しい。

このように，**等速直線運動をしている物体にはたらいている力の合力の大きさは0になっている**。

走っている電車のなかでボールを投げ上げてももとの位置にもどるのはなぜですか？

等速直線運動している電車のなかで, ボールを真上に投げ上げるとどうなるでしょうか。ボールは手もとにもどってきます。これはなぜでしょう。

投げ上げたボールは, 電車にのっている人から見ると, 鉛直(えんちょく)方向だけにすすんでいるように見えますが, 地上に立っている人から見ると, 鉛直方向だけではなく, 水平方向に電車と同じ速さですすんでいるように見えます。したがって, 地上に立っている人から見ると, ボールはななめ上方に投げ出され, 放物線をえがくような運動をしているように見えます。一方, 電車にのっている人から見ると, ボールは真上に投げ上げられたように見えます。

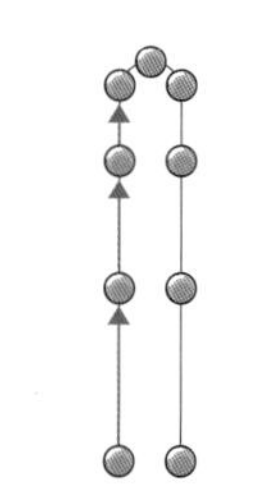

▲電車にのっている人から見たボールの運動

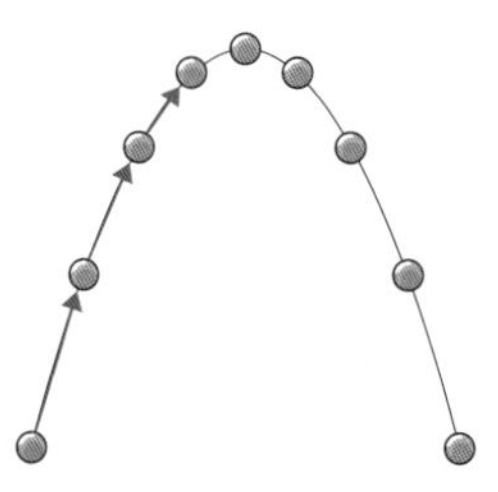

▲地上に立っている人から見たボールの運動

この２つの運動は, ボールが重力だけを受けているときに生じる運動です。見る人の立場が異なるので, 異なる運動のように見えるのです。電車にのっている人が見たボールの運動は, 地上で立っている人が真上にボールを投げ上げたときのボールの運動とまったく同じように見えます。そのため, 窓のない電車のなかで, ボールを投げ上げたとき, ボールが手もとにもどってくるのを見たからといって, 電車が運動しているかどうかはわからないのです。

じつは, 慣性の法則は, 地上で見る運動や物体のつり合いのようすが, 地上に対して等速直線運動をしている状態から見てもまったく同じように見えることを説明しているものなのです。

3 力と運動の関係

慣性の法則より，物体に力がはたらいていないか，力がはたらいていてもつり合っているとき，物体は等速直線運動するということを見てきた。では，物体に力がはたらいているときはどのようになるのだろうか。

斜面上での運動

なめらかな斜面と水平面を運動する物体の運動をストロボ写真で記録すると，下のようになる。

▲斜面と水平面を運動する物体

水平面上では，物体はほぼ一定の速さで運動している。物体にはたらいている力は**重力と垂直抗力の２力で，このとき２力はつり合っている**ので，物体は等速直線運動をする。

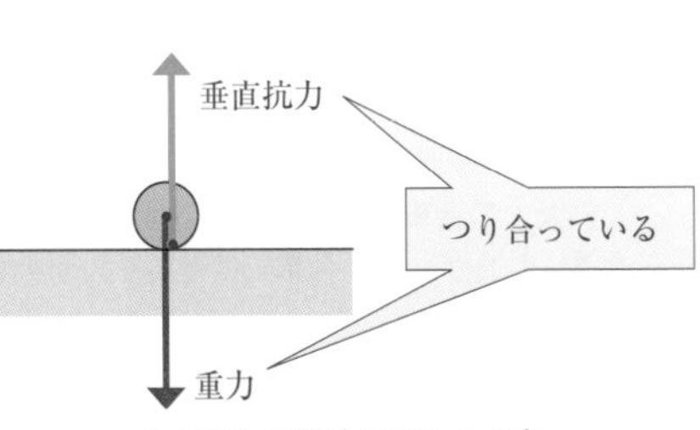

▲水平面で物体にはたらく力

斜面上の物体にも，重力と垂直抗力がはたらいている。このときの合力は0にならず，**重力の斜面下向きの分力が２力の合力となる**。そのため，この合力と同じ向きにすすんでいる（斜面をくだっている）ときは物体の速さがしだいにはやくなり，合力と反対向きにすすんでいる（斜面をのぼっている）ときは物体の速さがしだいにおそくなる。

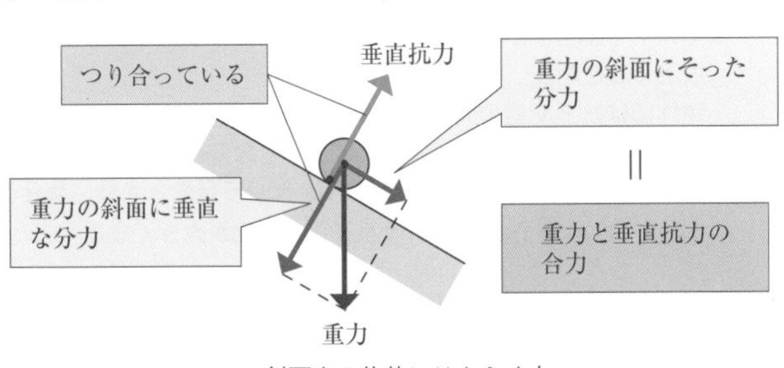

▲斜面上の物体にはたらく力

斜面をくだる物体の運動

【方法】

1 台車にテープをつけ，台車が斜面をくだる運動を，記録タイマーで記録する。

2 斜面のかたむき（角度）を変えて，1と同じように台車の運動を記録する。

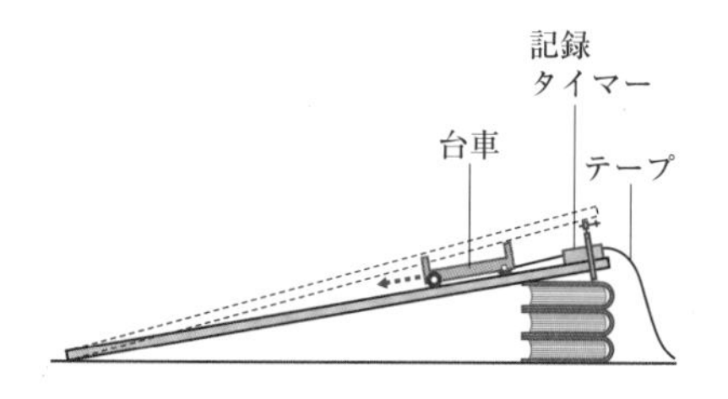

【測定結果】

測定した結果をグラフに示すと，下のようになった。斜面の角度が大きいほど速さの変化は大きいことがグラフのかたむきからわかった。

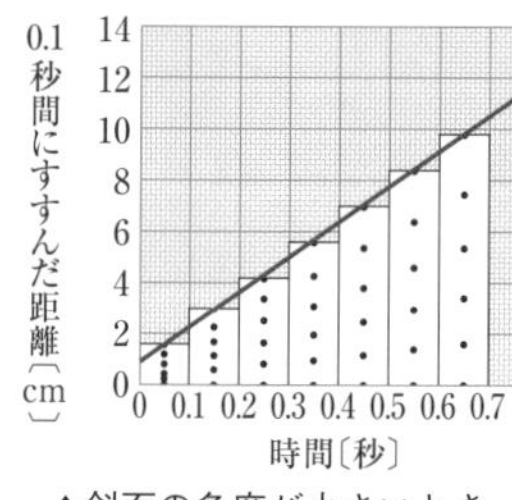

▲斜面の角度が小さいとき

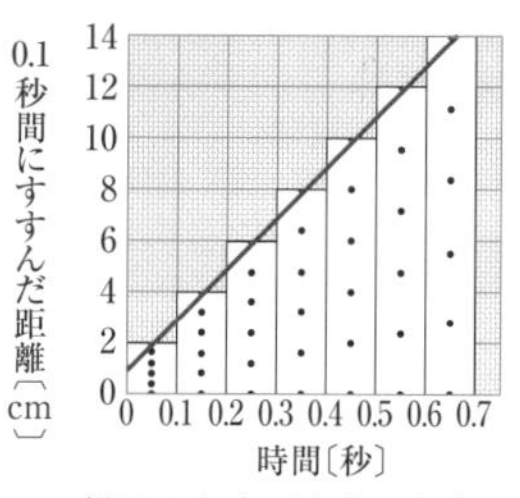

▲斜面の角度が大きいとき

【考察】

斜面上の台車にはたらく，斜面にそって下向きの力は斜面の角度が大きいほど大きくなる。したがって，台車にはたらく力が大きいほど，台車の速さの変化は大きくなる。

【結論】

斜面をくだるとき，台車の速さはしだいにはやくなる。このとき，台車はすすむ向きに力を受けており，力の大きさが大きいほど，台車の速さの変化が大きくなる。

これに対して，台車が斜面をのぼるときは，台車の速さはしだいにおそくなる。これは，台車のすすむ向きと台車にはたらく力の向きが反対になっているからである。

以上のことから，次のことがわかる。

- 物体にはたらく力の向きと物体のすすむ向きが同じときは，物体の速さはしだいにはやくなり，力の大きさが大きいほど速さの変化が大きくなる。
- 物体にはたらく力の向きとすすむ向きが反対のときは，物体の速さはしだいにおそくなり，力の大きさが大きいほど速さの変化が大きくなる。

これが，46ページで説明した力のはたらきの③「物体の運動の状態を変える」である。

研究　有効数字の計算

測定可能な桁(けた)数まで読みとった量の数値を，有効数字といいます。その桁数を有効数字の桁数といいます。

例えば，最小めもりが1mmの定規を用いて，ある物体の長さを測定したところ，2.00cmとなったとします。この2.00が有効数字であり，有効数字の桁数は3桁となります。測定では，最小めもりの$\frac{1}{10}$まで目分量で測定するので，小数第2位の0も意味をもちます。この0は不確かさをふくみますが，測定値が1.995〜2.004cmの範囲にあることを示しています。

2.00のように，桁数の小さいほうにつく0は，有効数字の桁数として数えられます。一方，0.002のように桁数の大きいほうにつく0は，位(くらい)どりを示すものなので，有効数字の桁数には数えられません。この場合，有効数字の桁数は1桁です。1000以上の数値で，有効数字の桁数が3桁の場合，1000とは書けません（この書き方では，有効数字の桁数が4桁になります）。この場合は，1.00×10^3のように表します。反対に小さい数の場合は，1.00×10^{-3}のように書きます。これで，0.00100を表します。

●和と差

ともに有効数字の桁数が3桁の123と45.6の足し算を行ってみましょう。

$$\begin{array}{rr} & 123 \\ +) & 45.6 \\ \hline & 168.6 \end{array}$$

和の小数第1位の6は，正しい数値とはいえません。なぜなら，123の小数第1位はわからないのであって，0とは限らないからです。したがって，この場合，小数第1位の6を四捨五入して169とします。引き算の場合も同様に計算します。

まとめると，和と差を求めるときは，それぞれの数の最小の桁の大きいほうに合わせます（上の例では，一の位）。

●積と商

有効数字が3桁と2桁の3.45と1.2のかけ算を行ってみましょう。

有効数字が3.45ということは，3.445〜3.454の間に真の値があると考えられます。同様に，1.2の場合は1.15〜1.24の幅をもつことになります。積はたがいに大きいもの，小さいものをかけ合わせたときの幅をもちます。

$$3.45\times1.2=4.140$$
$$3.445\times1.15=3.96175$$
$$3.454\times1.24=4.28296$$

積の差は0.3にもなります。有効数字は何桁にすればよいでしょうか。この場合，一の位からずれていますが，差が0.3なので，多くの場合は，小数第1位にずれが生じるでしょう。このように，3桁と2桁の計算では，上から2桁目で，ちがいを生じることもありますが，さらに1桁とって3桁目を四捨五入します。したがって，4.140の上から3桁目の4を四捨五入した4.1が答えになります。

●計算を続けて行うとき

有効数字の計算をし，さらに計算を続ける場合は，途中の結果については，得られる桁数より1桁多く残して計算していきます。その際，残す部分より下の桁を四捨五入することはせず，切り捨てます。

実験で得た測定値から，ある物理量を求める場合には，以上の方法で求めることになります。1.00などと0があるかないかでその結果の精度は大きく異なってしまうので，注意しましょう。また，問題を解く場合も，有効数字に注意してみましょう。

Level Up!

ここまでは，等速直線運動する物体の力と速さの関係についてみてきた。ここからはさらに一歩すすんで，時間とともに速さが変化する物体の運動について学んでいく。この場合，物体は慣性の法則にはしたがわないので，なんらかの力がはたらいているはずである。

4 速さが変化する運動

時間とともに速さが変化する運動を考えよう。この場合，物体は慣性の法則にはしたがっていないので，物体にはなんらかの力がはたらいているはずである。

速さが変化する運動を考えるにあたっては，新たに加速度という量を定義する必要がある。

加速度

速さの変化する割合を加速度という→①。

ある時刻 t_1 の瞬間の速さが v_1 だった物体が，時刻 t_2 の瞬間の速さが v_2 になったとしよう。

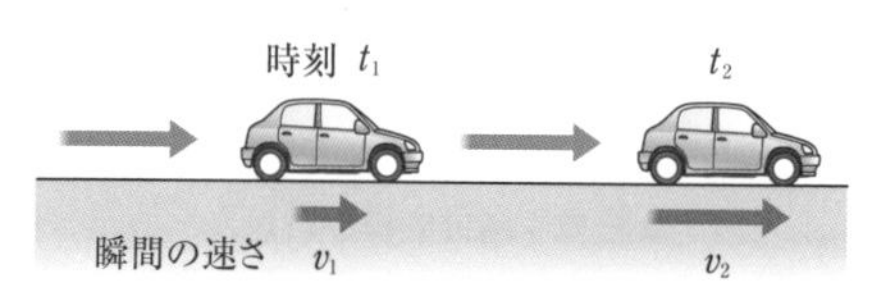

このときの物体の加速度を a とすると，次のようになる。

〈加速度を求める式〉

$$a = \frac{v_2 - v_1}{t_2 - t_1}$$

加速度の単位は，$\dfrac{\text{速さ}}{\text{時間}}$ であるから，

$$\frac{〔\mathrm{m/s}〕}{〔\mathrm{s}〕} = 〔\mathrm{m/s^2}〕$$ →②

となり，メートル毎秒毎秒と読む。

加速しているときは $v_2 > v_1$ なので a は正になり，減速しているときは $v_2 < v_1$ なので a は負になる。

速度を考えるために向きを考慮すると，加速度も向きをもつことになる→③。

参考

①物体の運動を見てみると，物体の速さのちがいを実感できるだろう。しかし，加速度のちがいを見ることは難しい。その点も加速度という量を理解しにくくしている点だろう。

参考

②$\mathrm{s^2}$という量は考えにくいが，加速度＝$\dfrac{\text{速さ}}{\text{時間}}$ より，速さm/sは，m÷s なので，$\dfrac{〔\mathrm{m/s}〕}{〔\mathrm{s}〕} = \dfrac{\mathrm{m}}{\mathrm{s \times s}} = \dfrac{\mathrm{m}}{\mathrm{s^2}}$ となり，分母が $\mathrm{s^2}$ になる。

参考

③速度の大きさは，速さだが，「加速度の大きさ」に対する語はない。

等加速度直線運動

等加速度で一直線上を運動している物体について考えよう。

物体は，時刻0に速さv_0で位置$x=0$を通過したものとする。物体は加速度aで運動している。ある時刻tにおける物体の速さvと位置を考えよう。

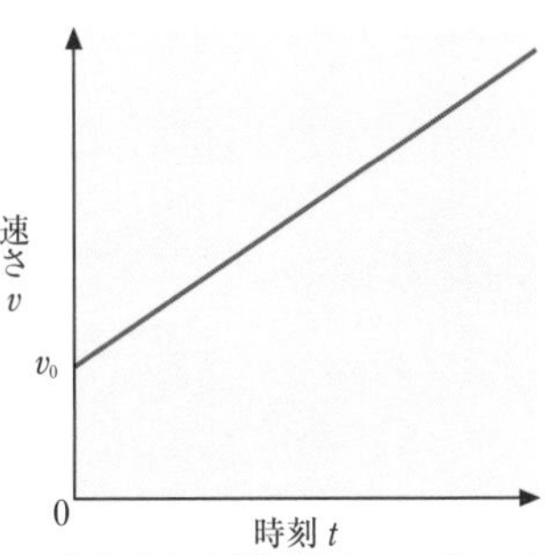

▲等加速度直線運動（$v-t$グラフ）

等加速度直線運動では，$v-t$グラフは右の図のように直線になる。$v-t$グラフとは，速さvが時刻tによってどのように変わるかを表したグラフであるから，$v-t$グラフのかたむきは加速度を表している。$t=0$での速さがv_0，かたむきがaなので，この直線を表す式は，次のようになる。

$$v = v_0 + at \quad \cdots\cdots①$$

速さが一定の場合，$v-t$グラフの面積が物体のすすんだ距離を表していた。速さが刻々と変化する場合も同様に求められることが確かめられている。

したがって，時刻0～Tの間にすすむ距離Xは，右の図のように，$v-t$グラフの台形の面積に等しいことになるから，次のようになる。

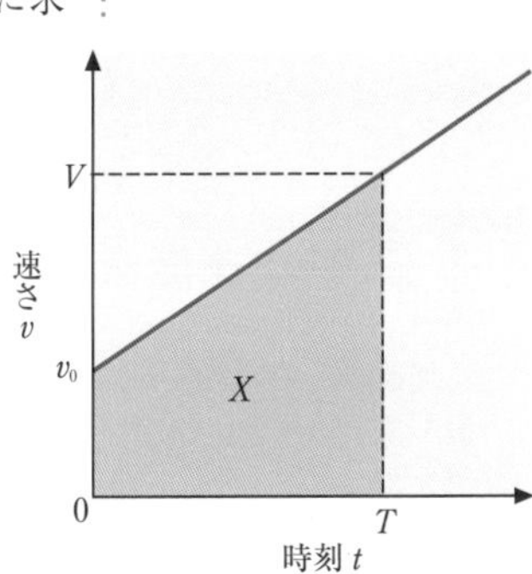

▲ $v-t$グラフが示す距離

$$X=\frac{1}{2}(v_0+V)T$$

$V=v_0+aT$ より，

$$X=\frac{1}{2}(v_0+v_0+aT)T$$
$$=v_0T+\frac{1}{2}aT^2$$

一般に，時刻tのときの物体の位置xは，次のように表される。

$$x=v_0t+\frac{1}{2}at^2 \quad \cdots\cdots②$$

また，式①，式②よりtを消去する。まず式①より，

$$t=\frac{v-v_0}{a}$$

これを式②に代入して,

$$x=v_0\times\frac{v-v_0}{a}+\frac{1}{2}a\left(\frac{v-v_0}{a}\right)^2$$
$$=\frac{v-v_0}{a}\left\{v_0+\frac{1}{2}(v-v_0)\right\}$$
$$=\frac{(v-v_0)(v+v_0)}{2a}$$
$$\therefore\ v^2-v_0^2=2ax$$

以上をまとめると,等加速度直線運動は次のように表される。

〈等加速度直線運動の式〉

$$v=v_0+at$$
$$x=v_0t+\frac{1}{2}at^2$$
$$v^2-v_0^2=2ax$$

(v:速さ, v_0:初速度, a:加速度, t:時間, x:位置)

乗法公式
数学で学んだ乗法公式を応用する。
(i) $(a+b)^2=a^2+2ab+b^2$
(ii) $(a-b)^2=a^2-2ab+b^2$
(iii) $(a+b)(a-b)=a^2-b^2$

等加速度直線運動での物体の位置

加速度a,時刻 $t=0$での速さがv_0で運動している物体の時刻tにおける位置xを考えましょう。

まず,時刻0～Tの間にすすむ距離Xについて考えてみます。Tのときの速さをVとおきます。0～T間をn等分(右の図では7等分されている)し,各区間の速さを,その区間の平均の速さにとります。すると,各区間にすすむ距離は,その区間の長方形の面積に等しいことがわかります。nを十分に大きくすると,長方形の幅$\varDelta x$は非常に小さくなるため,長方形の上の辺を結んだ線は,$v-t$グラフの直線に近づいていきます。さらにnを大きくしていくと,最終的には直線と一致します。ここで,$\varDelta x$のように,非常に小さい距離の変化などを表すときに,$\varDelta$(ギリシャ文字のデルタ)を文字につけることがよくあります。これは,$\varDelta$をかけてあるのではなく,$\varDelta x$でひとつの量を表していると考えます。

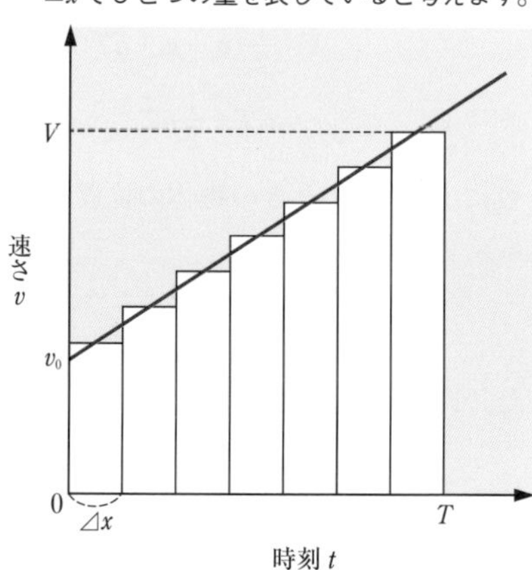

▲等加速度直線運動($v-t$グラフと距離)

等加速度直線運動の例

等加速度直線運動の身近な例として，物体の落下運動があげられる。物体が落下するとき，その加速度の大きさは質量によらず一定となる➡①。このとき，物体の加速度の大きさは約9.8m/s²➡②，向きは鉛直（えんちょく）下向きである。これを重力加速度といい，gで表す。1kgの物体の重さは，1〔kg〕×9.8〔m/s²〕= 9.8〔N〕となる。

●**自由落下**　初速度0で，物体を静かに落下させる運動を，自由落下という。落下させる瞬間の時刻を0，そのときの位置を原点にとり，物体が落下していく鉛直下向きにy軸をとる。このとき，等加速度直線運動の式から，$v_0=0$，aをg，xをyにおきかえると次の式が成り立つ。

〈自由落下の式〉

$$v = gt$$
$$y = \frac{1}{2}gt^2$$
$$v^2 = 2gy$$

（v：速さ，g：重力加速度，t：時間，y：落下距離）

●**投げおろし**　初速度v_0で，鉛直下向きに物体を投げおろす場合を考えよう。初期条件を$t=0$で，$v=v_0$，$y=0$として，y軸は鉛直下向きを正とする。すると，等加速度直線運動の式から，次の式が成り立つ。

〈投げおろしの式〉

$$v = v_0 + gt$$
$$y = v_0t + \frac{1}{2}gt^2$$
$$v^2 - v_0^2 = 2gy$$

（v：速さ，v_0：初速度，g：重力加速度，t：時間，y：落下距離）

●**投げ上げ**　初速度v_0で，鉛直上向きに物体を投げ上げる。初期条件は$t = 0$で，$v = v_0$である。y軸は鉛直上向きを正とする。

1 **投げ上げの式**　物体の加速度は鉛直下向きの重力加速度なので，y軸の正を鉛直上向きとすると，負（$-g$）になる。したがって，等加速度直線運動の式から，次の式が成り立つ。

〈投げ上げの式〉

$$v = v_0 - gt \quad \cdots\cdots①$$
$$y = v_0t - \frac{1}{2}gt^2 \quad \cdots\cdots②$$
$$v^2 - v_0^2 = -2gy \quad \cdots\cdots③$$

（v：速さ，v_0：初速度，g：重力加速度，t：時間，y：高さ）

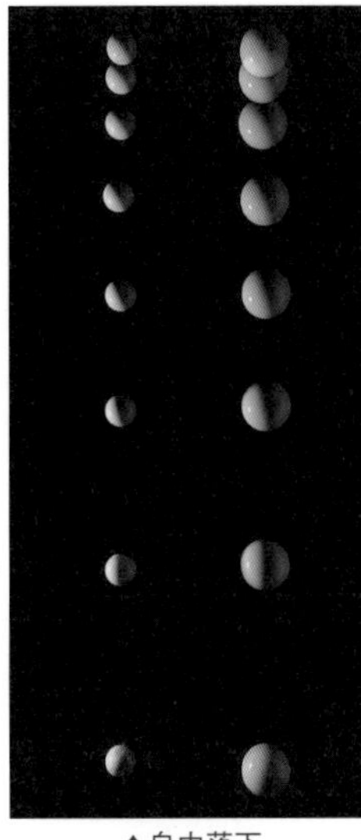
▲自由落下

もっとくわしく

①ガリレイが行ったといわれている，ピサの斜塔での実験が有名である。質量の異なる物体を落としたところ，2つの物体は同時に地面に落下した。

参考

②地球上の重力加速度の大きさは場所によりわずかに異なる。

▲投げ上げ

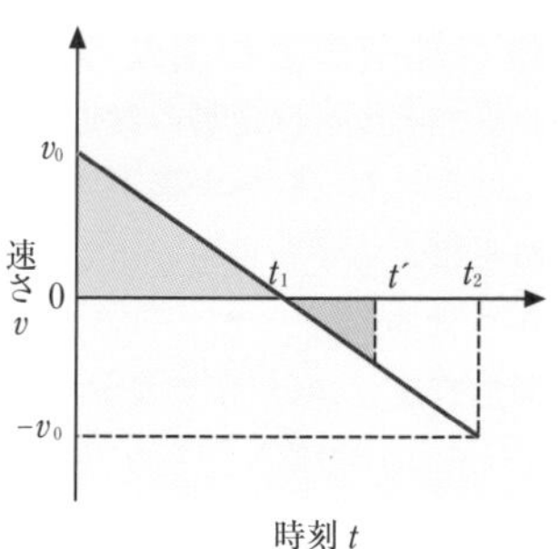

▲投げ上げの $v-t$ グラフ

2 最高点の高さ 投げ上げをもとにもう少し考えてみよう。投げ上げの $v-t$ グラフは，右の図のようになる。投げ上げられた物体は，鉛直上向きにすすみながらしだいに減速していく。その後最高点に達したあと，落下を開始する。したがって，最高点での速さは0である。右の図の t_1 の瞬間に，物体は最高点に達している。t_1 は，式①より，

$$0 = v_0 - gt_1$$

よって，$t_1 = \frac{v_0}{g}$

投げ上げた位置にもどるのは，はじめの位置から最高点までの高さと同じ距離を落下したときである。最高点の高さ h は，上の図のオレンジ色の部分の面積に等しいから，

$$h = \frac{1}{2}t_1 v_0$$

$t_1 = \frac{v_0}{g}$ を代入して，

$$h = \frac{1}{2}\frac{v_0}{g}v_0 = \frac{{v_0}^2}{2g}$$

また，式②を用いて，

$$h = v_0 t_1 - \frac{1}{2}g{t_1}^2 = v_0 \times \frac{v_0}{g} - \frac{1}{2}g\left(\frac{v_0}{g}\right)^2 = \frac{{v_0}^2}{2g}$$

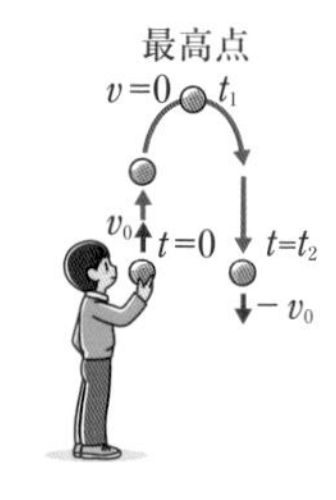

3 もとの位置にもどるまでの時間 t_1 から落下し，もとの位置までもどるのに要する時間を考えよう。t_1 から t' の間にすすんだ距離は，上のグラフのピンク色の部分の面積に等しい。この部分の面積がオレンジ色の部分に等しくなる➡① のは，t が $2t_1$ のときである。また，もとの位置にもどる時刻 t_2 は，式②に $y=0$ を代入して，

$$0 = v_0 t_2 - \frac{1}{2}g{t_2}^2$$

したがって，t_2 について解くと，

$$t_2 = 0,\ \frac{2v_0}{g}$$

参考

①上のグラフのオレンジ色の部分とピンク色の部分の面積が等しくなるには，2つの三角形が合同でなければならない。

$t_2=0$は投げ上げた瞬間だから，求める解は$t_2=\dfrac{2v_0}{g}$であり，これは確かに$2t_1$に等しい。

t_1から前後に等しい時間だけずらした瞬間の速さが等しいことは，前のページのグラフよりわかる。この結果から，物体が同じ位置にあるときには，物体が上昇中でも下降中でも速さは等しいことがわかる。これは，式③より，vについて解くと，

$$v=\pm\sqrt{{v_0}^2-2gy}$$

となり，ひとつのyに対して，vは正負2つの解をもつことからもわかる。

運動の法則

力のはたらきのひとつに，物体の運動の状態を変えることがあった[➡P.46]。力が物体にはたらいているとき，どのように運動の状態が変化するのだろうか。

例えば，ボールをある高さから静かにはなすと，次第に速さを増しながら鉛直下向きに落下していく。このようすを記録タイマーを用いて実験すると，右のグラフのようになることが知られている。したがって，$v-t$グラフが直線になるので，この場合，加速度は一定であることがわかる。また物体には重力だけがはたらいているので，落下しているあいだ，つねに一定の大きさの力が同じ向きにはたらき続けていることもわかる。また，落下していく向きと，重力の向きはともに鉛直下向きで一致している。

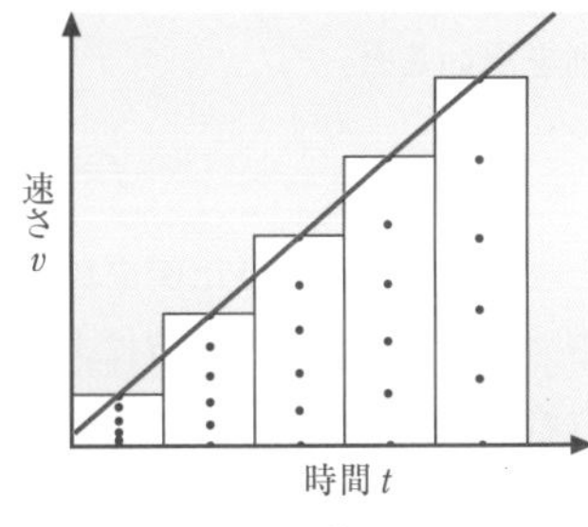

▲$v-t$グラフ

以上をまとめると，**物体に一定の大きさの力が，物体の進行方向にはたらいているとき，物体は一定の加速度で直線運動をする**。この運動は等加速度直線運動である。物体におよぼす力の大きさを大きくすると，物体の加速度の大きさは，力の大きさに比例して大きくなることが確かめられている。また，質量の大きな物体ほど動かしにくいことが体験から理解できるので，質量の大きな物体に同じ加速度を生じさせるためには，質量の小さい物体より大きな力を加えなければならないこともわかるだろう。

物体を引く力の大きさを変えたり，物体の質量を変えたりしながらくわしく調べると，次のことがわかる。

加速度

力

▲力の向きと加速度の向き

- **物体に加える力の向きと，加速度の向きは等しい。**
- **物体に加える力の大きさと，物体に生じる加速度の大きさは比例する。**
- **物体に加える力の大きさが一定のとき，物体に生じる加速度の大きさは，質量に反比例する。**

力が物体に加わると，加速度が生じ，その結果として速度が変化する。物体にはたらく力と，物体の運動のようすを表したものが，次にあげる運動の法則である。

●**運動の法則**　物体に力がはたらいているとき，物体は力の向きに加速度を生じる。また，加速度の大きさは力の大きさに比例し，物体の質量に反比例する。

●**運動方程式**　物体の質量をm，物体に加える力の大きさをf，物体に生じる加速度の大きさをaとする。運動の法則を用いると，

$$f=kma$$

となる。ここでkは比例定数であり，その大きさは力，長さ，時間の単位のとり方によって定められる。簡単にするためにkの大きさを１とするには，長さと時間の単位はそれぞれメートル(m)と秒(s)を用いるので，力の単位で調整しなければならない。すなわち，質量１kgの物体に生じる加速度の大きさが$1\,\mathrm{m/s^2}$となるときの力の大きさを１Nと定義する。力の単位にNを用いることで，運動の法則から得られる式は次のようになり，この式を**運動方程式**という。

〈運動方程式〉

$$ma=f$$

（m：質量，a：加速度，f：力の大きさ）

運動方程式からわかるように，物体にはたらいている力が一定の場合，物体に生じる加速度の大きさと向きは一定になる。すなわち，物体にはたらく力が一定であるとき，その物体は等加速度運動をする。特に，力の向きと進行方向が一致しているときは，等加速度直線運動になる。

等加速度直線運動の例として考えた落下運動では，物体には鉛直下向きに一定の大きさの重力のみがはたらいている。物体の進行方向は鉛直方向なので，この2つの条件から等加速度直線運動をすることがわかる。また，物体にはたらく重力の大きさが質量(m)×重力加速度(g)となることも運動方程式からわかる。

確認問題

等加速度直線運動

水平な床の上に質量mの物体を置き，初速度v_0をあたえた。物体には進行方向と反対向きに動摩擦力(どうまさつりょく)fがはたらく。v_0の向きを正として，下の問いに答えよ。

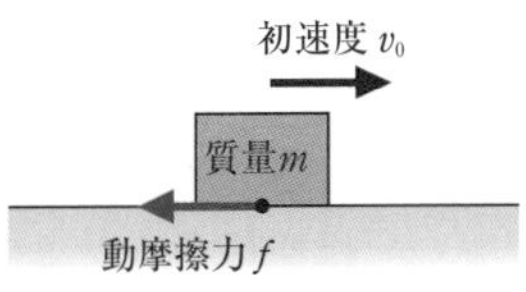

(1) 加速度の大きさをaとして，物体の運動方程式を書け。

(2) 加速度aをf，mを用いて表せ。

(3) 初速度をあたえた瞬間から，物体が静止するまでの時間を求めよ。

(4) 物体が静止するまでにすすむ距離を求めよ。

学習のPOINT

- 物体にはたらく合力を考える。この場合，物体は水平方向に運動するので，鉛直成分はつり合い，合力の向きは水平方向である。
- (質量)×(加速度)＝(合力)より，運動方程式を求める。
- 等加速度直線運動なので，求めた加速度より，時間や距離を求める。

解き方

(1) 物体にはたらく力は動摩擦力のfである。fはv_0と反対向きなので，$ma=-f$

(2) (1)より，$a=-\dfrac{f}{m}$

(3) 初速度v_0，加速度$-\dfrac{f}{m}$の等加速度直線運動をするから，求める時間をtとすると，tのとき物体は静止する（$v=0$）ので，$v=v_0+at$より

$$0=v_0-\frac{f}{m}t$$

よって，$t=\dfrac{mv_0}{f}$

(4) (3)のtを$x=v_0t+\dfrac{1}{2}at^2$に代入する。

$$v_0t-\frac{1}{2}\frac{f}{m}t^2=v_0\frac{mv_0}{f}-\frac{f}{2m}\left(\frac{mv_0}{f}\right)^2=\frac{mv_0^2}{2f}$$

解答

(1) $ma=-f$　(2) $a=-\dfrac{f}{m}$　(3) $\dfrac{mv_0}{f}$　(4) $\dfrac{mv_0^2}{2f}$

練習問題

解答➡p.615

1

右の図のように，天井からおもりをひもでつるして静止させた。あとの問いに答えよ。

（島根県）

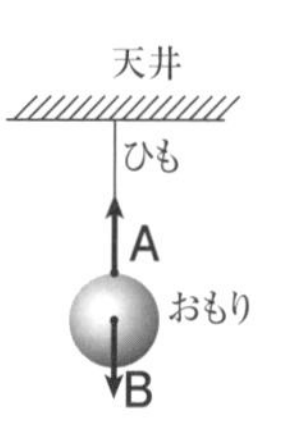

(1) Aはどのような力を表しているか。次のア～エから適切なものをひとつ選んで，記号で答えよ。

ア　おもりがひもを引く力。　　イ　天井がひもを引く力。

ウ　地球がおもりを引く力。　　エ　ひもがおもりを引く力。

(2) 図のA，Bはつり合っている。このとき2力の関係は次の①，②のほかにもうひとつある。それは何か。「2力は，」に続けて書け。

①　2力は，一直線上にある。　　②　2力は，向きが反対である。

2

2つのばねA，Bを用いて，次の実験を行った。これをもとに，あとの問いに答えよ。ただし，100gの物体にはたらく重力の大きさを1Nとし，ばねや糸の重さは考えないものとする。　（石川県改題）

図1

A　ばねの長さ　　B　ばねの長さ

〔実験1〕ばねA，Bについて，それぞれ図1のように，質量10gのおもりを1個から5個まで順につるし，おもりの数とばねの長さを調べたところ，表のようになった。

表

おもりの数〔個〕	0	1	2	3	4	5
ばねAの長さ〔cm〕	8.0	11.5	15.0	18.5	22.0	25.5
ばねBの長さ〔cm〕	8.5	12.5	16.5	20.5	24.5	28.5

〔実験2〕図2のように，ばねBの両側に質量の同じおもりを1個ずつつるすと，ばねBの長さは16.5cmになった。

図2

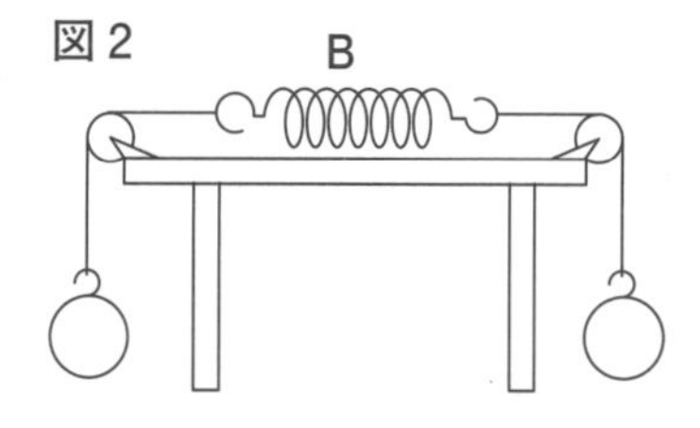

〔実験3〕図3のように，ばねAとばねBをつなぎ，質量40g のおもりを1個つるした。

(1) 実験1で，ばねに1個のおもりをつるして，おもりが静止したとき，おもりにはたらくすべての力をもっとも適切に表しているのはどれか。次のア～オからひとつ選び，記号で答えよ。

図3

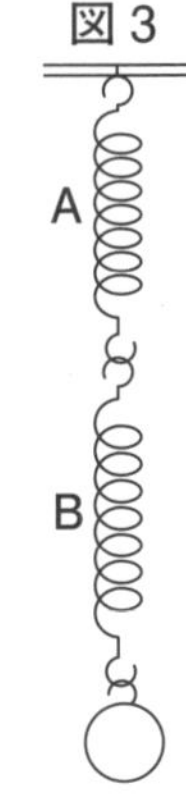

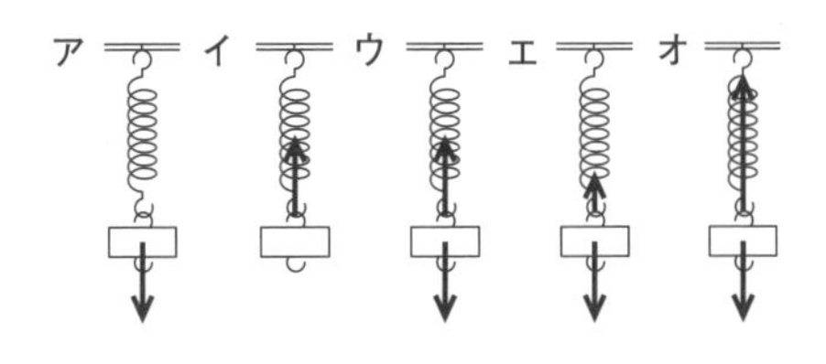

(2) 実験1の結果をもとに，ばねAについて，加わる力の大きさとのびの関係を右のグラフ用紙にかけ。

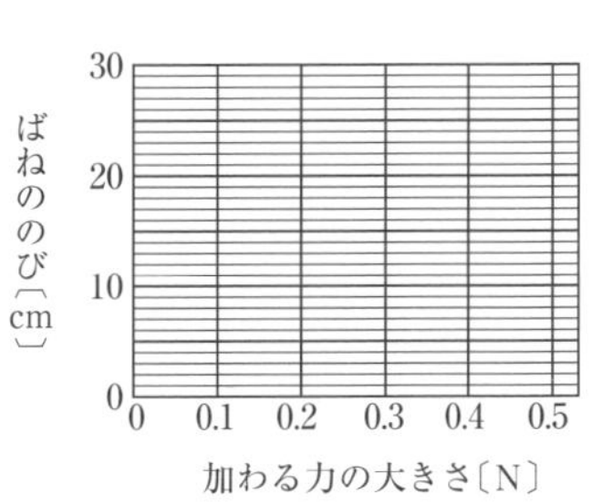

(3) 実験2で，片側につるしたおもりの質量は何gか。

(4) 実験3で，ばねBの長さは何cmになるか。

3 次の実験について，あとの各問いに答えなさい。 (三重県)

〔実験〕図1のように，針金をばねにつけて指針とし，針金がものさしの0のめもりに合うように装置を組み立てた。この装置と，20gの物体Aを5個，70gの物体Bを1個用いて，物体にはたらく力を調べるために，次の①，②の実験を行った。ただし，100gの物体にはたらく重力の大きさを1Nとし，ひもの重さや体積は考えないものとする。

図1

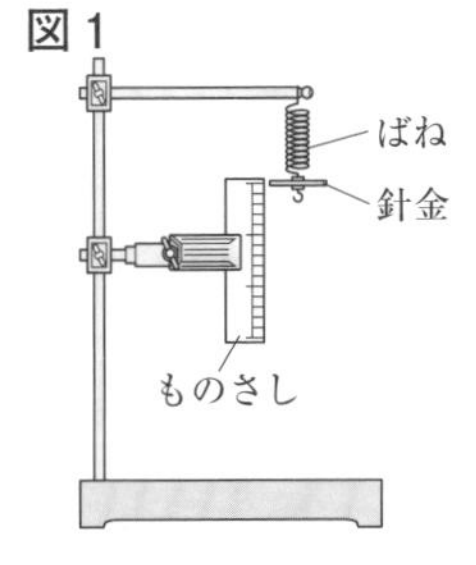

① **図2**のように，**図1**の装置のばねに物体A1個をつるし，ばねののびを測定した。その後，ばねにつるす物体Aの数をふやしていき，ばねののびを測定した。下の表は，ばねにつるした物体Aの数とばねののびをまとめたものである。

図2

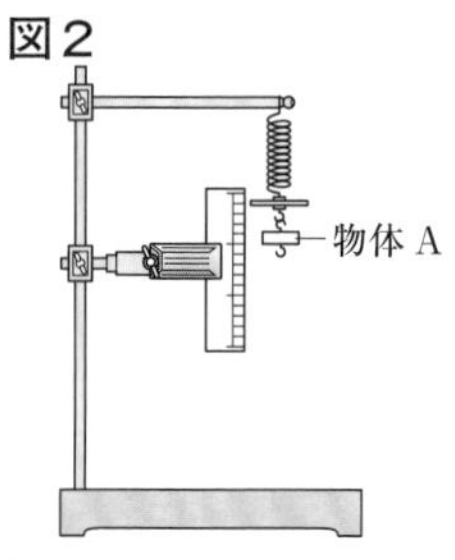

物体Aの数〔個〕	0	1	2	3	4	5
ばねののび〔cm〕	0	1.0	2.0	3.0	4.0	5.0

② **図3**のように，**図1**の装置のばねに物体B1個をひもでつるし，水の入った水そうにゆっくり沈めた。物体Bを水に全部沈めたときのばねののびを測定したところ，2.0 cmであった。

図3

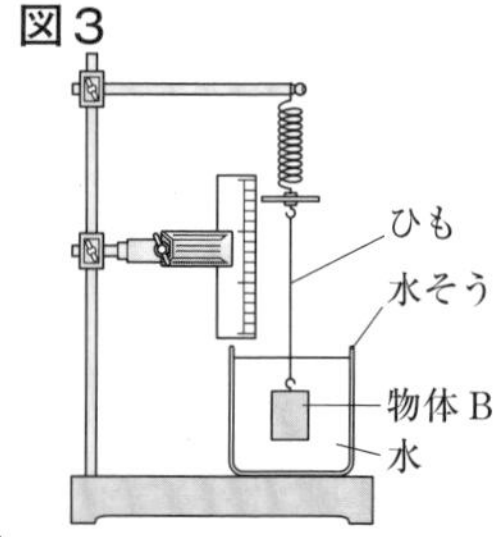

(1) ①について，物体Aがばねを引く力の大きさと，ばねののびとの関係を，**図4**にグラフで表しなさい。

図4

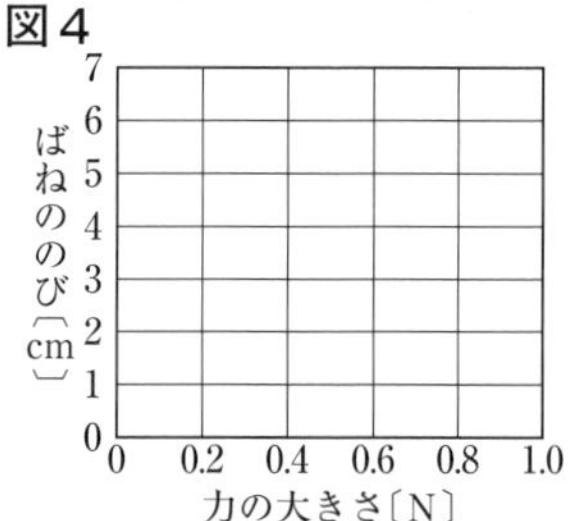

(2) ②について，次の(a)，(b)の各問いに答えなさい。

(a) 物体Bにはたらく水圧のようすを，矢印で正しく表した図はどれか，次の**ア**～**エ**から最も適当なものを1つ選び，その記号を書きなさい。ただし，図中の矢印の向きと長さは，それぞれ水圧がはたらく向きと水圧の大きさを模式的に示しているものとする。

ア　**イ**　**ウ**　**エ**

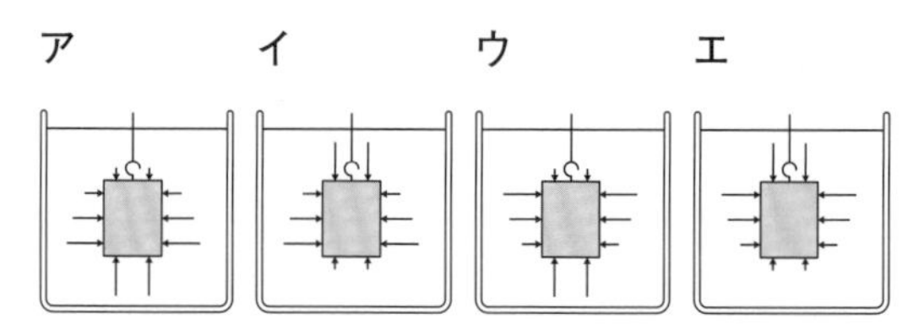

(b) 物体Bにはたらく浮力の大きさは何Nか，求めなさい。

4

斜面をくだる台車の運動のようすを調べるために，次の実験を行った。あとの問いに答えよ。 (佐賀県)

〔実験〕**図1**のように，斜面の長さとほぼ同じ長さのテープを台車につけ，台車の運動のようすを1秒間に60回打点する記録タイマーを使って記録した。

次に，記録タイマーを**図2**のように6打点ごとに区切り，それぞれの区間の長さをはかった。

図1

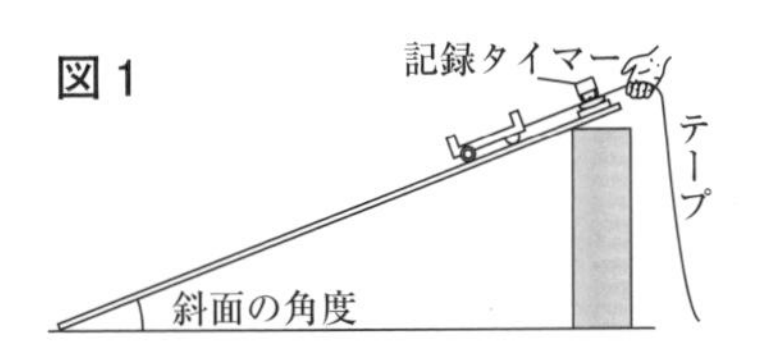

図2

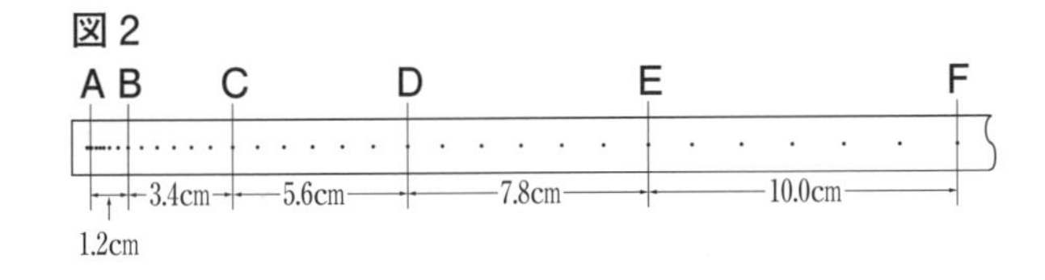

(1) この実験からどのようなことがわかるか。次の**ア**～**エ**から適切なものをひとつ選び，記号で答えよ。

ア 台車の速さは一定で変わらない。
イ 台車の速さは増加している。
ウ 台車にはたらく力はつり合っている。
エ 台車にはたらく力がだんだん大きくなっている。

(2) **図2**の**CD**間の記録から，この間の台車の平均の速さは何 cm/s か。

(3) 斜面の角度を大きくした場合，台車にはたらく斜面にそった下向きの力の大きさと台車の速さのふえ方はどうなるか。次の**ア**～**エ**から適切なものをひとつ選び，記号で答えよ。

ア 力の大きさは変わらないが，速さのふえ方は大きくなる。
イ 力は大きくなるが，速さのふえ方は変わらない。
ウ 力の大きさも速さのふえ方も大きくなる。
エ 力の大きさも速さのふえ方も変わらない。

第3章
仕事とエネルギー

↑ジェットコースターは低い位置から徐々に高い位置へ上がり，そして頂点から勢いよくすべり降りる。位置によるエネルギーや運動によるエネルギーなど，仕事とエネルギーの関係を見てみよう。

§1 仕事とエネルギー

▶ここで学ぶこと

省エネルギー，原子力エネルギーなどエネルギーということばを耳にするが，エネルギーとは何だろうか。まず，仕事という物理量について学び，仕事とエネルギーについて考えていく。

① 仕事

1 仕事と仕事率

仕事

物体に力を加え，**力の向きに物体が動いたとき，その力は仕事をした**という。

右の図のように，物体に力Fを加え，力の向きに物体を距離xだけ移動させたとき，力Fが物体にした仕事Wを次のように定義する。

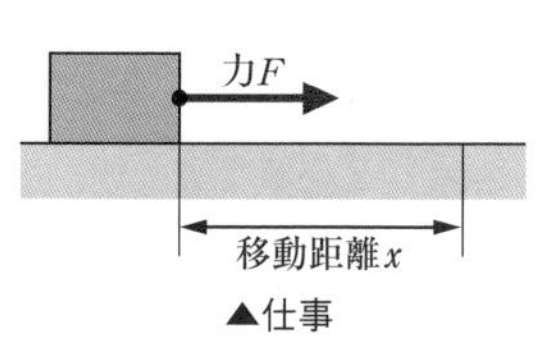

▲仕事

<仕事の定義>

$$W = Fx \quad \cdots\cdots①$$

（W：仕事，F：力の大きさ，x：移動距離）

仕事の単位は，J（ジュール）である。

$$1〔\mathrm{J}〕= 1〔\mathrm{N}〕\times 1〔\mathrm{m}〕$$

●**力の向きと移動方向が直交する場合**　式①より，仕事の定義は，**（力の大きさ）×（力の向きにすすんだ距離）**であるから，力の向きと物体の移動方向が直交する場合は，力の向きにすすんだ距離は0となり，**仕事は0になる**。

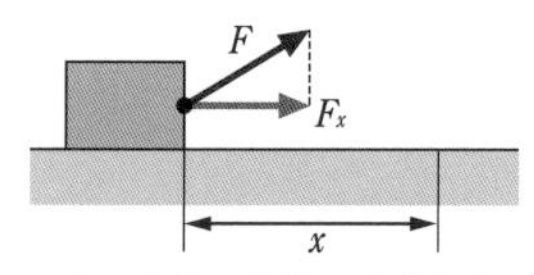

▲力の方向と物体の移動方向が異なる場合

●**力の向きと移動方向が異なる場合**　物体に加える力と物体の移動方向が平行でないとき，仕事は移動方向の分力の大きさF_xと移動距離xとの積になる。移動方向と直交する分力は，物体に対して仕事をしないので，移動方向の分力の大きさだけを考えればよい。

もっとくわしく

仕事の単位として，kg重mを用いることもある。1kg重＝約9.8Nであり，1kg重m＝約9.8Jである。

人物

ジェームズ・プレスコット・ジュール（1818～1889）
イギリスの物理学者。

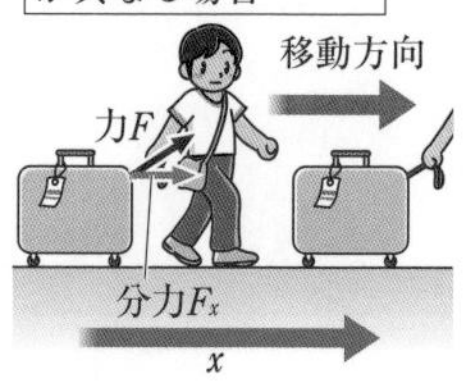

●**力の向きが移動方向に対して逆向きの場合**　摩擦(まさつ)力など，物体の運動をさまたげる向きに力がはたらいている場合は，力の向きにすすんだ距離が負になるので，その力が物体にする仕事は負になる。

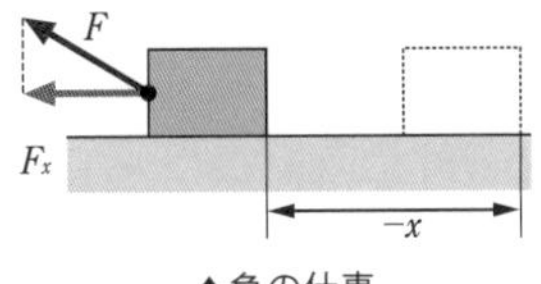

▲負の仕事

(力の大きさ)×(力と反対向きにすすんだ距離)

と考えれば，仕事が負になるのもわかるだろう。この場合にも仕事が関係する力は，物体の進行方向の分力の大きさである。

重力にさからってする仕事

重さwの物体を高さhだけもち上げるのに必要な仕事を考えよう。この間に重力が物体にする仕事W_gは，力の大きさがwで，重力と反対向きにhだけもち上げるので，

$$W_g = w \times (-h) = -wh$$

となる。重力にさからって物体をもち上げることになるので，物体にする仕事Wは，次のようになる。

$$W = wh \quad \cdots\cdots②$$

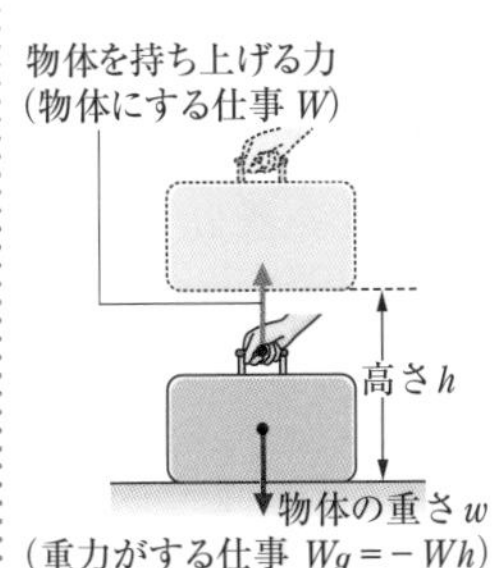

▲重力に逆らってする仕事

もっとくわしく

式②で，wの単位がN，hの単位がmであれば，Wの単位はJになる。

研究　重力にさからってする仕事の考え方

重力にさからってする仕事を，重力のする仕事と対応させて考えましたが，ここでは，物体に加える力を考えて仕事を求めてみましょう。

重さがwの物体を，静止した状態から高さhだけもち上げるときの仕事を考えましょう。

静止している物体に，右の図のように重力wよりもわずかに大きい力を上向きに加えると，物体は運動しはじめます。そのあと，重力とつり合う力を加えると，そのときの速さのまま上昇し続けます。最後に，高さhのところで静止するように，重力よりわずかに小さい力を下向きに加え，物体を減速させます。この操作で物体にした仕事は，図の縦軸が力，横軸が距離なので，ピンク色の部分の面積に相当します。この場合，物体を静止した状態から，高さhだけもち上げ再び静止させると，グラフの平均の力の大きさは，wになります。また，このような引き上げ方ではなくても，静止した状態から，再び静止した状態になるように引き上げた場合は，物体を引き上げるのに必要な力の平均の大きさは，その物体の重さwに等しくなります。したがって，重力にさからって物体をもち上げるのに必要な仕事Wは，$W = wh$　となります。

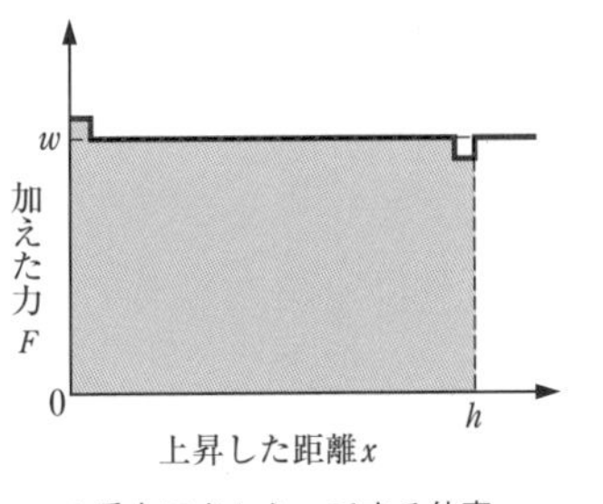

▲重力にさからってする仕事

仕事の原理

むかし，ピラミッドをつくるときは，斜面を利用して石を引き上げたそうである。この仕事を考えてみよう。

右の図のように，かたむきが30°のなめらかな斜面を考える。石の重さをw，もち上げる高さをhとする。石には摩擦力がはたらかないとすると，石に加える平均の力の大きさは$\frac{w}{2}$である。高さhだけもち上げるには，斜面上を距離$2h$引き上げなければならない。したがって，このとき石にする仕事Wは，

$$W = \frac{w}{2} \times 2h$$
$$= wh \quad \cdots\cdots ①$$

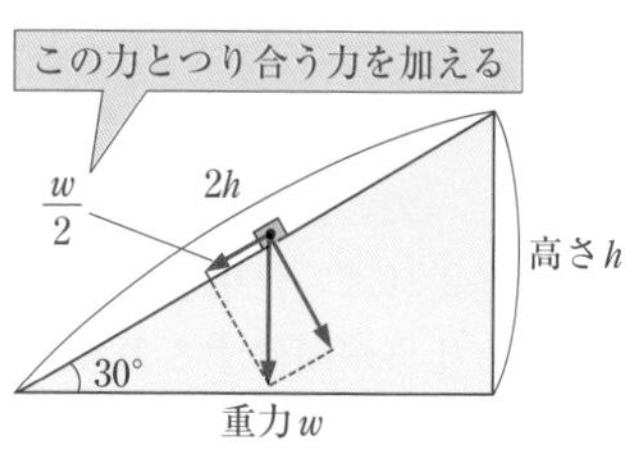

▲斜面を用いて物体をもち上げる

また，直接この石を高さhだけもち上げるとすると，必要な仕事W_1は，

$$W_1 = wh \quad \cdots\cdots ②$$

このように，式①＝式②となっている。斜面を用いると，加える力の大きさは小さくなるが，その分長い距離を引かなければならないので，必要な仕事は，直接石をもち上げる場合と等しくなる。このように**斜面や道具を用いても仕事の大きさは変化しない**。これを**仕事の原理**という。

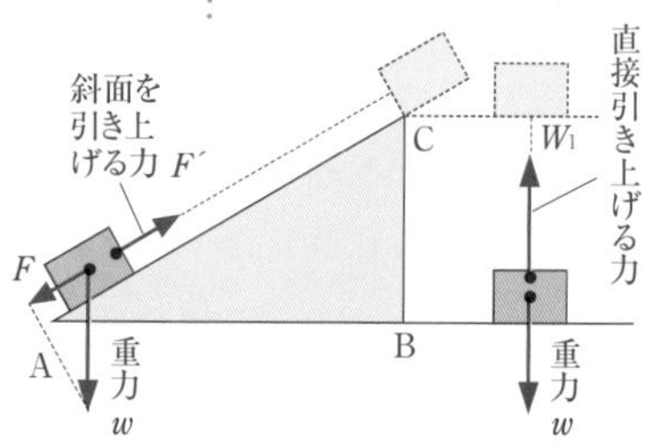

▲斜面を用いて物体をもち上げる場合と直接もち上げる場合

滑車（かっしゃ）と輪軸（りんじく）で，仕事の原理が成り立つことを確かめよう。

滑車

滑車は，図のように自由に回転する円板に糸やロープをかけて，荷物などをもち上げる道具である。滑車の使い方には，定滑車（ていかっしゃ）と動滑車（どうかっしゃ）の２通りある。

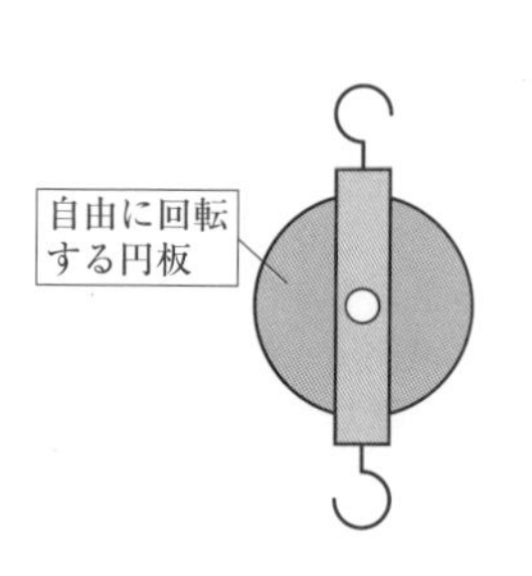

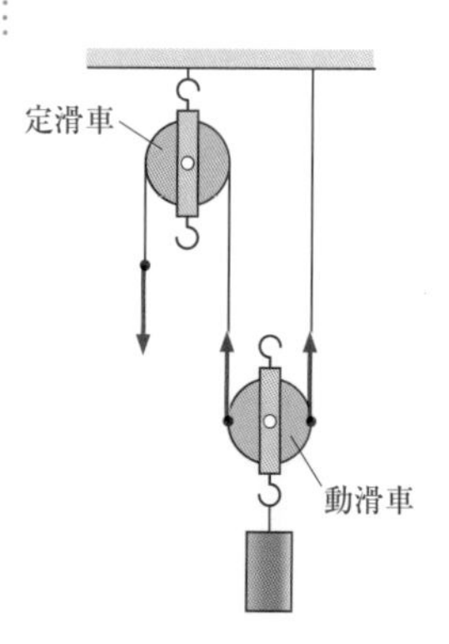

▲滑車

●**定滑車**　右の図のⓐのように，固定して用いる滑車を定滑車という。定滑車は，**糸を引く向きと，糸が物体を引く向きを変える**ために用いる。

●**動滑車**　図のⓑのように，固定せずに用いる滑車を動滑車という。動滑車を使うと，**糸を引く力よりも大きな力を物体に加えられる**ようになる。

さて，右の図で，おもりの重さをwとし，このおもりを高さhだけ引き上げるのに要する仕事Wを考えよう。ただし，糸，滑車の重さは無視できるものとする。糸を引く力Fの大きさは，おもりにはたらく重力とつり合わせるようにとればよい [➡P.91(重力にさからってする仕事)]。動滑車にはたらく力は，上向きに糸が引く力と，おもりから（実際にはおもりをつるしている糸から）下向きに引く力である。動滑車が糸から受ける力は，図中の矢印のように，ひとつの直径上に作用点をもつ2つの力として考えることができる。したがって，動滑車にはたらく力のつり合いから，

$$2F - w = 0$$

$$F = \frac{w}{2}$$

という関係になっている。右の図のように，おもりをhだけもち上げるには，図中の糸の赤い部分を引き上げることになり，この部分の糸の長さは$2h$となる。

求める仕事Wは，

$$W = \frac{w}{2} \times 2h$$

$$= wh$$

となり，直接もち上げた場合の仕事（P.92 の②の式）に等しいことがわかるので，仕事の原理が成り立っていることが確かめられた。

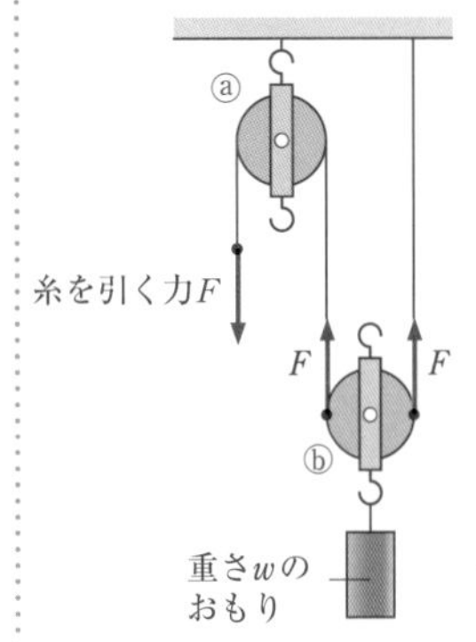

▲定滑車と動滑車

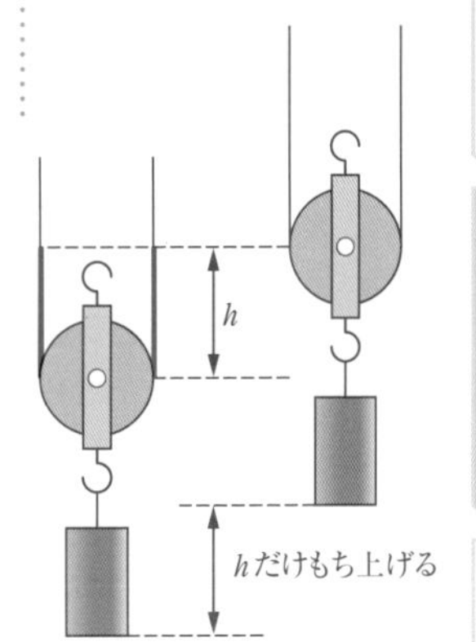

▲動滑車の移動と糸を引く長さ

輪軸（りんじく）

右の図のように，半径の異なる円板の中心をそろえて何枚かはり合わされたものを**輪軸**という。それぞれの円板の外周に糸を固定し，半径の小さい円板に固定された糸におもりをつり下げ，半径の大きな円板に固定された糸を引くと，**おもりの重さより小さな力でおもりをもち上げることができる**。

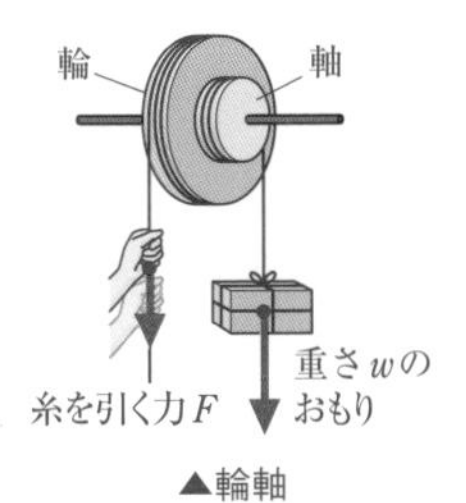

▲輪軸

いま，おもりを下げている円板(軸)を円板1とし，その半径をr_1，力を加えるほうの円板(輪)を円板2とし，その半径をr_2とする。おもりの重さをwとし，おもりを高さhだけ引き上げるのに必要な仕事Wを考えよう。

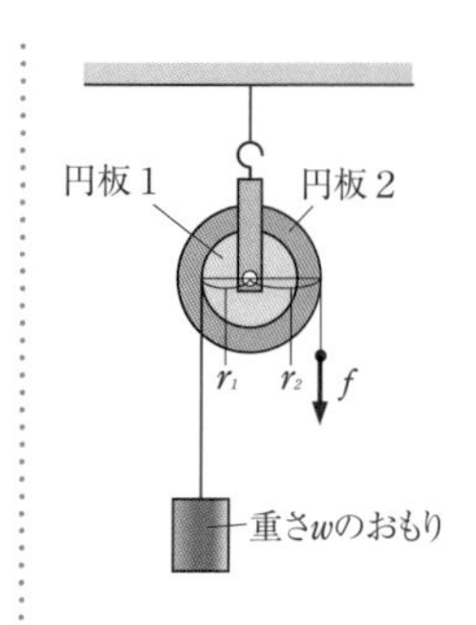

円周は半径に比例するから，おもりを高さhだけもち上げるためには，円板1が糸をhだけ巻き上げなければならない。このとき，円板2に固定されている糸を引く距離をxとすると，

$$h : x = r_1 : r_2$$

$$x = \frac{r_2}{r_1}h \quad \cdots\cdots①$$

糸を引く力の大きさは，てんびんのつり合いと同様に考えることができる。輪軸の中心が支点となるので，力点までの距離はr_2，作用点までの距離はr_1である。このときのつり合いから求める力をfとすると，

$$wr_1 = fr_2$$

$$f = \frac{r_1}{r_2}w \quad \cdots\cdots②$$

式①，式②より，必要な仕事Wは，

$$\begin{aligned} W &= fx \\ &= \frac{r_1}{r_2}w \times \frac{r_2}{r_1}h \\ &= wh \end{aligned}$$

これは，重さwのおもりを直接高さhだけもち上げるのに必要な仕事に等しい。したがって，この場合も仕事の原理が成り立っていることがわかった。

仕事率

階段を上がるとき，ゆっくり上がっていくのと走って上がっていくのでは，からだの疲れ方が異なる。しかし，からだを階段の上にもち上げる仕事は，歩いて上がっても，走って上がっても変わらない。異なるのは階段を上がっていく時間である。ちがういい方をすれば，単位時間当たりにする仕事のちがいであるといえる。単位時間当たりにする仕事を**仕事率**という。

ゆっくり上がっていく

走って上がっていく

物体にWの仕事を，tの時間をかけてしたとすると，この物体にあたえた仕事率Pは，次のように表される。

<仕事率を求める式> $P = \dfrac{W}{t}$

(P：仕事率，W：仕事，t：時間)

自転車を一定の速さで走らせるには，一定の力でペダルをこぎ続けなくてはならない。これは，慣性の法則[➡P.71]より，自転車が一定の速さですすんでいくためには，自転車にはたらいている摩擦力などの力を打ち消さなければならないからである。そのため，前にすすませる力がなければ，摩擦力などの自転車にはたらく力は進行方向と反対向きなので，減速してしまう。このとき，ペダルをこぐ力をf，自転車の速さをvとすると，力fが単位時間当たりにする仕事は，力の大きさと単位時間当たりにすすむ距離との積で求められる。速さvは，単位時間当たりにすすむ距離を表すから，力fが単位時間当たりにする仕事，すなわち仕事率Pは，

$$P=\frac{f\times v}{1}$$
$$=fv$$

となる。

●**仕事率の単位**　W（ワット）を用いる。1秒間に1Jの仕事をするときの仕事率を1Wという。

$$\frac{1〔\mathrm{J}〕}{1〔\mathrm{s}〕}=1〔\mathrm{W}〕$$

2 力学的エネルギー

環境問題が大きくとり上げられるようになってから，エネルギーということばをよく耳にするようになった。このエネルギーとは，どのような量であろうか。

エネルギーとは，ほかの物体に仕事をすることのできる能力で，ほかの物体にあたえられる仕事の量を表す。省エネルギーということばからは，石油や電気を思い浮かべるかもしれない。石油は燃えることで熱を出し，これを仕事に変えることができるので，エネルギーをもっているといえる。電気はそれを用いて動力などに変えることができるので，これもエネルギーをもっている。

ここでは，物体が運動することでもつエネルギーを考えることにする。

人　物

ジェームズ・ワット（1736～1819）
スコットランドの発明家。

もっとくわしく

仕事率の単位は，kg重m/sを用いることもある。仕事の単位がkg重mのとき，
1〔kg重m〕÷1〔s〕＝1〔kg重m/s〕である。

運動エネルギー

物体は運動しているとき，エネルギーをもつ。ある速さで運動している物体は，その速さを失うことで，仕事をすることができる。

例えば，くぎを打つにはかなづちでたたくが，これはかなづちをくぎに打ちつけることでその速さを失い，かわりにくぎに対して仕事をし，くぎを板に打ちこんでいるのである。このように，物体が運動しているときにもっているエネルギーを**運動エネルギー**という。

運動エネルギーは，質量が大きいほど，また，速さがはやいほど大きくなる。物体の質量をm，速さをvとすると運動エネルギーU_kは，次のように表される。

<運動エネルギーを求める式>

$$U_k = \frac{1}{2}mv^2$$

（U_k：運動エネルギー，m：質量，v：速さ）

エネルギーの単位はJである。

位置エネルギー

物体は高い位置にあると，落下することができる[①]。落下するということは，運動し，速さをもつことなので，このとき物体は運動エネルギーをもつことになる。したがって，高い位置にあるとき，物体はエネルギーをもつ。このエネルギーを**位置エネルギー**という。

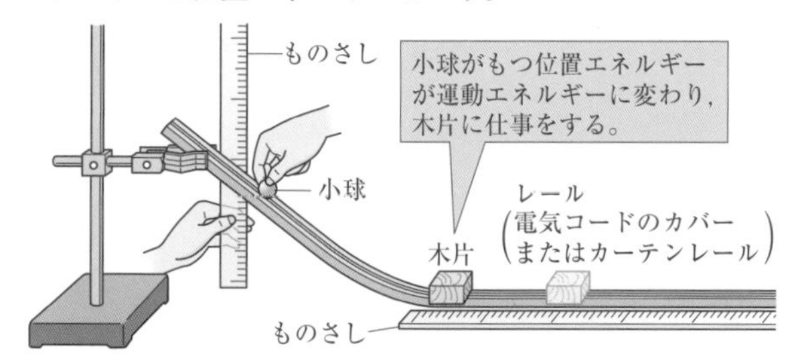

位置エネルギーというよび名は，位置エネルギーの大きさは物体の位置（点）によって定まり，物体がすすんでいく道すじにはよらない[②]ことからきている。位置エネルギーをもつこのような力を**保存力**[③]という。

具体的に位置エネルギーを見ていこう。

参考

①変な表現であるが，落下する能力をもっているので，エネルギーをもつことになる。

もっとくわしく

②下の図で，A点からB点に移動させるためのエネルギーはA点とB点の位置エネルギーの差であり，道すじP, Q, Rのどれをたどっても同じということ。

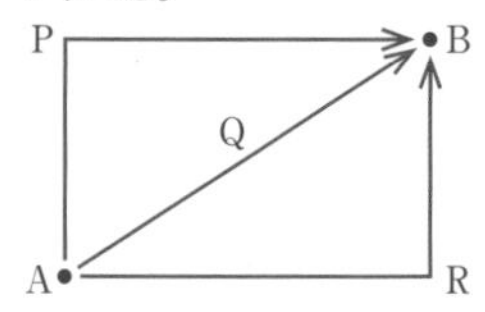

参考

③保存力には，重力，弾性力，電気や磁気の力などがある。

●重力による位置エネルギー　重さ w の物体が，基準の高さより h だけ高い位置にあるとき，この物体のもつ位置エネルギー U_p は，次のように表される。

<重力による位置エネルギーを求める式>

$$U_p = wh = mgh$$

（U_p：位置エネルギー，w：重さ，h：高さ，m：質量）

高さとは，２点間の高さの差となるから，基準となる高さが必要になる。この基準は，任意にとることができる➡④。

さて，この式は重力にさからってする仕事の式 $W = wh$ [➡P.91]と等しい。したがって，物体がもつ重力による位置エネルギーは，その基準の高さからもち上げるのに必要な仕事と等しいことがわかる。

一般に，物体が仕事をされると，その仕事の分だけ物体のもっているエネルギーは増加する➡⑤。したがって，物体は基準の高さからもち上げられたときに，**重力にさからってされた仕事の分だけ，位置エネルギーとしてエネルギーをもつことになる。**基準の高さより物体が低い位置にあるときは，その物体のもつ位置エネルギーは負になる。また，基準の高さにあるときは0である。

●弾性力による位置エネルギー　弾性力（ばねの力）も位置エネルギーをもつことができる。この場合も，ばねをのばしたり縮めたりするときに必要な仕事の大きさが，位置エネルギーとしてたくわえられる。

弾性定数（ばね定数）k のばねを自然長から x だけのばしたときの弾性力による位置エネルギー U_p は，

<弾性力による位置エネルギーを求める式>

$$U_p = \frac{1}{2}kx^2$$

（U_p：位置エネルギー，k：弾性定数，x：ばねののび）

x は，ばねののびを表しているので，弾性力による位置エネルギーの変化の基準の位置は，ばねの自然長の位置である。位置エネルギーは x^2 に比例することから，ばねを自然長から x だけおし縮めたときも位置エネルギーの大きさは等しくなる。単位は，弾性定数の単位がN/mであれば，

$$1〔N/m〕\times 1〔m^2〕= 1〔J〕$$

となる。

ここに注意

g は重力加速度を表し，その大きさは約9.8 m/s^2 である。g を用いると，重さ w は mgh と等しい。

参考

④任意にとることができるということは，逆に考えれば，基準を自分で定めなければならないということである。

参考

⑤された仕事が熱などに変わり，物体からにげていってしまえば，このかぎりではない。

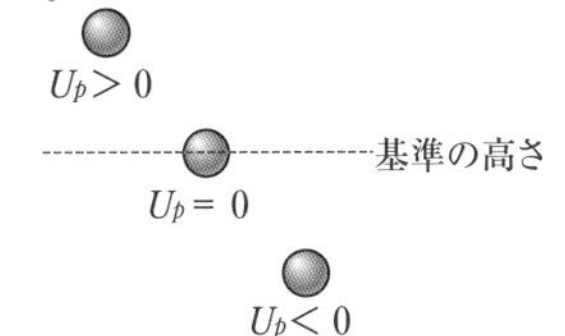

▲基準の高さと位置エネルギー

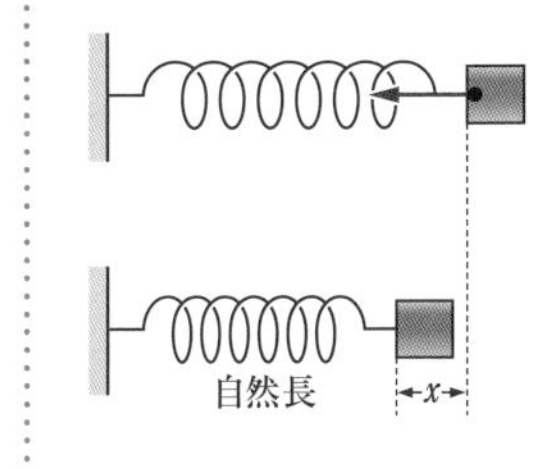

研究 弾性力による位置エネルギー

弾性定数kのばねを自然長から長さxのばすのに要する仕事Wを考えてみましょう。ばねののびとばねを引く力の大きさの関係は，フックの法則[➡P.51]よりあたえられています。ばねののびと力の大きさは比例しているので，のびxの変化とともにばねを引く力fも変化します。仕事の定義から，力の大きさが一定のとき，その力のする仕事を求めることができます。xを変化させないとばねをのばすことはできないので，このままでは仕事を求められません。そこで，fが変化しないくらいわずかな距離$\varDelta x$だけばねをのばすことを考えてみましょう。このときの仕事$\varDelta W$は仕事の定義より，図の斜線部分の小区間にする仕事が，斜線部分の面積に等しいので，

$$\varDelta W = f_0 \varDelta x$$

このように小区間に分けて次々に仕事を求めていくと，全体の仕事が求められます。図では，小区間は6個ですが，これを十分に多くすると，しだいにでこぼこが小さくなり，$f = kx$のグラフに近づいていきます。小区間の数を無限に多くすると，グラフに完全に一致します。したがって，最終的に求める仕事は，グラフの下の三角形の面積に一致します。

よって仕事Wは，

$$W = \frac{1}{2}fx$$

$$= \frac{1}{2}kx^2$$

弾性力による位置エネルギーU_pは，された仕事に等しいので，

$$U_p = \frac{1}{2}kx^2$$

と求められます。

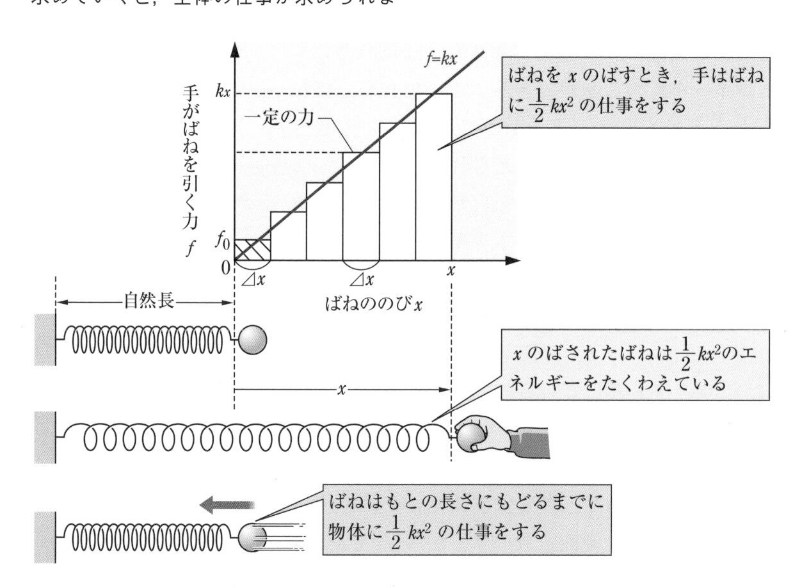

力学的エネルギー

運動エネルギーと位置エネルギーの和を**力学的エネルギー**という。重力による位置エネルギーと弾性力による位置エネルギーなど，複数の位置エネルギーを考える必要がある場合は，すべてを加えなければならない。

<力学的エネルギー>

力学的エネルギー＝運動エネルギー＋位置エネルギー

力学的エネルギー保存の法則

物体がある高さから落下していくとき，物体の速さは落下とともに増加していく。力学的エネルギーに着目して考察すると，物体は落下していくことで重力による位置エネルギーを失い，一方，速さがはやくなるにしたがって運動エネルギーは増加していく。

物体は，重力から仕事をされることで運動エネルギーを増すことになる。このとき物体は落下しているので，重力が物体にした仕事の分だけ位置エネルギーを失っている。したがって，落下にともない，物体のもっている位置エネルギーは減少するが，その分運動エネルギーが増加するので，**物体のもっている力学的エネルギーは一定に保たれている**。

もっとくわしく

①実際には，空気の抵抗など，「それ以外の力が物体に仕事をする」ので，力学的エネルギーは減少する。

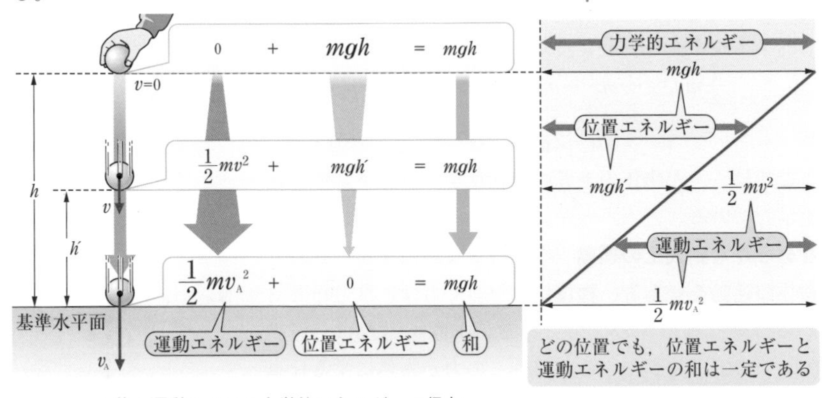

▲落下運動における力学的エネルギーの保存

保存力だけが物体に仕事をし，それ以外の力→①が物体に仕事をしないとき，物体のもっている力学的エネルギーは一定に保たれる。これを**力学的エネルギーの保存（力学的エネルギー保存の法則）**→②という。

ここに注意

②～の保存という名前のついている物理法則には，質量保存の法則，運動量保存の法則，角運動量保存の法則などがあり，重要なものが多い。

物体の落下以外に，力学的エネルギーが保存される現象を見ていこう。

●物体の投げ上げ　落下運動と同じものだが，初速度 v_0 で鉛直方向に物体を投げ上げた場合を考える。

物体の上昇とともに，その速さはおそくなっていく。そして，最高点で速さが0になり，その後鉛直下向きに落下していく。物体が受ける仕事は重力からの仕事だけであるので，力学的エネルギーは保存される。したがって，同じ高さにある物体は，上昇中と下降中で運動の向きは反対であるが，速さは等しくなっているはずである。なぜならば，高さが等しければ，重力による位置エネルギーが等しいからである。

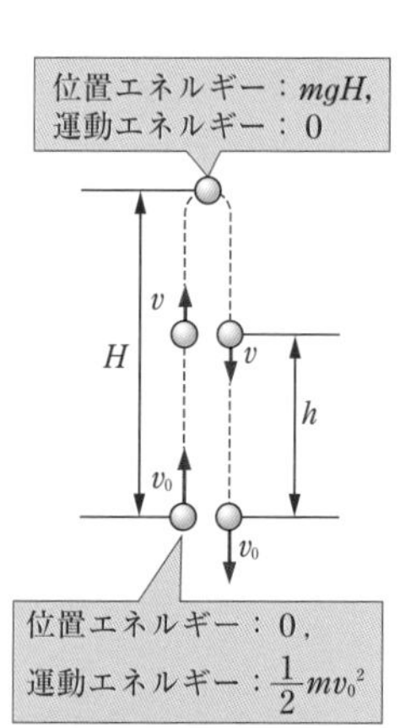

最高点での高さ H を，物体の質量 m と初速度 v_0 で表す。力学的エネルギーの保存より，重力による位置エネルギーの基準の高さを投げ上げた位置にとると，力学的エネルギーはそれぞれ，

投げ上げた瞬間の運動エネルギー：$\frac{1}{2}mv_0^2$

最高点での位置エネルギー：mgH

この2つが等しいのだから，

$$mgH=\frac{1}{2}mv_0^2$$

$$\therefore H=\frac{v_0^2}{2g}$$

ここに注意

「g」は重力加速度という物理量である[P.79]。

また，高さ h における速さを v とおくと，高さ h における力学的エネルギーも一定なので，

$$\frac{1}{2}mv_0^2=\frac{1}{2}mv^2+mgh$$

$$v=\pm\sqrt{v_0^2-2gh}$$

ここでは，＋が物体の上昇中の速度を，－が下降中の速度を示している。

●なめらかな斜面上の運動　なめらかな斜面をすべりおりる物体の運動を考える。物体にはたらく力は，重力 w と斜面からの垂直抗力 N の2力である。垂直抗力 N は，運動方向とつねに直交しているので，この力が物体にする仕事は0である。したがって，物体には重力 w のみが仕事をすることになり，この場合も力学的エネルギーは保存される。

なお，斜面がなめらかではなく，摩擦力がはたらく場合は，**摩擦力は運動方向と反対向きにはたらくので，負の仕事をする**。したがって，その分だけ物体がもっている**力学的エネルギーは減少する**。

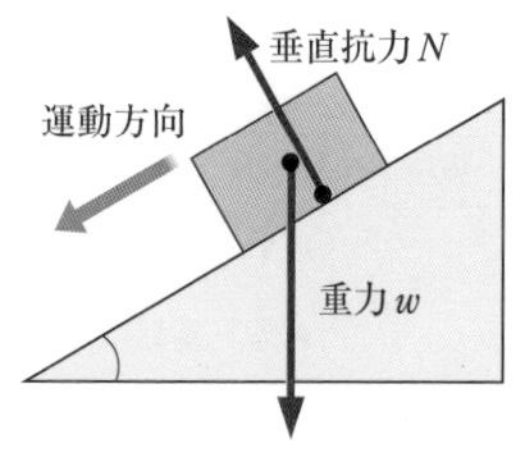

▲なめらかな斜面上での運動

●振り子　おもりを糸で天井からつり下げた振り子を考える。おもりにはたらく力は，重力wと糸から受ける力Tの２力である。このうち，糸から受ける力Tは，おもりの運動方向である接線方向とつねに直交している。なぜならば，円の接線方向と円の半径方向は直交しているからである。したがって，**重力wだけがおもりに仕事をする**ことになるので，おもりの力学的エネルギーは保存される。

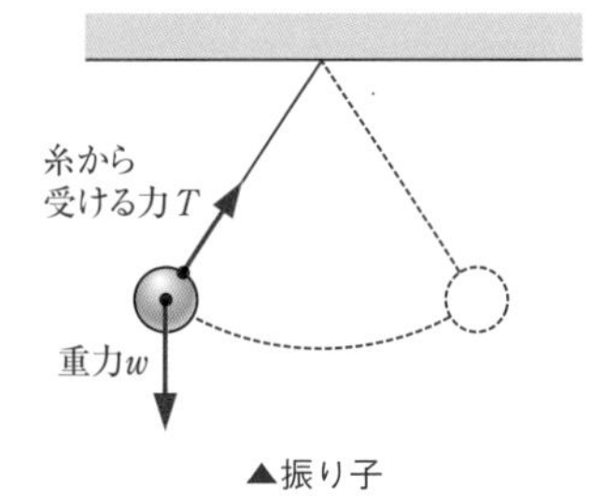

▲振り子

●ばね振り子（水平方向）なめらかな水平面上におもりをおき，それにばねをつけ，ばねを壁に固定する。おもりを少し引いて手をはなすと，おもりは振動する。このとき，おもりにはたらく力は，重力w，水平面からの垂直抗力Nとばねから受ける力fの３力である。重力wと垂直抗力Nは，運動方向と直交するので，**おもりにする仕事は，ばねから受ける力fによるものだけ**である。したがって力学的エネルギーは保存される。

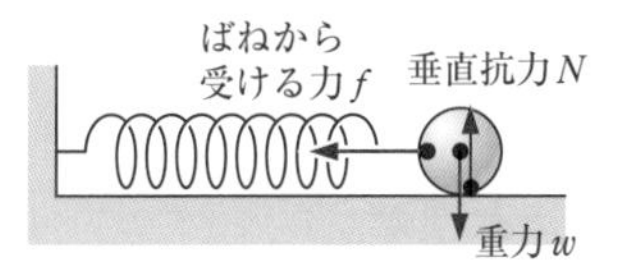

▲ばね振り子（水平方向）

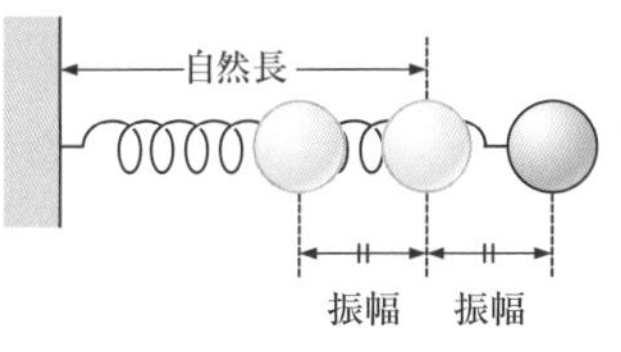

▲ばね振り子（水平方向）の運動

このときの位置エネルギーは，弾性力による位置エネルギーだけを考えればよい。なお，振り子の振動の中心は，おもりにはたらく力の合力が０になるばねの自然長の位置となる。また，おもりははじめにのばした長さだけ縮むことができる。したがって，**振幅は，はじめにのばした長さに等しい**。

●ばね振り子（鉛直方向）おもりを天井からばねでつり下げ，つり合わせる。さらにおもりを少し引き下げてから手をはなすと，おもりは鉛直方向に振動する。**おもりにはたらく力は，重力wとばねから受ける力fの２力**である。この２力はともにおもりに仕事をするが，どちらも保存力なので，この場合も力学的エネルギーは保存される。

位置エネルギーとしては，重力によるものと弾性力によるものの両方を加えなければならない。振り子の振動の中心は，おもりにはたらく力の合力が０になるつり合いの位置である。**振幅は，つり合いの位置から引き下げた長さに等しい**。

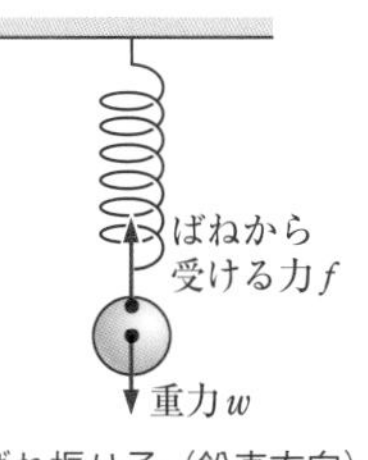

▲ばね振り子（鉛直方向）

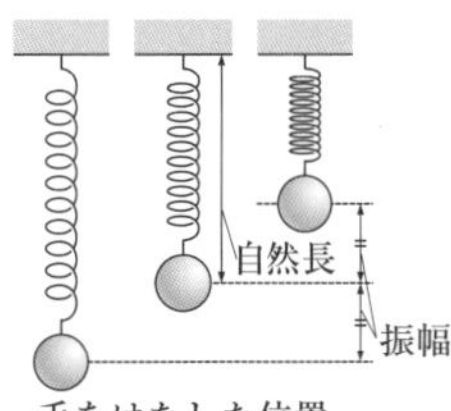

▲ばね振り子（鉛直方向）の運動

§2 熱

▶ここで学ぶこと

熱と温度について理解し，熱の出入りをともなう現象から熱量の保存を考える。熱と仕事や力学的エネルギーとの関係も学ぶ。

① 熱と温度

1 熱

熱と温度

体調が悪いとき，「熱がある」といういい方をする。このことばづかいは物理的にはまちがった表現である。そもそも「熱がある」状態というのは，平熱よりも体温が高い状態（一般には37℃をこえた状態）をさす。では，平熱時は熱はない➡①といえるのだろうか。

「熱がある」を物理的に正しく表現すると，例えば「体温が37℃より高い状態」などとなる。

「熱がある」の誤用もそうだが，しばしば熱と温度を混同してしまうことがある。ここでは熱と温度が何であるかについて考えていく。

●**温度**　温度は，熱さや冷たさを表す指標である。温度のめもりにはいくつかの種類がある。ふだんわたしたちが使っているものは，1気圧での水の**融点**➡②と**沸点**➡③をそれぞれ0℃と100℃とし，この間を100等分した温度の幅が1℃である。この温度めもりを**摂氏**（せっし）➡④とよぶ。物理で用いる温度めもりは，**絶対温度**とよばれているものである。これは，理論上もっとも低い温度を**絶対零度**（ぜったいれいど）として，単位温度幅を1℃と等しくとったものである。単位はK（ケルビン）➡⑤を用いる。0℃は273 Kである。また，華氏（かし）（単位は°F）というめもりもある。

●**熱**　熱とは何か。例えば，熱いお茶を茶碗に入れ，テーブルの上においておく。すると，時間の経過とともにお茶はしだいにぬるくなっていく。そして，最終的にはまわりの温度と等しくなるまで温度は下がる。このとき，高温物体であるお茶から，低温物体であるまわりの空気に「熱」

参考

①このことばのつかい方も物理としては，正しくはない。また，「平熱」も同様に，物理的には正しくない。

用語

②融点
物質が融解する温度。

用語

③沸点
物質が沸騰する温度。

もっとくわしく

④この温度めもりを提案したセルシウスの中国語表記の頭文字からとったものである。

参考

⑤Kには°をつけない。

人物

ケルヴィン男爵（だんしゃく）ウィリアム・トムソン(1824～1907)
アイルランドの物理学者。

が移ったことにより，温度の変化を生じたと考える。物体の温度が変化するとき，その原因のひとつとして熱の移動が考えられる。

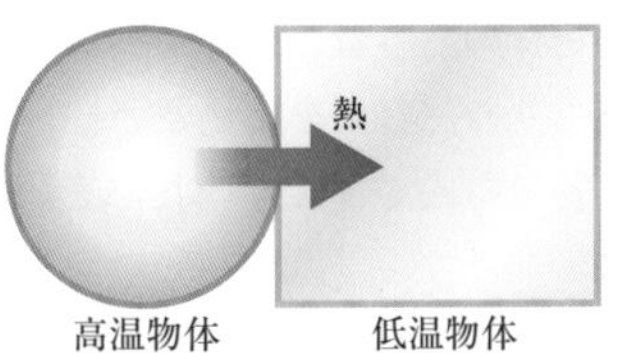

▲熱の流れ

●**熱平衡**(へいこう)　下の図のように，低温物体と高温物体が等しい温度になると，熱の移動は止まる。この状態を熱平衡という。これは高温物体は熱が流れ出ることで，温度が下がり，低温物体はその熱が流れ込(こ)むことで温度が上がったためで，このように熱の出入りにより物体の温度は変化する。

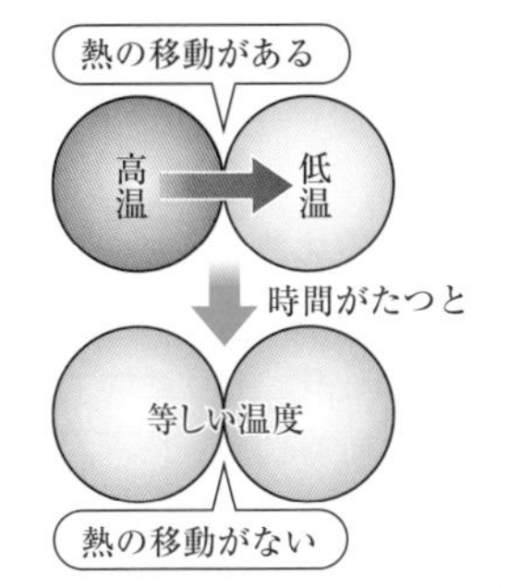

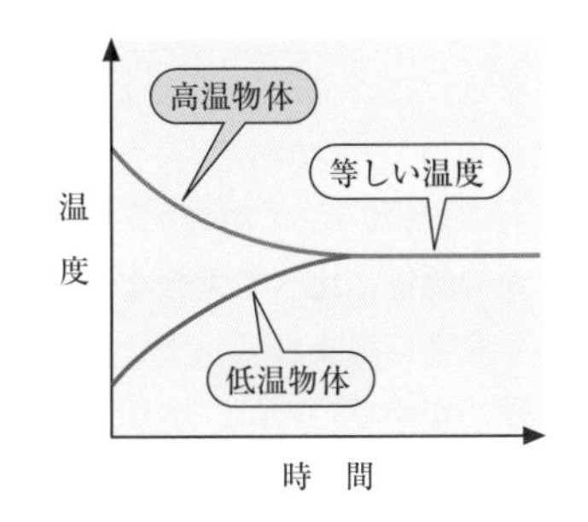

▲熱平衡と温度変化

●**熱量**　熱の量を表す物理量が**熱量**である。熱量はエネルギーと同じ単位をもつ物理量である。

したがって，熱量の単位はJ（ジュール）を用いる。

熱容量

ある物体のあたたまりやすさを表す量が**熱容量**である。物体が得た熱量をQ〔J〕，物体の上昇した温度をΔT〔℃〕とすると，両者の間に次のような関係が成り立つ。

$$Q = C\Delta T$$

ここで，Cはその物体の熱容量であり，物体の温度を1℃だけ上昇させるのに必要な熱量を表している。したがって，熱容量の単位は，J/℃である。

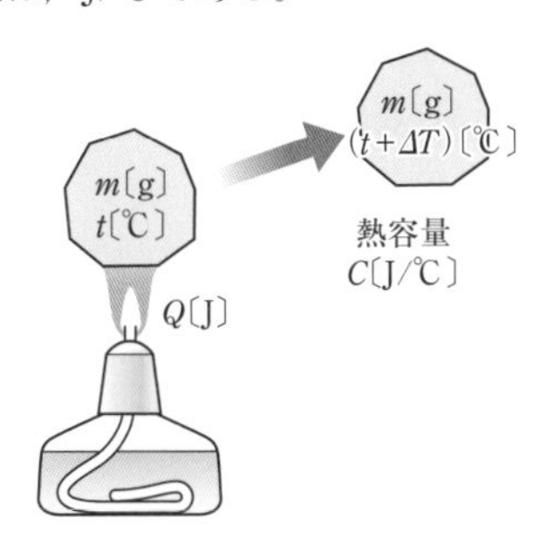

参考

水の温度変化にもとづいた熱量の単位であるcal(カロリー)を用いることもある。その定義では，質量1gの水の温度を1℃上昇させるのに必要な熱量を1cal（カロリー）とする。また，ジュールにより，1Jと1calのあいだには，1〔cal〕≒4.19〔J〕という関係があり，この関係をジュールの仕事当量（熱の仕事当量）という。

参考

Δはギリシャ文字で，デルタと読む。変化した量を表すのに用いられる。ΔTは$\Delta \times T$ではなく，ΔTでひとかたまりになっている。

比熱

物体の熱容量は，物体の質量に比例している。単位質量当たりの熱容量を**比熱**という。比熱は，物質により定まる。熱容量の式 $Q=C\Delta T$ を比熱を用いて書きかえると，

<熱容量>

$$Q = C\Delta T = mc\Delta T$$

(Q：熱量, C：熱容量, ΔT：変化した温度, m：質量, c：比熱)

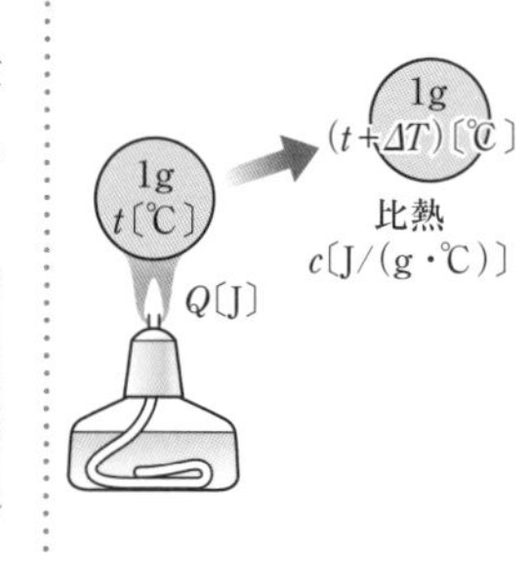

となる。ここでは，比熱を c で表した。比熱の単位は，J/(g・℃) などである。

右の表にいくつかの物質の比熱を示す。**水の比熱がほかの物質に比べて大きな値をとる**ことがわかる。まわりを海に囲まれている日本で1日の気温の変化（日較差）が小さいのは，水が多いからである。真夏の暑い日の最高気温と最低気温との差はおよそ10℃である。真冬の寒い日でも差は同じくおよそ10℃である。一方，乾燥した砂漠では，この差は40℃にもたっする。比熱の大きい水はあたたまりにくく，冷めにくい物質ということになる。

▼いろいろな物質の比熱

物質	比熱〔J/(g・℃)〕
銅	0.39
鉄	0.45
アルミニウム	0.90
エタノール	2.42
氷	2.10
水	4.19

熱量の保存

熱がほかににげずに，高温物体から低温物体に移動するとき，

(高温物体が失った熱量)＝(低温物体が得た熱量)

の状態が保たれ，熱量全体の量は変化しない。高温物体と低温物体のあいだだけで熱量の移動が生じるとき，全体の熱量は一定に保たれる。これを**熱量保存の法則**という。

質量 m_1，比熱 c_1，温度 T_1 の物体を，質量 m_2，比熱 c_2，温度 T_2（$T_1 > T_2$）の液体に入れて，熱がほかににげないようにしたところ，両物体の温度が T になった。このとき，

高温物体が失った熱量：$m_1c_1(T_1-T)$

低温物体が得た熱量　：$m_2c_2(T-T_2)$

となるから，熱量保存の法則から，

$$m_1c_1(T_1-T) = m_2c_2(T-T_2)$$

が成り立つ。したがって，両物体の温度 T は，

$$T = \frac{m_1c_1T_1 + m_2c_2T_2}{m_1c_1 + m_2c_2}$$

熱量が，ほかの物体ににげていってしまう場合，はじめに高温物体と低温物体がもっていた熱量から，にげていった熱量だけ減少する。両物体からにげていった熱量は，必ずほかの物体が受けとっている。このときも，熱量の保存が成り立つので，どこかから熱量がわき出したり，消えてしまったりすることはない。

熱の伝わり方

熱は発生したところから，まわりに伝わっていく。

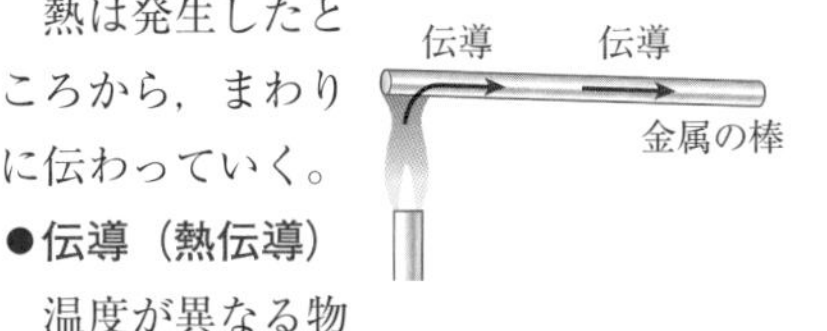

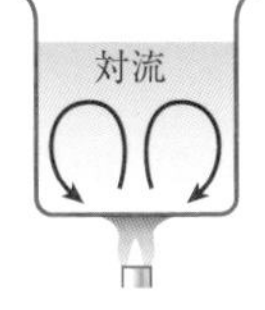

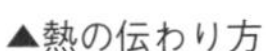

▲熱の伝わり方

●伝導（熱伝導）

温度が異なる物体が接触しているとき，熱は高温な部分から低温な部分に伝わる。このような熱の伝わり方を**伝導**という。物体を加熱すると，熱は加熱した部分から順に遠くに伝わる。

●対流（熱対流）　気体や液体などが移動して全体に熱が伝わること。熱を加えられた気体や液体は，熱を加えた部分が膨張（ぼうちょう）し，密度が小さくなり上昇する。そこに，温度の低い部分が流れ込む。これをくり返して全体に熱が伝わる。

●放射（熱放射）　物体は，物体の温度に応じて特定のエネルギーをもった**電磁波**（でんじは）➡①を放出したり，ほかの物体から放出された電磁波を吸収したりすることで熱を伝える。このような熱の伝わり方を**放射**➡②という。

もっとくわしく

①可視光は，ある特定の波長の電磁波である。

もっとくわしく

②放射で，物体からは，赤外線という光が出ている。

確認問題

水と湯の混合

質量 20g，温度 95℃の湯を，質量 100g，温度 20℃の水に入れた。水の比熱を 4.2J/(g・℃)として，下の問いに答えよ。ただし，熱量がほかへにげることはないものとする。

(1)　混ぜ合わせたあとの水の温度を T〔℃〕として，湯の失った熱量を求めよ。

(2)　混ぜ合わせた水の温度を求めよ。

学習のPOINT

●湯が高温物体，水が低温物体となる。

●熱量がほかへにげることはないので，熱量は保存される。

解き方

(1) 湯は温度が95℃からT〔℃〕になるから，失った熱量は，

$20\times4.2\times(95-T)=84\times(95-T)$〔J〕

(2) 水の温度は，20℃からT〔℃〕に上昇するから，熱量保存の法則より，

$$20\times4.2\times(95-T)=100\times4.2\times(T-20)$$
$$95-T=5(T-20)$$
$$6T=195$$
$$T=32.5〔℃〕$$

解答

(1) $84\times(95-T)$〔J〕　(2) 32.5〔℃〕

確認問題

熱量の保存

熱容量70J/℃の熱量計に水250gを入れ，温度を測定したら，22.0℃であった。そのなかに，100℃に熱した質量50gの金属球を入れ，水をゆっくりとかくはんしたところ，25.0℃になった。水の比熱を4.2J/(g・℃）として，下の問いに答えよ。

(1) 熱量計と水を合わせた熱容量を求めよ。

(2) 熱量計と水が得た熱量の和を求めよ。

(3) 金属球の比熱を求めよ。小数第3位を四捨五入して答えること。

●低温物体は熱量計と水，高温物体は金属である。

●金属球の比熱をcとおいて熱量保存の式を立てればよい。

解き方

(1) 水250gの熱容量は，$250\times4.2=1050$〔J/℃〕であるから，求める熱容量は，

$70+1050=1120$〔J/℃〕

(2) 水と熱量計の温度が22.0℃から25.0℃に上昇したから，

$1120\times(25.0-22.0)=3360$〔J〕

(3) 質量50gの金属球は，100℃から25.0℃に冷えたときに3360Jを失ったことから，求める比熱をcとすると，

$$50c\times(100-25.0)=3360$$
$$3750c=3360$$
$$c=0.896 \fallingdotseq 0.90〔J/(g・℃)〕$$

解答

(1) 1120〔J/℃〕　(2) 3360〔J〕　(3) 0.90〔J/(g・℃)〕

1905年 奇跡の年

1905 年，アインシュタイン（Albert Einstein 1879～1955）は５つの論文を提出し，「光電効果の理論」，「ブラウン運動の理論」，「特殊相対性理論」を発表した。これらは，物理学のすべての分野にかかわる大発見で，このため 1905 年は物理学における「奇跡の年」とよばれている。

アインシュタインは 1879 年，ドイツで生まれた。生まれてまもなく両親とともにミュンヘンに移り住み，ここで教育を受けた。ギリシャ語，ラテン語などの暗記科目が苦手であったが，数学や科学に対しては非常に優秀であったといわれている。

その後，スイスのチューリッヒ工科大学を卒業したがなかなか就職できず，1902 年にようやくスイス連邦特許局の技師となった。ここでそれまで研究してきたことをまとめ，1905 年の大発見となった。1921 年にはノーベル物理学賞を受賞した。

〈光電効果〉

金属に紫外線を当てると，その金属の内部から電子[➡ P.252]がとび出してくる現象。アインシュタインは，これまで「波」であると考えられていた「光」を，エネルギーをもった粒としての性質ももつ光量子とよばれるものであると考えることで，この現象を説明した。

〈ブラウン運動〉

1827 年，植物学者のブラウン（Robert Brown）が顕微鏡を使って水にうかんだ花粉を観察したとき，花粉が不規則に動いていることを発見した。

この現象は，水の分子[➡ P.216]が集まってかたまりをつくり，このかたまりが不規則に運動して花粉に当たるために起こるものである。

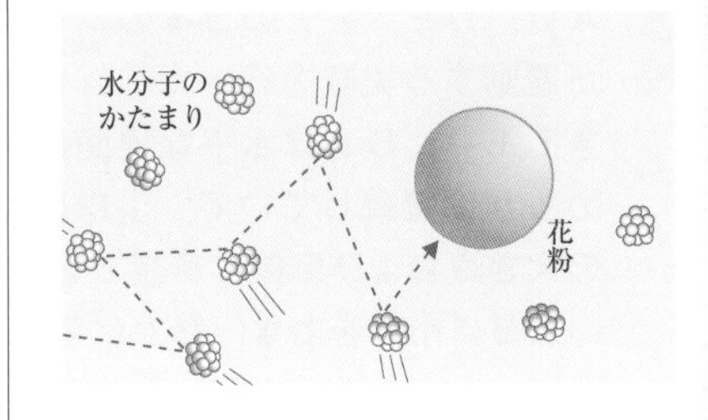

アインシュタインは，この水のかたまりの運動のしくみを解き明かすのに成功した。

〈相対性理論〉

アインシュタインというと，相対性理論を思い出す人もいるだろう。実は，相対性理論には「特殊相対性理論」と「一般相対性理論」があり，1905 年に発表されたのは「特殊相対性理論」で，「一般相対性理論」は 1916 年に発表された。

特殊相対性理論は，次の２つの原理から成り立っている。

・光速度不変の原理
・相対性原理

有名な $E=mc^2$（E：エネルギー，m：質量，c：光速度）という式も特殊相対性理論のなかに出てくるものである。

練習問題

解答➡p.615

1 右の図のように，摩擦力のはたらかない水平面上で，質量3.0kgの物体に9.0 Nの力を加え，静止している状態から，6.0 m引いた。次の問いに答えよ。

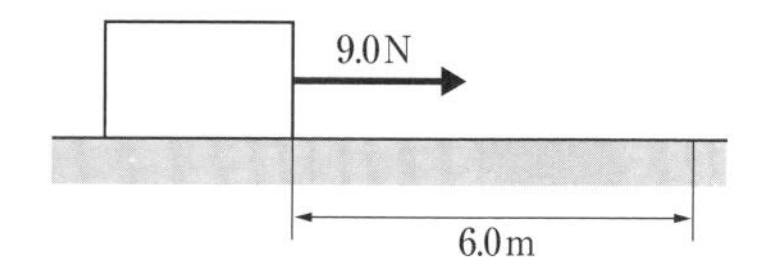

(1) この力のした仕事を求めよ。

(2) この力のした仕事により，物体は運動エネルギーを得る。このとき物体に摩擦力ははたらかないので，この仕事がすべて物体の運動エネルギーに変わったと考えられる。6.0 m引かれたときの物体の速さを求めよ。

2 ＡＤ，ＤＥ，ＥＦの３本のレールを図１のように配置し，その上を小球が運動する実験を行った。ＡＤのかたむきは，ＥＦのかたむきに比べて急であり，ＤＥは水平な地面に接しており，ＡＤとＤＥおよびＥＦはなめらかに接続していて，小球はレールにそって運動した。ただし，小球の大きさおよび摩擦は無視できるものとする。

点Ｂに小球をおき，静かに手をはなした。あとの問いに答えよ。

（国立工業・商船・電波高専）

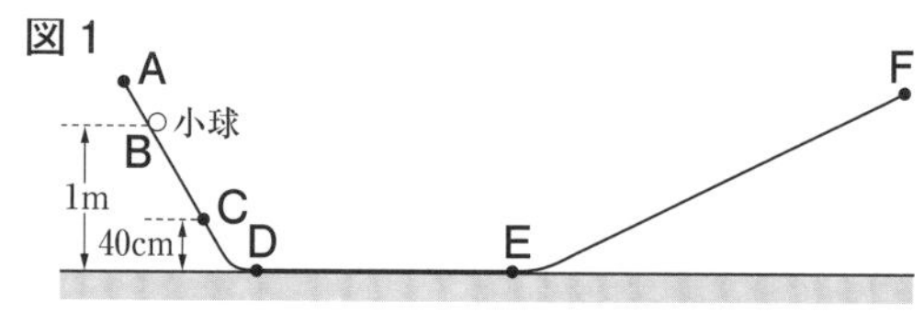

(1) 小球の速さと時間の関係を表しているグラフはどれか。次のア～カから適当なものをひとつ選び，記号で答えよ。

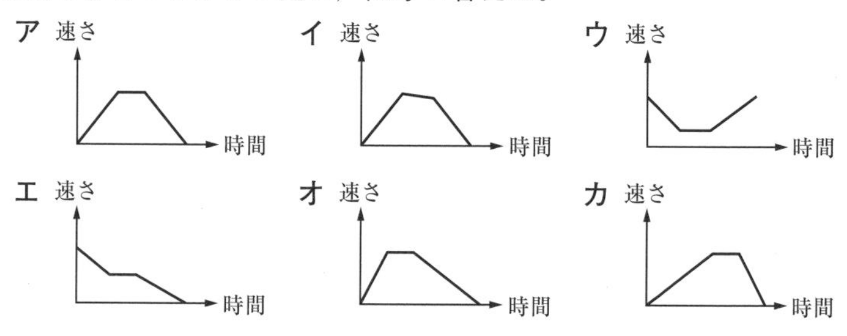

(2) 小球がＤＥを通過するとき，小球にはたらくレールにそった向きの力を表しているのはどれか。次の**ア**～**エ**から適当なものをひとつ選び，記号で答えよ。ただし，矢印がない図はレールにそった力がはたらいていない状態を表すものとする。

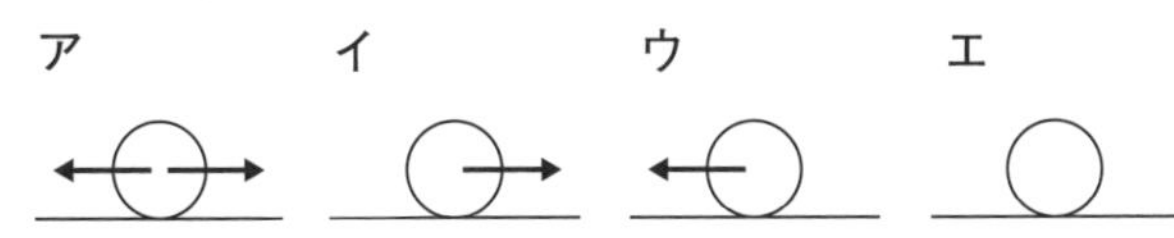

(3) 小球が点Ｂから点Ｅを通過するときの運動エネルギーと位置エネルギーの関係を，●の数で表すことにする。ただし，点Ｄの位置エネルギー欄に「なし」とあるのは，●がないことを表す。次の表の①～⑤に入るべき●を必要な個数だけかけ。●がないときは「なし」と書くこと。

点	運動エネルギー	位置エネルギー
B	①	②
C	③	●●
D	●●●●●	なし
E	④	⑤

(4) ＥＦを図２のように，短くてかたむきも急なＥＧにとりかえた。Ｇから飛び出した小球は，そのあとどのような道すじをたどるか。**図２**の**ア**～**ウ**からひとつ選び，記号で答えよ。

図２

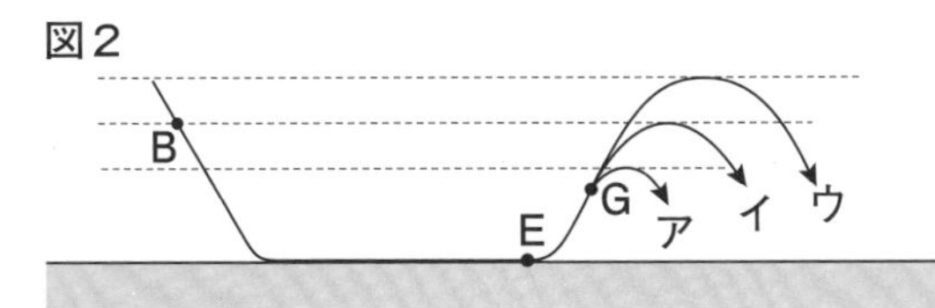

第4章 電気と磁気

↑電気や磁気はわたしたちにとって欠かせないものだ。家のなかを見渡せば電化製品がたくさん見つかる。また，電気自動車，リニアモーターカーなど，電気や磁気を応用した技術開発がすすめられている。電気の性質や電気と磁界について学ぼう。

MLX01-1

§1 電流

▶ここで学ぶこと

わたしたちの生活の中で，電気は非常に重要なものである。電気にはどのようなはたらきがあり，どのように扱っていくべきだろうか。電気の性質と，安全な使い方を学んでいく。

① 回路と電流，電圧

1 回路

回路

乾電池と導線と豆電球をつなぐと，豆電球が点灯する。これは乾電池の＋極から－極まで電気が通る道すじができたからである。このような電気の通る道すじを**電流回路**（または単に**回路**）という。

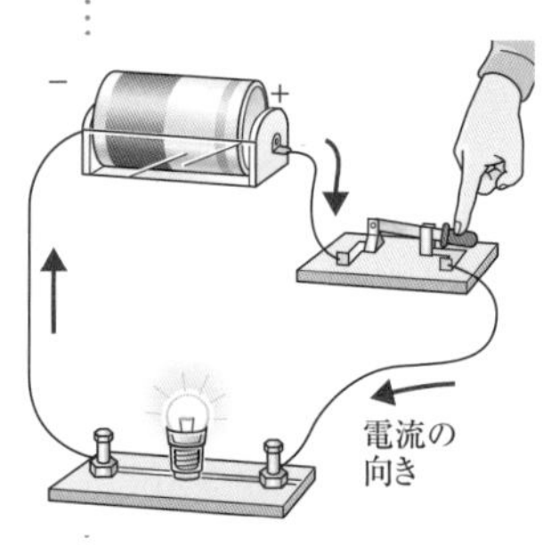

電流の向き

電流には向きがあることがわかっており，**電流は電池の＋極から－極へ流れると決められている。**

乾電池，導線，プロペラのついたモーターをつないで回路をつくると，モーターが回転する。そこで，乾電池の＋極と－極をつなぎかえると，モーターは反対向きに回転する。

コイン形リチウム電池と発光ダイオード➡①をつないで回路をつくると発光ダイオードは点灯する。次に，コイン形リチウム電池の＋極と－極をつなぎかえてみると，発光ダイオードは点灯しなくなる。

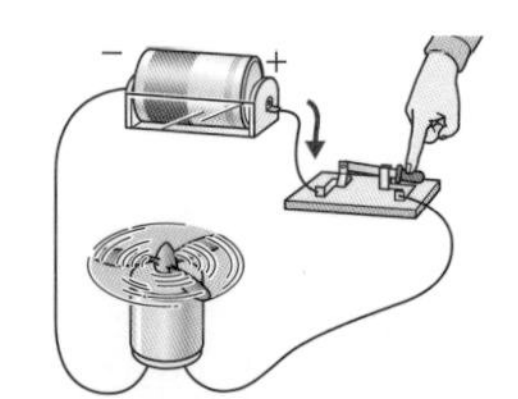

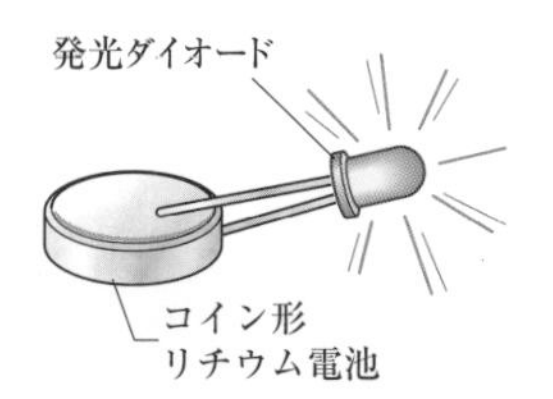

電気用図記号と回路図

さまざまな電気器具は**電気用図記号**で表すことができる。また，電気用図記号を用いて**回路図**をつくることができる。

もっとくわしく

①発光ダイオード［➡P.171］は半導体を材料とした部品のひとつ。一方向の電流のみ通す特性がある。熱が発生せず，低電圧で高輝度（こうきど）が得られる。

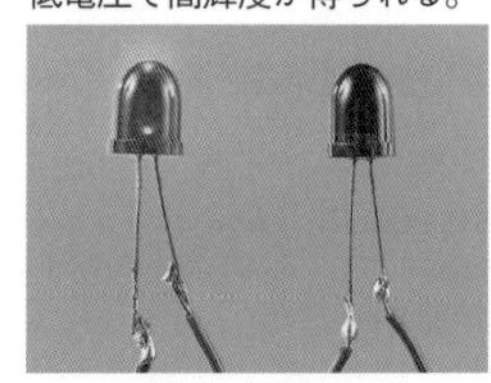

▲発光ダイオード

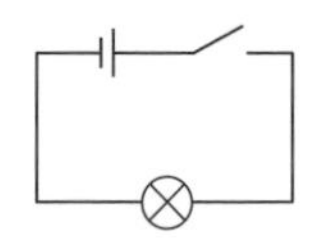

▲回路図の例①

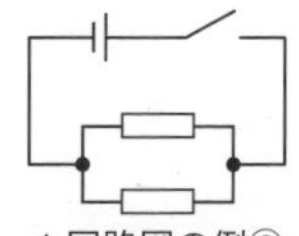

▲回路図の例②

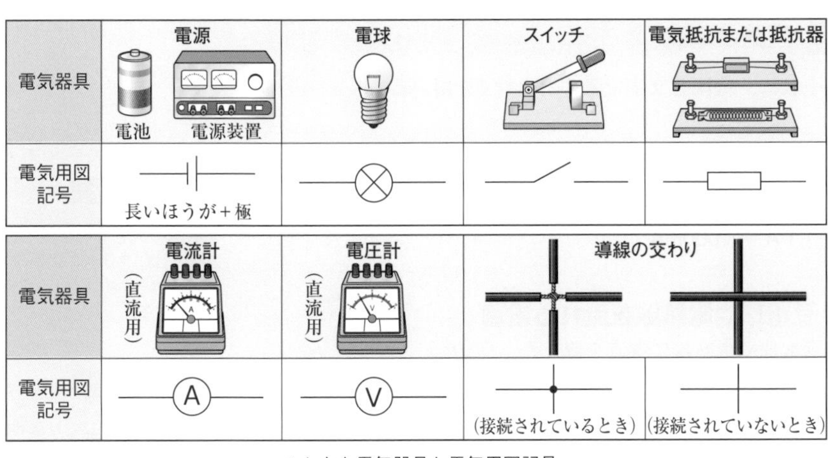

	電源	電球	スイッチ	電気抵抗または抵抗器
電気器具	電池　電源装置			
電気用図記号	長いほうが＋極			

	電流計	電圧計	導線の交わり	
電気器具	（直流用）	（直流用）		
電気用図記号	A	V	（接続されているとき）	（接続されていないとき）

▲おもな電気器具と電気用図記号

直列回路と並列回路

● **直列回路**（ちょくれつ）　左下の図のように，豆電球などが一列で１本の道すじでつながれている回路を**直列回路**という。

● **並列回路**（へいれつ）　右下の図のように，豆電球などの両端が共通につながれており，枝分かれのある回路を**並列回路**という。

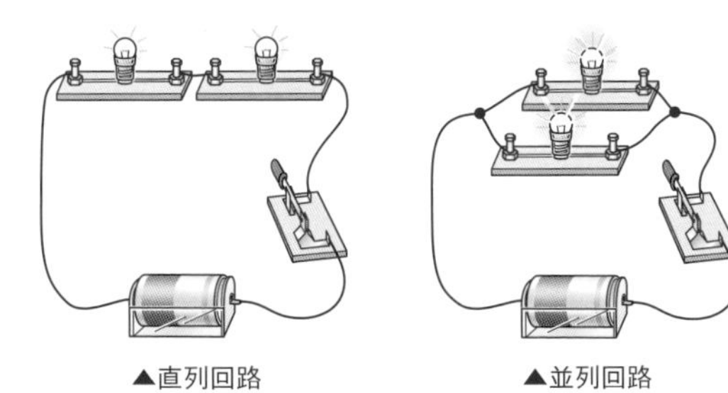

▲直列回路　　▲並列回路

豆電球を直列につなぐと，豆電球が１個のときよりも暗くなる。豆電球を並列につなぐと豆電球が１個のときと同じ明るさになる。

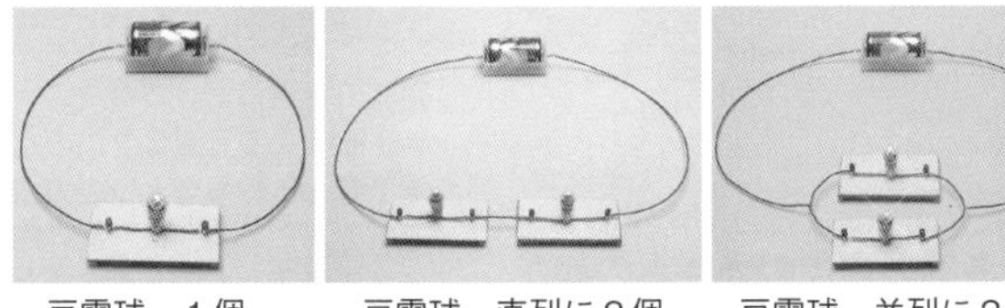

豆電球　１個　　豆電球　直列に２個　　豆電球　並列に２個

▲つなぎ方による豆電球の明るさのちがい

もっとくわしく

乾電池を直列に２個つなぐと，乾電池が１個のときよりも豆電球を明るく点灯させることができる。乾電池を並列に２個つなぐと，乾電池１個のときと明るさは同じである。

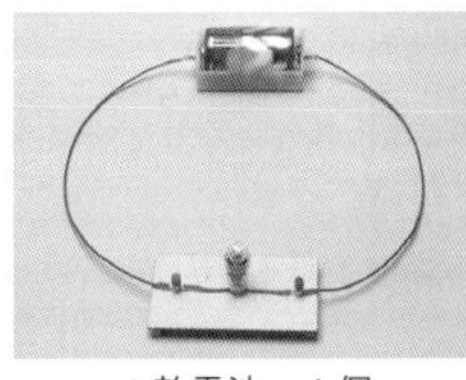

▲乾電池　１個

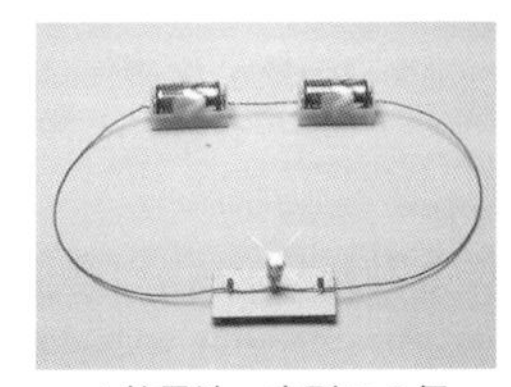

▲乾電池　直列に２個

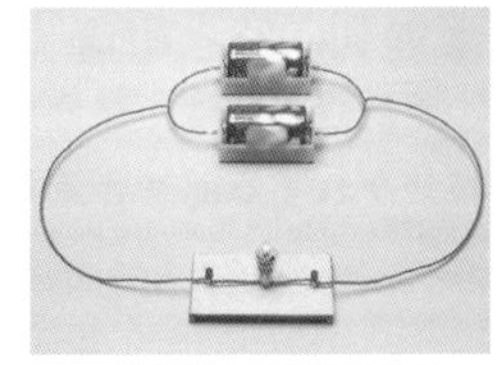

▲乾電池　並列に２個

2 回路と電流

一般に，電流を文字で表すときはIを用いる。

電流の大きさの表し方

アンペア（A）→①，またはミリアンペア（mA）で表す。

1 A ＝ 1000mA

参考

①電流の大きさの単位の「アンペア」は，フランスの物理学者アンペール（1775〜1836）に由来する。

豆電球や電熱線を流れる電流

豆電球や電熱線に電流を流したとき，流れこむ電流と流れ出す電流の大きさは同じである→②。

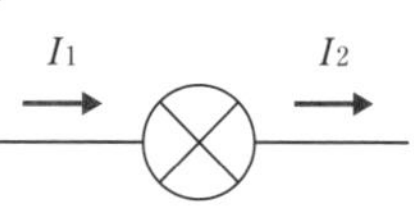

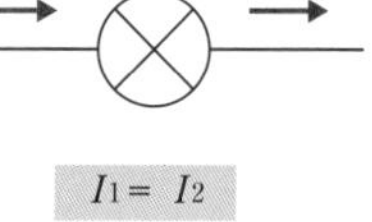

参考

②豆電球が点灯したり電熱線が発熱したりすることで，それぞれの器具を流れる前後で電流が減少することはない。

直列回路と電流

直列回路では，回路のどの点でも電流の大きさは同じである。

▲直列回路の回路図

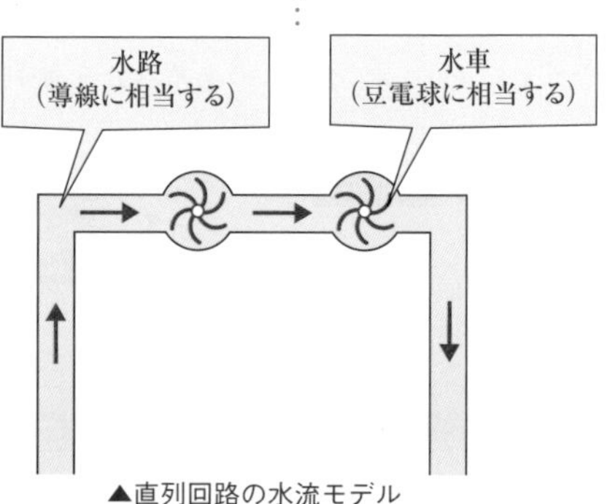

▲直列回路の水流モデル

〈直列回路の電流〉

$$I = I_1 = I_2 = I_3 = I'$$

これは，水路が1本道で枝分かれをしていない場合，どの場所でも流れる水の量が同じであることに似ている。

参考

回路の各点における電流の大きさを考えるときは，川の水流で考えるのもひとつの方法である。このように，別の例でおきかえたものをモデルという。モデルは現象を説明するのに便利だが，限界もあることを知っておきたい。

並列回路と電流

並列回路では，枝分かれした各部の電流の大きさの和が枝分かれする前や合流したあとの電流の大きさと等しくなる。

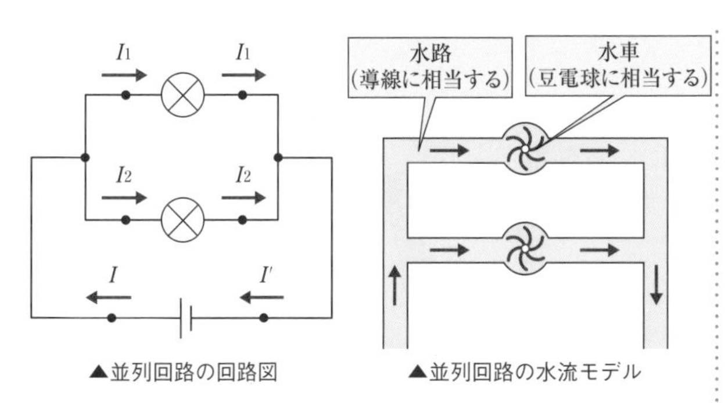

▲並列回路の回路図　▲並列回路の水流モデル

〈並列回路の電流〉

$$I = I_1 + I_2 = I'$$

これは，枝分かれした水路の水量の和が，枝分かれする前や合流したあとの水量に等しいことに似ている。

操作 電流計の使い方

【手順】

1. 測定する場所に対して直列につなぐ➡③。
2. 電源の＋極側と－極側を，それぞれ電流計の＋端子と－端子につなぐ。

【補足】

・－端子の数値は測定できる電流の大きさの最大値である。例えば，5A 端子の場合，最大で5A まで測定できることを示しており，電流計のめもりの最大値を5A として電流を読みとる。

・電流の大きさが予測できない場合はまず5A 端子につなぎ，電流の大きさが小さすぎる場合は 500mA 端子につなぎかえる。さらに，電流の大きさが 50mA 以下ならば，50mA 端子につなぎかえる。

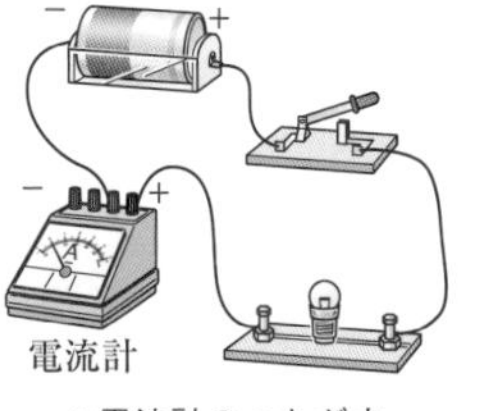

▲電流計のつなぎ方

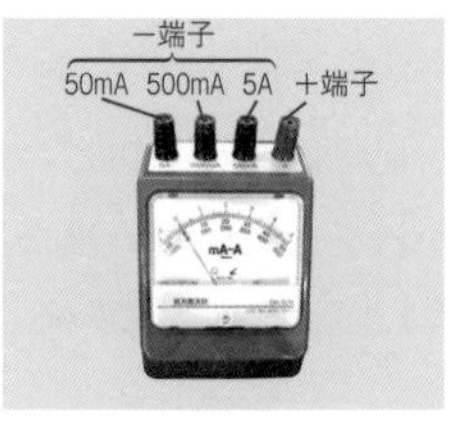

▲電流計

もっとくわしく

一般に，回路のある1点に流れ込む電流と流れ出す電流の間には，常に以下のような関係が成り立っている。これをキルヒホッフの法則という。

$$I_1 + I_2 = I_3 + I_4$$

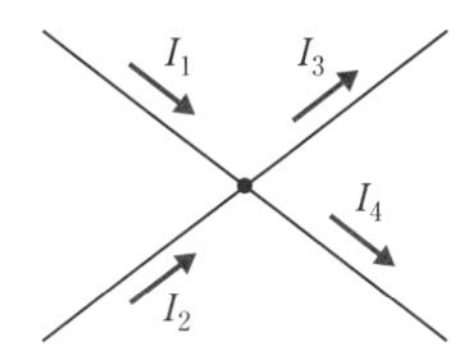

ここに注意

③大きな電流が流れて電流計がこわれることがあるため，電流計は回路に並列につないではいけない。

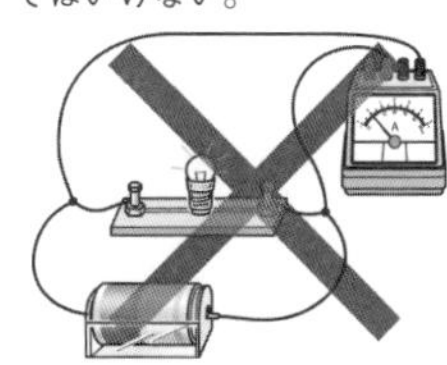

ここに注意

回路には豆電球や抵抗などを必ずつなぐ。電源の＋極から－極までが導線だけでつながると，大量の電流が流れて発熱するため，危険である。このように電源に導線を直接結ぶことをショートという。

3 回路と電圧

回路に電流を流そうとするはたらきを電圧➡①という。一般に，電圧を文字で表すときはVを用いる。

水をポンプでくみ上げ，高い地点から流すとき，流れる水量を電流とすれば，このときのくみ上げた高さが回路全体の電圧に似ており，ポンプは電池の役割に似ている。

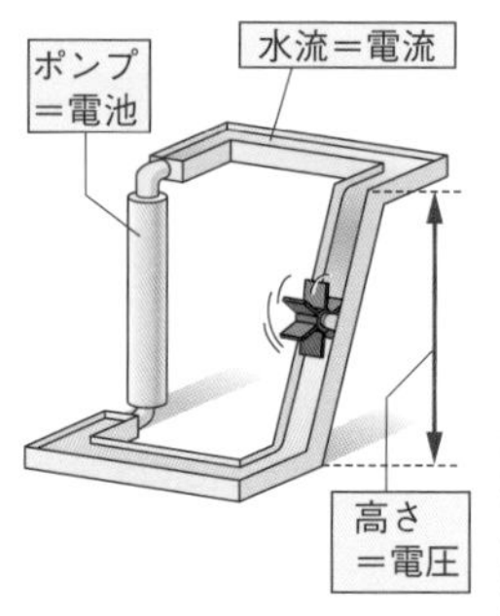

▲電流・電圧と水流モデル

電圧の大きさの表し方

ボルト（V）➡②，またはミリボルト（mV）で表す。

1 V ＝ 1000mV

直列回路と電圧

直列回路では，回路の各区間の電圧の和が回路全体の電圧に等しくなる。

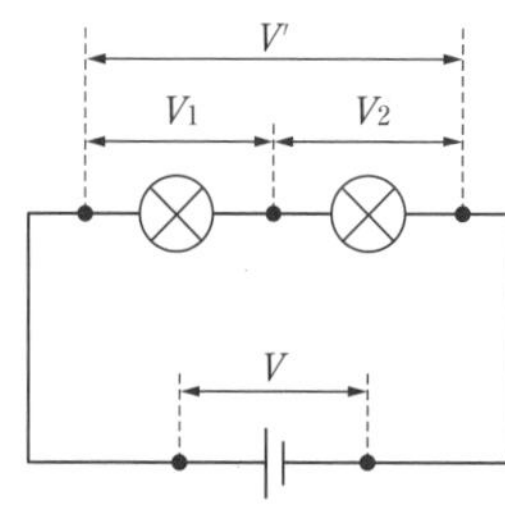

▲直列回路の回路図

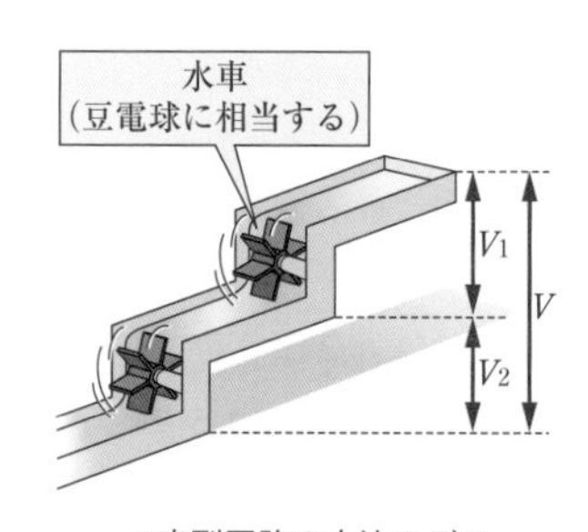

▲直列回路の水流モデル

〈直列回路の電圧〉

$$V = V_1 + V_2 = V'$$

これは，水路が1本道で枝分かれをしていない場合，各区間の高さの和が全体の高さに等しいことと似ている。

並列回路と電圧

並列回路では，枝分かれした各区間の電圧は等しい➡③。

もっとくわしく

①電圧は電位差（でんいさ）ともいう。電流が流れていないときの電池の両極間の電圧を起電力（きでんりょく）という。しかし，電流を流すと電圧が降下し，両極間の電圧は起電力よりも小さい値となる。このような電圧を端子電圧という。

参考

②電圧の単位の「ボルト」はイタリアの物理学者ボルタ（1745～1827）に由来する。

参考

豆電球や電熱線などの両端に電圧がかかっている。厳密には導線の区間でも電圧はかかっているが，その値はわずかであるので，ここでは無視してよい。

もっとくわしく

③家庭の電気器具やコンセントはたがいに並列につながれているため，どの電気器具を使用するときでも同じ大きさの電圧で使用することができる。

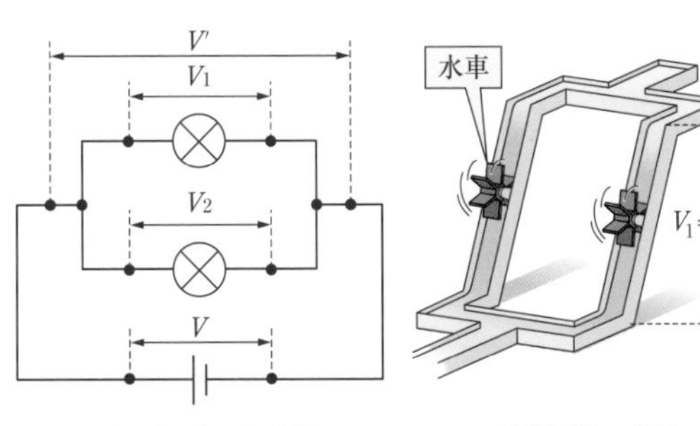

▲並列回路の回路図　　▲並列回路の水流モデル

〈並列回路の電圧〉

$$V = V_1 = V_2 = V'$$

これは，枝分かれした区間の高さがたがいに等しいことに似ている。

操作　電圧計の使い方

【手順】

1 測定する場所に対して並列につなぐ→④。

2 電源の＋極側と－極側を，それぞれ電圧計の＋端子と－端子につなぐ。

【補足】

・－端子の数値は測定できる電圧の最大値である。例えば，300V 端子の場合，最大で 300V まで測定できることを示しており，電圧計のめもりの最大値を 300V として電圧を読みとる。

・電圧が予測できない場合はまず 300V 端子につなぎ，電圧が小さすぎる場合は 15V 端子につなぎかえる。さらに，電圧が 3V 以下ならば，3V 端子につなぎかえる。

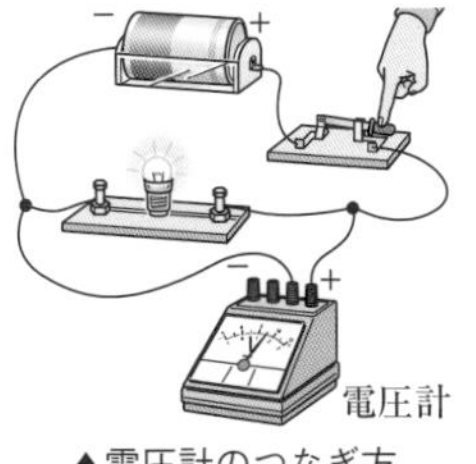

▲電圧計のつなぎ方

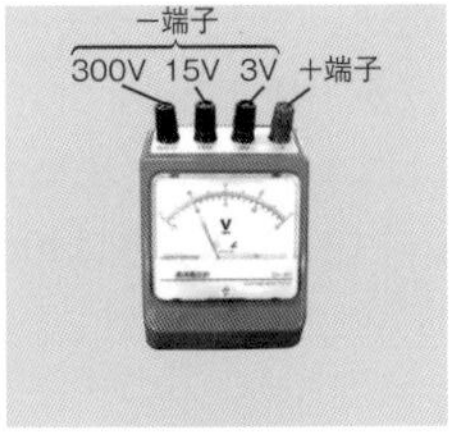

▲電圧計

ここに注意

④電流が流れなくなるため，電圧計は，回路に直列につないではいけない。

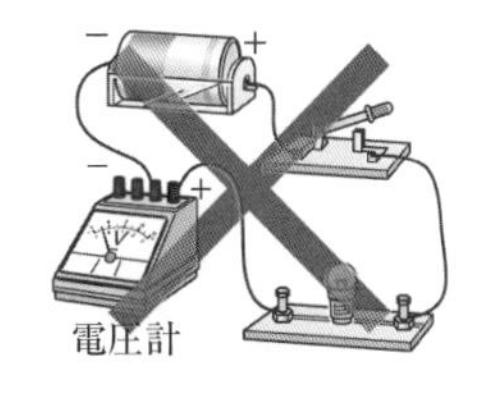

確認問題

電流計，電圧計のつなぎ方と値の読み方

電熱線を流れる電流の大きさと電圧の大きさを測定したい。次の問いに答えよ。

(1) 電流計，電圧計が正しく接続してある回路を下のア～エから選び，記号で答えよ。

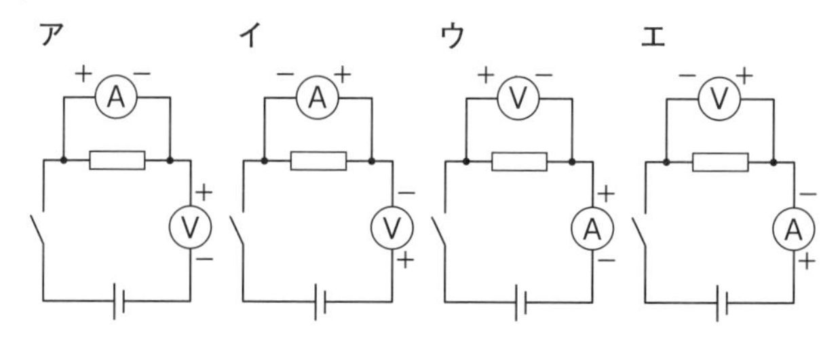

(2) このとき，電圧計，電流計のめもりはそれぞれ右の図のようになった。電圧計は3V端子，電流計は500mA端子に接続しているとき，電圧と電流の大きさを読みとれ。

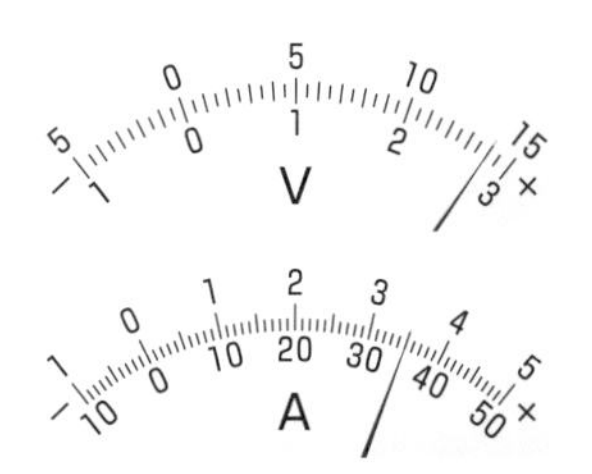

●測定する場所に対して，電流計は直列に，電圧計は並列につなぐ。また，電源の＋極側と－極側をそれぞれ，電流計や電圧計の＋端子と－端子に接続する。

●－端子の数値は，測定できる電流や電圧の最大値である。

解き方

(1) 電流計は回路に対して直列に，電圧計は測定する場所（電熱線）に対して並列につないであるものを選ぶ。

電源（ ⊣⊢ ）は，長いほうが＋極である。

(2) 電圧計は3V端子に接続しているので，1めもりは0.1Vである。電流計は500mA端子に接続しているので，1めもりは10mAである。

解答

(1) ウ

(2) 電圧：2.80(V)　電流：350(mA)

② 電圧と電流の関係と抵抗

1 電圧と電流の関係

電圧は回路に電流を流そうとするはたらきなので，電圧が高いほど一般に大きい電流が流れる。これは，水路の高さが高いほど，同じ時間に流れる水量が多いことと似ている。

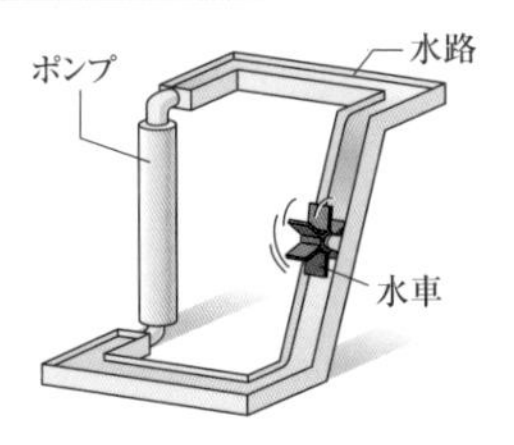

ここに注意

下の実験では，電流計と電圧計の値を同時に読みとること。電圧が高すぎると電熱線が高温になり，電流の大きさが変化してしまうので注意が必要である。

実験・観察 電圧と電流の関係を調べる実験

【方法】

右の図のような実験装置で，２種類の電熱線ａ，ｂの両端の電圧と電熱線を流れる電流の大きさの関係をそれぞれ調べた。

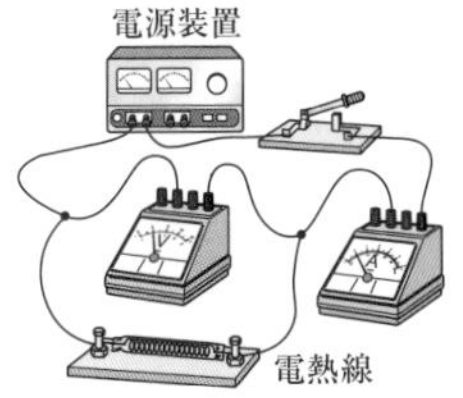

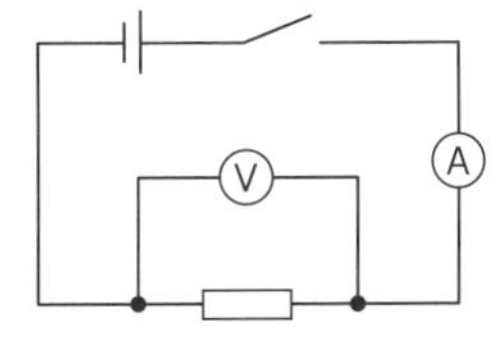

【結果】

表のような結果が得られた。また，この結果をグラフに表すと下のグラフのようになった。

電圧〔V〕		0	2	4	6	8	10
電流〔A〕	電熱線ａ	0	0.12	0.23	0.35	0.47	0.62
	電熱線ｂ	0	0.06	0.13	0.20	0.28	0.31

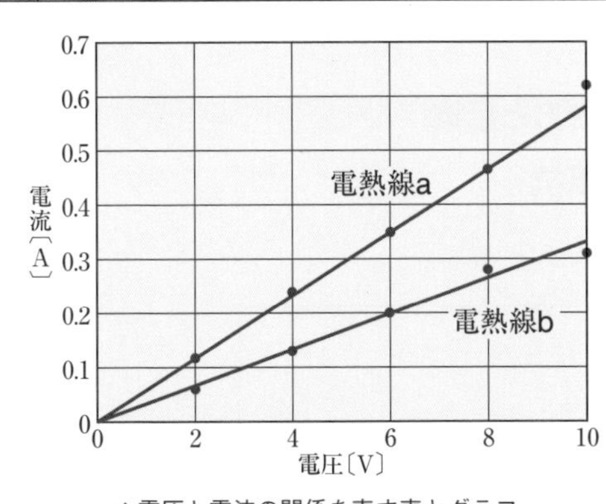

▲電圧と電流の関係を表す表とグラフ

オームの法則

電圧と電流の大きさの関係をグラフに表すと，原点を通る直線のグラフになる➡①ことから，**電熱線などの回路を流れる電流の大きさ I は，電圧 V に比例する。**

このような関係を，**オームの法則**という。

2 電気抵抗（抵抗）

電熱線 a と電熱線 b を比べてみると，同じ電圧をかけたとき，電熱線 a のほうが電熱線 b よりも電流が大きいことがわかる。これは，電熱線 a のほうが電流が流れやすく，電熱線 b のほうが電流が流れにくいことを示している。

このような電流の流れにくさを表す量を**電気抵抗（抵抗）** Rといい，単位は**Ω（オーム）**➡②で表す。電圧 Vと電流Iと抵抗Rの関係は，次のような式で表すことができる。

〈オームの法則〉

$$V〔\mathrm{V}〕= R〔\Omega〕\times I〔\mathrm{A}〕$$

$$I〔\mathrm{A}〕= \frac{V〔\mathrm{V}〕}{R〔\Omega〕}$$

$$R〔\Omega〕= \frac{V〔\mathrm{V}〕}{I〔\mathrm{A}〕}$$

電熱線などの両端に1Vの電圧をかけ，1Aの電流が流れたとき，その抵抗を1Ω（オーム）とする。

3 電熱線のつなぎ方と抵抗

直列回路と電気抵抗

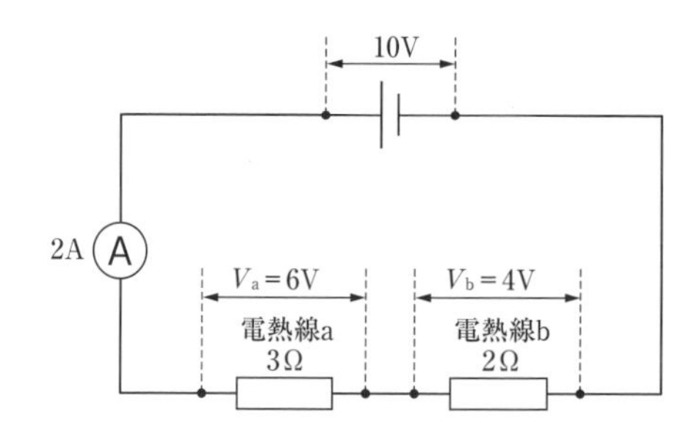

電熱線 a（3Ω）と電熱線 b（2Ω）を直列につないである。回路に流れる電流が2Aのとき，電熱線 a の両端の電圧 V_a

参考

①グラフの横軸に電圧をとり，縦軸に電流をとって，データをグラフ用紙にプロットする。点の並び方から原点を通る直線のグラフになると判断できる。

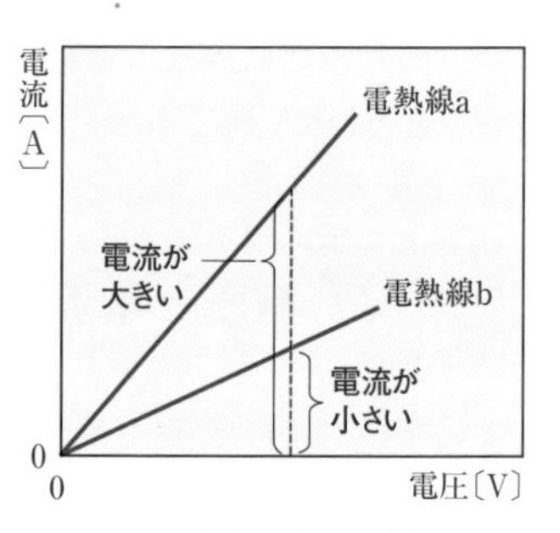

▲電流と電圧の関係

もっとくわしく

②抵抗の単位の「オーム」はドイツの物理学者オーム（1789～1854）に由来する。オームの法則の発見者である。

参考

電流が流れる物質を一般に導体，電流がほとんど流れない物質を不導体（絶縁体）という。半導体は，低温時には不導体として，高温になるにつれて導体としてはたらく物質である。

は6V，電熱線bの両端の電圧V_bは4Vである。したがって，回路全体の電圧は10Vである。このとき，回路全体の抵抗Rは，$\frac{10〔V〕}{2〔A〕}=5〔\Omega〕$である。$R$と$R_a$，$R_b$のあいだには次のような関係が成り立つ。

〈直列回路の電気抵抗〉

$$R = R_a + R_b$$

並列回路と電気抵抗

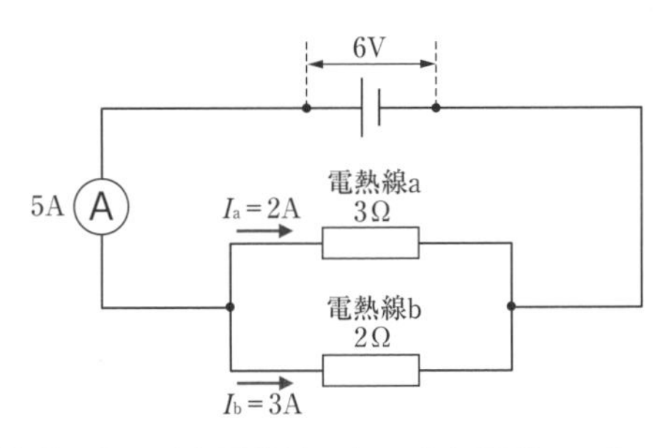

電熱線a（3Ω）と電熱線b（2Ω）を並列につないである。回路全体の電圧が6Vのとき，電熱線aを流れる電流の大きさI_aは2A，電熱線bを流れる電流の大きさI_bは3Aである。したがって，回路全体を流れる電流の大きさは5Aである。このとき，回路全体の抵抗Rは，$\frac{6〔V〕}{5〔A〕}=1.2〔\Omega〕$となり，$R$と$R_a$，$R_b$のあいだには次のような関係が成り立つ。

〈並列回路の電気抵抗〉

$$\frac{1}{R}=\frac{1}{R_a}+\frac{1}{R_b}$$

4 抵抗は何によって決まるか 発展学習

太さと抵抗

素材と長さが同じ電熱線の両端に同じ大きさの電圧をかけたとき，太い電熱線のほうが大きい電流が流れる。これは，太い電熱線のほうが抵抗が小さく，電流が流れやすいことを示している。

一般に，**抵抗は電熱線の断面積に反比例する**。例えば，断面積が2倍，3倍，…になると抵抗は$\frac{1}{2}$倍，$\frac{1}{3}$倍，…になる。

断面積2倍➡抵抗$\frac{1}{2}$倍

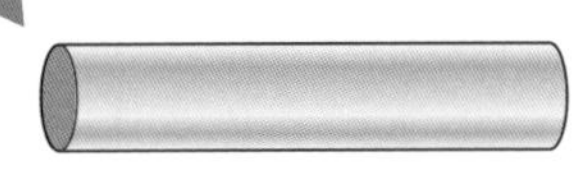

▲電熱線の太さと抵抗

長さと抵抗

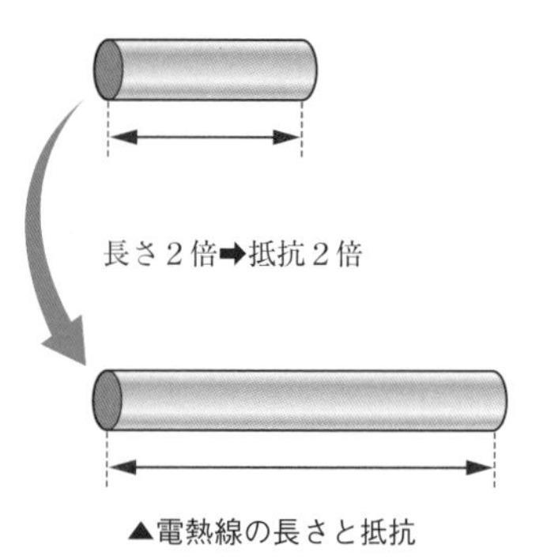

▲電熱線の長さと抵抗

素材と太さが同じ電熱線の両端に同じ大きさの電圧をかけたとき，短い電熱線のほうが大きい電流が流れる。これは，短い電熱線のほうが抵抗が小さく，電流が流れやすいことを示している。

一般に，**抵抗は電熱線の長さに比例する**。例えば，長さが２倍，３倍，…になると抵抗は２倍，３倍，…になる。

素材と抵抗

使用する素材によって抵抗は異なる。右の表は断面積１mm^2の素材１m当たりの抵抗値である。同じ金属のなかまでも抵抗にちがいがあることがわかる。

▼いろいろな金属の抵抗値

金属	抵抗
銀	0.015Ω
銅	0.016Ω
アルミニウム	0.025Ω
タングステン	0.049Ω
鉄	0.098Ω
ニクロム	1.1Ω

（注）温度が０℃のときの数値

オームの法則にしたがわないもの

豆電球のフィラメントに使用されているタングステンでは，電圧 V と電流 I の関係は比例の関係にはなりません。したがって，電熱線のかわりに豆電球をつないで電圧 V と電流 I を測定すると，下の表のようになり，グラフに表すと直線のグラフにならないことがわかります。

一般に，金属は温度が高いほど抵抗値が大きくなります。電熱線などで使用されているニクロムなどでも温度変化に対して抵抗値が変化しますが，通常の実験では電圧が低く，温度上昇が少ないので，オームの法則が成り立つのです。

電圧（V）	0	1	2	3	4	5	6	7
電流（mA）	0	30	54	73	88	102	116	125

電流〔A〕
電圧大→抵抗大きくなる
電流と電圧は比例しない
電圧小→点灯しない。抵抗小さい。
100V用=40W
0
電圧〔V〕

豆電球をつないで測定したときのグラフ ▶

確認問題

下の図は，抵抗の両端にかかる電圧と流れる電流を調べるための回路を示したものである。この回路の抵抗に，抵抗R_1，R_2を用い，電圧を変えて実験を行ったら，結果は下の表のようになった。あとの問いに答えよ。　(青森県)

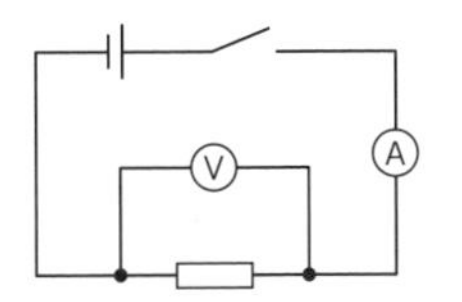

抵抗R_1		抵抗R_2	
電圧（V）	電流（A）	電圧（V）	電流（A）
2.0	0.1	2.0	0.4
8.0	0.4	8.0	1.6

(1)　抵抗R_1の大きさは何Ωか。

(2)　抵抗R_1とR_2を直列につなぎ実験をした。0.4Aの電流が流れたときの電源の電圧の大きさは何Vか。

●オームの法則から求める。

●直列回路では，回路全体の抵抗の大きさは各抵抗の大きさの和である。

解き方

(1)　オームの法則　V〔V〕$= R$〔Ω〕$\times I$〔A〕より，R〔Ω〕$=\dfrac{V〔\mathrm{V}〕}{I〔\mathrm{A}〕}$

よって，抵抗R_1の抵抗は，$\dfrac{2.0〔\mathrm{V}〕}{0.1〔\mathrm{A}〕}= 20$〔Ω〕

(2)　抵抗R_2の抵抗の大きさは，$\dfrac{2.0〔\mathrm{V}〕}{0.4〔\mathrm{A}〕}= 5$〔Ω〕　この回路全体の抵抗$R$は，$R = R_1 + R_2$より，20〔Ω〕+5〔Ω〕=25〔Ω〕　この回路に0.4Aの電流が流れたときの電圧の大きさは，V〔V〕$= R$〔Ω〕$\times I$〔A〕より，25〔Ω〕×0.4〔A〕= 10〔V〕

解答

(1)　20(Ω)　　(2)　10(V)

③ 電力と電力量

1 ジュール熱

導体に電流が流れると，抵抗のために熱が発生する。このような熱をジュール熱という。ドライヤーや電気ストーブなどは，ジュール熱を利用した製品である。

電流と発熱量→①の関係

下の図のような装置で，抵抗の異なる3本の電熱線A, B, Cにそれぞれ6.0 Vの電圧をかけて3分間電流を流し，電流の大きさと発熱量の関係を調べた。

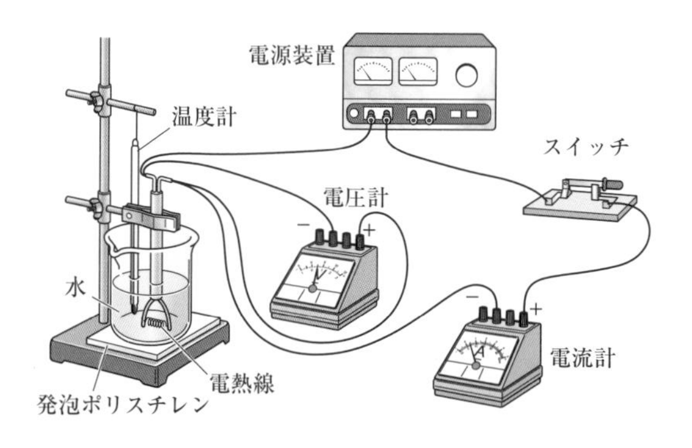

横軸に電流の大きさ(A)，縦軸に発熱量(J)をとってグラフに表すと，下のような原点を通る直線のグラフになる。このように，**電圧と電流を流した時間が一定のとき，電流の大きさと発熱量は比例する。**

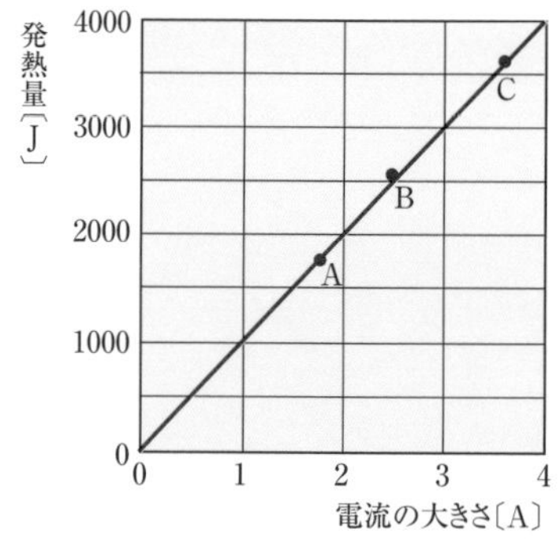

電圧と時間が一定のとき
➡電流の大きさと発熱量は比例する。

もっとくわしく

①発熱量(熱容量) [➡P.103]の求め方
純粋な水1gが1℃上昇するのに必要な熱量を1cal（カロリー）という。電熱線から発生した熱を水がすべて受けとったと仮定すると，電熱線の発熱量は次の式で求めることができる。

熱量〔cal〕＝1〔cal/(g･℃)〕×水の質量〔g〕×温度変化〔℃〕

1cal/(g・℃) は，水の比熱である。比熱は物質1gの温度を1℃上げるのに必要な熱量で，物質の種類によって異なる。
日常生活では熱量の単位としてcal（カロリー）も使用するが，世界共通の熱量の単位としてはJ(ジュール)を用いる。2つの単位のあいだには，次のような関係がある。
1J＝約0.24cal
1cal＝約4.19J

参考

左のグラフは，電圧6.0Vで3分間電流を流したときの発熱量を表している。
ただし，実験値であるため，理論値とは異なっている。

電圧と発熱量の関係

下の図のような装置で，抵抗の異なる３本の電熱線A，B，Cにそれぞれ２Aの電流を５分間流し，電圧と発熱量の関係を調べた。

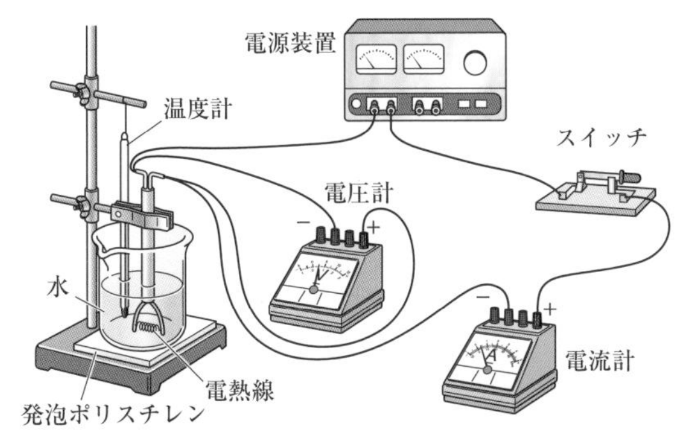

電圧(V)を横軸に，発熱量(J)を縦軸にとってグラフに表すと，下のような原点を通る直線のグラフになる。このように，**電流の大きさと電流を流した時間が一定のとき，電圧と発熱量は比例する。**

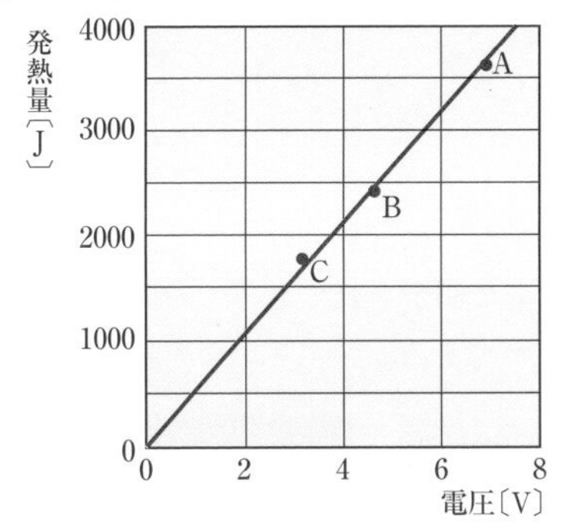

左のグラフは，電流２Aで５分間電流を流したときの発熱量を表している。

> 電流の大きさと時間が一定のとき
> ➡電圧と発熱量は比例する。

ジュールの法則

導体に電流が流れるとき，導体から発生する熱量（ジュール熱）は，電流の大きさと電圧の大きさと時間に比例する。このような関係を**ジュールの法則**という。

> **〈ジュールの法則〉**
> 発熱量は電圧と電流と時間の積に比例する。
> $Q〔\mathrm{J}〕= V〔\mathrm{V}〕\times I〔\mathrm{A}〕\times t〔\mathrm{s}〕$
> （Q：発熱量　V：電圧　I：電流　t：時間）

もっとくわしく

ジュールの法則は下のように変形することもできる。

$Q = RI^2t = \dfrac{V^2}{R}t$

2 電力

電気器具が発生する熱量は電圧と電流の積に比例する。単位時間当たりに電気器具が消費するエネルギーを**消費電力（電力）**といい，1Vの電圧で電気器具を使用し，1Aの電流が流れたときの消費電力は1W（ワット）と表す。消費電力は，次のような式で表される。

〈消費電力〉

$$P\text{〔W〕} = V\text{〔V〕} \times I\text{〔A〕}$$

（P：電力　V：電圧　I：電流）

ジュールの法則は，電力 P を用いて

$Q=Pt$

と表すこともできる。

3 電力量

電気器具をある時間使用したときに消費するエネルギーを**電力量**という。電気器具を1Wの電力で1秒間使用したとき，電力量は1J（ジュール）→①である。

〈電力量〉

$$\text{電力量〔J〕} = P\text{〔W〕} \times t\text{〔s〕}$$

（P：電力　t：時間）

もっとくわしく

①電力量をWh（ワット時）で表す場合もある。電気器具を1Wの電力で1時間使用したとき，電力量は1Wh（ワット時）である。

電力会社に支払う電気料金は，電力量をもとに計算されている。電力量は各家庭にある積算（せきさん）電力計で測定されており，一般に単位は**kWh（キロワット時）**→②である。

②1kWh＝1000Wh

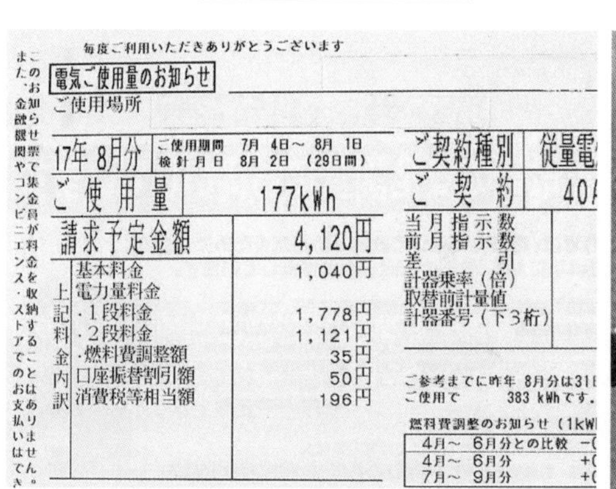

毎度ご利用いただきありがとうございます

電気ご使用量のお知らせ

ご使用場所

17年 8月分　ご使用期間 7月 4日～ 8月 1日　検針月日 8月 2日 （29日間）

ご使用量	177kWh
請求予定金額	4,120円
上記料金内訳　基本料金	1,040円
電力量料金	
・1段料金	1,778円
・2段料金	1,121円
・燃料費調整額	35円
口座振替割引額	50円
消費税等相当額	196円

ご契約種別　従量電

ご契約　40A

当月指示数
前月指示数
差引
計器乗率（倍）
取替前計量値
計器番号（下3桁）

ご参考までに昨年 8月分は31日ご使用で 383 kWhです。

燃料費調整のお知らせ（1kW

4月～ 6月分との比較	−(
4月～ 6月分	+(
7月～ 9月分	+(

このお知らせ票で集金員が料金を収納することはありません。
また、金融機関やコンビニエンス・ストアでのお支払いはでき

▲電気料金の伝票

▲積算電力計

電気器具の電力表示

〔消費電力〕

わたしたちは，さまざまな電気器具に囲まれて生活しています。各器具には消費電力が表示されています。

下の写真は，ドライヤーの消費電力を表したものであり，このドライヤーを 100 V で使用したとき，1000 Wの電力を消費することを示しています。このとき，ドライヤーに流れる電流の大きさは 10 A です。
(注) 日本の家庭用の電圧は 100 V である。

▲ドライヤーの消費電力

▼おもな電気器具の消費電力

器具の名称	消費電力［W］
電子オーブンレンジ	1200～1500
ホットプレート	1000～1200
エアコン（家庭用）	1000～2000
電気ストーブ	600～1600
電気炊飯器	600～ 800
電気ポット	600～ 800
冷蔵庫	200～ 500
照明（蛍光灯）	40～ 100
テレビ	80～ 200

〔消費電力とブレーカー〕

回路に大量の電流が流れると，ジュール熱によって導体が発熱し，器具の破損や火災の原因となってしまいます。家屋によって電流の値は契約で決められており，契約電流以上の電流が流れると回路を遮断(しゃだん)する装置が，家屋にはそなえられています。こうした電流制限器をブレーカーとよびます。エアコン，電子レンジ，ドライヤーなどを同時に使用するとブレーカーが落ちて家中が真っ暗になることがあるのはこのためなのです。レバーをもどすと，ふたたび通電することができます。

▲家庭用のブレーカー

〔40Wの電球と60Wの電球では，どちらが明るいか〕

100 Vの電源を使用し，40 Wの電球と60 Wの電球を並列につなぐと，60 Wの電球のほうが明るく点灯します。一方，2つの電球を直列につなぐと，40 Wの電球のほうが明るく点灯します。電力の表示は100 Vの電圧で使用したときに消費する電力を示しています。つなぎ方によっては，表示の小さな電球のほうが明るく点灯することもあります。

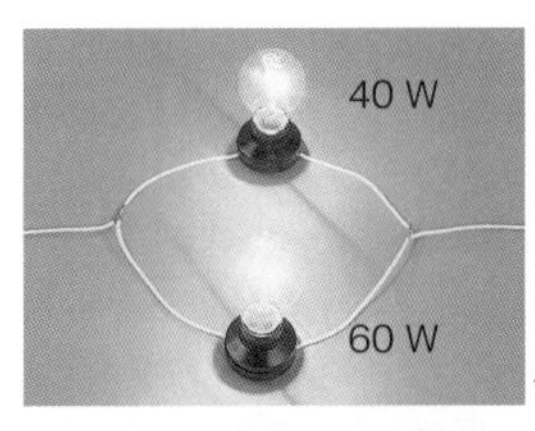

◀並列で点灯

◀直列で点灯

§2 電流の正体

▶ここで学ぶこと

ふだんの生活でも感じられる電気として，静電気がある。この静電気を通して，電気，電流とは何かを学ぶ。

① 静電気と電流

1 静電気

2本のストローをティッシュペーパーでよく摩擦(まさつ)し，ストローどうしを近づけると，たがいに反発する力がはたらく。また，ストローとティッシュペーパーを近づけると引き合う力がはたらく。

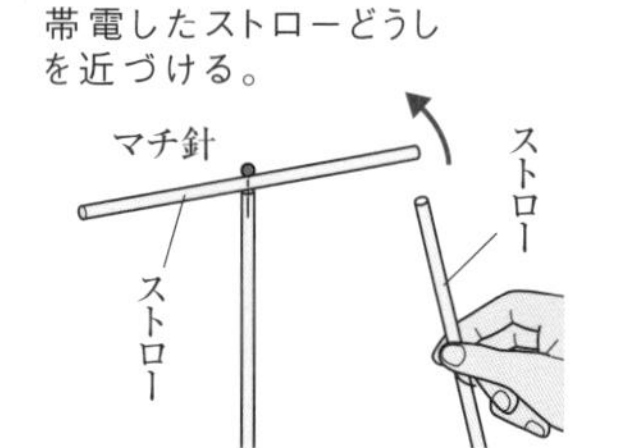

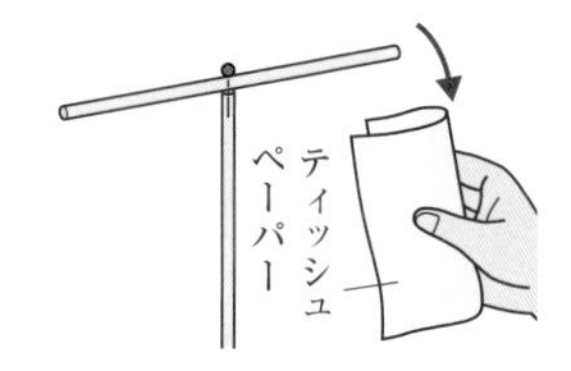

▲電気の力

ストローをティッシュペーパーで摩擦すると，ティッシュペーパーからストローへ**電子**の一部が移動する→①。電子は－の電気をもった粒子である。このため，ティッシュペーパーは電子が不足した状態になり，全体として＋の電気をおびる。また，ストローは電子を過剰(かじょう)にもった状態になるため，全体として－の電気をおびる。

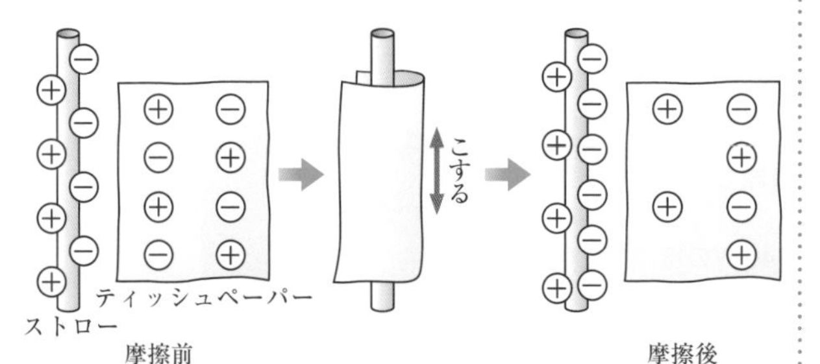

▲摩擦によって電子が移動するようす

もっとくわしく

①すべての物質は原子からできている。原子は＋の電気をもった原子核と－の電気をもった電子から構成されている。このため，すべての物質は＋と－の電気をもっているといえる。

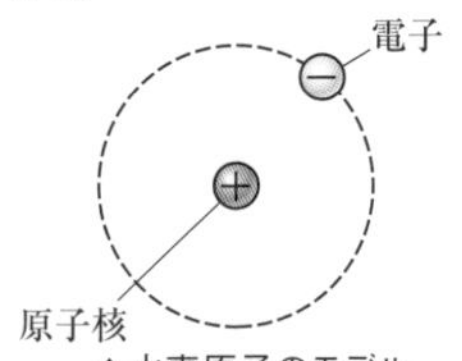

▲水素原子のモデル

ここに注意

摩擦によって生じる＋の電気と－の電気の総量は等しい。

静電気

このように，物質にたまったまま移動しない電気を**静電気**といい，摩擦によって生じた静電気を特に**摩擦電気**という。

- 静電気には，＋と－の２種類がある。
- 同じ種類の電気をおびた物体の間には，しりぞけ合う（反発する）力がはたらく。
- 異なる種類の電気をおびた物体の間には，引き合う力がはたらく。

2 帯電列（たいでんれつ）

２種類の物質をたがいに摩擦すると，どちらか一方の物質が＋の電気をおび，もう一方の物質が－の電気をおびる。物質によって＋の電気をおびやすい物質と－の電気をおびやすい物質があり，それらの物質を順番に並べたものを**帯電列**という。

下の図は，さまざまな物質を＋の電気をおびやすいものから－の電気をおびやすいものに並べたものである。この図のなかから２つの物質を選んでたがいに摩擦し合うと，上側にあるもののほうが＋の電気をおび（＋に帯電する），下側にあるもののほうが－の電気をおびる（－に帯電する）。

〔＋〕

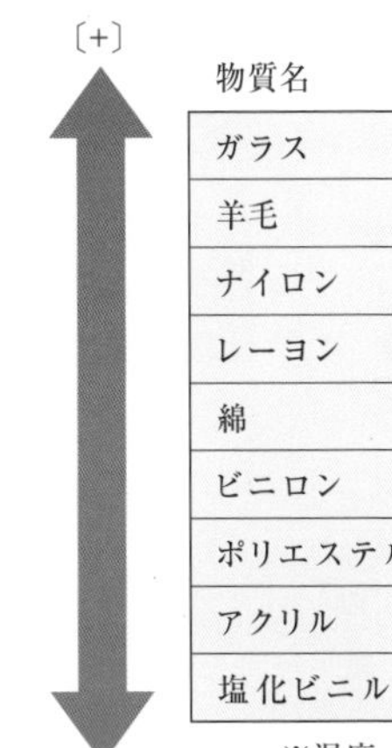

物質名
ガラス
羊毛
ナイロン
レーヨン
綿
ビニロン
ポリエステル
アクリル
塩化ビニル

〔－〕

※温度・湿度により変化する。

▲帯電列

もっとくわしく

ポリエチレンのひもを細かくさいたものをティッシュペーパーでこすると，こすったあと，ひもがひろがるのがわかる。これは，ポリエチレンのひもをティッシュペーパーでこすった際にティッシュペーパーからポリエチレンのひもに電子が移動して，ポリエチレンのひもが全体として－の電気をおびたからである。－の電気をおびたポリエチレンのひもどうしがたがいにしりぞけ合っていることがよくわかる。

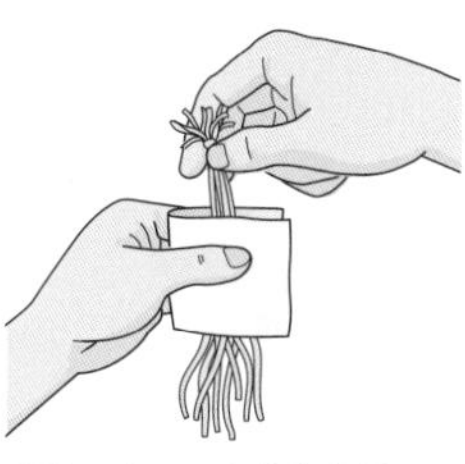

ポリエチレンのひもをティッシュペーパーでこする。

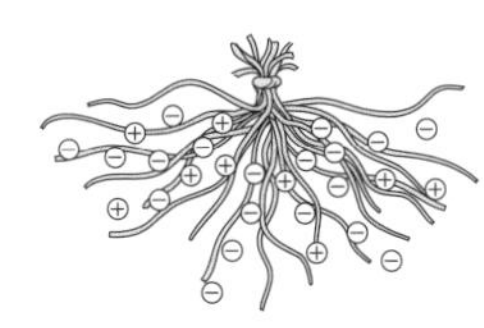

ポリエチレンのひもがたがいにしりぞけ合って開くようす。

3 放電と電子の移動

蛍光灯(けいこうとう)やネオン管の一端を手でもち，ティッシュペーパーで摩擦したストローや毛皮で摩擦した塩化ビニルパイプにもう一端を近づけると，蛍光灯やネオン管が一瞬(いっしゅん)光る。これは，ストローや塩化ビニルパイプにたまっている**－の電気をもった粒子（電子）が蛍光灯やネオン管を移動したためである。**

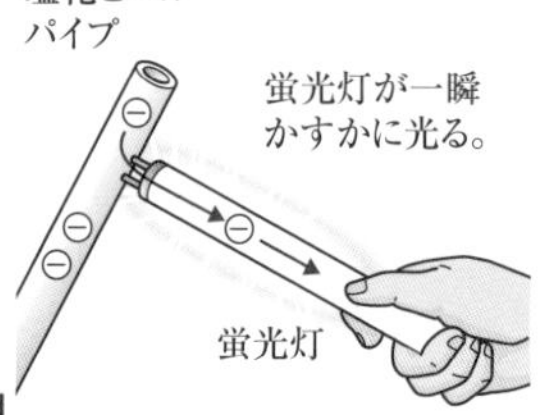

雷(かみなり)→①は，雲にたまった静電気が，ふつうは電気が流れない空気中を一気に流れる現象である。

▲雷

放電

電気が空間を移動したり，たまっている電気が流れ出したりする現象を**放電**→②[➡P.132]という。このとき，－の電気をもった粒子（電子）が移動している。このような電子の流れを**電流**という。放電では電流は一瞬しか流れないが，乾電池などの電池を用いると，連続的に電流をとり出すことができる。

4 静電気の生活への応用例

複写機(ふくしゃき)（コピー機）

複写機は静電気を利用した機械の一つである。原稿(げんこう)の文字や絵に光を当て，反射した光をドラム(感光板)に当てると，文字や絵の部分が＋の電気をおびた状態になる。ここに－の電気をおびたトナーをふりかけると文字や絵の部分にトナーが吸いつく。トナーは熱によって紙に焼きつけられるので，同じものを複写することができる。

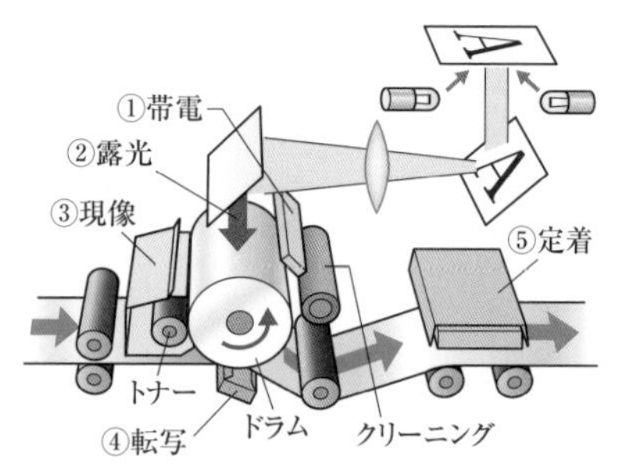

▲複写機の原理

もっとくわしく

①激しい上昇気流による摩擦で静電気が発生し，雲と雲，雲と大地の間に起こる放電が落雷である。大きな電流が瞬間的に流れてまわりの空気の温度を急激に上昇させるため，光が発生し，空気を急激に膨張(ぼうちょう)させ，音が発生する。

もっとくわしく

②車のドアにふれようとしたときに手が一瞬ビリッとするのは，車と手のあいだで放電が起こっているからである。

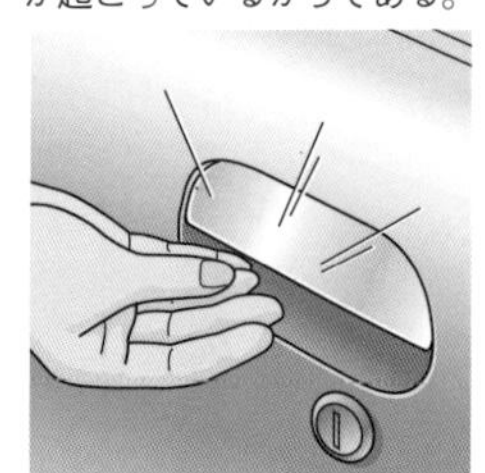

電気集塵装置

トンネルやオフィスビル，焼却炉などでは排煙をきれいにするために電気集塵装置が使われている。電気集塵装置には，放電電極（−）と集塵電極（+）がある。数万Vの直流電圧を加えると放電が起こり，−の電気をおびたダストが集塵電極に引きつけられる。集塵電極にダストがたまると，たたき落としたり，洗い流したりするなどの方法で処理する。

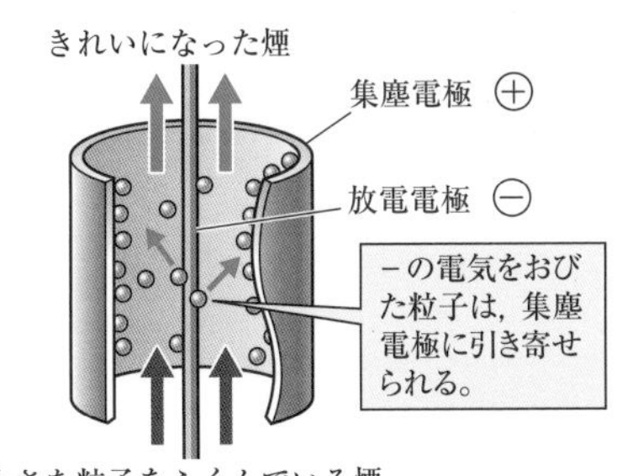

▲電気集塵装置

研究 はく検電器

はく検電器は，物体が電気をおびているかどうかを調べる装置です。−の電気をおびた物体をはく検電器の金属板に近づけると（図1），金属中で自由に動くことのできる電子（自由電子）が金属はく（アルミニウムはく）のほうへ移動し，金属板は+，金属はくは−の電気をおびた状態になります。金属はくは同種の電気をおびるので，金属はくは開き，物体を遠ざけると金属はくが閉じます。物体が強く電気をおびていたり，物体が金属板にふれたりすると放電が起こります（図2）。このため電子が移動し，金属はくは開いたままになります（図3）。

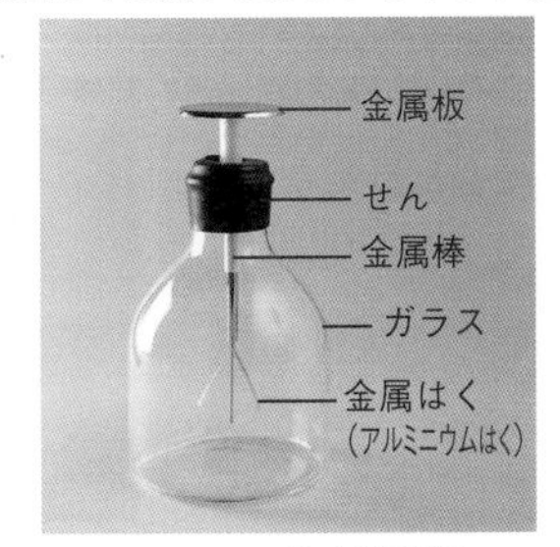

▲はく検電器

図1

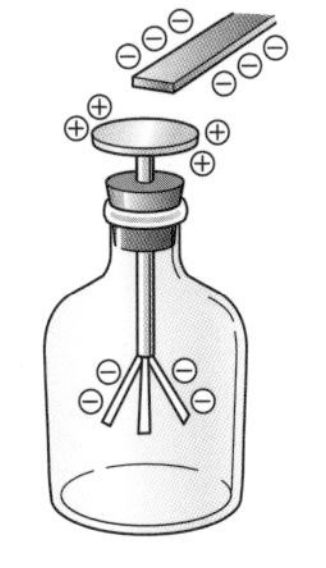

図2

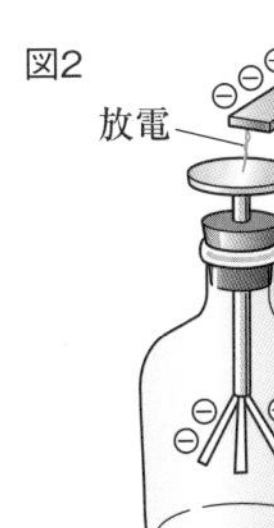

図3

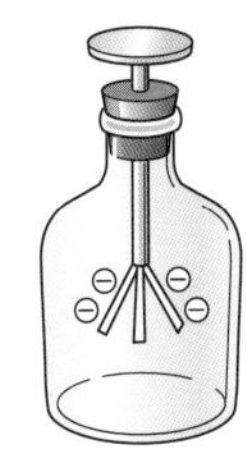

② 電子と電流

1 真空放電と電子線

真空放電

空気のような気体中はふつうは電流は流れないが，高い電圧を加えると，火花がとび，電流が流れる。このような現象を**放電**➡①という。真空ポンプを用いてガラス管内を低圧にし，電極の両極間に数千ボルトの高電圧をかけると放電が起こる。このような放電を**真空放電**という。

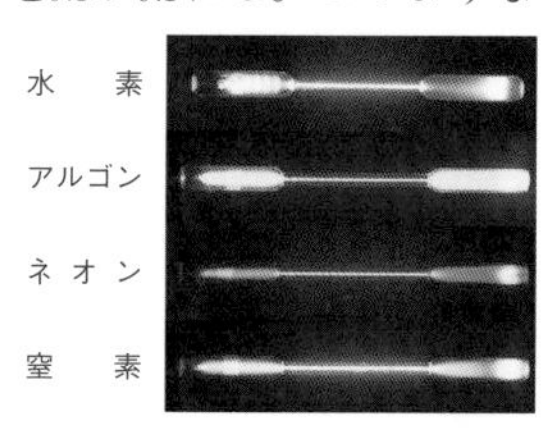

陰極線(いんきょくせん)（電子線）

管内に蛍光板(けいこうばん)を入れた真空放電管（クルックス管➡②など）を使用すると，蛍光板が光ることから，陰極から何かの線が出ているのがわかる。この線を陰極線といい，陰極線の正体(しょうたい)は電子であることから，この線を**電子線**➡③という。

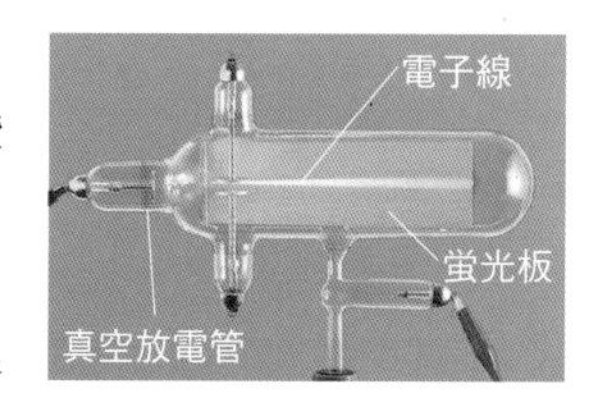

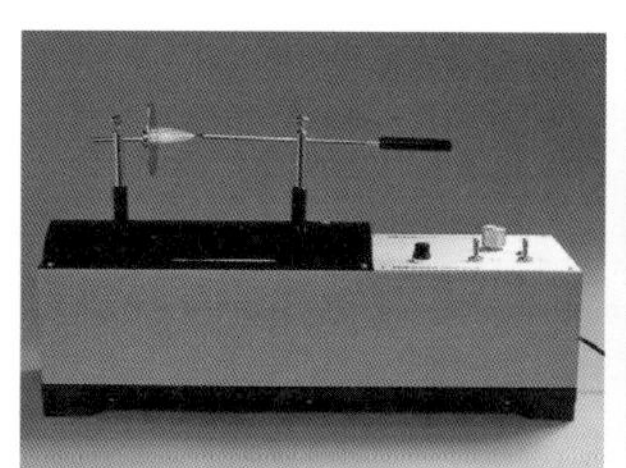
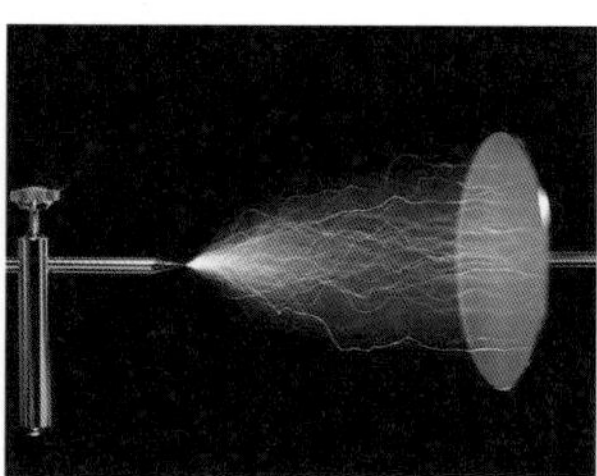
誘導コイルによる放電

もっとくわしく

①ふつうの空気は電流を通さず，放電が起きるためには1cm当たり数万Vの高電圧が必要である。

用語

②クルックス管
内部の圧力を10万分の1気圧程度にした放電管。高い電圧をかけると真空放電が起こり，陰極線が観察できる。

もっとくわしく

③陰極線は電界や磁界[➡P.136]で曲がる性質がある。

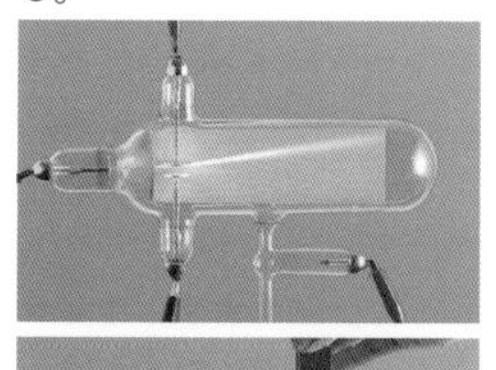
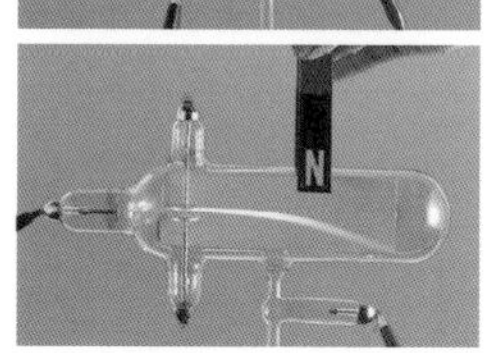

2 金属と自由電子

すべての物質は，**原子**[➡P.252]という小さな粒(つぶ)からできている。原子は，＋の電気をもった**原子核**とそのまわりに存在する－の電気をもった**電子**から構成されている。金属も原子が結びついてできているが，内部に自由に運動することができる電子[➡P.252]（**自由電子**）をもっている。このため，金属は電気を通しやすい。

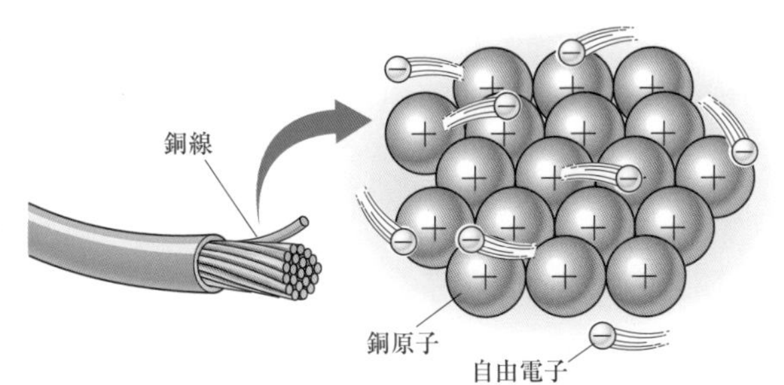

▲金属の構造と自由電子

3 電子と電流の向き

電流に向きがあることは電子の存在があきらかになる以前から知られており，電流は＋極から－極へ流れると決められた。しかしその後，電子の存在があきらかになると，－極から＋極へ向かって電子が移動していることがわかった。つまり，電流の向きは＋から－へ流れると決められているが，実際は電子が－極から＋極へ移動することで電流が生じているのである。

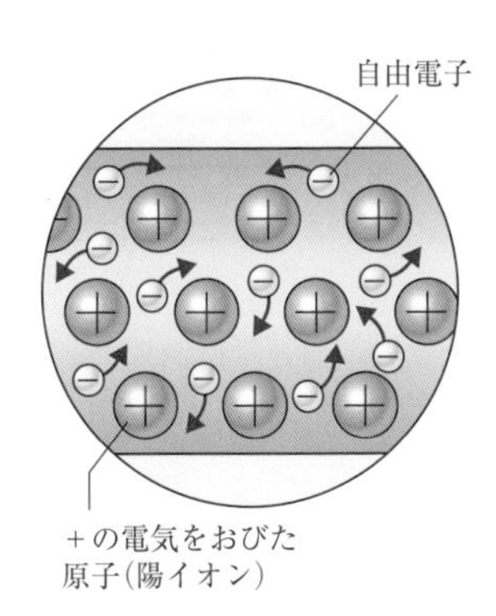

電圧が加わっていないとき

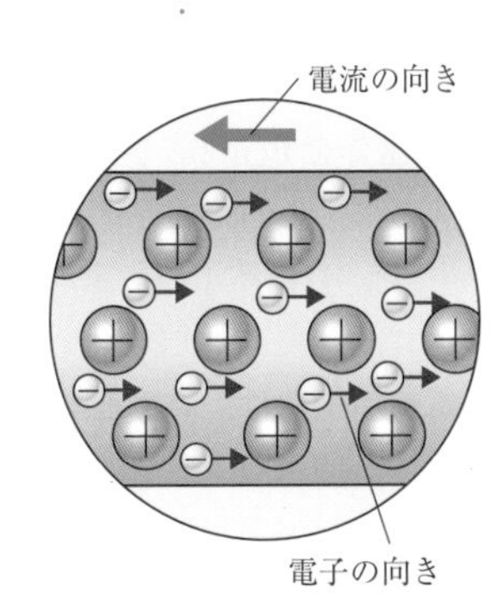

電圧が加わったとき

▲電圧が加わったときの自由電子の動き

Level Up!

電流の正体は電子であり，導線のなかの金属がもつ自由電子によるもので，これが電気の力を受けて一斉に同じ方向に動いているものが，電流であると学習した。では，電流の大きさと電子には，具体的にどのような関係があるのだろうか。

4 電流の大きさと電子

電流の大きさと電子の数

電流1Aは，導線のある面を1秒間に1クーロン〔C〕の電荷が流れるときの電流の大きさと定義されている。電荷とは，電子がもっている電気の量（電気量）のことで，1 Cは6.24×10^{18}個の電子がもつ電気量のことである。つまり，電流は，導線のある面を1秒間（単位時間）に何個の電子が通過したかで表される。

なお，電子1個がもっている電荷の量は，$1/6.24\times10^{18}$〔C〕＝0.000000000000000000160299（クーロン）と表せるが，あまりに小さい量なので，e〔C〕で表し，これを電気素量という➡①。

①電子がもっている電荷は負の電荷なので，正確には，電子は$-e$〔C〕の電荷をもっている。

電流が流れるときの電子のようす

具体的に，断面積S〔m²〕の導線に流れる電流の大きさを考えてみよう。

ある面を1秒間に通過することができる自由電子の個数は，電子の速さをv〔m/s〕とすると右図の高さv〔m〕の筒のなかに入っている自由電子の数といえる。この筒の体積は，vS〔m³〕で，自由電子の数密度（1m³当たりの個数）をn〔個/m³〕とすれば，断面積S〔m²〕の導線を1秒間に通過する自由電子の個数は，nvS〔個/s〕と表せる。

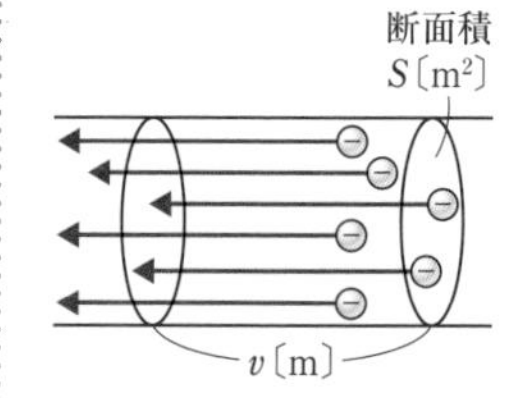

自由電子は1個当たりe〔C〕の電荷をもっているので，このときの電気量はeをかけて，$envS$〔C/s〕，つまり，電流の大きさは$envS$〔A〕といえる。

すなわち，断面積S〔m²〕，自由電子の平均速度v〔m/s〕，自由電子の数密度n〔個/m³〕のときの電流I〔A〕は，次のように表せる。

<電流の大きさ>

$$I = envS$$

X年　タイムトラベル

未来や過去に行ってみたいと考えたことはないだろうか？　映画やSF小説によく登場するタイムトラベルを実際に体験する日はくるのか？

その答えは，アインシュタインの「特殊相対性理論」にある。特殊相対性理論によると，時間とは絶対的なものではなく，運動する物質どうしによる相対的なものであるとされる。この理論によると，ほぼ光の速さですすむ宇宙船で，500光年離れた星にでかけ，地球にもどってくると，地球上では1000年たっているのに，宇宙船に乗っていた人には10年しかたっていないことになる。

アインシュタインは，「空間」と「時間」は「時空」とよばれるひとつの構造のなかに存在していると考えた。時間も空間もゆがむものであり，このゆがみが激しくなると，タイムトラベルも可能となるとされている。

では，どうすればこの巨大なゆがみを手に入れることができるのだろうか。そこで出てくるのがブラックホールだ。周囲にあるすべてのもの，光さえも飲みこむブラックホール。ブラックホールは近くにある時空をゆがめてしまうと考えられている。ブラックホールは密度が非常に高いため，巨大な重力がはたらき，時空を引きつけ，小さな裂け目をつくる。このブラックホールの裂け目はほかのブラックホールとつながっていて，非常にせまい通り道によってちがう時空がつながっていると考えられている。このせまい通り道は「ワームホール」とよばれている。

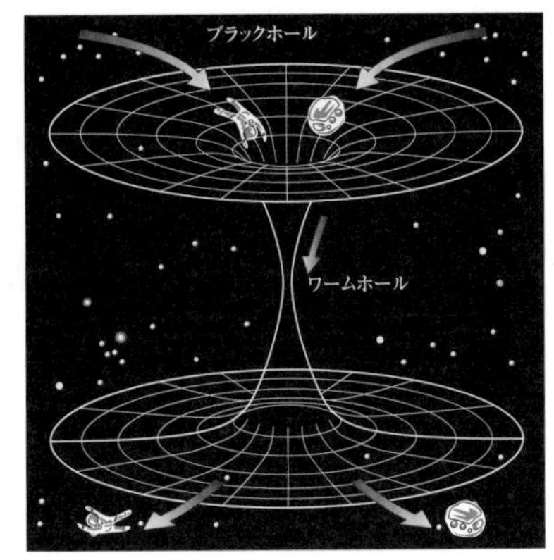

このワームホールを利用すれば，異なる時空にすすむことができるのだ。つまり，宇宙船が通る間，ワームホールを開けておくことができれば，タイムトンネルとして利用することができることになる。

このように，理論的にはタイムトラベルは可能であるとされている。しかし，実際にタイムトラベルを行うにはとてつもなく大きなエネルギーが必要で，現在の技術ではそのエネルギー源を得ることは不可能である。しかし，未来の世界でこのエネルギー源を得ることができれば，君たちの子孫がタイムトラベルをして，君たちに会いにやってくることがあるかもしれない。

§3 磁界

▶ここで学ぶこと

磁界中のコイルに電流を流すと力がはたらくことや，コイル中で磁界を変化させると電流が得られることを学び，身のまわりの応用例と関連づけられるようにする。

① 磁石(じしゃく)と磁界

磁石のまわりに鉄粉をまくと，下のような模様ができる。また，方位磁針(ほういじしん)を磁石のまわりにおくと，鉄粉の模様と方位磁針のさす向きが一致することがわかる。

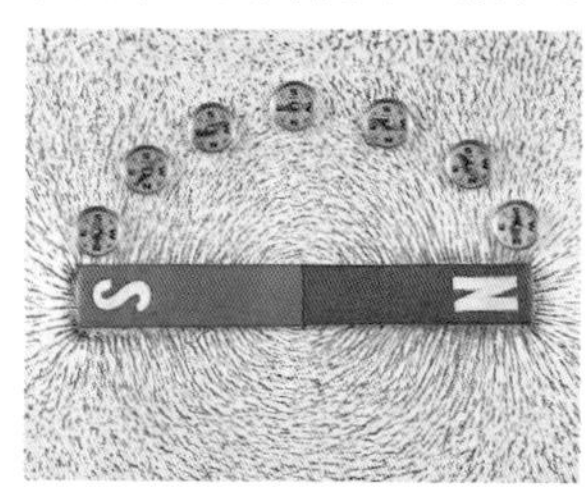

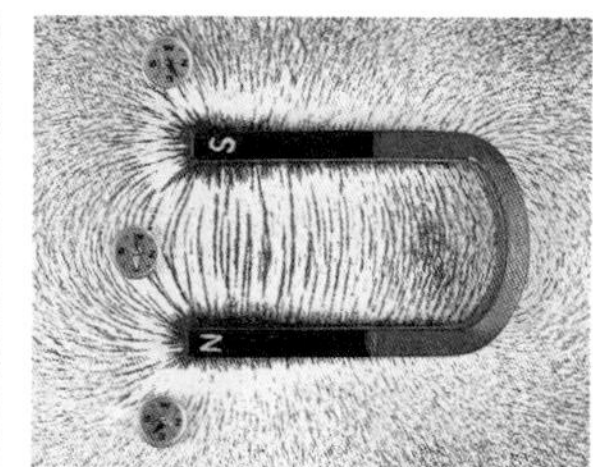

1 磁極

磁石が鉄粉などを引きつける性質は，磁石の両端に近い部分でもっとも強く現れる。このような場所を**磁極**という。

▶磁極の種類

磁極には2種類あり，地球上で**北を向くほうをN極，南を向くほうをS極**という。異なる磁極の間には引き合う力がはたらき，同じ磁極の間にはしりぞけ合う力がはたらく。

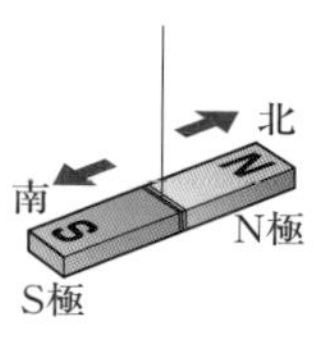

2 磁界

磁石のまわりに方位磁針などの小磁石をおくと，小磁石に力がはたらく。このような力を**磁力**といい，磁力のはたらく空間を**磁界**（または**磁場**(じば)）という。

もっとくわしく

外部の磁界や電流を流さなくても磁石の性質が残るものを，永久磁石という。一般に，棒形，馬蹄(ばてい)形，小針状，U字形，円形，管状のものがある。材料としては，ＯＰ磁石，バリウムフェライトなどがある。

もっとくわしく

永久磁石にクリップなどを近づけると，クリップが一時的に磁化される。このような現象を磁気誘導という。

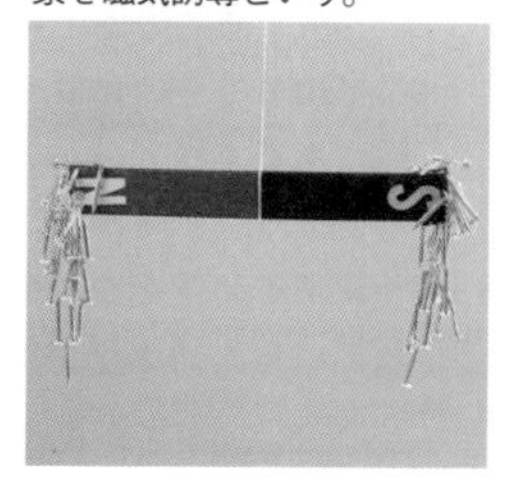

3　磁界の向き

方位磁針のさす向きから，磁界には向きがあることがわかる。磁石のＮ極から出てＳ極に向かう方位磁針のＮ極がさす向きを**磁界の向き**という。

4　磁力線

磁界のようすを線で表したものを**磁力線**→①という。磁力線の矢印は磁界の向きを表す。一般に，磁力線が密なところは磁界が強く，磁力線が疎なところは磁界が弱い。

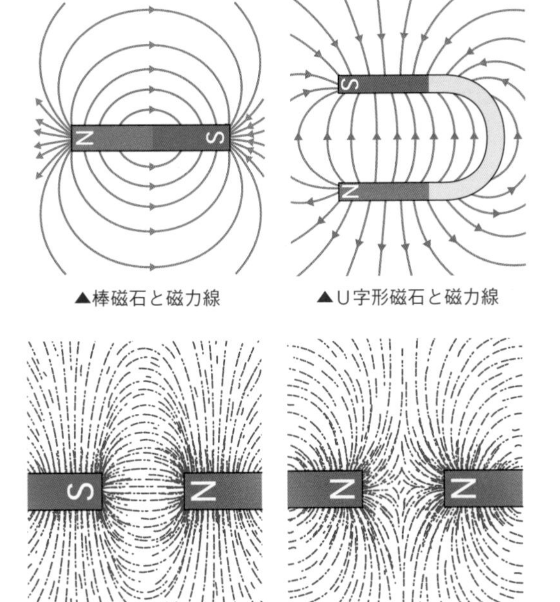

▲棒磁石と磁力線　▲U字形磁石と磁力線

▲N極とS極が向かい合ったとき　▲N極どうしが向かい合ったとき

5　地球と磁界

地球は，全体としてひとつの巨大磁石のように，そのまわりに磁界ができている。この磁界を**地磁気，地球磁場**→②などという。わたしたちは方位磁針によって方位を知ることができるが，これは地球がそのまわりにつくる磁界によるものである。

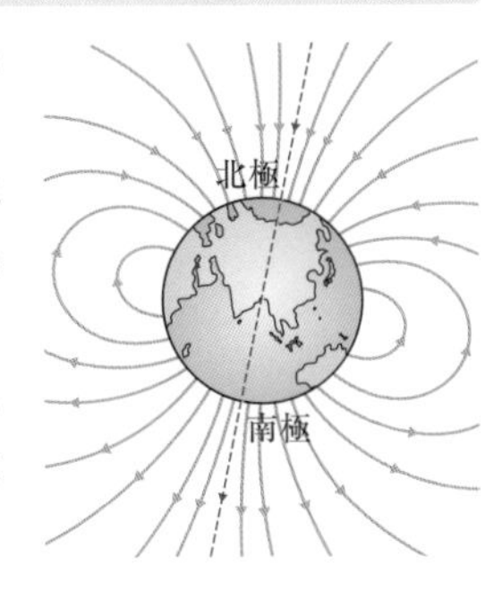

参考

①磁石のまわりでは，磁力線はN極から出てS極に入るようにかくことができる。

参考

磁力線は平面的に表すことが多いが，実際の磁界は立体的にはたらいている。

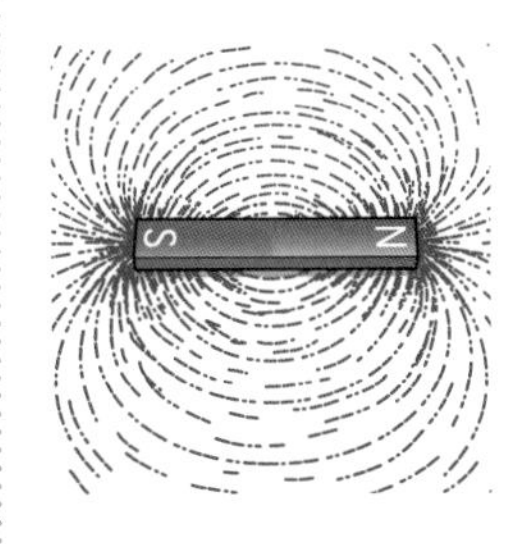

もっとくわしく

②地球磁場は，地球の内部にある核の金属の流体の運動によってうまれるといわれている。地球磁場の磁極と自転軸の極の位置は一致しない。

② 電流と磁界

1 直線電流と磁界

導線を直線状にして電流を流すと，導線のまわりに**同心円状の磁界**ができる。中心に近いほど磁界が強い。電流の向きと磁界の向きの関係は，右手や右ねじによって表すことができる。

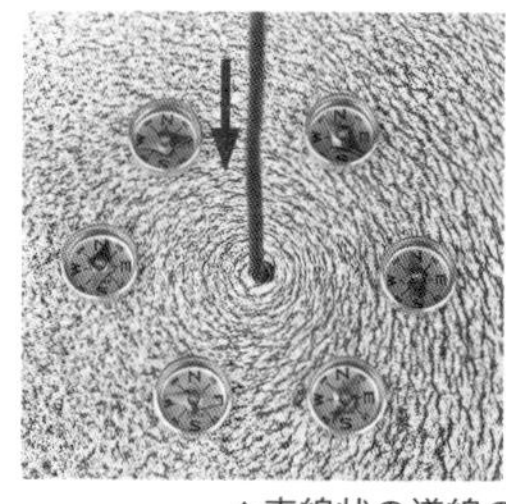
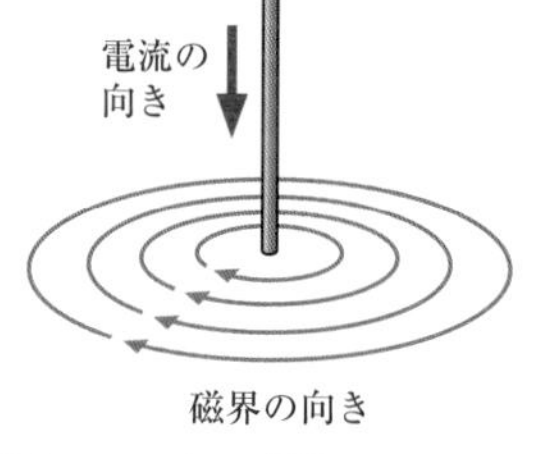

▲直線状の導線のまわりにできる磁界

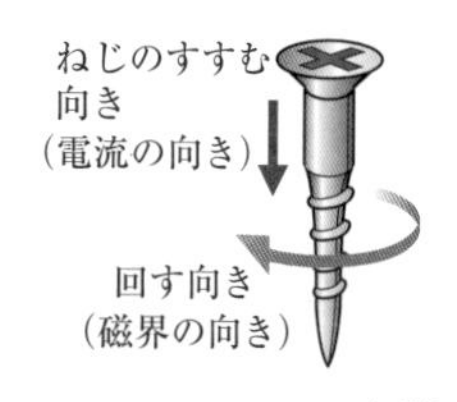

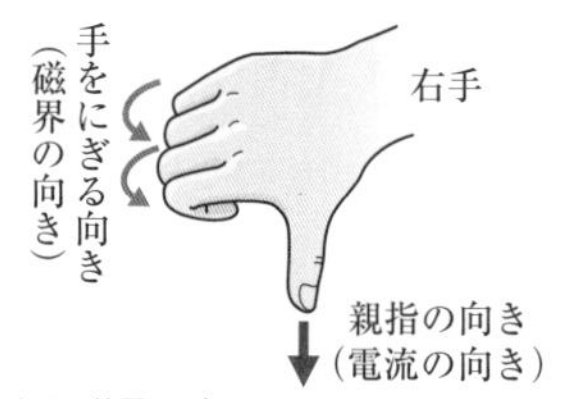

▲電流の向きと磁界の向き

2 円形電流と磁界

導線を円形状にして電流を流すと，導線のまわりに磁界ができ，円のなかを貫（つらぬ）く磁界はたがいに同じ向きになるため，円のなかには強い磁界ができる。

もっとくわしく

導線を南北にそっておき，導線の上と下にそれぞれ方位磁針をおく。導線に電流を流す前は，方位磁針のN極は北をさしているが，電流を流すと電流による磁界の影響を受け，左右にふれる。

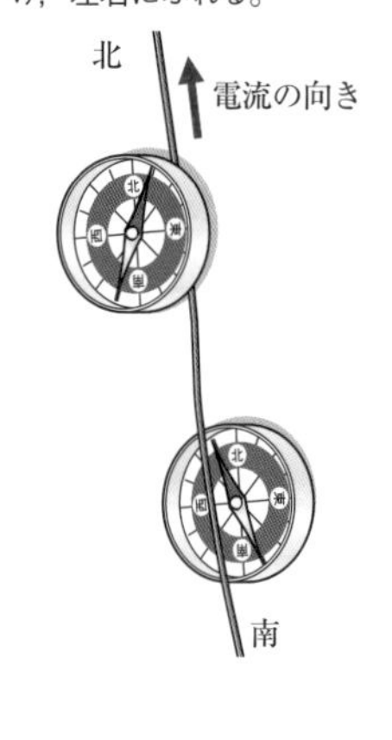

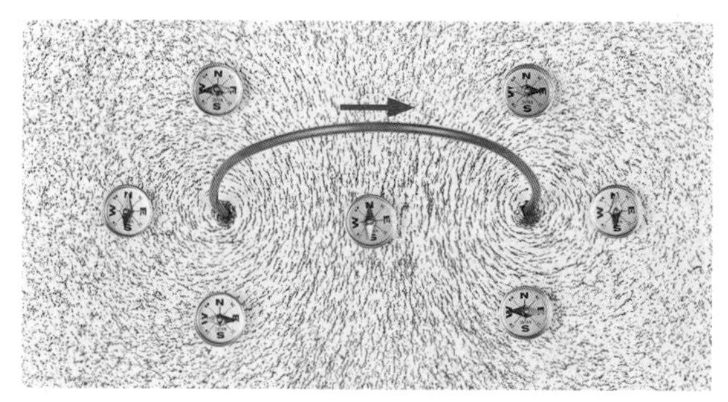

▲円形状の導線のまわりにできる磁界

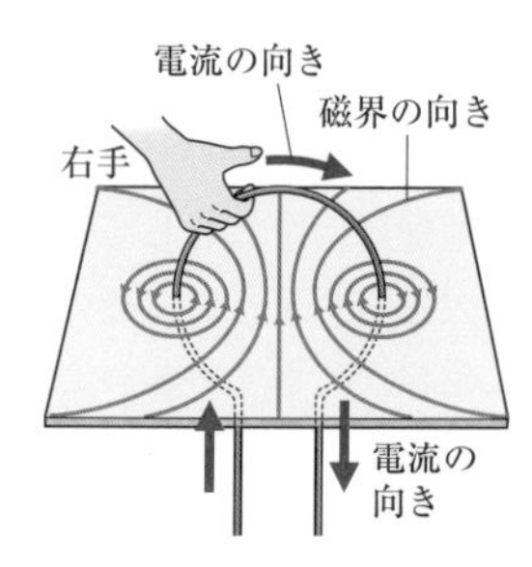

▲電流の向きと磁界の向き

3 コイルに流れる電流と磁界

導線をコイル状に巻(ま)いて電流を流すと，コイルの中心を貫く強い磁界ができる。このときのコイルを貫く磁界の向きも右手や右ねじで表すことができる。**電流の大きさを大きくしたり，巻数(まきすう)をふやすほど磁界は強くなる。**

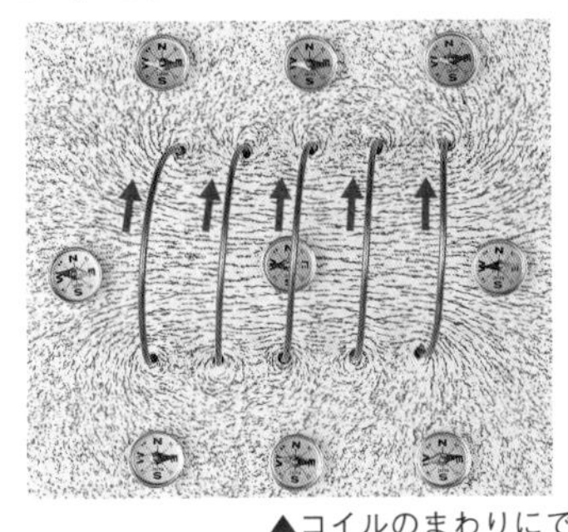

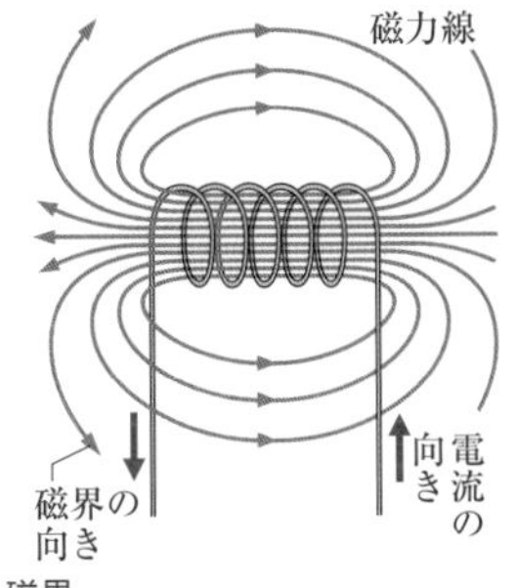

▲コイルのまわりにできる磁界

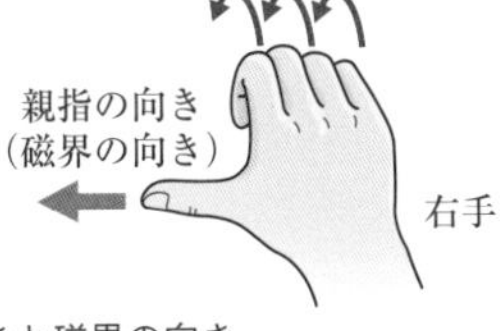

▲電流の向きと磁界の向き

4 コイルと電磁石

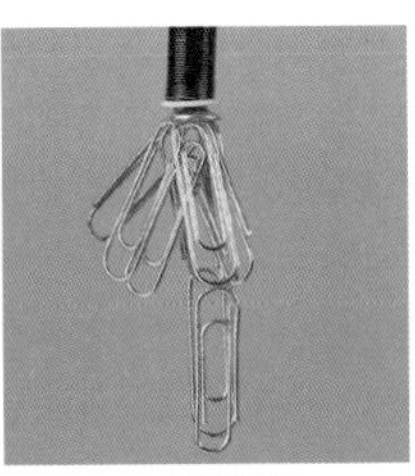

▲電磁石

コイルの中心に軟鉄(なんてつ)→①を用いた鉄しんを入れ，電流を流すと，コイルを流れる電流による磁界によって鉄しんが磁化され磁石としてはたらくようになる。このような磁石を**電磁石**という。電流を切れば磁化しない状態にもどるのが特徴である。N極とS極は電流の向きによって決まる。電流の大きさが大きく，コイルの巻数が多いほど，電磁石の磁力は強くなる。

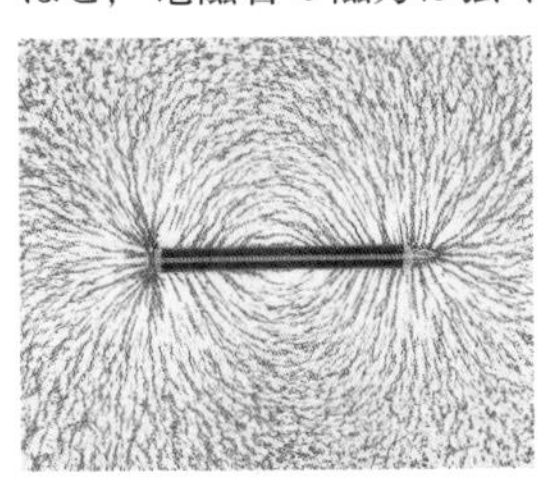

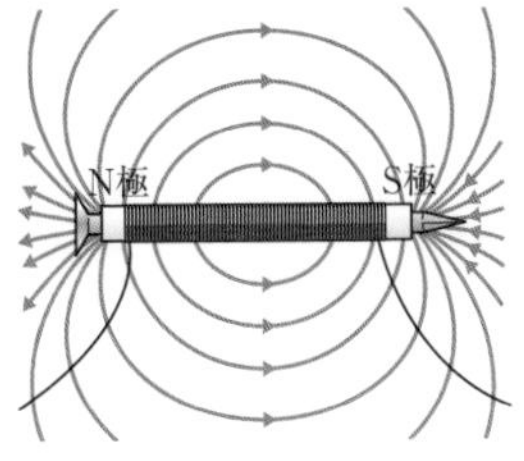

▲電磁石のまわりにできる磁界

ここに注意

P.138の「電流の向きと磁界の向き」の図の➡と➡が指すものが入れかわっていることに注意する。

用語

①軟鉄
炭素の含有量(がんゆうりょう)が少ない純粋な鉄。

参考

電磁石の利用
鉄材の運搬，電子ブザー，スピーカー，発電機，モーターなどさまざまなものに利用されている。

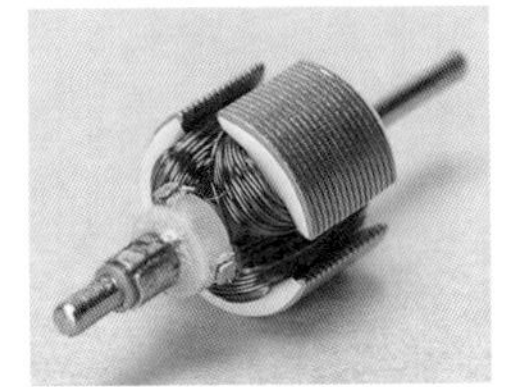

▲モーター

③ 電流が磁界から受ける力

1 電流が磁界から受ける力

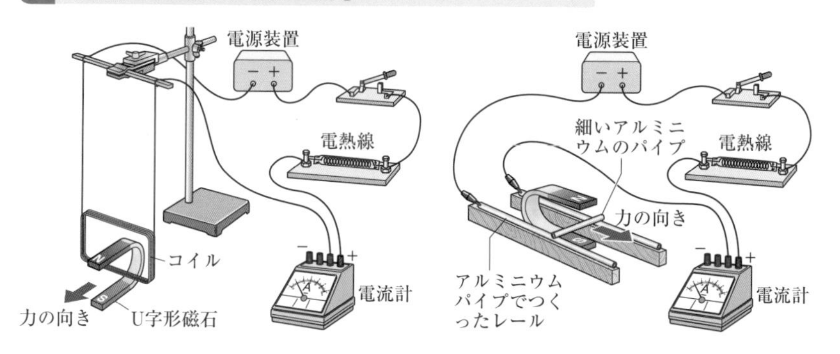

左上の図のような装置をつくり，電流を流すと，U字形磁石の間に置いたコイルが力を受けて動く。

右上の図のような装置をつくり，電流を流すと，細いアルミニウムのパイプが力を受けて動く。

これらのことから，電流が磁界から力を受けていることがわかる。

もっとくわしく

陰極線（電子線）が磁石によって曲がるのも同じ理由である［➡P.132］。

2 力の向き

電流が磁界から受ける力の向きは，磁界の向きと電流の向きによって決まる。

下の図の①に対して，電流の向きを変えずに磁界の向きを反対にすると(②)，力の向きは反対になる。また，磁界の向きを変えずに電流の向きを反対にしても(③)，力の向きは反対になる。しかし，電流と磁界の向きの両方を反対にすると(④)，力の向きは①と同じになる。

①

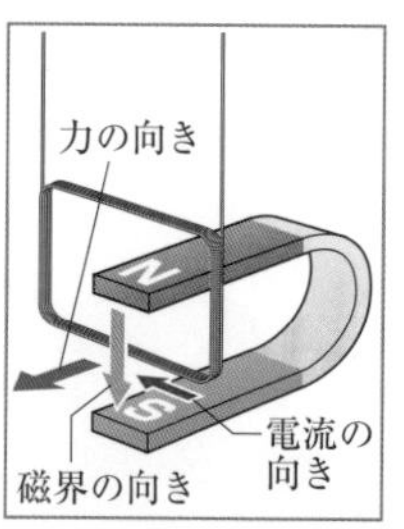

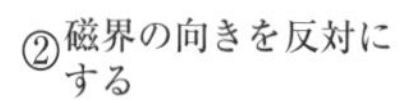

②磁界の向きを反対にする

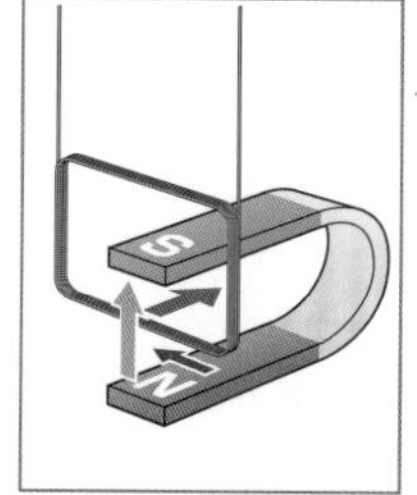

③電流の向きを反対にする

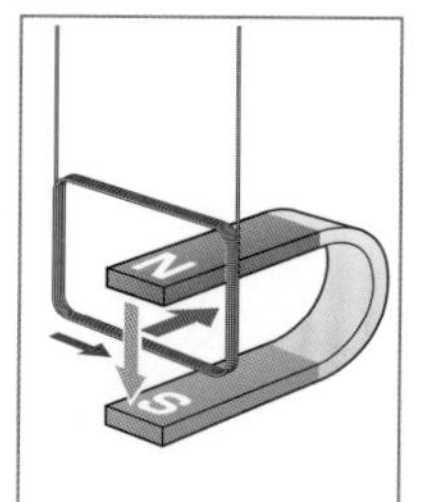

④磁界と電流の向きを両方とも反対にする

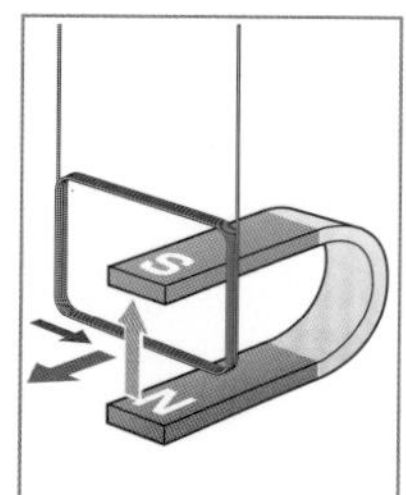

▲電流が磁界から受ける力の向きと，磁界・電流の向きの関係

フレミングの左手の法則　発展学習

一般に，電流の向きと磁界の向きと力の向きの間には下の図のような関係がある。このような関係を**フレミングの左手の法則**という。この場合，中指が電流の向き，人さし指が磁界の向き，親指が力の向きを表している。

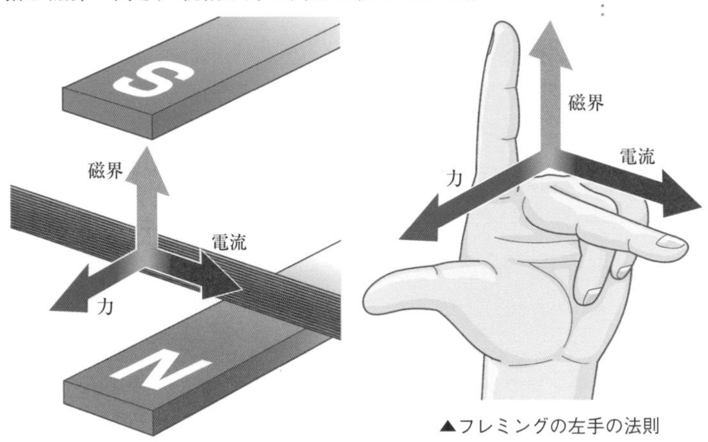

▲フレミングの左手の法則

右の図のように，U字形磁石のあいだに導線をおいたとき，磁石による磁界と電流による磁界ができている。

導線の左側ではこれらの磁界の向きがたがいに反対向きになるため，磁界は打ち消し合い，導線の右側ではこれらの磁界の向きが同じ向きになるため，磁界は強め合う。このとき，電流は**磁界の強め合っているほうから打ち消し合っているほうへ向かって力を受ける**。

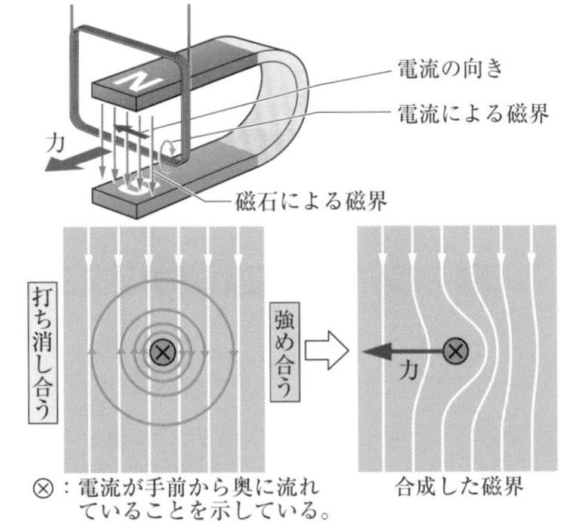

▲磁界のはたらき合い

3 力の大きさ

電流が受ける力の大きさは，電流が大きいほど大きく，磁石による磁力が大きいほど大きい。

4 電動機（モーター）が回転する原理

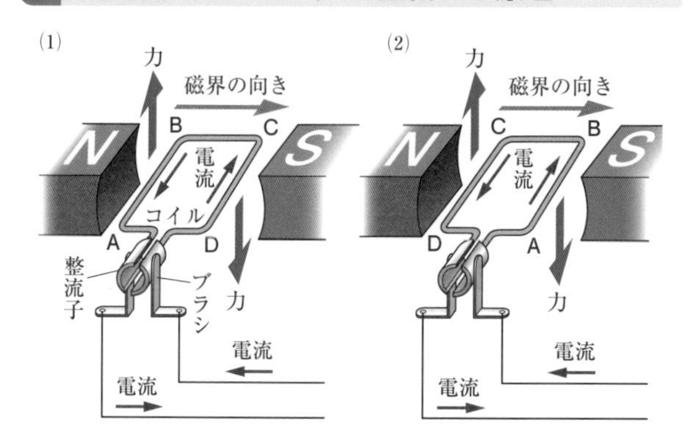

上の図のような装置を組み立て，磁界のなかでコイルに電流を流すと，コイルのA－B間は上向きの力を受け，C－D間は下向きの力を受ける。このため，コイルは回転する(1)。半回転すると整流子（せいりゅうし）とブラシのはたらき➡①で電流の向きが切りかわる➡②ため，コイルのA－B間は下向きの力を受け，コイルのC－D間は上向きの力を受けて(2)さらに回転する。このため，コイルは回転を続ける。

もっとくわしく

①整流子とブラシはたがいに接しており，コイルに流れる電流の向きを切りかえるはたらきをしている。

参考

②電流の向きが切りかわらない場合，半回転ごとに反対向きに回転する力がうまれ，モーターが回り続けることができなくなる。

研究 鉄しんに導線を巻いた電機子を用いた直流モーターのしくみ

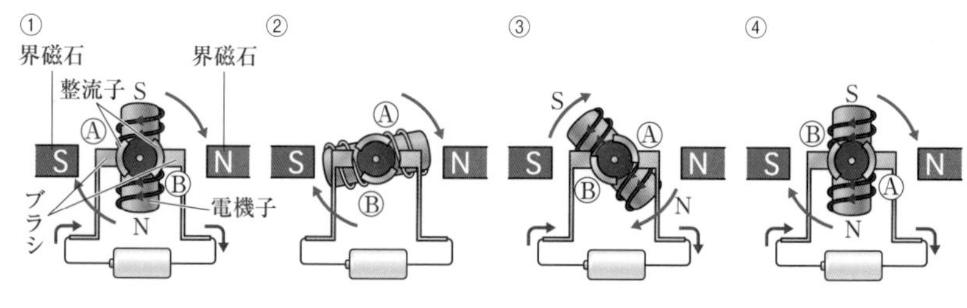

①ブラシと整流子が接しているため，鉄しんに導線を巻いたコイル（電機子（でんきし））に電流が流れ，電機子は電磁石となり，両側の磁石（界磁石（かいじしゃく））とのあいだで引き合う力がはたらき，回転する。

②ブラシと整流子が接していないため，電流は流れず，そのまま惰性（だせい）で回転を続ける。

③ブラシと整流子が再び接し，電流の流れる向きが切りかわるため，電機子と両側の磁石（界磁石）のあいだでしりぞけ合う力がはたらき，回転を続ける。

④両側の磁石（界磁石）との間で引き合う力がはたらき，回転を続ける。

このモーターはわかりやすいように1組の電機子で説明しているが，実際のモーターは何組かの電機子が組み合わさってできている。

④ 電磁誘導

1 電磁誘導とは

右の図のような装置を組み立て，コイルに棒磁石を近づけたり遠ざけたりすると検流計→③の針がふれる。このことから，コイルに電流が流れていることがわかる。

参考

③電流計と原理は同じだが，小さい電流を測定することができる。

●**電磁誘導**　磁界が変化することによって，回路に電流が流れる現象。例えば，コイルを固定して磁石を近づけたり遠ざけたりすると，コイル内の磁界が変化し，電圧が生じ電流が流れる。磁石を固定してコイルを近づけたり遠ざけたりしても同様の現象が起こる。ただし，**コイルと磁石がたがいに静止している場合は磁界が変化しないため，電流は流れない**。

●**誘導電流**　電磁誘導によって流れる電流。

2 誘導電流の向き

コイルに磁石のN極を近づけると，誘導電流によって生じる磁界は磁石による磁界を打ち消すようにはたらく。コイルから磁石のN極を遠ざけると，誘導電流によって生じる磁界は磁石による磁界を強めるようにはたらく。S極の場合もN極の場合と同様に考えることができる。

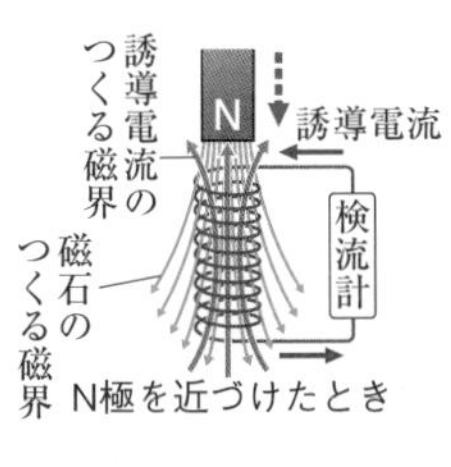

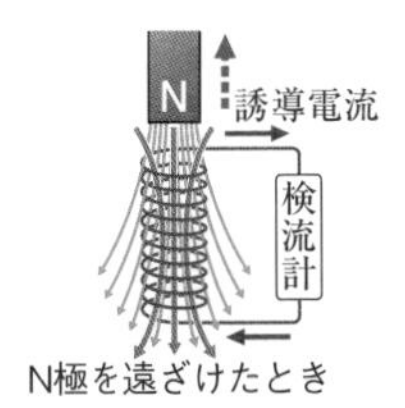

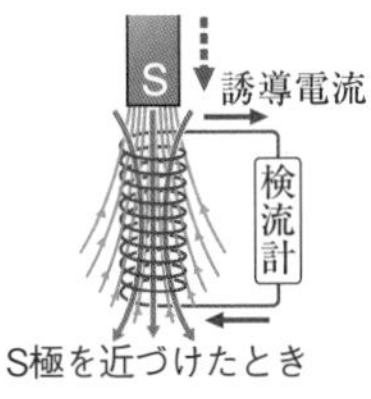

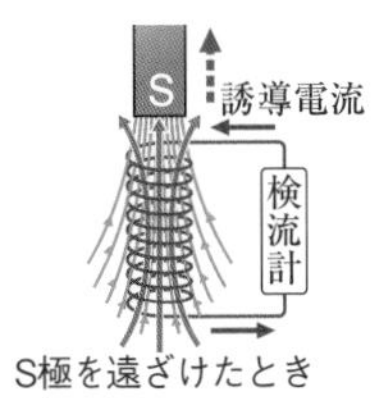

▲誘導電流の向き

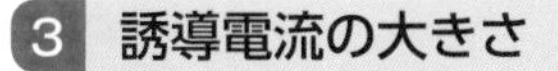

3 誘導電流の大きさ

単位時間当たりに磁界が変化する割合が大きいほど，誘導電流は大きい。誘導電流を大きくするには，次のような方法が考えられる。

- 磁石（またはコイル）をすばやく動かす。
- 磁力の強い磁石を使用する。
- コイルの巻数をふやす。

4 発電機のしくみ

発電機の原理

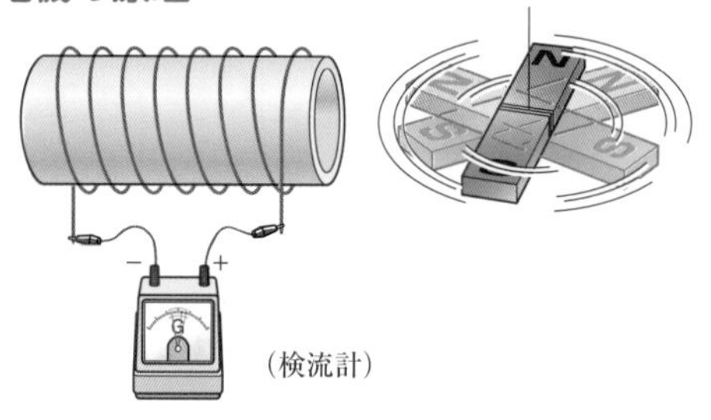

発電をするためには，たえず磁界を変化させなければならない。上の図のように，コイルのそばで磁石を回転させるとコイル内の磁界がたえず変化するため，電磁誘導によって誘導電流が流れる。これが，発電機の原理である。

もっとくわしく

自転車の発電機
車輪の回転を利用して磁石を回転させ，コイル内の磁界を変化させている。

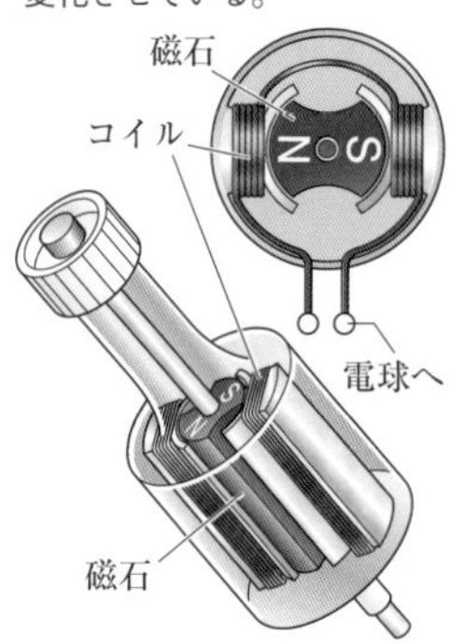

発電機によって流れる電流の向き

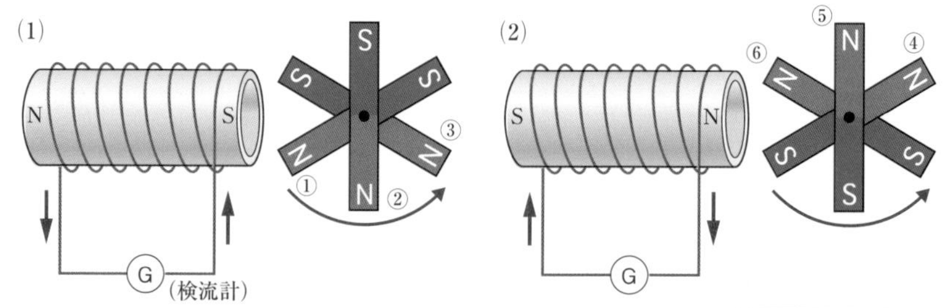

N極が遠ざかり，S極が近づくとき，誘導電流は上の(1)の図のような向きに流れる。しかし，S極が遠ざかりN極が近づくとき，上の(2)の図のように誘導電流の向きは(1)とは反対向きになる。したがって，半回転ごとに電流の向きが変化する。一般に，発電機でつくられた電流は周期的に電流の向きが変化する。このような電流を**交流** [➡P.145] という。

もっとくわしく

手回し発電機
手回し発電機には小型モーター（電機子）が使われており，界磁石（両側の磁石）のあいだで電機子（モーター）を回転させて発電している。このように，モーターが発電機のはたらきをする。手回し発電機では交流を直流に変換している。

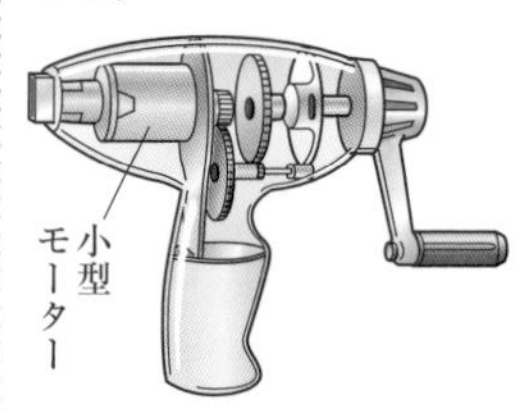

▲手回し発電機

発電機によって流れる電流の大きさ

単位時間当たりに磁界が変化する割合が大きいほど誘導電流は大きいことから，すばやく回転させたり，コイルの巻数をふやしたり，より強い磁力をもった磁石を使用したりすることによって，大きい電流を流すことができる。

⑤ 直流と交流

1 直流

電流の向きが一定である電流のことを**直流**➡①という。乾電池や，一般に理科の実験で電源装置から流れる電流は直流である。

参考

①略号で DC（direct current の略）。

2 交流

電流の向きと大きさが周期的に変化する電流のことを**交流**➡②という。各家庭では，発電所からおくられている交流を使用している。発電機で生じた電流は，その原理から**電流の向きと大きさが変化する**➡③。

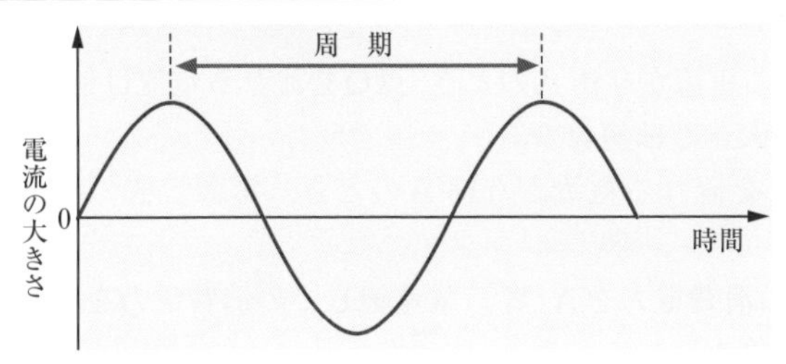

参考

②略号で AC（alternating current の略）。

もっとくわしく

③電流の向きと大きさが１秒間に変化する回数を周波数といい，単位はヘルツ(Hz)である。東日本は 50Hz，西日本は 60Hz である。このようなちがいが生じたのは，最初に導入した発電機が関東と関西で異なる形式だったことによる。

3 交流の特徴

電圧の上げ下げが可能

発電所から一定の電力を長距離送電する場合，電圧を高くし，電流を小さくしたほうが電力の損失が少ない➡④。また，送電された電気は状況に応じて電圧を変化させて使用している。

もっとくわしく

④発熱量は電流の大きさの２乗に比例するため，高圧にしないと熱による損失が大きくなる。

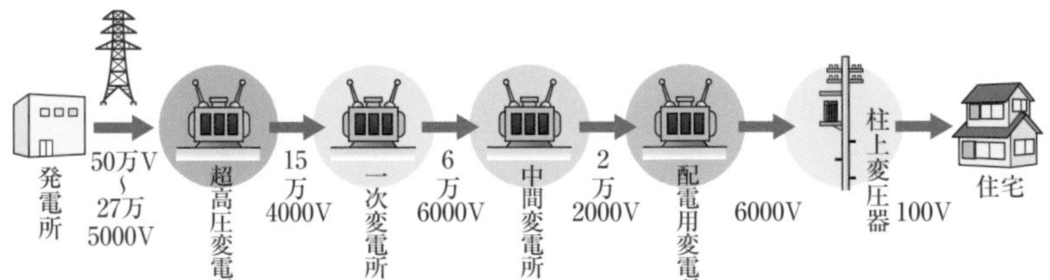

▲送電された電気の電圧の変化

交流⇔直流の変換

整流器を使用することで，交流を直流に変換することができる。また，インバータを使用することで，直流を交流に変換することができる。

練習問題

解答➡p.616

1

電圧と電流の関係が図1のような電熱線a，bを使って，図2，図3のような回路をつくり，スイッチを入れて電流を流した。あとの問いに答えよ。 (愛知県改題)

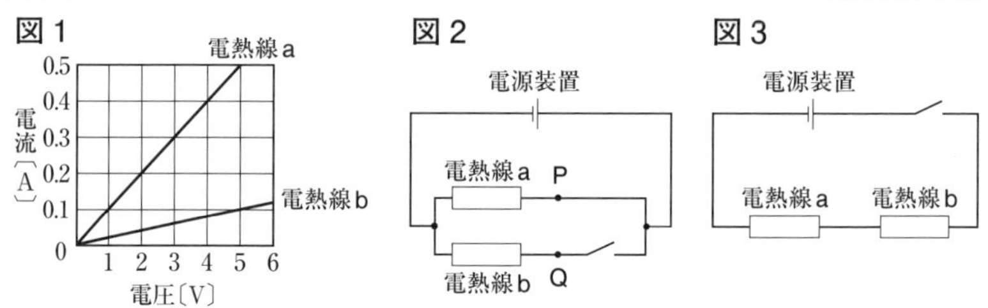

(1) 図2で点Pを流れる電流が0.40 Aのとき，点Qを流れる電流は何Aか。

(2) 電熱線bの抵抗の大きさは何Ωか。

(3) 図3で，電熱線aを流れる電流が0.15 Aのとき，電源装置の電圧は何Vか。

(4) 図3で，電熱線aの消費電力をA〔W〕，電熱線bでの消費電力をB〔W〕とする。BはAの何倍か。

2

右の図で回路に電流を流し，鉄粉を一様にまきながら厚紙を手でたたいたとき，電流による磁界のようすを調べた。この実験について，あとの問いに答えよ。 (富山県)

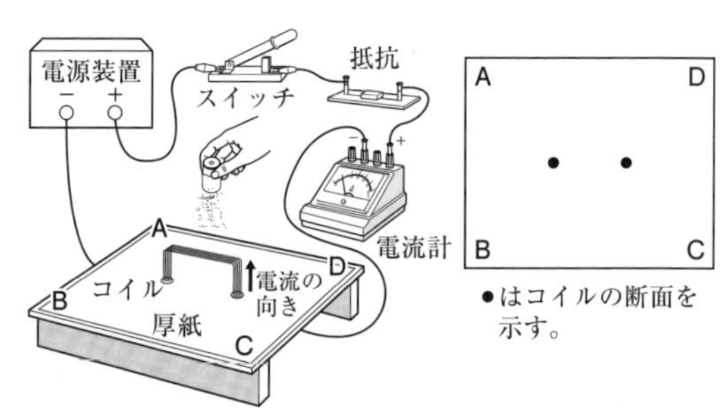

(1) この実験で，磁界が弱く鉄粉の模様がはっきりしなかった。磁界を強くする方法をひとつ書け。

(2) (1)の結果，模様がはっきりした。厚紙ABCD上にできている磁界のようすを磁力線で表せ。

3 磁石とコイルなどを使った次の実験について，あとの問いに答えよ。

（兵庫県）

思考力

(1) 図１の実験で，金属パイプは矢印の向きに動いた。電流の向きと磁界の向きを逆向きにして実験すると，金属パイプはどの向きに動くか。

(2) 図１の実験で，金属パイプの運動をはやくする方法をひとつ書け。

(3) 図２の実験の結果を次の表にまとめた。空欄①，②に適切な記号や文を書け。

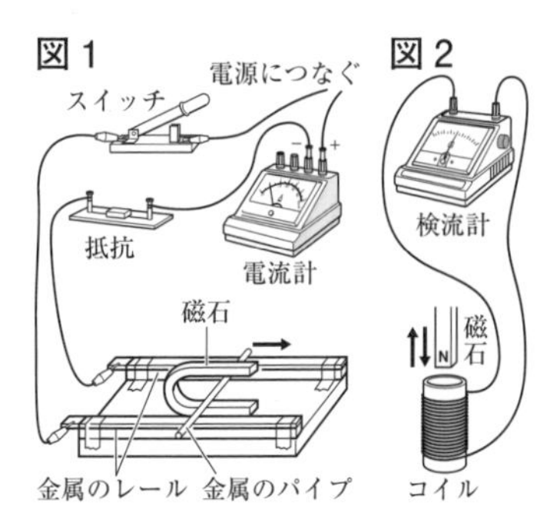

磁石の動かし方	検流計の針のふれの向き	検流計の針のふれの大きさ
磁石のＮ極をコイルに近づける。	＋	大
磁石のＮ極をコイルから遠ざける。	①	大
②	－	小

4 100Ｖ用で100Ｗの電球Ｐと100Ｖ用で40Ｗの電球Ｑを図１，図２のようにつなぎ，それぞれ100Ｖの電源につないだ。各回路で電流を測定したら，図に示すような値になった。また，図１の電球Ｑの両端の電圧は87Ｖであった。あとの問いに答えよ。

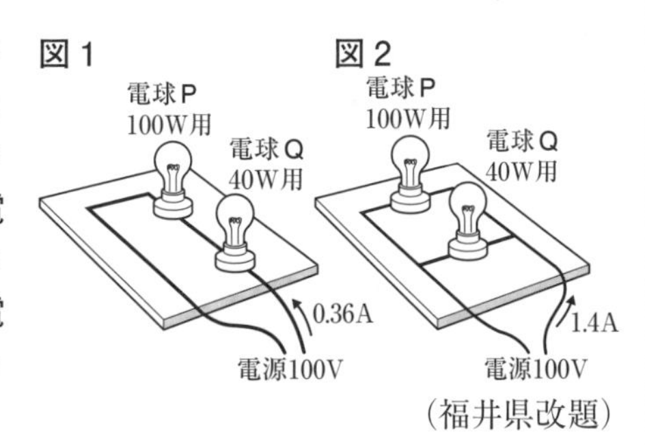

（福井県改題）

(1) 図１の電球Ｐの両端の電圧は何Ｖか。

(2) 図２の電球Ｑを流れる電流は何Ａか。

(3) 図２で，電球Ｑの抵抗は，電球Ｐの抵抗の何倍になっているか。

(4) ４つの電球のうち，２番目に明るい電球はどれか。次のア～エから適切なものをひとつ選び，記号で答えよ。ただし，電球の明るさは，消費する電力が大きいほど明るいものとする。

ア 図１のＰ　イ 図１のＱ　ウ 図２のＰ　エ 図２のＱ

(5) 家庭用の電球は直列ではなく並列につなぐ。この理由を書け。

第5章 いろいろなエネル

ギー

↑わたしたちは，エネルギーを熱や光，音などさまざまな形に変換して利用している。そのエネルギーは火力，原子力，水力発電のほか，風力，太陽光など，自然の力から変換して利用している。

§1 エネルギーの移り変わり

▶ここで学ぶこと

これまで学んできた光，音，熱，電気などはエネルギーをもっている。エネルギーのさまざまな移り変わりを確かめながら，自然界の営みについて見ていこう。

① いろいろなエネルギー

1 いろいろなエネルギー

▶熱と力学的エネルギー

物体と物体がこすれ合うと，熱を発する。Ｆ１(エフワン)などのレーシングカーが走行中にブレーキをかけると，タイヤ部分のブレーキパッドが赤熱(せきねつ)しているのが見えるときがある。これは，タイヤ内のブレーキの内部の部分どうしがこすれ合うことにより，そこにはたらく摩擦力がブレーキ部分に仕事をし，熱として放出されたためである。このとき，**車がもっていた力学的エネルギーは減少し，その減少した分のエネルギーが熱となって外部ににげていった**のである。

▶光

太陽から届く光を受けて，地上ではさまざまな変化が生じている。例えば，植物の成長なども太陽の光をエネルギー源としている。したがって，**光もエネルギーをもつこと**がわかる。

日焼けも，光エネルギーによりもたらされる現象のひとつである。紫外線(しがいせん)→①という，可視光(かしこう)→②より高いエネルギーをもった光が皮膚(ひふ)に当たり，このエネルギーにより，組織に損傷を生じた結果として，炎症(えんしょう)を起こした状態が日焼けである。

用語

①紫外線
目に見えない，波長が短い光。

用語

②可視光
目に見える光のこと。

波

波は振動を伝える現象である。したがって，波が伝わっていくことは，振動のもつエネルギーが伝わっていくことになる。光エネルギーも波のエネルギーである。

音

物体が振動することで発生する音も波の一種であり，音として伝わる波を**音波**[➡P.38]という。したがって，**音もエネルギーをもつ**。大きな音によって，窓ガラスがビリビリと振動するようすを見たことがあるだろう。

●**衝撃波**（しょうげきは）　音速をこえる速さですすんでいる物体が音波を発すると，その波は右の図のようになる。線分OAとOB上に音波の山の部分が並んでいる部分では，すべての波が同時に到達するため，大きな衝撃を生じる。これを**衝撃波**とよぶ。例えば，超音速ジェット機の音で衝撃波が生じ，窓ガラスなどが割れてしまうこともある。このように，音波であっても，衝撃波のように大きなエネルギーをもつことも可能になる。

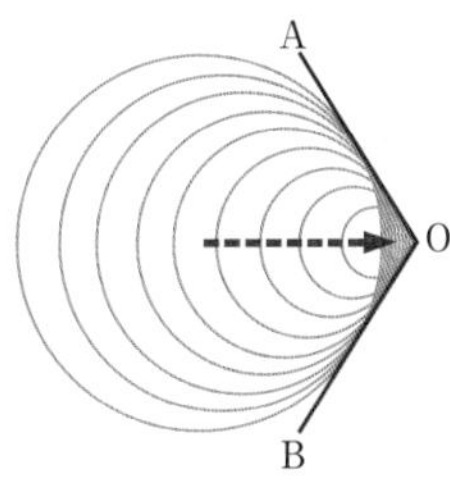

▲衝撃波

図中の円周が，音波の山を表す。物体は図の左から右にすすんでいる。

化学エネルギー

化学反応が起こるとき，エネルギーが放出されたり，吸収されたりする。このエネルギーを**化学エネルギー**という。例えば，木を燃焼させることにより，木のもつ化学エネルギーを熱に変える。

電池は，化学エネルギーを電気エネルギーに変換する装置である。

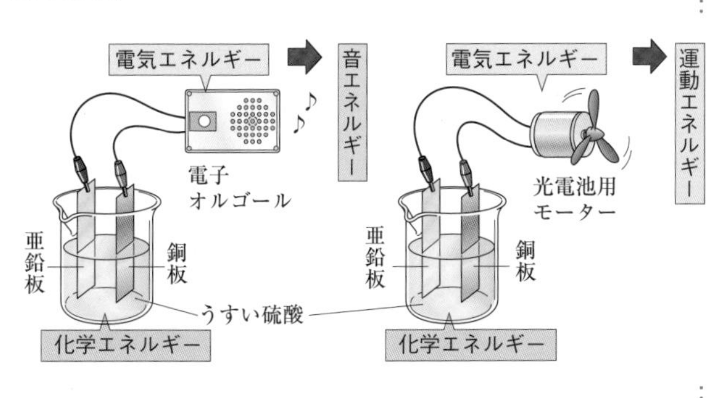

エネルギーの移り変わり

わたしたちは，生活のなかでさまざまなエネルギーを用いている。例えば，電気エネルギーを使って蛍光灯（けいこうとう）を点灯させて光を得たり，モーターを用いて動力を得たりする。このように，エネルギーの形態を変化させる➡①ことで，いろいろなことに利用している。

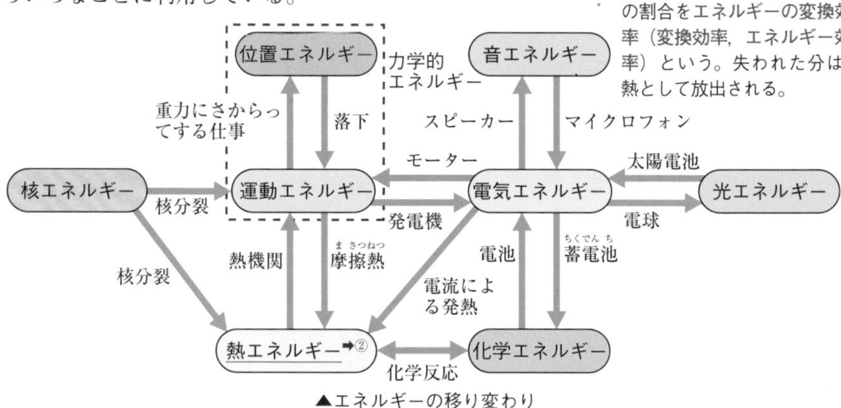

▲エネルギーの移り変わり

もっとくわしく

①エネルギーの形態を変化させる際，もとのエネルギーをすべて目的のエネルギーに変換することはできない。消費したエネルギーに対して変換された利用できるエネルギーの割合をエネルギーの変換効率（変換効率，エネルギー効率）という。失われた分は，熱として放出される。

もっとくわしく

②例えば，かなづちで釘（くぎ）を打つとき，かなづちのもつ運動エネルギーにより，釘を木材に打ち込むが，それと同時に，摩擦熱が生じる。この熱をすべて回収して，それを仕事に変えることはできないが，それも熱エネルギーと表している。これは，他の物体に仕事をすることができる能力として表されるエネルギーではない。このように，図中で使われているエネルギーは，95ページで定義された意味のほかに，仕事に変えられずに失われたエネルギーを示しているものもある。

2 発電のしくみ

発電の原理

発電とは，**いろいろなエネルギーを電気エネルギーに変換すること**である。一般の発電機は，電磁誘導［➡P.143］の現象により，コイル内の磁界の強さを変化させることで，コイル内に誘導起電力を発生させている。現在用いられている発電所では，熱エネルギーや位置エネルギーを運動エネルギーに変換し，この運動エネルギーを用いて最終的には，発電機を回し電気エネルギーを得ているのである。

送電のしくみ

発電所でつくられた電気は，送電線を通って，消費地へおくられる。その際，電流を小さくして送電したほうが送電線による電力損失➡③を少なくすることができる。そのため，発電された電気はすぐに変圧され，275,000V～500,000Vという超高電圧にされて送電線におくり出される。その後，154,000V，66,000Vと変圧され，街中の電線におくられていく。そして最終的に，電柱の上にある柱上変圧器で100Vまたは200Vにして各家庭におくられる。

用語

③電力損失
送電線の抵抗による発熱により失われるエネルギー。

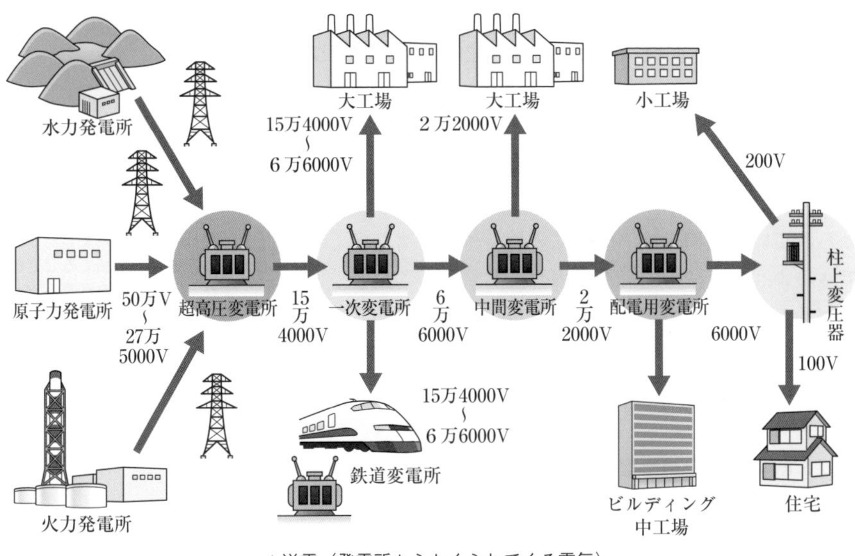

▲送電（発電所からおくられてくる電気）

いろいろな発電方法

● 火力発電 火力発電では，石炭，石油，天然ガスなどの**化石燃料を燃やして**水を熱し，その蒸気で回るタービン④の回転を発電機に伝え，発電をする。火力発電所では，蒸気を水にもどすために冷却水が大量に必要なため，海の近くにつくられることが多い。

用語

④タービン
羽根車のこと。

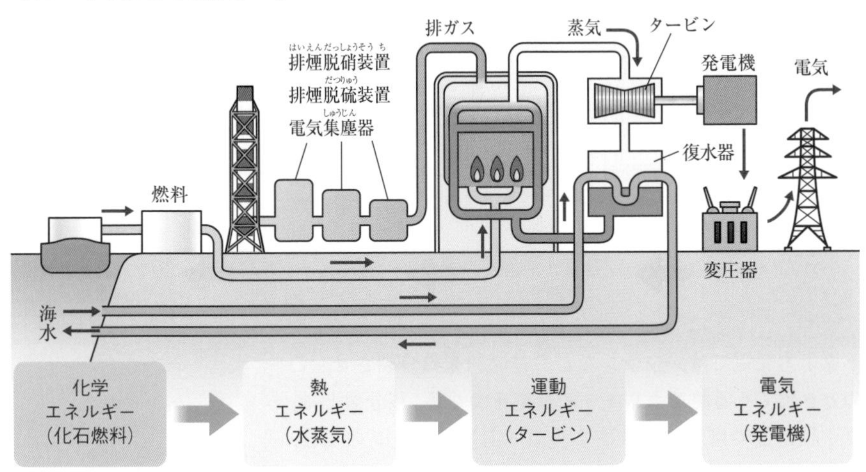

火力発電では，燃やす火力を調節することで，発電量を調整することができ，発電量の調整は比較的簡単である。

燃料を燃やすときに窒素酸化物や硫黄酸化物をはじめ，煤塵(ばいじん)➡①，二酸化炭素が発生するが，窒素酸化物，硫黄酸化物，煤塵などは，煙突(えんとつ)からの排気の前にかなりの部分がとり除かれる。

しかし，二酸化炭素の発生は，地球の温暖化などの原因➡②と考えられて大きな問題となっており，さまざまな対策がとられている。例えば，同じ量の燃料から，より多く発電できるような方法の開発が行われており，そのひとつにコンバインドサイクル発電とよばれる方式などがある。これは，燃料を燃やしてできたガスでガスタービンを回して発電し，さらに，このときに出る排ガスの熱で蒸気をつくって蒸気タービンを回し，発電するものである。これにより，**同じ二酸化炭素の排出量でも，より多くの電気エネルギーを得ることができるようになった。**

用　語

①煤塵
ちりやほこり

もっとくわしく

②二酸化炭素，メタン，フロンなどの温室効果をもたらす気体の濃度が増加することにより，地球の平均気温が上がっていると考えられている。

●原子力発電　発電のしくみは，基本的には火力発電と同じである。ちがいは，熱エネルギーをどのようにして得ているかという点である。

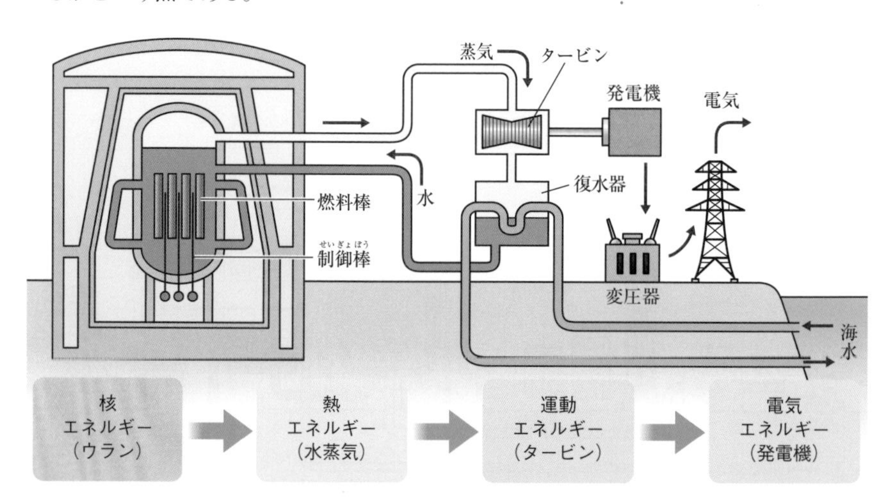

原子力発電では，**ウランなどの核燃料を核分裂させ，このとき出てくる熱エネルギーで蒸気をつくる**。核分裂とは，原子核が2つ以上に分裂する現象である。ウランの場合，質量数➡③が235のウランの原子核に中性子が衝突することで，核分裂する。このとき，2〜3個の中性子が放出される。この中性子が別の原子核に衝突し，核分裂が続いて起

用　語

③質量数
原子核内の陽子数と中性子数の和［➡P.252］。

こる。したがって，放出される中性子数を調節しないと，核分裂が爆発的に生じてしまう。放出された中性子のなかのひとつだけが次の核分裂に使われるように制御することで，安定な運転を可能にしている。

①**原子力発電の利点と問題点**　原子力発電では，発電量を調節しにくいので，常に一定の出力で運転している。火力発電で問題となる二酸化炭素の発生はない反面，放射性廃棄物(はいきぶつ)が出る。現在は，放射性廃棄物は地中深くにうめるしか処理方法がない。放射性廃棄物は1万年程度経過しても高い放射能をもっているので，地中深くにあるとはいえ不安な面も多い。また，ひとたび事故が起こってしまうと，広い範囲で放射性物質による被害が生じてしまう。

②**新たな技術の開発**　核燃料を再利用するための技術開発もすすめられている。使用済み核燃料から，燃え残った→④ウラン 235（質量数が 235 のウラン）や，ウラン 238（質量数が 238 のウラン）→⑤から生じたプルトニウムなどをリサイクルする方法である。これまでは，イギリスやフランスの技術に頼っていた部分を，国内でできるように青森県六ヶ所村に原子燃料サイクル施設が建設されているが，完成に至っていない。

●**水力発電**　水を高い位置から落下させ，**水のもっている位置エネルギーを運動エネルギーに変え**，これを用いて発電する。川の流れを用いたものや，ダムなどに水をためてから発電するものなどがある。

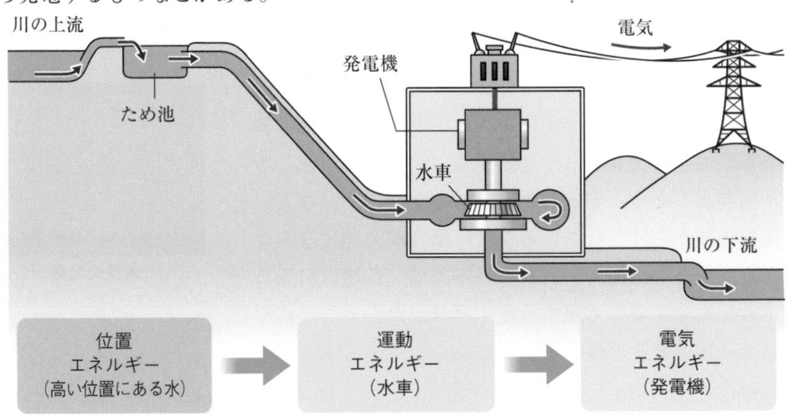

もっとくわしく

④核分裂しなかったウランのこと。

もっとくわしく

⑤ウラン原子は92個の陽子をもっているので，ウラン 235 の中性子数は 143個，ウラン 238 の中性子数は 146 個となる。このように，原子番号（陽子の数）が同じで中性子数がちがうものどうしをたがいに同位体という。このうち，放射線を出して別の元素の原子核に変化していくものを放射性同位体という。

●**揚水式水力発電**　水力発電は，水を流せばすぐに発電できることを利用して，消費電力の量に対応した発電が可能である。現在では，**揚水式水力発電**という方法で，変化する電力需要に対応している。揚水式水力発電では，上下に2つの調整池をつくり，電力需要の多い昼間の時間帯に発電する。そして，電力需要が少なくなる夜中に，下の調整池の水を上の調整池にくみ上げる。こうして，同じ水を何度も利用することで，昼間の電力需要にすばやく対応できる。

このように，発電の開始や停止にすばやく対応できる水力発電であるが，水をたくわえるダムをつくらなければならないという面では，環境に対する影響は大きい。

そのほかの発電方法

太陽光，地熱，風力，燃料電池を用いた発電など，ほかにもさまざまな発電方法➡①がある。

●**太陽光発電**　光が当たると電流が流れる太陽電池を用いて発電する。太陽光は枯渇の心配がなく，排出物のないクリーンなエネルギーである。その一方で，太陽電池のエネルギー効率が低いことや，発電量が天気に左右されやすいことなど問題も多い。

●**風力発電**　大きいものではブレード（羽根）の最高点までの高さが100m以上，回転するブレードの直径が80mにもなる。洋上に設置されるものでは高さが180mをこえるものもある。風がふかないと発電できないものの，太陽光発電と異なり，風さえあれば夜間でも発電できる。安定して風がふく地域では，効率よく発電できる。そのため，風の得やすい洋上風力発電も海外を中心に増えている。海底に固定された着床式とブイのように海面に浮かべた浮体式がある。大きなブレードが回転することで騒音が生じるという問題点もある。安定した風が必要なだけではなく，人の住む地域からはなれているなど，騒音が問題にならないことも立地条件に加えられる。日本では，台風に耐える強度をもたせる必要を考慮すると，経費がかかることになり，欧米に比べ普及はゆるやかではあるが，少しずつ導入されている。

もっとくわしく

①1997年に，新エネルギー利用などの促進に関する特別措置法が施行された。
2008年の時点で，新エネルギーは，太陽光発電，風力発電，太陽熱利用，廃棄物燃料製造，バイオマス発電，バイオマス熱利用，バイオマス燃料製造，雪氷熱利用と規定されている。

▲太陽光発電

▲風力発電

●燃料電池発電　水を電気分解すると，酸素と水素が出てくる。この逆の反応をさせることで電気をつくり出すのが，燃料電池である。すなわち，酸素と水素から水をつくることで発電する。

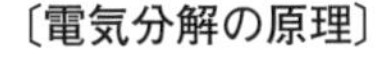

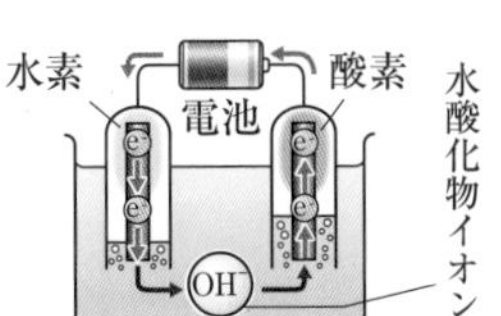

〔燃料電池の原理〕

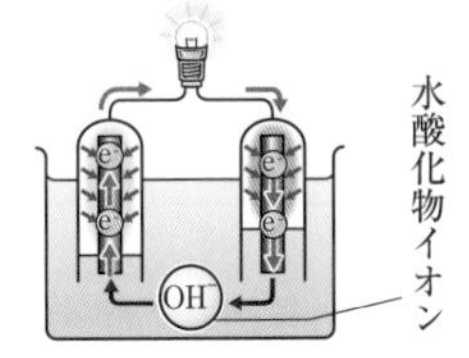

▲燃料電池のしくみ

・**燃料電池の利点**　燃料電池は，これまでに用いられている発電機と比べると，規模の大小によらず効率がほぼ一定である。したがって，家庭から大規模なビルまで幅広く利用できる。そのため，家庭でもコージェネレーションシステム➡②を用いることが可能になるので，高い効率が期待できる。

用　語

②コージェネレーションシステム　発電の際に発生する熱を冷暖房や給湯器などに利用するシステム。エネルギーを有効に利用でき，省エネ，コストダウン，環境対策にもなる。

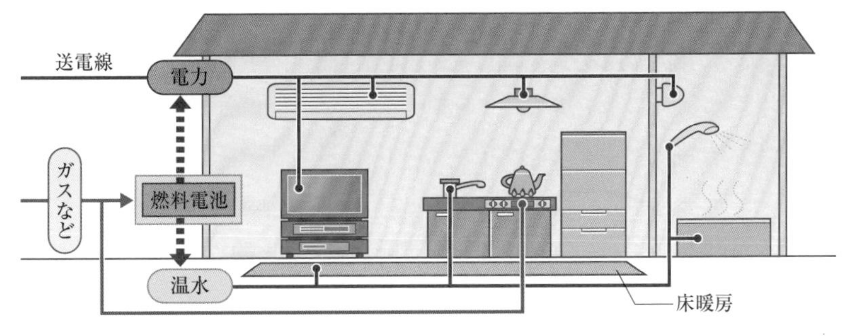

▲家庭用コージェネレーションシステム

●コージェネレーションシステムによる発電と熱利用　火力発電所などでは，排熱を発電に利用するコンバインドサイクル発電も行われているが，それでも発電所から出る熱の多くは利用されずに捨てられてしまう割合が高い。これは，電気に比べて熱が運びにくいからである。この熱を使えれば，利用されないエネルギーが減らせるのだが，発電所は海のそばや山のなかにあることが多いので，長い距離をかけて熱を消費地まで運ぶことはできない。

そこで，大規模な工場やビルなどでは，**必要な量の電気をその場で発電し，発電の際に生じた熱を給湯や冷暖房に用いることで，効率を高める**方法がとられるようになっている。現在のシステムでは，燃料にガスを用いることが多いが，規模が大きいほど効率は高くなる。

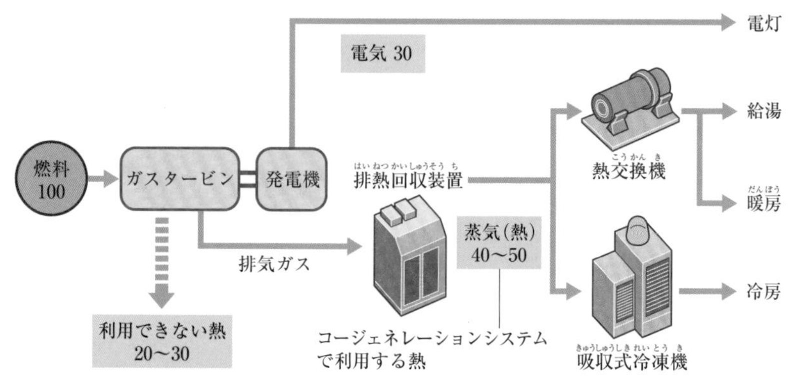

▲大規模工場やビルでのコージェネレーションシステム

●**核融合による発電** 核融合は，太陽のエネルギー源として知られている反応である。海水中の水素などを用いて，1億度以上の超高温の状態で反応を起こし，最終的には安定なヘリウムをつくる過程でエネルギーを得る。核融合エネルギーは，環境への影響の少ない，新しいエネルギー源として期待されている。しかし，まだエネルギー源となるように反応を制御することはできていない。

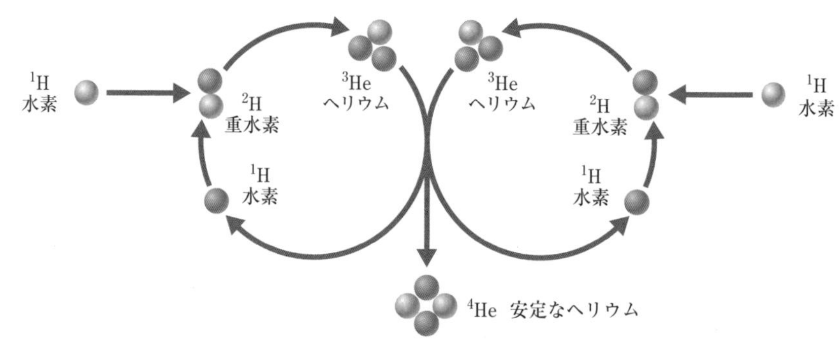

▲水素の核融合反応

2005年，ITER（国際熱核融合実験炉）の建設サイトがフランスのサン・ポール・レ・デュランスに決まった。今後，ITERなどの実験→①によって新たな理解を得られることが期待される。

もっとくわしく

① 2007年にITER国際核融合エネルギー機構が発足し，建設活動が開始された。2020年の時点では，2025年の運転開始に向けて，プロジェクトが進められている。

Level Up!

150ページでは，F1のレーシングカーを例にとり，失われた力学的エネルギー（運動エネルギー）が熱にかわることを見てきた。ここではさらに一歩ふみこんで，このことが本当に成り立つのかどうかを数式を使って確かめていこう。

3 摩擦力のはたらく荒い面上での物体の運動

質量mの物体を荒い水平面上におき，初速度v_0をあたえる。この瞬間の物体のもつ運動エネルギーは，$U_k=\frac{1}{2}mv^2$ [➡P.96]より$\frac{1}{2}mv_0^2$である。この物体にはたらく動摩擦力Fにより，物体は距離Lだけすすんで静止した。このとき，摩擦力は$W=Fx$ [➡P.90]より$-FL$の仕事を物体にする。物体がもっていた運動エネルギーが摩擦力のした仕事により0になるので，

$$\frac{1}{2}mv_0^2=FL$$

の関係が成り立つ。物体の運動方程式$ma=F$ [➡P.82]は，物体の進行方向を正にとり，その加速度をaとすると，

$$ma=-F$$

であるから，加速度aは，

$$a=-\frac{F}{m}$$

となる。

物体が距離lだけすすんだとき，速さがvだったとすると，等加速度直線運動の式$v^2-v_0^2=2ax$ [➡P.78]より，

$$v^2-v_0^2=2\cdot\left(-\frac{F}{m}\right)l$$

$$\therefore\frac{1}{2}mv^2-\frac{1}{2}mv_0^2=-Fl$$

である。この式の左辺は，物体の運動エネルギーの変化した量であり，それが摩擦力のした仕事に等しいことを示している➡②。したがって，物体がもつ力学的エネルギーは減少するが，その分が熱になったことがわかる。

参考

水平面上の物体の運動では，位置エネルギーは変化しない。

もっとくわしく

②保存力ではない摩擦力がした仕事の分だけ力学的エネルギーが変化したことがわかる。

② 放射線の性質と利用

1 放射線の性質

放射線

放射線とは，α線，β線，γ線，X線→①などを指す。一般には，ウラン[➡P.155]などの放射性同位体から放射されるα線，β線，γ線をさすことが多い。放射線の特徴は，**物質を透過する**，すなわち，物質をすりぬけて進んでいくこと，また，空気もふくめ，物質中を透過するときに，**物質中の原子から電子をはじきとばして電離**(イオン化)[➡P.256]させる（電離作用）ことである。

放射線の分離

α線，β線，γ線の3種類の放射線は，図のような装置を使って分離できる。

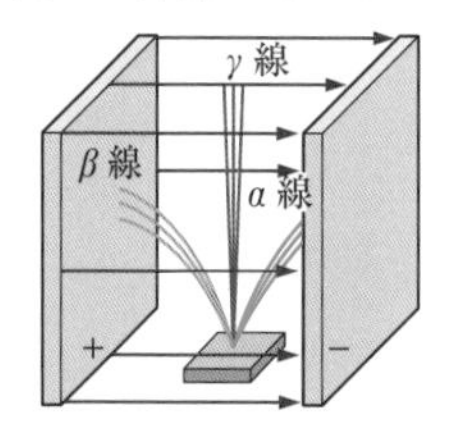

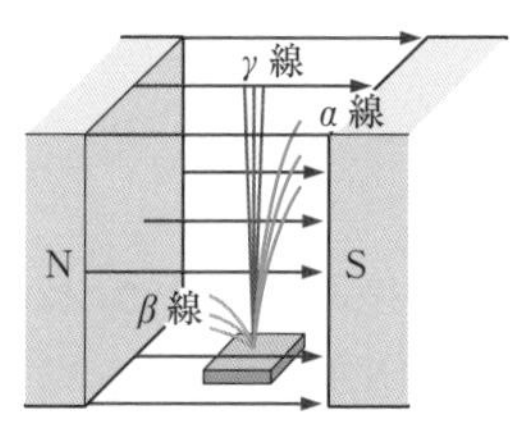

▲放射線の分離実験（左：電界内，右：磁界内）

図のように，放射性物質を鉛製などの箱→②に入れ，小さなあなを開けておくと，そこから放射線がほぼ一方向に出てくる。この箱を電界や磁界の中に置くと，3方向に分かれて進む放射線が観測でき，この3本の軌跡から，正の電気，負の電気をもった放射線と，電気が0の放射線があることがわかる。正の電気をもった放射線はα線，負の電気をもった放射線はβ線，電気が0の放射線はγ線と名づけられた。

放射線の種類と性質

● **α線**　放射線の分離実験で観測された，正の電気をもった放射線。ヘリウム原子から電子2個を取り去った粒子，すなわち，ヘリウムの原子核である。陽子2個分の正の電気をもっており，もっとも電離作用が強い。物質を透過する能力はもっとも弱く，紙1枚程度で止まる。これは，3種の放射線の中では，α線がもっとも大きな粒子であるためである。

もっとくわしく

①レントゲン撮影に用いられている。

ヴィルヘルム・コンラート・レントゲン(1845〜1923)
ドイツの物理学者。レントゲン撮影に用いられるX線を発見し，第1回ノーベル物理学賞を受賞。

参考

放射線を出す物質を放射性物質といい，放射性物質が放射線を出す性質（能力）を放射能という。

参考

②鉛製の箱
鉛は放射線を透過させにくいために用いられる。レントゲン撮影のときに，レントゲン技師が着けているエプロンは鉛でできている。

物理編
第1章 光と音
第2章 力と運動
第3章 仕事とエネルギー
第4章 電気と磁気
第5章 いろいろなエネルギー
第6章 科学技術と人間

● β線　負の電気をもった放射線。原子核の中の1個の中性子が陽子に変化するときに出る電子である。電子1個分の負の電気をもっている。電離作用はα線につぐ強さである。物質を透過する能力はα線より強く，木片1枚程度で止まるくらいである。

● γ線　電気が0の放射線。波長の短い（10^{-10}m，すなわち$\frac{1}{10^{10}}$m 以下の）電磁波である。電気が0であるため，電離作用は3種の放射線の中でもっとも弱い。物質を透過する能力はもっとも強く，鉛の板でも止まりにくい。

種類	実体	電離作用	透過する能力
α線	ヘリウムの原子核	強	弱
β線	高エネルギーの電子	中	中
γ線	波長の短い電磁波	弱	強

▲放射線の種類と性質

放射線と原子核の変化

原子番号[➡P.252]が大きく，質量数[➡P.252]の大きな原子には，不安定なものがある。そのような原子核の中からα線やβ線を放出することで，別の原子核に変わっていく。これを放射性崩壊という。

α線は，陽子2個と中性子2個からできているので，α線が放出されると，原子番号が2減少する。β線は，エネルギーの大きな電子である。この電子は，原子核内の中性子が陽子に変化するときに放出されるので，原子番号が1増加する。

α線，β線が放出されるときは，大きなエネルギーも放出されるため，原子核のもつエネルギーが増加する。このエネルギーがγ線となって放出される。そのため，γ線が放出されるときは，原子核の変化は起こらない。

2 放射線の人体への影響

地球には多くの放射性物質があり，また，宇宙からもたえず放射線が降り注いでいる➡③。このように，わたしたちは常に放射線にさらされている➡④。多量の放射線がわたしたちのからだに当たれば，電離作用➡⑤により細胞などに影響が出る。また，食物などと一緒に多量の放射性物質が体内に入りこむと，とりこまれた内部で放射線が放出されるため，被害が大きくなることもある。

もっとくわしく

③宇宙線といい，太陽から放出される陽子などである。

参考

④放射線を受けることを被曝（ひばく）という。

もっとくわしく

⑤放射線はその通り道の物質の電子をはじき飛ばす。この電離作用により細胞が損傷を受けることがある。

日常生活の中でも被曝(ひばく)をしてしまうことはあるが，人体に何らかの影響が出るような被害を与えてしまうかどうかは，被曝した放射線の量による。

3 放射線の利用

放射線は，透過する能力や電離作用などの性質を利用して，さまざまなものに応用されている。

厚さ計

放射線が物質を透過していくと，放射線のエネルギーが吸収される。吸収されて失うエネルギーの割合は物質により定まっているので，これを利用して，物体の厚さを測定することができる。

非破壊検査

厚さ計と同様に，放射線の透過する能力を利用して，物体を壊すことなく内部のようすを調べる方法が，非破壊検査➡①である。放射線を用いた非破壊検査にはラジオグラフィー➡②とよばれる検査がある。

食品照射

放射線を農作物などに照射することにより，遺伝子の突然変異が起こる可能性を高めることがある。これを利用して，農作物の品種改良が行われている。また，じゃがいもにγ線を照射すると，発芽を抑制することができ，これにより，長期間貯蔵することができるようになる。食品照射を行う施設として，ガンマフィールドがある。

不妊虫放飼(ふにんちゅうほうし)

放射線を照射することにより繁殖(はんしょく)能力を失った害虫を自然の中にはなすと，その害虫は子孫を残せなくなり絶滅してしまう。このことを利用して，害虫駆除(くじょ)などが行われている。

もっとくわしく

①ミューオンという粒子を用いて火山内のマグマの様子を画像化する方法がある。ミューオンは宇宙からやってくる粒子が空気を構成する分子に衝突する際にできる。

用語

②ラジオグラフィー
放射線を物質に照射して，透過撮影したものをフィルム上に記録し，検査する方法。

年代測定

放射性同位体[➡P.155]が崩壊する頻度は原子によって定まっている。この性質を用いることで，**年代の測定**ができる。

例えば，空気中の炭素のうち，質量数が14の炭素原子 $^{14}_{6}C$ の割合は，宇宙線により生成される量と，崩壊していく量がつり合い，ほぼ一定であることが知られている。植物が二酸化炭素 CO_2 を取り入れているときは，その内部にある $^{14}_{6}C$ の割合は一定である。植物が枯れ，CO_2 を新たに取り入れられなくなると，崩壊により $^{14}_{6}C$ の割合は減少していく。この割合を測定することで，植物の枯れた年代がわかる。

放射線治療

放射線をガン細胞に照射する**放射線治療**が行われている。この治療は，**放射線が細胞を壊す性質を利用したもの**である。また，放射性物質を体内に取りこんで，そこから出てくる放射線を観測することで，体内のガン細胞などを発見することにも利用される。これを**トレーサー検査**とよぶ。放射線治療やトレーサー検査のために利用する放射線をつくり出すために，**加速器**とよばれる大きな装置を設置している病院もある。さながら，物理などの研究所のような設備である。

このように，放射線は，その性質を上手に利用することで，さまざまな分野で応用されている。ただし，原子力発電所の事故などがひとたび起きてしまうと，地球的な規模で被害が及んでしまうことを忘れてはならない。今後，原子力発電所をどうしていくのか，放射性廃棄物をどうしていくのかは，人類の大きな課題である。

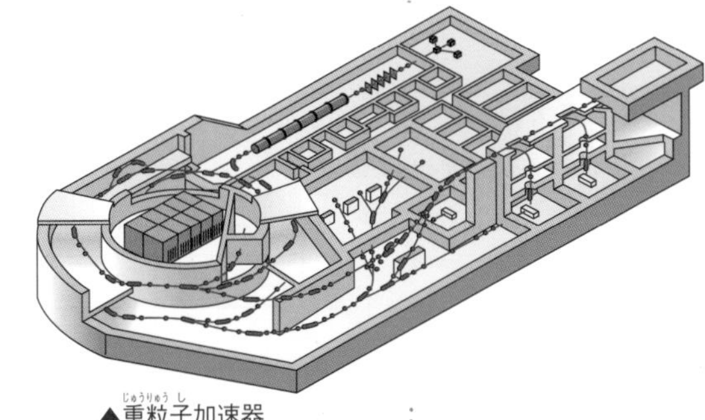

▲重粒子(じゅうりゅうし)加速器

練習問題

解答➡ p.617

1 **次の文の[　　]に適する語を，下のア～エからひとつずつ選び，記号で答えよ。** （奈良県）

わたしたちは化石燃料などの，物質がもっている[(1)]エネルギーを，火力発電などで電気エネルギーに変換し，利用してきた。現在，太陽の[(2)]エネルギーを利用する太陽電池を使った発電や，風の力で回る風車の[(3)]エネルギーを利用する発電など，新しいエネルギー資源の開発がすすめられている。

ア　運動　　イ　位置　　ウ　化学　　エ　光

2 

次の①～④の文と図は，エネルギーの移り変わりについて説明したものであり，A～Eエネルギーは，運動・化学・電気・熱・光エネルギーのいずれかを表したものである。また，図1は①～④の文に表されたエネルギーの移り変わりを模式的に示したものである。これについて，あとの問いに答えよ。ただし，記述したエネルギー以外は考えないものとする。 （京都府）

① 植物が光合成によってデンプンをつくるとき，Aエネルギーはおもに Bエネルギーに移り変わる。

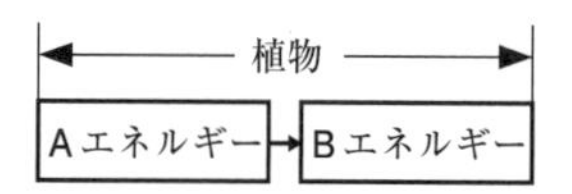

② ガスコンロを使って水をあたためているとき，Bエネルギーはおもに Cエネルギーに移り変わる。

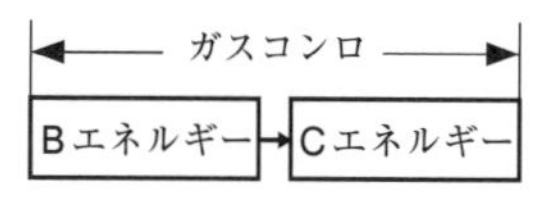

③ 太陽電池でモーターが回転しているとき，AエネルギーはおもにEエネルギーを経てDエネルギーに移り変わる。

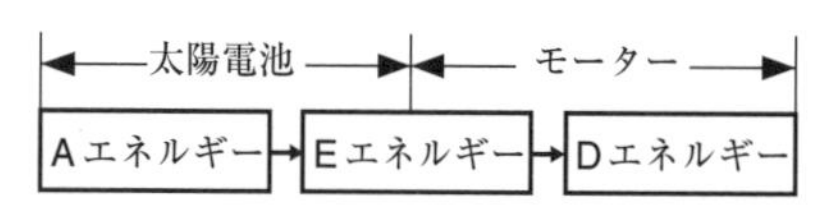

④ 火力発電によって発電しているとき，Bエネルギーはおもに C エネルギーからDエネルギーを経てEエネルギーに移り変わる。

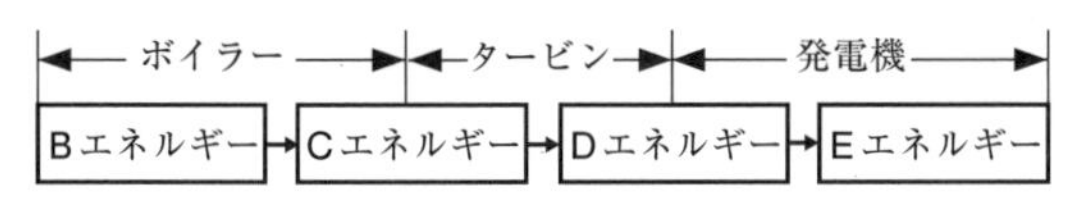

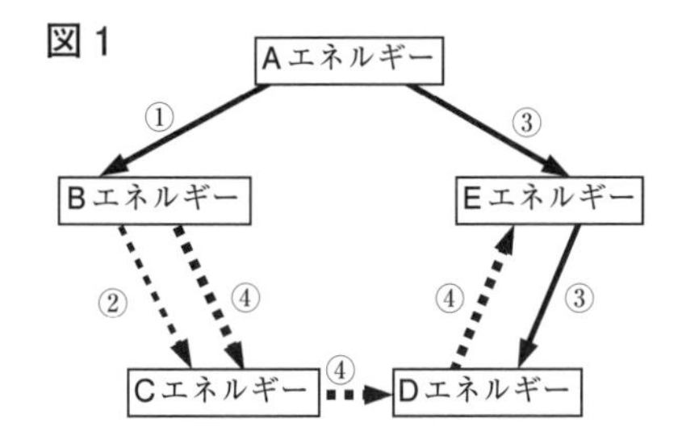

(1) Bエネルギーが表すものは何エネルギーか。次の**ア**～**オ**から適切なものをひとつ選び，記号で答えよ。

ア 運動エネルギー　　**イ** 化学エネルギー
ウ 電気エネルギー　　**エ** 熱エネルギー
オ 光エネルギー

(2) BエネルギーがおもにEエネルギーを経てAエネルギーに移り変わる事例としてもっとも適当なものはどれか。次の**ア**～**エ**からひとつ選び，記号で答えよ。

ア 乾電池を使った懐中電灯の明かりがついているとき。
イ ろうそくの明かりがついているとき。
ウ マグマの熱を利用して地熱発電をしているとき。
エ 風を利用して風力発電をしているとき。

(3) 電気ポットで湯をわかしているとき，何エネルギーがおもに何エネルギーに移り変わるか。エネルギー名をそれぞれ漢字で書け。

第6章 科学技術と人間

↑科学の研究で明らかにされたことを実生活に応用することで生活が便利になる。写真の有機ELディスプレイは，従来型と比較して高解像度・軽量・薄型化を実現し，量産されている。科学技術とわたしたちの生活について見ていこう。

§1 科学技術と人間生活

▶ここで学ぶこと

新しい科学技術がどのようにわたしたちの生活にとり入れられているのかを知り，人間生活に科学技術がどのように関係しているのかを学ぶ。

① 人間生活を豊かにするための技術

1 身近な技術の革新

テレビ・ディスプレイ

●ブラウン管（陰極線管）→① 背面の電子銃（でんしじゅう）から，電子を前面の蛍光幕（けいこうまく）に照射することによって蛍光幕を発光させ，画像を表す装置。大画面をつくり出すためには，大きく重い装置となってしまう欠点があるため，液晶（えきしょう）などにとって代わられた。

●液晶→② 2枚のガラス板のあいだに液晶を封入してある。これに電圧をかけると液晶の光の透過率が変わり，画像を表すことができる。**液晶自体は発光しないので，バックライトとよばれる光を背面から照射する**必要がある。うすいディスプレイにすることができ，消費電力もブラウン管より少ない。

●有機ＥＬディスプレイ 特定の物質に電圧をかけると，その物質そのものが発光する→③ことを利用して画像を表す。それ自体が発光するので，動きがある画像でも残像が少なく，**バックライトを必要としない**ので，フィルム状のディスプレイにすることも可能である。消費電力も少なく，発色が美しい。市販品に応用されはじめているが，現状では液晶に比べて若干暗く，高価で寿命も短いなどの欠点もある。

情報・通信

●**光ファイバー** 屈折率が大きなガラス繊維の外側に，屈折率が小さなガラス繊維をつけたもの。これを利用して，**一度に多くの信号を遠距離に減衰（げんすい）なく伝達できるようになった。** ［➡P.31（研究）］

もっとくわしく

① CRT（cathode-ray tube）ともいう。陰極（cathode）から電磁波（ray）を発する管（tube）だからである。

もっとくわしく

②液晶（liquid crystal）とは，固体と液体の中間の状態で，液体のような流動性をもっており，電圧を変化させたり，温度を変えたりすることによって，その向きが敏感に変化する。

© パナソニック
▲液晶ディスプレイ

もっとくわしく

③これをエレクトロルミネッセンス（electroluminescence）といい，頭文字をとって「EL」とよぶ。

▲有機 EL ディスプレイ
© LG Electronics,AP

●**導電性ポリマー**→④　プラスチックなどのポリマー（高分子化合物）は一般に電気を通しにくいが，アセチレンを原料としたポリマーには導電性があることが発見された。導電性ポリマーは薄膜（はくまく）状のフィルムとしても作用するので，スマートフォンやタブレットPCなどに用いられている。

●**カーボンナノチューブ**→⑤　炭素原子を六角形の網目状に結びつけ，それを円筒状にしたもの。電気の良導体なので，非常に細いものでも電気を大量に通すことができる。少量の異物を加える（ドープする）ことによって半導体→⑥にもなるので，コンピュータの小型化・消費電力の軽減などへの応用が期待されている。また，非常に丈夫なので，自動車の車体や高層ビルの建築などへの応用も期待されている。

2　素材の開発

運輸

●**超電導（超伝導）物質**　多くの金属は－250℃以下の低温で，電気抵抗が0になる。この現象を**超電導（超伝導）**といい，より高い温度で抵抗がなくなる物質を**超電導（超伝導）物質**（超電導材）という。ランタンLa，バリウムBa，イットリウムYなどの金属を組み合わせたものがこれに近い性質を示すことが知られている。リニアモーターカーや医療用画像撮影装置（MRIなど）にはすでに利用されており，超電導コイルや超電導電力ケーブルなどへの利用も期待されている。

●**リチウムイオン電池**　電極をコバルト酸リチウム $LiCoO_2$ と黒鉛C－リチウムイオン Li^+，電解液を有機溶媒とした充電可能な電池（二次電池，蓄（ちく）電池）。起電力が4Vと高いので，電気自動車（EV）やノートパソコン，スマートフォンなどに広く用いられている。

②　人間生活を便利・快適にするための技術

1　素材の開発

金属

●**ファインセラミックス**　金属酸化物などを焼きしめたもの。金属などに比べて，軽量・耐熱性がある・錆（さ）びない・生体が拒否反応を示さないという特徴があるので，各種のカッター，ジェットエンジンのタービンブレード，人工骨，

▲光ファイバー

もっとくわしく

④この研究で，2000年に白川英樹教授は，アメリカの2人の教授とともにノーベル化学賞を受賞した。

もっとくわしく

⑤円筒の太さが約1nm（ナノメートル＝10億分の1メートル）なので，ナノチューブという。

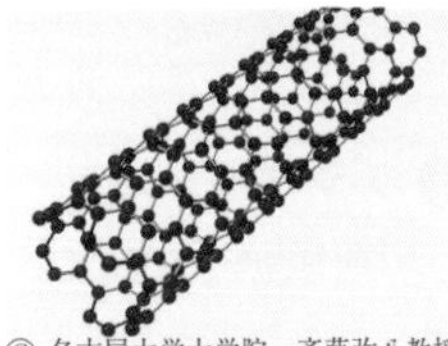
© 名古屋大学大学院　斉藤弥八教授
▲カーボンナノチューブ

用　語

⑥半導体
導体と不導体の中間の抵抗値を示す物質で，温度の変化・光の照射などの変化によって，電気抵抗が大きく変化する物質。

▲リニアモーターカー

人工関節，人工歯根などに利用されている。また，一部の物質は圧力を加えると電気を生じる。これを**圧電気**といい，ガスコンロの点火用の圧電素子や圧力センサーなどに応用されている。

●**形状記憶合金**　Ni（ニッケル）－Ti（チタン）の合金，Cu（銅）－Zn（亜鉛）－Al（アルミニウム）の合金などは，変形させても加熱すると，もとの形にもどる。このような性質をもつ合金を**形状記憶合金**という。メガネのフレーム，女性用下着，歯列矯正用の針金や海底敷設のパイプラインのパイプ接続などに利用されている。

●**水素吸蔵合金**　Ni（ニッケル）－Mg（マグネシウム）やLa（ランタン）－Ni（ニッケル）の合金は少量で，多量の気体の水素を吸収する。このような合金を**水素吸蔵合金**という。加熱すると，吸収している水素を放出するので，燃料電池自動車などへの応用が研究されており，ニッケル水素電池に現在応用されている。また，水素が吸収される反応が発熱反応なので，家庭用蓄熱システムなどへの応用も検討されている。

▲タービンブレード

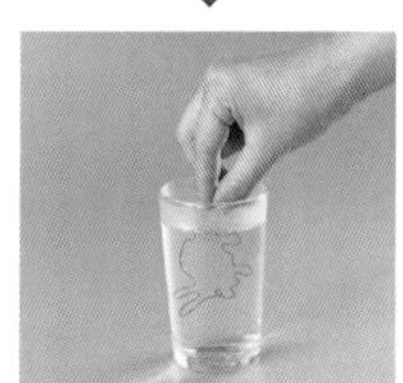

お湯につけると，
もとの形にもどる。
▲形状記憶合金

プラスチック

塑性(plasticity)を示す物質をいう。塑性とは，熱や力を加えると変形し，その作用を取り除いてもその変形が残る性質。つまり，熱による塑性を示す物質（熱可塑性物質という）を温めると，軟らかくなり，その状態で型に入れて成形し冷却すると，その型通りの製品になる。

●**特徴**

①**電気・熱を伝えにくい**➡①　テレビ・エアコンなどの電化製品の外枠や，食器などに利用される。

②**薬品に対して安定で，変質しにくい**➡②　酸・アルカリなどの薬品や水などにもとけないため，手術用の手袋，ゴミ袋，水などを通すパイプなどに利用される。

③**さまざまな形に成形できる**　さまざまな形の部品やプラモデルに利用される。

④**軽い**　ガラス製のびんの代わりに，PETボトルを用いることによって，割れにくく，軽くなった。

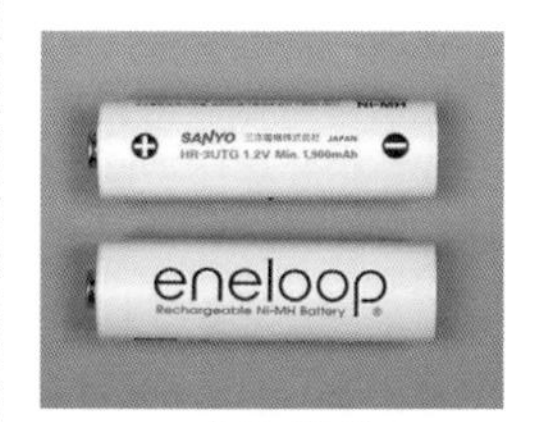

▲充電式電池

もっとくわしく

①近年，電気を通す導電性プラスチックが開発され，携帯電話などの小型の電化製品の回路に用いられている。［➡P.169］

もっとくわしく

②廃棄物となったとき，この性質は欠点となる。そのため，土壌に入れると分解するようなプラスチックも開発されている。［➡P.171］

●おもなプラスチック

種類	用途
ポリエチレン(PE)	ゴミ袋，まな板，食品用ラップなど
ポリプロピレン(PP)	電気器具，ボトルキャップ，フィルム状の包装や建材
ポリ塩化ビニル(PVC)	ゴムホース，消しゴム，ロープなど
ポリエチレンテレフタラート(PET)	飲料のプラスチックボトル，衣料用の繊維など

▲ポリエチレンを使ったゴミ袋

▲ポリ塩化ビニルを使ったゴムホース

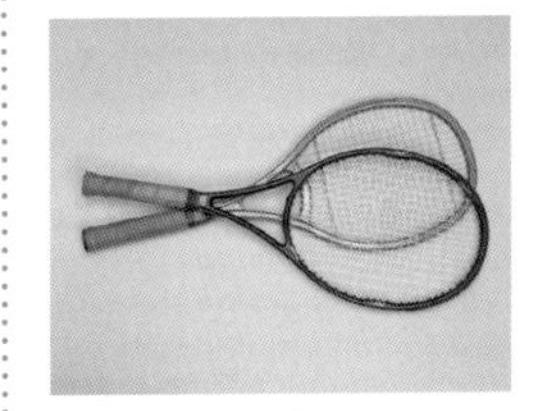
▲炭素繊維を使ったテニスラケット

▲発光ダイオードを使った信号機

その他

●**炭素繊維**　ポリアクリロニトリルなどの有機高分子化合物を熱処理したもの。軽く，引っ張り強度に優れているので，テニスラケット，釣りざお，ゴルフクラブなどに利用されている。この炭素繊維やガラス繊維などにプラスチックをふくませたものをＦＲＰ（繊維強化プラスチック）とよび，ボートやユニットバスなどに利用されている。

●**発光ダイオード LED**　電流を流すと発光（エレクトロルミネッセンス）する半導体。素材を変えることによってさまざまな色を発生させる（窒化ガリウム GaN…青，ヒ化アルミニウムガリウム AlGaAs…赤など）ことができ，長寿命で消費電力が少なく，明るいので，信号機，自動車のヘッドライト，家庭用の照明，DVD などの読み取り用発光体などに広く利用されている。

③ 自然環境の保全と科学技術

1　環境保全・省エネルギーに利用される技術

環境保全

●**生分解性プラスチック**　通常のプラスチックは，長期間利用しても錆(さ)びたり変質したりしない。これは大きな長所だが，反面廃棄してもいつまでもそのままで，土砂などの成分とはならない。ポリ乳酸などの生分解性プラスチックは，土中の細菌などによって分解されることによって，環境を破壊しないプラスチックとして開発されたものである。ポリ乳酸は，食品トレイなどにも利用されている。

分解前 ――→ 分解後

▲生分解性プラスチック

●**吸水性ポリマー** デンプンにアクリル酸ナトリウムを作用させて合成した吸水性ポリマーは，1 gで水 100 ～ 1000 gを吸収する。水害対策のために用いる土のうのなかの土のかわりにこれを用いると，積み上げるときは軽量であり，水にふれると本来の水防の役目を果たすようになる。このような目的のほかに，砂漠地帯での植物栽培や紙オムツなどに利用されている。

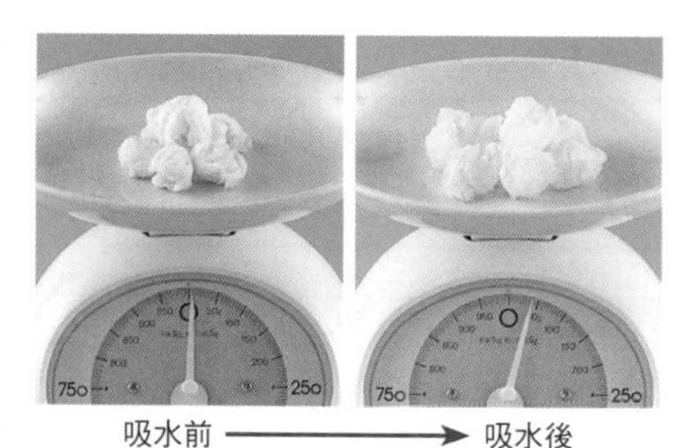

▲吸水性ポリマー

省エネルギー

●**燃料電池** 水の電気分解の逆反応によって，水素と酸素（空気）から電流を得る電池。反応後には水しか生じないので，環境への負荷が小さく，発電効率が高く，発電による熱の利用などもできるというメリットがあるが，現時点では水素の安定した生成と保管などが障害となっている。

▲燃料電池自動車

●**アモルファスシリコン** ケイ素を主成分とする非晶質（結晶になっていない）半導体。磁気的・電気的特性は結晶質のものとはまったく異なり，太陽電池パネルをこのアモルファスシリコンでつくると，従来の結晶質のものでつくった場合よりも高効率になる。

▲太陽電池パネル

●**感光性高分子化合物（光硬化性高分子化合物）** 紫外線などを照射すると，短時間で硬化するポリマー（高分子化合物）。歯の治療などで削ったか所にこれをつめて，光を照射すると短時間で硬化するため，治療後すぐ食事などが可能になる。印刷用の原版づくりなどにも応用されている。

●**化学発光（ケミルミネセンス）** シュウ酸ジフェニルと過酸化水素の反応によるエネルギーを蛍光物質に加えることによって発光するケミカルライトは，蛍光物質によって発光色が異なるため，催し物などで用いられることが多いが，元来は，集魚用などに用いられたものである。この発光現象は，ルミノールを用いた発光による鑑識捜査などにも応用されている。

▲ケミカルライト

化学編

家にあるもので入浴剤はつくれるか？

入浴剤をお湯に入れると出てくる泡は，炭酸ガス（二酸化炭素）である。二酸化炭素は，温浴効果を高め，血行をよくしてくれるので，疲れや肩こりなどに特に効果的だ。では，お湯の中で炭酸ガス（二酸化炭素）を発生させることができれば，入浴剤となるのではないだろうか。身近な材料を使って，オリジナル入浴剤をつくってみよう。

重曹に酸を混ぜれば入浴剤がつくれる。

市販の発泡入浴剤の表示を見ると，固体状のフマル酸，炭酸水素ナトリウム，炭酸ナトリウムからできている。つまり，炭酸水素ナトリウムと炭酸ナトリウムが酸と反応して二酸化炭素を発生させることを利用していると考えられる。身近な炭酸水素ナトリウムといえば重曹，酸といえば，粉末のクエン酸が使えそうだ。

実験 A

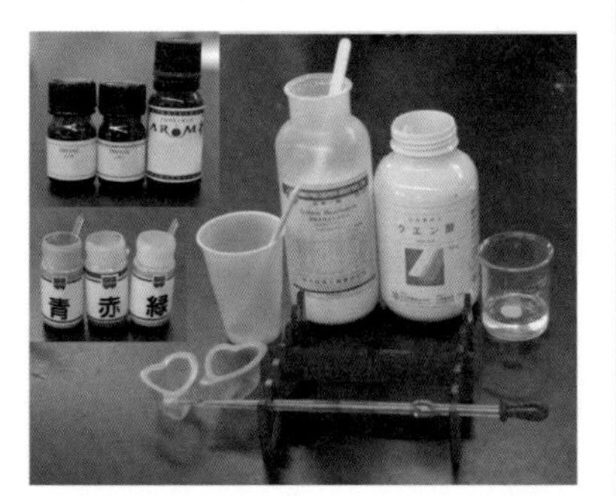

必要なもの

〈材料〉
- 重曹
- クエン酸
- エタノール
- 着色料（食紅）
- 香料（アロマオイル）

〈器具〉
- こまごめピペット（スポイト）
- ゼリーの空き容器
- スプーン
- プラスチックのコップ

（注１）重曹は，ベーキングパウダー（または炭酸水素ナトリウム）で代用できる。
（注２）クエン酸は，みかんやレモンなどの柑橘類にふくまれている物質で，薬局で買うことができる。

（分量は，小さなゼリーの容器１個分）

1. プラスチックのコップに，炭酸水素ナトリウムをスプーン３杯分入れる。
2. 炭酸水素ナトリウムを入れた容器に，クエン酸をスプーン１杯分入れて，よくかき混ぜる。
3. クエン酸と炭酸水素ナトリウムを入れた容器に，こまごめピペットを使ってエタノールを３～４滴加える。
4. 好きな色の着色料，好きな香りの香料を少量ずつ加える。

5 よくかき混ぜ，型にぎゅうぎゅうにつめる。
※型からきれいにはずすためには，１日くらい乾かすとよい。

1
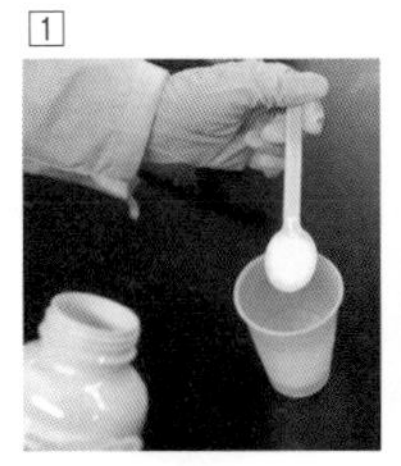
3

5
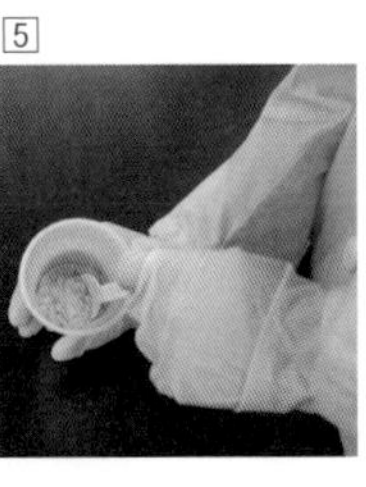
5
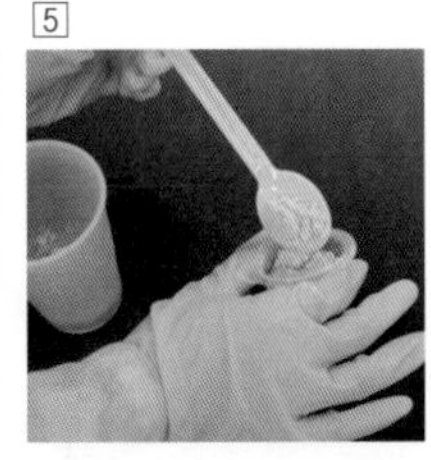

結　果

・できた入浴剤をお湯に入れてみると，市販の発泡入浴剤と同じように，たくさんの泡が発生した。

考　察

・発生した気体を水上置換法で集め（写真左下），石灰水に通してみたところ，石灰水が白くにごった（写真右下）。このことから，今回作成した入浴剤からも二酸化炭素が発生していることが確かめられた。

・炭酸水素ナトリウムと酸，炭酸ナトリウムと酸の反応の化学反応式はそれぞれ，次のようになる。

＜炭酸水素ナトリウムと酸の反応＞

$$NaHCO_3 + H^+ \rightarrow \underset{\text{(二酸化炭素)}}{\underline{CO_2}} + H_2O + Na^+$$

＜炭酸ナトリウムと酸の反応＞

$$Na_2CO_3 + 2H^+ \rightarrow \underset{\text{(二酸化炭素)}}{\underline{CO_2}} + H_2O + 2Na^+$$

入浴剤の構成材料は固体なので，炭酸水素ナトリウムおよび炭酸ナトリウムはすぐにはフマル酸と反応せず，お湯に入れてとけることではじめて二酸化炭素を発生するのである。

【注意】
・入浴剤以外の目的では使用しないこと。
・エタノール，着色料，香料を使用しているので，肌の敏感な人は使用しないこと。
・残り湯を洗濯に使用しないこと。衣類に色移りする可能性がある。
・残り湯を植物の水やりに使用しないこと。

関連ページはココ！ ▶▶ P191，P192，P211

第1章 物質の姿

↑水は温度によって，氷・水・水蒸気と姿を変える。物質の状態が変わるときの温度やその性質について調べよう。また，さまざまな気体について勉強し，特徴に合わせた捕集法があることを知ろう。

§1 いろいろな物質

▶ここで学ぶこと

日ごろ用いている道具・容器や，毎日口にしている食物がどのような物質でできているのかを知るとともに，それらの性質のちがいを理解する。

① 物質の種類

1 物質と性質

▶物質と物体

●**物質**　身のまわりにある器具・容器・食物の素材・材料となっているものを**物質**➡①という。

●**物体**➡②　物質によって成り立っている器具・容器などを物体という。物体は1種類の物質でできている場合もあれば，複数の物質でできている場合もある。

▼代表的な物体とそれを構成する物質

物体	物質
窓	ガラス
窓のサッシ	アルミニウム
10円玉	銅
ピンポン玉	プラスチック
髪の毛	タンパク質
メガネ	ガラス，チタンなど
鉛筆	黒鉛，木など

▶物質の性質のちがいを調べるときの尺度（しゃくど）

①**質量**　上皿てんびんや電子てんびんではかりとれる物質の量。単位はg(グラム)やkg(キログラム)など。[➡P.52]

②**密度**　単位体積あたりの質量。

〈密度〉　$$密度=\frac{質量}{体積}$$

ふつう，1 cm^3あたりの質量で表される。その場合の単位は，g/cm^3（グラム毎立方センチメートル）。

③**電気を通すか**

④**水や薬品にとけるか**

⑤**加熱したときの変化**➡③

参考

①物質は英語でmaterialという。

参考

②物体は，形をもつもののことをいう。空気や水などの気体や液体はふくまれない。

もっとくわしく

物質の性質や，その変化について研究する学問を化学（chemistry）という。

もっとくわしく

③加熱したときに，とける温度（融点（ゆうてん））や沸騰（ふっとう）する温度（沸点）は物質の種類によって異なる。水の融点は0℃，沸点は100℃であることはよく知られている。①～⑤のほかに，磁石につくかどうかなどの尺度も考えられる。

2 金属と非金属→④

金属

鉄・アルミニウム・銅・金などの金属の性質は，木・プラスチック・ガラスなどの非金属や，水・空気などの物質の性質と次の点で大きく異なる。

①**表面に光沢（こうたく）がある**　金属特有の光沢（金属光沢→⑤）がその表面にある。

②**電気や熱をよく伝える**　電線は通常，銅を芯（しん）にしている。なべやフライパンを金属でつくるのは，金属が熱を伝えやすい→⑥からである。

③**力を加えると変形しやすい**　金属に力を加えると曲がったり，うすく広がったりしやすい→⑦が，非金属に力を加えると切れたり，こわれてしまうことが多い。

④**融点・沸点が高い**　下の表を見てわかるように，金属の融点・沸点は水に比べて非常に高い。木やプラスチックなどの非金属は，これらの金属の融点にたっする前に燃えたり，とけてしまう。

物質	融点〔℃〕	沸点〔℃〕
アルミニウム	660	2467
銅	1083	2567
金	1064	2807
水	0	100

⑤**密度が大きい**　木は水に浮くことから，密度が水の密度である1.0g/cm³よりも小さいことがわかる。

物質	密度〔g/cm³〕
アルミニウム	2.70
銅	8.96
金	19.3
水銀	13.5
コンクリート	2.4
プラスチック	0.90～2.0
水(4℃)	1.00
空気	0.00120

※温度表示のないものは20℃での値

◀質量75gに対する体積

アルミニウム 28cm³　銅 8.4cm³　木 175cm³　プラスチック 60cm³　水 75cm³

参考

④ここでいう金属と非金属は，固体で，器具の材料となる物質のことである。

もっとくわしく

⑤金属光沢があることを利用したものに鏡がある。古代では銅を，その後は銀，現在はアルミニウムを鏡の反射材として利用している。

もっとくわしく

⑥熱を伝えるかどうかを表す尺度に熱伝導率がある。銅の熱伝導率はガラスの約400倍，木材（松）の約3300倍である。

もっとくわしく

⑦力を加えて平面的に広がる性質を展性（てんせい），直線的にのびる性質を延性（えんせい）とよぶ。金属はこの展性と延性が大きいが，特に金はこの性質がいちじるしく，非常にうすい箔（はく）にすることができる。この箔は，逆側が透けて見えるほどのうすさである。

3 有機物と無機物

有機物と無機物の区別

● **有機物**　強く加熱すると，こげて炭となり，さらに加熱していくと燃えて二酸化炭素を発生するような，**炭素をふくむ物質を有機物**という。

代表的な有機物…砂糖，デンプン，アルコール，木，紙，プラスチック，ロウ

● **無機物**　**炭素をふくまない物質を無機物**という。二酸化炭素や一酸化炭素や石灰岩は，炭素をふくんでいるが，無機物に分類されている➡①。

もっとくわしく

①二酸化炭素，一酸化炭素，石灰岩以外でも，炭素をふくんでいて無機物に分類される物質がある。コンクリート，ダイヤモンドなどがそうである。

二酸化炭素や一酸化炭素はなぜ無機物なの？

もともと，鉱物からとり出される物質を無機物，動物や植物から得られる物質を有機物と定義したのです。そのため，石灰岩は無機物に分類され，この石灰岩に塩酸をかけると発生する二酸化炭素なども無機物に分類されています。有機物は生命の力がないと合成できないとされた時代もありましたが，1828年にウェーラーが無機物から有機物の尿素を合成してから，炭素に由来する分類になりました。

② 白い粉末の区別

1 区別の方法

実験室で使う薬品には白い粉末の状態になっているものが非常に多い。たとえば，砂糖，デンプン，食塩，グラニュー糖はいずれも下の写真のように白い粉末の状態なので，これらを区別する方法を考える。

形や状態の観察

白い粉末のにおい，手ざわり，粒のようすを調べる。

▲砂糖

▲デンプン

▲食塩

▲グラニュー糖

操作　手ざわりや粒の大きさの調べ方

・手ざわり…白い粉末を指でつまみ，指でこすり合わせる。
・粒のようす…粒の大きさなどをルーペで観察する。

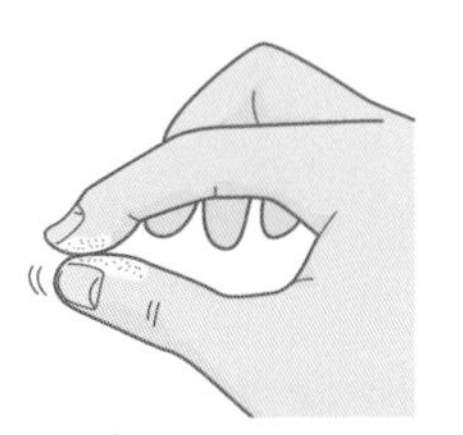

▶ 水に入れたときの変化

実験・観察　水に入れる

【方法】

約5cm³（mL）の水を入れた試験管を4本用意し，薬さじ1ぱい分の砂糖，デンプン，食塩，グラニュー糖をそれぞれの試験管に入れる。

よくふり混ぜて，試験管のようすを観察する。

操作　試験管の使い方

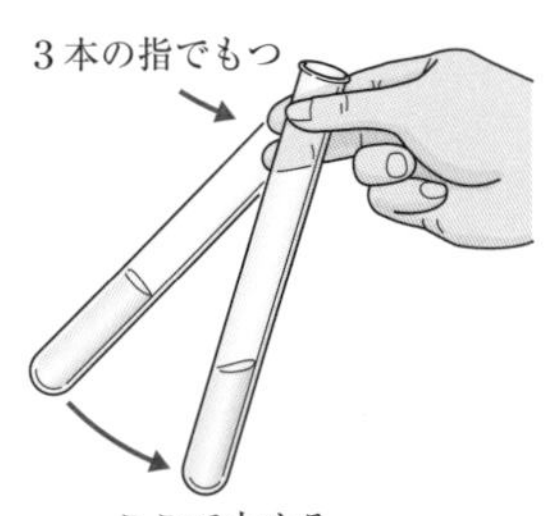

・試験管のもち方…小指・薬指を除く3本の指でもつ。
・混ぜ方…支えている指を支点にして，スナップを効かせて底のほうをピュッとふって，止める。
・試験管の洗い方

1. 試験管ブラシを試験管の長さに合わせてもつ。
2. 試験管の内側を洗う場合は，試験管の底をおさえて，ブラシを上下させて洗う。
3. 試験管の外側にもブラシを当てて，ブラシを前後させて洗う。

試験管の外側も洗わないと，試験管についた洗い残しが，試験管の内側についたものか外側についたものか判断できない。

加熱したときの変化

実験・観察 加熱する

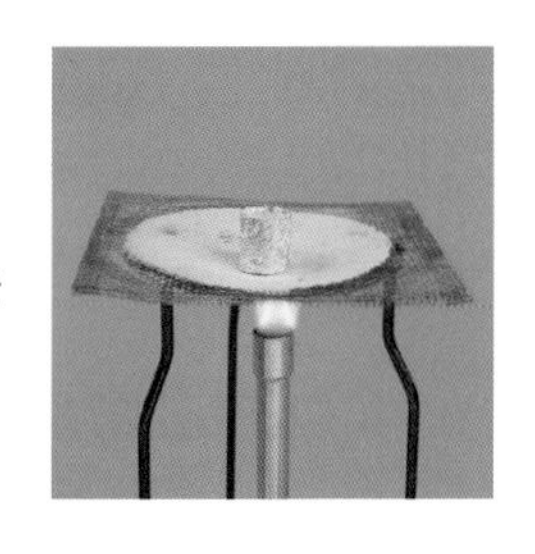

【方法】

アルミニウム箔(はく)の容器（または燃焼さじ）を4個つくり，薬さじ1ぱい分の砂糖，デンプン，食塩，グラニュー糖をそれぞれに入れてガスバーナーで加熱する。

〔アルミニウム箔の容器のつくり方〕

試験管の口にアルミニウム箔をかぶせてつくる。

▲砂糖

▲デンプン

▲食塩

▲グラニュー糖

操作 ガスバーナーの使い方

〔火をつける〕

1. 空気調節ねじ，ガス調節ねじが閉まっていることを確認する。
2. 元栓を開ける。
3. マッチの火をつけたあと，ガス調節ねじをゆっくり開けてガスバーナーに点火し，炎の大きさをガス調節ねじで調整する。
4. ガス調節ねじを押さえて空気調節ねじを開けて，青い炎にする。

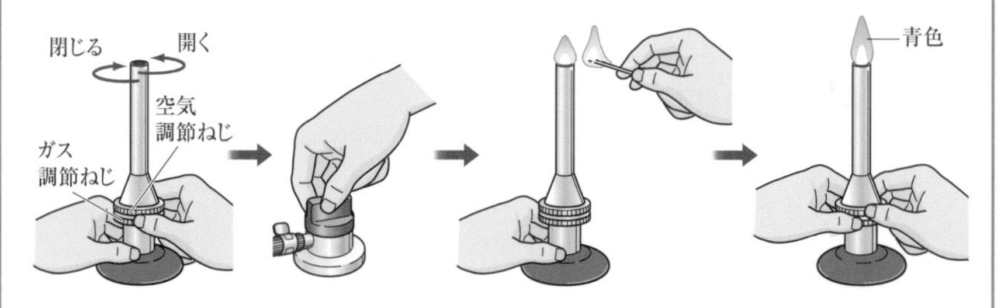

〔火を消す〕

1. 空気調節ねじを閉じる。
2. ガス調節ねじを閉じる。
3. 元栓を閉じる。

2 実験結果からわかる白い粉末の特徴

▶実験結果

●形や状態

観察すると，**デンプンがもっとも細かい粒**で，指でつまむとキシキシしている。砂糖と食塩は，粒の大きさにあまりちがいが見られず，さらさらしている。また，**グラニュー糖はもっとも大きな粒**であり，砂糖や食塩よりもざらざらしていることがわかる。

●水に入れたときの変化（水へのとけやすさ）

水にとかしてみると，砂糖，食塩，グラニュー糖は透き通った溶液になり，**砂糖，食塩，グラニュー糖は水によくとける**物質であることがわかる。**デンプンは水にとけず，**白くにごる。

●加熱したときの変化（有機物か無機物か）

加熱した結果，砂糖，デンプン，グラニュー糖はこげ，食塩はこげないことから，**砂糖，デンプン，グラニュー糖は有機物**➡①，食塩は無機物とわかる。

▶実験結果を表にまとめる

ここまででわかったことを表にして整理してみる。

	粒の大きさや形	手ざわり	水にとかす	加熱する
砂糖	大きい	さらさらしている	よくとける	とけたあと甘いにおいがしてこげる
デンプン	細かい	キシキシしている	とけず，白くにごる	こげる
食塩	大きい	さらさらしている	よくとける	変わらない
グラニュー糖	もっとも大きい	ざらざらしている	よくとける	液体になってこげる

もっとくわしく

①有機物であるロウを加熱しても，とけるがこげない。ほかの有機物でも加熱してこげない物質がある。例えば，防虫剤として知られるナフタレン（白い粉）は加熱すると，固体状態から直接気体になってしまう。このように固体から直接気体になってしまうことを昇華（しょうか）とよび，ナフタレンのような物質を昇華性物質という。

§2 物質の状態変化

▶ここで学ぶこと

固体・液体・気体という物質の状態のちがいを理解して，この状態の変化と温度との関係や密度の変化を学習する。

① 物質の三態

1 状態変化と温度

状態変化と物質の三態

●**状態変化**　一般に，固体の物質を加熱すると液体となり，さらに加熱を続けると，ついには気体となる。このような変化を物質の**状態変化**という。状態変化とは，物質の集まり方の変化のことで，物質そのものは変化しない。

●**物質の三態**（さんたい）　固体，液体，気体という3つの状態を，物質の三態という。

三態変化

●**融解**（ゆうかい）　固体状態から液体状態に変化すること。

●**凝固**（ぎょうこ）　液体状態から固体状態に変化すること。

●**蒸発**（じょうはつ）→①液体状態から気体状態に変化すること。

●**凝縮**（ぎょうしゅく）→②気体状態から液体状態に変化すること。

●**昇華**（しょうか）　固体状態から液体とならずに直接気体状態へ，またはその逆に変化すること。気体から直接固体になることを凝華（ぎょうか）という場合もある。

三態変化と加熱・冷却

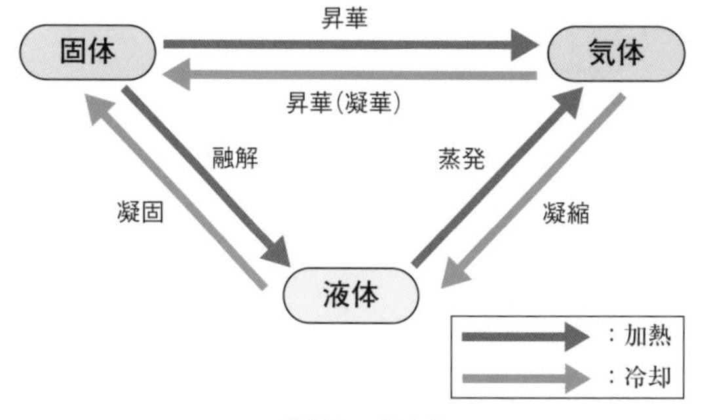

▲物質の三態変化

もっとくわしく

①蒸発には，液体の表面から気体になる現象と，「沸騰（ふっとう）」という表面からだけでなく，液体の内部からも気体になる現象がふくまれる。

もっとくわしく

②凝縮は，液化（えきか），凝結（ぎょうけつ）とよぶ場合もある。

参考

気体の状態は，物質が熱(エネルギー)をもっとも多く受けとった状態である。

物質の状態変化の例

●**水の場合**　通常は，氷（固体）⇄水（液体）⇄水蒸気（気体）と変化するが，**水蒸気（気体）⇄霜・雪（固体）**と変化する場合もある。

●**ナフタレン・ヨウ素の場合**　通常は，**固体状態⇄気体状態**➡③　と変化する。

状態変化と温度

純物質（純粋な物質）では，状態変化が続いているあいだは，温度は変化しない➡④。これは**状態変化に非常に多くの熱（エネルギー）を使うため**である。

●**融点**　融解する温度。凝固する温度（凝固点）も同じ温度になる。物質によってこの温度は決まっている。

●**沸点**　沸騰する温度。物質によってこの温度は決まっている。

▼いろいろな物質の融点と沸点

物質	融点〔℃〕	沸点〔℃〕
水	0	100
食塩	801	1413
エタノール	−115	78
鉄	1535	2750

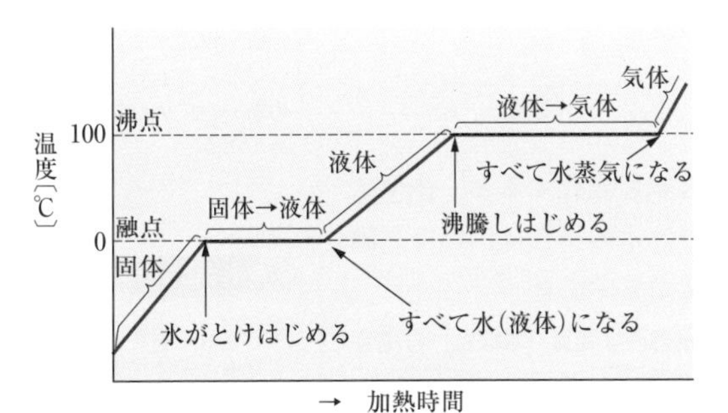

▲水の状態変化と温度

●**融解熱**　融解するのに必要な熱量。固体を液体にするには，この熱量を加える必要がある。逆に，液体を固体にする場合は，この熱量をとり去る（冷却する）必要がある。

●**蒸発熱**　蒸発するのに必要な熱量。液体を気体にするには，この熱量を加える必要がある。逆に，気体を液体にする場合は，この熱量をとり去る（冷却する）必要がある。

もっとくわしく

③二酸化炭素も昇華する。二酸化炭素の固体はドライアイス（dry ice）ともよばれるが，これは「液体状態にならないのでぬれない」からである。

もっとくわしく

④固体が液体となる場合，固体を加熱するときに加えた熱量は，すべて状態変化（固体→液体）に使われてしまい，液体となった物質の温度上昇には使われない。そのために，すべての固体が液体となるまでは，温度は変化しない。

もっとくわしく

一般に，同じ物質の融解熱と蒸発熱を比較すると，融解熱よりも蒸発熱のほうが大きい。これは，固体→液体となる場合と，液体→気体となる場合を比較すると，液体→気体となる場合のほうが，物質を構成する粒子の集まり方の変化が大きいためである。

純物質（純粋な物質）と混合物➡①

●**純物質**　1種類の物質だけでできている物質。その**物質特有の融点・沸点を示す**。

●**混合物**　2種類以上の純物質が混合したもの➡②。**一定の融点・沸点を示さない**。水溶液や合金など，身近な物質はほとんどが混合物といってよい。

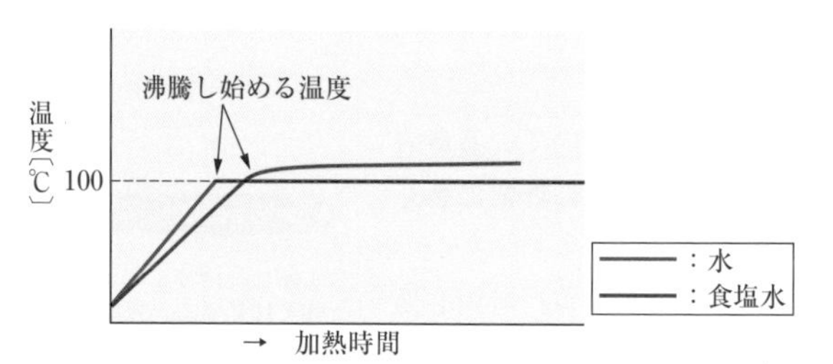

上の図のように，混合物（この場合は食塩水）は一定の沸点を示さない。

2　状態変化と粒子，密度の変化

状態変化と粒子

加熱すると，固体→液体→気体の状態となるにつれて，構成する粒子の運動は激しくなる。

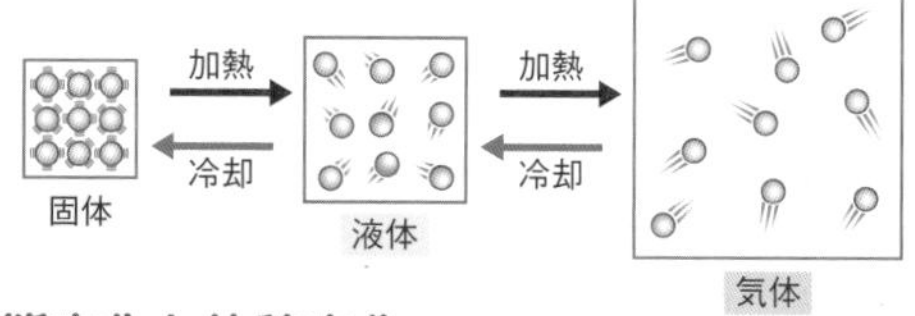

状態変化と体積変化

一般に，固体→液体→気体　と状態変化すると，体積はそのたびに大きくなる➡③。ただし，水の場合は例外で，固体→液体　と状態変化すると体積が減少する。

一般的な物質（ロウなど）の場合　　**例外的な物質（水など）の場合**

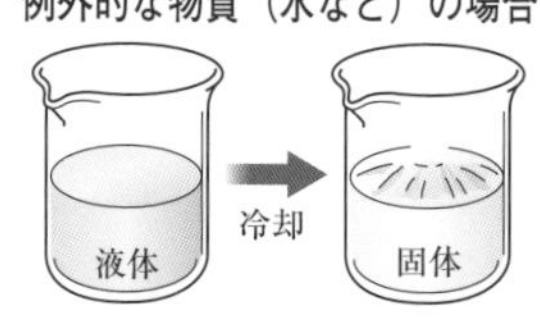

状態変化と密度の変化

状態変化によって，体積は変化するが，質量は変化しない。したがって，状態変化すると密度が変化することになる。一般に，密度の値は，**固体＞液体＞気体**　となるが，水の場合は，液体状態（4℃）がもっとも密度が大きい。

参考

①物質が，純物質か混合物かは，沸点や融点を測定することによって判断できる。一定の沸点や融点を示せば純物質である。左の図の食塩水の場合のように，一定の値を示さない場合は混合物である。

もっとくわしく

②混合物中の純物質には，特有の沸点があるので，この沸点のちがいを利用して，混合物から純物質をとり出す（精製する）実験操作がある。これを**蒸留** [➡P.189] という。

もっとくわしく

物質の三態のなかで，気体の状態は，液体・固体の状態とは異なり，拡散しやすく，圧力を変化させると体積が簡単に変化するといった性質がある。これは，気体の状態では，物質を構成する粒子がバラバラになっており，粒子と粒子のあいだに広い空間があるためである。

もっとくわしく

③一般に，固体→液体と変化する場合の体積変化より，液体→気体と変化する場合のほうが体積変化は大きい。例えば，水は，固体→液体の変化では体積が約10%減少するが，液体→気体の変化では，体積が約1700倍に増加する。

操作 メスシリンダーの使い方

〔固体の体積をはかる場合〕

1 水平な台の上にメスシリンダーをのせ，固体をとかさない液体を入れ，その液面のめもりを読む。

2 固体をメスシリンダーの液体のなかに静かに入れて完全に沈め，液面のめもりを読む。

3 2のめもり－1のめもり　が固体の体積である。

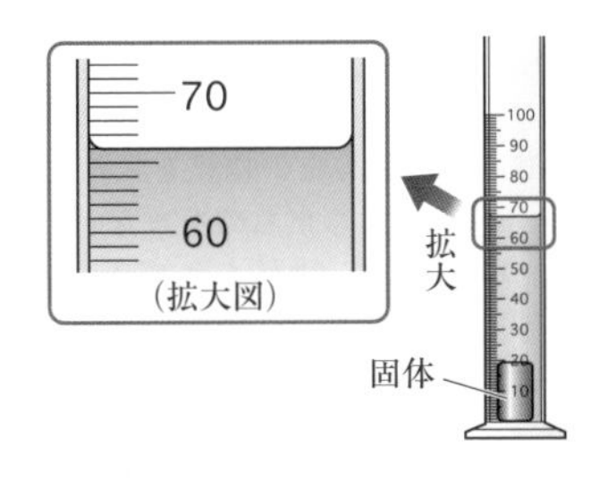

〔液体の体積をはかる場合〕

1 水平な台の上にのせたメスシリンダーに液体を入れる。

2 目の位置を液面と同じ高さにして，1めもりの$\frac{1}{10}$までを目分量で読みとる。

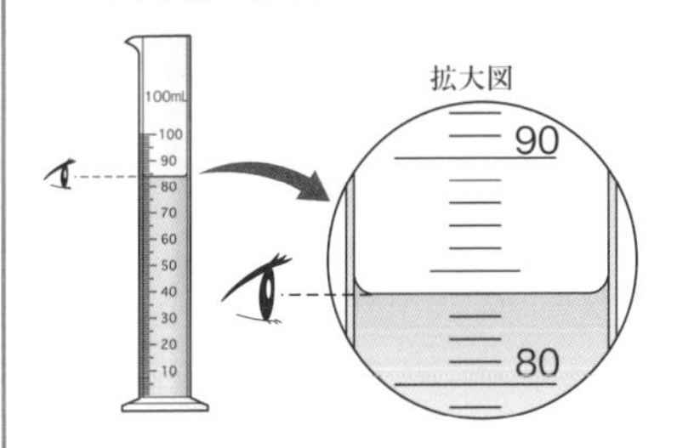

〔気体の体積をはかる場合〕

1 水を満たしたメスシリンダーを，水を張った水槽(すいそう)内に倒立(とうりつ)させる。

2 倒立させたメスシリンダー内に，下から気体を入れていき，入れ終わったら，そのときの液面のめもりを読む。メスシリンダー内に入れた気体が，水をおし出したことになるので，このときのめもりの値が，気体の体積である。

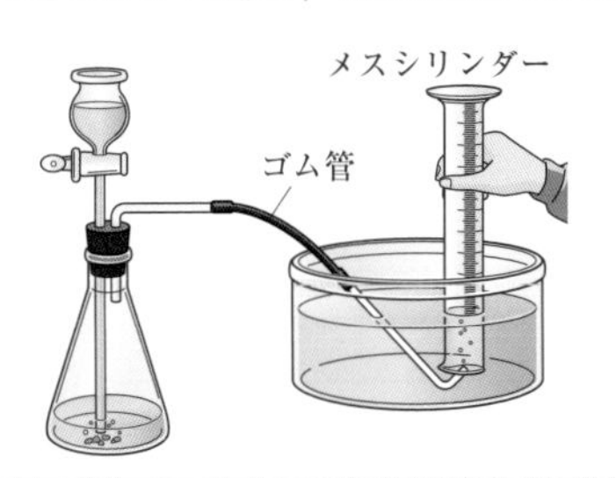

Q&A 雪が降るときに塩をまくのはなぜ？

雪が降るとき，路面凍結を防止するため，塩(塩化ナトリウム)をまくことがあります。塩には雪をとかすだけでなく，まいたあとに路面が凍らないようにする効果がありますが，なぜでしょう。

温度が下がると，水の粒子はエネルギーを失い，動きを止めてたがいにくっついて氷になります。ふつう水の凝固点は0℃ですが，水のなかに水以外の粒子があると，粒子どうしがくっつき合うのをさまたげて凍りにくくなり，凝固点は0℃より低くなります。特に塩は水にとけやすく，吸湿性(きゅうしつせい)があるので，凍結防止剤としてよく使われているのです。

凍結防止剤に使われるものには，塩のほかに，塩化カルシウムや塩化マグネシウムなどもあります。

ただし，凍結防止剤には道路構造物などへの塩害の影響もあるため，まくときには注意が必要です。

融点の測定法

【方法】

1 右の図のように，一方の先が閉じてある短いガラス管のなかに，融点を測定したい物質を入れ，これを温度計に固定する。

2 1で用意したものを水などの液体中につけて，加熱していく。

3 いったん，物質を融解させる。このときの温度は一応の目安として記録しておく（粉末のような場合，空気が混ざっているので，正確な融点とならないため）。

4 冷却して，すべて固体状態にしたあと，再びゆっくり加熱していく。

5 このとき，融解する温度がこの物質の融点である。

上皿てんびんの使い方

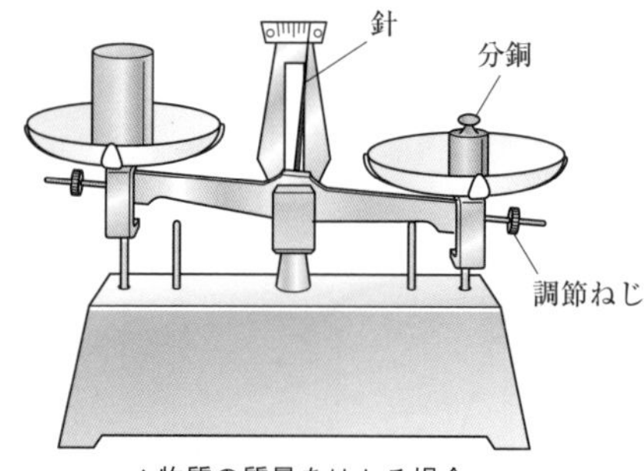

▲物質の質量をはかる場合

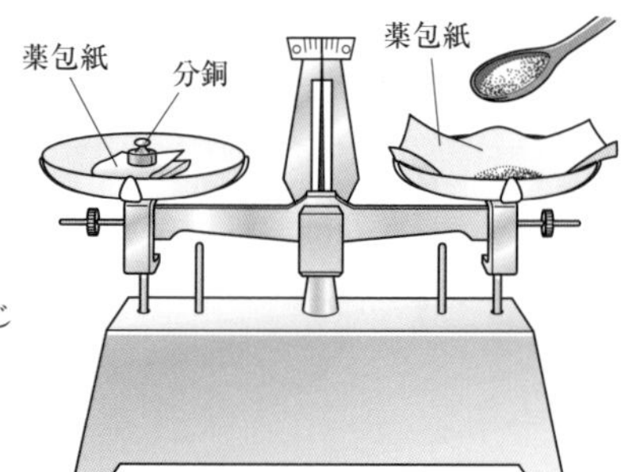

▲決まった質量の物質をはかりとる場合

〔設置と調整〕

1 水平で安定した台の上に設置する。

2 針が左右に等しくふれるように，調節ねじで調節する。

〔物質の質量をはかる場合（右利きの場合）→上図左〕

1 物質を左の皿にのせる。

2 右の皿に，物質の質量よりも少し重いと思われる分銅をピンセットを使ってのせる。

3 徐々に分銅を軽いものに変えていって，つり合わせる。

〔決まった質量の物質をはかりとる場合（右利きの場合）→上図右〕

1 決まった質量の分銅を左の皿にのせる。

2 右の皿に物質をのせていき，つり合わせる。

〔粉末状態の薬品をはかりとる場合〕

まず，薬包紙やビーカーなどの容器のみを両方の皿にのせて，つり合いをとっておく。

3 蒸留

蒸留

蒸留は，沸点のちがいを利用して，混合物から純物質をとり出す実験操作で，加熱していくと，まず沸点が低い物質が気体となり，混合物から出ていく。これを冷却して➡①，再び液体としてとり出すのである。例えば，食塩水を蒸留すれば，沸点の低い水が水蒸気となり，それを冷却して液体である水を得ることができる。

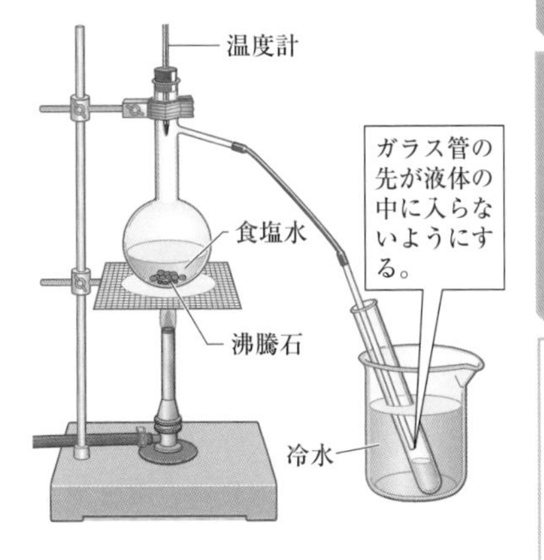

蒸留時の注意点

●沸騰石（くだいた素焼きなど）　沸騰石を入れないで加熱すると，突沸（とっぷつ）とよばれる急激な沸騰現象が起こるので危険である。

●温度計　純物質は決まった温度で沸騰するので，蒸留するときは，その蒸気の温度を測定する。そのため，温度計の液だめは枝の高さにする。温度が変化した場合は，そのときに気体となった物質に今までとは異なる物質が混入した可能性があると判断し，蒸留を中止する。したがって，蒸留を行う場合は，上図のように温度計を必ず用いる。

参考

①気体となった物質をよりよく冷やすためにリービッヒ冷却管とよばれる冷却装置を用いる場合もある。

確認問題

状態変化と体積・質量

0℃で水が氷になるとき，体積と質量はどのようになるか。次から適切なものを2つ選び，記号で答えよ。

ア　体積は増加する。　**イ**　体積は変化しない。　**ウ**　体積は減少する。
エ　質量は増加する。　**オ**　質量は変化しない。　**カ**　質量は減少する。

●状態変化では，体積は変化するが質量は変化しない。

解き方

水は一般的な物質と異なり，凝固する（氷になる）と体積が増加する。また，状態変化しても質量は変化しない。

解答

ア，オ

§3 気体の性質

▶ここで学ぶこと

代表的な気体である酸素・二酸化炭素・水素・アンモニアそれぞれに特有な性質と，その性質と捕集法の関連を学ぶ。

① 代表的な気体とその性質

1 空気

空気の組成

●**空気はさまざまな気体の混合物**　空気は，次に示すように，さまざまな気体の混合物である。

▼空気の成分

気体	含有率（体積%）
窒素	78
酸素	21
アルゴン	0.93
二酸化炭素	0.039
ネオン	0.0018
ヘリウム	0.00052

窒素と酸素の体積を合わせると，99%をこえるので，一般に，空気は窒素と酸素の混合物→①と考えてよい。

2 酸素（oxygen）

酸素の性質

●**空気中にふくまれている**　酸素は，空気中に体積比で約21%ふくまれている。

●**空気よりやや密度が大きい(重い)**　空気の密度(0.00120g/cm^3)の約1.1倍。

●**助燃性がある**　物質を燃やす性質がある。よって，空気中より酸素の割合が多い気体のなかでは，**物質は空気中よりも激しく燃える**。空気中では燃えない鉄線も，酸素中では線香花火のように燃える。

●**水にはあまりとけない**　20℃で，水1cm^{3}に0.03cm^{3}しかとけない。水中で生きている生物は，このわずかにとけた酸素をとりこんで呼吸している。

参考

①通常，空気は窒素と酸素を体積比で4：1の割合でふくむものと考えてよい。

酸素の製法

●**二酸化マンガンにオキシドール(うすい過酸化水素水)を加える**　二酸化マンガン（黒色，固体）には，オキシドール（うすい過酸化水素水）が分解して酸素を発生するのを助けるはたらきがある。このようなはたらきをする物質を触媒(しょくばい)➡②という。

●**酸化銀を加熱する**　酸化銀（黒色，固体）を加熱すると，酸化銀が分解して酸素が発生する。この製法と前に記した製法は，おもに実験室で酸素を得るときに用いられる。

●**液体空気の分留(ぶんりゅう)**➡③　空気を冷却して液化させ，それにふくまれるさまざまな成分を，沸点のちがいによってとり出す。酸素を工業的に得るには，この方法が用いられている。

用語

②**触媒**
それ自身は化学変化の前後で変化せず，少量で化学変化の速さを大きく変化させる物質。

用語

③**分留**
液体と液体の混合物から，それぞれの液体の沸点のちがいを利用して，各液体に分離すること。

実験・観察　酸素の実験室での製法

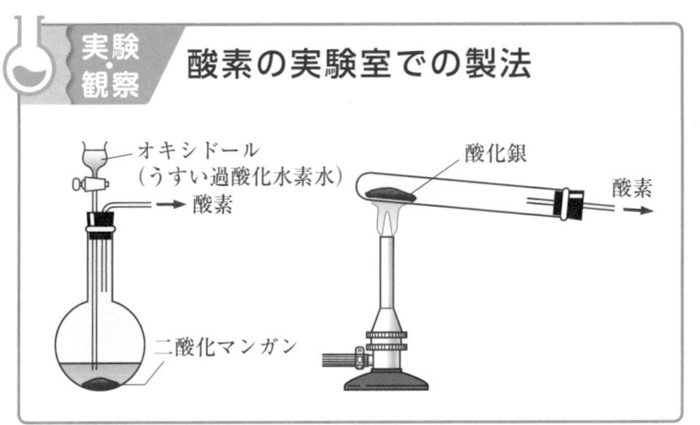

3　二酸化炭素（carbon dioxide）

二酸化炭素の性質

●**空気より密度が大きい(重い)**➡④　空気の密度の約1.5倍。

●**助燃性がない**➡④　二酸化炭素は，ろうそくのロウなどの有機物が燃焼すると生じる物質のため，物質を燃やす役目はないとわかる。

●**水にはややとける**　20℃で，水1 cm^3 に0.88 cm^3 とける。二酸化炭素が水にとけたものを炭酸水といい，炭酸水は酸性を示す。

●**石灰水を白くにごらせる**　石灰水に二酸化炭素を通すと，炭酸カルシウム（白色，固体）が沈殿するため，白くにごる。

もっとくわしく

④二酸化炭素の空気より重いという性質と，助燃性がないという性質を利用して，二酸化炭素を消火に用いることがある。重曹(じゅうそう)消火器は，重曹（炭酸水素ナトリウム）を熱によって分解[➡P.211]させ，発生した二酸化炭素によって消火する消火器である。

二酸化炭素の製法

●石灰石（大理石）や炭酸水素ナトリウムにうすい塩酸を加える 石灰石（白色，固体）や炭酸水素ナトリウム（白色，固体）にうすい塩酸（無色，液体）を注ぐと，二酸化炭素が発生する。

●炭酸水素ナトリウムを加熱する

以上２つの製法は，おもに実験室で二酸化炭素を得るときの方法である。

●石灰石を加熱する 工業的に二酸化炭素を得るには，石灰石を加熱するか，デンプンの発酵（はっこう）を用いている。

実験・観察 二酸化炭素の実験室での製法→①

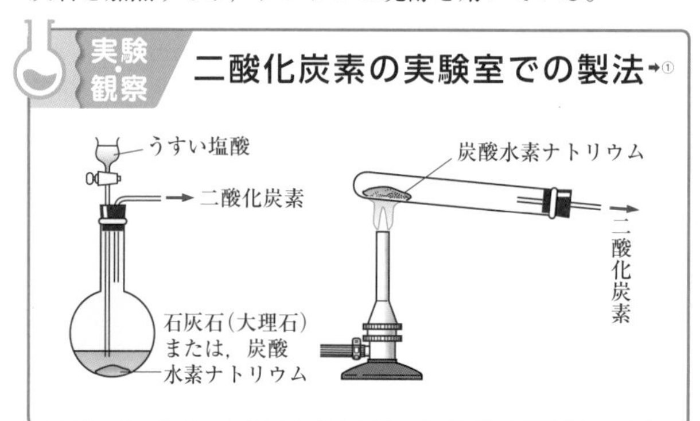

ここに注意

①実験室で酸素と二酸化炭素を得るには，同じ器具を同じように用いる。
特に右の装置で固体を加熱する場合は，試験管の口を加熱部分よりも少し下げることに注意する。

4 水素（hydrogen）

水素の性質

●もっとも密度が小さい（軽い）気体 さまざまな気体のなかで，もっとも密度が小さな気体（空気の密度の約0.07倍）で，拡散する速度が最大である→②。

●可燃性がある 空気中では無色の炎を上げて，水素自身が燃える→③。水素と酸素が体積比で2：1の割合で混ざり合うと，もっとも激しく燃焼（爆発）するので，この混合比の気体を**水素爆鳴気**（ばくめいき）という。

●助燃性がない 純粋な水素のなかにろうそくの炎を入れると，ろうそくの炎は消えてしまう。

●水にはほとんどとけない 20℃で，水1 cm^3 に約0.02cm^3だけとける。

もっとくわしく

②気体中の粒子は，あらゆる方向に動いているが，密度が小さい（軽い）気体ほど，その運動が激しい。したがって，水素はもっとも激しく運動している気体で，拡散する速度も最大である。

もっとくわしく

③水素が燃焼すると無害の水が生じるので，この反応を用いて，環境への負荷をへらし，効率よく化学エネルギーを電気エネルギーに変えることができる。そのため，水素を燃料とする研究が進められているが，技術面やコスト面などさまざまな課題がある。

水素の製法

●**亜鉛などの金属に，うすい塩酸やうすい硫酸を加える**　亜鉛・鉄・アルミニウム・マグネシウムなどの金属➡④にうすい塩酸やうすい硫酸を加える。

●**水を電気分解**[➡P.213]**する**　水は電気を通しにくいので，水に硫酸や水酸化ナトリウム水溶液を加えてから電気分解すると➡⑤，陰極で水素が，陽極で酸素がそれぞれ発生する。

実験・観察　水素の実験室での製法

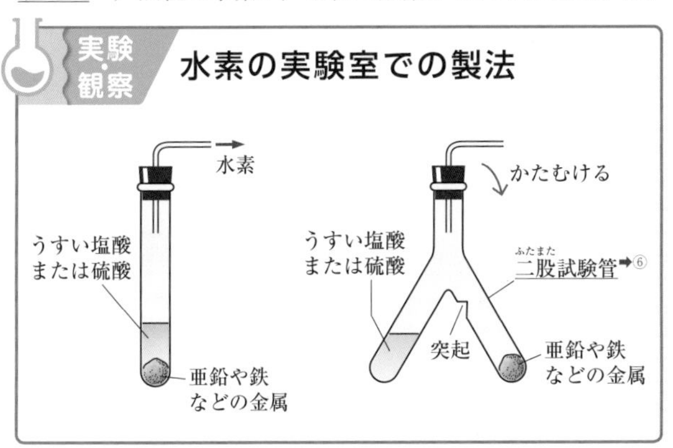

5　アンモニア（ammonia）

アンモニアの性質➡⑦

●**空気より密度が小さい（軽い）**　空気の密度の約0.6倍。

●**刺激臭がある**　粘膜を強く刺激するので，目，鼻，口に直接触れないようにする。

●**水によくとける**　20℃で，水1 cm^3 に約760cm^3 とける。とけた水溶液はアルカリ性を示す。

●**塩化水素と反応して白煙（はくえん）を生じる**　濃アンモニア水に，濃塩酸を近づけると，白煙が生じる。

アンモニアの製法

●**塩化アンモニウムに水酸化カルシウムを加え，加熱する**　塩化アンモニウム（白色，固体）に水酸化カルシウム（白色，固体）を加え，混合し加熱する。実験室ではこの方法を用いている➡⑧。

●**窒素と水素を混合して，高圧で触媒（しょくばい）を用いて反応させる**　工業的にはこの方法によって得ている。

もっとくわしく

④水素の製法に用いることができない金属は，鉛，銅，銀，白金，金などである。

もっとくわしく

⑤水の電気分解を行うと，水素と酸素が体積比2：1の割合で得られる。

もっとくわしく

⑥二股試験管を使って水素を発生させる方法

1. 二股試験管の2つの管のうち，突起がある管のほうに金属を入れる。
2. 金属が落ちないようにかたむけながら，もう一方の管に塩酸または硫酸を入れ，曲がりガラス管つきゴムせんをはめる。
3. 二股試験管をゆっくりかたむけ，塩酸または硫酸を金属が入っている管のほうに静かに注ぎこむ。

もっとくわしく

⑦アンモニアは圧力を加えると簡単に液化できることでも知られている。コンプレッサー（圧縮機）でアンモニアを加圧して液化させ，これをもとの圧力にもどすと，アンモニアが再び気体になる。このとき，蒸発熱をまわりからうばうためにまわりが冷えるということから，アンモニアは冷凍庫に利用されている。

ここに注意

⑧アンモニアを実験室で得るために，固体である塩化アンモニウムと水酸化カルシウムを混合したものを加熱すると，水が生じるので，試験管の口を下にかたむけて固体を加熱する。

Level Up!

これまでは，気体の性質のところで教科書に出てくる気体を中心にあつかってきたが，自然界には火山ガスにふくまれる気体や酸性雨の原因になる気体など，ほかにもさまざまな気体が存在している。さまざまな話題となる気体の特徴もおさえておこう。

6 二酸化硫黄（sulfur dioxide）

二酸化硫黄（亜硫酸ガス）の性質

●**空気より密度が大きい（重い）** 空気の密度の約 2.2 倍。

●**水によくとける** 20℃で，水 1 cm^3 に約 40cm^3 とける。この水溶液は亜硫酸とよばれ，酸性を示す。

●**刺激臭があり有毒** 粘膜（ねんまく）を刺激するので，有毒である。

●**還元作用** [➡ P.230] **がある** この性質のため，さまざまな色素をふくむものを脱色（漂白）➡① する。

二酸化硫黄の製法

●**銅に濃硫酸を加え，加熱する** 実験室では，おもにこの方法で二酸化硫黄を得ている。

●**硫黄（いおう）を燃やす** 工業的には，この方法で二酸化硫黄を得ている。硫黄をふくむ鉱石を燃焼したり，原油からとり出した硫黄を燃焼➡② したりすることで二酸化硫黄を得る。

7 硫化水素（hydrogen sulfide）

硫化水素の性質

●**腐った卵のようなにおいがする** 腐卵臭（ふらんしゅう）➡③ とよばれ，温泉地帯などでよくかぐことがあるにおいである。

●**水にとける** 20℃で，水 1 cm^3 に約 2.6cm^3 とける。この水溶液は酸性を示す。

硫化水素の製法

●**硫化鉄に塩酸または硫酸を加える** 硫化鉄（灰黒色，固体）に塩酸または硫酸を加える。

もっとくわしく

①二酸化硫黄の漂白作用は，麦わらや羊毛の漂白に利用されている。

もっとくわしく

②二酸化硫黄は，硫酸を合成するために必要な物質である。以前は，鉱山で掘り出した硫黄を燃焼させることによって二酸化硫黄を得ていたが，原油を脱硫（だつりゅう）（硫黄分をとり出すこと）する過程で得られる硫黄が，必要とされる量より多いために，鉱山での硫黄採掘は行われなくなった。

もっとくわしく

③硫化水素も二酸化硫黄と同様に有毒で，許容濃度は二酸化硫黄が 5 ppm，硫化水素が 10ppm といわれている。

$1\,\text{ppm} = \frac{1}{1000000}\,(10^{-6})$

[➡ P.202]

8 塩素（chlorine）

塩素の性質

●**空気より密度が大きい（重い）黄緑色の気体**　空気の密度の約 2.5 倍。

●**水にとける**　20℃で，水 1 cm^3 に約 2.3cm^3 とける。この水溶液は**酸性**を示す。

●**刺激臭があり有毒**　プールなどでかぐことがあるにおいである。

●**酸化作用** [➡P.228] **がある**　この作用のために，さまざまな物質の脱色（漂白）➡④ や殺菌に用いられる。

塩素の製法

●**さらし粉に塩酸を加える**　さらし粉➡⑤に塩酸を加える。実験室ではこの方法で塩素を得る。

●**食塩水を電気分解する**　工業的には，この方法で塩素を得る。

9 塩化水素（hydrogen chloride）

塩化水素の性質

●**水によくとける**　20℃で，水 1 cm^3 に約 440cm^3 とける。この水溶液を塩酸➡⑥とよび，**酸性**を示す。

●**金属のサビをとかす**　この性質を利用して，金属のサビ落としに用いられる。

●**アンモニアと反応して，白煙を生じる**　濃アンモニア水に，濃塩酸を近づけると，白煙（塩化アンモニウムの白色粉末）が生じる。

塩化水素の製法

●**食塩に硫酸を加える**　食塩（塩化ナトリウム）に濃硫酸を加えて，加熱すると生じる。

●**濃塩酸を加熱する**　濃塩酸を加熱すると，とけこんでいた塩化水素が気体となって発生する。この方法と食塩に硫酸を加える方法が，実験室で塩化水素を得る方法である。

●**水素と塩素を反応させる**　この方法は，工業的に塩化水素を得るときの方法である。

▲塩素

参考

④塩素は二酸化硫黄と同じように漂白作用があるが，作用のしかたはまるで反対である。二酸化硫黄は還元作用によって漂白し，塩素は酸化作用によって漂白する。

参考

⑤さらし粉は，次亜塩素酸カルシウムを有効成分とする白色の固体で，強い漂白作用をもつ。

もっとくわしく

⑥塩酸は気体の塩化水素の水溶液で，加熱すると塩化水素を放出する。英語では hydrochloric acid である。

もっとくわしく

塩酸というと実験室にしかない物質のようだが，実は身近な物質で，わたしたちの胃で消化のために放出する胃液は，塩酸を主成分としているといってよい。

10 窒素（nitrogen）

窒素の性質

●**空気中にふくまれている**　窒素は空気中に体積比で約78%ふくまれている。

●**空気と密度の大きさがほぼ同じ気体**　空気の密度の約0.97倍。

●**水にほとんどとけない**　25℃で，水1cm^{3}に，約0.01cm^{3}しかとけない。

●**他の物質と結びつきにくい**　ものを燃やしたり，変化したりしにくい。

11 二酸化窒素（nitrogen dioxide）

二酸化窒素の性質

●**空気より密度が大きい（重い）赤褐色の気体**　空気の密度の約1.6倍。

●**水によくとける**　水と反応して硝酸（しょうさん），亜硝酸となり，これらは酸性を示す。

二酸化窒素の製法

●**銅に濃硝酸を加える**　実験室で二酸化窒素を得るときの方法である。

●**一酸化窒素を酸素と反応させる**　一酸化窒素は空気にふれると二酸化窒素となる。これは，工業的に二酸化窒素を得るときに用いる方法である。

12 一酸化窒素（nitrogen monoxide）

一酸化窒素の性質

●**無色の，空気と密度の大きさがほぼ同じ気体**　空気の密度の約1.04倍。

●**水にほとんどとけない**　20℃で，水1 cm^{3}に約0.05cm^{3}しかとけない。

●**空気中の酸素と反応して二酸化窒素になる**　空気にふれると赤褐色の二酸化窒素になる。

一酸化窒素の製法

●**銅に希硝酸（うすい硝酸）を加える**　実験室で一酸化窒素を得る方法である。

●**アンモニアと酸素を，触媒を用いて反応させる**　工業的に一酸化窒素を得る方法である。

もっとくわしく

液体状態の窒素は－195.8℃まで冷却でき，しかも変化しにくいので，冷却剤として利用されている。また，気体は食品の保存にも利用されている。

もっとくわしく

空気中には窒素と酸素が存在するが，窒素は化学変化しにくい気体なので，通常は，これらが反応して二酸化窒素を生じることはない。ただし，ガソリンエンジンやディーゼルエンジンなどの内燃（ないねん）機関とよばれるエンジン内のような，高温・高圧の状態では，この反応が起こる。

ここに注意

二酸化窒素は，硫化水素や二酸化硫黄と同様に有毒で，これらの気体を扱うときは換気に注意する必要がある。

ここに注意

においがある気体

刺激臭：アンモニア，二酸化硫黄，塩素，塩化水素，二酸化窒素

腐卵臭：硫化水素

もっとくわしく

二酸化窒素，一酸化窒素以外にも，窒素と酸素から構成される物質はたくさん存在するので，これらを総称して窒素酸化物NOxという場合がある。

② 気体の捕集法

1 水上置換法（水上捕集）

水上置換法の方法

水を満たした集気びんや試験管を，水を入れた水槽のなかに逆さに立て，そこに発生した気体を導くと，満たされていた水を気体がおし出し，集気びんや試験管内に気体がたまっていく→①。

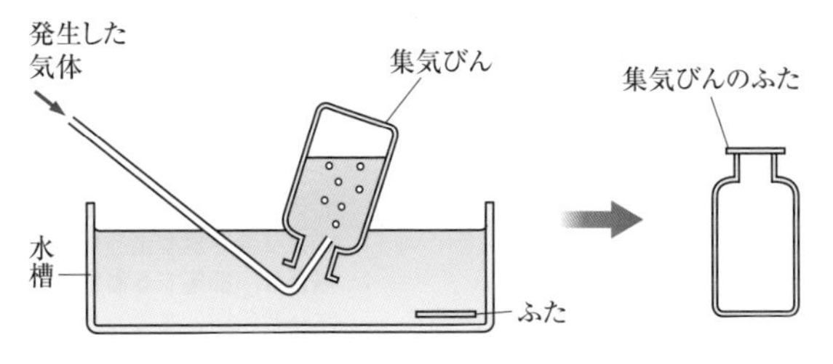

▲水上置換法による気体の捕集

水上置換法の利点

●空気が混ざりにくい　気体は拡散しやすく，捕集するときに空気と混ざりやすいが，この捕集法を用いると，空気とは混ざりにくくなる。

●水にとけやすい気体はとり除ける　気体を発生させるときにほかの気体がいっしょに発生する場合がある（一酸化窒素を発生させるときには二酸化窒素が，塩酸を用いて水素を発生させるときには塩化水素がそれぞれいっしょに発生する）。集めたい気体以外の気体が水にとけやすければ，この方法でとり除くことが可能である。

水上置換法の欠点

●水にとけやすい気体の捕集には使えない　水にとけやすい気体は，ここで用いる水にとけてしまうので，集めることができない。

水上置換法で集めたほうがよい気体

酸素，水素→②，（二酸化炭素→③），一酸化窒素

ここに注意

①気体が発生した直後から捕集すると，気体発生装置内にあった空気がたくさん混ざったものを集めてしまうことになる。したがって，気体が発生してしばらくたったあとに捕集しはじめるとよい。

もっとくわしく

②水素は空気（酸素）と混ざり合うと，激しく燃えるので，まず試験管で水上置換法を何回か行い，この試験管の口に火を近づけ，金属音をともなうような燃え方をしているあいだは，空気が混ざっていると判断する。水素だけになると，点火してもほとんど音がしない燃え方になる。

参考

③二酸化炭素は水に少しとけるが，水上置換法によって捕集できる。

2 上方置換法

上方置換法の方法

集気びんや試験管を逆さにして，そこに発生する気体を導く。**水にとけやすく，空気より密度が小さい（軽い）気体**を捕集したい場合に用いる。気体を捕集する場合は，**かわいた集気びんや試験管**を利用する。

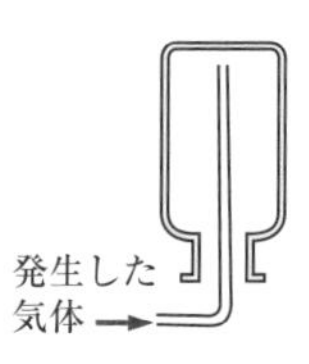

上方置換法の利点

- **水上置換法よりも使用する器具が少ない**
- **水にとけやすい気体の捕集に使える**　かわいた器具を用いれば，水にとけやすい気体も捕集できる。

上方置換法の欠点

- **空気が混ざりやすい**　気体は拡散しやすいので，空気との密度差が大きい場合も，空気は混ざる。
- **無色の気体の場合は，捕集できた気体の量がわかりにくい**　水にとけると酸性やアルカリ性を示す気体の場合は，水でぬらしたリトマス紙を集気びんや試験管の口に近づけて，その色の変化によって捕集できたかどうかを判断する→①。

上方置換法で捕集できる気体

アンモニア，（水素→②）

3 下方置換法

下方置換法の方法

集気びんや試験管の口を上に向けて，そこに発生した気体を導く。**水にとけやすく，空気より密度が大きい（重い）気体**を捕集する場合に用いる。

下方置換法の利点と欠点

下方置換法の利点と欠点→③は，上方置換法のそれとまったく同じである。

下方置換法で捕集できる気体

二酸化炭素，二酸化硫黄，硫化水素，塩素，塩化水素，二酸化窒素

参考

①アンモニアのように，水にとけやすく，その水溶液がアルカリ性を示すような気体の場合は，捕集する集気びんや試験管の口に水でぬらした赤色リトマス紙を近づける。このリトマス紙の色が青色に変化したら，器具の口まで気体がたまってきたと判断する。

参考

②水素はもっとも密度が小さい(軽い)気体なので，上方置換法によって捕集することができるが，可燃性の気体でもあるので，空気が混ざりやすい上方置換法で捕集することは避けたほうがよい。

もっとくわしく

③塩素，二酸化窒素は色がある気体なので，その色でたまったかどうかを判断する。
二酸化炭素は，マッチの火を集気びんの口に近づけ，火が消えたら口までたまったと判断する。
硫化水素，塩化水素は，水でぬらした青色リトマス紙を近づけ，赤色になったらたまったと判断する。

4 気体の性質と捕集法

捕集法のまとめ

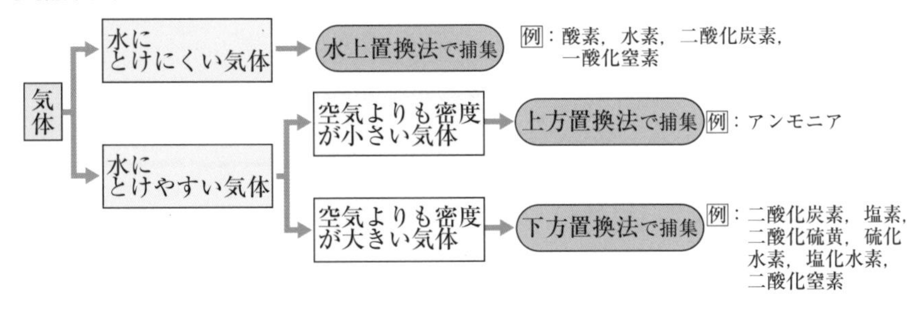

確認問題

気体の性質と捕集法

次に示す特徴をもつ気体の名称を答えよ。また，それぞれの気体を捕集する方法として適切なものをあとの**ア**～**ウ**から選び，その記号も書け。

(1) 鉄に塩酸を加えると発生し，もっとも密度が小さい（軽い）気体。
(2) 刺激臭があり，水にとけてアルカリ性を示す気体。
(3) 石灰石に塩酸を加えると発生し，石灰水に通すと白くにごる気体。
(4) 空気中に体積の割合で約 21％存在する気体。
(5) 銅に濃硝酸を加えると発生し，赤褐色で刺激臭がある気体。

ア　水上置換法　　**イ**　上方置換法　　**ウ**　下方置換法

●色がある気体は，塩素（黄緑色），二酸化窒素（赤褐色）。
●においがある気体は，アンモニア，二酸化硫黄，塩素，塩化水素，二酸化窒素，硫化水素（腐卵臭）。

解き方

(1) もっとも密度が小さい（軽い）気体は水素。
(2) アルカリ性を示すからアンモニア。
(3) 石灰水と反応するのは二酸化炭素。
(4) 空気は窒素と酸素の混合物。
(5) 赤褐色の気体は二酸化窒素。

解答

(1) 水素，**ア**（**イ**）　(2) アンモニア，**イ**　(3) 二酸化炭素，**ア**（**ウ**）
(4) 酸素，**ア**　(5) 二酸化窒素，**ウ**

§4 水溶液の性質

▶ここで学ぶこと

物質が溶解するとはどのような現象なのかを学び，水溶液の濃度と温度の関係について考えていく。

① 溶解という現象

1 溶解

▶溶解したときの見た目の変化

●**透明になる**➡① 食塩などの固体を水にとかすと，透き通った状態になる。硫酸銅のような青色の固体をとかせば，青色透明の状態になる。

●**体積の変化は少ない** 例えば，100cm³の水に食塩を加えてとかすと，加えた食塩の体積分だけ体積がふえそうであるが，体積はほぼ100cm³のままである。また，アルコール（液体）を水（液体）にとかした場合は，「アルコールの体積＋水の体積」よりも小さい体積となる。

もっとくわしく

①液体状態では，その液体を構成する粒子がバラバラに存在しており，その粒子間に大きなすき間がある。そこにほかの物質をとかしこむと，この物質がすき間に入るので，体積変化も少なく，透明になるのである。

▶水溶液

●**溶液** 物質を液体にとかしこんで，全体が均一になった液体を**溶液**➡②という。とかしこんだ液体が水の場合，特に**水溶液**という。

●**溶媒**（ようばい） 物質をとかしこんでいる液体を溶媒という。食塩水の場合は，水が溶媒である。

●**溶質**（ようしつ） 溶媒によってとかしこまれる物質のことを溶質という。食塩水の場合は，食塩が溶質である。

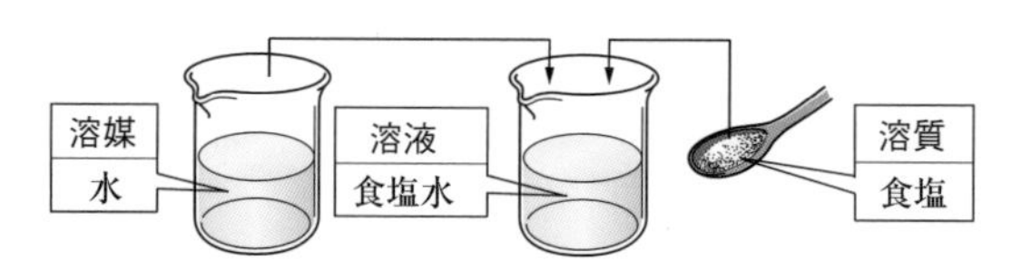

もっとくわしく

②溶液中では，１つの溶質粒子に多数の溶媒粒子が付着した状態になっており，このような状態を溶媒和した状態という。溶媒が水の場合は，特に水和（すいわ）した状態という。

［➡P.205］

参考

溶液は英語で solution，水溶液は英語で aqueous solution である。

▶溶液の性質

●**どこも均一である**➡③ 溶液のどこをとっても，溶質の濃度は一定である。

●**透明である** 透明であっても，硫酸銅の水溶液のように色のついた溶液もある。

参考

③溶液中では，溶質粒子が小さな粒子となって溶液全体に均一に分散している。

▶にごった液体とろ過

にごった液体は溶液とはいえない。にごりの原因は，大きな粒➡④のままになっている物質である。このにごりの原因となっている物質は，ろ過によってとり除くことができる。

もっとくわしく

④溶質粒子は直径1000万分の1cm以下だが，にごりの粒子はその100倍以上の大きさである。

参考

ろ過は英語で filtration である。

操作　ろ過の操作

〔ろ紙の折り方〕

ろ紙を4つに折り，1枚を残して開き，円すい形にする。

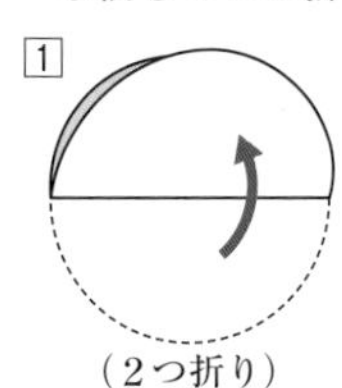

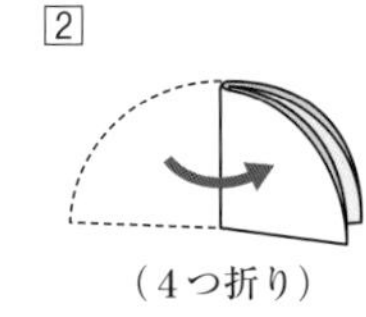

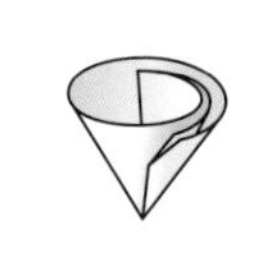

〔ろ過の方法〕

1　ろ紙をつけたろうとをろうと台にのせる。
2　ろうとのあしのとがったほうをビーカーの壁につける。
3　ろ過する液体を，ガラス棒に伝わらせながら，少しずつろ紙に注ぐ。このとき，ろ紙の高さの80％くらいまでしか液体を注がないようにする。

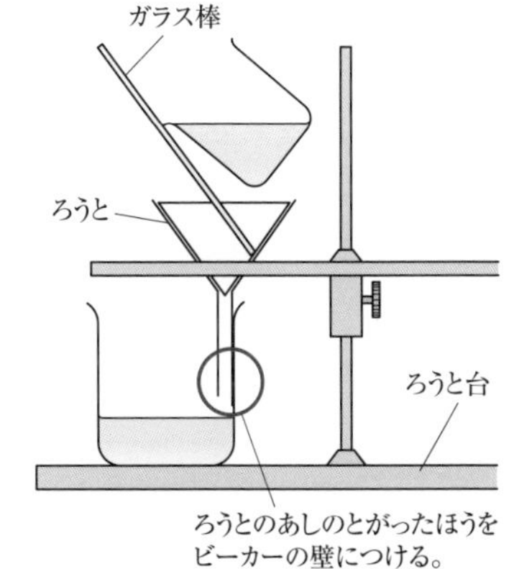

〔ろ過のしくみ〕

ろ紙の穴より小さい粒子だけ，ろ紙を通りぬける。

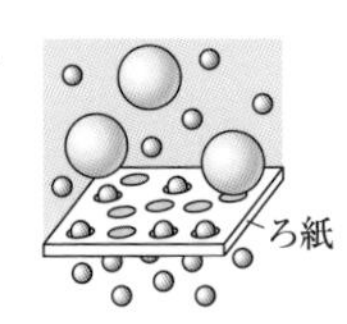

●溶液をろ過すると，ろ紙上には何も残らない　これは，溶液中の溶媒の粒子や溶質の粒子が，非常に細かい粒になっているためにろ紙を通過するからである。このように，ろ紙を通過した液体を**ろ液**といい，にごりをふくんだ溶液をろ過する場合は，溶液がろ液となり，にごりの原因となっている物質はろ紙上に残る。

もっとくわしく

とけ残りのない食塩水に砂を入れてかき混ぜ，これをろ過すると，ろ紙上には砂だけが残る。

② 水溶液のこさ

1 濃度

質量パーセント濃度（質量百分率濃度）→①

溶液の濃度を表すのに一般的に用いられるものに，**質量パーセント濃度〔%〕**がある。この濃度は，次のようにして算出される。

$$\frac{溶質の質量〔g〕}{溶液の質量〔g〕}\times 100=質量パーセント濃度〔\%〕$$

また，**溶液の質量＝溶質の質量＋溶媒の質量** だから，以下のように表すこともできる。

$$\frac{溶質の質量〔g〕}{溶質の質量〔g〕＋溶媒の質量〔g〕}\times 100$$
$$=質量パーセント濃度〔\%〕$$

この質量パーセント濃度の値が大きいほど，こい溶液ということになる。

もっとくわしく

①非常にうすい溶液では，その濃度を質量パーセント濃度で表すと，非常に小さい値になってしまう。そのような場合は，ppm（ピーピーエム）という単位を用いる。これは百万分率ともよばれ，

$$\frac{溶質の質量}{溶液の質量}\times 1000000$$

という計算によって算出される。ppmは，parts per million（millionは100万）の略である。ちなみにパーセントのセント（cent）は100を意味している。

確認問題

水溶液の濃度

(1) 90gの水に食塩を10gとかして，食塩水をつくった。この食塩水の濃度は何%か。

(2) 20%の食塩水250gにとけこんでいる食塩の質量は何gか。

●溶液の質量は，溶質の質量＋溶媒の質量 である。この場合は，溶質は食塩，溶媒は水。

●濃度を算出する式を変形してから，溶液の質量（250g）を代入する。

解き方

(1) 溶液の質量は，90＋10＝100〔g〕 だから，$\frac{10〔g〕}{100〔g〕}\times 100=10$より，10%

(2) 濃度を求める式を変形すると，

$$溶質の質量〔g〕＝溶液の質量〔g〕\times\frac{質量パーセント濃度〔\%〕}{100}$$

となるから，とけこんでいる食塩の質量は，

$$250〔g〕\times\frac{20}{100}=50〔g〕$$

解答

(1) 10%　(2) 50g

2 溶解度

固体がとけこむ場合

固体が液体に溶解する場合は，**一定の質量までしか溶媒にとけこむことができないことが多い。**

●**溶解度**　溶媒100gに溶解することのできる固体の質量〔g〕を一般に**溶解度**という。溶媒を特に指定されていなければ，溶媒は水と考えてよい。

●**飽和溶液**(ほうわようえき)　溶解度の値まで溶質が溶媒にとけこんでいる溶液を，**飽和溶液**という。

液体がほかの液体にとけこむ場合

固体と同じように，溶解する溶質の質量に限度がある場合と無限に溶解する場合がある。例えば，水にアルコールをとかしこむ場合，**アルコールは何gでも水に溶解する。**

気体が液体にとけこむ場合　発展学習

固体と同じように，一定の質量までしか液体にとけこめない場合が多いが，液体に接する気体の圧力が高いと，液体にとけこむ気体の質量は増加する→②。

溶解度と温度→③

●**一般に固体の溶解度は，温度上昇とともに大きくなる**

下の表は，代表的な固体の水に対する溶解度である。

▼いろいろな固体の，水100gに対する溶解度［g］

温度〔℃〕	砂糖	硝酸カリウム	硫酸銅(Ⅱ)→④	食塩	ホウ酸	水酸化カルシウム
0	179	13.3	14.3	37.6	2.7	0.185
20	204	31.6	20.7	37.8	5.0	0.165
40	238	63.9	28.5	38.3	8.7	0.141
60	287	109.2	40.0	39.0	14.8	0.116
80	362	168.8	55.0	40.0	23.6	0.094
100	487	244.8	75.4	41.1	40.3	0.077

代表的な例外は，水酸化カルシウムである。ちなみに水酸化カルシウムの水溶液を「石灰水」という。

●**気体の溶解度は，温度上昇とともにその値が小さくなる**

気体の溶解度は，液体に接する圧力を一定にして比較しないと，温度との関係は考えられない。

参考

溶解度は英語でsolubility，飽和溶液は英語でsaturated solutionである。

もっとくわしく

②溶解度の値以上に，溶質が溶媒にとけこんでいる状態が身近にある。このような状態を過飽和(かほうわ)の状態という。炭酸飲料（二酸化炭素がとけこんだ飲み物）は，この過飽和の状態である場合が多く，何かきっかけがあると，とけこんでいた二酸化炭素が気体となって出てくる。炭酸飲料が入ったコップにストローを入れると，ストローのまわりに泡がたくさんつくのは，これが原因である。

参考

③固体は高温のほうが水によくとけ，気体は低温のほうがよくとける。

参考

④硫酸銅(Ⅱ)は，銅(Ⅱ)イオン(Cu^{2+})と硫酸イオン(SO_4^{2-})が結びついてできている。銅イオンには，Cu^{+}とCu^{2+}があり，Cu^{+}が結びついているものを(Ⅰ)，Cu^{2+}が結びついているものを(Ⅱ)をつけて表す。

溶解度曲線

固体の溶解度と温度との関係を表したグラフを，**溶解度曲線**という。下のグラフは，砂糖，硝酸カリウム，硫酸銅(Ⅱ)，食塩，ホウ酸それぞれの溶解度曲線である。

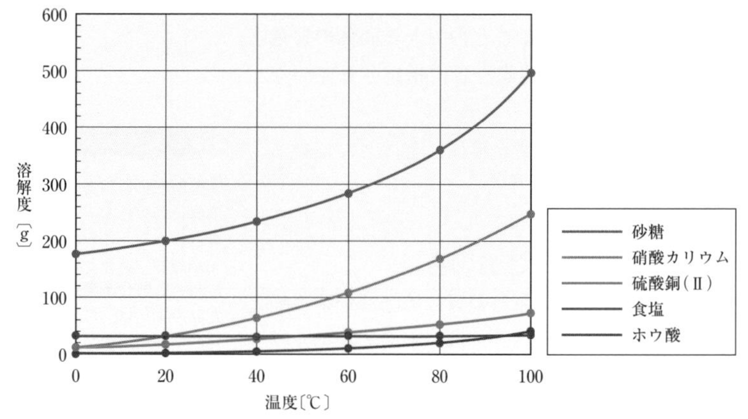

▲いろいろな固体の溶解度曲線

再結晶

水100 gに対して，硝酸カリウムは80℃では168.8 g，60℃では109.2 g溶解することが，203ページの表や上のグラフから読みとれる。では，80℃における硝酸カリウムの飽和水溶液を冷却して，60℃にしたらどうなるだろう。

168.8－109.2＝59.6〔g〕

の硝酸カリウムがとけきれないことになる。このように，温度が低下したためにとけきれなくなった溶質は，固体となるのだが，溶質の状態から固体になるときに，<u>結晶</u>(けっしょう)➡①とよばれる非常に<u>純度が高い</u>➡②(不純物をあまりふくまない)状態になる。

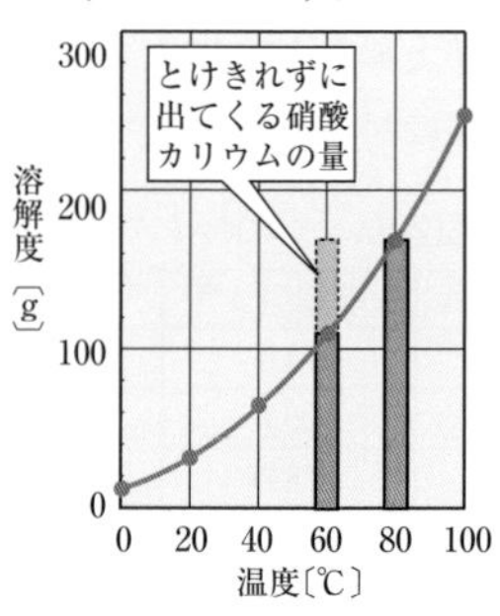

このように，溶液から純物質をとり出す精製法を，**再結晶**という。硝酸カリウムのような温度による溶解度の変化が大きい物質は，上のように溶液をゆっくり冷やす方法でとり出すことができるが，食塩のように**溶解度の変化が小さい物質は，溶液から水を蒸発させる方法**(**蒸発乾固**(じょうはつかんこ))が適している。

参考

①結晶は，物質が規則正しく並んだ状態である。

もっとくわしく

②再結晶で純物質を得るためには，高温で飽和溶液にしておいて，それをゆっくり冷却する必要がある。急激に冷やすと，固体が規則正しく並ぶことができず，そのためにほかの物質をふくんだ固体となってしまう。

③ 溶解現象と粒子

1 溶質と溶媒との関係

砂糖（ショ糖）が水に溶解する場合を考えてみよう。固体状態の砂糖は，ショ糖分子が互いの引力で集まっている。砂糖（ショ糖）を水に入れると，ショ糖分子に水分子がつき，ショ糖分子を水の層に移す➡③。

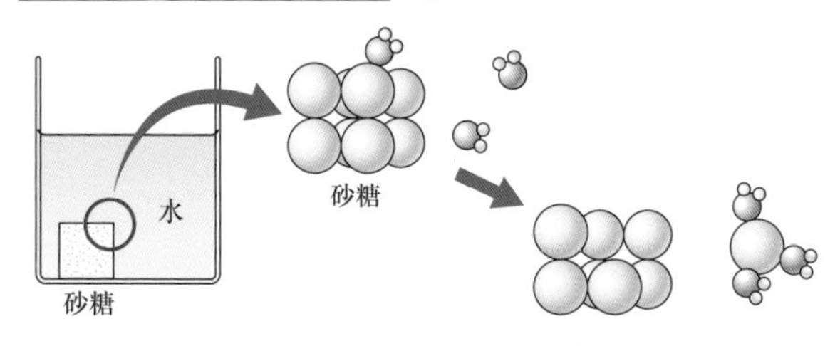

水の層に移ったショ糖分子は，さらに多数の水分子に取り囲まれる。この状態を**溶媒和**（ようばいわ）➡④された状態という。この現象が次々に起こり，溶媒和された粒子が均一に分布するようになった状態が溶液である。

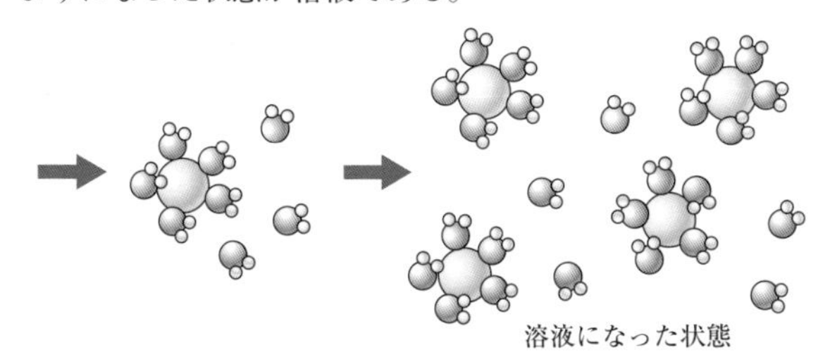

青色の結晶である硫酸銅(Ⅱ)が溶解する場合は，青色の部分が広がっていき，ついには均等な青色の溶液になる。

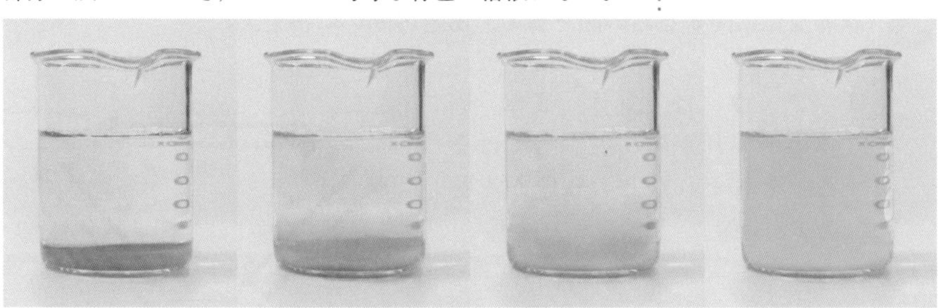

▲硫酸銅(Ⅱ)の溶解のようす

もっとくわしく

③水分子と水分子の間にも強い引力がはたらいており，そのために，水分子がついたショ糖分子は，水の層に移っていく。

もっとくわしく

④溶媒が水の場合の溶媒和を特に水和という。
　水にとけやすい溶質の場合，溶質分子は多くの水分子によって水和されている。

練習問題

解答➡ p.617

1 次のア～カの文のうち，一般的な金属に当てはまるものをすべて選び，記号で答えよ。

ア 特有の光沢(こうたく)がある。
イ 密度が比較的小さい。
ウ 電気をよく通す。
エ 力を加えるとうすくなる。
オ 熱を伝えにくい。
カ 水にとける。

2 右の図を見て，あとの問いに答えよ。

(1) 空気が入る量を調節するねじは，図中の (a)，(b) のうちどちらか，答えよ。
(2) ガスバーナーに点火するとき，次の**ア**～**カ**の操作をどのような順に行うのが正しいか。操作の順に記号を並べよ。
ア 元せんを開く。
イ 空気調節ねじを開いて，炎が青色の安定したものになるようにする。
ウ ガス調節ねじを開いて点火する。
エ マッチに火をつける。
オ ガス調節ねじをさらに開いて，炎の大きさを調節する。
カ 上下のねじがともに閉まっていることを確認する。

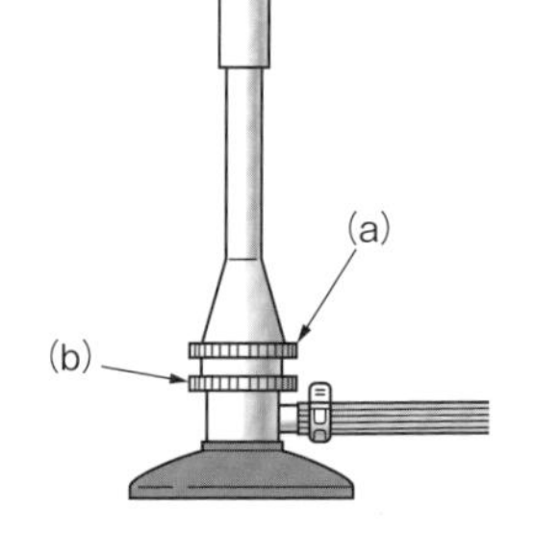

3 状態変化に関する右の図を見て，あとの問いに答えよ。

(1) **ア**～**ウ**には，気体，液体，固体のいずれかの状態が当てはまる。それぞれがどの状態かを答えよ。

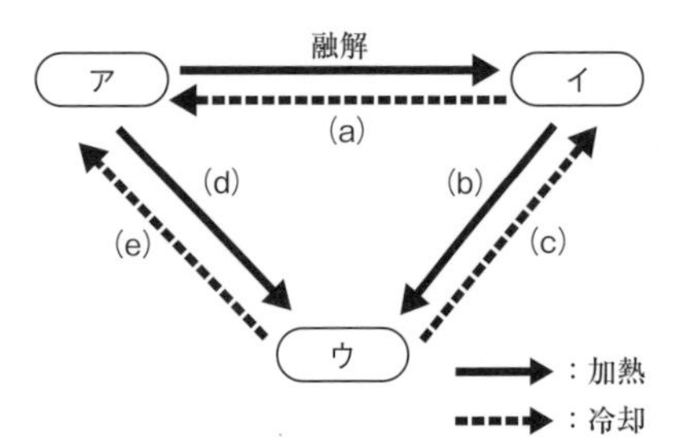

(2) (a) ～ (e) に当てはまる用語を，次の**エ**～**ク**から選び，記号で答えよ。なお，同じ記号を２度用いてもかまわない。

エ 凝縮　**オ** 昇華　**カ** 凝固　**キ** 蒸発　**ク** 融解

(3) **ア**～**ウ**の状態のうち，もっとも密度が小さいのはどの状態か。**ア**～**ウ**の記号で答えよ。

4

右の表は，物質の融点と沸点を示したものである。20℃のときに，それぞれの物質は固体，液体，気体のどの状態になっているか。固体，液体，気体に分類して答えよ。

物質	融点〔℃〕	沸点〔℃〕
アンモニア	−77.7	−33.4
エタノール	−115	78
鉄	1535	2750
ナフタレン	80.5	217.9
水	0	100
パラジクロロベンゼン	54	174.1

5

３種類の気体A，B，Cの性質についての次の文を読み，気体の名称，発生に用いる試薬を下の語群より選び，記号で答えよ。 （城北埼玉高）

A： この気体の密度は，空気より小さい。空気と混合すると爆発する危険があるので，実験室では水上置換法により集気びんに集める。

B： この気体の密度は，空気より小さい。この気体は刺激臭がある。この気体は水によくとけるため，上方置換法により集める。

C： この気体の密度は，空気よりも大きい。この気体は水にとけると酸性を示す。この気体を石灰水に通すと石灰水が白くにごる。

〔語群〕

●気体の名称

ア 塩素　**イ** 酸素　**ウ** 窒素　**エ** 水素　**オ** 塩化水素
カ アンモニア　**キ** 二酸化炭素

●発生に用いる試薬

あ 鉄粒と塩酸
い 塩酸と硫酸
う 炭酸カルシウムと塩酸
え 塩化ナトリウムと硫酸
お 塩化アンモニウムと水酸化カルシウム
か 過酸化水素水と二酸化マンガン
き 塩酸と水酸化ナトリウム
く 塩化カルシウムと硫酸

第2章 原子・分子と化学

変化

↑物質を細かく分割していくと，どのようなものが残るだろうか。原子の構造を学習し，化学変化について理解を深めよう。花火も化学変化の１つである。

§1 物質の分解

▶ここで学ぶこと

物質の変化には，物理変化と化学変化があることを学ぶ。化学変化にふくまれる分解では，どんな物質からどんな物質が生じるのかを知り，物質は何からできているのかを考える。

① 物質の変化

1 物理変化と化学変化→①

物理変化

物質の三態変化のように，**物質そのものは変化せず**に，状態が変化するような物質の変化を，**物理変化**という。

代表的な物理変化→②

●**三態変化** 物質の集まり方の変化。固体→液体→気体となると，物質の集まり方は疎（そ）（まばら）になる。

●**溶解** 溶媒と溶質が混ざり合うが，溶媒である物質も溶質である物質も溶液中にそのまま存在する。

●**金属の赤熱** 電球中のフィラメントやニクロム線などに電気を流すと，発光したり赤くなったりするが，電流を断つともとの状態となる。

化学変化

有機物が燃焼して二酸化炭素が生じるように，その変化が起こると**物質の種類が変わってしまう変化**を，**化学変化**という。

代表的な化学変化

●**分解** 1つの物質が2つ以上の物質に分かれる変化。オキシドール（うすい過酸化水素水）は，二酸化マンガンの作用によって，水と酸素に分かれる。

●**酸化** 物質が酸素と結びつくこと。物質が熱や光を出して激しく酸化することを，特に**燃焼**という。有機物が燃焼する反応は，有機物中の炭素や水素が酸素と結びつく反応である。

参考

①物質の変化は，**物理変化**と**化学変化**の２つに大きく分けられる。

もっとくわしく

②物理変化にふくまれるものには，左の３つ以外に「物体に力を加えると変形する」，「溶液の濃度変化」などがある。

② 分解

1 さまざまな分解反応

炭酸水素ナトリウムの熱分解

下の図のように，炭酸水素ナトリウムを加熱して，生じる気体を**水上置換法**によって集める。

実験・観察　炭酸水素ナトリウムの熱分解

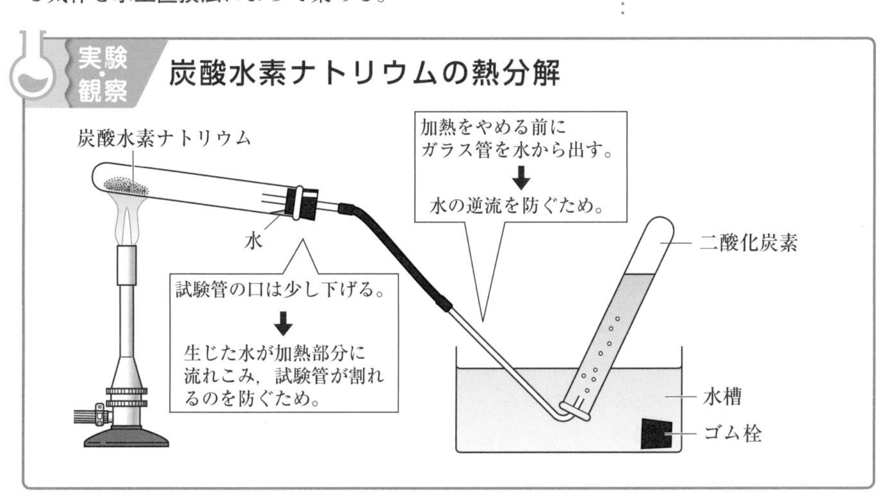

●**炭酸水素ナトリウムの変化**　加熱後，試験管のなかに白い固体が残る。これを水にとかしたものにフェノールフタレイン溶液を加えると，鮮(あざ)やかな**赤色**になる。これは，加熱前の炭酸水素ナトリウム水溶液にフェノールフタレイン溶液を加えた場合よりも色がずっとこいので，加熱によって炭酸水素ナトリウムとは異なる物質→③ができたことがわかる。

●**水の発生**　加熱に用いた試験管の口付近にたまった液体を塩化コバルト紙→④につけると，塩化コバルト紙の色が青色から赤色（桃色）に変化することから，加熱によって**水**が生じたことがわかる。

●**二酸化炭素の発生**　水上置換法によって捕集した気体に石灰水を加えてふりまぜると**白くにごる**ことから，加熱によって**二酸化炭素**が生じたことがわかる。

もっとくわしく

③炭酸水素ナトリウムは白色の粉末。これを加熱したあとに試験管に残る物質も白い粉末で，見たところ変化していないように思えるが，別の物質である炭酸ナトリウムが生じている。

もっとくわしく

④水の検出に用いられる。塩化コバルト紙は，空気中の水分を吸っても赤色（桃色）に変化する。

炭酸水素ナトリウム→炭酸ナトリウム（白い固体）＋水（液体）＋二酸化炭素（気体）
（炭酸水素ナトリウムよりアルカリ性が強い）

酸化銀の熱分解

下の図のように，酸化銀を加熱して，生じる気体を水上置換法によって集める。

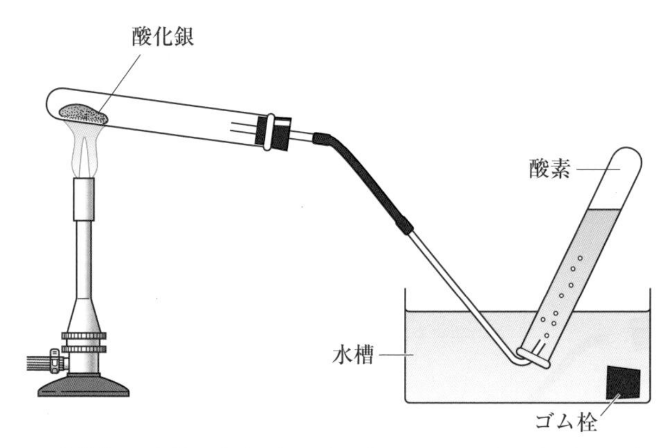

●**酸化銀の変化**　加熱後，試験管のなかに残る物質は**白色**で**光沢**（こうたく）があり，加熱前の黒っぽい色とは明らかに異なるので，別の物質→①になったことがわかる。

●**酸素の発生**　**水上置換法**によって捕集した気体のなかに火のついた線香を入れると，炎をあげて燃えることから，**酸素**が発生したことがわかる。

酸化銀 → 銀 ＋ 酸素
（金属）

もっとくわしく

①加熱後に生じた白色の物質を集めると，電気が流れることから，金属ができたことがわかる。このとき生じた物質は銀である。

炭酸アンモニウムの熱分解

炭酸アンモニウムを加熱して，生じる気体→②を**上方置換法**で捕集する。

●**アンモニアの発生**　捕集した気体に水を加えると，よくとけること，その水溶液を**赤色リトマス紙**につけると**青色**に変化することから**アンモニア**が発生したことがわかる。

●**二酸化炭素の発生**　捕集した気体に石灰水を加えると**白くにごる**。

●**水の発生**　加熱に用いた試験管の口付近にたまった液体を青色の塩化コバルト紙につけると**赤色（桃色）**に変化する。

炭酸アンモニウム → アンモニア ＋ 二酸化炭素 ＋ 水

もっとくわしく

②炭酸アンモニウムを加熱しはじめると，すぐにアンモニア特有の刺激臭がすることからも，アンモニアが発生したことがわかる。

水の電気分解

下の図のような装置を用いて，少量の水酸化ナトリウムまたは硫酸を加えた水➡③を電気分解する。

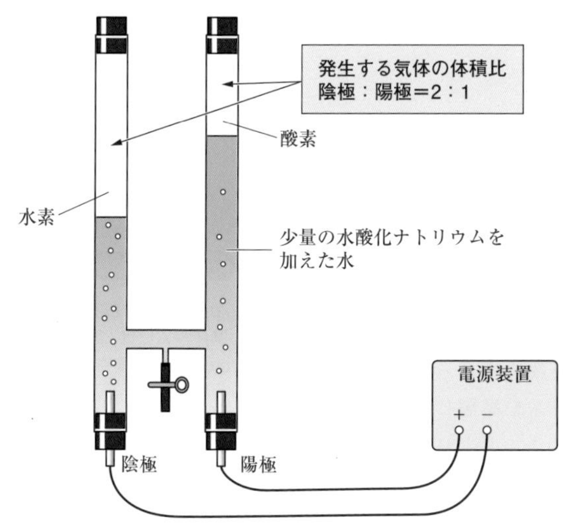

▲ホフマンの電気分解装置

●**水素の発生**　陰極に集まった気体を試験管に移し，これにマッチの火を近づけると音を立てて気体が燃えることから，**水素**が発生したことがわかる。

●**酸素の発生**　陽極に集まった気体に火のついた線香を入れると，炎をあげて燃えることから，**酸素**が発生したことがわかる。

水 → 水素 ＋ 酸素

木の乾留（かんりゅう）

割りばしなどの木を，炭酸水素ナトリウムの場合と同様に加熱する➡④。

●**可燃性気体（木（もく）ガス）の発生**　生じる気体にマッチの火を近づけると，気体が燃焼する。

●**木炭の生成**　試験管内の木は，加熱後，木炭となる。

●**木酢（もくさく），木（もく）タールの生成**　加熱した試験管の口付近に木酢，木タールが生成する。

もっとくわしく

③水の電気分解を行うときに，水酸化ナトリウムか硫酸を加えるのは，電流を流しやすくするためである。

もっとくわしく

④固体の物質を，このような装置で加熱すると，空気があまり供給されないので，分解反応が起こる。このような条件で分解反応を起こし，物質の成分を分けることを乾留という。

2 分解反応が起こる条件➡①

▶加熱する（熱分解）

炭酸水素ナトリウム，酸化銀，炭酸アンモニウム，木材などは，加熱によって分解される。

▶電流を流す（電気分解）

水は，電気分解されて酸素と水素が生じる。塩化銅水溶液からは，銅（陰極）と塩素（陽極）が生じる。

▶光を当てる（光分解） 発展学習

臭化銀（しゅうかぎん）やヨウ化銀などは，光を当てると分解して銀を生じる。このような性質を**感光性**（かんこうせい）という。この感光性を利用したのが，銀塩写真（ぎんえんしゃしん）➡②や光可逆変色（ひかりかぎゃくへんしょく）ガラス（光の強さによって色のこさが変わるサングラスや高層ビルの窓ガラスに用いられている）である。

3 分解反応によってわかること

▶分解される物質の成り立ち

分解される物質は，２種類以上の物質から成り立っている。

▶分解とエネルギー

分解にはエネルギーが必要で，分解によって生じた物質を混ぜただけでは，分解前の物質にならないこともある➡③。

ここに注意

①分解反応を起こすためには，一般にエネルギーを加える必要がある。

もっとくわしく

②白黒写真（銀塩写真）のフィルムには，臭化銀（silver bromide）が塗布されており，そのために，写真をブロマイドという場合があった。

もっとくわしく

③木を分解して生じる木炭・木ガスなどを混合しても分解前の木にすることはできないが，酸化銀を分解して生じる銀と酸素を混合して長時間おくと酸化銀となる。この酸化銀のように，逆にも反応する場合の分解を特に解離（かいり）ということがある。

オキシドール（うすい過酸化水素水）から酸素が発生する反応

一般に，酸素を実験室で発生させるためには，オキシドール（うすい過酸化水素水）を二酸化マンガンに加えるだけで，加熱はしないので，分解反応ではないと思うかもしれません。しかし，オキシドールを加熱していくと，二酸化マンガンを加えなくても酸素と水が生じるので，分解反応といえるのです。

過酸化水素は，エネルギーをたくさんもった物質なので，これが分解すると，もっていたエネルギーを放出して発熱します。この熱エネルギーのために，過酸化水素がまた分解されます。酸素の発生実験で，過酸化水素を加えたフラスコの底に手をふれると，温度が高くなっていることに気づいた人もいるかもしれません。二酸化マンガンは，この反応を開始させるきっかけとして作用しているのです。

確認問題

炭酸水素ナトリウムの熱分解

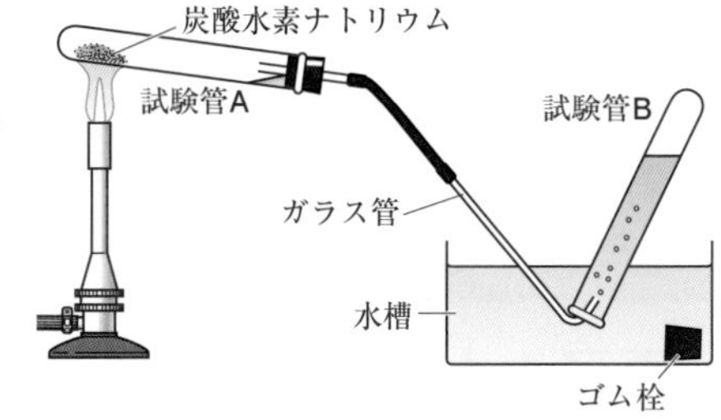

右のような実験装置を用いて，炭酸水素ナトリウムの熱分解を行った。あとの問いに答えよ。

(1) 試験管Bにたまる気体の物質名を答えよ。

(2) 試験管Aの口を少し下に向けて実験を行う理由を，述べよ。

(3) 炭酸水素ナトリウムを水にとかしたものと，加熱したあとの試験管Aに残った物質を水にとかしたものにフェノールフタレイン溶液を加えると，どちらがこい色になるか。

(4) この実験を終えるときに注意しなければならないことを，理由とともに書け。

学習のPOINT

(1) 炭酸水素ナトリウムの熱分解では，炭酸ナトリウム，水，二酸化炭素が生じる。

(2) 反対に，試験管Aの口を上に向けると，どのようなことが起こるか考え，具体的に述べる。

(4) 加熱に用いたガスバーナーの火をすぐ消すと，どのようなことが起こるかを考える。

解き方

(2) 試験管Aの口を上向きにすると，この実験で生じた水蒸気が試験管の口付近で水滴となり，これが加熱部分に流れこみ，加熱部分の温度が急激に下がり，その温度差のために試験管が割れるおそれがある。

(3) 炭酸水素ナトリウムと炭酸ナトリウムでは，炭酸ナトリウムの水溶液のほうがアルカリ性が強いので，フェノールフタレイン溶液を加えるとこい赤色となる。

(4) ガスバーナーの火を消す前にガラス管を水槽から出す。これを行わないでガスバーナーの火を消すと，試験管Aの内部が冷えてなかの気圧が小さくなり，ガラス管を通して水槽内の水が試験管Aに逆流する。

解答

(1) 二酸化炭素

(2) (例)発生した水(液体)が加熱部分に流れこみ，試験管が割れるのを防ぐため。

(3) 加熱したあとの試験管Aに残った物質

(4) (例)水槽の水が試験管Aに逆流するのを防ぐため，ガスバーナーの火を消す前にガラス管を試験管Bからぬき，水槽から出しておく。

§2 物質と原子・分子

▶ここで学ぶこと

物質を構成する粒子には，原子・分子があることを知り，それらを元素記号を用いて表せるようにする。また，それによって物質を分類できるようにする。

① 原子と分子

1 物質と分子・原子

物質の分割

下の図のように，多量の水をどんどん分割していくと，ついにはそれ以上分割すると水の性質を失ってしまうような微粒子(びりゅうし)にいきつく。

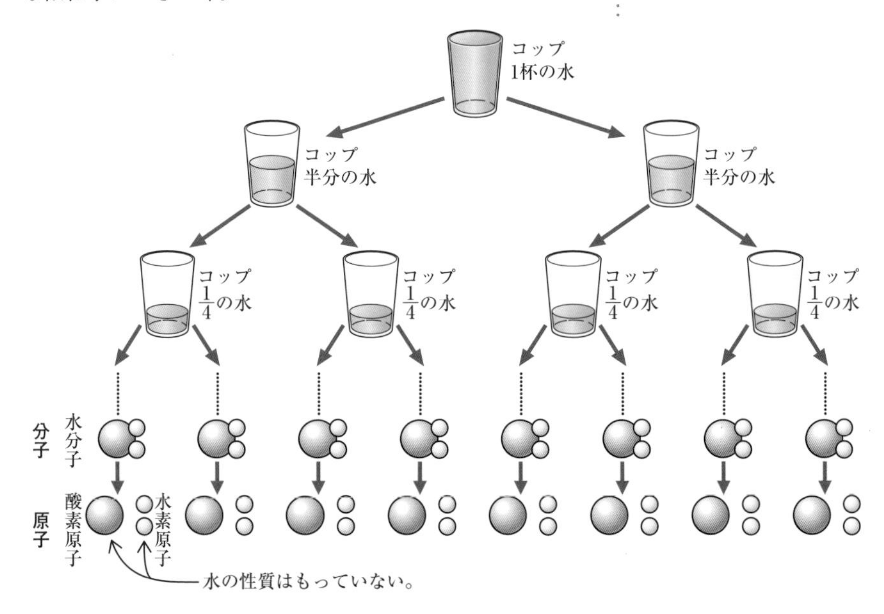

●**分子**　その**物質の性質を示す**もっとも小さな粒子を**分子**という。コップ1杯の水は，水分子が集まっている状態である。

●**原子**　分子をさらに分割すると**原子**となる。原子は**化学的にはそれ以上分割できない微粒子**で，物質を構成するもっとも基本的な粒子と化学では考えられている。水分子は酸素原子，水素原子から成る。

参考

分子（molecule）は，ラテン語moles「量，塊(かたまり)」に由来しており，原子（atom）は，ギリシャ語の a「～できない」と tom「分割する」に由来している。

原子の種類

●**元素**　原子の種類のことを**元素**とよぶ。元素は現在110種類以上発見されている。

●**元素記号**➡①（**原子記号**）　元素を確実に区別するために世界共通の記号が考案された。それが**元素記号**である。

もっとくわしく

①元素記号は，元素名のギリシャ語やラテン語の頭文字を用いたものが多い。

▼代表的な元素の名称とその元素記号

名称	元素記号	名称	元素記号	名称	元素記号	名称	元素記号
亜鉛	Zn	金	Au	窒素	N	バリウム	Ba
アルミニウム	Al	銀	Ag	鉄	Fe	ヘリウム	He
硫黄（イオウ）	S	酸素	O	銅	Cu	マグネシウム	Mg
塩素	Cl	水銀	Hg	ナトリウム	Na	マンガン	Mn
カリウム	K	水素	H	鉛	Pb	ヨウ素	I
カルシウム	Ca	炭素	C	白金	Pt	リン	P

1文字の元素記号は大文字に，2文字の元素記号の1文字目は大文字，2文字目は小文字になっている。

化合物と単体

●**化合物**➡②　**2種類以上の元素から成り立っている純物質を，化合物という。**化合物には，水，アンモニアなどのように分子から成り立っているものや，食塩，水酸化ナトリウムのようにイオン➡③が結びついて成り立っているものがある。

●**単体**　**1種類の元素で成り立っている純物質を，単体という。**単体には，酸素，水素のように分子から成り立っているものや，鉄，銀のように原子が集合して成り立っているものがある。

用語

②化合物
化合物と混合物を混同することが多いので注意する。化合物はそれを構成する元素の性質とは異なる性質をもっている。例えば，水はそれを構成する酸素（気体）や水素（気体）の性質とはまったく異なる性質をもっている。それに対して，混合物は混合されている物質の性質を合わせもつ。例えば，食塩水は塩辛いという食塩の性質と，液体であるという水の性質をもつ。

参考

③電気を帯びた粒子をイオンという。[➡P.254]

物質の分類と化学的操作

物質は，下のように分類できる。また，それぞれの化学的操作を緑色で示した。

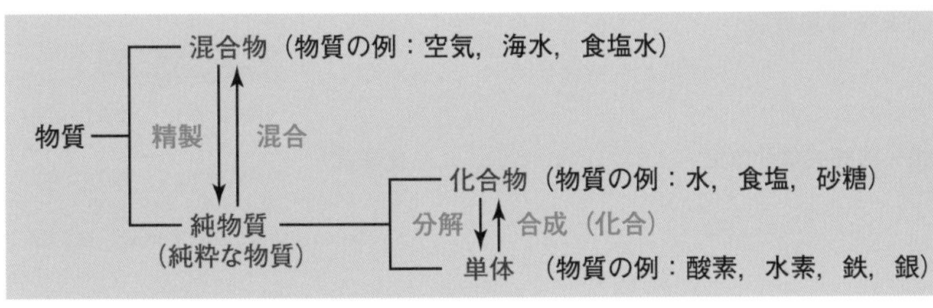

化合物・単体の分子式と組成式

●**分子式**　分子をつくり上げている原子の種類と数を表す式を**分子式**という。

●**組成式**　イオンや原子が集まって成り立っている物質について，それをつくり上げている原子の種類とその数の比を表した式を**組成式**という。

参考

①化合物名が「塩化～」だとすれば，塩素が結合した物質。同様に，「酸化～」なら酸素が結合した物質である。

▼代表的な化合物➡①・単体の分子式と組成式

化合物	分子式	単体	分子式	化合物	組成式	単体	組成式
水	H_2O	水素	H_2	水酸化ナトリウム	NaOH	黒鉛	C
過酸化水素	H_2O_2	酸素	O_2	水酸化カリウム	KOH	ダイヤモンド	C
塩化水素	HCl	オゾン	O_3	水酸化カルシウム	$Ca(OH)_2$	硫黄	S
アンモニア	NH_3	窒素	N_2	塩化ナトリウム	NaCl	リン	P
メタン	CH_4	塩素	Cl_2	塩化アンモニウム	NH_4Cl	ケイ素	Si
二酸化炭素	CO_2	臭素	Br_2	塩化銀	AgCl	鉄	Fe
一酸化炭素	CO	フッ素	F_2	酸化銀	Ag_2O	亜鉛	Zn
二酸化窒素	NO_2			硝酸銀	$AgNO_3$	アルミニウム	Al
二酸化硫黄	SO_2			硫酸銅(Ⅱ)	$CuSO_4$	銅	Cu
硫酸	H_2SO_4			炭酸ナトリウム	Na_2CO_3	銀	Ag
硝酸	HNO_3			炭酸水素ナトリウム	$NaHCO_3$	鉛	Pb
炭酸	H_2CO_3			酸化銅(Ⅱ)	CuO	マグネシウム	Mg

水の分子式H_2Oは，水素原子2個と酸素原子1個から水分子1個ができていることを表している。また，塩化ナトリウムNaClは，ナトリウム原子と塩素原子が1：1の割合でふくまれる物質である。

●**気体・液体の単体の分子式**　水素，酸素などは通常気体，臭素(しゅうそ)は液体である。これらは2個の原子から1個の分子が成り立っているので，分子式は「$●_2$」で表す。

●**固体の単体は組成式**　固体の単体（金属と炭素，硫黄，リン，ケイ素）は，原子が集まって成り立っているので，1個の原子のみで表す。

●**分子式・組成式は化学式**　これらの式はまとめて**化学式**ともいう。

用語

同素体
酸素O_2とオゾンO_3は，ともに酸素という同じ元素から成り立つ単体であるが，性質がまったく異なる。このような物質の関係をたがいに**同素体**であるという。黒鉛とダイヤモンドなども同じような関係である。

参考

水酸化カルシウム$Ca(OH)_2$は，カルシウムイオンCa^{2+} 1個に対して，酸素原子と水素原子が1個ずつ結合した水酸化物イオンOH^-が2個存在していることを表している。

研究　原子の発見

物質の根源となる粒子があるにちがいないという考えは，紀元前から存在しました。紀元前500年ころ，ギリシャのデモクリトスは，それを atom とよびました。しかし，彼の考えは，想像上のものだったので長くかえりみられませんでした。その後さまざまな発見があり，ようやく1803年，イギリスのドルトンが，次のような4つの考えからなる原子説を発表しました。

1　原子は最小不可分の粒子で，それ以上分割できない。

2　同種の原子は，同形・同大・同質量。

3　物質の種類によって，それを構成する原子の種類と数は決まっている。

4　化学変化においては，原子の結びつき方が変わるだけで，原子の種類や数は変化しない。

ドルトンは，水素などが分子となっていることを考えつかなかったので矛盾(むじゅん)が生じましたが，のちにイタリアのアボガドロが分子説を発表し，今日にいたっています。

確認問題

物質と分子・原子

次の問いに答えよ。

(1)　次にあげる元素について，元素名が記してある場合は元素記号を，元素記号が記してある場合は元素名を書け。

①鉛　②バリウム　③Zn　④ヨウ素　⑤Fe　⑥水素

(2)　次にあげる物質について，化学式で記してあるものはその物質名を，物質名を記してあるものはその化学式を書け。

①塩化銀　②NaOH　③炭酸　④NH_3　⑤水

(3)　次にあげる物質を，混合物，化合物，単体に分類せよ。

①海水　②空気　③ダイヤモンド　④砂糖　⑤塩酸
⑥1円玉　⑦牛乳　⑧食塩

(1)，(2)　代表的な元素記号・元素名，代表的な分子式・組成式と化合物名をしっかり身につけておくこと。

(3)　溶液は混合物で，ダイヤモンドは炭素からなる単体。1円玉はアルミニウムでできている。空気は，窒素，酸素などの気体の混合物。塩酸は塩化水素の水溶液。

解答

(1)　①　Pb　②　Ba　③　亜鉛　④　I　⑤　鉄　⑥　H

(2)　①　AgCl　②　水酸化ナトリウム　③　H_2CO_3
④　アンモニア　⑤　H_2O

(3)　(混合物) ①，②，⑤，⑦　(化合物) ④，⑧　(単体) ③，⑥

§3 化学変化と原子・分子

▶ここで学ぶこと

さまざまな物質どうしの反応を学び，化学変化ではどのようなことが起こっているかを考える。また，化学反応式のつくり方を身につける。

① 物質と物質との化学変化

1 鉄と硫黄の反応

▶ 鉄と硫黄の化学変化 [➡P.210]

下の図のように，鉄と硫黄の混合物を加熱し，加熱前と加熱後の物質の性質のちがいを調べる。

実験・観察 鉄と硫黄が結びつく変化

【方法】

1 鉄粉 7g と硫黄の粉末 4g をよく混ぜ合わせ，試験管 A にその$\frac{1}{4}$，試験管 B に残りの分を入れる。

2 試験管 A はそのまま，試験管 B は混合物の上部を加熱する。赤く色が変わりはじめたら，加熱をやめる。

3 試験管 B が十分に冷えてから，試験管 A，B に磁石を近づける。

4 試験管 A，B の中身を少量ずつとり出して，うすい塩酸を加える。発生する気体のにおいをかぐ。

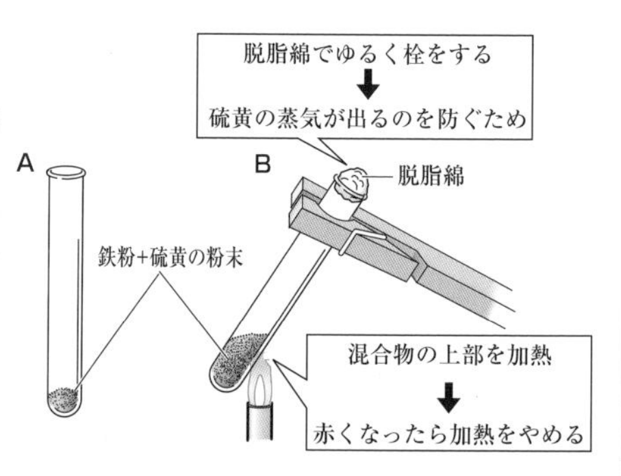

【結果と考察】

	磁石を近づける	うすい塩酸を加える
試験管A	磁石につく	無臭の気体が発生→水素
試験管B	磁石につかない	腐った卵のようなにおいのある気体が発生→硫化水素

鉄と硫黄の混合物を加熱すると，鉄でも硫黄でもない黒色（灰黒色）の物質（硫化鉄）ができる。

●鉄と硫黄の変化 鉄と硫黄の混合物を加熱すると，光と熱を出す激しい化学変化が起こり，**加熱をやめても激しく熱が発生して，反応はそのまま続く。**

●**磁石との反応**　鉄と硫黄の混合物は磁石につくが，加熱後の黒色（灰黒色）の物質は磁石にはつかない。加熱前の混合物が磁石につくのは鉄の性質であり，**加熱によって鉄は異なる物質になったことがわかる。**

●**うすい塩酸との反応**　鉄と硫黄の混合物にうすい塩酸を加えると，無臭の気体が発生する。この気体は鉄が塩酸と化学変化を起こして生じた水素である。[➡P.193] 一方，加熱後の物質にうすい塩酸を加えると，腐った卵のようなにおい（腐卵臭）のある気体が発生する➡①。この気体は**硫化水素**で，**空気より密度が大きく有毒なので，吸いこまないように注意する。**[➡P.194]

①鉄と硫黄の化合物（硫化鉄）と塩酸が反応して，塩化鉄と硫化水素が発生する。
硫化鉄＋塩酸
　→塩化鉄＋硫化水素

▶鉄と硫黄が結びつく変化

鉄Feと硫黄Sが結びついて，**硫化鉄FeS**➡②ができるようすをモデルで表すと，次のようになる。

もっとくわしく

②物質と硫黄が結びつくことを硫化といい，その化合物を硫化物という。硫化物は，「硫化～」という名称のものが多い。

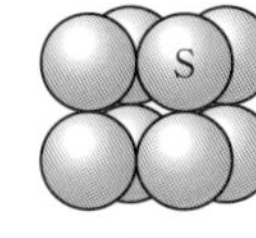

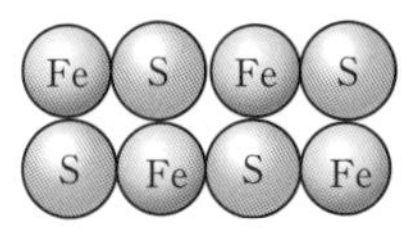

鉄　＋　硫黄　⟶　硫化鉄

上の図からわかるように，この反応では原子の結合相手が変化（鉄原子どうしの結合，硫黄原子どうしの結合➡鉄原子と硫黄原子の結合）している。

2　酸化・燃焼

▶マグネシウムの酸化

マグネシウムMgを空気中で燃焼させると，酸素O_2と結びついて**酸化マグネシウムMgO**➡③が生じる。

もっとくわしく

③酸化マグネシウムは，白色の粉状の物質である。酸化マグネシウムのように，酸素と別のもう1種類の元素から成る化合物を酸化物という。

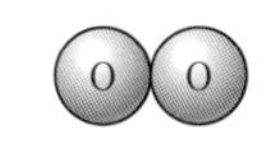

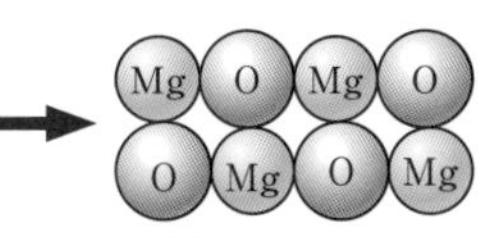

マグネシウム　＋　酸素　⟶　酸化マグネシウム

物質と物質とが結びつく化学変化のうち，特に酸素と結びつく反応を**酸化**という。一方，**燃焼**とは，熱や光を出しながら，酸素と激しく結びつく反応である。金属がゆっくりと酸化する反応は，「金属が錆（さ）びる」現象として観察される。

無機物の燃焼

●**水素の燃焼** 水素H_2は空気中で激しく燃焼して**水H_2O**を生じる。

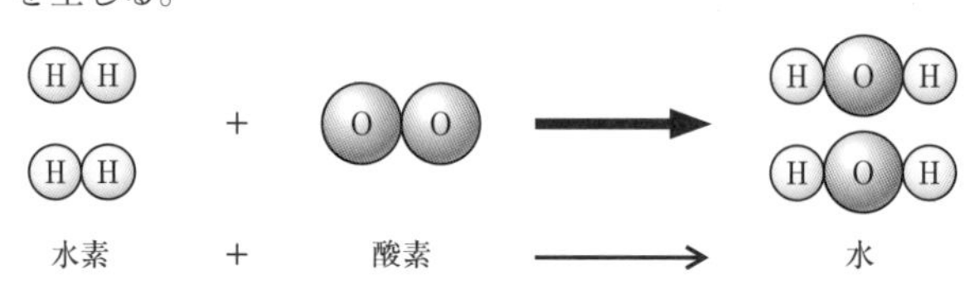

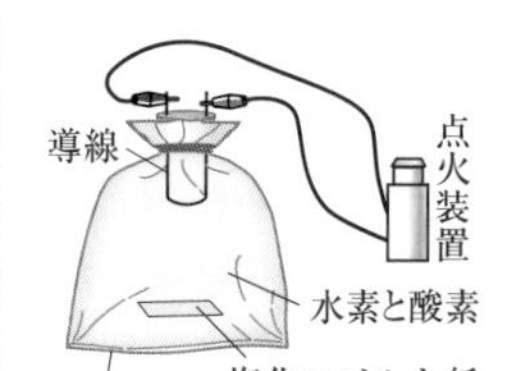

▲ 水素の酸化

●**炭素の燃焼** 炭素 C は空気中で燃焼して**二酸化炭素CO_2**を生じる。

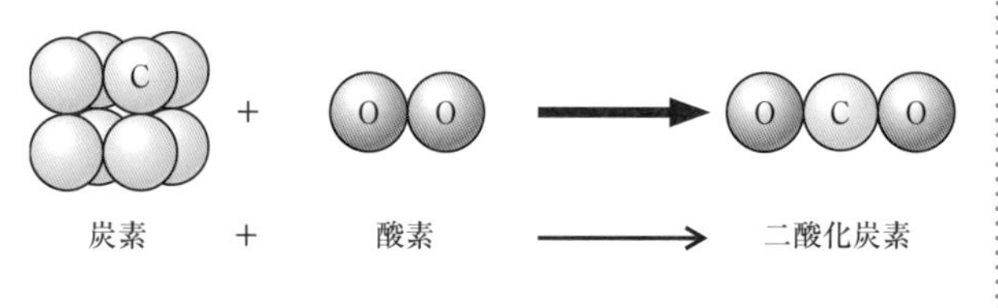

▲ 木炭の燃焼

●**金属の燃焼・酸化** 金属によって反応の激しさはちがうが，一般に金属の**酸化物**が生じる。

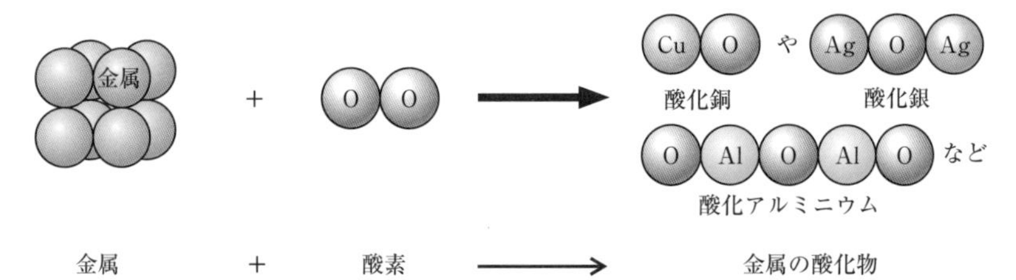

有機物の燃焼

一般に，有機物は炭素Cと水素Hをふくんでいるので，これらが酸化すると，**二酸化炭素CO_2**[①]と**水H_2O**が生じる。

二酸化炭素は炭素の酸化物，水は水素の酸化物[②]である。

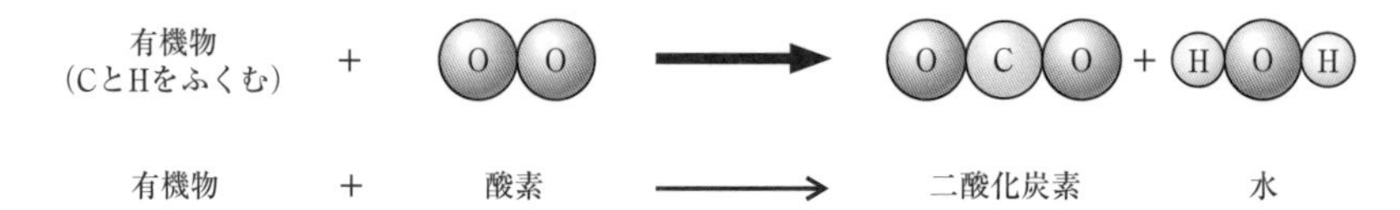

参考

①炭素をふくまない無機物が燃焼しても二酸化炭素は生じない。

参考

②燃焼すると，成分とする原子の酸化物が生じる。

② 化学反応式

1 化学反応式のつくり方

化学反応式とは

分子式，組成式などの化学式を用いて，化学変化を表したものを**化学反応式**という。

化学反応式をつくるときの注意点

1 反応に関係した物質を，化学式（分子式・組成式）で記す。

2 反応前の物質を化学反応式の左辺に，反応後の物質を右辺に記す。

3 左辺と右辺を「→」で結ぶ。反応前の物質が複数ある場合は，それらの化学式を「＋」で結ぶ。反応後の場合も同様にする。

4 化学変化の前後で原子の種類と数が変化しない→③ように，各化学式の前に係数をつける。

化学反応式を実際につくる

水素が→④燃焼して水が生じる場合を例に考える。

上の 1，2 から，

H_2　　O_2　　　H_2O
（反応前）　　（反応後）

3 から，

$H_2 + O_2 \rightarrow H_2O$
（反応前）　　（反応後）

反応前に酸素原子が２個，反応後には酸素原子が１個→⑤になっているので，これらの数を合わせるために，

$H_2 + O_2 \rightarrow 2H_2O$
（反応前）　　（反応後）

これでは，反応前の水素原子が２個，反応後の水素原子が４個になっているから，

$2H_2 + O_2 \rightarrow 2H_2O$→⑥

参考

③化学変化の前後では，原子の種類とその数は変化しない。これは質量保存の法則 [➡P.237] からもいえることである。

参考

④化学反応式を書く場合，「水素が～」とあったら，水素原子ではなく水素分子を考えること。

参考

⑤原子の数が合わないからといって，化学式を変えてはならない。

もっとくわしく

⑥ $2H_2O$ とは，水分子が２個存在することを意味している。つまり，

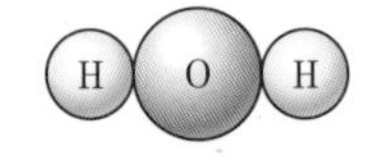

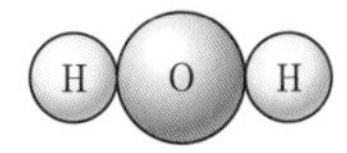

を意味している。

係数の決め方（目算法（もくさんほう））

アルミニウム Al が酸化して，酸化アルミニウム Al_2O_3 が生じる化学反応式を考えてみよう。

アルミニウムは金属なので，原子１個で表す。酸化するとは，酸素 O_2 と結びつくことなので，まず，

$$Al + O_2 \rightarrow Al_2O_3$$

と書く。

酸素分子 O_2 は酸素原子２個から成り立っているので，酸素分子の前につける係数➡①がどのような数になったとしても，反応前の酸素原子は偶数個存在する➡②ことがわかる。また，酸化アルミニウム Al_2O_3 中には，酸素原子が３個存在しているから，酸化アルミニウムの前につける係数がどのような数になったとしても，反応後の酸素原子の数は３の倍数になる➡②ことがわかる。

参考

①化学反応式の係数には，整数を用いる。

参考

②アルミニウムのように，原子の形で化学反応式に記されるものに係数をつけるのは最後でもできるから，酸素のように係数に条件があるものから先に考えていくこと。

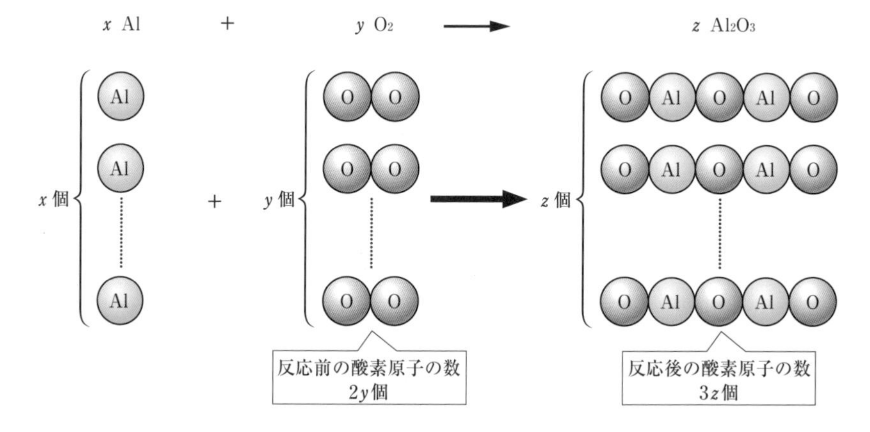

反応前の酸素原子の数＝反応後の酸素原子の数　だから，**酸素原子の数は２と３の公倍数**（最小公倍数は６）になることになる。よって，酸素分子の前につける係数を（６÷２＝）３とし，酸化アルミニウムの前につける係数を（６÷３＝）２とする。これによって，反応後のアルミニウム原子の数は（２×２＝）４個となるから，反応前のアルミニウム原子の係数を４とする。よって，

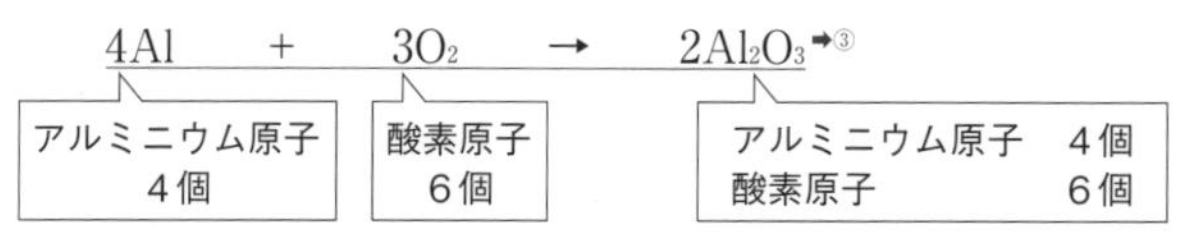

参考

③この化学反応式は，$8Al + 6O_2 \rightarrow 4Al_2O_3$ としても，反応前後で原子の種類とその数は等しくなるが，係数の比はもっとも簡単な整数比とするという約束がある。

③ さまざまな化学反応式

1 代表的な気体発生の化学反応式

酸素の発生

・過酸化水素水 H_2O_2 に二酸化マンガン MnO_2 を加える。

$2H_2O_2 \rightarrow 2H_2O + O_2$

または，$2H_2O_2 \xrightarrow{MnO_2} 2H_2O + O_2$ ➡④

・酸化銀 Ag_2O を加熱する（酸化銀の熱分解）。

$2Ag_2O \rightarrow 4Ag + O_2$

または，$2Ag_2O \xrightarrow{加熱} 4Ag + O_2$ ➡④

二酸化炭素の発生

・石灰石 $CaCO_3$ に塩酸 HCl を加える。

$CaCO_3 + 2HCl$ ➡⑤ $\rightarrow CaCl_2 + H_2O + CO_2$ ➡⑥

（$CaCl_2$：塩化カルシウム）

・炭酸水素ナトリウム $NaHCO_3$ を加熱する（炭酸水素ナトリウムの熱分解）。

$2NaHCO_3 \rightarrow Na_2CO_3 + H_2O + CO_2$

（Na_2CO_3：炭酸ナトリウム）

・石灰石 $CaCO_3$ を加熱する。

$CaCO_3 \rightarrow CaO + CO_2$

水素の発生

・亜鉛 Zn に塩酸 HCl を加える。

$Zn + 2HCl \rightarrow ZnCl_2 + H_2$

（$ZnCl_2$：塩化亜鉛）

・水 H_2O を電気分解する。

$2H_2O \rightarrow 2H_2 + O_2$

アンモニアの発生

・塩化アンモニウム NH_4Cl に水酸化カルシウム $Ca(OH)_2$ を加えて，加熱する。

$2NH_4Cl + Ca(OH)_2 \rightarrow CaCl_2 + 2H_2O + 2NH_3$

・窒素 N_2 と水素 H_2 を高圧のもとで反応させる。

$N_2 + 3H_2 \rightarrow 2NH_3$

参考

④二酸化マンガンはこの反応の触媒（しょくばい）[➡P.191] として作用して，化学変化の前後で変化しないから，化学反応式自体には書かない。化学反応式に書く場合は，「→」の上に書く。「加熱」「光の照射（しょうしゃ）」「電気分解」などの反応条件も，→の上や下に書いたり，化学反応式のあとに（　）をつけて，そのなかに書いたりする場合がある。

参考

⑤塩酸は塩化水素の水溶液だから，石灰石に塩酸を加えると，水も加えることになるのだが，反応によって変化するのは塩化水素であって水ではないから，化学反応式の左辺に水は書かない。

参考

⑥固体や水溶液から気体が発生するような場合は，↑を気体の分子式のうしろにつける場合がある。

$CaCO_3 + 2HCl$
　$\rightarrow CaCl_2 + H_2O + CO_2\uparrow$

となる。

2 代表的な分解の化学反応式

・炭酸アンモニウムの熱分解

$(NH_4)_2CO_3 \rightarrow 2NH_3 + H_2O + CO_2$
炭酸アンモニウム　アンモニア　水　二酸化炭素

・塩化銅水溶液の電気分解

$CuCl_2 \rightarrow Cu + Cl_2$
塩化銅　銅　塩素

・その他の分解反応

酸化銀の熱分解反応（$2Ag_2O \rightarrow 4Ag + O_2$）は酸素の発生として，炭酸水素ナトリウムの熱分解反応（$2NaHCO_3 \rightarrow Na_2CO_3 + H_2O + CO_2$）は二酸化炭素の発生として，水の電気分解（$2H_2O \rightarrow 2H_2 + O_2$）は水素の発生として225ページにも記した。

3 代表的な酸化の化学反応式

・マグネシウムの燃焼

$2Mg + O_2 \rightarrow 2MgO$
マグネシウム　酸素　酸化マグネシウム

・炭素の燃焼

$C + O_2 \rightarrow CO_2$
炭素　酸素　二酸化炭素

4 代表的な中和の化学反応式

・塩酸と水酸化ナトリウム水溶液

$HCl + NaOH \rightarrow H_2O + NaCl$
塩化水素　水酸化ナトリウム　水　塩化ナトリウム

・塩酸と水酸化カルシウム水溶液

$2HCl + Ca(OH)_2 \rightarrow 2H_2O + CaCl_2$ ➡①
塩化水素　水酸化カルシウム　水　塩化カルシウム

・硫酸と水酸化ナトリウム水溶液

$H_2SO_4 + 2NaOH \rightarrow 2H_2O + Na_2SO_4$
硫酸　水酸化ナトリウム　水　硫酸ナトリウム

・硫酸と水酸化バリウム水溶液

$H_2SO_4 + Ba(OH)_2 \rightarrow 2H_2O + BaSO_4$ ➡②
硫酸　水酸化バリウム　水　硫酸バリウム

・硫酸とアンモニア水

$H_2SO_4 + 2NH_4OH \rightarrow 2H_2O + (NH_4)_2SO_4$
硫酸　水酸化アンモニウム　水　硫酸アンモニウム

もっとくわしく

①酸が電離によって放出する水素イオンと，アルカリが電離によって放出する水酸化物イオンの数を一致させると，過不足なく中和[➡P.267]したことになる。
水酸化カルシウム１分子は水酸化物イオンOH^-を２個放出するので，塩酸は２分子必要になる。反応後には，水が２分子と，カルシウムイオンCa^{2+} １個と塩化物イオンCl^-が２個生じる。カルシウムイオンと塩化物イオンが，電気的な引力で結びついて，$CaCl_2$（電気的に中性になっている）となる。

もっとくわしく

②硫酸バリウム$BaSO_4$は，水にとけにくい塩なので，沈殿する。沈殿するような場合は↓を化学式のあとにつける場合がある。
$H_2SO_4 + Ba(OH)_2$
$\rightarrow 2H_2O + BaSO_4 \downarrow$

Level Up!

簡単な化学反応式ならば目算法で求めることができるが，少し複雑になると目算法では係数を決めることが難しくなる。ここでは，複雑な化学反応式にも対応できる未定係数法という方法を学習していこう。

係数の決め方（未定係数法）

アンモニアNH_3が燃焼して，水H_2Oと窒素N_2が生じる反応を考えてみよう。

［1］　まず，**各化学式を書く**。

$$NH_3 + O_2 \rightarrow H_2O + N_2$$

［2］　各化学式の前に，**係数** a, b, c, d **をつける**。

$$a NH_3 + b O_2 \rightarrow c H_2O + d N_2$$

［3］　**各原子についての等式（関係式）を立てる**。

反応前後で各原子の数は等しいから，各原子について等式が成り立つことになる。よって，

Nについて，　$a = 2d$　……(1)

Hについて，　$3a = 2c$　……(2)

Oについて，　$2b = c$　……(3)

［4］　1つの係数を適当な数に決めて→③，**関係式から各係数の値を求める**。

ここでは，$a = 1$としてみよう。すると，

(1)式から，$d = \frac{1}{2}$　　(2)式から $c = \frac{3}{2}$

これらの結果と(3)式から，$b = \frac{3}{4}$　となる。よって，

$a = 1$，$b = \frac{3}{4}$，$c = \frac{3}{2}$，$d = \frac{1}{2}$

［5］　係数は整数でなければならないから，同じ数をすべての係数にかけて，**係数すべてを整数にする**。

［4］より，4をかければ，各係数の比がもっとも簡単な整数比となることがわかる。よって，

$a = 1 \times 4 = 4$　　$b = \frac{3}{4} \times 4 = 3$

$c = \frac{3}{2} \times 4 = 6$　　$d = \frac{1}{2} \times 4 = 2$

したがって，次のような化学反応式となる。

$$4NH_3 + 3O_2 \rightarrow 6H_2O + 2N_2$$ →④

［6］　最後に，**各原子の種類と数が反応前後で変化していないかどうかを確認する**。

参考

③ここで立てた関係式は3つだが，未知数（a～d）は4つあるから，このまま関係式を解いて係数を求めることはできない。係数と係数の関係は，比の関係なので，どれか1つの係数の値を決めて，解いていけばよい。

参考

④反応前に複数の化学式が並ぶ場合は，どちらを先に書いてもよい。同じことは反応後についてもいえる。したがって，この化学反応式は，

$4NH_3 + 3O_2 \rightarrow 6H_2O + 2N_2$

と書いても，

$3O_2 + 4NH_3 \rightarrow 2N_2 + 6H_2O$

と書いてもよい。

§4 酸化と還元

▶ここで学ぶこと

酸化，還元がどのような現象なのかを理解し，身のまわりの現象と関連づけて，錆(さび)の防止や製錬(せいれん)などについて考えていく。

① 酸化

1 さまざまな酸化

酸化と酸化物

物質が酸素と結びつくことを**酸化**という[➡P.221～222]。酸化では，**酸化物**が生じる➡①。厳密にいえば，酸化物とは，1種類の原子と酸素の化合物のことである。

金属の酸化

●**錆**(さび)　ゆっくりと金属が酸化することを，「金属が錆(さ)びる➡②」という。鉄が錆びるときの反応は，次のように表される。

$$4Fe + 3O_2 \rightarrow 2Fe_2O_3$$

鉄　酸素　酸化鉄

マグネシウムなどの金属は，同じ酸化でも，次に述べる「燃焼」という現象を起こす。

燃焼

燃焼は，大きな温度上昇や光の発生をともなう激しい酸化で，分解をともなうことも多い。

例えば，燃料であるメタンCH_4が燃焼する場合は，メタンを構成する炭素と水素がそれぞれ酸化され，次のような化学反応が起こる。

$$CH_4 + 2O_2 \rightarrow CO_2 + 2H_2O$$

メタン　酸素　二酸化炭素　水

マグネシウムのような金属が燃焼すると，次のような化学反応が起こる。

$$2Mg + O_2 \rightarrow 2MgO$$

マグネシウム　酸素　酸化マグネシウム

このように金属の燃焼では，金属の酸化物（マグネシウムからは，酸化マグネシウム MgO）が生じる。

もっとくわしく

①「物質が酸化すると酸化物が生じる」とはいえない場合もある。たとえばメタノールCH_3OHを得るのに，メタンCH_4に酸素O_2を反応させた場合，メタノールは酸化物とはいわない。

もっとくわしく

②金属の錆は，空気中の酸素の影響で生じる場合だけではない。銅の錆として有名な緑青(ろくしょう)は，空気中の二酸化炭素や水分の影響で生じる，炭酸銅と水酸化銅の混合物で，$CuCO_3 \cdot Cu(OH)_2$などの組成をもっている。

2 酸化の条件

▶ 燃焼の３条件

①**可燃物の存在**　燃える物質があること。

②**温度**　一定以上の温度でなければ燃焼は続かない。

③**酸素の存在**　物質と結びつく酸素が存在しなければならない➡③。

この３つの条件を理想的に満たすと，激しい燃焼（爆発）が起こる。逆に，この条件を１つでも満たさなければ，燃焼は起こらない。

▶ 金属の酸化

金属が錆びるには，次の条件が必要である。

①**酸素の存在**　金属と酸素が接する必要がある。

②**水の存在**　水と接することによって，金属の錆ははやく生じる。

もっとくわしく

③酸素の気体分子がなくても燃焼することがある。例えば，二酸化炭素中で，マグネシウムのような酸化されやすい金属を加熱すると，マグネシウムは次のように反応する。

$2Mg + CO_2 \rightarrow 2MgO + C$

実験・観察　鉄くぎが錆びやすい条件を調べる実験

【方法】

３本の鉄くぎを試験管ア，イ，ウにそれぞれ入れて，どのくぎがいちばんはやく錆びるかを調べる。

【結果】

ウの条件でもっともくぎが錆びた。

（注）１回沸騰（ふっとう）させて，水の中にとけこんでいる空気を追い出した水を用いると，よりはっきりとちがいがわかる。

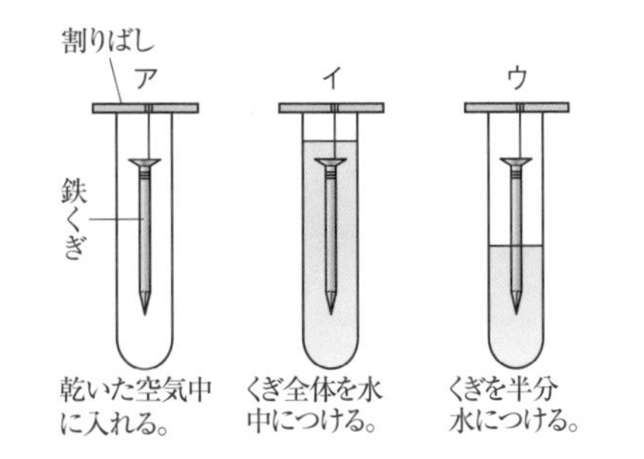

したがって，空気や水と金属がふれ合わなければ，金属は錆びない。よって，次のようにして金属が錆びるのを防止している➡④。

●**メッキ**　錆びにくい金属を鉄などの錆びやすい金属の表面につけて，錆びやすい金属が**空気とふれ合わないように**する。

●**塗装（とそう）**　錆びやすい金属の表面にペンキなどをぬって，金属が空気とふれ合わないようにする。

参考

上の実験では，ウの条件で，くぎが水と接する箇所から錆が発生する。

もっとくわしく

④ほかに，ステンレスのような錆びにくい金属（合金）の開発などがある。

② 還元

1 さまざまな還元

▶ 還元と還元剤

酸素と結びついている物質から酸素をとり除くことを還元という。還元するために用いる物質を還元剤➡①という。還元剤は**酸素と結びつきやすい物質**で，この物質が酸素と結びつくことによって，酸素と結びついている物質から酸素がとり除かれる。還元剤が作用すると，**還元剤は酸化される**ことになる。このように，**酸化と還元は同時に起こる**。

もっとくわしく

①還元するために用いる物質が還元剤であるのに対して，酸化するために用いる物質を酸化剤という。酸化剤は，ほかの物質を酸化するために分解して酸素を放出する物質で，酸化剤が作用すると，酸化剤は還元されることになる。

▶ 酸化銅(Ⅱ)の還元

酸化銅(Ⅱ) CuO は黒色の粉末だが，これを炭素の粉末と混ぜ合わせて，加熱すると，酸化銅(Ⅱ)は還元される➡②。

参考

②酸化銅(Ⅱ)は還元されたので，この反応の酸化剤は酸化銅(Ⅱ)であるともいえる。この反応では，赤色の銅が生じる。

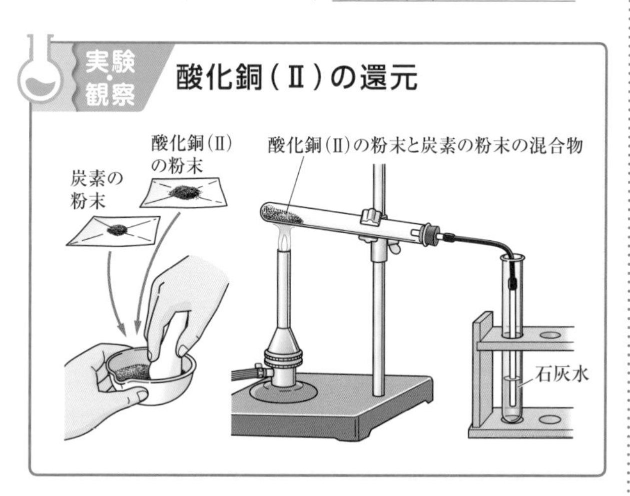

この反応を化学反応式で表すと，次のようになる。

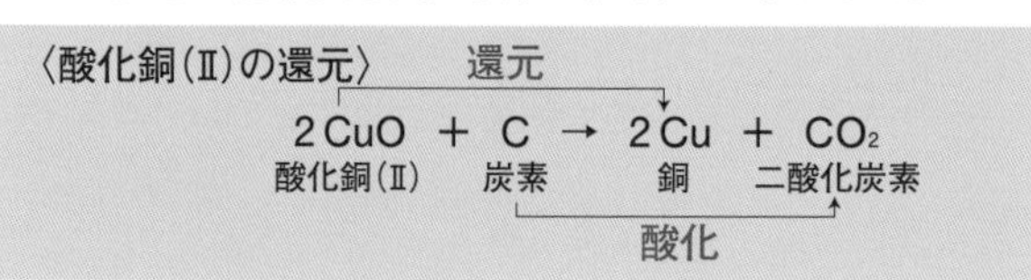

二酸化炭素が発生することは，発生する気体を石灰水に通して，石灰水が白くにごることから確認できる。この反応の還元剤は炭素で，炭素が酸素と結びついて（酸化されて）二酸化炭素となる。

この反応からも，酸化と還元が同時に起こることがわかる。

製鉄（鉄の製錬）

製錬とは，鉱石から金属をとり出すことをさす。多くの場合，鉱石は金属の酸化物なので，**還元によって金属を得ている**。

現在の製鉄では，溶鉱炉（高炉）で**鉄鉱石とコークス C と石灰石 $CaCO_3$ を混合して加熱**している。鉄鉱石には，赤鉄鉱・褐鉄鉱 Fe_2O_3 や磁鉄鉱 Fe_3O_4 などがある。コークスは石炭を蒸し焼きにしたもので，ほとんどが炭素によって成り立っている。

▲鉄鉱石

▲コークス

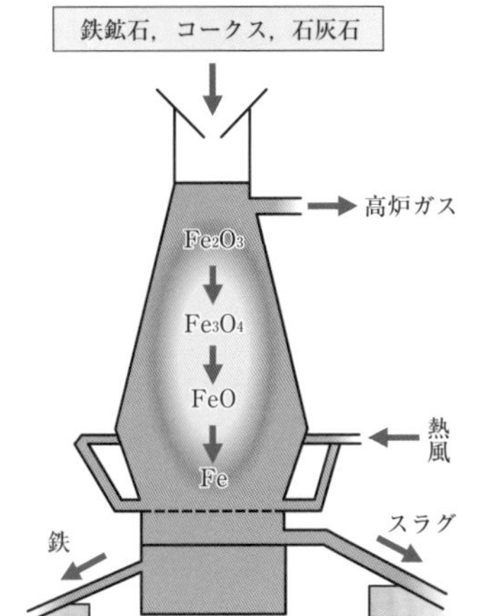

▲溶鉱炉（高炉）での反応

反応は複雑だが，鉄は，$Fe_2O_3 \rightarrow Fe_3O_4 \rightarrow FeO \rightarrow Fe$ となるにしたがって，鉄原子1個につき結びついている酸素原子が，

1.5個→$1\frac{1}{3}$個→1個→0

と減少していることになる。

コークスや石灰石は，次のような反応によって，還元作用がある一酸化炭素を生じる。

$$2C + O_2 \rightarrow 2CO$$

$$CaCO_3 \rightarrow \underline{CaO}^{\rightarrow ③} + CO_2$$

$$C + CO_2 \rightarrow 2CO$$

これらの反応によって生じた一酸化炭素は，次のように反応して鉄を還元する。

$$3Fe_2O_3 + CO \rightarrow 2Fe_3O_4 + CO_2$$

$$Fe_3O_4 + 4CO \rightarrow 3Fe + 4CO_2$$

高炉で還元されたばかりの鉄は，炭素分を多くふくんでいる。このような鉄を**銑鉄**とよんでいる。

もっとくわしく

③石灰石から生じる酸化カルシウム CaO は，鉄鉱石にふくまれる土砂 SiO_2 と結びついて，スラグとよばれる物質になり，これが溶融している銑鉄の上をカバーし，銑鉄が再び空気にふれて酸化されるのを防いでいる。

アルミニウムの電解精錬

アルミニウムは，酸素と結びつきやすい金属なので，還元されにくい。そのために，わたしたちの日常の生活で一般的に使用できるようになったのは，次に述べる**溶融塩電解（融解塩電解）**の方法が確立➡①し，安価な電力が得られるようになった19世紀末になってからである。溶融塩電解とは，固体を熱して液体にしたものを電気分解する精錬方法である。

●**アルミニウムの溶融塩電解**　アルミニウムの鉱石はボーキサイトとよばれる。これをまずバイヤー法➡②とよばれる方法で，純度の高いアルミナ（酸化アルミニウム Al_2O_3）とする。アルミナの融点は2000℃以上なので，融剤（加熱したときにとけやすくする物質）である氷晶石の融解液にアルミナを加え，1000℃以下で融解する。アルミナは，アルミニウムイオンAl^{3+}[➡P.255]と酸化物イオンO^{2-}➡③から成る物質なので，下の図のように，これに炭素電極を入れて電気を流すと，陰極側にアルミニウムが生じる。

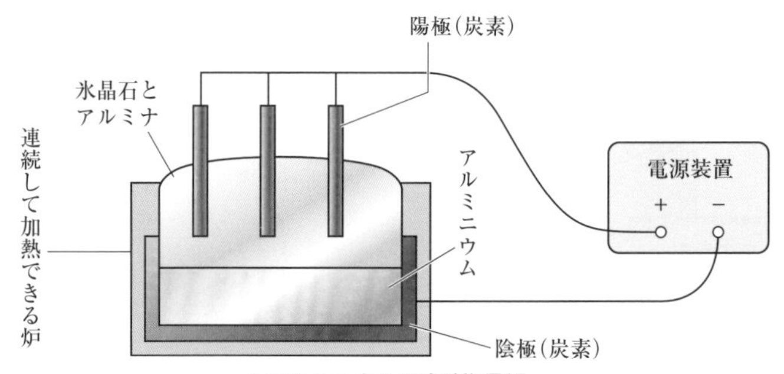

▲アルミニウムの溶融塩電解

陰極では，アルミニウムイオンが電子e^-を受けとる。

$$Al^{3+} + 3e^- \rightarrow Al$$

陽極では，酸化物イオンが電子を放出するが，ここで生じる酸素原子が陽極である炭素と反応して，一酸化炭素となる。

$$C + O^{2-} \rightarrow CO + 2e^-$$

この反応を全体としてとらえれば，次のように表される。

$$Al_2O_3 + 3C \rightarrow 2Al + 3CO$$ ➡④

アルミナを還元するときに，陽極は徐々に消費されてしまうので，新たな陽極にとりかえていく必要がある。

もっとくわしく

①この電解精錬が一般に行われるようになって，アルミニウムの値段は一気に下落し，それによってアルミニウムは身近な素材となった。
1kgあたりのアルミニウムの値段は1886年から10年間で約15分の1に下落した。

もっとくわしく

②こい水酸化ナトリウム水溶液にボーキサイトを加えると，他の金属酸化物はとけず，アルミナだけがとけることを利用して，アルミナのみにする方法。

もっとくわしく

③アルミニウムイオンAl^{3+}は，アルミニウム原子が電子e^-を3つ放出したもの。酸化物イオンO^{2-}は酸素原子が電子e^-を2つ受けとったもの。

参考

④化学反応式を見ると，還元剤として炭素が作用したように見えるが，実際には電流によって還元が起きている。電流は電子e^-の流れであることを忘れないように。

2 さまざまな還元剤→⑤

還元剤として用いられる物質には，大きく分けて，非金属単体，金属単体，化合物の３種類がある。

非金属単体

●炭素　酸化銅（Ⅱ）CuO や酸化鉄 Fe_2O_3，Fe_3O_4 の還元に用いられる［➡P.230，P.231］。

●水素　実験室では，酸化銅（Ⅱ）などの金属酸化物の還元に用いられる。例えば，酸化銅（Ⅱ）とは次のように反応する。

$$CuO + H_2 \rightarrow Cu + H_2O$$

金属単体→⑥

●ナトリウム　非常に反応しやすい金属なので，水とも常温で次のように反応する。

$$2Na + 2H_2O \rightarrow 2NaOH + H_2$$

ナトリウムが水分子から酸素をうばって，水素が発生するのだから，ナトリウムが水を還元したことになる。

●アルミニウム　前のページで述べたように，アルミニウムは，酸素と結びつきやすい金属なので，ほかの金属酸化物にアルミニウムの粉末を加えて加熱すると，ほかの金属酸化物を還元することができる。例えば，酸化鉄とは，

$$Fe_2O_3 + 2Al \rightarrow 2Fe + Al_2O_3$$

と反応する。

このような酸化鉄の還元方法は**テルミット法**とよばれる。

化合物

●アルコール　エタノール C_2H_5OH は燃料としても用いることができる物質なので，酸素と反応しやすい→⑦ことは理解できるであろう。したがって，酸化銅などの金属酸化物を還元することができる。

$$CuO + C_2H_5OH \rightarrow Cu + CH_3CHO \text{→⑧} + H_2O$$

●硫化水素　硫化水素は硫黄，水素から成り立つ物質で，空気中で燃焼するので，還元作用をもつ。二酸化硫黄を還元して硫黄を生じる。

$$2H_2S + SO_2 \rightarrow 3S + 2H_2O$$

もっとくわしく

⑤還元剤として作用する物質は，酸素と結びつきやすい物質なので，大気として酸素をふくむ地球上では，これを得るためにエネルギーが必要なことが多い。例えば，炭素を得るには，木材などを蒸し焼きにしなければならないし，水素を得るには水などを電気分解しなくてはならない。

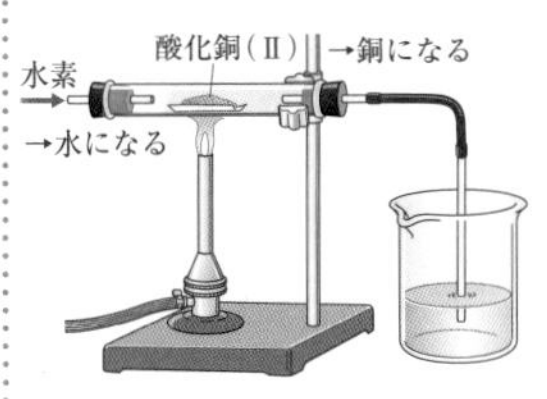

▲ 酸化銅（Ⅱ）の還元（水素を送りこむ）

もっとくわしく

⑥人類が金属を利用するようになってから何千年にもなるが，利用するようになった金属を年代順に並べると，
金→銀→銅→鉄→アルミニウム
となり，これは還元しやすい金属の順ともいえる。

参考

⑦燃焼は酸化の１種だから，燃焼するような物質（燃料になる物質）は，還元剤になると考えてよい。

参考

⑧CH_3CHOはアセトアルデヒドである。

§5 化学変化とエネルギー

▶ここで学ぶこと

化学変化にともなって，熱エネルギーが得られたり，消費されたりすることを学び，それらを現在どのように利用しているかについて考える。

① 化学変化と熱エネルギー

1 発熱反応と吸熱反応

発熱反応

化学変化すると，熱エネルギーを放出し温度が上昇する反応を**発熱反応**という。燃焼などの酸化や中和は，代表的な発熱反応である。

吸熱反応

化学変化すると，熱エネルギーを吸収し温度が下がる反応を**吸熱反応**という。一部の気体の発生や，硝酸アンモニウムなどの水への溶解[①]は，代表的な吸熱反応である。

発熱反応と吸熱反応の関係

水の三態変化をもとに，発熱反応と吸熱反応の関係について考えてみよう。

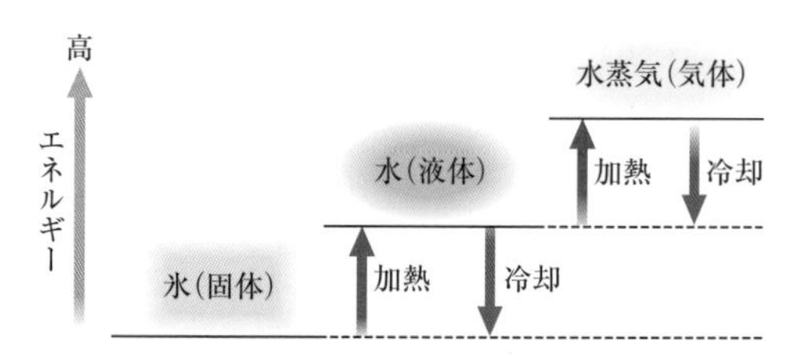

▲水の三態変化とエネルギー
(注) 加熱とは熱エネルギーを加えること，冷却とは熱エネルギーをとり去ることをいっている。

氷→水→水蒸気，と物質の状態が変化するときは，周囲から熱エネルギーを吸収する[②]。つまり，**吸熱反応**になる。

水蒸気→水→氷，と物質の状態が変化するときは，周囲に熱エネルギーを放出する[③]。つまり，**発熱反応**になる。

参考

①物質の溶解などは，物理変化に分類される変化である。(ここでは，ほかの化学変化とともにあつかっていく。)

もっとくわしく

②物質のもつエネルギーの和が高い状態に変化するには，その状態になるために必要なエネルギーを，周囲から吸収する必要がある。

参考

③氷→水　と状態変化するときに吸収する熱量と，水→氷と状態変化するときに，放出する熱量は等しい。

2 さまざまな反応熱

燃焼による熱

物質の燃焼にともなって発生する熱のことである。燃焼は，代表的な発熱反応である。現在の都市ガスの主成分であるメタンCH_4 1gが燃焼すると，20℃の水160gを沸騰（ふっとう）させることができるほどの燃焼熱[④]が発生する。

中和 [➡P.267] による熱

下の図のように，うすい水酸化ナトリウム水溶液にうすい塩酸を滴下していくと，ちょうど中和したときにもっとも温度が高くなる。

実験・観察　中和熱の測定

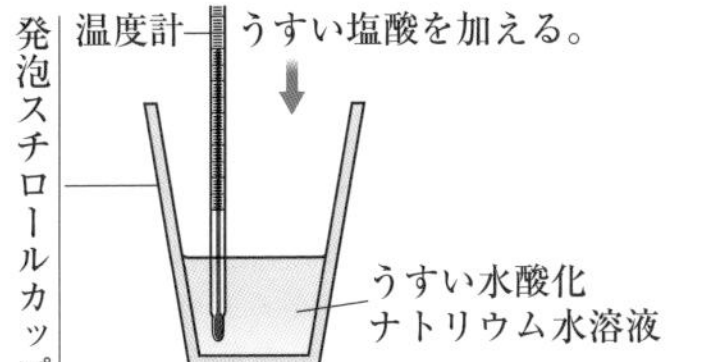

【方法】

1. あらかじめ温度を測定しておいたうすい水酸化ナトリウム水溶液に，同じ温度にしておいたうすい塩酸を加え，すぐにふたをしてガラス棒でかき混ぜて，温度を測定する。
2. この実験を，加えるうすい塩酸の質量を変えて行う。

溶解による熱

物質の溶解にともなう熱のことである。

● **発熱反応**　硫酸や水酸化ナトリウムを水に溶解させると，多量の発熱が観察される。

● **吸熱反応**　硝酸アンモニウム，尿素などを水に溶解させると，温度が低下するのが観察される[⑥]。

そのほかの反応による熱

● **鉄の酸化**[⑦]　鉄粉と活性炭を混合し，これに食塩水を加えると，鉄が酸化され，熱が発生する。

● **アンモニアの発生**　水酸化バリウムに塩化アンモニウムを加えると，アンモニアが発生し[⑧]，熱を吸収する。

$$Ba(OH)_2 + 2NH_4Cl \rightarrow BaCl_2 + 2NH_3 + 2H_2O$$

● **生石灰（せいせっかい）と水の反応**　生石灰（酸化カルシウム）CaOに水を加えると激しく発熱して，消石灰（しょうせっかい）（水酸化カルシウム$Ca(OH)_2$）を生じる。

$$CaO + H_2O \rightarrow Ca(OH)_2$$

もっとくわしく

④燃焼による熱は，一般に大きな値を示すため，実験室では測定することができない。

参考

⑤発泡スチロールカップを用いるのは，発泡スチロールが外部に熱をにがしにくい物質だからである。

参考

⑥市販の瞬間冷却パックには，水が入ったふくろと硝酸アンモニウムや尿素の粉末が入っており，水が入ったふくろを破ると，これらの物質の溶解による熱のために冷却される。

参考

⑦市販の化学カイロ(インスタントカイロ)は，鉄の酸化を利用している。

もっとくわしく

⑧固体状態から気体が発生する場合は，熱を吸収することが多い。

化学エネルギー

これまでに見てきたように，物質が化学変化によって放出したり，吸収したりするエネルギーを，物質のもつ**化学エネルギー**とよぶ。

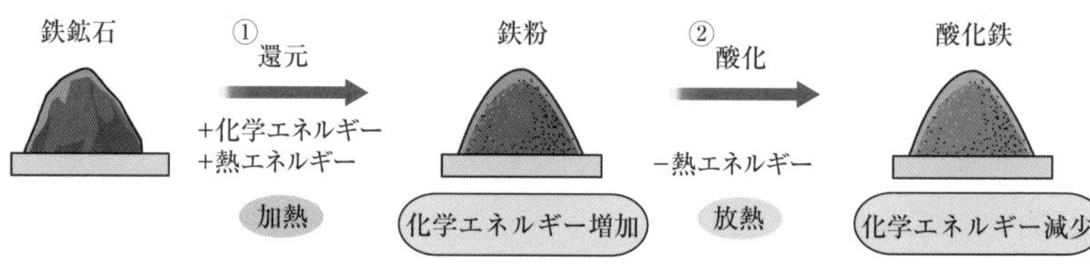

▲化学変化とエネルギー

上の図のように，鉄鉱石→鉄粉（化学カイロ）→酸化鉄という反応を考えると，

① 鉄鉱石に熱エネルギーや炭素の化学エネルギーを加えて，鉄粉にする。鉄粉がもつ化学エネルギーは，加えられたエネルギーの分だけ増加したことになる。
② 化学カイロ中の鉄粉が，空気中の酸素によって酸化鉄になるときには，①で加えられた熱エネルギーを放出することになるので，酸化鉄全体の化学エネルギーは減少する。

実際には，周囲を加熱するために消費されるエネルギーがあるので，物質に加えられるエネルギーと，その物質から得られるエネルギーは**一致しない**ことが多い➡①。

もっとくわしく

①物質のもつ化学エネルギーを損失なくとり出すことが，現在の大きな課題である。燃焼による発熱量の何%を利用できたかを表す尺度に熱効率があり，その値は，次のようになる。
蒸気機関：約10%
ガソリンエンジン：約30%
火力発電所：約40%

化学エネルギーと生命活動

動物は，有機物を食物として体内にとり入れる。有機物は体内で消化・吸収されて➡②，ブドウ糖（グルコース）などの栄養分となり，これが体内の各組織に運ばれ，そこで酸化されるときに発生する熱エネルギーを，体温の維持に用いたり，からだを動かす運動エネルギーとして用いたりしている。

もっとくわしく

②有機物を消化・吸収するためにもエネルギーは用いられている。

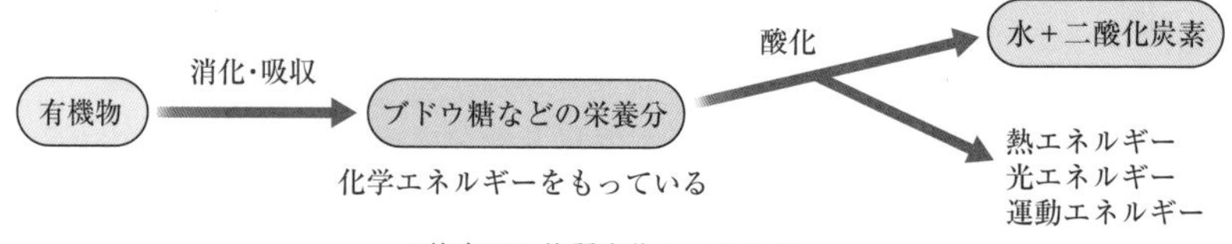

▲体内での物質変化とエネルギー

§６ 化学変化と質量

▶ここで学ぶこと

化学変化が起こると，物質の質量はどのように変化するのかを学ぶとともに，化合物を構成する原子の質量比についても考えていく。

① 質量保存の法則

1 さまざまな化学変化と質量の変化

▶硫酸と水酸化バリウム水溶液の反応の質量変化

実験・観察 うすい水酸化バリウム水溶液をうすい硫酸に加える。

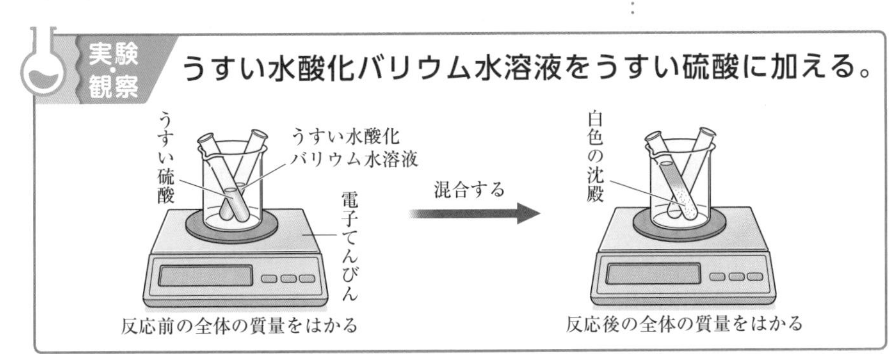

この実験では，硫酸バリウム $BaSO_4$ の白色の沈殿が生じる➡③が，反応の前後で質量の変化は見られない。

③白色の物質が下に沈んだ状態を「白色の沈殿が生じた」という。

▶石灰石と塩酸の反応の質量変化

実験・観察 石灰石にうすい塩酸を加える。

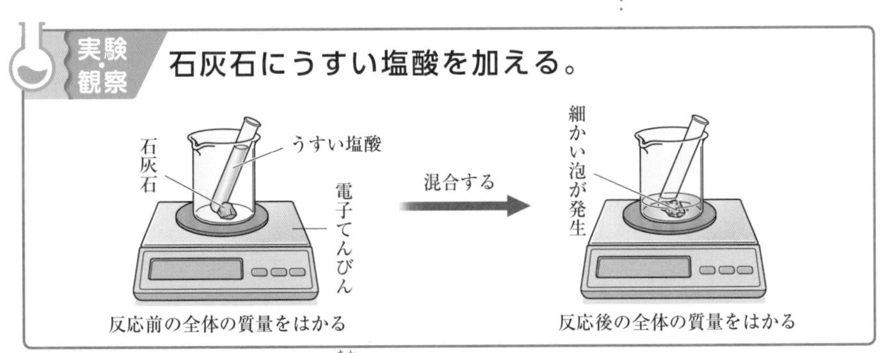

この実験では，二酸化炭素の泡(あわ)が発生する。発生した二酸化炭素は空気中へ出ていってしまうため，反応後の質量は減少する。

スチールウール（鉄）の燃焼の質量変化

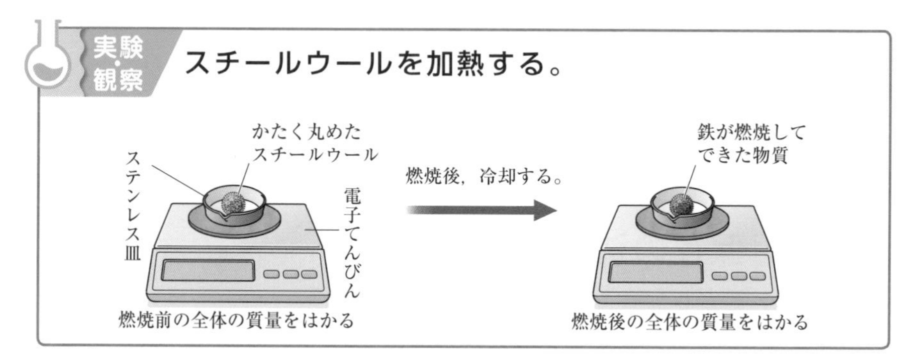

この実験では，燃焼後の質量は燃焼前の質量よりも増加している。これは，スチールウールが空気中の酸素と結びついたためで，増加した質量は，結びついた酸素の質量である。

2 質量保存の法則と気体

質量保存の法則

1774年，フランスのラボアジェは，化学変化の前後で，変化に関係した物質の質量の和は変わらないことを発見した。これを**質量保存の法則**➡①という。

気体が化学変化に関与する場合

気体が発生する反応では，密閉した状態で実験を行わないと，反応後の質量は減少する。例えば，前ページの石灰石に塩酸を加える実験では二酸化炭素が発生するので，この発生する二酸化炭素の質量もはかっておけば，反応の前後で質量は変化していないことになる。

また，気体が結びつく反応では，密閉した状態で実験を行わないと，質量の増加が観察される。例えば，上のスチールウールの燃焼実験では，空気中の酸素と鉄が結びつくので，結びつく酸素の質量もはかっておけば，反応の前後で質量は変化していないことになる。

「石灰石と塩酸の反応」も「スチールウールの燃焼」も，密閉した状態で実験を行うと，反応の前後で質量は変化しない。

もっとくわしく

①今日では，化学変化では原子の組み合わせが変化するだけだということがわかっているので，この法則は当然のことのように思われるが，18世紀のころは大きな発見で，ここから化学という学問がはじまったといってよい。

参考

質量保存の法則を実証するには，沈殿が生じる反応を用いるか，気体が関与する反応ならば密閉状態で実験を行う。いずれにしても，化学変化の起こる実験を用いること。溶解などの物理変化を用いても実証したことにはならない。

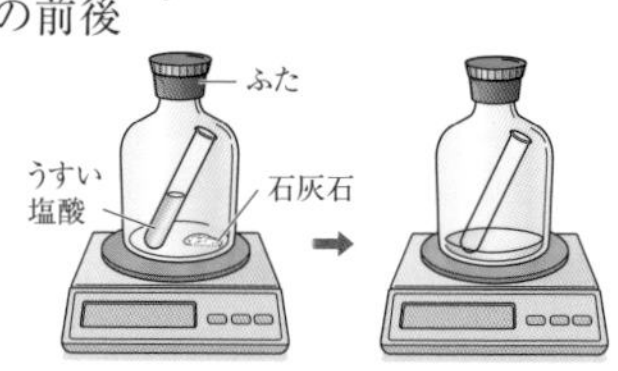

▲ 密閉容器内で行う石灰石と塩酸の反応

② 定比例の法則

1 金属と反応する酸素の質量

マグネシウムの粉末の酸化

マグネシウムの粉末をステンレス皿に入れて，まずステンレス皿ごと質量を電子てんびんではかる。次にこれを加熱して，冷却したあと再び質量を測定する。実験に用いるマグネシウムの粉末の質量を変えて，何回か実験を行う。

参考

②実験で用いるマグネシウムの粉末を完全に酸化しないと，下のようなグラフにはならない。何回かくり返し加熱して，用いたマグネシウムを完全に酸化すること。

実験・観察　マグネシウムの粉末を加熱する。

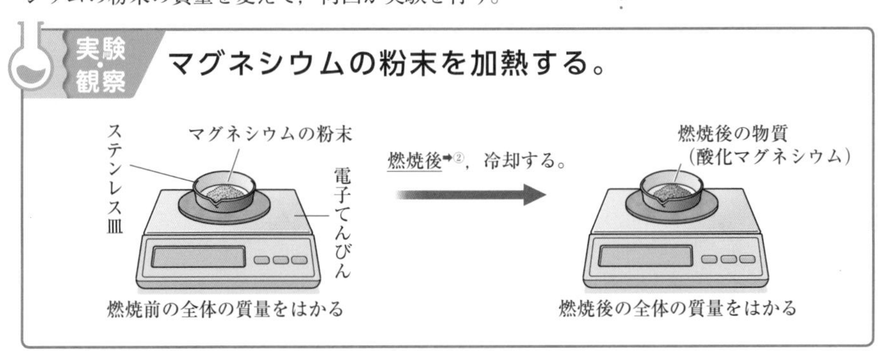

マグネシウムの質量と生じた酸化物の質量の関係をグラフに表すと下の左の図のようになる。

マグネシウムの質量とそれに結びついた酸素の質量の関係をグラフに表すと下の右の図のようになる。

▼マグネシウムの質量と生じた酸化物の質量

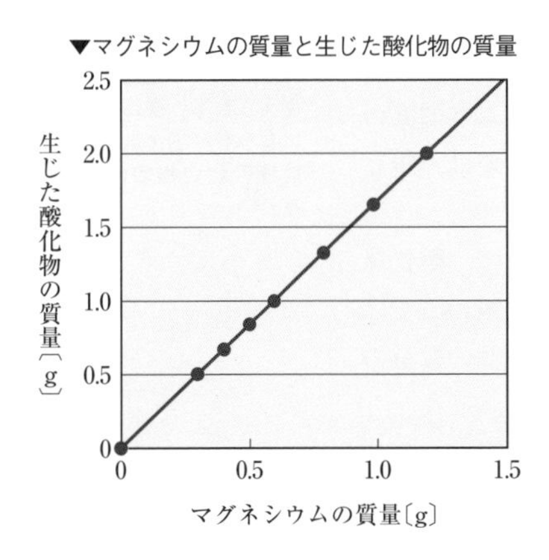

▼マグネシウムの質量と結びついた酸素の質量

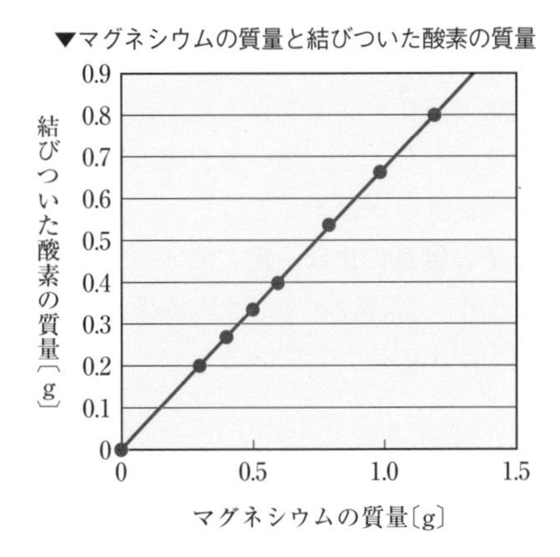

この結果から，マグネシウムの質量と結びついた酸素の質量の比はいつでも３：２と一定になることがわかる。

銅の粉末の酸化

前ページのマグネシウムの粉末の酸化と同様の実験を，マグネシウムの粉末のかわりに，銅の粉末を用いて行うと次のような結果が得られる。

▼銅の質量と生じた酸化物の質量

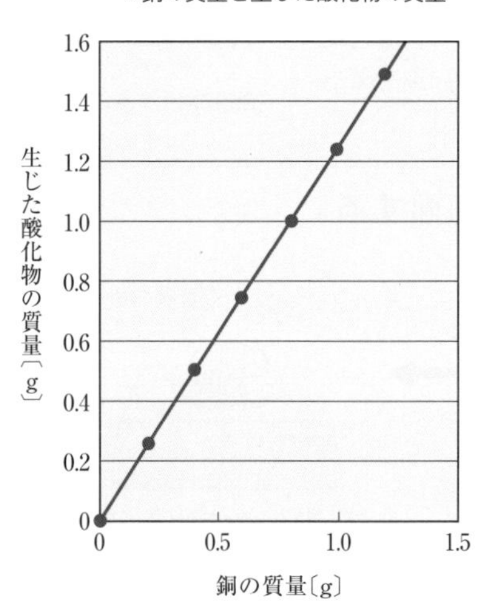

▼銅の質量と結びついた酸素の質量

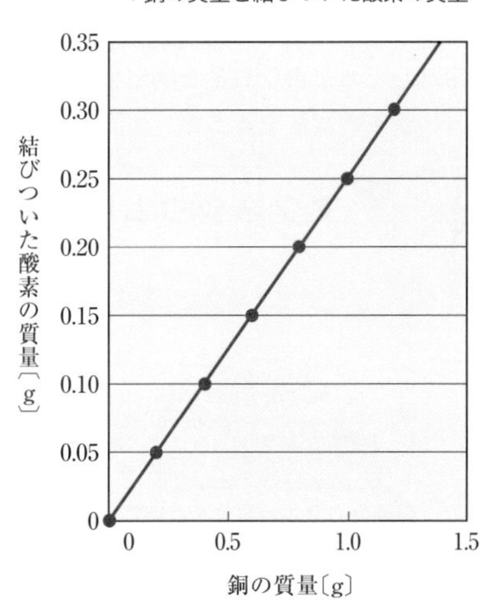

この結果から，**反応する銅と酸素の質量の比はいつでも4：1と一定**になることがわかる。

もっとくわしく

反応する金属と酸素の質量の関係をグラフにして，それが同じかたむきの原点を通る直線となる場合は，それらはすべて，同一の化合物であると考えられる。逆に，同じ直線にならない場合は，混合物か異種の化合物の可能性がある。

2種類の金属の酸化からわかること

●**化合物を構成する原子の質量比は一定**　マグネシウムの酸化物（酸化マグネシウム）では，マグネシウムと酸素の質量比は，3：2。銅の酸化物（酸化銅(Ⅱ)）では，銅と酸素の質量の比は4：1。

●**原子の質量の比は一定**　酸素原子1個に対して，酸化マグネシウムではマグネシウム原子が1個，酸化銅(Ⅱ)では銅原子が1個結合しているとすれば，各原子1個の質量の比は，

　マグネシウム：酸素＝3：2　　　酸素：銅＝1：4

よって，

　マグネシウム：酸素：銅＝3：2：8

2 定比例の法則と化合物，原子の質量

定比例の法則

1799年，フランスのプルーストは，特定の物質→①を構成する元素の質量の比は，物質の種類によって定まっていることを発見した。これを**定比例の法則**→②という。

化合物を構成する原子の質量 発展学習

現在は，原子の質量の比（原子量〔➡P.253〕）→③も化合物の化学式も求められているので，この定比例の法則は理解しやすい。

例えば，マグネシウム Mg，酸素 O，銅 Cu の原子量は，それぞれ 24，16，64 だから，原子１個の質量比が Mg : O : Cu = 24 : 16 : 64，また，酸化マグネシウム，酸化銅(Ⅱ)の化学式はそれぞれ MgO，CuO である。

もし，24g のマグネシウムがあれば，それが酸化して生じる酸化マグネシウムの質量は，

24 + 16 = 40〔g〕

となり，当然，結びつくマグネシウムと酸素の質量の比は，

24 : 16 = 3 : 2

となる。

また，64g の銅があれば，それが酸化して生じる酸化銅(Ⅱ)の質量は，

64 + 16 = 80〔g〕

となり，当然，結びつく銅と酸素の質量の比は，

64 : 16 = 4 : 1

となる。

原子説

質量保存の法則と定比例の法則から，1803年イギリスのドルトンは，原子説〔➡P.219〕を考えた。化学変化では，原子の組み合わせが変化するだけで，原子そのものは分割も消失もしないという，現在の常識がここから生まれたといってよいだろう。

参考

①定比例の法則中の「特定の物質」とは，純物質である化合物のことである。

もっとくわしく

②定比例の法則を導き出した実験とその結果から，ドルトンが原子量という考えを提唱した。
プルーストがこの法則を発見したときに，原子量を考えたわけではない。

もっとくわしく

③現在の原子量の基準は，炭素 ^{12}C の原子量＝12だが，ドルトンは水素の原子量＝１を基準としていた。その後，1961年までは，酸素 ^{16}O の原子量＝16 が基準であった。

人物

▲ドルトン

確認問題

化学変化と質量

次の問いに答えよ。

(1) ① 水素4gと酸素32gがちょうど結びついて水ができた。できた水の質量は何gか。

② 12gのメタンを燃やすと33gの二酸化炭素と27gの水ができた。何gの酸素が反応したと考えられるか。

(2) 右の図は，銅とマグネシウムを別々に加熱して生じた物質の質量を測定した結果をグラフに表したものである。

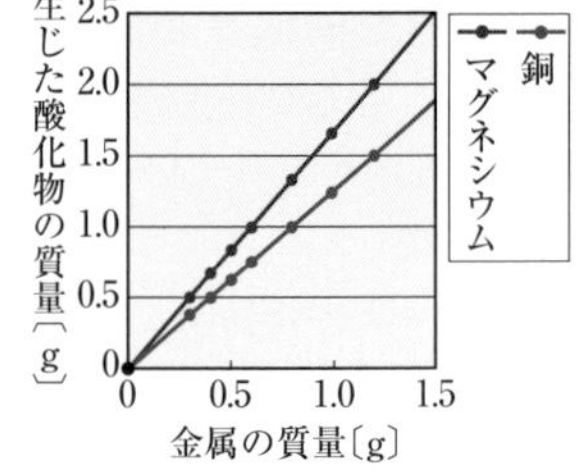

① 0.6gの銅と結びつく酸素の質量は何gか。

② 2.1gのマグネシウムを加熱すると何gの物質が生じると考えられるか。

③ 同じ質量の酸素と結びつく，マグネシウムと銅の質量比は何対何になるか。

学習のPOINT

(1) ①，② 質量保存の法則が成り立つはずだから，反応前後で質量の和は変化しない。

(2) ① グラフから，1.0gの銅から1.25gの酸化銅(Ⅱ)が生じることがわかる。

② グラフから，0.6gのマグネシウムから1.0gの酸化マグネシウムが生じることがわかる。

③ ①，②の結果から，酸素と各金属の質量比を求める。

解き方

(1) ② 12gのメタンとx〔g〕の酸素が反応したとすれば，$12+x=33+27$

(2) ① 1.0gの銅から1.25gの酸化銅(Ⅱ)が生じるから，反応する銅と酸素の質量比は，$1.0:(1.25-1.0)=4:1$。x〔g〕の酸素が結びつくとしたら，$4:1=0.6:x$

② 0.6gのマグネシウムから1.0gの酸化マグネシウムが生じるから，求める答えをy〔g〕とすると，$0.6:1.0=2.1:y$

③ 反応するマグネシウムと酸素の質量比は，$0.6:(1.0-0.6)=3:2$。反応する銅と酸素の質量比は，(2)①より$4:1$。
よって，2gの酸素に対して，マグネシウムは3g，銅は$(4\times2=)$8g結びつくことがわかる。

解答

(1) ① 36g ② 48g

(2) ① 0.15g ② 3.5g ③ 3：8

Level Up!

一酸化炭素と二酸化炭素は，どちらも炭素と酸素が結びついてできた化合物である。これらの化合物ができるとき，一定質量の炭素と結びつく酸素の質量の間にはどのような関係があるか。ここでは，倍数比例の法則とよばれる化学の基本法則を学んでいこう。

③ 倍数比例の法則

倍数比例の法則

1803年，ドルトンは原子説を発表➡①するとともに，次のようなことを予言し，実験から成り立つことを実証した。

「元素AとBから成る２種類の化合物X，Yがあるとき，化合物Xでは元素Aのa〔g〕と元素Bのb〔g〕が結びつき，化合物Yでは元素Aの同じa〔g〕と元素Bのb'〔g〕が結びつくならば，b：b'は簡単な整数比となる。」

これを倍数比例の法則という。

炭素と酸素の化合物

炭素と酸素の化合物については，次のような結果が得られる。このことから，＜1＞，＜2＞の２つの化合物が存在することがわかる。

もっとくわしく

①ドルトンは，元素が球形であると考えたので，下のような○を用いた元素記号を提唱した。

水素　窒素　酸素　炭素

硫黄　鉄　銅　金

水　二酸化炭素

▼炭素とその酸化物の質量

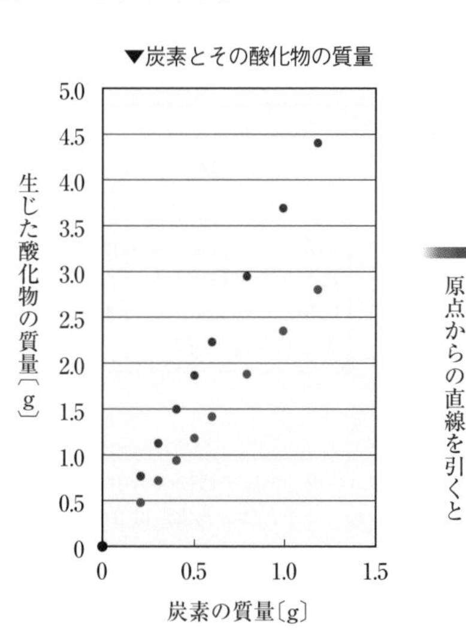

原点からの直線を引くと

▼炭素とその酸化物の質量

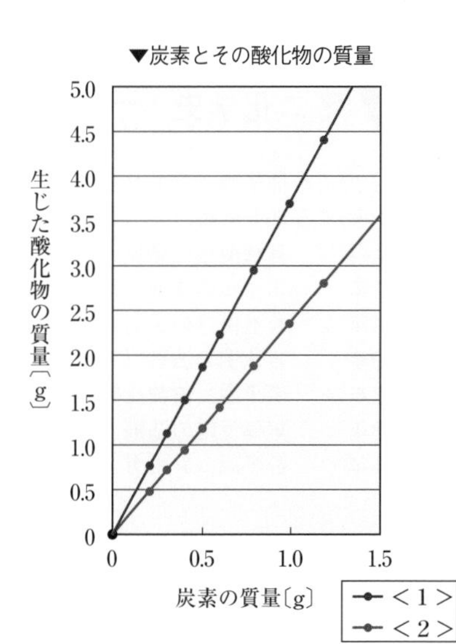

炭素と酸素から成る2つの化合物

▼炭素と結びつく酸素の質量

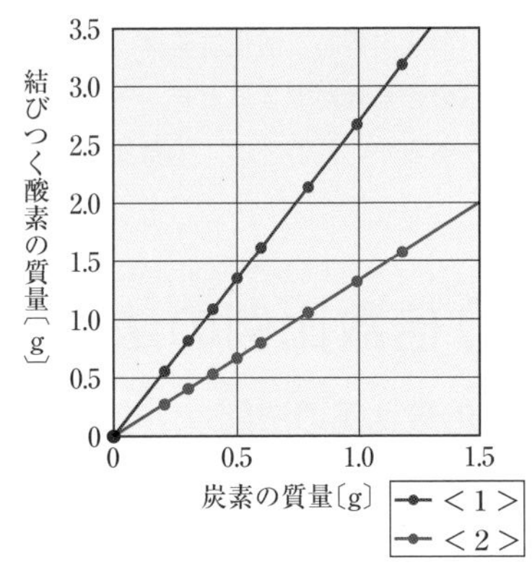

＜1＞の化合物では，炭素0.3gに対して，酸素が0.8g結びついているから，結びついている原子の質量の比は，

炭素：酸素＝3：8

＜2＞の化合物では，炭素0.3gに対して，酸素が0.4g結びついているから，結びついている原子の質量の比は，

炭素：酸素＝3：4

となり，＜1＞，＜2＞で，同じ質量の炭素と結びついている酸素の質量は　8：4＝2：1となり，簡単な整数比となる。したがって，倍数比例の法則は成り立っている。

現在は＜2＞の化合物が一酸化炭素COであることがわかっている。当然，＜1＞の化合物は＜2＞の化合物の2倍の酸素をふくんでいるので，二酸化炭素CO_2を表している。

分子式へ

このように，倍数比例の法則は，化合物の分子式や組成式を解明するのに，大いに寄与した法則といえる。

研究 ミニ化学史

B.C.500ごろ 原子説（デモクリトス）
B.C.350ごろ 四元素説（アリストテレス）
（錬金術）　各種薬品の発見，技術の進歩
1662年　ボイルの法則，粒子概念のきっかけ
1774年　質量保存の法則（ラボアジェ）
1799年　定比例の法則（プルースト）
1803年　原子説，倍数比例の法則（ドルトン）
1808年　気体反応の法則（ゲーリュサック）→ 過不足なく反応する気体の体積は簡単な整数比となる。また生成物が気体なら，その体積も簡単な整数比となる。
1811年　分子説（アボガドロ）→ すべての気体は同温・同圧では同体積中に同数の分子をふくむ。分子とは1個または2個以上の原子が結合してできる粒子である。

練習問題

解答➡ p.618

1 次のア～オの変化を，物理変化と化学変化に分類せよ。

ア　氷を加熱するととける。
イ　木が燃える。
ウ　過酸化水素水に二酸化マンガンを加えると酸素が発生する。
エ　塩化ナトリウムを水に加えると，食塩水になった。
オ　酸化銀を加熱すると，金属光沢のある物質が生じた。

2 右の図のような装置で，水に少量の水酸化ナトリウムを加えて，水の電気分解を行った。次の問いに答えよ。

(1)　水の電気分解を行うときに，水酸化ナトリウムのかわりに加えてもよい物質は何か。物質名で答えよ。
(2)　水素が発生するのは，陽極，陰極のどちらか。
(3)　陽極と陰極に発生する気体の体積比は，何対何になるか。

3 次にあげる元素について，元素名が記してある場合は元素記号を，元素記号を記してある場合は元素名を書け。

ア　窒素　　イ　K　　ウ　硫黄　　エ　Cl　　オ　炭素

4 次にあげる分子を表すモデルを，下のア～ケから選び，記号で答えよ。ただし，○を水素原子，◎を酸素原子，●を窒素原子とする。

(1)　水素　　(2)　水　　(3)　アンモニア　　(4)　過酸化水素
ア　○○　　イ　◎◎　　ウ　●●　　エ　◎◎◎　　オ　○◎○
カ　●◎●　　キ　○◎◎○　　ク　◎ / ◎◎◎　　ケ　○●○ / ○

5 次の(1)～(3)の化学反応式の係数をそれぞれ求めよ。ただし，各反応における係数の比は最小の整数比とし，係数が 1 の場合は 1 を書くこと。

(1)　(a)O_2　→　(b)O_3
(2)　(a)C_2H_6　+　(b)O_2　→　(c)CO_2　+　(d)H_2O
(3)　(a)Cu　+　(b)HNO_3　→　(c)$Cu(NO_3)_2$　+　(d)NO　+　(e)H_2O

6 次の化学変化を，化学反応式で書き表せ。

(1) 石灰石 $CaCO_3$ に塩酸をかけると，二酸化炭素と水を生じ，塩化カルシウム $CaCl_2$ 水溶液になる。

(2) 炭酸水素ナトリウムを加熱すると，水と二酸化炭素が生じ，炭酸ナトリウムの白色の粉末になる。

(3) 酸化銅(Ⅱ)に塩酸をかけると，塩化銅(Ⅱ) $CuCl_2$ と水が生じる。

(4) カルシウム（金属）を水に入れると，水素（気体）が発生し，水酸化カルシウムが水溶液中に生じる。

7 マグネシウムの粉末の質量を変えて空気中で加熱し，生じた酸化マグネシウムの質量をはかった。下の表はその結果である。あとの問いに答えよ。

	マグネシウムの質量〔g〕	酸化マグネシウムの質量〔g〕
実験1	0.15	0.25
実験2	0.30	0.50
実験3	0.60	1.00
実験4	0.90	①
実験5	1.20	②

(1) 表中の①，②に当てはまる数値を求めよ。

(2) 右の図に，マグネシウムの質量と結びついた酸素の質量との関係を表すグラフをかけ。

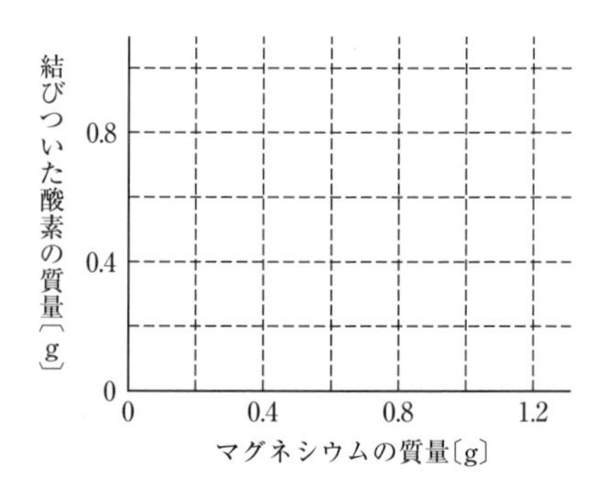

(3) 過不足なく反応するマグネシウムの質量と酸素の質量の比は，何対何になると考えられるか。最も簡単な整数の比で答えよ。

8 **次の文章をよく読んで，あとの問いに答えよ。**

・マグネシウムを空気中で燃焼すると，マグネシウムは（A）される。(a)燃焼後に得られる物質の質量は，燃焼前の質量に比べて（B）している。

・酸化銅(Ⅱ)に炭素粉末を加えて加熱すると，酸化銅(Ⅱ)は（C）される。この(b)実験後に得られる物質の質量は，実験前の酸化銅(Ⅱ)の質量に比べて（D）している。

(1) A～Dに当てはまることばを，次の**ア**～**カ**の中からひとつずつ選び，記号で答えよ。

ア 還元　**イ** 分解　**ウ** 中和　**エ** 酸化　**オ** 増加　**カ** 減少

(2) 下線 (a)，(b) の物質名をそれぞれ答えよ。

(3) 下線 (a)，(b) の色をそれぞれ答えよ。

(4) マグネシウムの反応と酸化銅(Ⅱ)の反応は，モデルで表すとどのように表すことができるか。下の**ア**～**キ**からもっとも適切なものを選び，記号で答えよ。なお，● はマグネシウムや銅を，○は酸素原子を，□は炭素原子を表す。

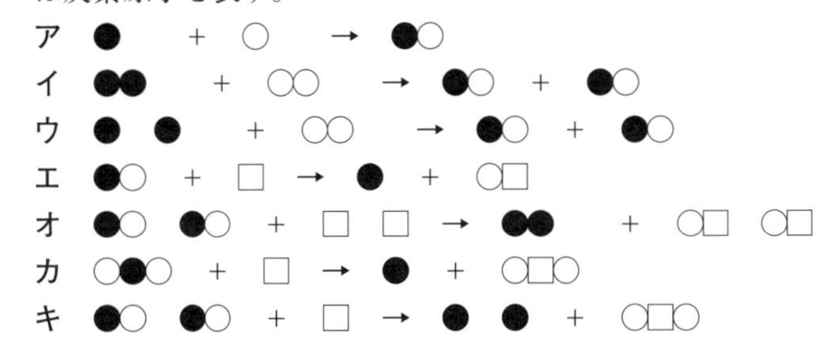

9 **鉄粉と活性炭を密閉できる容器に入れ，これに食塩水を少量加えて，フタをし，容器をふった。このとき起こる反応について，次の問いに答えよ。**

(1) この反応で，温度は次の**ア**～**ウ**のどれのように変化するか。

ア 上がる　**イ** 変化しない　**ウ** 下がる

(2) この反応では，どの物質とどの物質が反応したか，**ア**～**カ**から選び，記号で答えよ。

ア 活性炭と鉄粉　**イ** 食塩水と鉄粉　**ウ** 活性炭と酸素
エ 活性炭と食塩水　**オ** 鉄粉と酸素　**カ** 食塩水と酸素

第3章 化学変化とイオン

↑地球上の水には，いろいろな物質がとけている。ここでは，水溶液の電気的な性質や酸・アルカリの反応をイオンを通して理解する。

§1 水溶液とイオン

▶ここで学ぶこと

物質をつくる原子は，水溶液中ではどのような状態で存在しているのかを学ぶ。また，それらの状態を記号を用いて表せるようにする。

① 水溶液の電気伝導性

1 電流の流れる水溶液

電解質と非電解質

純粋な水（蒸留水，精製水（せいせいすい））に電圧をかけても電流は流れない。しかし，物質を水にとかした後，水溶液に電圧をかけると，溶解している物質の種類によって，電流が流れる場合と流れない場合がある。

水にとかしたときに電流が流れる物質を**電解質**という。また，水にとかしても電流が流れない物質を**非電解質**という。

参考

電解質と非電解質は，ともに水にとける物質（化合物）である。水にとけない物質は，電解質とも非電解質ともいわない。

電気伝導性を調べる

実験・観察　物質とその水溶液に電流が流れるかどうかを調べる実験

【方法】

1 物質をビーカーに少量ずつとり，図のようにして，モーターが回るか，電流計の針が動くかを調べる。

2 それぞれの物質を蒸留水にとかして水溶液をつくり，1と同様にして電流が流れるかどうかを調べる。

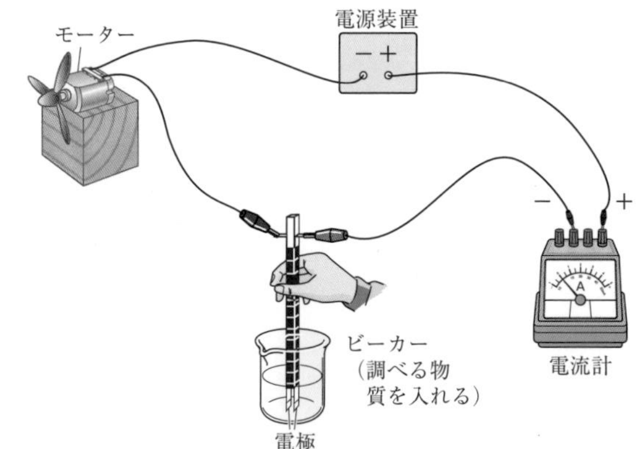

※電極は，調べる物質をかえるたびに精製水でよく洗う。

いろいろな物質の電流の流れやすさ

▼いろいろな物質の電流の流れやすさ

	物質	状態	電流	
			そのまま	水溶液
電解質	塩化ナトリウム（食塩）	固体	×	○
	硫酸銅(Ⅱ)	固体	×	○
	塩化銅(Ⅱ)	固体	×	○
	硫酸	液体	△	○
	酢酸	液体	△	○
非電解質	砂糖	固体	×	×
	エタノール	液体	×	×
	蒸留水➡①	液体	×	－

○印…電流が流れる　△印…電流が流れにくい　×印…電流が流れない

上の表の物質のほかに，塩化水素（水溶液は塩酸），水酸化ナトリウム，ホウ酸，クエン酸（果汁にふくまれる）なども電解質である。

●電解質の電流の流れやすさ

電解質水溶液の**電流の流れやすさは，物質の種類や水溶液の濃度によって異なる。**

・濃度が大きいほど電流が流れやすいもの
…塩化ナトリウム，塩化銅(Ⅱ)など。

・濃度が大きすぎると電流が流れにくくなるもの
…硫酸，酢酸など。

また，濃度を同じにしたとき，酢酸，ホウ酸，二酸化炭素（水溶液は炭酸水）などは，他の物質に比べて電流が流れにくい。

参考

①水溶液の溶媒である蒸留水は，非電解質には入れない。

水溶液を流れる電流

図のような装置で電流を流すと，陰極には赤色の銅が，陽極には気体の泡が生じる。水溶液中に流れる電流は，これらの物質の生成と関係があると考えられる。

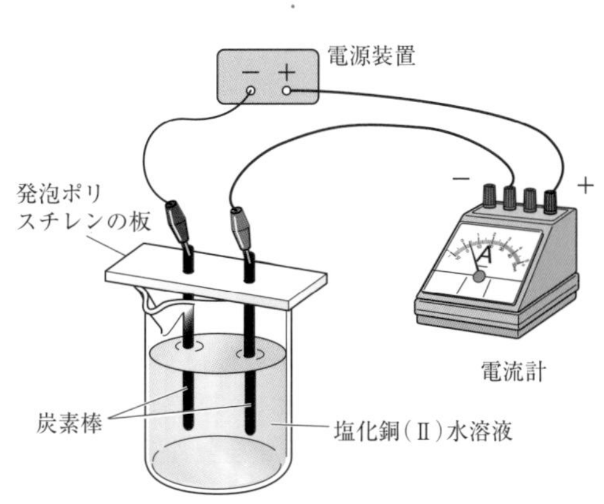

② イオン

1 原子の構造

中央に原子核があり，そのまわりにいくつかの電子がある。

原子を構成する粒子

●**原子核**　原子の中心に存在し，**陽子**と**中性子**から成り立っている。原子核の直径は，原子の大きさの1万～10万分の1である。

●**電子殻**　原子核を中心とした，同心球の状態➡①で存在する。もっとも外側の電子殻が，原子の大きさといってよい。電子殻には，電子が存在している。

もっとくわしく

原子は球形の微粒子で，直径はおよそ5×10^{-11}m～3×10^{-10}m（10^{-10}mは，100億分の1m）である。原子の大きさは電子殻の大きさといえる。

参考

①電子殻と電子殻の間は真空である。

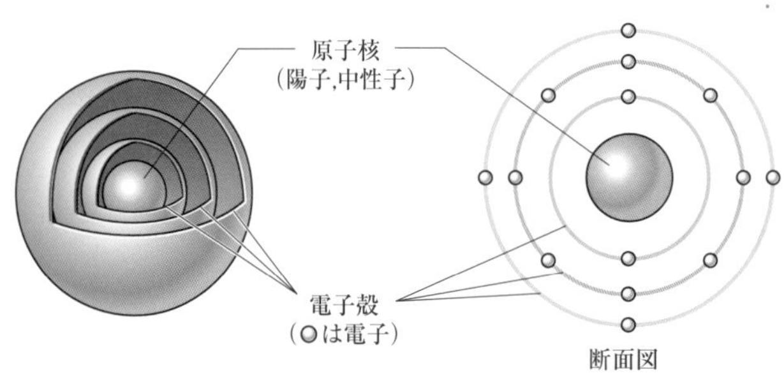

▲原子の構造

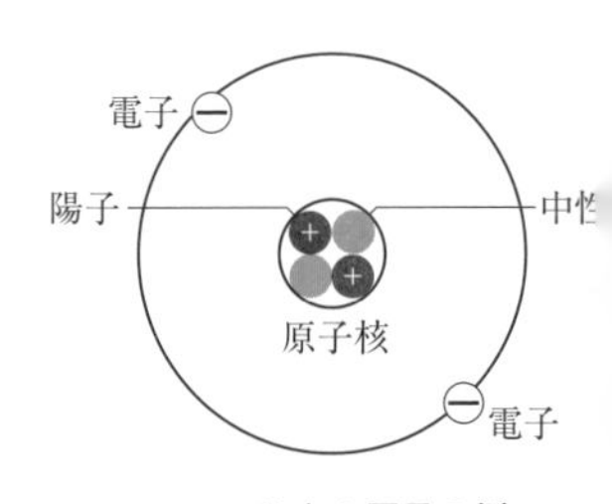

▲ヘリウム原子の例

●**陽子**　＋の電気をもつ粒子で，質量は中性子とほぼ等しい。

●**中性子**　電気をもたない粒子。

●**電子**　－の電気をもつ粒子で，質量は陽子の約$\frac{1}{1840}$。電子がもつ電気と，陽子がもつ電気は符号は反対だが電気の大きさは等しい。電子はe^-や⊖で表すことが多い。

参考

陽子は英語で proton，
中性子は英語で neutron，
電子は英語で electron である。

原子内の陽子の数・中性子の数・電子の数

●**陽子の数＝電子の数**　原子が陽子を6個もつ場合は，電子も6個存在する。そのため，原子は電気的に中性となっている。原子内の陽子の数を**原子番号**という。

●**原子の質量≒（陽子の数＋中性子の数）×（陽子の質量）**
電子の質量は，陽子の質量の約$\frac{1}{1840}$と非常に軽く，また，陽子と電子の数は等しいので，原子全体の質量には，電子の質量はふくめず，ほぼ原子核の質量と考えてよい。陽子の数と中性子の数の和を**質量数**とよぶ。

元素記号と原子番号・質量数の表し方

原子番号は元素記号の左下に記す。例えば，原子番号1の元素である水素は，$_1$H と記す。原子番号は，その元素に特有な数なので，この順番に元素を並べて整理した**周期表**[➡巻末]が発案され，元素の性質[②]を理解するうえで活用されている。

また，質量数は元素記号の左上に記す。例えば，原子番号2の元素であるヘリウムの質量数が4のとき，次のように記す。

質量数→4
原子番号→2 He
↑
元素記号

原子番号が同じ原子は，必ず元素記号も同じであるので，元素記号を記し，原子番号を省略することがある。例えば，原子番号1の水素原子には，質量数1のものと質量数2のものが存在するが，これらを^{1}H，^{2}H[③]と表すことがある。

原子の質量

炭素^{12}C の原子1個の質量を12とし，これと比べたときの原子の質量を**原子量**という。すなわち，原子量は実際の質量[④]を表しているわけではない。

例えば，アルミニウムの原子量は約27であり，原子1個の質量を比較すると，アルミニウムは炭素の

27 ÷ 12 = 2.25（倍）の質量をもつことになる。

分子の質量

原子量と同じように，炭素^{12}C の原子1個の質量を12としたときの分子の質量を**分子量**という。分子量は，分子にふくまれる原子の原子量の和と考えてよい。

例えば，原子量を，H = 1，O = 16 とすれば，
水素分子 H_2 の分子量は，1 × 2 = 2
水分子 H_2O の分子量は，1 × 2 + 16 = 18
となり，水分子の質量は，水素分子の質量に比べると，
18 ÷ 2 = 9（倍）であることがわかる。

もっとくわしく

②原子番号は原子核にふくまれる陽子の数を表しているが，原子においては同時に電子の数も表している。電子殻に存在する電子の数によって，その原子の化学的性質がほぼ決まるので，原子番号は元素の化学的性質を決定づけるものと考えられる。

用語

③同位体
$^1_1$H, $^2_1$H のように，原子番号が等しく，質量数が異なるものを，たがいに同位体（どういたい）であるという。同位体間では，原子核中の中性子の数が異なる。

もっとくわしく

④原子の実際の質量は，もっとも軽い水素原子で約1.67×10^{-24}g である。

もっとくわしく

原子量は各元素にふくまれる同位体の割合をもとに算出されている。

2 イオン

原子が電気を帯びたものを**イオン**という。＋の電気を帯びたものが**陽イオン**，－の電気を帯びたものが**陰イオン**である。

陽イオンの成り立ち

原子は全体としては電気的に中性である。その**原子が電子を放出すると，全体としては＋の電気を帯びるようになり，陽イオンになる。**

例えば，原子番号 11 のナトリウム原子では，原子核に陽子が 11 個存在し，電子殻に電子が 11 個存在するので，全体では，

$$\underset{\text{陽子の＋の電気}}{+11} + \underset{\text{電子の－の電気}}{(-11)} = 0$$

となり電気的に中性だが，電子を 1 個放出すると，

$$\underset{\text{陽子の＋の電気}}{+11} + \underset{\text{電子の－の電気}}{(-10)} = +1$$

となり，全体としては＋の電気を帯びた陽イオンのナトリウムイオン（Na^+と表す）となる。

もっとくわしく

金属は，陽イオンになる傾向がある。[➡P.286]

参考

金属から生じる陽イオンの名称は，（金属名）＋イオンとなる。

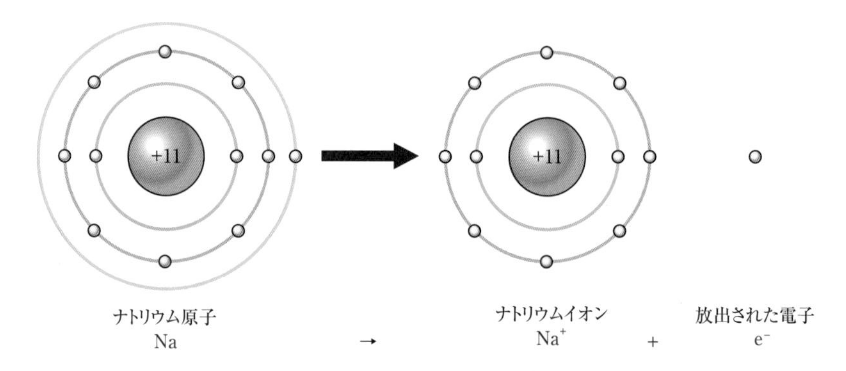

▲ナトリウム原子のイオン化

陰イオンの成り立ち

原子が電子を受けとると，全体としては－の電気を帯びるようになり，陰イオンになる。

例えば，原子番号 17 の塩素原子では，原子核に陽子が 17 個存在し，電子殻に電子が 17 個存在するので，全体では，

$$\underset{\text{陽子の＋の電気}}{+17} + \underset{\text{電子の－の電気}}{(-17)} = 0$$

となり，電気的に中性だが，電子を 1 個受けとると，

もっとくわしく

非金属は，陰イオンになる傾向がある。[➡P.287]

どのような原子が電子を何個放出したり，受けとったりするのかは，原子の電子殻に何個の電子が存在するのかによって決まる。[➡P.284]

$+17 \quad + \quad (-18) \quad = -1$

陽子の＋の電気　　電子の－の電気

となり，全体としては－の電気を帯びた陰イオンの塩化物(えんかぶつ)イオン➡①（Cl^-と表す）となる。

①原子が陰イオンとなった場合，そのイオンの名称は，「～化物イオン」となる。

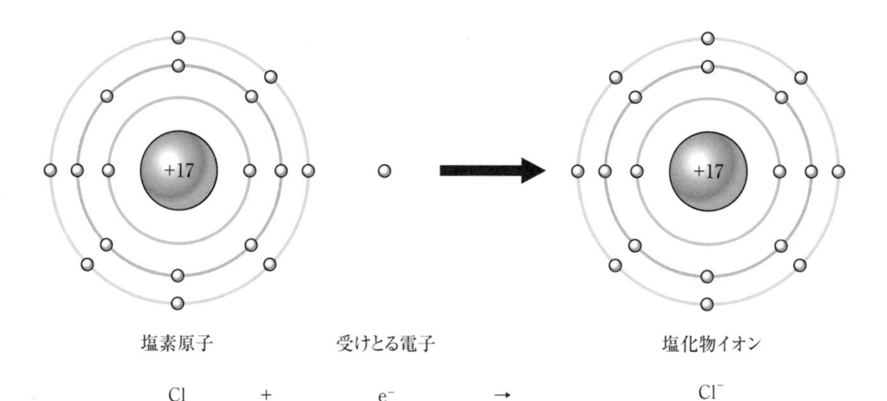

▲塩素原子のイオン化

イオンを表す化学式

原子が失う電子の数や受けとる電子の数を，イオン価という。イオンの記号は，原子の記号と帯びている電気の種類，イオン価の数を組み合わせたものである。

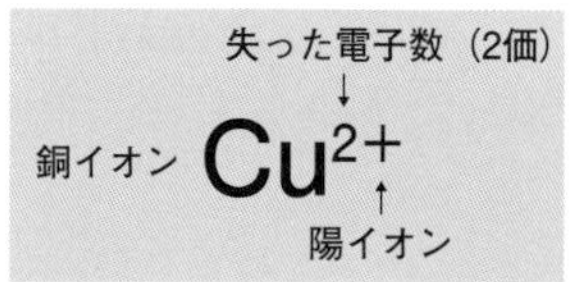

受けとった電子数1は省略（1価）

塩化物イオン　Cl^-

陰イオン

もっとくわしく

原子が電子を m 個失ってできたイオンを m 価の陽イオン，原子が n 個の電子を受けとってできたイオンを n 価の陰イオンという。

また，いくつかの原子がまとまって全体として電気を帯びたイオンでは，集まった原子の記号と数も組み合わせる。

用　語

原子団
原子が２個以上集まって１つの原子のようにふるまうものを原子団（または基）という。

▼いろいろなイオン

陽イオン				陰イオン			
水素イオン	H^+	銅イオン	Cu^{2+}	塩化物イオン	Cl^-	酸化物イオン	O^{2-}
ナトリウムイオン	Na^+	マグネシウムイオン	Mg^{2+}	ヨウ化物イオン	I^-	硫化物イオン	S^{2-}
カリウムイオン	K^+	亜鉛イオン	Zn^{2+}	水酸化物イオン	OH^-	硫酸イオン	SO_4^{2-}
銀イオン	Ag^+	バリウムイオン	Ba^{2+}	硝酸イオン	NO_3^-	炭酸イオン	CO_3^{2-}
アンモニウムイオン	NH_4^+	カルシウムイオン	Ca^{2+}				
		アルミニウムイオン	Al^{3+}				

3 電離

塩化ナトリウム➡①や塩化銅(Ⅱ)などの物質は，水にとけると陽イオンと陰イオンに分かれる。

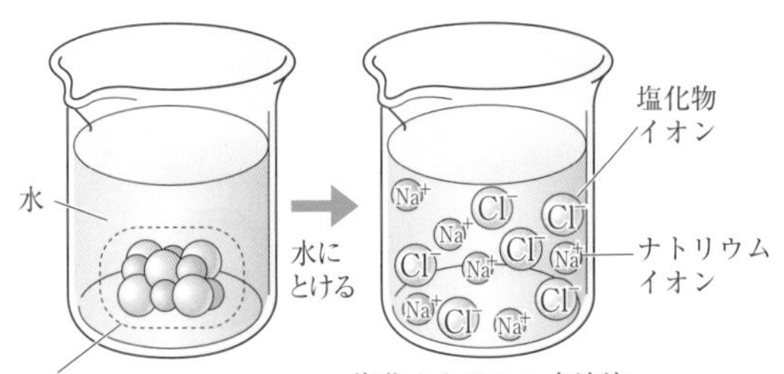

このように，物質が水にとけて，陽イオンと陰イオンに分かれることを**電離**という。

電離と電解質・非電解質

電解質の水溶液に電流が流れるのは，電解質が水にとけると電離するからである。➡②つまり，**電解質とは水にとけて電離する物質であり，非電解質とは水にとけても電離しない物質であるといえる。**

強電解質と弱電解質

電解質の種類によって，電離しやすいものや電離しにくいものがある➡③。水にとかした物質のほとんどが電離するものを**強電解質**といい，物質の一部分しか電離しないものを**弱電解質**という。

電離の表し方

電離のようすを，化学式を使って表す。

塩化ナトリウムの電離は次のような式で表される。

$$NaCl \rightarrow Na^{+} + Cl^{-}$$

塩化ナトリウム　ナトリウムイオン　塩化物イオン

▼いろいろな物質の電離を表す式（★は弱電解質）

物質名	電離を表す式	物質名	電離を表す式
塩化水素（塩酸）	$HCl \rightarrow H^{+} + Cl^{-}$	硝酸	$HNO_3 \rightarrow H^{+} + NO_3^{-}$
塩化銅(Ⅱ)	$CuCl_2 \rightarrow Cu^{2+} + 2Cl^{-}$	酢酸★	$CH_3COOH \rightarrow H^{+} + CH_3COO^{-}$
硫酸	$H_2SO_4 \rightarrow 2H^{+} + SO_4^{2-}$	炭酸ナトリウム	$Na_2CO_3 \rightarrow 2Na^{+} + CO_3^{2-}$
硫酸銅(Ⅱ)	$CuSO_4 \rightarrow Cu^{2+} + SO_4^{2-}$	塩化アンモニウム	$NH_4Cl \rightarrow NH_4^{+} + Cl^{-}$
水酸化ナトリウム	$NaOH \rightarrow Na^{+} + OH^{-}$	アンモニア水★	$NH_3 + H_2O \rightarrow NH_4^{+} + OH^{-}$

もっとくわしく

①塩化ナトリウムは分子をつくらず，多数のナトリウムイオン（陽イオン）と塩化物イオン（陰イオン）が規則正しく交互に並んでできている。

もっとくわしく

②金属内では自由電子が動いて電流が流れるが，電解質の水溶液中では，自由電子のかわりに陽イオンは－極へ，陰イオンは＋極へと動くことによって電流が流れる。

もっとくわしく

③イオン結合 [➡P.288] によってできている化合物は電離しやすい（塩化ナトリウム，塩化銅(Ⅱ)など）。

§2 酸・アルカリ・中和

▶ここで学ぶこと

酸・アルカリの性質や，代表的な酸・アルカリについて学ぶ。また，中和について理解し，この反応で生じる塩(えん)の性質について学ぶ。

① 酸

1 酸に共通した性質

酸性

酸の水溶液には，次のような共通した性質がある。これらの性質を**酸性**とよぶ。

①**なめると酸(す)っぱい味がする**➡④

食酢(しょくす)（調味料の酢）が酸っぱいのは，そのなかに，酢酸やクエン酸をふくむためである。

②**青色リトマス紙を赤色に，ＢＴＢ溶液を緑色から黄色に変色させる**

リトマス紙，BTB溶液のように，酸やアルカリと反応して変色する試薬を**指示薬(しじやく)**という。

③**亜鉛などの金属と反応して水素を発生する**

塩酸や硫酸などの酸は，亜鉛・鉄・アルミニウム・マグネシウムなどの金属と反応して水素を発生する。

▼酸の水溶液で見られる変化

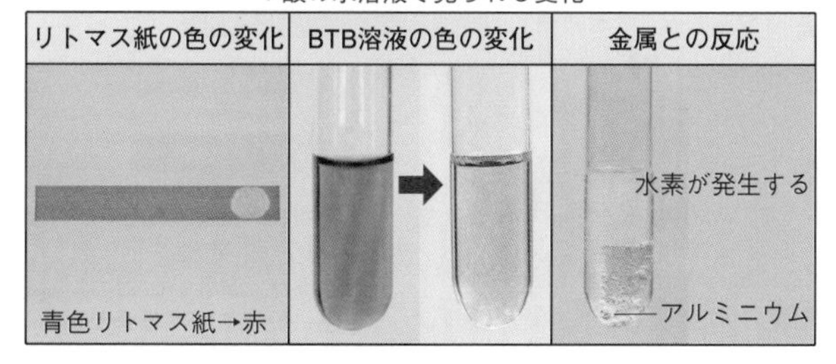

酸の水溶液中での電離

塩化水素は，水素 H と塩素 Cl から成り立っている物質で，HCl と表される。これを水にとかすと塩酸となり，その水溶液中では，＋(プラス)の電気を帯びた粒子（**陽イオン**）である**水素イオン H^+** と，－(マイナス)の電気を帯びた粒子（**陰イオン**）である**塩化物イオン Cl^-** に電離している。

ここに注意

④塩酸・硫酸をそのままの濃度で直接なめるのは危険。だが，十分うすめてなめると，やはり酸っぱい味がする。ちなみに，酸（acid）という言葉は，ラテン語の acidus（すっぱい）に由来してつけられた。

参考

指示薬は英語でindicatorである。

塩化水素が水溶液中で電離するようすを表すと，下のようになる。

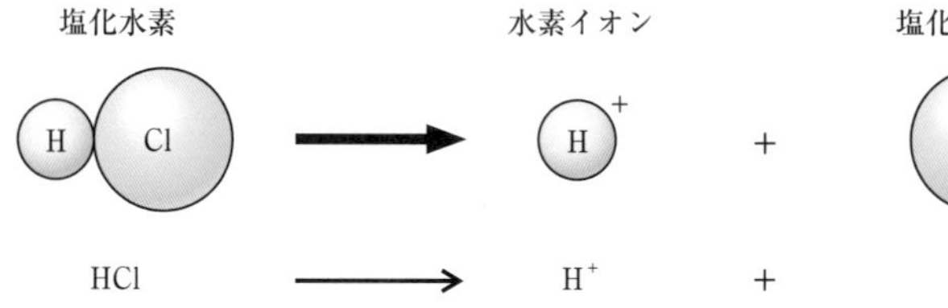

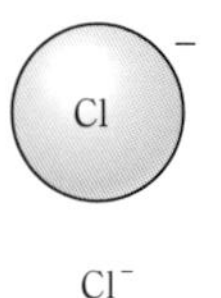

$$HCl \longrightarrow H^+ + Cl^-$$

▲塩化水素の電離

つまり，「塩化水素はその水溶液（塩酸）中で水素イオンと塩化物イオンに電離している」といえる。

酸は，水溶液中で電離して水素イオンを放出する物質→①で，共通して放出する水素イオンのために，酸性という共通した性質を示す。

もっとくわしく

①水溶液中の水素イオンの濃度が高いと，「酸性が強い」状態になる。これを水で希釈（きしゃく）して，水素イオン濃度が低くなれば，当然「酸性が弱い」状態になる。また，ほぼ全部が電離する酸を強酸とよび，一部しか電離しない酸を弱酸とよんでいる。

水素イオンの移動

下のような装置を組み立てて，塩酸をしみこませた糸を中央におき，電圧を加えると，陰極側の青色リトマス紙が赤く変色する。これは，陽イオンである水素イオンが陰極側に移動したため→②である。

もっとくわしく

②陽イオンは陰極へ，陰イオンは陽極へ移動する。

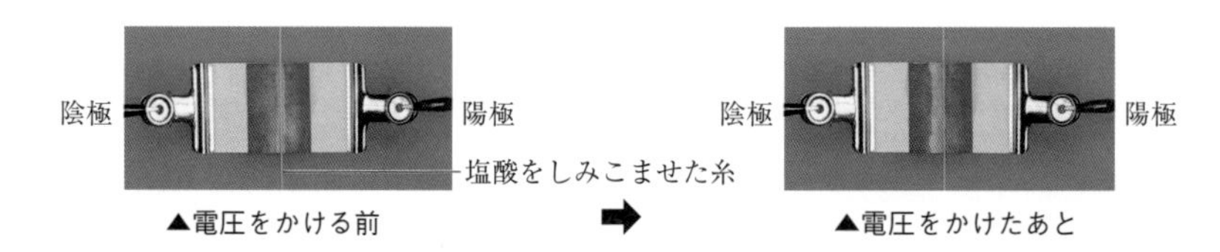

▲電圧をかける前 ➡ ▲電圧をかけたあと

酸の強さ→③

● **強酸** 塩酸や硫酸にマグネシウムの粉末を入れると，激しく反応して水素を発生する。このように酸の性質が強いものを強酸という。**塩酸，硫酸，硝酸が代表的な強酸**である。

● **弱酸** 酢酸にマグネシウムの粉末を入れても，水素の発生は非常ににぶい。このように酸としての性質が弱いものを弱酸という。**酢酸，炭酸水（二酸化炭素の水溶液），硫化水素水，クエン酸など**，身近には多くの弱酸が存在する。

もっとくわしく

③酸の水溶液の濃度がこいほうが，強い酸性を示しそうに思うが，濃度がうすいほうが強い酸性を示す場合がある。例えば，硫酸は，うすい濃度の場合は強酸として作用するが，濃硫酸は酸として作用しない。したがって，水素を発生させる場合に硫酸を用いるなら，うすい硫酸を用いなければならない。

2 代表的な酸

塩酸　HCl

●塩化水素（気体）を水にとかしたもの　気体である塩化水素を水にとかしたものなので，加熱すると気体（塩化水素）を生じる➡④。このように気体を発生しやすいので，揮発性の酸とされる。

●無色で，こいと刺激臭　濃塩酸（のうえんさん）は刺激臭があり，白煙（はくえん）（塩化水素が空気中の水分にとけたもの）を生じる。

●硝酸銀水溶液に加えると，白色の沈殿（ちんでん）を生じる　白色沈殿は塩化銀である。

硫酸　H_2SO_4

●硫酸の分子式と電離

硫酸の分子式は H_2SO_4 で，水溶液中では次のように電離する。

$$H_2SO_4 \rightarrow 2H^+ + SO_4^{2-}$$

SO_4^{2-} を硫酸イオンという。

●無色で，不揮発性（ふきはつせい）の酸　三酸化硫黄という固体と水から生成したものなので，加熱しても気体は生じない➡④。そのため，不揮発性の酸とされる。

●濃硫酸は密度が大きく，水にとかすと発熱する　濃硫酸を水でうすめる場合は，冷却しながら水に徐々に濃硫酸を加える➡⑤。

●濃硫酸には脱水性，吸湿性（きゅうしつせい）がある➡⑥　物質内にふくまれる水素原子と酸素原子を２：１の割合でとり去る性質を**脱水性**，物質にふくまれる水分をとり去る性質を**吸湿性**（**吸水性**）とよぶ。

●希硫酸は強い酸性　希硫酸（うすい硫酸）は強い酸性を示す。これに対して，濃硫酸はほとんど酸性を示さない。

●塩化バリウム水溶液に加えると白色の沈殿を生じる　白色の沈殿は硫酸バリウムである。

硝酸　HNO_3

●硝酸の分子式と電離

硝酸の分子式は HNO_3 で，水溶液中では次のように電離する。

$$HNO_3 \rightarrow H^+ + NO_3^-$$

もっとくわしく

④温度が高くなると，気体の溶解度は一般に小さくなるので，塩酸を加熱すると塩化水素（気体）が発生する。固体の溶解度は気体の溶解度とは逆に，温度が高くなったほうが大きくなるから，硫酸は加熱してもその成分（三酸化硫黄）が発生することはない。

ここに注意

⑤逆に濃硫酸に水を加えると，硫酸がとびちる危険がある。

もっとくわしく

⑥紙に濃硫酸をたらすと，濃硫酸がふれた部分が黒く変色する。紙は炭素，水素，酸素から成り立つ物質なので，このなかから濃硫酸が水素と酸素をとり去ってしまい，炭素のみが残るからである。

NO_3^-を**硝酸イオン**[①]という。

●**無色で，揮発性の酸** 気体である二酸化窒素を水にとかして生成したものである。

●**タンパク質と反応してタンパク質を黄色にする**[②] この反応を**キサントプロテイン反応**という。

●**濃硝酸は銅と反応して二酸化窒素，希硝酸は一酸化窒素を発生する** 二酸化窒素は赤褐色，一酸化窒素は無色の気体である［➡P.196］。

酢酸 CH_3COOH

●**酢酸の分子式と電離**

酢酸の分子式は CH_3COOH で，水溶液中では次のように電離する。

$$CH_3COOH \rightarrow H^+ + CH_3COO^-$$

CH_3COO^-を**酢酸イオン**[③]という。

●**無色で，刺激臭がある液体** いわゆるお酢のにおいである。食酢中には4％前後の酢酸がふくまれている。

●**こい酢酸は冬期に凝固(ぎょうこ)する**[④] 酢酸の融点は16.6℃なので，室温がこれを下回ると，純度が高い酢酸は固体となる。このため，純度が高い酢酸を**氷酢酸(ひょうさくさん)**という。

●**弱酸である** 塩酸・硫酸などの金属との反応に比べると，酢酸と金属との反応はおだやかである。

そのほかの酸

次のような酸が，わたしたちの身近には存在している。いずれも**弱酸**である。

●**炭酸 H_2CO_3** **二酸化炭素**が水にとけこんで生成したもの。炭酸飲料などのなかに存在する。

$H_2CO_3 \rightarrow 2H^+ + CO_3^{2-}$（炭酸イオン）

●**亜硫酸 H_2SO_3** 二酸化硫黄が水にとけこんで生成したもの。**酸性雨**の原因のひとつである物質。

$H_2SO_3 \rightarrow 2H^+ + SO_3^{2-}$（亜硫酸イオン）

●**ホウ酸 H_3BO_3** 固体の酸で，水に少しとけ，その水溶液は目薬などに用いられている。

$H_3BO_3 \rightarrow 3H^+ + BO_3^{3-}$（ホウ酸イオン）

参考

①硝酸からは硝酸イオン，硫酸からは硫酸イオンがそれぞれ電離によって生じるが，257ページで見たように，塩酸が電離して生じる陰イオンの名称は塩化物イオンであって，塩酸イオンではない。

ここに注意

②このように硝酸は，タンパク質と反応するので，皮膚や粘膜(ねんまく)につけないようにとりあつかう。

もっとくわしく

③酢酸分子を構成する4つの水素原子のうち電離できるのは1つだけである。

もっとくわしく

④お酢は，酢酸を4％程度しかふくんでいないので，冬期でも凝固することはない。

●クエン酸➡⑤　多くの果実にふくまれる白色の固体の酸で，発泡入浴剤にも用いられることがある。

$C_6H_8O_7$ → $3H^+$ + $C_6H_5O_7{}^{3-}$（クエン酸イオン）

3 指示薬の変色

酸によって変色する代表的な指示薬と，その変色の範囲を下に示した。

酸性の強さを示す値として，pH（ピーエイチ）➡⑥を一般に用い，pHが7のとき中性，7より小さくなるほど酸性が強いことを示している。

指示薬	pHの値 強い ← 酸性	1	2	3	4 → 弱い	5	6	7 中性
TB（チモールブルー）	赤	橙		黄				
MO（メチルオレンジ）			赤	橙	黄			
MR（メチルレッド）				赤		橙	黄	
BTB（ブロモチモールブルー）						黄	緑	
リトマス紙					赤	紫		

チモールブルー，メチルオレンジ，メチルレッドは，黄色→橙色→赤色　と変化するが，これは実験中判別しにくいので，中学ではリトマス紙やBTB溶液を用いることが多い。

もっとくわしく

⑤クエン酸は，無害な弱酸なので，電気ポット内に生じる白い沈殿物（主成分は炭酸カルシウム）を除去するための薬品としても利用されている。

もっとくわしく

⑥アルカリ性の強さを示すのにもpHを用いる。pHが7より大きくなるほどアルカリ性が強いことを示している。
[➡P.265]

▼代表的な酸の水溶液で見られる変化

酸／変化	塩酸	硫酸	酢酸	炭酸水
	強酸	強酸	弱酸	弱酸
リトマス紙				
BTB溶液				
金属（アルミニウム）	アルミニウム			

② アルカリ

1 アルカリに共通した性質

アルカリ性

アルカリ➡①の水溶液には，次のような共通した性質がある。これらの性質をアルカリ性とよぶ。

①指につけるとぬるぬるする

アルカリは皮膚をつくるタンパク質をとかす性質があるため，指につくと指の表面のタンパク質がとけて，ぬるぬるする。

②赤色リトマス紙を青色に変色させる

ＢＴＢ溶液を，緑色から青色にさせる

フェノールフタレイン溶液は無色から赤色（桃色）になる

③うすい水溶液は，なめると苦味がある

アルカリはタンパク質をとかすので，うすい水溶液でもなめるときには，十分注意しなければならない。

▼アルカリの水溶液で見られる変化

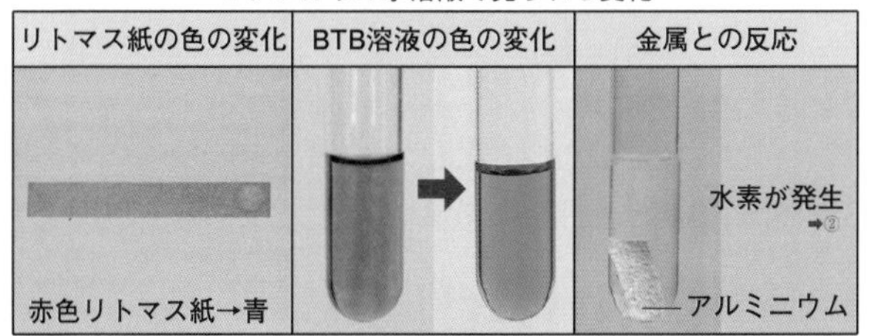

アルカリの水溶液中での電離

水酸化ナトリウムは，ナトリウム Na と酸素 O と水素 H から成り立っている物質で，NaOH と表される。水溶液中では電離して，陽イオンである**ナトリウムイオン Na^+**と，陰イオンである**水酸化物イオン OH^-**を生じている。水酸化ナトリウムが水溶液中で電離するようすを表すと，下のようになる。

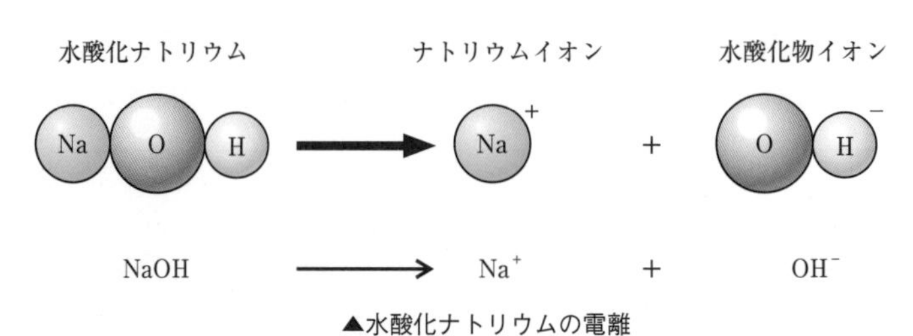

$$NaOH \longrightarrow Na^+ + OH^-$$

▲水酸化ナトリウムの電離

もっとくわしく

①アルカリ（alkali）とは，アラビア語で植物や海藻の灰（al：品物，kali：灰）を意味している。植物を燃やしたあとの灰を，水にとかしてつくった水溶液がアルカリ性を示すことからこう名づけられたのだが，近年はアルカリのかわりに塩基（base），アルカリ性のかわりに塩基性（basic）という言葉を用いることが多くなってきた。高校ではこちらの言葉で学ぶことになる。

参考

②アルミニウムや亜鉛などはとけて水素が発生するが，マグネシウムや鉄を入れてもとけない。

もっとくわしく

アルカリ性の水溶液のpH[➡P.265]は，7より大きく，その値が大きくなるほどアルカリ性が強い。

アルカリは，水溶液中で電離して水酸化物イオンを放出する物質で，共通して放出する水酸化物イオンのために，アルカリ性という共通した性質を示すのである。

水酸化物イオンの移動

下のような装置を組み立てて，水酸化ナトリウム水溶液をしみこませた糸を中央におき，電圧を加えると，陽極側の赤色リトマス紙が青く変色する。これは，陰イオンである水酸化物イオンが陽極側に移動したためである。

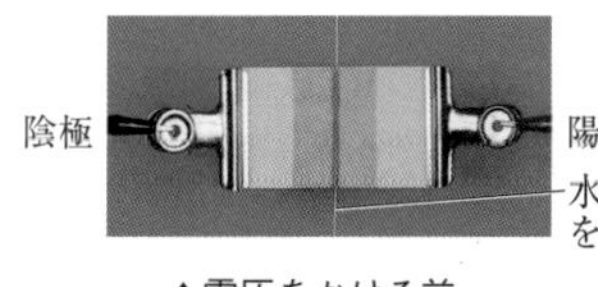

▲電圧をかける前

▲電圧をかけたあと

アルカリの強さ

●**強アルカリ**　水酸化ナトリウム水溶液は，タンパク質をすみやかにとかす→③。このようにアルカリ性が強いものを**強アルカリ**という。**水酸化ナトリウム，水酸化カリウム，水酸化カルシウム，水酸化バリウム**は代表的な強アルカリである。

●**弱アルカリ**　アンモニア水は，タンパク質とはほとんど反応しないが，赤色リトマス紙を青色に変色させる。このようにアルカリ性が弱いものを**弱アルカリ**という。アンモニア水は代表的な弱アルカリである。

2 代表的なアルカリ

水酸化ナトリウム NaOH

●**白色の固体で潮解性がある**　空気中の水分を吸収してとけていく性質を潮解性という。そのため，水酸化ナトリウムの質量をはかりとるときは，すばやく行う必要がある→④。

●**水に溶解するときに，多量の発熱が起こる**　溶解度は非常に高く，100g の水に 20℃で 109g，100℃で 347g 溶解する。水溶液は強いアルカリ性を示し→⑤，タンパク質だけでなく，植物繊維（セルロース）もとかす場合がある。　この性質があるため，濃い水酸化ナトリウム水溶液は，木材パルプを溶解してレーヨンを生成するときに用いられる。

●**二酸化炭素を吸収して，炭酸ナトリウムを生じる**　二酸化炭素が多量に存在する場合は，炭酸水素ナトリウムとなる。

もっとくわしく

③強アルカリは，タンパク質だけでなく，植物繊維（セルロース）や油脂とも反応する。また，アルミニウムや亜鉛などの数種類の金属（両性金属）は強アルカリの水溶液と反応して水素を発生する。

もっとくわしく

④水酸化ナトリウムには潮解性があり，その水溶液は，空気中の二酸化炭素を吸収するので，ある濃度の水溶液をつくるのも，その濃度を維持するのにも注意が必要である。

もっとくわしく

⑤水酸化ナトリウムは，ガラスをとかすほど激しくほかの物質と反応するので，苛性ソーダとよばれる場合がある。「苛」とはきびしいことを意味する。ソーダとは，もともと炭酸ナトリウムのことだったのだが，それがナトリウムをふくむ物質すべてを意味するようになった。漢字を当てて，苛性曹達と記される場合もある。

アンモニア NH_3

●アンモニアの分子式と電離

アンモニアの分子式は NH_3 で，水溶液中では次のように電離する。

$$NH_3 + H_2O \rightarrow NH_4^+ + OH^-$$

NH_4^+ をアンモニウムイオンという。

●水によくとける気体で，水溶液は弱いアルカリ性を示す

この水溶液をアンモニア水といい，代表的な気体[➡P.193]である。

水酸化カルシウム $Ca(OH)_2$

●水酸化カルシウムの組成式[➡P.218]と電離

水酸化カルシウムの組成式は $Ca(OH)_2$ で，水溶液中では次のように電離する。

$$Ca(OH)_2 \rightarrow Ca^{2+} + 2OH^-$$

Ca^{2+} をカルシウムイオンという。

●白色の固体で，消石灰（しょうせっかい）ともよばれる　酸化カルシウム（別名：生石灰（せいせっかい））に水を加えると，激しく発熱して水酸化カルシウムが生じるので，水酸化カルシウム➡①は消石灰とよばれる。

●水にはあまりとけないが，水溶液は強いアルカリ性を示す

20℃の水100gに0.165gとける。また，固体の物質にはめずらしく，温度が上昇すると溶解度が減少する。この水溶液を石灰水（せっかいすい）という。

●水溶液に二酸化炭素を通じると，白色の沈殿が生じる

白色の沈殿物は炭酸カルシウムである。

●もっとも安価なアルカリとして，広く用いられている

酸性の土壌（どじょう）を中和[➡P.267]するために，畑に散布されたりしている。

水酸化バリウム $Ba(OH)_2$

●水酸化バリウムの組成式と電離

水酸化バリウムの組成式は $Ba(OH)_2$ で，水溶液中では次のように電離する。

$$Ba(OH)_2 \rightarrow Ba^{2+} + 2OH^-$$

Ba^{2+} をバリウムイオンという。

●白色の固体で，水によくとける　水100gに，20℃で4.29g，80℃で101.4g溶解する。水溶液➡②は強いアルカリ性を示す。

もっとくわしく

H^+, Ca^{2+}, Ba^{2+} のような1つの原子から成り立つイオンを単原子イオンとよぶ。H^+ を水素イオンという。NH_4^+, NO_3^-, SO_4^{2-}, CH_3COO^- のように複数の原子から成り立つイオンを多原子イオンとよび，これらのイオンの名称は電離する前の酸やアルカリの名称に由来するものになる。

もっとくわしく

①水酸化カルシウムは，建築に用いるセメント，モルタル，漆喰（しっくい）などの原料としても多量に用いられている。

もっとくわしく

②バリウム（barium）は，ギリシャ語のbarys（重い）に由来して名づけられた物質なので，以前は水酸化バリウムの水溶液は，重土水（じゅうどすい）とよばれていた。

●**水溶液に二酸化炭素を通すと白色の沈殿が生じる**　生じる沈殿は炭酸バリウムである。

●**水溶液に硫酸を加えると白色の沈殿が生じる**　生じる沈殿物は硫酸バリウム→③である。「代表的な酸 [➡P.259]」で，硫酸は塩化バリウムと反応して硫酸バリウムを生じると記した。ここでも同様の物質が生じることを覚えておこう。

参考

③硫酸バリウムは，胃のレントゲン撮影などに用いられている。

3 指示薬の変色

アルカリによって変色する代表的な指示薬とその変色の範囲を下に示した。

アルカリ性の強さを示す値として，pH（ピーエイチ）を用いることができる。pH が7のときが中性，7より大きくなるほどアルカリ性が強いことを示している。

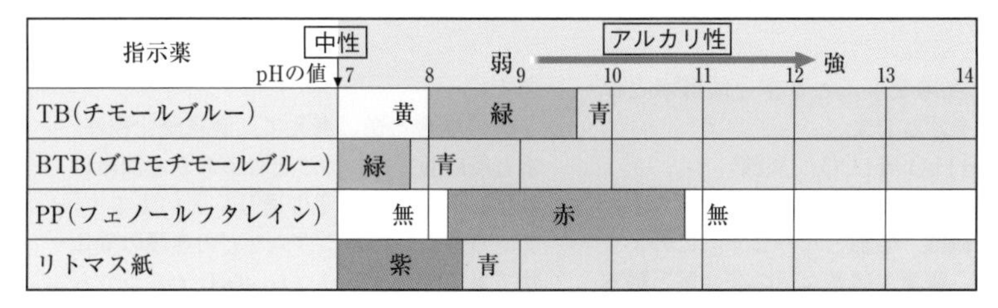

指示薬 ＼ pHの値（中性 7 → アルカリ性 弱→強）	7	8	9	10	11	12	13	14
TB(チモールブルー)	黄	緑		青				
BTB(ブロモチモールブルー)	緑	青						
PP(フェノールフタレイン)	無	赤			無			
リトマス紙	紫	青						

▼代表的なアルカリの水溶液で見られる変化

変化 ＼ アルカリ	水酸化ナトリウム水溶液	水酸化カルシウム水溶液	アンモニア水
	強アルカリ	強アルカリ	弱アルカリ
リトマス紙			
BTB溶液			
金属（アルミニウム）	アルミニウム		

酸に対する指示薬の変色の範囲と合わせると，下のようになる。

▼代表的な指示薬の色の変化

指示薬	pHの値 強 1	2	酸性 3	4	5	弱 6	中性 7	8	弱 9	10	アルカリ性 11	12	強 13	14
TB	赤	橙	黄					黄	緑	青				
MO			赤	橙	黄									
MR				赤		橙	黄							
BTB						黄	緑		青					
PP								無		赤		無		
リトマス紙					赤		紫		青					

酸やアルカリとして作用する物質

二酸化炭素を水にとかすと炭酸水となり，酸性を示します。

$CO_2+H_2O \rightarrow H_2CO_3$（炭酸）

同じように二酸化窒素，三酸化硫黄は水と反応して硝酸，硫酸となります。このように，炭素，窒素，硫黄などの非金属と酸素から成り立っている物質（これを非金属酸化物という）は，水と反応して酸になります。これらの事実から，非金属酸化物は酸性酸化物ともいわれています。「酸素」という言葉は，このように酸をつくり出す物質という意味で名づけられました。しかし，塩酸のように酸素をふくまない酸も存在します。

酸の場合と逆に考えて，金属酸化物は，水と反応してアルカリとなるのかと問われれば，一般には「その通り」といえます。ナトリウム，カルシウムなどの金属の酸化物である酸化ナトリウム，酸化カルシウムを水に作用させると，水酸化ナトリウムや水酸化カルシウムとなります。

$Na_2O+H_2O \rightarrow 2NaOH$

（水酸化ナトリウム）

しかし，酸のときの塩酸のように，アルカリについてもアンモニアのような例外があることに注意しましょう。

▼代表的な酸・アルカリの電離を表す式

酸		アルカリ	
名称	電離を表す式	名称	電離を表す式
塩酸	$HCl \rightarrow H^+ + Cl^-$	水酸化ナトリウム	$NaOH \rightarrow Na^+ + OH^-$
硫酸	$H_2SO_4 \rightarrow 2H^+ + SO_4^{2-}$	水酸化カリウム	$KOH \rightarrow K^+ + OH^-$
硝酸	$HNO_3 \rightarrow H^+ + NO_3^-$	アンモニア	$NH_3 + H_2O \rightarrow NH_4^+ + OH^-$
酢酸	$CH_3COOH \rightarrow H^+ + CH_3COO^-$	水酸化カルシウム	$Ca(OH)_2 \rightarrow Ca^{2+} + 2OH^-$
炭酸	$H_2CO_3 \rightarrow 2H^+ + CO_3^{2-}$	水酸化バリウム	$Ba(OH)_2 \rightarrow Ba^{2+} + 2OH^-$

③ 中和と塩(えん)

1 酸性，アルカリ性の変化

中和

塩酸にBTB溶液を数滴加えると，溶液の色は黄色になる。これにうすい水酸化ナトリウム水溶液を少しずつ加えていくと，溶液の色が　黄色→緑色→青色　と変化していく。黄色→緑色　となるのは，アルカリを加えると，酸性が弱まっていき，中性になることを意味している。このように酸の水溶液とアルカリの水溶液を混ぜあわせたときに，たがいの性質を打ち消しあう変化を**中和**という。

もっとくわしく

①緑色→青色となるのは，アルカリの水溶液を加えすぎて水溶液がアルカリ性になるためである。実際に実験をしてみると，ちょうど中性を示すようにさせるのは難しいので，少し青色気味にしてから，それに濃度のうすい塩酸を少しずつ加えて，溶液を緑色にするとよい。

参考

中和は英語ではneutralizationという。

実験・観察　**BTB溶液を用いた塩酸と水酸化ナトリウム水溶液の中和の実験**

【方法】

ＢＴＢ溶液を数滴加えたうすい塩酸に，こまごめピペットを使って水酸化ナトリウム水溶液を少しずつ加えていき，色の変化のようすを見る。

▲うすい塩酸に水酸化ナトリウム水溶液を加えていく

【結果】

色の変化は下のようになった。

▲酸性（黄色）

→ 水酸化ナトリウム水溶液を加える。

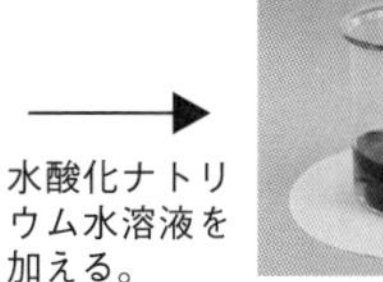

▲中性（緑色）

→ 水酸化ナトリウム水溶液を加える。

▲アルカリ性（青色）→①

緑色になった水溶液を蒸発皿に少量とり，水を蒸発させて，残ったものを顕微鏡やルーペで観察すると，立方体の結晶が見られた。

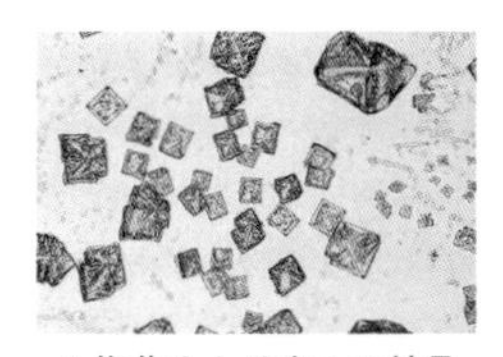

▲塩化ナトリウムの結晶

アルミニウムを用いた中和の実験

【方法】 アルミニウムを入れたうすい塩酸に，水酸化ナトリウム水溶液を加えていく。
【結果】 はじめはアルミニウムからさかんに水素が発生していたが，しだいに水素が発生しなくなる。さらに加えていくと，また水素が発生する。
【結論】 中和反応によって，酸の性質が弱くなっていく。さらにアルカリを加えると，再び水素が発生する。

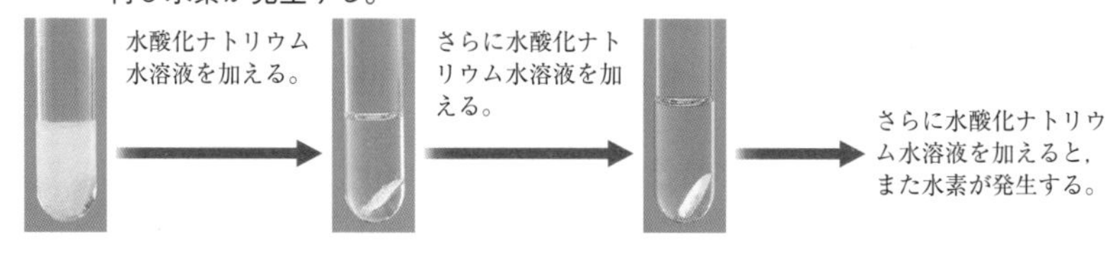

こまごめピペットの使い方

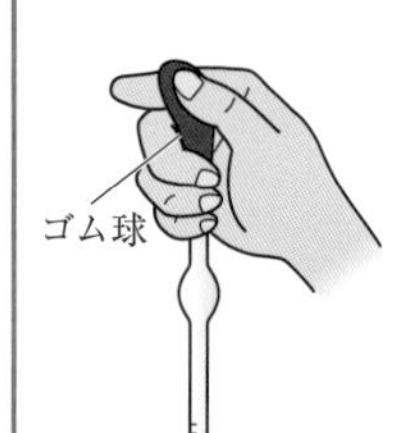

【もち方】
左の図のように，きき手の手のひらで包みこむようにもち，人さし指の第1関節付近と親指の内側でゴム球をおさえるようにする。
【使い方】
1 親指でゴム球をおして，ゴム球をつぶして，ピペットの先端を液体のなかに入れる。その際，ゴム球に液体が入らないように，ゴム球のつぶし方を加減すること。
2 親指をゆるめて，液体を吸いこむ。
3 親指でゴム球をおすことによって，必要な液体をおし出す。
【注意点】
・ピペットを使用したあとは，ゴム球をはずして水洗いする。
・ピペットの先端は割れやすいので，先端をぶつけないようにする。
・液体を吸いこんだ状態で，ピペットの先端を上に向けないこと。

中和で生じる物質

塩酸に水酸化ナトリウム水溶液を加え，BTB溶液の色が緑色になったとき，この水溶液を蒸発皿にとり，加熱して液体を蒸発させると，立方体のきれいな結晶が見られた。これは塩化ナトリウム（食塩）→①の結晶で，中和によって生じる物質を塩(えん)という。

このように，溶液を加熱して，固体の溶質をとり出す操作を蒸発乾固(じょうはつかんこ)→②という。

〈塩酸と水酸化ナトリウム水溶液の中和〉
塩酸＋水酸化ナトリウム→塩化ナトリウム＋水

もっとくわしく
①食塩とは，食用にする塩という意味で名づけられたものである。

もっとくわしく
②蒸発乾固とは，精製法の1つである。[➡P.204]

④ 中和で起こること

1 中和とイオン

酸とアルカリの混合

酸が放出する水素イオン(H^+)と，アルカリが放出する水酸化物イオン(OH^-)は，下のように反応して水を生じる➡③。

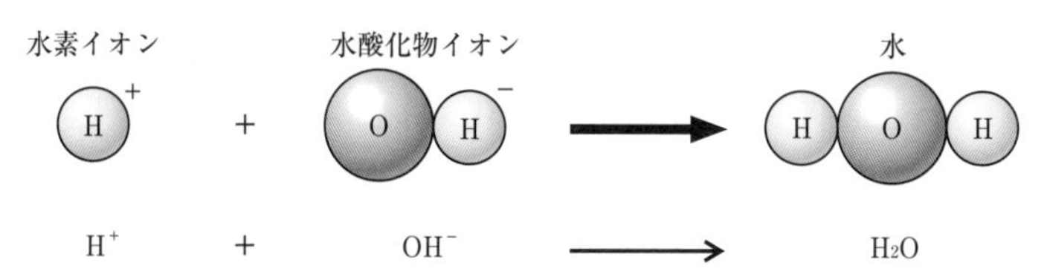

これを，電離を表す式と合わせて表すと，下のようになる。

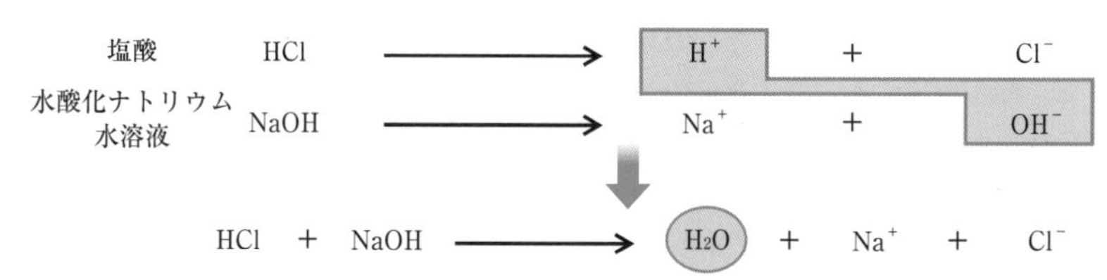

HCl + NaOH → H_2O + NaCl と表されることも多い。

中和と塩(えん)

●酸とアルカリを混合すると，水と塩が生じる　塩酸と水酸化ナトリウム水溶液の中和反応で生じる塩は，Na^+とCl^-➡④のように電離している。この水溶液の水を蒸発させると，塩化ナトリウムの結晶が出てくる。つまり，塩は，酸の陰イオンとアルカリの陽イオンが結びついてできた物質である。

塩の組成式と塩の名称

食塩（塩化ナトリウム）は，ナトリウムイオンNa^+と塩化物イオンCl^-から成り立っている物質である。

●塩の組成式は，陽イオン＋陰イオン➡⑤　塩の組成式は，「陽イオン＋陰イオン」で表すので，Na^+とCl^-から成り立っている食塩の組成式は「NaCl」となる。

●塩の名称は，陰イオン＋陽イオン　塩の名称は，「陰イオン＋陽イオン」で表すので，陰イオンの塩化物イオンと陽イオンのナトリウムイオンから成り立っている食塩の正式名称は「塩化ナトリウム」となる。

参考

塩の組成式や名称を考える上でも，酸やアルカリの分子式やその電離を表す式，電離によって生じるイオンの名称を知っておく必要がある。

もっとくわしく

③水素イオンと水酸化物イオンは，＋の電気を帯びた粒子と－の電気を帯びた粒子なので，電気的な引力がはたらき，結合する。これは，磁石のN極とS極という異符号の極の間に引力がはたらくのとよく似た現象である。

もっとくわしく

④ナトリウムイオンと塩化物イオンは，陽イオンと陰イオンだから，たがいに引力をおよぼし合うが，水溶液中では，電離したままで存在する。

もっとくわしく

⑤酢酸(さくさん)から生じる塩の組成式CH_3COONaのように，陽イオンをあとに記す場合もある。よって，酢酸から生じる塩は，CH_3COONH_4, $(CH_3COO)_2Ca$, $(CH_3COO)_2Ba$と記す。

いろいろな中和 [➡P.226]

●硫酸と水酸化バリウム水溶液の反応 硫酸に水酸化バリウム水溶液を加えると，硫酸バリウムという水にとけにくい塩が生じ，試験管の底のほうに沈殿する。

H_2SO_4 ＋ $Ba(OH)_2$ → $BaSO_4$ ＋ $2H_2O$
硫酸＋水酸化バリウム→硫酸バリウム(塩) ＋水

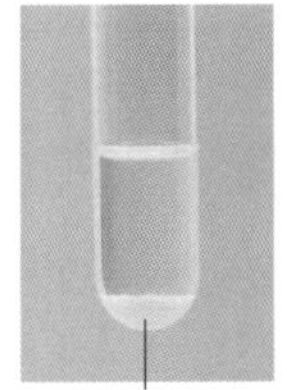
硫酸バリウムの沈殿
▲硫酸に水酸化バリウム水溶液を加える

●石灰水の反応 石灰水に二酸化炭素を通すと白くにごるのも中和の一種である。石灰水は消石灰(しょうせっかい)（水酸化カルシウム）の水溶液で，水にとけると酸性を示す二酸化炭素と反応して，炭酸カルシウムという水にとけにくい塩を生じる。

CO_2 ＋ $Ca(OH)_2$ → $CaCO_3$ ＋ H_2O
二酸化炭素＋水酸化カルシウム→炭酸カルシウム(塩)＋水

炭酸カルシウムの沈殿
▲石灰水に二酸化炭素をふきこむ

水素イオンと水酸化物イオンの数は同じ [➡P.226]

中和では，酸が放出する水素イオンの数とアルカリが放出する水酸化物イオンの数を一致させて，すべて水にする。

例えば，硝酸(しょうさん) HNO_3 からは水素イオンが1つ，水酸化カルシウム $Ca(OH)_2$ からは水酸化物イオンが2つ放出されるから，硝酸2つと水酸化カルシウム1つがちょうど中和する。

$2HNO_3$ ＋ $Ca(OH)_2$ → $Ca(NO_3)_2$ ＋ $2H_2O$
硝酸＋水酸化カルシウム→ 硝酸カルシウム ＋水

酢酸は放出できる水素イオンが1つしかないから，水酸化ナトリウムとは以下のように中和する。

CH_3COOH ＋ $NaOH$ → CH_3COONa ＋ H_2O
酢酸＋水酸化ナトリウム→ 酢酸ナトリウム ＋水

2 塩の性質

水溶性

水にとけやすい塩は，水溶液中で電離している。中和反応によって水にとけにくい塩が生じる場合は，水溶液中に沈殿ができる。硫酸カルシウム，硫酸バリウム，炭酸カルシウム，炭酸バリウムは代表的な水にとけにくい塩である。

水溶液の電気伝導性

水溶液中には，塩の電離によるイオンが存在するので，電流が流れる。水にとける塩は電解質 [➡P.250] である。

もっとくわしく

塩は，水素イオン H^+ 以外の陽イオンと水酸化物イオン OH^- 以外の陰イオンから成り立つ物質すべてをさす。
そのため，塩は中和以外でも生じる場合がある。例えば，塩酸に鉄を入れた場合は，水素を発生し，塩化鉄（鉄イオン Fe^{2+} と塩化物イオン Cl^- から成り立っている）という塩の水溶液が生じる。

中和によってできる水溶液の性質

塩酸と水酸化ナトリウム水溶液の中和で生じた塩である食塩（塩化ナトリウム）の水溶液は中性を示すが，中和で生じた塩がすべて中性を示すわけではない。

● **強酸＋強アルカリ＝中性の塩の水溶液**　強酸である塩酸と強アルカリである水酸化ナトリウムの水溶液を反応させると，中性を示す塩化ナトリウムの水溶液が生じる。

● **弱酸＋強アルカリ＝アルカリ性の塩の水溶液**　弱酸である酢酸と強アルカリである水酸化ナトリウムの水溶液を反応させると，アルカリ性を示す酢酸ナトリウムの水溶液を生じる。

● **強酸＋弱アルカリ＝酸性の塩の水溶液**　強酸である塩酸と弱アルカリであるアンモニア水を反応させると，酸性を示す塩化アンモニウムの水溶液が生じる。

▼中和によってできる塩とその水溶液の性質

アルカリ／酸	水酸化ナトリウム $NaOH$	アンモニア NH_3	水酸化カルシウム $Ca(OH)_2$	水酸化バリウム $Ba(OH)_2$
塩酸 HCl	塩化ナトリウム $NaCl$	塩化アンモニウム NH_4Cl	塩化カルシウム $CaCl_2$	塩化バリウム $BaCl_2$
硝酸 HNO_3	硝酸ナトリウム $NaNO_3$	硝酸アンモニウム NH_4NO_3	硝酸カルシウム $Ca(NO_3)_2$	硝酸バリウム $Ba(NO_3)_2$
硫酸 H_2SO_4	硫酸ナトリウム Na_2SO_4	硫酸アンモニウム $(NH_4)_2SO_4$	硫酸カルシウム $CaSO_4$	硫酸バリウム $BaSO_4$
酢酸 CH_3COOH	酢酸ナトリウム CH_3COONa	酢酸アンモニウム CH_3COONH_4	酢酸カルシウム $(CH_3COO)_2Ca$	酢酸バリウム $(CH_3COO)_2Ba$
炭酸 H_2CO_3	炭酸ナトリウム Na_2CO_3	炭酸アンモニウム $(NH_4)_2CO_3$	炭酸カルシウム $CaCO_3$	炭酸バリウム $BaCO_3$

なお，それぞれの色は，以下の性質を表している。

中性　　酸性　　アルカリ性

（注）炭酸アンモニウムは不安定な物質で，空気中に放置すると炭酸水素アンモニウムに変化する。

硫酸と水酸化バリウム水溶液の中和と電気伝導性

硫酸は水溶液中で $H_2SO_4 \rightarrow 2H^+ + SO_4^{2-}$ と電離しているので電気伝導性があります。これに水酸化バリウム水溶液を加えていくと，水溶液中の水素イオン H^+ は中和によって水となり，硫酸イオン SO_4^{2-} はバリウムイオン Ba^{2+} と反応して水にとけない塩である硫酸バリウム $BaSO_4$ となります。つまり，水酸化バリウム水溶液を加えていくと，水溶液中のイオンの数が減少し電流が流れにくくなり，中性になるとまったく電流が流れなくなります。さらに水酸化バリウム水溶液を加え続けると，水溶液中にバリウムイオンと水酸化物イオンが増加していくので，再び電流は流れます。

いろいろな塩

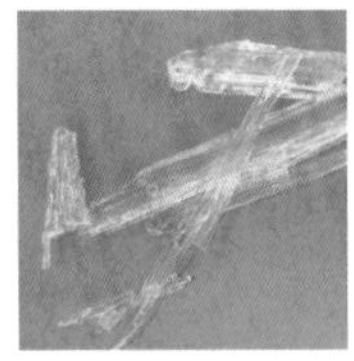

▲硝酸カリウム

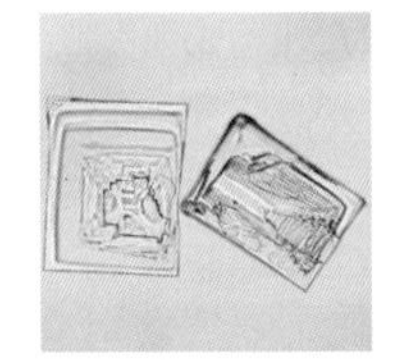
▲塩化カリウム

▲酢酸ナトリウム

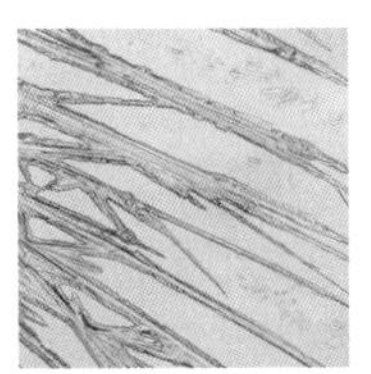
▲炭酸ナトリウム

確認問題

中和反応

次のような水溶液を使って，実験を行った。あとの問いに答えよ。

A　うすい塩酸	B　うすい硫酸
C　水酸化ナトリウム水溶液	D　水酸化バリウム水溶液

(1)　A～Dのうちの２つの水溶液を混ぜ合わせた水溶液を蒸発皿にとり，水を蒸発させると，右のような結晶が得られた。このとき混ぜ合わせた水溶液はどれとどれか。記号で答えよ。

(2)　右の物質の水溶液にＢＴＢ溶液を数滴加えると，水溶液の色は何色になるか。

(3)　右の写真のような，中和反応で生じた物質を何というか。

(4)　A～Dのうちの２つの水溶液を混ぜ合わせると，白色の沈殿が生じた。このとき混ぜ合わせた水溶液はどれとどれか。記号で答えよ。

●中和によるBTB溶液の色の変化を覚えておこう。
●沈殿の生じる反応を覚えておこう。

解き方

(1)　問題の写真は，食塩（塩化ナトリウム）の結晶である。次のような反応で，食塩が生じる。塩酸＋水酸化ナトリウム→食塩(塩化ナトリウム)＋水

(2)　塩酸は強酸，水酸化ナトリウム水溶液は強アルカリである。
　強酸と強アルカリの反応によって生じる水溶液（塩化ナトリウムの水溶液）は中性を示す。

(3)　酸＋アルカリ→塩＋水

(4)　次のような反応が起こり，水にとけにくい硫酸バリウムが生じる。
　硫酸＋水酸化バリウム→硫酸バリウム＋水

解答

(1)　AとC　(2)　緑色　(3)　塩　(4)　BとD

§3 イオンの反応と電池

▶ここで学ぶこと

塩の水溶液に金属を入れた場合の変化，電池の基本的なつくりと電流が生じるしくみについて学ぶ。

① 金属のイオンへのなりやすさ

1 塩の水溶液と金属の反応

硝酸銀水溶液と銅の反応

下の図のように，硝酸銀水溶液に銅線をひたすと，銅線の表面に銀が付着し，無色だった水溶液が青緑色になる。

実験・観察　硝酸銀水溶液と銅の反応

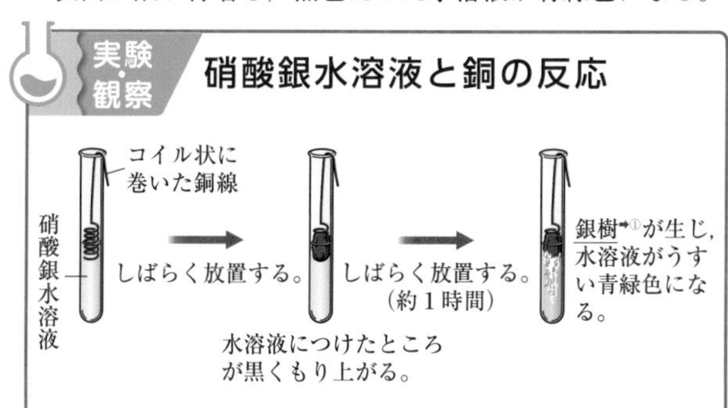

硝酸銀水溶液は無色で，水溶液中で次のように電離している。

$$AgNO_3 \rightarrow Ag^{+} + NO_3^{-}$$

銅線を入れて，しばらくすると，水溶液中の銀イオンが電子を受けとって銀となる。

$$Ag^{+} + e^{-} \rightarrow Ag$$

水溶液が青緑色になっていることから，水溶液中に銅イオン Cu^{2+} が生じていることがわかる。このイオンは銅線から生じたものである。

$$Cu \rightarrow Cu^{2+} + 2e^{-}$$

これらをあわせて考えると，銅が銀に電子を放出して，その電子を銀イオンが受けとっているとわかる。

つまり，全体の反応➡②は，次のような化学反応式で表される。

$$2AgNO_3 + Cu \rightarrow Cu^{2+} + 2NO_3^{-} + 2Ag$$

もっとくわしく

①銀イオンが電子を受けとって銀になり，これが植物の枝のように銅線につくので銀樹(ぎんじゅ)とよばれる。

もっとくわしく

②銀と銅はともに金属なので，陽イオンとなる傾向がある[➡P.286]が，銅のほうが銀よりも，より陽イオンになりやすいため，銅原子が銀イオンに電子を与えて，銅イオンとなったのである。

参考

硫酸銅（Ⅱ）水溶液に鉄くぎをひたすと，鉄くぎがボロボロになり，鉄くぎの表面に銅が付着する。このことから，鉄と銅では，鉄のほうがイオンになりやすいといえる。

または,

$$2AgNO_3 + Cu \rightarrow Cu(NO_3)_2 + 2Ag$$

この実験から,銀と銅では,銅のほうがイオンになりやすいといえる。

金属のイオン化傾向 発展学習

金属は,一般に陽イオンになりやすいが,金属によって,そのなりやすさが異なる。金属の陽イオンへのなりやすさを**イオン化傾向**といい,代表的な金属をイオン化傾向の大きい順に並べたものを,**イオン化列**という。

もっとくわしく

イオン化列の左に位置する金属のほうが陽イオンになりやすい。

〈イオン化列〉

Li＞K＞Ca＞Na＞Mg＞Al＞Zn＞Fe＞Ni＞Sn＞Pb＞(H)＞Cu＞Hg＞Ag＞Pt＞Au

Ni:ニッケル　Sn:スズ

暗記法

リッチに	貸そう	か	な	ま	あ	あ	て	に	する	な	ひ	ど	す	ぎる	借	金
Li	K	Ca	Na	Mg	Al	Zn	Fe	Ni	Sn	Pb	H	Cu	Hg	Ag	Pt	Au

2 さまざまな電池

電池

物質のもつ化学エネルギーを電気エネルギーとしてとり出す装置を**電池**という。もっとも簡単な電池は,2種の金属板を電解質水溶液にひたしたものである。

●**レモン電池**　レモンを用い,レモンに亜鉛板と銅板をつきさして電池とすることができる。これをレモン電池という。

●**バケツ電池**　トタン(鉄板の上に亜鉛をメッキしたもの)でできたバケツを用いたもの。バケツに電解質水溶液を入れ,これに10円玉(銅でできている)をつるして,電池とする。

これらの電池を放電させると,亜鉛やトタンがボロボロになっていく。

もっとくわしく

レモン電池,バケツ電池では,異なった金属(亜鉛と銅)を極板にしており,亜鉛のほうが銅よりもイオンになりやすいことが,電池となる原因である。亜鉛板やトタンの表面の亜鉛は

$$Zn \rightarrow Zn^{2+} + 2e^-$$

となって電子を放出する。したがって,亜鉛が－極となっていることがわかる。

放電

電池から電気エネルギーを放出させることを**放電**という。放電では,電子が電池の－極から＋極へと導線を移動している。

電池の中で起こる化学変化

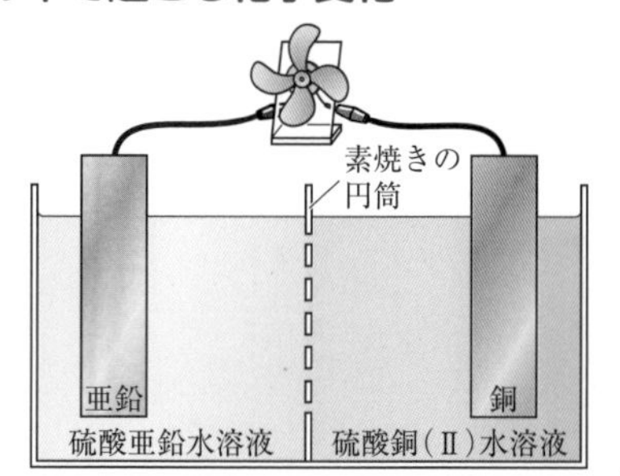

素焼きの円筒に硫酸亜鉛の水溶液と亜鉛板を入れて，これを銅板をひたしてある硫酸銅(Ⅱ)水溶液に入れてある。このような電池を**ダニエル電池**という。

亜鉛と銅では，亜鉛のほうがイオンになりやすいので，

$$Zn \rightarrow Zn^{2+} + 2e^-$$

となり，放出された電子は導線を通って，銅板に向かう。生じた亜鉛イオン Zn^{2+} は，水溶液中にとけ出す。

銅板に達した電子は，硫酸銅(Ⅱ)水溶液中の銅イオン Cu^{2+} と

$$Cu^{2+} + 2e^- \rightarrow Cu$$

と反応し，銅が銅板に付着する。

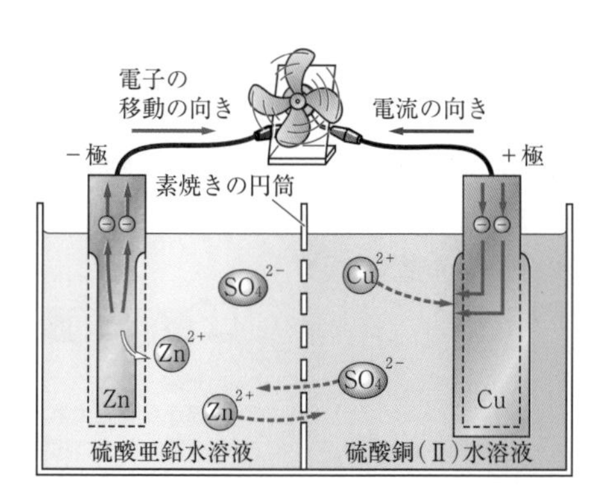

電池では，導線に対して電子が流れ出す極が**負極**（**－極**）といい，電子が流れこむ極が**正極**（**＋極**）という。

ダニエル電池では，**負極は亜鉛**，
正極は銅である。

参考

うすい硫酸に亜鉛板と銅板を入れ，導線でつなぐと，導線中を電流が流れる。この電池をボルタ電池という。

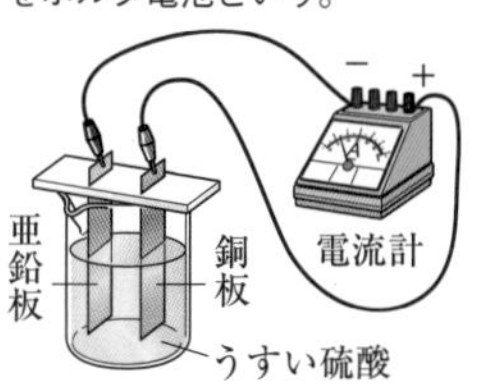

もっとくわしく

素焼きを，イオンが移動することはできる（水溶液中で電流は流れる）。しかし，素焼きがあるために，硫酸亜鉛水溶液と硫酸銅(Ⅱ)水溶液はすぐには混ざり合わない。

もっとくわしく

陽イオンになりやすい金属（イオン化列で左に位置する金属）は負極に，陽イオンになりにくい金属（イオン化列で右に位置する金属）は正極になる。

マンガン乾電池

黒鉛(こくえん) C と亜鉛板を用いたもので，下の図のような構造をしている。

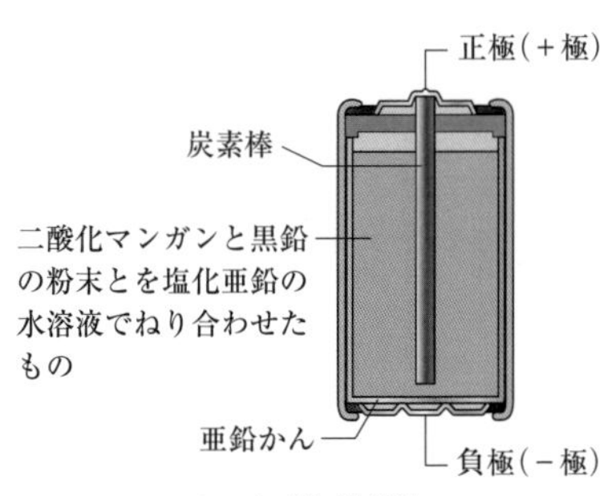

▲マンガン乾電池

実験室では，黒鉛のかわりに食塩水で湿らせた木炭を用い，亜鉛板のかわりにアルミニウム箔(はく)を用いて，木炭をアルミニウム箔で巻くと，これに類似した電池ができる。これを**木炭電池**とよんでいる。

放電すると，マンガン乾電池では亜鉛板，木炭電池ではアルミニウム箔がボロボロになるので，これらが負極となっていることがわかる。

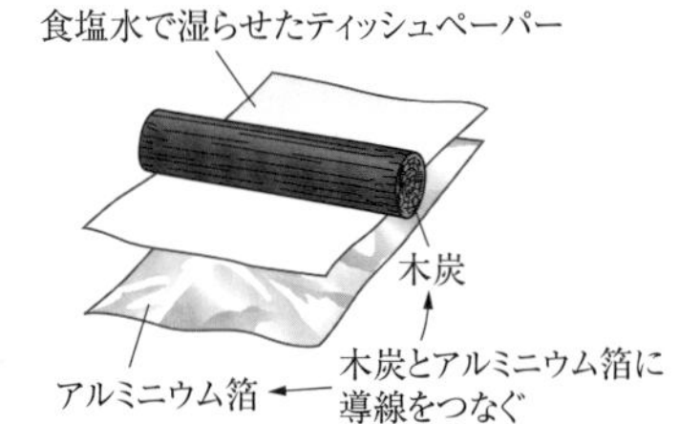

▲木炭電池

鉛蓄電池(なまりちくでんち)

鉛板と酸化鉛（Ⅳ）➡①を付着させた鉛板を，うすい硫酸につけた電池。

鉛蓄電池は，充電(じゅうでん)➡②できる電池なので，現在，自動車のバッテリーとして利用されている。この電池は充電できる➡③という長所があるが，重いという短所もある。

リチウムイオン電池

リチウム Li とコバルト酸リチウム $LiCoO_2$ を有機溶媒につけた電池。

起電力が大きく，充電できる電池なので，パソコン・スマートフォンなどに利用されている。高価なことと，不純物が存在すると発熱したりする短所もある。

もっとくわしく

①赤褐色の粉末状の，電子を受けとりやすい物質で，酸化物にはめずらしく電気伝導性がある。

用語

②充電
外部から電気エネルギーを加え，電池がもつ化学エネルギーを復活させること。

もっとくわしく

③充電可能な電池を二次電池，充電できない電池を一次電池という。
鉛蓄電池，リチウムイオン電池は二次電池，マンガン乾電池は一次電池である。

3 強力な電池の設計

電池をつくるためには，陽イオンになりやすい金属と陽イオンになりにくい金属（電気を通しやすいもの）を導線でつなぐという条件がまず必要である。

特に，負極板には陽イオンになりやすい金属を選んだほうが強力な電池となることが予想されるが，水溶液を用いる場合，カリウム，カルシウム，ナトリウムなどの金属は，水溶液中の水と激しく反応➡④してしまう。

以下の方法なら，マグネシウムリボンを負極，銅線を正極とした，ダニエル電池よりも強力な電池ができる。

正極板には，銅よりイオン化傾向が小さい金属を用いても，あまり効果はない。

もっとくわしく

④リチウムイオン電池は強力な電池だが，電解質水溶液ではなく，有機溶媒を用いているのは，水とリチウムが反応するからである。

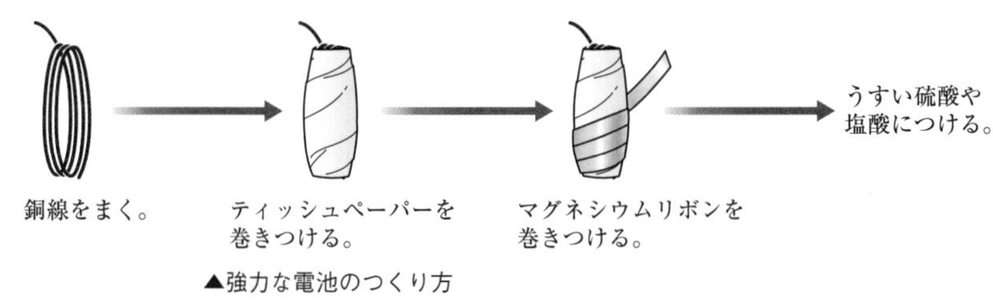

▲強力な電池のつくり方

② 電気分解

1 電気分解のしくみ

外部電源から電解質水溶液に電流を流したときに生じる化学変化を，**電気分解**という。

▶ 塩化銅水溶液の電気分解

塩化銅 $CuCl_2$ 水溶液の電気分解を例にあげて考えてみよう。塩化銅は，水溶液中で次のように電離している。

$$CuCl_2 \rightarrow Cu^{2+} + 2Cl^-$$

この水溶液に電流を流すと，電源の－極に接続された極板（**陰極**➡⑤）は，**流れこむ電子のために－に帯電するので，銅イオン Cu^{2+} が近づき，**

$$Cu^{2+} + 2e^- \rightarrow Cu$$

と銅イオンが電子を受けとり，銅原子となって極板につく。電源の＋極に接続された極板（**陽極**➡⑤）は，**＋に帯電するので，塩化物イオン Cl^- が近づき，**

$$2Cl^- \rightarrow Cl_2 + 2e^-$$

と電子を放出して，塩素分子となる。

もっとくわしく

⑤外部電源の－極に接続した極を陰極，＋極に接続した極を陽極とよび，電池の場合と区別している。

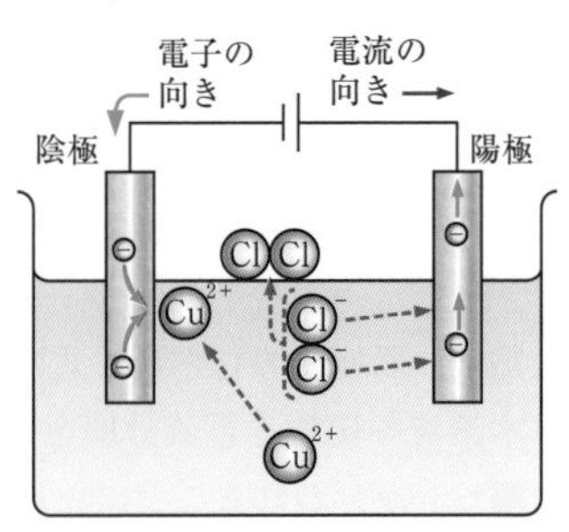

2 電気分解とイオン化傾向 発展学習

水酸化ナトリウム水溶液の電気分解

水酸化ナトリウム NaOH は水溶液中で，次のように電離している。

$NaOH \rightarrow Na^+ + OH^-$

この水溶液を電気分解すると，陰極にナトリウムイオン Na^+ が近づいていくが，ナトリウムは非常にイオン化傾向が大きいので，電子を受けとらず➡①に**水分子が電子を受けとり，**

$4H_2O + 4e^- \rightarrow 2H_2 + 4OH^-$ …(①)

と反応して，**水素 H_2 を発生**する。

陽極には水酸化物イオン OH^- が近づいていき，

$4OH^- \rightarrow 2H_2O + O_2 + 4e^-$ …(②)

と反応して，**酸素 O_2 を発生**する。

(①)式と(②)式を足し合わせると，

$2H_2O \rightarrow 2H_2 + O_2$

となり，**水が電気分解したことになる**➡②。

硫酸の電気分解

硫酸 H_2SO_4 は水溶液中で，次のように電離している。

$H_2SO_4 \rightarrow 2H^+ + SO_4^{2-}$

陰極では，**水素イオン H^+ が電子を受けとり，**

$4H^+ + 4e^- \rightarrow 2H_2$ …(③)

と反応して，**水素 H_2 を発生**する。

陽極には硫酸イオン SO_4^{2-} が近づいていくが，このイオンは安定なイオンなので，電子を放出せずに水溶液中に存在し続ける。かわって，**水が次のように電子を放出する。**

$2H_2O \rightarrow 4H^+ + O_2 + 4e^-$ …(④)

(③)式と(④)式を足し合わせると，

$2H_2O \rightarrow 2H_2 + O_2$

となり，**水が電気分解したことになる。**

陰極，陽極での化学反応式は異なるが，水酸化ナトリウム水溶液や硫酸を電気分解をすると，結果的に「**水の電気分解**➡③」が行われることになる。

もっとくわしく

①もし，ナトリウムイオン Na^+ が電子を受けとって，

$Na^+ + e^- \rightarrow Na$

となり，ナトリウム Na が陰極板上に生じても，ナトリウムは

$2Na + 2H_2O \rightarrow 2NaOH + H_2$

というように水と激しく反応して，水素を発生することになる。

もっとくわしく

②水酸化カリウム KOH，硫酸ナトリウム Na_2SO_4 などの水溶液を電気分解しても，水が電気分解することになる。

もっとくわしく

③このような水の電気分解の逆の反応を利用したのが，燃料電池 [➡ P.157] である。水酸化ナトリウム水溶液に電極を２つ入れて，一方に水素を満たすと，

$2H_2 + 4OH^- \rightarrow 4H_2O + 4e^-$

と反応して電子を放出し，
一方に酸素を満たすと，

$2H_2O + O_2 + 4e^- \rightarrow 4OH^-$

と反応して電子を受けとる。

練習問題

解答➡p.619

1 **次の文は，原子の構造について説明したものである。あとの問いに答えよ。** （佐賀県）

原子の中心には，＋の電気をもった（ ① ）が1個あり，そのまわりを－の電気をもった電子が存在している。（ ① ）には，＋の電気をもつ陽子と電気をもたない（ ② ）が詰まっている。

(1) 上の文中の（ ① ），（ ② ）にあてはまる語句をそれぞれ書け。

(2) カルシウム原子は陽子を20個もつ原子であり，カルシウムイオンの化学式はCa^{2+}で表される。カルシウムイオンのもつ電子の数は何個か，書け。

2 **次の文の［ ① ］に入る適切な語句を，［ ② ］に入る適切な電離式を，それぞれ書け。** （兵庫県）

水にとかしたとき，できた水溶液が電流を通す物質を［ ① ］という。例えば，うすい硫酸の水溶液中では，硫酸は，［ ② ］のように電離している。

3 **右の図のように，ダニエル電池に光電池用モーターをつないだところ，プロペラは回転した。このとき，＋極と－極で起こる反応を説明したものの組み合わせとしてもっとも適するものを次のア～エの中から1つ選べ。**

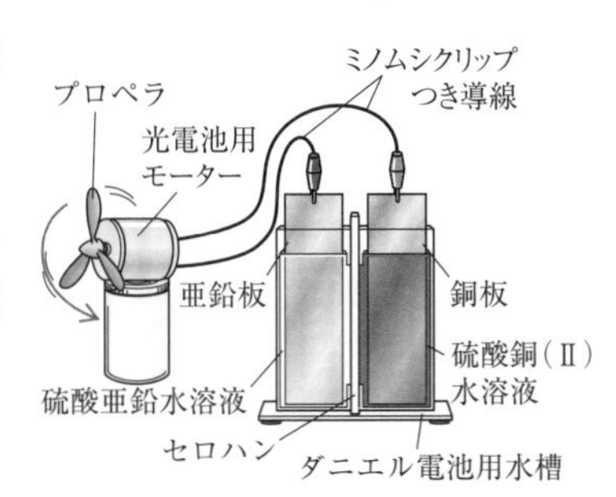

	＋極	－極
ア	水溶液中の亜鉛イオンが電子を放出して，亜鉛となる。	銅板の銅原子が電子を放出して，銅イオンとなる。
イ	水溶液中の亜鉛イオンが電子を受けとって，亜鉛となる。	銅板の銅原子が電子を受けとって，銅イオンとなる。
ウ	水溶液中の銅イオンが電子を受けとって，銅となる。	亜鉛板の亜鉛原子が電子を放出して，亜鉛イオンとなる。
エ	水溶液中の銅イオンが電子を放出して，銅となる。	亜鉛板の亜鉛原子が電子を受けとって，亜鉛イオンとなる。

4

水溶液に電流を流したときのようすを調べるために，次の実験1，2を行った。これについて，あとの問いに答えよ。 (新潟県)

〔実験1〕右の図のように，2本の炭素棒A，Bを電極とする装置で，ビーカーに塩化銅水溶液を入れ，電源を入れたところ，豆電球が点灯し，電極Aの表面に赤色の物質が付着し，電極Bの表面から気体が発生した。

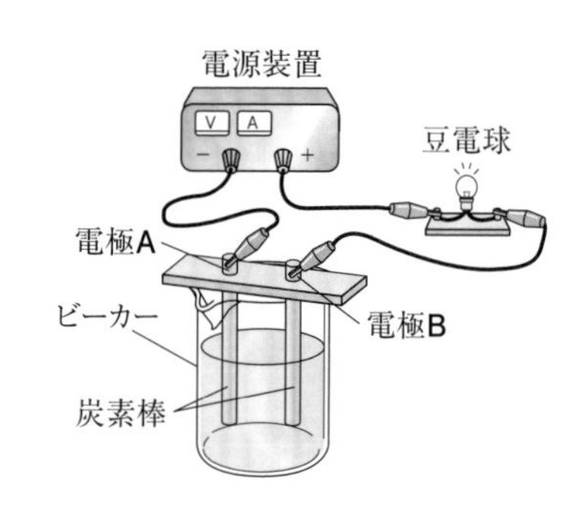

〔実験2〕実験1と同じ実験装置で，塩化銅水溶液のかわりに砂糖水を入れ，電源を入れたところ，豆電球は点灯せず，両方の電極の表面に変化は見られなかった。

(1) 実験1で，電極Aの表面に付着した物質は何か。化学式を書け。

(2) 実験1で，電極Bの表面から発生した気体の性質として，もっとも適当なものを，次のア～エから1つ選び，記号で答えよ。

ア 漂白作用や殺菌作用がある。
イ 空気中で燃えると，水になる。
ウ 色やにおいがなく，空気よりわずかに軽い。
エ ものを激しく燃やすはたらきがある。

(3) 実験1では電流が流れ，実験2では電流が流れなかった。その理由を「電離」，「分子」という語を用いて書け。

5

うすい水酸化ナトリウム水溶液を用いて，次の実験を行った。あとの問いに答えよ。 (大阪府改題)

〔実験〕電流を流しやすくするために食塩水をしみこませたろ紙を，図のようにガラス板の上にしき，その上に赤色のリトマス紙A，Bと青色のリトマス紙C，Dを置いた。次に，中央にうすい水酸化ナトリウム水溶液をしみこませた糸を置き，ガラスとろ紙の両端を金属製

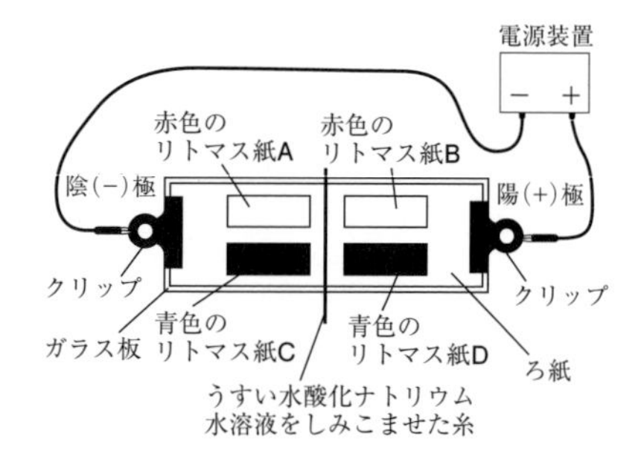

のクリップでとめ，クリップ間に15～20 Vの電圧を数分間加えたところ，1つのリトマス紙の色が変化した。

(1) **A**～**D**のうち，色が変化したリトマス紙はどれか。1つ選び，記号を書け。

(2) 次の式は，水酸化ナトリウムの電離のようすを表したものである。□に入れるのに適している式を，イオンを表す化学式を用いて書け。

NaOH → □

(3) この実験から，アルカリ性の水溶液の性質を示す原因となっているものは何であると考えられるか。

6 酸とアルカリの水溶液を混ぜたときの化学変化について調べるため，次のような実験を行った。これについて，あとの問いに答えよ。

（岩手県改題）

〔実験〕①ビーカーにうすい水酸化ナトリウム水溶液10cm³をとり，そこにＢＴＢ溶液を２，３滴加えると水溶液は青色になった。

②①の水溶液にうすい塩酸を2cm³ずつ加えてガラス棒でよくかき混ぜ，水溶液が黄色になったところで加えるのをやめ，加えた塩酸の体積，水溶液の色を表にまとめた。

塩酸の体積〔cm³〕	2	4	6	8	10
水溶液の色	青	青	青	青	黄

(1) 次の**ア**～**エ**のうち，うすい水酸化ナトリウム水溶液と同じようにＢＴＢ液を青色に変化させるものはどれか。1つ選び，記号を書け。

ア 食酢（しょくす）　**イ** 炭酸水
ウ せっけん水　**エ** レモンのしぼり汁（じる）

(2) 実験②で，加えた塩酸の体積と水溶液中に存在する水素イオンの量の関係を，グラフで模式的に表すとどのようになるか。次の**ア**～**エ**からもっとも適当なものを1つ選び，その記号を書け。

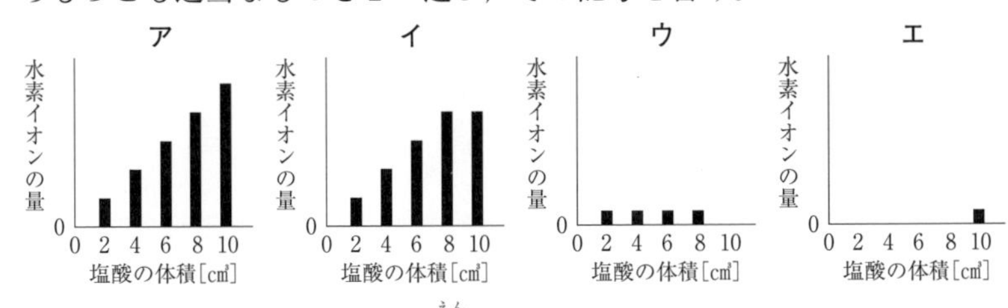

(3) この実験の化学変化では，塩（えん）のほかにもできる物質がある。その物質ができる化学変化をイオンを表す化学式を用いた化学反応式で書け。

第4章 物質の成り立ちと

反応

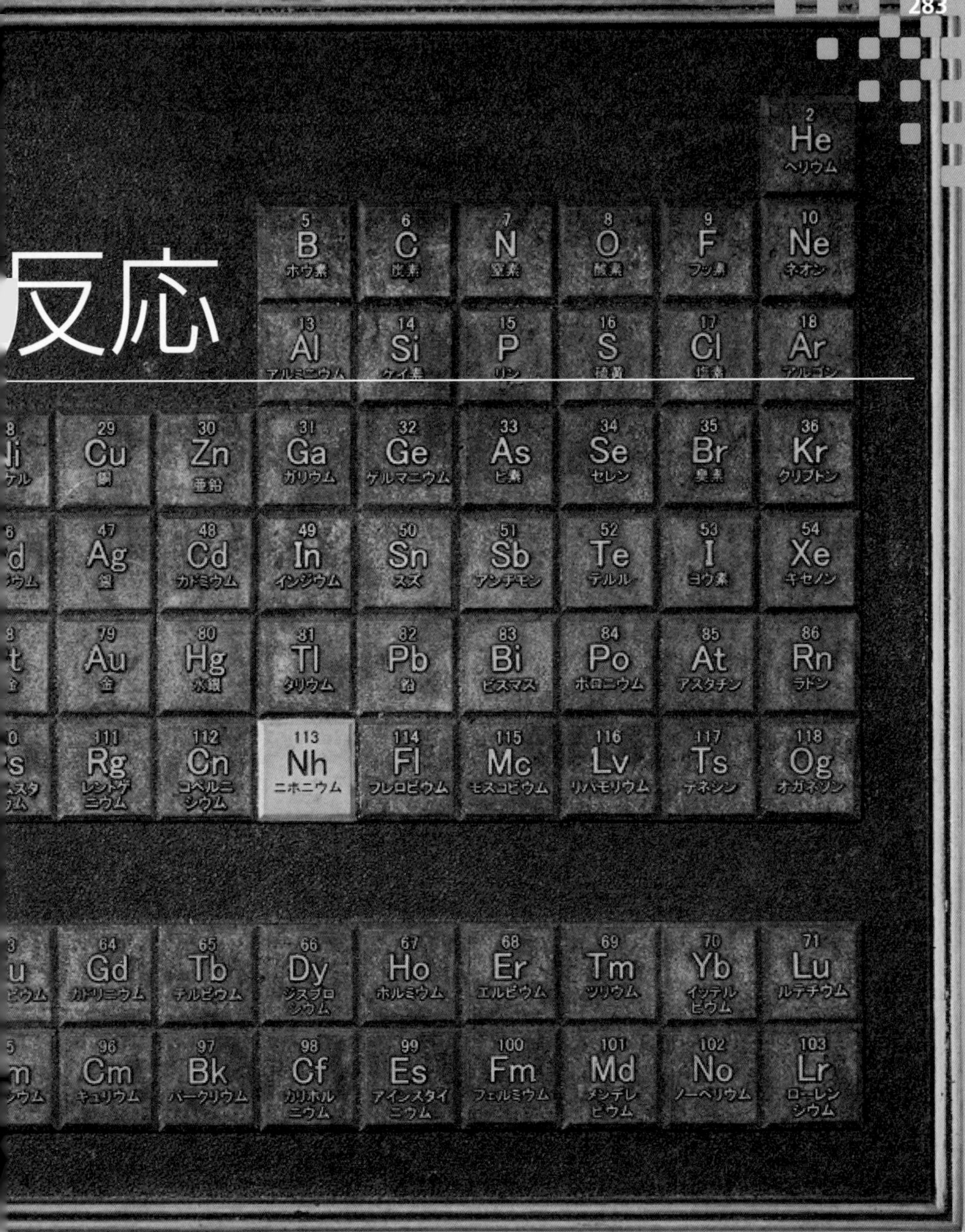

↑この写真は，埼玉県和光市にあるニホニウムのモニュメントである。理化学研究所和光研究所が原子番号113番の新元素の合成に成功し，この名称が「ニホニウム」となったことを記念し，このモニュメントがつくられた。原子を分類し，系統立てて並べた周期表を見ながら，この章を読もう。

§1 物質の成り立ち

▶ここで学ぶこと

非金属と金属は，どのように結合するのかを学び，なぜ特有の組成式をもつことになるかを考える。

① 原子の電子配置と周期表

1 原子の電子配置

▶電子殻(でんしかく)に存在する電子の数

電子殻は原子核を中心とした同心球の状態で存在する[➡P.252]。それぞれの電子殻に存在させることのできる電子の数は決まっている。

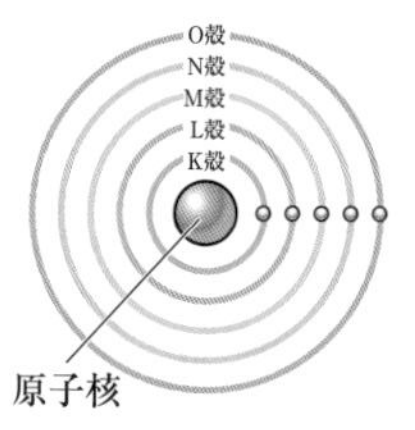

▲原子の構造

● K殻　いちばん内側の電子殻はK殻とよばれ，電子は2個までしか入らない。

● L殻　内側から2番目の電子殻。電子は8個まで入る。

これより外側の電子殻は順に，M殻→N殻→O殻→…となる。

▶原子番号と電子配置

●原子では原子番号＝電子の数である　原子番号は陽子の数を表しており，原子全体では電気的に中性なので，陽子の数＝電子の数という関係になる。

●電子は内側の電子殻から入る　原子番号1の水素原子Hの電子配置は，K殻に電子が1個入った状態である。

原子番号3のリチウム原子Liには電子が3個存在するから，このうちの2個はK殻に存在し，残りの1個はその外側のL殻に存在することになる。

M殻以降は電子が8個入るとそれ以上電子が入らず，次の電子殻に電子が入るようになる→①。

▼原子番号20までの原子の電子配置

原子番号	元素記号	存在する電子数			
		K殻	L殻	M殻	N殻
1	H	1			
2	He	2			
3	Li	2	1		
4	Be	2	2		
5	B	2	3		
6	C	2	4		
7	N	2	5		
8	O	2	6		
9	F	2	7		
10	Ne	2	8		
11	Na	2	8	1	
12	Mg	2	8	2	
13	Al	2	8	3	
14	Si	2	8	4	
15	P	2	8	5	
16	S	2	8	6	
17	Cl	2	8	7	
18	Ar	2	8	8	
19	K	2	8	8	1
20	Ca	2	8	8	2

もっとくわしく

①M殻には電子を18個入れることができるが，8個電子が入った状態で安定となるため，原子番号19のKは，K殻に2個，L殻に8個，M殻に8個の電子が入り，残り1個の電子はN殻に入る。

最外殻に存在する電子の数

●**最外殻**　もっとも外側の電子殻のことを**最外殻**という。すべての原子は，原子核の外側に電子殻をもつから，その原子がほかの原子と反応するかどうかや，どのように反応するかは，最外殻がどのような状態にあるかで決まるといってよい➡②。

最外殻に存在する電子の数をもとにして，原子番号20の原子までを整理すると，次のようになる。

もっとくわしく

②原子どうしが接触すると，当然各原子の電子殻がぶつかることになる。しかし，非常に安定な電子配置になっている原子どうしが接触する場合は，反応しない。

▼原子番号20までの原子の最外殻に存在する電子数

周期＼最外殻に存在する電子の数	1	2	3	4	5	6	7	2か8
1	1 H 水素							2 He ヘリウム
2	3 Li リチウム	4 Be ベリリウム	5 B ホウ素	6 C 炭素	7 N 窒素	8 O 酸素	9 F フッ素	10 Ne ネオン
3	11 Na ナトリウム	12 Mg マグネシウム	13 Al アルミニウム	14 Si ケイ素	15 P リン	16 S 硫黄	17 Cl 塩素	18 Ar アルゴン
4	19 K カリウム	20 Ca カルシウム						

この表は周期表[➡巻末]の一部とそっくりである。

元素の周期律と族

●**元素の周期律**　周期表は原子番号の順に原子を並べたもので，そのように並べると，周期的に同じような性質をもつ元素が出現するという法則（**元素の周期律**）を表しているので，**周期律表**ともいわれる。この周期律は，一定周期で最外殻の電子の数が同じ元素が出現することから理解できる。

●**族**　周期表上で，縦に位置する元素群を**同族元素**とよぶ。例えば，水素H，リチウムLi，ナトリウムNa，カリウムKは1族元素➡③という同族元素である。通常，同族元素は最外殻の電子の数が同じになる。この例外は，ヘリウムHeと ネオンNe，アルゴンArで，最外殻の電子の数はHe：2，Ne：8，Ar：8である。これらは，もうこれ以上電子が入らない状態（**閉殻状態**）であるという共通点があるので，同族元素とされている。

もっとくわしく

③1族元素のうち，水素は非金属だが，ほかの元素は金属なので，水素を除いたLi，Na，K，ルビジウムRb，セシウムCs，フランシウムFrをアルカリ金属という。同じように，2族元素でも，Be，Mgを除いたCa，ストロンチウムSr，バリウムBa，ラジウムRaをアルカリ土類金属（Be，Mgを含む場合もある）という。
アルカリ金属・アルカリ土類金属は炎色反応を示すという共通した性質がある。
Li（赤），Na（黄），K（赤紫），Ca（橙赤），Sr（紅），Ba（黄緑）

貴(き)ガス型電子配置

●**貴ガス** ヘリウムHe，ネオンNe，アルゴンAr，クリプトンKr，キセノンXe，ラドンRnという元素群を，<u>**貴ガス**</u>➡①とよぶ。いずれも電子配置が閉殻状態となっている。この**閉殻状態**は，**電子配置としてもっとも安定した状態**である。したがって，これらの原子は，原子状態で非常に安定なために原子1個で存在し（この状態を**単原子分子**という場合がある），ほかの原子とはほとんど反応しない。

もっとくわしく

①通常の非金属元素の単体の気体（酸素，窒素，水素など）は分子状態となっているが，貴ガスは原子状態の気体である。

金属のイオン化

原子番号11のナトリウム原子は，右の図のように，K殻に2個，L殻に8個，M殻に1個の電子が存在する。

安定な電子配置である貴ガス型電子配置になるためには，電子1個を放出して原子番号10のネオンNeと同じ電子配置となるか，電子7個を受けとって原子番号18のアルゴンArと同じ電子配置になるかのどちらかであるが，<u>多くの電子を移動させるには多くのエネルギーが必要となるから</u>➡②，**電子1個を放出して1価の陽イオンになる傾向**がある。

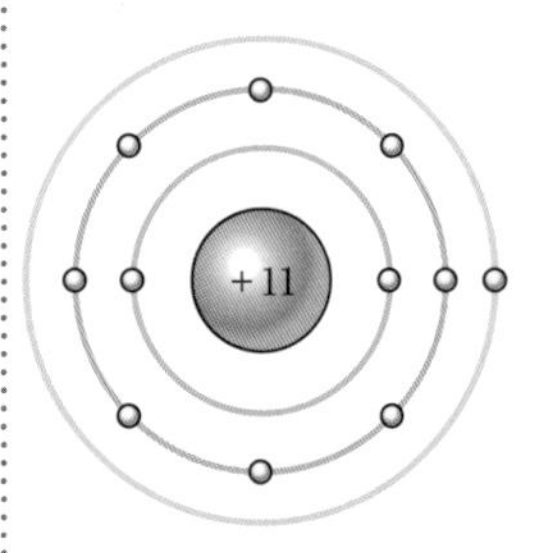

▲ナトリウム原子の電子配置

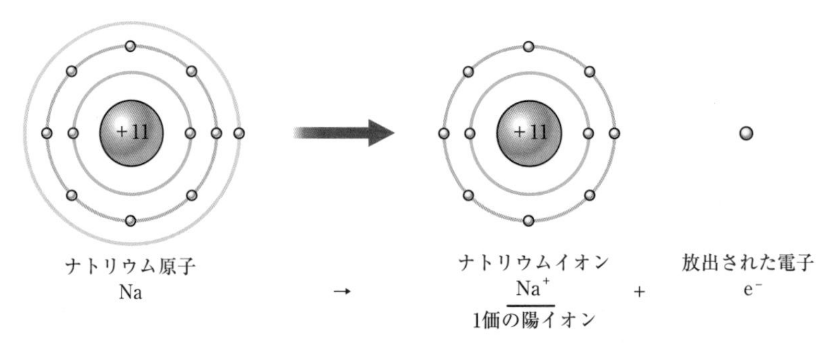

▲ナトリウム原子のイオン化

同じように，原子番号12のマグネシウム原子は，最外殻に電子が2個存在するので，電子2個を放出するか，電子6個を受けとれば安定になるが，ナトリウム原子と同じ理由で**電子2個を放出して2価の陽イオンになる傾向**がある。

$$Mg \rightarrow \underset{\text{2価の陽イオン}}{Mg^{2+}} + 2e^-$$

参考

②ナトリウムNa，マグネシウムMgは金属。金属が陽イオンになりやすいというのは，このためである。

非金属元素のイオン化

原子番号17の塩素原子は，右の図のように，K殻に2個，L殻に8個，M殻に7個の電子が存在する。

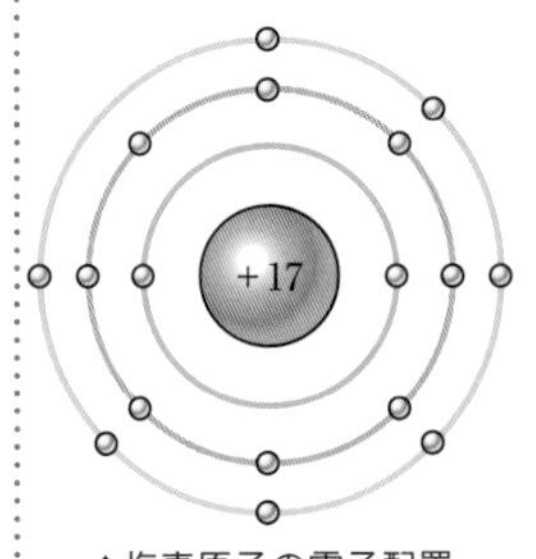

▲塩素原子の電子配置

安定な電子配置である貴ガス型電子配置になるためには，電子7個を放出して原子番号10のネオンNeと同じ電子配置となるか，電子1個を受けとって原子番号18のアルゴンArと同じ電子配置になるかのどちらかであるが，多くの電子を移動させるには，多くのエネルギーが必要となるから，**電子1個を受けとって1価の陰イオンになる傾向**がある。

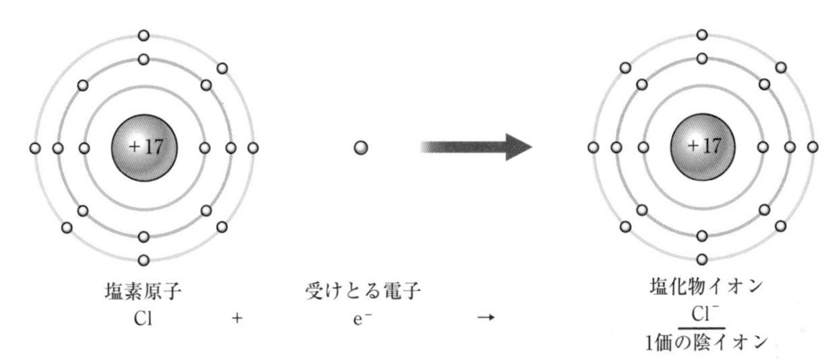

▲塩素原子のイオン化

同じように，原子番号8の酸素原子は，最外殻の電子の数が6個であるから，**電子2個を受け取って2価の陰イオンになる傾向**がある。

$$O + 2e^- \rightarrow O^{2-}$$
2価の陰イオン

このように，非金属元素は陰イオンになる傾向がある。

各元素と安定なイオン

次の表は，代表的な金属元素・非金属元素とそのイオンをまとめたものである。

▼さまざまな元素と安定なイオン

金属元素				非金属元素			
元素	安定なイオン	元素	安定なイオン	元素	安定なイオン	元素	安定なイオン
Li	Li^+	Mg	Mg^{2+}	F	F^-	O	O^{2-}
Na	Na^+	Ca	Ca^{2+}	Cl	Cl^-	S	S^{2-}
K	K^+	Ba	Ba^{2+}	Br	Br^-		
Be	Be^{2+}	Al	Al^{3+}	I	I^-		

② イオン結合

1 金属元素と非金属元素の結合

電子の受けわたし

●**イオン結合** 金属元素と非金属元素が結合する場合は，金属元素が電子を放出して陽イオンとなり，非金属元素が電子を受けとって陰イオンとなり，この**陽イオンと陰イオンの電気的引力によって結合する**。これを**イオン結合**という。このとき，金属元素が放出する電子の数と非金属元素が受けとる電子の数は等しくなければならない→①。

ナトリウムNaと塩素Clが結合する場合，ナトリウム原子が電子1個を放出し，塩素原子が電子1個を受けとる傾向があるので，ナトリウム原子1個と塩素原子1個がナトリウムイオンNa^+と塩化物イオンCl^-となって結合し，組成式はNaClとなる。

参考

①イオン結合が成り立つためには，移動する電子の数が等しくなければならない。

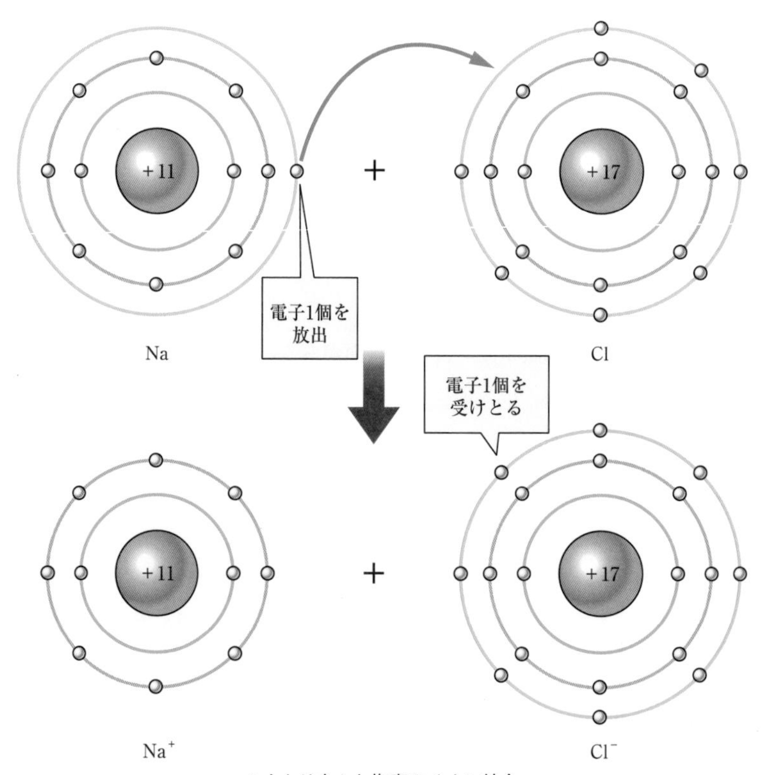

▲ナトリウムと塩素のイオン結合

イオン反応式と組成式，化学反応式

ナトリウムが1価の陽イオンになる反応は，次のように表される。

$Na \rightarrow Na^{+} + e^{-}$　…①

このような化学反応式を**イオン反応式**という。

塩素が1価の陰イオンになる反応は，次のように表される。

$Cl + e^{-} \rightarrow Cl^{-}$　…②

ナトリウム原子と塩素原子が結合する場合は，この①式と②式を加えて，移動する電子を両辺から消去して，

$Na + Cl \rightarrow Na^{+} + Cl^{-}$

生じる物質はイオン結合しているので，ナトリウムイオンと塩化物イオンをまとめて表す。イオン結合している物質は組成式で表すが，組成式では陽イオンから先に書くから，NaClとなる。

実際にナトリウムと塩素が反応する場合は，塩素は分子の状態Cl_2だから，

$Cl_2 + 2e^{-} \rightarrow 2Cl^{-}$　…②′

したがって，移動する電子を合わせるために，①式を2倍して②′式に加えると，

$2Na + Cl_2 \rightarrow 2NaCl$

このように考えると，化学反応式も考えやすい。

では，マグネシウム原子と塩素原子とは，どのような物質をつくるだろうか。マグネシウムは，

$Mg \rightarrow Mg^{2+} + 2e^{-}$　…③

と2価の陽イオンになりやすいから，移動する電子の数を合わせるために②式を2倍して③式に加えると，

$Mg + 2Cl \rightarrow Mg^{2+} + 2Cl^{-}$

よって，$MgCl_2$が生じることがわかる。

もっとくわしく

化学反応式の考え方がわかれば，さまざまな金属イオンや非金属イオンのイオン価数を求めていくことができる。
例えば，酸化銅(Ⅱ)の組成式がCuOだということを記憶しているなら，酸素は2価の陰イオンとして結合しているはずだから，銅はCu^{2+}という2価の陽イオンになりやすいことがわかる。したがって，銅と塩素が結合する場合は，$CuCl_2$という組成式の物質になることも推測できるのである。

もっとくわしく

酸の電離式などもしっかりおさえておくと，硫酸銅(Ⅱ)$CuSO_4$や硝酸銀$AgNO_3$の組成式がなぜ成り立つのかが理解できる。

▼代表的なイオン結合の組成式

		非金属元素			
		Cl	Br	O	S
金属元素	Na	NaCl	NaBr	Na_2O	Na_2S
	K	KCl	KBr	K_2O	K_2S
	Mg	$MgCl_2$	$MgBr_2$	MgO	MgS
	Ca	$CaCl_2$	$CaBr_2$	CaO	CaS
	Al	$AlCl_3$	$AlBr_3$	Al_2O_3	Al_2S_3

§2 金属と反応 発展学習

▶ここで学ぶこと

非金属元素，金属元素のうちで反応しやすい元素はどのような特徴をもつのかを学ぶとともに，金属は酸となぜ反応するのかを考える。

① 原子の反応性

1 原子の電子配置と反応性

▶周期表上の位置と原子の反応性

●周期表で左下に位置する元素のほうが陽イオンになりやすい これは，次のような2つの原因のために生じる現象である。

① 同じ周期の元素→①を比較すると，原子番号が小さい元素（周期表で左に位置する元素）は，原子核に存在する陽子の数が少ないので，電子を引きつける力が弱い→②。

② 同族元素［➡P.285］で比較すると，原子番号が大きい元素（周期表で下に位置する元素）は，その最外殻が原子核から離れるため，電子を引きつける力が弱い→③。

●貴ガスを除いて，周期表で右上に位置する元素のほうが陰イオンになりやすい これは陽イオンになる場合とまったく逆の条件となる。

もっとくわしく

①周期表で，横に並んでいる元素。

もっとくわしく

②ナトリウムNaとマグネシウムMgは同じ第3周期の元素だが，Naの原子番号は11，Mgの原子番号は12だから，Naのほうが陽子が少なく，電子を引きつける力が弱い。

もっとくわしく

③NaとカリウムKは同じ1族元素だが，Naの最外殻はM殻，Kの最外殻はN殻で，Kの最外殻のほうが原子核から遠いので，Kのほうが電子を引きつける力が弱い。

▼周期表上の元素の位置と原子の反応性

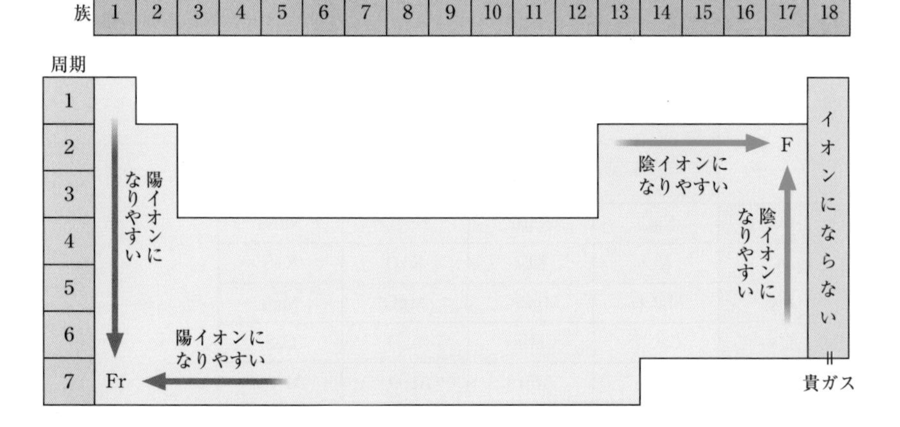

イオン化傾向との関係

前のページで述べた「周期表で，左下に位置する元素のほうが陽イオンになりやすい」という関係は，イオン化傾向と密接に関連している。右に示した周期表の一部と，下に示したイオン化列（イオン化傾向の大きい順に並べたもの）を比較すれば一目瞭然である。

族 ／ 周期	1	2	13
3	11 Na ナトリウム	12 Mg マグネシウム	13 Al アルミニウム
4	19 K カリウム	20 Ca カルシウム	

〈イオン化列〉
Li＞K＞Ca＞Na＞Mg＞Al＞Zn＞Fe＞Ni＞Sn＞Pb＞(H)＞Cu＞Hg＞Ag＞Pt＞Au

2 イオン化傾向と金属の反応性

ほかの陽イオンと金属の反応

●硫酸銅水溶液と亜鉛の反応　硫酸銅 $CuSO_4$ 水溶液に亜鉛板を入れると，亜鉛板はとけ出し，亜鉛板の表面に銅が付着する。

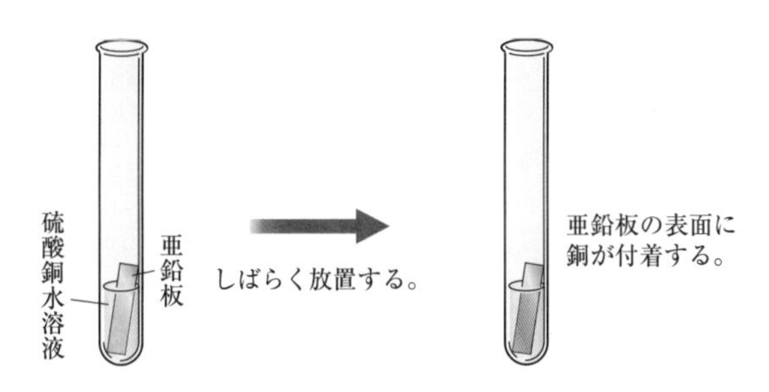

▲硫酸銅水溶液と亜鉛の反応

硫酸銅は，水溶液中で，

$$CuSO_4 \rightarrow Cu^{2+} + SO_4^{2-}$$

と電離している。これに亜鉛Znがふれると，亜鉛と銅では亜鉛のほうがイオン化傾向が大きい➡④（イオン化傾向で左側にある）ので，亜鉛が次のように電子を放出する。

$$Zn \rightarrow Zn^{2+} + 2e^-$$

銅イオン Cu^{2+} がこの電子を受けとる。

$$Cu^{2+} + 2e^- \rightarrow Cu$$

したがって，全体の化学反応式は，次のように表される。

$$CuSO_4 + Zn \rightarrow Zn^{2+} + SO_4^{2-} + Cu$$

参考

④イオン化傾向が大きいほうが，電子を放出して陽イオンとなる。

酸と金属の反応

酸は，水溶液中で電離して水素イオンH^+を放出する物質だから，水素よりイオン化傾向が大きい金属は，酸と反応する➡①ことになる。

例えば，マグネシウムMgを塩酸に入れる場合を考えてみよう。塩酸は，水溶液中で次のように電離している。

$$HCl \rightarrow H^+ + Cl^-$$

マグネシウムは水素よりもイオン化傾向が大きく，2価の陽イオンになりやすいから，次のように**電子を放出する**。

$$Mg \rightarrow Mg^{2+} + 2e^-$$

水素イオンが放出された電子を受けとり，水素分子となる。

$$2H^+ + 2e^- \rightarrow H_2$$ ➡②

したがって，全体の化学反応式は，

$$Mg + 2HCl \rightarrow Mg^{2+} + 2Cl^- + H_2$$

または，

$$Mg + 2HCl \rightarrow MgCl_2 + H_2$$

もっとくわしく

①銅Cu，銀Ag，白金Pt，金Auは，塩酸やうすい硫酸とは反応しない。これは，これらの金属が，水素よりもイオン化傾向が小さいことによるものである。
鉛Pbは水素よりもイオン化傾向が大きい金属だが，塩酸や硫酸とは反応しない。これは，これらの酸と反応して生じる塩化鉛$PbCl_2$や硫酸鉛$PbSO_4$が水にとけにくいために，これらの物質が鉛の表面をおおってしまい，内部に反応が進行しないためである。

水と金属の反応

水も微量ではあるが，次のように電離している。

$$H_2O \rightarrow H^+ + OH^-$$

イオン化傾向が非常に大きい元素（K，Ca，Na）は，この微量の水素イオンとも反応する。例えば，ナトリウムNaを水に入れた場合を考えてみよう。ナトリウムは1価の陽イオンになりやすいから，次のように電子を放出する。

$$Na \rightarrow Na^+ + e^-$$

水素イオンが放出された電子を受けとる。

$$2H^+ + 2e^- \rightarrow H_2$$ ➡②

したがって，全体の化学反応式は，

$$2Na + 2H_2O \rightarrow 2Na^+ + 2OH^- + H_2$$ ➡③

または，

$$2Na + 2H_2O \rightarrow 2NaOH + H_2$$

イオン化傾向が水素よりも大きい金属は，酸や水と反応して水素を発生する傾向がある。

もっとくわしく

②水素イオンが電子を受けとり，水素原子が生じる。

$$H^+ + e^- \rightarrow H$$

しかし，水素原子は不安定なので，すぐに2つの水素原子が結合して水素分子H_2となる。

もっとくわしく

③移動する電子の数が一致しなくてはならないので，H^+2つに対して，Na原子が2つ必要になる。

3 非金属元素の反応性

ハロゲン

●ハロゲン　第17族元素（F，Cl，Br，I，At）のこと。最外殻の電子の数がいずれも7個の元素なので，1価の陰イオンになりやすく，非常に活性な元素であり，**反応する相手が金属元素・非金属元素を問わずに反応しやすい。**

例えば，塩素Cl_2は，加熱した銅線➡④と激しく反応する。

参考

④銅線のかわりに，銅はくを用いて同様の実験を行うと，加熱しなくても瞬時に反応が起こる。

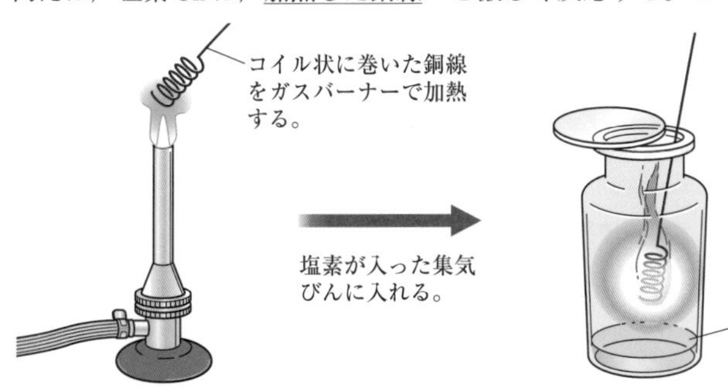

▲塩素と銅の反応

塩素分子は，次のように電子2個を受けとって，塩化物イオンCl^-になる傾向がある。

$$Cl_2 + 2e^- \rightarrow 2Cl^-$$

銅Cuはイオン化傾向が比較的小さい金属であるが，塩素➡⑤の「電子を強く受けとる性質」のために，次のように電子を放出する。

$$Cu \rightarrow Cu^{2+} + 2e^-$$

よって，全体の化学反応式は，次のように表される。

$$Cu + Cl_2 \rightarrow CuCl_2$$

ハロゲンのなかでは，I＜Br＜Cl＜Fの順で陰イオンになりやすい。ヨウ化カリウムKIの水溶液に塩素Cl_2を作用させた場合，ヨウ化カリウムが水溶液中で，次のように電離しており，

$$KI \rightarrow K^+ + I^-$$

塩素はこのI^-から電子をうばって塩化物イオンCl^-になる。

$$Cl_2 + 2I^- \rightarrow 2Cl^- + I_2$$ ➡⑥

ここに注意

⑤塩素は危険な気体なので，実験は十分気をつけて行う必要がある。実験終了後は，チオ硫酸ナトリウム水溶液を加えて，反応せずに残った塩素を吸収させる。

もっとくわしく

⑥水でぬらしたヨウ化カリウムデンプン紙を塩素とふれさせると，瞬時に青紫色になる。これは，この反応によってヨウ素I_2が生じるためである。

酸素

●**酸素**　非常に活性な気体で，さまざまな金属と反応して**酸化物**（金属の錆(さび)）を生じる。

純度が高い酸素中では，鉄線も燃焼する。

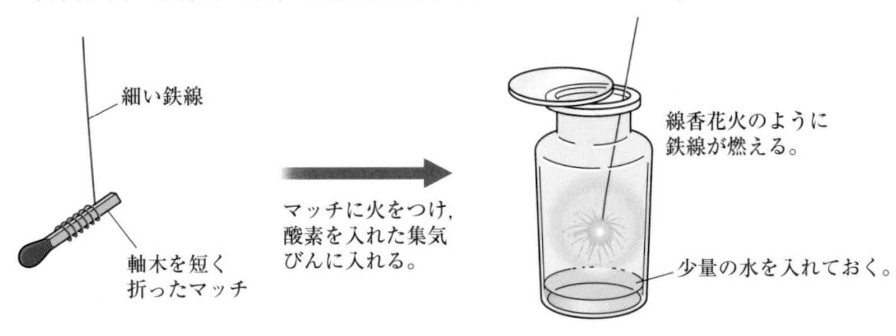

▲酸素と鉄の反応

酸素分子O_2は電子を受けとって，陰イオンとなる傾向がある。

$$O_2 + 4e^- \rightarrow 2O^{2-} \quad \cdots①$$

このとき，鉄は，鉄原子1個につき，電子3個を放出する。

$$Fe \rightarrow Fe^{3+} + 3e^- \quad \cdots②$$

移動する電子の数が等しくなければならないから，①式を3倍して，②式を4倍して加えると，

$$4Fe + 3O_2 \rightarrow 4Fe^{3+} + 6O^{2-}$$

となるので，これを組成式になおすと，次のように表される。

$$4Fe + 3O_2 \rightarrow 2Fe_2O_3$$

ここに注意

上の実験は，比較的簡単にできるが，軸木をできるだけ短く折っておかないと，ためておいた酸素が軸木の燃焼に用いられてしまい，鉄線が燃焼しないことがある。

窒素

●**窒素**　空気中に，体積比で約78％ふくまれている。非常に安定な気体で，ほかの物質とはほとんど反応しない。しかし，高温・高圧のもと（ガソリンエンジンやディーゼルエンジンのなかなど）では，酸素と反応してさまざまな酸化物を生じることがある。この物質を窒素酸化物 NO_x ➡① とよぶ。

非金属元素では，ハロゲン元素と酸素がもっとも反応性が高い➡②。

もっとくわしく

①ここで生じる窒素酸化物は，光化学スモッグの原因となる物質で，雨水などに溶解すると酸性雨の原因にもなる。

参　考

②酸素を体積比で約21％ふくむ大気をもつ地球では，酸素と結びつく反応（酸化）はよく観察される。

▼

生物編

ピーマンも光合成をしている？

光合成は，植物の緑色の部分（葉緑体）で行われる。これは，葉に限らず，植物の緑色の部分であればどんな部分でも光合成をしているということだろうか。ここでは，ピーマン（可食部分＝実）やブロッコリー（可食部分＝花）など，いろいろな野菜を使って，光合成について調べてみよう。

仮説 緑色の野菜も光合成を行っている。

ピーマンやブロッコリーの緑色が葉緑体によるものだと仮定すれば，野菜でも緑色の部分では光合成が行われていると考えられる。

実験

必要なもの

- 二酸化炭素測定用の気体検知管
- 顕微鏡
- ビニルぶくろ
- 輪ゴム
- 緑色のピーマン
- 赤色のピーマン
- ブロッコリー
- さやえんどう
- ホウレンソウ

（注１）気体検知管・顕微鏡は市販されているが，学校などで借りられるか聞いてみるとよい。

（注２）野菜は一例なので，手に入るものであれば何でもよい。

手順

（準備実験として）

ピーマンやさやえんどうなど，調べたいものをうすく切り，顕微鏡で細胞を観察する。特に，葉緑体があるかどうかをしっかり見ておこう。

1 ピーマンやさやえんどうなどを，それぞれビニルぶくろに入れ，輪ゴムで口を閉じる。
2 輪ゴムで閉じた口から気体検知管をさしこみ，二酸化炭素濃度を記録する。
3 それぞれのビニルぶくろを直射日光の当たるところにおき，数時間日光を当てる。
4 数時間後の二酸化炭素濃度を，2 と同様の方法で調べて記録する。

1

2

3

結果

★それぞれの細胞と葉緑体のようす★

緑色のピーマンの細胞

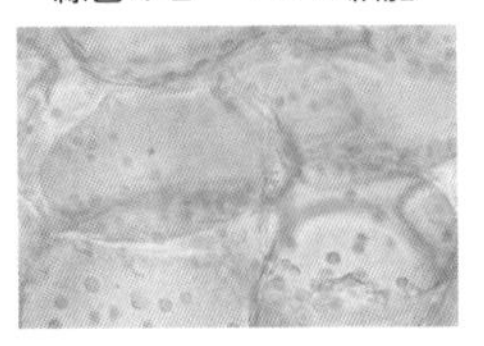

葉緑体が見られた。

赤色のピーマンの細胞

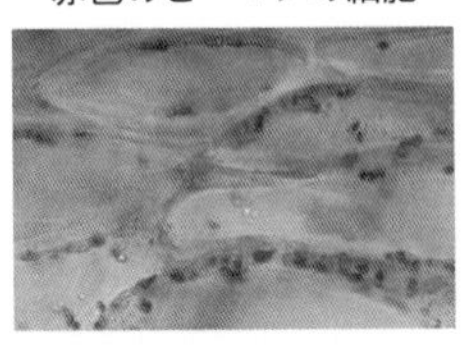

葉緑体は見られなかった。

ホウレンソウの細胞

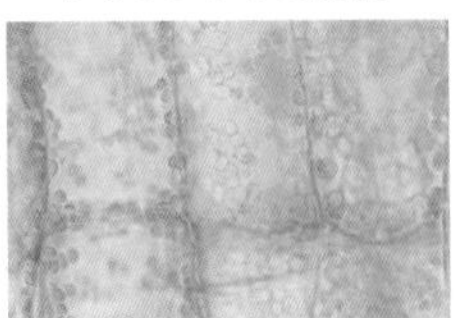

葉緑体が見られた。

★二酸化炭素濃度★

調べたもの	直射日光を当てる前の二酸化炭素濃度〔%〕	直射日光を当てたあとの二酸化炭素濃度〔%〕
緑色のピーマン	0.4	0.3
赤色のピーマン	0.3	0.3
ブロッコリー	0.1	0.08
さやえんどう	0.5	0.1
ホウレンソウ	0.1	0.02

・緑色のピーマン，ブロッコリー，さやえんどう，ホウレンソウでは，直射日光を当てたあとの二酸化炭素濃度が減少していた。
・赤色のピーマンでは，二酸化炭素濃度の減少は見られなかった。

考察

・植物は，二酸化炭素を体内にとり込んで光合成を行うので，二酸化炭素濃度の変化が見られた緑色の野菜は，すべて光合成をしている。
・ピーマンやブロッコリーは葉ではなく，実や花の部分であるが，光合成をしている。

⇒葉の部分でなくても，緑色の部分，つまり葉緑体のある部分であれば，植物は光合成を行う。しかし，緑色のピーマンと赤色のピーマンのように，同じ器官であっても，葉緑体がなければ光合成は行われない。

+α でやってみたいこと！

⇒みかんやりんごの果実のように，はじめは緑色をしているが熟れてくると黄色くなったり赤くなったりするものでは，どのような結果が見られるのだろうか。

関連ページはココ！▶▶ P364

第1章 生物の観察

↑外へ出て歩いてみると，さまざまな生物がいることに気づく。小さな昆虫や草花など，いろいろな生物を観察してみよう。生物はそれぞれどんなつくりをしていて，また，どの生物がどのような場所で見られるだろうか。

§1 身近な生物の観察

▶ここで学ぶこと

場所や環境のちがいによって，そこに生息する生物のようすも異なることを学ぶ。また，生物を観察するための方法についても学ぶ。

① 観察器具の使い方

1 ルーペ

小型でもち運びやすく，野外観察に適している。倍率は5～10倍程度である。

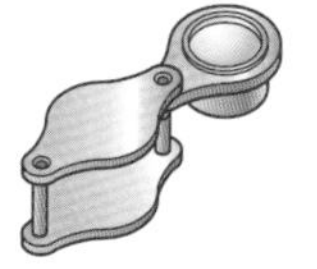

ここに注意

絶対にルーペで太陽を見てはいけない。

操作 ルーペの使い方

●観察するものを動かせるとき

ルーペを目に近づけてもち，見るものを動かしてピントを合わせる。

●観察するものを動かせないとき

ルーペを目に近づけてもち，顔を動かしてピントを合わせる。

(注) ルーペでものを観察するときは，いつもルーペを目に近づけて使う。

2 双眼実体顕微鏡（そうがんじったいけんびきょう）

観察するものをプレパラート➡①にすることなく，そのままで20～40倍程度に拡大して観察できる。厚みや凹凸のあるものも観察できる。また，ものを立体的に観察するのにも適している。

ステージには白い面と黒い面があるので，見やすいほうを使う。

操作 双眼実体顕微鏡の使い方

1 両目で見ながら接眼レンズを動かし，自分の目の幅に合わせ，左右の視野がひとつに見えるように調節する。

2 粗動（そどう）ねじをゆるめ，両目で見ながら鏡筒（きょうとう）を上下させておよそのピントを合わせる。次に，右目で見ながら調節ねじでピントを合わせる。

3 左目で見ながら視度（しど）調節リングを回して，左の接眼レンズのピントを合わせる。

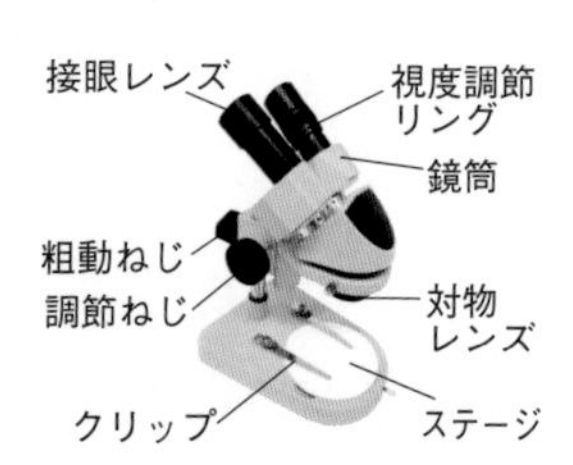

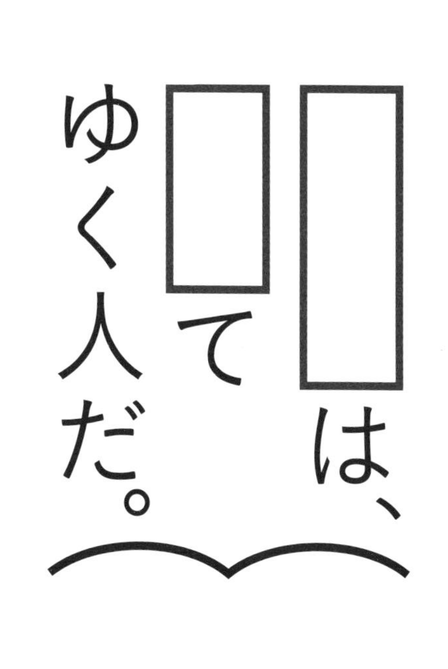
□は、
□て
ゆく人だ。

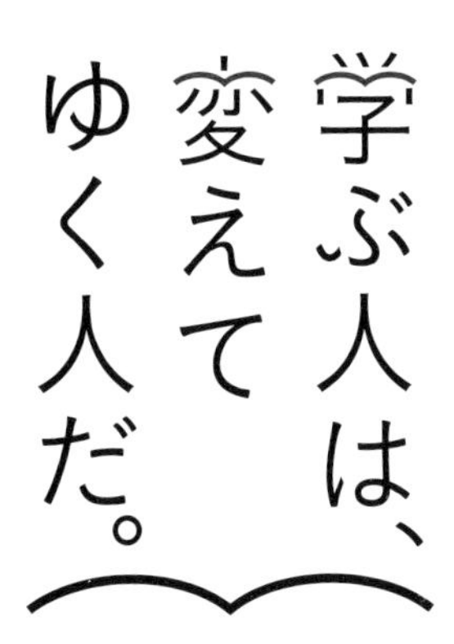

目の前にある問題はもちろん、

人生の問いや、社会の課題を自ら見つけ、

挑み続けるために、人は学ぶ。

「学び」で、少しずつ世界は変えてゆける。

いつでも、どこでも、誰でも、

学ぶことができる世の中へ。

3 顕微鏡（けんびきょう）

観察するものをプレパラートにして，40〜600 倍程度に拡大して観察できる。ただし，厚さがうすく光が通りぬけるものしか観察できない。

顕微鏡の種類とつくり

鏡筒上下式とステージ上下式の顕微鏡がある。

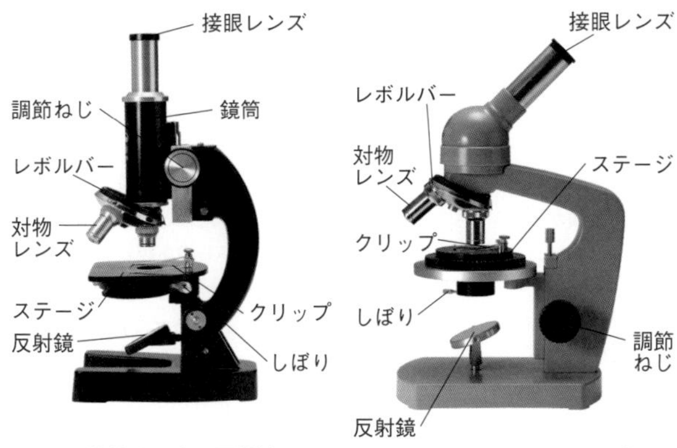

▲鏡筒上下式の顕微鏡　▲ステージ上下式の顕微鏡

レンズと倍率

顕微鏡には，接眼レンズと対物レンズ→②の２種類のレンズをとりつける。接眼レンズの倍率と対物レンズの倍率をかけた倍率が拡大倍率となる。

<レンズの倍率と拡大倍率>

（接眼レンズの倍率）×（対物レンズの倍率）＝（拡大倍率）

接眼レンズ	対物レンズ	拡大倍率
10倍	4 倍	40倍
10倍	10倍	100倍
10倍	40倍	400倍
15倍	4 倍	60倍
15倍	10倍	150倍
15倍	40倍	600倍

レンズをとりつける順序

レンズをとりつけるときは，先に接眼レンズを，あとから対物レンズをとりつける。はずすときは逆の順序で行う。これは，鏡筒を通して対物レンズの上にほこりが落ちないようにするためである。

もっとくわしく

ふつうに顕微鏡とよばれているものは，これである。生物顕微鏡，明視野顕微鏡ともよばれる。

用　語

①プレパラート
スライドガラス上に観察するものをのせ，水や染色液を少量たらしてその上にカバーガラスをかけたもの。そのほか，水のかわりに樹脂などを使った永久プレパラートなどもある。

もっとくわしく

②ふつう，接眼レンズの長さは倍率が高いほど短く，対物レンズの長さは倍率が高いほど長い。したがって，ピントを合わせたとき，高倍率の対物レンズほどプレパラートとの距離は短くなる。

接眼レンズ（10 倍）　接眼レンズ（15 倍）

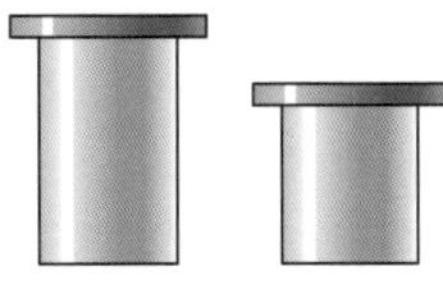

対物レンズ（10 倍）　対物レンズ（40 倍）

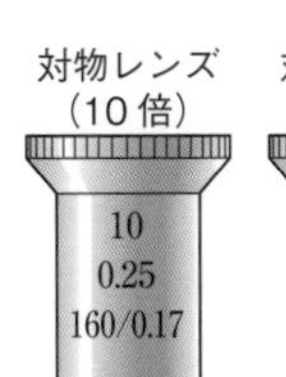

操作 顕微鏡の基本的な操作手順

1

水平で，直射日光の当たらないところに顕微鏡をおく。もっとも低倍率の対物レンズを使って，視野全体が明るく見えるように反射鏡，しぼりを調節する。

2

プレパラートをおき，顕微鏡を横から見ながら，対物レンズとプレパラートをできるだけ近づける（ピント合わせのときぶつからないようにするため）。

3

接眼レンズをのぞきながら，調節ねじを2と逆の方向にゆっくり回してピントを合わせる。

4

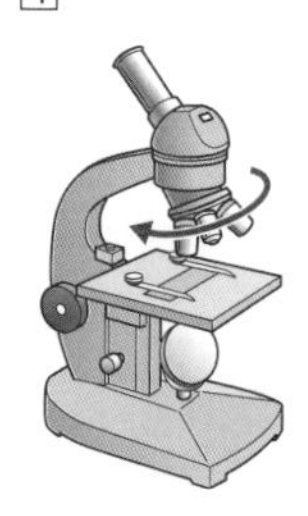

さらに高倍率で観察したいときは，見たいものを視野の中央に移動させてからレボルバーを回して，高倍率の対物レンズを通して見るようにする。

顕微鏡の細かい操作とその注意点➡①

●**倍率と見える範囲**　高倍率にするほど観察に適しているとは限らない。高倍率になればなるほど見える範囲はせまくなる➡②ので，観察物が大きい場合はその一部分しか見えなくなってしまう。

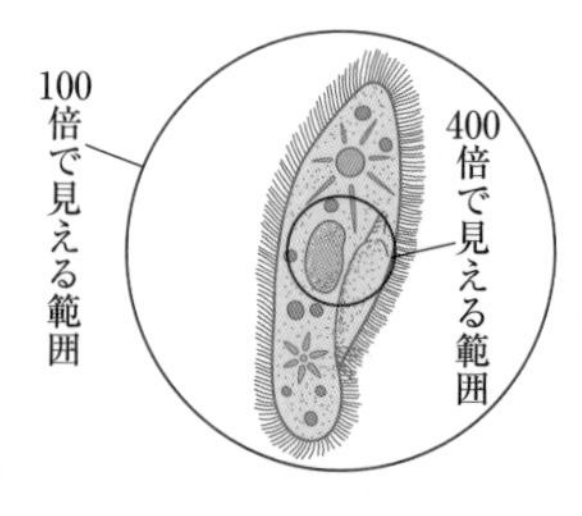

●**倍率と視野の明るさ**　高倍率の対物レンズを使うほど，視野は暗くなる。

●**しぼりの調節**　見たい倍率の対物レンズで観察物が見えるようになったら，しぼりを回して見やすい明るさに調節する。高倍率で見るほど視野は暗くなるので，高倍率にしたときはしぼりを回して明るくするのがふつうである。しかし，あまり視野を明るくするとピントが合いにくくなるので注意が必要である。

ここに注意

①顕微鏡操作の注意点
- 反射鏡に直接太陽の光を当てて観察しない。
- いきなり高倍率の対物レンズから観察をはじめると，見える範囲がせまくなり，見たいものをさがすのが難しくなる。まずは低倍率の対物レンズを使用する。
- 視野は明るければよいとは限らない。しぼりを回して明るくするほど焦点深度（ピントが合う厚さの範囲）が浅くなるので，ピントを合わせるのが難しくなる。

もっとくわしく

②倍率を２倍にすると，見える範囲は$\frac{1}{4}\left(\frac{1}{2^2}\right)$になる。

上下・左右の見え方，動かし方

顕微鏡の視野内に見える像は，特別な顕微鏡をのぞいて，上下・左右が逆に見えるのがふつうである➡③。したがって，プレパラートを動かすと視野のなかでは，プレパラートを動かした方向と逆方向に観察物が動いて見える。

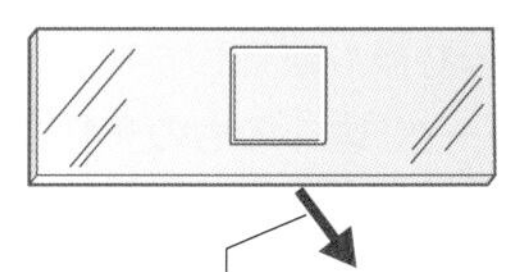

右下にある観察物を視野の中央に寄せたいときは，プレパラートを動かしたい方向とは逆の方向に動かす。

もっとくわしく

③顕微鏡によっては，上下が逆にならないものもある。自分の使う顕微鏡の上下・左右が逆に見えるかどうかを確かめるには，小さな文字を書いた紙を顕微鏡で見てみるとよい。

ルーペ，双眼実体顕微鏡，顕微鏡の比較

	ルーペ	双眼実体顕微鏡	顕微鏡
拡大倍率	5〜10倍程度	20〜40倍程度	40〜600倍程度
特徴	小型でもち運びやすいので，野外の観察などに適している。	ルーペよりさらにくわしく観察できる。プレパラートをつくる必要がないので，立体的なものも観察できる。	プレパラートをつくることにより高倍率で観察できる。小さく厚さのうすいものしか観察できない。
適した観察物	花，葉，木の幹，岩石など	花，葉のくわしい観察，土のなかの小動物など	水のなかの微生物，花粉，細胞など

Q&A　どこまで小さいものが見えるの？

ふつう中学校で使っている顕微鏡の倍率は600倍が限界です。600倍では，0.004mmの粒が見えるので，葉緑体などが観察できます。顕微鏡でも高性能のものを使うと，2000倍程度まで拡大してものを見ることができ，葉緑体よりも小さい細胞内小器官や染色体の構造が観察できます。それ以上の倍率でものを見たい場合には，電子顕微鏡を使う必要があります。現在，電子顕微鏡を使うと最高で約百万倍まで拡大してものを見ることができるので，細菌よりもずっと小さいウイルスや原子までも観察できます。しかし，電子顕微鏡も万能ではなく，観察するものの色や生きた生物を見ることはできません。

▲透過型電子顕微鏡

② 身近に見られるいろいろな生物

わたしたちの身近には，たくさんの生物が生息している。観察するときは目で見るばかりではなく，においや手ざわりもよく確かめよう。また，生物たちは生息する環境と深くかかわって生活している。生物そのものを見るだけでなく，その生物がすんでいる場所の特徴も観察してみよう。**細かいものを観察するときはルーペ，遠くのものを観察するときは双眼鏡**などを使うとよい。

1 野外観察のしかた

観察記録は，写真・スケッチ・標本・文章などをうまく活用して，わかりやすく行う。

正しいスケッチのしかた

理科の観察スケッチは，対象とするものだけを，だれが見ても形がはっきりわかるように，**細い線**➡①と**小さな点**でかく。**かげはつけず**，色の濃淡や立体感を出したいときは**点の多い少ないの差**で表す。また，線を重ねてかいてはいけない。

悪い例

よい例

2 身近に見られる生物

動物

明るさ，湿り気などの環境のちがいのため，場所によってすむ動物は異なる。

●植物の近くなどで見られる動物

鳥　類：スズメ・カラス・キジバト・ヒヨドリ・セキレイ・ムクドリ・オナガなど

昆　虫：モンシロチョウ・アゲハ・ベニシジミ・ミツバチ・ハナバチ・ナナホシテントウなど

その他：コガネグモなど

●地面や石，落ち葉の下で見られる動物

昆　虫：ハサミムシ・トビムシ・ナガコムシなど

その他：ダンゴムシ・ワラジムシ・ヤスデ・ムカデ・ミミズ・コウガイビルなど

ここに注意

野外観察を行うときは，次の点に注意する。

- 生物やそのまわりの環境を大切にあつかう。
- 生物などの採集は最小限にする。
- 石を動かしたり，土を掘ったりしたあとはもとにもどしておく。
- ルーペや双眼鏡では絶対に太陽を見ない。

参考

①細い線をかくため，鉛筆はよくけずっておこう。

▲ヒヨドリ

▲ベニシジミ

▲コガネグモ

▲コウガイビル

●水面や水中に見られる動物

両生類：トノサマガエル・ヒキガエルのオタマジャクシ・イモリなど

魚　類：メダカ・コイ・フナなど

昆　虫：アメンボ・ミズスマシ・ゲンゴロウ・タガメなど

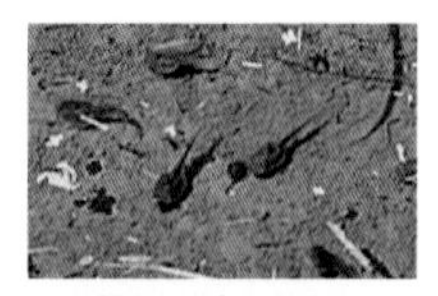

▲オタマジャクシ

▲タガメ

植　物

植物も明るさ，湿り気などによって生育する場所が異なるが，光合成 [➡P.364]には光が必要であるため，日光がまったく届かないところでは生活できない。

●樹木

クロマツ・イチョウ・スギ・ケヤキ・クスノキ・クヌギ・ソメイヨシノ・ツツジ・アジサイなど

●高さが40㎝未満の植物（花のさく草）

タンポポ・シロツメクサ・ハコベ・カタバミ・ハハコグサ・スズメノカタビラ・オオイヌノフグリ・スズメノテッポウ・ナズナ・ヘビイチゴ・オランダミミナグサ・ホトケノザ・セリ・イヌガラシ・ゲンゲ（レンゲソウ）など

●高さが40㎝以上の植物（花のさく草）

ハルジオン・ヒメジョオン➡②・カラスノエンドウ・スイバ・エノコログサ・オオアレチノギク・ヨモギ・ブタクサなど

●日かげに生育する植物

花のさく植物　　：ドクダミ・ヒメオドリコソウなど

花のさかない植物：ベニシダ・イヌワラビ・ギンゴケ・ゼニゴケなど

●水面や水中で生育する植物

花のさく植物　　：スイレン・ホテイアオイ・オオカナダモなど

花のさかない植物：アオミドロ・アミミドロなど

もっとくわしく

②ハルジオンとヒメジョオンはよく似ている。しかし，ハルジオンの花のつぼみはたれ下がるが，ヒメジョオンはたれ下がらない。また，ハルジオンの茎の断面はなかが空洞だが，ヒメジョオンの茎はなかが空洞ではない。

ハルジオン　ヒメジョオン

研究　植物の競争

植物は光合成によって生活に必要なエネルギーを得ているので，ふつう，日光のよく当たる場所に生息し，さらに背の高い植物のほうが光合成を行うのに有利です。一方，背の低い植物はほかの植物に日光をさえぎられやすく，また人や動物に踏まれやすいため，生存に不利に見えます。しかし，背が低くても，踏まれてもかれることなく生活できるオオバコ，シロツメクサなどは，人や動物に踏まれるという悪条件のためにあえてほかの植物が育ちにくいような場所に生育して，背の高い植物との競争をのがれています。また，日かげでも生育できるようなからだのしくみをもったり，乾燥に強いからだをもったりすることにより，競争をのがれている植物もいます。

3　タンポポの観察

タンポポの全体の形

タンポポの葉は，放射状に地面をはうように生える。このような生え方を**ロゼット型**という。ロゼット型の植物は，人などに踏まれても折れたりかれたりしにくい。また，その茎は花だけをつけている。タンポポの花はたくさんの花が集まってひとつの花のようになっている。このように，花が集まったものを**頭状花**➡①という。根は１m以上も地中にのびてしっかりとはり，地下深くの水分を吸収することができる。

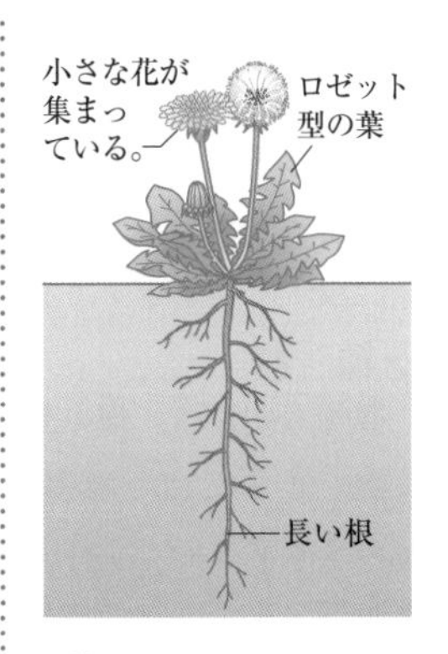

タンポポの種類

日本で生育するタンポポにはいくつかの種類があり，大きく分けると，古くから日本で生育している**在来種**➡②と近年日本に入ってきた**外来種**➡③に分けられる。これらは，総苞（花の集まり全体を包むがくのように見えるもの）の形で見分けることができる。

● **在来種**　エゾタンポポ，カントウタンポポ，カンサイタンポポなどがある。

● **外来種**　セイヨウタンポポとアカミタンポポがある。セイヨウタンポポとアカミタンポポはよく似ているが，アカミタンポポは綿毛（冠毛）ができると種子（果実）の部分が赤くなる。

▲在来種（カントウタンポポ）の花

▲外来種（セイヨウタンポポ）の花

タンポポの花の１日の変化

タンポポの花は，光が強いときは開き，光が弱いときは閉じる性質をもっている。ふつう昼間は開き，夜は閉じてしまう。

▲明るいときのようす

▲暗いときのようす

①タンポポは，下の図のような小さな花が集まってひとつの花のようになっている。

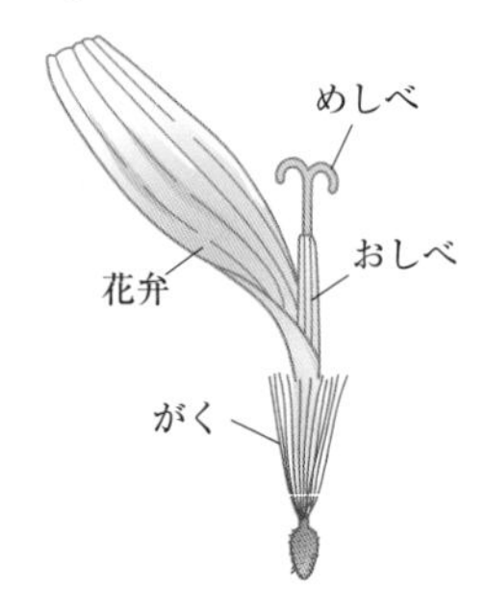

頭状花をもつ花には，キク，ヒマワリ，コスモス，アザミなどがある。

用語

②在来種
明治時代より前から日本で生育している種類。

用語

③外来種
明治時代以降に外国から日本に入ってきた種類。

▶タンポポの茎の性質

花がさいた状態。

花がしぼむと地表にたおれる。

綿毛（冠毛），種子ができるころには高くのびる。

もっとくわしく

地表にたおれた茎が，種子ができるころにもう一度高くのびるのは，風に当たりやすくして種子を遠くに飛ばすためである。

4 水中の小さな生物の観察

実験・観察 生物の採集のしかた

池などに生息する小さな生物を採集するには，次のような方法がある。

- 池の水をビーカーなどで直接すくう。
- プランクトンネットを使う。
- 池のへり，石などのぬるぬるした表面を歯ブラシなどでこすり，その歯ブラシをビーカーのなかでゆすぐとビーカーのなかに生物が採集できる。
- 池のなかの水草やかれ葉などをビーカーの上でしぼったり，ビーカーのなかの水にひたして表面をこすりとったりする。

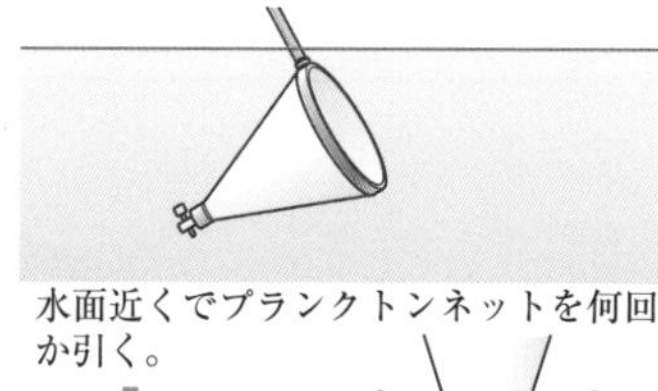

水面近くでプランクトンネットを何回か引く。

コックを回してビーカーにとる。

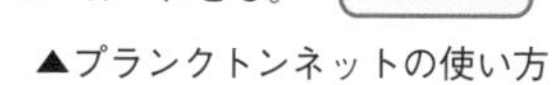

▲プランクトンネットの使い方

実験・観察 プレパラートのつくり方

1

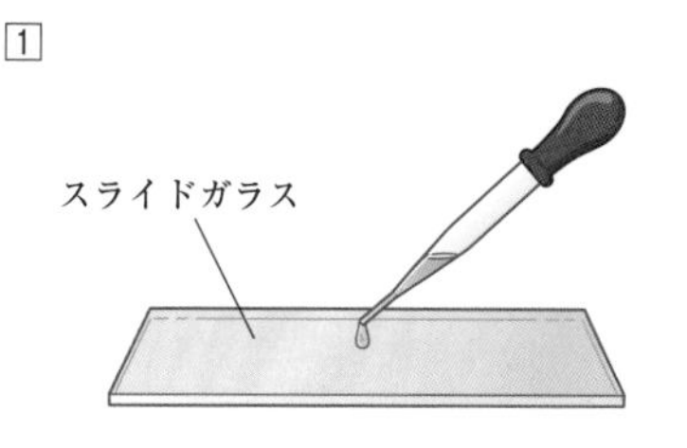

スライドガラスの中央に観察したいもの（生物をふくんだ水など）をのせる。水分が足りないときは，水を1滴落とす。

2

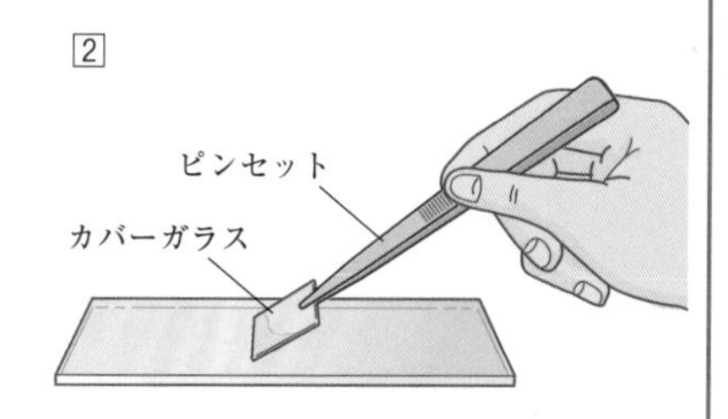

柄つき針やピンセットで，落とした水の端からあわが入らないように静かにカバーガラスを下ろす。

顕微鏡で観察できる水中の小さな生物

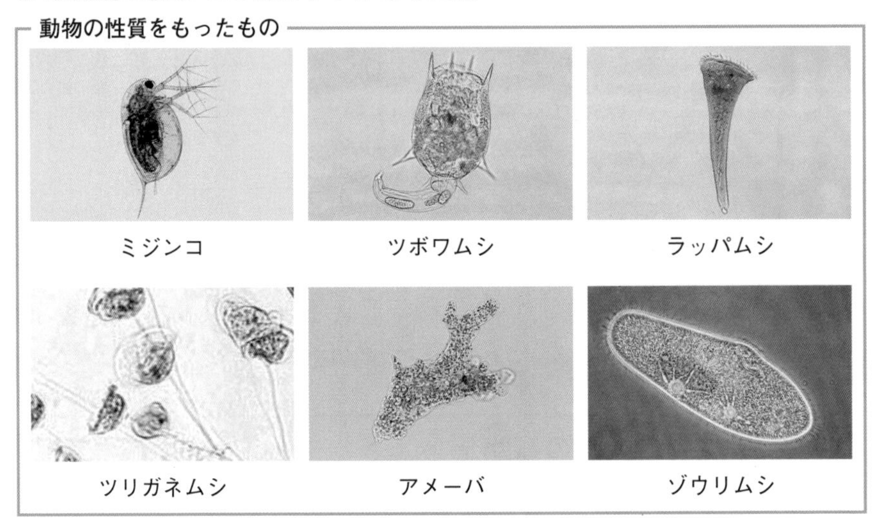

動物と植物の両方の性質をもったもの

ミドリムシ

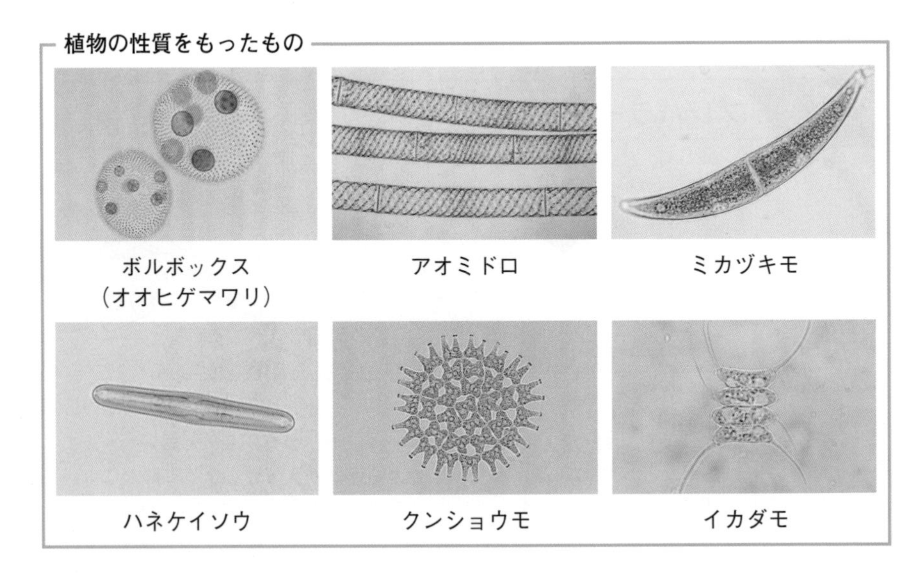

確認問題

顕微鏡の使い方

右の図は，ステージ上下式の顕微鏡である。使い方について，以下の問いに答えよ。

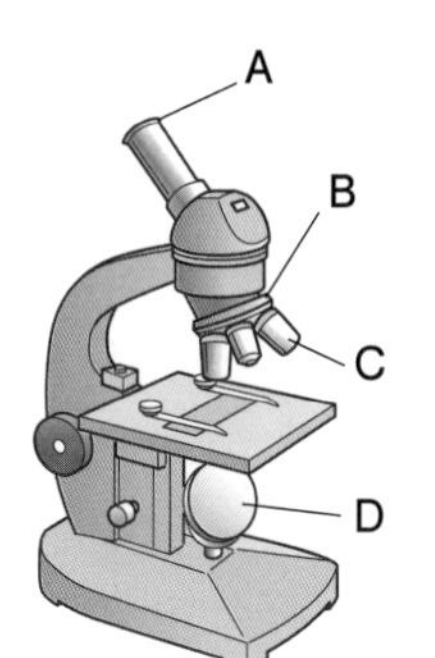

(1)　図の **A** ～ **D** の名称をそれぞれ答えよ。

(2)　次の**ア**～**オ**は，顕微鏡を使うときの操作について説明したものである。操作の順に並べかえよ。

ア　接眼レンズ，対物レンズの順にレンズを取りつける。
イ　直射日光の当たらない水平なところに顕微鏡をおく。
ウ　接眼レンズをのぞきながら，ピントを合わせる。
エ　反射鏡としぼりを調節して，視野全体を明るくする。
オ　顕微鏡を横から見ながら，対物レンズとプレパラートをできるだけ近づける。

(3)　次の**ア**～**エ**は，10 倍の接眼レンズ，15 倍の接眼レンズ，10 倍の対物レンズ，40倍の対物レンズのいずれかを表したものである。40倍の対物レンズを選べ。

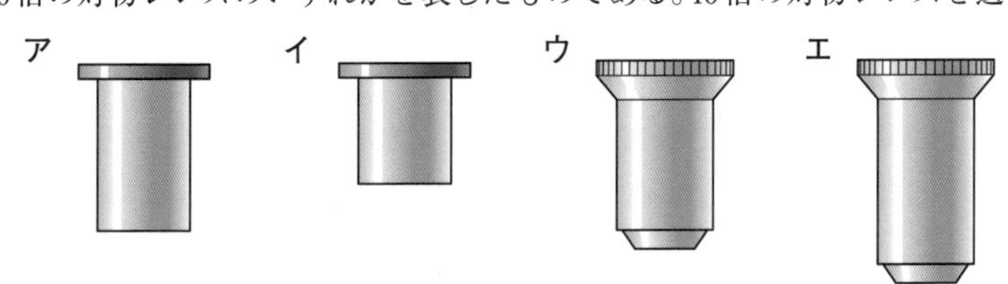

●目に接するレンズが接眼レンズ，物に対するレンズが対物レンズである。
●ピントを合わせる前に，視野全体を明るくする。
●接眼レンズの長さは，倍率が高いほど短い。
●対物レンズの長さは，倍率が高いほど長い。

解き方

(1)　**A** は目に接するレンズなので接眼レンズ，**C** は物に対するレンズなので対物レンズである。**B** はレボルバー。ここを回して対物レンズの倍率を変える。**D** は明るさを調節する反射鏡である。

(3)　**ア**，**イ**が接眼レンズ，**ウ**，**エ**が対物レンズである。**ウ**，**エ**のうち，レンズの長い**エ**が 40 倍のものである。

解答

(1)　**A**：接眼レンズ　　**B**：レボルバー　　**C**：対物レンズ　　**D**：反射鏡
(2)　**イ→ア→エ→オ→ウ**　　(3)　**エ**

練習問題

解答➡p.620

1

思考力

和美さんは，理科の授業で，学校の近くにある池の水を採取してプレパラートをつくり，顕微鏡で水のなかで生活している生物を観察した。図1は，そのときに見えたおもな生物のスケッチで，（ ）内は顕微鏡の倍率を表している。あとの問いに答えよ。 （和歌山県改題）

図1

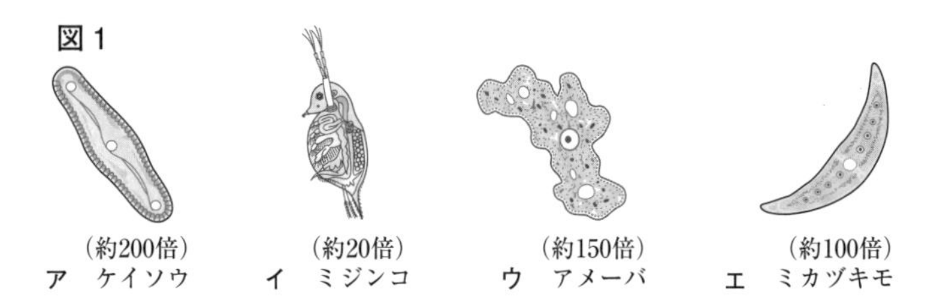

⑴ 図1のア～エのうち，実際の大きさがもっとも大きいものをひとつ選び，記号で答えよ。

⑵ 顕微鏡を使って観察するとき，視野全体を明るくする必要がある。このとき，目をいためないようにするために注意しなければならないことを，簡潔に書け。

⑶ プレパラートの観察に関して，次の①，②に答えよ。

① 和美さんが観察すると，図2のように見えた。顕微鏡の視野の横に見えているケイソウを中央に移動させるには，プレパラートをどの向きに動かせばよいか。図3のア～エから適切なものをひとつ選び，記号で答えよ。

図2 図3

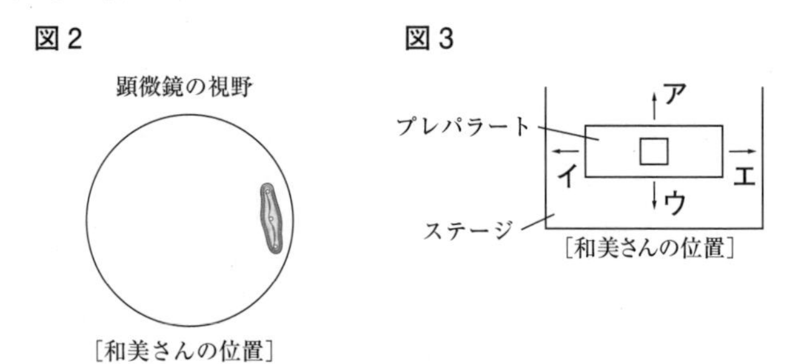

② 次に，和美さんは，生物をくわしく観察するために，顕微鏡の倍率を上げて観察しようとした。高倍率にすると，顕微鏡の視野と明るさはそれぞれどうなるか，簡潔に書け。

2 顕微鏡を用いた観察について，あとの問いに答えよ。

（神奈川県改題）

(1) 15倍の接眼レンズと10倍の対物レンズを用いて観察するとき，顕微鏡の拡大倍率は何倍となるか。次の**ア**～**エ**から適切なものをひとつ選び，記号で答えよ。

ア 1.5倍　**イ** 5倍　**ウ** 25倍　**エ** 150倍

(2) 右の図は15倍の接眼レンズと10倍の対物レンズを用いて，オオカナダモの葉を観察したときの視野のすべてを表したものである。接眼レンズはそのままにし，対物レンズを40倍に変えて観察したときの視野のすべてを表すと，どのようになると考えられるか。次の**ア**～**エ**から適切なものをひとつ選び，記号で答えよ。ただし，染色は行わず，プレパラートの位置は固定したまま動かさないものとする。

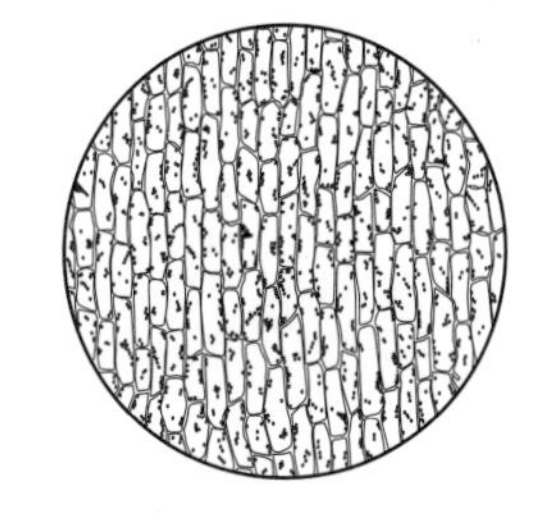

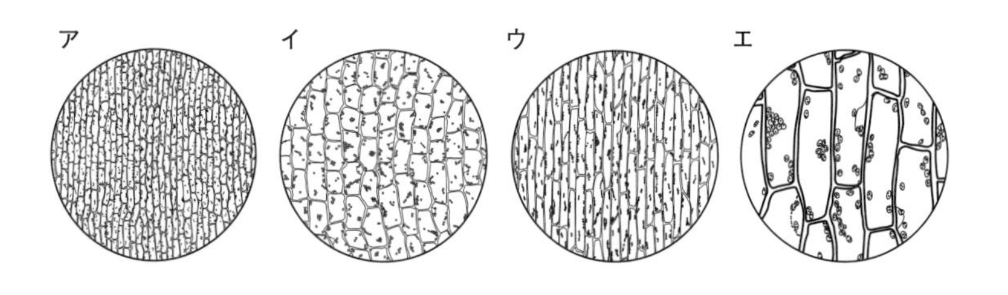

(3) 顕微鏡を用いた観察のしかたについて，適切に述べているのはどれか。次の**ア**～**エ**から適切なものをひとつ選び，記号で答えよ。

ア レンズをつけるときは，対物レンズを先につけて接眼レンズをあとからつける。

イ 接眼レンズをのぞきながら，しぼりや反射鏡で観察しやすいような明るさに調節する。

ウ はじめは対物レンズも接眼レンズも高倍率のものを使い，観察の目的にあった部分が見つかったら適した倍率に下げる。

エ ピントを合わせるときは，プレパラートと対物レンズとをできるだけ遠ざけておき，接眼レンズをのぞきながら，徐々に近づける。

第2章 生物の生活と種類

→生物は大きく植物と動物に分類できる。この章では植物と動物の種類について学ぶ。植物のからだのつくりはどのようになっているのだろうか。また,植物や動物はどのような基準で分類されているだろうか。

§1 植物の生活と種類

▶ここで学ぶこと

花や葉・茎・根のつくりを調べ，植物がどのようにして子孫を残したり，生活したりしているかを学ぶ。

① 花のつくりとはたらき

1 花のつくり

おしべとめしべ

花は子孫を残すための生殖器官である。種子によって子孫が残されるが，おしべ・めしべはその種子をつくるためのもっとも重要な部分である。

サクラ・アブラナ・ツツジ・タンポポ・エンドウなどの花➡①は内側から順に，めしべ・おしべ・花弁・がくで成り立っている。

●めしべ　めしべは**柱頭**・**花柱**・**子房**から成る。子房の内部には**胚珠**があり，胚珠は将来**種子**になる部分である。

●**柱頭**　柱頭は花粉がつくところで，ユリなどでは粘液が多量に分泌され，ついた花粉ははなれにくくなっている。

●**花柱**　花柱は花粉からのびた**花粉管**[➡P.415]が通る部分。

●おしべ　おしべは**やく**と**花糸**から成る。やくはふくろ状になっていて，その内部では多数の**花粉**がつくられる。花糸はやくを支えている。

参考

ここで述べるのは，被子植物の花のつくりとはたらきである。

もっとくわしく

①花のつくりは，植物を分類するときの基準のひとつとなる。

参考

種類によっては花柱をもたないものもある。

Q&A ヒマワリの花弁はどの部分？

ヒマワリで1枚の花弁に見えるものは，1つの花です。すなわち，わたしたちがふだん,「花」として見ているものは，じつは小さな花がたくさん集まったものなのです[➡P.306（頭状花）]。ヒマワリは，内側の小さい筒状の花弁をもつ**筒状花**と，外側の黄色い大きな花弁をもつ**舌状花**という2種類の花が集まった**頭状花**です。ヒマワリの筒状花にはおしべ，めしべがありますが，舌状花にはおしべ，めしべがありません。したがって，種子ができるのは，筒状花の部分だけです。

▲ヒマワリの筒状花　▲ヒマワリ　▲ヒマワリの舌状花

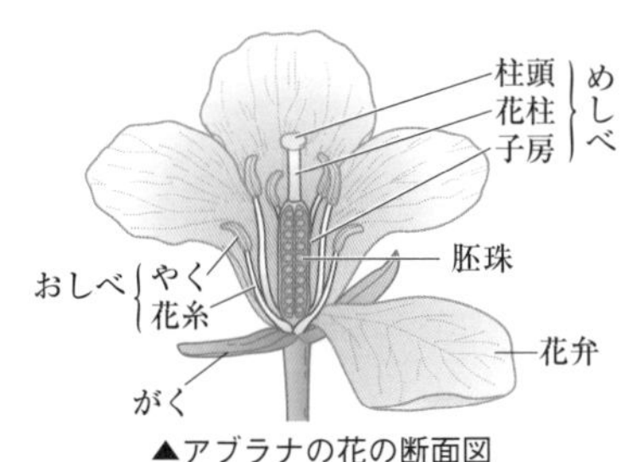

▲アブラナの花の断面図

花弁とがく（がく片）

●**花弁**　花弁➡②にはいろいろな色のものがあり，なかにはきれいな模様をもつものもある。花のつくりのなかではもっとも目立ち，**香りとともにチョウやハチなどの昆虫をさそい，花粉が柱頭につくのを助ける**。しかし，トウモロコシやマツの花のように，花粉を風に運んでもらう植物などでは，花弁がないものもある。

●**がく（がく片）**　花のつくりのうち，もっとも外側にある。はなれているものと，下部がゆ着しているもの，また，タンポポの綿毛（わたげ）（冠毛（かんもう））のように非常に変形しているものもある➡③。

もっとくわしく

②花弁には，サクラやアブラナのようにはなれているもの（**離弁花**という）と，ツツジやアサガオのようにくっついているもの（**合弁花**という）とがある［➡P.325］。

参考

③ホオズキの果実を包んでいる赤いふくろ状のものもがくの一種である。

▲ホオズキ

Q&A どの花にもおしべ，めしべ，花弁，がくがそろっているの？

　キクやタンポポ，ヒマワリのような頭状花のほかにも，花のつくりにはいろいろなものがあります。カボチャやキュウリでは，どの花にも花弁やがくはありますが，おしべ・めしべはそのどちらか一方しかありません。このような花を**単性花**（たんせいか）とよび，おしべしかない花を**雄花**（おばな），めしべしかない花を**雌花**（めばな）といいます。

　それに対し，サクラやアブラナのようにひとつの花におしべ・めしべの両方がある花は**両性花**（りょうせいか）とよばれます。イチョウやソテツにいたっては，ひとつの株（かぶ）（植物体）には雄花か雌花のどちらか一方の花しかできません。このような場合は，それぞれ**雄株**（おかぶ），**雌株**（めかぶ）とよばれます。

　また，イネやムギの花は花弁やがくがなく，目立たない花です。

　アヤメやハナショウブなどの花は，花弁よりもがくが大きく，色彩も豊かでよく目立ちます。また，ミズバショウの花弁のように見える白いところは苞（ほう）といい，これは花弁でもがくでもなく，葉のひとつです。花は，内部のこん棒状になっている部分にたくさん集まってついています。

▲カボチャの雄花

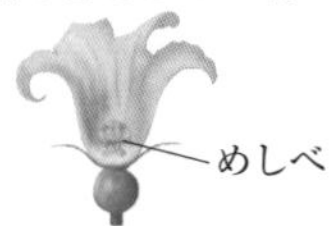

▲カボチャの雌花

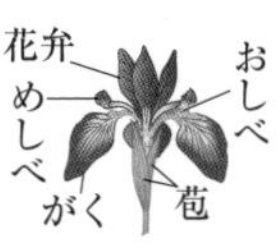

▲ハナショウブ

▲ミズバショウ

2 花のはたらき ～果実と種子の形成～

受粉と受精

●**受粉** 花が種子をつくるには，まずめしべの柱頭に花粉がつく必要がある。これを受粉➡①という。

●**花粉管の伸長** 受粉すると，花粉から花粉管 [➡P.415] という管が出て，胚珠に向かってのびていく。

●**受精** 花粉管が胚珠にたっすると，そこで受精 [➡P.416] が行われる。

もっとくわしく

①花粉が何によって運ばれるかによって，虫媒花（昆虫が運ぶ），風媒花（風が運ぶ），水媒花（水が運ぶ）などに分けられる。
虫媒花…アブラナ・ユリなど
風媒花…マツ・イチョウ・トウモロコシなど
水媒花…クロモなどの水草

果実と種子の形成

●**果実の形成** 子房は成長して果実となる。

●**種子の形成** 受精が行われると，胚珠は種子になる。

●**種子のつくり** 種子には，**有胚乳種子**と**無胚乳種子**がある。

①**有胚乳種子** カキやイネのように，種皮・胚・胚乳から成る種子。

②**無胚乳種子** ナンキンマメやダイズ・クリのように，種皮・胚・子葉から成る種子。

(1) **種皮** 種子のもっとも外側をおおっている皮。内部の保護をしている。

(2) **胚** 種子のなかで，発芽すると若い植物体になる部分。子葉や幼い根（幼根）などがある。

(3) **胚乳** 胚が発芽するときの栄養分になる部分。

もっとくわしく

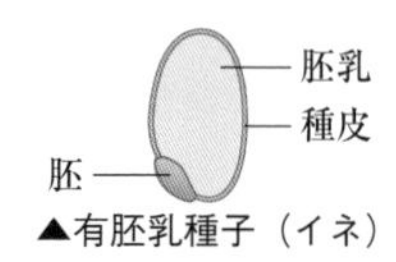

▲有胚乳種子（イネ）

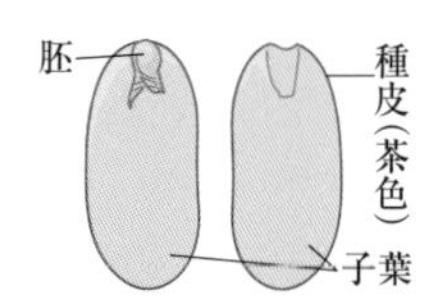

▲無胚乳種子（ナンキンマメ）

無胚乳種子では子葉に栄養分がたくわえられている。

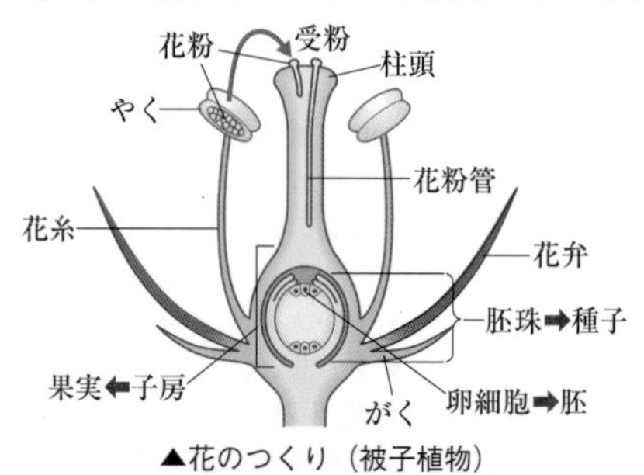

▲花のつくり（被子植物）

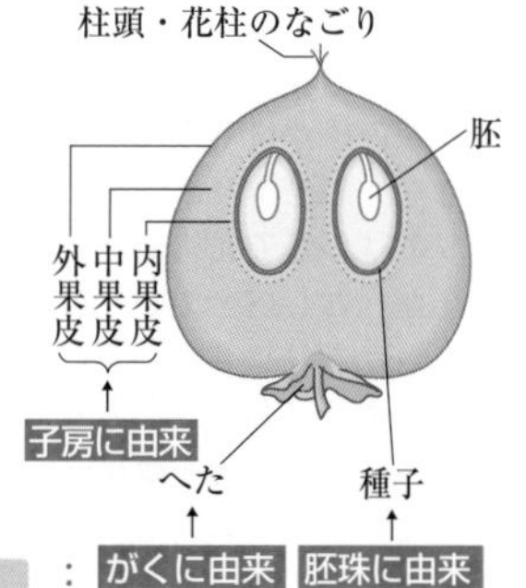

▲果実と種子（カキ）

3 裸子植物の花

今まで述べてきた花のつくりは，すべて花に子房のある植物（被子植物）についてのものであった。マツ・スギ・ヒノキ・イチョウ・ソテツなども花をさかせるが，これらの植物の花には胚珠はあるが子房はない。すなわち，胚珠は子房のなかになく，むき出しのままである。このような植物は**裸子植物**とよばれる。

種子植物の分類

●**種子植物**　種子によって子孫を残す植物→②。被子植物と裸子植物の２つに大きく分けられる。

●**被子植物**　サクラやアブラナなどのように，胚珠が子房のなかにある植物。

●**裸子植物**→③　マツやイチョウなどのように，子房がなく，胚珠がむき出しになっている植物。

裸子植物の花

裸子植物の花は，花弁やがくがないので地味で目立たないが，花粉のうや胚珠はあり，受粉によって種子をつくる。また，裸子植物に属する植物の花は，いずれも雄花と雌花とに分かれている→④。

もっとくわしく

②種子ではなく，胞子でふえる植物もある。

もっとくわしく

③被子植物のほうが裸子植物より進化[➡P.331]している。

ここに注意

④裸子植物は風媒花でもある。

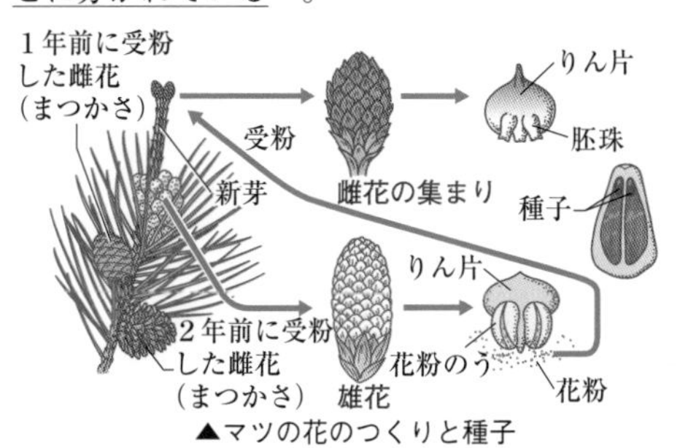

▲マツの花のつくりと種子

▲イチョウの花と種子

確認問題

花のつくりとはたらき

右下の図は，アブラナのひとつの花を外側から分解したものを並べたものである。次の問いに答えよ。

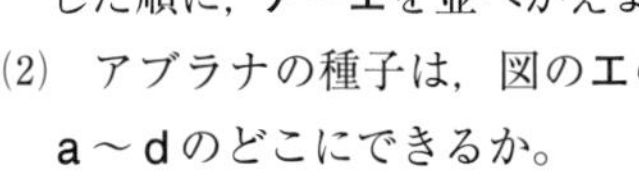

(1)　この花を外側から中心へ分解した順に，**ア**～**エ**を並べかえよ。

(2)　アブラナの種子は，図の**エ**のa～dのどこにできるか。

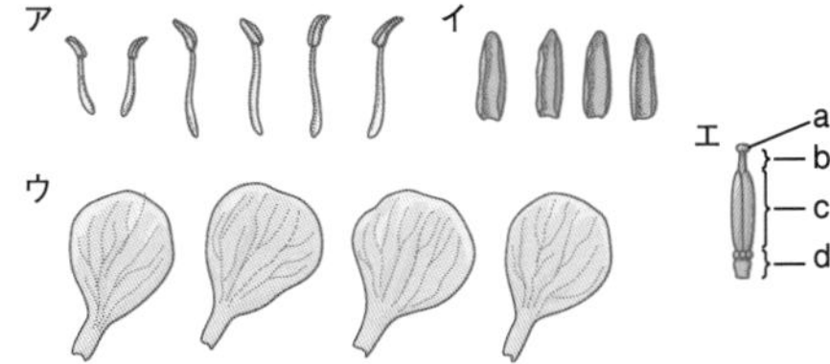

●花は外側から中心へ，がく，花弁，おしべ，めしべの順に並んでいる。

●胚珠は受粉後，種子になる。

解き方

(1)　**ア**はおしべ，**イ**はがく，**ウ**は花弁，**エ**はめしべ。

(2)　aは柱頭，bは花柱，cは子房でなかに胚珠がある。dは花床（かしょう）とよばれる。

解答

(1)　**イ→ウ→ア→エ**　(2)　c

② 葉のつくりとはたらき

1 葉のつくり

葉の基本的なつくり

葉は，ふつう**葉身**(ようしん)・**葉柄**(ようへい)・**托葉**(たくよう)から成り，これらの構造がすべてそろっているかどうかで**完全葉**と**不完全葉**に分けられる。

- **完全葉**…上の３つの部分をもつ葉。
  - 例 サクラ・エンドウ➡①
- **不完全葉**…上の３つの部分のどれかを欠いた葉。
  - 例 ツバキ・タンポポ

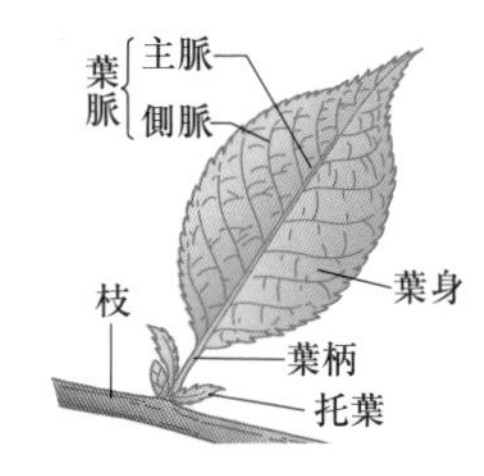

▲葉の基本的なつくり（サクラ）

①サクラの托葉は，あとで脱落する。エンドウは複葉になった完全葉。

●**葉身**　緑色の平らな部分で，葉での光合成 [➡P.364] や蒸散などを行う主要部分。

・**単葉**(たんよう)**と複葉**(ふくよう)　葉身が１枚から成るものを**単葉**，２枚以上の**小葉**(しょうよう)から成るものを**複葉**という。

- 単葉…サクラ・ツバキ・カキなど
- 複葉…バラ・トマト・トチノキなど

▲複葉（バラ）

・**葉脈**　葉身にあるすじは**葉脈**(ようみゃく)とよばれ，根から吸収された水や光合成でつくられた栄養分の通り道になっている。そして葉脈が網の目のようになっているものを**網状脈**(もうじょうみゃく)，平行になっているものを**平行脈**という。またこのほかに，葉脈が二またに分かれて扇形に広がる**叉状脈**(さじょうみゃく)もある。

- 網状脈…サクラ・ヒイラギ・タンポポなど
- 平行脈…イネ・トウモロコシ・ササなど
- 叉状（二叉(にさ)）脈…イチョウなど

▲網状脈（ヒイラギ）

▲平行脈（ササ）

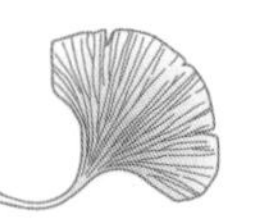

▲叉状脈（イチョウ）

●**葉柄**　葉身を支え，茎につく葉の部分。維管束(いかんそく)があり，水や栄養分の通り道となる。

●**托葉**　葉柄のつけねにつき，ふつう１対の葉状のもの。エンドウのように，大きく発達して葉身の一部のように見えるものもある。

▲托葉（エンドウ）

葉の内部構造

葉の内部構造を調べてみると，**表皮**・**葉肉**(ようにく)および**葉脈**から成ることがわかる。

●**表皮**　葉の表と裏をおおっている部分。葉の内部を保護したり，水の蒸発を防いだりする。多くの植物では，葉の裏側に多数の気孔[➡P.363]が見られ，気孔を通して蒸散や気体の出入りが行われる。

●**葉肉**　葉の表側と裏側の表皮にはさまれた葉の内部の部分で，葉緑体[➡P.365]を多数ふくむ細胞[➡P.356]から成る。葉肉は，さく**状**(じょう)**組織**と**海綿**(かいめんじょう)**状組織**に分けられる。

①**さく状組織**　細胞が規則正しく並んでいる組織。

②**海綿状組織**　細胞間にすき間が発達してスポンジ状になっている組織。

両組織とも，光合成が行われる重要な場になっている。

●**葉脈**　葉にある維管束で，茎の維管束につながっている。一般に，葉の表側には**木部**(もくぶ)**（道管など）**➡②，裏側には**師部（師管など）**➡③があり，それぞれ根・茎を通ってきた水や水にとけた養分の通り道，葉での光合成でつくられた栄養分が茎などへ移動するときの通り道となっている。

用語

②木部
根からの水や養分の通り道。

用語

③師部
葉でつくられた栄養分の通り道。

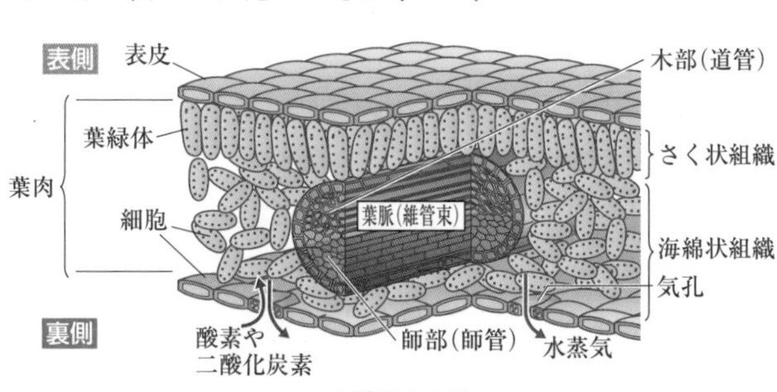

▲葉のつくり

陽葉(ようよう)と陰葉(いんよう)

ひとつの植物体にある葉，例えば1本のシイの木についている多数の葉を調べてみると，日光がよく当たる木の外側や南側にある葉は，小形であるが厚みがあるのに対して，木の内側や北側にある葉はそれに比べて大きいがうすい。前者のような葉を**陽葉**，後者のような葉を**陰葉**という。

●**陽葉**　葉肉が厚く，光合成や呼吸の速さは陰葉よりも大きい。

●**陰葉**　葉肉はうすく，光合成や呼吸の速さは陽葉よりも小さい。

▼シイの木

▲陽葉

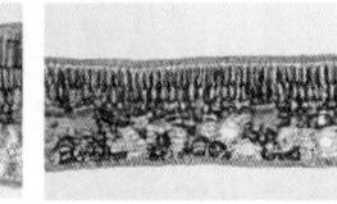
▲陰葉

③ 茎と根のつくりとはたらき

1 茎のつくり

茎の形態

茎は根の上にあり，葉を出し，からだを支え，根から吸収された水や光合成でつくられた栄養分などの通り道になる。また，花や果実をつける。

茎は，やわらかくて草となる**草本茎**と，かたくて木となる**木本茎**に分けることができる。

> **参考**
> 草本茎の例
> ホウセンカ・アブラナ
> 木本茎の例
> サクラ・マツ

茎の内部構造

茎のつくりは，**双子葉類**と**単子葉類**で異なる。しかし，**表皮**・**維管束**（いかんそく）・**髄**（ずい）という基本的なつくりは共通している。

●**双子葉類の茎**　茎は外側に表皮があり，その内側に**皮層**，さらにその内側に**維管束**や**形成層**（けいせいそう）があり，中心部には**髄**がある。

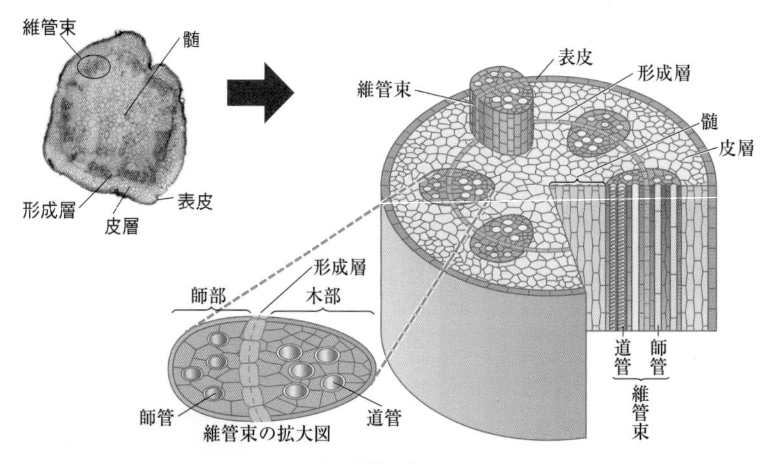

▲双子葉類の茎のつくり

●**表皮**　茎の表面をおおって内部を保護するほか，水の蒸発も防ぐ。

●**皮層**　表皮と維管束の間をうめている細胞の集まりで，基本的には細胞壁がうすくやわらかい細胞でできているが，草本茎のなかには細胞壁が厚い細胞をもつものもあり，植物体を支えるのに役立っている。

●**維管束**　維管束は木部と師部に分けられるが，その間に形成層とよばれる，さかんに細胞分裂［➡P.411］を行う部分がある。木などの茎が太くなるのは，この形成層の細胞分裂による。

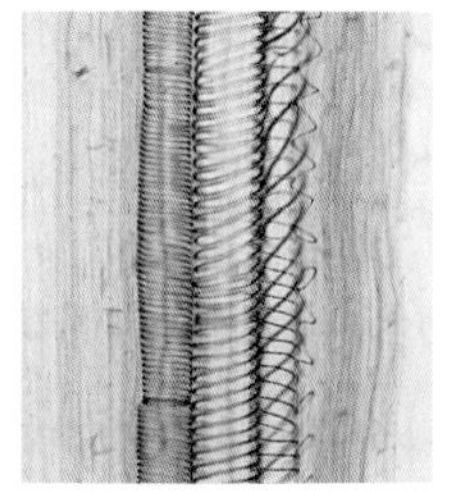
▲道管

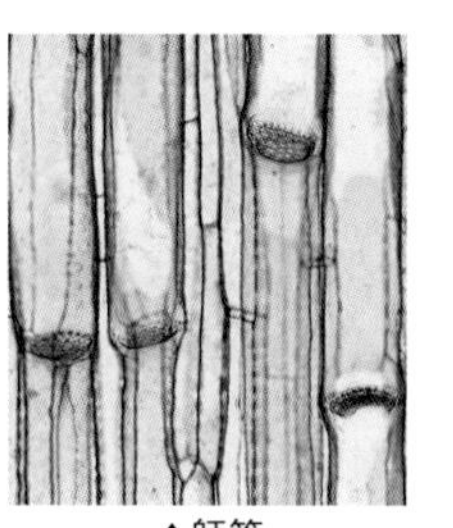
▲師管

双子葉類の茎の維管束は，輪状に並んでいる。

⑴**木部**　茎の髄側に位置していて，水や水にとけた養分（肥料）の通り道となる**道管**などがある。

⑵**師部**　茎の皮層側に位置していて，葉でつくられた栄養分の通り道となる**師管**などがある。

⑶**形成層**　木部と師部の間[①]にあり，細胞分裂を行って木部や師部などの細胞となり，それらの細胞をふやす。

●**髄**　維管束に囲まれた茎の中心部。細胞壁がうすく，比較的大きくてやわらかい細胞から成る。デンプンなどをたくわえていることもある。

●**単子葉類の茎**　基本的には双子葉類の茎と同じであるが，次の点で異なっている。

・維管束は散らばって存在する。
・形成層がない。

ここに注意

①形成層では，根や茎の分裂組織と同じように，細胞分裂により細胞がふえる。

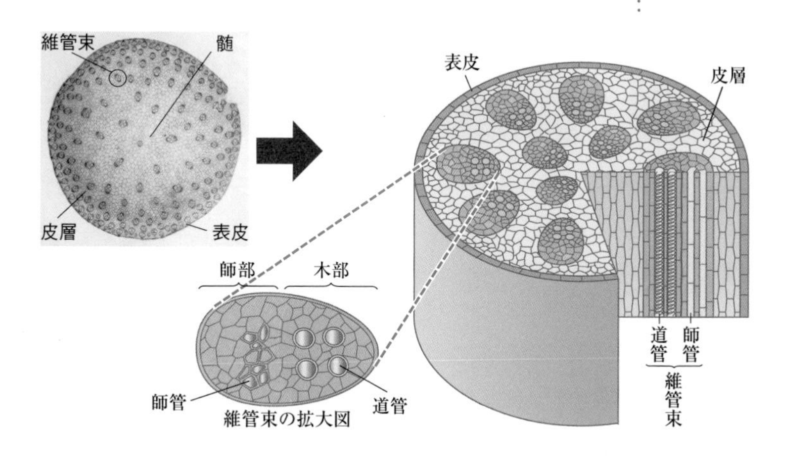

▲単子葉類の茎のつくり

いつも食べている野菜は，植物のどの部分？①

花や葉にいろいろなタイプがあるように，茎にもさまざまなものがあります。例えばジャガイモ。ジャガイモのいもは地下にできますが，根が太ったものではなく地下茎が大きくなったもので，塊茎(かいけい)といいます。茎からは芽が出るという特徴がありますが，ジャガイモのいもにはくぼんだところがいくつかあり，このくぼんだところから芽が出てくることからも茎であることがわかります。

また，レンコンは，ハスのからだのうち，池などの泥のなかにうまっている部分ですが，それも茎であり，「根のような茎」という意味で根茎(こんけい)とよびます。ブドウにはいろいろなものにまきつくまきひげがありますが，これも茎です。サイカチの木にはするどいトゲがありますが，このトゲも茎が変形したものです。ナギイカダという植物にいたっては，一見葉のように見える部分がじつは茎で，葉状茎といいます。茎についてもいろいろ調べてみるとおもしろいですよ。

▲ジャガイモ（塊茎）

▲レンコン（根茎）

▲ブドウ（まきひげ）

▲サイカチ（針状茎）

▲ナギイカダ（葉状茎）

2 根のつくり

根の形態

根はふつう土のなかにあって，水や養分（肥料）を吸収したり，からだがたおれないように支えたりする。

● **主根と側根**　タンポポやダイコンなどの双子葉類の根には**主根**と**側根**がある。

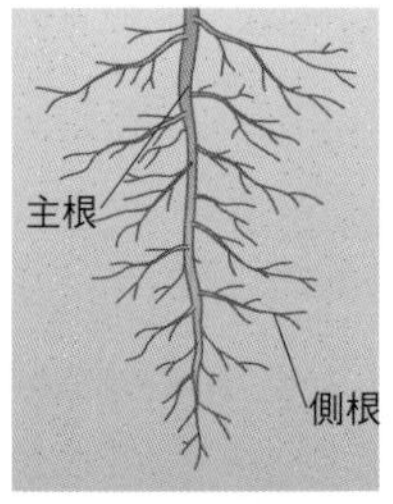

▲主根と側根（双子葉類）

▲ひげ根（単子葉類）

●**ひげ根**　イネやトウモロコシなどの単子葉類の根は**ひげ根**になっている。

●**根毛**　根の先のほうには細い毛のような**根毛**➡①が無数に生えていて，根の表面積を大きくして水や養分（肥料）を吸収するのに都合がよいようになっている。

根の内部構造

根は，外側から内側に向かって，**表皮**，**皮層**，**内皮**があり，内皮の内側に**木部**（道管など）や**師部**（師管など）と髄がある。木部と師部の並び方は茎とはちがっていて，木部と師部ははなれていて，交互に並んでいる。

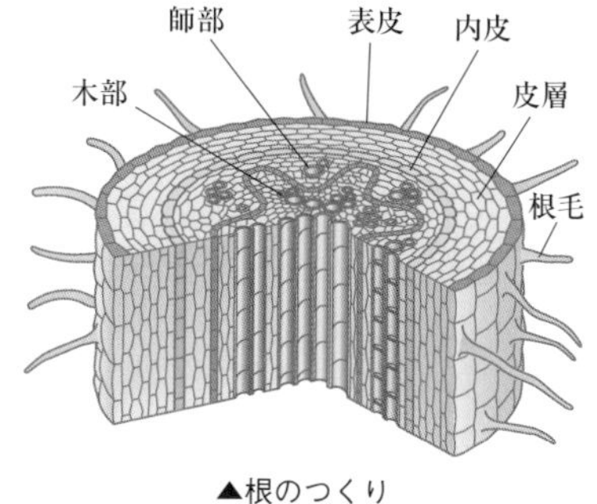

▲根のつくり

もっとくわしく

①根毛は根の先が毛のように細くなったものではなく，根の表皮細胞の一部が突き出たものである。したがって，細胞の一部である。

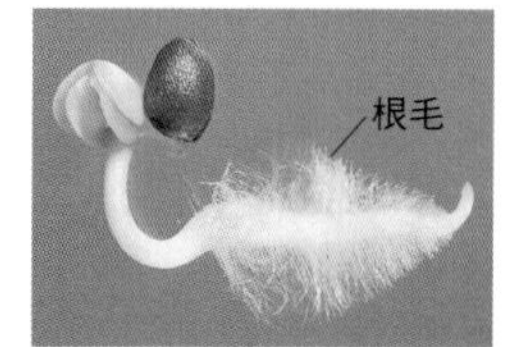

Q&A　いつも食べている野菜は，植物のどの部分？②

根にも変わったものがいろいろあります。例えば，サツマイモのいもは根に栄養分がたくわえられて太ったもので，貯蔵根とか塊根（かいこん）とよばれます。ダリアの球根も塊根です。また，ダイコン・カブ・ニンジン・ゴボウは主根が太くなったものです。

ランには空気中から水分をとる気根が，トウモロコシやタコノキにはからだを支える支柱根（しちゅうこん）が，ヤドリギには着生した木から水などを吸収するために木の中にもぐりこませた寄生根（きせいこん）があります。そのほかにも，ほかのものに密着するためのツタの付着根，マングローブを形成するヒルギの呼吸のための呼吸根もあります。

▲サツマイモ（塊根）

▲フウラン（気根）

▲トウモロコシ（支柱根）

▲ヤドリギ（寄生根）

§2 植物のなかま

▶ここで学ぶこと

いろいろな植物のからだのつくりやふえ方などを調べて比較すると，似ているグループと似ていないグループに分類できる。植物を分類することで，これまでに学んだことのまとめを行う。

① 種子植物

1 被子植物

双子葉類（そうしようるい）と単子葉類（たんしようるい）

いろいろな植物を調べてみると，種子をつくる植物（種子植物）と種子をつくらない植物に分けることができる。このうち，種子をつくる植物は，さらに**被子植物**と**裸子植物**とに分けることができる。

被子植物は，花のなかでも重要なはたらきをする胚珠が子房でおおわれて保護されている植物である。この被子植物のなかにもいろいろな種類があり，それらの被子植物をさらにくわしく調べてみると，種子が発芽して最初に見られる葉，すなわち子葉→①が２枚のものと１枚のものという２つの大きなグループに分けることができる。子葉が２枚のもののグループをまとめて**双子葉類**→②，１枚のもののグループを**単子葉類**とよび，それぞれ次のような植物がふくまれる。

例　双子葉類……サクラ・ダイズ・タンポポ・ツバキ・カボチャ・アブラナ・キュウリなど

　　単子葉類……イネ・ムギ・ユリ・ツユクサ・ネギ・トウモロコシ・ススキ・ランなど

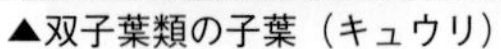

▲双子葉類の子葉（キュウリ）　▲単子葉類の子葉（トウモロコシ）

もっとくわしく

①子葉は最初につくられる葉で，種子中の胚の一部として形成される。ナンキンマメ・ダイズなどのマメ科植物のように子葉中に栄養分をたくわえているものもある。子葉のあとにつくられる葉が本葉で，最初の葉は第一葉とよばれる。

参考

②双子葉類でも，ヤブレガサのように子葉が１枚しかないものもある。

▼双子葉類と単子葉類の比較

	双子葉類	単子葉類
子葉の数	2枚	1枚
葉　脈	網状脈	平行脈
根	主根と側根	ひげ根
茎の維管束	輪状に並んでいる	散在している
形成層 [➡P.321]	あり	なし
植物体	草本か木本	草本
植物例	離弁花類…サクラ・アブラナ・ナズナ 合弁花類…アサガオ・ツツジ・タンポポ	ユリ・ツユクサ・イネ・アヤメ・タマネギ・トウモロコシ・ネギ・スズメノカタビラ

双子葉類と単子葉類を比較すると，上のまとめの表のようになり，子葉の数だけでなく，いくつかのちがいが見られることがわかる。

参　考

上の表は一般的なまとめであることに注意してほしい。例えば，植物体のところで，ヤシのように単子葉類に属するが，大きな木のようになっているものもある。

離弁花類と合弁花類

双子葉類のいろいろな植物の花のつくりをさらに調べてみると，花弁がはなれている植物と，くっついている植物があることがわかる。花弁がはなれているグループを**離弁花類**，くっついているグループを**合弁花類**とよんでいる。

例　**離弁花類**…サクラ・アブラナ・ナズナなど
　　合弁花類…タンポポ・アサガオ・ツツジ・ヒマワリなど

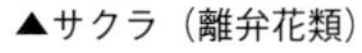

▲サクラ（離弁花類）

▲アサガオ（合弁花類）

2　裸子植物

胚珠が子房のなかにない植物が**裸子植物**である。裸子植物にはソテツ・イチョウ➡③・マツ・スギ・ヒノキ・モミなどがあり，いずれも木になる木本植物である。

裸子植物は，胚珠をつくる花と花粉をつくる花とが分かれている，すなわち**雌花と雄花に分かれている単性花**である。さらに，ソテツやイチョウなど，雄花しかない雄株，雌花しかない雌株➡④というように，ヒトなどの動物と同じように雌雄に分かれている植物もある。

もっとくわしく

③イチョウはぎんなんを実らせるが，実らせるのは雌の木だけで，雄の木にはできない。

参　考

④被子植物のなかにも雄株と雌株に分かれているものがある。例えば，サンショウ・アスパラガス・ホウレンソウなどがある。

イチョウ・マツ・スギ・ヒノキなどの裸子植物は，花粉が風によって運ばれる**風媒花**である。特にスギ花粉のように，春先，アレルギーを引き起こし，社会的に大きな問題をもたらしている植物もある。

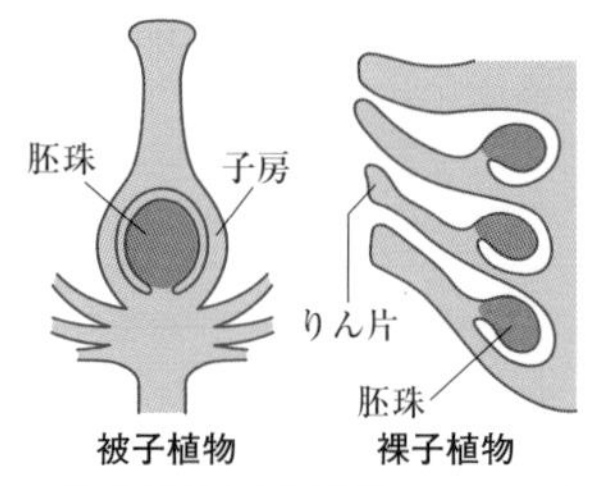

▲被子植物と裸子植物の花のつくり

研究 裸子植物と被子植物のそのほかのちがい

裸子植物と被子植物のちがいは，今までに述べてきたような子房の有無などだけではなく，ほかにもいろいろあります。例えば，子葉の数。被子植物の多くの子葉は1～2枚ですが，マツ・モミなどは6～12枚もあります。このように，裸子植物の子葉は，一般に被子植物に比べて数が多くなっています。また，維管束の木部は，被子植物では道管でしたが，裸子植物には道管ではなく仮道管(かどうかん)があります。道管はたてに並んだ細胞の上下のしきり（細胞壁）がなくなって長い管状になったものですが，仮道管には上下のしきりがあります。

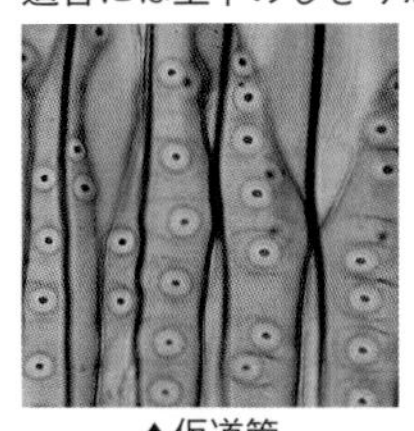
▲仮道管

被子植物の受精のときには，花粉のなかでつくられた精細胞という細胞が花粉管のなかを移動し，それが胚珠のなかの卵細胞と受精します[➲P.416]。精細胞はみずから動いたり泳いだりすることはできません。マツ・スギなどほとんどの裸子植物は被子植物と同じですが，イチョウとソテツだけは例外で，動く（泳ぐ）細胞（精子）をつくるのです。これを発見したのはなんと日本人で，最初，平瀬作五郎(ひらせさくごろう)という人がイチョウで，続いてソテツで池野成一郎(いけのせいいちろう)が発見しました。明治時代の1896年のことです。種子植物はシダ植物[➲P.328]から進化してきたと考えられていますが，この大発見はその大きな証拠のひとつとなりました。今ならノーベル賞ものだったかもしれませんね。

▲マツの芽ばえ

イチョウの話のついでに，ぎんなんについて一言。秋，イチョウの木の下には独特のにおいを放つ黄色い果実状のものがよく落ちています。それをイチョウの果実だと思っている人が結構いますが，あれは果実ではなく種子なのです。果実は子房や子房以外の花の部分が成長したものですが，裸子植物には子房はありません。では，あの黄色いものは何かというと，種子の外側の皮，外種皮なのです。ふつう，種子の種皮はうすいのですが，イチョウは例外なのです。外種皮があれば内種皮もあるのでは？　そう，当然の疑問ですね。ぎんなんのかたい殻が内種皮です。そして，そのなかに食用部の胚の部分があるのです。まつかさも果実ではなく，雌花のりん片が大きくかたくなったものです。

▼被子植物と裸子植物の比較

	被子植物	裸子植物
子　房	あり	なし
胚　珠	子房のなかにある	むき出しのまま
花	花弁あり（イネなどはない）	花弁なし
	両性花(アブラナなど), 単性花(キュウリなど)	すべて単性花
形成層	あり（双子葉類），なし（単子葉類）	あり
植物体	草本か木本（サクラ，ブナ）など	木本

確認問題

種子植物の分類

植物には多くの種類があるが，種子をつくる植物は，右のように分類することができる。下の問いに答えよ。(鹿児島県)

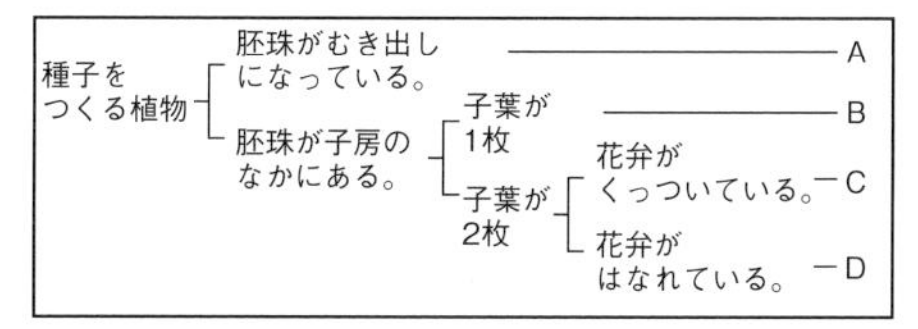

(1)　図のAに分類される植物のなかまを何というか。

(2)　図のBに分類される植物の根は，形の特徴から何とよばれるか。

(3)　図のCに分類される植物はどれか。次のア～オから2つ選び，記号で答えよ。

ア　タンポポ　**イ**　アブラナ　**ウ**　サクラ　**エ**　ツツジ　**オ**　ユリ

(4)　次のア～エの文のなかで，正しいものはどれか。記号で答えよ。

ア　エンドウの花には，雄花と雌花がある。

イ　マツの雌花が成長してできるまつかさは，果実である。

ウ　イネは，花をさかせて種子をつくる。

エ　スギでは，花粉がめしべの先につくと胚珠が種子になる。

学習のPOINT
- 離弁花類・合弁花類に分けられるのは双子葉類である。
- 果実は子房が成長したもの。裸子植物には子房がない。

解き方

(1)　胚珠がむき出しなのは裸子植物，子房のなかにあるのは被子植物。

(2)　単子葉類の根はひげ根，双子葉類の根は主根と側根。

(3)　**C**は双子葉類の合弁花類で，**ア**と**エ**が当てはまる。**D**は離弁花類であり，**イ**と**ウ**が当てはまる。**オ**のユリは単子葉類である。

(4)　**ア**　エンドウの花は，おしべとめしべがひとつの花のなかにある両性花。

イ　果実は子房が成長したもので，裸子植物のマツには子房はない。

エ　スギは裸子植物であり，めしべがない。

解答

(1)　裸子植物　(2)　ひげ根　(3)　**ア・エ**　(4)　**ウ**

② 種子をつくらない植物

種子植物のほかに，種子をつくらず子孫をふやす植物もある。このような植物には，**シダ植物**・**コケ植物**などがある。

1 シダ植物

種類

シダ植物には，ワラビ・ゼンマイ・イヌワラビ・ベニシダ・ウラジロ・スギナ・トクサなどがある。ワラビのように日当たりのよいところで生育するものもあるが，多くのものは林の下のほうなどの**日かげで生活している**。

参考

ワラビ・ゼンマイ…若い葉は食べられる。

ウラジロ…葉の裏側は白く，正月の飾りに使ったりする。

つくし…スギナの胞子をつくる茎。食用。

トクサ…砥草（とくさ）と書き，木や骨・角（つの）をみがくのに使ったりする。

▲ワラビ

▲ゼンマイ

▲ウラジロ

▲つくしとスギナ

▲トクサ

からだのつくり

葉・茎・根から成り，**維管束はあるが**，花はさかず**種子はできない**。葉は緑色で光合成を行う。また，ワラビ・ゼンマイなどは，1枚の葉が複雑に分かれる複葉となっている。

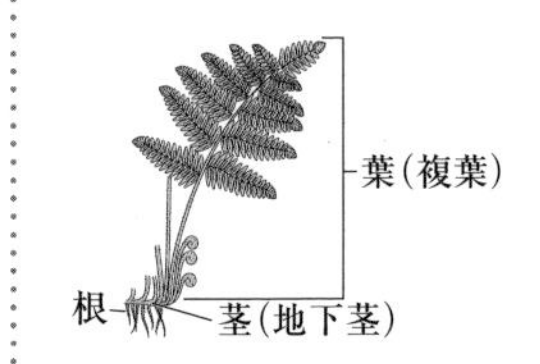

▲シダ植物のつくり

ふえ方

胞子でふえる。イヌワラビやベニシダなど，多くのシダ植物は葉の裏に**胞子のう**をつくり，そのなかにたくさんの胞子をつくる。ゼンマイのように，**胞子葉**とよばれる特別な葉を出し，そこにできる胞子のうで胞子をつくるシダ植物もある。

●**前葉体**（ぜんようたい）　胞子は発芽すると前葉体➡①とよばれるハート形をした小さな植物体となり，前葉体でつくられる卵と精子が受精した受精卵から，ふだん見かける植物体が生じる。

もっとくわしく

①前葉体では卵と精子がつくられ，精子は水中を泳いで卵へたっする。したがって，シダ植物は受精するとき水を必要とし，受精に水を必要としない種子植物よりも陸上生活には適していない。

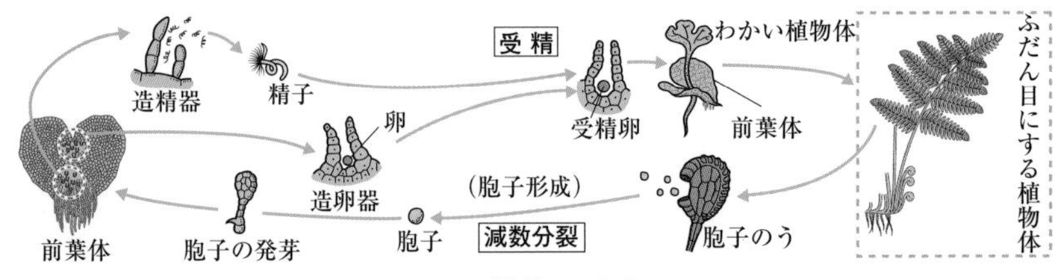

▲シダ植物のふえ方

2　コケ植物

種類

コケ植物には，ミズゴケ・スギゴケ・ゼニゴケなどがある。コケ植物の多くは林の下のほうや建物のかげなど，直射日光が当たらない日かげの湿ったところに生育している。なかには，ミズゴケのように湿原で大繁殖しているものもある。

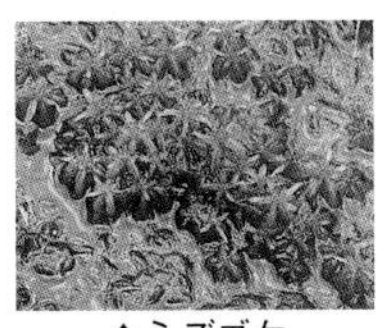
▲ミズゴケ

▲スギゴケ

▲ゼニゴケ

からだのつくり

茎・葉の区別ははっきりせず，ゼニゴケのように葉状をしているもの（葉状体）とスギゴケのように茎と葉があるように見えるもの（茎葉体）がある。**維管束はなく**，根のように見えるものは根ではなく**仮根**（かこん）→②とよばれる。花はさかず，**種子はできない**。緑色の部分には葉緑体があり，光合成を行う。雄株と雌株に分かれているものが多い。

ふえ方

胞子でふえる→③。雄株は精子を，雌株は卵をつくる。精子は雨水などの水のなかを泳いで卵にたっし，受精する。受精卵は成長して胞子のうを形成し，そのなかに多数の胞子をつくる。胞子は発芽して，新しい植物体となる。

②おもにからだを地面に固定するはたらきがある。

もっとくわしく

③ゼニゴケは胞子でふえるが，葉状体のところどころにある杯状体（はいじょうたい）のなかに無性芽をつくり，その無性芽でもふえる。

無性芽

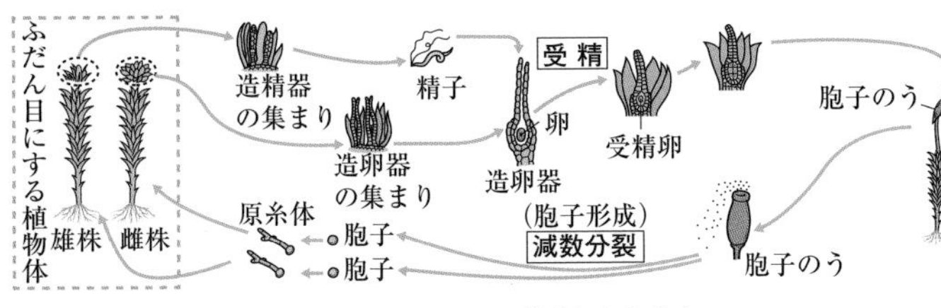

▲スギゴケのふえ方

3　藻類

水のなかで生活していて，光合成を行う生物→④を総称して**藻類**とよぶ。光合成を行うが，植物のなかまではない。藻類はすべて緑色の葉緑素（クロロフィル）をもっているが，そのほかに赤色や褐色などの色素をもっているものがあり，藻類を分類するときのめやすのひとつになっている。

参考

④水のなかで生活している植物でも，種子植物やシダ植物・コケ植物に属する植物は藻類には入れず，水草とよばれたりする。例えば，オオカナダモやクロモは藻類ではなく水草である。

種類

藻類は，色やからだのつくり，ふえ方などから**緑藻類**（りょくそうるい）・**褐藻類**（かっそうるい）・**紅藻類**（こうそうるい）・**ケイ藻類**（そうるい）などに分類できる。

●**緑藻類** 緑色をしていて，池や湖などの淡水にも海にも見られる。

例 淡水に生息する緑藻類…クロレラ・ミカヅキモ・ツヅミモ・イカダモ・アオミドロなど
海に生息する緑藻類…アオサ・アオノリなど

●**褐藻類** 褐色～黄褐色をしている藻類。ほとんどの種類が海で生活している。

例 コンブ・ワカメ・ヒジキ・ジャイアントケルプなど

●**紅藻類** 紅色をしている藻類で，ほとんどの種類が海で生活している。

例 アサクサノリ・テングサ・フノリなど

●**ケイ藻類** 黄褐色をしていて，池・湖・川などの淡水にも海にも見られる。ひとつの細胞から成る藻類で，だ円形・棒形・円盤形などいろいろな形のものがある。水中にただよっているものも多く，重要な植物プランクトンでもある。

例 ハネケイソウ・ツノケイソウ・クチビルケイソウなど

コンブ・ワカメ・ヒジキ・アサクサノリは食用になる。テングサからは寒天がとれる。

もっとくわしく

ケイソウの細胞壁はおもにケイ酸質でできていて，この部分は死んだあと，腐らずに残る。ケイ藻土はこれに由来した土で，七輪（しちりん）やダイナマイトをつくるのに使われたりする。

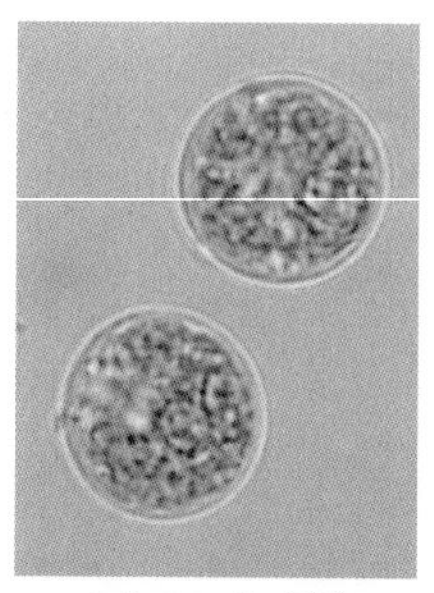
▲クロレラ（緑）

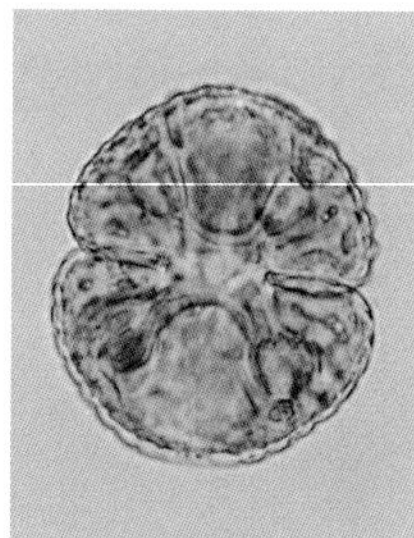
▲ツヅミモ（緑）

▲アオサ（緑）

▲コンブ（褐）

▲ワカメ（褐）

▲アサクサノリ（紅）

▲テングサ（紅）

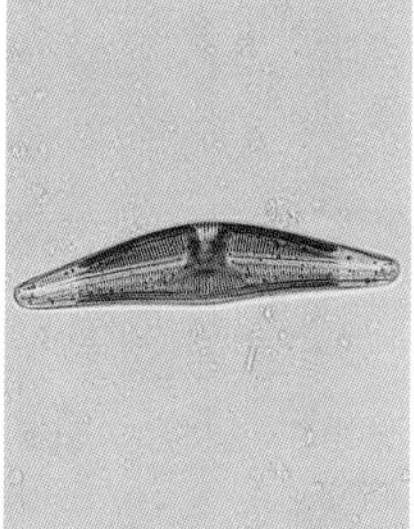
▲クチビルケイソウ（ケイ）

（注）緑…緑藻類　褐…褐藻類　紅…紅藻類　ケイ…ケイ藻類の略

からだのつくり

緑藻類のクロレラやミカヅキモ，ケイ藻類のようにひとつの細胞から成るものから，褐藻類のコンブのように多くの細胞から成る巨大なものまである。しかし，どの藻類も**維管束はなく，葉・茎・根の区別もない**。

ふえ方

ひとつの細胞から成るクロレラやケイソウなどは**分裂**してふえる。アオサ・アオノリなどの緑藻類や褐藻類・紅藻類は**胞子**をつくってふえる。特に緑藻類や褐藻類の胞子はべん毛をもち，水中を泳ぎ回るので**遊走子**（ゆうそうし）とよばれる。

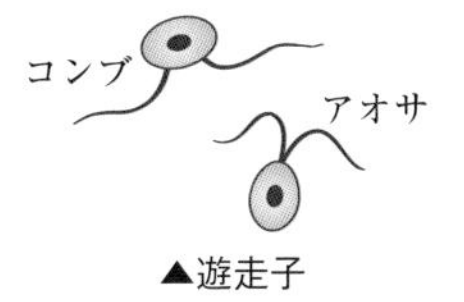

▲遊走子

▼種子植物・種子をつくらない植物・藻類の比較

	種子植物	シダ植物	コケ植物	藻　類
ふ　え　方	種子	胞子	胞子	胞子・分裂
葉・茎・根の区別	ある	ある	ない	ない
維　管　束	ある	ある	ない	ない
光　合　成	行う	行う	行う	行う

研究　植物と藻類の系統樹

最初の生物が地球上に現れてから約38億年以上がたっています。この間に，生物は細菌，カビ・キノコ，植物，動物などさまざまな生物に進化してきました。

光合成を行う生物の場合，そのからだのつくりやふえ方などを調べ，進化の道すじをたどると，右の図のように表すことができます。このような図は，木の幹から枝分かれしているように見えるので，系統樹（けいとうじゅ）とよばれます。

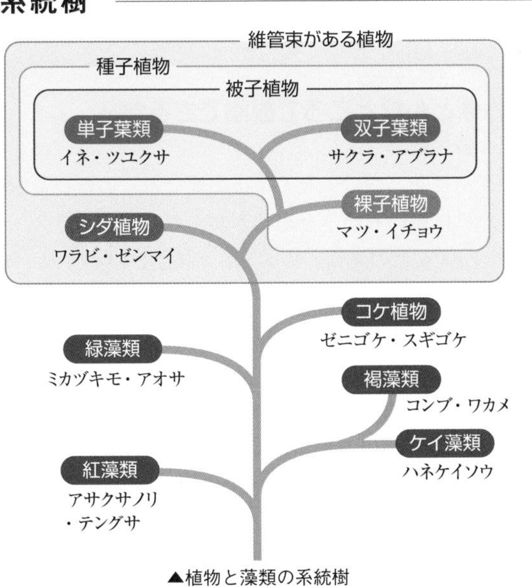

▲植物と藻類の系統樹

§3 動物の観察と特徴

▶ここで学ぶこと

地球上にはさまざまな動物がいるが，動物とはどんな生物であり，どんなところで生活しているのかを見ていく。そのためにはどのような観察をすればよいかをここでは学ぶ。

① 動物とはどのような生物か

1 植物と比較した動物の特徴

動物がどのような生物かを考えるとき，植物と比較するとわかりやすい。植物は，自分の使う栄養分を光合成 [➡P.364] によってつくり出すことができる。しかし，**動物はそれができないので，ほかの生物を食べてそれを栄養分として生活している**。そのため，動物は食べものを求めて移動する必要がある。移動のためにあしなどの運動器官 [➡P.376] があり，外界のようすを知るために目などの感覚器官 [➡P.376] がそなわっている。動物というとおもにホニュウ類を思い浮かべるが，昆虫やミミズなども動物のなかまである。

動物の生活のしかたは多種多様で，そのため，からだのつくりもさまざまである。

▲カブトムシ

▲ミミズ

2 動物の観察

▶動物はどんなところで観察できるか

①身近な野生動物

農村や漁村などだけでなく，市街地など，**わたしたちの身のまわりにもいろいろな動物がすんでいる**。カラス・スズメ・ツバメなどの鳥類，カメ・トカゲなどのハチュウ類，カエル・イモリなどの両生類，チョウやセミなどの昆虫類，そのほかいろいろな動物が見られる。

▲家の軒下に巣をつくったツバメ

②家や学校の飼育動物

家や学校で飼育している動物を定期的に観察してみると，**動物の特徴がいろいろとわかる**。比較的容易に飼育できる動物としては，ハムスター，小鳥，カメ，イモリ，金魚，メダカなどがある。また，イヌやネコなども身近で観察できる飼育動物である。

▲ハムスターの飼育

③動物園・水族館などの飼育動物

家庭，学校では飼育することのできない大きな動物やめずらしい動物も，動物園や水族館に行けば見ることができる。動物園や水族館の看板やパンフレットなども動物を知るために役立つ。

▲動物園のゾウ

3 飼育方法の例

飼育する動物のすむ場所や行動のしかたによって，いろいろな飼い方がある。

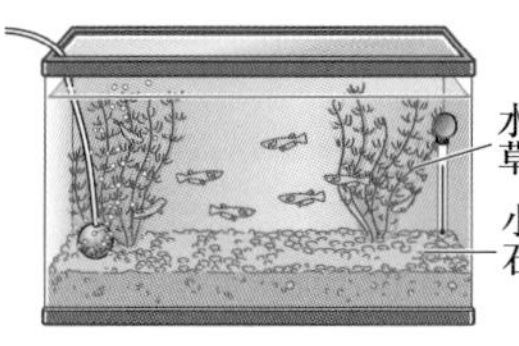

▲メダカの飼育

▲カメの飼育

▲トカゲ・カナヘビの飼育

観察のポイント・方法

動物を観察するとき，何種類かの動物を比較するとそれぞれの動物の特徴を理解しやすい。観察のポイントには次のようなものがある。

実験・観察　動物の観察

①どのような場所にすんでいるか。
　水中，水辺，陸上など。

②どのように移動するか。
　水中を泳ぐか，陸上を歩くか，空を飛ぶかなど。また，移動のための器官➡①はどのようなしくみになっているか。

③からだの表面のようすはどのようになっているか。
　湿っている，かわいている，うろこ，羽毛，毛などにおおわれているなど。

④何を食べるか。
　肉食，草食など。

⑤呼吸はどのように行っているか。
　えら呼吸，肺呼吸，皮膚(ひふ)呼吸など。

⑥活動時間はいつか。
　昼行性，夜行性➡②など。

用語

①器官
生物のからだのなかで，まとまったはたらきをする部分。移動のための器官，見るための器官，食べ物を消化・吸収するための器官など。
例　移動のための器官
　魚のひれ，カエルのあし，鳥のつばさ，昆虫のはね

用語

②昼行性，夜行性
昼間に活動する動物を昼行性の動物，夜間に活動する動物を夜行性の動物という。

研究 同じなかまでも異なるからだのつくり

同じなかまに分類される動物であっても，すむ場所や食べ物のちがいによって，からだのつくりがちがうことがあります。

ウミガメもゾウガメもカメのなかまですが，海にすむウミガメはひれのようなあしをもち，陸にすむゾウガメはゾウのようにしっかりした太いあしをもっています。

また，ペンギンは鳥のなかまですが，一般的な鳥とちがって，飛ぶことはできません。しかし，つばさをひれのように使って上手に水中を泳ぐことができます。

▲ウミガメの前あし

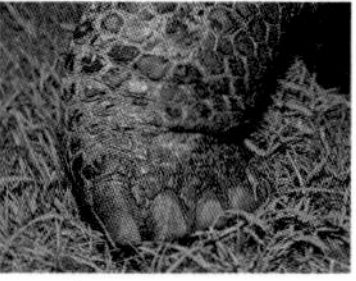
▲ゾウガメの前あし

▲ペンギンのつばさ

▲ワシのつばさ

② 草食動物と肉食動物の比較

1 草食動物と肉食動物

植物を食べて生活している動物を**草食動物**，動物を食べる動物を**肉食動物**という。両者はそれぞれの生活に適したからだのつくりをしている。草食動物のシマウマと肉食動物のライオンを比較してみよう➡①。

▶目のつき方

シマウマ：目は**横向き**についている。これによって全体の**視野**➡②が広くなり，肉食動物などの危険から身を守るのに役立っている。

ライオン：目は**前向き**についている。これによって**両目で見ることのできる範囲**（立体的に見える範囲）**が広く**なり，えものとの距離をつかむのに役立っている。

▶歯のつくり➡③

シマウマ：**門歯**(もんし)**がするどく発達**し，草をかみ切るのに適している。また，**臼歯**(きゅうし)**が平らで大きく発達**し，かたい草をすりつぶして食べる➡④のに適している。犬歯(けんし)はあまり発達していない。

ライオン：**犬歯が大きくするどく発達**し，えものをしとめるのに適している。また**臼歯もナイフのようにするどく**，肉をかみ切るのに適している。

参考

①ここにあげたシマウマ，ライオンの特徴は，ほかの草食動物，肉食動物にも当てはまる。

用語

②視野
見える範囲。

もっとくわしく

③ホニュウ類の歯は，前から順に，**門歯**（前にあるかみ切る役割）・**犬歯**（門歯と臼歯の間にある引きさく役割）・**臼歯**（奥にあるすりつぶす役割）がある。

参考

④草は消化しにくいので，すりつぶす必要がある。

消化管→⑤（腸の長さ）

シマウマ：消化しにくい草を消化・吸収するため，**腸は長く**，体長の 10 倍以上（約 25 m）もある。

ライオン：肉は草に比べて消化・吸収しやすいので，**腸は短い**。ライオンの腸は体長の 4 倍程度（約 7 m）である。

あしのつくり

シマウマ：あしは長く，**ひづめ**→⑥**が発達**し，長い距離をはやく走るのに適している。

ライオン：あしの先はやわらかいクッションのようになっていて，**音をたてずに歩く**ことができる。また，必要なときにだけ出すことのできる**するどい爪をもっている**。

用　語

⑤消化管
食道から腸・肛門までは 1 本の管になっているので，消化管という。[➡ P.393]

用　語

⑥ひづめ
1 本か 2 本の爪が大きく発達し，指全体をおおうようになったもの。ウマ，ウシなどのなかまに見られる。

▼草食動物と肉食動物の比較

草食動物

例　シマウマ

顔の正面

視野

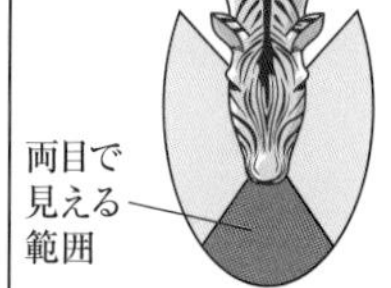

両目で見える範囲はせまいが，視野全体は広い。

頭骨と歯

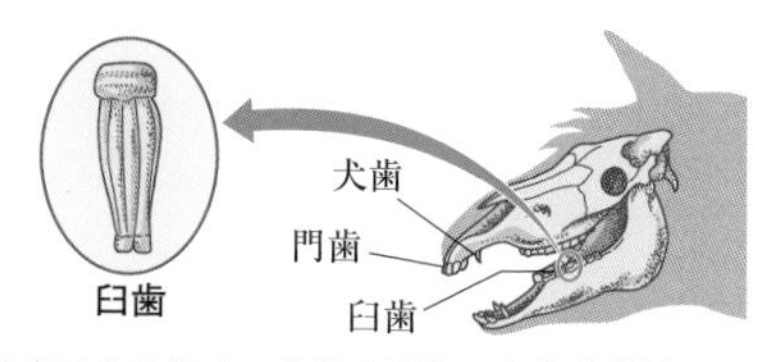

門歯はするどく，臼歯は平らで大きく発達。

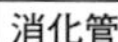

消化管

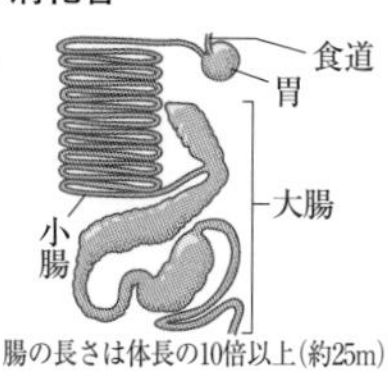

腸の長さは体長の10倍以上（約25m）

右前あしの先

ひづめでおおわれている。

肉食動物

例　ライオン

顔の正面

視野

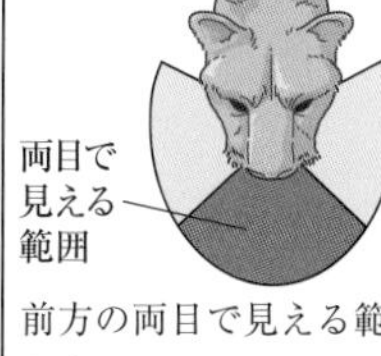

前方の両目で見える範囲が広い。

頭骨と歯

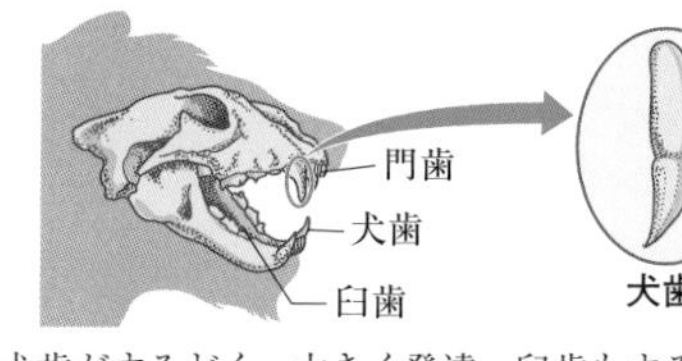

犬歯がするどく，大きく発達。臼歯もするどい。

消化管

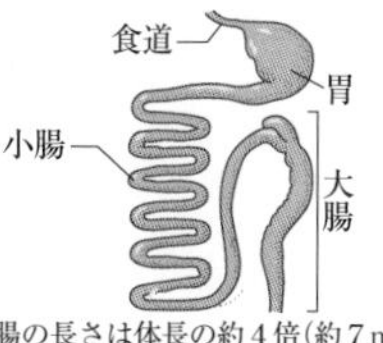

腸の長さは体長の約 4 倍（約 7 m）

左前あしの先

爪は必要なときに出す。

ホニュウ類の歯の数はどうなっているの？

ホニュウ類の歯は，門歯・犬歯・臼歯に分かれています。さらに臼歯は，大臼歯・小臼歯に分けられ，それぞれの数は動物の種類によって異なります。歯の数を下のように表したものを，歯式といいます。草食や雑食の動物は大臼歯の数が多く，かたい草をすりつぶすのに役立っています。

上あご→ 門歯 ・ 犬歯 ・ 小臼歯 ・ 大臼歯

㊦前 ―――――――――――――――― 奥

下あご→ 門歯 ・ 犬歯 ・ 小臼歯 ・ 大臼歯

動物	あご	門歯	犬歯	小臼歯	大臼歯
ウマ（草食）	上あご	3	1	3	3
	下あご	3	1	3	3
ウサギ（草食）	上あご	2	0	3	3
	下あご	1	0	2	3
ライオン（肉食）	上あご	3	1	3	1
	下あご	3	1	3	1
ネコ（肉食）	上あご	3	1	3	1
	下あご	3	1	2	1
ヒト（雑食*）	上あご	2	1	2	3
	下あご	2	1	2	3
クマ（雑食*）	上あご	3	1	4	2
	下あご	3	1	4	3

＊植物も動物も食べるもの

確認問題

草食動物と肉食動物

シマウマとライオンのからだのつくりについて，次の問いに答えよ。

(1)　シマウマとライオンのからだのつくりについて説明した次の文のうち，正しいものを選び，記号で答えよ。

ア　シマウマもライオンも目は前向きについている。

イ　シマウマもライオンも目は横向きについている。

ウ　シマウマの目は横向きについているが，ライオンの目は前向きについている。

エ　シマウマの目は前向きについているが，ライオンの目は横向きについている。

(2)　犬歯が大きくするどく発達し，臼歯もするどくとがっているのは，シマウマ・ライオンのどちらか。

(3)　ライオンに比べ，シマウマの腸の長さは非常に長くなっている。その理由を簡単に説明せよ。

●シマウマは草食動物，ライオンは肉食動物で，草食動物は肉食動物に食べられる。

解き方

(1)　シマウマなど草食動物の目は横向きについていて広い範囲を見わたせるため，肉食動物などの危険から身を守ることができる。また，ライオンなど肉食動物の目は前向きについているため，立体的に見える範囲が広くなり，えものとの距離をつかむのに役立つ。

(2)　肉食動物の犬歯はするどくとがっていて，えものをしとめるのに役立つ。また，とがった臼歯は，肉を切りさくのに使われる。

(3)　草食動物がえさとする植物の細胞のまわりをおおう細胞壁 [➡P.360] は非常に消化されにくい。

解答

(1)　**ウ**

(2)　ライオン

(3)　草は肉に比べて消化・吸収されにくいから。

§4 動物のなかま

▶ここで学ぶこと

動物のからだのつくり，呼吸，からだの表面，子のふやし方などを比較して，動物のなかま分けをしていく。

① 動物の分類

現在の分類学では，生物をからだのつくりやしくみによって，進化の過程をもとに分類する。このような分類のしかたを**自然分類**という。

このような分類学の考え方の基礎は，1700年代の前半にリンネ→①によって確立された。現在生きている動物は，ある動物の祖先が進化するうちにいろいろに分かれて，今のようなたくさんの種類ができたと考えられているので，分類は，つねに進化→②を考えに入れて行われる。

▶種

生物の分類の基本単位。生殖可能でさらに生殖能力のある子孫をつくることのできる集団はひとつの種と認められる。ウマとロバを交雑(こうざつ)→③するとラバという動物ができるが，ラバからは子ができないので，ウマとロバは同じ種とはいえない。

▶分類の段階 発展学習

現在知られている動物は，約100～150万種といわれている。

それぞれの動物は門(もん)，綱(こう)，目(もく)，科，属，種の各階級で分類されていく。

▶せきつい動物と無せきつい動物

背骨のある動物をせきつい動物，背骨のない動物を無せきつい動物という。せきつい動物は，無せきつい動物から進化して生まれたと考えられている。

1 せきつい動物

せきつい動物は，背骨（せきつい）を中心とした内骨格をもつ動物のグループである。

せきつい動物は一般に，魚類，両生類，ハチュウ類，鳥類，ホニュウ類の5つのグループ（綱）に分けられる。

人物

①リンネ（1707～1778）
スウェーデンの博物学者で，現在の分類学の基礎をつくった。

用語

②進化
生物が長い間，代を重ねることによって変化すること。［➡P.424］

用語

③交雑
異なる形質［➡P.412］の生物をかけ合わせて子をつくること。

参考

ヒトの分類名は，脊索動物門哺乳綱サル目ヒト科ヒト属ヒトである。
イヌの分類名は，脊索動物門哺乳綱ネコ目イヌ科イヌ属タイリクオオカミ種イエイヌである。
ネコの分類名は，脊索動物門哺乳綱ネコ目ネコ科ネコ属イエネコである。

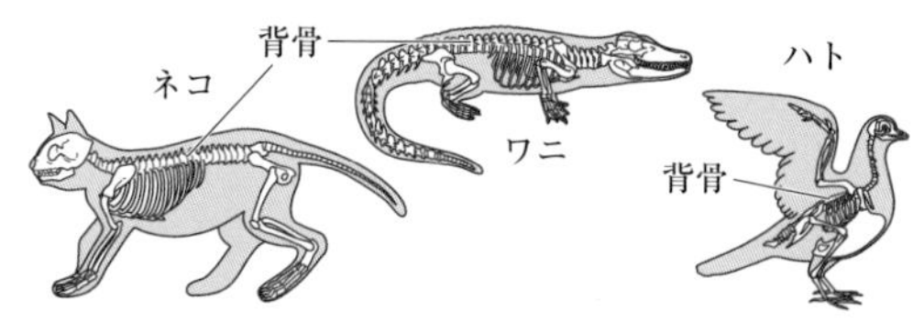

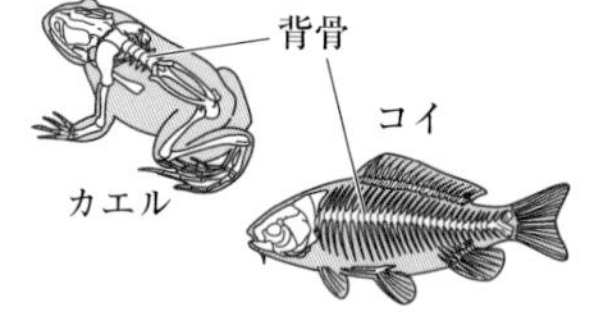

▲せきつい動物の骨格

魚類

約4億5千万年前に現れた**最初のせきつい動物**で，水中生活にとてもよく適応している。あしはなく，泳ぐためのひれが発達している。からだの左右両側には側線があり，水圧や水の振動を感じとることができる。

うきぶくろ　背びれ　えら　尾びれ　胸びれ　腹びれ　側線　尻びれ

胸びれと腹びれは左右に一対あり，自由に動かすことができる。

●泳ぎ方

前にすすむときはからだを左右にくねらせ，おもに尾びれを使って泳ぐ。方向の微調整などは，おもに胸びれと腹びれで行う。うきぶくろをもつ魚は，うきぶくろで浮力を調節する。

●基本的な特徴

①**呼吸**　えらを使って水中の酸素をとり入れる。

②**心臓のつくり**　1心房1心室である。

③**からだの表面**　うろこでおおわれているが，乾燥には弱い。からだは粘液におおわれてもいる。

④**体温**　外界の温度とともに変化する。このような動物を**変温動物**という。

⑤**受精**　雌が卵をうむと，その上から雄が精子をかける体外受精でなかまをふやす。

⑥**子のふやし方**　卵を水中にうみ，ふつう，うんだ卵の世話はしない➡④。

●分類

魚類は，硬骨魚類（こうこつぎょるい），軟骨魚類（なんこつぎょるい），無顎類（むがくるい）の3つのグループに分けられる。

①**硬骨魚類**　タイ・マグロ・コイ・ウナギなど，身近に見られるほとんどの魚はこのなかまである。かたい骨，うきぶくろ，うろこをもつ。魚類のなかでは，もっとも新しいグループである。

②**軟骨魚類**　サメ・エイのなかま。原始的なグループで，種類は多くない。内骨格は軟骨で，うきぶくろ，うろこをもたない。

もっとくわしく

④グッピーは，母体内で卵がふ化し（卵は母体とはつながっておらず，母体から栄養分をもらっているわけではない），卵ではなく子をうむ。このようなふえ方を**卵胎生**（らんたいせい）という。
川などにすむトゲウオ科の生物（魚）は，巣をつくって卵や幼魚を保護することが知られている。

③無顎類(むがくるい)　もっとも原始的なグループで，口は円形をしており，あごをもたない。ヤツメウナギ，メクラウナギなどが知られている。

〔いろいろな魚類のなかま〕

▲サメ

▲トビウオ

▲ミノカサゴ

▲ヤツメウナギ

両生類

両生類は約3億7千万年前に出現し，はじめて陸上に上がったせきつい動物である。はじめの両生類は，イクチオステガとよばれる魚の特徴も合わせもった動物だったと考えられている。水辺を中心に生活しているグループで，幼生の時期は水中で生活し，ある時期に変態し，陸上生活をするようになる。

▲イクチオステガ

●変態➡①

両生類は，卵からふ化➡②してしばらくは水中生活をする。そのため，水中で呼吸するためのえらをもち，あしはない。例えばカエルの幼生➡③は一般におたまじゃくし➡④とよばれ，ある時期になるとあしが生え，えらがなくなり，肺ができてくる。成体であるカエルになると尾もなくなる。そして，陸上生活をするようになる。

●基本的な特徴

①呼吸　幼生の時期はえら呼吸と皮膚呼吸，成体は肺呼吸と皮膚呼吸である。

②心臓のつくり　2心房1心室である。［➡P.401］

③からだの表面　水分を通す皮膚を粘液がおおっている。

④体温　外界の温度とともに変化する変温動物である。

⑤受精　カエル（無尾類(むびるい)）では，雌が卵をうみ，その上から雄が精子をかける体外受精である。イモリ（有尾類(ゆうびるい)）では，水中で雄がおいた精子のカプセルを雌がとりこみ，体内で受精が起こり，その後産卵が行われる。

用語

①変態
幼生から成体になるあいだに，大きく形態を変化させること。両生類以外にも，昆虫類などで見られる。

用語

②ふ化
卵がかえること。

用語

③幼生
卵から発生して胚を生じ，成体になる間に成体とは異なる生活時期をもつときの個体。

もっとくわしく

④おたまじゃくしの時期の長さは種類によってかなり異なり，ヒキガエルでは1～2か月であるが，ウシガエルでは3年くらいである。

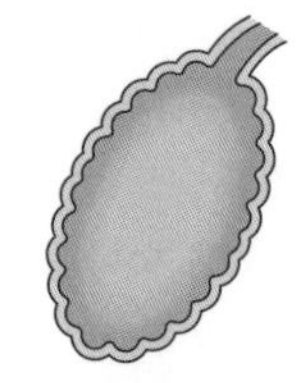
▲両生類の肺

⑥**子のふやし方**　産卵はふつう，水中で行われる➡⑤。卵には殻がなく，ゼリーのようなものでおおわれている。

●分類

両生類は，大きく有尾類，無尾類，無足類(むそくるい)の３つのグループに分けられる。

①**有尾類**　名前のとおり，尾をもつなかまで，イモリやサンショウウオなどがこのなかまに入る。日本に生息するオオサンショウウオは，世界最大の両生類である。

②**無尾類**　アマガエルなど，カエルのなかまで，発達したうしろあしで陸上をジャンプしたり，水中をはやく泳いだりすることができる。

③**無足類**　あまり知られていないが，熱帯雨林に多く，あご，歯をもっている。地中または水中生活をする。アシナシイモリなどがこのなかまに入れられる。

もっとくわしく

⑤ソロモンコノハガエルは森林に産卵し，卵からは親と同じ形のカエルがうまれる。
ウーパールーパーとして親しまれているメキシコサンショウウオは，幼生の形（えら呼吸）のまま水中生活をして変態せず，そのまま繁殖を行う。

〔いろいろな両生類のなかま〕

▲イモリ

▲オオサンショウウオ

▲アマガエル

▲アシナシイモリ

ハチュウ類

約３億年前に出現した。両生類のあるものがより乾燥地域に適応して，ハチュウ類に進化したと考えられている。両生類とちがって変態はしない。

●基本的な特徴

①**呼吸**　うまれたときから肺呼吸である。

②**心臓**　２心房１心室である➡⑥。［➡P.401］

③**からだの表面**　水を通さないかたいうろこやこうらにおおわれている。

④**体温**　外界の温度とともに変化する変温動物である。

⑤**受精**　乾燥地域に適応し，水を必要としない体内受精を行う。

⑥**子のふやし方**　陸上のやや湿った場所にうすい殻(から)のある卵をうむ。殻はやわらかいものが多い。ウミガメも陸上に産卵する。ふつう，うんだ卵や子の世話はしない➡⑦。

ここに注意

⑥ハチュウ類の心臓の心室はひとつであるが，不完全なしきりがある［➡P.401］ために，不完全な２心房２心室ともいえる。ただし，ワニはほぼ完全な２心房２心室である。

もっとくわしく

⑦ワニは，巣をつくって産卵し，子がうまれてしばらくの間保護する。日本のマムシやアメリカの大蛇ボアは，卵ではなく子をうむ卵胎生である。

●分類

ハチュウ類は，有鱗類（ゆうりんるい）（ヘビ，トカゲのなかま），カメ類，ワニ類，ムカシトカゲ類の４つのグループに分けられる。

①**有鱗類**　トカゲやヘビのなかまである。名前のとおり，全身が細かいうろこでおおわれている。ほとんどのトカゲは４本のあしと尾をもっている。ヤモリ➡①，イグアナ，カメレオンもトカゲのなかまである。ヘビは，トカゲのあるもののあしが退化して誕生したと考えられている。

②**カメ類**　胴体の部分がこうらにおおわれた，独特の形態をしている。海から陸まで広く分布している。やわらかいこうらをもつスッポンも，カメのなかまに属する。

③**ワニ類**　トカゲに似ているが，大型で，すべて水辺に生活する。また，すべて肉食である。陸上に巣をつくって産卵する。

④**ムカシトカゲ類**　ニュージーランドに生息する２種類からなるグループで，トカゲに似ているが，トカゲとはちがう原始的なハチュウ類のグループと考えられている。

ここに注意

①ヤモリ（漢字で書くと守宮または家守）はハチュウ類だが，イモリ（漢字で書くと井守）は両生類である。

▲ヤモリ

▲イモリ

〔いろいろなハチュウ類のなかま〕

▲カメレオン

▲スッポン

▲ワニ

▲ムカシトカゲ

▶鳥類

約１億５千万年前に，**ハチュウ類のあるものから進化して出現**したと考えられている。前あしはつばさとなり，空を飛ぶことができるようになった。あごは歯がなく，くちばしになっている。腸は短く，ふんや尿はすぐに排出される。そのほかに，骨や羽毛の軸を空洞にするなど，からだを軽くするための構造が多くそなわっている。ハチュウ類のなごりか，あしにはうろこがある。

ハチュウ類と鳥類の両方の特徴をもつ生物としては，約１億５千万年前の始祖鳥（しそちょう）➡②が有名である。

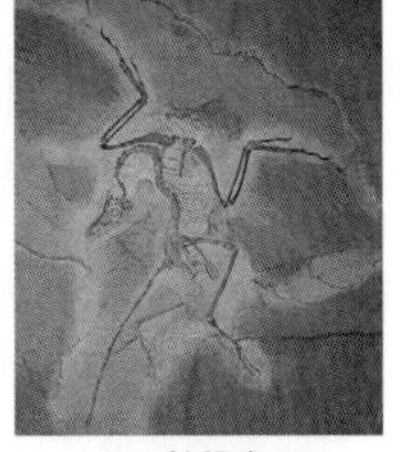
▲始祖鳥

もっとくわしく

②始祖鳥の特徴
＜ハチュウ類的な特徴＞
・歯がある。
・つばさに３本の爪がある。
・骨のある尾がある。
＜鳥類的な特徴＞
・羽毛がある。
・つばさがある。

●**基本的な特徴**

①**呼吸**　呼吸は**肺呼吸**だが，肺にはさらに**気のう**という特別な構造がつながっている。気のうは，筋肉のすき間や骨の中心まで入りこんで，呼吸の効率を高めている。

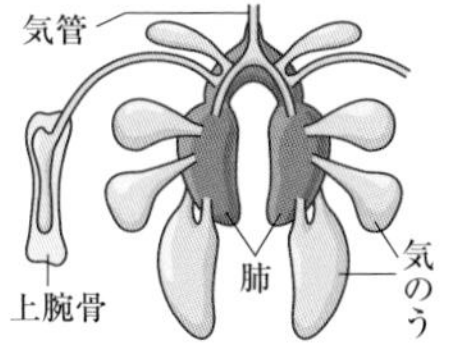

▲鳥類の気のう

②**心臓**　ホニュウ類と同じ２心房２心室である。［➡P.401］

③**からだの表面**　**羽毛におおわれている**。羽毛はなかが空洞で，とても軽いとともに丈夫である。羽毛は内部や羽毛どうしのすき間にたくさんの空気をたくわえるので，保温にも役立っている。

④**体温**　外界の温度にかかわらず，体温をほぼ一定に保っている。このような動物を**恒温動物**という。

⑤**受精**　体内受精を行う。

⑥**子のふやし方**　陸上に巣をつくり，そこにかたい殻をもった卵をうむ。親は卵をあたためてかえし，子がうまれてからもしばらくはえさを運ぶなどして世話をする。

●**分類**

鳥類のなかまは，一見多様性が少ないように見えるが，じつは20以上のグループに分けられる。そのなかには空を飛ぶもの，ダチョウのようにつばさは発達せず地面を走り回るもの，ペンギンのようにつばさはひれの役目をするようになって水中を泳ぐものなどがいる。生活に応じて，くちばしやあしの形もいろいろに変化している。

もっとくわしく

羽毛の種類

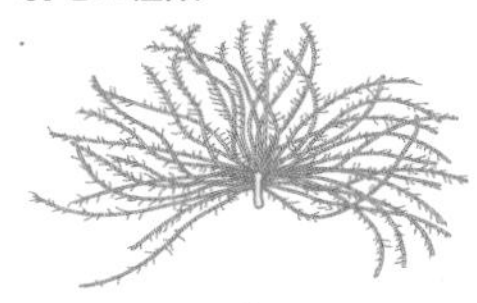
▲綿羽

▲正羽

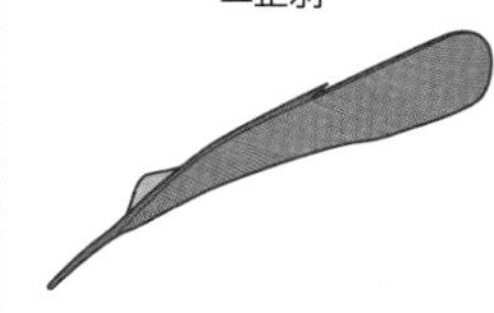
▲風切羽

〔いろいろな鳥類のくちばしとあし〕

ホニュウ類

2億年以上前に，（古生代の）両生類から分かれた単弓類とよばれる仲間から出現した。6600万年前に**恐竜が絶滅してから急激に繁栄**した。恒温動物であり，分化した歯をもち，食物を効率よく消化することができる。そのため，とても活発に活動することができる。

● **基本的な特徴**

①**呼吸**　複雑に発達した肺をもっていて，**効率よくガス交換**[➡P.395]ができる。

②**心臓**　心臓は2心房2心室である。[➡P.401]

③**からだの表面**　**毛におおわれていて，保温性にすぐれている。**

④**体温**　外界の温度にかかわらず，ほぼ一定に保たれる**恒温動物**である。

⑤**受精**　体内受精を行う。

⑥**子のふやし方**　卵ではなく子をうむ。これを**胎生**➡①という。発生➡②途中の子は**胎盤**(たいばん)によって母親とへそのおでつながっている。うまれた子は，親の乳で育てられる。

● **分類** 発展学習

ホニュウ類は子のうみ方のちがいから有胎盤類(ゆうたいばんるい)，有袋類(ゆうたいるい)，単孔類(たんこうるい)の3つに大きく分けられる。ほとんどの種は有胎盤類に属する。

①**有胎盤類**　完全に発達した胎盤をもち，**子（胎児）が十分に成長するまで，母親の子宮に入れて育てることができる。**現在見られるホニュウ類のほとんどは，有胎盤類である。有胎盤類はさらにネズミ目，ゾウ目，コウモリ目，ジュゴン目などのグループに分けられる。

②**有袋類**　不完全な胎盤しかもたないため，**子（胎児）を未熟なまま出産**する。うまれた子は自力で母親の**腹部にあるふくろに入る**。ふくろのなかには乳を分泌する乳(にゅう)せんがあり，子は乳によって育てられる。カンガルー，コアラ，オポッサムなどがいる。有袋類はかつては世界中に分布していたと考えられるが，有胎盤類との競争に負けてオーストラリア以外のものは絶滅した。オーストラリアには有胎盤類がいなかったので，有袋類が栄えることができた。

③**単孔類**　卵をうみ，卵からかえった子は乳で育てる。カモノハシやハリモグラ➡③がこれに属する。

参考

①子（胎児）がある程度育つまで親の体内に入れておくことで，子の安全を確保するとともに，保温もしやすい。

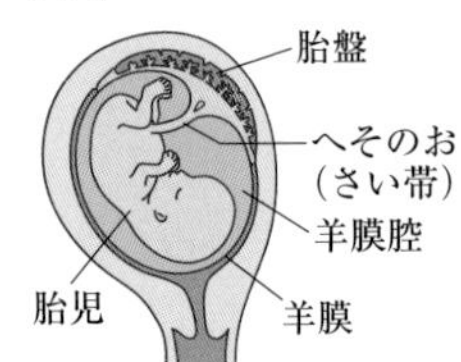

用語

②発生
受精卵が細胞分裂を開始してから，個体が完成するまでを発生という。

もっとくわしく

③オーストラリアにすむカモノハシやハリモグラは，卵をうむ。卵からかえった子は乳で育てられる。

©オーストラリア政府観光局
▲カモノハシ

〔いろいろなホニュウ類のなかま〕

有胎盤類

▲ゾウ

▲コウモリ

▲クジラ

有袋類

▲カンガルー

▲オポッサム

単孔類

▲ハリモグラ

2 せきつい動物のまとめ

せきつい動物のなかまの比較（例外的なものは除く）

	魚類	両生類	ハチュウ類	鳥類	ホニュウ類
呼吸	えら呼吸	幼生：えら呼吸と皮膚呼吸 成体：肺呼吸と皮膚呼吸	肺呼吸	肺呼吸	肺呼吸
心臓	1心房1心室	2心房1心室	2心房1心室	2心房2心室	2心房2心室
からだの表面	うろこ・粘液でおおわれている	水を通す皮膚・粘液でおおわれている	水を通さないかたいうろこやこうら	羽毛	毛
体温	変温	変温	変温	恒温	恒温
受精	体外／水中	体外／水中	体内	体内	体内
子のふやし方	殻のない卵／水中	殻のない卵／水中	殻のある卵／陸上	殻のある卵／陸上	子をうむ／陸上
子育て	しない	しない	しない	えさを運んで育てる	母親の乳で育てる
生活場所	水中（海水・淡水）	幼生：水中 成体：水中・陸上	おもに陸上	陸上（遊泳や潜泳するものもある）	陸上（遊泳や潜泳するものもある）
なかまの例	サメ・エイ・チョウザメ・コイ・タツノオトシゴ・タイ・ウナギ	アマガエル・オオサンショウウオ・ヒキガエル・イモリ・アシナシイモリ	ヘビ・トカゲ・ヤモリ・カメ・ワニ・カメレオン	スズメ・ワシ・カモ・ツバメ・ハト・ダチョウ・ペンギン・ニワトリ	ヒト・コウモリ・ライオン・シマウマ・イルカ・カンガルー・カモノハシ

（注）ハチュウ類の心臓の心室はひとつであるが，不完全なしきりがあるために，不完全な2心房2心室とも考えられる。ワニはほぼ完全な2心房2心室である。

3 せきつい動物の進化

水中から陸上へ

生物は約38億年前に海中で誕生し，その後進化を重ね，せきつい動物の魚類がうまれた。魚類は新しい環境を求めて陸上へ進出し，からだのつくりが大きく変化していった。

●**呼吸器官** 川へ進出した魚類のうちのあるもの→①は消化管がふくらんでできた肺を発達させて，空気呼吸もできるようになった。

●**あし・骨格** ひれが，陸上でからだを支えるあしに進化していった。胸びれは前あしに，腹びれはうしろあしになった。内骨格も太く丈夫になった。

●**乾燥に適応した皮膚** 両生類の皮膚は湿っていて，皮膚呼吸には有利であるが，乾燥に弱い。ハチュウ類では，**水をあまり通さないうろこでからだの表面をおおい**，乾燥に耐えられるようになったが，皮膚呼吸がしにくくなり，**肺が発達**した。

●**受精** 体外受精には**外界の水を必要**とするが，体内受精では水は必要ない。

●**卵** ハチュウ類は**殻で卵の内部に水をたくわえ**，陸上に産卵できるようになった。鳥類ではさらに殻が発達した。

もっとくわしく

①ユーステノプテロンとよばれる古代魚は，えらと肺と，しっかりした肉質のひれをもっていた。

▲ユーステノプテロン

▼いろいろな動物の卵や子の数

種類	動物	卵や子の数
魚類	マンボウ	2億～3億
	フナ	10万～20万
両生類	ヒキガエル	2000～8000
	オオサンショウウオ	約500
ハチュウ類	アオウミガメ	60～200
	アオダイショウ	10～17
鳥類	キジ	6～12
	イヌワシ	1～3
ホニュウ類	ドブネズミ	8～9
	ニホンザル	1

少なくうんで大切に育てる

種類によって卵や子の数はいろいろだが，**進化がすすむにつれて卵や子の数は少なくなっている**。数が少ないほど生存には不利だが，大きな卵をうんだり，卵や子の世話をしたりすることによって，子が生き残る確率はずっと高くなった。

変温動物(へんおんどうぶつ)から恒温動物(こうおんどうぶつ)へ 発展学習

変温動物は寒くなると活動できなくなるが，恒温動物は寒くても活発に活動できる。しかし，恒温動物は体温を維持するためにたくさんのエネルギーが必要である。そのため，ホニュウ類は同じくらいの体重のハチュウ類と比べて，約10倍の食物を必要とする。ハチュウ類は日なたと日かげを行き来したりして，体温を調節する。

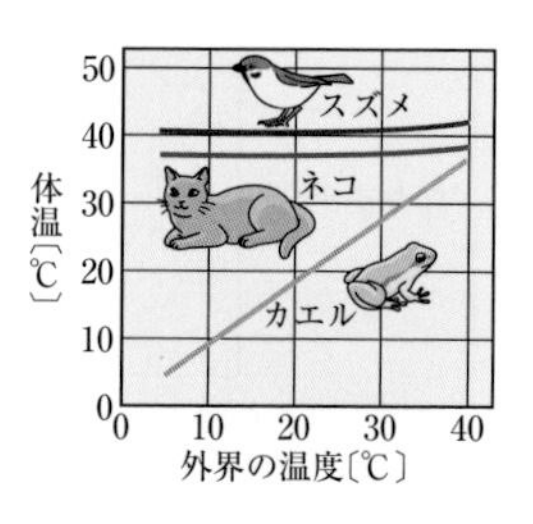

4 無せきつい動物

現在知られている➡②動物（自由に動くことができ，生物を食べて栄養を摂取する生物）は，約100～150万種類ある。そのうちせきつい動物は4万種類程度であり，残りはすべて無せきつい動物である。無せきつい動物は約30のグループに分けられるが，もっとも繁栄しているのは昆虫をふくむ**節足動物**である。

参考

②「知られている」というのは，「研究者が発見して名前をつけた」という意味である。発見されている新種は，毎年1万種以上もあるが，ジャングルのなかの昆虫やダニなどを考えると，知られていない動物はまだ何千万種もいるかもしれない。

▶ 節足動物

外骨格をもち，からだやあしが節に分かれていて，節を動かすことができる。

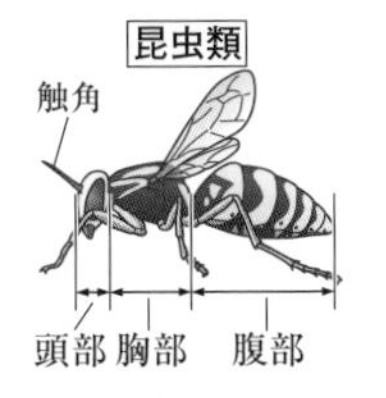

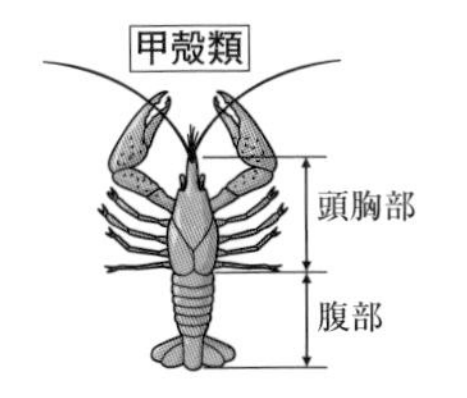

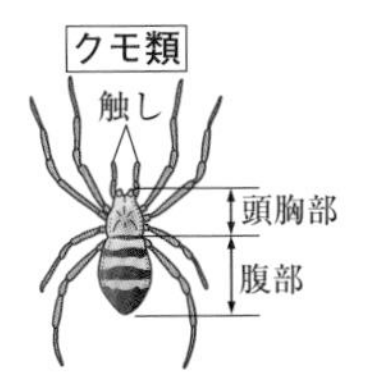

▲節足動物のからだのつくり

● **昆虫類**　地球上でもっとも種類の多いグループ。からだは頭部・胸部・腹部の3つに分かれ，ふつう胸部にあしが3対，はねが4枚ついている。食べ物により，口の形は異なる。

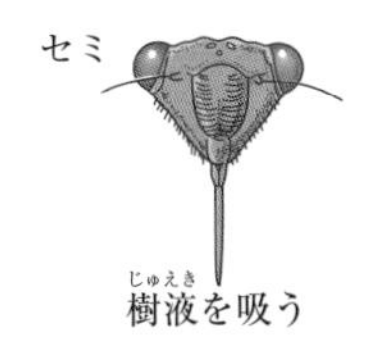

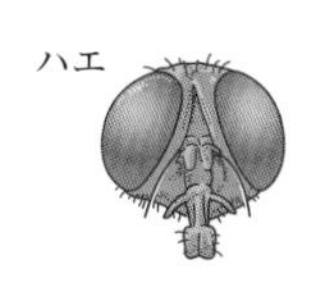

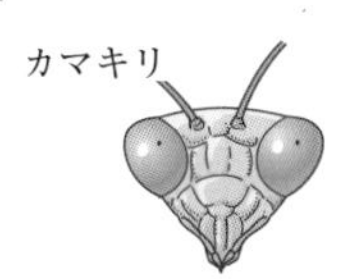

▲正面から見たいろいろな昆虫の口

● **甲殻類**（こうかくるい）　エビやカニのなかま。エビは頭胸部（とうきょうぶ）と腹部に分かれるが，かわった形のものも多い。フジツボ，ダンゴムシも甲殻類にふくまれる。

▲フジツボ

▲ダンゴムシ

▲クモ

● **クモ類**　クモ，サソリのなかま。からだは頭胸部・腹部に分かれる。クモのあしは4対，サソリははさみを入れると5対ある。

● **ムカデ類・ヤスデ類**　からだは頭部と胴部に分かれており，さらに細かく節に分かれ，各節からあしがはえている。ムカデは肉食，ヤスデは草食である。

▲ムカデ

軟体動物(なんたいどうぶつ)

からだはやわらかいが，からだの外側を貝殻でおおっているものが多い。殻のないものは，かつてもっていた殻が退化したと考えられている。殻は筋肉と共同して動かすことができないので，外骨格ではない。**外とう膜**(がいとうまく)とよばれる筋肉でできた膜があり，内臓をおおっている。

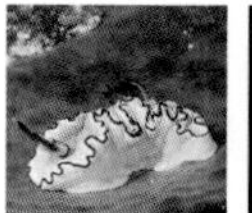

▲ウミウシ ▲クリオネ

▲サザエ

▲ホタテガイ

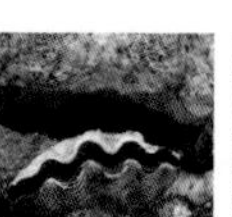

▲シャコガイ

▲オウムガイ

● **腹足類**(ふくそくるい) 巻貝(まきがい)のなかま。サザエ，タニシ，カタツムリなどがいる。腹があしの役目をして歩きまわる。

ナメクジやウミウシ，クリオネは殻のない腹足類のなかまである。

● **おの足類**(あしるい) 2枚貝のなかま。アサリ，シャコガイ，ホタテガイなどがいる。おののようなあしをもっているが，あまり移動しない。しかし例外もあり，ホタテガイは殻をいきおいよく閉じて水を噴射して泳ぐことができる。

● **頭足類**(とうそくるい) タコ・イカのなかま。このなかまの殻は退化してなくなったり，体内にうもれたりしている。しかし，オウムガイのように殻をもつなかまもいる。化石で有名なアンモナイトもこのなかまである。

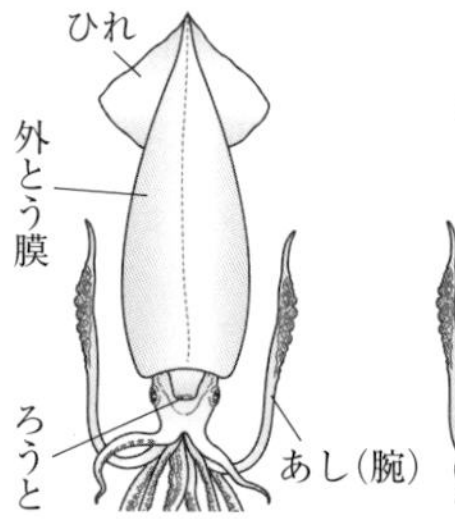

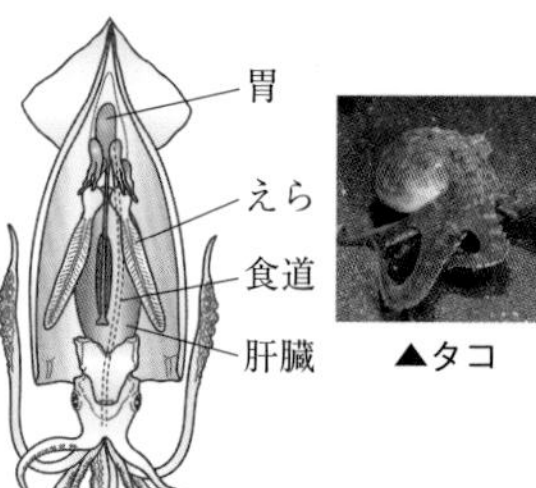

▲タコ

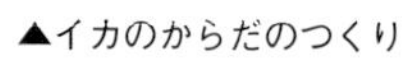

▲イカのからだのつくり

その他の動物

● **原索動物**(げんさく) 無せきつい動物であるが，せきつい動物にもっとも近いとされる動物である。食用にするホヤ，ナメクジウオなどがいる。

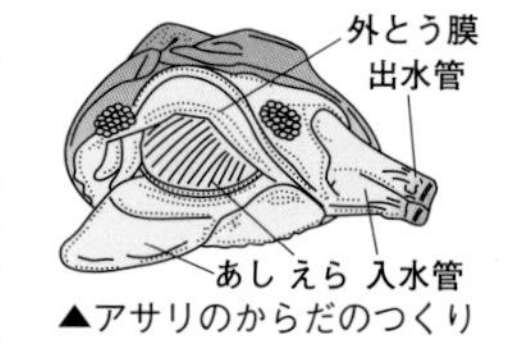

▲アサリのからだのつくり

● **棘皮動物**(きょくひ) ウニ，ナマコ，ヒトデのなかま。**管足**(かんそく)というものがからだに多数あり，これで食物をとったり，移動したりする。

● **環形動物**(かんけい) ミミズやゴカイのなかま。からだが細かく節に分かれているが，外骨格はない。このなかまから節足動物が現れたと考えられている。

幼生 成体

▲マボヤ

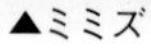

▲ミミズ

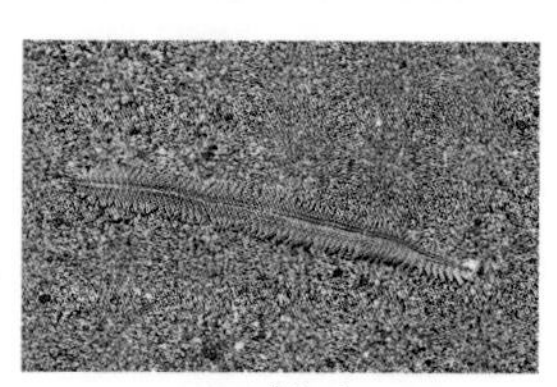

▲ゴカイ

▲ヒトデ

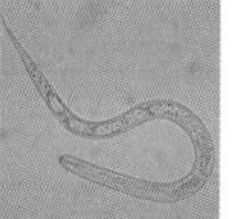

▲センチュウ

●線形動物　土や水のなかにいる微生物のセンチュウや寄生虫のギョウチュウなどがいる。からだが線のように細い。

●輪形動物　水中のプランクトンであるワムシのなかま。

●扁形動物　プラナリアや，寄生虫のサナダムシのなかま。

●刺胞動物　クラゲやイソギンチャクのなかま。からだのなかはふくろのようになっていて，口とこう門はいっしょである。

●海綿動物　多細胞であるが，原始的な形をとどめていて，消化管，筋肉などをもっていない。海中の岩などに付着して海水中の養分を食べている。

●原生生物　からだがひとつの細胞でできている。ゾウリムシ，アメーバなどがいる。動物のなかまには入れられないが，このなかまから多細胞動物も現れた。

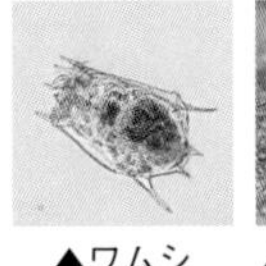
▲ワムシ

▲プラナリア

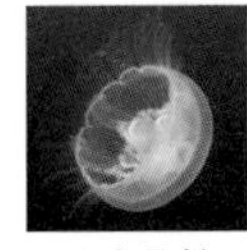
▲クラゲ

▲クラゲ（断面）

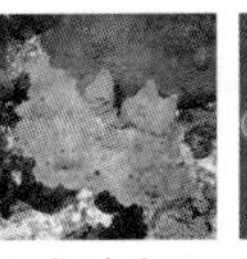
▲イソカイメン

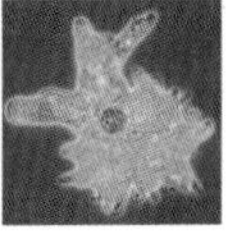
▲アメーバ

5　無せきつい動物の進化　発展学習

無せきつい動物の多くは，小さく単純なものから，大型化，複雑化の方向に進化してきた。しかし，小型化，単純化に徹して生きのびた動物もたくさんいる。

▶動物の系統樹

生物の進化の道すじを木のように表したものを，系統樹という。

下の動物の系統樹を見ると，単純なものからだんだんと複雑なものがうまれてきたことがわかる。

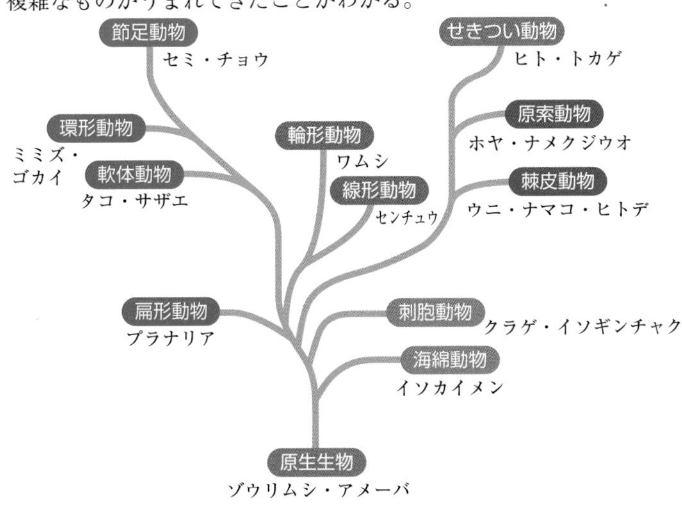

▲動物の系統樹

練習問題

解答➡ p.620

1 次の実験に関して，あとの問いに答えよ。（千葉県）

〔実験〕ホウセンカとトウモロコシを食紅で着色した水が入ったフラスコに入れ，フラスコの口に脱脂綿をつめ固定した。1時間後，水面の上にあるそれぞれの茎をうすく輪切りにし，茎の横断面を顕微鏡で観察した。それぞれの茎の横断面の一部が，食紅で強く染まっていた。**図1**は，それぞれの茎の横断面の模式図であり，**図2**は，**図1**の一部分を拡大した模式図である。

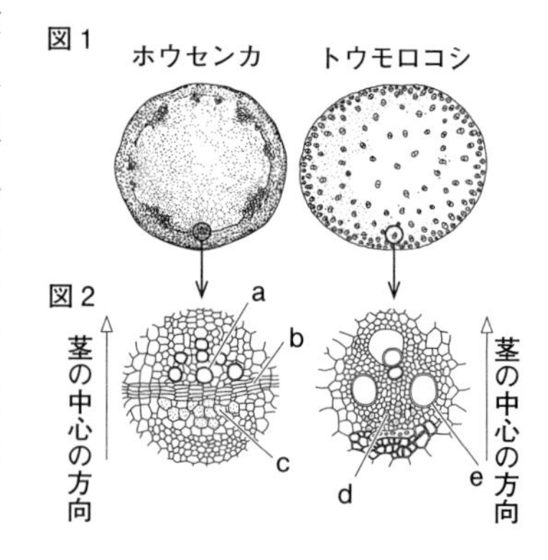

(1) **図2**で，食紅で強く染まった部分の組み合わせはどれか。次の**ア**～**エ**から適切なものをひとつ選び，記号で答えよ。

ア aとd　**イ** aとe　**ウ** bとc　**エ** cとd

(2) 次の文中の［A］，［B］に入るもっとも適当なことばを書け。

> 食紅で強く染まった部分は，根からとり入れた水や水にとけている物質の通り道であり，この通り道を［A］という。
> 植物のからだには，［A］と，葉でつくられた物質を移動させる通り道がある。これらが集まっている部分を［B］という。

2 次の観察について，あとの問いに答えよ。（福島県）

> 観察1　エンドウのからだのつくりを観察した。**図1**は，その花のつくりをスケッチしたものである。
> 観察2　**図2**は，イヌワラビのからだのつくりを観察し，スケッチしたものである。
> 観察3　**図3**と**図4**はそれぞれ，スギゴケとゼニゴケの雄株と雌株のからだのつくりを観察し，スケッチしたものである。

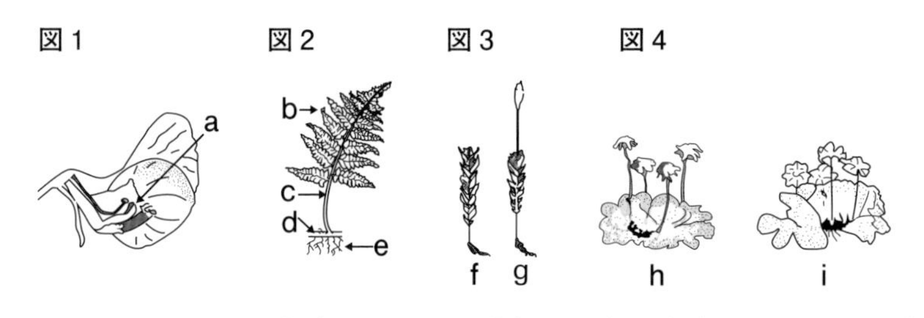

⑴ **図1**のめしべの先端部分**a**は，花粉がつきやすくなっていた。先端部分**a**を何というか。

⑵ 観察2について，**図2**の**b**～**e**を葉，茎，根に区別すると組み合わせはどのようになるか。次の**ア**～**エ**からひとつ選び，記号で答えよ。

	葉	茎	根
ア	b	c	d，e
イ	b	c，d	e
ウ	b，c	d	e
エ	b，c	d，e	該当なし

⑶ 観察3について，**図3**と**図4**の**f**～**i**の中で雄株はどれか。次の**ア**～**エ**から雄株の組み合わせとして正しいものをひとつ選び，記号で答えよ。

ア fとh　**イ** fとi　**ウ** gとh　**エ** gとi

⑷ 観察1～3をもとに，エンドウ，イヌワラビ，スギゴケとゼニゴケを**図5**のように2つの観点で分類した。観点①と②のそれぞれに当てはまるものを，下の**ア**～**カ**からひとつずつ選び，記号で答えよ。

図5

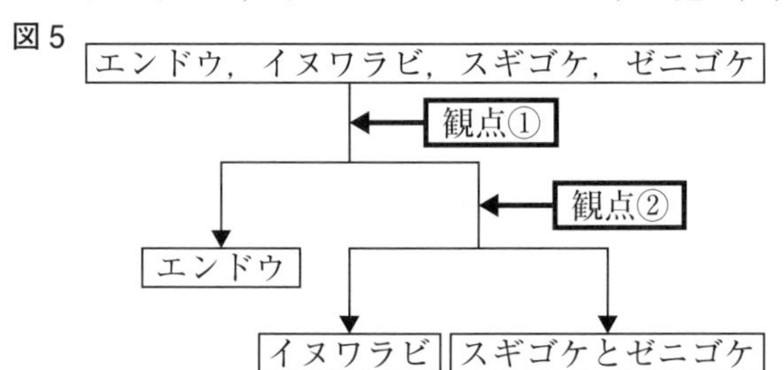

ア 子葉は1枚か，2枚か
イ 維管束があるか，ないか
ウ 胚珠は子房の中にあるか，子房がなくてむき出しか
エ 花弁が分かれているか，くっついているか
オ 種子をつくるか，つくらないか
カ 葉脈は網目状か，平行か

右の図は，どちらかがライオンの，どちらかがシマウマの頭骨のスケッチである。次の問いに答えよ。

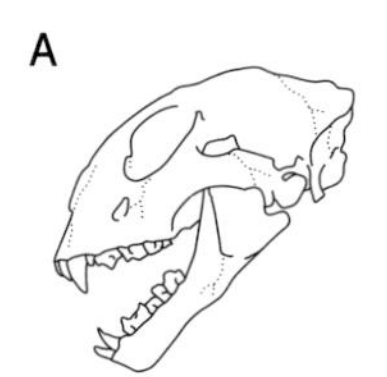

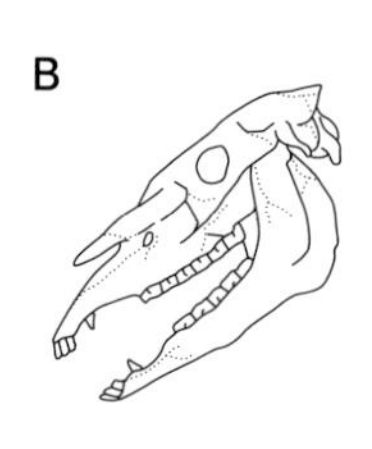

⑴　ライオンの頭骨はA，Bのどちらか。記号で答えよ。

⑵　次のア～カのうち，Bの動物の歯の特徴について正しく述べているものを3つ選び，記号で答えよ。

ア　門歯はあまり発達していない。
イ　門歯は発達していて，草などをかみ切るのに適している。
ウ　犬歯はあまり発達していない。
エ　犬歯はするどく発達し，えものを捕らえるのに適している。
オ　臼歯はするどく，食物をかみ切るのに適している。
カ　臼歯は平たく，植物をすりつぶすのに適している。

⑶　Aの動物の目のつき方の特徴とその利点を説明せよ。

4　次のa～gの動物について，あとの問いに答えよ。

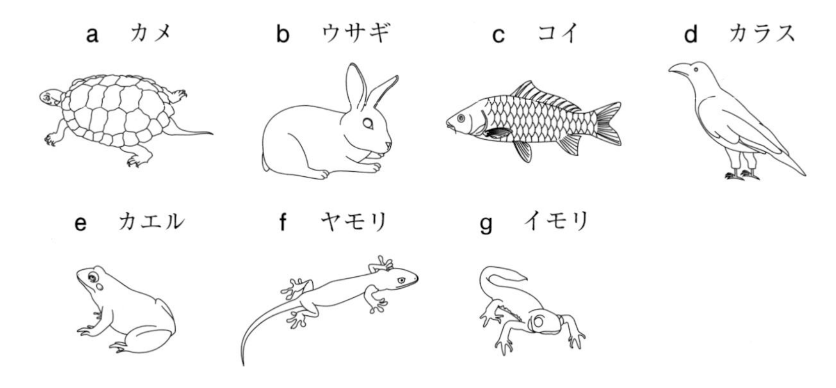

⑴　a～gのうち，親が子の世話をする動物はどれか。すべて選び，記号で答えよ。

⑵　a～gのうち，陸上（地中，樹上などをふくむ）に卵をうむ動物をすべて選び，記号で答えよ。

⑶　a～gのうち，卵ではなく子をうむ動物はどれか。すべて選び，記号で答えよ。

⑷　a～gのうち，卵からうまれたときはえら呼吸だが，しばらく成長すると肺呼吸となる動物をすべて選び，記号で答えよ。

5 次のa～cの動物について，あとの問いに答えよ。

c　クラゲ

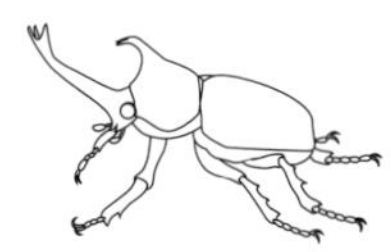
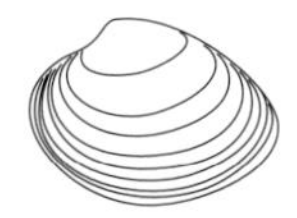

(1)　a～cのうち，外骨格をもっている動物はどれか。すべて選び，記号で答えよ。

(2)　a～cのうち，イカにもっとも近いなかまに分類される動物はどれか。ひとつ選び，記号で答えよ。

(3)　次の**ア**～**カ**のうち，aの動物のからだのつくりについて正しく述べているものを3つ選び，記号で答えよ。

ア　からだは頭胸部と腹部の2つに分かれている。
イ　からだは頭部，胸部，腹部の3つに分かれている。
ウ　あしは，胸部から2対，腹部から1対はえている。
エ　あしは，すべて胸部からはえている。
オ　はねは，胸部から2対はえている。
カ　はねは，胸部から1対はえている。

第3章 生物のからだのつ

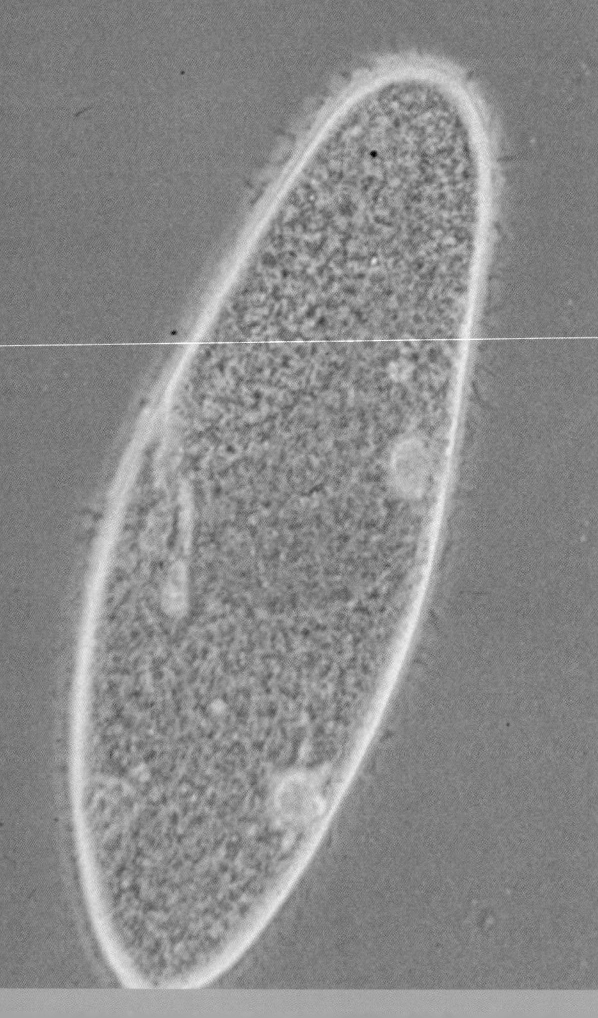

くりとはたらき

↑生物は細胞からできている。まずは生物を構成する細胞について見てみよう。そして，次に植物と動物のからだのつくりとはたらきについても学んでいこう。

§1 細胞

▶ここで学ぶこと

すべての生物のからだは細胞でできている。まずは細胞のつくりについて学習し，次に，生物のからだが細胞をもとにどのように成り立っているかを見ていく。

① 細胞とは何か

すべての生物のからだは，**細胞**（cell）とよばれる小さい部屋のような構造が集まってできている。生物のからだの構造やはたらきの基本的な単位➡①はこの細胞である。

1 からだをつくる細胞の数

ヒトのからだは，約60兆個の細胞からできている。生物の種類によってからだの細胞の数は異なる。

▶単細胞生物

ひとつの細胞だけでからだができている生物を**単細胞生物**とよぶ。

例 ゾウリムシ➡②・アメーバ・ミドリムシ・ボルボックス（オオヒゲマワリ）➡③・コウボキン・細菌

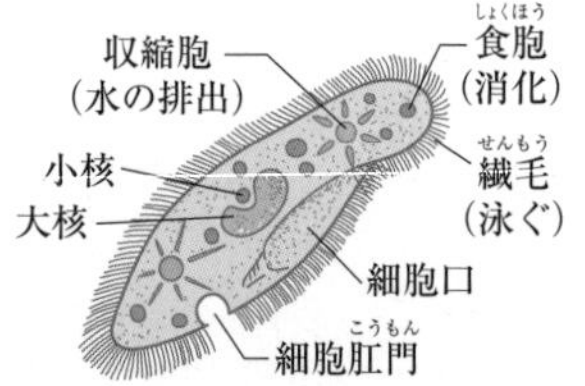

▲ゾウリムシ

▲ミドリムシ

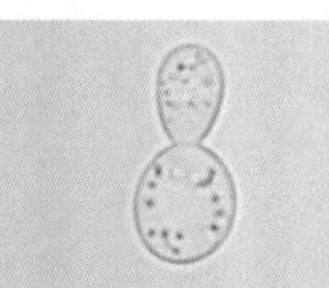
▲コウボキン

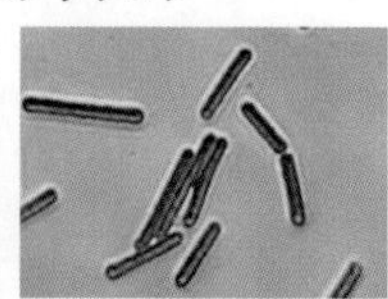
▲大腸菌

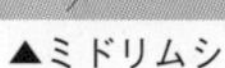

▶多細胞生物

複数の細胞でからだができている生物を**多細胞生物**とよぶ。多細胞生物の細胞は，からだの部分によって異なる役割を分担している。それに応じて，細胞の形もちがっている。わたしたちがふだん見ている生物のほとんどは多細胞生物である。

もっとくわしく

①これ以上細かく分けてしまうと生きていけなくなってしまうということ。細胞をひとつひとつ分離しても，培養液中などで条件を整えれば，生き続けることができる。

もっとくわしく

②ゾウリムシはひとつの細胞で運動し，食物の採取と排出など，動物としてのすべての活動を行っている。

もっとくわしく

③ボルボックスは単細胞生物が集団となって生活している。このようなものを細胞群体という。分裂や出芽[➡P.414]などでふえた多細胞生物のなかにも，サンゴのように共通のからだとして集まっているものがあり，これは群体とよばれる。

2 細胞の大きさと形

生物の種類や生息する場所によって，細胞の大きさ，形はいろいろである。

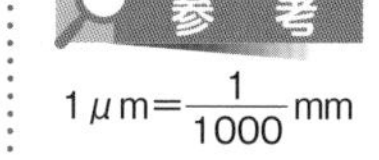

▼いろいろな細胞の大きさ

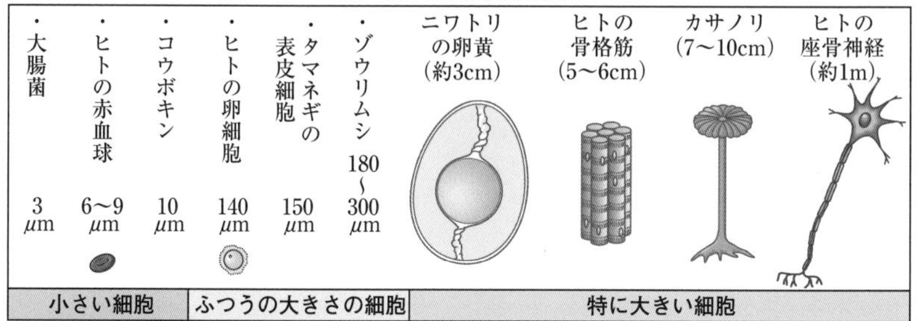

3 細胞の観察のしかた

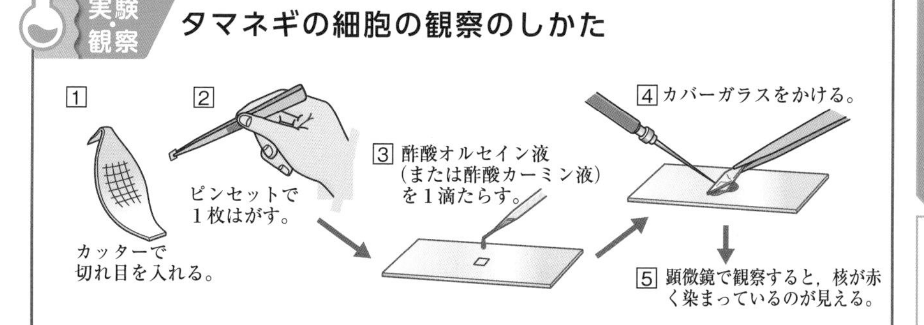

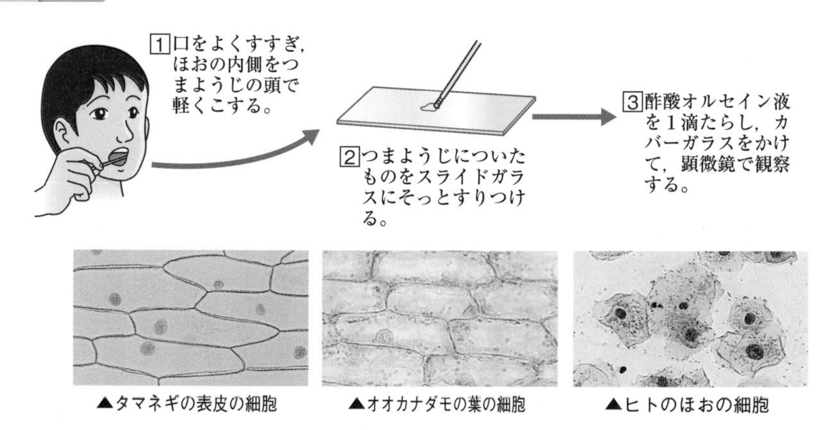

▲タマネギの表皮の細胞　▲オオカナダモの葉の細胞　▲ヒトのほおの細胞

研究 細胞の発見から細胞説までの歴史

〈細胞の発見〉

1665年，物理学者だったロバート・フック（イギリス）は，自作の顕微鏡でうすく切ったコルクを観察したとき，それが小さい部屋に分かれていることを発見し，細胞（cell）と名づけました。しかし，フックが観察したのは，死んだ細胞の細胞壁だけであり，細胞の生きた部分には気づきませんでした。

〈核の発見〉

1831年，ブラウン（イギリス）は，植物の細胞にも動物の細胞にも核があることを発見しました。このときから，細胞の内部に関心が向けられるようになりました。

〈細胞説〉

「すべての生物のからだの基本単位は細胞である。」という考え方。

1838年，シュライデン（ドイツ）が「すべての植物のからだの基本単位は細胞である。」という説を唱えました。そして，1839年，シュワン（ドイツ）が「すべての動物のからだの基本単位は細胞である。」と唱えました。

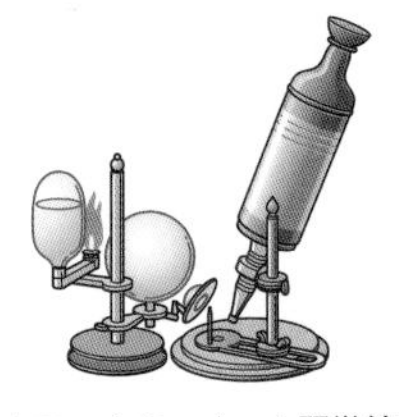

▲フックのつくった顕微鏡

② 細胞のつくりとはたらき

生物のからだをつくる細胞は，生物の種類，からだの部分によって，かなりちがって見えるが，基本的な構造は同じである。

細胞は一般に核と細胞質からできている。細胞のなかの構造は，植物・動物に共通するもの，植物でだけ見られるもの・動物でだけ見られるものなどがある。

1 細胞のつくりとはたらき

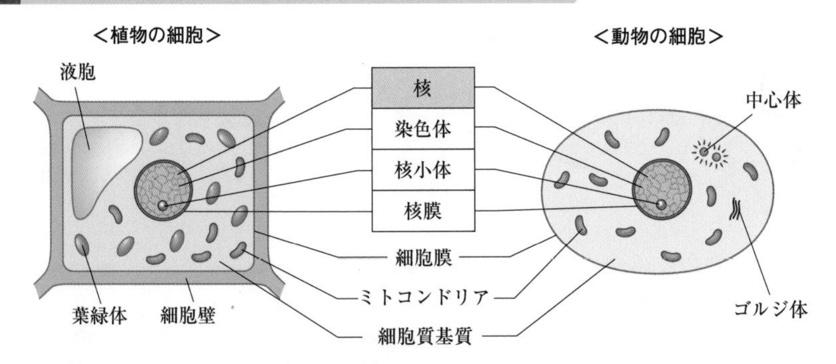

▲顕微鏡で観察した植物の細胞と動物の細胞

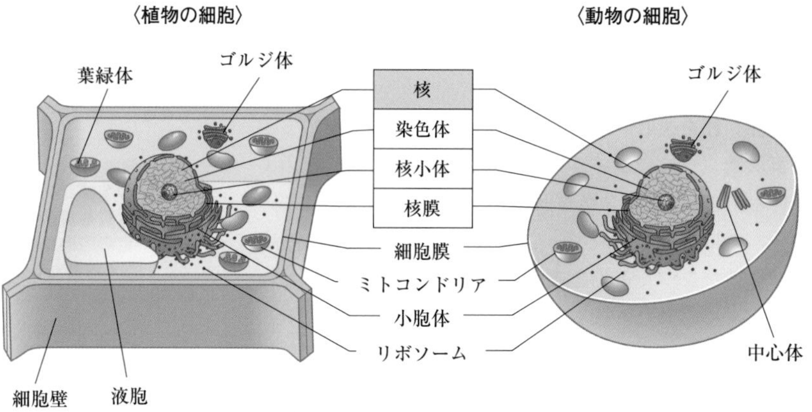

〈植物の細胞〉
〈動物の細胞〉
葉緑体
ゴルジ体
核
染色体
核小体
核膜
細胞膜
ミトコンドリア
小胞体
リボソーム
細胞壁
液胞
中心体

▲電子顕微鏡で観察した植物の細胞と動物の細胞

▶植物・動物の細胞に共通する構造

●**核**　細胞に見られる球状の構造。ふつうはひとつの細胞に1個見られる。核の大きさは通常5～10*μm*（マイクロメートル）である。外側は**核膜**（多数のあなのある二重の膜）に囲まれ，内部に**核小体**➡①と**染色体**➡②をふくむ。

核は細胞全体のはたらきを支配，調節している。

●**細胞膜**　細胞質のもっとも外側にある二重層の膜で，細胞内外の物質の出入りを調節している。

●**細胞質**　細胞の核と細胞壁[➡P.360]以外の部分をまとめて，**細胞質**という。

細胞質のもっとも外側には**細胞膜**があり，その内部は液状の**細胞質基質**で満たされている。そのなかに，ミトコンドリアなどの微小な構造がただよっている。

●**ミトコンドリア**　細胞質中にある粒状または棒状の構造で，二重の膜に囲まれている。酸素を使って栄養分からエネルギーをとり出す，細胞の呼吸の場となっている。

●**小胞体**（しょうほうたい）　長いふくろがつながった網目状の構造で，おもにタンパク質などの輸送を行っている。

●**リボソーム**　球が2個つながっただるまのような形をしており，タンパク質の合成を行っている。**小胞体**上に多く見られるが，細胞質基質にただよっていることもある。

●**ゴルジ体**　扁平（へんぺい）なふくろが重なったような形をしており，小胞体などから運ばれてきたタンパク質を濃縮したり加工したり分泌したりするはたらきをしている。

もっとくわしく

ヒトの赤血球は，核がない細胞（無核細胞）である。

もっとくわしく

①仁（じん）ともいう。ひとつの核に1～数個見られ，タンパク質の合成にかかわっている。

用　語

②染色体
長い糸状の構造で，遺伝子とタンパク質からできている。遺伝子はDNA（デオキシリボ核酸）[➡P.423]という物質からできていて，生物の設計図のようなはたらきをしている。細胞分裂のときは，糸状の染色体がより合わさって太くなる。

植物の細胞のみに見られる構造

●**細胞壁**　植物の細胞質の外側を囲む構造で，**細胞質**から分泌される<u>セルロース</u>➡①という物質でできている。

●**葉緑体**　球を少しつぶした凸レンズのような形をしており，**葉緑素**（**クロロフィル**）とよばれる緑色の色素をふくんでいる。内部は膜を多数重ねたような構造になっている。<u>葉緑体</u>➡②では，光エネルギーを使って，二酸化炭素と水から<u>ブドウ糖</u>➡③をつくる光合成が行われている。

●**液胞**　よく成長した細胞で発達している。細胞液で満たされており，糖類や色素などの物質の貯蔵や水分調節，細胞の形の<u>維持</u>➡④に役立っている。動物の細胞にもあるが，未発達である。

おもに動物の細胞で見られる構造

●**中心体**　2個の中心小体が対になった構造。細胞分裂のときに，両極に分かれ，染色体の分配に関与する。植物では，コケ植物やシダ植物の精子をつくる細胞など一部でのみ見られる。

2 細胞含有物

細胞質のなかには，直接生命活動に関係していない貯蔵物質や排出物などがある。

<u>植物の細胞のデンプン粒，動物の細胞の油滴</u>➡⑤などがその例である。

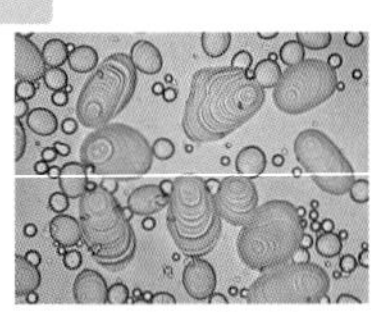
▲デンプン粒

もっとくわしく

①ブドウ糖が多数結合したような物質で，食物繊維のおもな成分である。

②原形質流動
細胞質中の葉緑体やほかの粒は，細胞質基質の流れにのって一定の方向に動いている。細胞質流動ともいう。

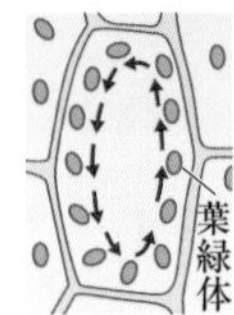

▲オオカナダモの葉の細胞

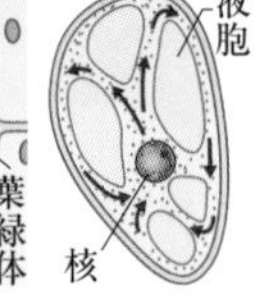

▲ムラサキツユクサのおしべの毛の細胞

③光合成でつくられたブドウ糖は，多数結合してデンプンになる。

④細胞が吸水してふくらむとき，ほとんどの水は液胞にたまる。野菜を水につけるとシャキッとするのはこのためである。

もっとくわしく

⑤光合成などによってつくられたデンプンは，すべて粒の形でたくわえられる。これをデンプン粒という。
動物の脂肪細胞のなかにあり，脂肪をたくわえている部分は油滴という。

Q&A アメーバを切断したらどうなるの？

アメーバを切断すると，核が残ったほうは成長し，やがて分裂してふえますが，核のないほうは死んでしまいます。

ヒトの赤血球は細胞の一種ですが核がないので，分裂してふえることはなく，100日くらいで壊れてしまいます。

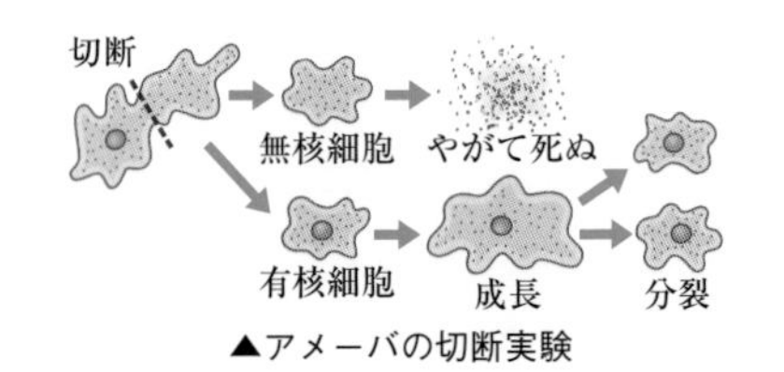

▲アメーバの切断実験

③ 細胞と生物のからだの成り立ち

　多細胞生物では，いろいろな形やはたらきをもった細胞が役割を分担しているとともに，協調してひとつの個体としてのまとまりのあるはたらきをしている。多細胞生物のからだは，次のような段階に分けられる。

- **細胞**　生物のからだの構造やはたらきの基本単位である。
- **組織**　はたらき，形が同じ細胞が集まってできている。
- **器官**　いくつかの組織が集まって，ひとつのまとまったはたらきをしている。
- **個体**　器官が集まって，一個体の生物ができている。
「1頭のウシ」，「1本の木」などがひとつの個体である。

●動物のからだの成り立ち

例　ヒト

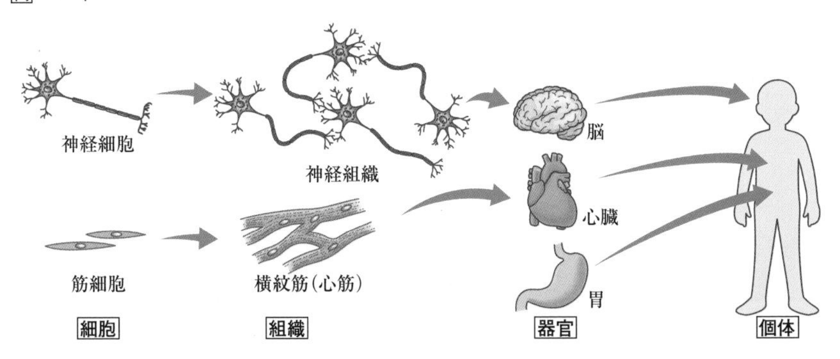

●植物のからだの成り立ち

例　バラ

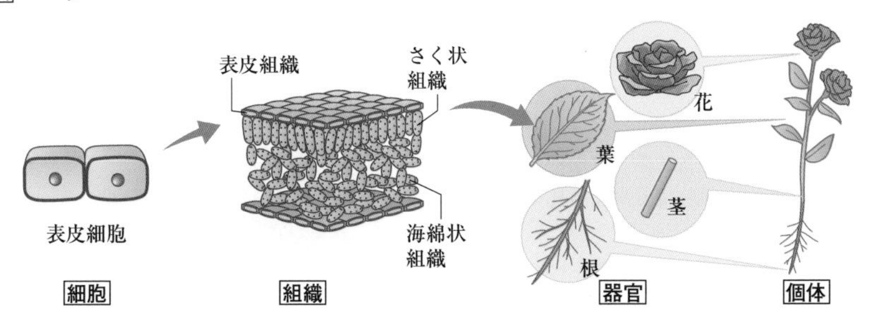

§2 植物のからだのつくりとはたらき

▶ここで学ぶこと

植物のからだのつくりとはたらきについて，植物の体内でどのように水や栄養分が移動しているのかに注目しながら学ぶ。

① 根から吸収した水のゆくえ

1 蒸散

▶蒸散

植物体内の水が水蒸気となって植物体から出ていく現象を**蒸散**→①という。

蒸散および蒸散量の調節は，おもに気孔を通して起こる→②。蒸散が起こると，その分，**根からの水の吸収が促進**され，水にとけた養分の吸収も促進される。

さらに，蒸散により植物体から水蒸気が出ていくときは熱がうばわれるので，**植物体の温度上昇を防ぐ効果**もある。

もっとくわしく

①1本のヒマワリは140日間で約66L，20万枚の葉をつけたカンバ類のある木は1日に37Lの水を蒸散によって体外に出すという。

ここに注意

②蒸散は気孔からだけではなく，一部は気孔以外の部分からも行われる。

サボテンにも葉や気孔はあるの？

葉は，緑色で平らなものだけではなく，さまざまな変わったものがあります。例えば乾燥した地域でも生育できるサボテン。サボテンは表面にトゲをもっていますが，これは葉が変形したものと考えられており，針状をしているので葉針ともよばれます。では，サボテンのトゲにも気孔はあるのでしょうか。

実はサボテンの気孔は葉ではなく，茎にあります。ふつう植物は昼間に気孔を開けて二酸化炭素をとりこんで光合成を行いますが，サボテンは光合成に必要な二酸化炭素を，気温が下がった夜間に気孔を開けてとりこんでいます。気温が高い昼間に気孔を閉じておくことで，蒸散を抑え，降水量が少ない地域でも生育できるのです。

▲サボテン

気孔

●構造　気孔は，三日月のような形をした一対の**孔辺細胞**（こうへん）で囲まれたすき間である。孔辺細胞の形の変化によって，気孔は開いたり閉じたりする。

●分布　一般には**葉の裏側**に多く分布しているが，植物により，分布のしかたや数はさまざまである。

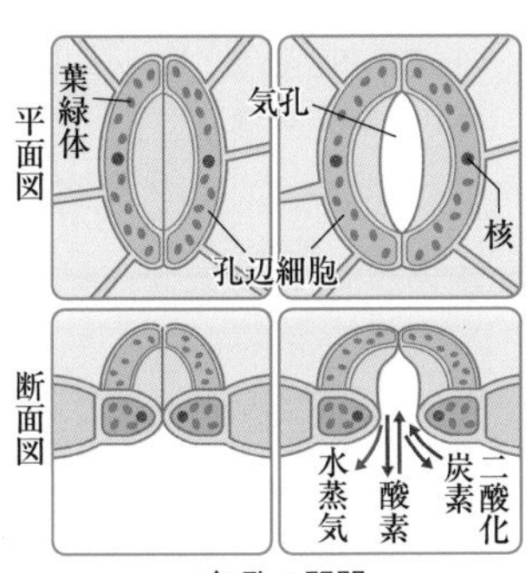

▲気孔の開閉

▼葉における気孔の数

植物名	気孔数／mm^2	
	表側	裏側
エンドウ	101	216
コムギ	47	32
ゴムノキ	0	146
ヒツジグサ	460	0

●気孔の開閉　一般に，気孔は**昼は開いて**おり，**夜は閉じて**いる。しかし，日中でも日照りなどで乾燥しているような環境➡③のときには閉じて，植物体から水が失われるのを防ぐ。

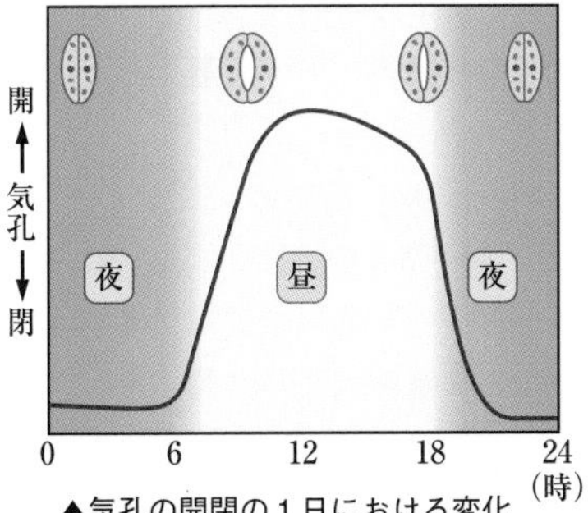

▲気孔の開閉の１日における変化

もっとくわしく

③サボテンのように，砂漠など乾燥したところで生活する植物のなかには，昼は気孔を閉じ，夜になると開く植物もある。また，気孔が開くと酸素や二酸化炭素なども出入りするので，光合成や呼吸にとっても重要である。

根から吸収した水のゆくえ

水は根から吸収されて道管へと移動し，茎，葉へと運ばれる。運ばれてきた水は，細胞の表面で水蒸気となり，気孔から大気中へ出て行く。

研究 気孔が開閉するしくみ

気候の開閉は，孔辺細胞によって行われています。孔辺細胞のまわりにある細胞の壁（細胞壁）[➡P.360]は均一の厚さではなく，気孔に面した側が厚くなっています。孔辺細胞内に水が十分あるときは，内側から細胞壁をおし広げようとする圧力が生じるのですが，厚いところとうすいところがあると，結果的に右の図のように変形するために気孔が開くのです。一方，孔辺細胞内の水が不十分なときには細胞壁をおし広げようとする強い圧力が生じないので，気孔は閉じるというしくみになっています。

また，気孔の開閉には，植物ホルモンが関与していることも知られています。

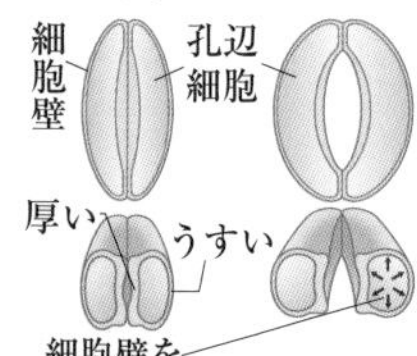

② 光合成と呼吸

1 光合成と光合成でできた物質のゆくえ

光合成とは

植物は，動物とちがって肉や葉などの食べ物を食べなくても生きていける。それは，植物は水と二酸化炭素と光があれば，それらからデンプンなどの有機物[➡①] [➡P.180]をつくって生きていくことができるからである。このはたらきを光合成[➡②]という。

〈光合成の反応〉

a水 ＋ b二酸化炭素 ＋ c光エネルギー
→ dデンプンなどの有機物 ＋ e酸素

a　水…根から吸収される。
b　二酸化炭素…気孔などからとりこまれる。
c　光エネルギー…太陽の光(日光)。人工の光[➡③]でもよい。
d　デンプンなどの有機物…生活のために必要なエネルギー源となったり，ほかの物質をつくるための原料などになったりする。
e　酸素…植物・動物・カビ・キノコなどの**呼吸**で使われる。

動物やカビ・キノコのなかまなどは，光合成を行う能力がないため，有機物をとり入れて生活している。

参考

①生物が生きていくために必要なタンパク質や脂質，炭水化物は，有機物である。

もっとくわしく

②光合成は，植物のほかに光合成細菌とよばれる一部の細菌でも行われる。また，化学合成細菌とよばれる細菌は，光がなくても水と二酸化炭素から有機物をつくることができる。

もっとくわしく

③電灯や蛍光灯，発光ダイオード(LED)の光でもよい。LEDの光は，レタス栽培などで実際に使われている。

光合成の場

光合成は，植物の細胞内の**葉緑体**で行われる。したがって，葉緑体のある植物体の緑色の部分→④で光合成が行われる。

●葉緑体　葉緑体は，おもに直径5～10μm，厚さ2～3μmの緑色をした凸レンズ形の小さな粒である。葉緑体が緑色に見えるのは，緑色をした**葉緑素**（クロロフィル）が多量にふくまれているからである。葉緑素は**光エネルギーを吸収する色素**である。

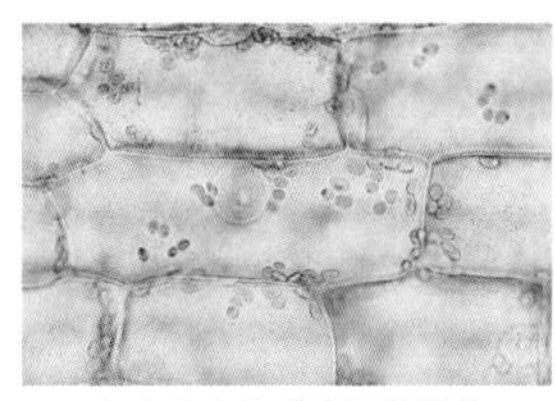

▲オオカナダモの葉緑体

もっとくわしく

④葉のさく状組織・海綿状組織・孔辺細胞，茎などの緑色をしている部分など。

参考

1 μm（マイクロメートル）$=\frac{1}{1000}mm$

研究　葉緑体が光合成の場であることの解明

光合成の場が葉緑体であることは，次のことからわかります。

① 光合成には光エネルギーが必要ですが，そのためには光エネルギーを吸収するための物質（色素）が必要です。葉緑体には，そのために葉緑素という色素がふくまれています。

② 光合成によってできるデンプンは，葉緑体のなかに生成されます。そして，多量にたまると，デンプンの粒として顕微鏡で観察することができます。

③ 図1のように，アオミドロの葉緑体はらせん形をしていますが，顕微鏡の下で葉緑体に光のスポットを当てると，その部分で光合成が行われることが確認できます。しかし，葉緑体以外の部分に光のスポットを当てても，光合成は行われません。

④ 植物のなかには，ふ入りの葉といって，1枚の葉に緑色の部分と緑色でない部分とが混じっている葉があります。その緑色の部分には葉緑体がありますが，緑色でない部分には葉緑体はありません。

ふ入りの葉に光を当ててしばらく光合成を行わせたあと，あたためたエタノールで脱色します（葉緑素はエタノールやアセトンなどによくとけます）。その後，ヨウ素液にひたしてヨウ素反応を調べると，図2のように，緑色だった部分は青紫色に染まり，デンプンが生成されたことがわかります。しかし，緑色でなかった部分では色の変化が見られず，デンプンが生成されていないことがわかります。このことから，光合成には葉緑体が必要なことがわかります。

図1

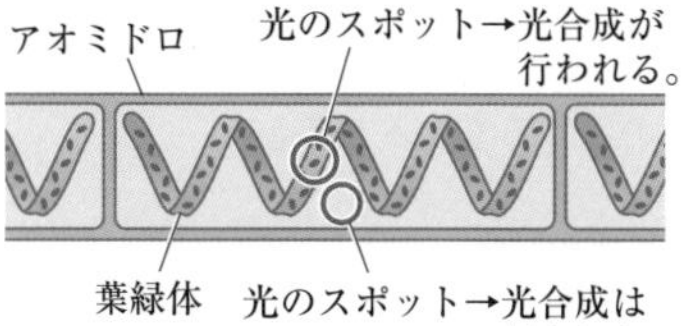

アオミドロ
光のスポット→光合成が行われる。
葉緑体
光のスポット→光合成は行われない。

図2

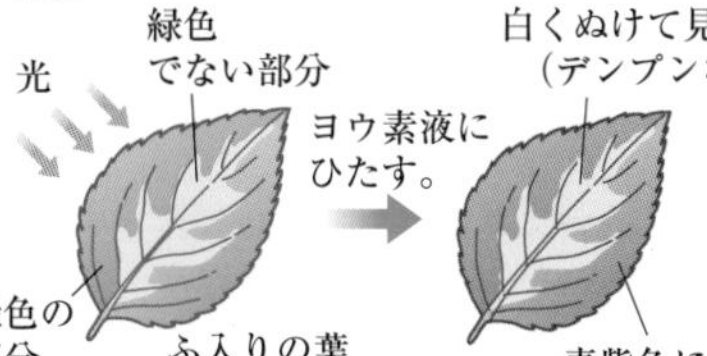

光
緑色でない部分
ヨウ素液にひたす。
白くぬけて見えた。（デンプンなし）
緑色の部分
ふ入りの葉
青紫色になった。（デンプンあり）

光合成と光

光合成には光が必要である。このことを確かめる簡単な実験を紹介する。

実験・観察 光合成に光が必要であることを確かめる実験

【方法】

1 下の図のように，一晩暗室に置いておいた植物の緑色の葉の一部を，光が当たらないようにアルミニウムはくでおおう。

2 その葉に光を十分な時間当てる。

3 十分に光を当てたあと，葉をあたためたエタノールで脱色する。これは，デンプンができたかどうかを観察しやすくするためである。なお，デンプンはエタノールにはとけない。

4 3の葉をヨウ素液にひたして，デンプンがつくられているかどうかを調べる。

【結果】

光が当たった葉の部分にはデンプンがつくられていたが，アルミニウムはくでおおった部分にはデンプンはつくられていなかった。

【結論】

光合成には光が必要なことがわかる。

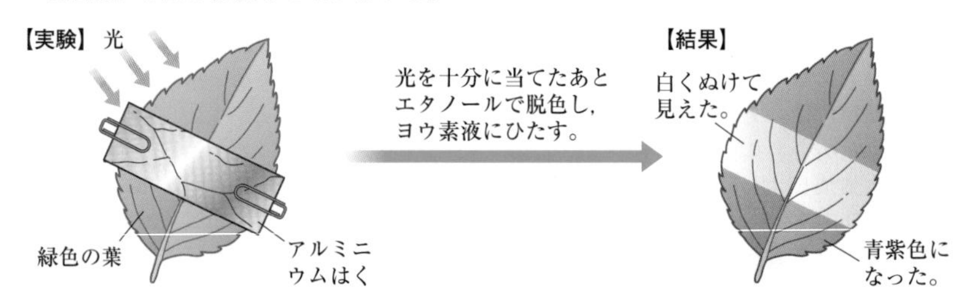

光合成と二酸化炭素

光合成には二酸化炭素も必要であることを，陸上植物と，水のなかの植物（水草）を使って調べていこう。

実験・観察 光合成に二酸化炭素が必要であることを確かめる実験

〔陸上植物の場合〕

【方法】

1 鉢植えの植物を用意して，植物にポリエチレンのふくろをかぶせる。

2 ふくろのなかに息（二酸化炭素）をふきこむ。

3 ふくろのなかの二酸化炭素濃度を二酸化炭素用気体検知管で調べ，記録しておく。

④　ふくろをかぶせたまま，光を十分に当てる。光を十分に当てたら，二酸化炭素用気体検知管を使ってふくろのなかの二酸化炭素濃度を調べる。

【結果】

二酸化炭素濃度は減少した。

【結論】

③と④の二酸化炭素濃度を比較すると，減った分が光合成で使われた二酸化炭素の量であることがわかる。

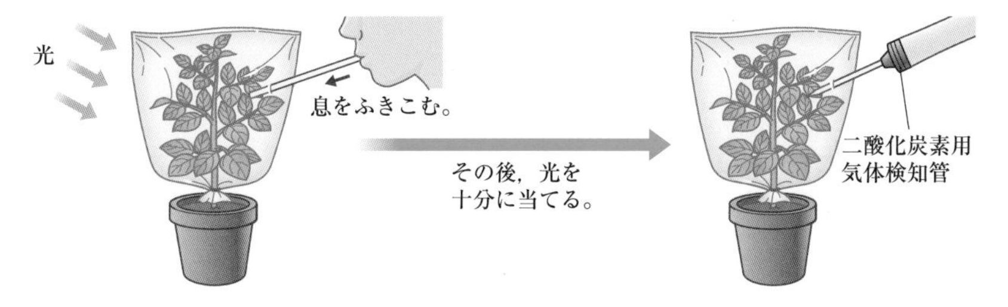

〔オオカナダモなどの水草の場合〕

二酸化炭素は水に少しとけ，わたしたちのはく息のなかにもふくまれている。これを利用して，次の実験を行う。

【方法】

①　うすい青色のＢＴＢ溶液を用意し，これに息をふきこむと，息のなかの二酸化炭素がＢＴＢ溶液にとける。二酸化炭素が水にとけると炭酸水になり，溶液はしだいに弱い酸性となる。そのため，ＢＴＢ溶液は緑色からさらに黄色へと変化する。

②　黄色になったＢＴＢ溶液に水草を入れて光を当てる。

【結果】

しばらく光を当てていると，溶液は黄色から緑色，そして青色に変わった。

【結論】

色が変化した理由は，水にとけていた二酸化炭素が水草にしだいに吸収され，そのためにＢＴＢ溶液が，酸性→中性→アルカリ性に変化したためである。このことから，光合成で二酸化炭素が吸収される，すなわち必要なことがわかる。

なお，実験に際しては，対照実験を忘れずに行うようにする。

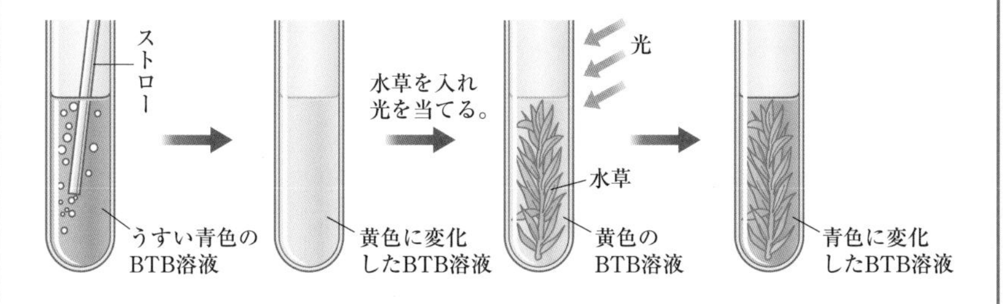

光合成と酸素

光合成が行われると，デンプンなどの有機物とともに酸素ができる。これを光合成に二酸化炭素が必要であることを確かめる実験と同様に，陸上植物と水草の場合に分けて調べていこう。

光合成による酸素の発生を確かめる実験

〔陸上植物の場合〕

【方法】

光合成に二酸化炭素が必要であることを確かめる実験の方法と同様のことを，酸素用気体検知管を用いて行う。

1 植物にふくろをかぶせた直後のふくろのなかの酸素濃度を調べておく。

2 光を十分に当てたあと，酸素用気体検知管でふくろのなかの酸素濃度を調べる。

【結果】

酸素濃度は増加した。

【結論】

ふえた分は光合成でつくられた酸素の量である。

〔水草の場合〕

【方法】

1 オオカナダモなどの水草に光を当て，茎の切り口などから発生する気泡を集める。

2 集めた気体のなかに火のついた線香を入れる。

【結果】

線香が激しく燃えた。

【結論】

この結果から，光合成により，酸素が発生することがわかる。集めた気体を酸素用気体検知管で調べてもよい。

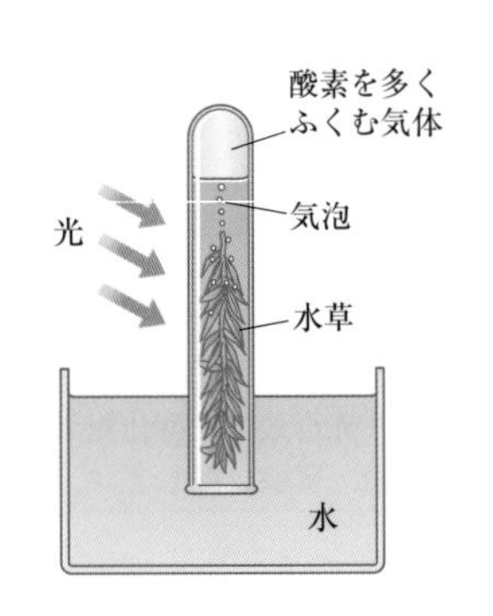

（注）酸素用気体検知管は，酸素と反応させると発熱するので，やけどしないよう注意すること。

上の実験で，水草に当てる光を強くしたり弱くしたりすると，ある範囲までは光の強さに比例して気泡の数が増加する。

このことからも，光合成には光が必要であることがわかる。

光合成のしくみ

光合成の反応は，次のような３段階に分けられる。

① まず，**光エネルギー**が，**葉緑素などの色素**（**光合成色素**という）に吸収される。

② 吸収されたエネルギーで**水を分解し**，**水素と酸素が生じる**。酸素は気孔などを通して大気中へ出る。

③ ②で生じた水素と気孔からとり入れられた二酸化炭素は，複雑な過程を経てブドウ糖となり，さらにブドウ糖が多数結合してデンプンになる。

もっとくわしく

光合成で発生する酸素(O_2)は，水(H_2O)の酸素(O)に由来するものであって，二酸化炭素(CO_2)に由来するものではない。

もっとくわしく

光合成によってデンプンをつくるふつうの植物の葉を，デンプン葉という。これに対して，ネギやユリなど多くの単子葉類では光合成によって，デンプンではなくショ糖がつくられる。このような葉はデンプン葉と区別して糖葉（とうよう）とよばれることがある。

用語

同化
外界からとり入れた物質をからだを構成する物質に変えるはたらき。

光合成でできた物質のゆくえ

葉のさく状組織や海綿状組織[➡P.319]での光合成によってつくられたデンプン（**同化デンプン**という）は，夜の間に分解され，多くはショ糖（スクロース）になり，葉脈の**師管**[➡P.319]から茎や根の師管を通って，成長部分である芽や根の先端部へ，また，花や果実，種子，地下茎などに運ばれる。そして，そこで**エネルギー源やいろいろな物質をつくるための材料**，あるいは**貯蔵物質**としてたくわえられたりする。

〈貯蔵物質の例〉

デンプン…イネ（種子）・トウモロコシ（種子）・ジャガイモ（地下茎）・サツマイモ（根）
ショ糖…サトウキビ（茎）・サトウダイコン（根）・サトウカエデ（葉）
ブドウ糖…ブドウ（果実）
タンパク質…ダイズ（種子）・コムギ（種子）
脂肪…ゴマ（種子）・アブラナ（種子）・ツバキ（種子）

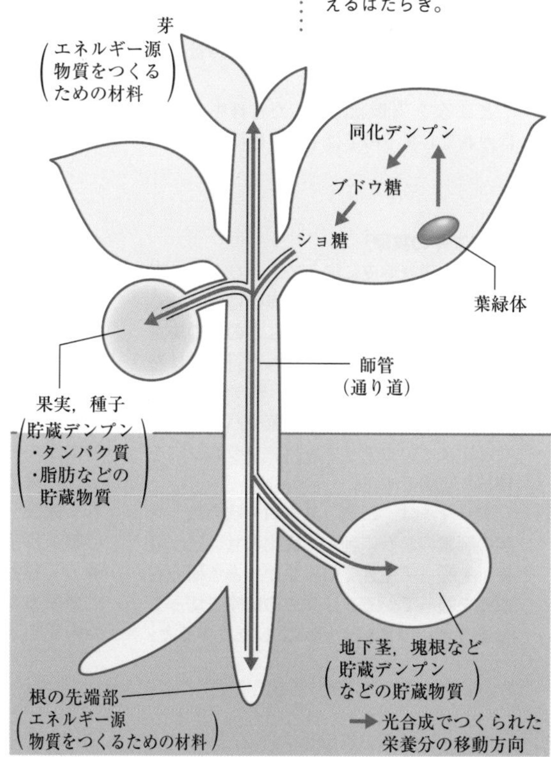

光合成によってできた物質が師管を通って移動することは，どのようにしてわかったの？

〔環状除皮の実験〕

光合成産物が師管を通ることを確かめることができる実験があります。そのひとつに環状除皮とよばれる方法があります。

師管がある師部は，木の皮（樹皮）の部分にあります。たとえば，枝の一部の樹皮をナイフで傷つけ，樹皮を環状にはがします（右の図）。もちろん，枝の先のほうには何枚かの葉がついていなければなりません。このようにして数か月間放っておくと，環状に除皮されずに残った樹皮の部分（Aの部分）が肥大しているのがわかります。肥大した理由は，そのつけ根側の樹皮が切りとられたため，葉でつくられた栄養分がそれより下へ移動できずに切り口の部分にたまってしまったからです。このことだけからでは，まだ師部（師管）を通るとは断定できませんが，ほかのいろいろな実験から，光合成によってできた物質は師管を通ることがわかっています。

ところで，「環状除皮したら枝先のほうはかれてしまうのでは？」と疑問に思った人もいるかもしれませんね。しかし，水の通り道は木部の道管であり，それは樹皮のさらに内側にあるためにこの実験では切りとられることなく立派に残っているので，かれることはないのです。

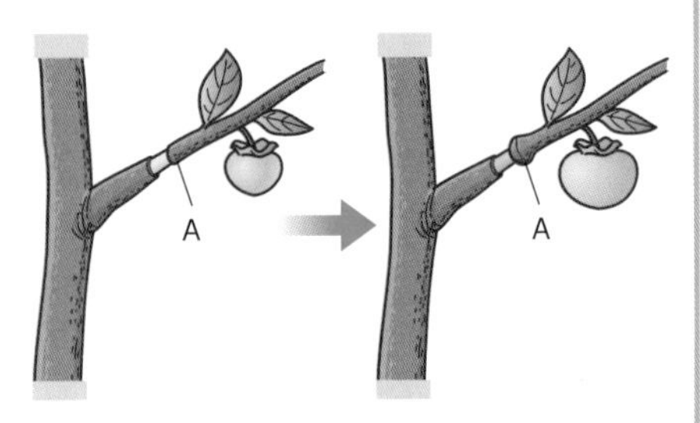

環状除皮の実験と結果

（注）この実験を幹で行うと，葉でつくられた栄養分が根に行かなくなるので，根が弱り，ついには木がかれてしまうことになりかねません。そのことには十分注意してくださいね。

〔アリマキの実験〕

さて，環状除皮に加えてもうひとつの実験を紹介しましょう。この実験は葉でつくられた栄養分が師管を通ることの証の決定打となるのですが，みなさんが行うのはちょっと無理かもしれません。その実験とは，春先，カラスノエンドウの茎やバラの新芽などによくいるアリマキ（アブラムシ）を使った実験です。

アリマキは，口吻（ストロー状の口）を茎の師管のなかに刺し，植物の甘い汁（液体）を吸って生きていますが，ある研究者が汁を吸っているアリマキの口吻を切ってしまうという実験を行いました。すると，植物に刺さったままになっている口吻の切り口から液体が出てきました。その液体を分析してみるとショ糖などがふくまれていました。アリマキはこの液体中の物質から栄養分を得ていたわけです。さらに，この実験によって師管を通る液体のくわしい成分などもわかりました。葉でつくられた栄養分は，ショ糖の形で師管を通って移動することが明らかになったのです。

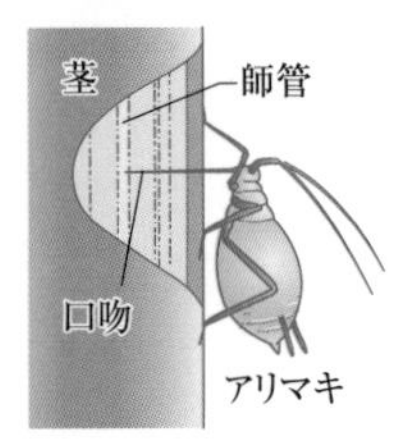

研究 光合成と環境条件

光合成と光の強さ，温度，二酸化炭素濃度との間には，次のような関係が見られます。

〔光の強さと光合成〕

光は，光合成のエネルギー源となる重要な環境要因です。光の強さが強いほど，供給されるエネルギーの量がふえるので，ほかの環境条件が十分な場合は，光合成の速さは光の強さに比例して増加します。しかし，無限に増加するわけではなく，光の強さがある強さ以上になると，光合成の速さは増加しなくなります。このような状態を光飽和(ひかりほうわ)の状態といいます。光の強さと光合成の速さとの関係を図に示すと，右の図のようになります。

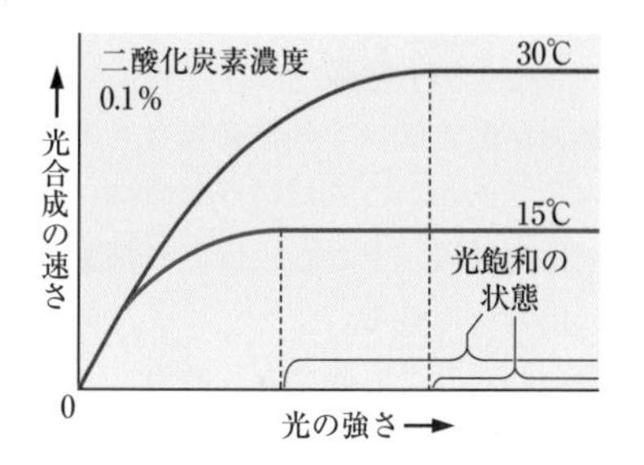

〔温度と光合成〕

温度をいろいろ変えて光合成の速さを調べてみると，ほかの環境条件が十分な場合は，ある温度までは温度が高くなるほど光合成はさかんになりますが，ある温度をこえると，光合成の速さは急速に低下し，ついには0になってしまいます。また，あまりにも高温になってしまうと，植物自体が生き続けられなくなるため，光合成は行われません。温度と光合成の速さとの関係を図にすると，右の図のようになります。すなわち，光合成にはもっとも適した温度（最適温度）があるのです。

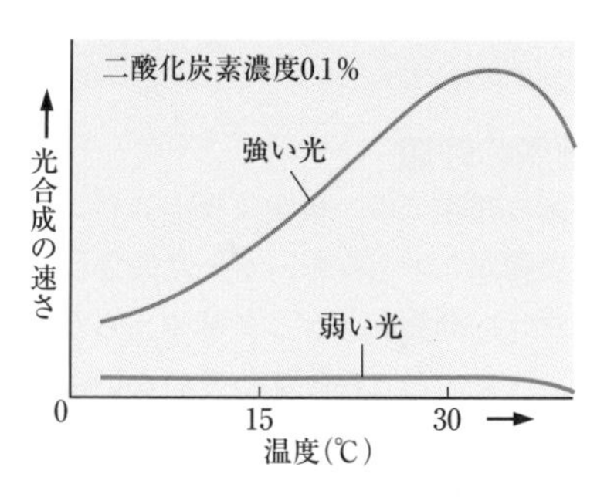

〔二酸化炭素濃度と光合成〕

二酸化炭素濃度をいろいろ変えて光合成の速さを調べてみると，ほかの環境条件が十分な場合は，ある濃度までは二酸化炭素濃度が増加するほど光合成はさかんになります。しかし，ある濃度以上になると，右の図のように，二酸化炭素濃度を大きくしても光合成の速さは増加しなくなります。このように，二酸化炭素濃度の場合は，光の強さと光合成の速さとの関係と似たグラフになります。

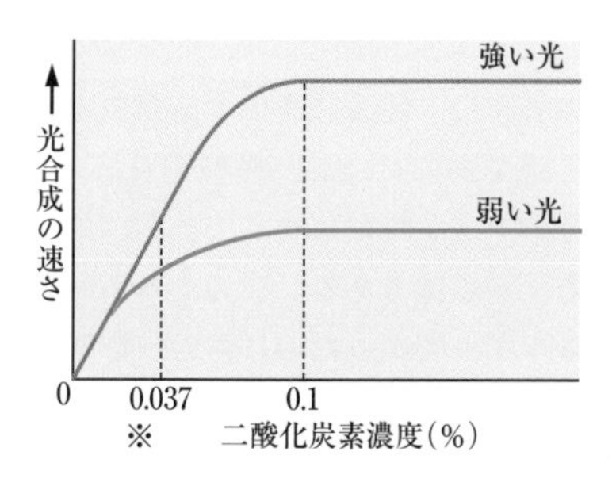

※大気中の二酸化炭素濃度

2 植物の呼吸

▶呼吸のはたらき

動物と同じように，植物も生きていくためにはエネルギーが必要である。そのエネルギーは，動物・植物だけではなく，どの生物も**呼吸**➡①により得ている。すなわち，呼吸は，生物が生きていくのに必要なエネルギーを得るためのはたらきである。ここでいう呼吸は，**細胞の呼吸**（**細胞呼吸**または**内呼吸**）をさし，実際に細胞のなかでエネルギーがとり出されている。

なお，わたしたちがふだん呼吸とよんでいる酸素を吸って二酸化炭素を出す行為は**外呼吸**あるいは**ガス交換**とよばれる。外呼吸ではエネルギーは得ることができない。

〈呼吸〉

呼吸 ｛ 呼吸器官などでの呼吸（外呼吸，ガス交換）
　　　 細胞の呼吸（細胞呼吸，内呼吸）

▶細胞の呼吸

細胞の呼吸では，複雑な反応過程によってブドウ糖などの有機物からエネルギーがとり出される。

植物は，動物とちがって肺やえらなどの呼吸器官がないので，一見すると**呼吸をしていないように思われるが，じつは昼も夜も1日中，呼吸を行っている**。その反応は次のようになる。

〈植物の呼吸の反応〉

ブドウ糖などの有機物＋酸素

――→二酸化炭素＋水＋化学エネルギー

このように，呼吸に関係する物質の変化は見かけ上，光合成と逆である。なお，呼吸の反応で使われる有機物は，ふつうデンプン➡②ではなく，デンプンを構成している単位であるブドウ糖である。また，エネルギーは，光合成では光エネルギーであったのに対し，呼吸では化学エネルギー[➡P.236]である。

なお，酸素や二酸化炭素の出入り，すなわちガス交換は植物では気孔などを通して行われる。

もっとくわしく

①呼吸には，酸素を必要とする好気呼吸（こうきこきゅう）と酸素を必要としない嫌気呼吸（けんきこきゅう）がある。コウボキン（イースト）の行うアルコール発酵や乳酸菌の行う乳酸発酵は，嫌気呼吸の代表的なものである。

もっとくわしく

②デンプンは，1000〜数万個ものブドウ糖が結合した物質である。

実験・観察　植物が呼吸していることを確かめる実験

植物が呼吸をしているかどうか，次の実験で確かめてみましょう。もし植物が呼吸しているなら，二酸化炭素が放出され，その量がふえます。この実験は，このことを確認すればよい，という考えにもとづいています。

実験の手順を見ていきましょう。

【方法】

1. まず，ダイズなどの発芽中の種子，ホウレンソウやコマツナなどの新鮮な野菜をポリエチレンのふくろに入れ，また空気も十分に入れて，ふくろの口を密閉する。このとき，対照実験として，空気だけのふくろも用意しておくこと。
2. それぞれのふくろを一晩，光の当たらない真っ暗な場所におく。
3. 翌日，ふくろのなかの空気を石灰水に通す。

【結果】

発芽中の種子やホウレンソウなどの場合は石灰水が白くにごったが，空気だけの場合はほとんど白くにごらなかった。

【結論】

この実験の結果から，発芽中の種子やホウレンソウなどからは二酸化炭素が放出されたこと，すなわち呼吸が行われたことがわかる。

ふくろのなかの気体を調べるには，石灰水を用いる以外に，前に述べた二酸化炭素用気体検知管やＢＴＢ溶液を用いてもかまいません。さらに，酸素用気体検知管を使えば，酸素が減ったこと，すなわち呼吸で酸素が使われたこともわかるでしょう。

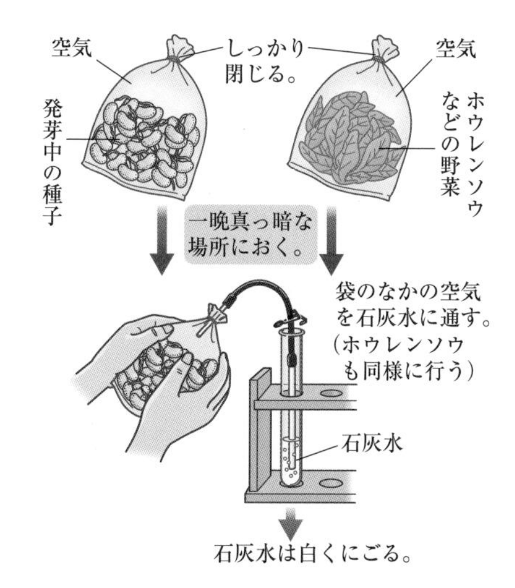

3 水と栄養分の移動

水の移動

水や水にとけた養分（肥料）は**根の根毛などから吸収**され，根の内側の**木部の道管へと移動する**。その後，水や養分は**茎の道管を通って**葉にある**葉脈の道管へと移動する**。そして，さらに**葉肉の細胞へ**と移動し，水は細胞の表面で水蒸気となり，細胞のすき間を通って気孔にたっし，**気孔から大気中へ**と出て行く。一方，水にとけて移動してきた養分は，さまざまな細胞で利用される。

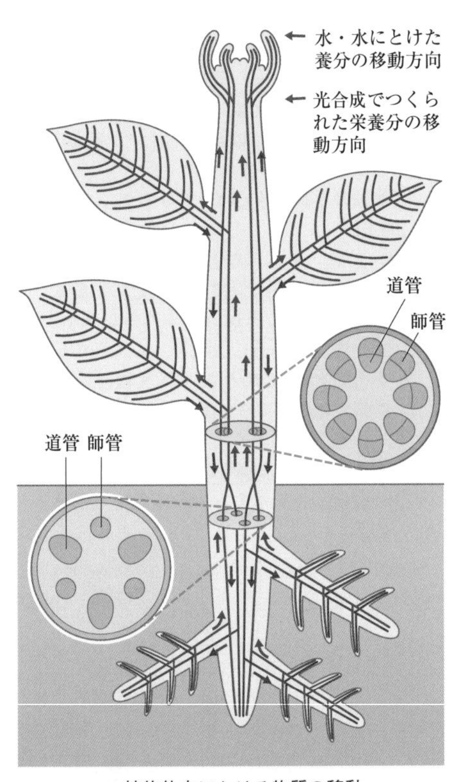

▲植物体内における物質の移動

栄養分の移動

葉肉のさく状組織や海綿状組織において光合成でつくられた栄養分のデンプンは，ショ糖に分解されて**葉脈の師管へと移動する**。そして，さらに**茎の師管へと移動し**，そこから植物体のいろいろな部分，例えば**茎や根の先端部**などのさかんに成長しているところや，**花，果実，根や地下茎**などへと移動し，エネルギー源や細胞などをつくる材料になったり，貯蔵物質になったりする。

茎と根のつくりについては，P.320 参照。

Level Up!

今までの学習で，植物は光合成も呼吸も行うこと，そして，光合成と呼吸とは見かけ上，逆の反応であることを学んだ。

二酸化炭素＋水＋エネルギー　$\overset{\text{光合成}}{\underset{\text{呼吸}}{\rightleftarrows}}$　有機物＋酸素

呼吸は１日中行われるのに対し，光合成は光がないと行われない。では，植物体から見て，光の強さと光合成，呼吸の間にはどのような関係があるかを次に見ていくことにしよう。

光合成・呼吸と光の強さ

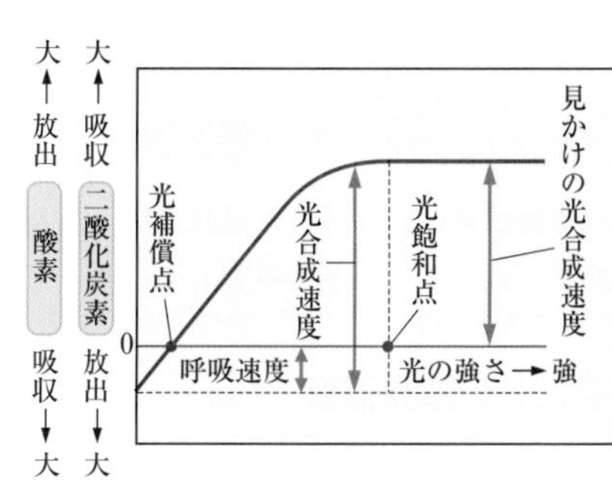

●真っ暗なとき　光がないので，**光合成はまったく行われていない**。一方，**呼吸は行われている**。したがって，植物からは二酸化炭素が放出され，酸素が吸収されている。

●光が弱いとき　弱い光でも，光があれば光の強さに応じて光合成は行われる。すなわち，光の強さを強くすれば，**光合成はその光の強さに応じてしだいにさかんになる**。呼吸は，温度が高くなるとそれにともなってさかんになっていくが，光の強さの変化では増加はしない。光が弱いときは光合成がわずかではあるが行われ，二酸化炭素を吸収し酸素を放出する。しかし，**呼吸速度のほうが大きいうちは呼吸によって打ち消され**，植物体としては二酸化炭素が放出され，酸素が吸収されることになる。光合成と呼吸によって出入りする酸素や二酸化炭素の量の差は，真っ暗なときに比べて，光の強さが強くなるにしたがって小さくなる。

●光が強いとき　**光飽和点**にたっするまでは，光が強くなるにつれて光合成はさかんになり，ついには呼吸速度を上回るようになる。したがって，**ある光の強さ以上になると，植物体全体では二酸化炭素が吸収され，酸素が放出される**。光合成と呼吸によって出入りする酸素や二酸化炭素の量の差は，光が強くなるにしたがって大きくなる。

●光補償点　光の強さを真っ暗な状態から少しずつ強くしていくと，ある光の強さで呼吸速度と光合成速度とがつり合って等しくなり，見かけ上，植物から二酸化炭素も酸素も出入りしない状態になる。このときの光の強さを**光補償点**という。

もっとくわしく

植物に光を当てて光合成を行わせ，二酸化炭素吸収量や酸素放出量を測定しても，それは本当に行われた光合成速度ではなく，呼吸速度の分だけ少ない値となる。これを見かけの光合成速度とよぶ。

見かけの光合成速度＝光合成速度－呼吸速度

ここに注意

夜間は光合成は行えず，呼吸だけが行われる。植物が生き，成長するためには，夜間の呼吸による有機物の消費をまかなえるだけの光合成速度が必要となるので，光補償点より強い光が必要である。

§3 動物のからだのつくりとはたらき

▶ここで学ぶこと

外界のようすを知り，行動するための動物のからだのしくみについて学ぶ。また，生命を維持するためのしくみについても見ていく。

① 外界のようすを知り，行動するためのしくみ

1 感覚器官と運動器官

動物が行動➡①するためにはまず，外界のようすを知ることが必要である。

目や耳などのように，外界からの刺激➡②を受けとる器官を**感覚器官**という。また動物には，行動のためにからだを動かす筋肉などの**運動器官**もそなわっている。

用語

①行動
ある目的をもって動くこと。じっとかくれているなど動かない場合も，目的があれば行動といえる。

用語

②刺激
感覚を引き起こす原因となるもの。

▶ヒトの感覚器官

● **五感** ヒトの感覚は，おもに下の表のように**視覚**・**聴覚**・**嗅覚**(きゅうかく)・**味覚**・**皮膚**(ひふ)**感覚**の５つに分けられる。これらをまとめて五感という。

▼ヒトの感覚器官と刺激

	感覚器官	感じとられる刺激
視覚	目	光
聴覚	耳	音　　：空気（水中なら水）の振動
嗅覚	鼻	におい：空気中の化学物質
味覚	舌	味　　：口に入れた化学物質
皮膚感覚	皮膚	圧力，あたたかさ，冷たさ，痛さ

2 目

▶目のはたらき

ヒトの目は光➡③を感じる**感覚器官**である。ヒトの目は，明るさ（光の強さ）を感じるだけでなく，色（光の波長）や光を出しているもの，または光が当たっているものの形まで見ることができる。

もっとくわしく

③光は音と同じように波の性質をもっていて，波長のちがいが色のちがいとして見える。

目のつくり

●各部分の名称とはたらき

①**水晶体**（レンズ）　光を屈折させて，網膜に像をつくる。透明なタンパク質でできていてゴムのような弾力性がある。

②**網膜**　光を感じる細胞（**視細胞**）が集まってできている膜。ここで感じた光の刺激は，視神経を通して脳におくられる。

③**脈絡膜**　血管が多く通っている膜で，網膜に栄養分をおくるはたらきをしている。

④**強膜**　もっとも外側の丈夫な膜。目の前面の外から見える白目の部分でもある。

⑤**角膜**　強膜につながる透明な膜。この膜も丈夫にできている。

⑥**チン小帯**　水晶体と毛様体をつないでいる構造。毛様体と共同して遠近調節➡④を行っている。

⑦**毛様体**　チン小帯をゆるめたり引っ張ったりして，水晶体の形をかえ，遠近調節を行っている。

⑧**視神経**　網膜の視細胞で受けとった信号を脳へ伝える。

⑨**ガラス体**　網膜と水晶体の間を満たしている透明なゼリー状の構造。目のなかの圧力を一定に保つはたらきをしている。

⑩**盲斑**（**盲点**）　視神経の束が網膜上をつらぬいている部分➡⑤。視細胞がないため光を感じることのできない部分。直径数mmの大きさがある。

⑪**黄斑**（**黄点**）　網膜上で特に視細胞が多い部分。この部分に像がうつるともっともよく見える。

⑫**ひとみ**（**瞳孔**）　虹彩の中央にあるあなで，光はこのあなから目の内部に入る。

⑬**虹彩**　瞳孔の大きさをかえることによって，目のなかに入る光の量を調節している。明るいところでは広がって瞳孔を小さくし，暗いところでは縮まって瞳孔を大きくする。

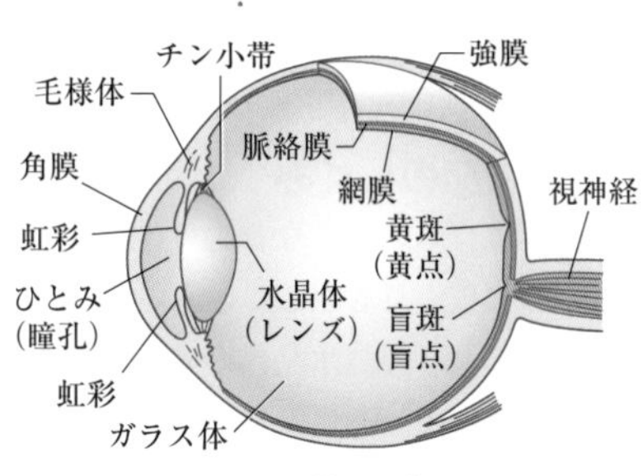

▲ヒトの目のつくり

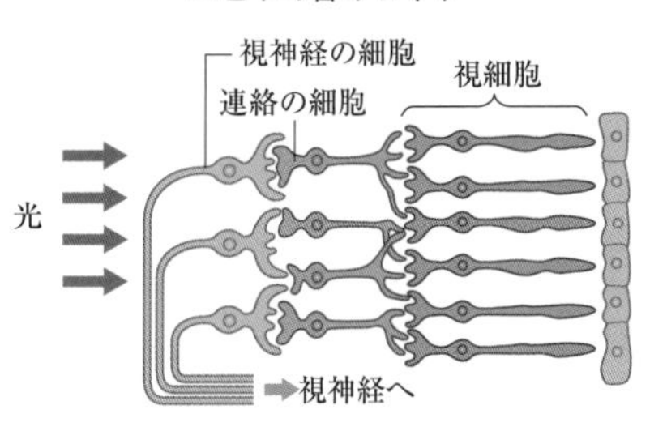

▲網膜の断面

もっとくわしく

④ヒトの目は，物体までの距離に応じて水晶体の厚さをかえて焦点の位置を調節することで，網膜上に像を結ばせている。

もっとくわしく

⑤ヒトの目の視神経は，網膜のガラス体側から盲斑の部分を通って脈絡膜側に出ている。

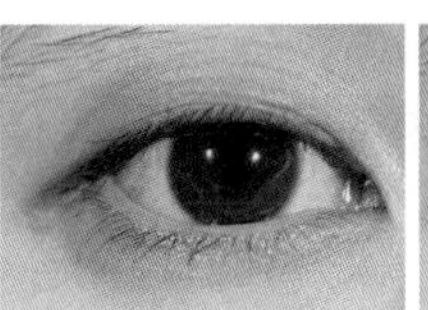
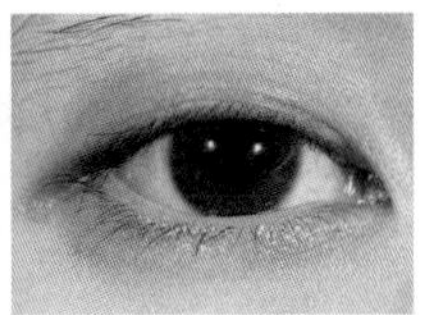
▲虹彩　明るいところ　　暗いところ

ものが見えるしくみ

目で見た物体からの光が瞳孔へ入り，水晶体によって調節されて網膜に像をつくる。できた像の情報は網膜の視細胞によって感知され，視神経におくられる。

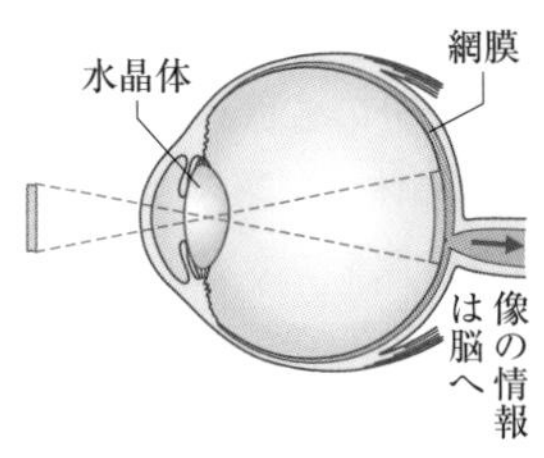

▲ものが見えるしくみ

遠近調節のしくみ

水晶体はゴムのような弾力性があり，何も力が加わらないと丸くふくらんだ形をしている。遠くを見るときは，毛様体・チン小帯によって，水晶体がまわりから引っ張られて平たくうすい形になる。近くを見るときは，毛様体のはたらきでチン小帯がゆるみ，水晶体は自身の弾性によって丸く厚い形になる。スマートフォン（携帯電話）やゲーム機などを長時間見続けていると，毛様体の筋肉が緊張して水晶体がふくらんでもとにもどらなくなり，目が悪くなることがある。

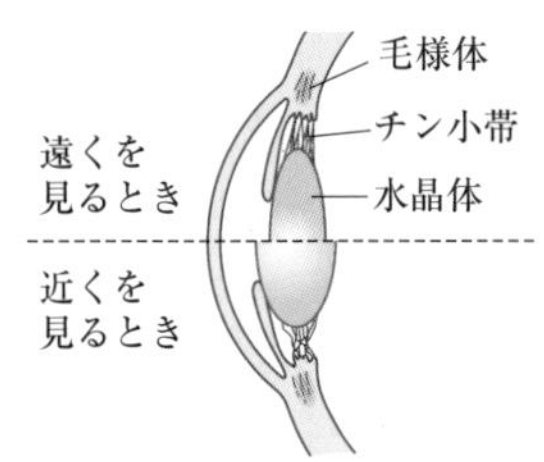

▲遠近調節のしくみ

3 耳

耳のはたらき

音（空気などの振動）を感じる。音の大きさ，高さ，音色（ねいろ）を聞き分けることができる。耳には音を感じる部分のほかに，**からだの回転や平衡（へいこう）（かたむき）を感じる部分**もある。

耳のつくり

耳の構造は，大きく外耳・中耳・内耳に分けられる。

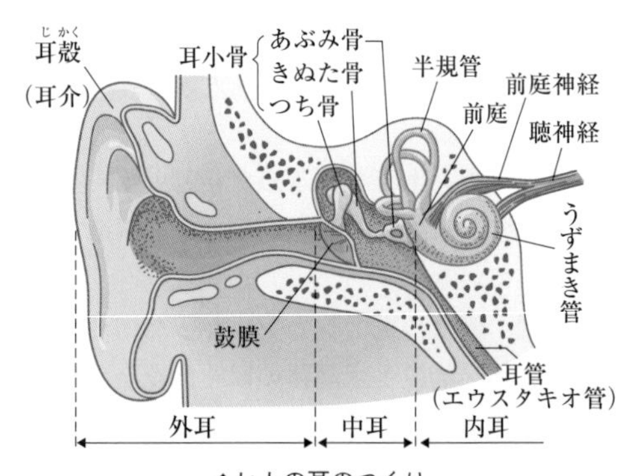

▲ヒトの耳のつくり

●各部分の名称とはたらき

①**鼓膜（こまく）** 外耳と中耳を分ける膜で，音によって振動し，外部の音の振動を中耳に伝える。

②**耳小骨** 3つの骨（つち骨・きぬた骨・あぶみ骨）からできていて，鼓膜から伝えられた音の振動をてこの原理で増幅してうずまき管に伝える。

③**うずまき管** なかに振動（音）を感じる聴細胞があり，音の情報を聴神経に伝える。

④**聴神経** 聴細胞からの音の情報を脳へ伝える。

⑤**半規管（はんきかん）** からだの回転を感じる。3つあるので三半規管ともいう。

⑥**前庭（ぜんてい）** からだの平衡（かたむき）を感じる。

⑦**耳管（じかん）（エウスタキオ管）**➡① 中耳内の気圧を調節する。

もっとくわしく

①耳管はふだんは閉じていて体外とつながっていないが，だ液を飲みこんだときなどに一時的に開いて体外とつながり，中耳内の気圧が体外の気圧と同じになる。このことによって，鼓膜の内外の気圧が等しくなり，鼓膜が正常に振動できる。エレベーターや飛行機に乗って耳が痛くなったときにだ液を飲みこむとなおるのは上のような現象が起こったからである。

音の高さを聞き分けるしくみ

うずまき管はらせん状に２回半まいた形になっている。うずまき管のなかには音を感じる聴細胞が入っていて，入り口から奥のほうまで多数並んでいる。低い音（振動数が少ない音）は遠くまで届くので，奥のほうの聴細胞までたっする。反対に高い音（振動数が多い音）は遠くまで届きにくいので，入り口近くの聴細胞までしか到達しない。

このように，**奥のほうの聴細胞まで届くほど低い音，うずまき管の入り口近くの聴細胞でしか感知されない音は高い音として感じられる。**

聴神経
聴細胞

▲うずまき管の断面

聴神経
聴細胞
（聴細胞は，うずまき管のらせんにそって多数並んでいる）

▲音の高さを聞き分けるしくみ

半規管のしくみ

半規管のなかには体液（リンパ液［➡P.400］）が入っていて，つけ根の部分には液体の流れを感じる感覚細胞がある。からだが回転すると半規管の外側は一緒に回るが，内部の体液は外側の回転よりおくれて動く。つけ根の感覚細胞は**このリンパ液の流れを感じることによってからだの回転を感じとる。**また，からだの回転を止めても，リンパ液はしばらくの間回転の方向に流れ続けるので，目がまわる感覚が生じる。半規管は３つあり，それぞれ垂直になる位置についていて，どの方向の回転でも感知できるようになっている。

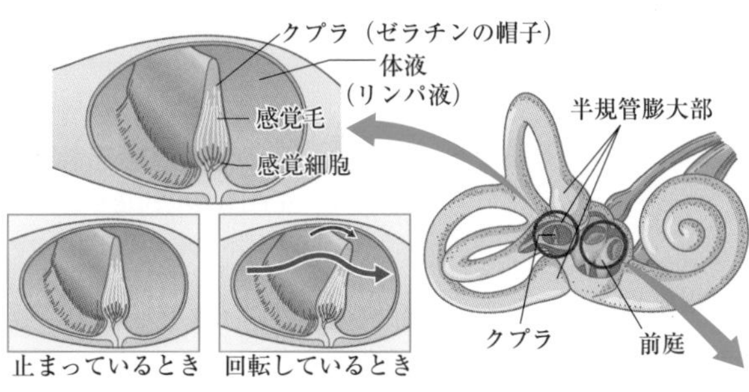

▲半規管のしくみ

前庭のしくみ

前庭のなかには耳石（じせき）（平衡石）とよばれる石（炭酸カルシウムの粒）が入っていて，その下には毛（感覚毛）をもった感覚細胞がある。**からだがかたむくと耳石がかたむいた方向に移動し，**その移動を感覚細胞が感知し，その情報が脳に伝えられ，からだのかたむきの方向と角度を感じる。

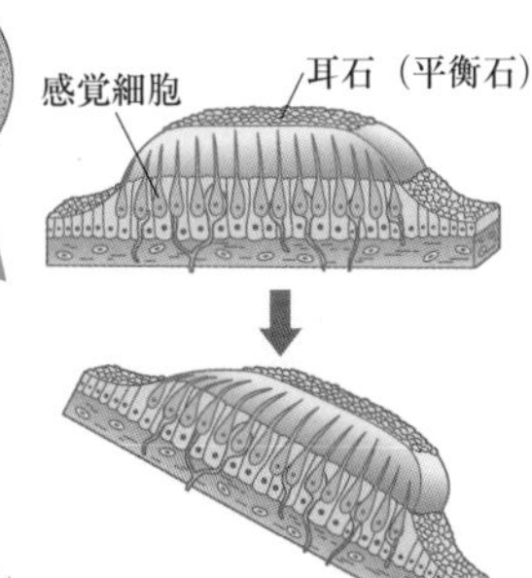

▲前庭の断面

4 鼻

鼻のはたらきとつくり

鼻はにおいを感じる**感覚器官**である。においというのは，空気中にただよっている気体の化学物質によって起こる感覚である。

鼻から空気といっしょに吸いこまれた化学物質が**鼻腔**(びこう)内の粘膜(ねんまく)にとけて**嗅細胞**(きゅうさいぼう)にふれると，においとして感知される。その情報は**嗅神経**(きゅうしんけい)を通して脳に伝えられる。

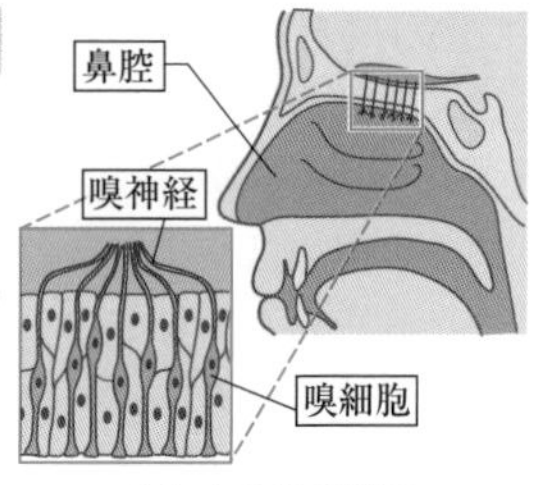

▲ヒトの鼻の構造

5 舌

舌のはたらきとつくり

舌は**味を感じる感覚器官**である。味は，口に入れたものにふくまれている化学物質によって起こる感覚である。

舌の表面には**舌乳頭**(ぜつにゅうとう)とよばれる突起がある。舌乳頭にはたくさんの**味覚芽**(みかくが)という構造があり，そこには味を感じる**味細胞**がある。味細胞はだ液にとけた化学物質を感知し，その情報が味神経を通して脳に伝えられる。

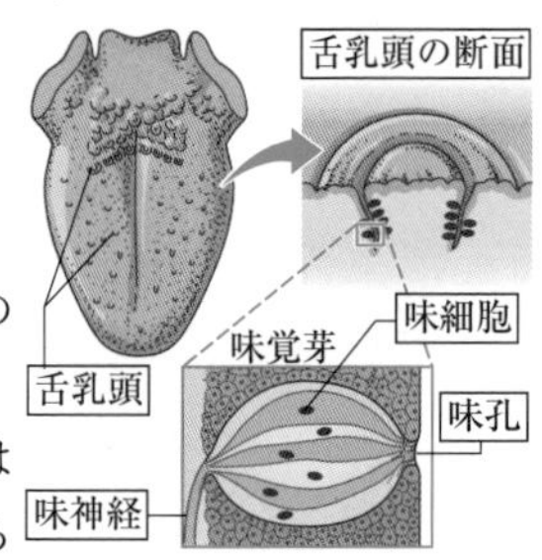

▲ヒトの舌の構造

6 皮膚感覚

皮膚感覚の種類と感覚点

皮膚には，**感覚点**とよばれる刺激を感じる器官が点在している。感覚点は次の4種類である。

痛点：痛みを感じる（痛覚）。
圧点：おされたり，さわられたりしたことを感じる（圧覚・触覚）。
冷点：冷たさを感じる（冷覚）。
温点：あたたかさを感じる（温覚）。

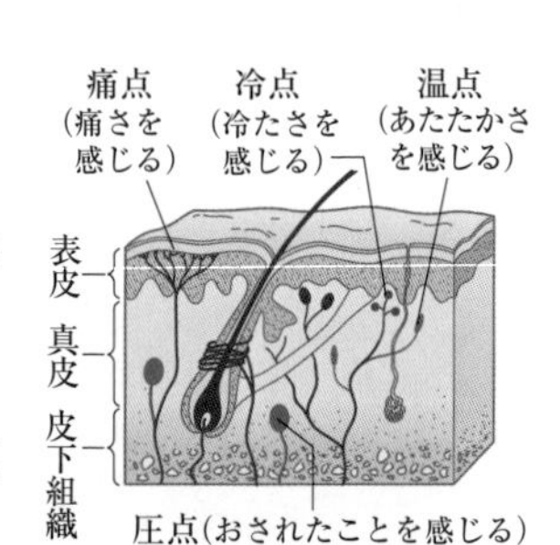

▲ヒトの皮膚の構造

▼ヒトの皮膚の感覚点の分布密度（1 cm²当たり）

部位	痛点	圧点	冷点	温点
ひたい	184	50	5.5～8	0.6
鼻先	50～100	100	8～13	1.0
前腕	200	23～27	6～17	0.3～0.4
手の甲	188	14	7.5	0.5
指の腹	60～95	100	2～4	1.6
大腿	75～190	11～13	4～5	0.4
全身平均	100～200	25	6～23	0～3
全身総数	200万	50万	25万	3万

ヒト以外の動物の感覚器官はどうなっているの？

感覚器官は，食べ物を探したり身を守ったりするうえで，必要不可欠なものです。そのため，動物の生息場所や生態などによってさまざまなものがあります。

●光を感じるもの

ミドリムシの眼点・感光点	オウムガイの目	イカの目	昆虫の単眼・複眼
感光点で光を感じる。眼点は光をさえぎるはたらきをしていて，これによって光の方向を知る。	水晶体はなく，ピンホールカメラと同じしくみで網膜に像をつくる。	水晶体を前後に動かして遠近調節をする。盲斑が存在しない。	昆虫の多くは，3つの単眼と，個眼が多数集まってできた複眼を1対もっている。単眼は光の強さと方向を感じ，複眼はものの形を見ることができる。

●音を感じるもの

コオロギの鼓膜器官	ヤブカのジョンストン器官
コオロギの鼓膜器官は前あしにあり，そこで音を感知する。	ヤブカの触角のつけ根にはジョンストン器官という音や気圧，気流を感じる器官がある。

●においを感じるもの

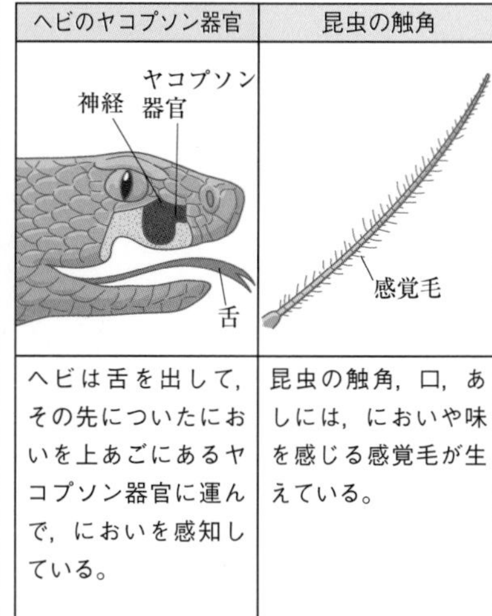

ヘビのヤコブソン器官	昆虫の触角
ヘビは舌を出して，その先についたにおいを上あごにあるヤコブソン器官に運んで，においを感知している。	昆虫の触角，口，あしには，においや味を感じる感覚毛が生えている。

② 刺激の信号を伝えるしくみ

感覚器官からおくられてきた刺激の信号は，神経によって脳やせきずいに伝えられる。脳やせきずいは，神経細胞が多く集まっている場所である。脳やせきずいでは，受けとった信号を知覚し，またそれに対してどのように反応するかなどが決められ，その指令はまた神経を通じて筋肉などに伝えられて**反応**➡①が起こる。

用語

①反応
刺激に対して何らかの行動を起こすこと。

1 ヒトの神経系

脳とせきずいは，刺激に対してどのように反応するかを判断する部分であり，**中枢神経**(ちゅうすうしんけい)とよばれる。

中枢神経と感覚器官や筋肉などをつないでいる神経を**末しょう神経**という。末しょう神経のうち，感覚器官からの信号を脳やせきずいにおくる神経を**感覚神経**，脳やせきずいからの信号を筋肉などにおくる神経を**運動神経**という。

中枢神経・末しょう神経をまとめて**神経系**という。

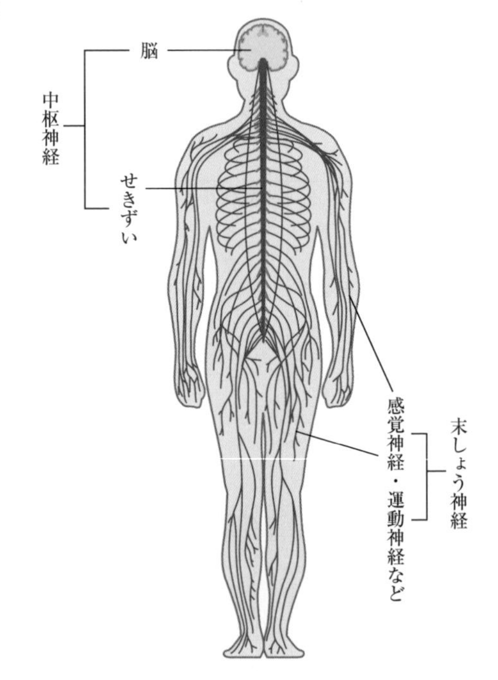

▲ヒトの神経系

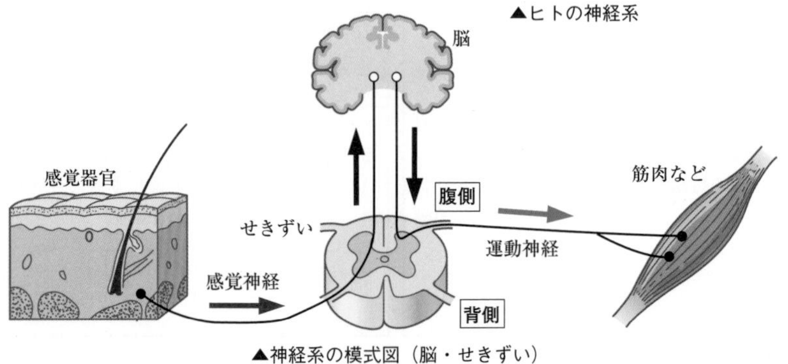

▲神経系の模式図（脳・せきずい）

2 ヒトの中枢神経のつくりとはたらき 発展学習

脳

脳は次の５つの部分からできている。

●**大脳**　感覚の知覚や記憶・理解・感情・思考・判断・意識して行う行動などを支配している。

●**間脳**（かんのう）　体温・水分・血圧などの調節を行っている。

●**中脳**　姿勢の保持・眼球の反射運動などの調節を行っている。

●**小脳**　運動や平衡感覚の調節を行っている。

●**えんずい**　呼吸運動，心臓の拍動，消化器官の運動などの調節を行っている。

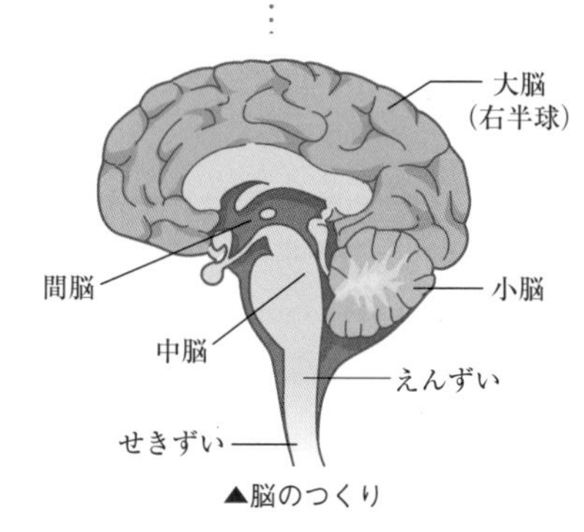

▲脳のつくり

せきずい

せきずいは，背骨のなかを走っている神経細胞の束で，**脳と末しょう神経の連絡経路**になるとともに，一部の**反射の中枢**となっている。

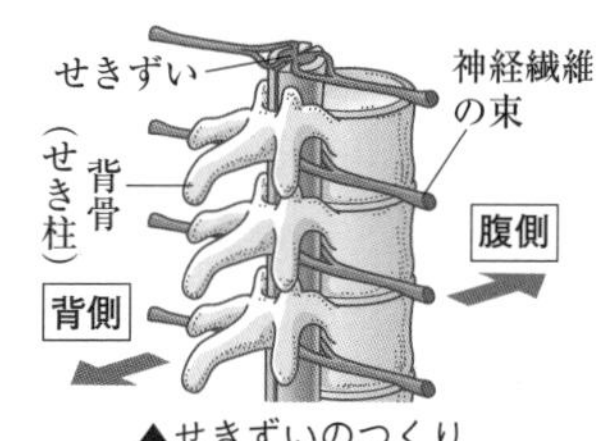

▲せきずいのつくり

神経細胞

神経細胞は，刺激の信号を伝えるために特殊化した細胞で，ニューロンまたは**神経単位**ともよばれる。神経細胞は，**細胞体**と**樹状突起**（じゅじょうとっき），**軸索**（じくさく）からできている。軸索は**神経突起**ともよばれる。

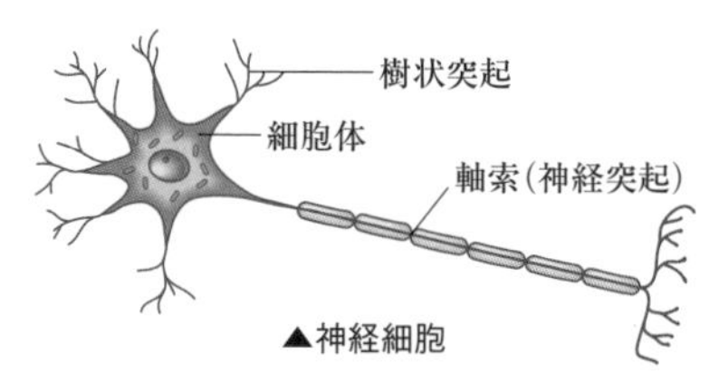

▲神経細胞

神経の信号

神経の信号は**電気的に伝えられる**が，導線を電流が伝わるのとは異なり，＋と－の逆転が伝わっていく。ふつう，神経細胞の内部は－の電気，細胞の外部は＋の電気をもっている。この電気の＋と－が，信号をおくるときだけ逆転し，この逆転がとなりへとなりへと伝わっていき，それによって信号が伝えられる。この信号は両方向に伝わる。

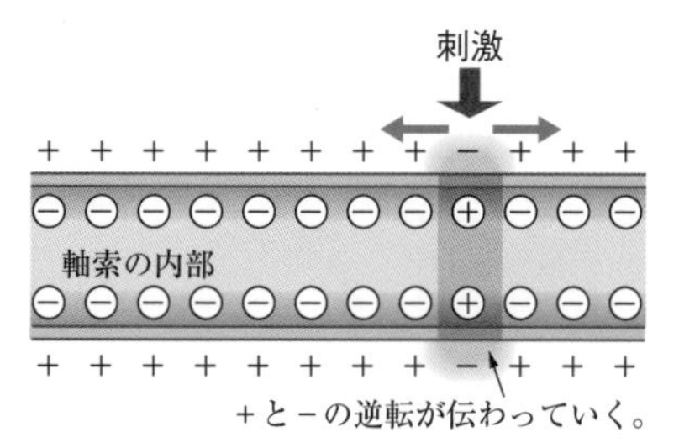

▲神経の信号の伝わり方

神経細胞どうしのつなぎ目

神経細胞どうしのつなぎ目をシナプスという。シナプスでは，電気ではなく化学物質によって信号が伝えられる。化学物質は片方の細胞からしか分泌されないので，信号は一方向にしか伝わらない。

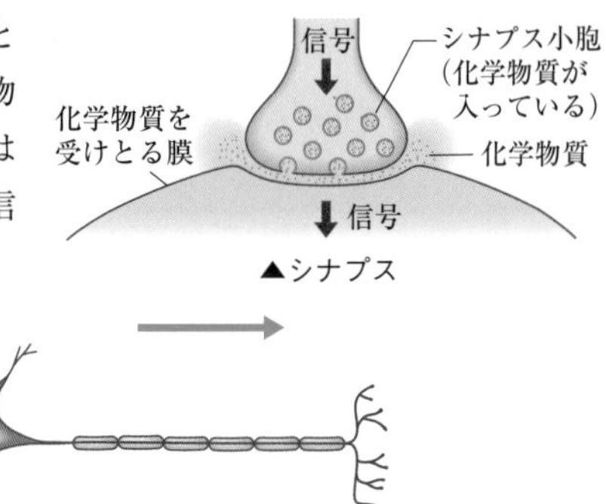

▲シナプス

刺激

ひとつの細胞内では信号は両方向に伝わるが，シナプスでは一方向にしか伝わらない。

▲神経の信号の伝わる方向

反射

ふつうの反応では，信号がせきずいから脳へおくられ，脳からの指令がせきずいから筋肉などに伝えられる。しかし，熱いものに手がふれたときのような緊急を要する場合などは，刺激の信号がせきずいなどから大脳へおくられると同時に，指令の信号がせきずいなどから運動神経へ直接おくられる。この反応を**反射**という。ひざがしらの下の部分をたたくと意志とは関係なくひざが瞬間的にのびようとして足がはね上がるのも反射で，**膝(しつ)がい腱(けん)反射**とよばれる。

もっとくわしく

条件反射
すっぱいものを見るとだ液が出るなど，過去の経験がもとになって，ある条件と反射が結びついたものを条件反射という。スポーツなどで練習によって上達するのは，条件反射が形成されるからである。条件反射には，大脳のはたらきが必要であり，生まれつきそなわっている反射とは区別する。

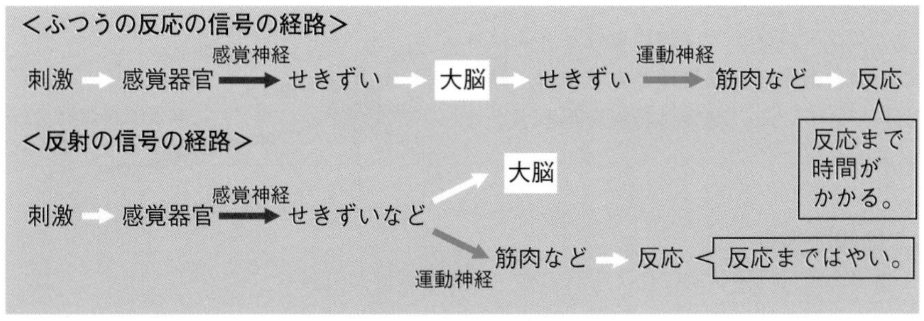

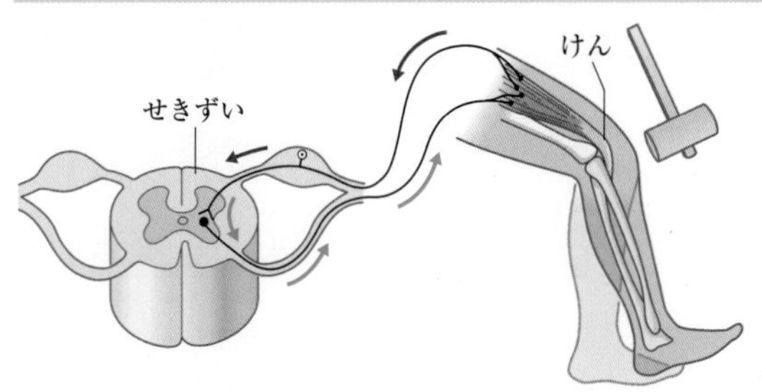

◀膝がい腱反射

動物やヒトの反応を調べる実験

実験・観察　メダカの反応を調べる実験

1 ヒメダカを丸い水槽に入れ，落ち着かせてから上に手をかざすと，手のかげに反応してにげる。これは，視覚刺激による反応である。

2 棒などで水を一方向にかき回すと，ヒメダカは水流とは反対の方向に向かって泳ぎ出す。これは，側線などで水流を感じているためである。

3 たてじま模様の紙を水槽のまわりで回すと，ヒメダカは紙の動く方向と同じ方向に向かって泳ぎ出す。これは視覚刺激による反応である。

実験・観察　ヒトの反応の速さを調べる実験

【方法】

1 Aさんが突然ものさしをはなし，ものさしが落ちるのを見たBさんは，なるべくはやくものさしをつかむ。

2 Bさんがつかむまでにものさしが落ちた距離をはかる。

➡目で刺激を受けとってから手の反応が起こるまでの時間がわかる。(反応の速さは，通常0.1～0.2秒)

【結果】

ものさしが落ちた距離〔cm〕	5	11	20	30
ものさしが落ちるのにかかった時間〔秒〕	0.1	0.15	0.2	0.25

【追加実験】 Aさんはものさしをはなすと同時に声を出し，Bさんは目をつぶって声を聞いてから，なるべくはやくものさしをつかむ。この実験で耳からの刺激の反応の速さを測定できる。

Q&A　ヒト以外の動物の神経系はどうなっているの？

せきつい動物では，太い神経の束は背側を通っていますが，昆虫などの多くの無せきつい動物では，太い神経の束は腹側を通っています。また，進化がすすみ複雑な行動をする動物では，頭部に多くの神経細胞が集まっているのに対し，ヒドラのように進化があまりすすんでいない，単純な行動しかしない動物では，神経細胞はからだ中に分散しています。

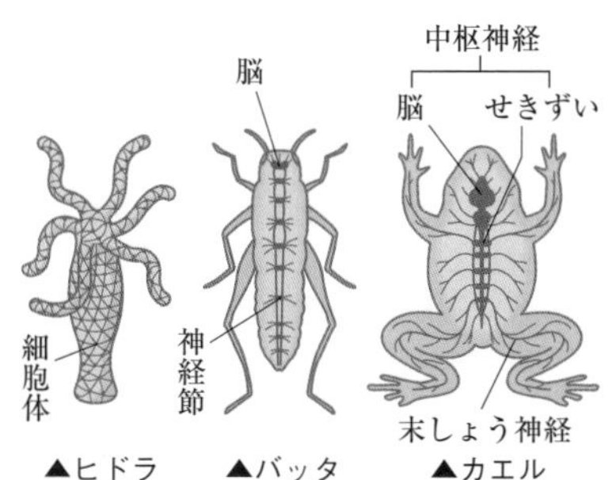

▲ヒドラ　▲バッタ　▲カエル

③からだを動かすしくみ

1 骨格と筋肉

骨格

骨格は，からだを支え，保護する役割をもつ。また，骨でからだをしっかり支えながら筋肉を動かすことによって，力強くすばやい動きができる。せきつい動物のように内部でからだを支える**内骨格**と，昆虫のように外部からからだを支える**外骨格**とがある。骨格のところどころには**関節**があり，ここでからだを動かすことができる。ヒトの関節は軟骨におおわれ，衝撃を吸収できるようになっている。

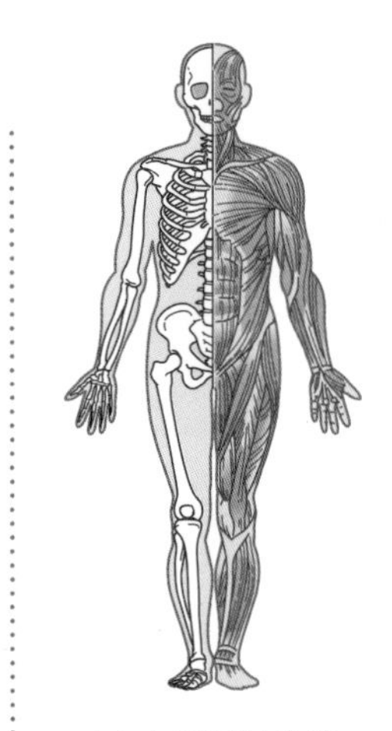
▲ヒトの骨格と筋肉

筋肉

けんで骨につながっている。筋肉は自分の力で収縮することができるが，みずからゆるむことはできない。

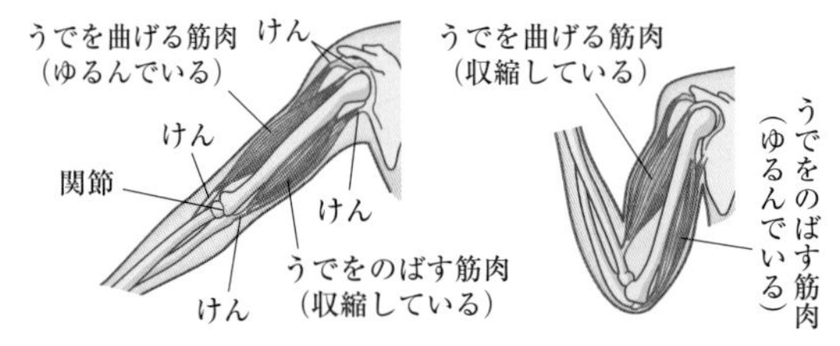

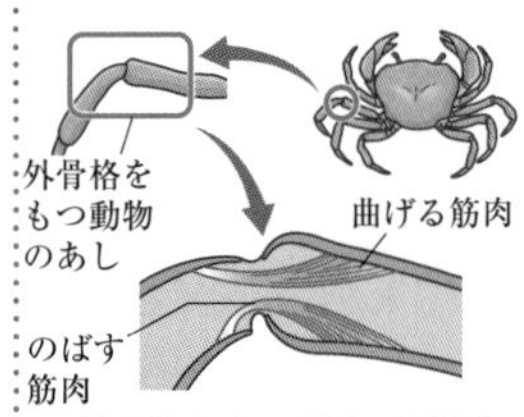

▲外骨格をもつ動物の関節を動かすしくみ

筋肉の種類

● **骨格筋**（こっかくきん）　骨についている筋肉で，強い力を出せる。意識して動かすことができる。顕微鏡で見ると横じまが見えるので，**横紋筋**（おうもんきん）ともいう。

● **心筋**（しんきん）　心臓をつくっている筋肉。意識して動かすことはできないが，強い力が出る。心筋も横紋筋である。

● **内臓筋**（ないぞうきん）　内臓や血管をつくっている筋肉で，顕微鏡で見ると横じまがなく，なめらかに見える**平滑筋**（へいかつきん）でできている。意識して動かすことはできず，力は弱いが疲労しにくい。

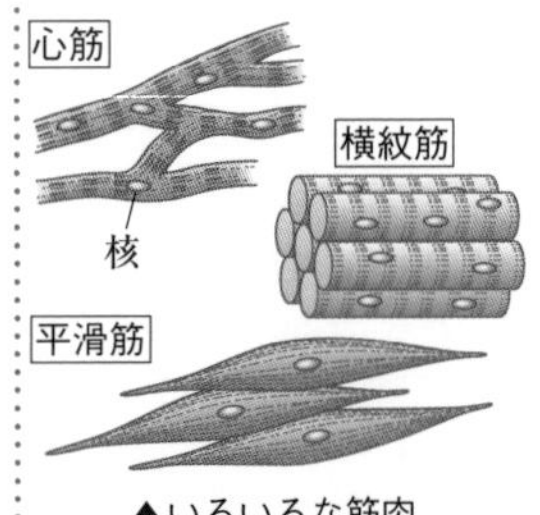

▲いろいろな筋肉

研究　速筋（そっきん）と遅筋（ちきん）

骨格筋は，すばやい動きができるが疲れやすい速筋と，すばやい動きはできないが疲れにくい遅筋の2種類に分けられます。速筋の多い人は短距離走などの瞬発力を必要とする競技に向いています。逆に遅筋の多い人は持久走などに向いています。

速筋は白っぽい色，遅筋は赤い色をしています。カレイなどの白身の魚には海底にひそんで生活しているものが多いのですが，これは速筋が多いためだと考えられます。マグロなどの回遊魚には赤身の魚が多く，これは遅筋が多いからだと考えられます。

④ 食物の消化と吸収

動物は，外界から食物や水，酸素をとり入れてからだをつくり成長させたり，活動のために必要なエネルギーをとり出したりしている。

▶消化と吸収

とり入れられた食物は，からだのなかで細かく分解されて小腸の壁などからとり入れられる。食物を細かく分解することを**消化**，体内にとり入れることを**吸収**という。食物にはいろいろな栄養素➡①がふくまれている。

▶三大栄養素

●**タンパク質**　肉や卵に多くふくまれていて，おもに筋肉などのからだの構造や酵素➡②をつくるもとになる。

タンパク質は，**アミノ酸**が多数集まってできている。アミノ酸は20種類ある。タンパク質を構成するおもな元素は，炭素(C)，水素(H)，酸素(O)，窒素(N)，硫黄(S)，リン(P)である。

●**炭水化物**　デンプンなどの糖のことで，おもなはたらきは，体内で酸素と結びつくことによって分解されて，活動のためのエネルギーをうみ出すことである。デンプンはブドウ糖が多数（1000～数万個）集まってできている。麦芽糖は，ブドウ糖が2つ結合してできている。

●**脂肪**　おもに貯蔵物質として使われるが，エネルギー源としても使われる。余分にとり入れられた炭水化物などは，脂肪に変えられて，皮下などにたくわえられる。脂肪は脂肪酸3個とグリセリン1個が結合してできている。

用語

①栄養素
からだの活動や成長のために体外からとり入れられる物質。

用語

②酵素
からだのなかで必要な化学変化を引き起こす手助けをしているタンパク質。

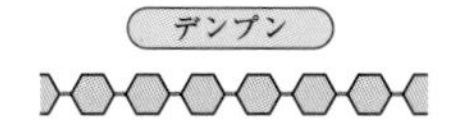

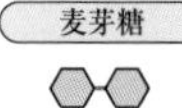

ブドウ糖

▲いろいろな炭水化物

もっとくわしく

炭水化物と脂肪をつくっている元素は炭素(C)，水素(H)，酸素(O)であるが，タンパク質は炭素，水素，酸素のほかに窒素(N)，硫黄(S)，リン(P)などがふくまれる。

Q&A　ヒトのからだは何でできているの？

ヒトのからだがおもにどんな成分からできているかを見てみると，右の表のようにまとめられます。

このことから，わたしたちのからだの大部分は水でできていることがわかります。そのため，汗をかきやすい暑い夏には，水分の補給が大切になってくるのです。

▼ヒトのからだの構成成分

成分	割合
水	60～70（%）
タンパク質	15～20（%）
脂肪	13～20（%）
炭水化物	1（%）
無機物	5～6（%）

副栄養素

●**ビタミン** 健康を維持するためにとり入れる必要のある有機物。ビタミンA，ビタミンB_1，ビタミンCなどがある。

●**無機物** ミネラルともいう。食塩(NaCl)やカルシウム，鉄などの無機物も健康を維持するためにとり入れる必要がある。

もっとくわしく
三大栄養素と副栄養素をまとめて五大栄養素という。

消化の種類

●**物理的(機械的)消化** 歯で嚙(か)みくだいたり，すりつぶすなど，物理的に力を加えて食物を細かくするはたらき。胃や腸のぜん動運動→①などもこれにふくまれる。

●**化学的消化** **消化酵素**（消化を手助けする酵素）によって，食物を化学変化により分解するはたらき。デンプンをブドウ糖にしたり，タンパク質をアミノ酸にしたりするはたらきはこれにふくまれる。

用語
①ぜん動運動
胃や腸をつくる筋肉が収縮してくびれができ，それがしだいに伝わっていく。

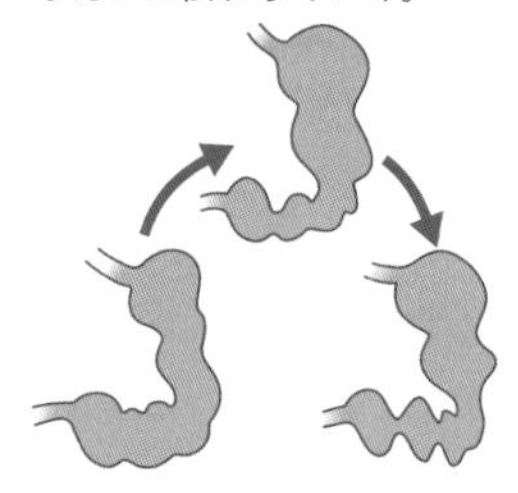

ヒトの消化系→②

●**だ液せん** デンプンを麦芽糖に分解するだ液を分泌する。

●**食道** 食物をぜん動運動によって胃におくる。

●**胃** 胃液を分泌し，タンパク質を分解する。水分やアルコールを吸収する。

●**肝臓**(かんぞう) **胆汁**(たんじゅう)→③を分泌し，脂肪の消化を助ける。からだに必要な物質を合成したり，有害なもの（アンモニアなど）を無害な物質に変えたりしている。また，グリコーゲンや脂肪などの栄養分をたくわえ，必要なときに血液中に放出している。ヒトの肝臓は成人で約1kgあり，そのはたらきは500種類をこえる。

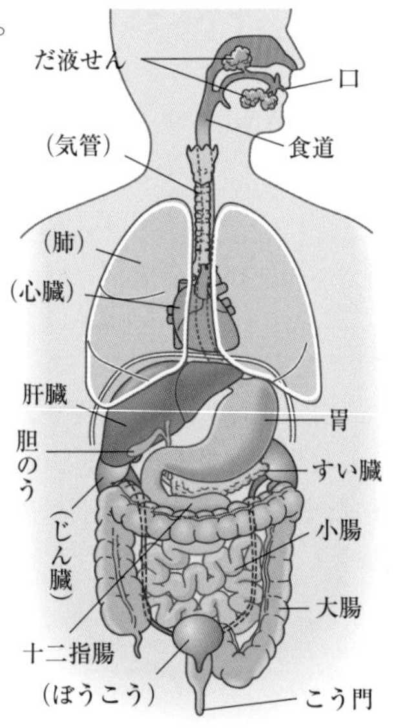

▲ヒトの消化系

●**胆**(たん)**のう** 胆汁を一時的にためる。

●**すい臓** 多くの消化酵素をふくむすい液を分泌したり，血糖量（血液中のブドウ糖の濃度）を調節するホルモン（インスリンとグルカゴン）を分泌したりしている。

用語
②消化系
消化に関係している器官をまとめて消化系という。

もっとくわしく
③胆汁には消化酵素はふくまれていないが，脂肪と水を混ざりやすくするはたらき（乳化(にゅうか)という）や胃からおくられてくる強い酸性の液を中和するはたらきがある。

●**十二指腸**（じゅうにしちょう）　胆汁やすい液の出口があり，ここでそれらの液と胃からの食物が混ざる。

●**小腸**　小腸の壁に消化酵素をもち，消化の最後の仕上げをするとともにほとんどの栄養素を吸収する。小腸の壁には多数のひだがあり，ひだには**柔毛**（じゅうもう）とよばれる突起が無数にあり，表面積を大きくすることで吸収の効率をよくしている。ヒトの小腸の長さは約 8 m あり，内側の表面積は約 200m² で，テニスコート 1 面分にもなる。

●**大腸**　水分や無機塩類（むきえんるい）の一部を吸収し，吸収されなかったものを便としてこう門から排出する。ヒトの大腸の長さは 1.7m 前後である。

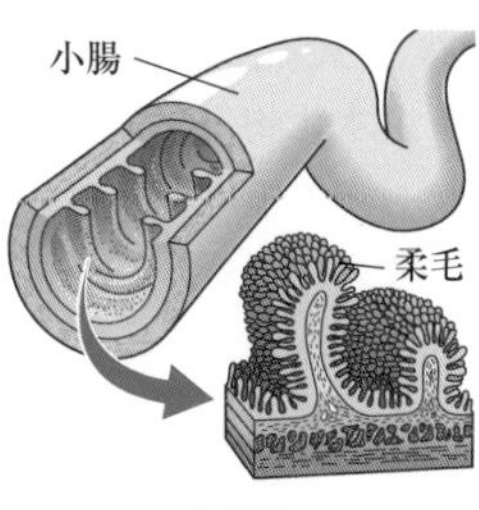

▲柔毛

用語

④消化液
消化器官から分泌される液体。だ液，胃液，すい液は消化酵素をふくむが，胆汁は消化酵素をふくまない。

消化酵素の種類とはたらき

消化酵素	はたらき	消化液→④など
アミラーゼ	デンプン→麦芽糖	だ液，すい液
ペプシン	タンパク質→ペプトン	胃液
トリプシン	ペプトン→ポリペプチド	すい液
リパーゼ	脂肪→脂肪酸とモノグリセリド→⑤	すい液
マルターゼ	麦芽糖→ブドウ糖	小腸の壁の消化酵素
ペプチダーゼ	ポリペプチド→アミノ酸	小腸の壁の消化酵素

もっとくわしく

⑤モノグリセリドは脂肪酸 1 個とグリセリン 1 個が結合したもの。

酵素の性質

〈基質特異性〉
「アミラーゼは，デンプンにしかはたらかない」というように，酵素にははたらく物質がそれぞれ決まっていて，それ以外のものにははたらきません。このような性質を基質特異性といいます。

〈最適温度〉
酵素は，ふつう 40℃付近の温度でもっともよくはたらき，これを最適温度といいます。それ以上低くても高くても酵素のはたらきは悪くなります。特に 60℃以上の温度にさらすと，はたらきはなくなってしまい，温度を下げてももとにもどらなくなってしまいます。これは，酵素がタンパク質でできていて，熱によって性質が変わってしまうからです。

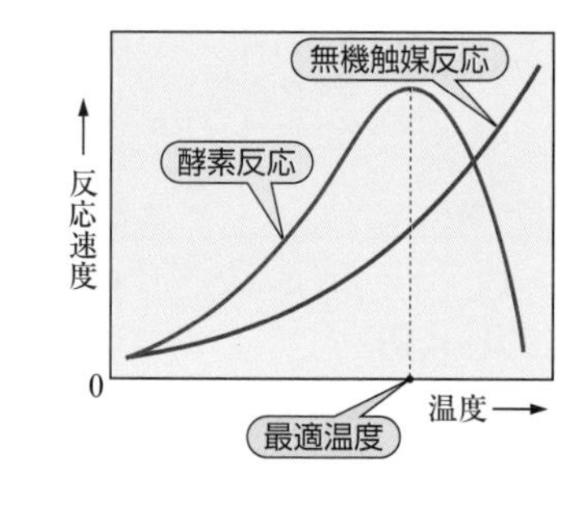

〈最適 pH〉
酸性，アルカリ性など，酵素がはたらく場の性質も酵素のはたらきに影響をあたえます。酵素によってもっともよくはたらく pH（最適 pH）が決まっています。

三大栄養素の消化

●**炭水化物（デンプン）** 炭水化物の代表的なものにデンプンがある。デンプンはブドウ糖が1000～数万個結合してできている。デンプンは，まず口のなかでだ液と混ぜられ，だ液のなかのアミラーゼによってブドウ糖が2個結合した麦芽糖に分解される。アミラーゼはすい臓からも分泌される。麦芽糖は小腸の壁の柔毛に付着しているマルターゼによって，**ブドウ糖に分解されて吸収される**。

●**タンパク質** タンパク質はアミノ酸が多数結合してできている。タンパク質は，まず胃のなかで胃液のペプシンと塩酸（強い酸性を示す）によって大きく切られ，アミノ酸が数十個くらい結合したペプトンに分解される。ペプトンは，さらにすい液中のトリプシンによって，アミノ酸が10個くらい結合したポリペプチドとなる。ポリペプチドは，小腸の壁のペプチダーゼによって**アミノ酸に分解され，吸収される**。

●**脂肪** 脂肪は，十二指腸で胆汁のはたらきによって水と混ざりやすくなる。さらに，すい液のリパーゼによって**脂肪酸とモノグリセリドに分解され，小腸の壁から吸収される**。

もっとくわしく

タンパク質はアミノ酸が多くつながったもので，立体的な構造をもっている。タンパク質を加熱すると，この立体構造が壊れてしまう。卵を加熱するとゆで卵になるのは，この性質によるものである。

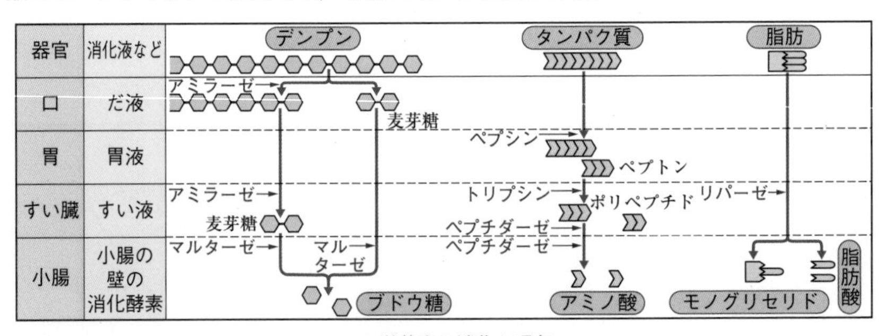

▲栄養素の消化と吸収

吸収のしくみ

ほとんどの**栄養分は小腸の壁から吸収**される。胃では少量の水とアルコールが吸収され，**大腸では水分と一部の無機物が吸収**される。

小腸での吸収のしくみ

小腸の壁には，非常に多くのひだがあり，ひだには多数の**柔毛** [➡P.389] がある。柔毛の壁には小さなあなが多数ある。このあなはブドウ糖，アミノ酸，脂肪酸，モノグリセリドがやっと通れるくらいの大きさで，これ以上大きなものは通さない。また，小腸の壁には必要なものだけをとり入れ，いらないものはとり入れないというしくみもそなわっている。

柔毛のなかには，**毛細血管**（細い血管）と**リンパ管**➡①が通っていて，**ブドウ糖とアミノ酸は柔毛の壁を通って毛細血管へおくられる。脂肪酸とモノグリセリドは柔毛の壁から吸収されたあと，ふたたび脂肪になり，リンパ管におくられる。**ビタミン類も小腸の壁から吸収される。種類によっては毛細血管に直接おくられるものもあるが，はじめにリンパ管におくられるものもある。また，無機物も小腸の壁から吸収される。

用語

①リンパ管
血管とともにからだ中を走っている管で，脂肪などの通り道になっている。

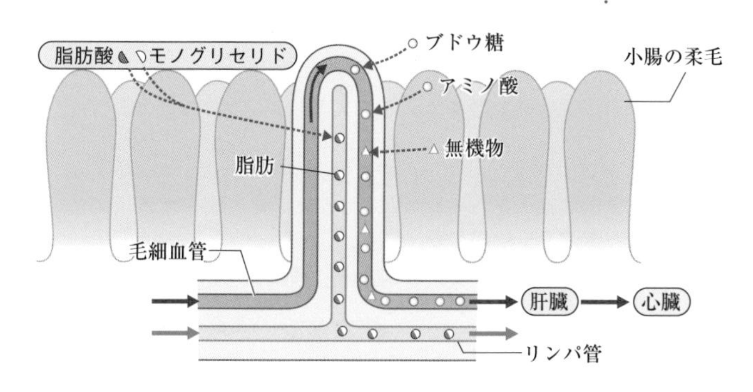

▲柔毛の断面図

Q&A 栄養分が吸収直前まで完全に消化されないのはなぜ？

わたしたちの腸のなかには，細菌などの微生物がたくさん存在しています。その微生物たちも食物の栄養分をねらっています。

しかし，微生物たちも栄養分がブドウ糖やアミノ酸の大きさにまで分解されていないと吸収できません。そこでヒトの小腸では，なるべく栄養分を微生物にとられないようにぎりぎりまで消化を完了しないで，完了したらすぐに吸収するようなしくみをもっています。

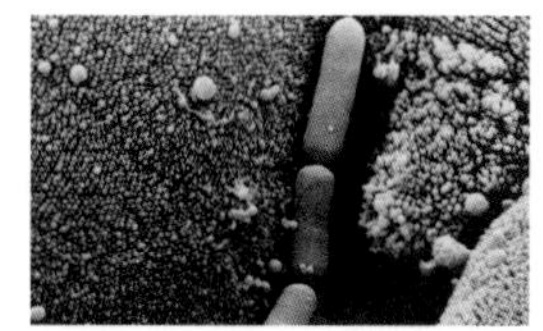

▲モルモット腸内細菌

吸収された栄養分のゆくえ

●**ブドウ糖とアミノ酸** 毛細血管におくられたあと，肝門脈（かんもんみゃく）（ヒトでは，単に門脈ともいう）という血管を通って**肝臓におくられる**。そのまま通過するものもあれば，肝臓にたくわえられたり，別の物質につくり変えられたり，肝臓で使われたりするものもある。

●**脂肪酸・モノグリセリド** 再び**脂肪**になって**リンパ管**に**入り**，リンパ管を通って首のつけ根付近の太い血管（静脈）に入る。

ブドウ糖はグリコーゲンという物質につくり変えられて，肝臓にたくわえられる。グリコーゲンはデンプンに構造が似ていて，動物のデンプンともいわれる。

参考

①青色の試薬で，ブドウ糖やブドウ糖がいくつか結びついたものをふくむ溶液に数滴加えて80℃以上に加熱すると，赤褐色の沈殿ができる。

消化と吸収にかかわる実験

実験・観察 だ液を使ってデンプンを糖に分解する実験

【方法】

1 うすいデンプン溶液を２本の試験管A，Bに入れ，Aにはうすめただ液を，Bには少量の水を加える。
2 試験管A，Bを約40℃の湯につけて10分ぐらいおいておく。
3 A，Bの液を別々の試験管にそれぞれ半分ずつ入れ，A′，B′とする。
4 試験管A，Bにヨウ素液を少量加える。
5 試験管A′，B′にベネジクト液→①を少量加えて，沸騰石を入れて，ガスバーナーで加熱する。

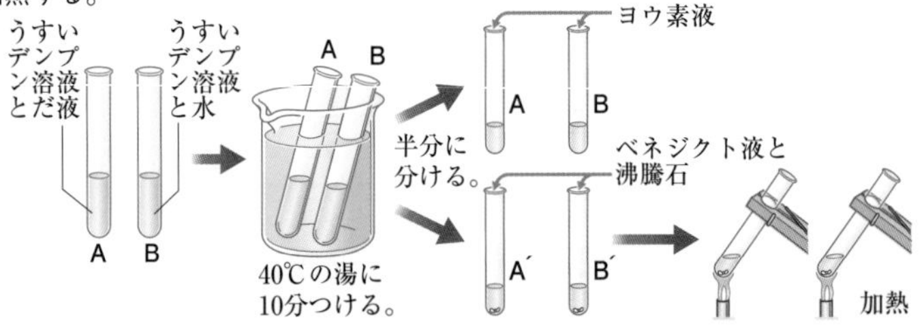

【結果】

	ヨウ素液との反応
試験管A	変化なし
試験管B	青紫色になった

うすめただ液を入れた試験管Aではデンプンがなくなった。

	ベネジクト液との反応
試験管A′	赤褐色の沈殿ができた
試験管B′	変化なし

うすめただ液を入れた試験管A′ではブドウ糖がいくつか結びついたものができた。

【結論】

結果より，だ液のはたらきによってデンプンが分解されて別の物質ができたことがわかる。

【解説】

●試験管Bの実験を行ったのは，デンプンの変化が本当にだ液によるものかを確かめるため（対照実験）。
●この反応でできたおもな物質は麦芽糖である。
●試験管A，Bを，40℃の湯のかわりに熱湯につけたり氷水につけたりすると，だ液のはたらきがなくなるか，または弱くなる。

セロハン膜でデンプンとブドウ糖の分子の大きさを比べる実験

【方法】

1　右下の図のように，ペトリ皿に半分くらい水を入れ，その上にセロハン膜をかぶせる。

2　セロハン膜の上にデンプンとブドウ糖の水溶液を入れて，そのまま10分ぐらいおき，セロハン膜の上の液，下の液をそれぞれ２本の試験管にとって，ヨウ素液とベネジクト液の反応を調べる。

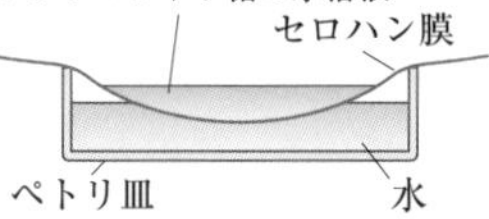

このまま10分おいたあと，セロハン膜の上の液，下の液，それぞれについて，ヨウ素液，ベネジクト液で反応を調べる。

【結果】

上の液　➡　デンプンとブドウ糖の両方が検出される。

下の液　➡　ブドウ糖のみ検出され，デンプンは検出されない。

【結論】

ブドウ糖はセロハン膜を通りぬけたが，デンプンは通りぬけられなかったことから，デンプンよりもブドウ糖のほうが，分子の大きさが小さいことがわかる。

【解説】

セロハン膜には目に見えない小さなあながたくさんあいている。このあなはブドウ糖の分子よりも大きいが，デンプンの分子よりも小さい。

★ポイント★
セロハン膜を小腸の壁のモデルと考えると，消化と吸収の関係がわかりやすい。

動物の消化管はどうなっているの？

食道から大腸までは，１本のつながった管になっているので，これを消化管といいます。消化管のつくりや長さは，動物の種類によってちがいます。肉食のライオンでは，消化管の長さは体長の４倍程度ですが，草食のヒツジでは，なんと体長の27倍にもなるのです。これは，肉に比べて草のほうがずっと消化しにくいので，それを消化・吸収するためには長い腸が必要だからです。また，ヒツジなどの草食動物は，植物の細胞のいちばん外側の部分（細胞壁）を分解する消化酵素を自分ではもっていません。それをもっているのは，腸内細菌です。ヒツジは腸内細菌が分解してくれた植物体の栄養素を吸収しているのです。

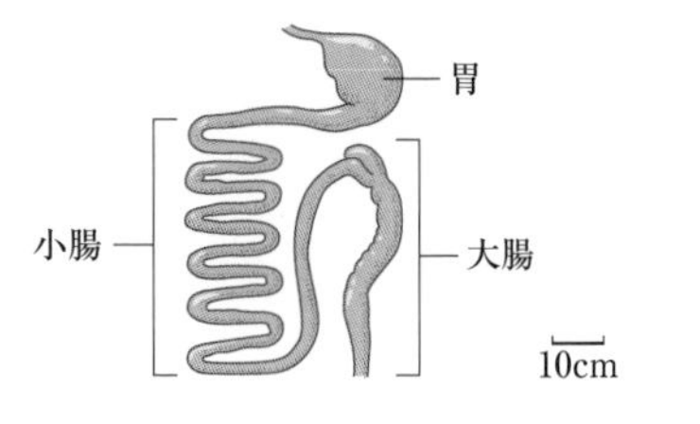

▲ライオンの消化管

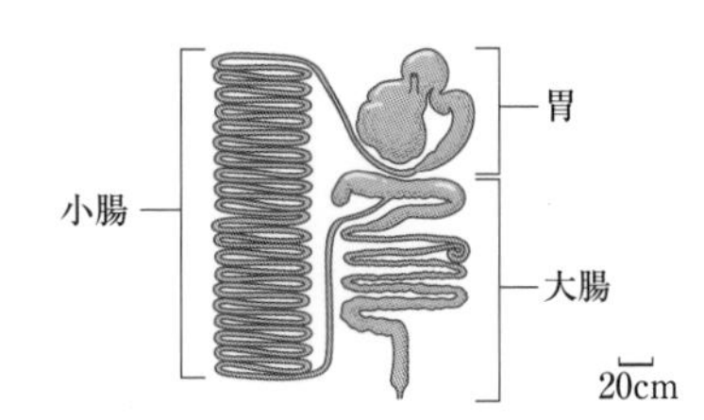

▲ヒツジの消化管

⑤ 呼吸

1 呼吸の意味

動物はすべて，酸素を吸って二酸化炭素を出す**呼吸**を行っている。呼吸器官から体内にとり入れられた酸素は，血液によって栄養分とともにからだ中の細胞に運ばれる。細胞では，その酸素を使って栄養分から活動のためのエネルギーをとり出している。このように，**からだ中の細胞が活動のエネルギーを得ること**が，呼吸の目的である。細胞内で酸素を使ってエネルギーをとり出すことを**細胞の呼吸**（**細胞呼吸**または**内呼吸**），外界とガス交換➡①を行うことを**外呼吸**ということもある。

> **用語**
> ①ガス交換
> ガスは気体のこと。ここでは酸素をとり入れ，二酸化炭素を出すことをいう。

2 細胞の呼吸 ～栄養分からエネルギーをとり出すしくみ～

▶食物のなかのエネルギー

わたしたちの食物は，食塩などをのぞくとすべて有機物➡②でできている。米や砂糖を燃やしてみると激しく燃え，多量の光と熱が出る（燃焼）。**この光と熱は，食物のなかにたくわえられていたエネルギーが放出されたものである。**燃えたあとには黒い炭（炭素）が残る。

> **用語**
> ②有機物
> おもに生物体でつくられる物質で，炭素をふくみ，燃やすとエネルギーと二酸化炭素と水ができる。

▶細胞でエネルギーをとり出すしくみ

細胞内で栄養分からエネルギーをとり出すしくみは，基本的には食物を燃やすのと同じで，**酸素を使ってエネルギーをとり出し，二酸化炭素と水ができる**。異なるのは，ゆっくりと進行する点である。ゆっくり進行することにより，エネルギーを効率よく使うことができる。細胞のなかで実際に呼吸を行っているのは，ミトコンドリア[➡P.359]という構造である。

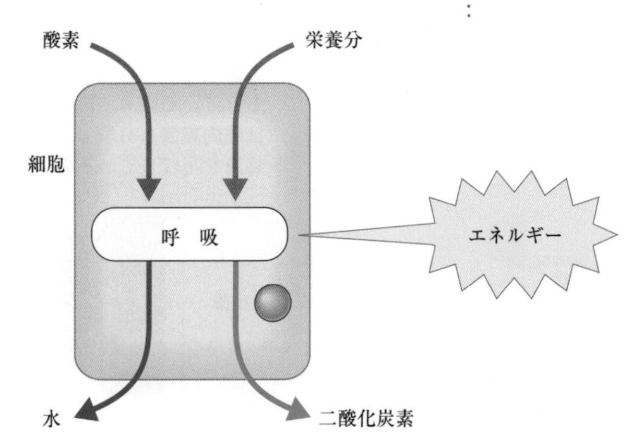

▲細胞の呼吸

呼吸の反応式

呼吸の過程は，下のような反応式で表すことができる。呼吸にもっとも多く使われる栄養素はブドウ糖（$C_6H_{12}O_6$）で，**ブドウ糖が呼吸によって二酸化炭素と水に分解される**過程は，下のようになる。

<呼吸の反応式>

$C_6H_{12}O_6 + 6H_2O + 6O_2 \longrightarrow 6CO_2 + 12H_2O +$ エネルギー

ブドウ糖　水　酸素　二酸化炭素　水

もっとくわしく

・呼吸の過程のはじめにも，じつは水が必要である。
・脂肪やアミノ酸も呼吸に使われることがある。

3　外呼吸　～外部とのガス交換～

ヒトの呼吸器官

●**気管**　口から肺へ空気をおくりこむ管。多数の輪状の軟骨でおおわれていて，これによって気管がつぶれて空気が通らなくなるのを防いでいる。

●**気管支**　気管の奥のほうは枝分かれして気管支となる。気管支の先のほうは肺胞→③につながっている。

●**肺胞**　気管支の先のほうは，肺胞という小さなふくろになっている。肺胞には毛細血管が張りめぐらされていて，ここでガス交換を行っている。この肺胞により，**肺全体の表面積が大きくなり，効率よくガス交換ができるようになっている。**

●**肺**　気管支と肺胞などが膜に包まれたものが肺である。肺は胸膜におおわれている。

もっとくわしく

③ヒトの肺胞の数は，左右で約3～6億個にもなり，表面積を全部合わせると50～100m²にもなる。

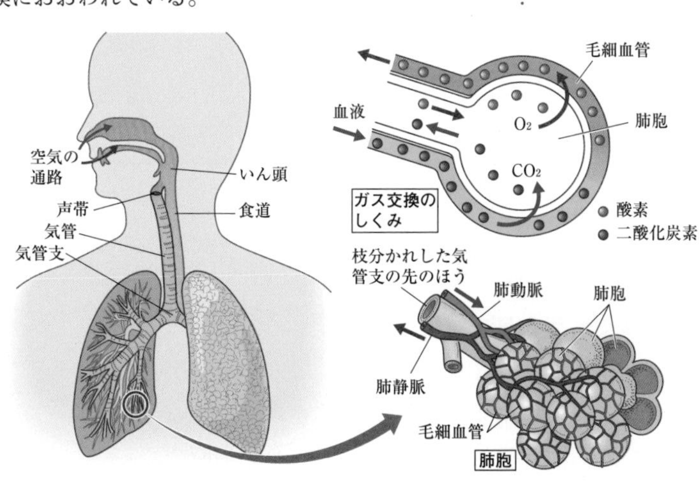

▲ヒトの呼吸器官とガス交換のしくみ

ヒトの呼吸運動

肺には筋肉がないので，みずから運動することはできない。呼吸運動は，横隔膜(おうかくまく)という筋肉の膜とろっ骨のまわりの筋肉で行われる。成人の安静時の呼吸回数は，1分間に10〜20回である。

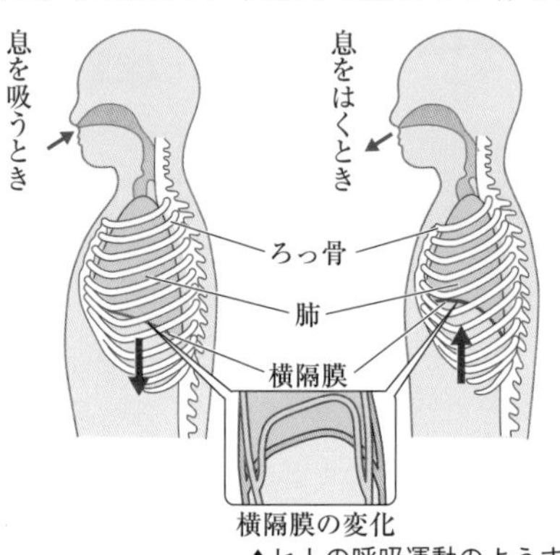

▲ヒトの呼吸運動のようす

ヒトの呼気の成分

大気中の酸素は約21%，二酸化炭素は約0.04%，水蒸気は1〜2.8%だが，ヒトが呼吸ではき出す息(呼気)中では酸素は約15%，二酸化炭素は約4%，水蒸気は約6%となる。

研究 いろいろな動物の呼吸器官

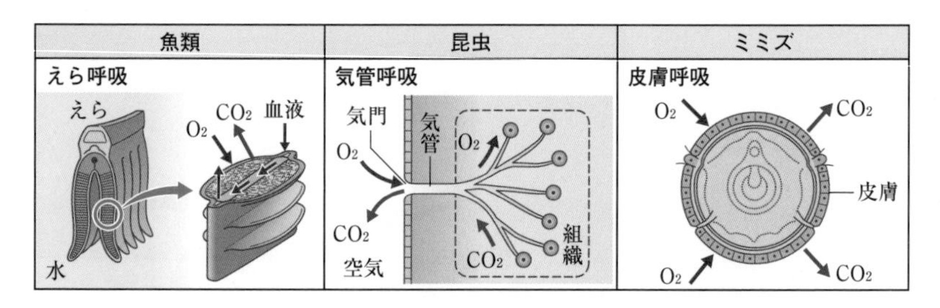

⑥ 血液とその循環

1 血液のはたらきと成分

血液のはたらき

血液はからだ中を循環し，肺からとり入れた酸素，おもに小腸から吸収した栄養分，細胞からの不要物である二酸化炭素や尿素などを運んでいる。

ヒトの血液の成分

●**血しょう**→① 血液の液体成分で，血液全体の重量の約55%を占める。血しょうの成分の約90%は水である。ブドウ糖などの栄養分，二酸化炭素，尿素などの不要物，ホルモン→②などは血しょうにとけて運ばれる。

●**血球** 血液中の有形成分を血球という。血液全体の重量の約45%を占める。

①**赤血球** 真んなかがへこんだ円盤形の赤い細胞。酸素を運搬するはたらきをしている。細胞には核がなく，赤い**ヘモグロビン**が多量にふくまれている。血液の赤い色は赤血球の色である。

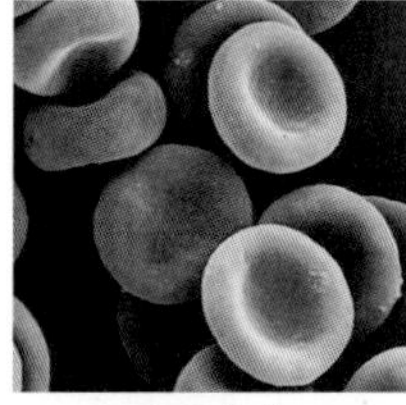
▲赤血球

・**ヘモグロビンの性質** ヘモグロビンは**鉄をふくんだタンパク質**で，酸素が多く二酸化炭素の少ない場所では酸素とよく結びつき，酸素が少なく二酸化炭素の多い場所では酸素をはなす性質をもつ。

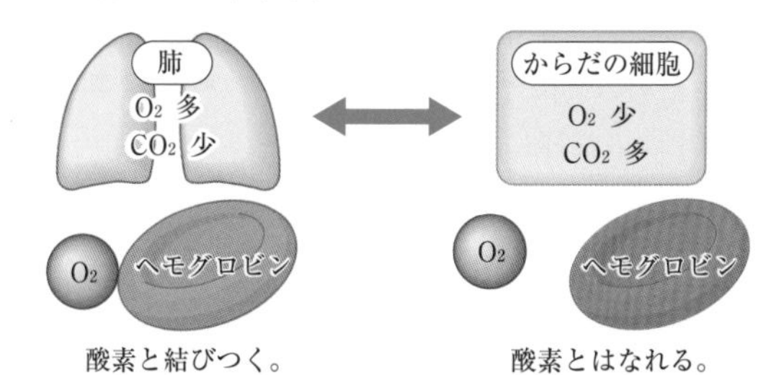

▲ヘモグロビンの性質

②**白血球** 血液中の赤血球以外の細胞を白血球という。白血球には，マクロファージ，リンパ球などの種類があり，入ってきた細菌などの外敵からからだを守るはたらきをしている。このような作用を**免疫**(めんえき)という。

・**マクロファージ** 細菌などを食べること（**食作用**）によって，とり除くはたらきをする。アメーバのように運動して，血管の壁も通りぬける。

・**リンパ球** **抗体**(こうたい)→③をつくることによって，細菌などをとり除くはたらきをする。抗体とは，細菌などの異物（外から入ってきたもの）と結合するタンパク質のことで，1種類の異物に対して1種類ずつつくられ，結合する相手が決まっている。

もっとくわしく

①血しょうの成分

水	約90%
タンパク質	約8%
ブドウ糖	約0.1%

(注) 残りは無機物・脂肪など

もっとくわしく

②からだの機能を調節するための信号として使われる物質。
ある器官から分泌されて，血液中を運ばれ，目的の器官まで届いて作用する。
すい臓から分泌されるグルカゴン，インスリンなどがある。

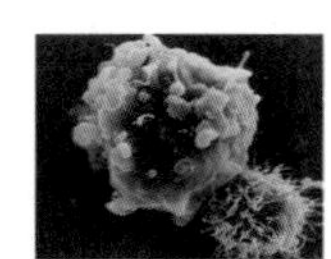
▲マクロファージ

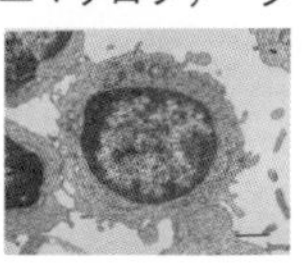
©東海大学医学部 玉置憲一教授
▲リンパ球

もっとくわしく

③ここでの異物を抗原とよび，抗体がはたらく反応を抗原抗体反応という。

③**血小板** 不定形で，出血時に血しょう中のカルシウムや数種類のタンパク質と作用して血液を固めるはたらきをする。

▼ヒトの血液の成分とはたらき

		大きさ（μm）	数（1 mm³中）	はたらき
液体成分	**血しょう**			有形成分や二酸化炭素，不要物の運搬など
有形成分	**赤血球**	6.5～8	男子500万 女子450万	酸素の運搬
	白血球	6～20	4000～9000	細菌などの異物をとり除く（免疫）
	血小板	2～3	20万～30万	出血時に血液を固める

血清（けっせい）と血餅（けっぺい）

血液を体外に出し，試験管などに入れてしばらく静かにおいておくと，有形成分が固まって下にしずみ，上のほうは透明の液体となる。下にしずんだ有形成分を**血餅**，上の液体を**血清**という。血清は，血しょうから血液凝固に関係する物質を除いた液体である。

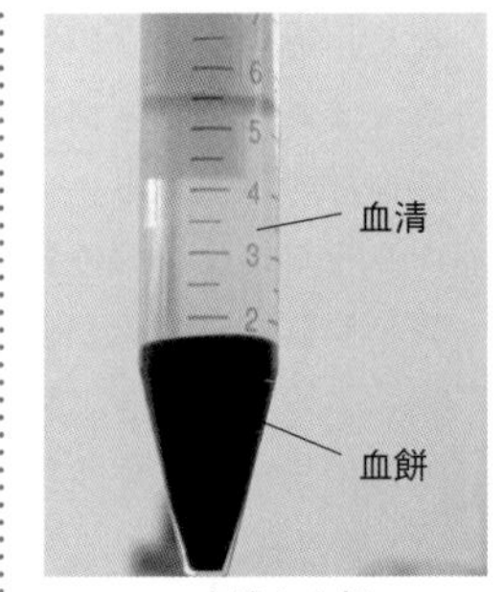

▲血清と血餅

2 ヒトの心臓のつくりとはたらき

心臓は，血液を全身に循環させるための筋肉でできたポンプである。ヒトの心臓の内部は4つの部屋に分かれている。

4つの部屋の間や血管との間には，逆流を防ぐための弁がついている。

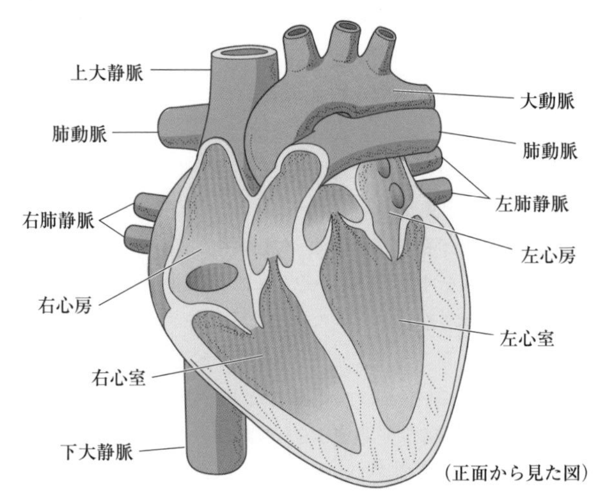

▲ヒトの心臓のつくり

●**心房**　心臓の外部からの血液を受け入れる部屋。**右心房**は，全身から大静脈を通っておくられてきた血液を受け入れる。**左心房**は，肺から肺静脈を通っておくられてきた血液を受け入れる。

●**心室**　心房からおくられてきた血液を心臓の外部へおくり出す部屋。**右心室**は，血液を肺動脈から肺へおくる。**左心室**は，血液を大動脈から全身におくる。そのため，左心室の壁の筋肉はとても発達している。

●**拍動**（はくどう）　心臓の動きを拍動という。心房が収縮すると心房から心室へ血液が流れこむ。心室が収縮すると血液が全身におくられるとともに心房に血液が流れこみ，心房が広がる。

心房が拡張し，静脈から心房へ血液が流れこむ。

全身から
右心房
肺から
全身から
右心室

心房が収縮し，心室が拡張して，心室へ血液が流れこむ。

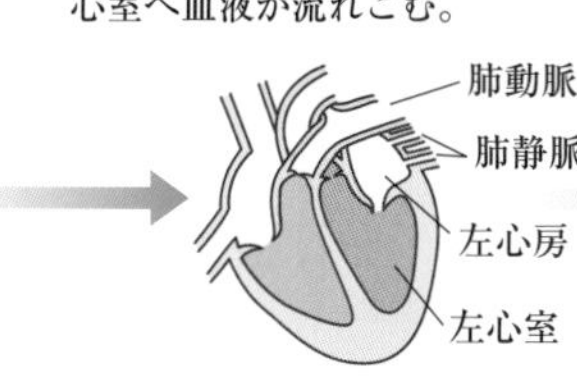

心室が収縮し，動脈へ血液が流れ出る。

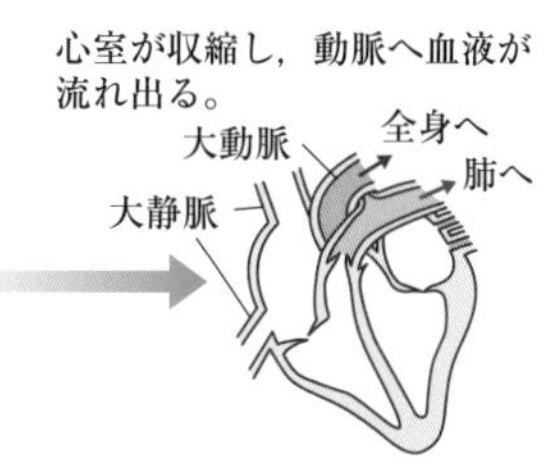

●心臓から出た血液は，動脈から毛細血管，静脈を通り，ふたたび心臓にもどる。

▲心臓の動きと血液の流れ

3 血管と血液循環

血管は，血液を通すための管で，全身に張りめぐらされており，次のように区別する。

・心臓からおくり出される血液が流れる血管　：　**動脈**
・心臓にもどってくる血液が流れる血管　：　**静脈**
・動脈と静脈のあいだをつなぐ，きわめて細い血管：**毛細血管**

もっとくわしく

もっとも太い動脈の直径は約25mm，もっとも太い静脈の直径は約30mmである。毛細血管の太さはおよそ0.01mmである。

血管のつくり

●**動脈**　4層から成る構造になっている。心臓から血液が送り出されるときに高い圧力がかかるので，壁は厚く弾力があり，筋肉の層が厚くなっている。

●**静脈**　4層から成る構造になっている。かかる圧力は低いので壁はうすいが，血液の逆流を防ぐための弁がある。

●**毛細血管**　細かい部分までいきわたるため，壁は1層の細胞層からできている。

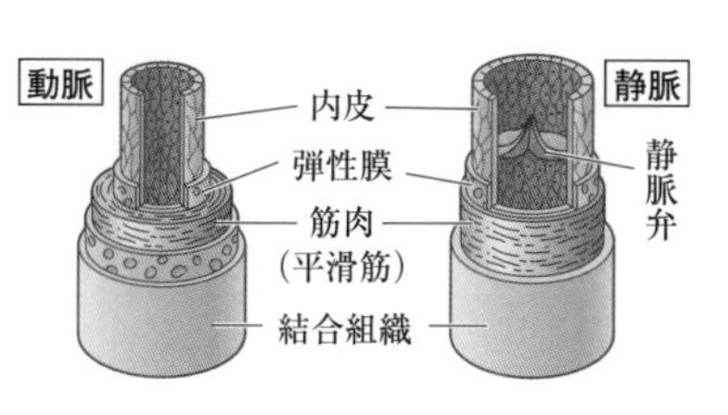

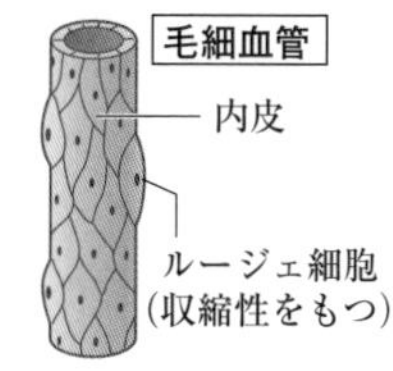

▲血管のつくり

▶ヒトの血液の循環

血液は心臓から肺へおくられて，酸素をとり入れ，二酸化炭素を放出したあと心臓へもどる。この血液の循環を**肺循環**という。肺から心臓にもどった血液は，左心室から大動脈を通って全身におくられる。全身をめぐって細胞に酸素をわたし二酸化炭素を受けとった血液は，再び大静脈を通って右心房にもどる。この循環を**体循環**という。ホニュウ類・鳥類は，このように血液を循環させている。

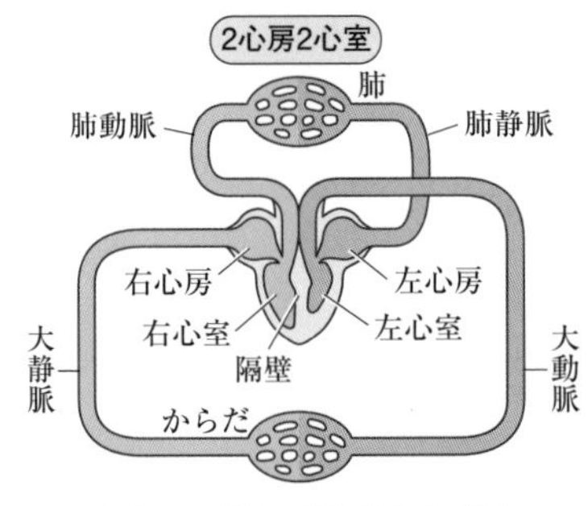

▲ホニュウ類・鳥類の血液循環

●動脈血・静脈血➡① 酸素を多くふくむ明るい赤い色➡②をした血液を，ふつうは動脈を流れていることから**動脈血**という。それに対し，ふくまれる酸素の量が少なく赤黒い色をした血液を**静脈血**という。

●門脈　動脈が枝分かれして毛細血管となり，それが集まって静脈となり，再び毛細血管に分かれるとき，毛細血管の間にはさまれた血管を門脈という。ヒトでは肝門脈➡③が有名で，肝門脈を単に門脈とよぶこともある。

●リンパ液・組織液　毛細血管からしみ出した血しょうは，**組織液**とよばれる。組織液は細胞に栄養分や酸素を供給し，不要物を回収する。組織液は再び毛細血管にとりこまれるが，一部はリンパ管に入る。組織液がリンパ管に入ったものを**リンパ液**（**リンパ**）とよぶ。

●リンパ管　リンパ管は，血管と同じように全身に張りめぐらされている管で，脂肪やリンパ球の通り道になっている。

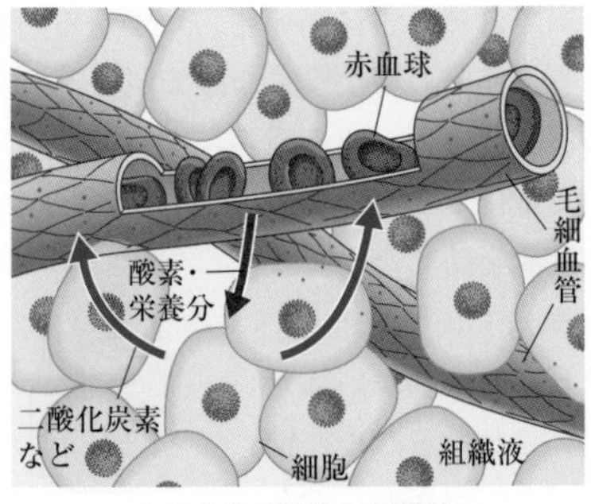

▲からだの細胞と組織液

参考

①肺動脈には静脈血が流れ，肺静脈には動脈血が流れている。

もっとくわしく

②血液中の赤血球にふくまれるヘモグロビンが酸素を運んでいるときは血液が明るい赤色になり，酸素を運んでいないときは血液が赤黒い色になる。

用語

③肝門脈
小腸からおくられてきた血液を肝臓におくる静脈。

せきつい動物の血管系 発展学習

全身の血管，心臓をまとめて**血管系**という。

魚類の血管系	両生類の血管系	ハチュウ類の血管系
1心房1心室 大動脈　えら　心房　心室　からだ　大静脈	2心房1心室 肺　肺静脈　肺動脈　大静脈　大動脈　右心房　左心房　からだ　心室	2心房1心室[④] 肺　肺静脈　肺動脈　大動脈　右心房　左心房　からだ　心室　大静脈　しきり
全身から心臓に入った血液はそのまま体循環する。心臓のなかはすべて静脈血である。	心室の隔壁がないので，動脈血と静脈血が混ざってしまう。	心室に不完全なしきりがあり，心室での動脈血と静脈血の混合を多少防いでいる。

無せきつい動物の血管系 発展学習

節足動物［➡P.347］や軟体動物［➡P.348］は毛細血管をもたず，血液は途中で血管の外に出て，組織（細胞の集まり）の間を通ったあと，再び血管内に入り，心臓にもどる。このような血管系を**開放血管系**という。それに対して，せきつい動物のように毛細血管のある血管系を**閉鎖血管系**という。ミミズのような環形(かんけい)動物［➡P.348］は，閉鎖血管系をもつ。

もっとくわしく

④ワニの心臓は，ほぼ完全な2心房2心室。［➡P.341］

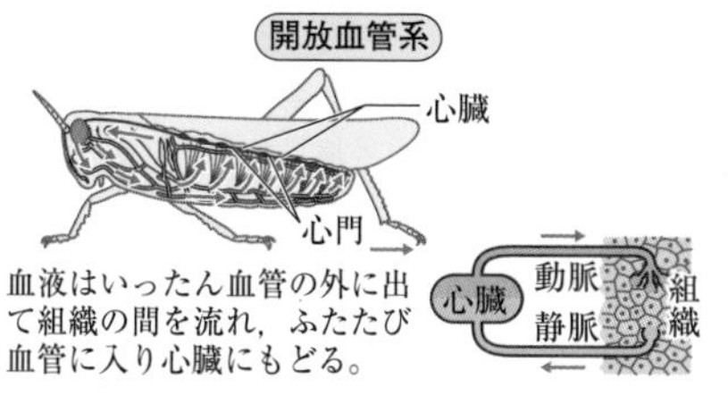

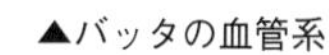
▲バッタの血管系

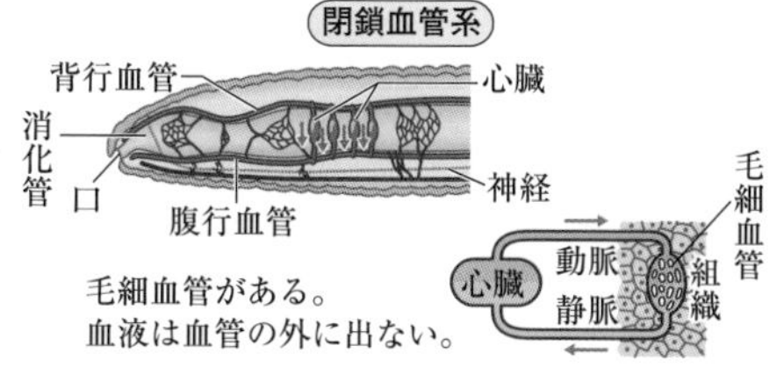

▲ミミズの血管系

実験・観察　メダカの血流の観察

チャックつきの小さなポリエチレンのふくろにメダカと水を入れ，顕微鏡で尾びれを観察すると，血流を観察することができる。このとき，拡大倍率は100～150倍が適当である。

水とメダカを小さなポリエチレンのふくろに入れ，ステージにのせる。

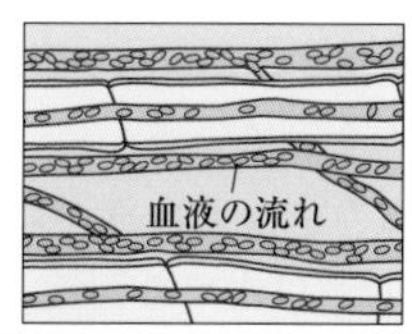

尾びれの部分を100～150倍で観察する。

▲メダカの血流の観察（尾びれ）

⑦ 排出のしくみ

細胞のはたらきによってできた二酸化炭素やアンモニアなどは，多量にたまると有害➡①である。そこで，動物のからだには，老廃物➡②を排出するしくみがそなわっている。

参考

①アンモニアは，少量でも強い毒性をもつ。

用語

②老廃物
細胞のはたらきによってできる不要物を老廃物という。

栄養分の分解によってできる不要物

炭水化物や脂肪が呼吸に使われて分解されると，二酸化炭素と水ができる。

タンパク質が分解されると，二酸化炭素と水のほかに，アンモニアができる。

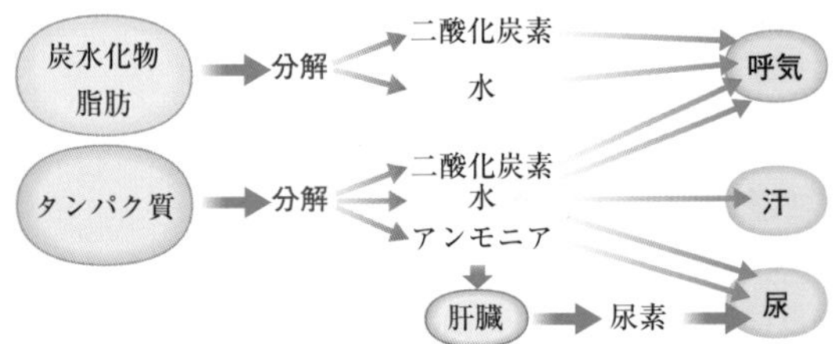

▲栄養分の分解によって生じる不要物とその排出方法

不要物の排出

- **二酸化炭素**　肺から気体として排出される。
- **水**　尿や汗（液体）として排出される。肺からは水蒸気（気体）として排出される。
- **アンモニア**　アンモニアは毒性が強いので，まず肝臓で尿素という害の少ない物質に変えられる➡③。尿素はアンモニアと二酸化炭素からつくられ，尿中に排出される。

参考

③アンモニアを尿素に変えるのはじん臓ではなく，肝臓である。

ヒトの排出系

血液中の不要物はじん臓でこしとられて輸尿管でぼうこうにおくられ，尿として排出される。

- **じん臓**　じん臓は，じん動脈から運ばれてきた血液のなかの**尿素**などの**不要物をこしとって尿として輸尿管におくっている**。じん静脈には，不要物の少ない血液がおくられる。

尿の約95%は水であるが，尿素のほかに不要な塩類などがふくまれている。健康なヒトの尿では，タンパク質や糖分はまったくふくまれていない。

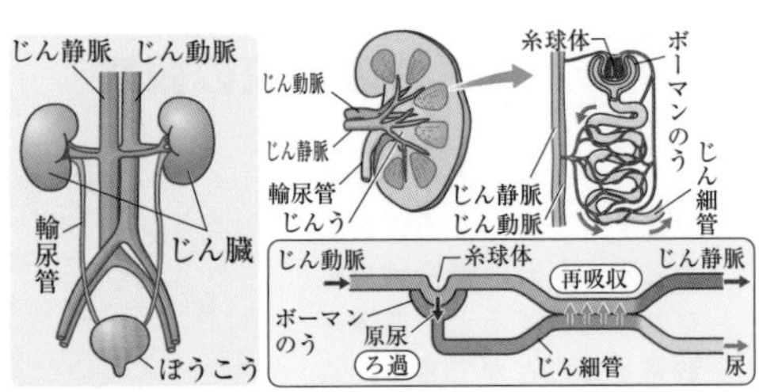

血しょう中のタンパク質以外はボーマンのうでこし出されるが，ブドウ糖などの必要なものは，じん細管（細尿管）で再吸収される。

▲尿のでき方

●**ぼうこう**　尿を一時的にためるふくろである。

●**汗せん**　汗をつくる汗せんも，不要物を排出するはたらきをしている。汗の成分は尿とほとんど同じだが，濃度はうすく，約 99% は水である。

●**体毛**　髪の毛などには，水銀などの有害物質が高濃度で検出されることがある。このことから，のびて生えかわる体毛にも，有害な物質を排出するはたらきがあると考えられている。

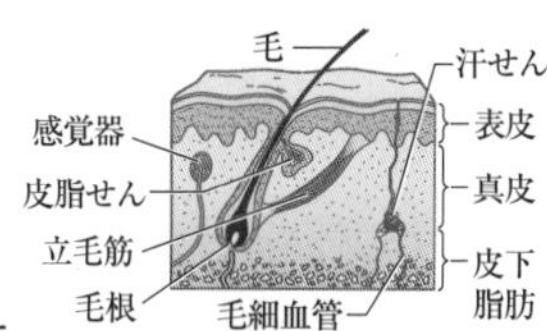

▲汗せんの構造

もっとくわしく

じん臓では，排出のはたらきのほかに，体内の塩分濃度の調節も行っている。

確認問題

ヒトのからだの物質の出入り

右の図はヒトの消化系，循環系，排出系を模式的に表している。次の問いに答えよ。

(1)　消化された栄養分を吸収する器官は図中のどれか。

(2)　アンモニアを尿素に変えるはたらきをする器官は図中のどれか。

(3)　血液中の尿素などの不要物をこしとる器官は図中のどれか。

(4)　もっとも多くの酸素をふくむ血液が流れている血管は ⓐ ～ ⓚ のうちどれか。

(5)　もっとも尿素の少ない血液が流れている血管は図中の ⓐ ～ ⓚ のうちどれか。

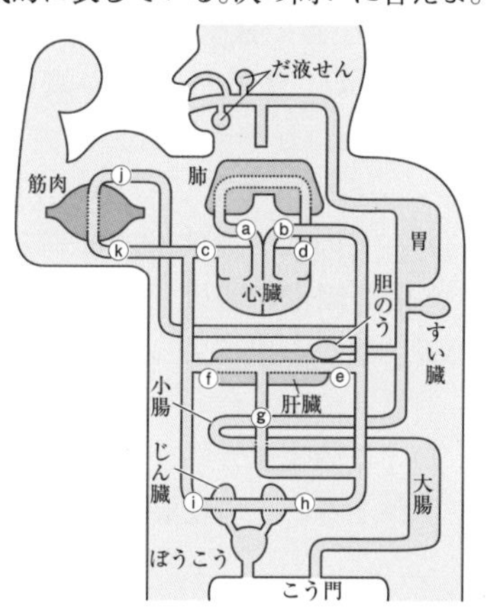

●口から入った食物が消化されるまでの順路，心臓から出た血液の順路を，図中に矢印でかきこむ。

解き方

(1)　消化されて吸収しやすくなったブドウ糖やアミノ酸などの栄養分は，小腸の柔毛からからだにとり入れられる。

(2)(3)　肝臓には，いろいろな有害物質を無害にするはたらきがあり，アンモニアも，肝臓で害の少ない尿素に変えられる。さらに，尿素はじん臓でこし出されてぼうこうへおくられる。

(4)　肺で酸素を受けとった血液がもっとも酸素を多くふくみ，この血液が流れる血管 ⓓ を肺静脈という。

(5)　尿素はじん臓でこしとられるので，ⓘ がもっとも少ない。

解答

(1)　小腸　(2)　肝臓　(3)　じん臓　(4)　ⓓ　(5)　ⓘ

練習問題

解答➡p.621

1

イタドリを使って，次の実験を行った。表は，その結果である。あとの問いに答えよ。 (宮崎県)

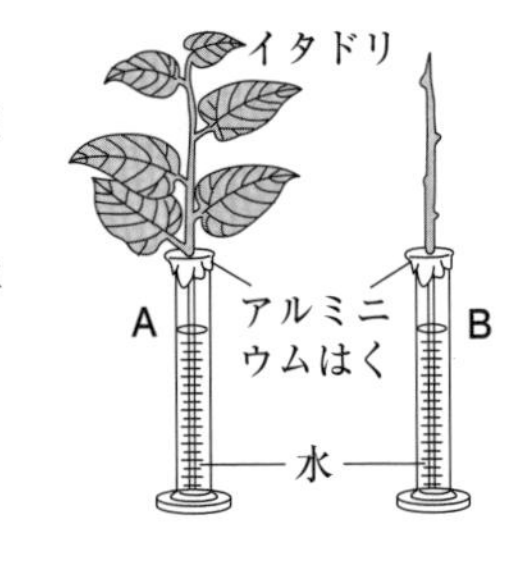

〔実験〕① 葉が6枚ついた，同じくらいの大きさの枝を2本用意し，一方の枝から葉をすべて切りとった。

② 右の図のような装置を用意し，A，B全体の重さをそれぞれ電子てんびんで測定した。

③ 明るく風通しのよいところに30分間おき，再びA，B全体の重さをそれぞれ測定した。

④ A，Bそれぞれの減った重さa，bを求めた。

表

	a	b
30分間の減少量	0.93 g	0.01 g

(1) 上の図で，実験を正確に行うためにアルミニウムはくをかぶせる理由を簡潔に書け。

(2) 葉から出ていった水の量は，葉以外の部分から出ていった水の量bの何倍になるか。

(3) この実験から，植物のからだから水が水蒸気になって出ていくことがわかる。この現象を何というか。

2

緑色の葉と白色の葉をつけた植物のほぼ同じ大きさの葉を用いて，次の実験を行った。あとの問いに答えよ。 (奈良県)

〔実験〕下の図のように，同じ大きさのポリエチレンのふくろA～Dを用意し，ふくろA～Cには緑色の葉を，ふくろDには白色の葉を同数ずつ入れ，ふくろBには二酸化炭素を吸収する薬品をふくませたガーゼも入れた。次に，ふくろA～Dに十分に空気を入れて密閉し，ふくろCはアルミニウムはくでおおった。これらのふくろを一晩暗いところにおいたあと，一定時間光を当ててから，次の操作①～④を順に行った。

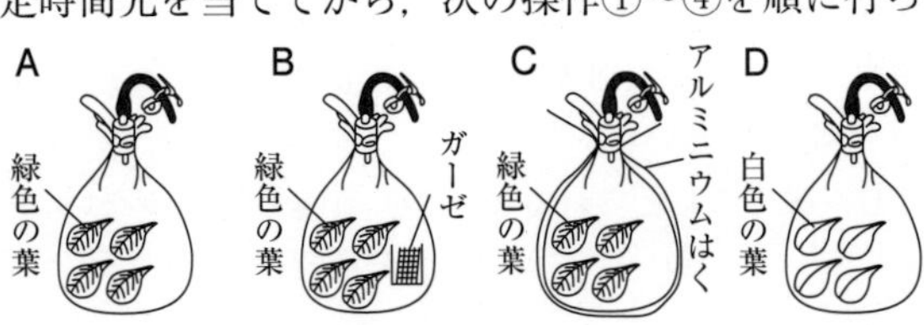

操作①　ふくろＡ～Ｄのなかの気体をそれぞれ中性のBTB溶液に通し，溶液の色の変化を調べた。その結果，ふくろＡ，Ｂのなかの気体では溶液に色の変化は見られなかったが，ふくろＣ，Ｄのなかの気体では溶液は同じ色に変化した。

操作②　ふくろＡ～Ｄから１枚ずつ葉をとり出し，それぞれの葉の断面を顕微鏡で観察した。その結果，ふくろＡ，Ｂ，Ｃの葉には葉緑体があったが，ふくろＤの葉にはなかった。

操作③　ふくろＡ～Ｄからさらに１枚ずつ葉をとり出し，それぞれ熱湯に入れたあと，あたためたエタノールにひたした。その後，これらの葉を水洗いし，ヨウ素液にひたして反応を調べた。その結果，ふくろＡの葉にのみ反応が見られた。

操作④　操作③で反応が見られたふくろＡの葉の断面を顕微鏡で観察したところ，ヨウ素液による反応は葉緑体にのみ見られた。

(1)　操作①で，ふくろＣ，Ｄのなかの気体を通したBTB溶液は，何色から何色に変化したか。次の**ア**～**カ**からひとつ選び，記号で答えよ。

ア　黄色から緑色　　**イ**　黄色から青色　　**ウ**　緑色から黄色

エ　緑色から青色　　**オ**　青色から黄色　　**カ**　青色から緑色

(2)　操作③でのエタノールのはたらきを簡潔に書け。

(3)　実験の結果から，一定時間光を当てていたときの光合成や呼吸について，次の**ア**～**エ**のうちどのことがいえるか。適切なものをひとつ選び，記号で答えよ。

ア　ふくろＡの葉は，呼吸より光合成をさかんに行っていた。

イ　ふくろＢとふくろＣの葉は，ともに光合成も呼吸も行っていた。

ウ　ふくろＣの葉は，ふくろＤの葉より呼吸をさかんに行っていた。

エ　ふくろＤの葉は，光合成も呼吸も行っていなかった。

(4)　実験の結果から，光合成を行うには何が必要であることが確かめられたか。３つ書け。また，それらは，ふくろＡ～Ｄのうち，それぞれどの２つのふくろの実験結果を比べることによって確かめられたか。Ａ～Ｄの記号で答えよ。

3 ヒトのだ液のはたらきを調べるため，次の実験を行った。あとの問いに答えよ。 (福井県)

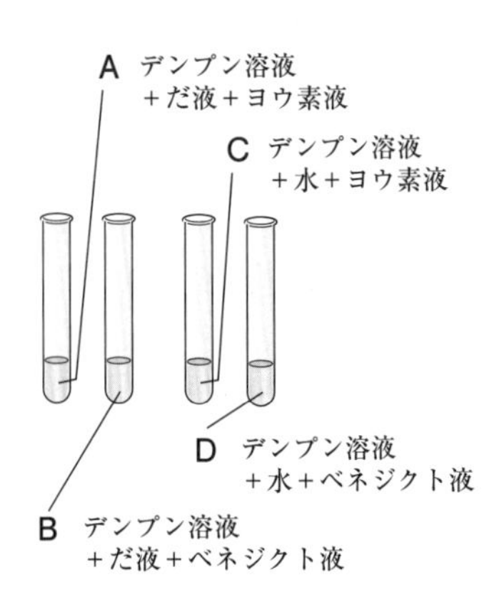

〔実験〕 右の図のように，うすいデンプン溶液を4 cm^3 ずつ入れた4本の試験管A～Dを用意した。AとBには水でうすめただ液を1 cm^3，CとDには水を1 cm^3 ずつ加え，<u>A～Dの試験管をある温度で10分間保った</u>。その後，AとCにはヨウ素液を2～3滴ずつ加え，BとDにはベネジクト液を2～3滴ずつ加えてガスバーナーで加熱し，それぞれ色の変化を観察した。その結果，試験管(①)は青紫色になり，試験管(②)は赤褐色になった。そのほか2本の試験管には色の変化はなかった。

(1) 下線部のある温度とは何℃か。次のア～エから適切なものをひとつ選び，記号で答えよ。
ア 0℃　イ 20℃　ウ 40℃　エ 60℃

(2) 文中の①，②にあてはまるもっとも適当なものを試験管A～Dから選び，記号で答えよ。

(3) 試験管AとCの結果を比較すると何がわかるか，書け。

(4) だ液にふくまれる消化酵素の名前を書け。

4 刺激に対する反応時間を調べるため，次の実験を行った。あとの問いに答えよ。 (大分県)

図1

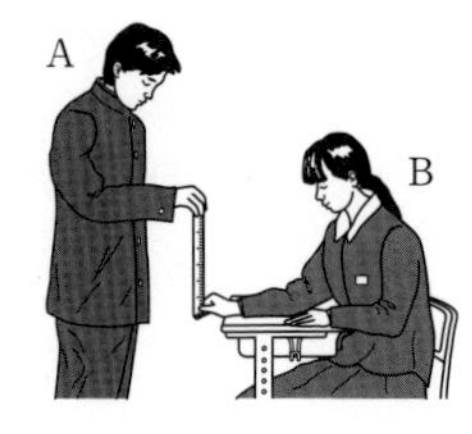

1 図1のように，A，B 2人1組になり，Aは30 cmのものさしの上端をつかみ，Bはものさしにふれないように0のめもりのところに指をそえて，ものさしに注目した。

2 ものさしが落ちはじめるのを見たら，Bはすぐにものさしをつかみ，ものさしの0のめもりからどのくらいの距離でつかめたかを調べた。

1，2の実験を6回くり返し，その結果をまとめると，**表**のようになった。なお，ものさしが落ちる距離とそれに要する時間の対応めもりは，**図2**のようになっている。

表

回　　数	1	2	3	4	5	6
②で調べた距離〔cm〕	16.1	15.8	16.4	15.6	15.9	16.2

図2

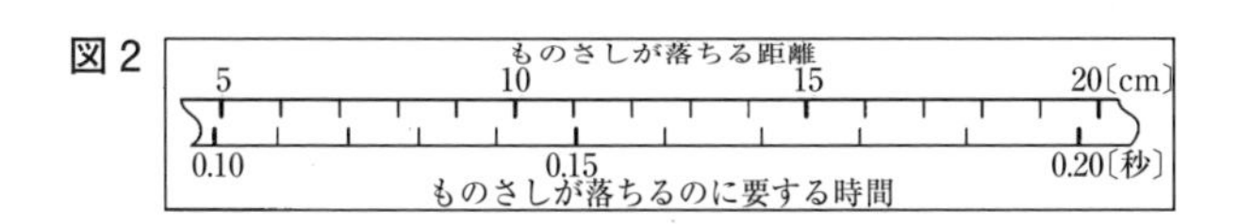

(1) **表**の結果と**図2**から，ものさしが落ちはじめるのを見てから，つかむという反応が起こるまでのおよその時間を求めると，何秒になるか。**ア**～**オ**からひとつ選び，記号で答えよ。

ア　0.12秒　　**イ**　0.14秒　　**ウ**　0.16秒

エ　0.18秒　　**オ**　0.20秒

図3

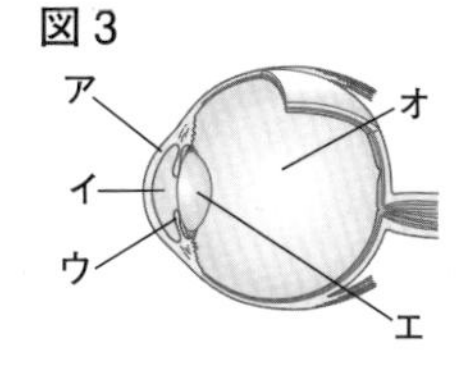

(2) **図3**は，目の断面を模式的に示したものである。網膜の部分を黒くぬりつぶせ。また，光が通過できるように透明になっている部分を**ア**～**オ**からすべて選び，記号で答えよ。

(3) 目で刺激を受けとってからものさしをつかむまでの信号の伝わり方を次のように示した。(　①　)，(　②　)に適切な語句を書け。

目 → (　①　) → 大脳 → (　②　) → 運動神経 → 筋肉

(4) うっかり熱いものに手がふれると，熱いという意識が生まれる前に手を引っこめるという運動が起こる。このように，刺激に対して意識とは関係なく起こる反応を何というか。また，この反応が意識とは関係なく起こるのは，信号が中枢神経系のうちのある部分を通らずに筋肉に伝えられるからである。ある部分の名称を書け。

(5) ヒトが運動するときは，筋肉によって関節の部分で骨格が曲げられる。**図4**は，腕の骨格と筋肉の一部を示したものである。**a**，**b**の筋肉で，描かれていない側の先端は，骨のどこについているか。**ア**～**エ**からひとつ選び，記号で答えよ。

図4

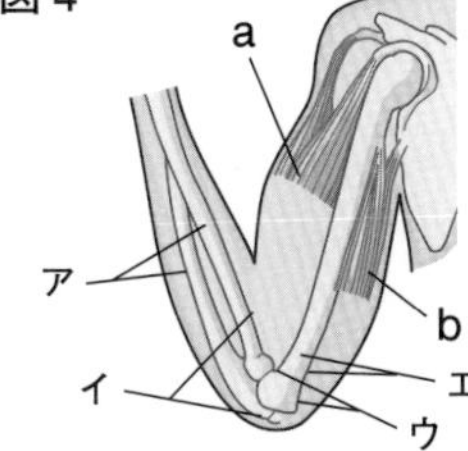

第4章
生物の連続性

↑生物には，子孫を残そうとする機能がそなわっている。植物は種子などを残し，動物は卵や子をうむ。生物の生殖についても学んでいこう。（写真は口のなかで卵を守るジョーフィッシュ）

§1 細胞のふえ方と生物の成長

▶ここで学ぶこと

生物はどのように成長するかを調べ，細胞分裂の過程を学んでいく。

① 生物の成長と細胞分裂

1 生物の成長

細胞は分裂によって数をふやし，その数がふえた細胞のひとつひとつが大きくなることで，成長する。

実験・観察 タマネギの根の成長の観察

【方法】 図のように，数cmにのびたタマネギの根を植物に害の少ない赤い染色液につけて染色したあと（1），根を水につける。そのまま置いて12時間後に観察する（2）。

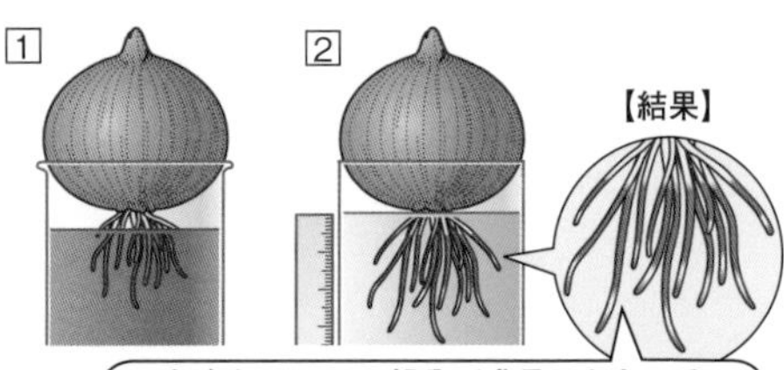

実験・観察 ソラマメの根の成長の観察

【方法】 図のように，1cmくらいのびたソラマメの根に油性ペンで等間隔に印をつける。そのソラマメを虫ピンでスポンジにとめて3日間毎日観察する。

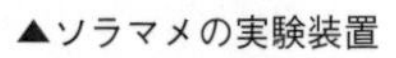
▲ソラマメの実験装置

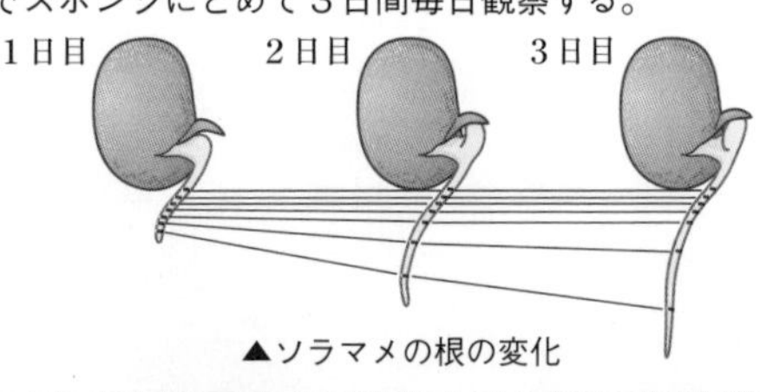

▲ソラマメの根の変化

▶根の成長する部分

根の先端は根冠(こんかん)といい，根を保護するための部分である。根冠は成長しない。成長するのは，根冠の少し上の部分である。

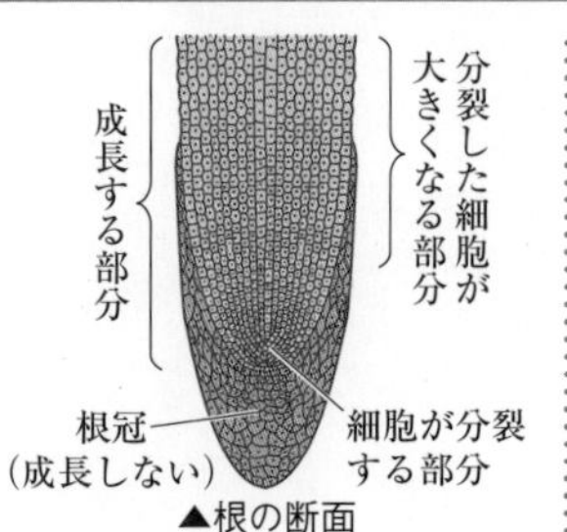

▲根の断面

参考

赤い染色液をつくるには食紅(しょくべに)やエオシンを使うとよい。

2 細胞分裂の過程

期間	間期	前期	中期	後期	終期	間期
植物の細胞	核小体	染色体 紡錘糸	紡錘体 動原体 赤道面		細胞板	娘核
	細胞分裂が行われる前の準備（物質の合成など）がされている。	核小体や核膜が消え，太い糸を２本束ねたような染色体があらわれる。	染色体が中央（赤道面）に集まる。染色体の動原体には，紡錘形に並んだような紡錘糸がついている。	動原体が紡錘糸に引かれて染色体が２等分され，それぞれ両極に分かれる。	移動した染色体が集まっていき，染色体はしだいに見えなくなって，再び核膜と核小体があらわれて２つの核ができる。	小さな２つの細胞（娘細胞）になり，それぞれ大きく成長しながら次の分裂の準備をする。
動物の細胞	中心体 核小体	星状体 紡錘糸 染色体	紡錘体 動原体 赤道面		くびれ	娘核

（注）動物の細胞では，２つに分かれた中心体から紡錘糸ができて，星状体を形成する。動物の細胞はやわらかいためくびれて分裂できるが，植物の細胞は細胞壁があってかたいので，しきり（細胞板）ができて２つに分かれる。

実験・観察　タマネギの根の先端における細胞分裂のようすの観察

【方法】

[1]　根の先端から約５㎜を切りとり，うすい塩酸に入れて湯で１分間あたため，その後，水で洗う。

[2]　根をほぐし，細胞を見やすくする。

[3]　プレパラートをつくり，顕微鏡で観察する。

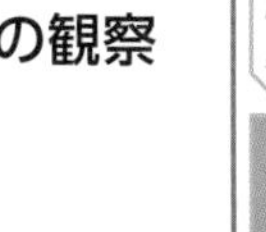

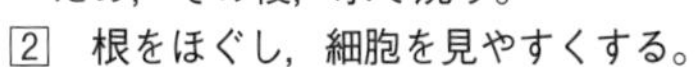

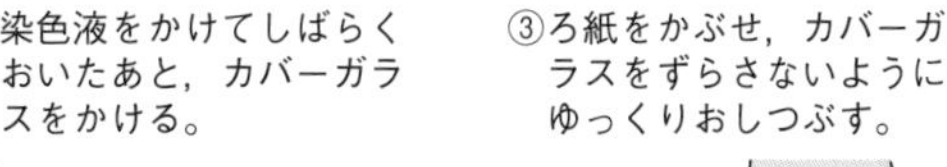

①根の先端部分をスライドガラスにのせ，柄つき針で軽くつぶす。

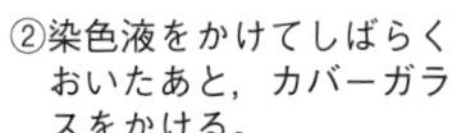

②染色液をかけてしばらくおいたあと，カバーガラスをかける。

③ろ紙をかぶせ，カバーガラスをずらさないようにゆっくりおしつぶす。

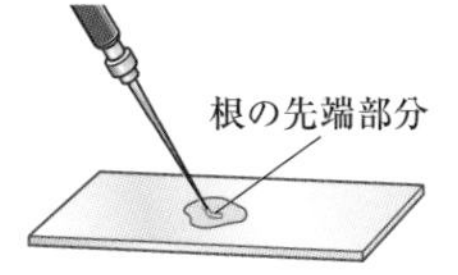

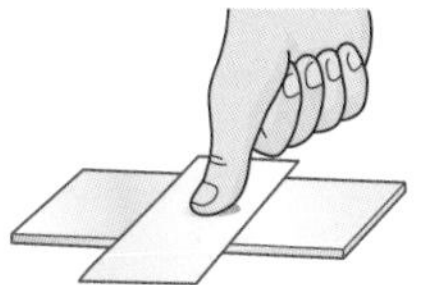

【結果】

右のように，いろいろな過程の細胞が観察できた。

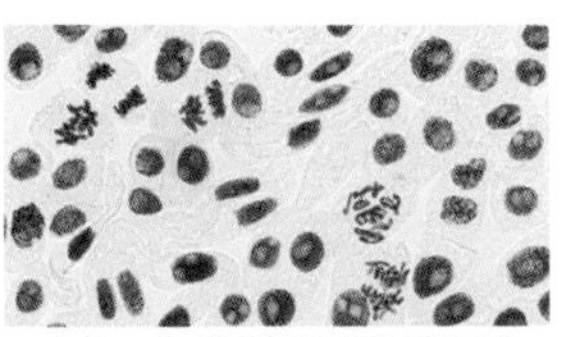

▲タマネギの根の細胞の写真

染色体は遺伝子の小包

染色体のなかには，遺伝子が何重にも巻かれて入っている。遺伝子はこの状態でははたらくことができない。染色体は細胞分裂のときだけこのような状態になり，遺伝子を安全に運ぶ役割をしている。

● **遺伝子**　生物の形質→①を決める情報のもとになるもの。DNA（デオキシリボ核酸）［➡P.423］という物質からできている。

用語

①形質
ある生物の個体がもっている形や性質のような特徴のこと。エンドウの種子の形の場合，丸やしわなどの形質がある。

生物種と染色体数

細胞分裂のときに現れる染色体の数は，生物の種類によって決まっている。ヒトでは46本であるが，アメリカザリガニでは200本もある。このように，数が多ければ進化が進んでいるとは限らない。

▼生物種と染色体数

動物	染色体数	植物	染色体数
ヒト	46	キャベツ	18
チンパンジー	48	ジャガイモ	48
ウシ	60	トウモロコシ	20
ニワトリ	78	コムギ	42
アマガエル	24	イチョウ	24
アメリカザリガニ	200	スギナ	216
キイロショウジョウバエ	8	ゼニゴケ	9

細胞分裂と生物の成長

細胞は，分裂が完了するともとの大きさまで成長し，また分裂する。これをくり返すことによって，生物のからだは成長していく。

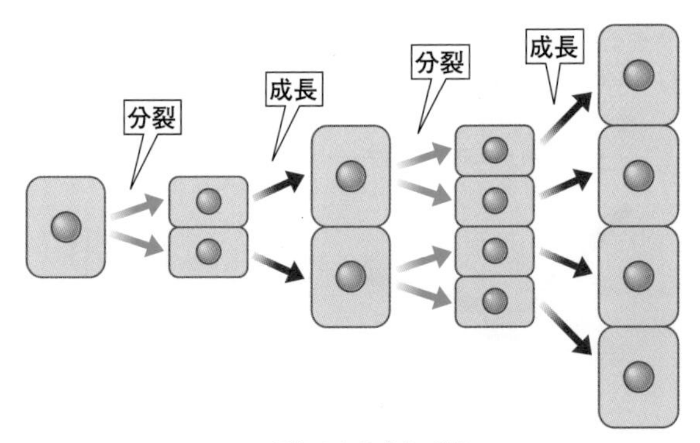

▲細胞のふえ方と成長

もっとくわしく

植物体で細胞分裂が起こる組織を分裂組織という。植物では，どの部分の細胞でも分裂しているわけではなく，分裂する場所が決まっている。被子植物では，ふつう，形成層［➡P.321］と芽や根の先端部分だけである。

確認問題

タマネギの細胞分裂の観察

タマネギの根を使って，細胞分裂のようすを観察した。あとの問いに答えよ。

【観察】

① タマネギの根の先端から約５㎜を切りとり，右の図のように，うすい塩酸を入れた容器に入れ，容器を約60℃の湯の入ったビーカーにつけた。

② 根を水で洗い，必要な操作をしてプレパラートをつくり，顕微鏡で観察した。

うすい塩酸
根の先端部分
60℃の湯

⑴ 下線部のように，根の先端をうすい塩酸につける理由を答えよ。

⑵ この観察で染色液として用いられる薬品を，次の**ア**～**ウ**から選び，記号で答えよ。

ア ベネジクト液　**イ** 酢酸カーミン液　**ウ** ＢＴＢ溶液

⑶ 次の文は，細胞分裂のようすを説明したものである。**ア**を最初として並べたとき，３番目にくるものはどれか。記号で答えよ。

ア 核膜が消え，染色体があらわれる。
イ 染色体が見えなくなり，しきり（細胞板）があらわれる。
ウ 染色体が中央に集まる。
エ 染色体が２つに分かれ，両極に引かれる。
オ ２つの小さな細胞となる。

●⑶ 細胞分裂のとき，染色体は２つに分かれ，それぞれの細胞に入っていく。

解き方

⑴ 顕微鏡は厚さのうすいものしか観察できないので，根の細胞をばらばらにする必要がある。

⑵ ベネジクト液はブドウ糖やブドウ糖がいくつかつながったものの検出，ＢＴＢ溶液は酸性やアルカリ性など水溶液の性質を調べるときに用いられる。

⑶ 細胞分裂の順に並べると，**ア→ウ→エ→イ→オ**となる。

解答

⑴ 細胞どうしをはなれやすくするため。　⑵ **イ**　⑶ **エ**

§2 生物のふえ方と遺伝

▶ここで学ぶこと

生物は種類によっていろいろなふえ方をする。では，どんなふえ方があるのか。また，それはどのようなしくみになっているのかについて学ぶ。さらに，親の特徴がどのようにして子に伝わるかについても見ていく。

① 有性生殖と無性生殖

雌がつくる卵や卵細胞の核と，雄がつくる精子や精細胞の核を合体させて新しい個体→①をつくる生殖方法を**有性生殖**という。それに対し，雌雄がかかわらず，ひとつの個体だけでなかまをふやす方法を**無性生殖**という。

①個体
1つの生物。

1 無性生殖

●**分裂** からだが2つまたはそれ以上に分かれてふえる生殖方法。単細胞生物のゾウリムシ，アメーバなどで見られる。

●**出芽** からだの一部が分離して新しい個体になる。淡水にすむ小さな刺胞動物のヒドラや，コウボキンの出芽が有名。

●**栄養生殖** 葉・茎・根などの栄養器官から新しい個体がつくられる生殖方法。ジャガイモやサツマイモ，ダリアの塊根，オリヅルランのほふく茎など。アジサイの枝などを切って土にさすさし木も，人工的な栄養生殖である。

●**胞子生殖** アオカビやコウジカビなどの菌類では，からだの一部に胞子ができ，これが発芽して新しい個体ができる。

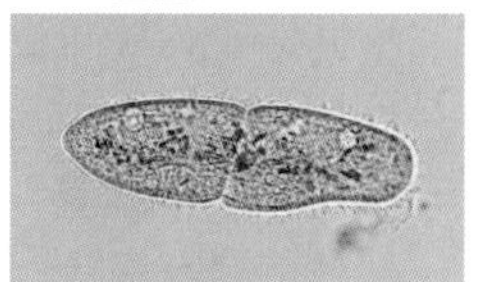
▲ゾウリムシの分裂

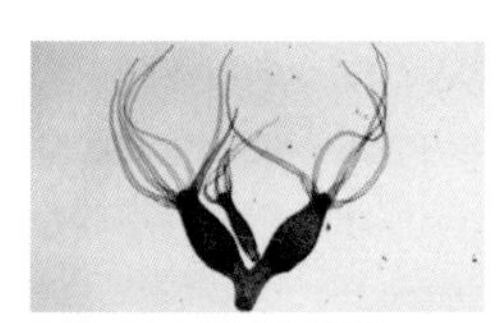
▲ヒドラの出芽

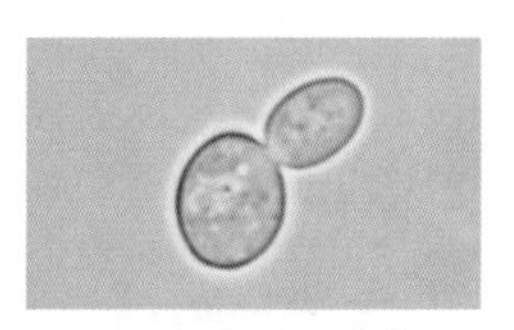
▲コウボキンの出芽

▲セイロンベンケイソウ

▶植物の無性生殖の観察

セイロンベンケイソウの葉を水栽培すると，葉のまわりから芽がたくさん出てくる。

また，単子葉類のオリヅルランを栽培すると，空中に出ている茎の先から葉だけではなく根もはえて，やがてそれが地面に降りて新しい個体になる。

▲オリヅルランの栄養生殖

2 単為生殖

有性生殖の一種であるが，ある時期や特別な個体において，一個体の雌だけで生殖が行われることがある。これを**単為生殖**という。植物につくアリマキ（アブラムシともいう）は，ある時期になると雌だけで生殖を行うことが知られている。同様に，ミジンコも単為生殖を行う。

▲アリマキ

3 有性生殖

●**生殖細胞**　生殖のために特別につくられた卵や卵細胞，精子や精細胞を，**生殖細胞**という。

▶植物の有性生殖

●**花粉管ののびるようすの観察**　被子植物では，柱頭に花粉がつく（受粉）と，**花粉から花粉管がのびて**胚珠のなかの卵細胞まで届き，受精が起こる。花粉を適当な濃度の砂糖をふくむ寒天か砂糖の水溶液につけると，花粉管ののびるようす➡②が観察できる。

参考

胞子も生殖細胞のひとつだが，単独で発生して新しい個体となるため無性生殖に分類される。

参考

②花粉管の観察には，ホウセンカ，ムラサキツユクサ，インパチェンス（アフリカホウセンカ），ツバキ，サザンカなどが適している。

実験・観察　花粉管ののびるようすの観察

【方法】

1　水，砂糖，寒天の粉末をビーカーに入れて，加熱しながらとかす。
2　1の寒天をスライドガラスに数滴落とし，うすく広げて固める。
3　ホウセンカの花粉を筆の先につけ，筆を指ではじくようにして花粉を寒天の上にまく。
4　まいた花粉が乾燥しないよう，スライドガラスをペトリ皿のなかに入れる。
5　5～10分ごとに，スライドガラスを顕微鏡で観察する。

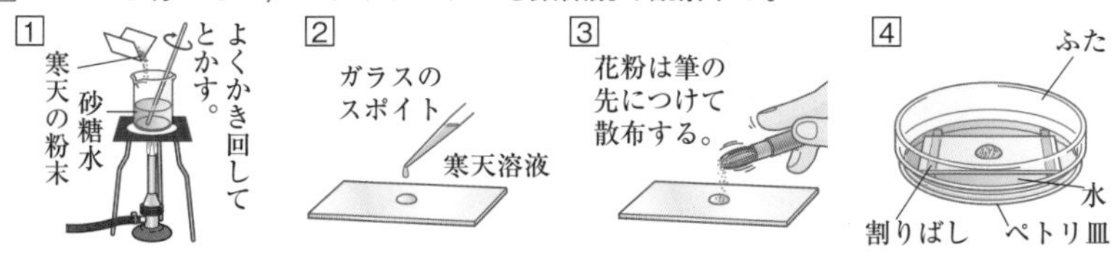

【結果】

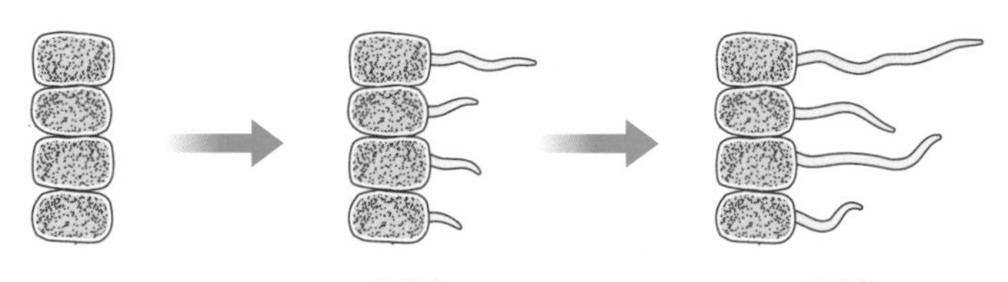

●被子植物の受精から種子のできるまで

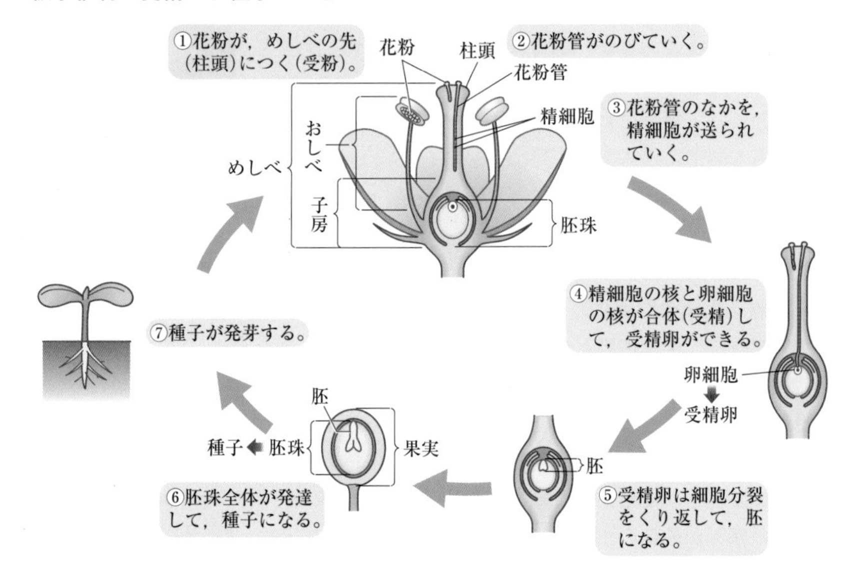

動物の有性生殖

●**卵巣**（らんそう）・**精巣**（せいそう）　卵をつくる器官を**卵巣**，精子をつくる器官を**精巣**という。

●**受精**　精子が卵のなかに入り，それぞれの核が合体することを**受精**という。卵のまわりにたくさんの精子があったとしても，受精できるのはただ1個の精子である。2個以上の精子が卵のなかに入ってしまうと，ふつう発生は正常に進まなくなってしまう。

●**受精膜**　1個の精子が卵のなかに入ると，瞬間的に厚い透明の膜ができ，ほかの精子の進入を防ぐ。この膜を**受精膜**という。

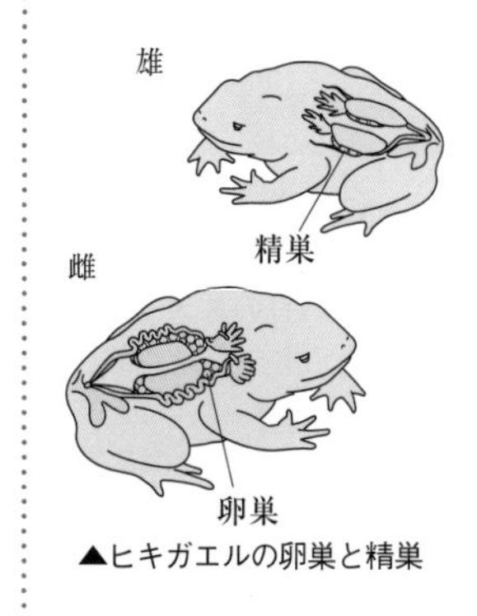

▲ヒキガエルの卵巣と精巣

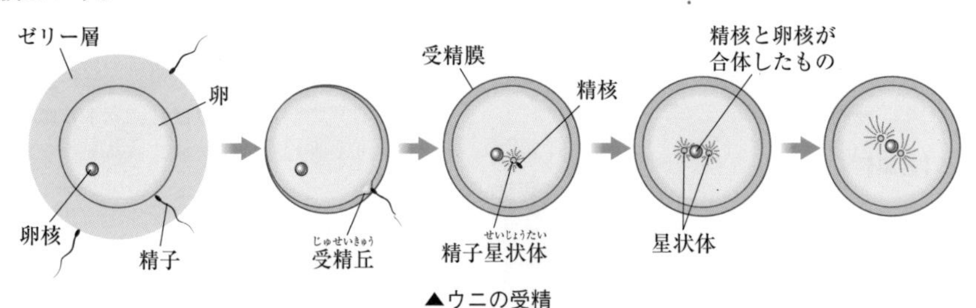

▲ウニの受精

●**動物の発生**　受精卵が細胞分裂を開始してから個体が完成するまでを**発生**という。発生のしかたは，動物の種類によって異なる。

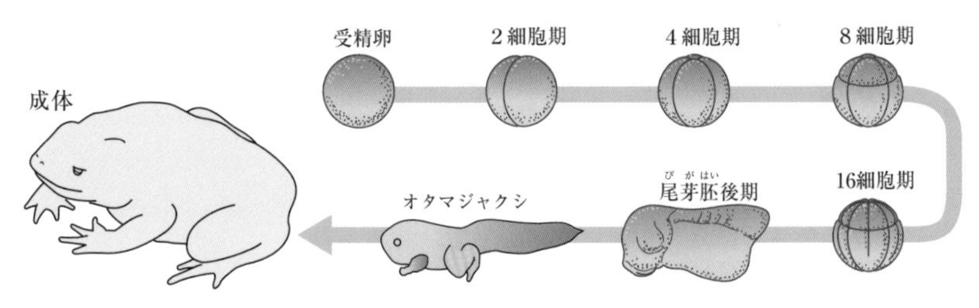

▲カエルの発生　受精卵から成体まで

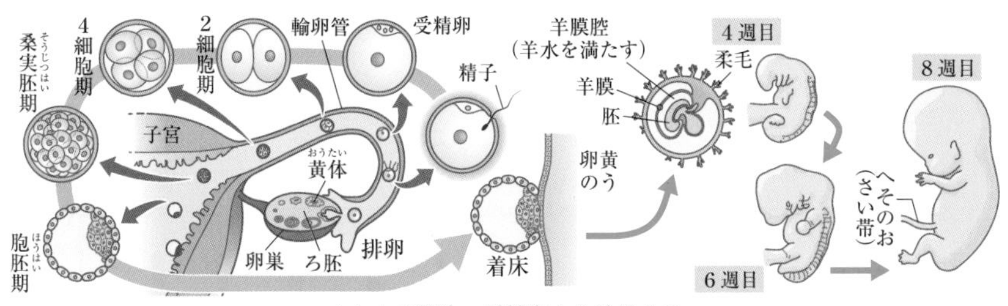

▲ヒトの発生　受精卵から胎児まで

② 有性生殖の意味

短時間で多くのなかまをふやすためには，有性生殖より無性生殖のほうが有利である。しかし，有性生殖には，**親と少しずつちがった形質の子をつくるという重要な意味がある。**

1 体細胞分裂のときの染色体

生殖細胞をつくるための特別な細胞分裂と区別するため，通常の細胞分裂のことを**体細胞分裂**という。体細胞分裂のとき，染色体はコピーされて，もとの細胞とまったく同じ遺伝子をもった染色体が２組できる。細胞分裂のときのひとつの染色体をつくる２本の染色分体は，たがいにコピーである。また，遺伝子もコピーである。

染色分体

染色体

▶無性生殖はコピー

無性生殖は体細胞分裂が基本となっているので，新しくできる個体ともとの個体の遺伝子はまったく同じである。そのため，新しい個体は，**もとの個体とまったく同じ形質を示す。**

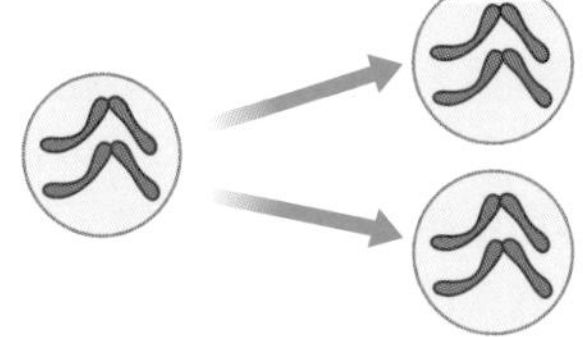

同じ染色体の組み合わせをもつ。

▲無性生殖における遺伝子の受け渡し

2 有性生殖のときの染色体・遺伝子の受け渡し

相同染色体（そうどうせんしょくたい）

下の写真のようにヒトの染色体を並べてみると，同じ大きさ，形の染色体が２本ずつあることがわかる。これらをたがいに**相同染色体**という。相同染色体の一方は父親からもらったもので，もう一方は母親からもらったものである。写真の染色体を上下に分けると，23本の染色体の組が２つできる。この23本の染色体１組のなかにはヒト１人分の遺伝情報がすべてふくまれている。この組を**ゲノム**➡①とよぶ。ふつう生物は，体細胞（生殖細胞以外の細胞）のなかに２組のゲノムをもつ。

もっとくわしく

①ゲノムはひとつの生物が成り立つための遺伝情報の最小単位である。

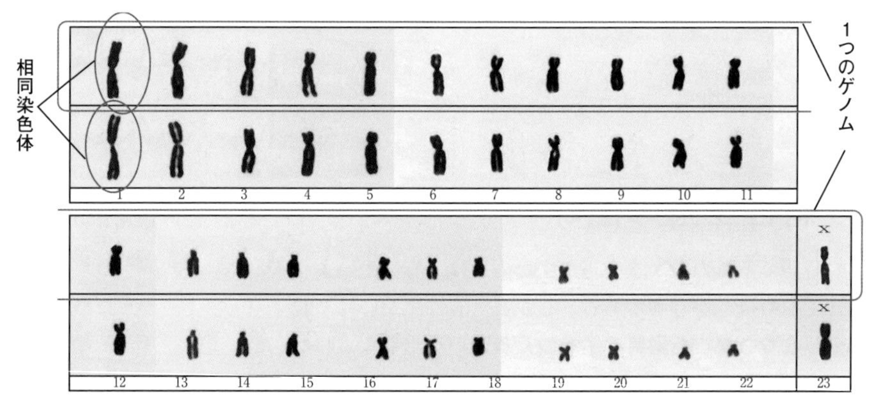

▲ヒトの染色体（女性の場合） ©鳥取大学医学部・飯野晃啓教授

減数分裂

ヒトのひとつの体細胞の染色体は46本であり，父母からそれぞれ染色体をもらっているにもかかわらず，２倍になることはない。これは，両親の体内で**生殖細胞をつくる細胞分裂をするとき，染色体数が半分になる**からである。このような生殖細胞をつくるときの分裂を**減数分裂**という。

生殖細胞・子の染色体の組み合わせ

減数分裂のとき，**体細胞の２本の相同染色体のうちの１本がひとつの生殖細胞に入る**ので，染色体の入り方は２通りとなる。例えば，４本の染色体をもつ生物では，生殖細胞は次の図のような４通りができる。さらにその生殖細胞が合体して子をつくると，その組み合わせは16通りとなる。

染色体46本のヒトでは，子の染色体の組み合わせは$2^{23} \times 2^{23}$(70兆以上)通りにもなる。

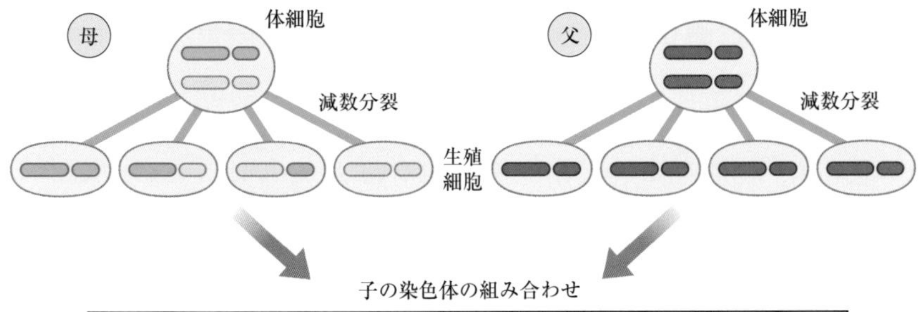

子の染色体の組み合わせ

父から
母から

▲親から子へ受け渡す染色体の組み合わせ（染色体が４本の生物の場合）

前に述べたように，無性生殖では，親と子の染色体の組み合わせはまったく同じである［➡P.417］。しかし，有性生殖では，少しずつちがった染色体の組み合わせをもつ親から，少しずつちがった染色体をもった子ができる。このように多様な染色体をもつ子がうまれるということは，多様な形質をもつ子がうまれるということである。つまり，**有性生殖によって，生物は多様な形質の個体をつくることができるのである。**

▶ 多様性のある利点

例えば，地球環境が急激に変化したとする。ある生物の個体の形質が環境に合わなかった場合，その個体は死んでしまう。それと同じ形質の個体はすべてその環境に合わないと考えられるので，その形質しかもたない生物は絶滅してしまうかもしれない。しかし，種のなかに多様な形質の個体がいると，生き残ることのできる個体が出てくる可能性があるので，**種全体としては絶滅しなくてすむ確率が高くなる。**

多様性の大切さ
地球全体で見ても，生物の多様性の維持は自然界のバランスを保つ上で大切である。ある生物種だけが極端に多くなると自然のバランスがくずれて大量絶滅の引き金にもなってしまう。
環境保護の意味はそこにもあるのだ。

研究　生命と遺伝子

〈クローン〉

ある個体とまったく同じ遺伝子をもった個体を，たがいにクローンといいます。無性生殖でできた個体は，すべてクローンになります。現在はヒツジ，ウシなどいろいろな動物のクローンを人工的につくることが技術的には可能になっています。これらは乳せんなどからとり出した体細胞の核を，核をとり除いた未受精卵に移植してつくられます。

©ＡＦＰ＝時事（ＯＰＯ）

▲世界初のクローンヒツジ　ドリー

〈双子〉

一卵性の双子は，何らかの理由で受精卵が2つに分かれてしまい，そのままそれぞれの発生が進んでできます。このため，一卵性の双子は，たがいにまったく同じ染色体をもっています。

〈ゾウリムシの寿命は？〉

ゾウリムシ1匹を広い水槽に入れて飼育すると，十分にえさをあたえていても，50回くらい分裂すると分裂できなくなって絶滅してしまいます。

しかし，絶滅する前に，ちがう遺伝子をもつゾウリムシを入れると，ちがう遺伝子をもつゾウリムシどうしが接合して，たがいに遺伝子を交換します。こうして接合したゾウリムシは，また生き続けることができるのです。

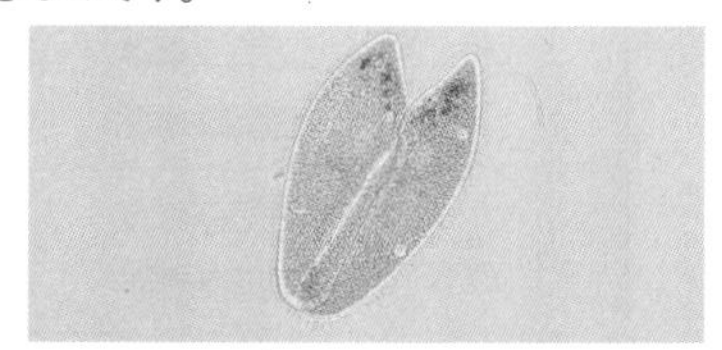

▲ゾウリムシの接合

③ 遺伝の法則

親の形質が子に伝わることを**遺伝**という。遺伝のしかたには，前に述べた有性生殖の親と子の染色体の組み合わせ[➡P.419]にもとづいた，一定の法則がある。この遺伝の法則性を世界でいちばんはじめに発見したのは，**メンデル**である。メンデルはエンドウを使って8年間研究を進め，遺伝の法則を発見した。その法則は，今では「メンデルの法則」ともよばれている。

▲メンデル

人物

メンデル（1822～1884）

チェコ共和国（当時はオーストリア）に生まれ，ブルノ（当時はブリュン）の修道院で修道士をしながらエンドウを栽培して遺伝の法則の研究を行い，1865年にその成果を発表した。この研究は画期的なものであったが，当時はまったく注目されなかった。しかし，発表から35年たった1900年に，メンデルの法則は3人の学者によって再発見された。

メンデルの実験

メンデルは，下の図に示したエンドウの７つの**対立形質**➡①に着目して実験を行った。

種子の形を例にすると，丸い種子をつくる**純系**➡②としわのある種子をつくる純系(親とよび，Ｐと表す)をかけ合わせると，その子(**雑種第一代**とよび，F_1と表す)はすべて丸い種子をもった。

さらに，F_1どうしをかけ合わせると，その子（**雑種第二代**：F_2）には，丸い種子としわのある種子が３：１の割合であらわれることを発見した。

用語

①対立形質
種子の形には，丸としわがあり，１つの種子にはどちらかの形質しかあらわれない。このような同時にあらわれない２つの形質。

用語

②純系
代をいくつ重ねても同じ形質になる個体。

▼メンデルの実験で使われたエンドウの形質

形質		種子の形	子葉の色	花のつき方	茎の高さ	さやの形	さやの色	種皮の色
P	顕性(けんせい)形質	丸	黄色	えき生	高い	ふくれ	緑色	有色
	潜性(せんせい)形質	しわ	緑色	頂生	低い	くびれ	黄色	無色
F_1	形質	丸	黄色	えき生	高い	ふくれ	緑色	有色
F_2	顕性	5474	6022	651	787	882	428	705
	潜性	1850	2001	207	277	299	152	224
	計	7324	8023	858	1064	1181	580	929
	顕潜	2.96：1	3.01：1	3.14：1	2.84：1	2.95：1	2.82：1	3.15：1

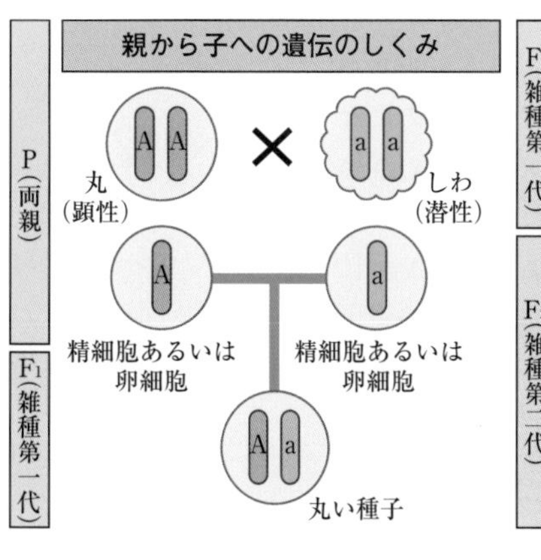

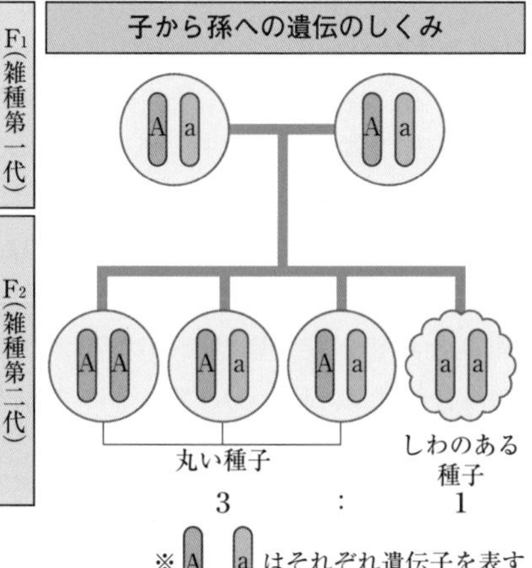

メンデルの法則

メンデルの時代には，まだ遺伝子の存在は知られていなかったが，彼は「遺伝要素（エレメント）」というものを仮定して，次のように考えを進めた。

① 各個体は同じ形質を決める2つの遺伝要素をもち，別々の生殖細胞に入る。
→**分離の法則**

② 2つのちがう遺伝要素をもつ場合，片方の形質があらわれる。あらわれるほうを**顕性**（けんせい），あらわれないほうを**潜性**（せんせい）とよんだ。

③ ちがう形質を決める遺伝要素は，たがいに影響しない。
→**独立の法則**

もっとくわしく

ふつう，顕性の遺伝子（メンデルの考えでは遺伝要素）は大文字で示し，潜性の遺伝子は小文字で表す。別々の染色体上にある遺伝子どうしの間でのみ，独立の法則が成り立つ。

メンデルの法則が成り立つ遺伝

ヒトの耳あか　：あめ耳（耳あかが湿っている）が顕性，粉耳（こなみみ）（耳あかが乾いている）が潜性。日本人の多くは，粉耳の遺伝子をもつ。

カイコガの卵の色：暗い紫色が顕性，淡黄色が潜性。

もっとくわしく

顕性形質を優性形質とよび，潜性形質を劣性形質とよぶ場合がある。遺伝で使われる「優性」「劣性」は優秀，劣等という意味ではない。

ABO 式血液型

メンデルの法則とは少しちがう法則で成り立つものに，ABO 式血液型がある。ABO 式血液型の遺伝子には，A，B，O の3種類があり，ヒトはそれぞれ，このうちの2つをもっている。各形質と遺伝子の組み合わせは，右のようになる。AA の遺伝子の組み合わせをもつ A 型と OO の遺伝子の組み合わせをもつ O 型をかけ合わせると，子の遺伝子の組み合わせは，AA，AO で，子はすべて A 型になる。AO の遺伝子の組み合わせをもつ A 型と OO の遺伝子の組み合わせをもつ O 型をかけ合わせると，子の遺伝子の組み合わせは，AO，OO で，子は A 型か O 型になる。

形質	遺伝子の組み合わせ
A型	AA，AO
B型	BB，BO
O型	OO
AB型	AB

遺伝子の本体

遺伝子の本体をつくっている物質は，**DNA**（デオキシリボ核酸）という物質である。DNA分子の立体構造は，1953年にワトソンとクリックによって解明された。

彼らは，いろいろな科学者の研究データをもとに解析を続け，ついにDNAの構造をつきとめた。

DNAは，デオキシリボース(糖)とリン酸，塩基（アルカリ性の物質）から構成されていて，この3つの物質が結合したものをヌクレオチドという。

©AFP＝時事（OPO）
▲ワトソンとクリック

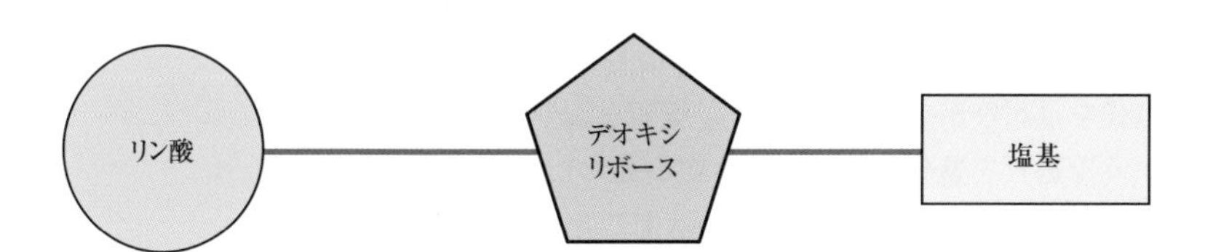

▲ DNAのヌクレオチド

DNAの塩基には，アデニン（A），チミン（T），シトシン（C），グアニン（G）という4種類がある。DNAはヌクレオチドが多数つらなった長い鎖2本が結合して，ねじれたような形（**二重らせん構造**）をしている。DNAは染色体のなかのヒストンというタンパク質とともに何重にも巻かれて存在している。

ヒトでは，ひとつの細胞内のDNAをつなぐと2m近くにもなるといわれている。

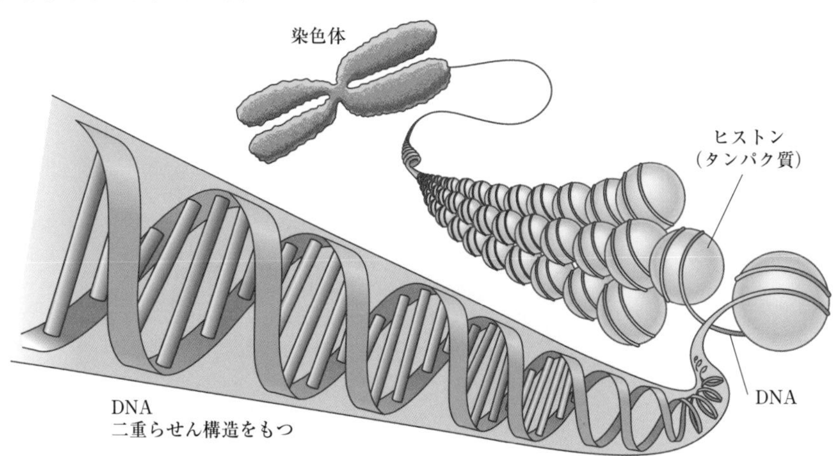

▲染色体のなかのDNA

§3 生物の進化

▶ここで学ぶこと

地球の長い歴史のなかで，生物が進化してきたという証拠はいろいろある。化石や現存する生物などをもとに，その証拠のいくつかを見ていく。

① 生物の進化の証拠

せきつい動物や無せきつい動物の進化や，化石と地質時代[➡P.502]からもわかるように，地球の長い歴史の間に，生物は代を重ねながら次第に変化し，種類をふやしてきた。このような過程を**進化**➡①という。生物が進化してきたという証拠は生物学のあらゆる領域から示すことができるが，ここではそのうちのいくつかを例にとって，くわしく見ていくことにする。

参考

①進化は，全体としては生物のからだが次第に複雑化する傾向にあるが，なかには，目が退化したり，寄生虫のように消化管などが簡素化したりするといったものもあり，これも進化にふくまれる。このような場合は，退行的進化とよぶこともある。

「生物は進化する」という進化論を最初に本格的に唱えたのはチャールズ・ダーウィン(1809～1882)。著書に「種の起源」(1859年)がある。

1 化石に見られる証拠

ウマの進化

北アメリカ大陸の新生代の地層から，ウマの化石が多数見つかっている。それらの化石を年代順に並べて調べてみると，次第にからだが大型化したり，前肢・後肢が長く大きくなるとともに指の数が減少したりといった，一連の進化が見られる。これは，**森林生活から草原生活へと移行し，速く走るための適応**[➡P.429]の結果と考えられる。また，えさとなる食物が森林の樹木の若葉から草原のかたいイネ科植物に変わったことによる，大臼歯(だいきゅうし)の大型化，複雑化といった変化も見ることができる。

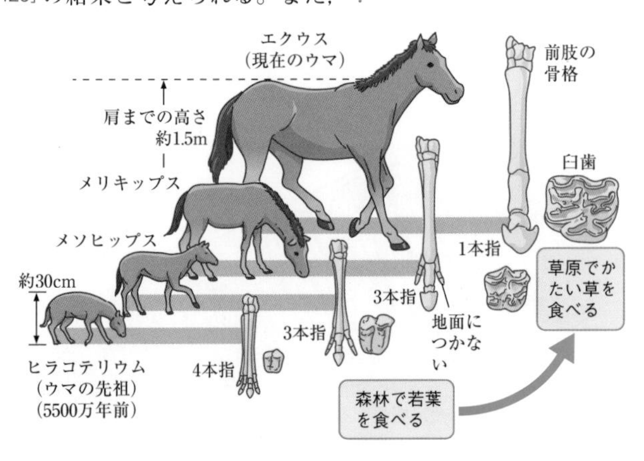

▲ウマの進化

ゾウの進化

ゾウ➡②の化石でも，からだの大型化，鼻の長大化，きばの発達など，連続的な進化の方向性が見られる。

2 解剖学上からの証拠

相同器官

ヒトの手，イヌの前あし，クジラの胸びれ，コウモリの翼は，形もはたらきも異なるが，これらの骨格を比較すると，**基本的な構造は同じで，共通の祖先から変化してきたものと考えられる**。また，鳥の翼やワニの前あしを比較しても，同様である。

このように，見かけ上の形やはたらきがちがっていても，発生の起源や基本的構造が同じ器官を，**相同器官**という。相同器官の存在は，それらの生物が共通の祖先から発生し，異なる環境に適応し，進化してきた結果と考えることができる。

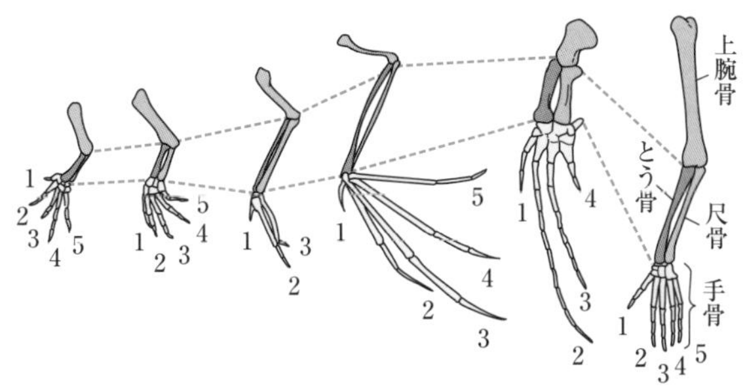

▲相同器官（せきつい動物の前あし）

相同器官のその他の例

- 花弁，がく，めしべ，おしべ，エンドウの巻きひげ，ウツボカズラの捕虫葉（いずれも葉が変化したもの）。

参考

②ゾウ類の祖先は，メリテリウムと考えられ，現生のゾウはエレファスとよばれるゾウである。

もっとくわしく

相似器官

形やはたらきは似ているが，発生の起源が異なる場合は，相似器官という。
（例1）鳥の翼（前あし）とチョウのはね（表皮）。
（例2）ジャガイモのいも（茎）とサツマイモのいも（根）。

▲ウツボカズラ

3 痕跡器官の存在

祖先の生物でははたらきをもっていたが，現在の生物では退化してはたらいておらず，痕跡しか残っていない器官を，痕跡器官という。

①ニシキヘビの後あし

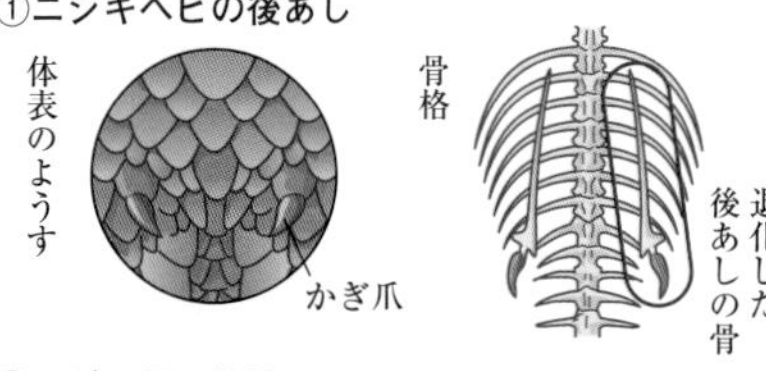

②クジラ類の後肢

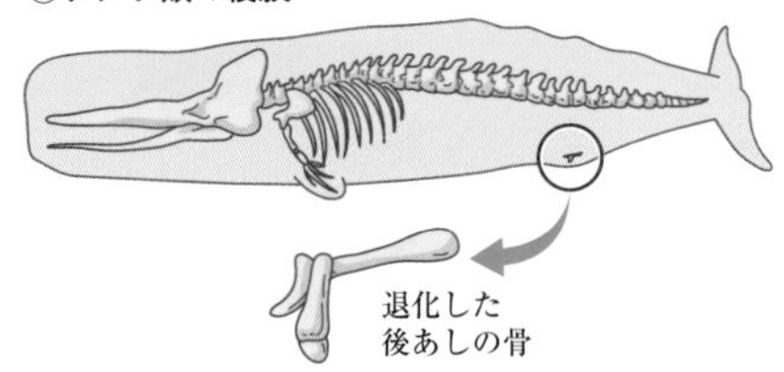

③ヒトの痕跡器官

カエル ヒトの目（右目）
瞬膜
結膜半月ひだ（瞬膜の痕跡）
動耳筋（耳を動かす筋肉）
イヌ
犬歯
ウサギ
虫垂
尾骨

▲痕跡器官

4 中間型生物→①の存在

始祖鳥　始祖鳥→②という化石動物→③は，鳥類の特徴とハチュウ類の特徴の両方をもっている。そのため，**ハチュウ類から鳥類への進化**を推定させる中間型生物として有名である。

鳥類としての特徴…………前あしが翼になっている。
全身に羽毛がある。
ハチュウ類としての特徴…翼に，つめのある３本の指がある。
尾骨のある尾がある。
口に歯がある。

用語

①中間型生物
２つのグループにまたがる特徴をもつ生物。

もっとくわしく

②始祖鳥は，中生代ジュラ紀のドイツの地層で発見された。

用語

③化石動物
すでに絶滅し，化石として発見される動物。

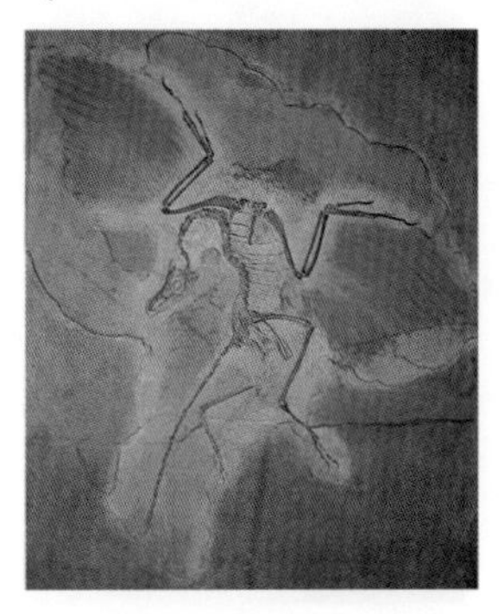

始祖鳥はカラス程度の大きさである。
□…ハチュウ類としての特徴
○…鳥類としての特徴

▲始祖鳥の復原図

●**カモノハシ**　カモノハシ→④ [➡P.344]は，**全身が毛でおおわれ，子を母乳で育てるため**，ホニュウ類の単孔類に分類される。しかし，**卵生で骨格がハチュウ類に類似している**ところがある。

●**シーラカンス**　深海魚だが，胸びれ，腹びれに陸上せきつい動物のあしのような骨格があり，**魚類から両生類への進化の初期の段階**をあらわしていると考えられている。昔の生物の形をよくとどめているので，「生きている化石」[➡P.429]とよばれる。

●**ソテツシダ類（シダ種子類で原始的な裸子植物）**　ソテツシダ類→⑤の植物体は木生シダ様で，花はつくらない（シダ植物の特徴）一方，胞子のうではなく葉の先にソテツ様の種子をつくる（種子植物の特徴）。

もっとくわしく

④オーストラリア東南部とタスマニア島の川辺にだけ生息する。カモに似たくちばしをもち，水かきがある。

もっとくわしく

⑤古生代石炭紀に栄え，その後絶滅した。

5　発生過程の比較

せきつい動物の発生過程をいろいろな動物で比較すると，初期の胚ほどよく似ていることがわかる。

かつて，ヘッケル（1866年）は，進化の過程で生じた形態や機能といった系統発生は，個体発生の過程を制限するので，個体発生では系統発生が短い時間にくり返されることが多いと唱えた（発生反復説→⑥）。

ここに注意

⑥発生反復説は広く適用できるわけではないと考えられている。

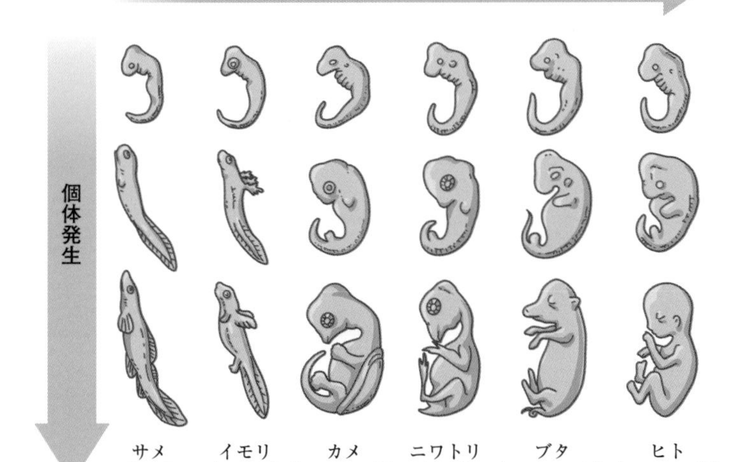

▲せきつい動物の個体発生と系統発生

研究 エビとカニの発生

エビとカニの成体（おとな）を比較すると，エビには腹部があることが一見してわかりますが，カニは頭胸部しかないように見えます（カニを裏返してみれば腹部が頭胸部の下におりたたまれていることがわかります)。エビもカニも卵から生まれた後，何回か変態して成体になります。その過程（発生過程という）を調べてみると，ノープリウスとゾエアという共通の幼生時期を経ることから，近縁であることが予想できます。事実，エビもカニも節足動物の甲殻類[➡P.347]に属しています。さらにフジツボやカメノテは，外見上貝類のように見えますが，ノープリウス幼生を経ることから，エビやカニと同じ甲殻類に属すると考えられます。このように，成体の姿かたちだけでなく，発生過程を調べることでなかま分けができることもあります。

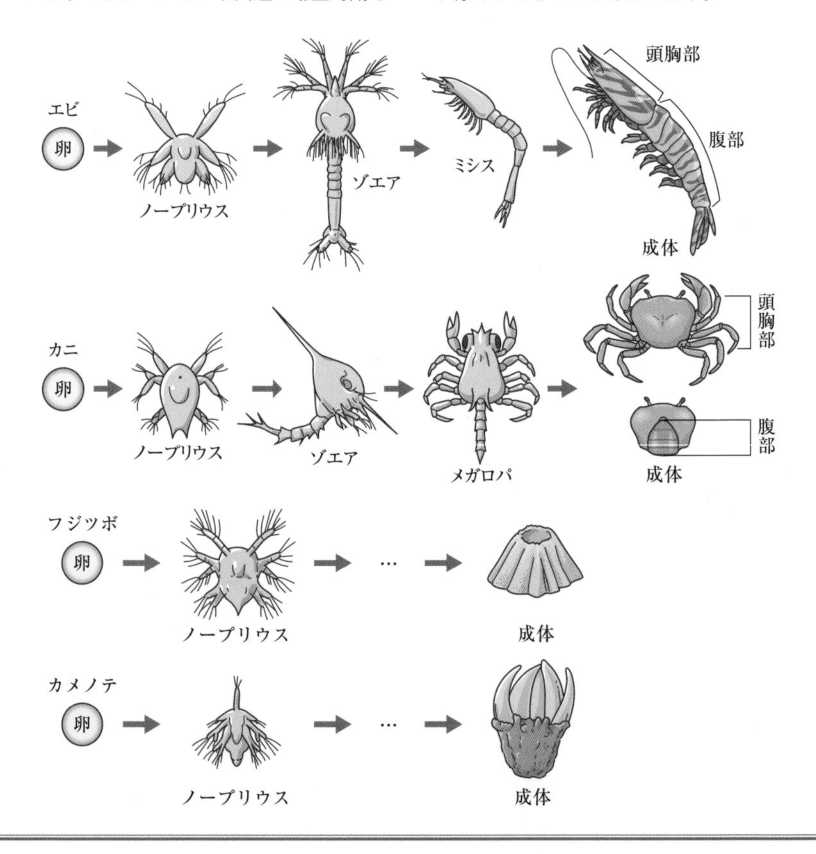

6 分布上からの証拠

▶適応

生物が外界の影響を受けてその環境に適合するような形態やはたらきをもつようになること，またはその過程を適応（アダプテーション）という。

例　サボテン（乾燥に対する適応）・ウミガメ（水中への適応）・ハイマツ（風の強い高山への適応）

▶適応放散

同一系統の生物が，異なった生活場所や食物などに適応する過程で多様な種に進化していく現象を，適応放散（てきおうほうさん）➡①という。

例えば，オーストラリア大陸では，ホニュウ類の有袋類［➡P.344］が，いろいろな生活場所や食物などに適応して，さまざまな種に分かれた。

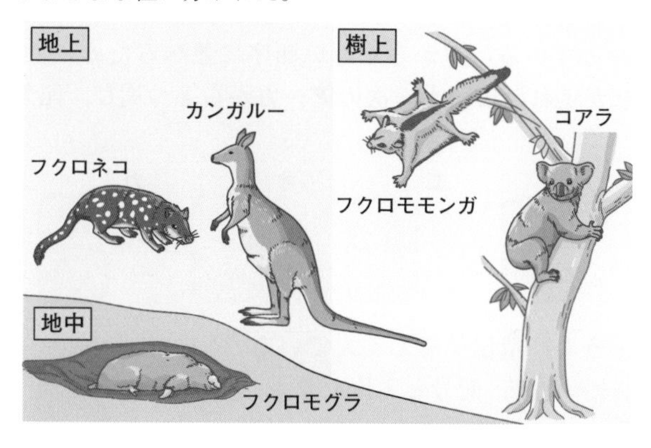

もっとくわしく

①適応放散の例としては，南アメリカのガラパゴス諸島に生息するダーウィンフィンチ類や，マダガスカル島に生息するオオハシモズ科などが知られている。これらは近い種であるが，さまざまな形のくちばしをもつものがいる。

7 生きている化石

カブトガニやメタセコイアなどの，地質時代の祖先からあまり変化しないまま今日も生存している生物を，「生きている化石➡②」とよぶ。「生きている化石」は，化石生物と現生の生物との関係を研究するのに役立つ。

もっとくわしく

②生きている化石の例としては，ほかにイチョウ（裸子植物［➡P.325］），トクサ（シダ植物［➡P.328］），ウミユリ（棘皮動物［➡P.348］），ムカシトカゲ（ハチュウ類［➡P.341］）などがある。

▲カブトガニ（節足動物）

▲シーラカンス（魚類）

▲オウムガイ（軟体動物）

▲メタセコイア（裸子植物）

練習問題

解答➡ p.623

1 タマネギの根の観察について，次の問いに答えよ。 （山梨県）

(1) タマネギを水につけておくと，**図1**のように根がのびてくる。**図2**は，先端から約10㎜切りとった根の模式図である。次の問いに答えよ。

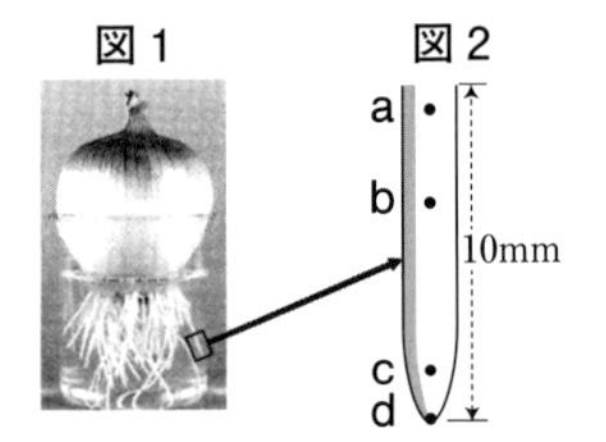

① 細胞分裂のようすを観察するには，**図2**のどの部分がもっとも適当か，点**a**～**d**からひとつ選び，記号で答えよ。

② 次の模式図は，細胞分裂の順序を示そうとしたものであるが，1か所だけ入れかわっている。左から正しい順序に並べるためには，どれとどれを入れかえればよいか。次の**ア**～**カ**から2つ選び，記号で答えよ。

ア 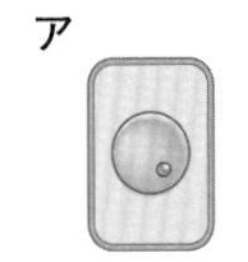 イ  ウ  エ  オ  カ 

③ **図3**の**a**～**d**のうち，遺伝子をふくんでいるものはどれか。ひとつ選び，記号と名称を書け。

(2) 動物の精子や卵がつくられるときには特別な細胞分裂を行う。その分裂を何とよぶか，漢字で書け。

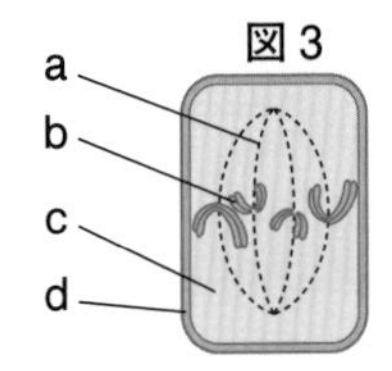

2 被子植物の生殖について，次の問いに答えよ。 （長崎県改題）

(1) 次の文は，受粉したあとにめしべで起こる変化について説明したものである。文中の（　　）に適する語句を書け。

> 花粉はめしべの柱頭につくと花粉管をのばす。精細胞は花粉管を通って子房の内部にある（ ① ）までおくられ，精細胞と卵細胞のそれぞれの（ ② ）が合体して受精卵ができる。受精卵は，分裂をくり返して胚になり，胚をふくむ（ ① ）全体が発達して種子になる。また，（ ① ）のなかにある子房は発達して（ ③ ）になる。

⑵　右の図は，２つの個体Ａ，Ｂの細胞の染色体を模式的に表したものである。ＡとＢを両親として受精させ，Ａにできた種子をまくと新しい個体(子)が生じた。このときの受精に使われた精細胞と，生じた子の細胞の染色体を図にならって表せ。

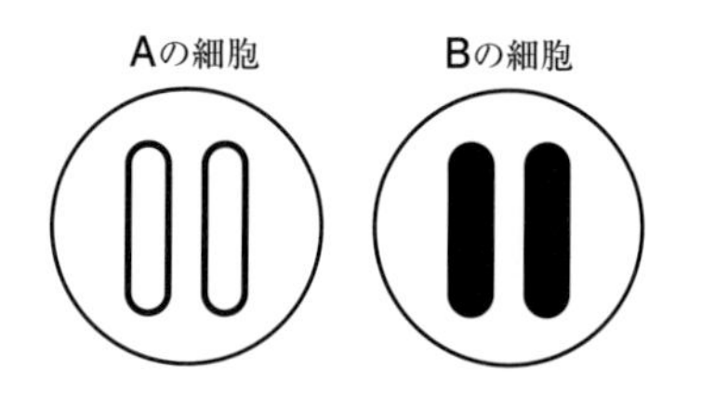

⑶　次の文のうち，有性生殖について説明したものはどれか。次のア～エからひとつ選び，記号で答えよ。

ア　サツマイモのイモから芽が出てふえる。
イ　セイロンベンケイソウの葉から芽が出てふえる。
ウ　イチョウのぎんなんから芽が出てふえる。
エ　ヒドラが出芽でふえる。

3

下の図は，カエルが成体になるまでのようすを表している。あとの問いに答えよ。　(鳥取県)

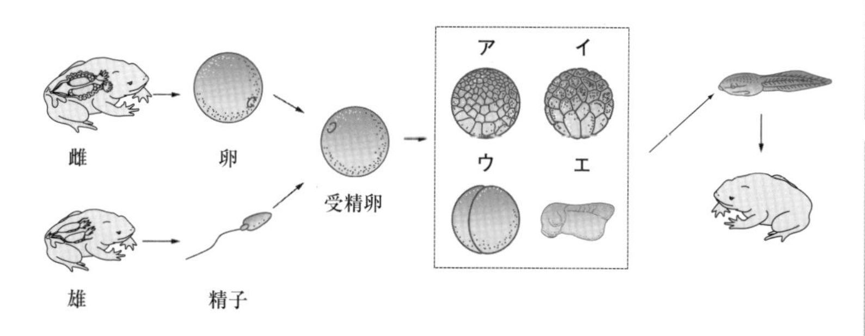

⑴　図中の点線内**ア**～**エ**を，成長していく順に並べかえよ。

⑵　図中の点線内**ア**～**エ**のように，自分でえさをとりはじめる前までの段階を何というか。

⑶　カエルの体細胞の染色体の数は26本である。カエルの精子の核にある染色体の数は何本か。

⑷　カエルのふえ方とは異なり，雌雄にもとづかないふえ方を何というか。

⑸　親から子への遺伝子の伝わり方について，雌雄にもとづかないふえ方は，雌雄にもとづくふえ方とちがって，どのような特徴があるか。

第5章 自然と人間

↑人間は自然の力を利用したり，自然に影響をあたえたりして活動している。この章では生物どうしのつながりや，人間と自然界のかかわりについて学ぶ。わたしたちが地球環境を守るためにできることは何かも考えていこう。

§1 生物と自然界

▶ここで学ぶこと

生物どうしのつながりやつり合い，土壌動物や分解者のはたらき，生態系内での物質の循環などを調べ，自然界におけるそれぞれの生物の位置づけを認識する。

① 生物のつながりとつり合い

1 生物どうしのつながり　～食物連鎖（しょくもつれんさ）～

食物連鎖と食物網（しょくもつもう）

どの生物もほかの生物とかかわりをもちながら生きている。例えば，バッタはえさとして草を食べて生きているが(草から見れば食べられる)，その一方で，カエルなどによって食べられる。森や林，水田，川や池・湖，海のなかなどにおける生物どうしのかかわりを調べると，そこでは**食う ── 食われるの関係（捕食と被食の関係）**が見られる。

▲草を食べるバッタ

例　植物→アリマキ→テントウムシ→カエル→モズ→タカ

(注) →の前が食べられる生物，うしろが食べる生物を表す。

▲バッタを食べるカエル

このような食べ物による生物どうしのつながりを，**食物連鎖**という。しかし，実際に自然界で見られる食物連鎖は，上のような1本の直線で表される単純なものではなく，もっと複雑である。このような複雑なつながりの場合は，網目状という意味で**食物網**とよばれている。

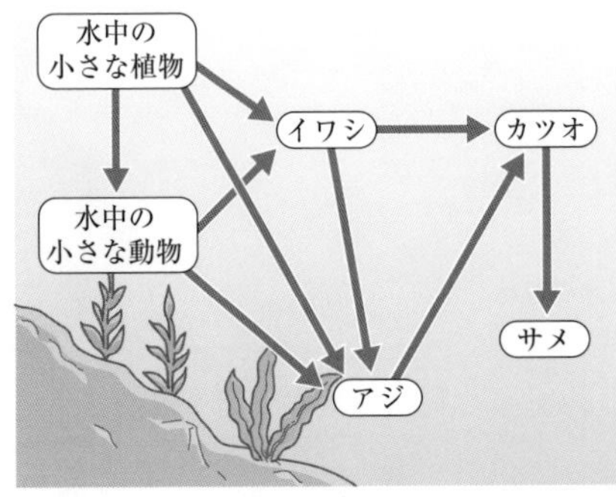

▲海中の食物網

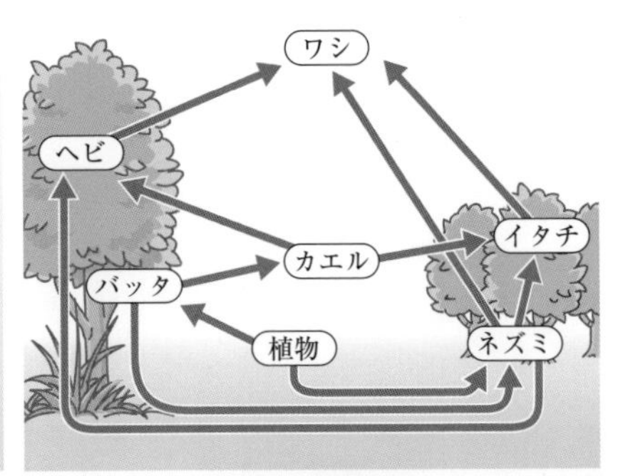

▲陸上の食物網

▶生産者・消費者

●生態系（せいたいけい）　あるまとまった地域に生活するすべての生物と，その地域の水・温度・光・土壌・空気（CO_2・O_2など）などの環境要素をまとめて**生態系**[→①]（ecosystem）とよぶ。

生態系を構成する生物は，生産者，消費者，分解者[➡P.439]に分けることができる。

●**生産者**[→②]　植物は，光合成によって有機物をつくるので生産者とよばれ，つねに**食物連鎖の最初に位置している**。

●**消費者**　動物は，生産者のつくった有機物を消費するので消費者とよばれる。動物のなかには，草や木の葉，果実・種子などを食べる**草食動物**，草食動物を食べる**肉食動物**，さらにその肉食動物を食べる肉食動物など，さまざまな種類がある。そのため，次の表に示したように，消費者は一次・二次・三次消費者，…に分けられる。

▼生態系を構成する生物

生産者（光合成を行う生物）		植物など
消費者	一次消費者（草食動物）	ウサギ・バッタなど
	二次消費者（小型肉食動物）	カエルなど
	三次消費者（大型肉食動物）	ヘビなど
分解者 [➡P.439]	（動植物の死がい・排出物を無機物に分解する生物）	土の中の小動物，細菌類，カビ・キノコなど

もっとくわしく

①森や林，草原，砂漠，湖，海などはそれぞれひとつの生態系をなしている。身近なところでは，金魚や水草などの入った小さな水槽も，ひとつの生態系である。ひいては，地球全体もひとつの生態系であるということができる。

参考

②生産者には，植物のほかに，ラン藻類や光合成細菌，化学合成細菌がある。

もっとくわしく

食物連鎖
生産者
↓
一次消費者
↓
二次消費者
↓
三次消費者
↓
⋮
↓
分解者

研究　生物濃縮（せいぶつのうしゅく）と食物連鎖

特定の物質が分解されずに生物の体内に蓄積され，周囲の環境に比べて高濃度になることがあり，この現象を生物濃縮といいます。

この生物濃縮は，食物連鎖の結果で，食物連鎖の上位に位置する動物ほど体内の特定の物質が濃縮され，ついには健康な生活を営めなくなったり，死にいたったりすることがあります。

生物濃縮される物質のなかには，殺虫剤（DDT や BHC），PCB，有機水銀，カドミウムなどがあります。ヒトでも，水俣病（みなまたびょう）やイタイイタイ病などの例があり，社会問題となっています。

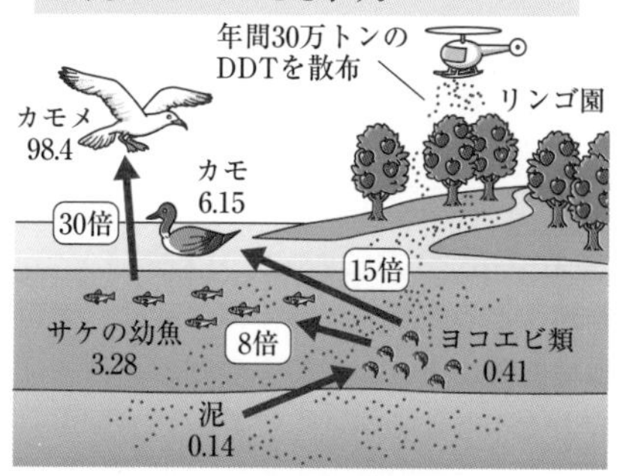

▲ DDT の生物濃縮の例

2 生物どうしのつり合い

個体数ピラミッドと生物量ピラミッド

ある地域の生態系を構成する生産者や一次・二次・三次消費者などの個体数を調べると，生産者である植物がもっとも多く，一次・二次・三次消費者，…と上の階層にいくほど個体数は減少していく。これらを下から積み重ねるとピラミッドの形になる。このように生物の個体数をピラミッドの形で表したものを**個体数ピラミッド**➡①とよんでいる。生産者や各消費者の総重量を調べ，同様に下から積み重ねても，ピラミッドの形になる。これを**生物量ピラミッド**という。

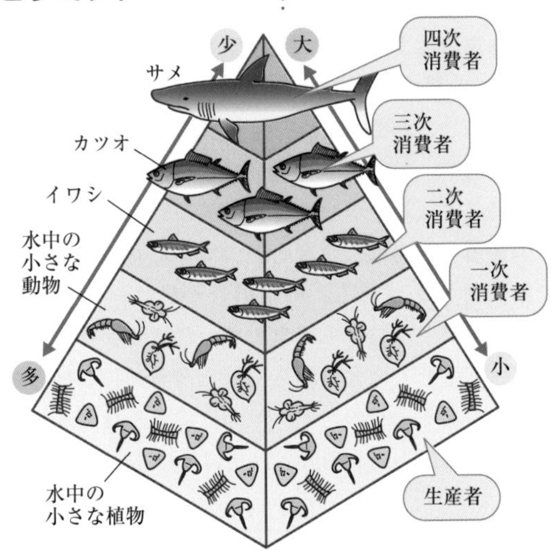

また，ある面積内で一定期間内に得られるエネルギーの量をピラミッドの形で表したものを生産力ピラミッドという。

安定した生態系では，これらのピラミッドの形は，ほぼ一定している。

個体数ピラミッド

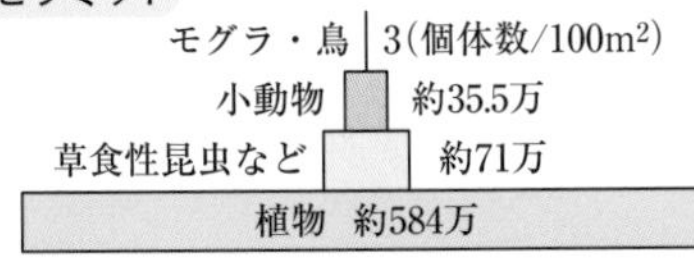

生物量ピラミッド

魚類 約20(トン/ヘクタール・年)
大形付着動物 約90
付着動物 約6000
海中植物 約24000

生産力ピラミッド

大形魚類 1.3(J/cm²・年)
魚類 約10
動物プランクトン 約170
植物プランクトン 約2000

生物の数量の変動とつり合い

●**季節による変動** 生物の個体数は，光の強さや温度などの環境要因に大きな影響を受ける。例えば，湖や池などでは次のような変動が見られる。

① 春になって温度が上昇し，光が強くなると植物プランクトンがふえ出す。

② ①にともなって，植物プランクトンをえさとする動物プランクトンや魚などがふえてくる。

ここに注意

①個体数ピラミッドには例外がある。例えば，１本のサクラの木（生産者）にたくさんのケムシ（一次消費者）がいて葉を食べたり，１本のバラ（生産者）に多数のアリマキ（一次消費者）がついて汁を吸ったりして生活しているような場合は，生産者の数より一次消費者の数のほうが多くなる。

１個体の動物の体内に寄生虫がたくさんいる場合も同様である。

これらの場合でも生物量ピラミッドは，それぞれの総重量で表すため，ピラミッドの形となる。

③　動物プランクトンや魚がふえてくると，植物プランクトンは食べられたり栄養塩類が減少したりするために数が減り，ややおくれて動物プランクトンも減ってくる。
④　秋になると植物プランクトンは再びふえ出すが，やがて光が弱くなったり低温になったりするために減少する。

このような季節的変動は，毎年のように見られる。

●被食者と捕食者の個体数の変動　上の「季節による変動」でもふれたように，**被食者と捕食者の個体数は，周期的に変動する**ことが知られており，被食者と捕食者の個体数の間には，下の図のような相互関係が見られる。

①　被食者数がふえると，それを食べる捕食者数がふえる。
②　捕食者数がふえると，被食者はより多く食べられてしまうので減少する。
③　被食者数が減ると，捕食者数はえさ不足となり減少する。
④　捕食者数が減ると被食者数が再びふえ出す。

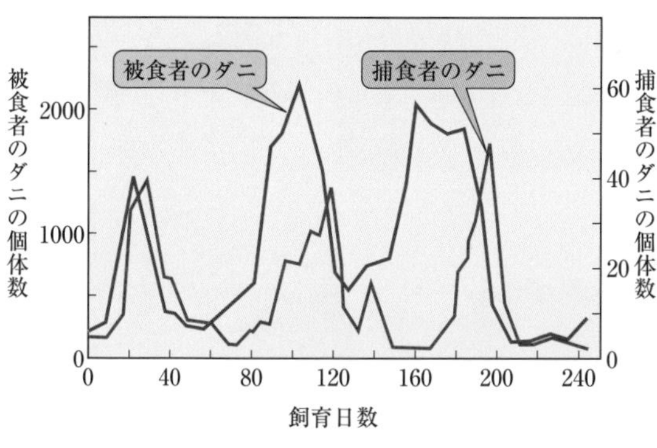

▲被食者と捕食者のダニの個体数の変動

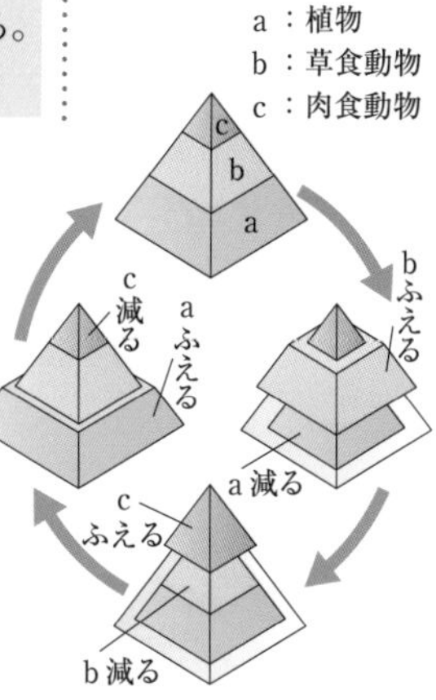

▲生物の数量の変動

●つり合いとそのくずれ　一般に，**生物の数量は，多少の増減はあるが，ある範囲内にほぼ一定に保たれてつり合っている。**

ときには，ある生物が一時的に異常にふえる場合もあるが，やがてその生物はえさ不足や捕食者の増加などにより減少して，いずれはもとの数量にもどる。

しかし，自然災害や人間の活動などによって**本来の自然環境が破壊されると**➡②，食物連鎖の関係がくずれ，もとにはもどらないか，もとにもどるために非常に長時間を必要としたりする。ときには，絶滅する生物が出てしまうこともある。

参考

②自然環境の破壊は，土地の状態の大きな変化だけでなく，特定の生物の移入や除去などもふくまれる。

② 土壌動物と分解者

1 土壌動物

土壌動物の種類

落ち葉の下や土のなかには，ダンゴムシ・トビムシ・ミミズ・センチュウ・ヤスデ・ムカデ・カニムシ・シデムシ・センチコガネ・オサムシ・キセルガイの幼虫など，さまざまな小動物が生息しており，これらの動物を**土壌動物**とよんでいる。土壌動物は，落ち葉や枯れ枝，動物の死がいや排出物などを直接または間接的に食べて消化し，さらに小さくくだいてふんとして出す。**土壌動物は消費者にあたるが，分解者にあたるものもいる。**また，食べるものによって，次のように分けることができる。

落ち葉などを食べる	…ダンゴムシ・ミミズ・センチュウ・トビムシ・キセルガイ・ヤスデ・コガネムシの幼虫
動物の死がいを食べる	…シデムシ
動物のふんを食べる	…センチコガネ
小動物を食べる	…カニムシ・ムカデ・クモ・オサムシ・モグラ

ここに注意

秋になると，落ち葉が大量に積もったりするが，いつのまにかなくなってしまう。これは，分解者のはたらきによるものである。

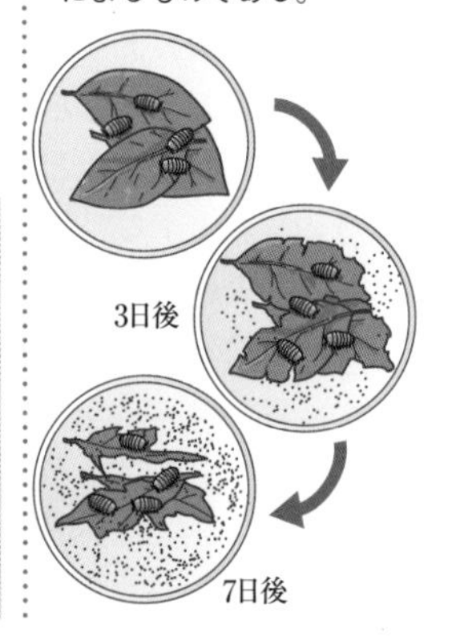

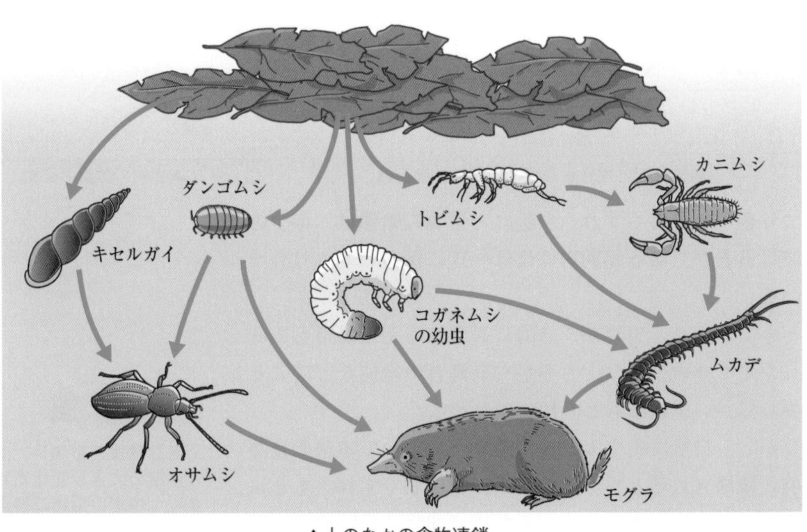

▲土のなかの食物連鎖

研究 土壌動物を採集する方法

土壌動物を採集するには，次のような方法を行うとよいです。

①調べたい場所の土を,落ち葉ごと掘りとる。
②集めた土を，バットか白い紙の上に広げる。
③ミミズやダンゴムシ，ワラジムシ，キセルガイなど，大きなものはピンセットでつまんで採集する。
（注）それらは70%エタノールに入れて保存してもよい。
④ピンセットでつまむには小さすぎたり，とりにくかったりするトビムシやダニなどの小動物は，右の図のようなツルグレン装置を使うとよい。

ツルグレン装置の原理は簡単で，上から電球の強い光と熱を当てると，土が乾燥してしまうため，もともと湿った暗いところに生活している土壌動物は，光と熱による土の乾燥をさけるように，土のなかへなかへとにげ，ついにはろうとの細い管から下へ落ちてしまうということを利用したものです。

なお，生物を70%エタノールに入れると死んでしまうので，土壌動物を生きたまま観察したいのであれば，エタノールは使用しないようにします。

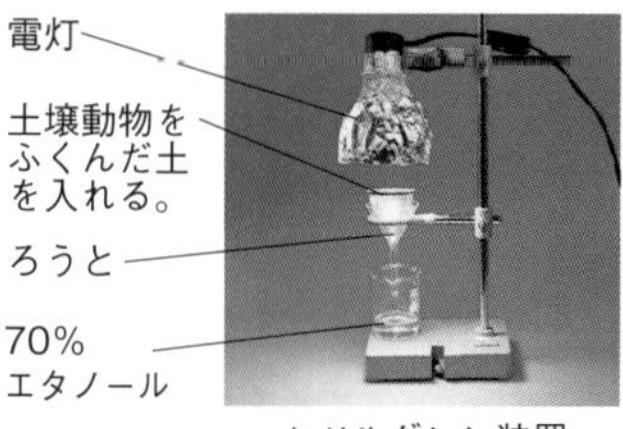

▲ツルグレン装置

2 分解者

土の中の小動物やカビ・キノコなどの菌類・細菌類のなかまは，動物や植物の死がいや排出物などにふくまれる有機物を無機物に分解するので，**分解者**➡①とよばれる。そして，分解者がつくった無機物を生産者である植物が利用して光合成を行う。分解者は水のなかにもいる。

もっとくわしく

①分解者は，死がいや排出物中の有機物を分解するときに生じるエネルギーで生活している。

落ち葉・枯れ枝・動物の死がい・排出物など の有機物 —(分解者)→ 二酸化炭素＋水＋アンモニアなどの窒素をふくむ無機物

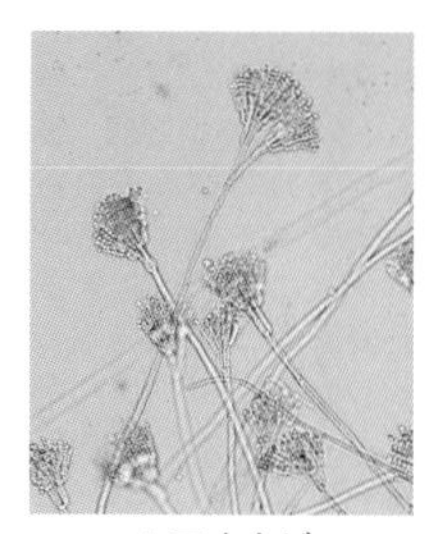
▲アオカビ

▲シイタケ

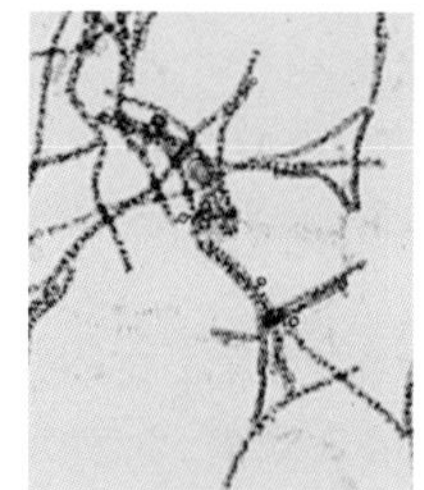
▲納豆菌

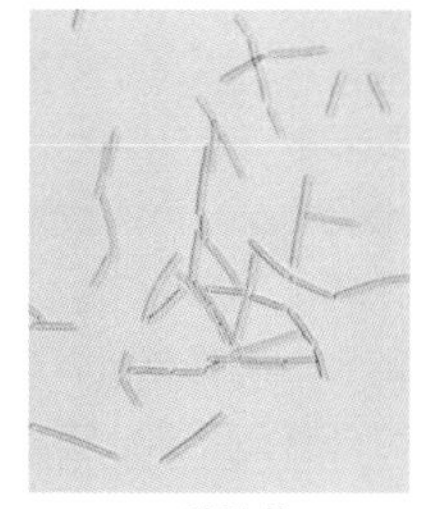
▲乳酸菌

▲分解者である菌類・細菌類

③ 物質の循環

1 炭素の循環

自然界において，**炭素は生態系内を循環している。**

炭素（C）は無機物の二酸化炭素（CO_2）や，生物体の構成物質であるタンパク質や脂肪，炭水化物などの有機物にもふくまれている。

生産者である植物は，光合成によって二酸化炭素からデンプンなどの有機物をつくり，生産者がつくった有機物は，食物連鎖にしたがって，一次消費者→二次消費者→三次消費者，……へと移動していく。さらに，動植物の死がいや排出物などにふくまれる有機物は，分解者によって分解される。また，生産者である植物も消費者である動物も，そして分解者である土の中の小動物や菌類・細菌類なども，すべての生物は呼吸を行っていて，呼吸により有機物を分解し，有機物中の炭素を最終的に無機物の二酸化炭素として排出する。排出された二酸化炭素は，再び生産者の光合成に利用される。

もっとくわしく

窒素の循環
タンパク質やアミノ酸などの有機物には窒素もふくまれている。窒素（N）は，無機物ではアンモニア（NH_3）や硝酸（HNO_3），窒素ガス（N_2）などにふくまれ，炭素と同様に生態系内を循環している。

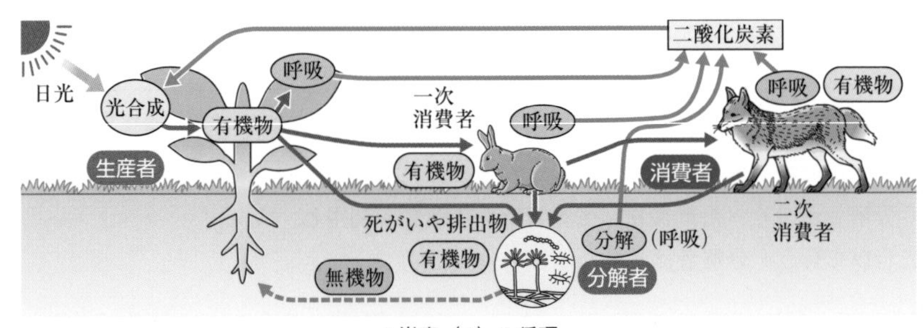

▲炭素（C）の循環

2 酸素の循環

酸素は，大気中の酸素ガス（O_2）や二酸化炭素（CO_2），そして水（H_2O）などの無機物のほか，タンパク質・脂肪・炭水化物などの有機物にふくまれている。**酸素もまた，生態系内を循環している。**すなわち，炭素の循環と同様に，生産者→消費者という食物連鎖による有機物中の“O”としての移動と，分解者による分解，すべての生物が行っている呼吸により生じる二酸化炭素（CO_2）や水（H_2O）の“O”として移動，循環する。

もっとくわしく

生物によっては，コウボキンや乳酸菌などのように酸素（O_2）を使わない呼吸（嫌気呼吸）をしているものもある。コウボキンは嫌気呼吸により CO_2 を発生するが，乳酸菌は CO_2 を発生しない。しかし，つくられた乳酸はいずれほかの生物の呼吸材料に使われ，CO_2 となる。

そして，二酸化炭素や水の“O”は，再び生産者である植物の光合成によって有機物中の“O”としてとりこまれたり，“O_2”として生態系へ放出されたりする。

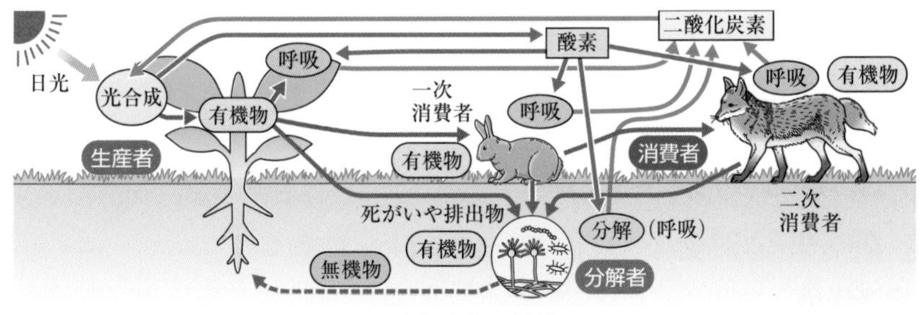

▲酸素（O）の循環

研究　生態系におけるエネルギーの流れ

炭素（C）や酸素（O）をはじめ，物質は生態系内を循環しますが，エネルギーはどうでしょう。答えは，「循環せず一方向にのみ流れる」です。これはなぜでしょうか。

すでに学んだように，有機物は下の図のように移動します。

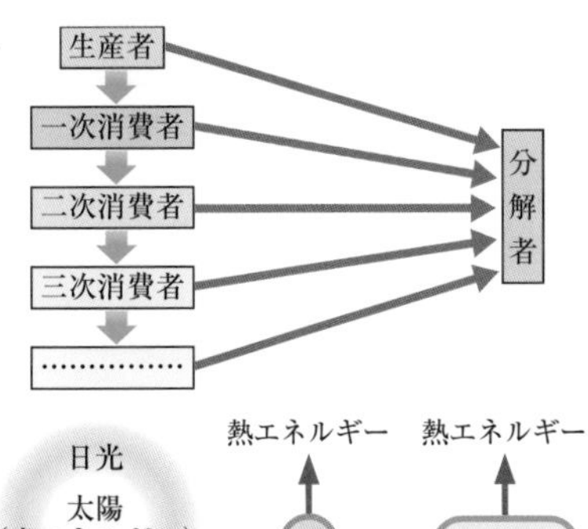

有機物中のエネルギーは，化学エネルギー[➡P.236]としてたくわえられています。有機物が呼吸などによって化学変化を受けると，化学変化にともなって，その有機物がもっていた化学エネルギーの一部は必ず熱エネルギーとなって出ていってしまいます。

日光（光エネルギー）は，生産者の光合成によって有機物中に化学エネルギーとしてとりこまれて利用されますが，熱エネルギーは植物のみならず，どんな生物でも有機物中にとりこむことはできません。したがって，有機物中のエネルギーは最終的に熱エネルギーとして生態系の外へ去ってしまい，循環しないで一方向へ流れるだけなのです。

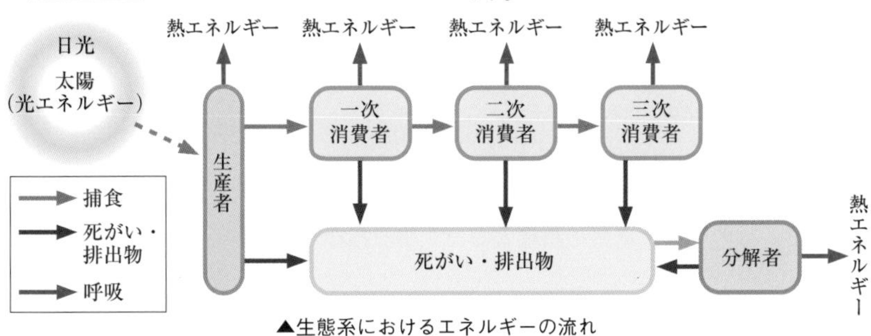

▲生態系におけるエネルギーの流れ

§2 人間と自然

▶ここで学ぶこと

人間の活動が自然に対してどのような影響をおよぼしているかを学んだり，自然からの恩恵や災害を調べたりすることで，環境保全の大切さや自然の偉大さを認識する。

① 環境の汚染や破壊

1 水の汚染と対策

自浄作用

本来自然界には，水中の生物が有機物を分解して無機物にし，水質をきれいにするという**自浄作用**(じじょうさよう)がある。この自浄作用のはたらきをもつものは，**分解者**である菌類（例：ミズカビ）や細菌類である。

湖沼(こしょう)や海洋の汚染

自然の自浄作用には限界がある。多量の生活排水や工場廃水が川や海に流れこむと，自浄作用では処理しきれなくなり，河川が汚れ，湖沼は排水中の窒素分やリンにより**富栄養化**し，海洋も汚染されたりする。

水質の富栄養化は，**プランクトンの異常繁殖**をもたらし，湖では水の華(はな)（青粉(あおこ)），海では**赤潮**(あかしお)が発生して，漁業などに大きな被害をあたえることもある。

汚染の指標

水がどのくらい汚れているかを知る指標(しひょう)としては，次のようなものがあげられる。

① 透明度
② BOD→①（生物化学的酸素要求量）
③ COD→②（化学的酸素要求量）
④ DO（溶存酸素量）
⑤ 窒素やリンの量
⑥ pHなどの値（酸性の度合い）

このほか，生息する生物の種類によっても水質を知ることができる。このような水質の指標となる生物を**指標生物**という。

もっとくわしく

湖沼に外来生物が入ると，生態系がくずれて汚れることがある。

▲赤潮

用語

① BOD
微生物が水中の有機物を分解するのに要する酸素量。汚れた水ほど数値は大きくなる。

用語

② COD
酸化剤が水中の有機物などを分解するのに要する酸素量。汚れた水ほど数値は大きくなる。

指標生物の例

- きれいな水にすむ生物…サワガニ・ヒラタカゲロウの幼虫・ウズムシなど
- 少し汚れた水にすむ生物…ヒラタドロムシの幼虫など
- 汚れた水にすむ生物…ミズムシ・シマイシビルなど
- 非常に汚れた水にすむ生物…イトミミズ・セスジユスリカの幼虫など

サワガニ
(幅25mm)

ヒラタドロムシの幼虫
(5～10mm)

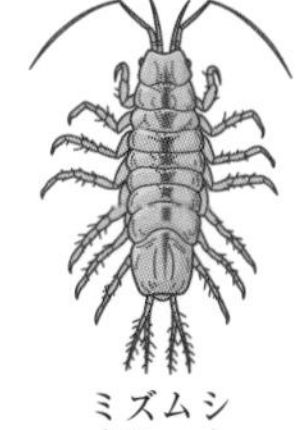
ミズムシ
(10mm)

▲水質の指標生物

対策

汚染物質の排出規制や下水道の整備が行われている。また，浄化槽や下水処理場などでは，細菌類などの微生物を利用して生活排水などにふくまれる有機物を分解し，水をきれいにするという方法もとられている。

2 大気の汚染と対策

酸性雨

工場からの煙や自動車の排気ガス→③などには，**窒素酸化物**（NO*x*）や**硫黄酸化物**（SO*x*）が多くふくまれている。これらは**化石燃料**（石油，石炭，天然ガス）**を燃焼したときに発生する物質**で，これらが硝酸化，硫酸化してとけこんだ酸性の強い雨を**酸性雨**（さんせいう）→④という。酸性雨は，生物だけでなく建造物にも被害をおよぼす。

公害病

工場からの煙や自動車の排気ガスは，光化学スモッグによる健康被害，ぜん息などの公害病の原因にもなる。

対策

汚染物質の排出規制，浄化装置の設置，低公害車の普及などがあげられる。また，化石燃料の消費量を減少させるための方法を開発することも対策として必要である。

もっとくわしく

③大気の汚染度を調べるには，機器を用いて窒素酸化物や硫黄酸化物の濃度などを調べるほか，顕微鏡でマツの葉の気孔の汚れの割合を調べる方法などもある。

用語

④酸性雨
ふつうの雨も，降る途中で二酸化炭素（CO_2）をとかすので，弱い酸性を示すが，pH5.6 以下の雨を特に酸性雨とよんでいる。

▲酸性雨による被害

3 地球温暖化とその対策

地球温暖化の現状

地表の平均気温は，過去100年間で 0.5～0.6℃上昇しており，特に 1970 年代後半以降，急激な温暖化が見られる。

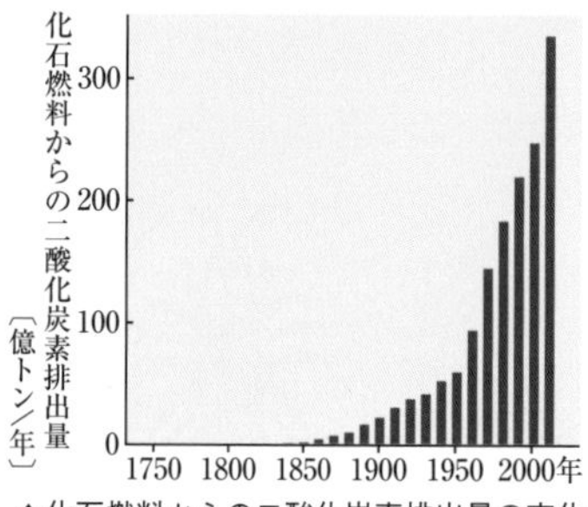

▲化石燃料からの二酸化炭素排出量の変化

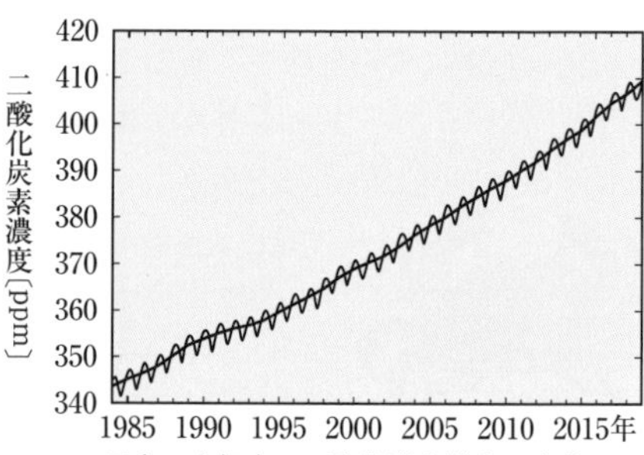

▲日本の大気中の二酸化炭素濃度の変化

原因

石油，石炭，天然ガスなどの化石燃料からの二酸化炭素排出量と大気中の二酸化炭素濃度は，上の図のように，近年急激に増加している。化石燃料を燃やすと，酸性雨や大気汚染の原因物質である窒素酸化物（NO_x）や硫黄酸化物（SO_x）のほかに，二酸化炭素（CO_2）も発生する。二酸化炭素には，地表から宇宙空間へ出ていく熱の一部を吸収するはたらき（温室効果→①）があるため，大気中の二酸化炭素濃度が増加すると，熱が放出されにくくなり，地球全体の平均気温が上昇してしまうと考えられている。この**二酸化炭素などの温室効果ガスの増加が地球温暖化のおもな原因のひとつ**と見なされている。

影響

地球の温暖化により地球全体の平均気温が上昇すると，南極大陸やアラスカの氷河，シベリアの凍土などの氷がとけ出す。これに加えて，海水の温度上昇も起こるため，海水が膨張し，**海水面が高くなる**。海水面が高くなると，低地は水没するおそれがある。また，地球の温暖化が異常気象を引き起こし，**農作物の収穫量が減少**したり，**洪水などの被害**が出たりすることも心配されている。

対策

先進国における温室効果ガスの排出量削減目標を設定するという国際的とり組みがなされている。また，環境に負荷をあたえないエネルギーの開発，利用→②も行われている。

もっとくわしく

①温室効果をもたらす気体としては，二酸化炭素のほかに，メタン・窒素酸化物・フロンなどがある。

▲氷河

もっとくわしく

②環境に負荷をあたえないエネルギー
- 太陽からのエネルギーによる太陽光発電
- 風のエネルギーによる風力発電
- 地熱のエネルギーを利用した地熱発電
- バイオマスエネルギー

参考

原子力発電は発電時には二酸化炭素を出さないが，一方で，事故を防ぐ万全の対策が必要で，また，放射性廃棄物などの問題がある。

ヒートアイランド現象

大都市などでは，周囲より気温が高くなってしまう現象が見られ，これを**ヒートアイランド現象**という。例えば，東京都心部では，この100年間で年平均気温が2.9℃も上昇しており，その上昇傾向は郊外へもひろがりつつある。ヒートアイランド現象の原因としては，工場や自動車などからの熱の発生，大気汚染物質による温室効果，舗装(ほそう)道路や建物による地面からの水の蒸発量の減少，森や林などの緑地の減少などがあげられる。

4　オゾン層の破壊

現状

1970年代後半に，南極上空に**オゾンホール**があることがわかった。現在では，北半球の高緯度地域でもオゾン→③の濃度が低下していることがわかってきている。

原因

精密機器の洗浄や冷蔵庫の冷媒などに使われていた**フロン**（フロンガス）が原因とされている。壊れた冷蔵庫などからもれたり，放出されたりして，フロンが上空（20～30kmの成層圏[➡P.521]）にたっすると，オゾン層が破壊される。

影響

オゾン層は，**生物にとって有害な太陽からの紫外線を吸収する**。オゾンホールができると，その地域の地表には紫外線が多く届くようになり，皮膚がんの発症増加や遺伝子への悪影響が心配されている。

対策

フロンの生産や使用の国際的規制が行われている。

参考

③オゾン（O_3）は，酸素（O_2）に紫外線が当たるとできる。できたオゾンは，紫外線を吸収するはたらきをもつ。

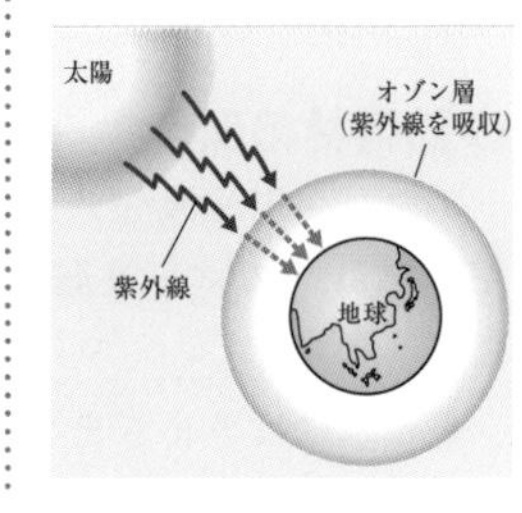

② 環境保全

1　自然環境を保全することの重要性

人間は自然界の一員であり，自然界からはなれて生きていくことはできない。さまざまな恩恵をもたらしてくれる豊かな自然を守り，保全することは，わたしたち人間にとっても，そこで生活するさまざまな生物にとっても大切なことである。

2 環境保全の身近な例

河川改修

かつては，洪水などの災害からわたしたちの生命や財産を守るために，治水事業の一環として，河川の川岸や川底をコンクリートで固めるという工事が行われた。しかし，その結果，**水生植物や水生動物などが減少し**，また，**分解者の生活の場をうばったことで自浄作用のはたらきも低下し，水の汚染をまねいた**。そこで，現在では，自然を生かした改修も試みられるようになり，水生動植物や分解者の生活の場の確保にも注意がはらわれるようになった。

▲自然を生かした河川

干潟(ひがた)の保全

干潟には，カニや貝，ゴカイをはじめとするさまざまな生物が生活をしている。また，潮の干満により，干潟の自然環境は1日のなかでも大きく変化するが，ここで生活している生物は，**海の浄化に大いに貢献している**。また，シギやチドリなどのえさとなる生物が多く生息することから，**渡り鳥のえさ場としても役立っている**。

このような干潟の機能を認識すれば，安易な埋め立ては防ぐべきであろう。

▲干潟

熱帯林の保全

アマゾン川流域やアフリカ中央部，ボルネオ島，ニューギニア島，スマトラ島などには，大規模な熱帯林が見られる。

熱帯林にはさまざまな動植物が生活していて，その種類はじつに豊富である。また，熱帯林は地球における重要な炭素の貯蔵庫でもあり，大気を浄化し，気候の変化の緩和にも役立っている。

このように，さまざまな面で地球環境を支えている熱帯林が，**近年，焼畑(やきはた)農業や，燃料用や商業用の木材として伐(ばっ)採(さい)され，減少している**。熱帯林の減少は，生物種の絶滅[①]をもまねくおそれがある。種の多様性を失うということは，遺伝子資源の観点から見ても大きな損失である。グローバルな観点から見てもさまざまな役割をはたしている熱帯林の保全や復活が，強く望まれる。

▲イグアス川流域（ブラジル）

もっとくわしく

①現在では，1年間に4万種以上の生物が絶滅しているといわれている。

③ 自然からの恩恵と災害

1 太陽からの恩恵

太陽光

①生存のための食糧の供給　植物などの生産者は，太陽の光エネルギーを使って**光合成**を行っている。そして，すべての動物はもちろん，カビ・キノコなどの菌類や細菌類さえも，もとをたどれば生産者がつくった有機物を利用して生命活動を行っている。わたしたち人間も，米，野菜，肉，キノコ，乳酸菌などいろいろな生物を食べたり利用することで生存し，生活しているが，この源は，太陽の光エネルギーである。

　したがって，太陽がなくなれば，光合成を行うためのエネルギー源が断たれることになり，生物はおそかれ早かれ絶滅してしまうだろう。

②太陽光発電　太陽の光エネルギーを電気エネルギーに変換して発電するもので，建物の屋上などに設置されている。また，現在，電卓などには太陽電池が内蔵されているものが普及している。

▲太陽光発電のパネル

太陽熱

①生活への適温環境の提供　地球は，太陽から，人間やほかの生物が生活するのにほどよい距離のところに位置し，太陽のまわりを回っている。つまり太陽は，1年中温暖な熱帯地方や四季のある温帯地方など，場所により多少の差はあるものの，**生活するのに適した温度を恵んでくれている**のである。もし太陽がなくなれば，地球は酷寒で暗黒の地となってしまうだろう。

②太陽熱発電　太陽熱を利用しての発電。

③ソーラーシステム　建物の屋上や屋根に設置し，太陽熱を利用して水を湯にして，風呂や給湯に利用するための装置。

　太陽熱や光は，身近なところでは，洗濯物の乾燥など，いろいろな目的で利用されている。

▲ソーラーシステム

太陽からもたらされるさまざまな恵みとエネルギー

●**風** 風も，もとをたどれば太陽エネルギーにより生じるものである。オランダなどでは昔，風の力を利用した風車が粉ひきなどに利用されていた。近年は，環境にやさしいエネルギーとして，風を利用した**風力発電**の実用化も行われてきている。

▲風力発電

●**波** 波も太陽エネルギーに由来するものである。波の力を利用した波力発電システムも開発されている。

●**水力** 水力を利用した水力発電も，もどをたどれば太陽エネルギーに到達する。

●**潮汐**（ちょうせき） 潮の干満（かんまん）→①の差を利用した**潮汐発電**が実用化されてきている。潮の干満は月と太陽の引力によるものであり，ここでも太陽の存在が貢献している。

●**化石燃料** 石油・石炭・天然ガスなどの化石燃料は，昔の生物に由来するもので，昔の太陽エネルギーが化石燃料として形を変えてたくわえられているものを，わたしたちは利用しているといえる。

もっとくわしく

①潮の干満への影響は，月の引力によるもののほうが太陽の引力によるものより大きい。

もっとくわしく

オーロラは，地球の北極周辺，南極周辺で観測されることが多い。この，色のついた天空のカーテンがゆらめく形の光の現象も，太陽の影響によるものであり，わたしたちの目を楽しませてくれる。

▲オーロラ

2 地球からの恩恵

大地の恵み

①**地下資源** 地球の地下には，金・銀・銅・鉄・錫（すず）・鉛（なまり）・亜鉛（あえん）・ウラニウムなどさまざまな鉱物資源があり，それらはわたしたちの身のまわりの品々や産業の原材料などとして利用されている。ダイヤモンドなど，宝石として活用されている資源もある。

②**水資源** 水は飲料水・生活用水としてだけでなく，農業用水・工業用水などとしても利用されている。

③**マグマ** マグマの熱エネルギーは地下水をあたため，その温水や熱水は温泉や地熱発電に利用されている。

▲地熱発電

海の恵み

海は，魚や貝・エビ・カニ・タコ・イカそして海藻というように，さまざまな食材をわたしたちに恵んでくれる。また，島と大陸内部での気温の寒暖の差を比べてみてもわかるように，海は温度の変化をやわらげてくれる。

3 気象災害

台風

①**災害**　台風の暴風雨域内に入り，強い風雨を受けると，**洪水や土砂崩れ**（どしゃくずれ），**土砂や風による家屋の倒壊，海では船の難破**（なんぱ）**や高潮**（たかしお）→②が起こるなど，台風はさまざまな災害をもたらす。稲がたおされたりリンゴが落果（らっか）したりするなど，**農作物への被害**も大きい。また，自然災害だけではなく，鉄道や飛行機など交通機関や輸送機関が運行できなくなることも少なくない。

②**恩恵**　暴風雨域からはずれた風雨の弱い地域では，雨の恵みがもたらされる。また，台風によって海水がかき混ぜられることで，海面の水温が下げられる。

梅雨（ばいう）

①**災害**　雨が短い時間に多量に降ると，**洪水や土砂崩れ**などを引き起し，建造物や農作物，人命などに被害が出ることがある。ときには，鉄道などの交通機関に支障をきたすこともある。一方，雨量が極端に少ない梅雨（空（から）梅雨）のときは，かっ水のために農作物に被害が出るだけでなく，ダムの水が減って大都市などに深刻な水不足をまねくこともある。

②**恩恵**　適量の雨は農作物の生育を助け，水不足を解消してくれる。

雪

①**災害**　雪が降りすぎると，積もった雪により交通機関などが不通になったり，雪の重みで家屋がおしつぶされてしまったりすることがある。春先などには大規模ななだれが起こることもあり，それにより，人命が失われてしまうこともある。

用語

②**高潮**
海から陸へ向かって強い風がふいたり，台風や強い低気圧により海面が高くなったりする現象。満潮時と重なると，被害が大きくなることがある。

▲台風の被害

▲湖底が見えるダム

▲豪雪地域

②恩恵 雪は寒風から樹木の芽を守ってくれたりする。また，雪どけ水は川や田畑，飲料水，生活用水の供給源として利用される。さらに，スキーなど，人々に楽しみを提供する場ともなる。

集中豪雨

●災害 短時間に局地的に大雨が降り，河川の氾濫(はんらん)や洪水，土石流(どせきりゅう)，土砂崩れや地すべりなどを引き起こし，建造物や農作物，人命などに被害が出ることがある。鉄道や飛行機などの交通機関や輸送機関に支障をきたすことがある。

その他の災害

フェーン現象，竜巻，ひょう，落雷などによる災害もある。

4 火山災害

①災害 **噴火による溶岩流や火砕流(かさいりゅう)，火山ガス**などにより，人命や建造物，農作物，森林などに被害が出ることがある。また，**火山灰による農作物被害**もある。ときには，溶岩によって新しい湖ができたりすることもある。

日本は火山が多く，近年では2000年の三宅島の雄山(おやま)，2014年の御嶽山(おんたけさん)の大噴火はさまざまな災害をもたらした。

また，1888年の会津の磐梯山(ばんだいさん)の噴火では，山の山頂付近がふき飛び，山の形が変わったうえ，桧原湖(ひばら)，秋元湖，小野川湖，五色沼などが形成され，地形までも変えてしまった。

②恩恵 富士山をはじめ，火山は山の姿や湖など特有の美しい景観をつくることがあり，観光地や行楽地となる場合も少なくない。日本の国立公園や国定公園には火山地域が多い。また，**温泉は火山の源となるマグマが地下水をあたためたもの**であるし，**地熱を利用した地熱発電**も火山の恩恵のひとつといえる。

もっとくわしく

2014年9月の御嶽山の噴火は，噴火警戒レベル1で噴火したため，火口付近にいた登山者ら58人が亡くなった。

▲磐梯山

▲富士山

5 地震災害

地震による災害としては，ゆれによる被害や地割れ，山崩れ，断層による土地の隆起・沈降などの直接的被害のほか，津波や火災による二次的被害が発生することがある。

直接的被害

大きな地震になると，ゆれによる物の倒壊や窓ガラスの破損などにとどまらず，へいや家屋の倒壊，道路の亀裂，高速道路の倒壊，水道管の破裂などが起こることがある。

▲地震による被害

二次的被害

●津波　地震の震源が海底である場合，ゆれにとどまらず地割れのほかに，津波が起こることがある。近年では，1993 年の北海道の奥尻島，2011 年の東日本大震災などで起こった大津波があり，とくに後者では，建造物の被害だけでなく非常に多くの人命が失われる大災害となった。

●火災　地震が発生すると，ゆれだけではなく火災が発生することがある。1923 年の関東大地震（関東大震災）や 1995 年兵庫県南部地震（阪神・淡路大震災）では，地震そのもののゆれによる被害に合わせて，火災による被害も甚大なものであった。

参考

「～地震」と「～震災」の使い分けについて，地震は地下の岩石の破壊現象やそれによる地面のゆれを指し，震災は，地震によって引き起こされた災害を指す。

iPS 細胞

　ヒトをはじめ，すべての多細胞生物は，受精卵から発生が進み，細胞が分化して骨や皮膚や心臓などのすべての器官がつくられます。このような，どんな細胞にもなれる能力を全能性といいます。しかし，一度分化した細胞は，基本的に，別の種類の細胞に変化したり，分化する前の細胞に戻ったりすることはありません。

　もし，全能性をもつ細胞があれば，病気やけがでこわれてしまった器官を，人工的にもとに戻すことができるようになります。こういった治療を再生医療といいます。

　そこでまず注目されたのは受精卵です。受精卵が胎児になるプロセスで，分裂が始まった後の胚盤胞（はいばんほう）の中にある細胞を取り出して ES 細胞（胚性幹細胞（はいせいかんさいぼう））がつくられました。ES 細胞は全能性をもち，こわれてしまった細胞や組織を人工的につくることができますが，赤ちゃんになるかもしれなかった受精卵を使ってつくられるため，その赤ちゃんの人権の観点から，倫理的な問題がありました。

　そこでつくりだされたのが，iPS 細胞（人工多能性幹細胞）です。これは，皮膚などの細胞に遺伝子操作を加えることで全能性をもたせたもので，再生医療だけでなく，病気の発症するしくみや病気の原因調査，新薬の開発，細胞を用いた治療の研究などへの応用が期待されています。

　しかし，iPS 細胞も万能ではなく，再生医療での安全性，とくにガン化のリスクなどの課題が残っており，世界中で研究が進められています。

練習問題

解答➡p.623

1 右の図は，食物連鎖による生物どうしの数量関係を模式的に示したものであり，つり合いが保たれた状態を表している。

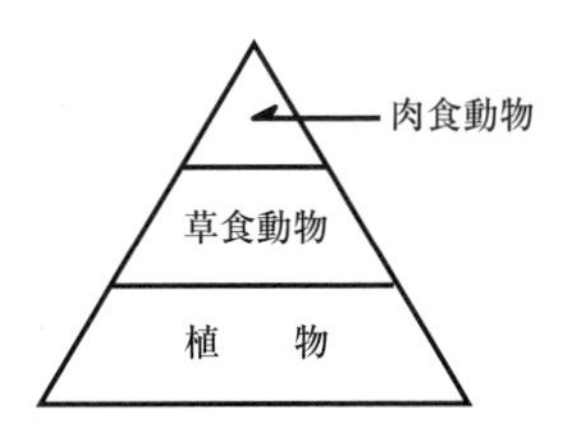

ある原因で，肉食動物の数量が減ってつり合いがくずれたが，長い時間をかけて，つり合いの保たれたもとの状態にもどった場合，生物の数量はその間，どのように変化したと考えられるか。次のア～ウが，もっとも適当な変化の順に左から右に並ぶように，記号で答えよ。 (香川県)

ア　肉食動物の数量がふえ，草食動物の数量が減る。
イ　草食動物の数量が減り，植物の数量がふえる。
ウ　草食動物の数量がふえ，植物の数量が減る。

2 森の土を，下の図のような装置に入れてしばらく置いたところ，A～Dの土壌動物が採集された。あとの問いに答えよ。

(甲陽学院高)

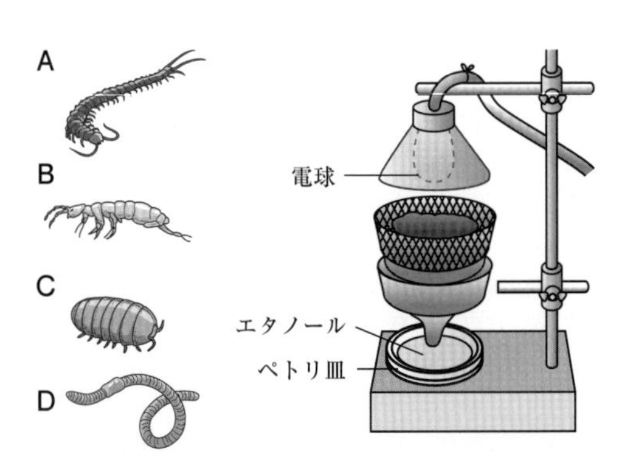

(1)　この装置は，土壌動物のどのような性質を使って採集する道具か。次の**ア**～**オ**からひとつ選び，記号で答えよ。
ア　光を好む。　**イ**　エタノールを好む。　**ウ**　光をきらう。
エ　エタノールをきらう。　**オ**　熱を好む。

(2)　A～Dの動物のうち，肉食性の動物をひとつ選び，記号で答えよ。

3

下の図は，自然界での炭素の循環を模式的に示したものである。あとの問いに答えよ。

（佐賀県）

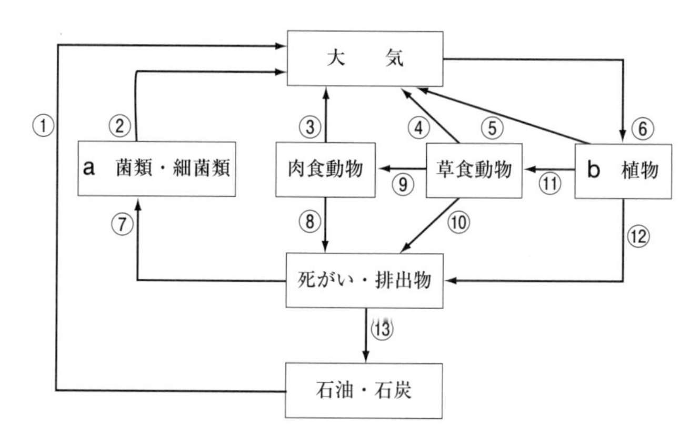

⑴　図中のaおよびbの生物は，自然界での生物どうしのつながりの関係のなかでそれぞれ何とよばれているか。その名称を書け。

⑵　図中の大気の中では，炭素はおもに何という物質として存在しているか。その物質の名称を書け。

⑶　近年，地球の平均気温は，少しずつ上昇する傾向があるが，これは⑵の物質が大気中に増加していることがその原因のひとつであると考えられている。図中の①～⑬の矢印からこの物質の増加におもにかかわっていると考えられるものを１つ選び，その番号を書け。

4

オゾン層について述べた次の文を読んで，あとの問いに答えよ。

（山口県）

> 地球の上空には，オゾン層がある。ここでは，オゾンの生成と分解のつり合いが保たれてきた。
>
> ところが，南極大陸などの上空では，オゾンが極端に減少している部分もあることがわかってきた。その原因のひとつとして，精密機械の洗浄や電気冷蔵庫を冷やすことに使われてきた化学物質が，大気中に放出されてオゾン層を破壊していることがあげられている。
>
> 現在では，この化学物質の使用の制限や分解方法の研究などが行われている。

⑴　下線部の化学物質は何か答えよ。

⑵　オゾン層は地球上で生物が生きていくために重要な役割を果たしている。その役割を書け。

20XX年 人工視覚システム

目は敏感な器官で，外界と接しているため，けがをしたり病気になりやすかったりする器官です。結膜炎などの病気にかかったことのある人もいるでしょう。目の病気のうち，網膜色素変性（もうまくしきそへんせい），加齢黄斑変性（かれいおうはんへんせい）といったものは，網膜の機能が一部失われ，ひどくなると光を失ってしまいます。目の病気は生活の質（QOL）に大きくかかわり，常に転倒などの危険があります。そこで，失明してしまった人や，目がほとんど見えない人のために，人工視覚システムの開発が進められています。

人工視覚システムを理解するには，まずわたしたちの目のしくみを理解する必要があります。目は外部から入ってきた光の刺激を，網膜にある光を感じる細胞（視細胞）で電気的な信号に変換し，視神経を通して大脳に送ります。この電気的な信号が大脳にとどくことで「ものが見える」のです[➡P.378]。

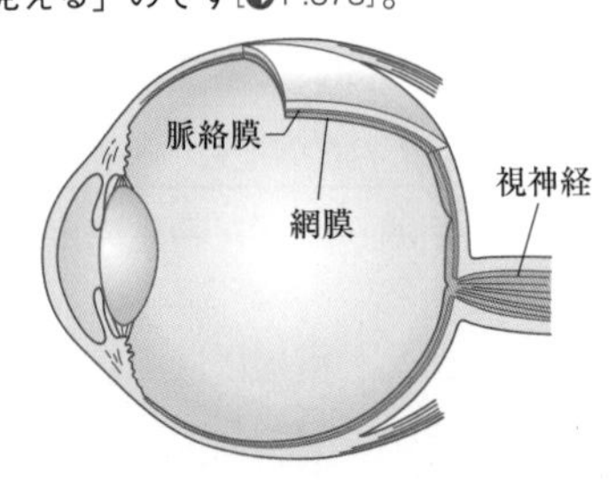

網膜色素変性，加齢黄斑変性などの目の病気では網膜に異常が生じて，視細胞が電気的な信号を視神経に送ることができなくなります。そこで，人工視覚システムでは，電極を体内にうめこみ，この電極が視細胞のかわりに視神経に信号を送ることで「ものが見える」ようにしています。具体的には，めがねなどにとりつけたCCDカメラからの情報を，からだの外にある送信装置を通して体内の受信装置に送り，うめこまれた電極に電気的な信号としてとどけます。電極をうめこむ位置としては，網膜，脈絡膜，視神経，大脳などで，開発が進んでいます。すでにアメリカなどでは明暗の差や簡単なパターンを認識させる人工視覚システムが実用化されています。

日本でもさまざまな研究がおこなわれており，最近になって電極を使わない新しいうすい膜状の人工視覚システムが開発されました。光に反応して電流を流すもととなる物質を網膜に張り付けることで，光が当たったところに電流が流れるようにして，その信号を視神経に送るしくみです。従来の人工視覚システムよりもより解像度が高く，さらに安全性に優れていて，またからだへの負担も軽減できると期待されています。

地学編

▶ 家にあるもので火山はつくれるか？

▲平成新山

▲マウナロア火山

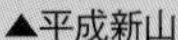

地震や火山などの大地の変化は，地球規模の長い歴史のなかでの大きな現象をあつかうためイメージすることも難しいが，マグマのねばりけによって火山の形が変わることを，身近なものを使ったモデル実験で体感できないだろうか。

仮説 いろいろな濃さの小麦粉で再現できる。

ケーキやお好み焼きをつくるとき，小麦粉はドロドロしてねばりけ（粘性（ねんせい））をもつ。いろいろな濃さの小麦粉をといたものでマグマを再現できるのではないか。

実験A

必要なもの

- 発泡スチロール板（25cm×25cm×0.5cm）
- ビニルぶくろ（およそ20cm×12cm）２枚
- 三脚
- 小麦粉（90g×２）
- 墨汁（１mL）
- きな粉（約30g×２）
- 水（50mL，100mL）
- ラップフィルム
- セロハンテープ
- カッター

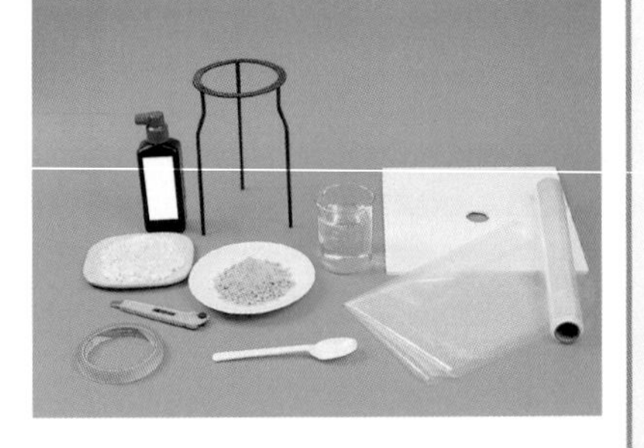

手順

1 発泡スチロール板の中央部分にカッターで直径３cm程度のあなをあける。
2 発泡スチロール板の片面をラップフィルムでおおい，セロハンテープで固定する。
3 発泡スチロール板のあなに合わせて，ラップフィルムにあなをあける。
4 ２枚のビニルぶくろに次のものをそれぞれ入れ，小麦粉と水が十分になじむように外側からよくもみ，できた小麦粉をといたもののねばりけのちがいを確認する。
　a　小麦粉90g，水100mL，墨汁５滴
　b　小麦粉90g，水50mL，墨汁１滴
5 3の発泡スチロール板を三脚にのせ，4のビニルぶくろの上の部分を発泡スチロール板のあなの下から上に出し，セロハンテープでラップフィルムに固定する。
6 ビニルぶくろを手でしぼり，小麦粉をといたものが発泡スチロール板と同じ高さにくるまでにおし出す。
7 発泡スチロール板のあなのまわりに，５mmくらいの厚さになるようにきな粉をのせる。

8ビニルぶくろをゆっくりとしぼり，小麦粉をといたものが出てくる前後のきな粉の表面，出てきた小麦粉をといたものの形などを観察し，実際の火山の形と比較する。

（注）4では，ムラができないように小麦粉と水をていねいによくもむことが，実験を成功させるポイントとなる。

（注）4の小麦粉と水と墨汁を混ぜたものは，マグマに見立てている。また，墨汁は，黒っぽい溶岩をイメージするために入れる。
7のきな粉は地表に見立てている。
8で，小麦粉をといたものをおし出すことが火山の噴火である。

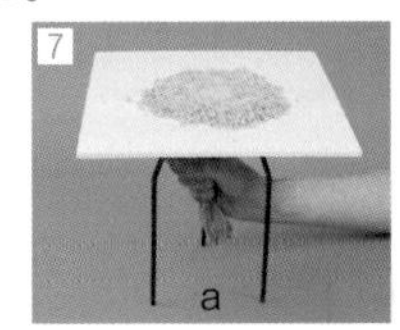

結果

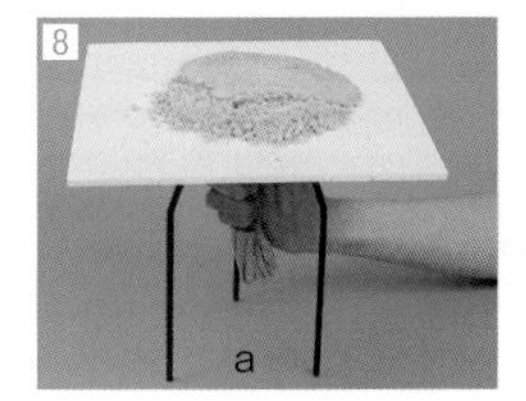

▲水100mLを加えてできた火山

▲水50mLを加えてできた火山

考察

- 小麦粉をといたもの（マグマ）が見える（噴出）前に，きな粉の表面が割れるようすが観察でき，噴火前には地割れが起こることがわかった。
- ねばりけが大きい（水50mLを加えた小麦粉をといたもの）場合は，平成新山タイプの溶岩ドームができることが確認できた。
- ねばりけが小さい（水100mLを加えた小麦粉をといたもの）場合は，マウナロア火山タイプの盾状火山ができることが確認できた。
- ねばりけが小さいほうのおす力を弱めると，ドレンバック（地下にマグマがもどるときに山頂部が崩れ落ちる）が観察できた。

▲きな粉の表面が割れてから小麦粉溶液が見えた

▲aの実験でできたドレンバック

小麦粉の代わりに歯科用型取り材（アルギン酸塩印象材）を用いると，火山の形成とその火山の断面を関連づけて体験することもできる。

＜歯科用型取り材を使って体験できること＞
- 成層火山のモデルをつくることができる。
- 噴火を数回くり返し，火山を成長させることができる。
- 噴火を終えたあとの火山を縦に切ると，火山の断面を観察できる。
- 溶岩の層を１枚１枚はがしていくことによって，数回の噴火によって溶岩が積み重なって山が成長したことをふり返ってみることができる。

関連ページはココ！▶▶ P481

第1章 大地の変化

↑わたしたちが立っている大地は，さまざまな理由により変化する。この写真を見ると，地層がつみ重なっているのがよくわかる。地震や火山の噴火などの大地の変化を学び，地層のようすから過去の大地の変化を知ろう。

§1 地震

▶ここで学ぶこと

地震波のゆれの特徴と伝わり方，地震の大きさの表し方を学ぶ。また，どのような地域で発生するのかを理解し，地震による土地の変化やそれにともなう災害なども考える。

① 地震のゆれ

1 P波とS波

地震波

●**地震と地震波**　大地に破壊が生じたとき，大地のゆれ動く現象を**地震**といい，そのゆれは振動となって岩石や地層中を伝わる。この振動を**地震波**という。

●**震源と震央**　地震の発生した場所を**震源**，その真上の地表面の地点を**震央**という。地下で地震が発生すると，地震波はほぼ同心円状➡①に広がっていく。

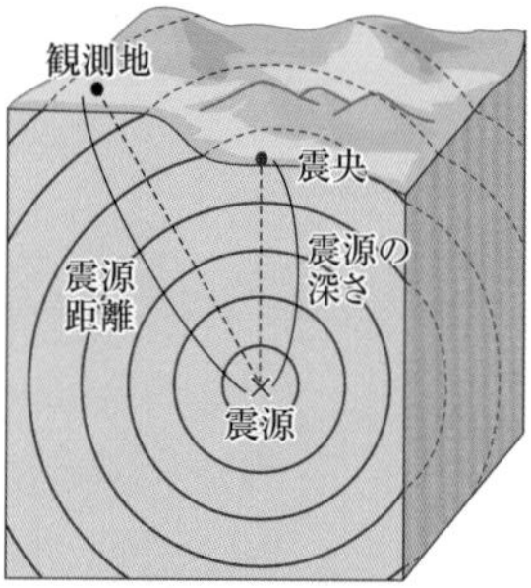

▲地震波の伝わり方

地震動の記録

●**地震計** [➡P.468]**の記録**　地震のゆれを地震計で記録すると，下の図のようになる。

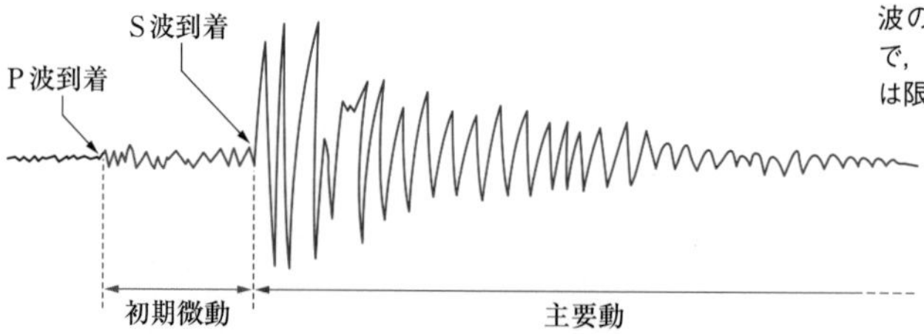

●**初期微動**　はじめの小さなゆれを**初期微動**という。初期微動が続く時間の長さを**初期微動継続時間**という。

●**主要動**　初期微動に続く大きなゆれが**主要動**である。

このようになるのは，ゆれの小さな地震波が先に到着し，ゆれの大きな地震波があとから到着すると考えるとうまく説明ができる。

最初に到着する地震波を**P波**，あとから到着する地震波を**S波**とよぶ。

もっとくわしく

①岩石や地層のちがいで地震波の伝わる速さが異なるので，必ずしも同心円になるとは限らない。

P波とS波

● **P波**　P波[②]は，下の図のように振動方向が波の進行方向と同じであり，岩石に密な部分と疎(そ)な部分ができて，疎密の変化が伝わっていく。このような性質の波を縦波という。縦波は固体中だけではなく，液体中や気体中も伝わることができる。

縦波　疎密の変化が伝わっていく。

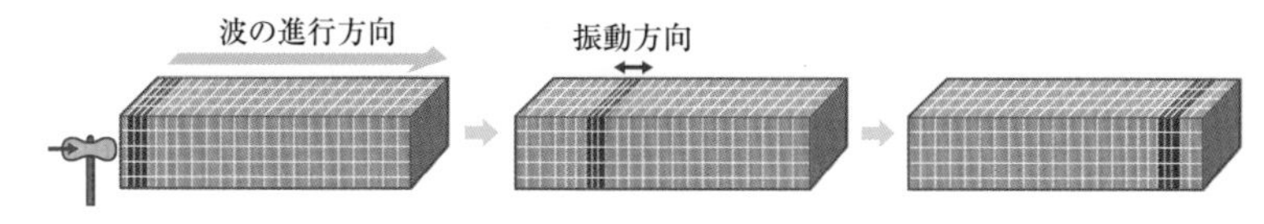

> **用語**
> ②P波
> Primary Wave
> 「最初の波」という意味。カタカタと小さくゆれる。

● **S波**　S波[③]は，下の図のように振動方向と波の進行方向が垂直であり，岩石の「ずれ（ねじれ）」が伝わっていく。このような波を横波という。横波は「ずれ」を伝えることができる固体中しか伝わることができない。

横波　ずれの状態が伝わっていく。

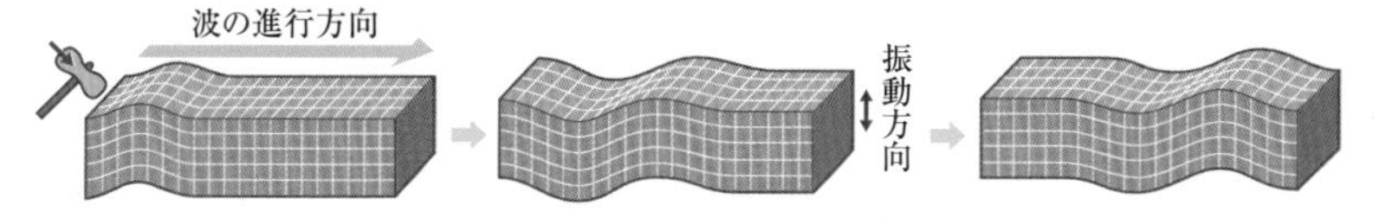

> **用語**
> ③S波
> Secondary Wave
> 「2番目の波」という意味。ガタガタと激しくゆれる。

P波の伝わる速さは6～8km/sであり，S波の伝わる速さは3～5km/s[④]である。**震源ではP波とS波が同時に発生しているが，P波のほうが速いため，先に到着する**のである。初期微動は，P波が到着してからS波が到着するまでの間のゆれである。

> **もっとくわしく**
> ④地震波の伝わる速さは，岩石のかたさと密度で決まる。P波もS波も，岩石のかたさが同じなら密度が小さいほうが速く，密度が同じなら岩石がかたいほど速い。

▼P波とS波

名称	伝わる速さ	波の性質	振動方向（波の進行方向に対して）	伝わることのできる物質の状態
P波	速い（6～8km/s）	縦波	平行 振動方向 波の進行方向	固体，液体，気体
S波	おそい（3～5km/s）	横波	垂直 振動方向 波の進行方向	固体中のみ

2 地震のゆれの伝わり方

地震のゆれと震源からの距離

右の図のように震源からの距離が異なる観測地点のＰ波とＳ波の到着時刻をまとめると，震源からの距離が遠い地点ほど初期微動継続時間が長いことがわかる。

震源からの距離が遠い地点ほど初期微動継続時間が長い。
▲兵庫県南部地震（1995年）の記録

● **大森公式**→①
初期微動継続時間をT〔s〕，震源からの距離をD〔km〕とすると，両者は比例関係にあり，次のように表すことができる。

〈大森公式〉 $D=kT$（kは6～8 km/s 程度の定数）

● **震源までの距離** 大森公式を利用すると，直接計測できる初期微動継続時間から直接計測できない**震源までの距離**を求めることができる。

● **地震発生時刻** 震源ではＰ波とＳ波が同時に発生しているので，初期微動継続時間は０秒となる。上の兵庫県南部地震の記録の図では，Ｐ波到着を表すグラフとＳ波到着を表すグラフの交点が地震発生時刻を表している。

参考
①大森公式は日本の地震学者大森房吉が1899年に発見した。

研究 大森公式の定数

震源からの距離をD，Ｐ波の速さをV_P，Ｓ波の速さをV_Sとすると，震源から観測点までの地震波が伝わるのにかかる時間は，Ｐ波が$\frac{D}{V_P}$，Ｓ波が$\frac{D}{V_S}$と表すことができます。初期微動継続時間Tは，同時に震源を出発したＰ波とＳ波の到着時刻の差であるから，
$T=\frac{D}{V_S}-\frac{D}{V_P}$と表すことができます。これを整理すると，$D=\frac{V_PV_S}{V_P-V_S}T=kT$（$k$は定数)。
大森公式 $D=kT$の定数kはＰ波の速さ，Ｓ波の速さにより決まる定数であり，場所により異なります。

●**緊急地震速報**　震源に近いところで地震を観測したら直ちに遠方に知らせることで，主要動（S波）が到着する前に地震の発生を知ることができるシステム。震源に近いところでは間に合わないなど限界もあるが，被害を減らすことに役立つと考えられている。地震が発生してから知らせるので，いわゆる地震予知とは異なる。

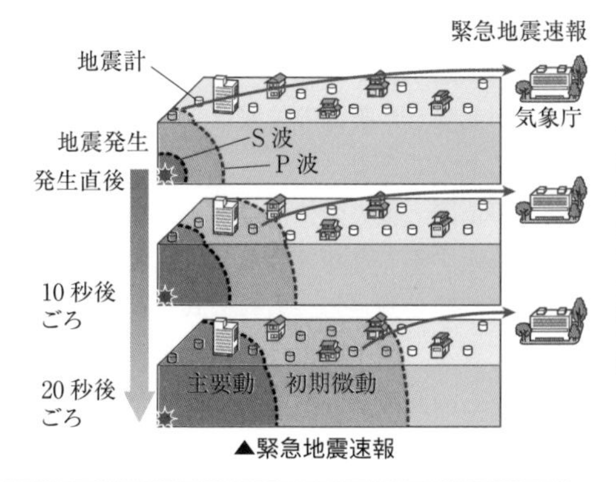

▲緊急地震速報

確認問題

地震波の伝わり方

下の図は，ある地震で発生したP波とS波について，震源からの距離とゆれはじめるまでの時間の関係を表したものである。次の問いに答えよ。

(1)　図から，P波とS波の伝わる速さをそれぞれ求めよ。

(2)　A地点の地震計で，初期微動が25秒間記録された。

①　A地点は，震源から何kmのところにあるか。

②　A地点で初期微動がはじまった時刻は13時16分10秒であった。この地震が発生した時刻を求めよ。

学習のPOINT

●速さは，「距離÷時間」で求めることができる。

●初期微動継続時間は，P波が到着してからS波が到着するまでの時間である。

解き方

(1)　P波の速さは，400〔km〕÷50〔s〕=8〔km/s〕，S波の速さは，200〔km〕÷50〔s〕=4〔km/s〕。

(2)　①　A地点までの距離を$x$kmとすると，$\frac{x}{4}-\frac{x}{8}=25$

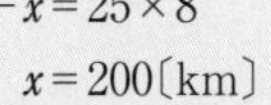

$$2x-x=25\times8$$

$$x=200\text{〔km〕}$$

②　13時16分10秒 $-\frac{200}{8}$〔秒〕=13時15分45秒

解答

(1)　（P波）8 km/s　（S波）4 km/s　(2)　①　200km　②　13時15分45秒

震源の位置の決定

●震源の位置の表し方

地震が発生した震源の位置は，震央の位置と震源の深さで表すことができる。

●震央の位置 震央の位置は震源までの距離が３地点でわかれば決定することができる➡①。震源までの距離は，初期微動継続時間を測定し，大森公式を利用することで求めることができる。図１のようにA，B，Cの３つの観測地点で震源からの距離がa，b，cであるとする。A，B，Cを中心に半径a，b，cの円をかき，円と円の交点を結んだ，３つの線分の交点Xの位置が震央となる➡②。

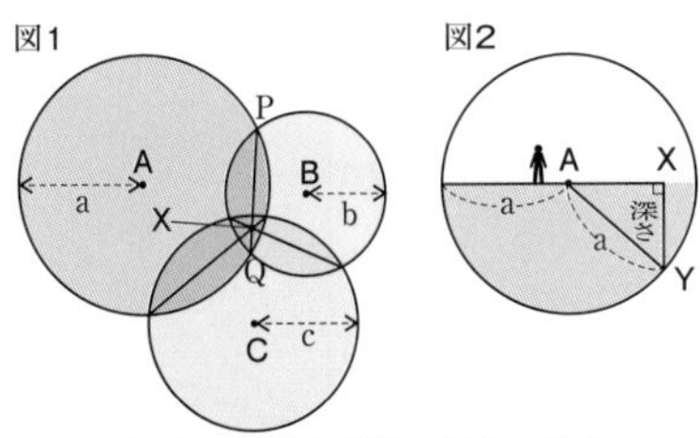

▲震央の位置と震源の深さの決定

●震源の深さ 右の図２のように観測点のひとつ（この図の場合はA）と震央を通る断面図を考える。震源の位置はAから距離aだけはなれているので，Aを中心に半径aの円をかいたその円周上に震源がある。震源は震央の真下にあるので，図のように震源の位置を決定することができる。**震源（Y）と震央（X）の距離を測定すれば震源の深さ（XY）がわかる。**

等発震時線（とうはっしんじせん）

震源を同時に出発した地震の波は，近いところには短時間で到着し，遠いところには時間をかけて到着する。そのため，ゆれはじめる時刻（地震の波が到着する時刻）は場所によって異なってくる。

●等発震時線 同時にゆれはじめた地点を結んだ線を等発震時線という。等発震時線は震央を中心としたほぼ同心円➡③となる。

もっとくわしく

①３つ以上の観測地点からの距離がわかると位置が決定できる。これは，GPS（人工衛星を使った位置決定システム）で３つ以上の衛星が観測できると位置が決まるのと同じである。

もっとくわしく

② A，Bについて考えると，震源は半球A，Bの交線上にあり，震央は線分PQ上にあることになる。

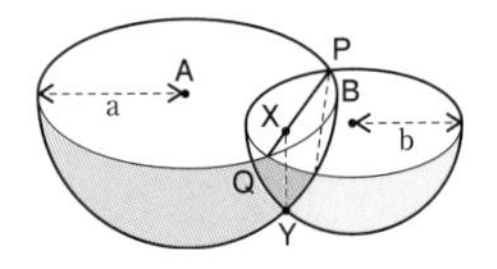

参考

③等発震時線の形が円形にならない場合もある。それは場所により地震波の速さが速いところやおそいところがあるためである。

●**震央の位置**　多くの地点でゆれはじめの時刻を調べ，等発震時線を作成すると，その中央が**震央の位置**となる。

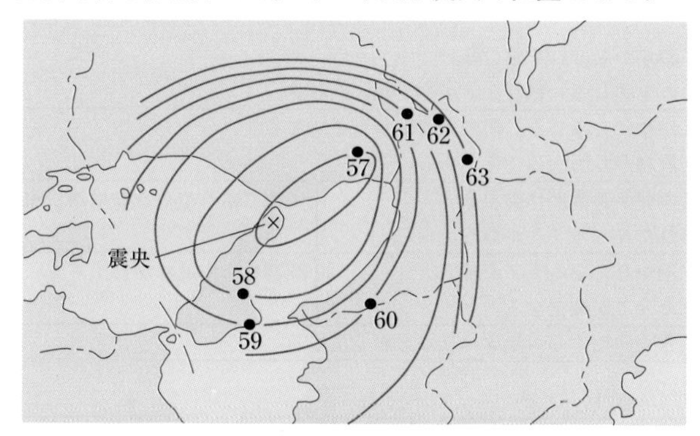

▲兵庫県南部地震の等発震時線（1秒間隔）➡④

3　震度とマグニチュード

▶ 震度

●**震度**　観測地点での地震によるゆれの程度は**震度**（震度階級➡⑤）で表す。震度は人には感じられない震度0から，建物の倒壊が起こるような震度7までの10段階で表される（くわしい階級は次のページの表とイラストに示す。震度5と震度6は5弱，5強，6弱，6強に分けられている➡⑥）。震度は震度計で測定される。

●**震度分布**　地震のゆれは震源からはなれるほど弱くなるので，**震央からはなれるにしたがって震度は小さくなる**。

もっとくわしく

④地震は断層がずれて発生するので，震源が浅い場合，断層に沿って等発震時線が楕円（だえん）形になる場合がある。震源は断層面上で破壊が起こり始めた点であり，必ずしも断層の中央ではない。

参考

⑤震度階級は3や4というきりのいい整数だけで，3.2というような小数で表される震度階級はない。

もっとくわしく

⑥日本では，1996年に改定された「気象庁震度階級」が利用されている。1995年の兵庫県南部地震を契機に，震度5と6が強弱に分けられ，それまで体感により決定されていた震度が震度計による機械計測になった。

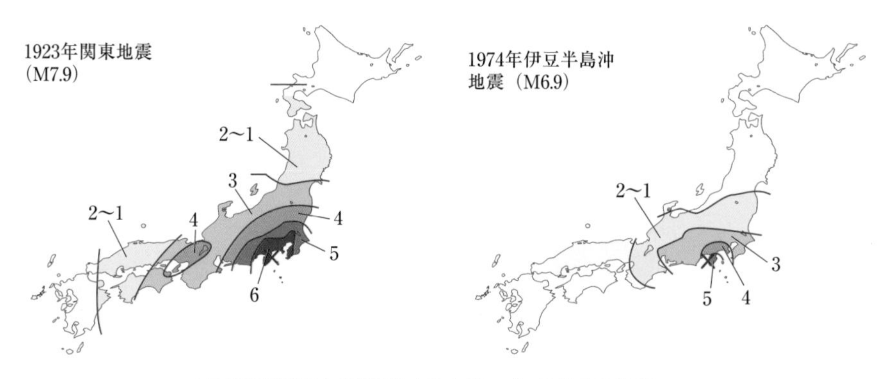

▲地震の規模による震度分布のちがい（×は震央の位置）

▼震度　気象庁震度階級（一部簡略化して示した）

震度	ゆれの程度	
0	人はゆれを感じない。	
1	屋内にいる人の一部が，わずかなゆれを感じる。	
2	屋内にいる人の多くがゆれを感じる。電灯などがわずかにゆれる。	
3	屋内にいるほとんどの人がゆれを感じる。棚の食器類が音をたてる。	
4	電灯などが大きくゆれ，置物がたおれることがある。	
5弱	棚のものが落ちる。ガスの安全装置が作動する。	山地で落石や小さな崩壊が生じる。
5強	自動販売機や墓石がたおれたりすることがある。	
6弱	立っていることが困難。開かなくなるドアが多い。	地割れや山崩れが発生する。
6強	多くの建物でタイルや窓ガラスが破損する。	
7	建物がかたむいたり，大きく破損する。地すべりなどが発生する。	

▲震度による地震のゆれの程度

●**等震度線**　震度の等しい地点を結んだ線を等震度線という。等震度線は，下の図のように**震央を中心にほぼ同心円状**→①になる。ただし，地盤の弱いところでは激しくゆれたりするので同心円から大きくずれる場合もある。

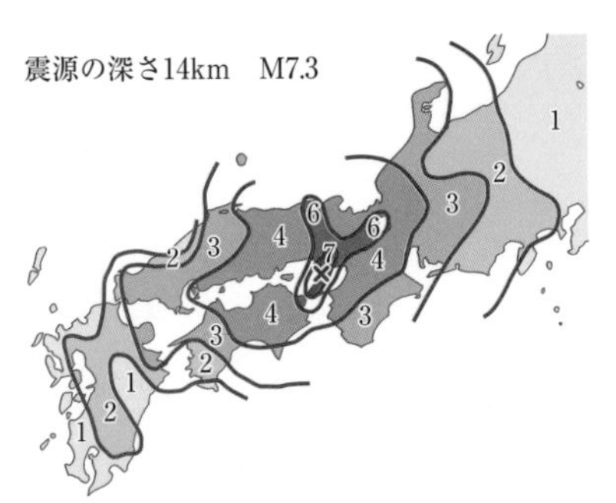

▲兵庫県南部地震の等震度線（×は震央の位置）

もっとくわしく

①等震度線の間隔は一般に，震源が深いほど広くなる。なぜなら，震源が深い場合は，震央からはなれても震源からの距離の変化があまり大きくなく，震度の変化が小さいためである。

マグニチュード

●**マグニチュード**　地震そのものの規模はマグニチュード（M）で表す。関東地震（1923年）はM 7.9，兵庫県南部地震（1995年）はM 7.3→②，東北地方太平洋沖地震（2011年）はM9.0→③，熊本地震（2016年）はM7.3，北海道胆振（いぶり）東部地震（2018年）はM6.7というように，ひとつの地震にはひとつの値が定まる。

●**マグニチュードとエネルギー**　地震のエネルギーは，マグニチュードが大きいほど大きい。マグニチュードが1大きいとエネルギーは約32倍，2大きいと1000倍になる。

4　地震による災害

地震災害

地震によりさまざまな災害が発生する。震度の大きいところではゆれが激しく，大きな被害が生じることが多い。

●**建物の倒壊**　震度6強以上では木造の家屋が倒壊することがある。木造2階建ての建物は1階部分がつぶれるような倒壊のしかたが多い。

●**液状化現象**→④　平野部や埋め立て地などで，地震のゆれによって固結していない砂地の地盤が液体のようにふるまう現象。液状化によって建物の倒壊などが起こることがある。

●**地割れ，がけ崩れ**　震度5弱以上の地震では，がけ崩れが発生したり地割れが生じたりすることがある。

●**建物の中**　震度5弱以上になると，窓ガラスが割れたり，食器が落ちて割れたりするなど建物の中も危険な状態になる。本棚がたおれたりすることもあるので注意が必要である。

●**津波**　地震にともない海底で隆起や沈降が起こると，津波が発生することがある。津波は震央が海にあり，震源が比較的浅い場合に発生する。津波に関しては，以下のことに注意する必要がある。

・地震発生後数分から，場合によっては20時間以上たって→⑤から津波がくる場合がある。

▲家の倒壊

▲がけ崩れ

▲津波

もっとくわしく

②内陸の浅いところで発生する地震はマグニチュードが小さくても震源付近では非常に激しくゆれるため大きな被害が生じることがある。このような地震を「直下型地震」という。兵庫県南部地震は典型的な直下型地震である。

もっとくわしく

③マグニチュードは何種類かの決め方があり，同じ地震でも異なる値になることがあるので，他の地域の地震と比較するときは注意する必要がある。

もっとくわしく

④未固結の砂と地下水が混ざり合った状態で流動化することで，液状化現象が発生する。建物の倒壊や道路の陥没などを引き起こす。海岸付近や川沿いなどの地下水位が高いところで発生しやすい。

▲液状化現象にともなう陥没によってできた道路の割れ目

もっとくわしく

⑤チリ地震（1960年）では，南米のチリで発生した津波が20時間以上かけて太平洋を渡り，日本の三陸海岸などで約100人の死者が出るほどの被害をおよぼした。

・第2波，第3波とおし寄せてくる場合がある。
・いったん海の水が引いてから再びおし寄せてくる場合もある。

津波発生の危険性があるときは，一刻もはやく海からはなれた高いところに避難する必要がある。

地震計はどのようにして地面のゆれを記録しているのですか？

『地震計は，大地がゆれても動かないような点をつくることによって，ゆれを記録する装置です。』

このように説明をすると，

「えー！ 地面がゆれているのに動いていない点なんてどこにあるの？」

と疑問に思いますね。

下のつるまきばねにおもりをつけた図(A)を見てください。

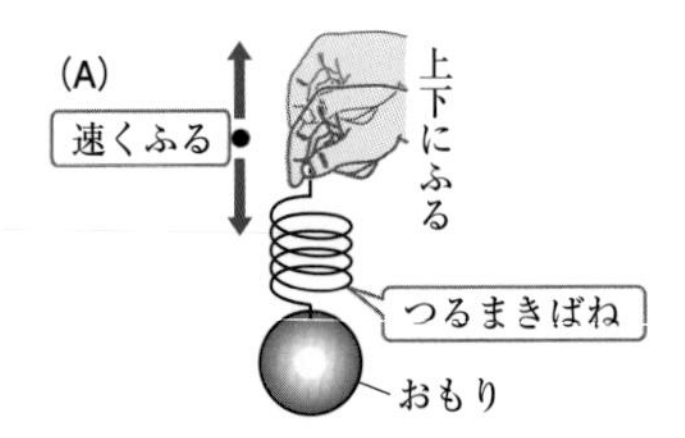

このばねの上端をもって手を上下にすばやくふるとどうなるでしょう。ばねは上下にのびちぢみしますが，おもりはほとんど動きません。

それでは，(B)のように，おもりをひもにつるし，そのひもを左右にすばやくふった場合はどうでしょう。同じようにおもりはほとんど動きません。この原理を応用したのが地震計です。

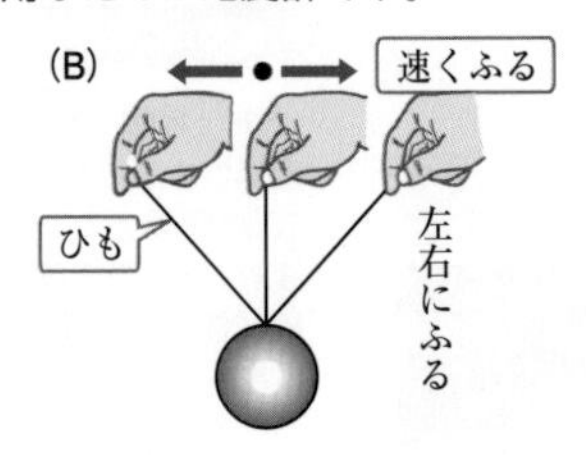

地震の振動は周期が短いので，周期の長いふりこを使うと，大地がゆれても動かない不動点をつくることができます。このふりこのおもりに針をつけ，地面といっしょに動く円筒に大地のゆれを記録させる装置が地震計です。

地震計には，つるまきばねの不動点（おもりと針）を利用して，おもに大地の上下方向のゆれを記録させる上下動地震計と，ふりこの不動点を利用して，大地の水平方向のゆれをおもに記録させる水平動地震計があります。

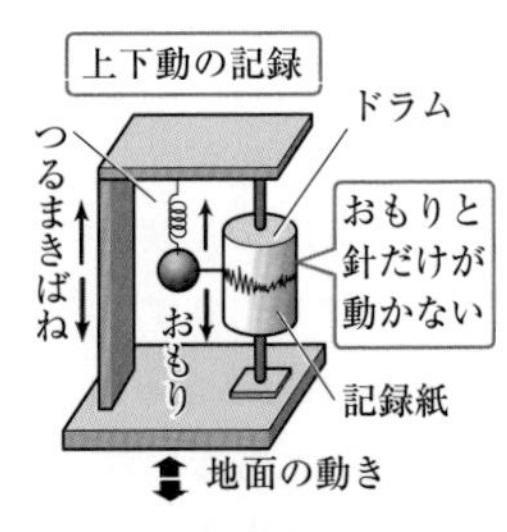

▲上下動地震計

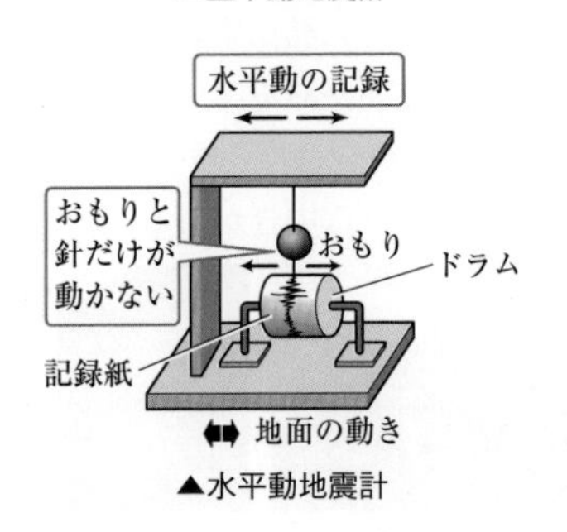

▲水平動地震計

② 地震の発生と地殻変動

1 地震と断層

▶地震の発生と断層の形成

●**地震断層**　1995年の兵庫県南部地震では，右の写真のような大地のくいちがいが淡路島で発生した。このような地表面や地層のくいちがいを**断層**という。地震のときに地表に断層があらわれる現象は，1891年に発生した濃尾地震による根尾谷断層の形成など，ほかにも多く観測されている。このように，地震の発生にともなって地表にあらわれる断層を**地震断層**➡①という。

●**震源断層**　地震の発生にともなって断層が形成されるのではなく，断層が活動することにより地震が発生することがあきらかにされている。地震を発生させた断層を**震源断層**➡②という。地震断層は，震源断層が地表にあらわれたものである。

▶断層のずれ方

●**逆断層**　ななめの断層面の上側がのし上がるようなずれ方をしている断層を，**逆断層**という。両側から圧縮するような力がはたらくとできる。

●**正断層**　ななめの断層面の上側がずり下がるようなずれ方をしている断層を，**正断層**という。両側に引きのばすような力がはたらくとできる。

●**右横ずれ断層**　断層面の向こう側が相対的に右側にずれるようなずれ方をしている断層を，**右横ずれ断層**という。

●**左横ずれ断層**　断層面の向こう側が相対的に左側にずれるようなずれ方をしている断層を，**左横ずれ断層**という。

▲野島断層

▲根尾谷断層

もっとくわしく

①地震断層があらわれるのは，震源が浅い地震のときである。

もっとくわしく

②震源断層が大きいほど，マグニチュードの大きい地震が発生する。震源断層の大きさは，
- 兵庫県南部地震（M7.3）
  20〔km〕×50〔km〕程度
- 関東地震（M7.9）
  70〔km〕×130〔km〕程度
- チリ地震（M9.5）
  800〔km〕×200〔km〕程度

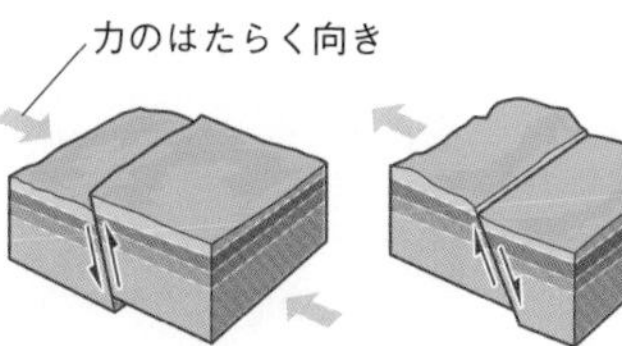

▲逆断層　▲正断層

▲右横ずれ断層

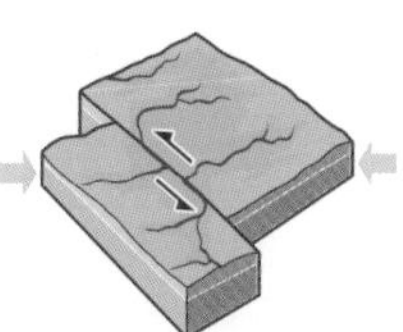
▲左横ずれ断層

2 活断層

▶ **活断層**➡① 比較的最近（数十万年前以後）に活動したことがある断層のことで，今後も活動する可能性が高いと考えられるものを活断層という。活断層は直線的な地形をつくっていることが多く，それを手がかりに活断層の調査が行われている。下の図は，日本のおもな活断層の分布である。

活断層の近くでは，地震の被害を受ける可能性が高いと考えたほうがよい。

地震の震源域

── 活断層

── プレートの境界

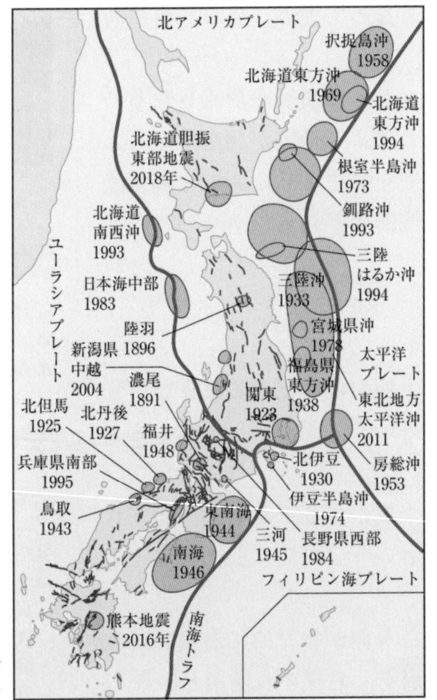

日本付近のおもな地震と活断層 ▶

もっとくわしく

①活断層は一般に約100年から数万年に1回，いっきに数m程度ずれる。つねにゆっくりずれ続けているわけではない。

研究 阿寺（あてら）断層

右の写真は，岐阜県中津川市に見られる木曽（きそ）川沿いの河（か）岸段丘（がんだんきゅう）[➡P.500]のようすです。矢印の間の部分で直線状に河岸段丘に段差ができています。これが阿寺断層とよばれる活断層です。河岸段丘のように比較的最近つくられた平らな面に段差がついているということから，この活断層は最近活動した断層であることがわかります。ここでは同じ断層がくり返しずれ動いたと考えられています。

▲阿寺断層

3 急激な地殻変動

地震と地殻変動

●**地殻変動**　大地が隆起したり沈降したり，水平方向に移動したりすることを**地殻変動**という。1年に1mm以下のゆっくりした変動もあれば，地震にともない，いっきに数m～数十m変動する場合もある。

●**地震にともなう地殻変動**　右の写真は，高知県の室戸(むろと)岬のものである。海岸沿いに低い平らな面が見られるが，海面直下の，波で侵食されてできた平らな面（海食台(かいしょくだい)）が地震の際にいっきに隆起して陸上にすがたをあらわしたものである。半島の中央部の木でおおわれた平らな面も，以前は海面直下で侵食されたものが隆起したと考えられる。

この地域では，ふだんは右の図のようにゆっくりとした沈降が続き，地震の際にいっきに1mほど隆起するような地殻変動がくり返し起こっている。

▲高知県室戸岬

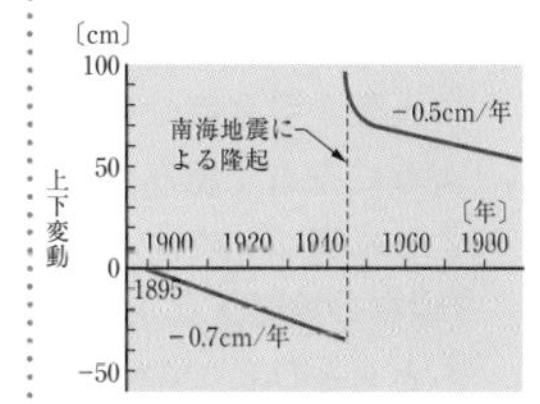

▲南海地震（1946年）前後の室戸岬での地殻の上下変動

プレート境界地震

地殻変動にともなう地震は，プレートのしずみこみ境界[➡P.477]で起こるので**プレート境界地震**とよばれることもある。下の図で，海溝(かいこう)[➡P.486]に沿って発生している地震がこれにあたり，次のように発生する。

① 図1で，海のプレートのしずみこみにともない，陸側が**ア**から**イ**の状態に変形していく。このとき，海岸付近はゆっくり沈降を続ける。

② 海のプレートのしずみこみにともない陸のプレートの変形がすすむと，ひずみが蓄積する。ひずみが限界にたっすると，図**2**のように陸のプレートが急激に**エ**から**ウ**の状態になる。このとき地震が発生し，海岸付近は急激に隆起する。

③ たくわえられたひずみは解放されるが，海のプレートのしずみこみにともないひずみが再び蓄積されていく。海のプレートのしずみこみの速さはほぼ一定なので，一定期間で同じ程度のひずみがたまり，地震が発生することになる。

このようにして，海溝（プレートのしずみこみ境界）に沿って巨大地震がくり返し発生するのである。

図1

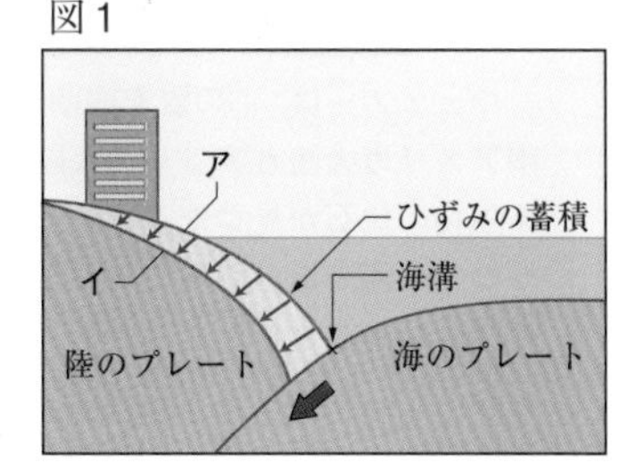

図2

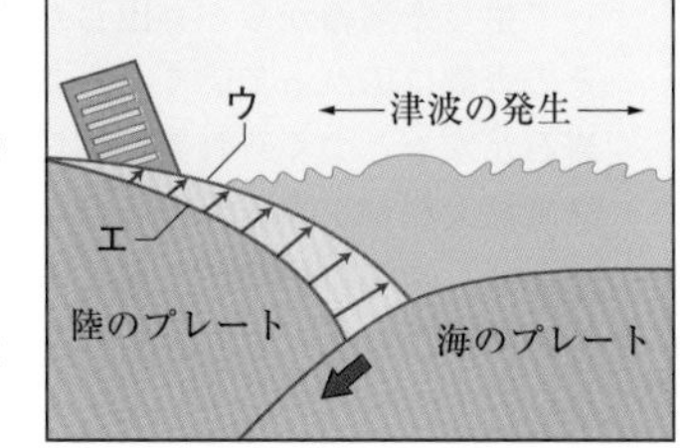

1912年 大陸移動説

ドイツの気候学者，ウェゲナー（A.Wegener 1880〜1930）は，大西洋をはさむ南アメリカ大陸の東岸とアフリカ大陸の西岸の形がよく似ていて，両側の大陸を引き寄せるとジグソーパズルのようにうまく組み合わせることができることに気づいた。そこで彼は，1912年，「現在の地球上にあるいくつかの大陸は，もともとひとつの巨大な大陸であったものが，ひきさかれて現在の位置まで移動した」とする大陸移動説をとなえた。このひとつの巨大な大陸は「パンゲア」と名づけられ，約2億年前にこの大陸の分裂がはじまったと考えられている。

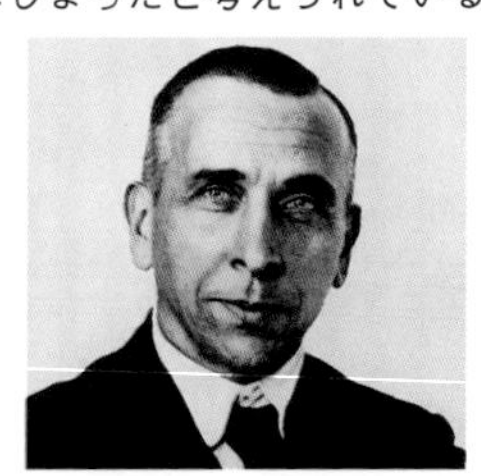

ウェゲナーは，この説を説明するため，南アメリカ大陸とアフリカ大陸で共通する生物の化石が見つかること，両大陸のかつて氷河であった部分がうまくつながることなどをあげた。しかし，彼は大陸を動かす巨大なエネルギーについて説明することができなかったため，当時は受け入れられることなく終わってしまった。

1960年代に入ると，「大陸の分裂によって生じた海嶺（かいれい）からふき出したマグマがその両側に広がっていくことで，海底の岩石が次々とつくられていく」という海洋底拡大説が提唱された。この説にしたがえば，海底の移動にともなって大陸も移動することもうまく説明できる。

この2つの考えはさらに発展して，これから学習する「地球の表面はプレートとよばれる十数枚の岩石の板でできていて，このプレートはたがいに移動している」というプレートテクトニクス説へとつながっていく。

3億年前

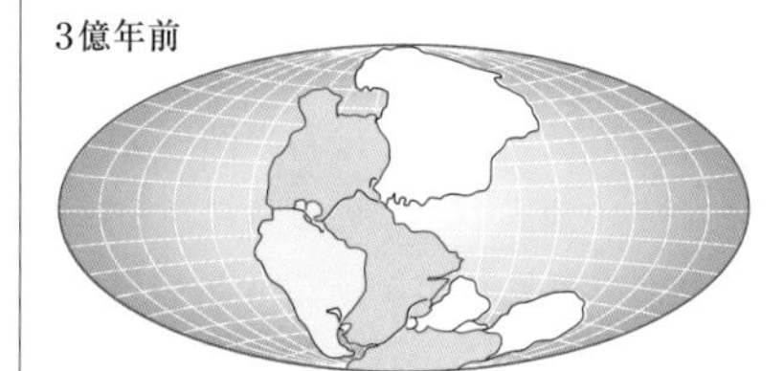

1億8千万年前

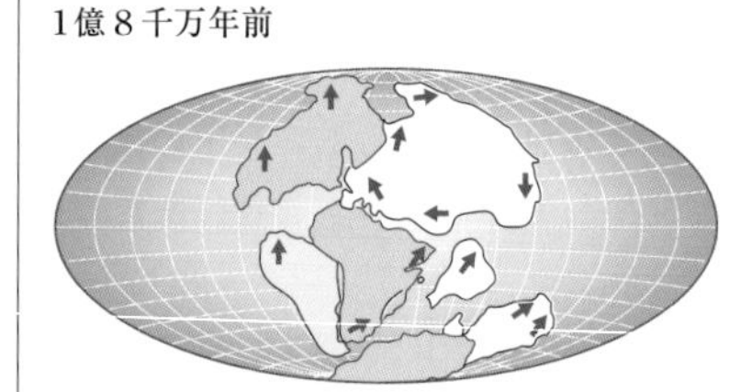

6500万年前

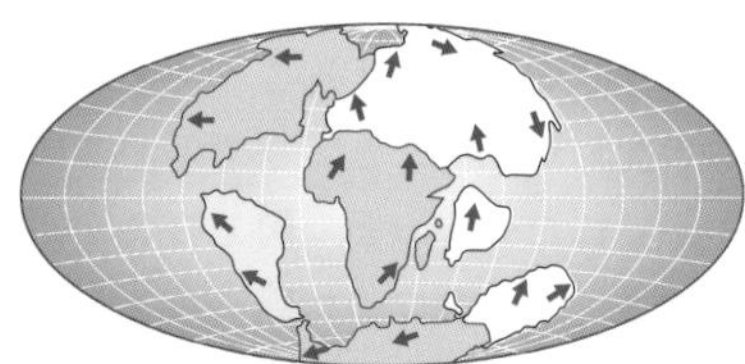

5000万年後

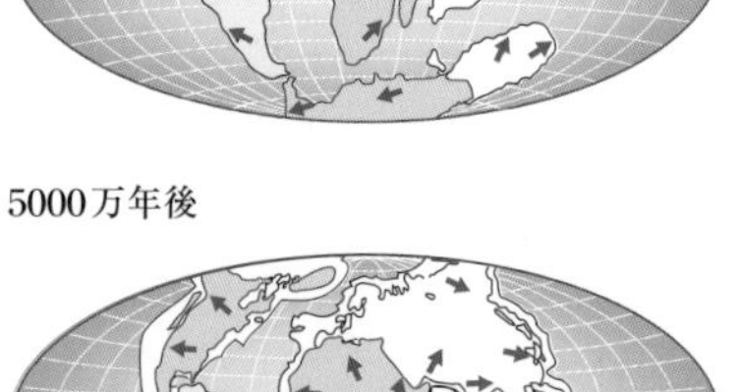

→は大陸が移動する向きを表す。

③ 地震分布

1 日本の地震の分布

日本付近で起こる地震の分布は，下の図のようになっている。太平洋側の浅いところで発生している地震は，前のページで説明したプレート境界地震で，深さ100kmより浅いところで発生している。日本海側に向かって震源の深さが深くなっている。

● **深発地震面**(しんぱつじしんめん)➡① プレートは日本列島の下に海溝からななめにしずみこんでいく。しずみこむプレートに沿って地震が発生し，日本海溝から大陸側に向かってななめに続く地震の多発帯➡②ができる。この面を**深発地震面**という。

● **内陸直下型地震** 深発地震面とは別に，日本の内陸地域では震源の浅い地震が多く発生している。多くは活断層が活動して起こった地震であり，規模が小さくても都市の直下で起こると大きな被害をもたらす。このような地震を**内陸直下型地震**という。

もっとくわしく

①深発地震面は，発見者の名前にちなんで「和達(わだち)－ベニオフ帯」ともよばれる。和達清夫(わだちきよお)は日本の地震学者である。

もっとくわしく

②深発地震面のようすから，プレートのしずみこみのようすをあきらかにすることができる。関東地方の地下にはフィリピン海プレートの深発地震面と，そのさらに下にしずみこむ太平洋プレートの深発地震面が２重になっており，世界でも有数の地震多発地帯となっている。

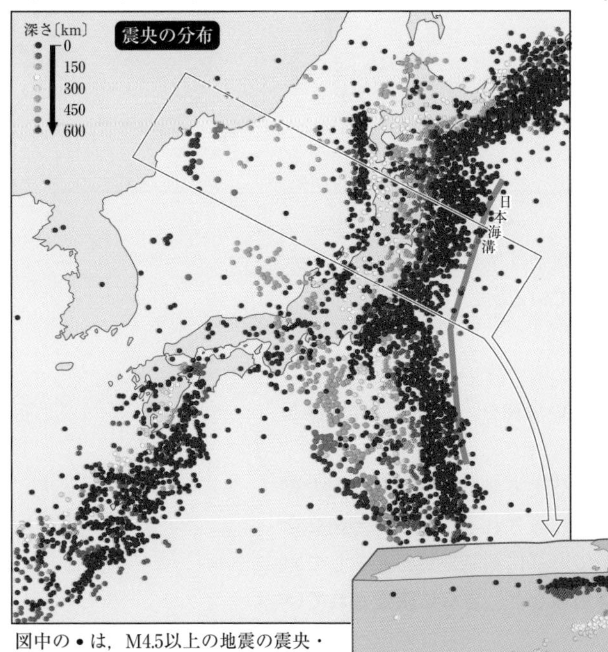

図中の●は，M4.5以上の地震の震央・震源を示す。

▲日本付近の震央・震源の分布

2 世界の地震の分布

地震の分布

日本では非常に多くの地震が発生しているが，地球上のすべての場所で一様に地震が発生しているわけではない。

震央の分布

地球上で発生する地震の震央の位置は，下の図1に表されるように，環太平洋(かんたいへいよう)地域や大西洋の中央部などの帯状の地帯に集中している。

図1

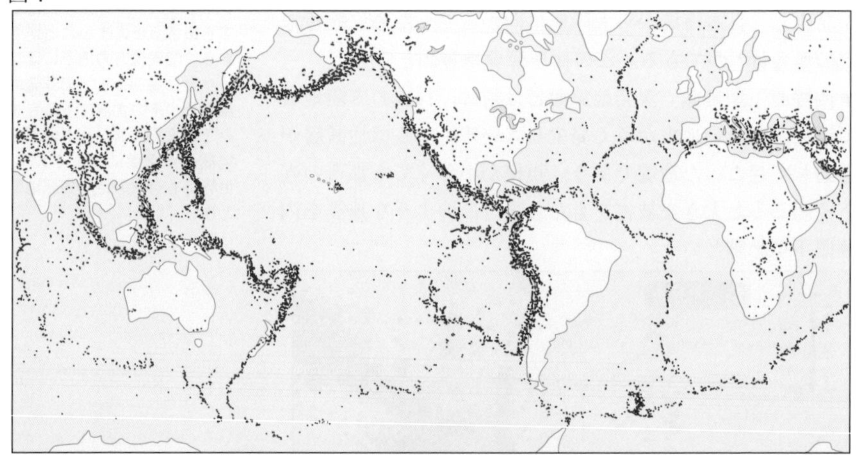

▲地震の震央の分布

上の図1より，地震の多発地帯はプレート境界[➡P.476]と対応していることがわかっている。

深発地震

震源の深さが100kmより深い地震を，一般に**深発地震**とよぶ。

●深発地震の震央の分布　地球上で発生する深発地震の震央の分布は，次ページの図2に表されるが，図1と図2を比べると，地震の多発地帯で一様に深発地震が発生しているわけではなく，**環太平洋地域**など，さらに**限定**されていることがわかる。

図2

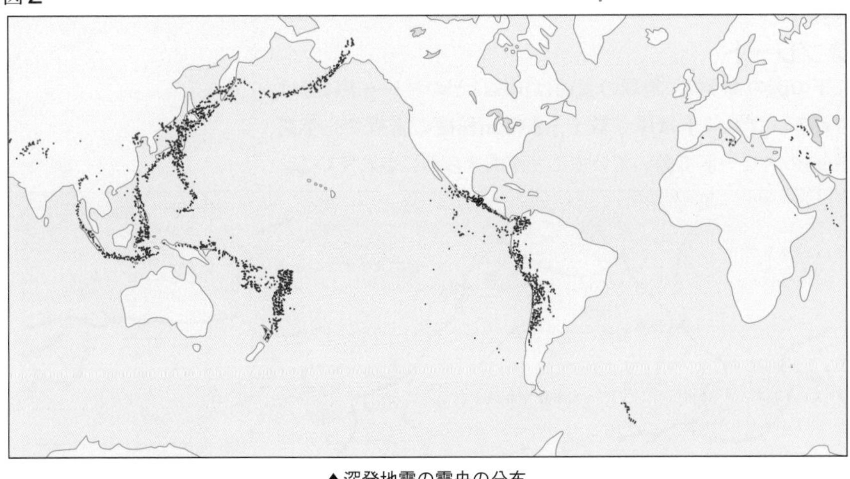

▲深発地震の震央の分布

●**深発地震の多発地帯**➡①　プレートのしずみこみ境界[➡P.477]と対応していることがわかっている。

もっとくわしく

①深発地震は，海溝からななめに深くなっていく深発地震面に沿って発生する。

Q&A 深さ700kmより深いところでは，地震が発生しないのはなぜ？

473ページの図から，深さ500kmより深い地震は非常に少ないことがわかります。地球全体で見ても，もっとも深いところで発生する地震の震源の深さは700km程度です。このことはいったいなにを意味しているのでしょうか？

地震は，岩石が破壊され，断層面に沿ってずれ動くことによって発生することがわかっています。これはアメをかんだときに「バリッ」と割れる現象に似ています。ところが，温度が高いところにおいておいたアメはかんでも「グニャ」と変形するだけで「バリッ」とは割れなくなります。

海溝からしずみこんだ海のプレートを構成する岩石は非常にかたく，力が加わると「バリッ」と割れ，地震が発生します。ななめにしずみこむプレートに沿って，深発地震面が形成されるのはそのためです。

ところが，プレートが深いところ（深さ700km程度）まで岩石がしずみこんでいくと，まわりの温度や圧力が高くなるため，岩石は固体のままではあるけれど，やわらかくなり「バリッ」とは割れなくなる，つまり地震が発生しなくなるのです。

もっとも深い地震が700kmであることは，その深さで岩石の状態が変化していることを意味しているわけです。

3 プレートとその動き

プレート

下の図のように，地球の表面は10枚ほどのプレートに分けられる。プレートは厚さ数十～200km程度の岩板で，年間数cmのスピードで動いていることがあきらかにされている。

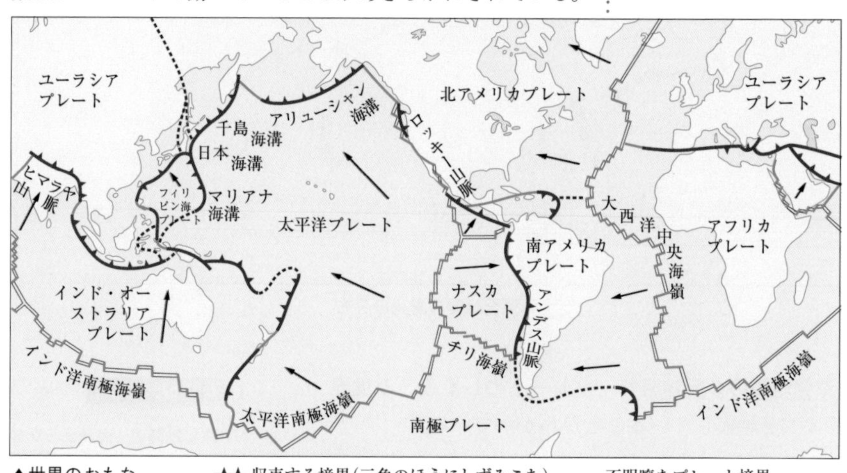

▲世界のおもなプレートの分布

●**マントルの運動**　地球の内部は深さ2900kmを境に核とマントルに分けられる。マントルは岩石だが，ゆっくりと対流している。地震波を使った観測で大規模な筒状の上昇部も確認されており，プルームとよばれている。プレートの運動もこのような大規模な対流運動と関連させて理解することができる。

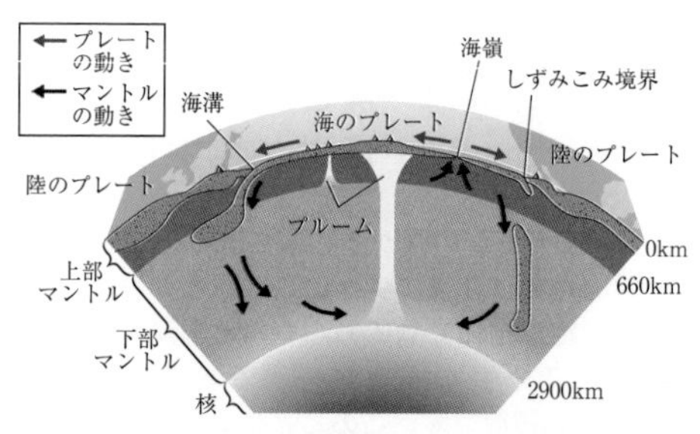

▲マントルの運動とプレートの動き

プレート境界

プレートとプレートの境界は，次の3つに分類することができる。

①**はなれていく境界(拡大境界)**　2つのプレートがはなれていく境界。海底の大山脈である**海嶺**(かいれい) [P.486] がこの拡大境界にできる大地形である。海嶺では海のプレートが生産され，両側に拡大している。

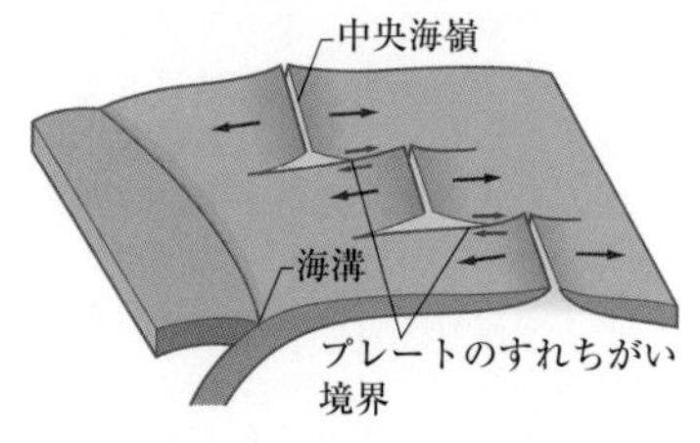

▲3種類のプレート境界

②近づいていく境界（収束境界）　2つのプレートが近づいてくる境界。陸のプレートの下に海のプレートがななめにしずみこむ場合が多く，しずみこみ境界ともよばれる。海溝はしずみこみ境界にできる大地形である➡①。しかし，陸のプレートと陸のプレートが近づく場合はスムーズなしずみこみが起こらず，衝突境界となり，**大山脈が形成される**。ヒマラヤ山脈はインド・オーストラリアプレートがユーラシアプレートに衝突することにより形成されたものである。

③すれちがう境界　2つのプレートがすれちがうように動く境界。トランスフォーム断層とよばれる。カリフォルニアにあるサンアンドレアス断層はその例である。

もっとくわしく

①海のもっとも深いところは，マリアナ海溝（日本海溝のさらに南）のチャレンジャー海淵（約10920m）である。海で一番深いのは海の真ん中ではなく，海と陸の境界にある海溝である。

▶プレート境界と地震帯

475ページの深発地震の震央の分布と，476ページの世界のおもなプレートの分布を比較すると，**プレート境界で地震が集中的に発生していること，深発地震は収束境界で発生していることがわかる**。プレートの収束境界では，473ページの図に示されるように，海溝からななめにしずみこむプレートに沿って地震が発生して深発地震面が形成されている。このことから，深さ100kmより深いところで発生する深発地震は，しずみこみ境界で深発地震面に沿って発生するものだけであることがわかる。

もっとくわしく

地震の多発地帯がプレート境界に一致することがあきらかにされているので，実際には震央の分布[➡P.474]から，詳細なプレート境界[➡P.476]が決められている。

日本周辺のプレート境界

プレート境界をさらにくわしく見ると，日本付近では，右の図のように，海のプレートである太平洋プレート，フィリピン海プレート，陸のプレートであるユーラシアプレート，北アメリカプレートという4つのプレートが複雑に分布しています。関東から西日本にかけてはフィリピン海プレートがしずみこみ，その下にさらに太平洋プレートがしずみこんでいるので，地震が非常に多く発生しています。

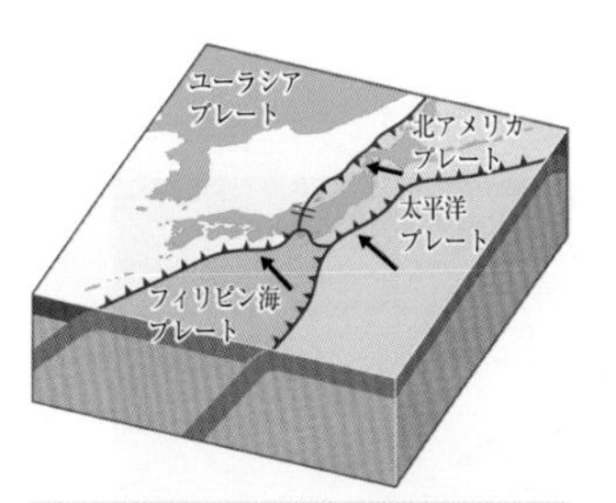

▲日本列島周辺のプレートの配置

§2 火山

▶ここで学ぶこと

火山の形や噴火のしかたはマグマの性質，ねばりけにより決まることを理解し，火成岩をでき方と鉱物組織をもとに分類する。火山の分布とプレートの関係についてもおさえていく。

① 火山活動

1 火山とマグマ

火山

富士山や浅間山(あさまやま)などの火山は，地下から高温のマグマが噴出してできた山である。ハワイ島や三宅島(みやけじま)などの火山島は，海底にできた火山の山頂が海上にすがたをあらわしたものである。

マグマ

地球内部で岩石がとけた，高温の液体状の物質をマグマといい，火山噴出物[➡P.479]のもとになっている。噴出したときのマグマの温度は800℃から1200℃程度➡①である。また，マグマが冷えて固まると岩石（火成岩[➡P.482]）ができる。

●**溶岩**(ようがん) 岩石がドロドロにとけたマグマが地表に流れ出たものを溶岩ともいう。「溶岩流」とか「溶岩が流出した」というように使う。また，マグマが急激に冷えて固まってできた岩石（火山岩）をさして溶岩という場合もある。「溶岩」はとけたものと固まったものの両方をさす用語だが，「マグマ」はとけたものだけをさす用語である。「青木ケ原(あおきがはら)の樹海➡②のなかはゴツゴツした溶岩ばかりだった」というように使う。「ゴツゴツしたマグマ」とはいわない。

▲大島三原山の1986年の噴火

写真右上の部分ではマグマが噴水状に噴出している。左下は流出した溶岩流。粘性の小さい玄武岩質マグマの噴火の典型的な例である。

10万年前からくり返し噴火してできた火山。最後に噴火したのは1707年。

▲富士山

参考

火山情報をあつかっている国の機関は気象庁である。

参考

①地下深いところは高温になっているが，どこにでもマグマがあるわけではなく，限られた場所にだけ発生している。マグマの発生したところにだけ火山が分布しているわけである。

もっとくわしく

②青木ケ原の樹海とは，富士山の溶岩流の上に発達した原生林のこと。

●**マグマの種類**　マグマは性質のちがいにより，次の3つに分類される。マグマの性質では粘性→③が重要で，**火山の形や噴火のしかたはマグマの粘性によって決まってくる。**

▼マグマの種類と性質 [➡P.480（火山の爆発）]

マグマの種類	温度	粘性	固まってできる岩石
玄武岩質マグマ	約1200℃	小	玄武岩
安山岩質マグマ	約1000℃	中	安山岩
流紋岩質マグマ	約 800℃	大	流紋岩

2　火山噴出物

火山から噴出したすべてのものを**火山噴出物**という。

溶岩

マグマが地表に流れ出たもの，また，その流出したマグマが冷えて固まったもの。玄武岩，安山岩，流紋岩などの火山岩となる。

火山ガス

マグマにとけこんだ成分が気体として放出されたもの。90%以上が水蒸気（H_2O）であるが，二酸化炭素（CO_2），二酸化硫黄（SO_2），硫化水素（H_2S）→④などもふくまれている。

火山砕屑物

火山の噴火にともない放出された溶岩以外の固体の物質を**火山砕屑物**という。

●**火山灰**　直径2㎜以下の粒。マグマが固まったものが爆発で細かく粉砕されたもので，鉱物や火山ガラス→⑤から成る。

●**軽石・スコリア**　空中にふき出されたマグマが空中で固まったもの。固まる前に火山ガスがぬけ出たためにできた多数のあながあいている。白っぽいものを**軽石**，黒っぽいものを**スコリア**という。

●**火山れき**　溶岩の割れたかけらのこと。

●**火山弾**　独特な外形をした溶岩のかたまり。空中にふき出されたマグマが空中で冷えて固まってできる。空気抵抗の影響で紡錘状になったり，表面だけが固まった状態で着地して表面に割れ目が入ったりしたものなどがある。

もっとくわしく

③ねばりけのこと。ネバネバで流れにくい状態を粘性が大きいという。マグマの性質はマグマの主成分である二酸化ケイ素（SiO_2）の量によって決まってくる。二酸化ケイ素を多くふくむほど粘性が大きく流れにくく，ふくまれる二酸化ケイ素が少ないほど粘性が小さく，流れやすい。

もっとくわしく

④二酸化硫黄（亜硫酸ガスともいう）や硫化水素（ゆで卵が腐敗したようなにおいがする）は有毒であるため，放出が長期化すると大きな被害をおよぼす。2000年に噴火した三宅島では，これらのガスの放出が続いたため，数年にわたる避難生活を余儀なくされた。

もっとくわしく

⑤鉱物 [➡P.483] は岩石をつくっている粒で，原子が規則的に配列した結晶をつくっている。火山ガラスは原子が規則的に配列していない固体で，マグマが急激に冷やされたときにできる。

火山弾（パン皮状）

火山弾（紡錘状）

軽石

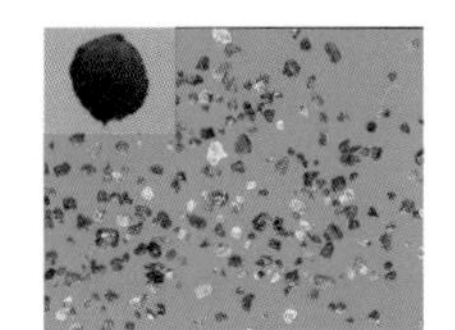

火山灰

▲さまざまな火山噴出物

3 火山の噴火と火山の形

火山の噴火

●マグマだまり 火山の地下5～10kmのところに，マグマだまりとよばれる部分があり，高温のマグマがたまっている。マグマだまりからマグマが上昇し，地表に噴出する現象が火山の噴火である。

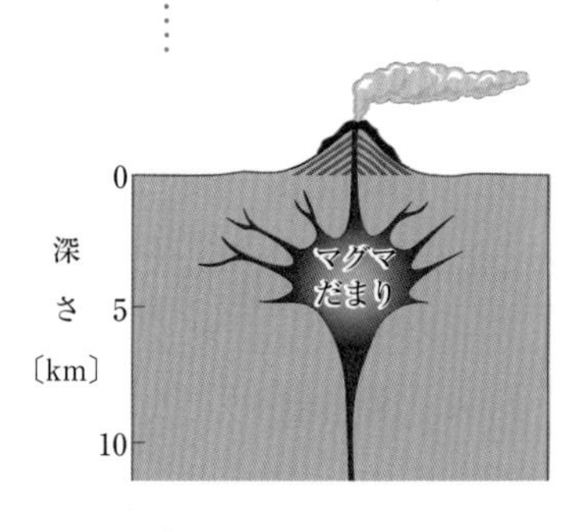

●火山の爆発 マグマが地表に噴出するときに激しい爆発➡①をする場合がある。これは，マグマのなかにふくまれている水分が地表付近でいっきに気体になり発泡するためである。

玄武岩質マグマでは，マグマの粘性が小さいため少し圧力が高まるとマグマにふくまれるガスの成分が気体となって爆発する。そのため，小爆発をくり返すような噴火をする。火山灰はあまり多くなく，溶岩流が流出する。浅間山の噴火はこのような噴火である。

一方，安山岩質マグマや流紋岩質マグマのような粘性の大きいマグマの噴火では，非常に圧力が高くならないとマグマにふくまれるガスの成分が気体とならないので，気体になるときは非常に圧力が高まっており，激しい爆発となる。多量の火山灰が噴出される。

▲ピナツボ火山の噴火（フィリピン1991年）。粘性の比較的大きい安山岩質マグマの噴火。激しく爆発し，多量の火山灰を放出した。

もっとくわしく

①火山の爆発は，炭酸飲料の缶を激しくふってから開けるといっきに発泡して噴出するのとよく似ている。

用語

水蒸気爆発
地下水が高温のマグマの熱で急激に蒸発して爆発が起こることがあり，これを水蒸気爆発とよぶ。

Q&A 火山活動は災害ばかりなの？

火山活動は災害につながることも多いですが，人間生活への恵みもあります。金属鉱床（こうしょう）の多くはマグマの活動に由来し，マグマの熱は温泉をもたらすほか，地熱発電にも活用されています。火山灰は肥沃（ひよく）な土壌を形成するのに役立っている場合もあります。また，富士山，箱根，阿蘇（あそ）山など，火山の作り出す美しい景観は多くの人を楽しませてくれています。

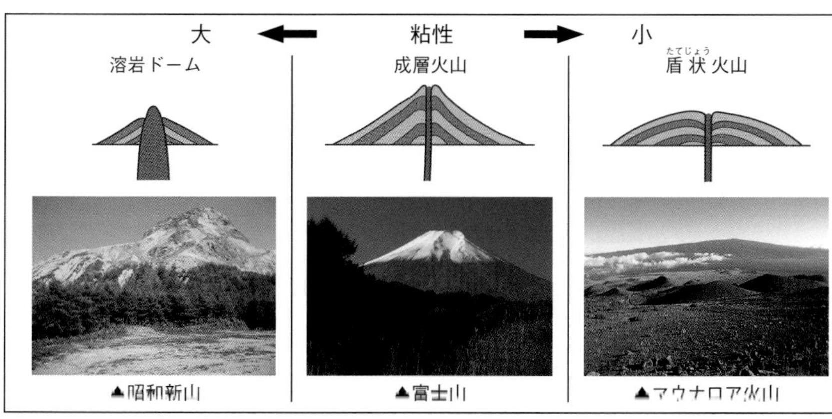

火山の形

火山の形には上の写真のように急傾斜のものから非常になだらかなものまである。このような火山の形のちがいは**マグマの粘性のちがい**を反映している。粘性の大きい火山のほうが急傾斜な火山となる。

●**溶岩ドーム**　粘性の非常に大きい流紋岩質マグマの活動でできる。非常に激しい爆発をしたり，火砕流(かさいりゅう)➡②を発生させたりする。昭和新山や雲仙普賢岳(うんぜんふげんだけ)などがある。

●**成層火山**　粘性が中程度の安山岩質マグマや玄武岩質マグマの活動でできる。溶岩の流出と火山灰の噴出を交互にくり返してできる。富士山や浅間山などがある。

●**盾状火山**　粘性の小さい玄武岩質マグマの活動でできる。非常になだらかな，盾をふせたような形の火山ができる。ハワイのマウナロア火山，キラウエア火山などがある。

●**カルデラ**　火山の山頂のくぼんだ地形で，直径2km以上のもの。噴火でマグマが出てしまい，陥没してできるものが多い。阿蘇山や箱根などがある。

用語

②**火砕流**
高温の火山ガスと火山灰が混ざり合い，高速で山腹を流下する現象。1991年に雲仙普賢岳でくり返し発生し，温度は700℃をこえ，速さは時速100kmをこえるものもあった。一般に粘性の大きい流紋岩質マグマの火山で発生する。

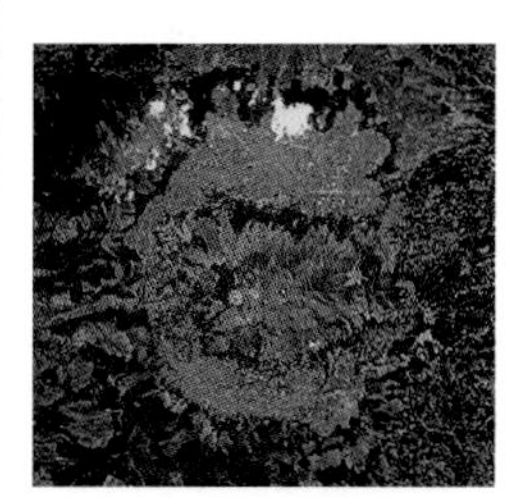
▲上空から見た阿蘇カルデラ。大規模な陥没(かんぼつ)でカルデラが形成された

研究　ハザードマップ

火山では，噴火にともなって災害も起こります。被害を最小限にとどめるためにハザードマップ（災害予測図）を作成し，備えておくことが有効です。ハザードマップは過去の事例から起こりうる災害を予測するもので，火山だけでなく，津波や河川の氾濫，がけ崩れなどさまざまな事象について作成されています。

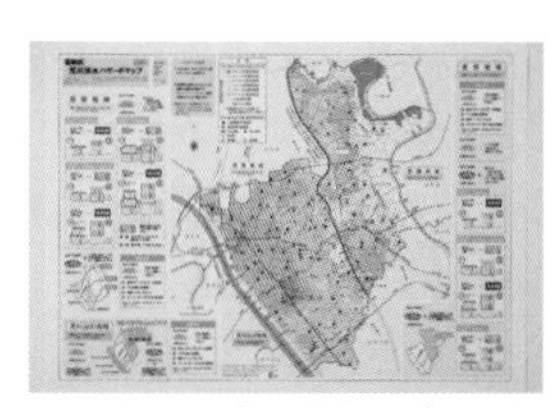
▲ハザードマップ

② 火成岩

1 火成岩の組織

マグマが冷えて固まってできた岩石を**火成岩**といい，でき方によって，**火山岩**と**深成岩**に分けられる。

火山岩の組織

●**火山岩**は，マグマが地表や地表付近に噴出して急激に冷やされて➡①できた火成岩。

●**斑状組織**(はんじょう) 下の写真のような大きな鉱物の結晶（**斑晶**(はんしょう)）が細かい粒の部分（**石基**(せっき)）の間にちらばっている組織➡②を**斑状組織**といい，火山岩特有のつくりである。

●**石基** 細かい鉱物の結晶や火山ガラスからできている。マグマが地表や地表付近に噴出し，急激に冷やされて固結した部分である。

●**斑晶** 大きく成長した鉱物の結晶。マグマが地下のマグマだまりにあったときにゆっくり成長してできた。

安山岩の顕微鏡写真

▲斑状組織（火山岩）

深成岩の組織

●**深成岩は，マグマが地下深いところでゆっくり冷えて固まってできた火成岩。**

●**等粒状組織**(とうりゅうじょう) 右の写真のように，すべての鉱物が大きく成長している組織を**等粒状組織**という。深成岩特有のつくりである。

花こう岩の顕微鏡写真

▲等粒状組織（深成岩）

もっとくわしく

①マグマが冷えるとき，原子が規則的に配列して鉱物の結晶をつくる。ゆっくり冷える場合は大きな結晶をつくることができるが，急激に冷えると小さな結晶がたくさんできる。石基が小さい鉱物の結晶からなるのは地表や地表付近で急激に冷やされた証拠である。

用語

②組織
岩石をつくる鉱物の大きさや形などのようす。

実験・観察

冷え方のちがいによる結晶の大きさのちがいは実験でたしかめられる。

【方法】
湯につけたペトリ皿（A・B）でミョウバンをとかし，濃(こ)い水溶液をつくる。
・Aは氷水につけ急に冷やす。
・Bは湯につけたままゆっくり冷やす。

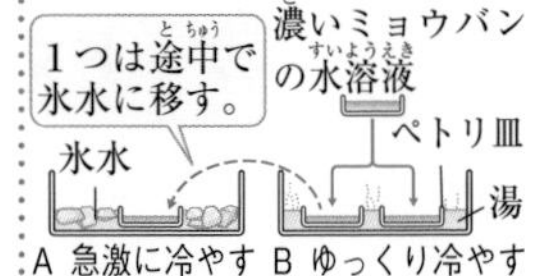

結果

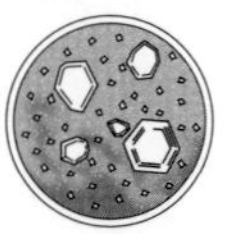

A 小さな粒

B 大きな粒

2 火成岩にふくまれる鉱物

▶鉱物

岩石は何種類かの鉱物が集まってできている。

鉱物とは天然に存在する結晶のことで，ひとつの鉱物のなかでは原子が規則的に配列→③している。

●**主要造岩鉱物**　花こう岩や安山岩などの火成岩はおもに下に示す6種類の鉱物が組み合わさってできている。この6種類の鉱物を，**主要造岩鉱物**という。

●**鉱物の形**　鉱物は下の表にあるように，特有の外形をしている場合がある。それは鉱物内の原子の配列のしかたを反映したものである。

▶無色鉱物と有色鉱物

主要造岩鉱物は**無色鉱物**と**有色鉱物**に大きく分けられる。

●**無色鉱物**　石英→④，長石のように無色透明や白っぽい鉱物を**無色鉱物**（または白色鉱物）という。

●**有色鉱物**　黒雲母（くろうんも），角閃石（かくせん），輝石（きせき），カンラン石などの黒っぽい鉱物を**有色鉱物**という。鉄，マグネシウムをふくみ，無色鉱物に比べて密度が大きい。

参考

③きれいな外形をしていなくても，原子がきちんと配列していれば鉱物の結晶である。

雪も0℃でとける鉱物である。

もっとくわしく

④石英はじゅうぶんな空間があると六角柱状の外形の結晶をつくる。このような石英の結晶は水晶ともよばれる。石英には紫色をしたものがあり，アメシストとよばれるが，紫色だからといって有色鉱物には分類しない。

無色鉱物		石英	長石
	鉱物		
	形	不規則	柱状・短冊（たんざく）状
	色	無色・白色	白色・うす桃（もも）色

有色鉱物		黒雲母	角閃石	輝石	カンラン石
	鉱物				
	形	板状・六角形	長い柱状・針（はり）状	短い柱状・短冊状	丸みのある短い短冊状
	色	黒色～かっ色	こい緑色～黒色	緑色～かっ色	黄緑色～かっ色

▲火成岩や火山灰にふくまれるおもな鉱物

③ 火成岩の分類

1 火成岩の鉱物組成

▶鉱物組成

岩石にふくまれる鉱物の種類と割合を**鉱物組成**という。例えば花こう岩の鉱物組成は石英が約30%，長石が約60%，黒雲母が約５％，その他の鉱物が約５％である。花こう岩は深成岩で等粒状組織をしているが，同じ鉱物組成で斑状組織をしている流紋岩という火山岩がある。鉱物組成が同じであるということから，流紋岩質マグマが地表に噴出して急激に冷えて固まったものが流紋岩で，地下でゆっくり冷えて固まったものが花こう岩であることがわかる。

●**火成岩の分類表**　火成岩はでき方（火山岩か深成岩か）とふくまれる鉱物の種類と割合をもとに，下の図のように７種類➡①に分類される。ある火成岩にふくまれる鉱物の種類と割合は，図中の「おもな造岩鉱物の量」という欄の１本の縦の破線で表される➡②。図の例では，破線は石英，長石，黒雲母，その他の鉱物を横切っており，各部分の破線の長さの割合が25：65：７：３になっている。この場合，石英が25%，長石が65%，黒雲母が７％，その他の鉱物が３％ふくまれていることになる。

▶色指数と二酸化ケイ素（SiO_2）の量

●**色指数**　火成岩にふくまれる有色鉱物の割合を**色指数**という。有色鉱物を多くふくむ玄武岩，斑れい岩は色指数が高く黒っぽい。

参考

①かんらん岩の部分をかいていない６種類の分類表も多い。

もっとくわしく

②ひとつの火成岩に石英とカンラン石をふくむものはない。下の図では「おもな造岩鉱物の量」の欄に縦線を引いたときに，石英とカンラン石の両方を横切る線は存在しない。
また，同じ安山岩でも石英をふくむものとふくまないものがある。下の図では，「おもな造岩鉱物の量」の欄の安山岩の領域に縦線を引いたときに，石英を横切る線と横切らない線がある。

もっとくわしく

③かんらん岩は地球内部のマントルをつくっている岩石である。かんらん岩に対応する火山岩は存在しない。

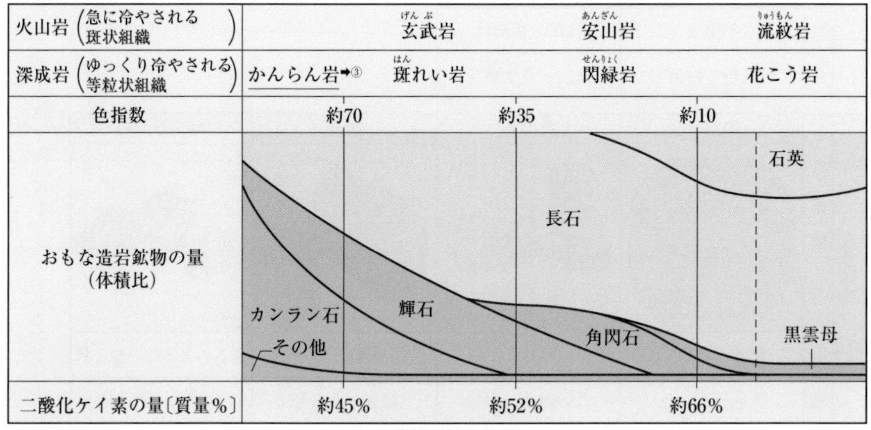

▲火成岩の鉱物組成

●二酸化ケイ素（SiO_2）の量　火成岩にもっとも多くふくまれている元素は酸素(O)であり，次に多いのはケイ素(Si)である。これらの元素の割合は二酸化ケイ素（SiO_2）の量の比として表され，前ページの図に示されるように，火成岩の分類の指標となっている。

研究　火成岩の分類に SiO_2 の量の比が使われる理由

火成岩はおもに石英，長石，カンラン石，輝石，角閃石，黒雲母の6種類の主要造岩鉱物でできています。この6種類の鉱物はケイ酸塩（SiO_4）四面体とよばれる小さなかたまりが規則的に配列してできたもので，ケイ酸塩鉱物とよばれています。火成岩はケイ酸塩鉱物の集合体なので，SiとOの含有率が高いわけです。

火成岩の化学組成は酸化物（二酸化ケイ素（SiO_2）や酸化アルミニウム（Al_2O_3）など）の割合で表すことになっているので，SiO_4 の割合では表さずに，SiO_2 の割合で表すのです。

火成岩はマグマ中の SiO_2 の量の比によってどんな鉱物ができるかが決まるため，SiO_2 が分類の基準になっています。

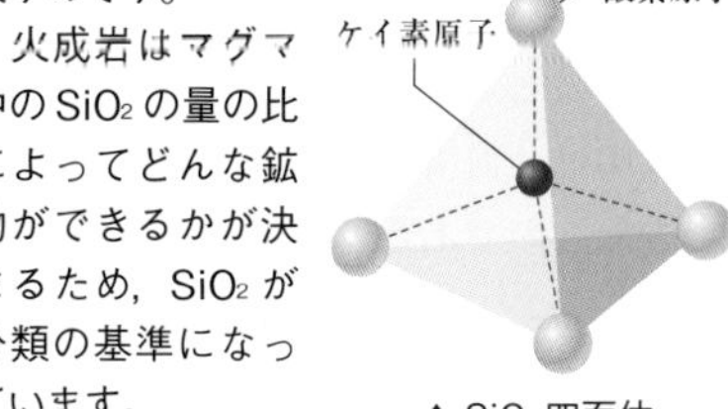

▲ SiO_4 四面体

確認問題

火成岩の組織と分類

右の図は，ある火成岩を顕微鏡で観察した写真である。次の問いに答えよ。

(1)　このような岩石の組織を何というか。
(2)　アの細かい鉱物の粒の部分を何というか。
(3)　アの細かい鉱物の粒の部分はどのようにしてできたか。
(4)　カンラン石の大きな結晶はどのようにしてできたか。また，この岩石の名称は何か。

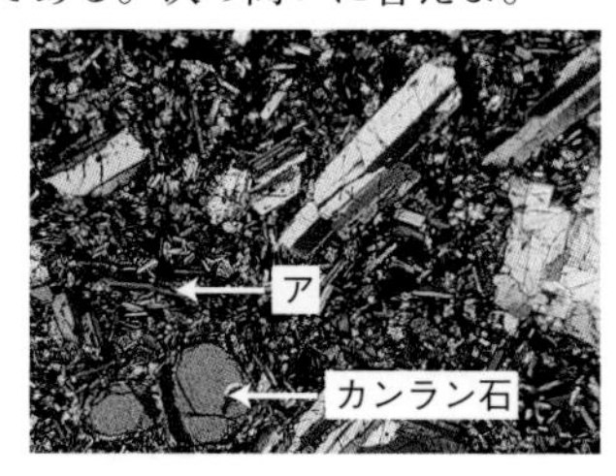

大きな結晶と細粒部に分けられるのが斑状組織。鉱物はゆっくり冷えると大きく成長し，急激に冷やされると細かい粒になる。

解き方

カンラン石が斑晶で，周囲の細かい粒のアの部分が石基の斑状組織である。石基は地表付近または地表で急激に冷やされてできたが，大きい斑晶は，地下のマグマだまりにあるときにゆっくり冷えて固まった。カンラン石をふくむ火山岩は玄武岩である。

解答

(1)　斑状組織　(2)　石基　(3)　地表や地表付近で急激に冷やされて固まった。
(4)　でき方；地下でゆっくり冷えて固まった。　岩石名；玄武岩

④ 火山の分布とプレート境界

1 火山の分布

下の図は，地球上の活火山➡①の分布を示した図である。火山は環太平洋地域などに帯状➡②に集中して存在している。下の図には，**海溝**と**海嶺**もかきこまれているが，活火山の分布と密接なかかわりをもっている。

▶海溝

海底が谷状に深くなっているところで，プレートがしずみこんでいるところである。海溝の陸側には海溝と平行に火山が分布している。日本列島をはじめとする環太平洋地域の火山は，海溝からのプレートのしずみこみにともなってできたものである。

▶海嶺

大西洋の中央などに見られる海底の大規模な山脈➡③で，中軸部で新しいプレートが生産され拡大しているところである。海嶺上の火山はアイスランドなどに限られているように見えるが，海中では海嶺に沿って玄武岩質マグマ➡④が噴出し，新しい海底が生産されている。

用語

①活火山
約１万年以内に噴火したことのある火山。

もっとくわしく

②「富士火山帯」や「那須火山帯」などの火山帯名は地理学上のもので，地学的にはでき方をもとに「東日本火山帯」と「西日本火山帯」の２つに分けられる。

もっとくわしく

③大西洋の中央の海底山脈は大西洋中央海嶺という。

もっとくわしく

④海洋地殻は玄武岩でできている。

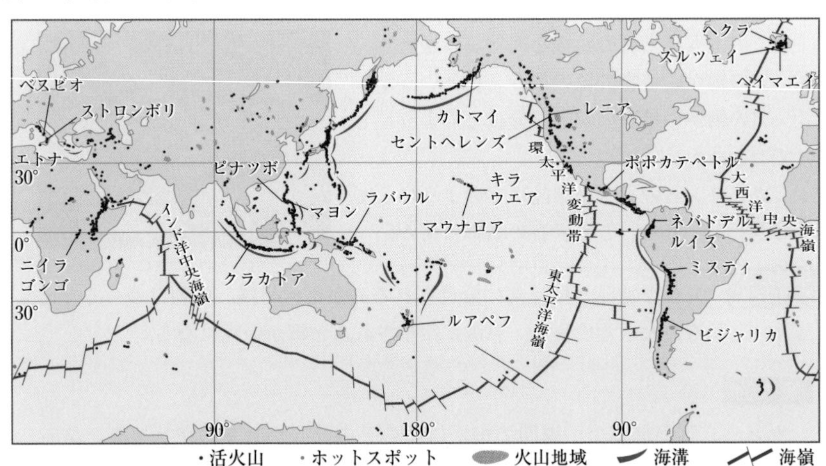

▶ホットスポット

ハワイのキラウエア火山は海溝からも海嶺からも遠くはなれたところにある。このように，プレート境界と関係のないところで火山活動が起こっているところを**ホットスポット**という。

2 日本列島の火山分布

▶島弧－海溝系

海溝からの海のプレートのしずみこみにともない，日本列島のような島弧→⑤とよばれる陸地ができる。このようなところを**島弧－海溝系**（弧－海溝系）という。島弧では海溝からの海のプレートのしずみこみにともない火山活動が起こり，右の図のような火山帯ができる。

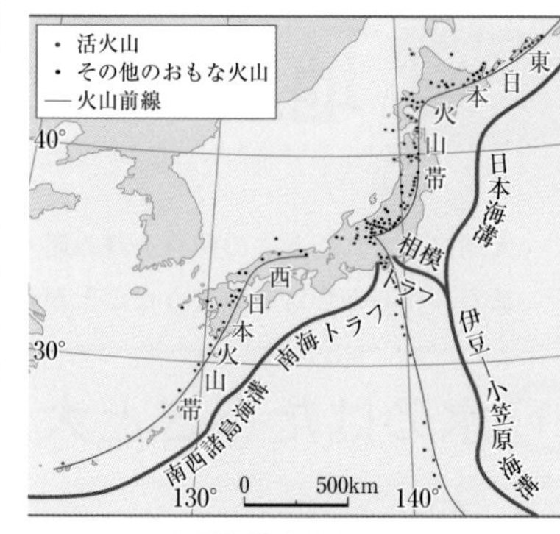

▲日本の活火山の分布

▶火山前線

島弧－海溝系では，海溝から大陸側の100kmから300km程度の範囲には火山がない。もっとも海溝に近い火山を結んだ線を，火山前線→⑥という。

もっとくわしく
⑤アンデスのように島になっていない場合は，陸弧とよばれる。

もっとくわしく
⑥海のプレートが深さ100kmまでしずんだあたりである。

3 プレート境界とマグマの発生

プレート境界とマグマの発生の関係は下図のようになる。

●島弧－海溝系　プレートのしずみこみにともないマグマが発生する。安山岩質マグマを中心に玄武岩質マグマや流紋岩質マグマも見られる。火山前線が形成される。

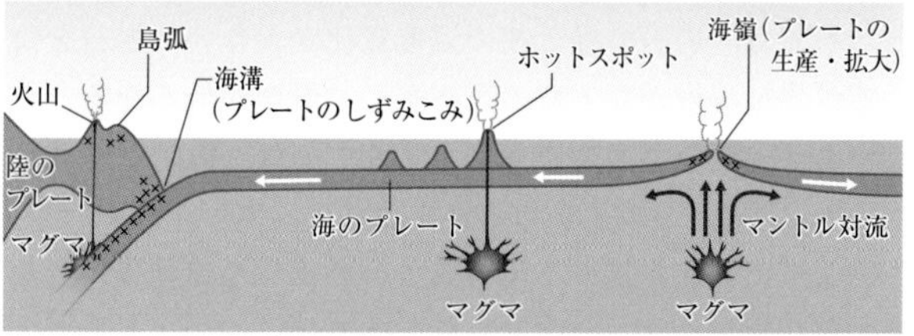

●海嶺　プレートの生産→⑦にともないマグマが発生する。玄武岩質マグマの活動のみ。

●ホットスポット　プレート境界と関係のないマグマの発生源。玄武岩質マグマの活動のみである。

もっとくわしく
⑦マントル対流の上昇部でマグマが発生する。

研究 ホットスポットの火山島列

ハワイ諸島はホットスポットによる火山島の列です。もっとも東南東にあるハワイ島のキラウエア火山は現在も活動していますが，それ以外は活動しておらず，活動した年代は西北西に行くほど古くなっています。このことは，右の図のようにマグマの供給源であるホットスポットの上を海のプレートが西北西の方向に動いていったと考えることで説明できます。

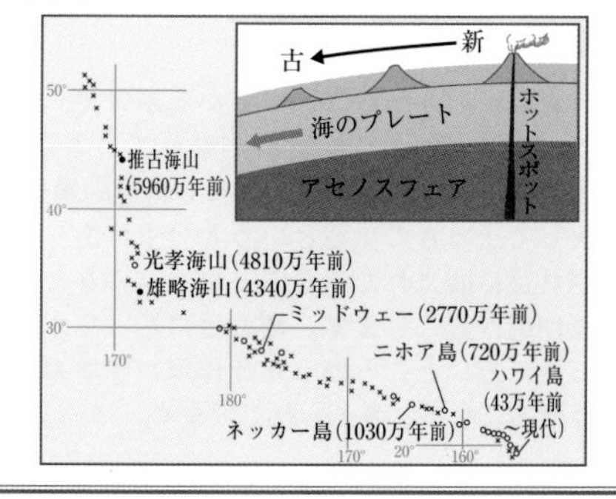

§3 地層

▶ここで学ぶこと

大地に残された過去の記録を読み解くために，地層や地形，堆積岩のでき方を学ぶ。また，化石からはどのようなことがわかるかを学ぶ。

① 水のはたらきと大地の変化

1 風化

▶地表の変化

地球の表層にある岩石は，水のはたらきや温度変化などで砂や泥になったり，さまざまな地形を形成したりする。

● **風化作用**　岩石が細かく割れたり，水にとかされて変化したりすることを**風化**といい，岩石を風化させる作用を**風化作用**という。

● **物理的風化作用**　砂漠のように岩石に直接太陽が当たるところでは，岩石の昼と夜の**温度変化**が大きい。岩石をつくる鉱物は温度が高くなると膨張(ぼうちょう)し，温度が低くなると収縮するが，激しい温度変化にともない膨張・収縮をくり返すうちに，岩石は表面からボロボロになってくずれていく。このように岩石が細かく割られていくような風化作用を**物理的風化作用**，または**機械的風化作用**という。

温度変化のほかに，岩石の割れ目に入りこんだ水が凍結して体積が増し，岩石を割ったり，岩石の割れ目に木の根が入りこんで岩石が割れていくのも物理的風化作用である。

物理的風化作用で岩石がボロボロにくずれて砂になった。岩山として残っているのは割れ目が少なく，風化があまりすすまなかった部分である。

▲物理的風化作用の例
モニュメントバレー（アメリカ，アリゾナ州）

研究 玉ねぎ状風化

岩石がむき出しになっているがけで，右の写真のように，玉ねぎのように岩石が割れていることがあります。これは玉ねぎ状風化とよばれる物理的風化作用の一種で，決して玉ねぎの化石というわけではありません。岩石の割れ目に囲まれた岩石のブロックのなかでこのような風化作用が起こります。割れ目に沿って水が入りこみ，割れ目に近いところから風化作用がすすむため，このような構造になると考えられています。

このような割れ目に沿って水がしみこんだ。

●**化学的風化作用**　雨水や地下水には二酸化炭素などがとけこんで弱い酸性になっており，石灰岩をつくる炭酸カルシウムをとかしてしまう。このように，岩石をとかしてしまう作用を**化学的風化作用**という。

地下の石灰岩の地層がとけてできた洞窟(どうくつ)が鍾乳洞(しょうにゅうどう)であり，地表の石灰岩がとけてできた地形がカルスト地形である。

花こう岩などの火成岩に多くふくまれる長石➡①も化学的風化作用を受けて粘土鉱物に変化しやすい。

もっとくわしく

①長石はアルミニウム，カルシウム，ナトリウムなどをふくむ鉱物であるが，カルシウム，ナトリウムは化学的風化作用で水にとけやすい物質になり流出しやすい。残されたアルミニウムが集積してできるのがアルミニウムの鉱石であるボーキサイトである。

石灰岩がとけてできた洞窟内で炭酸カルシウムが再結晶し，つららのような鍾乳石ができる。

▲化学的風化作用による鍾乳洞
（沖縄県糸満(いとまん)市）

くぼ地はドリーネとよばれ，石灰岩がとけてできたものである。

▲化学的風化作用によるカルスト地形
（山口県秋吉台）

2　侵食・運搬・堆積

河川のはたらき

河川を流れる水は大地を侵食し，けずられた土砂を運搬し，運搬した土砂を堆積させるなど，さまざまなはたらきをしている。

●**侵食**　上流の川の流れが速いところでは，川底の岩石がけずられる。岩石だけでなく，山の斜面の土壌や，川沿いに堆積した地層の土砂が流水でけずられることもある。このような作用を**侵食作用**という。侵食作用は流れが速いほど強い。山間部の流速が速いところで，川底が侵食されてできる断面がV字型の深い谷を**V字谷**(ブイじこく)という。

●**運搬**　侵食された土砂は川の流れによって運搬される。流速が速いと大きな粒も運搬されるが，流速がおそくなると小さな粒だけが運搬されるようになる。大雨が降り流量や流速が増すと運搬される土砂の量がふえる。

▲V字谷
（山梨県南アルプス市白鳳渓谷(はくほうけいこく)）

●**堆積** 河川の運搬力は，流速がおそくなると急激に小さくなる。流速がおそくなり運搬されなくなった土砂はその場にとどまることになる。これが**堆積**である。流速が急激におそくなるところでは，多量の土砂が堆積し，**扇状地**(せんじょうち)や平野，**三角州**(さんかくす)などの堆積による地形が形成される。

▲扇状地（山梨県笛吹(ふえふき)市）

①**扇状地** 河川が山間部から平野部に流れ出すところでは，河川の傾斜が急にゆるくなり川幅も広くなるので流速が急激に落ちる。そのため，れきや砂などの大きな粒は運搬できなくなり，その場に堆積する。このようなことが長期間にわたってくり返されて，扇状地が形成される。扇状地の堆積物は粒の大きいれきや砂が主体であるため，水はけがよい。扇状地が，果物の栽培に適しているのはそのためである。

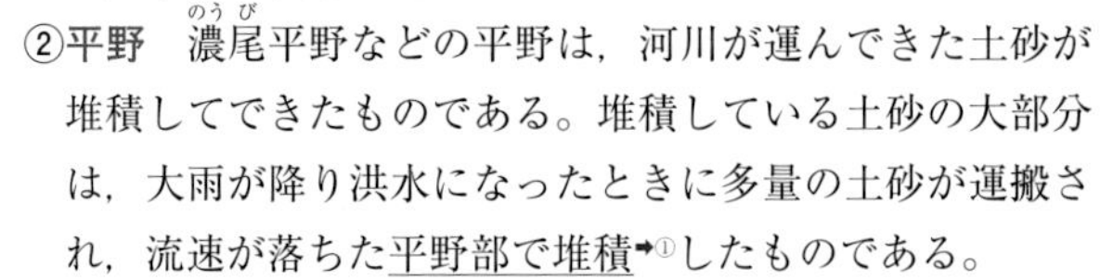
②**平野** 濃尾(のうび)平野などの平野は，河川が運んできた土砂が堆積してできたものである。堆積している土砂の大部分は，大雨が降り洪水になったときに多量の土砂が運搬され，流速が落ちた平野部で堆積➡①したものである。

もっとくわしく

①平野部の河川は，堤防がなければ洪水のときは広範囲に水が広がり，水につかった範囲には土砂を堆積させることになる。このような範囲を氾濫原(はんらんげん)という。

③**三角州** 河川が平野部から海に注ぐところでは，流速がほとんどゼロになるため，多量の砂や泥が堆積し，三角州が形成される。

▲三角州（広島市）

④**海底での堆積** 山間部から運搬されてきた土砂の多くは，途中(とちゅう)で堆積せずに海中にたっする。わたしたちが目にする地層の大部分は海底で堆積したものであると考えてよい。

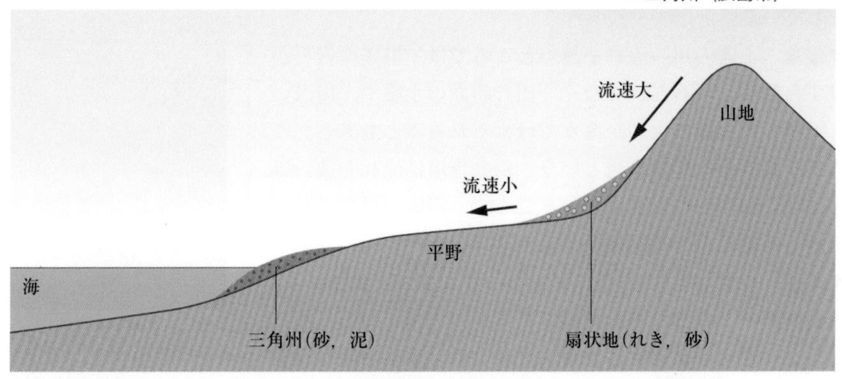

傾斜が急激にゆるやかになったところなど，流速が急におそくなるところに土砂が堆積する。

▲流水による堆積

② 地層のでき方

1 地層とその広がり

▶地層の形成

●**土砂の堆積**　海まで運ばれた砂や泥などの粒は海底に広く層状に堆積していく。このようにしてできた層状の堆積物の層を**地層**という。地層と地層の境界面は**層理面**(そうりめん)という。海底面の傾斜は非常にゆるやかなので，地層はほぼ水平に堆積すると考えてよい。

一般に**海岸に近いところほど大きい粒が堆積するので，海岸から沖に向かって，れきの層→砂の層→泥の層と変化していく。**

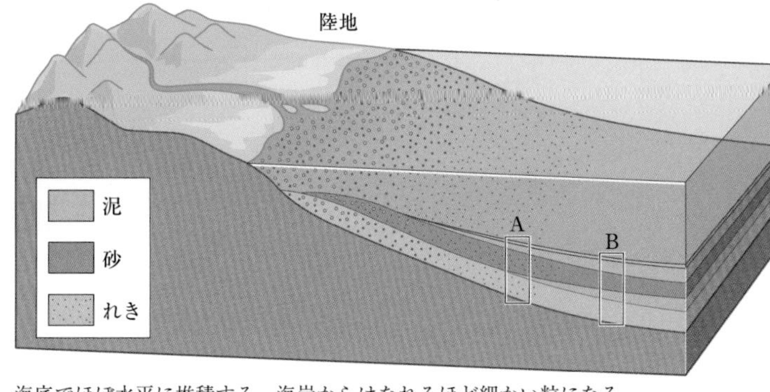

海底でほぼ水平に堆積する。海岸からはなれるほど細かい粒になる。

▲土砂の堆積

●**地層累重**(るいじゅう)**の法則**　新たな粒が運搬されてくると，土砂は次々と上に重なって堆積していく。したがって，**上に堆積した層ほど新しいことになる**。この関係を**地層累重の法則**➡②という。

上の土砂の堆積の図のA，B地点において，地層の重なり方を示す右のような図を柱状図という。

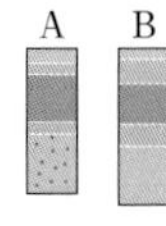

もっとくわしく

②地層が褶曲(しゅうきょく) [➡P.506] したりして，地層の上下が逆になってしまうことがある。このような場合を地層の逆転という。地層累重の法則が成り立つのは地層が逆転していない場合に限られる。

▶地層の対比

●**地層の対比**　地層はある程度の広がりをもって堆積するので，はなれた場所に同じ地層が見られることがある。はなれたところにある地層が同じものであると認定することを**地層の対比**という。

●**かぎ層**　地層の対比に利用できる地層を**かぎ層**という。火山灰層は，短期間に広範囲に堆積する上に，特徴的で目立つので有効なかぎ層である。

●**化石による対比**　はなれた場所にある地層から同じ時代の化石が発見されれば，地層を対比することができる。

地下の地層の種類や重なり方を調べるために，地層や岩石を円筒状にくりぬく調査方法をボーリングという。得られた試料はボーリングコアとよばれる。

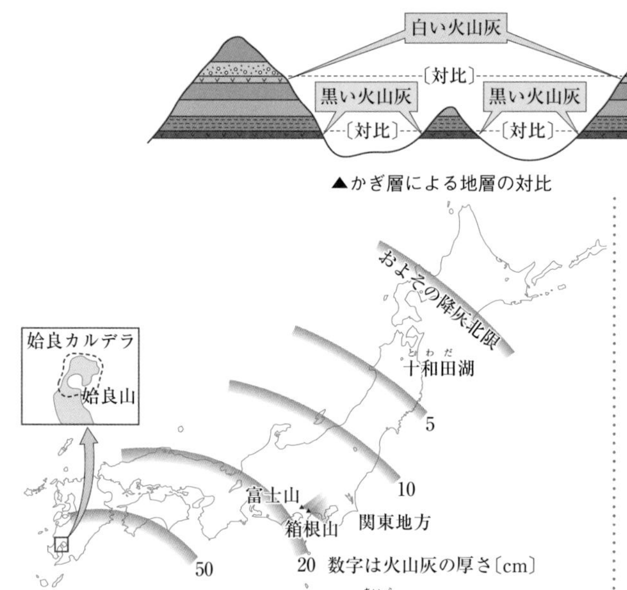

▲約２万６千～２万９千年前に噴火した姶良(あいら)火山の火山灰の分布➡①

> **参考**
> ①この噴火による火山灰は全国に分布しており，よいかぎ層として使われている。

2 整合と不整合

▶整合 海底で連続的に堆積した地層どうしの関係を整合という。整合に重なっている地層は平行である。

▶不整合 不連続な堆積関係を**不整合**➡②という。右の図で，傾斜したＡの地層は平行に重なっており，海底で連続的に堆積した整合に重なった地層であると考えられる。Ｂの地層も平行に重なっており，整合に重なった地層であると考えられる。このような地層は次のようにしてできたと考えられる。

基底れき岩
B〔整合〕
不整合面
A〔整合〕
不整合

① 海底でＡ層が水平に堆積する。

② Ａ層がかたむきながら隆起し，陸化する。

③ 陸上で侵食される。

④ 再び沈降し，海底でＢ層が水平に堆積する。

ＡとＢの地層の堆積の間には，陸化していた間の時代の隔たりがあり，ＡとＢの関係は不整合である。

> **もっとくわしく**
> ②不整合には，不整合面の上下の地層が平行な平行不整合と，平行でない傾斜不整合がある。平行不整合は整合と区別がつきにくい場合もあるが，上下の地層で時代の隔たりがあれば不整合であることがわかる。

●**不整合面**　不整合の関係にある二つの地層の境界面を**不整合面**という。不整合面は陸上にあったときの地表面であり，侵食されたために，でこぼこがある場合が多い➡③。

●**基底れき岩**　不整合面のすぐ上にはれき岩の層が見られる場合がある。これを**基底れき岩**という。侵食されたときのれきが堆積したものなので，不整合面の下にある岩石のれきがふくまれている場合が多い。

●**不整合は地殻変動の証拠**　不整合があるということは，地層が隆起して陸化し，再び沈降したということであるから，隆起・沈降という地殻変動があった証拠であると考えることができる。

参　考

③不整合であっても，不整合面にほとんどでこぼこがない場合や，基底れき岩がない場合もある。

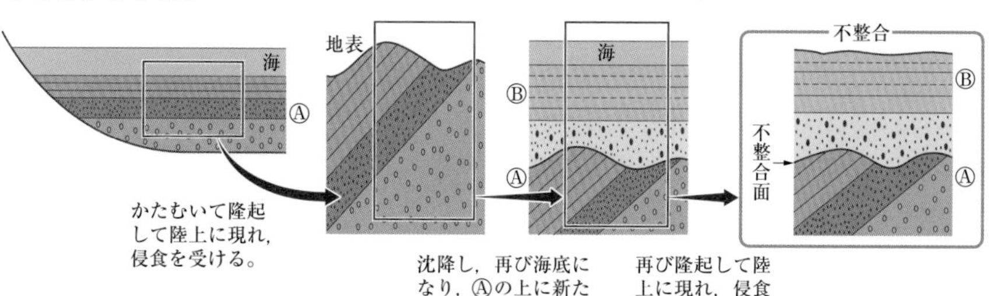

▲不整合のでき方

3　堆積構造　発展学習

▶堆積構造と地層の上下の判定

●**堆積構造**　地層が堆積するときに，地層中にさまざまな模様ができることがある。その模様を**堆積構造**という。堆積構造は堆積のしかたを反映しているので，どのような環境で堆積したかを推定することもできる。

●**上下判定**　地層はほぼ水平に堆積するが，その後の地殻変動で傾斜したり垂直になったり逆転したりすることもある。地層中に見られる堆積構造を手がかりに堆積した当時の上の方向をあきらかにすることを**上下判定**という。

▶堆積構造

●**級化層理**（きゅうかそうり）　1枚の地層中で粒の大きさが一方向に向かって細かくなっているものを**級化層理**という。乱泥流（らんでいりゅう）という，大小の粒がまき上げられて海底を流れ下る現象が起こったときに，れきなどの大きい粒はしずむ速さが大きいため先にしずみ，泥などの小さい粒はただよいながらゆっくりしずむことによりできる。

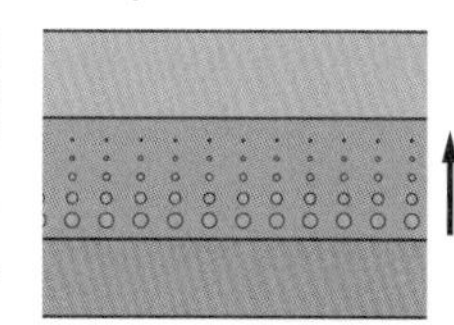

▲級化層理

このようにして堆積した地層をタービダイトという。タービダイト中には級化層理が見られ，粒が細かいほうが上であると上下判定ができる。

●葉理　1枚の地層中に見られる，層理面と平行な筋模様を**葉理**（ラミナ）という。上下判定には利用できない。

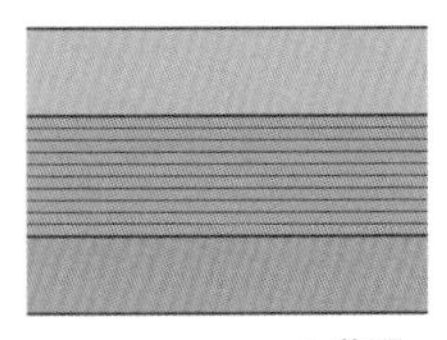
上下はわからない

▲葉理

●斜交葉理　層理面と平行でない葉理が見られる場合がある。これを**斜交葉理**（クロスラミナ）という。河口付近のように，海中に比べ比較的流れが速く，流れの変化が激しいところで形成される。三角州の堆積物中によく見られる。２方向の葉理が斜交している場合，「切っている葉理」が「切られている葉理」よりあとからできたことがわかるので，「切っているほうが上」と上下判定をすることができる。

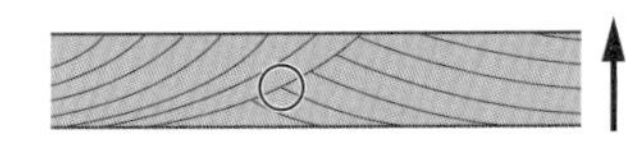
切っているほうが上

▲斜交葉理

●れん痕　砂地の海底の表面にできた波形の模様の上に急激に地層が堆積することにより保存されたものが**れん痕**（リプルマーク）である。とがっているほうが上である。

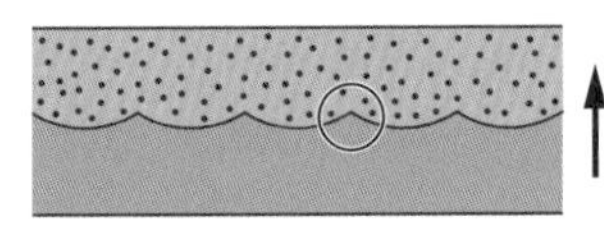
とがっているほうが上

▲れん痕

●生痕化石　海底に生物が掘った巣穴やはった跡などの上に急激に地層が堆積して保存されたものが**生痕化石**である。恐竜の足跡やふんなども生痕化石である。

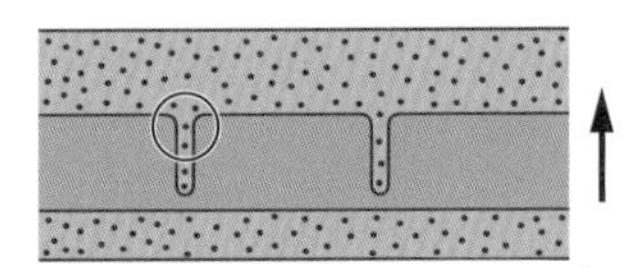
砂の管がつながっているほうが上

▲生痕化石

砂岩泥岩互層

右の写真のように砂岩層と泥岩層が交互に重なった地層を砂岩泥岩互層といいます。砂岩のほうが泥岩よりも風化に強いので，泥岩の部分がへこみ，砂岩の部分が出っ張っています。このような砂岩泥岩互層ができるのは，ふだんは泥が堆積するような深い海に，乱泥流により砂がくり返し流れてくるためと考えられています。砂岩層には級化層理が見られることからも乱泥流による堆積物であることがわかります。

▲砂岩泥岩互層（宮崎県宮崎市青島）

③ 堆積岩

1 堆積岩のでき方

●**堆積岩**　海底などに堆積した地層は，れき・砂・泥などのバラバラの粒が集まったものであるが，粒どうしがくっつき合ってかたい岩石となったものを**堆積岩**という。

●**続成作用**(ぞくせい)　地層にふくまれる粒がくっつき合い，堆積岩になる作用を**続成作用**という。ある地層の上に，次々と地層が堆積するとその重みで粒間にある水がぬけておし固められる。また，粒間にあった水から炭酸カルシウム($CaCO_3$)や二酸化ケイ素（SiO_2）が沈殿し，粒どうしをくっつける接着剤の役割をする。

2 堆積岩の分類

堆積岩は，ふくまれる粒の種類や大きさをもとに次のように分類される。

▶砕屑岩(さいせつがん)

風化作用により細かくくだかれた岩石の破片が集まってできた岩石を**砕屑岩**という。砕屑岩はふくまれる**粒の大きさ**を基準に次のように分類される。

●**れき岩**　直径が2㎜をこえるれきからできた砕屑岩をれき岩という。

●**砂岩**　直径が$\frac{1}{16}$～2㎜の砂からできた砕屑岩を**砂岩**という。岩石が風化されるとき，やわらかい鉱物は非常に細かい粒の泥になってしまうが，比較的かたい石英は砂の粒として残ることが多い。そのため，砂岩をつくる粒は石英を比較的多くふくむことが多い。

●**泥岩**(でいがん)→①　直径が$\frac{1}{16}$㎜未満の泥からできた砕屑岩を**泥岩**という。泥岩をつくる粒は細かいので，ひとつひとつの粒子を肉眼で識別することはできない。

▶火山砕屑岩

火山噴出物が集まってできた岩石を**火山砕屑岩**という。火山砕屑岩はふくまれる粒の大きさを基準に次のように分けられる。

●**凝灰岩**(ぎょうかいがん)　直径が2mm未満の火山灰からできた岩石を凝灰岩という。

もっとくわしく

①泥岩がさらにおし固められ，層状に割れやすくなったものを頁岩(けつがん)という。さらに頁岩がおし固められ板状に割れるようになったものを粘板岩(ねんばんがん)（スレート）という。粘板岩は碁石(ごいし)（黒）や硯(すずり)にも使われる。
頁岩も粘板岩も泥岩の一種と考えてよい。

●**凝灰角れき岩** 直径が2㎜以上の火山れきからできた岩石を**凝灰角れき岩**という。石材として塀(へい)などに利用されている大谷石(おおやいし)➡①もこれにあたる。火砕流の堆積物が固結したものも凝灰角れき岩である。

生物岩

有孔虫(ゆうこうちゅう)や放散虫(ほうさんちゅう)の殻やサンゴや貝殻の破片など，生物の遺骸が集まってできた岩石を**生物岩**という。

●**石灰岩** 灰白色(かいはくしょく)の岩石で，粒は見えない。ハンマーや鉄の釘(くぎ)でこすると傷がつく。フズリナ➡②などの有孔虫の殻やサンゴや貝殻など炭酸カルシウム（$CaCO_3$）の殻をもつ生物の遺骸(いがい)が堆積しおし固まったものである。**うすい塩酸をかけると二酸化炭素が発生し泡が出る**。

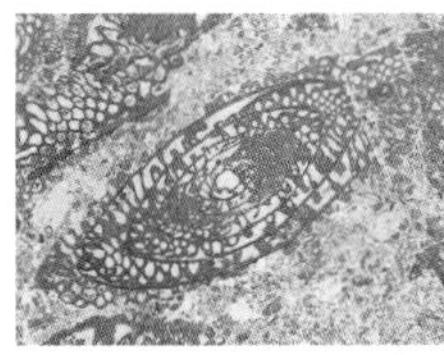
▲フズリナ石灰岩の断面

●**チャート** 放散虫➡③など二酸化ケイ素（SiO_2）の殻をもつ生物の遺骸が堆積しおし固まったものである。灰白色，黒，赤などさまざまな色のものがあるが，粒は見えない。石英の成分である二酸化ケイ素（SiO_2）の細かい粒が固まったものなので非常にかたく，**ハンマーや鉄の釘でこすっても傷がつかない**。チャートどうしを打ちつけると火花がとび，昔は火打石(ひうちいし)として使われた。

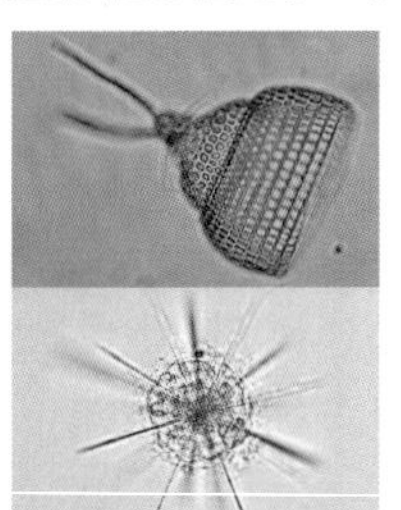
▲電子顕微鏡で見た放散虫の殻

●**石炭** 石炭は，植物が地中にうもれて高い圧力などの作用で炭化してできた岩石である。

化学岩

水中の化学的な沈殿物が集まってできた岩石を**化学岩**という。

●**石灰岩** 石灰岩は炭酸カルシウム（$CaCO_3$）の沈殿物が堆積してできる場合もある。

●**チャート** チャートは二酸化ケイ素（SiO_2）の沈殿物が堆積してできる場合もある。

●**岩塩** 塩水湖が干上(ひあ)がると塩化ナトリウム（NaCl）の結晶からなる岩石ができる。

参考

①大谷石は栃木県宇都宮市大谷町付近で採取されるうすい緑色の凝灰角れき岩である。新生代第三紀に流紋岩質マグマの噴火が起こり，海中で堆積したと考えられている。耐火性(たいかせい)が高い上，石材としては軽く，やわらかく加工しやすいため，塀などによく利用される。

もっとくわしく

②フズリナは古生代後期に生息していた有孔虫（原生動物）である。長さ1cm前後の紡錘形(ぼうすいけい)の炭酸カルシウム（$CaCO_3$）でできた殻をもち，紡錘虫ともよばれる。フズリナの化石を多くふくむ石灰岩はフズリナ石灰岩とよばれる。

もっとくわしく

③放散虫は原生動物の一種で，二酸化ケイ素（SiO_2）でできた殻をもつ。

おもな堆積岩の特徴のまとめ

	露頭	岩石	特徴
泥岩	▲山北町（神奈川）		$\frac{1}{16}$mm未満の粒からなり，ひとつひとつの粒は見えない。風化されやすく，写真のようにがけではボロボロに割れて見えることが多い。
砂岩	▲山北町（神奈川）		$\frac{1}{16}$mmから2mmの粒からなり，ひとつひとつの粒が肉眼でわかり，ざらついた感じがする。風化に強い石英の粒を多くふくむものが多い。
れき岩	▲山北町（神奈川）		2mm以上の粒（れき）を多くふくむ。れきとれきの間は砂がうめている場合が多いが，岩石全体としてはれき岩という。
凝灰岩	▲宇都宮市（栃木）		凝灰岩は陸上でも海水中でも堆積する。流紋岩質のものは白っぽく，玄武岩質のものは黒っぽいが，変質して緑色がかって見えるような場合もある。
石灰岩	▲中頭郡（沖縄）		石灰岩はサンゴ礁など熱帯の浅い海で堆積する場合が多い。化学的風化作用を受けやすく，カルスト地形をつくったり，鍾乳洞を形成したりする。
チャート	▲亀岡市（京都）		チャートは陸からの砂や泥が届かないような深海底で堆積する場合が多い。層状チャートとよばれるものは，チャートの層の間にうすい泥の層がはさまっている。

Q&A 石灰岩とチャートの見分け方は？

石灰岩とチャートはともに灰白色のものが多く，粒が見えずのっぺりした感じで見分けるのに苦労します。屋外で見分けるには，ハンマーや釘でこすってみて，傷がつけば石灰岩，つかなければチャートです。うすい塩酸をかけて泡（二酸化炭素）が出れば石灰岩，出なければチャートです。

チャートはなんとなく透明感があり，石灰岩は表面に粉がふいたように見える場合もあります。

④ 地層の調べ方

1 野外調査

地層は，表土や植物におおわれていると観察できないので，川沿いで自然にけずられてできたがけや，山道に沿って人工的にけずってつくられたがけなどに出かけて行うことになる。安全に観察するには，次のような注意が必要である。

調査の準備

●**調査地の選定** 地層が観察できるがけのある場所を，先生に聞いたりインターネットで調べたりする。地形図でがけのマーク➡①をさがしてもよい。安全に観察ができる場所かどうか，必ず先生に確認してもらうとよい。

●**服装**➡② 石が落ちてくることもあるし，やぶのなかを歩いたり，ハチが出てくることもある。被害を最小限にくい止めるため，長そで，長ズボン，作業用手ぶくろ，帽子を着用して肌の露出(ろしゅつ)が少なくなるようにする。くつも歩きやすいしっかりしたものにする。また，両手があくように，荷物はリュックサックにまとめる。

●**持ち物** 下のイラストにあるようなものを用意する。

地層の観察

●**安全の確認** 観察するがけに到着したら，くずれそうなところや落石の危険がないかを確認する。上の部分がせり出しているところの下での観察はさける。トゲのある植物やハチの巣などにも注意する。道路沿いのがけで観察する場合は，車にも注意する。

●**場所の確認** 地形図でがけの場所を確認し，記録する。

●**周囲の地形などの観察** 周囲の地形の特徴を観察する。川の水によってけずられるなど，自然にできたがけなのか，人工的にけずられてできたがけなのかを確認しておく。

▲水平な地層が見られるがけ

参考

①

▲がけのマーク

②

▲地層の観察に適した服装

もっとくわしく

③クリノメーターとは，地層の向き（走向）や傾斜を測定する道具である。方位磁石として利用することもできる。

ここに注意

・安全に観察できる場所か，地図やインターネット，ガイドブックで事前に確認する。
・到着した後，現地でも安全確認を行う。崩落(ほうらく)のほか，周囲の動植物にも注意する。
・交通安全に気をつける。
・露出の少ない服装で行う。
・緊急時の連絡方法や，救急箱を準備しておく。
・熱中症にも気をつける。

●**がけ全体のスケッチ**　がけ全体のようすをスケッチする。「スケッチ」は，観察したことの記録をとることが目的であり，美術的な絵をかくということとはまったく別である。地層がどうなっているのか，物事の関係がどうなっているのかをよく観察して記録する。写真も撮っておくとよいが，写真だけでなく，必ずスケッチをするようにする。

●**地層の観察**　地層の重なり方がよくわかるところをさがして，下の図のようにくわしくスケッチしていく。地層と地層の境界面（層理面）をあきらかにし，地層ごとに特徴を記録していく➡④。

もっとくわしく

④地層の観察から，どのような環境で堆積したのかを考えることができる。
粒のあらい地層は海岸に近い浅いところで堆積したものだろうし，シジミの化石が発見されれば，河口付近で堆積したことがわかる。
このように，地層から過去のその土地の環境を読みとくことができる。

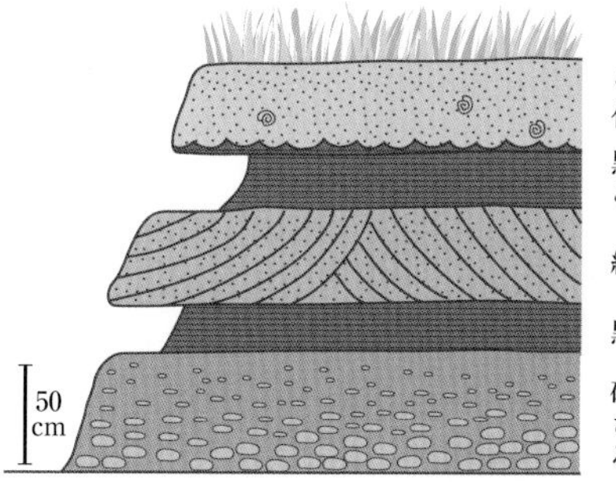

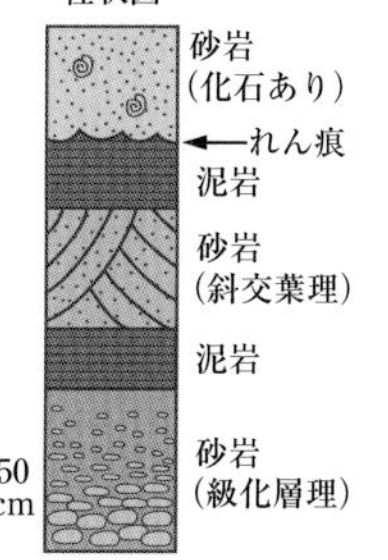

▲がけの地層の観察

①**地層の厚さ**　各地層の厚さを測定し，縮尺に応じてスケッチしていく。

②**地層・岩石の種類の観察**　地層や地層を構成している岩石の種類をあきらかにする。必要に応じてハンマーで岩石を割り➡⑤，新しい面を出してルーペで観察する。

③**堆積構造の観察**　各地層内での粒の大きさの変化や模様などに注目し，級化層理［➡P.493］や斜交葉理［➡P.494］などの堆積構造があれば記録する。地層と地層の境界にも注目し，れん痕（リプルマーク）などの堆積構造があれば記録する。

④**化石の観察**　化石が発見されたら，どの地層からどのような状態で発見されたかを記録し，必要最低限の化石を採集する。

ここに注意

⑤ハンマーを使って岩石を割るときは，近くに人がいないことを確認する。破片がとびちることがあるので，できればゴーグルをしたほうがよい。岩石の角から数cmはなれたところをたたくと，角が欠けるようにうまく岩石が割れる。

▶柱状図の作成

●**柱状図**　上の右の図のように，地層の重なり方を示した図を柱状図という。柱状図での地層の厚さの割合は，地層の真の厚さと対応するようにする。

⑤ 地形に残された記録

1 隆起による地形

河岸段丘

下の写真のように，川とほぼ平行に階段状に発達する地形を**河岸段丘**という。平らな部分を**段丘面**，段丘面と段丘面の間の傾斜の急な部分を**段丘崖**という。

▲河岸段丘

●**河岸段丘の形成**　河岸段丘は，右の図のように形成されていく。大雨などで氾濫原➡①（川原）としてできた平坦な面が，下に侵食されることにより階段状の地形になっていく。段丘面は古い時代の氾濫原であり，上位にあるものほど古い時代に形成されたことになる。

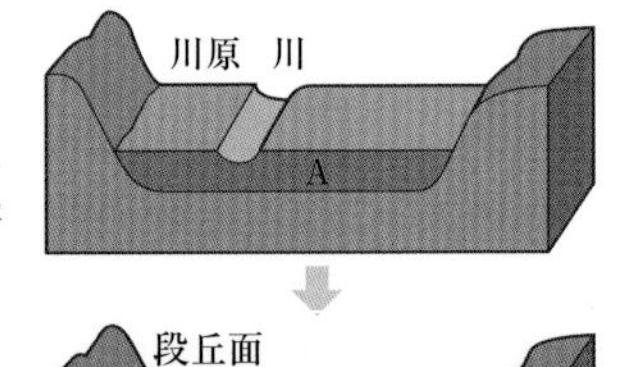

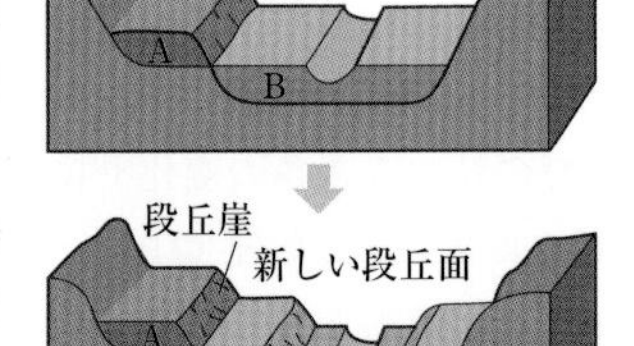

▲河岸段丘の形成

●**隆起・海面の低下の証拠**　通常，氾濫原は侵食と堆積がほぼ等しく起こっているので，下に侵食されるようなことはない。しかし，土地が隆起したり海面が低下したりすると川の流れが速くなるので，侵食力が大きくなり➡②，河岸段丘が形成される。

つまり，河岸段丘は**土地の隆起または海面の低下の証拠**と考えることができる。

もっとくわしく

①氾濫原とは，堤防のない河川が氾濫したときに水につかる範囲である。土砂が堆積することにより平坦な面となる。

もっとくわしく

②土地の隆起が起こると，海面との高低差が大きくなるので，侵食力が大きくなる。地球が寒冷化すると海面が低下するので，同様に侵食力が大きくなる。

海岸段丘（かいがんだんきゅう）

▲海岸段丘

右の写真のように，海岸と平行に発達する階段状の地形を**海岸段丘**という。

●**海岸段丘の形成**　海岸段丘は，海面直下で，波の侵食により形成された平坦な面(**海食台**)が，高いところに隆起して形成されたものである。

●**隆起・海面の低下の証拠**
隆起は「地震にともなう地殻変動」[➡P.471]でも説明したように，地震の際に急激に起こることが多い。また，海面が低下しても海岸段丘は形成される。

つまり，海岸段丘は**土地の隆起または海面の低下の証拠**と考えることができる。

2 沈降による地形

リアス海岸

▲リアス海岸

右の写真のように，複雑に出入りした海岸を**リアス海岸**という。

●**リアス海岸の形成**
陸上で侵食されてできた谷➡③に海水が入りこんでできたものである。

●**沈降・海面の上昇の証拠**　リアス海岸は，**土地の沈降または海面の上昇の証拠**と考えることができる。

多島海（たとうかい）

リアス海岸が発達する地域には多数の島が見られる場合が多い。このような島を**多島海**という。

●**多島海の形成**　この地形もリアス海岸と同様に土地の沈降か海面の上昇により陸上にできた谷に海水が入りこみ，山頂が島のように残ったものである。

参考

③谷は，基本的に陸上でしかできない。谷は河川による侵食でできるので，川の流れがない海中では形成されることはまれである。リアス海岸は，谷の地形が陸上から海中まで続いているようにしてできている。谷の海中の部分もかつては陸上で形成されたと考えられる。

もっとくわしく

土地の隆起や沈降により，海岸段丘やリアス海岸などのさまざまな地形ができるが，地殻変動による場合と，海水準変動による場合がある。海水準変動は地球規模で起こるので，広範囲に影響があらわれることを手がかりに区別していくことになる。

⑥ 化石と地質年代

1 化石

地質時代（1万年以上前）の地層中から発見される古生物の遺骸（いがい）（骨，殻など）や痕跡（こんせき）（足跡やふん，巣穴など）➡①を**化石**という。必ずしも石のようになっている必要はなく，氷漬けのマンモスやこはく➡②にとじこめられた昆虫なども化石である。

示準（しじゅん）化石

●**示準化石**　その化石をふくむ地層が**堆積した年代**を特定できる化石を**示準化石**という。地質年代は，おもに示準化石をもとに区分されている。

●**示準化石の条件**　よい示準化石の条件は，次の3つである。

〈示準化石の条件〉
①多数発見される。
②種が繁栄していた期間が短い（進化がはやい）。
③広範囲に分布する。

示相（しそう）化石

●**示相化石**　その化石をふくむ地層が**堆積した環境**を特定できる化石を**示相化石**という。

●**示相化石の例**　特定の環境でしか生息できない生物が，示相化石となる。

代表的な示相化石	生息場所
サンゴ➡③	あたたかいきれいな浅い海
シジミ	河口付近など海水と淡水が混ざったところ
ブナ	温帯のやや寒冷な気候のところ

2 地質年代

地球の歴史は，地層や，地層にふくまれる化石を手がかりにあきらかにされている。化石をもとに区分された時代を**地質年代**という。地質年代は大きく次の4つに区分され，それぞれの時代はさらに細かく「紀」に分けられる。

もっとくわしく

①生痕化石
足跡やふん，巣穴などの生物の痕跡は生物のからだそのものではないので，生痕化石とよばれる。連続した足跡の化石からは歩き方が推定できたり，巣の化石からは生活のようすがわかったりする。

もっとくわしく

②こはくとは，松脂（まつやに）のような樹脂が固まったものである。透明感があり，なかに昆虫などがとじこめられていることがある。

もっとくわしく

③サンゴは太陽の光が差しこむあたたかいきれいな浅い海でしか生息できないため，よい示相化石となる。

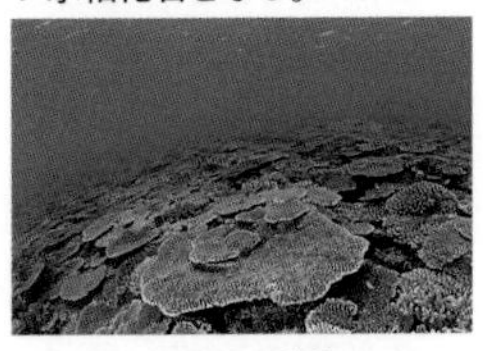
▲サンゴ礁

先カンブリア時代

地球が誕生した46億年前から5.4億年前までの時代を**先カンブリア時代**という。藻類や無せきつい動物の時代で，かたい殻をもった生物はほとんどいなく，化石はあまり残っていない。最古の生物の化石は35億年前のものである。

●**ストロマトライト**　27億年前には，光合成をするシアノバクテリアが出現している。シアノバクテリアはストロマトライトというドーム状の構造をつくった。光合成により，海水中や大気中の酸素がふえていった。

●**スノーボールアース**　約7億年から6億年前の地球は，地球全体が凍結するスノーボールアースという状態になっていたと考えられている。スノーボールアースが終わり温暖になると，生物はいっきに大形化，多様化していった。

▲ストロマトライト（断面）

▲ストロマトライト

ストロマトライトは先カンブリア時代につくられたものが多いが，現生のものもある。

研究 スノーボールアース

氷河の痕跡の分布などから，7億年前から6億年前にかけて地球全体が氷でおおわれるほど寒冷だったことがわかってきています。地球全体が白い氷でおおわれたのでスノーボールアースとよばれています。平均気温は－50℃程度で赤道付近の海も凍ったと考えられています。当時海中にいた生物は火山島周辺で氷のとけたところなどで細々と生息していたと考えられています。

古生代

5.4億年前から2.5億年前までの時代を**古生代**という。三葉虫などかたい殻をもつ生物が登場し，化石がいっきにふえた。

●**せきつい動物の出現**　約5億年前（オルドビス紀）に最初のせきつい動物である魚類が出現する。

●**生物の上陸**➡④　かつては，生物は海中だけに生息し，陸上にはいなかった。**最初の陸上植物はシルル紀のシダ植物**で，**最初の陸上せきつい動物はデボン紀の両生類**である。

●**シダ植物の繁栄**　シルル紀に上陸した**シダ植物は大繁栄**し，石炭紀には大形シダ植物の大森林が形成され，それが地中にうもれて炭化したものが世界の大炭田を形成している。

●**古生代の終わり**　**三葉虫やフズリナの絶滅**をもって古生代は終わる。

もっとくわしく

④最初の陸上植物はクックソニア，最初の陸上せきつい動物はイクチオステガという。

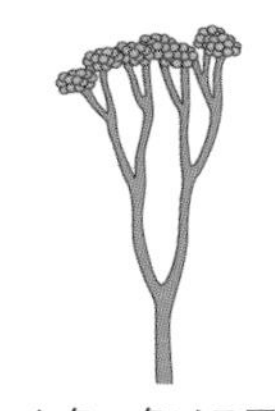
▲クックソニア

▲イクチオステガ

中生代

2.5億年前から6600万年前までの時代を**中生代**という。陸上では恐竜が栄え，海中ではアンモナイトが繁栄した。

●**恐竜の時代** 中生代には陸上で大形のハチュウ類が繁栄した。陸上の大形ハチュウ類を**恐竜**という。

●**中生代の終わり** 陸上の恐竜，海中のアンモナイトなどの絶滅をもって中生代の終わりとする。巨大隕石(いんせき)の落下が引き金となって，環境が激変し大量絶滅が起こったと考えられている。

新生代

6600万年前から現在までの時代を**新生代**という。古第三紀，新第三紀，第四紀に分けられる。恐竜にかわりホニュウ類が栄え，700万年前には人類も出現した。

●**古第三紀** 6600万年前～2300万年前。

●**新第三紀** 2300万年前～260万年前。

●**第四紀** 260万年前から現在。第四紀にはきわめて寒冷になる**氷期**がくり返しあったことがわかっている。最終氷期は1万年前に終わっているが，2万年前の氷期の最盛期には，海面が現在より120mも低く，日本列島は大陸と地続きになっていた。

●**チバニアン** 2020年に，新生代第四紀の77.4万年前～12.9万年前の時代が「チバニアン」と命名された。日本の地名にちなんだ地質年代の名称が国際的に採用されたのは初めてである。チバニアンの始まりは地磁気の逆転→①で明らかにされた。千葉県市原市にあるがけで地層に記録された過去の地磁気の向きを調べると，ある高さから上は現在と同じ向き（方位磁石のN極が北を指す向き）だったが，そこより下は逆向きであった。この境界が77.4万年前であることが確かめられ，地質年代の境界が特定された。地質年代の境界がもっともよくわかるところ（模式地）として，このがけが国際的に認定され，「チバニアン」と命名された。

もっとくわしく

繁栄していた恐竜は，6600万年前に突然絶滅した。その原因として，巨大隕石の落下によりまき上げられたチリが太陽の光をさえぎってしまい，環境が激変（おもに寒冷化）したためと考えられている。このように考えられるようになったのは，隕石起源と考えられるイリジウムという元素を多くふくむこの時代の地層が世界各地で発見されたからである。また，隕石が下の図の位置に落ちたこともあきらかにされている。

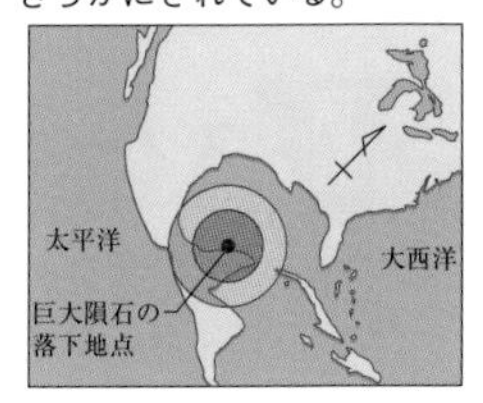

もっとくわしく

①過去に，地磁気が現在と逆を向いていた時代があったことが明らかにされている。地磁気の逆転は数万年から数十万年ごとに何回もおこっている。

▲チバニアンの根拠となると認定された地層

研究 バージェス動物群

カナダのロッキー山脈で，古生代カンブリア紀の奇妙な動物の化石が発見されています。これらは「バージェス動物群」と名づけられていますが，現在の生物との関係ははっきりしていません。古生代はじめのカンブリア紀には，このようにさまざまな生物が出現しており，「カンブリア紀の大爆発」とよばれています。

おもな示準化石

代	紀	示準化石		
新生代	第四紀	▲マンモス	▲ナウマンゾウ	▲ブナ
	260万年前			
	新第三紀 古第三紀	▲ビカリア	▲デスモスチルス	▲メタセコイア
6600万年前				
中生代	白亜紀 ジュラ紀 三畳紀（トリアス紀）	▲モノロフォサウルス	▲アンモナイト	▲イチョウ
2.5億年前				
古生代	二畳紀（ペルム紀） 石炭紀 デボン紀	▲フズリナ	▲サンゴ	▲シダ
	シルル紀 オルドビス紀 カンブリア紀	▲三葉虫		
5.4 億年前				

⑦ 大地に残された記録

1 地殻変動の記録

断層

地震の発生にともない地表にあらわれた**断層**を**地震断層**という。断層のずれ方には，正断層→①，**逆断層**，**右横ずれ断層**，**左横ずれ断層**がある。[➡P.469]

褶曲（しゅうきょく）

圧縮する力がゆっくり加わると，地層が曲がり，**褶曲**ができる。

●**向斜**　地層が谷型に曲がっている部分を**向斜**という。

●**背斜**　地層が山型に曲がっている部分を**背斜**という。

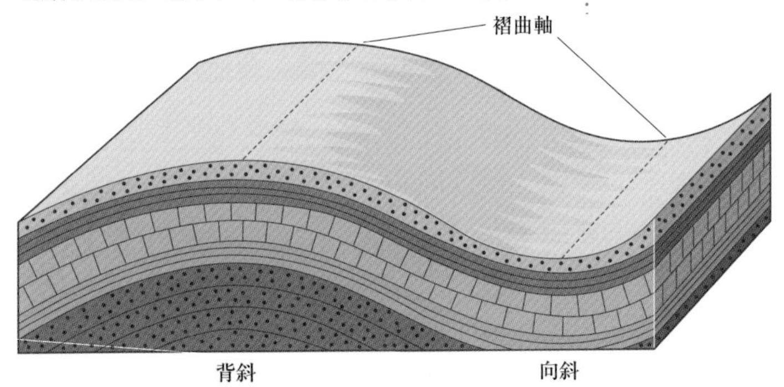

不整合 [➡P.492]

不整合は，堆積した地層が隆起し，陸上で侵食が起こった証拠なので，地殻変動が起こったことがわかる。

2 貫入（かんにゅう）と岩脈→②

●**貫入**　花こう岩などの深成岩の大きな岩体は，マグマが地下に入りこんできて冷えて固まることによってできる。マグマが入ってくることを貫入といい，**貫入**してできた岩石を**貫入岩**という。

●**岩脈**　岩石の割れ目に沿ってマグマが入りこんでできた，地層面を切るような岩体を**岩脈**という。

参考

①正断層という用語は，あるイギリスの炭田で正断層が多かったことから，「ふつうの断層」というような意味でつけられただけで，「断層の正しいすがた」であるとか，「正断層が一般にふつうの断層」という意味ではない。

もっとくわしく

②接触変成作用
貫入岩や岩脈は，高温のマグマが入ってくるので，周囲の岩石はその熱で性質のちがう岩石に変化することがある。このような作用を接触変成作用といい，接触変成作用を受けてできた岩石を接触変成岩という。
泥岩はかたくち密なホルンフェルスという岩石に，石灰岩は大きな結晶からなる大理石になる。
接触変成作用を受けている岩石は，貫入岩や岩脈より前からあったことがわかる。

3 過去のできごとを読みとく

地層に残された記録から，過去にどのようなできごとが，どのような順序で起こったかを考えることができる。

●**できごとの順序**　断層と不整合など，２つのできごとが起こった場合，次のような２通りの関係が考えられる。

① **断層が先で不整合があと**

断層が不整合に切られている場合（図１）。

② **不整合が先で断層があと**

不整合が断層に切られている場合（図２）。

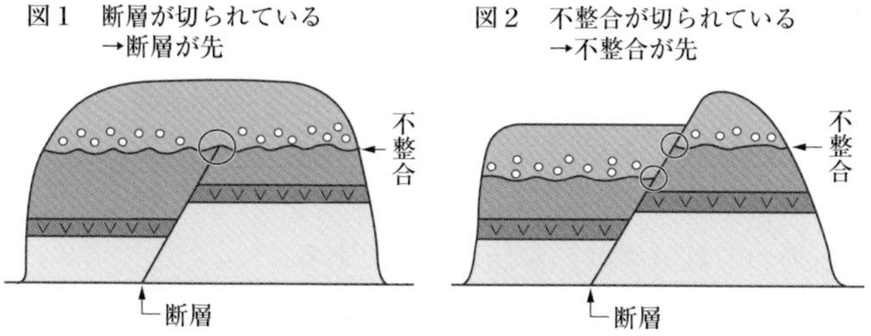

図１　断層が切られている
→断層が先

不整合
断層

図２　不整合が切られている
→不整合が先

不整合
断層

▲できごとの順序

どちらであるかは，不整合と断層がぶつかっているところに注目して判断する。「**切られているほうが先**」である。

この関係は，断層と不整合だけでなく，いろいろな場合に応用できる。

下図のようながけのようすから，起こったできごとを古い順に並べると次のようになる。

1．ウ層の堆積
2．Aの貫入
3．岩脈Bの形成
4．不整合面bの形成
5．イ層の堆積
6．断層fの活動
7．不整合面aの形成
8．ア層の堆積

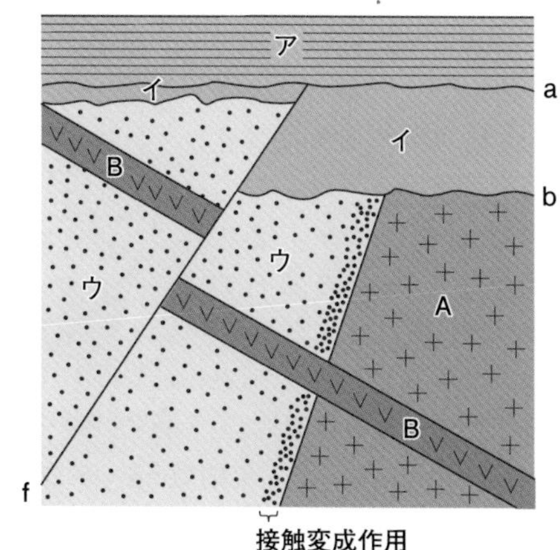

練習問題

解答➡ p.624

1

次の図は，同じ地震をA，B，Cの３地点に設置した地震計で観測した記録をまとめたものである。あとの問いに答えよ。 （青雲高等学校改題）

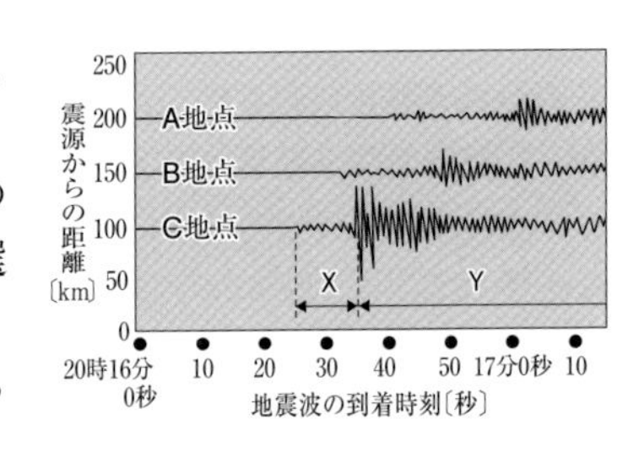

⑴ X，Yの部分のゆれをそれぞれ何というか。

⑵ Xの部分のゆれを起こした地震波の説明として適当なものをア～エから選べ。

ア P波で岩石の密度の変化が伝わる波である。

イ P波で岩石のねじれ（ずれ）が伝わる波である。

ウ S波で岩石の密度の変化が伝わる波である。

エ S波で岩石のねじれ（ずれ）が伝わる波である。

⑶ この地震の発生時刻は何時何分何秒か。

⑷ 震源からの距離が170kmの地点でのXのゆれの継続時間は何秒か。

2

思考力

地球の表面は十数枚のプレートにおおわれている。図１はプレートのようすを断面で表したもので，図２は海底の岩石の年齢を表したものである。あとの問いに答えよ。 （同志社高改題）

図１

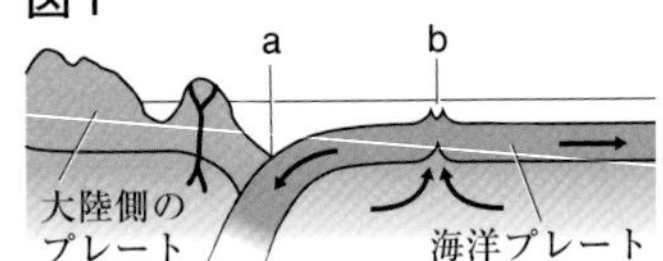

⑴ 図１のa，bはプレートどうしの境界である。それぞれ何という地形で，どのようなプレート境界であるかを答えよ。

⑵ 図２中のX，Y，Zの３地点を，海底の岩石の年齢が若い順に並べよ。

⑶ 海のプレートの動く速さとして適当なものを選べ。

ア 年間数mm　　イ 年間数cm　　ウ 年間数m　　エ 年間数十m

図２

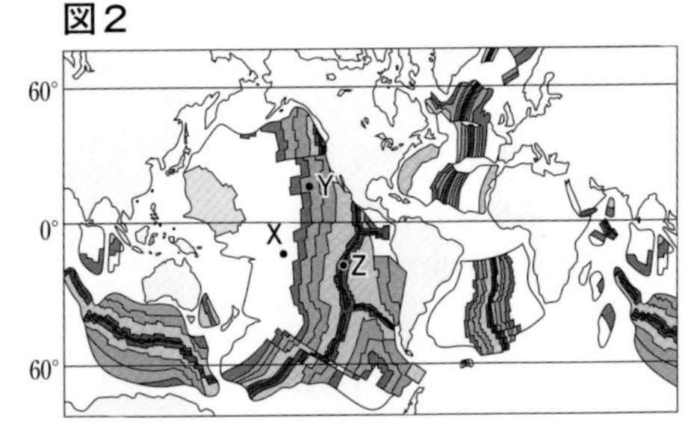

図中の模様は，海底の岩石の年齢の違いを表している。

3

次の図は東西にのびる道路沿いにある３つのがけA，B，Cでの地層の重なり方を観察して記録したものである。以下の問いに答えよ。
（佐賀県改題）

地点A　地点B　地点C
西　東
ア
イ
砂岩P

凝灰岩
砂　岩
泥　岩
れき岩
Q　岩

〔観察記録〕
①地点Aの砂岩Pには，ビカリアの化石がふくまれている。
②Q岩には，サンゴの化石がふくまれている。

⑴　地点A～Cのア，イの凝灰岩はそれぞれ同じ火山灰であることがわかった。このように地層を対比するのに利用される地層を何というか。

⑵　地点Aで砂岩Pが堆積したのは何代の何紀か。

⑶　Q岩の地層が堆積したときの環境を簡潔に書け。

⑷　堆積したときの環境がわかる化石を何というか。

⑸　凝灰岩ア，イがそれぞれ同じものであることに気をつけて，次の文中の空欄に適当な言葉を入れよ。

A，B，Cの３地点のうち，もっとも海岸に近かったと考えられるのは（①）地点である。また，A，B，Cの３地点とも，Q岩堆積後は海の深さは次第に（②）なっていった。

4

右の図は４種類の岩石の表面をみがいてルーペで観察したスケッチである。以下の問いに答えよ。　（洛南高改題）

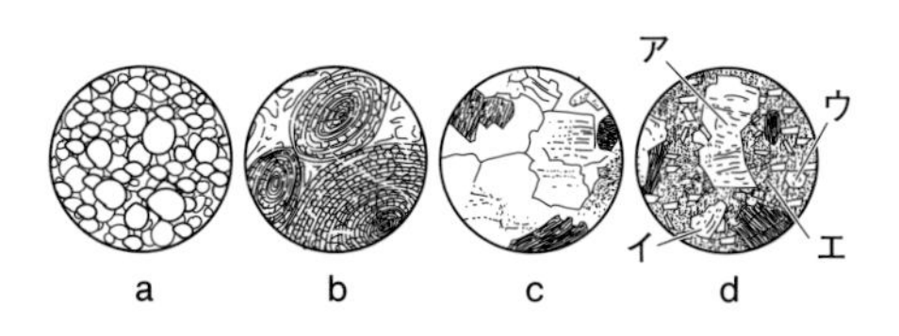

⑴　dはマグマが固まってできた岩石である。このような岩石の組織を何というか。

⑵　dの岩石で大きな結晶ア，細粒部エをそれぞれ何というか。

⑶　dの岩石をゆっくり加熱したときに最初にとけはじめる部分はア～エのうちのどこか。ただし，もっとも低い温度で固まったものがもっとも低い温度でとけるものとする。

⑷　d以外にマグマが固まってできた岩石がある。a～cから選べ。

⑸　⑷の岩石とdの岩石の組織のちがいができた理由を説明せよ。

⑹　dの岩石にはカンラン石がふくまれていた。岩石の名称を答えよ。

⑺　次の文中の（　）から正しい語句を選べ。

dの岩石をつくったマグマは，他のマグマに比べて温度が高く，ねばりけが（大きい，小さい）ため，傾斜の（急な，ゆるやかな）火山をつくる。

第2章 天気とその変化

↑天気はつねに変化している。晴れの日，くもりの日，そして雨の日。また，風の強い日や弱い日などのちがいもある。天気の変化はどのようにして起こるのだろうか。気象観測の方法も身につけよう。

§1 気象観測と天気図

▶ここで学ぶこと

気象観測の要素（温度，湿度，風，雲量，気圧，雨量）や，天気図とそれらの情報について学ぶ。

① 気象観測

1 温度と湿度

●**気温** 温度計ではかる。温度計には，いろいろなしくみのものがあり，わたしたちがふだん使っているものは，温度による物質の体積変化を用いた**液体温度計**である。温度計のなかに入っている液体は着色した灯油や水銀の場合が多い。

気温は，**風通しのよい場所**で，**地上から 1.5 m**の高さに温度計を設置し，**直接日光が当たらない**ように注意しながら測定する。

●**湿度** 湿度だけを測定する機器もあるが，一般的には**乾湿温度計（乾湿計）**を使う。乾湿計とは，右の写真のような機器で，一方（**乾球**）は**気温**を示し，もう一方（**湿球**）は水でぬらしたガーゼで球部をおおって温度をはかる。湿球のまわりのガーゼから水が蒸発するとき，熱を湿球からうばっていくので，乾球より湿球の温度のほうが低くなる。この関係を利用して**乾球と湿球の温度から，湿度表を使って湿度を決める**。湿度が100％のとき，乾球と湿球の温度は一致する。

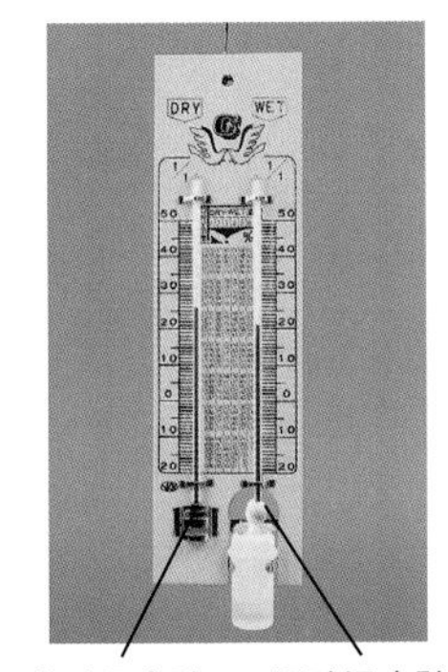

▲乾湿温度計

もっとくわしく

水銀は赤い液体の温度計よりも正確に測定できるが，液体の処理が難しいため，学校ではあまり使われない。

▶湿度表の見方

まず，1列目で乾球の示度➡①をみつける。その次に，乾球と湿球の示度の差➡②を求め，1行目でみつける。この2つの値の交差する値➡③がそのときの湿度になる。

乾球温度計の示度〔℃〕	乾球温度計と湿球温度計の示度の差〔℃〕														
	0.0	0.5	1.0	1.5	2.0②	2.5	3.0	3.5	4.0	4.5	5.0	5.5	6.0	6.5	7.0
35	100	97	93	90	87	83	80	77	74	71	68	65	63	60	57
34	100	96	96	90	86	83	80	77	74	71	68	65	62	59	56
33	100	96	93	89	86	83	80	76	73	70	67	64	61	58	56
32①	100	96	93	89	86③	82	79	76	73	70	66	63	60	58	55
31	100	96	93	89	86	82	79	75	72	69	66	63	60	57	54
30	100	96	92	89	85	82	78	75	72	68	65	62	59	56	53
29	100	96	92	89	85	81	78	74	71	68	64	61	58	55	52
28	100	96	92	88	85	81	77	74	70	67	64	60	57	54	51
27	100	96	92	88	84	81	77	73	70	66	63	59	56	53	50

▲湿度表の見方

▼湿度表

乾球温度計の示度〔℃〕	乾球温度計と湿球温度計の示度の差〔℃〕																				
	0.0	0.5	1.0	1.5	2.0	2.5	3.0	3.5	4.0	4.5	5.0	5.5	6.0	6.5	7.0	7.5	8.0	8.5	9.0	9.5	10.0
35	100	97	93	90	87	83	80	77	74	71	68	65	63	60	57	54	52	49	47	44	42
34	100	96	93	90	86	83	80	77	74	71	68	65	62	59	56	54	51	48	46	43	41
33	100	96	93	89	86	83	80	76	73	70	67	64	61	58	56	53	50	47	45	42	40
32	100	96	93	89	86	82	79	76	73	70	66	63	60	58	55	52	49	46	44	41	39
31	100	96	93	89	86	82	79	75	72	69	66	63	60	57	54	51	48	45	43	40	37
30	100	96	92	89	85	82	78	75	72	68	65	62	59	56	53	50	47	44	41	39	36
29	100	96	92	89	85	81	78	74	71	68	64	61	58	55	52	49	46	43	40	37	35
28	100	96	92	88	85	81	77	74	70	67	64	60	57	54	51	48	45	42	39	36	33
27	100	96	92	88	84	81	77	73	70	66	63	59	56	53	50	47	43	40	37	35	32
26	100	96	92	88	84	80	76	73	69	65	62	58	55	52	48	45	42	39	36	33	30
25	100	96	92	88	84	80	76	72	68	65	61	57	54	51	47	44	41	37	34	31	28
24	100	96	91	87	83	79	75	72	67	64	60	56	53	49	46	43	39	36	33	30	26
23	100	96	91	87	83	79	75	71	67	63	59	55	52	48	45	41	38	34	31	28	24
22	100	95	91	87	82	78	74	70	66	62	58	54	50	47	43	39	36	32	29	26	22
21	100	95	91	86	82	77	73	69	65	61	57	53	49	45	41	38	34	31	27	24	20
20	100	95	91	86	81	77	72	68	64	60	56	52	48	44	40	36	32	29	25	21	18
19	100	95	90	85	81	76	72	67	63	59	54	50	46	42	38	34	30	26	23	19	15
18	100	95	90	85	80	75	71	66	62	57	53	49	44	40	36	32	28	24	20	16	13
17	100	95	90	85	80	75	70	65	61	56	51	47	43	38	34	30	26	22	18	14	10
16	100	95	89	84	79	74	69	64	59	55	50	45	41	36	32	28	23	19	15	11	7
15	100	94	89	84	78	73	68	63	58	53	48	43	39	34	30	25	21	16	12	8	4
14	100	94	89	83	78	72	67	62	57	51	46	41	37	32	27	22	18	13	9	5	
13	100	94	88	82	77	71	66	60	55	50	45	39	34	29	25	20	15	10	6	1	
12	100	94	88	82	76	70	64	59	53	48	43	37	32	27	22	17	12	7	2		
11	100	94	87	81	75	69	63	57	52	46	40	35	29	24	19	13	8	3			
10	100	93	87	80	74	68	62	56	50	44	38	32	27	21	15	10	5				
9	100	93	86	80	73	67	60	54	48	42	36	30	24	18	12	6	1				
8	100	93	86	79	72	65	59	52	46	39	33	27	20	14	8	2					
7	100	93	85	78	71	64	57	50	43	37	30	23	17	11	4						
6	100	92	85	77	70	62	55	48	41	34	27	20	13	7							
5	100	92	84	76	68	61	53	46	38	31	24	16	9	2							
4	100	92	83	75	67	59	51	43	35	28	20	12	5								
3	100	91	82	74	65	57	49	40	32	24	16	8	1								
2	100	91	82	72	64	55	46	37	29	20	12	4									
1	100	90	81	71	62	52	43	34	25	16	7										
0	100	90	80	70	60	50	40	31	21	12	3										
−1	100	89	79	68	58	47	37	27	17	7											
−2	100	89	78	66	55	45	34	23	13	2											
−3	100	88	76	64	53	41	30	19	8												
−4	100	87	75	63	50	38	26	14	2												
−5	100	87	74	60	48	34	22	9													

2 風

風は，**風向風力計**を使ってはかる。風には風がふいてくる方向（**風向**）と風の速さ（**風速**）がある。このうち風速は，風の強さ（**風力**）でおきかえられることもある。

▲風向風力計

風向 風向は風がふいてくる方向を**16方位**で表す。風は時間とともに変化するので，風向も変化する。単に風向というときは，直前10分間の風向の平均をさすことが多い。

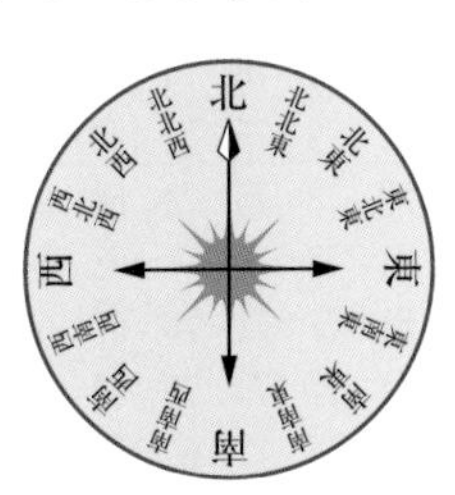

▲16方位

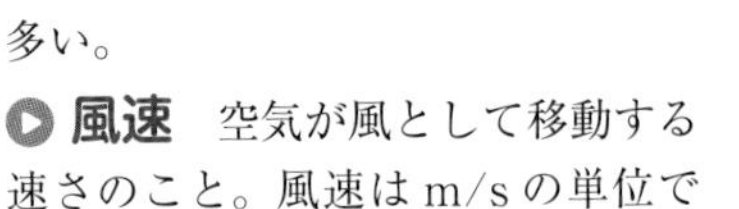

風速 空気が風として移動する速さのこと。風速はm/sの単位で表す。国際的には<u>ノット</u>➡①〔kt〕という速さの単位で表される。これも，単に風速というときには，直前10分間の風速の平均をさすことが多い。

風力 風速は，風速計がなければはかることができないが，風速計はどこにでもあるわけではない。風速の測定が困難な場合は，風力階級表[➡P.515]を使って風速を推定する。

もっとくわしく

①1ノットは1時間に1海里（かいり）（1852m）すすむ速さのことである。国際的には，
1ノット＝1852m/hと決められている。ちなみに1海里は緯度1分の長さに相当する。

3 雲

快晴，晴れ，くもりなどの天気を決める要素として，雲量（うんりょう）がある。まわりに障害となる建物がない場所で，天空全体を「10」として，雲が天空の何割をおおっているかで表す。降水がないとき，雲の割合が，**0～1であれば快晴，2～8であれば晴れ，9～10であればくもり**である。また，雲にはいろいろな種類があるが，その高さや形状によっておおむね10種類で表す[➡P.516]ことが多い（**十種雲形**（うんけい））。

雲量

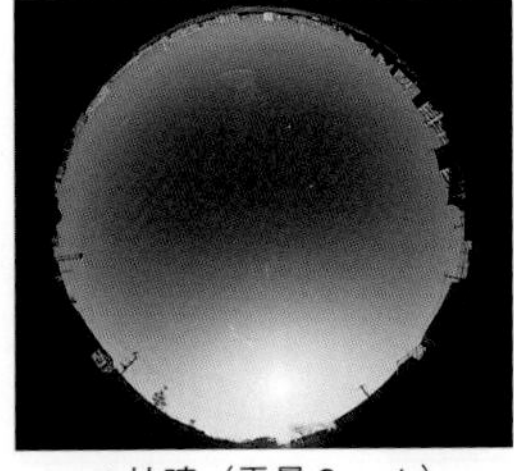
▲快晴（雲量0～1）

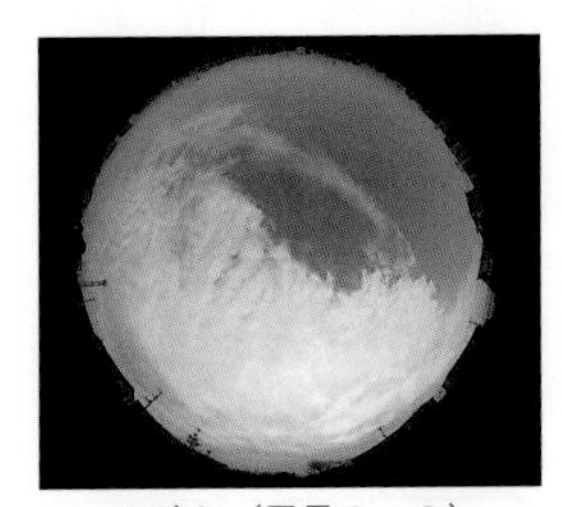
▲晴れ（雲量2～8）

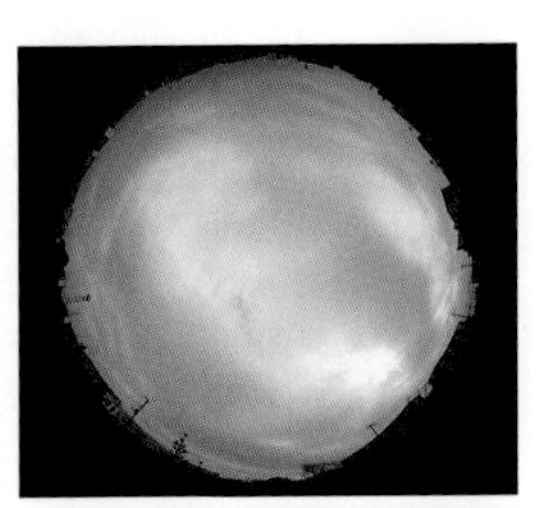
▲くもり（雲量9～10）

▼風力階級表

階級	名称	風速	状況	
	日本語	〔m/s〕	陸上	海上
0	静穏	0.0～0.2	煙がまっすぐにのぼっていく。紙飛行機に適する	鏡のようになめらか
1	至軽風	0.3～1.5	煙がたなびくが風向計での計測はできない。紙飛行機に適する	鱗のようなさざ波
2	軽風	1.6～3.3	顔に風を感じる。木の葉が動き風向計での計測が可能になる。凧揚げに適する	一面にさざ波
3	軟風	3.4～5.4	葉っぱがたえず動いている。軽い旗がはためく。凧揚げに適する	波頭が裂けはじめ，泡が硝子のように見え，白波があらわれ出す
4	和風	5.5～7.9	ホコリが舞い上がり，木の枝が動く。凧揚げに適する	白波がかなり多くなる
5	疾風	8.0～10.7	小さな木がゆれ動く。水面にさざ波が立つ。凧揚げに適する	白波がたくさんあらわれ，しぶきが立ちはじめる
6	雄風	10.8～13.8	大きな枝が動き，電線がうなり，傘をさすのが困難になる	波の大きいものができはじめ，波頭はくだけて白く泡立つ
7	強風	13.9～17.1	木全体がゆれ，風に向かって歩くのが困難になる	大波が立ち，波頭はくだけて白く泡立つ
8	疾強風	17.2～20.7	木の枝が折れ，立っているのが困難になる	波頭がそびえ立ち，しぶきはうずまきとなって波頭からふきちぎれる
9	大強風	20.8～24.4	簡単な構造物が倒壊する	波頭がのめり，うなり声を上げ，水煙が立ち，波の高さが7～10mになる
10	暴風	24.5～28.4	立木がたおれ，かなりの被害が生じる	波頭が逆まき，見通しがそこなわれる
11	烈風	28.5～32.6	被害が甚大	山のような大波が立ち，小さな船は波の影にかくされる
12	颶風	32.7～	被害が甚大	波が15mに達し，泡と水煙のために海と空の境もわからない

十種雲形

層	雲形	高度・温度	特徴
上層	巻雲(けんうん)	高度5000m以上，温度－25℃以下	すじ雲（以前は「絹雲」とよばれていた。）
	巻積雲(けんせきうん)		うろこ雲，さば雲
	巻層雲(けんそううん)		うす雲，太陽や月の暈(かさ)の原因
中層	高層雲(こうそううん)	高度2000～7000m	おぼろ雲
	高積雲(こうせきうん)		ひつじ雲
下層	層積雲(そうせきうん)	高度2000m以下，温度－5℃以上	（団塊(だんかい)状の雲）
	層雲(そううん)	高度300～600m	（灰色～薄墨色の雲）霧雨の原因となる。
	乱層雲(らんそううん)		雨雲，連続した雨や雪をともなう。
対流	積雲(せきうん)	高度600～6000m	晴れた日にあらわれる。上面がドーム形，下面が水平。
	積乱雲(せきらんうん)	最大高度12000m	雷雲(かみなりぐも)，いわゆる入道雲。

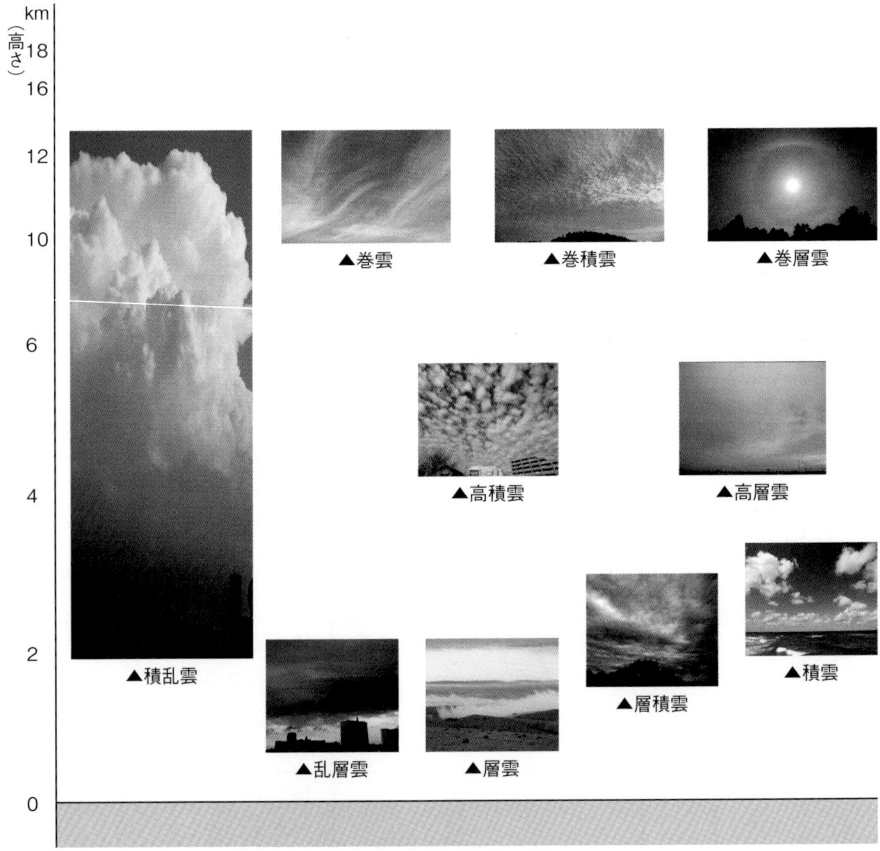

(高さ) km
18
16
12
10
6
4
2
0

▲積乱雲　▲巻雲　▲巻積雲　▲巻層雲

▲高積雲　▲高層雲

▲乱層雲　▲層雲　▲層積雲　▲積雲

4 気圧

気圧とは**大気の圧力**のことである。気圧は，**水銀気圧計**，**アネロイド気圧計**などではかる。近年は気圧によって静電容量が変化し，出力される微電流が変化する圧電素子によってはかられることが多い（電気式気圧計）。気圧は，地上からの高度が上がるともにへっていくため，この関係を使った高度計もある。**気圧はhPa（ヘクトパスカル）**で表す。気圧の基準を1気圧と呼び，**1気圧は1013.25hPa** [➡P.521]である。

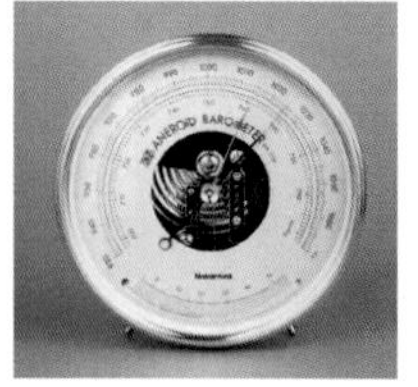
▲アネロイド気圧計

5 雨

地上に設置された雨量計によって一定時間にたまった水の深さを，**雨量**とよぶ。雨量はミリメートル単位ではかる。一般的に雨量は，**降水量**とよばれることが多い。雨量計は雨だけでなく，雪やひょうなど，空から降ってくる固体であっても，液体の水の状態にとかしてその量を測定する。

▲雨量計 ©気象庁

② 天気図

1 天気図とその記号

天気図は，天気や気象現象を理解する上で，重要である。時間を追って天気図を解読することで，おおまかな天気の予報が可能になる。

▶天気図記号

天気図記号は各観測地点での天気，風向，風力，気温，気圧を右の図のように表す。天気図記号の上下方向は，風向の方位を正確に表すため，地図上の経線方向（北の方向）を上にする。

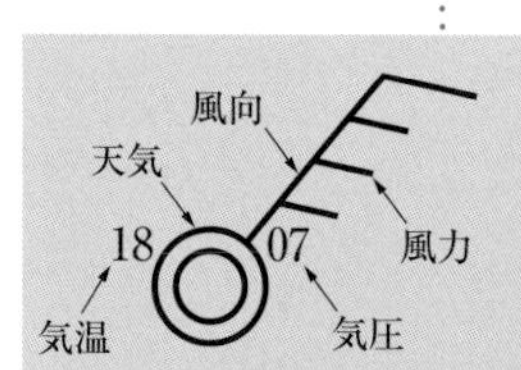

・北東の風
・風力4
・天気　くもり
・気圧　1007hPa
・気温　18℃
※気圧は，hPaで表した整数値の下2けたをかく

▶天気記号

天気記号	天　気	天気記号	天　気	天気記号	天　気	天気記号	天　気
○	快　晴	⊕	地ふぶき	◒	みぞれ	◒	雷
⦶	晴	⊙	霧	⊛	雪	◒ッ	雷強し
◎	くもり	●キ	霧雨	⊛ッ	雪強し	⊗	天気不明
⊚	煙　霧	●	雨	⊛ニ	にわか雪		
Ⓢ	ちり煙霧	●ッ	雨強し	△	あられ		
Ⓢ	砂じんあらし	●ニ	にわか雨	▲	ひょう		

風力の記号

風力	記　号	地上10mにおける相当風速〔m/s〕	風力	記　号	地上10mにおける相当風速〔m/s〕
0		0.0～0.3未満	7		13.9～17.2未満
1		0.3～1.6未満	8		17.2～20.8未満
2		1.6～3.4未満	9		20.8～24.5未満
3		3.4～5.5未満	10		24.5～28.5未満
4		5.5～8.0未満	11		28.5～32.7未満
5		8.0～10.8未満	12		32.7以上
6		10.8～13.9未満			

2 簡単な天気図の見方

天気図には，天気図記号以外に，気圧の同じ地点を結んだ**等圧線**がかかれている。気圧が周囲に比べて高い場所は**高気圧**とよばれる。高気圧があると，**雲ができにくく天気が安定する**。これに対し，気圧が周囲に比べて低い場所は**低気圧**とよばれる。低気圧があると，**雲ができやすく天気は安定しない**。また，日本付近の上空は1年中，西寄りの風（**偏西風**→①）がふいているため，高気圧や低気圧は西から東に移動する。日本の天気が西日本から東日本へと変化していくのは，おもに偏西風が原因である。

用　語

①偏西風
中緯度地域の上空でふく強い西寄りの風。

②等圧線は一般に，1000hPaを基準に4hPaごとに引き，20hPaごとに太くする。

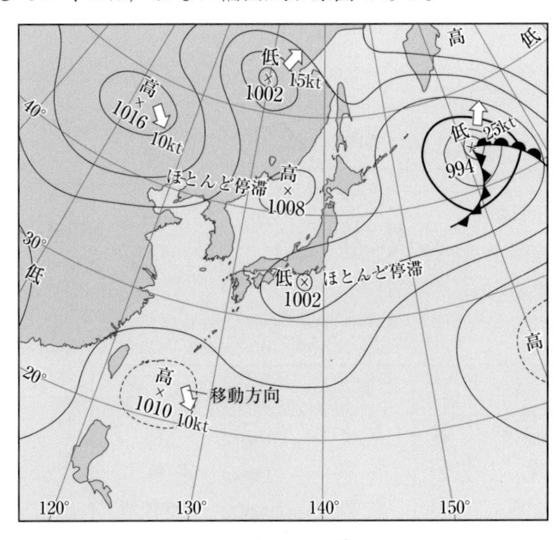

▲天気図の例→②

③ 気象の情報

科学技術の発達で，これまで観測できなかった気象現象がわかるようになってきた。また，その情報はテレビ，ラジオ，インターネットなどから手軽に手に入れることができる。

1 気象衛星

気象衛星とは，地球上の雲のようすなどを観測する人工衛星である。日本には「ひまわり」という名で親しまれている気象衛星があり，現在は「ひまわり８号➡③」が観測を行っている。

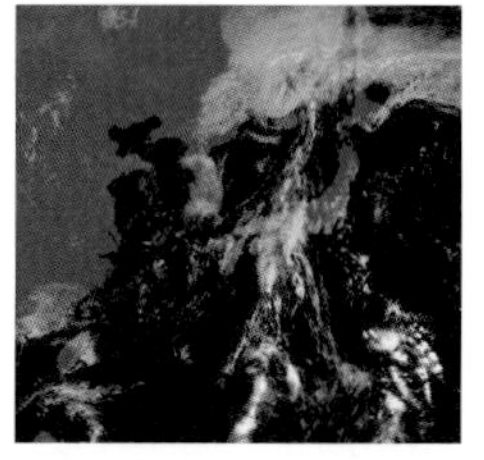

▲気象衛星による可視画像➡④
提供：気象庁

▲気象衛星による赤外画像➡⑤
提供：気象庁

2 アメダス

アメダス➡⑥とは，地上の降水量，気温，風向，風速，日照時間の気象要素を観測している，気象庁の地域気象観測システムである。この５つの気象要素を観測している地点は全国に約840か所あり，降水量だけ観測している地点をふくめると1300か所ほどある。アメダスの観測は10分ごとに自動的に観測され，１時間ごとにアメダスセンターに送信される。アメダスは大雨など，局地的な大雨の把握や監視だけではなく，蓄積されたデータから長期的な予測を行うのにも役立っている。

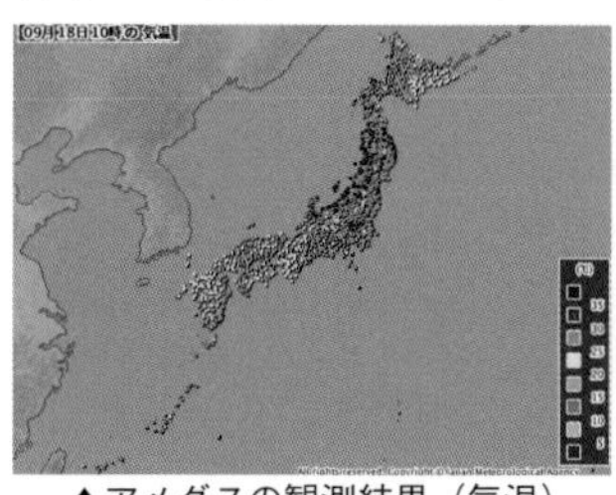

▲アメダスの観測結果（気温）
提供：気象庁

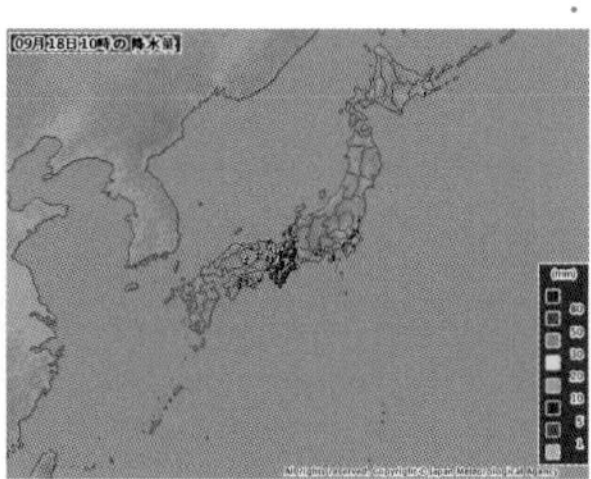

▲アメダスの観測結果（降水量）
提供：気象庁

参考

③気象衛星は，障害等で使用できない場合に備え，通常運用の一機のほかに，待機用にもう一機が運用されている。現在，2015年７月から運用されている「ひまわり８号」と2017年３月から待機運用されている「ひまわり９号」の２機体制で気象観測を行っている。

▲衛星ひまわり８号・９号
© 三菱電機，気象庁提供

もっとくわしく

④人間の目に感じられる可視光線で撮影した画像。太陽光の反射の強弱で表すため，厚い雲は白く，薄い雲は暗くなる。

もっとくわしく

⑤可視光線より波長の長い赤外線を利用した画像。温度の低いものは白く，高いものは黒くうつる。したがって，温度の低い上空の雲ほど白くうつり，雲の高さの分布がわかる。

用語

⑥アメダス
(AMeDAS)
Automated Meteorological Data Acquisition System の略称。

§2 大気と気圧，風

▶ここで学ぶこと
大気の組成や大気の鉛直(えんちょく)分布を理解し，気圧について考え，風のふき方の関係について学ぶ。

① 大気

地球をとりまいている気体のことを，**大気**とよぶ。空気と同じ意味であるが，気象現象をあつかうときは，「大気」を用いることが多い。さまざまな気象現象は，大気の状態や運動によって引き起こされる。

1 大気の組成

地球の大気[①]は，ほかの地球型惑星[➡P.579]とはちがった組成をしている。金星や火星では，二酸化炭素（CO_2）がその大気の大部分をしめているが，地球では二酸化炭素が約0.04%しか存在しない。地球の大気の大部分をしめるのは窒素（N_2）と酸素（O_2）で，この2つが大気の約99%をしめる。このように，地球だけがほかの地球型惑星とちがった大気になったのは，**地球にだけ存在する液体の水（海）によるところが大きい**。すなわち，地球が誕生したころの大気は，ほかの地球型惑星と同じように二酸化炭素と窒素がその大部分をしめていた。その後，二酸化炭素が海にとけ，長い年月の間に石灰岩[➡P.496]になった。そして，海洋にラン藻のような原始的な生物が出現してくると光合成が行われるようになり，二酸化炭素がへり，酸素の量がふえていった。地球の大気は，このようにして長い歴史のなかでつくられたと考えられている。

もっとくわしく

①

窒素 N_2 78%
酸素 O_2 21%
アルゴン Ar 0.93%
二酸化炭素 CO_2 0.038%
ネオン Ne
ヘリウム He
メタン CH_4
クリプトン Kr
水素 H_2 など
きわめて少量

▲乾燥大気の組成

2 大気の鉛直分布

大気は地球のどのくらいの高さまで存在するのだろうか。いろいろな考え方があるが，ここでは高さ500kmまでは大気があるとする[②]。この地球上で大気のある空間のことを，大気圏(けん)という。大気の組成は，高さ約80kmまでは地上の大気の組成と変わらない。大気圏は，その温度変化から次の4つに分けられている。

もっとくわしく

② 国際的には，高さ100kmより上が宇宙と考えられており，これより上の領域を人工衛星が飛行している。

大気圏

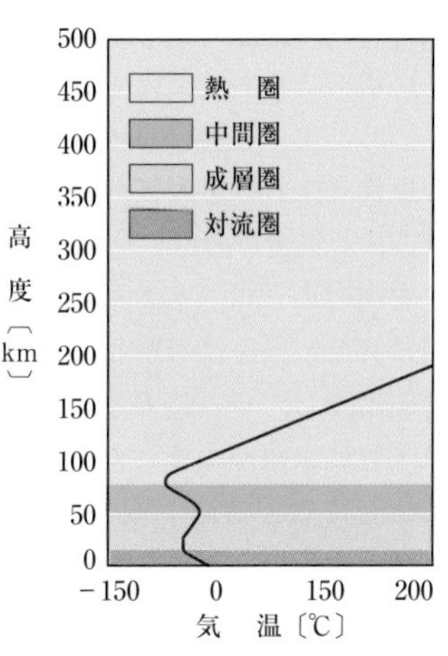

▲高度と気温

●**対流圏**　降雨，降雪など大気の対流によって気象現象が起こる大気の層➡③。高さは地上から10数km。対流圏では，100m高くなるごとに，約0.65℃ずつ気温が下がる。上空は気温が低く，地表付近は気温が高いため，大気の対流が起こりやすい。

●**成層圏**（せいそう）　地上から高さ10数～50kmの大気の層。気温は高さ20kmあたりから上昇する。これは成層圏に多く存在する**オゾン**[➡P.445]が，太陽からの紫外線を吸収し，まわりに熱を放出しているためである。

●**中間圏**　地上から高さ50～80kmの大気の層。気温は高度とともに下がる。高さ80km付近で大気圏での最低気温になる。

●**熱圏**　地上から高さ80～500kmの大気の層である。気温は高さとともに上昇し，大気圏での最高気温になる。

参考

③気象現象が起こるのは，対流圏だけである。

② 気圧

空気の重さによって地表が受ける大気の圧力のことを，**大気圧**（**気圧**）という。このため，**気圧は標高の高いところへ行けば行くほど低くなる。**

また，同じ標高の場合，空気が密集している場所では気圧は高く，空気が密集していない場所では気圧は低くなる。

1　気圧の単位

気圧の単位は，圧力の単位➡④と同じパスカル（Pa）に100倍を示す接頭語のヘクト（h）をつけて，**ヘクトパスカル（hPa）**で表される。地上の標準的な気圧は，**1013.25hPa**（**760mmHg**[➡P.522]）である。この気圧を**1気圧**という。

もっとくわしく

④圧力の単位と換算
圧力は，単位面積あたりに加わる力である。[➡P.524] Pa（パスカル）は1 m^2 にどれだけの力が加わるかを表す圧力の単位である。

1 Pa＝1 N/m^2

トリチェリーの実験

1643年にイタリアのトリチェリーによって，はじめて気圧は正確にはかられた。彼は，パスカルの原理〔P.524〕を大気の重さに応用し，次のような方法で気圧を測定した。

右図のように，水よりも密度の大きい水銀を水槽に満たし，片側が閉じた長さ1000mmのガラス管を用意し，そこにも水銀を満たす。そして，ガラス管に水銀がつまった状態で閉じているほうを上にして立てる。すると，水銀の液面は下がり，水槽の液面からガラス管の水銀の液面までの高さは760mmになり，ガラス管をななめにしても，この高さは変わらない。これは，大気が水槽の水銀の液面をおす力（気圧）と，ガラス管のなかの水銀が水槽の水銀をおす力（水銀柱の圧力）の2力がつり合っていると考えられる。このようにしてはかった水銀柱の高さは，そのまま**mmHg**（水銀柱ミリメートル）と，圧力や気圧の単位➡①として使われるようになった。トリチェリーの実験の場合は，水銀の高さが760mmだったので，760mmHgと表す。

この単位は，血圧の単位によく使われている。

また，ガラス管上部は真空になっており，トリチェリーの真空という。これは，人類がはじめてつくった真空である。

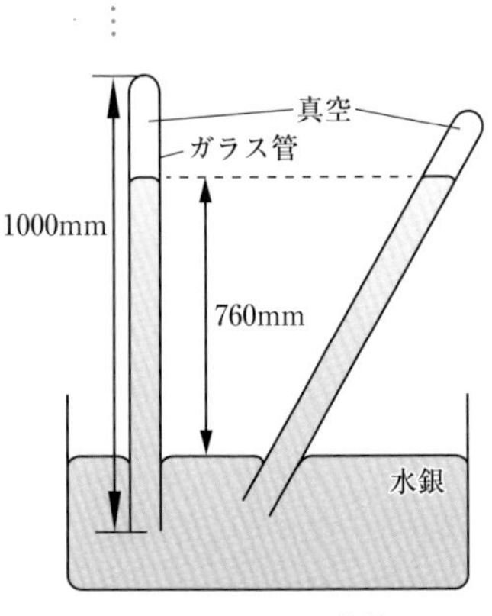

▲トリチェリーの実験

もっとくわしく

①ほかの気圧の単位との関係は次の通りである。
1気圧＝1013.25hPa
＝760mmHg
1mmHg ≒ 1.33hPa

研究 トリチェリーの実験から1気圧を求める

原理…大気が水槽の1cm² あたりの水銀をおす圧力と，ガラス管のなかにある76.0cm（760mm）の水銀が水槽の水銀をおす圧力が等しい（つり合っている）。

水銀の密度が13.5951〔g/cm³〕とすると，ガラス管の中の水銀の質量は

$$76.0\,[\mathrm{cm}] \times 1\,[\mathrm{cm^2}] \times 13.5951\,[\mathrm{g/cm^3}] = 1033.2276\,[\mathrm{g}] = 1.03323\,[\mathrm{kg}]$$

になります。

この質量がおよぼす力は，重力加速度〔P.79〕を 9.80665m/s² とすると，

$$1.03323\,[\mathrm{kg}] \times 9.80665\,[\mathrm{m/s^2}] \fallingdotseq 10.13250\cdots\,[\mathrm{N}]$$

になります。

この力が1cm²（＝0.01×0.01〔m²〕＝0.0001〔m²〕）の面積におよぼす圧力は，

$$\frac{10.1325\,[\mathrm{N}]}{0.0001\,[\mathrm{m^2}]} = 101325\,[\mathrm{Pa}]$$

になります。

100の意味を表すh（ヘクト）をつけるため，$\frac{1}{100}$倍すると

$$101325\,[\mathrm{Pa}] \times \frac{1}{100} = 1013.25\,[\mathrm{hPa}]$$

になります。

▶海面更正

標高が高くなれば，上にのっている空気の重さが減少するため，気圧は小さくなる。このように，**気圧は標高によって変動する**。したがって，標高のちがう地点で測定された気圧（現地気圧）のデータをそのまま比較することはできない。気圧を比較する場合は，海面（標高０mの地点）の気圧に換算する必要がある。このような気圧の補正を，**海面更正**とよぶ。天気図で用いられる気圧は，海面更正した気圧の値➡②である。

もっとくわしく

②海面更正気圧は，標高，気温などをもとに計算するが，およそ次の式で表される。
海面更正気圧＝測定気圧＋0.12×標高〔m〕

③ 圧力

1 圧力とは

雪の上を歩いて，足が雪のなかにうもれてしまった経験のある人もいるだろう。ところが同じ雪の上でも，スキー板をはいた場合は，ほとんどうもれずに歩くことができる。

雪に加えている力の大きさは体重とスキー板の重さに等しいので，スキーをはいていてもいなくても同じである。それでも雪にうもれるかうもれないかのちがいが生じるのはなぜだろうか。

スキー板をはいていない場合は，体重が足の裏にかかるのに対して，スキー板をはいている場合は，スキー板の面全体に体重がかかる。したがって，**同じ面積当たりにかかる力の大きさが異なっている**。その結果として，雪にうもれるかどうかが決まるのである。

鉛筆の両端を2本の指ではさんでもってみよう。指に力を加えていくと，鉛筆のしんが当たっている親指のほうが，痛く感じるだろう。2本の指が鉛筆に加える力の大きさは等しいので，鉛筆が2本の指に加えられている力の大きさもまた等しい。指が感じる痛さが異なるのは，指と接触している鉛筆の面積が異なっているためである。

圧力

圧力とは，ある面に力がはたらいているとき，**単位面積当たりに垂直にはたらく力の大きさとして**あたえられる。したがって圧力の大きさは，

（面を垂直におす力の大きさ）÷（力がはたらく面積） で表される。

●圧力の単位 力の単位はN（ニュートン）であり，圧力は力÷面積で求められるので，その単位はN/m^2である。また，N/m^2は**Pa（パスカル）**ともいう。

$$1〔N/m^2〕= 1〔Pa〕$$

気象情報に出てくるhPa（ヘクトパスカル）は100Pa→①である。大気圧の単位として用いられる気圧（atm）は，1atm＝1013hPaである。

もっとくわしく

①h（ヘクト）は100倍という意味。

〈圧力〉

$$圧力〔Pa〕=\frac{面を垂直におす力の大きさ〔N〕}{力がはたらく面積〔m^2〕}$$

●圧力の矢印 圧力も大きさと向きをもつ量であるから，力と同様に矢印で表すことができる。ただし，力の矢印と区別するために，圧力の矢印は右のように圧力が加わっているところに矢印の先がくるように表すことが多い。

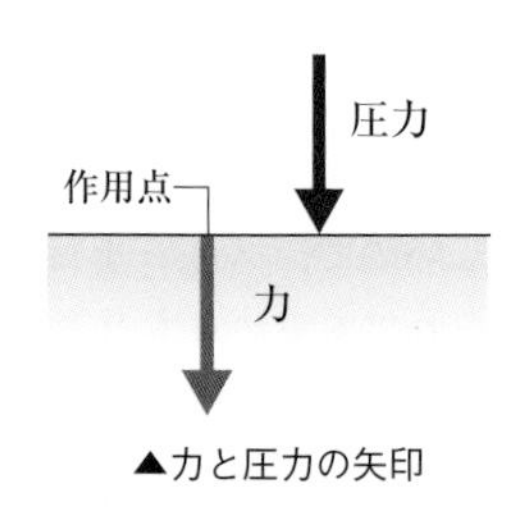

▲力と圧力の矢印

パスカルの原理

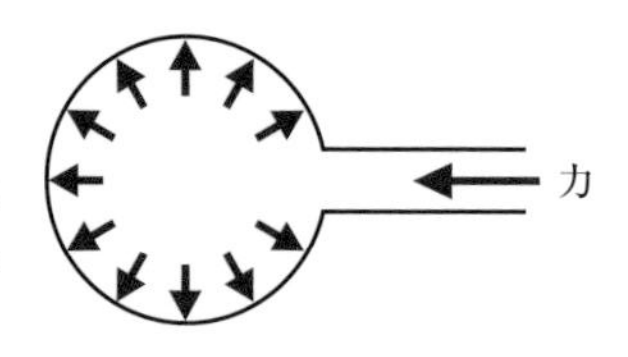

空気や水などの流体→②を容器に閉じこめ，その容器をピストンでおすなどして一部分に圧力を加えたとき，加えられた圧力は容器内の空気や水全体に，等しい大きさで伝わることをパスカルの原理という。ゴム風船をふくらませるとき，一点から息をふきこんでも（圧力を

もっとくわしく

②空気や水をはじめとする気体や液体は，少しの力で変形する。このような物質を流体という。

加えている），ゴム風船全体を均一に丸くふくらますことができるのは，パスカルの原理により，加えられた圧力がゴム風船内に均一に伝わっているからである。

パスカルの原理の利用

パスカルの原理を利用すれば，ある一点に加えた力を全体に伝えられるので，小さな力を大きな力に変えることができる。これを利用したしくみに，車のブレーキや，大きなものをもち上げるダンプカーなどがある。

人物

ブレーズ・パスカル(1623-1662)
フランスに生まれる。幼少期から科学や数学の天才として知られ，パスカルの原理以外にも多くの功績を残した。さらに哲学者，神学者としても活躍し，「人間は考える葦である」という有名な言葉を残している。

④ 気圧と風

1 気圧傾度力(けいど)

地上の気圧は，標高が同じでも場所によって異なる。気圧の高い場所と低い場所があれば，空気は気圧の高いところから低いところへと移動して，同じ気圧になろうとする。このように，気圧の高いところから低いところへ空気を移動させる力を**気圧傾度力**とよぶ。気圧傾度力は，2地点の距離が短く，気圧の差が大きいほど大きくなる。等圧線で考えると，等圧線が密な場所ほど気圧傾度力は大きいことになる。また，気圧傾度力は，等圧線と直角に，気圧の低いほうに向かってはたらく。

▲気圧傾度力の考え方

2 風のふき方

空気は気圧が高いところから低いところへ移動する。この空気の移動が風の正体(しょうたい)である。そして，このときにはたらく力が気圧傾度(けいど)力である。一般的に，空気は気圧の高いところから低いところへまっすぐ移動するが，地球は自転しているため，空気はまっすぐ移動しているつもりでも，回転している地面に対して曲がってしまう。

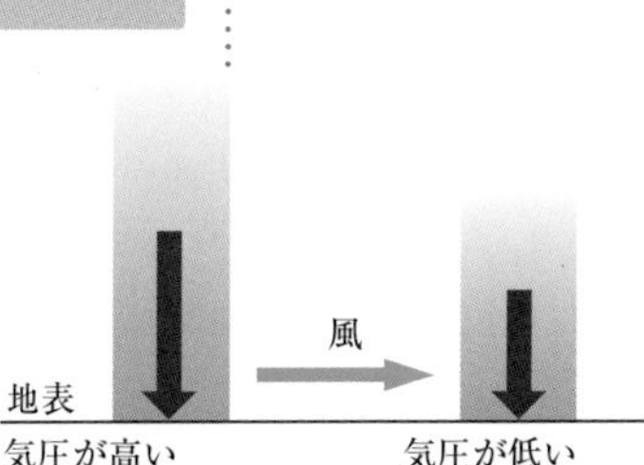

コリオリの力

地球上で移動する物体の進行方向を右か左に曲げる力を，コリオリの力（転向力）➡③という。コリオリの力は，北半球では物体の進行方向に対して直角右向き，南半球では直角左向きにはたらく。

もっとくわしく

③コリオリの力は回転しているものの上で運動する物体にはたらく見かけの力で，地球では自転によって生じる。

地上付近では，気圧傾度力，コリオリの力，そして地面との摩擦力（の合力[➡P.56]）によって，風のふき方が決まる。結果として等圧線に対して，低圧側の等圧線をななめに横切るように風はふく。

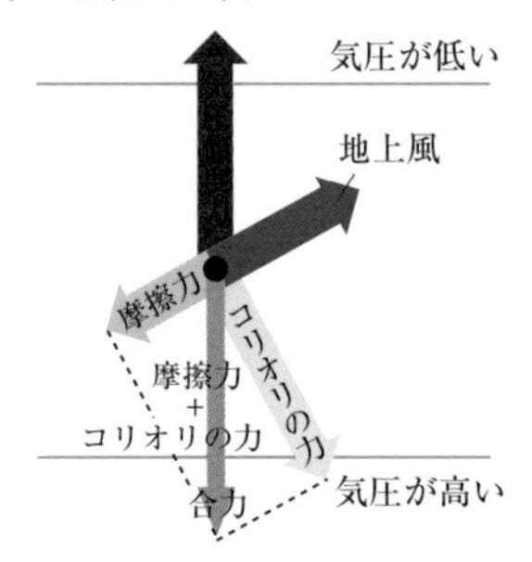

▲等圧線と地上風

もっとくわしく

摩擦力は地形によって生じ，風の向きと逆向きで一致する。したがって，地上の方が海上よりも摩擦力は大きい。

3 高気圧と低気圧のまわりをふく風

風は気圧の高いところから低いところに向かって，等圧線をななめに横切るようにふく。それでは，高気圧や低気圧のまわりの風はどのようにふくか，北半球で考えよう。

高気圧と風

高気圧は中心の気圧が高く，周囲の気圧のほうが低い。このため，気圧傾度力は中心から外側に向かう。北半球では，コリオリの力はこの気圧傾度力の右側にはたらくため，**高気圧からは時計まわりに風がふき出す**ことになる。

低気圧と風

低気圧は中心の気圧が低く，周囲の気圧のほうが高い。このため，気圧傾度力は周囲から中心に向かう。北半球では，コリオリの力はこの気圧傾度力の右側にはたらくため，**低気圧には反時計まわりに風がふきこむ**ことになる。

もっとくわしく

南半球の場合は，コリオリの力が北半球とは逆の方向にはたらくため，高気圧からは反時計まわりに風がふき出し，低気圧には時計まわりに風がふきこむ。

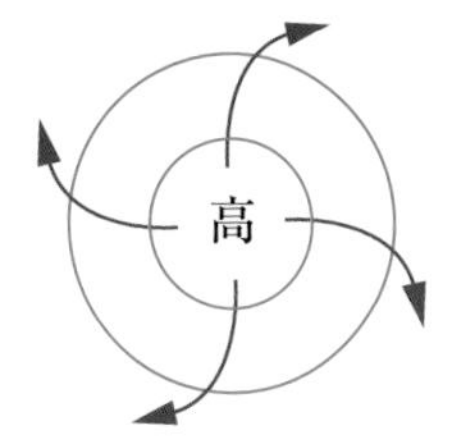

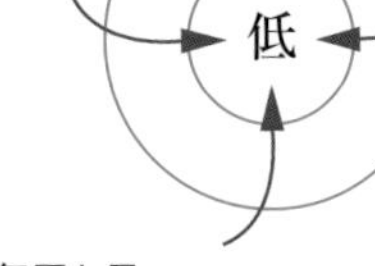

▲高気圧，低気圧と風

台風も低気圧であり，風がふきこむ方向に沿って，反時計まわりのうずをつくる。

▲台風 ©NASA

▶高気圧と低気圧における空気の移動

それでは，高気圧からふき出す空気はどこから供給され，低気圧にふきこむ空気はどこへ行ってしまうのだろうか。

高気圧，低気圧の断面図を調べてみると，**高気圧の中心には下降気流**があり，**低気圧の中心には上昇気流**があることがわかる。このため，高気圧からふき出る風は，上空の空気が下降してきたものであり，低気圧にふきこむ風は，上昇気流によって上空に運ばれてしまうことがわかる。

高気圧の中心では下降気流が卓越(たくえつ)しているため，空気が上から下へ移動し，地表面がおされるために気圧が高くなる。また，低気圧の中心では上昇気流が卓越しているため，空気が下から上へ移動し，地表の空気が吸い上げられているために気圧が低くなる。

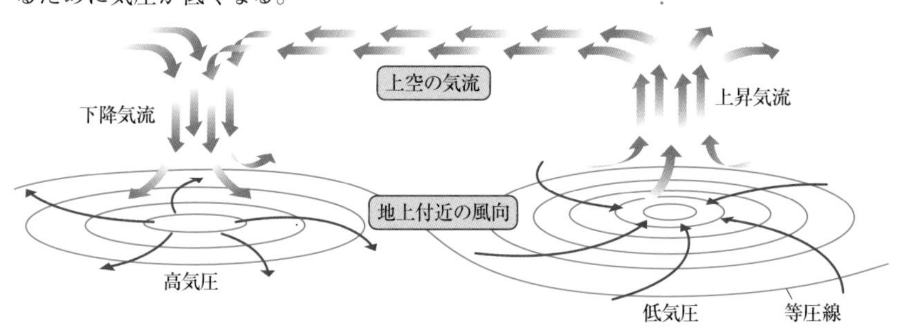

▲高気圧，低気圧の断面

⑤ 大気の流れ

1　1日の中で変化する風　～海陸風(かいりくふう)～

空気はあたたまると，膨張して密度が小さくなる➡①。大気の密度が小さくなれば，その地点の気圧は低くなる。このように気圧は，大気の温度によっても変化する。次の図は，ある晴れた1日の地面，海面の温度変化のグラフである。

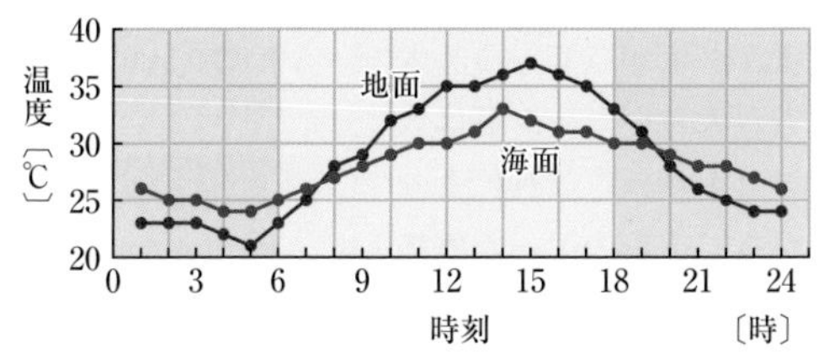

▲ある晴れた1日の地面，海面の温度変化

このグラフを見ると，地面よりも海面の方が温度変化の幅（最高温度と最低温度の差）が小さいことがわかる。この

もっとくわしく

①このとき，空気をかたまりとして考えている。このようなかたまりは空気塊(くうきかい)とよばれ，風船のようなものをイメージするとよい。体積や密度は変化するが，質量は変化しない。

ことから，**陸地の岩石よりも海洋の水のほうが，あたたまりにくく，冷めにくいことがわかる**[➡P.104]。

大気の温度は，地面や海面の熱が伝わって変化するため，昼間は地面付近の空気の方が，海面付近の空気よりもあたたかく，密度が小さい。密度が小さくなった空気は，上昇気流となり，上空でまわりへ広がる。その一部は，海面の上空にも向かい，次第に冷やされていく。そして，下降気流となり，海面から風となってまわりに広がる➡①。したがって，晴れた日の昼は，下の図のように，海から陸に向かって風はふく。このような風を**海風**(うみかぜ)という。結果的に，陸地は低圧部，海上は高圧部になる。これとは逆に夜間は，海上があたたかく低圧部となり，陸上が高圧部となるため，陸から海に向かって風がふく。この風は**陸風**(りくかぜ)とよばれる。海風と陸風をあわせて，**海陸風**とよぶ➡②。陸風と海風が入れ替わるときは，風がやむ。このような状態を**凪**(なぎ)という。したがって凪は朝や夕方に多い。

参考

①この一連の現象は対流として理解できる。

もっとくわしく

②山地では，晴れた日の日中に山麓から山頂に吹きあがる谷風(たにかぜ)，夜間に逆向きの山風(やまかぜ)が吹くことが多い。このような風を山谷風(やまたにかぜ)とよぶ。谷風のときは上昇気流になるため，昼頃から夕方にかけて山の天気は崩れやすい。海陸風とあわせて，このような限られた地域の風を局地風とよぶ。

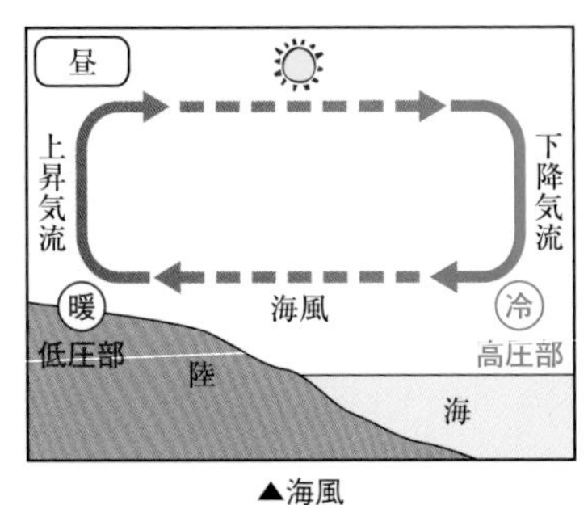

▲海風

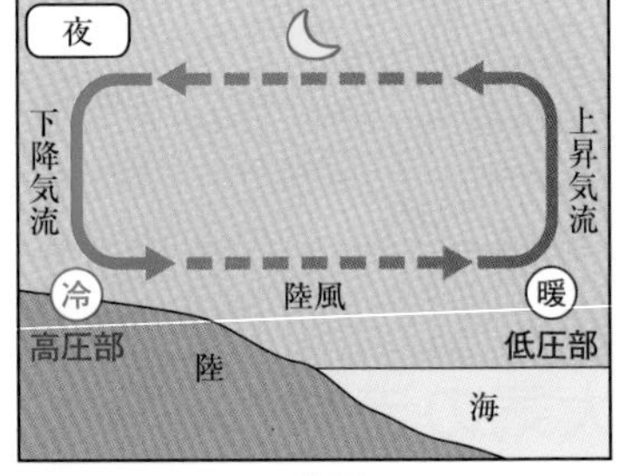

▲陸風

2 季節によって変化する風 ～季節風～

海陸風は，太陽のエネルギーによる地面と海面の温度変化のちがいが原因の対流で理解できた。同じように季節風も対流で理解できる。日本の北西にはユーラシア大陸という広大な大陸があり，南東には太平洋が広がっている。太陽のエネルギーは，冬よりも夏の方が大きいため，**夏は大陸が低圧部，海洋が高圧部となる**ことが多い。これにより日本列島には，海洋から大陸に向かう，南東の湿った季節風がふきこむ➡③。一方，**冬は太陽光が弱まり，北西の大陸は冷える。大気も冷却し，密度が高くなるため，大陸は高圧部となる**。これにより，日本列島には北西の冷たい季節風がふきこむ➡④。

もっとくわしく

③夏の南東の季節風は，晴天をともなうと，日本の太平洋沿岸に高温多湿の暑さをもたらす[➡P.550]。

もっとくわしく

④冬の北西の季節風は日本海側に降雪，太平洋側に乾燥した晴天をもたらす[➡P.548]。

▲夏の季節風

▲冬の季節風

3　地球全体の大気の流れ　発展学習

ここまで見てきたように，地球上の風は**太陽のエネルギー**によって生じる対流で説明できる。地球全体の大気の循環（じゅんかん）のようすは，右の図のようになっていると考えられている。

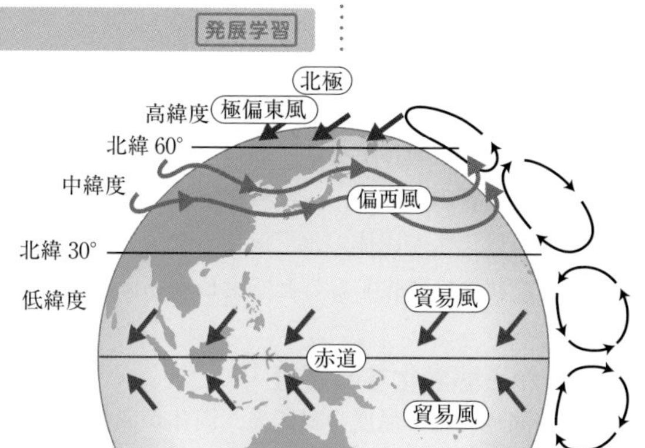

▲大気の循環モデル

太陽のエネルギーを最も多く受けるのは，赤道付近である。ここであたためられた空気は上昇し，低緯度地域の上空で南北に広がる。この空気の流れは，コリオリの力 [➡P.525] によって曲げられ，緯度30°付近より高緯度には移動できなくなる。この空気は上空で溜まり，下降気流となる。下降気流が卓越するこの地域は，雲ができにくく，乾燥した砂漠地帯が多い。下降した空気は南北に向かう風となる。これらのうち，赤道付近にふきこむ風を**貿易風**とよぶ➡⑤。

日本もふくまれる中緯度地域の大気の流れは複雑である。この地域は対流による大気の流れはなく，水平方向の大気の流れが卓越し，上空では**偏西風**とよばれる強い西風が南北に蛇行しながらふいている➡⑥。

これよりも高緯度地域では，極付近の冷たく重い空気が高気圧となって流れだし，緯度60°付近で上昇する循環になっている。

これらの地球全体の大気の流れは，たがいに影響をあたえ合っており，気候変動とも大きくかかわっている。また，これらの循環は低緯度地域の過剰な熱を，高緯度地域に運ぶ熱輸送の役割も果たしている。

もっとくわしく

⑤コリオリの力の影響で，北半球では北東貿易風，南半球では南東貿易風になっている。

もっとくわしく

⑥偏西風よりも下層では温帯低気圧 [➡P.544] とそれにともなう前線によって，あたたかい空気が上昇し，冷たい空気が下降している。

§3 水蒸気と雲

▶ここで学ぶこと

飽和水蒸気量と露点，湿度の関係を理解し，雲のでき方，凝結核，雨滴の形成について学ぶ。

① 水蒸気

1 物質の三態 [➡P.184]

物質が温度や圧力によって，固体，液体，気体に変化することを，**物質の三態変化**（**状態変化**，**相変化**）という。

気象現象は，水が固体の氷，液体の水，気体の水蒸気といろいろな状態に変化することで生じる。

▶物質が三態変化する温度

液体が固体になる温度を**凝固点**，固体が液体になる温度を**融点**といい，この2つは同じ温度である。また，液体が沸騰して気体になる温度のことを**沸点**という。

▶気化

液体が気体になることを**気化**という。蒸発には，液体の表面から気体になる**蒸発**と，液体が沸点にたっして，表面からだけでなく，液体の内部からも気体になる**沸騰**という現象がある。

水の場合は沸点にたっしていなくても表面から気化するという性質をもっている。このことは洗濯物が常温でかわくことを思い出すと理解しやすい。

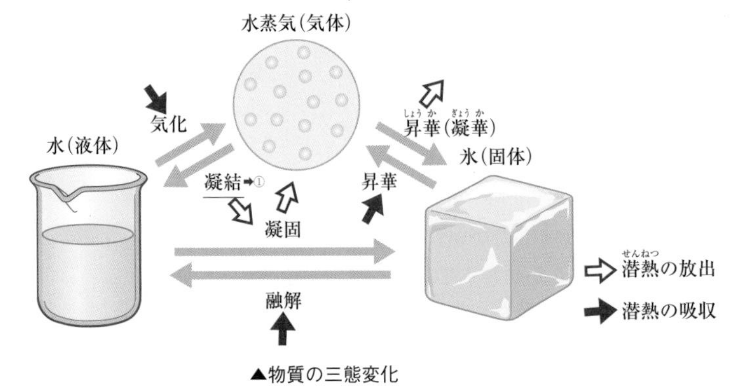

▲物質の三態変化

参考

①気体状態から液体状態に変化することを凝縮というが，水蒸気が水滴に変化することは特に凝結とよばれる。

物質が三態変化するとき，物質は**潜熱**(せんねつ)→②とよばれる熱を吸収したり放出したりする。固体から液体・気体，あるいは液体から気体になるとき，物質は潜熱をまわりから吸収する。また，気体が液体・固体，あるいは液体が固体になるとき，物質は潜熱をまわりへ放出する。

用語

②潜熱
状態変化のとき，物質の温度に関係なく吸収したり放出したりする熱。
気化熱，融解熱などがある。

2 空気中にふくまれる水蒸気の量

水蒸気量

水は，大気中では水蒸気として存在することが多い。1 m^3 の空間のなかにある水蒸気の総質量を，**水蒸気量**→③という。水蒸気量の単位は，g/m^3 である。

用語

③水蒸気量と水蒸気圧
大気中に存在する水蒸気の量は，一般的には水蒸気圧で表すことが多い。これは，水蒸気圧のほうが，データとしてあつかいやすいためである。ただし，本書ではイメージのしやすい水蒸気量で統一する。中学生の段階では，水蒸気量が大きくなれば水蒸気圧も大きくなると理解しておけばよい。

飽和水蒸気量

一定の体積の大気がふくむことのできる水蒸気の量には限度があり，無限に水蒸気をふくむことはできない。1 m^3 の大気が，最大限ふくむことができる水蒸気の量を**飽和水蒸気量**という。飽和水蒸気量は，その大気の温度によって変わってくる。下の図にあるように，**気温が高くなるにつれて，飽和水蒸気量も大きくなる**。

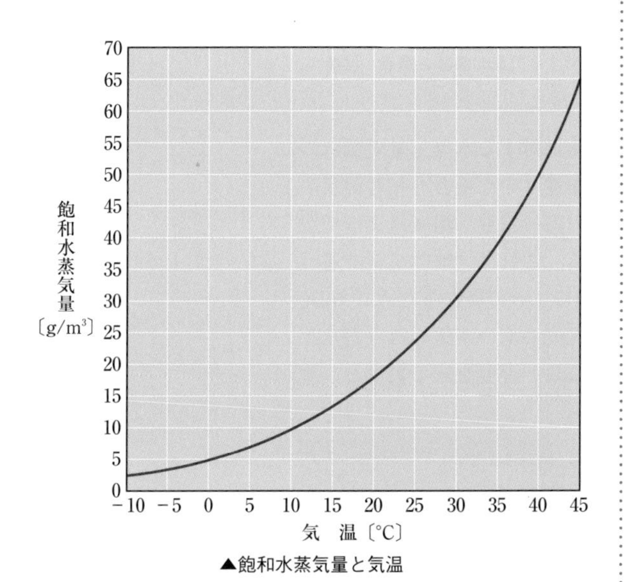

▲飽和水蒸気量と気温

露点(ろてん)

例えば，気温35℃で，23g/m³の水蒸気をふくむ空気があるとする。この空気がしだいに冷やされていくと，およそ25℃で飽和水蒸気量にたっする。この空気をさらに冷やしていくと，飽和水蒸気量をこえた分の水蒸気は凝結しはじめ，液体の水（雲または霧）になる。このように，大気中の水蒸気が飽和水蒸気量にたっし，水が凝結しはじめる温度を**露点**という。

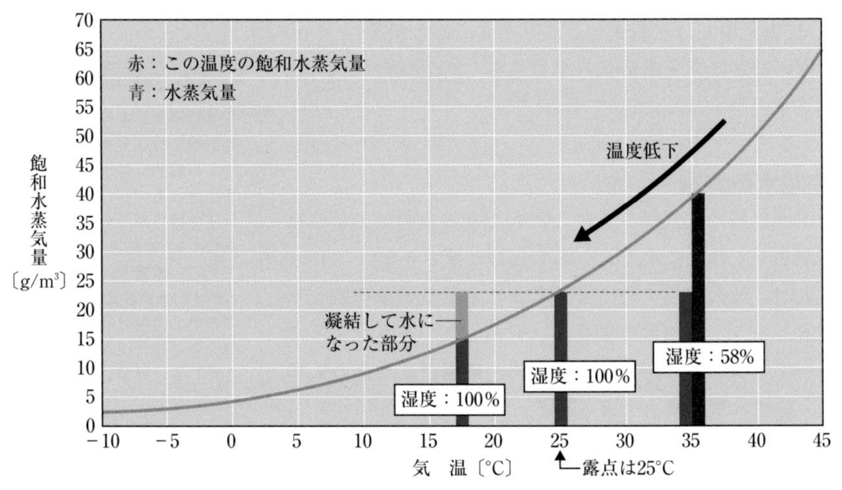

▲飽和水蒸気量の曲線と露点，湿度

湿度

ある温度での，飽和水蒸気量に対する水蒸気量の割合のことを**相対湿度**という。単に**湿度**という場合も相対湿度のことをさしている。同じ湿度であっても，温度によって空気中の水蒸気量は変わってくる。これは，前ページで述べたように，飽和水蒸気量が気温によって異なるためである。すなわち，同じ湿度の場合，温度の高い空気のほうが水蒸気を多くふくんでいることになる。湿度を式で表すと，次のようになる。

〈相対湿度〉

$$\text{相対湿度〔\%〕} = \frac{\text{1m}^3\text{の空気にふくまれる水蒸気の質量〔g/m}^3\text{〕}}{\text{その気温での飽和水蒸気量〔g/m}^3\text{〕}} \times 100$$

実際には，乾湿計〔➲P.512〕を使って湿度を求めるほうが便利である。

②雲

雲は，**空気中に浮かんでいる液体の水や氷の微粒子**でできている。水蒸気も雲にはふくまれているが，透明であるため見ることはできない。わたしたちがふだん見ている雲は，この細かい水や氷の粒の集まりである。それでは，このような雲はどうやってできるのかを考えていくことにしよう。

▲積乱雲

1 雲のでき方

▶断熱膨張と断熱圧縮

下の図のような密閉した容器に空気を入れ，上からピストンなどで空気をおして気圧を高めていくと，容器中の空気が圧縮される。このとき，気体分子は衝突する➡①回数が多くなるため，温度が上がる（A）。反対に，気体分子が圧縮されている容器のふたを引くと，内部の気圧が下がって空気は膨張する。このとき，気体分子どうしが衝突する回数は少なくなるため，温度は下がる（B）。

このことは，外から熱を加えなくても（断熱），圧力（気圧）を変化させることで，温度が変化することを示している。このような現象を**断熱変化**といい，圧力を加えて温度を上げるAの変化を**断熱圧縮**，圧力をへらして温度を下げるBの変化を**断熱膨張**という。

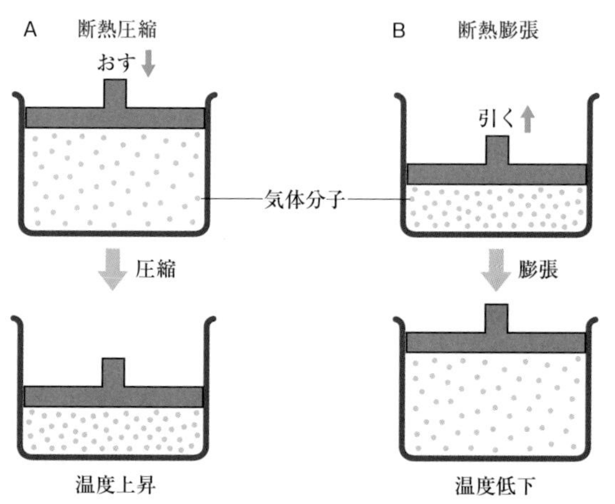

▲断熱圧縮と断熱膨張

もっとくわしく

①空気などの気体の分子は，ひとつひとつが勝手な方向にとび回っている。このため，必ずほかの分子や壁などに衝突する。衝突すると，気体分子がとび回るのに使っていた運動エネルギーの一部が熱に変わる。その熱は，おたがいの速度が大きいほど大きくなる。また，気体分子どうしがとび回る速度が大きければ，衝突する回数も多くなる。このため，密封された容器のなかの気体の温度は，気体分子全体の平均的な速度で決まってくる。したがって，密封された容器中の空気を圧縮すれば，気体分子が衝突する回数がふえ，熱が発生し温度が上がることになる。

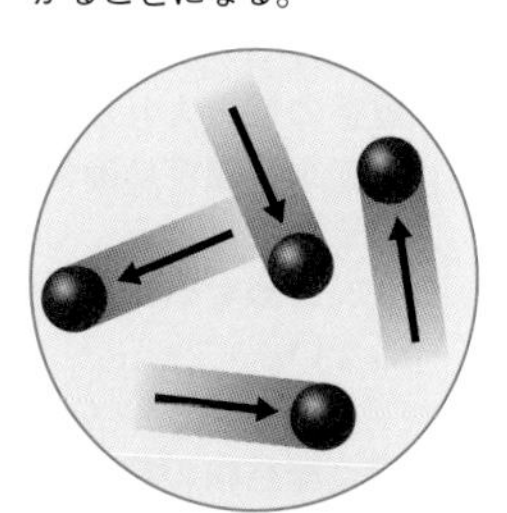
▲空気中の気体分子の運動のようす

雲のできかたを調べよう

【準備】
500mLペットボトル，容器内の圧力を高める器具，水，線香，ライター，バケツ

【方法】
1 ペットボトルの中に少量の水を入れ，器具でせんをする。
2 器具をおし（加圧），ペットボトルの内部の圧力を高める。
3 器具をはずし（減圧），ペットボトルの内部の変化を観察する。
4 再び器具でせんをして加圧し，ペットボトルの内部の変化を観察する。
5 次に，ペットボトルの中に線香の煙を少し入れ，【方法】1～4を行う。

【結果】
・線香の煙を入れないときは，加圧しても，減圧しても内部の変化はほとんど見られなかった。
・線香の煙を入れると，減圧したときペットボトルの内部が白くくもったが，加圧すると内部のくもりは消えた。

<減圧したときの内部の様子>

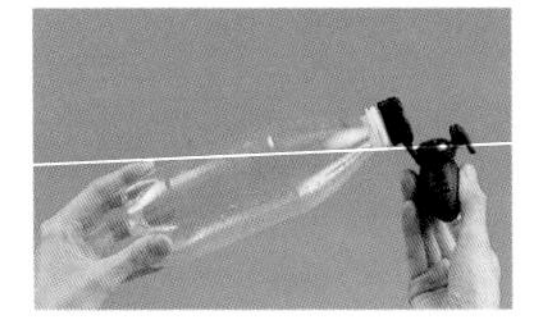
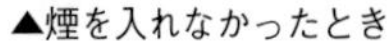
▲煙を入れなかったとき

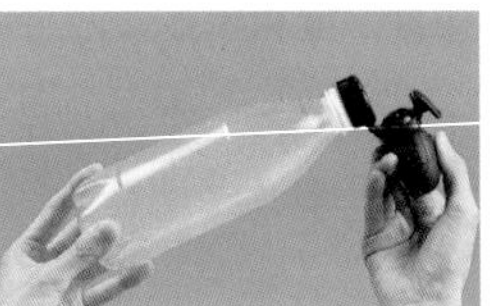
▲煙を入れたとき

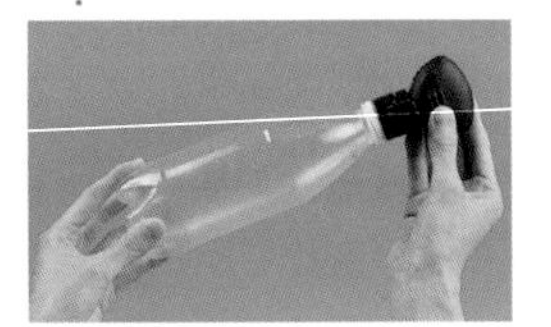
▲再加圧したとき

【考察】
線香の煙を入れないで減圧したとき，ペットボトルのなかの空気の温度は断熱膨張により下がり，露点以下になっているはずである。しかし，ペットボトルのなかに凝結核がないため凝結は起こらず，雲（液体の水の集まり）も発生しない。

これに対し，ペットボトルのなかに線香の煙を入れると，煙が凝結核の役割を果たしてくれるので，露点以下になったとき，空気中の水蒸気は水滴（雲）になり，ペットボトルの内側を白くくもらせたと考えられる。

容器内の圧力を高める器具
飲み残した炭酸などを気が抜けないように保存するための栓（せん）である。いろいろな商品名で販売されており，雑貨店やホームセンターなどで手に入れることができる。

ここに注意

器具をおす回数は，製品にもよるが20回程度が目安である。あまり加圧しすぎると，器具やペットボトルが破損するおそれがある。

▶空気の上昇

気象現象が起こる対流圏の気圧は，上空にいくほど低く，だいたい5kmで半分になる割合で下がっていく。

さて，空気が上昇して雲が発生する場合を考える。このことを考えるため，雲ができる空気塊（くうきかい）とそのまわりの空気を分けて考える。空気は熱を伝えにくいので，空気塊は，外からの熱の出入りは実質的にないもの（断熱）と考えてよい。

〈雲の生成〉

① 太陽の光であたたまった地面の上にある空気塊は，まわりの空気より温度が高くなり，膨張し密度が小さくなるため，軽くなって上昇しはじめる。

② まわりの空気の温度は，上空へいくほど低くなる。空気塊の温度がまわりの空気よりも高ければ密度は小さく軽いため，空気塊は膨張しながら上昇し続ける。

③ 空気塊が膨張すると，断熱膨張により，その温度は低下する。空気塊が上昇するにつれて温度はどんどん下がり，やがて露点にたっすると，空気塊中の水蒸気は飽和水蒸気量にたっし，凝結がはじまり液体の水になる。このときにできる水の微粒子が雲である。

④ 空気塊の温度がもっと下がると雲はますます発達してくる（上昇し続ける）。このとき，雲の温度も低下するため，そのなかには氷の微粒子（氷晶）も存在してくるようになる。

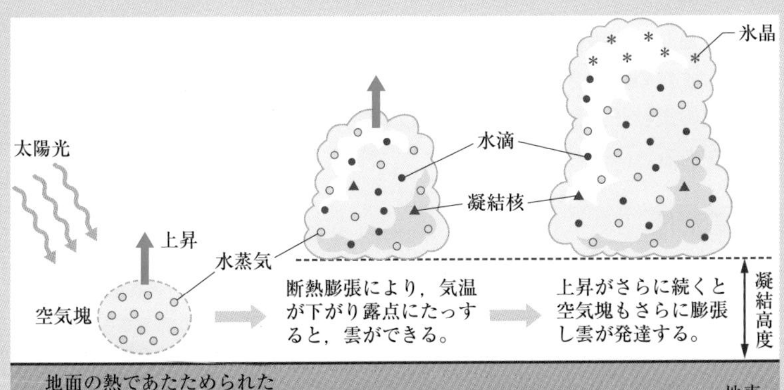

▲上昇する空気塊と雲の生成

●乾燥断熱減率　断熱膨張によって空気塊の温度が下がっていく割合は，高さ100mにつき約1.0℃である。このような凝結の起こっていない空気塊の温度減率を，乾燥断熱減率という。

●湿潤断熱減率 空気塊の温度が露点にたっして雲ができはじめると，空気塊中の水蒸気が凝結し水になる。凝結するとき水はまわりに潜熱（凝結熱）を放出するため，空気塊の温度は下がる。これにより，露点まで下がって，雲ができはじめた空気塊は，断熱膨張によって100mにつき約0.5℃の割合で気温が下がる。これは**湿潤断熱減率**とよばれる。

▶凝結核

じつは，空気塊のなかにある水蒸気は，温度が露点になり飽和にたっしていても，簡単には凝結できない。水蒸気が凝結するためには，**凝結核**とよばれる固体微粒子が必要である。これは，秋や春の夕方に車や自転車のサドルの表面につく露を思い起こせばよい。水蒸気は固体の表面で凝結しやすい。

凝結核は水蒸気が水に凝結するための促進剤(そくしんざい)のようなもので，雲の場合は，空気中にただよう細かい塵(ちり)がその役割を果たす。凝結核がないと，空気は**過飽和**の状態になり，凝結は起こらない。過飽和とは，水蒸気量が飽和水蒸気量を上まわっているが，凝結核がないために，不安定ながらも水蒸気のままで存在しつづけ，凝結核があればすぐに凝結し水滴になる状態である。

例えば飛行機雲は，上空で過飽和の空気塊のなかをジェット機などが通り，その排気ガスにふくまれる塵が凝結核の役割を果たすためにできる。凝結核の役割を果たすものとしては，煙の微粒子，海の波の飛沫(ひまつ)（しぶき）が蒸発した海塩などがある。

もっとくわしく

雲と霧（霞(かすみ)，靄(もや)）
雲と霧のちがいは，生じる高さのちがいだけである。上空に浮かんでいる水や氷の微粒子の集まりを雲，地上にある場合を霧とよぶ。
霧は，平安時代以降，春に立つものを霞（かすみ），秋に立つものを霧と分けてよんでいたことがある。また，視程（見通せる範囲）が1km未満のものを霧，それ以上のものを靄（もや）ともよんでいる。

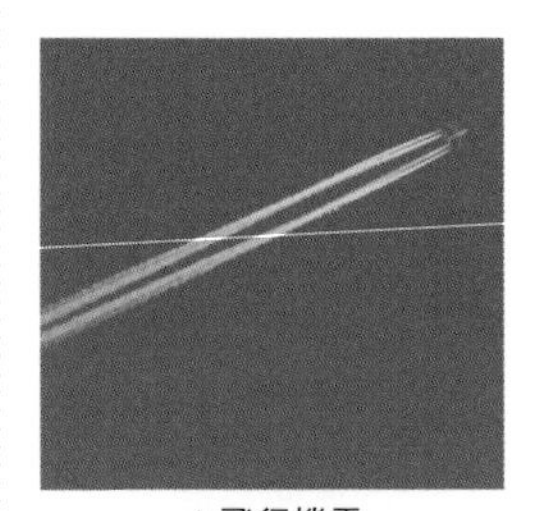
▲飛行機雲

2 雨滴(うてき)の形成 発展学習

雨の粒（雨滴）は，上空の雲のなかでつくられる。雲のなかの水や氷の粒子（雲粒）の大きさは小さいので（直径0.01〜0.1mm），**雨滴の大きさ（0.1〜5mm）になるまで成長しなければ，雨として地上に落下してこない**➡①。典型的な雲の粒子の直径を0.01mm，雨滴の直径を1mmとした場合，大きさ（直径）では100倍だが，体積では100万倍にもなる。つまり，1個の雨滴になるには，雲の粒子が100万個必要になってくる。このため，雨滴の成長は，単純な衝突・合体だけでは説明がつきにくい。雨滴の成長のしかたには次に示す2つの説が考えられている。

もっとくわしく

①雨を降らせる雲
雲にも寿命があり，寿命が尽きれば雲は消えてなくなる。このため，低・中緯度地方では，雲のなかで単純な衝突・合体が起こって雲粒が成長したとしても，雨滴になる前に雲がなくなってしまうこともある。雨滴の形成には，この時間的問題をクリアしなければならない。

●冷たい雨（氷晶雨）　温帯地方で降る雨は，冷たい雨が多い。上昇気流によってできた雲は，下の図のように，高さによって，水滴だけの部分と０℃以下だが水滴がある部分，そして，氷晶だけの部分の３つに分かれている。それぞれの部分に水蒸気も存在している。このうち，０℃以下だが水滴がある状態を，**過冷却の状態**という。これは，過飽和の場合と同様に，水が凝固するための核（氷晶核）がまわりに存在しないため，不安定ながらも水滴として存在している状態である。この過冷却の部分で氷晶ができたり，上空から氷晶が落ちてきたりすると，まわりの水蒸気は氷晶に昇華（凝華）し急速→②に成長する。こうして，急速に成長した氷晶は重力に引かれて落下していく。地上の気温が０℃前後であれば雪，地上の気温が高ければ氷晶が途中でとけてしまって雨になる。このように氷晶が雲の中に存在することで雨滴へ急激に成長する雨のことを**冷たい雨（氷晶雨）**という。

●あたたかい雨（暖雨）　熱帯地方で降る雨は，あたたかい雨が多い。熱帯地方では，地上の気温と上空の気温の差が温帯以上に大きくなるため，激しい上昇気流が起こる。この激しい上昇気流によって，水滴は衝突・合体を高速でくり返し，急激に成長する。このように氷晶を使わず，衝突・合体だけで雨滴へ急激に成長する雨のことを**あたたかい雨（暖雨）**という。

もっとくわしく

②昇華（凝華）した分の水蒸気を補うように水滴は蒸発し，それによってできた水蒸気はすぐに昇華（凝華）する。これにより氷晶は短時間で成長し，重くなる。

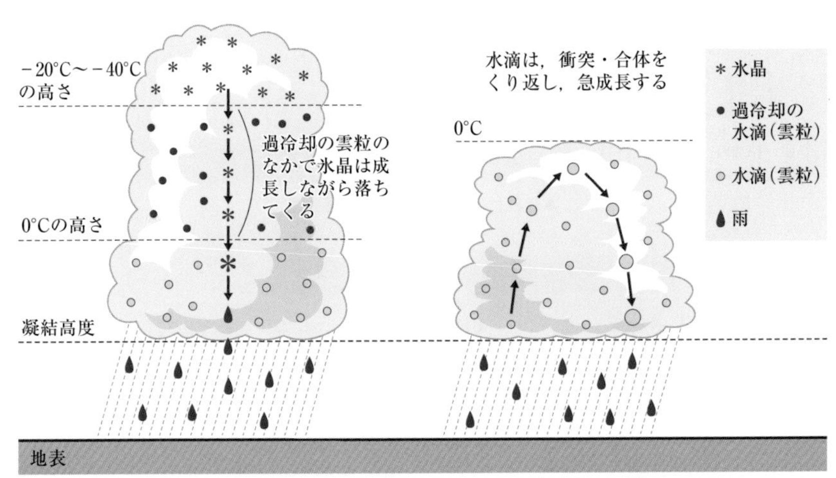

▲冷たい雨　▲あたたかい雨

③ 地球をめぐる水

1 地球に存在する水

これまで見てきたように，雲，雨，雪などの気象現象は，大気中に存在する「水」の現象である。地球には水が豊富に存在している➡①。

下の図は，水の分布である。水のほとんど（約97%）は海洋に存在する。陸地には約３%しかなく，そのうちの大部分は氷河➡②と地下水でしめられている。湖や沼の水や川の水は全体の0.02%しかない。

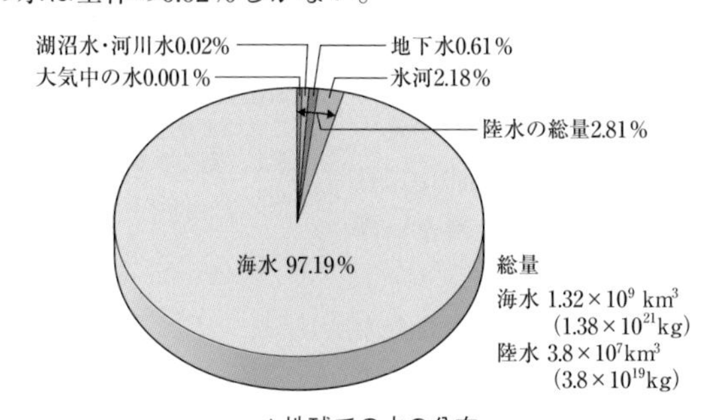

▲地球での水の分布

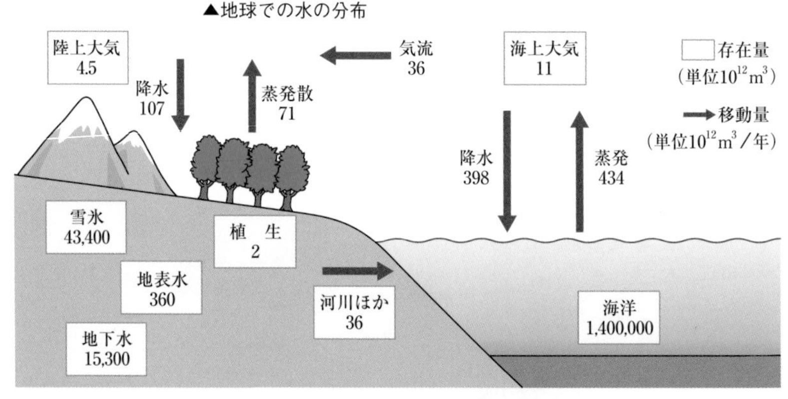

▲地表付近の水の存在量と移動量

もっとくわしく

①太陽系の中で，これだけ豊富な水が存在するのは，唯一，地球だけである。また，水が液体の状態で存在できるのも地球の大きな特徴である。

もっとくわしく

②氷河とは大陸の上に降った大量の雪が万年雪になったもの。近年の地球温暖化で，その量は少なくなっている。例えば，南極やグリーンランドには大量の氷河が夏季にとけだしている。この氷河がとけてしまうと，海面が上昇し，気候が大きく変動すると予想されている。

2 水の循環

地球は太陽のエネルギーをつねに受け取っている。このエネルギーによって，液体の水はあたためられ水蒸気になる。水蒸気をふくむ空気が大気中で上昇し，温度が低下して露点以下になると，水蒸気は，凝結核を中心に液体の水滴になる。この水は細かい霧状の液体で，この集まりが上空にあれば雲，地上にあれば霧である。さらに温度が下がると，水は氷（氷晶）となる。雲の中の水や氷が成長し，落下し始めると雨や雪になる。地表に落下した雨や雪は，大地を潤(うるお)し，生物にとりこまれたり，氷河に蓄えられたり，海洋にそそぎこんだりする。このような水も，再び太陽のエネルギーによって蒸発し，水蒸気になる。このようにして，**水はつねに地球をめぐっている**。

3　水の役割

水は生命活動になくてはならないものである。加えて，豊富な水が循環することで，地球は生命にとって住みやすい環境になっている。

▶水蒸気

大気中には大量の水蒸気がある。水蒸気は，二酸化炭素よりも地表からの熱をよく吸収し，大気をあたためる**温室効果ガス**➡③である。水蒸気や二酸化炭素などの温室効果ガスが大気中に存在することで，大気の温度は平均15℃に保たれている。

▶海洋

地球の表面積の７割をしめる海洋は，地球規模の気候にとって重要な役割を担っている。

●急激な気候変動が起きないようにする

水は熱容量 [➲P.104] が大きいため，あたたまりにくく，さめにくい。したがって，海洋は，急激な気温の変化を緩和してくれている。これにより，劇的な気候変動は起こりにくくなっている。

●緯度による熱の不均衡さを解消する

熱帯などの低緯度地方は太陽から受け取るエネルギーが大きく，高緯度地方は小さい。その結果，低緯度地方はエネルギーが過剰になり，高緯度地方は不足する。この不均衡は，海流によって低緯度地方のあたたかい海水が高緯度地方に，高緯度地方の冷たい海水が低緯度地方に運搬されることで解消する。

●二酸化炭素の吸収源となる

海洋には，大気中にある二酸化炭素の60倍もの量がとけこんでいる。これにより，過度な温室効果がおさえられ，生物にとってすみやすい気温が保たれている。

もっとくわしく

③太陽によってあたためられた地面の熱を吸収し，その熱を大気に放出し，地面を再びあたためる効果のある気体を温室効果ガスという。水蒸気の方が二酸化炭素よりも温室効果に寄与している。一方，二酸化炭素は，産業革命以降，人類が化石燃料を大量に消費するようになってからふえ続け，それに対応するかのように，地球の平均気温が上昇している。これが現在問題になっている地球温暖化である。

§4 前線

▶ここで学ぶこと

気団の性質を理解し，前線（寒冷前線，温暖前線，停滞前線，閉そく前線），高気圧（寒冷高気圧，温暖高気圧），低気圧（温帯低気圧，熱帯低気圧）について学ぶ。

① 気団と前線

1 気団

気団

空気は風という形で移動するが，長いあいだ同じ場所で停滞すると，その場所の影響を受けた大気になる。例えば，海の上であれば水蒸気量の多い大気，寒い場所であれば低温の大気になる。このような，停滞している場所の影響を受けて水平方向にほぼ同じ性質をもった大気の集まりを，**気団**という。気団を考えることで，天気の変化をうまく説明することができる。

気団は，温度と水蒸気量によって大きく「低温・多湿」「低温・乾燥」「高温・多湿」「高温・乾燥」の4つに分類➡①できる。

気団は，低温であったり，下降気流にあたるところで形成されたりするため，高気圧➡②と見なされることが多い。

2 前線

性質の異なる気団どうしがぶつかると，その境界面に**前線面**が形成される。前線面が地上と接する場所は**前線**とよばれる。

前線面や前線で，高温の気団と低温の気団がぶつかれば，低温で密度の高い気団の大気が，高温で密度の低い気団の大気の下にもぐりこむことになる。高温の気団は，上空におし上げられる形になるので，上昇気流となり，高温の気団にふくまれる水蒸気が凝結することで雲が発達する。このため，前線面では低気圧が発生することが多い。前線はぶつかり合う気団の勢力などによって，次の4つのタイプに分けられる。

もっとくわしく

①4つの気団の分類は，停滞している土地の位置や，陸上か海上かによる。
- ●低温・多湿な気団
  高緯度域の海上
- ●低温・乾燥している気団
  高緯度域の陸上
- ●高温・多湿な気団
  低緯度域の海上
- ●高温・乾燥している気団
  低緯度域の陸上

この4つの気団が日本付近にあることで，日本は四季の変化に富んでいる。くわしくは「§5日本の天気」[➡P.548]を参照。
中緯度地域は空気の移動が激しいため，気団は発生しにくい。
低気圧は，周囲からさまざまな性質の空気がふきこむため，一様な性質にはならない。

もっとくわしく

②高気圧の種類やくわしい性質については，③天気の変化[➡P.543]参照。

② 前線の種類と天気

1 寒冷前線

寒冷前線は，低温の気団（寒気）の勢力が高温の気団（暖気）の勢力よりも強いときに形成される。このとき，寒気の勢いのほうが強いため，**寒気は暖気の下にもぐりこむ**。寒気によって暖気は急激に上昇し，上昇した空気は**積乱雲**を形成し，**せまい地域に激しい雨**を降らせる。

前線面は寒気におされて移動するため，**寒冷前線が通過したあとは気温が低下**し，雨を降らせた積雲が上空に浮かんでいることが多い。

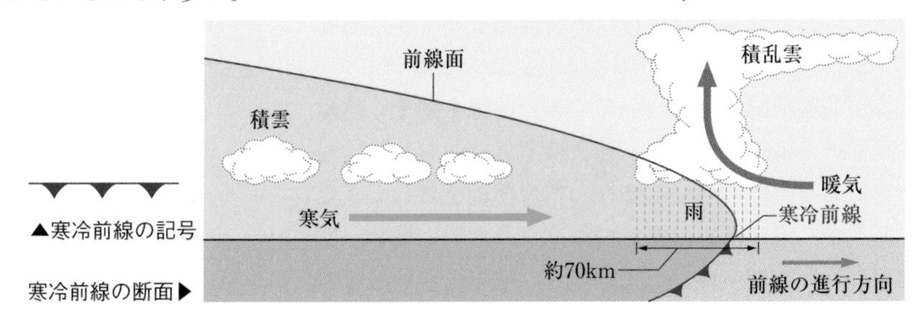

▲寒冷前線の記号

寒冷前線の断面▶

2 温暖前線

温暖前線は，高温の気団（暖気）の勢力が低温の気団（寒気）の勢力よりも強いときに形成される。このとき，暖気の勢いのほうが強いと，**暖気が寒気の上をゆるやかに上昇する**。暖気はゆっくりと上昇し，上昇した空気は，前線に近いところから，乱層雲，高層雲，高積雲，巻層雲，巻雲の順で雲を形成する。このため，温暖前線が通過する前は，これらの雲が巻雲，巻層雲，高積雲，高層雲，乱層雲の順で上空を通過していく。このうち雨を降らすのは，雨雲（あまぐも）とよばれる**乱層雲**で，**おだやかな雨を広い地域に降らせる**。**温暖前線が通過したあとは，暖気におおわれるため気温が上昇する**。

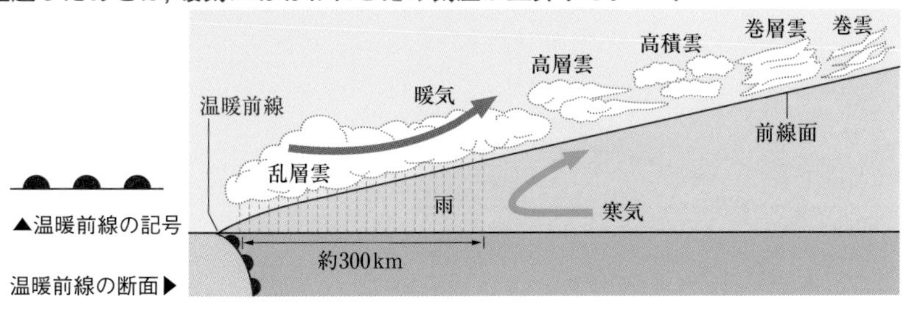

▲温暖前線の記号

温暖前線の断面▶

3 停滞前線

停滞前線は，暖気の勢力と寒気の勢力がほぼ等しいときに形成される。日本付近では6月から7月にかけて日本列島に雨をもたらす**梅雨前線**や，秋に長雨を降らせる**秋雨前線**が停滞前線である。

▲停滞前線の記号

4 閉そく前線

中緯度地域付近で発生する低気圧➡①は，寒冷前線と温暖前線をともなって発生することが多い。この2つの前線のうち，寒気におされる寒冷前線は温暖前線よりも移動速度が速く，温暖前線に追いついてしまう。このようにして，寒冷前線が温暖前線に追いついてできた前線を**閉そく前線**という。閉そく前線になると，地上は寒気におおわれ，暖気は上空におし上げられてしまう。寒冷前線をおしてきた寒気の温度が，温暖前線の寒気の温度よりも低い場合，寒冷前線面に沿って暖気はおし上げられ，逆の場合は温暖前線面に沿って暖気はおし上げられる。前者を**寒冷型閉そく前線**，後者を**温暖型閉そく前線**という。

閉そく前線の記号▶

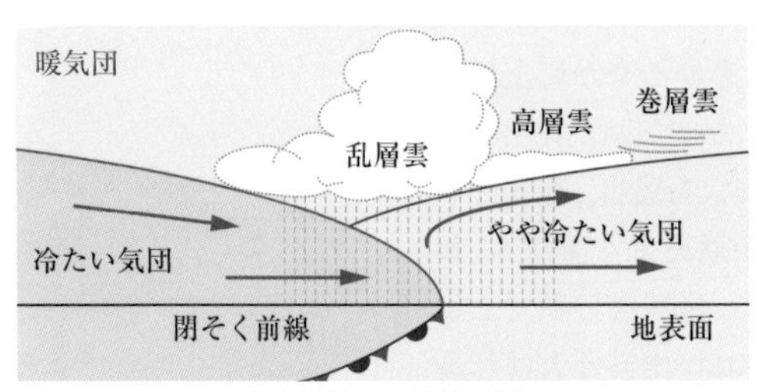

▲寒冷型閉そく前線の断面

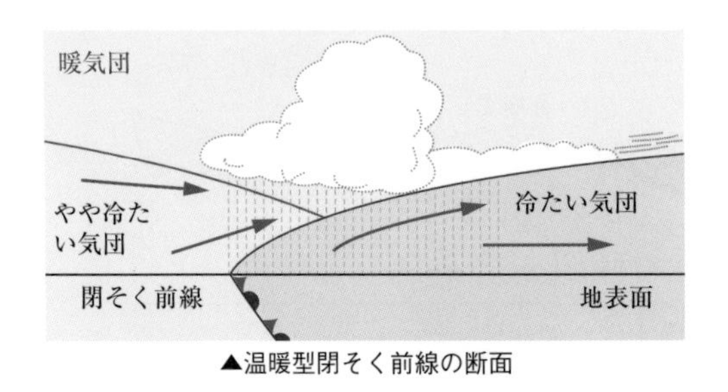

▲温暖型閉そく前線の断面

もっとくわしく

①このような低気圧を温帯低気圧とよぶ。[➡P.544]

③ 天気の変化

1 高気圧

高気圧とは，周囲に比べて気圧が高い場所のことである。高気圧の場所は，雲が少なく晴天になることが多い。地表の気圧が高くなる原因には，大気が冷却してその密度が高くなる場合と，上空から地表に向けて下降気流が卓越する場合の2つがある。前者を**寒冷高気圧**，後者を**温暖高気圧**とよぶ。

▶寒冷高気圧

寒冷高気圧は，高緯度地方の冷たい地面の影響を受けた大気が冷却されて収縮し，周囲よりも密度が高くなったものである。代表的な寒冷高気圧は，シベリア地方で冬に発達する**シベリア高気圧**である。大気は地表に熱を奪われて収縮しているので，地上では高気圧になるが，上空にいくほど高気圧ではなくなる。このため，背の低い高気圧とよばれたりする。

▶温暖高気圧

地上で周囲よりも温暖で気圧の高いところを**温暖高気圧**とよぶ。周囲より温度が高いにもかかわらず気圧が高いのは，温暖高気圧が対流圏［➡P.521］をこえるぐらい高いところまでたっしており，その分だけたくさんの空気が存在するからである。上空の空気は地上に向けて下降しており，地表だけでなく，上空も気圧が高い。このため，温暖高気圧は背の高い高気圧とよばれる。代表的な温暖高気圧は，夏に北太平洋の海上で発達する**太平洋高気圧**（**小笠原**(おがさわら)**高気圧**）である。これは赤道付近で上昇した大気が北緯30度付近で下降してできた高気圧である。

▶移動性高気圧

温暖高気圧のうち，上空の風によって本体の高気圧から切りはなされ移動する高気圧を**移動性高気圧**とよぶ。日本付近では，春や秋に移動性高気圧が周期的に通過する。これは，中国付近で発達した高気圧から切りはなされた高気圧である。移動性高気圧は弱い下降気流をともなっているため，夜に通過する地域は放射冷却➡②がおこる。また移動性高気圧の前後に低気圧があることが多いため，**天気は周期的に変化する**。

用　語

②放射冷却
物体の熱がまわりに伝わり，物体自体が冷えていくこと。この場合，地面が冷却し，地面にあった熱が地面に近い空気へ，その熱がそのまわりの空気へと移る。夜間に移動性高気圧が通過すると，弱い下降気流によって上空に雲や水蒸気などの熱を吸収するものがないため，地面に近い空気はどんどん熱を上空ににがし，放射冷却が発生することが多い。このため，放射冷却がおこると地上は上空に比べて温度が低くなる。放射冷却の影響が強いと，晩霜(ばんそう)（おそじも）が発生し，農作物に被害が出ることがある。

2 低気圧

周囲に比べて相対的に気圧の低い場所を**低気圧**とよぶ。すべての低気圧は中心に上昇気流をともなっている。上昇した大気は，温度が低下して露点にたっし，雲をつくり，雨を降らせる。このため，低気圧のある地上の天気はくもりや雨など，ぐずついたものとなる。低気圧によって上昇した大気は温暖高気圧などによって下降する。このように大気の流れをとらえると，低気圧や高気圧は大気の対流運動と見ることができる。

低気圧にはおおまかに，中緯度地域付近で発生する**温帯低気圧**と低緯度地域で発生する**熱帯低気圧**の２つのタイプがある。

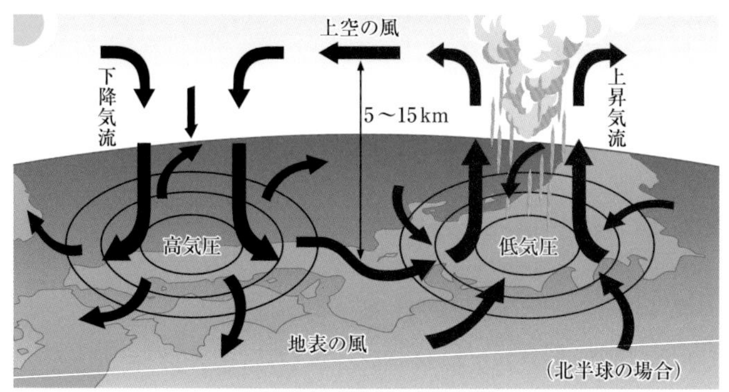

▲高気圧と低気圧の対流運動

温帯低気圧

中緯度の温度の差の大きな気団にはさまれた地域で発生する低気圧を**温帯低気圧**とよぶ。一般的に低気圧とよばれるものは温帯低気圧である。温帯低気圧の発生から消滅までは次のように説明されている。

＜温帯低気圧の一生＞

① 北半球では北に寒気，南に暖気が存在する。この２つの気団の勢力がほぼ同じであれば，その境界に**停滞前線**が生じる。

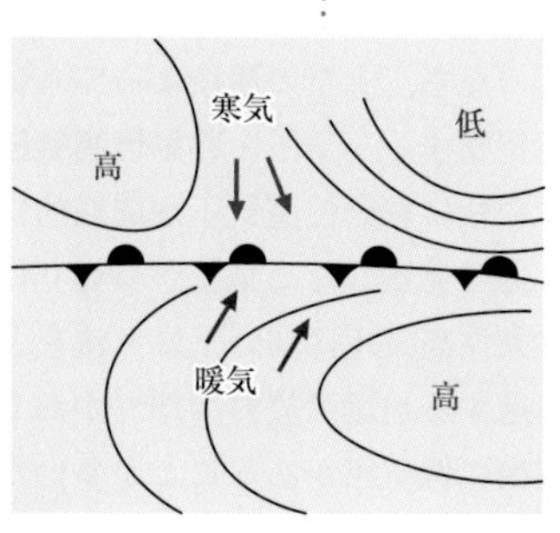

温帯低気圧の発生前▶

② 寒気が強くなったり，暖気が強くなったりと，２つの勢力が振動しはじめると寒気によって前線はおし下げ（南下させ）られ，温帯低気圧の西側に，寒冷前線が形成される。一方，低気圧の東側は南方の暖気が寒気の上にはい上がり，温暖前線が形成される。

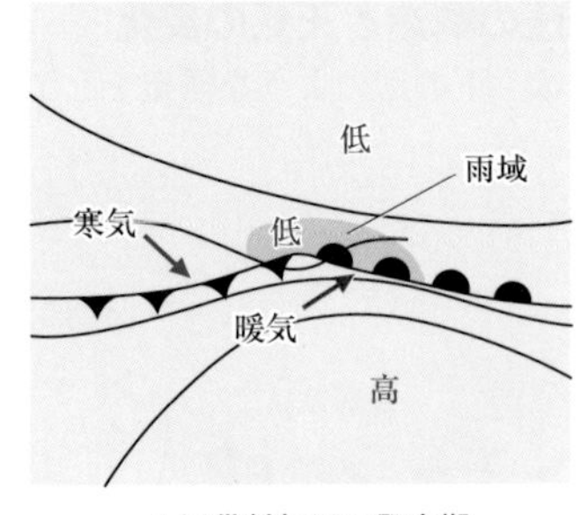

▲温帯低気圧の発生期

③ 中心に向かって反時計まわりでふきこむ風が強くなることで，**低気圧が発生し，発達する**。ただし，ふきこむ風と同じ速さで前線は回転するわけではない。北側の寒気が暖気を南下させることにより，寒冷前線はゆっくりと反時計まわりに回転運動し，温暖前線も寒気におされ，少しずつ南下する。北半球の中緯度地方では，上空に強い西寄りの風である偏西風がふいているため，温帯低気圧は**偏西風によって，発達しながら東へと移動する**。

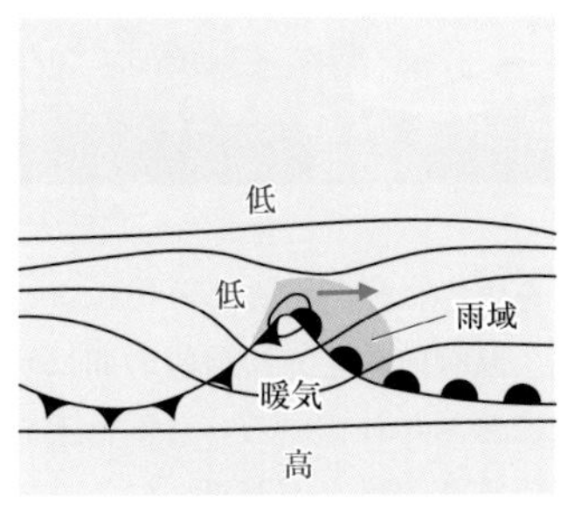

▲温帯低気圧の発達期

④ **寒冷前線は低気圧の中心付近から，しだいに温暖前線に追いつき，閉そく前線を形成する**。閉そく前線ができはじめたころが温帯低気圧の最盛期になる。

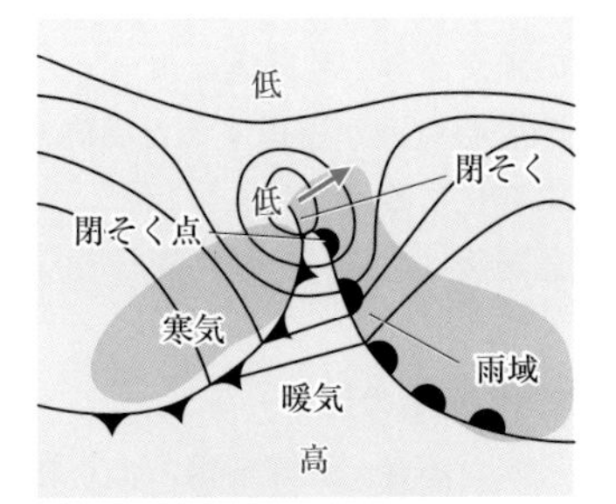

▲温帯低気圧の最盛期

⑤ 閉そく前線が形成されてくると，その地上は寒気だけにおおわれ，暖気は上空におし上げられる。すると中心にふきこむ大気の流れはしだいに弱まり，**温帯低気圧は衰弱し，やがて消滅する**。

▲温帯低気圧の衰弱期

▶温帯低気圧の構造と天気の変化

温帯低気圧は，下の図のような構造をしている。

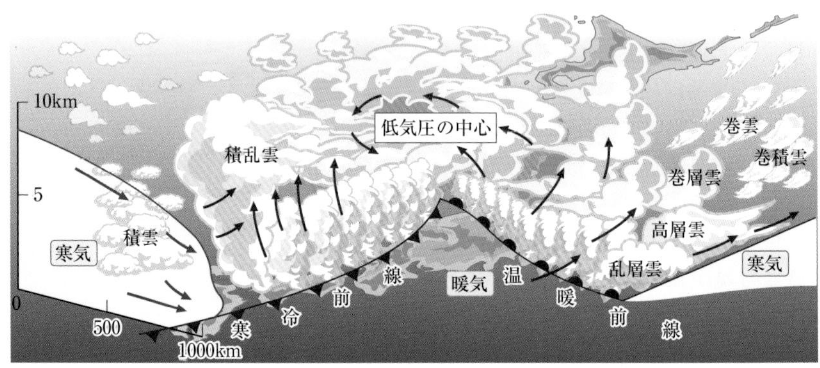

▲温帯低気圧

風は低気圧を中心に反時計まわりにふきこみ，温暖前線の東側は寒気，温暖前線と寒冷前線の間は暖気，寒冷前線の西側は寒気におおわれている。日本付近の低気圧は，上空をふく強い西寄りの風（偏西風）によって，西から東へと移動する。典型的な低気圧の速さは，時速40kmである。

〈低気圧の中心付近が通過する地域の天気〉

・南寄りの風がふき，乱層雲によっておだやかな雨が降る。
・低気圧の中心付近が通過すると風向が西寄りに変化する。雨は積乱雲による強い雨に変化する。
・低気圧通過後は北寄りの風に変化し，天気は回復していく。

〈低気圧の南側の地域の天気〉

・南寄りの風がふき，温暖前線による巻雲や巻層雲が上空にあらわれはじめる。
・温暖前線の通過前後は，比較的長い時間にわたって乱層雲からおだやかな雨が降る。
・温暖前線通過後，風向は南寄りから西寄りに変化し，気温は上昇する。天候は一時的に回復する。
・寒冷前線通過の前後は，比較的短い時間で積乱雲による激しい雨が降る。
・寒冷前線通過後，風向は北寄りに変化し，気温は低下する。天候は回復する。

▶熱帯低気圧

熱帯地域で発生する低気圧を**熱帯低気圧**とよぶ。熱帯地域は，太陽からの日射量が多いため，強い上昇気流が発生しやすく，また，海水の蒸発も活発で，熱帯低気圧の中心に向かって，多量の水蒸気をふくんだ空気が流れこむ。その空気にはコリオリの力がはたらき，北半球では反時計まわりのうず状の積乱雲が形成される。熱帯低気圧のうち，**最大風速が 17.2m/s（風力8）以上のものを台風とよぶ**。熱帯低気圧は温帯低気圧と異なり，前線をともなわない。また，中心の気圧が950hPa以下の強い台風になるとその中心は弱い下降気流が卓越し，**台風の目**とよばれる雲のない部分が生じることがある。

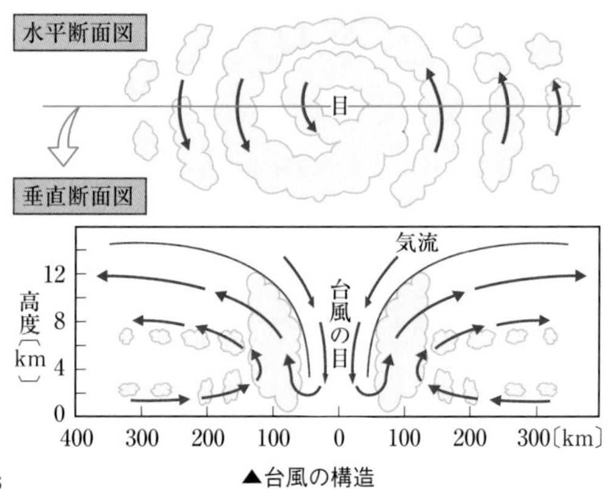

▲台風の構造

●台風　台風は，水温が高い赤道地域で発生し，上空の風などによって日本列島などの中緯度地域に移動してくる。まず，赤道付近で発生した台風は，貿易風による東風と太平洋高気圧からふき出る時計まわりの風によって，西へ進もうとするが，コリオリの力も受けるため結果的に北緯30度付近の日本の南方まで**北上する**。その後，中緯度地方上空をふく**偏西風によって東向きに進路を変えられ**，太平洋高気圧の縁におしつけられながら➡①，**北東方向にすすむ**。台風のエネルギー➡②は，海水の蒸発量が多いほど大きくなる。海水の蒸発量は海水の温度が高いほど大きいため，台風は北上すれば，海水温の低い海域や陸上を通るため勢力は弱まる。最大風速が17.2m/s（風力8）を下まわると，台風ではなくなり，熱帯低気圧や温帯低気圧となり，しだいに衰弱していく。

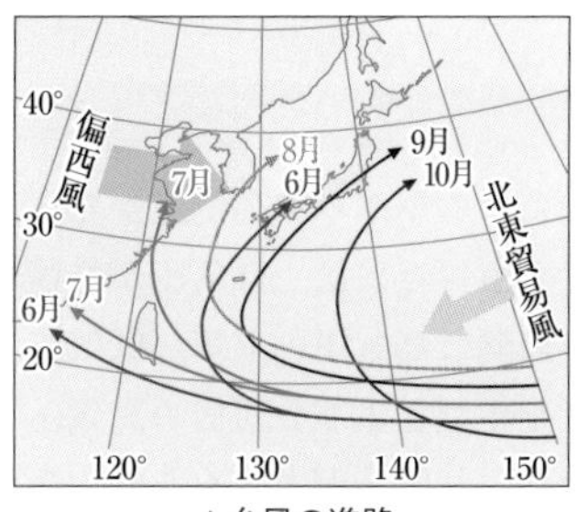

▲台風の進路

もっとくわしく

①台風の進路は，太平洋高気圧[➡P.543]が発達している7月，8月は大陸を通るように大回りをし，太平洋高気圧が弱まるにつれ南寄りの進路を取る。

もっとくわしく

②台風のエネルギー源は，水蒸気が水に凝結するときに放出する潜熱である（物質の三態変化[➡P.530]）。低緯度地方で発生した台風は，水温の高い海水から水蒸気を大量に供給される。その水蒸気は上昇気流のなかで凝結し，積乱雲をつくる。このときに潜熱を放出し，その熱が台風の上昇気流をさらに強化し，中心気圧をおし下げて巨大で風が強い台風へと成長させる。

§5 日本の天気

▶ここで学ぶこと

日本のまわりには４つの気団がある。この４つの気団の関係から日本の春夏秋冬の四季の特徴を理解する。

① 日本をとりまく気団

日本の天気は，１年周期で規則的な変化をする。その変化は比較的わかりやすく，春夏秋冬の四季として，よく知られている。このような季節変化をもたらす原因は，日本をとりまく４つの気団(高気圧)[➡P.540]である。すなわち，シベリア気団(高気圧)，オホーツク海気団(高気圧)，小笠原気団[→①](高気圧)，長江(ちょうこう)気団(高気圧)[→②]である。これら高気圧の勢力が，季節によって強くなったり，弱くなったりすることで，日本の季節は変化する。

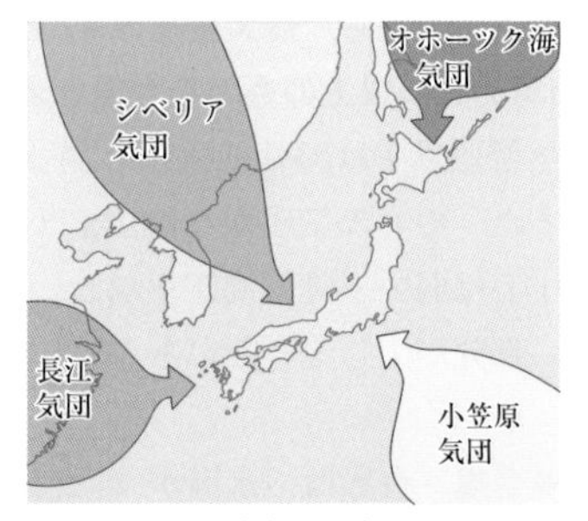

▲日本付近の気団

気団	性質
オホーツク海気団	低温・多湿
シベリア気団	低温・乾燥
小笠原気団	高温・多湿
長江気団	高温・乾燥

1 冬

冬は北西のユーラシア大陸にある**シベリア高気圧**が発達する。また，北東のオホーツク海付近には，低気圧が発達する。このような**西高東低**（西側に高気圧，東側に低気圧が存在する状態）の気圧配置を冬型とよぶ。西側の高気圧と東側の低気圧が発達するため，気圧差が大きくなり，等圧線は南北方向に密集する。

このためシベリア高気圧からふき出す空気は，**北西の強い季節風**となって，日本列島にやってくる。この空気は低温で乾燥しているが，日本海を通過するときに大量の水蒸気を供給され，湿潤な空気になる。この空気が日本列島の脊梁(せきりょう)山脈にぶつかると，強制的に上昇させられ，**日本海側に雲を形成し，雪を降らす**。脊梁山脈をこえた空気は，日本海側で雪を降らせ水蒸気を使い果たしているため，乾燥している。このため，**太平洋側は乾燥した晴天になる**。

もっとくわしく

①小笠原高気圧は，北太平洋高気圧あるいは，太平洋高気圧ともよばれる。

もっとくわしく

②長江（揚子江(ようすこう)）気団は気団として扱われないことが多い。

▲冬型の気圧配置

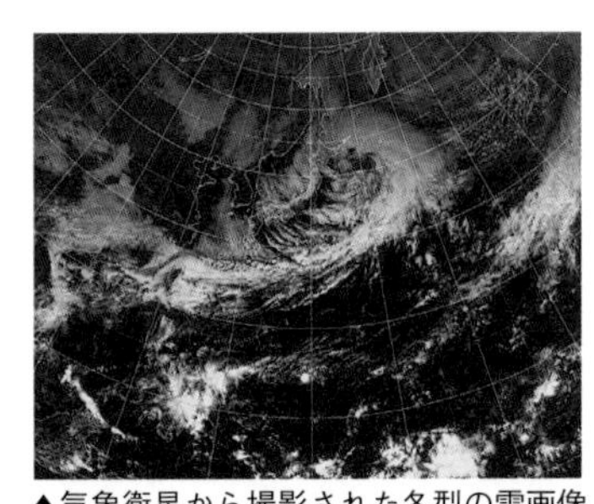
▲気象衛星から撮影された冬型の雲画像
©気象衛星ひまわり画像

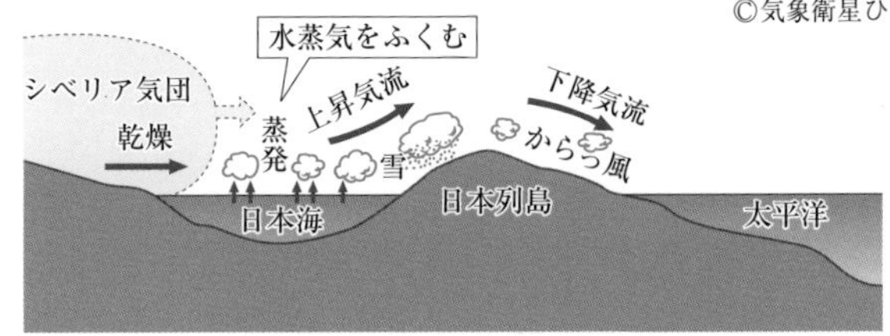

▲冬の天気の特徴

2 春

春になると，シベリア高気圧の勢力が弱まり，西高東低の気圧配置がくずれる。かわって長江高気圧の勢力が強くなり，そこから分離した高気圧（**移動性高気圧**）が上空の偏西風によって東進してくる。移動性高気圧の中心は弱い下降気流になっているため，夜間に通過する地域は放射冷却[➡P.543]がおこる。放射冷却によって地上が0℃以下になると，その地域は**晩霜**（ばんそう）（おそじも）に見まわれ，芽が出たばかりの農作物が霜の被害にあうことがある。

移動性高気圧の間では，低気圧が発生することが多い。このため，**移動性高気圧が通過して晴れたあとに，低気圧が通過し，天気がくずれる**。春の天気は4日前後でこの周期をくり返すことが多い。

もっとくわしく

春一番
西高東低の気圧配置が弱くなると，低気圧が発達しながら日本海上を東進することができる。この低気圧に向かって，太平洋上にある高気圧から南寄りのあたたかい風がふきこむ。このうち，春先の2月から3月の半ばの間に最初にふく，強い南風のことを春一番とよぶ。

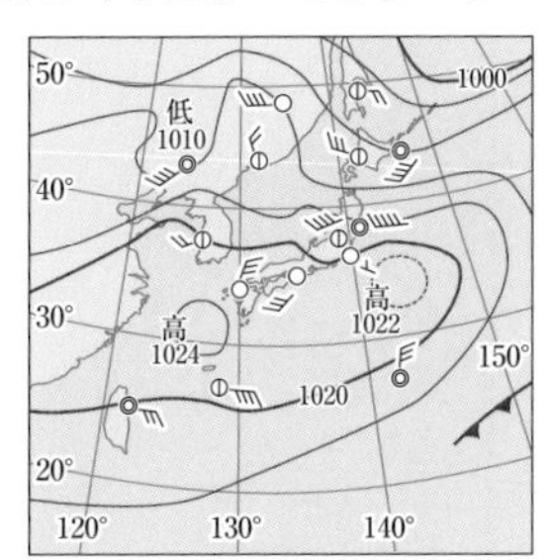

▲春の気圧配置

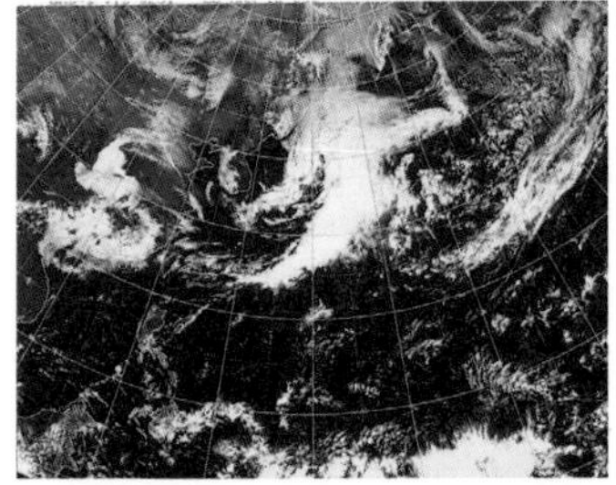
▲気象衛星から撮影された春の雲画像
©気象衛星ひまわり画像

3 梅雨

5月中旬頃から**オホーツク海高気圧**と**太平洋高気圧**の勢力が強くなってくると，その境界に停滞前線ができる。この時期にできる停滞前線を**梅雨前線**とよぶ。夏が近づくにつれ，南側の太平洋高気圧の勢力が強くなっていく。これにともない，梅雨前線は日本列島をゆっくり北上する。梅雨末期には，南方からの湿った空気（湿舌）が梅雨前線にふきこみ，集中豪雨をもたらすことがある。停滞前線が津軽海峡付近までおし上げられると，オホーツク海高気圧の勢力もほとんどなくなり，梅雨前線も消滅する。したがって，北海道は梅雨の時期がない。

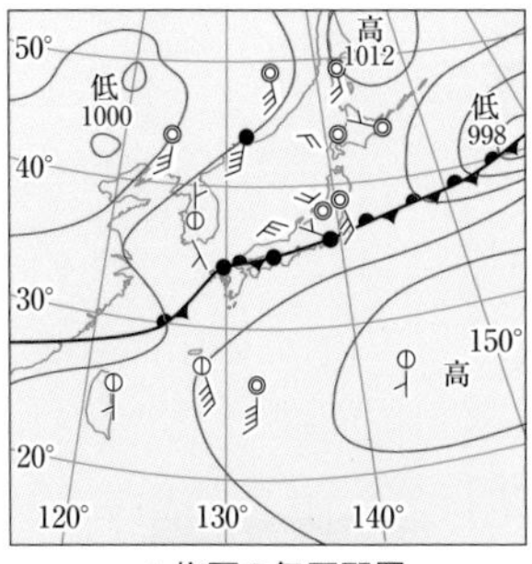

▲梅雨の気圧配置

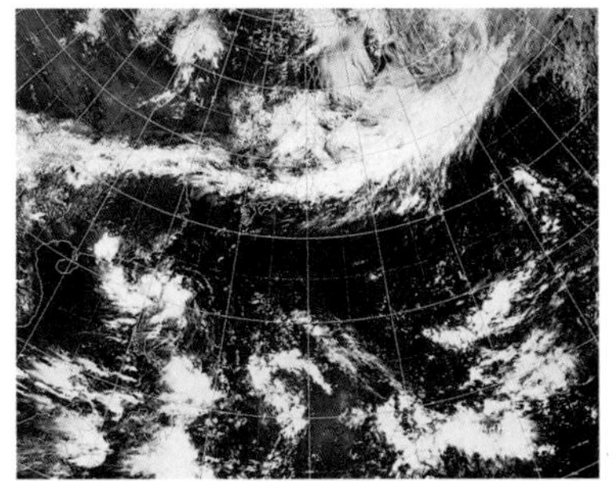
▲気象衛星から撮影された梅雨の時期の雲画像
©気象衛星ひまわり画像

4 夏

夏は日本列島の南方にある**太平洋高気圧**の勢力が強くなる。夏は**南高北低**の気圧配置（夏型）になり，南から高温で湿った空気が流れこむことが多い。**日本列島は晴天に恵まれるが，南からの湿った空気によって，太平洋側は高温多湿の天候が続く**。上空に北からの寒気が南下してきたりすると，大気は上昇しやすく（不安定に）なり，積乱雲を形成し，夕立や雷雨になる。しかし，太平洋高気圧の勢力が強くならずに，オホーツク海高気圧の勢力が残ったままだと，日本列島は**冷夏**になる。特に東北地方の太平洋側は，オホーツク海高気圧からふき出る湿った低温の風（やませ）によって，農作物が大きな被害（冷害）を受けることがある。

また，８月から10月にかけては，**台風**[➲P.547]**が日本列島を直撃する**ことがある。台風は上空の偏西風によって，太平洋高気圧の西側の縁を北東方向にすすむ。台風の被害は，雨量もさることながら，強風[→①]によってもたらされることも多い。

もっとくわしく

①台風の右側にあたる地域は，台風の進行方向と台風にふきこむ風の方向が一致しているため，左側の地域に比べて強風に見まわれる。この台風の進行方向右側の半円を，危険半円とよび，注意しなければならない。

50°　低 996　低 994　1000　40°　30°　高 1014　150°　熱低 1008　20°　台13号 998　120°　130°　140°

▲夏型の気圧配置

▲気象衛星から撮影された夏型の雲画像
©気象衛星ひまわり画像

5 秋

秋は再び，**オホーツク海高気圧**が勢力をもり返し，**太平洋高気圧**との境界に停滞前線を形成する。この時期の停滞前線を**秋雨前線**とよぶが，梅雨前線に比べてはっきりせず，活発ではない。しかし，秋雨前線が日本列島に停滞しているときに台風が北上してくると，台風によって運ばれてきた低緯度地域からのあたたかい空気が秋雨前線にふきこむ。このため，秋雨前線は活発になり，日本列島に大雨を降らせることがある。秋雨の時期が終わると，春と同じように，**移動性高気圧と低気圧が交互に日本列島を通過し，天気は周期的に変化する**。

その後，シベリア高気圧が発達してくるにつれ，季節は冬へと移っていく。

練 習 問 題

解答➡ p.625

1 イタリア人のトリチェリーは1643年に次のような装置を用いて，大気圧の大きさを求めるのに成功した。次の問いに答えよ。

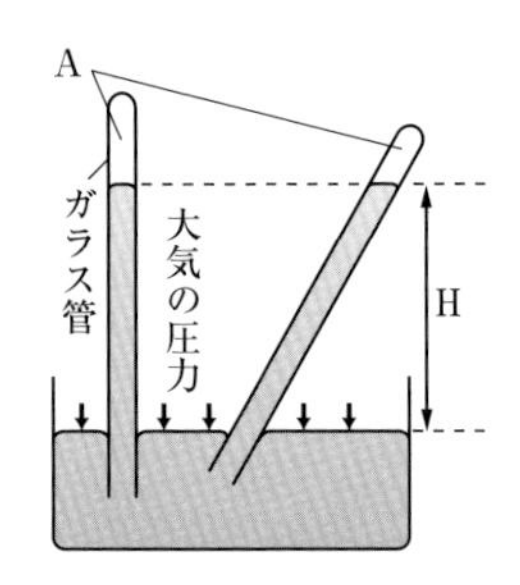

(1) 実験に使った液体は何か答えよ。
(2) 大気圧が1気圧のとき，図のHは何mmか。
(3) このHの高さが767.6mmのとき，大気圧はいくらか。ただし，Hの高さが760mmのときの気圧は1013hPaとし，単位はhPaで整数値で答えること。
(4) 山で測定した気圧は海面上での値に補正する必要がある。この補正を何とよぶか答えよ。
(5) 図のAの部分はどうなっているか説明せよ。

2 図のようにフラスコとピストンをつなぎ，フラスコの中に水蒸気と線香の煙を入れ，雲をつくる実験をした。次の問いに答えよ。

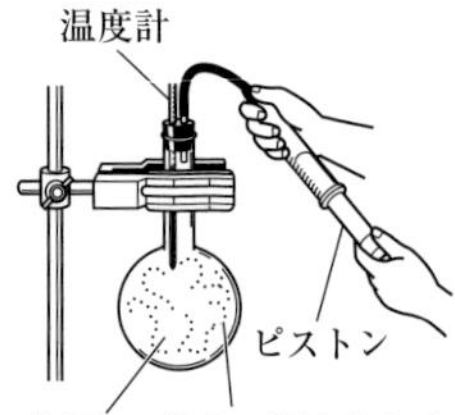

(1) フラスコの中で雲ができるのは，ピストンをおしたとき，引いたときのどちらか答えよ。
(2) (1)のとき，温度計の示す温度はどのようになるか答えよ。
(3) なぜフラスコの中に雲ができるのか説明せよ。
(4) (3)のとき，線香の煙を入れなかったときはどうなるのか，理由もふくめて説明せよ。

3 次の表を用いて，あとの問いに答えよ。

気温〔℃〕	11	12	13	14	15	16	17
飽和水蒸気量〔g/m^3〕	10.0	10.7	11.4	12.1	13.0	13.6	14.5
気温〔℃〕	18	19	20	21	22	23	24
飽和水蒸気量〔g/m^3〕	15.4	16.3	17.3	18.3	19.5	20.6	21.8
気温〔℃〕	25	26	27	28	29	30	31
飽和水蒸気量〔g/m^3〕	23.1	24.4	26.0	27.2	28.8	30.4	32.5

A．容積240m^3の教室で実験を行った。教室の気温が31℃のとき，金属コップにくみ置きの水と温度計を入れ，少しずつ氷水を入れながら，よくかき混ぜた。水温が22℃になったときに，金属コップの表面がくもり始めた。

(1) なぜ，くみ置きの水を使ったのか説明せよ。

(2) 金属コップの表面がくもり始めたのはなぜか。説明せよ。

(3) 教室の温度が31℃のとき，湿度はいくらか。整数で答えよ。

(4) 教室の温度が15℃に下がったとき，教室全体で何 g の水蒸気が水滴になるか。また，このときの湿度はいくらか答えよ。

B．完全に仕切られた2つの部屋**ア**と**イ**がある。**ア**の部屋の容積は100m^3，気温23℃，露点21℃であり，**イ**の部屋の容積は60m^3，気温23℃，露点12℃である。

(1) **ア**の部屋にふくまれている水蒸気量を求めよ。

(2) **ア**と**イ**の境になる仕切りをとって，**ア**と**イ**の部屋の空気をよく混ぜ合わせたとき，この部屋の露点は約何℃になるか。整数で答えよ。

4 次の文中の（　　）にあてはまる語句を答えよ。

地表での風は，気圧の（ **ア** ）いほうから（ **イ** ）いほうへ向かってふくが，地球の自転の影響を受けるため，北半球では（ **ウ** ）へそれるようにふく。気圧の等しい地点を結んだなめらかな曲線を（ **エ** ）といい，（ **エ** ）の間隔が（ **オ** ）いほど，強い風がふく。日本付近の低気圧は，風が（ **カ** ）まわりにふきこみ，高気圧は（ **キ** ）まわりにふき出す。また，低気圧の中心付近は（ **ク** ）気流が卓越し，高気圧の中心付近は（ **ケ** ）気流が卓越する。

5 日本の天気について，次の問いに答えよ。

(1) 次の天気図から，冬，夏，梅雨期のものをそれぞれ選び，記号で答えよ。

ア　　**イ**　　**ウ**

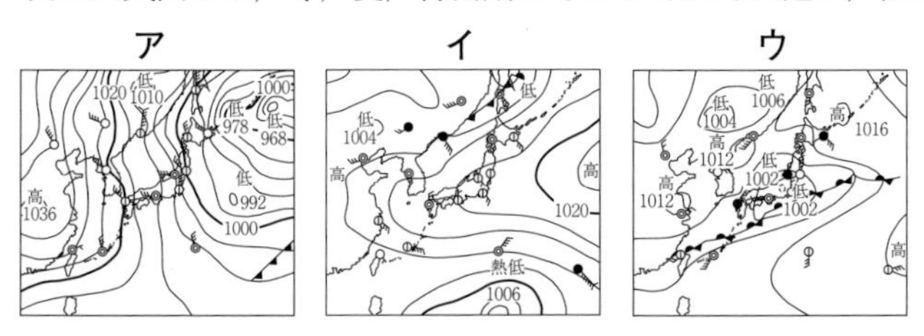

(2) 冬，夏の気圧配置をそれぞれ何というか。漢字4文字で答えよ。

(3) 冬，夏に勢力が大きくなる気団をそれぞれ答えよ。

第３章 地球と宇宙

↑晴れた日に夜空を見上げると，頭上に満天の星がかがやいている。わたしたちのすむ地球とまわりの星の関係はどのようになっているのだろうか。地球と同じように太陽のまわりを回る星の特徴や宇宙の広がりも学ぼう。

§1 地球・太陽・月

▶ここで学ぶこと
地球で生命が育まれる理由を考え，地球や太陽，月のようすを学ぶ。また，地球上の位置の決め方について学ぶ。

① 地球

1 地球と生命

●太陽系

太陽系 [➡P.578] の8つの惑星➡①は，太陽を中心にそのまわりを公転している。地球は太陽から3番目に近い軌道を公転している惑星である。地球は液体の水がその表面に存在しているという点で，ほかの惑星とは大きく異なっている。地球に液体の水が存在しているからこそ，わたしたち人類をふくめた多種多様な生命体が，この星に存在しているといっても過言ではない。

●地球　地球がこのような条件に恵まれたおもな原因は2つ考えられる。

①太陽との絶妙な距離　地球は太陽からおよそ1億5000万km（1.5×10^8km）はなれたところを公転しており，平均気温はおよそ15℃である。水が液体として存在できるのに適した条件であることがわかる。他の惑星はどうだろう。例えば，地球よりも太陽に近い金星は，太陽から受けとるエネルギーの量が多い。一方で，反射率が高いため，地表が受けとるエネルギーは少ないが，温室効果が強くはたらくので，表面は灼熱（しゃくねつ）の状態になっている。また，地球よりも太陽から遠い火星は，太陽から受けとるエネルギーが少ないため，表面は極寒の状態になっている。これらのことから，太陽からの距離によって地球以外の惑星に液体の水が存在するのは難しい。

②太陽の絶妙な質量　太陽の質量が大きければ，放射するエネルギーは高くなり，一方，質量が小さければエネルギーは低くなる。どちらにしても，地球は水を液体として保持することが困難となり，現在のような生命の多様性を生みだすことはできない。

もっとくわしく

①太陽系の8つの惑星は，水星・金星・地球・火星・木星・土星・天王星・海王星である。以前は冥王星（めいおう）も太陽系の惑星のひとつとされていたが，似たような天体がいくつもみつかったため2006年8月24日に，国際天文学連合（IAU）の決定により，冥王星は惑星からはずされ，準惑星と分類されることになった。

●**ハビタブルゾーン**　地球と似たような生命体が存在できる惑星の条件範囲をハビタブルゾーンとよんでいる。ハビタブルゾーンは，前ページの２つの条件以外にも，惑星の質量，自転の速さ，大気組成などの影響も受ける。

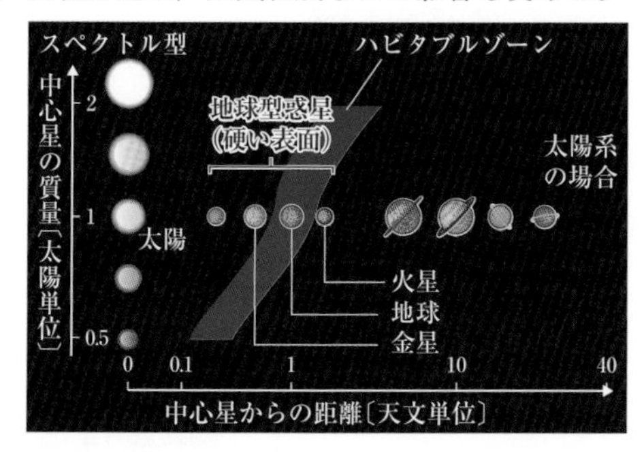

2　地球の概観

地球は中心部に，鉄とニッケルなどの金属でできた**核**，そのまわりを岩石でできた**マントル**と**地殻**とよばれる層がおおっている。半径は約6400km，１周は４万kmである。平均密度は金属質の核と岩石質のマントル・地殻の影響から，約5.5g/cm³である。このような，金属と岩石でできた惑星を地球型惑星とよぶ［➡P.579］。

3　地球上での位置

地球上での位置は，**経度**と**緯度**を使って表す。経度は，地球上の東西方向を表す。経度の基準はイギリスにあるグリニッジ天文台で，そこを通る経線の経度を０度とし，そこから東へ東経，西へ西経を使って０度から180度で表す。緯度は，地球の南北方向を表す。赤道を基準（0度）として北へ北緯，南へ南緯として０度から90度で表す。地球上（地球儀）の地面（地平面）は，その地点における地球との接線をふくむ平面と考えればよい。地平面上で南北の方向が決まると，方位が決まる➡②。

もっとくわしく

②北極点の方向が北，自転していく方向が東である。宇宙空間に絶対的な東西南北があるわけではない。

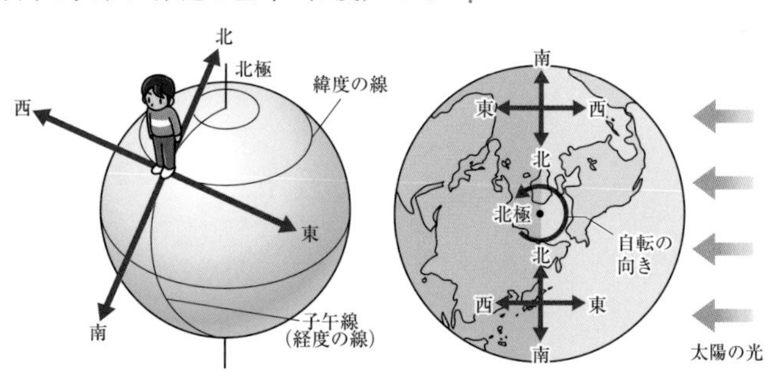

▲経度・緯度と方位の関係

② 太陽

1 太陽の概観

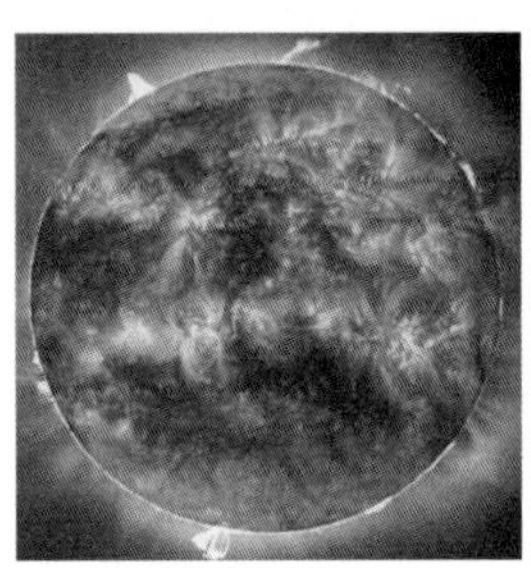
▲太陽の紫外線写真

わたしたちのすむ地球を照らし，エネルギーを恵み続けている天体が**太陽**である。太陽は太陽系の中心に位置しており，太陽系で唯一自分自身でエネルギーをつくり出しかがやいている。このような天体を**恒星**とよぶ。地球は太陽のまわりを約1年かけて1周[→①]し，太陽からの光をつねに受けとっている。

2 太陽の形，大きさ，太陽までの距離

●**太陽の形**　太陽は**球形**で，その半径は696000(6.96×10^5) km[→②]である。これは，地球の約109倍に相当する。

●**太陽までの距離**　地球から太陽までの平均距離は，およそ1億5000万(1.5×10^8) km[→③]である。この距離は**1天文単位**とよばれ，太陽系の天体の距離をはかる単位として使われている。

●**太陽の視直径**　観測者が遠くの物体の大きさ（直径）を見こむ角度のことを**視直径**という。太陽の視直径は約30′[→④](0.5°）である。ちなみに，月の視直径も約30′であり，太陽の視直径とほぼ同じである。これによって，地球では，太陽を月がすっぽりかくす**皆既日食**(かいき) [➡P.566]を見ることができる。

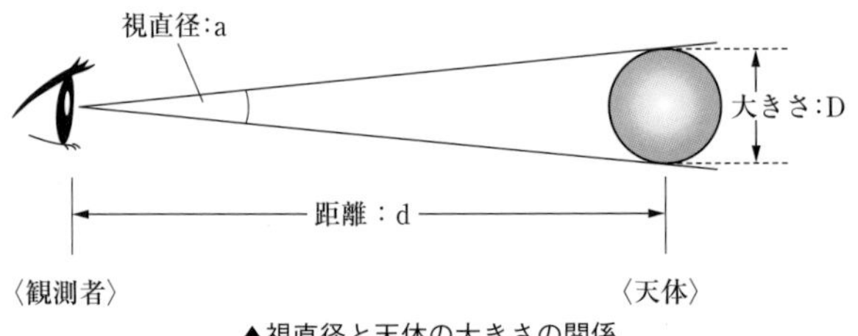

▲視直径と天体の大きさの関係

もっとくわしく

①地球のような，太陽のまわりを回る天体を，恒星に対して惑星とよぶ。

もっとくわしく

②例えば，太陽を半径1mの球と考えてみる。すると，地球は1円玉の大きさ（半径1cm）に相当する。ちなみに月は半径2.5mmであり，5円玉のあな程度の大きさになる。

もっとくわしく

③太陽を半径1mのボールにして考えてみる。すると，地球までの距離はおよそ230mはなれたところに1円玉と同じ大きさの地球があることになる。この1円玉の地球は230mの距離を保ちながらボールの太陽のまわりを公転している。

もっとくわしく

④角度の単位には，1度〔°〕の$\frac{1}{60}$の大きさの角度を表す分（分角）〔′〕がある。1分の$\frac{1}{60}$の大きさの角度は秒（秒角）〔″〕である。つまり，
1°=60′, 1′=60″, 1°=3600″
という関係である。

研究 視直径

視直径の図において，天体の大きさは地球と天体間の距離を半径とした円周の一部と見なすことができます。半径が非常に長く，視直径が微小なので，視直径ぶんの円弧はほぼ直線と見なすことができます。そうすることで，視直径ぶんの円弧の長さ，つまり，天体の本当の大きさを求めることができます。
太陽の場合，地球ー太陽間の平均距離が約1億5000万km（1.5×10^8 km），視直径は31′ 57.6″です。
太陽の大きさをxとすると，

地球ー太陽間を半径とした円の円周は
$(1.5\times10^8\text{〔km〕})\times2\pi=9.42\times10^8\text{〔km〕}$

です。ここで太陽の視直径を度単位に換算すると，

$$57.6''=\left(\frac{57.6}{60}\right)'=0.96'$$

→秒から分へ換算

$$31.96'=\left(\frac{31.96}{60}\right)^\circ\fallingdotseq0.53^\circ$$

→分から度へ換算

比の関係を使って

$$360:9.42\times10^8\text{〔km〕}=0.53:x\text{〔km〕}$$

$$\therefore x\fallingdotseq1390000\text{〔km〕}$$

実際の太陽の直径は1392000kmですから，視直径を使えば，距離との関係から天体の大きさ（実直径）をほぼ正確に計算できることがわかります。

3 太陽の質量，温度，密度

●**太陽の質量**　太陽の質量は約2.0×10^{30}kgである。これは**太陽系全体の質量の99.9%をしめる**。地球の質量と比べると，太陽の質量は地球の約33万倍である。

●**太陽の温度**　太陽（天体）の表面の温度を**表面温度**という。太陽の表面温度は約6000K→⑤である。中心温度は，約1600万Kと推定されている。太陽という天体がどれだけ高温かがわかるであろう。温度はエネルギー量を反映している。そのため，**温度が高いということはすなわちエネルギーも高い**ということを意味している。その膨大なエネルギーによって，わたしたちは大きな恩恵を太陽から受けている。

●**太陽の密度**　太陽の平均密度はおよそ1.4g/cm³である。これは，地球のおよそ$\frac{1}{4}$しかない。ただし，これはあくまで平均密度なので，**表面と中心では密度に大きなちがいがある**。表面の密度は約0.00000027（約2.7×10^{-7}）g/cm³と非常に小さいのに対し，中心での密度は約160g/cm³と，人間の技術ではつくり出すことが困難なぐらい密度が高い。密度が高いということは，圧力が大きいことを意味する。つまり，**太陽の中心部は超高温・超高圧の状態**なのである。

もっとくわしく

⑤温度の単位は身近に使っている「℃」（摂氏(せっし)温度）のほかにも，**華氏(かし)温度**，**絶対温度**とよばれるものがある。科学の世界では特に絶対温度を使うことが多く，絶対温度の単位はK（ケルビン）を使う。分子の運動エネルギーが0になる温度を0Kと定義している。1Kの幅は1℃（摂氏温度）と同じであり，絶対温度T〔K〕は摂氏温度をt〔℃〕としたとき，T〔K〕$=t$〔℃〕$+273$と定義されている。

4 太陽のエネルギー源

太陽の組成

太陽の大部分をしめる物質は水素（H）で，太陽質量の約71％をしめる。次に多い物質はヘリウム（He）で，太陽質量の約27％をしめる。水素，ヘリウム以外の物質を重元素とよぶが，重元素は太陽質量の2％しかない。このような組成は，太陽のような恒星では一般的であると考えられている。

太陽のエネルギー源

太陽の組成の大部分は水素である。実は，太陽は水素から莫大（ばくだい）なエネルギー→①をつくり出している。

太陽の中心部は温度が1600万Kで，密度も160g/cm^{3}であり，超高温・高密度の場所である。このような場所では水素原子核は超高速でとび回っている。たくさんの水素が無秩序にとび回っているため，必ずどこかで水素原子核どうしが衝突する。これが核融合反応のはじまりである。衝突した水素原子核は合体し，またちがう水素原子核と衝突し合体する。最終的には，4つの水素原子核が衝突・合体することによってひとつのヘリウムにかわる。**4個の水素の質量と1個のヘリウムの質量を比べると，4個の水素のほうが若干大きい。この質量の差のぶんが光エネルギーに変わり，まわりに放出される。**これが太陽をかがやかせるエネルギー源である。この反応を**水素の核融合反応**→②という。

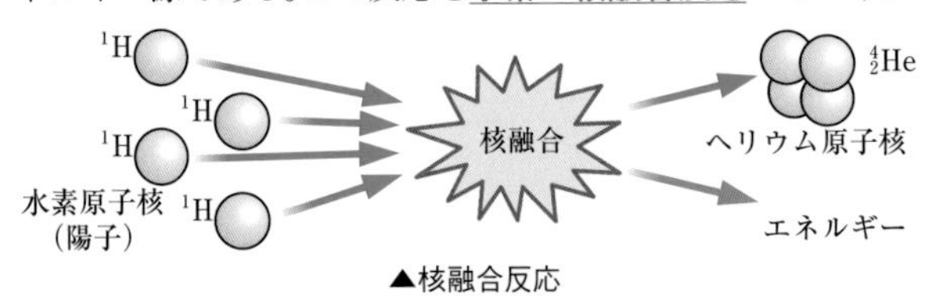

▲核融合反応

これは，太陽の中心部のような超高温・高密度な恒星の中心部でしか起こらず，軽い元素から重い元素をつくり出すしくみとしても，重要な役割を果たしている。

太陽のような星では，全質量のおよそ10％の水素を核融合反応に使ってその寿命を終える。太陽にある水素の量と太陽が生み出しているエネルギー量から計算すると，太陽の寿命は約100億年と推定される。現在の太陽年齢はおよ

もっとくわしく

①地球にふりそそぐ1秒当たりの太陽エネルギーは約2×10^{14}kWである。このエネルギーの1時間分は，人類が1年間に消費するエネルギーに相当する。つまり，太陽は莫大なエネルギーを宇宙空間に放出している。逆にいうと，太陽エネルギーを有効にあつかうことができれば（例えば太陽電池），化石燃料や原子力発電に頼らないエネルギー社会を実現することが可能である。

もっとくわしく

②これは，アルバート・アインシュタインが相対性理論のなかで提唱したエネルギーと質量の等価原理にもとづいている。エネルギーと質量の等価原理とは，エネルギーをE，質量をm，光の速度をcとしたとき，$E=mc^2$という関係が成り立つという原理である。この原理にもとづいて原子爆弾や水素爆弾も製造された。この式は，質量をもつものは莫大なエネルギーをかくしもっているという意味を表している。

そ46億年と推定されているため，あと約54億年は太陽はかがやき続けると考えられる。

5 太陽の表面

太陽の観測

太陽は地球にもっとも近い恒星である。太陽を望遠鏡などで詳しくながめるといろいろな表面のようすが観測できるが，決して**太陽を肉眼で直接見てはいけない**。望遠鏡で観測する際は，太陽観測用のフィルターをつけて観測するか，太陽光を白い紙に投影して観測しなければならない。

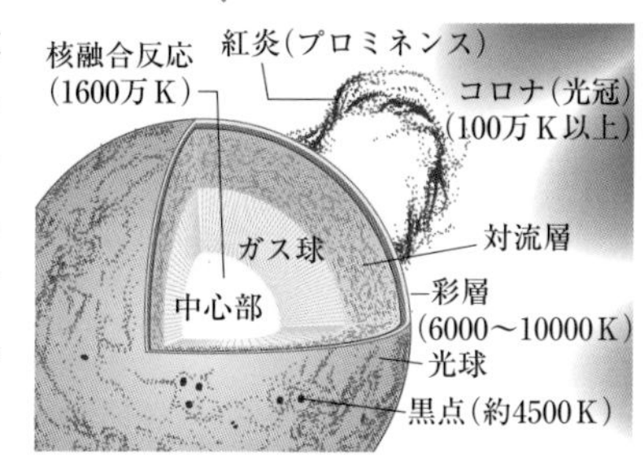

▲太陽の断面

太陽表面のようす

●**光球**　太陽の表面のこと。太陽のエネルギーはここから宇宙空間に放出される。厚さは300kmと，太陽の半径（696000km）に比べてとてもうすい。

●**黒点**　光球を見たときに，黒いしみのように見えるものがある。この部分は**黒点**とよばれている。太陽の表面温度が約6000Kなのに対し，黒点は約4500Kと**温度が低いために黒く見える**。太陽の黒点は，太陽表面の磁力が強い場所である。

ここに注意

太陽を観察する際には，有害な紫外線や赤外線をカットできるフィルターを必ずつけて眼を守ろう。

▲黒点の移動のようす　2日後　2日後➡③

●**彩層**（さいそう）　太陽の大気のこと。光球とコロナの間の部分で，厚さは，光球から数千～10000kmである。温度は約6000～10000Kで，ふだんは光球が明るいため見ることができない。

●**プロミネンス（紅炎**（こうえん）**）**　彩層からふき出した赤い炎のように見える現象である。紅炎には，数日の単位でなくなるものと数か月にわたって持続するものがある。

▲プロミネンス ©NASA

もっとくわしく

③黒点が東から西へ移動していることから，太陽は自転していることがわかる。また，黒点は南北方向にも移動することから，太陽は固体でないことがわかる。

地学編　第1章 大地の変化　第2章 天気とその変化　第3章 地球と宇宙

●**コロナ**➡① 太陽の外側をとりまく高温の大気で，温度はおよそ100万K以上である。太陽のコロナは皆既日食[➡P.566]のときに下の写真のような白色の領域として見える。

▲コロナ（極大時）➡②

▲コロナ（極小時）➡②

③ 月

1 月の概観

月は地球がもつ唯一の**衛星**➡③である。その直径は地球のおよそ$\frac{1}{4}$，質量は地球のおよそ$\frac{1}{80}$である。

▲月 ©NASA

月は地球のまわりを公転しており，地球は太陽のまわりを公転している。月の公転周期（朔望月）は29.5日➡④で，月は自転周期と公転周期が同じ➡⑤ため，つねに同じ面を地球に向けている。また，月は地球のように熱を蓄えておける大気がないため，太陽に照らされている面とそうでない面の温度の差はおよそ300℃と，非常に大きい。また，月の視直径は約30′で，**ほぼ太陽と同じ**である。これは偶然の産物であろうが，これによって地球上にすんでいるわたしたちは皆既日食や金環日食[➡P.566]とよばれる素敵な天体ショーを観測することができる。

2 月の表面

月を望遠鏡などでよくながめると，円形の窪地があることに気づく。これは隕石の衝突によってできたもので，**クレーター**とよばれる。

用語

①コロナ
コロナはもともと王冠という意味で，太陽コロナもそこから名づけられた。2020年に世界をパンデミックに陥れた新型コロナウイルスは電子顕微鏡で見ると，特徴的な突起が王冠の突起のように見え，そこから名づけられたとされる。

もっとくわしく

②太陽活動が極大のときコロナは大きく広がる（極大時）。太陽活動が極小のときコロナは赤道方向に広がる（極小時）。

用語

③衛星
惑星のまわりを公転している天体。

もっとくわしく

④月の公転周期は，太陽と地球を結んだ線上を通過する周期（朔望月：29.5日）と，恒星と地球を結んだ線上を通過する周期（恒星月：27.3日）がある。満月から満月あるいは，新月から新月までの周期は前者に当たる。

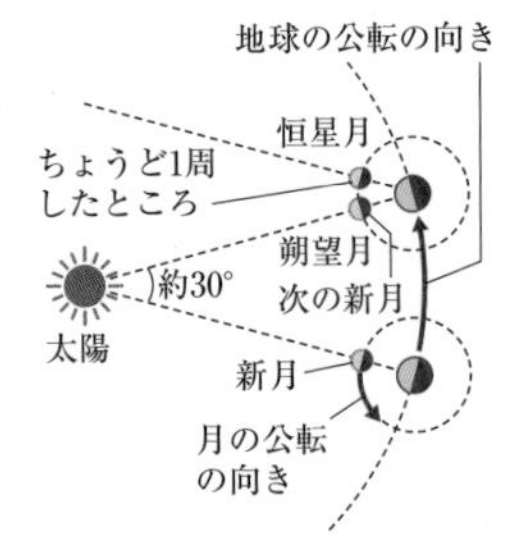

▲朔望月と恒星月

月は地球のおよそ$\frac{1}{80}$の質量しかないため，地球のような大気をもち続けることができない。地球のような大気のある天体では，隕石が天体の重力に引かれて落下してくると，大気中で燃えつきてしまうことが多い。しかし，大気がほとんどない月では，その表面に直接隕石が衝突する。このため，月の表面には大きなクレーターが形成される。

▲クレーター ©NASA

もっとくわしく

⑤公転と自転はなにをもって1回転と数えるのか。公転の場合は，天体が公転軸のまわりを1回転すれば，公転が1回と数える。自転の場合は，自転している天体のある面が自転軸のまわりを1回転すれば，自転が1回と数える。月の場合は地球に対してつねに同じ面を向けて公転しており，月の公転周期と自転周期はほぼ同じため，公転1回と自転1回が一致する。

3 月の陸と海

月の表面には，見た目が明るい部分と暗い部分がある。これをそれぞれ**月の陸**，**月の海**とよんでいる。月の陸はやや明るい部分で，クレーターの数が多い。ここは月の生成時にドロドロとしたマグマが冷えて固まったものである。隕石の衝突はこのような生成直後に多かったと考えられており，数多くのクレーターが形成された。また，月の海は暗く平らな部分で，クレーターの数は少ない。これは月の陸が形成されてから，隕石の衝突の数もかなり少なくなってきたころ，内部で発生したマグマが噴出し，その溶岩流がそれまでに形成されていたクレーターをうめてしまったからだと考えられている。このため，月の陸は比較的古く，月の海は比較的新しい。

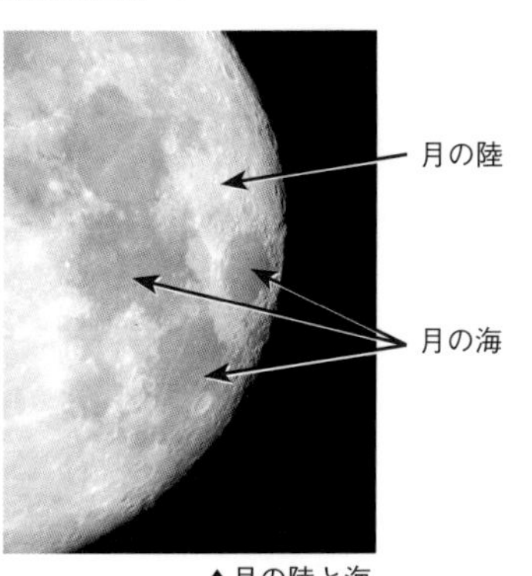

▲月の陸と海

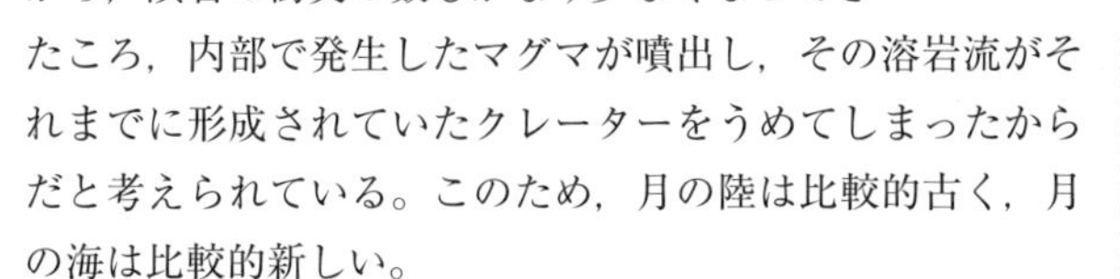

4 月の満ち欠け

月は太陽からの光を反射してかがやいて見える。このため，月と太陽の位置によって照らされる面が変わり，地球からながめた月は日々すがたをかえているように見える。この変化を**月の満ち欠け**という。月の満ち欠けの周期は，約29.5日（朔望月）である。月の地球に対する位置と月が真南の天空にある（南中する➡⑥）ときの見え方を，次ページの図を使って理解しよう。また，この図から地球上での，観測者の位置と方角の考え方[➡P.557]も理解しておこう。

用語

⑥南中
南中とは，天体が真南の天空を通過すること（天頂よりも南側の子午線を通過すること）である。南中した時刻は，南中時刻とよばれる。

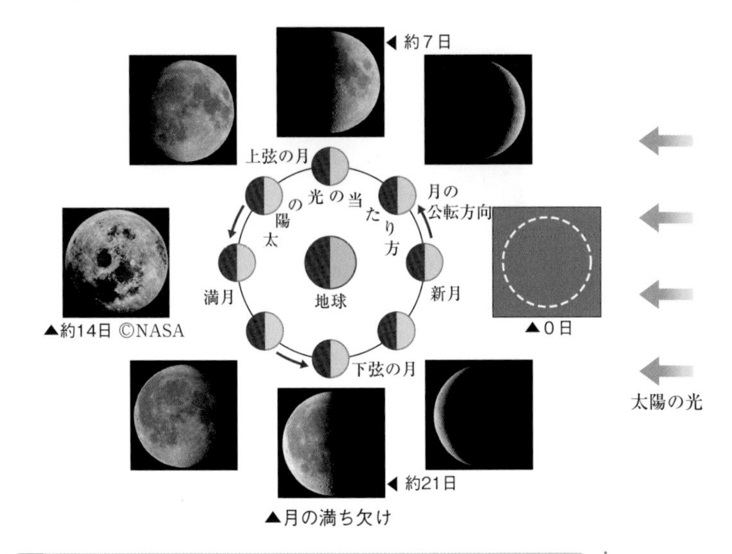

▲月の満ち欠け

5 月の出と月の入り，南中時刻

月の満ち欠けの図を見てわかる通り，地球の自転の関係から月の形（見え方）と，それが見える時間帯は決まっている。また，月の満ち欠けは新月を0日とし，次の新月までを「日」単位で表した月齢(げつれい)を使って表すことが多い。表にまとめると次のようになる。

	月齢	月の出	南中時刻	月の入り
新月	0日	日の出	正午	日の入り
上弦(じょうげん)の月	約7日	正午	日の入り	真夜中
満月	約14日	日の入り	真夜中	日の出
下弦(かげん)の月	約21日	真夜中	日の出	正午

▲月の出と月の入り，南中時刻の目安

6 月の成因

月の起源はいくつか提唱されているが，「ジャイアントインパクト説（巨大衝突説）」が現在のところ有力である。これは，いまから約46億年前，地球やほかの惑星が生成されている時期に，高温の状態の原始地球に，火星ぐらいの大きさの天体が衝突しその破片が地球にもどらず，現在の月の軌道より地球よりに集まって，現在の月が生まれたという説である。これによって地球の自転軸（地軸）がかたむいた可能性がある。

系外惑星とは何ですか？

太陽系以外の惑星を系外惑星といいます。系外惑星の発見により，古くから多くの人が考えてきた，「わたしたち人類はこの宇宙のなかで孤独な存在なのか」という問いに対して科学的なアプローチができるようになりました。

はじめて系外惑星がみつかったのは，秋の星座で知られるペガスス座にある，地球から51光年はなれた星です。観測から導かれたその惑星のすがたは，太陽系の惑星とはまったくちがうものでした。その惑星は，木星の半分ぐらいの質量をもち，中心の恒星の近くを４日程度で公転するため，木星に似た灼熱（しゃくねつ）の星ということで「ホットジュピター」とよばれました（図１）。そこで，太陽系の惑星が特殊で，ホットジュピターが宇宙ではありふれた惑星なのかを確かめるため，系外惑星の観測が世界中で行われました。

系外惑星の観測，方法は，大きく２つあります。ひとつは，惑星が恒星の手前側を通過するときの「食」による光の減り具合（減光）を観測する「トランジット法」，もうひとつは，惑星が公転することで引き起こされる恒星のふらつきを観測する「ドップラー法」です。このうち，「ドップラー法」は，分光器さえあれば小型望遠鏡でも観測ができるため，多くの人たちが系外惑星の観測に挑戦し，たくさんの系外惑星が発見されました。さらに世界各地の天文台が系外惑星探査プロジェクトを立ち上げ，人工衛星を使った観測も始まり，2020年までに系外惑星として確認された数は4000をこえています。

系外惑星の発見があるまで，この分野の研究は，京都大学の林忠四郎氏のグループが1970年代に提唱した太陽系の形成のモデルを拡張した理論的な研究がほとんどでした。しかし，現在では，普遍的な惑星の形成シナリオを観測的に研究できるようになってきました。この分野で貢献しているのは，日本・アメリカ・ヨーロッパの天文台が共同でチリに設置した，アルマ望遠鏡です（図２）。この電波望遠鏡によって，理論的にしか予想されていなかった，恒星のまわりを惑星の材料となるガスと塵（ちり）が円盤状に公転している，惑星誕生前の原始惑星系円盤のようすが克明（こくめい）にえがきだされてきています。

一方，地球外の知的生命体を直接的に見つけようというプロジェクトもあります。宇宙を電波で観測すると，ノイズ（雑音）だらけですが，電波通信を行えるような知的生命体は，音声や映像を人工的なシグナル（信号）として発信しているという仮定のもと，プロジェクトではその信号をとらえようとしました。SETI@homeと名づけられたこのプロジェクトではデータの解析のために，世界中のパソコンのスクリーンセーバー機能を利用し，つい最近まで個人でも研究に協力することができました。しかし，2020年３月に新しい解析データの配信は中止され、プロジェクトは休眠状態に入りました。プロジェクトチームは，今後，その解析に専念し，その結果を発表するとしています。もしかすると，ノイズにうもれた宇宙人からのシグナルが見つかるかもしれません。

図１

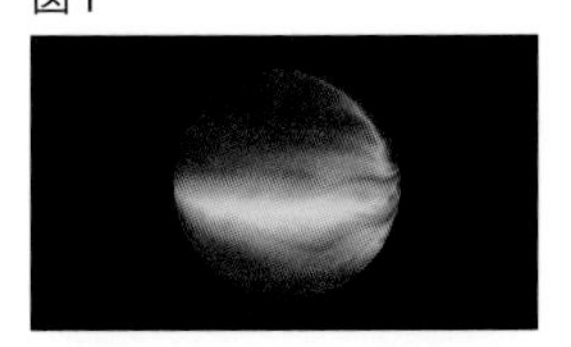

図２

©国立天文台

④ 日食と月食

1 日食

これまで学んできたように，太陽の大きさは地球の約109倍，月の大きさは地球の約$\frac{1}{4}$倍である。したがって，太陽は月の約400倍の大きさである。また，地球から太陽までの距離は，地球から月までの距離の約400倍である。これらは，太陽や地球，月が誕生したときに偶然そうなったと考えられている。これにより，地球から見たときの太陽と月の視直径[➡P.558]は，ほぼ同じ約30′であるため，**太陽－月－地球が三次元的に一直線に並ぶ**と，月が太陽をすっぽりとかくす尊厳な天体現象である**皆既日食**➡①が起こる（次図）。

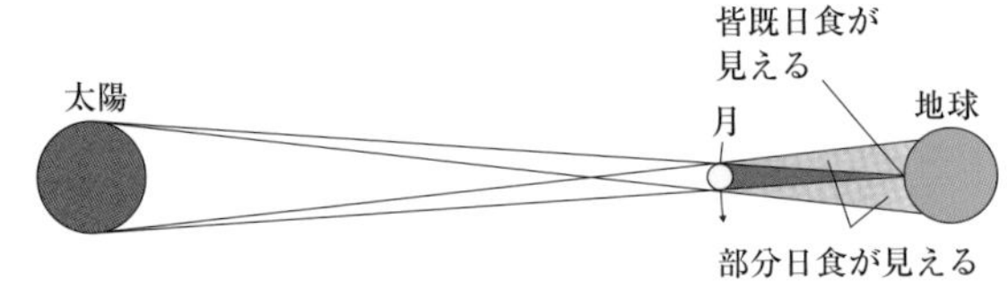

▲皆既日食が見えるしくみ

ただし，皆既日食は頻繁に見られるものではない。なぜなら，月の公転面が地球の公転面に対して約5°かたむいており，月の影がめったに地球には落ちないからである。日食は年間で2～3回しか起きず，日食が起きたとしても，月の影が落ちる場所は地球上のどこかなので，月の影が通過する場所でしか日食は見ることができない。このように日食は非常に珍しい天体現象のひとつである。

月の視直径は，その軌道の形によって10%ほど変化するため，日食時に太陽をかくしきれず，太陽の外縁部が指輪のようにかがやいて見える**金環日食**になることがある。

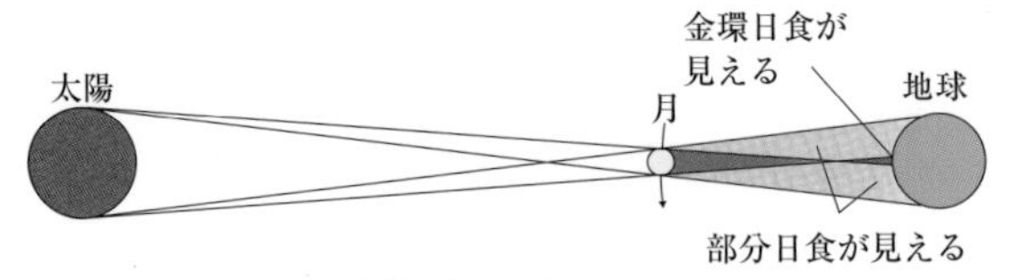

▲金環日食が見えるしくみ

もっとくわしく

①日食には，太陽の一部がかくれる部分日食と，太陽全体がすっぽりとかくれる皆既日食，太陽がリング状にかくれる金環日食がある。

▲皆既日食 ©NASA

参考

日食のときの月は，必ず新月である。

ここに注意

日食を観測するときは，必ず日食専用グラスを使わなくてはならない。

▲金環日食

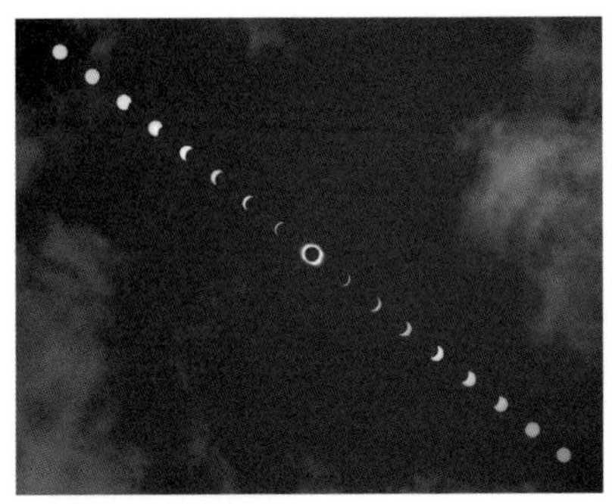

▲皆既日食（連続写真）
撮影日時：1998年2月26日
撮影場所：ベネズエラ
皆既日食のときは，ふだんは明るくて観測できないコロナを見ることができる。

▲金環日食（連続写真）
提供：桐朋中高地学部
撮影日時：2012年5月21日
撮影場所：東京都国立市

2 月食

太陽－地球－月が三次元的に一直線に並び，地球の影が月面に落ちて，地球から見たとき月が徐々に欠ける現象を**月食**とよぶ。月から見たとき，地球の視直径は太陽の視直径よりも大きいため，日食とはちがい，月に落ちる地球の影も大きい。月の一部が地球の影によってかくれることを**部分月食**，全体がかくれることを**皆既月食**とよぶ。月食は日食とはちがい，月食時に月が見える地域であれば，地球上のどこからでも観察することができる。

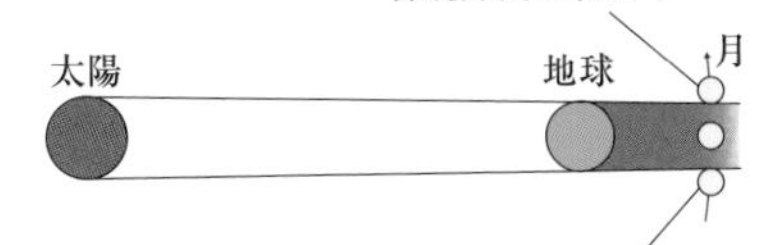

▲月食が見えるしくみ

▲皆既月食
撮影日時：2000年1月21日
撮影場所：メリーランド州（アメリカ合衆国）

もっとくわしく

有史以前から月食や日食は知られており，そのころには，月食のときの影の形から地球の形は球形であろうと考えられていた。

参考

写真を見ればわかるように，月の満ち欠けと月食の見え方は異なる。

§2 天体の位置とその運動

▶ここで学ぶこと

天球座標について学び，地球の自転や公転による天体の動きを理解し，季節の変化が生じる理由を考える。

① 天球座標

1 天球

夜空をながめると，そこにかがやく星々はあたかも丸い天じょうにはりついているように見える。このように，天空を球形の天じょうに見たてたものを**天球**という。天球上で観測者の真上の方向を**天頂**，真下の方向を**天底**とよぶ。

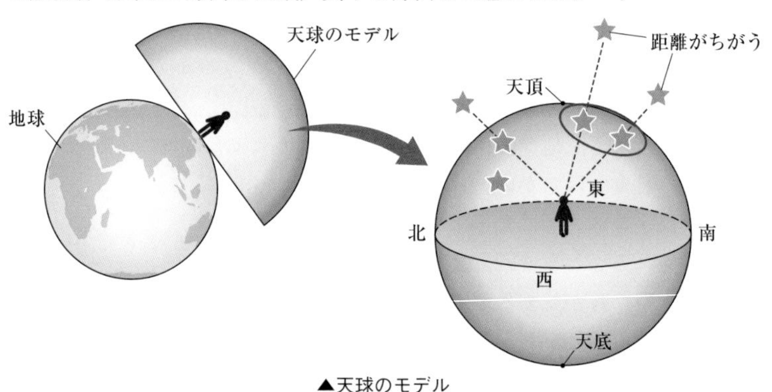

▲天球のモデル

実際には，わたしたちは地面の上に立っているので，地平線よりも上の半分の天球しか見ることはできない➡①。

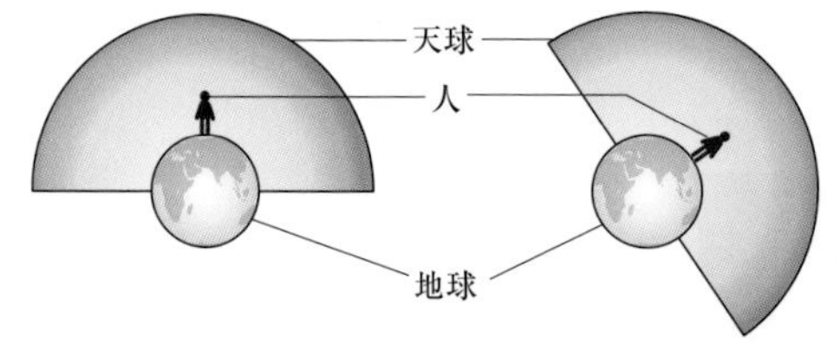

▲天球の見える範囲

天球を使って，星をはじめとする天体の動きを理解するためには，天体の位置を表す座標が必要になる。天球の座標には，大きくわけて2つある。ひとつは**地平座標**，もうひとつは**赤道座標**である。

もっとくわしく

①恒星は非常に遠くにあり，その大きさは地球とは比べものにならないくらい大きい。このため，地球の大きさは無視できる。したがって，観測者のいる場所の地平面は，地球の中心を通る面と等しいと見なせる。

2 地平座標

地平座標とは，観測者から見た天体を，地平線からの角度を表す高度と，水平方向の方位角で表したものである。天体は時間とともに移動しているので，観測地点において，その瞬間の高度と方位角がわかれば，望遠鏡をその方向へ向けて観測ができる。ただし，逆にいえば，地平座標上での天体の位置は時間とともに変わってしまう。

●**高度（h）**　地平線（面）からの鉛直➡②上向きの角度（仰(ぎょう)角(かく)）で天体の位置を表す。

●**方位角（A）**　真南から西まわりではかることが多く，天体の水平方向の位置を表す。

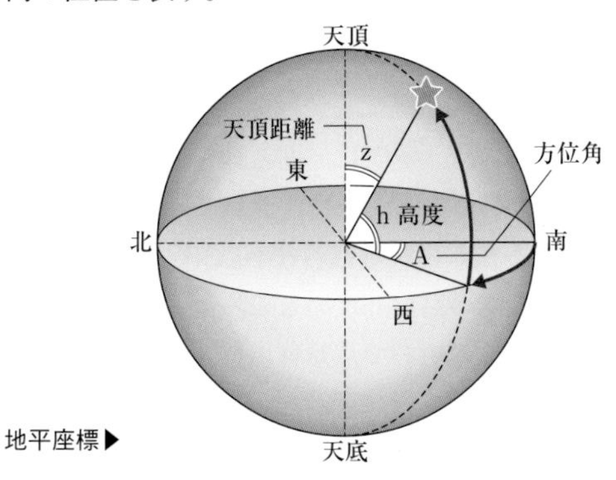

地平座標▶

もっとくわしく

②天体の鉛直［➡P.48］方向の位置は，高度のほかに，天頂からの角度で表す天頂距離というものがある。高度hを使って表すと，天頂距離zは$z=90-h$で表せる。
天頂距離は，星の光が通過する大気の厚さを考えるときに便利である。

3 赤道座標

地平座標による天体の位置は，時間とともに変わり観測地点によっても変わってしまう。これに対し，**赤道座標**は天球そのものに，地球上の緯度，経度のような位置情報を割りふっている。このため，時間や観測地点に左右されず，ひとつの天体に対してひとつの座標が決まってくる。

赤道座標は，地球上の緯度に相当する**赤緯**と，経度に相当する**赤経**の2つで天体の位置を表す。地球上の赤道を天球に延長したものを**天の赤道**とよび，地球上の緯度0度の場所が赤道であるのと同様に，赤緯0度が天の赤道である。地球上の北極を天球に延長したものを**天の北極**とよび，「赤緯＋90度」で表し，南極を天球に延長したものを**天の南極**とよび，「赤緯－90度」で表す。地球上の経度に相当する赤経は春分のときに太陽がある天球上の位置（春分点［➡P.574］）を赤経0時として，東まわりに角度を時間と同じ単位で表している。360°を24時間と表すため，赤経の1時間は15度になる。

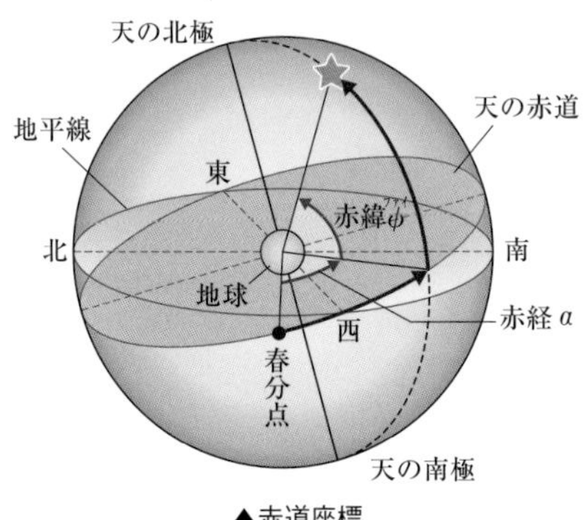

▲赤道座標

4 天球座標

地平座標と赤道座標を学んだところで，実際に，ある観測地点における天球座標を表してみよう。例えば，北緯35度の地点では，どのような天球座標が描（えが）けるだろうか。

まず，天の北極（北極星）は北の空の高度35度のところにある。天の南極は，天の北極と天球の中心で点対称の位置，つまり南の地平線の下，高度−35度のところにある。天の北極と天の南極を結んだ線は**地軸**とよばれる。地軸は地球の自転軸である。つまり，地球は地軸を回転軸として自転していることになる。また，天球の中心を通って，地軸と90度の関係にあるのが天の赤道になる。

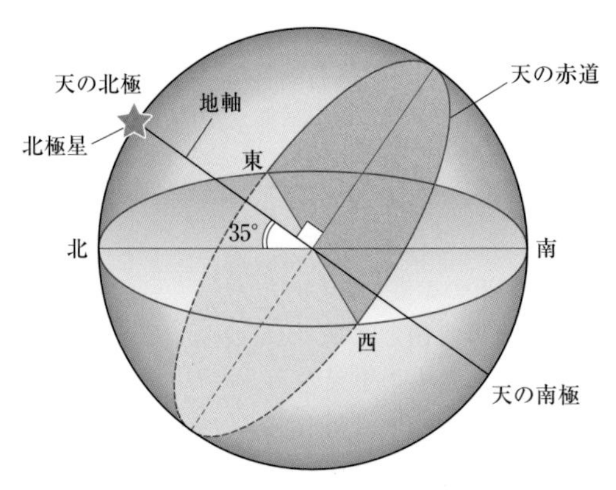

▲天球座標のまとめ

もっとくわしく

なぜ，天の北極（北極星）の角度が，観測地点での緯度と同じになるのか，下の図を見ながら理解してみよう。

北極星
遠方にある恒星からの光は，平行な光線であると見なせる。
北極
A
h
x
緯度ϕ°の地点の地平線
O
ϕ：緯度
h：高度
南極

▲北極星の高度と緯度

恒星からの光は平行線なため，これと交わる直線OAがつくる角度xは同位角なため等しい。したがって，

$h = 90° - x$…①

$\phi = 90° - x$…②

①，②より

$\phi = h$が導ける。

② 天体の動き

1 自転と公転

地球は，地球の北極と南極を貫く自転軸（地軸）を中心に，**西から東**へ向かって（北極の上空から見ると左回り）自ら回転している。これを地球の**自転**という。

地球が自転したり，太陽のまわりを公転しているために星は天球上を移動しているように見える。

2 地球の自転による天体の日周運動

星が東から西へ移動して見えるのは，地球が自転しているために起こる見かけの運動で，**日周運動**とよばれる。地球の自転は1日で1回転するため，天体も1日たつと，もとの位置にもどる。

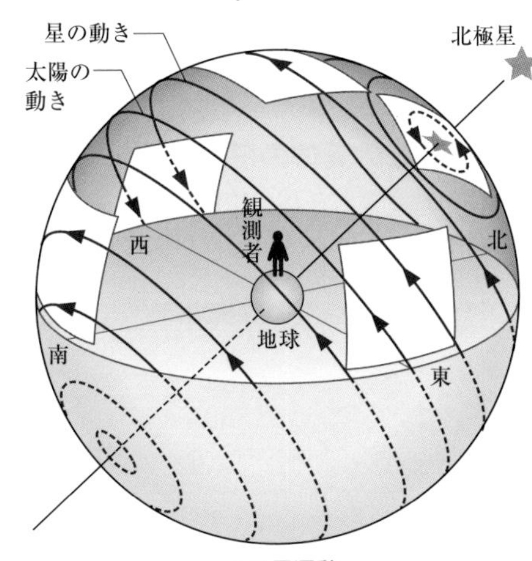

▲日周運動

▶太陽日(たいようじつ)と恒星日(こうせいじつ)

1日の長さには，2種類ある。ひとつは，太陽が南中してから次に南中するまでの時間である。これが24時間で，わたしたちはいつもこの時間で生活している。これは太陽の南中を基準としているため，**太陽日**とよばれている。

もうひとつは，恒星が南中してから次に南中するまでの時間を基準にとった**恒星日**とよばれるものである。地球は自転をしながら，およそ365日で太陽のまわりを1回転する。1日に公転によって回転する角度はおよそ1度である。したがって，次のページの図のように地球の自転によって，恒星が南中してから次に南中するまでの角度は，太陽が南中してから，次に南中するまでの角度より，約1度だけ少なくてすむ。この1度だけ自転するのにかかる時間が，$\frac{24〔時間〕\times 60〔分〕}{360度}=4〔分〕$である。恒星が南中してから次に南中するまでの時間である恒星日は，24時間からこの4分，正確には3分56秒を引いた23時間56分4秒になる。

恒星日は，太陽日より約4分短い。このことは，**恒星が南中する時刻が，1日に約4分ずつ早くなっていくこと**を意味している。

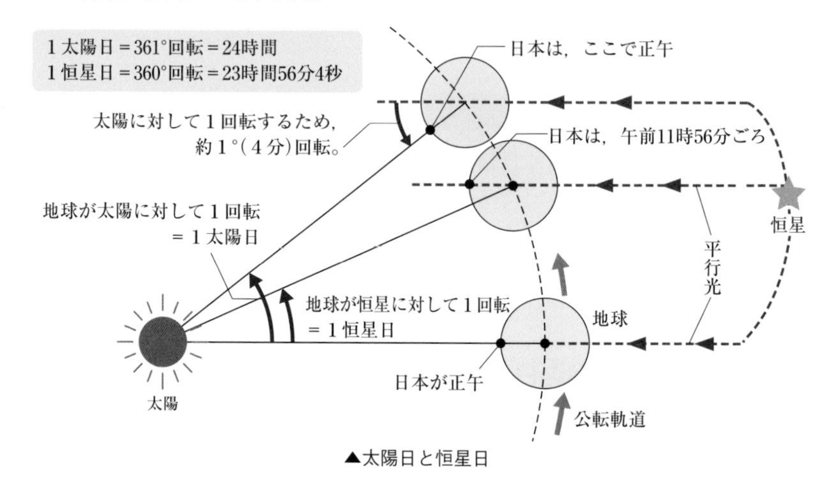

▲太陽日と恒星日

北半球での天体の日周運動

天体の動きを北半球の中緯度地域で東西南北，それぞれの方角で見ていくと，ほぼ次の図のようになる。

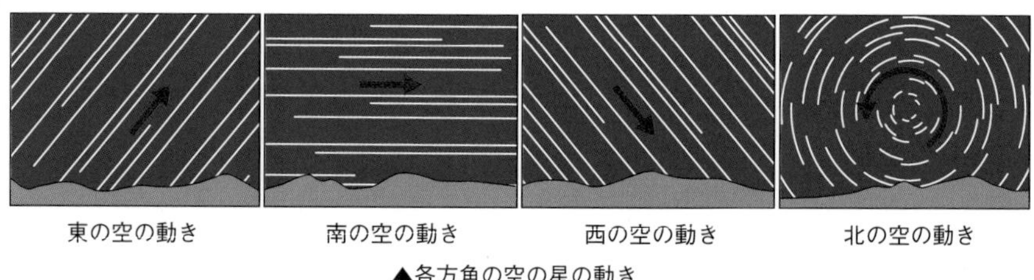

▲各方角の空の星の動き

東の空からは，右ななめ上の方向に天体が上がってくる。**南の空は左から右へ**，ほぼ水平に天体は移動する。**西の空は，東の空とは逆に右下の方向**へ天体はしずんでいく。また，北の空は前の3つの空とは異なり，北極星（天の北極）を中心にして**反時計まわり**に天体は回転する。

このような運動は，別々に起こっているわけではない。地軸が回転軸となって，天の赤道と平行に運動している。北の空にある天体は，地平線の下にはしずまないため回転しているように見える。北以外の空にある星も，地平線の下にしずんでからは見えなくなるが，天の北極を中心に大きな円運動をしているというわけである。

3 星の見え方と赤緯の関係

星は日周運動によって，地平線の下にしずまない星，地平線の下にしずむ星，地平線の上にまったく出てこない星の３つのタイプに分けられる。これら３つのタイプの星は，観測地点の緯度と星の赤緯によって変わってくる。

●**周極星**　天の北極や南極を中心に回転し，地平線の下にしずまない星。

●**出没星**　東の地平線からのぼり，西の地平線にしずむ星。

●**全没星**　天の北極や南極を中心に回転しているが，地平線の下からまったく上がってこない星。

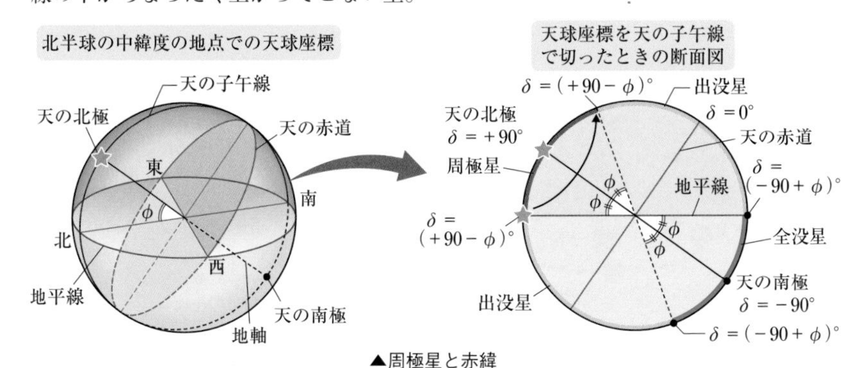

▲周極星と赤緯

観測地点の緯度がϕの場合，上の右図のようにして周極星，出没星，全没星の赤緯δ（デルタ）の範囲は次のようになる。

$+(90°-\phi)\leqq\delta\leqq+90°$	周極星の範囲
$-(90°-\phi)\leqq\delta\leqq+(90°-\phi)$	出没星の範囲
$-90°\leqq\delta\leqq-(90°-\phi)$	全没星の範囲

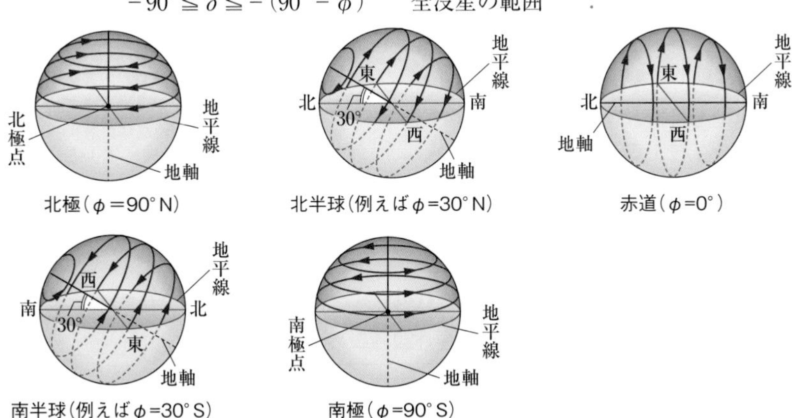

▲緯度による日周運動のちがい

4 地球の公転による太陽の年周運動

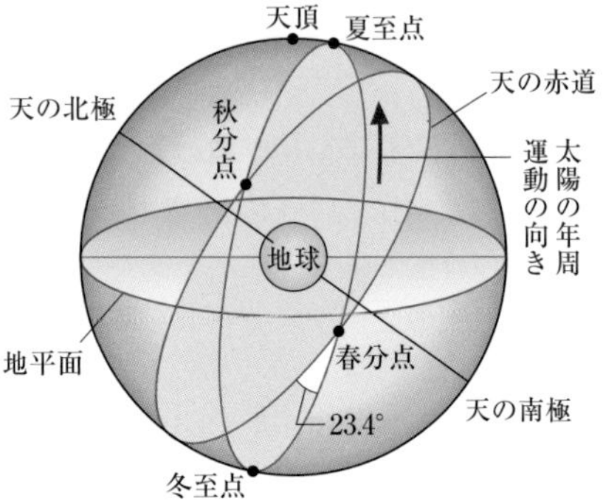

地球は太陽のまわりを1年(約365日)かけて1周する。この公転の運動を地球からながめた場合，あたかも太陽が1年かけて天球上を動いているように見える。このように太陽が天球上を1年かけてもとの位置にもどる見かけの運動を，太陽の**年周運動**とよぶ。

また，太陽が年周運動によって通る天球上の経路を**黄道**(こうどう)とよぶ。なお，春分点は黄道の太陽が天の赤道を南から北に横切る点である。

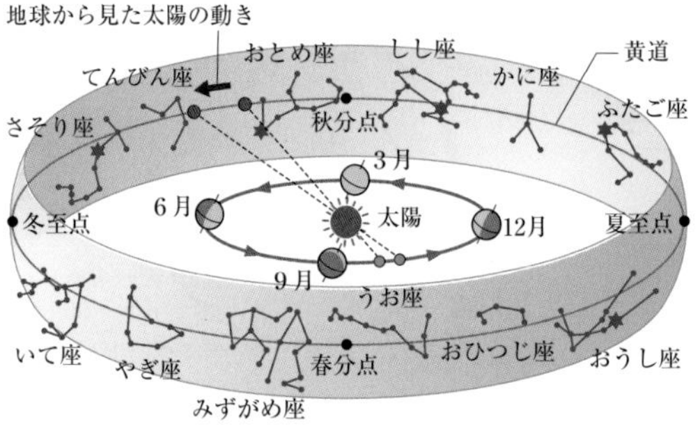

▲年周運動

▲黄道12星座

地球は天の北極の方向から見ると反時計まわりに公転している。この動きを地球から観察すると，太陽が天球の黄道上を西から東へ1日に約1° 移動していることになる。

黄道は，天の赤道に対して23.4°かたむいている。これは地球が地軸を公転軌道面に垂直方向に対して23.4°かたむけながら公転しているためである。このため，黄道と天の赤道が交差する場所といちばんはなれる場所が，それぞれ2か所ずつ存在する。このうち，春分点は赤経が0時の基準となる点である。

	赤経	赤緯	太陽が通過する日
春分点	0時	0°	3月21日ころ
夏至点	6時	+23.4°	6月22日ころ
秋分点	12時	0°	9月23日ころ
冬至点	18時	−23.4°	12月22日ころ

参考

太陽が1年をかけて移動する黄道の後ろには，ちょうど12の星座がある。昔から，この黄道上に位置する星座は，特別に黄道12星座とよばれ，現在でも星占いによく使われている。星占いのときに用いる自分の星座は，その人が生まれた月日によるが，これはその人が誕生した日に太陽が，天球上でどの星座の手前にあるのかで決まる。このため，誕生日には，自分の星座が昼間に太陽と同じように出没するため，自分の星座を見ることはできない。

近年は，地軸がこまの首ふり運動と似た動き（歳差(さいさ)運動）をしているため，天球上の黄道の位置も変わってきており，へびつかい座の手前にも黄道がかかってきている。このため現在は黄道13星座である。ただし，昔からの伝統を重んじる立場から，星占いは，黄道12星座を用いているところが多い。どちらにしても，星占いに科学的根拠はない。

5 太陽の年周運動による南中高度の変化

地球は地軸を公転軌道面と垂直な方向に対して 23.4° かたむけながら公転している。このため太陽の南中高度は，観測地の緯度によるが，１年を通じて 46.8°（赤緯 −23.4° ～ 赤緯 +23.4°）変化することになる。

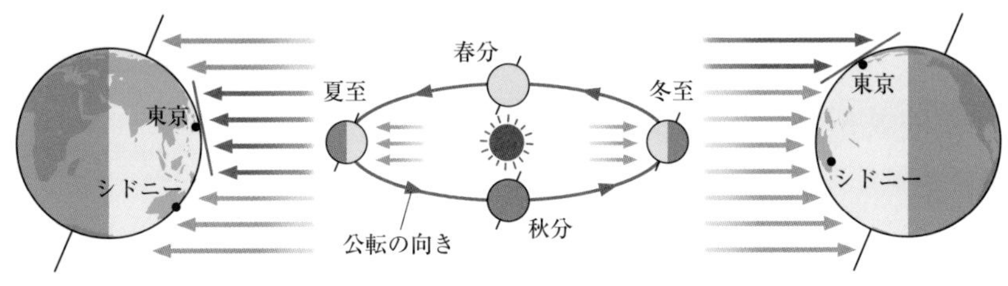

▲季節ごとの昼夜の長さ

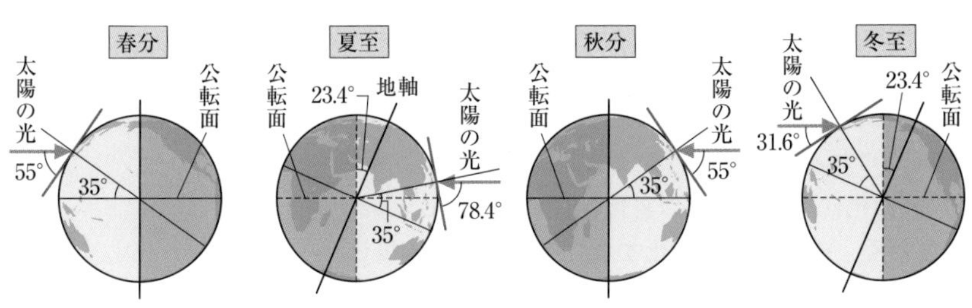

▲季節による南中高度の変化

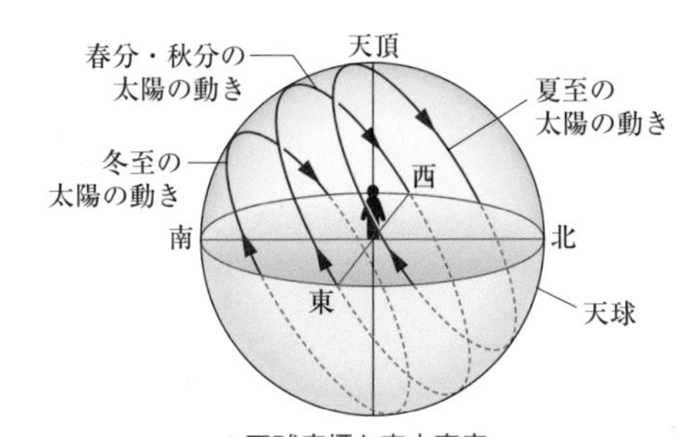

▲天球座標と南中高度

▼北緯 ϕ° の地点における太陽の位置

	南中高度	太陽が真上にある地球上の位置	太陽の赤緯
春分点	$+90° - \phi$	赤道　（緯度0°）	0°
夏至点	$(+90° + 23.4°) - \phi$	北回帰線（北緯23.4°）	+23.4°
秋分点	$+90° - \phi$	赤道　（緯度0°）	0°
冬至点	$(+90° - 23.4°) - \phi$	南回帰線（南緯23.4°）	−23.4°

右の写真のように，太陽が地平線の下にしずまないか，地平線のすぐ下ぐらいにあり，空が明るい状態のことを白夜とよぶ。逆に1日中夜の状態を極夜という。**白夜や極夜になる地域は，おおむね北緯66.6°以上，南緯66.6° 以上の地域になる。**これらの地域はそれぞれ，北極圏，南極圏とよばれている。

▲白夜（びゃくや，はくや）
太陽が地平線近くになってもしずまず，その後のぼっている。

6 太陽の南中高度と季節の変化

地球の地軸は，公転面に垂直な方向に対して，23.4° かたむいている。このため1年を通じて太陽の南中高度が変化し，これにともない，地球上のほとんどの地域では季節が変化する。季節の変化とは，気温の変化といいかえてもよい。1年を通じて比較的気温が高い時期が夏，その逆が冬である。空気は，太陽から直接やってくる光によってあたためられるよりも，地面が太陽から受けとった熱によってあたためられる割合のほうが大きい。このため，**季節（気温）の変化は，南中高度の変化とまったく同じというわけではなく，少し遅れて変化する。**例えば日本の場合，夏至の日は6月22日ごろだが，7月下旬から8月上旬にかけてが本格的な夏になるのは，この時間差が理由である。

太陽の南中高度の変化によって季節が変わる理由としては，次の2つがあげられる。

ひとつは，**太陽の光（エネルギー）を受けとる量が，太陽の高度が高いほうが大きい**ということである。下の図を見れば，同じ太陽の光の量で比べたとき，太陽の高度が高いほうが，太陽の光を受ける地表の面積がせまいことがわかる。つまり，太陽の南中高度が高くなる夏のほうが，同じ面積の地面が受けとる太陽の光の量は大きくなる。

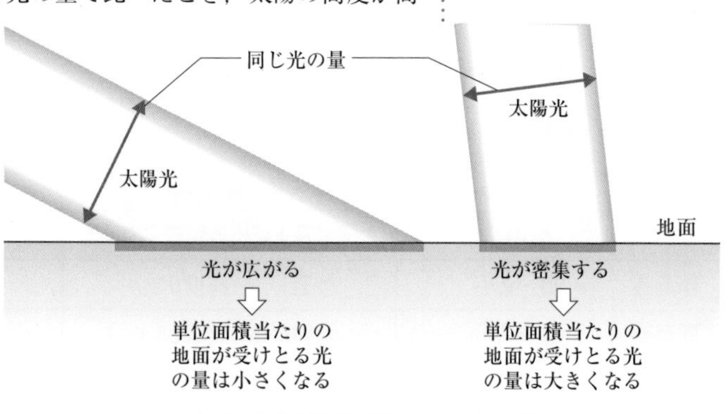

▲太陽の高度と地面が受けとるエネルギー

もうひとつの理由は，**昼間の長さ（可照時間）が，太陽の高度が高いほうが長い**ということである。北半球の場合，夏至の日のほうが，太陽は真東よりも北側からのぼり真西より北側にしずむため，太陽が天空にある時間が，ほかのときに比べて長くなる。例えば，北極圏では夏は白夜になるが，冬はまったく太陽が地平線の上に上がらないことを思い浮かべればよい。昼間が長くなった分だけ，地面が受けとる太陽の光の量がふえ，それによって空気があたためられるということである。

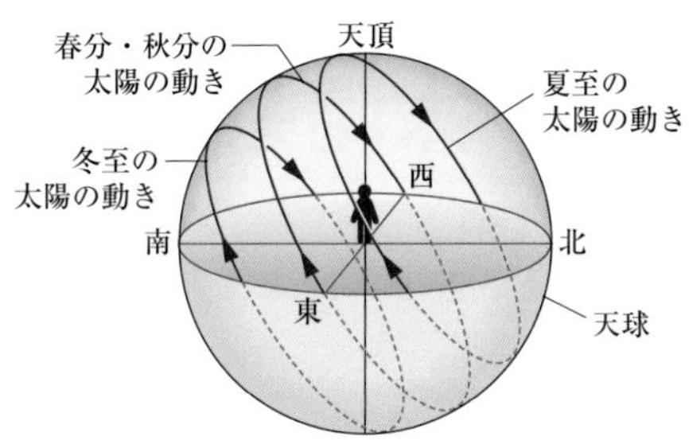

▲天球座標と南中高度

地球が地軸をかたむけながら公転することにより，気温は南中高度が高い夏に高くなり，南中高度が低い冬に低くなる。つまり，季節の変化がおこる。

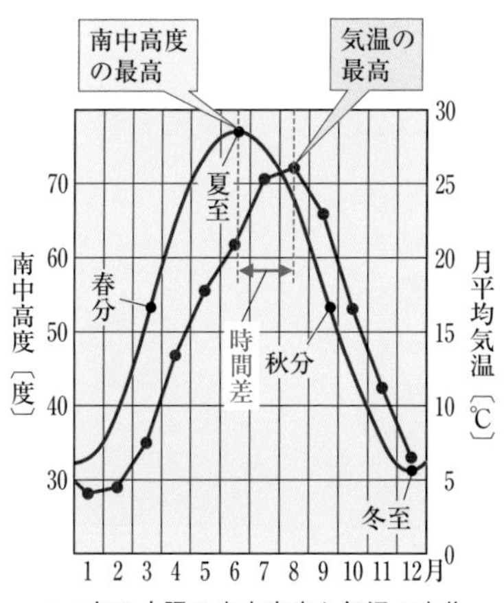

▲１年の太陽の南中高度と気温の変化

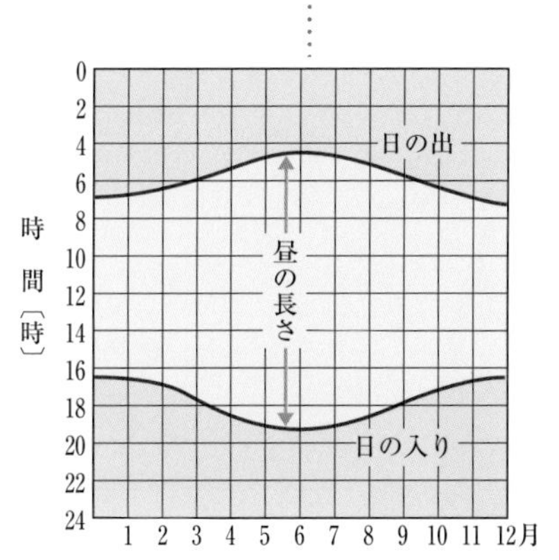

▲１年の昼夜の長さの変化

Q&A　地球は楕円形の軌道だけど，太陽との距離は季節に影響しないの？

地球は太陽からおよそ１億５千万kmはなれた楕円軌道を公転しています。楕円軌道のため，太陽に近いところと遠いところが必ずありますが，この太陽からの距離のちがいは季節変化に影響しないのでしょうか。

実は，ほとんど影響しません。これは，楕円といっても，真円に近い楕円軌道だからです。なお，地球が太陽にもっとも近づくのは１月上旬です。北半球の季節は，もちろん冬ですね。このことからも，地球と太陽の距離は，季節の変化にはほとんど影響しないことがわかります。

§3 太陽系の天体

▶ここで学ぶこと

太陽系の惑星，小惑星，彗星(すいせい)，流星，隕石の性質や惑星の見え方について学ぶ。

太陽を中心として，そのまわりを公転する８つの惑星や，それより小さい準惑星や小惑星，彗星(すいせい)などの天体の集まりとその空間を**太陽系**という。太陽系には，どのような天体が存在するであろうか。ここでは，太陽系を構成する天体とその特徴を学んでいく。

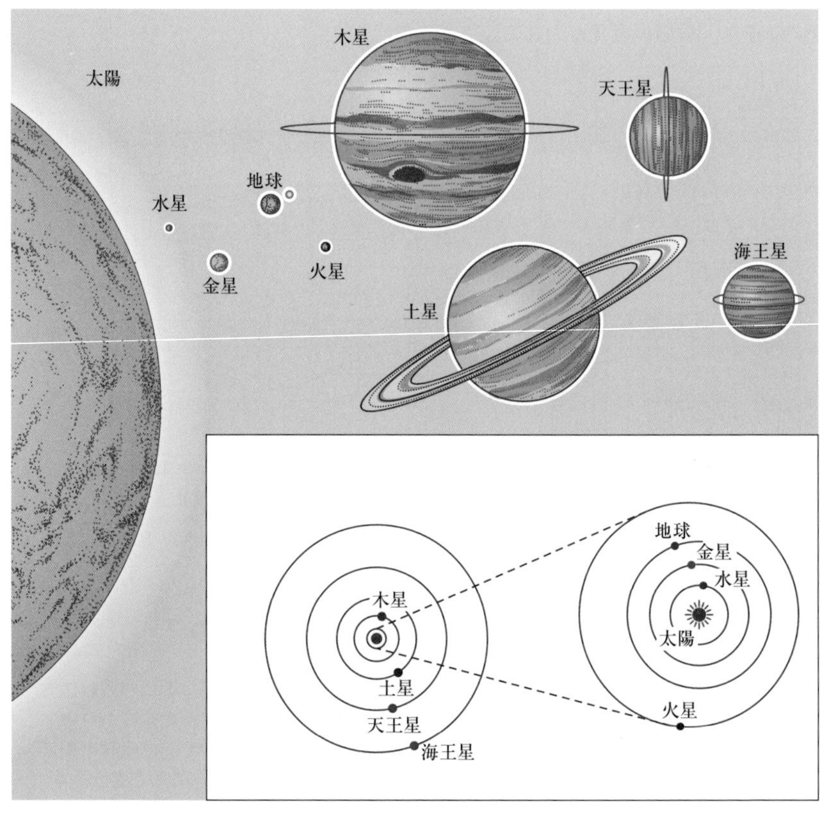

▲太陽と８惑星

①惑星

惑星とは，恒星のまわりを公転する天体のことである。太陽系の惑星は8つある。太陽に近いところから，水星，金星，地球，火星，木星，土星，天王星，海王星の順で公転している。惑星はその大きさ，密度，質量などから**地球型惑星**と**木星型惑星**に分けることがある。次の表を参考にして，地球型惑星と木星型惑星の特徴をつかんでみよう。

▼地球型惑星と木星型惑星の特徴

	地球型惑星（水星・金星・地球・火星）	木星型惑星（木星・土星・天王星・海王星）
赤道半径〔km〕	2400～6400	25000～71000
質量〔kg〕	3.3×10^{23}～6.0×10^{24}	8.7×10^{25}～1.9×10^{27}
密度〔g/cm^3〕	3.9～5.5	0.69～1.6
自転周期〔日〕	1.0～240	0.41～0.72
大気	CO_2，N_2，O_2など（水星は大気をもたない）	H_2，He，CH_4など
衛星の数〔個〕	0～2	10～60程度
内部構造	ケイ酸塩の岩石からなるマントル，鉄やニッケルなどの金属の核をもつ。	ケイ酸塩の岩石や鉄などからなる金属の核のまわりを，氷や金属水素・液体水素，そのまわりに水素やヘリウムの気体が取り巻いている。

1 地球型惑星と木星型惑星の特徴

地球型惑星は，水星，金星，地球，火星の4つ，木星型惑星は木星，土星，天王星，海王星の4つである。表からわかる特徴は，次の通りである。

〈地球型惑星と木星型惑星のちがい〉
- **大きさ（赤道半径）は，木星型惑星のほうが大きい。**
- **質量は，木星型惑星のほうが大きい。**
- **密度は，地球型惑星のほうが大きい。**
- 自転周期は，木星型惑星のほうがはやい。
- 衛星の数は，木星型惑星のほうが多い。
- 大気の組成や内部構造はまったくちがう。

このような，まったく性質の異なる惑星ができた原因は，太陽系の誕生と深いかかわりがあると考えられている。

木星型惑星は，太陽からの距離が遠いため温度は低い。そのため，水素などのガスの運動は小さく，水は氷の状態で存在する。このため木星型惑星はそのなかにガスや氷をとりこみ，水素やヘリウムなど密度の小さい気体を多くふくんだガスでできた惑星になる。一方，地球型惑星は，太陽との距離が近いため温度は高い。そのため，いったんとりこんだガスも，その高い温度と小さい重力によって，すぐに宇宙空間に脱出してしまうと考えられる。結果として，地球型惑星は岩石でできた惑星になる。

2 太陽系の誕生 発展学習

太陽系の誕生については，現在も多くのなぞが残っており，解決されていない問題も多い。しかし，惑星探査機による調査結果や，高性能のコンピュータを使った数値シミュレーションや，アルマ望遠鏡[➡P.565]の観測などから，しだいに解明されつつある。ここでは，太陽系の誕生について簡単に紹介する。

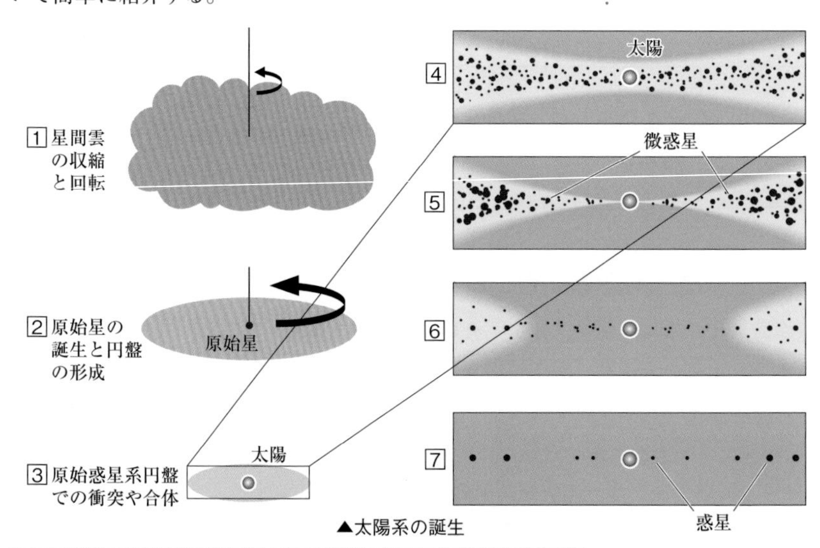

▲太陽系の誕生

1 太陽系は，水素などの気体（ガス）や固体の微粒子（ダスト）の密度の高い空間で誕生したと考えられている。このガスやダストの密度の高い空間を星間雲または暗黒星雲[➡P.591]とよんでいる。星間雲は重力によって収縮しはじめる。星間雲のなかのガスやダストは，それぞれいろいろな方向に運動しているが，収縮によってある方向に回転（公転）するようになる。星間雲は回転しながら収縮し続ける。

[2] 回転しながら収縮する星間雲は，回転の軸と垂直な方向に遠心力がはたらくため，収縮がすすむと円盤状になってくる。さらに収縮がすすむと中心部はとても密度が高くなり，そこに原始星➡①，つまり太陽の赤ちゃんが誕生する。

[3][4] 原始星の中心部の温度，圧力が高まり，核融合反応が始まり，太陽が誕生する。円盤（原始惑星系円盤）に残っているガスやダストは，それぞれ回転する軌道の形や速度がちがうため衝突・合体し，惑星のもとになる微惑星➡②に成長する。

[5][6] 大きな微惑星は，その引力によってまわりの物質をより多く引きつけるため，どんどん大きくなる。このような衝突・合体がくり返されることで惑星が誕生する。

[7] このとき，太陽に近い惑星は，その公転軌道（円周の長さ）が短いため，衝突・合体する量も少ない。このことは，地球型惑星が木星型惑星に比べて，質量や大きさが小さくなる理由のひとつである。逆に，木星型惑星のように，太陽から遠いところを回っている惑星は，その公転軌道が長くなるため，衝突・合体する物質も多くなり，質量，大きさともに大きくなる。

3 それぞれの惑星の特徴

これまで，地球型惑星と木星型惑星に分けて，おおまかに惑星の特徴を見てきたが，太陽系の８つの惑星はそれぞれ，個性的な特徴をもっている。ここでは，それぞれの惑星の特徴を見ていく。これらの特徴は近年の惑星探査機の調査によってしだいにあきらかになってきた。

▶ 水星　**水星は太陽までの距離がもっとも近い天体である。**太陽からの平均距離は約0.4天文単位➡③で，地球の約７倍ものエネルギーを受けとっている。このため，太陽に向いている面の温度は430℃以上にもなる。質量は地球のおよそ６％しかなく，重力が小さいため，水星は大気をもたない。このため，太陽に熱せられた熱はすぐ宇宙空間ににげていってしまい，太陽の当たっていない面は－160℃まで冷えこむ。

もっとくわしく

①核融合反応はまだおこしていない。重力エネルギーでかがやくが，温度は低く，円盤物質におおわれているため，可視光線で観測できない。

もっとくわしく

②直径 10km程度。太陽系の小惑星のような天体と考えてよい。

用語

③**天文単位**
天文学上の距離の単位。地球と太陽の平均距離（１億5000万km）を１天文単位と表す。

▲水星

▲水星の表面のようす ©NASA

金星

金星は太陽から約0.7天文単位はなれ，円に近い軌道を公転する惑星である。赤道半径は約6000km，平均密度は5.2g/cm^{3}で，大きさ，密度ともに地球とよく似ている。**金星の大気は二酸化炭素が約95%をしめており**，地表付近の気圧は約90気圧（地球の約90倍）もある。この膨大な二酸化炭素によって，温室効果➡①が強くはたらき，地表付近の気温は平均460℃にもたっしている。大気が循環しているため，金星では昼夜の温度差はほとんどない。

金星の自転の方向は，地球やその他の惑星と逆である。自転周期はそのためもあってか，非常にゆっくりで約243日である。

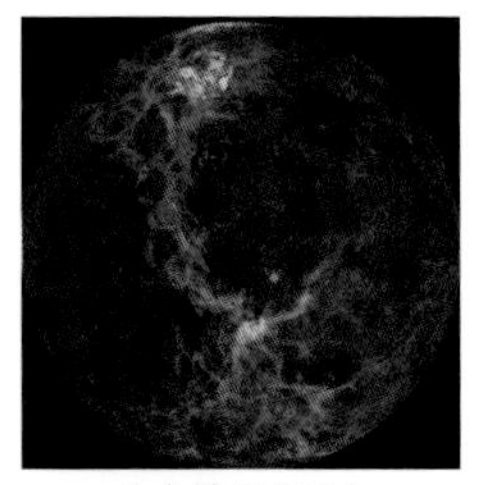
▲金星 ©NASA

▲金星の表面のようす ©NASA

火星

火星は**地球のすぐ外側を回る惑星**である。太陽からの平均距離は約1.5天文単位である。赤道半径は地球のほぼ半分の3400kmしかない。平均密度も地球よりも小さく3.9g/cm^3，質量は地球の10%程度しかない。このため，火星の大気は非常にうすく，地表面付近の気圧は5～7hPa（地球の約$\frac{1}{200}$倍）である。大気の組成は金星と同様で，その約95%は二酸化炭素である。太陽から受けとるエネルギーは地球の40%程度しかなく，大気も非常に希薄なため，表面の温度は－100℃～数℃である。極地方では，温度が－140℃程度で，ドライアイスと氷からなる極冠（きょっかん）がある。

火星には太陽系最大の火山の跡であるオリンポス山や，かつて水が存在したと思われる証拠の地形➡②など興味深い地形が数多くある。

用語

①温室効果
二酸化炭素には，惑星から宇宙空間に放出される熱を吸収するはたらきがある。このため，大気中の二酸化炭素の濃度が増加すると，地表が冷やされるのをさまたげ，惑星の気温が上昇する。これは，温室と似たはたらきのため，温室効果とよばれる。

もっとくわしく

②火星にはかつて液体の水があったと考えられることから，生命が誕生した可能性がある。そのため，火星探査は金星探査よりも多く行われている。なお，金星探査が少ない理由の一つは，金星が高温すぎ，機器が耐えられないからである。

▲火星 ©NASA

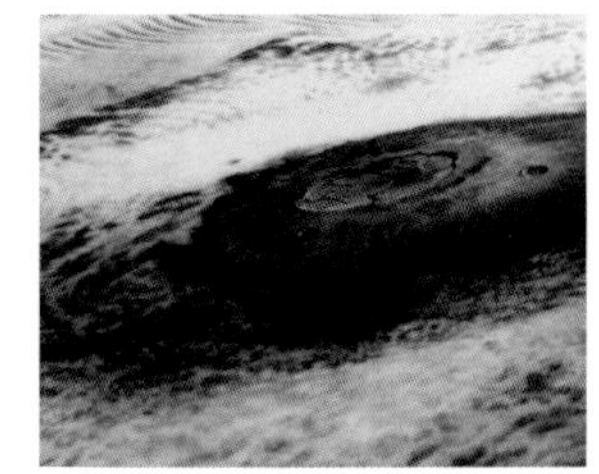
▲オリンポス山 ©NASA

木星

木星は，太陽から約5.2天文単位はなれた軌道を公転する**太陽系最大の惑星**である。赤道半径は地球の約11倍，質量は地球の約320倍もある。木星は，ガスの惑星であるため，平均密度は1.3g/cm^{3}と小さい。木星の表面には複雑な縞模様(しまもよう)があり，そのなかでも，特に大赤斑(だいせきはん)はひときわ目をひく。これは巨大な大気のうずと考えられているが，その成因などはあきらかになっていない。木星はたくさんの衛星を従えている。そのうち特に明るい４つの衛星➡③は，ガリレオ・ガリレイが1610年に発見した衛星で，ガリレオ衛星とよばれている。また，木星にも土星のような環(わ)が存在する。

土星

土星は，太陽から約9.5天文単位のところを公転する**太陽系で２番目に大きな惑星**である。赤道半径は約６万 km（地球の約9.5倍）で，質量は地球の約95倍もある。ただし，平均密度は太陽系の惑星のなかでもっとも小さく，0.68g/cm^3 しかない。つまり，土星は水に浮く➡④のである。その大気組成は，木星と同様で水素とヘリウムである。**土星の最大の特徴は何といっても「環」である**。木星型惑星はすべて環をもっているが，土星の環は特に美しい。これは幅数万km，厚さ10km以下の空間に，岩石や氷の細かい粒子が数多く集まっているものである。この環の成因の有力な説のひとつは，土星のまわりを回っていた衛星が粉々にくだかれたというものである。

▲土星 ©NASA

▲土星の環 ©NASA

もっとくわしく

③木星や土星の衛星には，氷やメタンでできたものもある。ガリレオ衛星であるエウロパ，土星の衛星エンケラドゥスでは，地表から水の噴出が確認されている。土星の衛星タイタンは，液体メタンが水のように流れた跡も見つかっている。このように，太陽系内の生命探査のステージは，衛星を探索する時代に入っている。

▲木星 ©NASA

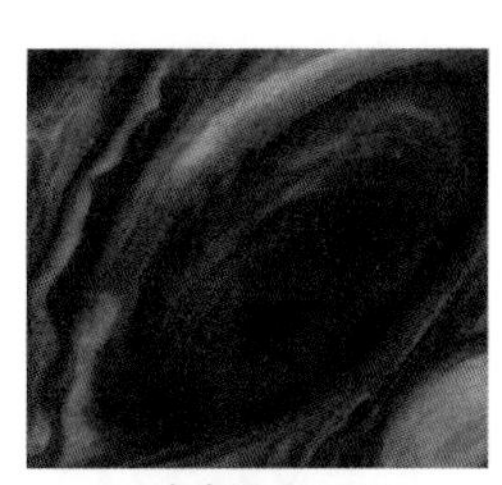
▲大赤斑 ©NASA

▲ガリレオ衛星 ©NASA

もっとくわしく

④もちろん，平均密度から考えた思考実験である。ちなみに，水の密度は 1.0g/cm^3 である。

天王星

天王星は太陽から約19天文単位はなれたところを公転する惑星である。赤道半径は地球の約4倍，質量は地球の約15倍である。平均密度は約1.3g/cm³で，水素は全体の15％程度，ヘリウムもわずかしかない。大気にはメタン➡①がふくまれていて，メタンに太陽からの赤い光の波長が吸収されるので，青く見える。天王星の内部の内部は岩石のまわりをメタンや水の氷がとりマントルとしてとりまいている。また，天王星の自転軸はほぼ公転軌道面に沿っていて，**横倒しの状態で公転している**。どうして自転軸がこれほどまでにかたむいているのか，その理由はわかっていない。

海王星

海王星は太陽からおよそ30天文単位はなれたところを公転する惑星である。赤道半径は地球の約3.9倍，質量は地球の約17倍である。天王星と組成はほぼ同じで，青色の表面のなかで白く見えているのはメタンの氷でできた雲と考えられている。氷と岩石の核が内部に存在し，大半をしめる。太陽から遠いため，海王星まで届く太陽のエネルギーは，地球が太陽から受けるエネルギーの0.1％しかない。このため，海王星の表面の温度は約－220℃ときわめて低い。

② そのほかの小天体

1 小惑星

小惑星は太陽系にある小天体のひとつで，そのほとんどは**火星と木星の間**の太陽から約2～4天文単位を軌道半径として公転している。2019年時点で約84万個みつかっている。小惑星は，起源（公転周期）が同じものをまとめて群に分けている。そのうち，木星と同じ公転周期をもつトロヤ群などは有名である。日本の小惑星探査機「はやぶさ」や「はやぶさ2」[➡P.585]は，岩石試料をもちかえり，さまざまな成果を上げ続けている。

用語

①メタン
1つの炭素原子に4つの水素が結合した分子（CH_4）。天然ガスの主成分で，温室効果ガスのひとつでもある。太陽系の惑星の大気にはよくふくまれている物質である。

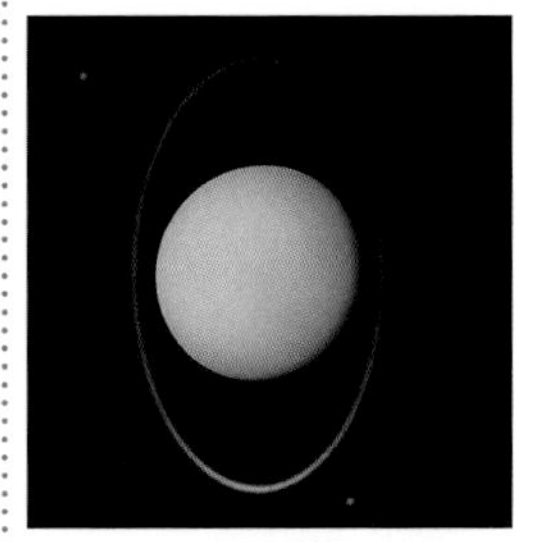

▲天王星

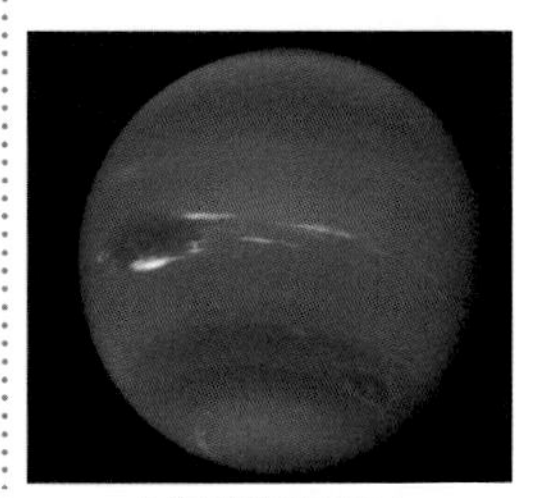

▲海王星 ©NASA

▲小惑星「イトカワ」
©JAXA/amanaimages

2 彗星(すいせい)

彗星は，太陽系にある小天体のひとつで，太陽のまわりをつぶれた**楕円軌道**で公転することが多い。その起源は，エッジワース・カイパーベルト天体→②や，それよりも遠くにあるとされるオールトの雲→③とよばれる場所と考えられている。彗星の主成分は，氷や塵(ちり)（ダスト）であり，このため，よく「汚れた雪玉」と表現されたりする。彗星は，太陽からおよそ２～３天文単位より近くなると，凍っていた物質が，太陽の熱を受けて蒸発しはじめ，核のまわりにコマとよばれるものを形づくり，尾→④を引くようになる。尾は塵の尾（ダストの尾）と，プラズマ→⑤の尾（イオンの尾）の２つができる。尾は太陽からの光や太陽風→⑥によってつくられるので，彗星の進行方向ではなく，太陽とほぼ反対側にできる。

▲ハレー彗星 ©NASA

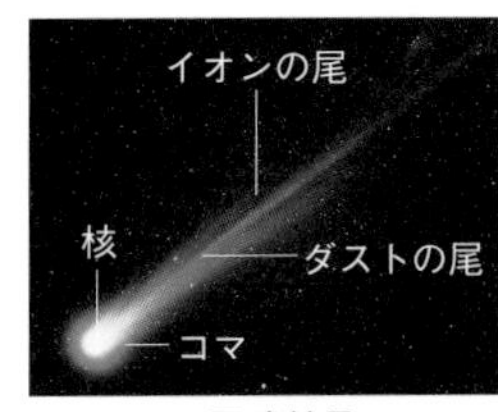

▲百武彗星

もっとくわしく

②海王星よりも外側，具体的には太陽から 30 ～ 50 天文単位の間に帯状に存在する天体をエッジワース・カイパーベルト天体とよんでいる。短い周期（200 年以下）で太陽のまわりを公転する彗星の起源と考えられている。

もっとくわしく

③オールトの雲は，公転周期 200年以上の長周期彗星の起源と考えられている。

もっとくわしく

④尾は太陽に近いほど長くなる。

用語

⑤プラズマ
気体が陽イオンと電子に分かれて存在している状態のこと。

用語

⑥太陽風
太陽コロナから放出され，宇宙空間へ流れ出す高温で電気を帯びた陽子や電子の流れ。

研究 日本の小惑星探査「はやぶさ」と「はやぶさ２」

2005 年に打ち上げられた，小惑星探査機はやぶさは，「イトカワ」と名付けられた小惑星の表面から，岩石の微粒子の採取に成功し，2010 年６月に地球に戻ってきました。（探査機本体は大気圏で燃え尽き，微粒子のはいったカプセルだけが地球に帰還しました。）持ち帰られた岩石の微粒子は，いくつもの研究機関で丁寧に調べられ，その結果，小惑星がどのように作られたのかという研究を大きくおし進めました。
2014 年には，「はやぶさ」の後継機といわれている「はやぶさ２」が打ち上げられました。「はやぶさ２」は，小惑星の中でも特に，水や生命の起源とされる有機物の多いＣ型小惑星の一つ「リュウグウ」を目標天体にしました。「はやぶさ２」プロジェクトの目的は，「はやぶさ」のように表面の岩石を採取するだけでなく，人工的なクレーターを作り出し，小惑星内部の物質まで採取し，持ち帰ってくることにあります。また，より遠くの宇宙で目標とするタスクを成功させて地球に戻ってくるという，「はやぶさ」以来培ってきた技術を確立することも目的のひとつです。「はやぶさ２」は打ち上げ以来，比較的順調に運用され，2019 年の２月には，「リュウグウ」へのタッチダウンが成功し，表面の岩石を採集しました。そして，その年の４月には「リュウグウ」に人工クレーターを作ることにも成功し，内部の物質の採取もできました。

3 流星

彗星が軌道上に残した塵や，それ以外にも地球のまわりをただよっている塵が，地球の引力に引かれ，高速で地球の大気にとびこみ，地球の大気と衝突（圧縮）して発光する現象を**流星**とよぶ。流星のうち，特に明るいものは火球とよばれる。地球の公転軌道上に彗星が残した塵の帯（ダストトレイル）と地球の公転軌道の交点を地球が通過すると，たくさんの塵が大気に突入するので，地上では多くの流星が見られる。これを**流星群**という。地球の公転軌道上のダストトレイルの位置は決まっているので，流星群のあらわれる時期も年中行事のように決まっている。

▲火球

もっとくわしく

おもな流星群

流星群名	出現時期
しぶんぎ座	1月1日～6日ごろ
みずがめ座η（イータ）	5月3日～10日ごろ
ペルセウス	8月8日～15日ごろ
ふたご座	12月10日～16日ごろ

4 隕石

宇宙から地球の引力に引かれて，大気に突入し，燃えつきずに地表に落下したものを隕石とよぶ。隕石はその主成分によって，おもにカンラン石・輝石 [➡P.483] などから成る石質隕石と鉄を多くふくむ鉄隕石に分けられている。その起源のほとんどは，小惑星である。隕石は，太陽系が誕生してからずっと宇宙空間にあり，宇宙空間は，地球とはちがい風化がないとされる。したがって，小惑星や隕石は，太陽系が誕生した当時の状態をそのまま保存していると考えられている。したがって，地上に降ってきた隕石は，**太陽系の起源を調べる手がかり**としても貴重である。現在，地球で見つかっている隕石孔は150個以上あり，それらをプロットしたのが右の図である。

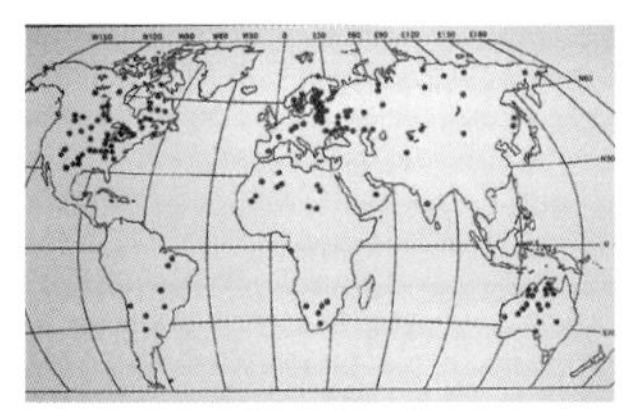
▲隕石孔分布

▲隕石

▲バリンジャー隕石孔

③ 惑星の見え方と見える時間帯

地球よりも太陽に近いところを公転する惑星を**内惑星**，地球の外側を公転する惑星を**外惑星**と分けることがある。これは地球から見たときの惑星の運動やその見え方を考えるのに都合がよい。

1 内惑星

内惑星は**水星**と**金星**である。この2つの惑星は右の図のように，太陽とほぼ同じ方向にある。もっとも太陽からはなれたとしても水星で約28°(拳3個ぶん)，金星で約48°(拳5個ぶん)である。このときがもっとも観測時間が長くなり，観測の好期といえる。いっぽう，図を見ればわかるように，内惑星は決して夜中に見ることはできない。つまり，内惑星は**日没後の西の空，あるいは日の出前の東の空でしか見られない**。また，内惑星は，下の図のように太陽との位置関係から**満ち欠けをする**。特に金星ではそれが顕著である。月の満ち欠けとのちがいは，金星の満ち欠けは大きさ（視直径）が変化するところである。

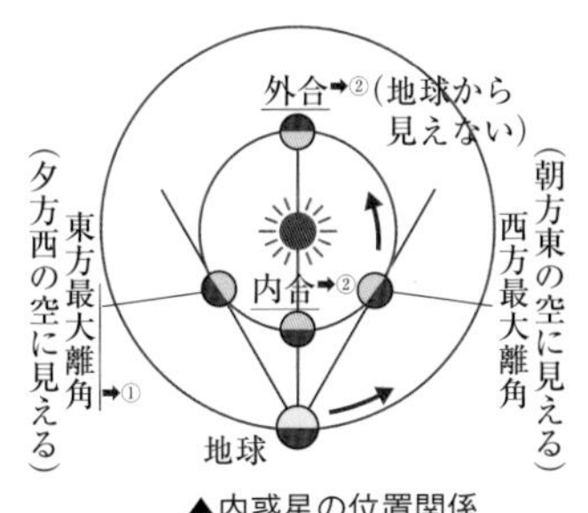

▲内惑星の位置関係

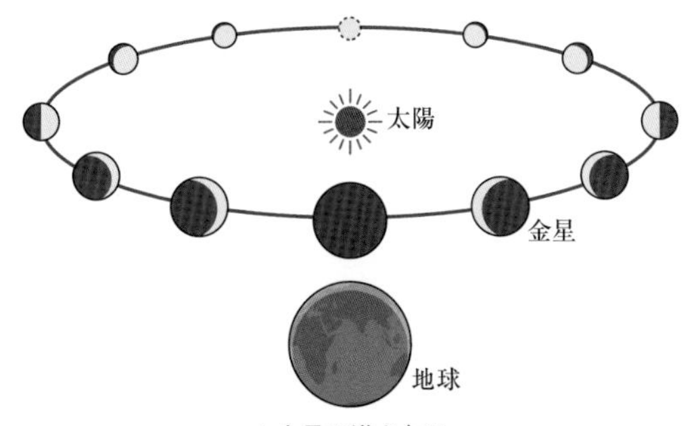

▲金星の満ち欠け

用語

①**最大離角**
太陽－地球－内惑星のなす角度が最大になったときの内惑星の位置。

用語

②**合**
内惑星が太陽と同じ方向にあるときのこと。
外合は，地球－太陽－内惑星と並ぶとき，内合は，地球－内惑星－太陽と並ぶときをいう。

2 外惑星

外惑星とは，地球より遠いところを公転する惑星である。外惑星の場合は内惑星とちがって，地球の夜側を通過するので，観測の最適な時期は太陽－地球－外惑星が，この順番で並んだ衝のときである。このときの**外惑星はもっとも地球に近くなり，夜中に南中する**ため，長時間観測できる。

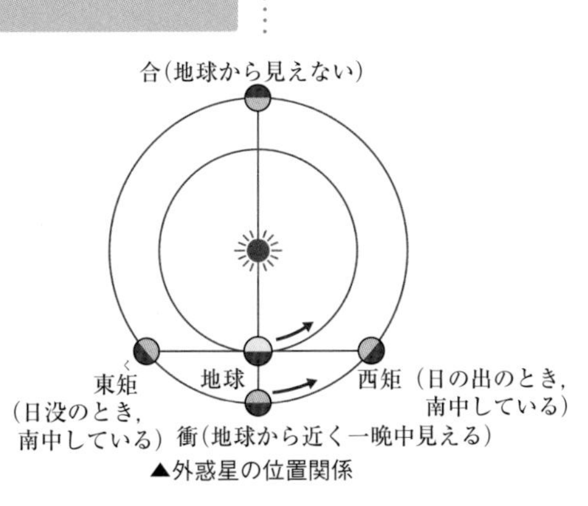

▲外惑星の位置関係

§4 太陽系をこえて

▶ここで学ぶこと

宇宙は太陽系の外にも広がっている。ここでは，太陽系より遠くにある恒星，銀河系，宇宙の広がりについて学ぶ。

① 恒星

1 一番近い恒星 発展学習

太陽系の外縁部には，エッジワース・カイパーベルト天体や，オールトの雲[➡P.585]があるとされる。オールトの雲までの距離は，諸説あるが，最大でも10万天文単位（1.58光年➡①）である。その次に近い天体は何だろうか。太陽系の外側にあり，わたしたちにもっとも近い恒星はケンタウルス座α星の伴星C➡②である。その距離は4.2光年で，これは太陽から地球までの距離の26万倍もはなれている。これだけでも，宇宙という空間が想像を絶するほど，大きいことがわかるであろう。

2 恒星までの距離の測定方法 発展学習

さて，太陽の外側に存在する恒星までの距離は，どのようにしてわかったのだろうか。これは，下の図のような三角測量によって測定された。

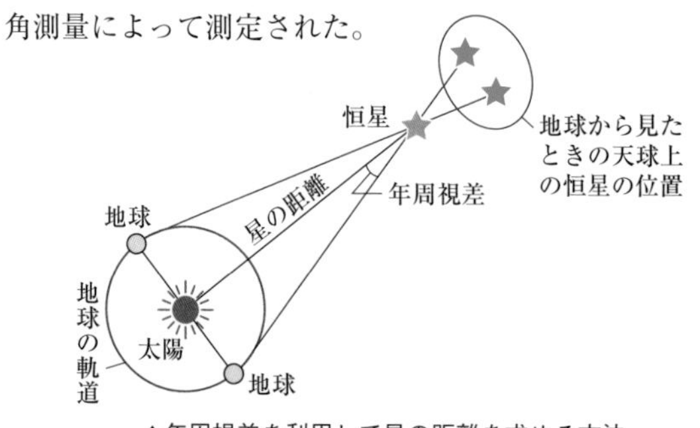

▲年周視差を利用して星の距離を求める方法

上の図において，太陽－恒星－地球のなす角度を年周視差（ねんしゅうしさ）とよぶ。年周視差がわかれば，その恒星までの距離が推定できる。そこで，年周視差を秒角[➡P.558]の単位ではかったものを分母にして天体までの距離をパーセク(pc)➡③という単位で表す。

用語

①光年
光の速さで，１年間に進んだときの距離。光の速さが約 3.0×10^8m/sなので，これに1年を秒に換算した値をかけたものが１光年になる。
１光年＝ 9.46×10^{12}km

もっとくわしく

②ケンタウルス座α星は，A，B，Cの３つの恒星が，お互いの引力の影響を受けながら公転している星の集まり（連星系）である。そのうちもっとも明るい（質量の大きい）星Aを主星とよび，B，Cは伴星（ばんせい）とよぶ。

もっとくわしく

③それぞれの単位どうしの関係は次の通りである。
1〔pc〕＝3.26〔光年〕
　＝3.08×10^{13}〔km〕
1〔光年〕＝0.307〔pc〕
　＝9.46×10^{12}〔km〕
1〔天文単位〕
　＝1.5×10^8〔km〕

$$天体までの距離〔pc〕=\frac{1}{年周視差〔秒〕}$$

パーセクという距離の単位は，年周視差が大きくなれば距離は近くなり，小さくなれば遠くなる。天体までの距離の単位には，天文単位やパーセクのほかに，光年がある。

3 恒星の明るさ　発展学習

恒星には，いろいろな明るさのものがある。その明るさは**等級**で表す。これは，人間の目（肉眼）で見えるもっとも暗い星を６等級，もっとも明るい星を１等級，１等級の星の明るさは６等級の星の明るさの100倍（１等級の星は，６等級の星100個分の明るさ）というように定義されている。したがって，１等級小さくなると明るさは約2.5倍になる。

恒星は，それぞれちがった距離にある。このため，同じ明るさの恒星でも，近ければ明るく，遠ければ暗くなる。もし，恒星本来の明るさを比較しようと思ったら，恒星までの距離をそろえなければならない。**絶対等級**は，恒星本来の明るさをそろえるため，恒星を10pcの距離においたと仮定したときの等級である。これに対し，わたしたちがふだん見ている，恒星の等級は**見かけの等級**とよばれている。

もっとくわしく

恒星までの距離

	年周視差	距離
ケンタウルス座	0.755"	4.3光年
北極星	0.008"	433光年
ベテルギウス	0.007"	498光年
ベガ	0.13"	25光年
シリウス	0.379"	8.6光年

② わたしたちの銀河　～銀河系～

1 太陽系の位置

恒星や<u>星団</u>→④，それにガスやダストがたがいの引力で影響し合い，集団となっている天体を**銀河**とよぶ。わたしたちがすむ太陽系は，**銀河系**（天の川銀河）とよばれる銀河に属している。銀河系の形は，**横からながめると，直径約10万光年の円盤状**をしている。その中心部の厚さは約１万5000光年で，この空間に数千億個の恒星と，ガスやダストが存在する。**上からながめるとうずまき状**の形をしており，うずまき銀河に分類されている。太陽系は中心部から約３万光年はなれた，うずの腕（オリオンの腕）のなかに存在する。次のページの天の川全域の星数密度分布図は，太陽からながめたときの天の川を，星の密度でえがいたものである。白っぽいほうが星の数が多く，黒っぽいほうが星の数は少ないことを表している。中央を水平に横切る白っぽい帯状に見える領域が天の川である。

用語

④**星団**
数十から数百万個の恒星が，たがいの引力によって引き合っている星の集団のこと。その年齢や恒星の分布などによって，散開星団と球状星団に分けられている。

▲すばる（プレアデス星団）
©NASA

▲宇宙望遠鏡「ガイア」による天の川銀河の可視光画像 ©ESA, Gaia, DPAC

▲天の川（星密度分布図） 画像提供／東京学芸大学 土橋一仁 上原隼

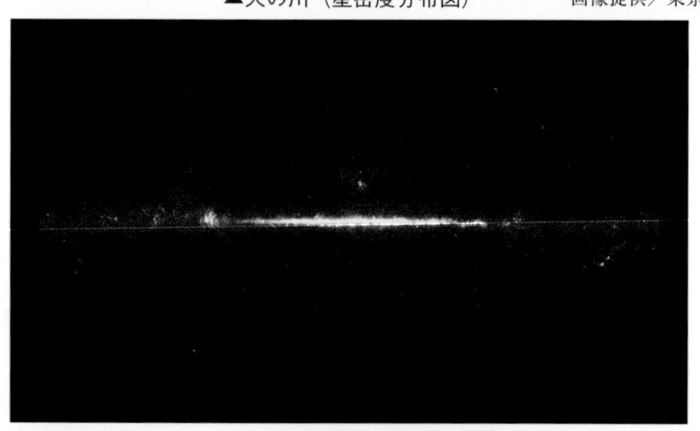

▲赤外線天文衛星「あかり」による天の川銀河の中間赤外線画像 ©JAXA

銀河系の中心は，星座でいうといて座の方向（右の図では図の中心方向）にあり，そこには巨大ブラックホール➡①が存在する。ただし，その方向はガスやダストが集中しているため，見通すことはできない。銀河系全体は，そのブラックホールを中心に回転運動している。太陽系も約220km/sの速さで銀河系の

▲銀河系の構造

用語

①ブラックホール
非常に強い重力がはたらき，この天体のごく近くでは，近づく物質は引きよせられ，光の速さでも脱出できない天体。

中心にあるブラックホールのまわりを公転している。

2 銀河系の天体

銀河系にはいろいろな天体が存在する。近年，高性能望遠鏡がそのすがたをとらえている。

暗黒星雲

太陽のような恒星を誕生させる母体となる天体を**暗黒星雲**という。ガスやダストの密度が高く，背景にある星や星雲の光を透過させないため，黒く見える。温度は約－260℃（約10K）と，宇宙のなかでも極低温の天体である。

散光星雲

暗黒星雲と同じように，ガスやダストの密度は高いが，発光している天体を**散光星雲**という。近くに高温の恒星が存在しており，その光を散乱，反射しているためかがやいて見える。

惑星状星雲と超新星残骸

恒星が寿命を終え，そのガスが周囲に放射状に広がりかがやいている天体を**惑星状星雲**や**超新星残骸**という。惑星状星雲は中心に高温の余熱でかがやく天体の核（白色わい星）が残っているため，かがやいて見える。いっぽう，超新星残骸は，大質量星が大爆発を起こした跡で，中心にブラックホールなどがある。

星団

暗黒星雲のなかで恒星が誕生する場合は，恒星が単独で生まれることはまれで，ほとんどの場合，惑星はひとつの暗黒星雲のなかで，集団で生まれる。このような星の集団を**星団**とよぶ。星団には，銀河系の誕生当時にできた老齢な球状星団と，非較的若い散開星団とがある。［➡ P.589］

3 銀河系の質量　発展学習

宇宙にはどれだけの質量が存在するのか。この問題は，宇宙の未来がどうなるのかを決める重要な要素である。しかし，宇宙の質量は直接求めることができない。典型的な銀河の質量を知るためにも，銀河系の質量を知ることは重要になる。現在のところ，銀河の回転運動からその質量を見積もる方法と，恒星等の観測から銀河系の質量を推定す

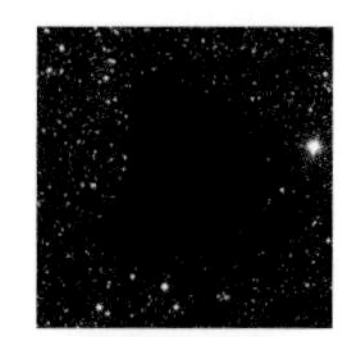
▲暗黒星雲 ©ESO

▲散光星雲

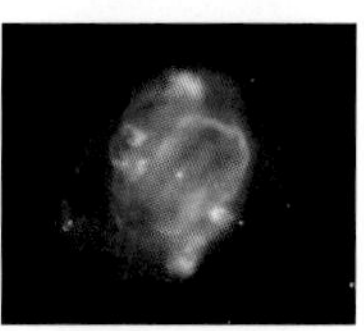
▲惑星状星雲

▲超新星残骸

▲球状星団 ©NASA

▲散開星団

る方法がある。この２つの方法から導かれた結果は，銀河の回転運動から求めた質量のほうが，光の観測から求めた質量の10倍も大きいというものだった。このことは，光では観測できない物質（ダークマター→①）が銀河系に大量に存在していることを意味している。したがって，宇宙全体にも，ダークマターが大量に存在すると考えられている。

もっとくわしく

①ダークマターは暗黒物質ともよばれ，未だどのような物質なのか，その正体はわかっていない。

③ 宇宙の広がり

1 銀河 発展学習

銀河系の外側には，銀河系と同じような**銀河**（系外銀河）が存在する。

いろいろな銀河

系外銀河は形状によって，うずまき銀河，楕円銀河，不規則銀河などに分類されている。銀河の集まりとして，３～10個程度の銀河が集まったものを**銀河群**とよぶ。50個より多数の銀河が1000万光年の空間に集まったものを**銀河団**，それよりも大きな銀河の集まりを**超銀河団**とよんでいる。宇宙空間における銀河（物質）の分布は一様ではなく，銀河の密度が高い空間と低い空間がある。このような物質（銀河）の分布のしかたは宇宙の大規模構造とよばれる。このように，宇宙は質量が小さい物質（天体）が集まって，大きな天体を構成している。これを宇宙の**階層構造**とよぶ。

▲うずまき銀河

▲楕円銀河

▲不規則銀河

2 宇宙の果て　発展学習

宇宙の果てはあるのか。かつて宇宙は無限の空間だと考えられていたが，20世紀に入り，この宇宙は有限の空間であることがわかった。宇宙の果てとは何か考えよう。そのひとつの答えは，人類が光（電磁波）で観測できる限界の距離である→②。なぜなら，わたしたちは今のところ，光よりも速い情報の伝達手段を知らず，手にしていないからである。この宇宙の果ては，宇宙の地平線とよばれている。宇宙の地平線までの距離は，現在のところ138億光年と推定されている。

さて，わたしたちの宇宙は膨張していることがわかっている。この事実がわかったのは20世紀に入ってからである。理論面で根拠となったのはアインシュタインの一般相対性理論であった。観測面ではハッブルが遠くの銀河のほうがより速い速度で遠ざかっているということを発見し，『宇宙は膨張している』という考え方が，しだいに認知されるようになった。

その後，ガモフが宇宙は超高温の状態から始まったとする「ビッグバン」理論を提唱した。その観測的証拠のひとつに，3K（ケルビン）[➡P.559]宇宙背景放射がある。これは，宇宙が超高温な状態から宇宙の膨張が始まったとすれば，膨張するにつれて宇宙の温度が下がり，ビッグバンの名残りである熱が現在−270℃（3K）という低温で宇宙空間を満たしているというものである。この予測は，観測によって確かめられている。現在では宇宙の膨張やビッグバン理論の大部分は疑いようのない事実になっている。

それでは，宇宙の将来はどうなるのであろうか。これは宇宙のなかに存在する物質の総質量で決まってくる。つまり，宇宙にある物質の総質量が小さければ宇宙はこのまま膨張を続けるが，大きければ星々の引力によって収縮に転じてしまう。しかしながら，近年宇宙の膨張が加速しているという観測結果が発表され，それは引力とは逆の斥力をもたらすダークエネルギー→③が宇宙空間に満ちていると説明されている。宇宙がこのあとどのようになるのかという議論は，まだ当分結論が出そうにない。なぜなら，宇宙には，まだたくさんのなぞが残っているからである。このなぞを解くのはあなたかもしれない。

もっとくわしく

②もちろん，その外側にも空間は存在してもよい。

▲3K宇宙背景放射
ビッグバンのときの熱の名残を電波の観測によってとらえたもの。

もっとくわしく

③ダークエネルギーとは，重力とは逆向きの力を物体におよぼすとされる正体不明のエネルギー。

練習問題

解答➡ p.626

1 次の（　　）にあてはまる語句や数値を答えよ。

太陽は太陽系最大の天体で，地球の約（ ア ）倍の半径をもつ。質量は地球の約33万倍あり，太陽系の99%をしめる。太陽を構成しているおもな元素は（ イ ）と（ ウ ）である。太陽は自ら光を放つ天体で（ エ ）とよばれる。そのエネルギー源は4個の（ イ ）を1個の（ ウ ）に変換するときにエネルギーを放出する（ オ ）反応である。この反応によって生まれたエネルギーが熱や光として，太陽の表面まで運ばれて，宇宙空間に放出される。太陽の中心部の温度は約（ カ ）K，密度は約（ キ ）g /cm³で超高温・超高圧の状態である。（ オ ）反応はこのような条件でないと起こりえない。

2 太陽系の天体について，次の問いに答えよ。

(1) 太陽と月の視直径はほぼ同じである。およそどのくらいか。

(2) 太陽と月の視直径が，ほぼ同じであるために起こる天文現象を，漢字4文字で答えよ。

(3) (2) の現象が毎月起こらない理由を説明せよ。

(4) 次のA～Eで説明されている太陽系の惑星を答えよ。

A　太陽系最大の惑星。表面には複雑な縞模様が見える。

B　夜空に赤くかがやいている。大気がうすく，平均気温は赤道でさえ－50℃程度である。極には極冠が存在する。

C　太陽にもっとも近い惑星。半径は地球のおよそ38%程度しかなく，大気はない。

D　太陽系で2番目に大きな惑星。環が特徴的である。

E　大気の成分のほとんどが二酸化炭素でできており，地表の温度は460℃にも達する。地球からは，夜中に見ることはできない。

(5) 地球型惑星と木星型惑星をすべて答えよ。

3 地球の時刻について，次の問いに答えよ。

(1) 日本（東経135度）とイギリスの時差はいくらか。
(2) 東経135度で南中した太陽は，２時間後に経度が何度の地点で南中しているか。
(3) 日本が５月１日午前10時のとき，西経45度のアルゼンチンは何日の何時か。

4 天球座標について，次の問いに答えよ。

(1) 次の文章の（　　）に当てはまる語句を答えよ。
地球上のそれぞれの土地で，ある瞬間の天体の位置を表した座標系を（ ア ）座標という。（ ア ）座標は，天体の位置を地平線からの（ イ ）と，水平方向の（ ウ ）で表す。（ エ ）座標は天体の住所といえる。（ エ ）座標は，地球上の経度，緯度とよく似ている。
(2) 方位角が270°の地点は，四方位で表すとどこか。
(3) 赤経の基準（０時）となる点を何とよぶか。
(4) 冬至の時の太陽の赤経はいくらか。

5 次の（a）～（e）は，「ある日」の太陽の日周運動を，地球上のいくつかの地点で観測したときのものである。（a)～（e)に当てはまる地点を下の［　］の中から１つずつ選べ。また，この「ある日」とはいつか答えよ。

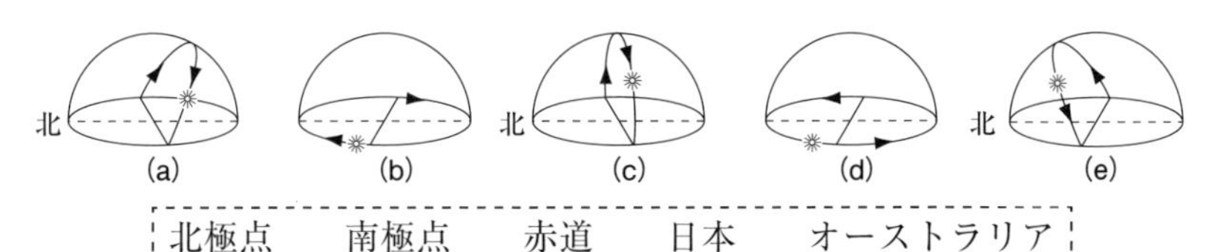

北極点　　南極点　　赤道　　日本　　オーストラリア

6 日本の季節について，次の問いに答えよ。

(1) 地軸をかたむけながら地球が公転することで，日本に四季が生じる原因を２つ答えよ。
(2) 北緯40度の札幌において，夏至の日と冬至の日の南中高度はそれぞれいくらか。

新傾向問題

解答➡ p.627

1 次の文は，翔太さんが校外学習に行ったときの先生との会話である。次の会話文を読んで，あとの問いに答えよ。（宮崎県改）

翔太：先生，この橋にはケーブルがたくさん張られていますね。
先生：そうだね。これは，斜張橋という種類の橋で，ケーブルは橋を支えているのですよ。
翔太：ケーブルが引く力の大きさと塔の高さに，何か関係はあるのですか。
先生：関係があるかどうか，学校に帰ったらいっしょに調べてみましょうか。
翔太：はい。やってみたいです。

〔実験〕

① **図1**のように，物体Aに糸1とばねばかりをとりつけ，手で引いて持ち上げた。物体Aを静止させて，ばねばかりの示す値を読みとった。

② **図2**のように，物体Aに糸2，3とばねばかりをとりつけ，手で引いて持ち上げた。物体Aを静止させて，ばねばかりの示す値を読みとった。このとき，角x，yの大きさはつねに等しくなるようにした。

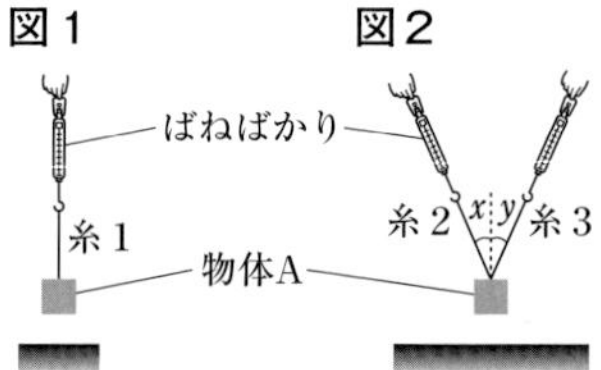

(1) 実験の①のとき，物体Aにはたらく重力と，糸1が物体Aを引く力を図示すると**図3**のようになり，2つの力はつり合っている。次の文は，2つの力がつり合う条件をまとめたものである。［ a ］，［ b ］に入る適切な内容を答えよ。

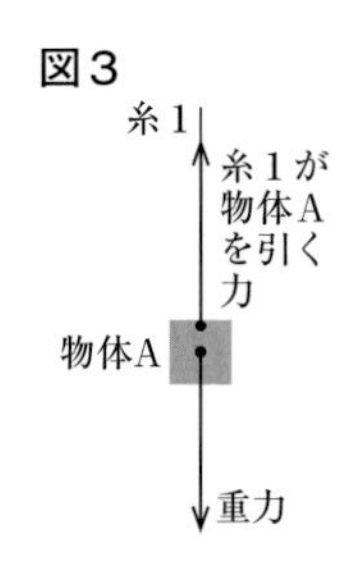

2つの力がつり合う条件

・2つの力の［ a ］。　・2つの力の［ b ］。
・2つの力が同一直線上にある。

(2) 実験の②のとき，糸2，3が物体Aを引く力は，重力とつり合う力を糸2，3の方向に分解して求めることができる。**図4**のFは重力とつり合う力を表している。Fを糸2，3の方向に分解した分力をF_2，F_3とするとき，F_2，F_3をそれぞれ**図4**にかき入れよ。

図4

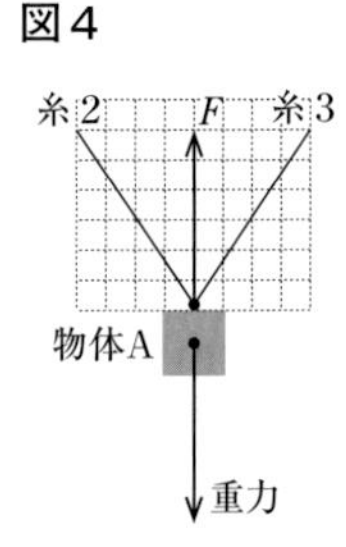

(3) 翔太さんは，斜張橋のケーブルが引く力について，次のようにまとめた。[a]，[b]に入る適切な言葉の組み合わせを，あとの**ア**～**エ**からひとつ選び，記号で答えよ。

〔まとめ〕

> **図5**のように，斜張橋の模式図で考えると，ケーブルに相当するのは，実験の②における糸2，3である。実験の②で，糸2，3がそれぞれ物体Aを引く力の大きさを小さくするためには，糸2，3の間の角度を[a]すればよい。このことから，**図5**の塔の間隔が一定のときには，塔の高さは[b]ほうが，ケーブルが引く力の大きさは小さくなる。
>
> **図5**
>
> 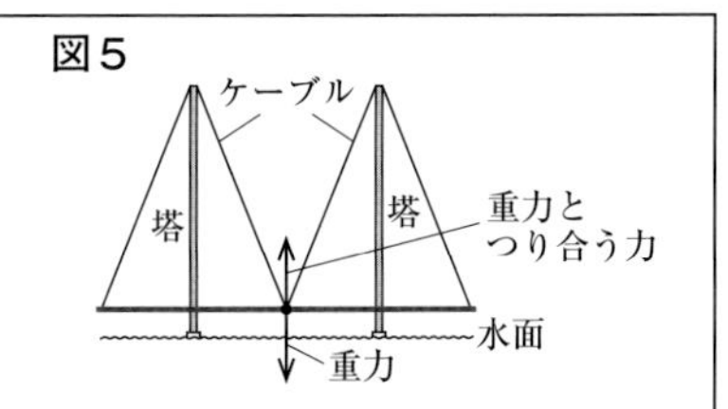
>

ア　a：大きく　　b：高い　　**イ**　a：大きく　　b：低い
ウ　a：小さく　　b：高い　　**エ**　a：小さく　　b：低い

2

由香さんは，物質の状態変化を調べるため，水とエタノールを用いて実験Ⅰ，Ⅱを行った。あとの問いに答えよ。

（熊本県）

図1

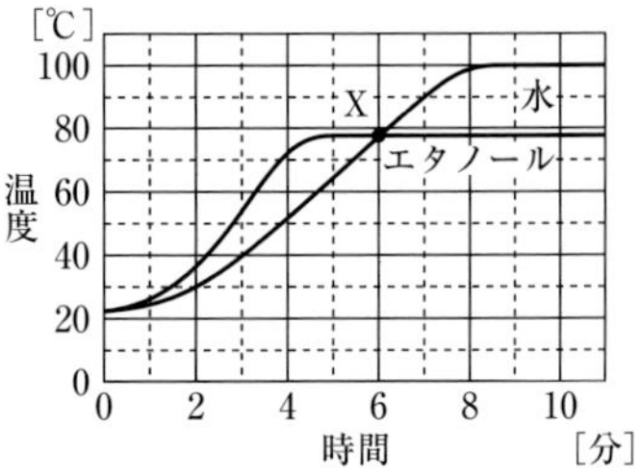

実験Ⅰ．水 50cm³ とエタノール 50cm³ をそれぞれ加熱し，温度変化を測定した。**図1**は，加熱した時間と温度との関係をグラフで表したものであり，点Xは二つのグラフの交点である。

実験Ⅱ．水 20cm³ とエタノール 5cm³ の混合物を，**図2**のような装置で加熱した。出てきた液体を，試験管a，bの順に 3cm³ ずつ集め，加熱をやめた。

図2

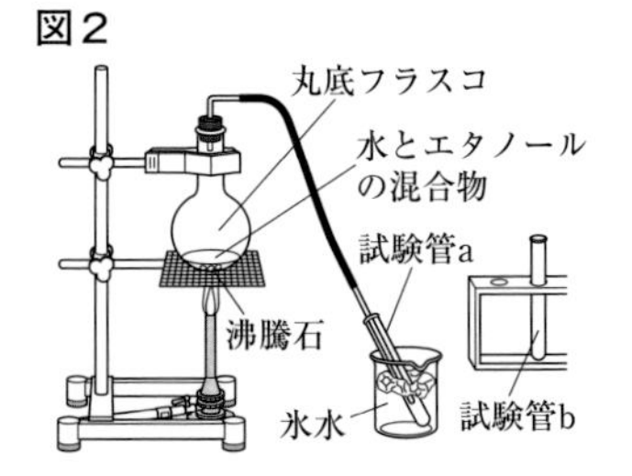

次に，同じ大きさのポリエチレンの袋A～Dを用意し，袋Aには試験管aに集めた液体，袋Bには試験管bに集めた液体，袋Cには水，袋Dにはエタノールをそれぞれ3cm³ずつ入れ，空気が入らないように口を密閉し，すべての袋に約90℃の湯をかけた。**図3**は，その結果を示したもので，大きくふくらんだほうから順に，袋D，袋A，袋Bとなり，袋Cはふくらまなかった。

図3

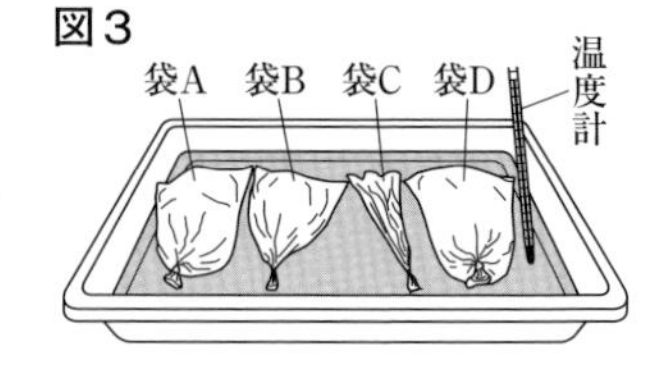

(1) **図1**の点Xにおける水とエタノールのようすについて正しく説明したものを，次の**ア**～**エ**からひとつ選び，記号で答えよ。

ア 水とエタノールはいずれも沸騰している。
イ 水とエタノールはいずれも沸騰していない。
ウ 水は沸騰しているが，エタノールは沸騰していない。
エ 水は沸騰していないが，エタノールは沸騰している。

(2) **図3**の結果から，試験管aと試験管bのうち，集めた液体にふくまれるエタノールの割合が大きいのはどちらか，a，bの記号で答えよ。また，そう判断した理由を，**図3**の袋の中における水とエタノールの状態変化をふまえて書け。

(3) **図3**の袋Dについて，袋にかけた湯が室温の22℃と同じ温度になるまで放置したとき，**図3**のときと比べ，袋の中のエタノールの質量は①（**ア** 増加し　**イ** 減少し　**ウ** 変化せず），②（**ア** 激しく　**イ** 穏やかに）運動するエタノール分子の割合が増える。

①，②の（　）の中からそれぞれ正しいものをひとつずつ選び，記号で答えよ。

(4) 表は，いろいろな物質の融点と沸点を示したものである。物質の温度が**図1**の点Xと同じ温度のとき，液体の状態であるものを次の**ア**～**オ**からすべて選び，記号で答えよ。

物質	融点[℃]	沸点[℃]
銅	1085	2562
酢酸	17	118
塩化ナトリウム	801	1485
パルミチン酸	63	351
窒素	− 210	− 196

ア 銅
イ 酢酸
ウ 塩化ナトリウム
エ パルミチン酸
オ 窒素

3 パルミチン酸の状態変化について実験を行った。実験について，あとの問いに答えよ。

（徳島県改）

実験

① 右の図のように，試験管に固体のパルミチン酸5gを入れ，切りこみを入れたゴム栓と温度計をとりつけてビーカーの水につけた。

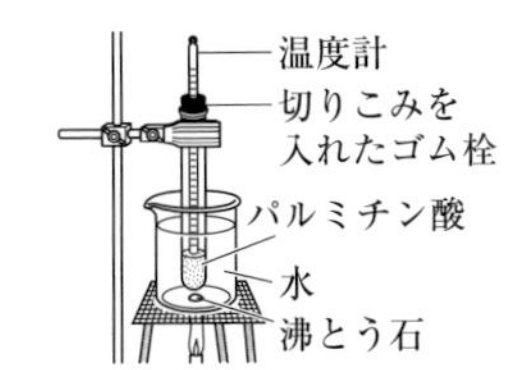

② ビーカーをゆっくりと加熱し，パルミチン酸の温度を1分ごとに測定して記録した。

③ 加熱をやめた後，そのまま静かに放置してパルミチン酸を固体にした。

(1) パルミチン酸が液体から固体になったとき，体積は小さくなっていた。次の文は，このときの密度の変化について考察したものである。文中の**ア**，**イ**にあてはまる言葉を書け。

状態変化により液体から固体になったとき，体積は小さくなるが（　**ア**　）は変化しないため，密度は（　**イ**　）なったと考えられる。

(2) 液体のパルミチン酸の密度をa〔g/cm³〕とし，固体のときの体積が液体のときの体積のb%になっていたとすると，固体のパルミチン酸の密度は何g/cm³か，a，bを用いて表せ。

4 次の実験について，あとの各問いに答えよ。

（三重県）

〈実験〉　凸レンズの性質を調べるために，次の①～③の実験を行った。

① **図1**のように，物体（J字形の穴をあけた板）と光源，焦点距離4cmの凸レンズ，スクリーン，光学台を用いて，スクリーンに実像をうつす実験を行った。凸レンズを光学台の中央に固定し，物体とスクリーンを動かして，スクリーンに物体と同じ大きさの実像をうつした。ただし，物体と光源は一体となっているとする。

図1

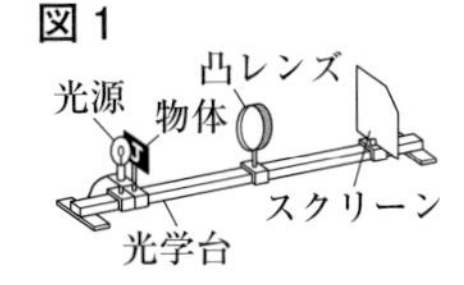

② ①の実験で，凸レンズに物体を近づけると実像がスクリーンにうつらなくなった。そこで，**図2**のように光源とスクリーンをとり外し，凸レンズを通して物体を見ると，実際の物体より大きな像が見えた。

図2

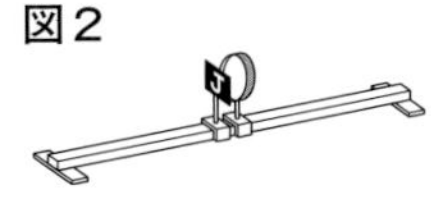

③　**図3**のように，物体（J字形の穴をあけた板）と光源，焦点距離4cmの凸レンズ，スクリーン，光学台を用いて，凸レンズと物体の距離を12 cmに固定し，スクリーンを動かして，スクリーンに実像をうつす実験を行った。ただし，物体と光源は一体となっているとする。

図3

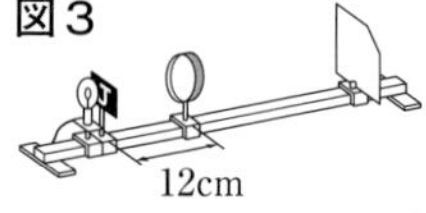

(1)　①について，次のa～dの各問いに答えよ。

a　スクリーンに物体と同じ大きさの実像をうつしたとき，凸レンズとスクリーンの距離は何cmか。

b　スクリーンにうつった実像は，どのように見えるか，次の**ア**～**エ**からもっとも適切なものをひとつ選び，記号で答えよ。

ア　**イ**

ウ

エ

c　**図4**は，ヒトの目のつくりを模式的に表したものである。**図1**のスクリーンのように，ヒトの目で実像がうつる部分はどこか，**図4**の**ア**～**エ**からもっとも適切なものをひとつ選び，記号で答えよ。また，ヒトの目で実像がうつる部分を何というか。

図4

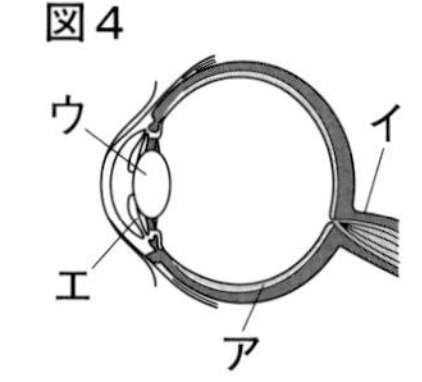

d　この実験から，凸レンズで屈折した光が実像をつくることがわかった。屈折に関係することがらについて述べたものはどれか，次の**ア**～**エ**からもっとも適切なものをひとつ選び，記号で答えよ。

ア　光ファイバーに光を通すと，光ファイバーが曲がっていても光が伝わる。

イ　道路にあるカーブミラーを見ると，車が来ないかを確認できる。

ウ　舞台でスポットライトを浴びた人を，どの客席からでも見ることができる。

エ　水を満たしたプールの底に置いた物体が，実際よりも浅いところにあるように見える。

(2)　②について，次のa，bの各問いに答えよ。

a　物体よりも大きく像が見えるのは，凸レンズと物体の距離が何cmのときか，次の**ア**～**オ**から適切なものをすべて選び，記号で答えよ。

ア　5cm　　**イ**　4cm　　**ウ**　3cm　　**エ**　2cm　　**オ**　1cm

b　凸レンズを通して見える像を何というか。

(3)　③について，**図5**は物体と凸レンズの位置を示したものである。実像ができる位置を作図で求めるため，物体の１点Ａから光軸に平行に凸レンズに入った光と，物体の１点Ａから焦点を通って凸レンズに入った光について，それぞれの光の道すじを，**図5**に―を使って表せ。ただし，光は凸レンズの中心線上で屈折することとする。また，**図5**に光の道すじを表した結果から，凸レンズとスクリーンの間の距離は何cmか，次の**ア**～**オ**からもっとも適切なものをひとつ選び，記号で答えよ。

図5

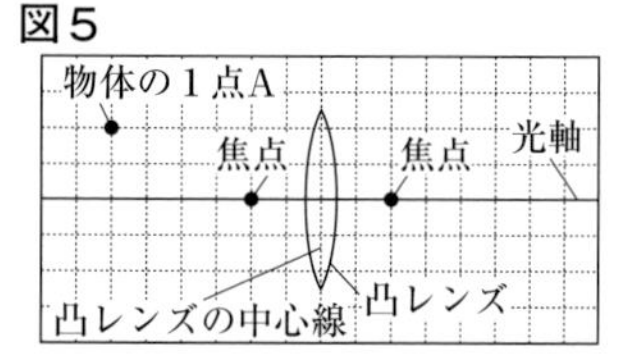

ア　4cm　　**イ**　6cm　　**ウ**　8cm　　**エ**　10cm　　**オ**　12cm

5

ＡさんとＢさんは，よく冷える瞬間冷却パック（簡易冷却パック）を身近な材料でつくろうと考え，理科室でＴ先生と次の探究的な活動を行った。あとの問いに答えよ。（山口県改）

瞬間冷却パックの材料として，市販されているクエン酸と重そうを用意し，次の<仮説>を検証するために，下の実験を行った。

<仮説>

クエン酸と重そうの質量の合計が大きいほど，温度がより低くなる。

[実験]

①　クエン酸10gと重そう10gをよく混ぜ，発泡ポリスチレンの容器に入れた。

②　**図1**のように，デジタル温度計を入れ，水100cm³を加え，ガラス棒でかき混ぜながら，10秒ごとに温度を記録した。温度が一定になっても，開始から6分間は測定を続けた。

図1

③　①で混ぜる材料の質量を「クエン酸20gと重そう20g」「クエン酸30gと重そう30g」にかえて，①，②の操作を行った。

図2

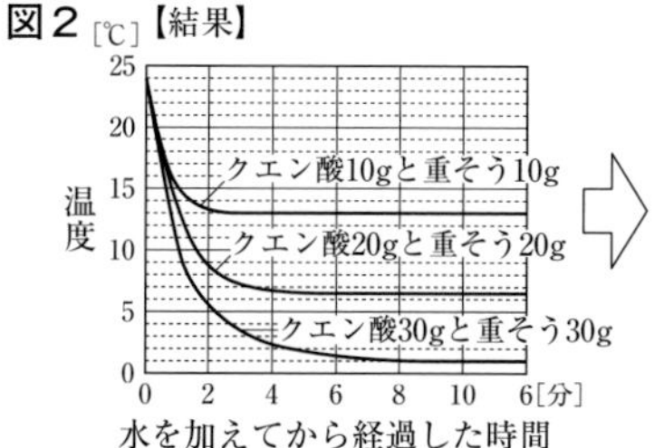

④　結果と考察を**図2**のようにまとめた。

⑴　ヒトが瞬間冷却パックに触れて冷たいと感じるのは，冷たさを皮膚で受けとっているからである。皮膚などのように，外界からの刺激を受けとる体の部分を何というか。

⑵　［実験］の①において，発泡ポリスチレンの容器を用いたのはなぜか。「熱」という語を用いて，簡潔に述べよ。

⑶　次の文が，**図２**のグラフが示す温度変化を説明したものとなるように，（　）の中のａ～ｄの語句について，もっとも適切な組み合わせを，下の１～４から選び，記号で答えよ。

　クエン酸と重そうの質量の合計が大きいほど，最低温度になるまでの時間は（a.　短い　b.　長い）が，クエン酸と重そうの質量の合計を変えても，（c.　13℃　d.　18℃）になるまでにかかる時間はほぼ同じである。

１　ａとｃ　　２　ａとｄ　　３　ｂとｃ　　４　ｂとｄ

6 **日本国内の地点Ｘで，ある日，行った気象観測について，表は，この日の時刻，気温，湿度，天気の関係を表したものである。9時から14時までの変化に着目すると湿度が下がっているのはなぜか，理由を書け。なお，空気中の水蒸気量はほとんど変化していなかった。**　（石川県）

時刻［時］	9	10	11	12	13	14	15
気温［℃］	23.2	25.5	25.8	26.6	26.8	27.1	26.5
湿度［%］	68	57	56	54	53	52	54
天気	晴れ	晴れ	快晴	晴れ	快晴	晴れ	晴れ

7 天体の見かけの動きに関する次の問いに答えよ。 (兵庫県改)

(1) **図1**は，神戸市において，ある1日の太陽の動きを透明半球に記録したものである。8時30分から16時30分までの2時間ごとに，太陽の位置を×印で5回記録したものをなめらかな線で結び，太陽の高度が最も高くなる位置を点Pとした。

図1

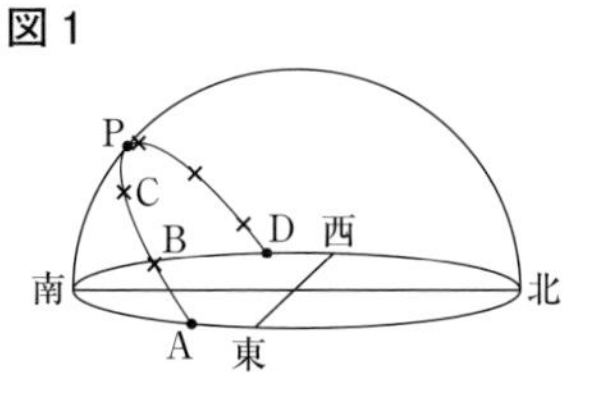

① 太陽がBの位置にあるとき，昼夜の地域を示した世界地図として適切なものを，次の**ア**～**エ**からひとつ選び，記号で答えよ。

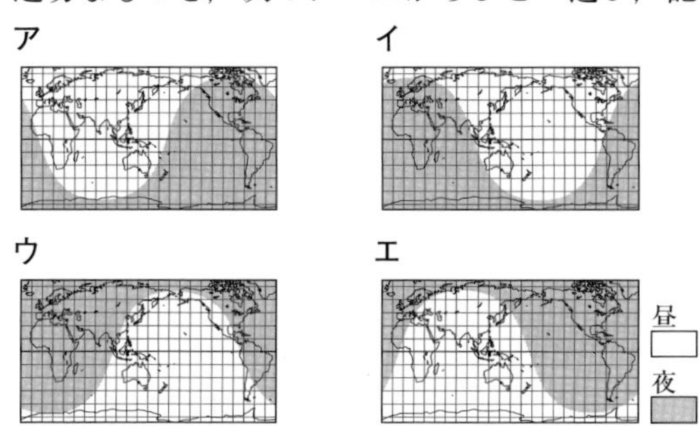

② 同じ日に那覇市における太陽の動きを透明半球に記録した。南中高度は**図1**と比べて高くなるか，低くなるか答えよ。

(2) **図2**は，黄道付近にある12の星座と，毎月1日に地球から見た太陽の位置を表している。**図2**の星座のうち，兵庫県において1月1日20時に南中している星座はどれか，ひとつ選び，その星座名を書け。

図2

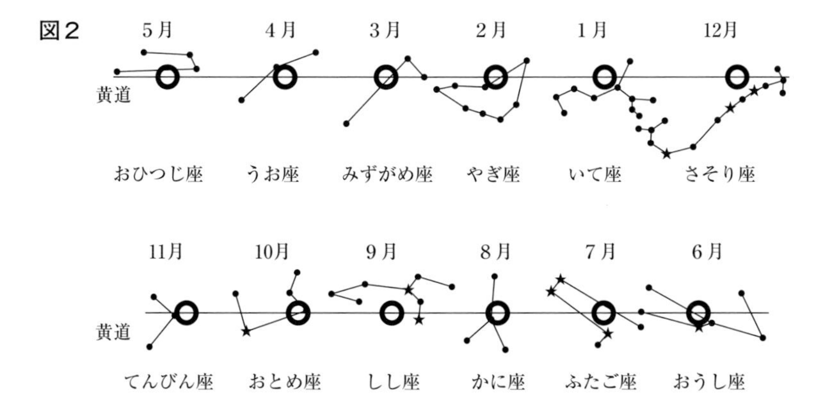

実験・観察の進め方

理科とは，身のまわりの現象について考える学問である。
これまで，たくさんの科学者によって実験・観察が行われ，さまざまな現象についての「なぜ？」「どうして？」という疑問が解明されてきた。

では，実験・観察を行うにあたって大切なこととは何か。
それは，
- 「なぜ？」という疑問をもつこと
- 実験・観察を行い，結果を得ること
- 得られた結果からわかることを考察すること
- 実験・観察によってわかったことをまとめ，発表すること

である。

これらはいずれも大切なことであるが，ここでは，4つ目の「実験・観察によってわかったことをまとめ，発表すること」に重点を置き，実験・観察の進め方についての基本的な流れ（～基本編～）と，各分野ごとの実験レポート（～実践編～）を見ていくことにしよう。

基本編

実験・観察の基本的な流れ

実験・観察の基本的な流れを図で表すと，次のようになる。

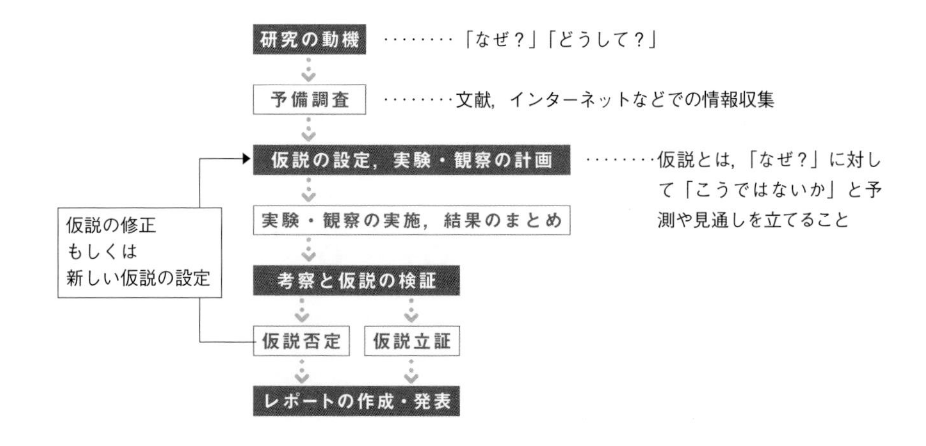

レポートにまとめるときは

レポートに書く内容は，以下の６項目。

1　実験日時のデータ

日にち・時刻，天候，気温，湿度，気圧などを書く。

→湿度，気圧は，実験室に測定器がない場合は省略してもよい。

2　実験の目的

何について調べたのかをはっきりさせ，具体的に書く。

3　実験準備

実験器具，薬品など，実験に用いたものを書く。

→器具の大きさや薬品の濃度など，準備するものに対する詳細も記録しておくとよい。

4　実験方法

実験を行った手順に沿って，操作を書く。

→第三者が同じ操作を行った場合に，同じ実験結果を再現できるようにくわしく書くとよい。

5　実験・観察結果

実験によって得られたデータや，観察した客観的な事実を書く。

→図，表，グラフなどに見やすくまとめ，説明は簡潔にわかりやすい文章で書く。

6　考察

実験の目的に沿って，結果から明らかになったことと，結果から考えられることを書く。

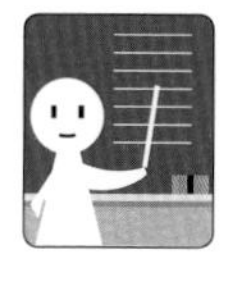

みんなの前で発表するときは

みんなの前で発表する内容は，以下の４項目。

1　実験の目的

2　実験日時

3　実験操作とその結果

4　考察

Point

●口頭のみで発表する場合は，左の 1～4 の項目を，レポートに書いた内容からまとめ直しておくとよい。

●スライドやプレゼンテーションソフトなどを用いて発表する場合は，実験装置の図や結果のグラフ，分析結果の図や表などを，視覚的にわかりやすくまとめておくとよい。

実践編

物理

物理では，数値データを扱い，データをもとにグラフ化したり，図に表したりするなどして，規則性を見つける実験が多い。実験においては，ていねいで正確な実験操作が求められ，レポート等にまとめるときには，誤差をふまえた数値データの分析と解釈が必要となる。ここでは，オームの法則を見出す実験を例に見ていこう。

1 実験日時

2020年6月5日（金） 14時30分 晴れ 気温20℃

2 実験の目的

抵抗器A，Bを用いて回路をつくり，電圧と電流の関係を調べた。

3 実験準備

2種類の抵抗器AとB，電源装置，電流計，電圧計，導線，スイッチ，グラフ用紙

4 実験方法

①抵抗器Aを使って抵抗器に加わる電圧と，抵抗器に流れる電流を同時にはかる回路（図1）をつくった。

②電源装置で，抵抗器Aに加える電圧を1.0V，2.0V，3.0V，…，6.0Vと変化させ，そのときの電流をはかった。

③いったん電圧を0Vにもどした。

④抵抗器Bを用いて，①～③と同じ操作を行った。

図1

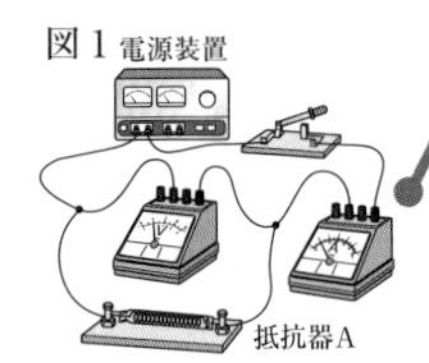

5 実験結果

実験方法の①～④で得られた結果を表にすると，下のようになった。また，表をもとにグラフをかくと，図2のようになった。

電圧(V)		0	1.0	2.0	3.0	4.0	5.0	6.0
電流(mA)	抵抗器A	0	50	98	151	200	249	302
	抵抗器B	0	26	52	75	100	126	150

6 考察

・図2より，電圧と電流の関係について直線のグラフが得られたことから，電圧と電流は比例することがわかった。

・抵抗器Aと抵抗器Bのグラフを比較すると，その傾きが異なっていた。これは，同じ電圧のときの抵抗器Aと抵抗器Bの電流の大きさが異なっているということであり，抵抗によって電流の流れにくさが異なることがわかった。

図2

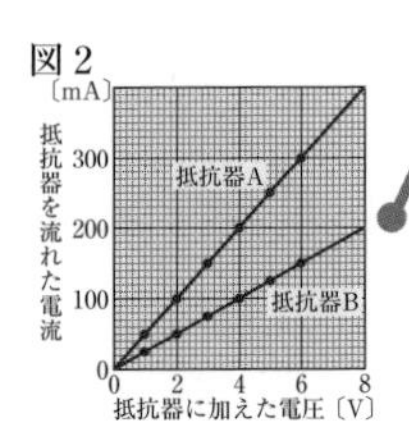

4　実験方法

どのような装置を使用して実験を行ったかがわかるように，文章とともに実験装置の図を示しておく。また，どのような条件で実験を行ったのかがわかるようにしておく。特に，この実験のように数値データをともなう実験については，操作の中で用いた数値を記録しておく必要がある。

5　実験結果
6　考察

電圧と電流の関係を調べる実験を行うにあたっては，すでに電圧や電流がどのようなものであるかについて学習しているので，電圧を大きくするのにともなって電流が強くなることは予想できる。しかし，この実験は，電圧を大きくすると電流が強くなるという定性的な理解だけを目的としているわけではない。得られた数値データをグラフ化し，どのような規則性があるのかを定量的にとらえることが，この実験の目指すところである。したがって，どのような規則性の中で，電流の強さが強くなっていくのかという点に注目して，実験結果を見るとよい。

この実験の場合，データに注目する点は2点ある。

1　**同じ抵抗器のデータに注目すると，電圧を大きくするのにともなって電流が強くなっていることがわかる（左の表の ━━ 部）。**

2　**2種類の抵抗器について，同じ電圧での電流の強さを比べると，抵抗器Aと抵抗器Bでは，流れる電流の強さが異なることがわかる（左の表の ■■■ 部）。**

［例］電圧4.0V のとき，抵抗器Aの電流＝200mA　抵抗器Bの電流＝100mA

表の数値データから，数値の増減などを知ることはできるが，全体の傾向を把握し，規則性を見出すためには，数値データをグラフ化しておくとよい［➡P.52（グラフのかき方）］。

この実験では，結果をまとめる際にグラフを活用したが，凸レンズでできる像を調べる実験や，2力の合力を調べる実験などでは，実験結果をもとに作図すると，規則性を見出したり，規則性を説明したりしやすい。

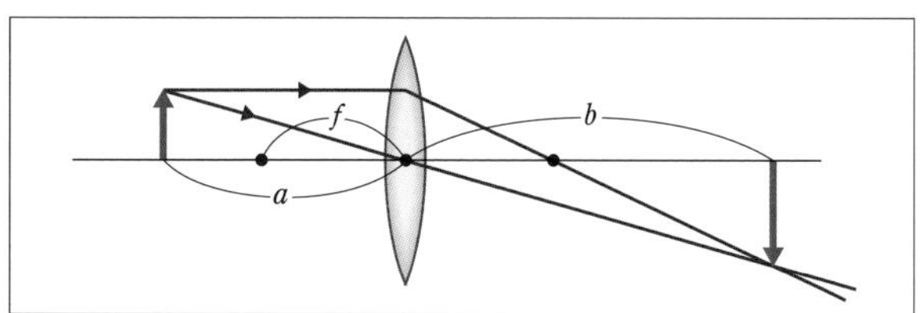

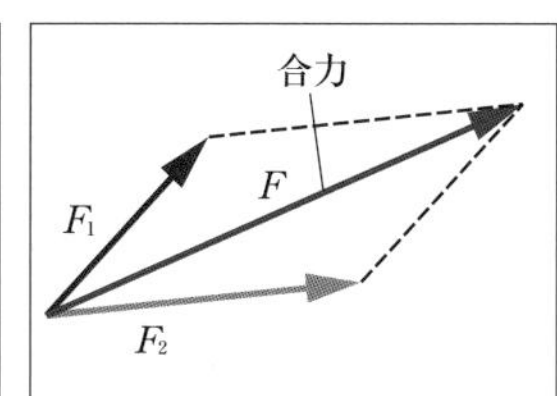

実践編

化学では，さまざまな物質を用い，それらを加熱したりほかの物質と混合したりすることで化学変化が生じるのか，生じる場合，それはどのような化学変化なのかを調べる実験・考察が多い。ここでは，亜鉛と塩酸を反応させて水素を発生させる実験を例に見ていこう。

1　実験日時

2020年10月６日（火）　10時00分　くもり　気温16℃

2　実験の目的

亜鉛と塩酸を反応させたときに発生する気体の性質を調べた。

3　実験準備

亜鉛40g，５％塩酸20mL，二股試験管，ゴム栓とゴム管のついたガラス管，水槽，試験管，マッチ

4　実験方法

①実験器具と薬品を実験台に用意する。
②二股試験管の突起がある管のほうに亜鉛を入れ，その後もう一方に塩酸を入れる。
③ガラス管を二股試験管に取り付け，ガラス管の先を水槽に入れて水上置換の準備をする。
④二股試験管を傾けて塩酸を少しずつ亜鉛に加え，出てきた気体を集める。
⑤試験管に集まった気体にマッチの火を近づけ，反応を調べる。

図１

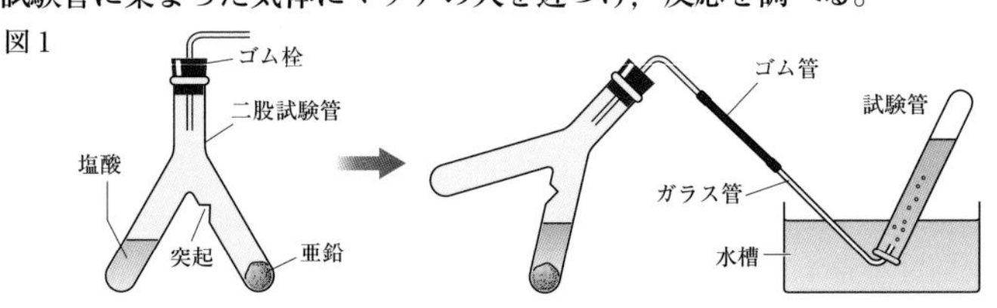

5　実験結果

・亜鉛に塩酸を加えると，亜鉛の表面から細かい無色の泡がたくさん生じた（図２）。
・試験管に集めた気体にマッチの火を近づけると，ポンと音がしてマッチの火が消えた（図３）。
・試験管の口もとは熱くなり，その付近に水滴が生じた。

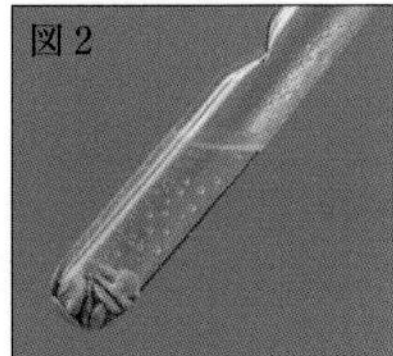
図２

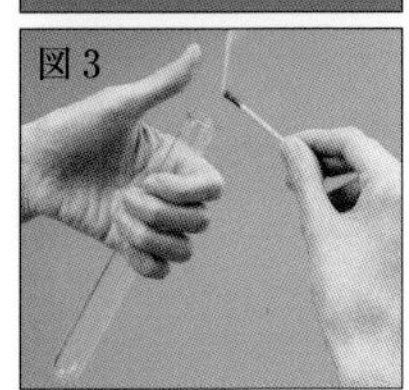
図３

6　考察

・水上置換で気体が集められたこと，無色の泡が生じたこと，マッチの火を近づけるとポンと音がして火が消えたことから，発生した気体は，可燃性で無色の，空気よりも軽い気体である水素とわかった。

4　実験方法

用いた亜鉛の質量と塩酸の濃度・体積も記録しておくこと。さらに，「何に」「何を」入れるのかという操作の順序も化学の実験ではおろそかにできない。(例えば濃硫酸を希釈する場合，水に濃硫酸を入れる。逆に行うと硫酸が飛び散る可能性があり，危険である。)

実験を行う際の注意点を確認する。授業中に先生から聞いた注意点を思い出すだけでなく，実験を行うとどんなことが起こるかを確認し，器具の位置関係などをチェックする。
⇒二股試験管を傾けて亜鉛に塩酸を加えるとすぐに反応が起こるので，傾ける前に以下のことを確認しておく必要がある。
①二股試験管にゴム管のついたガラス管をとりつけてあるか
②ゴム管の先で，すぐに水上置換ができるようになっているか

反応のようすを見ながら実験をすることも大切である。最初から一気にやらない。
⇒亜鉛に塩酸を加えるときは一気に加えず，少し入れてようすを見て，問題がないかどうかを確かめる。気体の発生量が少ないときには，徐々に塩酸を加えていくようにする。

5　実験結果

気体はどこから発生するか，どのような色かということをできるだけ多くの言葉を使って記録しておく。一番マズイ記録は「水素が発生した。」というものである。泡が出ていることだけでは，それが水素かどうかはわからないはずだから，ここでは左のように，「亜鉛の表面から細かい無色の泡が生じた。」と自分の五感をフルに使った観察と記録がよい。また，マッチの火を近づけたときのようすについても，音や色，においなどを記録する。「何回も実験していくとほとんど音がしなくなった。」「火を近づけたところ，試験管の口もと付近が熱くなりその付近に水滴が生じた。」など，実験器具もよく見ると，実験前と違った状態になっていることに気づくものである。

6　考察

どういった結果から，何が言えるのかを確認してまとめること。
あらかじめ立てておいた予想と異なる結果が得られた場合は，「実験は失敗した」などと記すのではなく，どうしてそのような結果になったかを考えてみよう。例えば，この実験の場合，最初に集めた気体にマッチの火を近づけてもなかなか点火しないことがある。これは，二股試験管などの実験器具内にある空気が最初に集められたからである。また，集めた気体中の水素の割合が高いと火を近づけても何の変化も観察されないように見える（実は，無色の炎が生じている。）ことがある。失敗したと思ったときこそ，考察できることがたくさんあると思うこと。

実践編

>> 生物

生物では，「水中の小さな生物の観察」「細胞分裂のようすの観察」などの事実の観察と，「光合成と光の強さ，二酸化炭素濃度との関係を調べる実験」「メダカの反応を調べる実験」などの生物が起こす反応を調べる実験の大きく２つがある。ここでは，光合成に光が必要であることを確かめる実験を例に見ていこう。

1　実験日時

2020年７月10日（木）　11時00分　晴れ　気温28℃

2　実験の目的

植物の光合成に，光が必要であるかどうかを調べた。

3　実験準備

アサガオ，エタノール，ヨウ素液，アルミニウムはく，クリップ，大型ビーカー，小型ビーカー，ペトリ皿，ピンセット，スポイト

4　実験方法

①一昼夜暗室に置いておいたアサガオの葉の一部をアルミニウムはくでおおう。
②その葉に光を十分に当てる。
③十分に光を当てた葉を，あたためたエタノールで脱色する。
④エタノールで脱色した葉を，ペトリ皿に入れたヨウ素液にひたす。

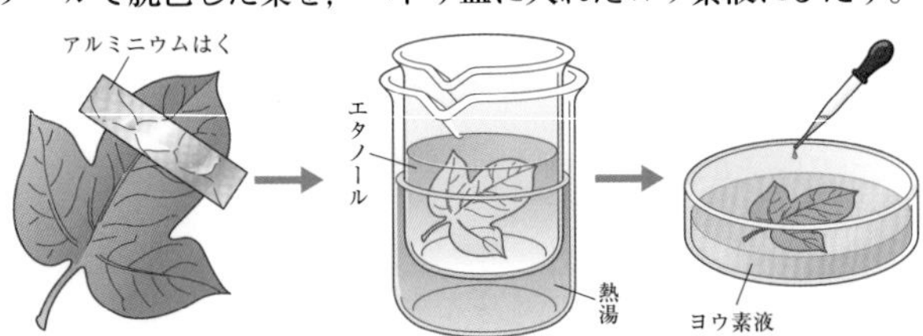

5　実験結果

・光の当たった部分（アルミニウムはくでおおわなかった部分）は青紫色になった。
・光の当たらなかった部分（アルミニウムはくでおおった部分）は白くぬけて見えた。

6　考察

・ヨウ素液は，デンプンと反応して青紫色になる。
このことから，光の当たった部分ではデンプンがつくられており，光合成が行われたことがわかる。また，光の当たらなかった部分ではデンプンはつくられておらず，光合成は行われなかったことがわかる。
よって，植物が光合成を行うには，光が必要であると言える。

2 目的

どのような実験を行うにしても，仮説を立てることは重要なことである。
この実験では，光合成には光が必要であることが，「光合成」という文字からも予想できる。
したがって，この場合の仮説は，「光合成には光が必要である」とするのがごく自然だろう。

仮説を設定するにあたっては，本やインターネットなどで得た情報をもとに，「自分で考えて立てる」ことが，科学的態度として大切である。

3 実験準備

この実験で用いる植物としては，アサガオやコリウスなどの緑色の葉がよい。ツバキのようなかたい葉よりは，少しやわらかめの葉を準備する。
この実験に限らず，どんな実験材料を用いるかは，実験・観察の成功を左右する重要な要素となるため，実験の主旨や操作方法に適した材料をそろえること。

5 実験結果

結果は，文章や図だけでなく写真もそえるとよい。理由は，文章や図だけよりも，見る人に与える信頼性が格段に高まるからである。

6 考察

この実験で着目すべきポイントは，１枚の葉のなかで，アルミニウムはくでおおった部分とおおわなかった部分のちがいは何かということ。この２つの部分でのちがいは，葉に光が当たったか当たらなかったか，という光の有無だけである。
このように，生物の実験・観察では，ある条件だけを変え，それ以外の条件はすべて同じにした実験（このような実験を対照実験という）を行い，それらの結果を比較して考察することが多い。そのため，それぞれの実験において，同じ条件は何か，異なる条件は何かを整理しながら考察していくことが重要である。
整理のしかたにはいろいろな方法があるが，その一例として，下のように，条件と結果を表にまとめる方法がある。

葉の部分	葉緑体	光	
アルミニウムはくでおおった部分	○	×	⇒ヨウ素液の色の変化なし
アルミニウムはくでおおわなかった部分	○	○	⇒青紫色になった

このほかにも，与えられた図に条件や結果を書きこんでいくやり方もある。
自分のやりやすい方法を見つけておくとよいだろう。

実践編

地学

地学では，地層の観察のように，「どのようなものがあるか」「どうなっているか」を明らかにしていく観察が多い。「どうなっているか」が正確にわからなければ，その理由や意味などを考えることができないため，観察は非常に大切である。ここでは，火山灰にふくまれている鉱物の観察を例に見ていこう。

1　実験日時

2020年２月17日（火）　13時00分　晴れ　気温９℃

2　実験の目的

園芸用の土である赤玉土（火山灰）にはどのような鉱物がふくまれているかを観察する。

赤玉土

3　実験準備

赤玉土，蒸発皿，ろ紙，ルーペ，洗浄ビン，洗面器，雑巾，双眼実体顕微鏡，ドライヤー

4　実験方法

①赤玉土２粒程度と水を蒸発皿に入れ，右図の手順をくり返し，水が透明になるまで洗う。

②蒸発皿の水を捨て，残った鉱物をろ紙に包み，ろ紙ごとドライヤーで乾燥させる。

③鉱物の粒を，双眼実体顕微鏡やルーペで観察し，表に記録する。

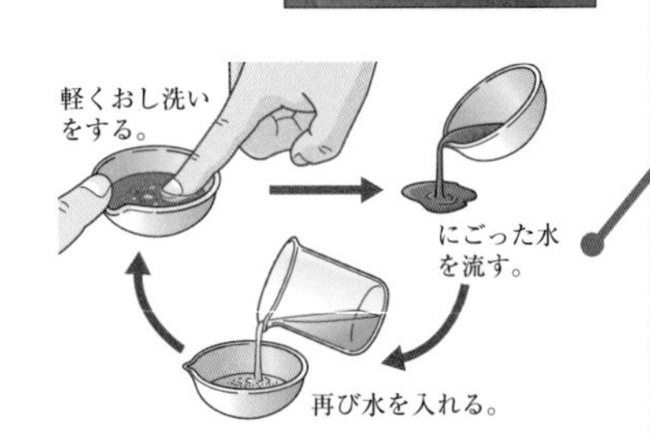

5　実験結果

	色	形・割れ方	鉱物名
鉱物１	緑色・かっ色	短い柱状	輝石
鉱物２	黄緑色	まるみのある四角形	カンラン石
鉱物３	黒色	長い柱状	角閃石
鉱物４	白色	柱状	長石

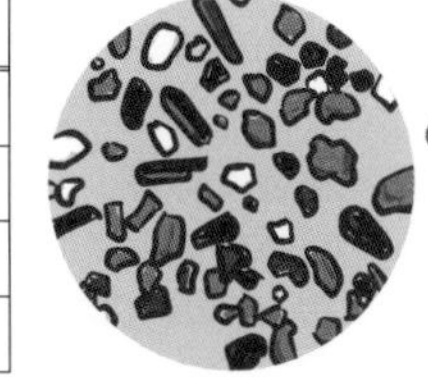

6　考察

・園芸用の土である赤玉土には，輝石，カンラン石，角閃石，長石といった，たくさんの鉱物がふくまれていることがわかった。

4　実験方法

●操作の意味を理解する

実験・観察で行う様々な操作の１つ１つには，それを行う理由が必ずある。操作を行う理由をよく理解しておかないと，何に気をつけて操作すればよいかがわからず，失敗につながってしまうこともある。「なぜこの操作をするのか」「この操作にはどんな意味があるのか」を考えてから操作するように心がけよう。

⇒赤玉土は細かい火山灰のかたまりで，鉱物はその中に埋もれている。そのため，左ページの①のように，水洗いをくり返すことで火山灰の細かい粒を洗い流し，中の鉱物を取り出して観察できるようにする。

＜操作を理解しないで行った場合の失敗例＞

＊すりつぶさずに水を入れてかき回していると，いつまでも細かい粒を洗い流せない。

＊洗った水の上澄みだけを捨てると，細かい粒がいつまでも残る。

＊洗った水を捨てるとき，「砂」まで流してしまうと鉱物が残らない。

●適切な方法を選ぶ

学校の授業のように，限られた時間の中で実験・観察を行うことがある。そのため，状況に応じて適当な方法を選択することも大切である。

⇒鉱物を乾燥させるとき，蒸発皿をガスバーナーで加熱すれば確実だが，ドライヤーを用いるなど手軽な方法を工夫してみてもよい。

5　実験結果

●きちんと観察して記録する

実験・観察では，操作を終えたこと，結果を得られたことに満足しているだけではいけない。得られた結果をきちんと整理し，記録することが大切である。結果を整理する方法には，グラフや表，図や写真など様々なものがあるが，行った実験・観察の内容によって使い分けるとよい。

⇒この観察では，左ページのように表にまとめることで，もれのない観察をすることができ，ほかの人にも観察の記録を提示しやすくなる。ひとつひとつの鉱物の粒に注目し，「形」「割れ方」「色」などの特徴に注目して表に整理しよう。

また，顕微鏡で見たときのようすなど，あとから思い出しにくい結果は，簡単なスケッチを残しておくとよい。

練習問題 解答解説

物理 第1章 光と音

▶ P.42〜P.43

1 (1) **下図** (2) **8 cm**
(3) **ウ，(例) 凸レンズを通過する光の量が減少するから。**

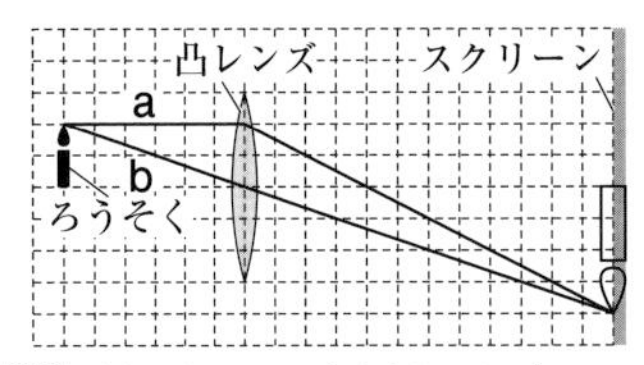

解説 (1) 凸レンズを通った光が1点に集まるとき，実像ができる。実像ができる位置を知る手がかりになるのが，光軸(凸レンズの軸)に対して平行な光と，レンズの中心を通る光である。光aは光軸に平行な光なので，凸レンズを通過したあと，焦点を通過する。光bは凸レンズの中心を通る光なので，凸レンズを通過したあと，そのまま直進する。この問題では焦点はあたえられていないが，スクリーン上に像ができることがわかっているので，光bを延長してスクリーンに当たった点が実像の先端と考えてよい。したがって，この点と光aを結べばよい。
(2) 光aが光軸と交差している点が焦点である。凸レンズの中心から焦点までの距離を焦点距離という。 (3) 実像ができるとき，凸レンズを通過した光はすべて実像の位置に集まっている。黒い紙で一部をおおっても，凸レンズを通過する光がある場合は，実像はすべてうつる。ただし，凸レンズを通過する光の量は減少するので，実像は全体として暗くなる。

2 (1) **下図** (2) **イ**

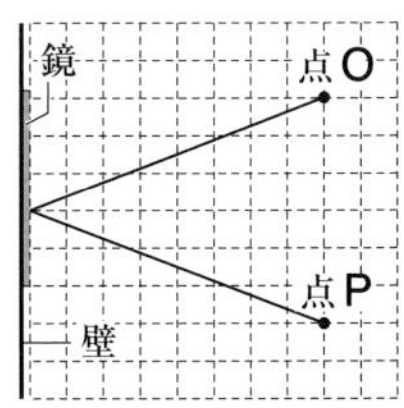

解説 (1) 鏡などの水平な面で光が反射するとき，光は，入射角＝反射角 となるようにすすむ。OPを底辺とする二等辺三角形をかけば，入射角と反射角が等しくなる。 (2) 点Oと点Pを鏡に近づけ，(1)と同じように作図すると，鏡にうつるベルトの位置(点P)は変わらないことがわかる。同様に，ほかの部分がうつる位置も変わらない。

3 **348m/s**

解説 1秒間隔で太鼓をたたいたときに，直接音と反射音が等間隔で聞こえることから，直接音が聞こえてから0.5秒後に反射音が聞こえていることになる。したがって，太鼓から出た音は87mを0.5秒で往復したことになる。よって，

$$\text{音の速さ} = \frac{\text{音が伝わった距離〔m〕}}{\text{かかった時間〔s〕}}$$

$$= \frac{87 \times 2\text{〔m〕}}{0.5\text{〔s〕}} = 348\text{〔m/s〕}$$

4 (1) **音源(発音体)** (2) **400Hz**
(3) **(例) PQ間の長さを短くし，弦をはじく強さを強くした。**

解説 (2) 1回振動するのに$\frac{1}{400}$秒かかるので，1秒間では，$1 \div \frac{1}{400} = 400$〔回〕振動し，400Hzとなる。 (3) 振動数が多く，振幅が大きくなっていることから，音が高く，大きくなっていることがわかる。

物理　第2章　力と運動

▶ P.84～P.87

1 (1) エ　(2) (2力は,)大きさが等しい。

解説 (1)(2) Aはひもがおもりを引く力(張力), Bは地球がおもりを引く力(重力)であり, この2力がつり合っている。ひとつの物体にはたらく2力がつり合うのは, 力の大きさが等しく, 向きが反対で, 同一作用線上にあるときである。

2 (1) ウ　(2) 下図　(3) 20g
(4) 24.5cm

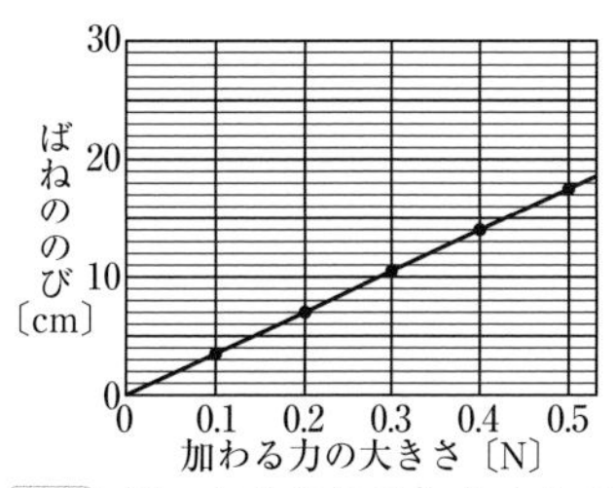

解説 (1) おもりにはたらく力は, ばねがおもりを引く力(張力)とおもりにはたらく重力の2力で, おもりが静止しているとき, この2力の大きさは等しい。よって, ウが正しい。 (2) おもりの数が0個のときのばねの長さが自然長(もともとのばねの長さ)である。よって, ばねののびは, 自然長との差をとればよい。 (3) 実験2のばねBの長さは16.5cmで, 実験1の結果より, これはおもり2個のときと同じのびであることがわかる。図2のようにばねの両側に20gのおもりを1個ずつつるした場合も, 片方を壁に固定して片側に20gのおもりをつるした場合も, ばねにはたらく力の大きさは同じである。よって, 求める質量は20g。

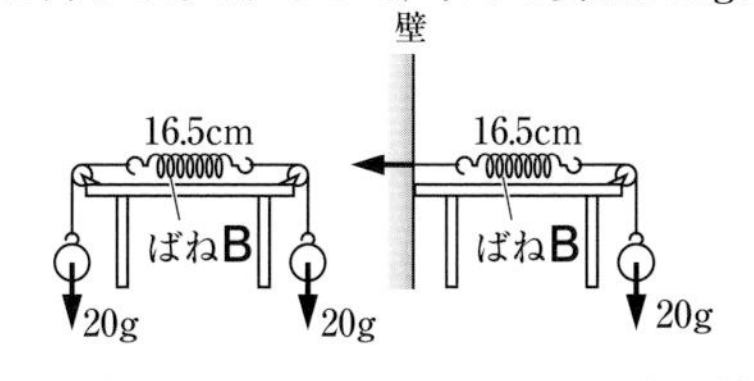

(4) 質量40gのおもりにはたらく重力と等しい大きさの力で, 2つのばねはそれぞれ引かれている。よって, 実験1の結果より, ばねBの長さは24.5cmとなる。

3 (1)

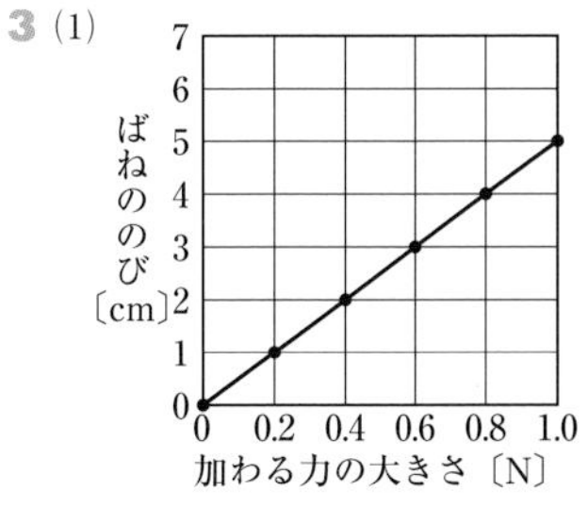

(2) (a) ア　(b) 0.3N

解説 (1) 100gの物体にはたらく重力の大きさは1Nであり, 物体Aは1個20gなので, 物体A1個の重力の大きさは0.2Nである。問題の表から, 0.2×1＝0.2〔N〕のとき, ばねののびは1.0cm, 0.2×2＝0.4〔N〕のとき2.0cm, 0.2×3＝0.6〔N〕のとき3.0cm, 0.2×4＝0.8〔N〕のとき4.0cm, 0.2×5＝1.0〔N〕のとき5.0cmなので, (0, 0), (0.2, 1), (0.4, 2), (0.6, 3), (0.8, 4), (1.0, 5)の点をとり, 直線で結ぶ。
(2) (a) 水圧は深いほど大きいから, 下にいくほど矢印が長くなってるアの図が正しい。 (b) aのグラフより, ばねの伸びが2.0cmのときにばねにかかる力は0.4Nなので, 浮力の大きさは, 0.7－0.4＝0.3〔N〕

4 (1) イ　(2) 56cm/s　(3) ウ

解説 (1) 図2より, 0.1秒間にすすむ距離が徐々に長くなっていることから, 台車の速さがふえていることがわかる。
(2) 台車は0.1秒間でCD間を5.6cmすすんでいるから, この間の台車の平均の速さは, $\frac{5.6〔cm〕}{0.1〔s〕}=56〔cm/s〕$
(3) 斜面の角度が大きくなると, 斜面にそった下向きの力が大きくなる。その結果, 台車の速さのふえ方も大きくなる。

物理　第3章　仕事とエネルギー

▶ P.108～P.109

1 (1) 54 J　(2) 6.0m/s

解説 (1) 仕事〔J〕=力の大きさ〔N〕×力の向きに移動した距離〔m〕 なので，9.0〔N〕×6.0〔m〕=54〔J〕 (2) 求める速さをvとすると，運動エネルギー$U_k=\frac{1}{2}mv^2$より，$\frac{1}{2}\times3.0\times v^2=54$ これより，$v=6.0$m/s

2 (1) **オ** (2) **エ** (3)① **なし**
② **●●●●●** ③ **●●●**
④ **●●●●●** ⑤ **なし** (4) **ア**

解説 (1) 小球は，BD間で加速，DE間で等速直線運動，EF間ではBD間での加速よりもゆっくりと減速していく。よって，オのグラフのようになる。 (2) DE間では等速直線運動しているので，レールにそった力ははたらいていない。
(3) 表のDの運動エネルギーより，小球の力学的エネルギーは●5個分である。
(4) レールから飛び出したあと，小球は放物運動をする。このとき，小球の速さは0にはならないので，小球は運動エネルギーをもつ。そのため，はじめのBと同じ高さまでもどることはできない。

物理 第4章 電気と磁気

▶ P.146〜P.147

1 (1) **0.08A** (2) **50Ω** (3) **9V**
(4) **5倍**

解説 (1) 点Pに0.4Aの電流が流れるとき，図1より，電熱線aの両端にかかる電圧は4Vとわかる。また，図2は並列回路なので，電熱線bの両端にかかる電圧も4Vである。よって，点Qを流れる電流は0.08A。 (2) オームの法則より，電熱線bの抵抗は，$\frac{電圧〔V〕}{電流〔A〕}=\frac{5〔V〕}{0.1〔A〕}=50〔\Omega〕$
(3) 図3は直列回路なので，電源装置の電流は電熱線aを流れる電流0.15Aに等しい。また，図1より，電熱線aの抵抗は10Ω，電熱線bの抵抗は50Ωであることから，図3の回路全体の抵抗は10+50=60〔Ω〕 よって，電源装置の電圧は，60〔Ω〕×0.15〔A〕=9.0〔V〕
(4) 消費電力〔W〕=電圧〔V〕×電流〔A〕
図3は直列回路なので，回路を流れる電流の大きさはどこでも同じである。また，電圧は抵抗の大きさに比例するので，消費電力も抵抗の大きさに比例する。
よって，Aの消費電力：Bの消費電力=10：50=1：5 となる。

2 (1) (例)**電流を大きくする。** (2) **下図**

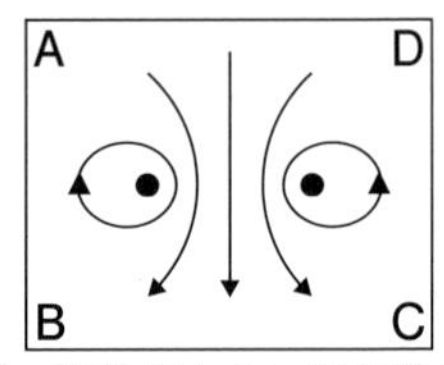

解説 (1) 電流が大きいほど発生する磁界は強い。「コイルの巻き数を増やす。」も可。 (2) コイルの各部には同心円状の磁界ができる。左右では電流の向きがたがいに異なるため，コイル内の磁界は同じ向きになり，強め合う。したがって，コイル内には強い磁界ができる。

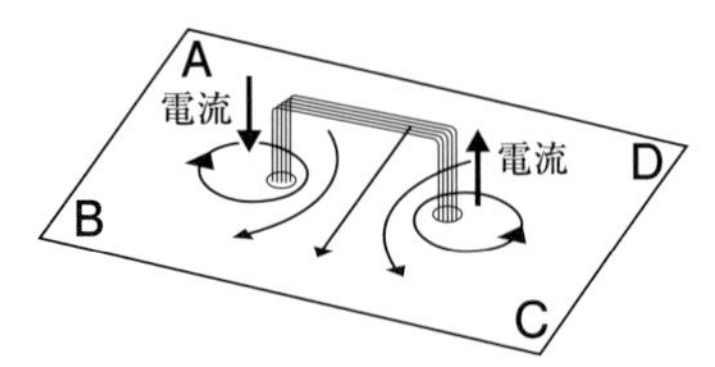

3 (1) (例) **矢印の向きに動き出す。**
(2) (例) **電流を大きくする。**(または，**磁力の強い磁石を使う。**)
(3)① **−** ② (例) **磁石のN極をゆっくりコイルから遠ざける。**(または，**磁石のS極をゆっくりコイルに近づける。**)

解説 (1) 電流の向きを同じにしたまま磁界の向きを反対にすると，力の向きは反対になる。磁界の向きを同じにしたまま電流の向きを反対にしても，力の向きは反対になる。この問題では，電流の向きと磁界の向きの両方を反対にしたので，力の向きは変わらない。 (2) 電流が磁界から受ける力を大きくするためには，電流を大きくしたり，より磁力の強い磁石を用いるなどの方法がある。 (3)① N極をコイルに近づけるときと遠ざけるときでは，生じる誘導電流の向きはたがいに反対向きになる。 ② 検流計のふれる向きから，N極をコイルから遠ざけたか，S極をコイルに近づけたかどちらかであることがわかる。また，検流計の針のふれが上の２つより小さいことから，磁石をゆっくりと動かしたことがわかる。

4 (1) **13V**　(2) **0.4A**　(3) **2.5倍**
(4) **エ**　(5) (例) **直列つなぎでは１個の電球に100Vの電圧がかからず，本来の明るさにならないから。**(または，**１個の電球が切れるとすべての電球が切れてしまうから。**)

解説 電球の表示の100W，40Wは一般に100Vの電圧で使用したときに100W，40Wの電力を消費するという意味である。したがって，電球にかかる電圧が100Vではないときは注意が必要である。
(1) 図１は直列つなぎ。電球Pにかかる電圧と電球Qにかかる電圧の和が100Vになる。よって，100－87＝13〔V〕 (2) 図２は並列つなぎ。電球P，電球Qにかかる電圧はともに100Vである。よって，電球Qに流れる電流の大きさは，$\frac{40〔W〕}{100〔V〕}$＝0.4〔A〕
(3) 電球Pに流れる電流は，1.4－0.4＝1.0〔A〕したがって，電球Pの抵抗は，

$\frac{100〔V〕}{1.0〔A〕}$＝100〔Ω〕，電球Qの抵抗は，

$\frac{100〔V〕}{0.4〔A〕}$＝250〔Ω〕　以上のことから，

電球Qの抵抗は電球Pの抵抗の，

$\frac{250〔Ω〕}{100〔Ω〕}$＝2.5〔倍〕 (4) それぞれの消費電力を求める。図１のPは，0.36〔A〕×13〔V〕＝4.68〔W〕　図１のQは，0.36〔A〕×87〔V〕＝31.32〔W〕　図２のPは100〔W〕，図２のQは40〔W〕である。よって，明るい順に並べると**ウ→エ→イ→ア**となる。
(5) 各電球に100Vの電圧がかからないため，本来の明るさにならない。ほかの電気製品についても同様に，本来の性能を発揮することができない。

物理　第5章　いろいろなエネルギー

▶ P.164～P.165

1 (1) **ウ**　(2) **エ**　(3) **ア**

2 (1) **イ**　(2) **ア**　(3) **電気**(エネルギー) **→熱**(エネルギー)

解説 ①より，Aは光エネルギー，Bは化学エネルギー，②より，Cは熱エネルギー，③より，Dは運動エネルギー，Eは電気エネルギーであることがわかる。

化学　第1章　物質の姿

▶ P.206～P.207

1 **ア，ウ，エ**

解説 金属には金属光沢がある，密度が大きい，電気をよく通す，展性・延性がある，熱をよく伝えるなどの特徴がある。

2 (1) **(a)**　(2) **カ→ア→エ→ウ→オ→イ**

解説 (1) ガス管に近いほうにある下のねじがガス調節ねじである。 (2) 元せんを開ける前に，両方の調節ねじが閉じていることを確認する。マッチに火をつけたあとにガス調節ねじを徐々に開けていく。

3 (1) **ア：固体**　**イ：液体**　**ウ：気体**
(2) **(a)：カ**　**(b)：キ**　**(c)：エ**
(d)：オ　**(e)：オ**　(3) **ウ**

解説 (1) ア，イの２つの状態から加熱してウの状態になることから，ウは気体とわかる。ア→イの状態変化は融解だから，アは固体，イは液体である。
(2) それぞれの状態変化に対応する用語は，次の通りである。固体→液体：融解，液体→気体：蒸発，気体→液体：凝縮，液体→固体：凝固，気体⇄固体：昇華。気体→固体は凝華ということもある。
(3) 状態変化によって，体積は変化するが，質量は変化しない。質量が一定の場合，体積が大きいほど密度は小さくなる。よって，体積がもっとも大きい気体の状態のとき，密度はもっとも小さい。

4 固体：**鉄，ナフタレン，パラジクロロベンゼン**　液体：**エタノール，水**
気体：**アンモニア**

解説 融点は固体状態から液体状態になる温度，沸点は液体状態から気体状態になる温度である。融点が20℃よりも高い物質は固体，融点と沸点の間に20℃がある物質は液体，沸点が20℃よりも低い物質は気体である。

5 （気体の名称） **A：エ**　**B：カ**　**C：キ**
（発生に用いる試薬） **A：あ**　**B：お**　**C：う**
解説 空気よりも密度が小さな気体は水素，アンモニア，窒素などである。水素は可燃性の気体で，空気と混合すると爆発する可能性がある。石灰水と反応して石灰水を白くにごらせる気体は，二酸化炭素である。

化学　第2章　原子・分子と化学変化

▶ P.245〜P.247

1 物理変化：**ア，エ**
化学変化：**イ，ウ，オ**
解説 化学変化は，異なった物質が生じる変化である。それに対して，物理変化は，変化のあとも物質自体は変化していない。
ア：三態変化である。**イ**：木は有機物。燃えて二酸化炭素や水が生じる。**ウ**：過酸化水素が分解して，水と酸素が生じる。**エ**：混合して水溶液になっただけである。**オ**：酸化銀が分解して，酸素と銀が生じた。

2 (1) **硫酸**　(2) **陰極**　(3) **1：2**
解説 (1) 水酸化ナトリウムは，電気が通りやすくするために加える。 (2)(3) 水の電気分解では，陽極に酸素が，陰極に水素が発生し，この発生する気体の体積比は，酸素：水素＝1：2　である。

3 **ア：N**　**イ：カリウム**　**ウ：S**
エ：塩素　**オ：C**

4 (1) **ア**　(2) **オ**　(3) **ケ**　(4) **キ**
解説 (1) 水素の分子式はH_2 (2) 水の分子式はH_2O (3) アンモニアの分子式はNH_3 (4) 過酸化水素の分子式はH_2O_2

5 (1) (a)：**3**　(b)：**2**
(2) (a)：**2**　(b)：**7**　(c)：**4**　(d)：**6**
(3) (a)：**3**　(b)：**8**　(c)：**3**
(d)：**2**　(e)：**4**
解説 (1) 反応前，反応後に酸素原子が6個ずつ存在すると考える。 (2) 酸素の数は偶数個でなければならないこと，水素の数が6の倍数個になることがわかるから，(d) に6を入れる。 (3) Cuについて，(a)＝(c)…**ア**　Hについて，(b)＝2(e)…**イ**　Nについて，(b)＝2(c)＋(d)…**ウ**　Oについて，3(b)＝6(c)＋(d)＋(e)…**エ**　という式が成り立つ。(e)＝2とすると，**イ**式から，(b)＝4となり，**ウ**式から，2(c)＋(d)＝4…**オ**　**エ**式から，6(c)＋(d)＝10…**カ**　となるから，**カ**式－**オ**式を計算して，
$4(c)=6 \quad \therefore (c)=\frac{3}{2}$
これを**オ**式に代入すれば，(d)＝1
ア式から，$(a)=\frac{3}{2}$　全係数を2倍する。

6 (1) $CaCO_3+2HCl \rightarrow CaCl_2+H_2O+CO_2$
(2) $2NaHCO_3 \rightarrow Na_2CO_3+H_2O+CO_2$
(3) $CuO+2HCl \rightarrow CuCl_2+H_2O$
(4) $Ca+2H_2O \rightarrow Ca(OH)_2+H_2$
解説 (1) 塩酸，二酸化炭素，水の化学式は，それぞれHCl，CO_2，H_2Oである。 (2) 炭酸水素ナトリウム，炭酸ナトリウムの化学式は，それぞれ$NaHCO_3$，Na_2CO_3である。係数をしっかり考えられるようにしておこう。 (3) 酸化銅，塩酸，水の化学式はそれぞれ，CuO，HCl，H_2Oである。 (4) カルシウムは金属なので，Caという原子1個で書き表す。水素は分子になっているから，H_2と記すこと。

7 (1) ① **1.50**　② **2.00**　(2) 次図
(3) マグネシウム：酸素＝**3：2**

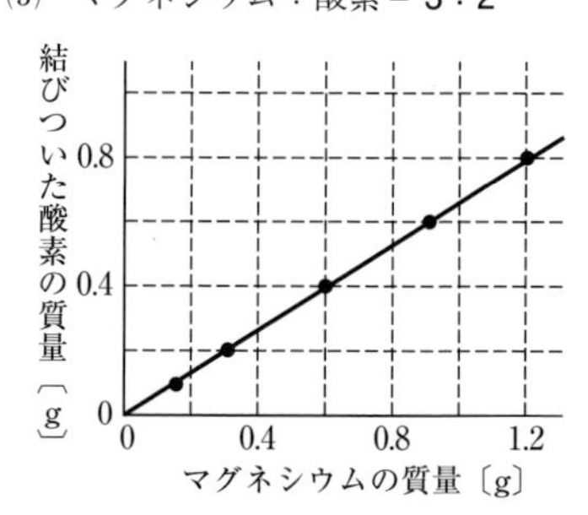

解説 (1) 実験2，3から，マグネシウムと酸化マグネシウムの質量比は，0.3：0.5＝0.6：1.0＝3：5　であることがわかる。 (2) 各実験の値で，酸化マグネシウムの質量からマグネシウムの質量を引くと，次の表のようになる。これからグラフをかく。

	マグネシウムの質量〔g〕	結びついた酸素の質量〔g〕
実験1	0.15	0.10
実験2	0.30	0.20
実験3	0.60	0.40
実験4	0.90	0.60
実験5	1.20	0.80

(3)　マグネシウムと酸化マグネシウムの質量比から，マグネシウムと酸素の質量比は，マグネシウム：酸素＝3：(5－3)

8 (1)　A：**エ**　B：**オ**　C：**ア**　D：**カ**　(2)　(a)：**酸化マグネシウム**　(b)：**銅**　(3)　(a)：**白色**　(b)：**赤色**　(4)　マグネシウムの反応：**ウ**　酸化銅の反応：**キ**

解説　(1)(2)　燃焼は代表的な酸化である。マグネシウムは酸化されて酸化マグネシウムになるとき，結びつく酸素の分だけ質量が増加する。炭素は酸化されやすい物質なので，ほかの物質を還元しやすい。酸化銅は還元されて銅となる。
(4)　マグネシウムや銅は金属なので，分子にはならない。マグネシウムと反応する酸素は分子で存在する。酸化銅と反応した炭素は二酸化炭素となる。

9 (1)　**ア**　(2)　**オ**

解説　(1)　この物質の組み合わせは，化学カイロ（インスタントカイロ）で用いられているものである。鉄粉が酸化する反応は代表的な発熱反応である。　(2)　この変化では，鉄が酸素と結びつく。

化学　第3章　化学変化とイオン

▶P.279〜P.281

1 (1)①　**原子核**　②　**中性子**
(2)　**18個**

解説　(1)　原子は原子核とそのまわりにある電子からできている。原子核は，陽子と中性子の集まりである。　(2)　原子の中では陽子の数＝電子の数なので，カルシウム原子のもつ電子は20個。化学式 Ca^{2+} より，カルシウムイオンは原子が2個の電子を放出してできることがわかる。よって，カルシウムイオンのもつ電子の数は，20－2＝18（個）

2 ①　**電解質**　②　**$H_2SO_4 \rightarrow 2H^+ + SO_4^{2-}$**

解説　水溶液中で電離する物質を電解質といい，陽イオンと陰イオンができるため，電流が流れる。硫酸（H_2SO_4）は電離して水素イオンと硫酸イオンに分かれる。

3 **ウ**

解説　銅板と亜鉛板を使った電池では，銅板が＋極，亜鉛板が－極となる。亜鉛は亜鉛イオン（Zn^{2+}）となってとけ出し，放出した電子が導線を通って銅板（＋極）に移動することによって電流が流れる。

4 (1)　**Cu**　(2)　**ア**　(3)　(例)**塩化銅を水にとかすと電離するが，砂糖の分子は水にとかしても電離しないから。**

解説　塩化銅水溶液に電流を流すと，塩化銅が電気分解される。塩化銅→銅＋塩素　(1)　電極Aは陰極なので，銅イオン（Cu^{2+}）が引きつけられて電子を受けとり，銅になる。　(2)　電極B（陽極）で発生した気体は塩素である。　(3)　塩化銅は電解質であり，砂糖は非電解質であるから，砂糖は水にとけても分子がイオンに分かれないので，砂糖水には電流が流れない。

5 (1)　**B**　(2)　**$Na^+ + OH^-$**
(3)　**水酸化物イオン**

解説　(1)　水酸化ナトリウム水溶液はアルカリ性である。電圧を加えると，陽極側の赤色リトマス紙が青色に変化する。これは，アルカリから生じる陰イオンが陽極側に移動するためである。　(2)　水酸化ナトリウムは，電離して陽イオンのナトリウムイオンと陰イオンの水酸化物イオンに分かれる。　(3)　アルカリは，水にとけて水酸化物イオン（OH^-）を生じる物質である。

6 (1)　**ウ**　(2)　**エ**
(3)　**$H^+ + OH^- \rightarrow H_2O$**

解説　(1)　BTB溶液は酸性で黄色，アルカリ性で青色を示す。食酢（酢酸），炭酸水，レモンのしぼり汁は，いずれも酸性の水溶液である。　(2)　塩酸を加えることによって加えられた水素イオンは，溶液中の水酸化物イオンと結びついて水になる（中和）。このため，水溶液が中性になるまでは，水溶液中の水素イオンの量は0である。加えた塩酸の体積が10cm³になると，水溶液中に水素イオンが存在するようになり，酸性の性質を示す。
(3) 酸性の水溶液とアルカリ性の水溶液の中和により，塩と水ができる。塩の種類は酸とアルカリの種類によって変わるが，いずれの場合でも，酸の水素イオンとアルカリの水酸化物イオンが結びつき，水ができる。

生物　第1章 生物の観察

▶ P.310～P.311

1 (1) **イ**　(2) (例) **顕微鏡を直射日光の当たらない明るい場所におく。**
(3)① **エ**　② 視野：**せまくなる。**
明るさ：**暗くなる。**
解説 (1) 顕微鏡の倍率が低いほど，実際の大きさが大きい。 (2) 反射鏡などに直射日光が当たると，強い光が目に入り，目をいためるおそれがある。 (3)① 顕微鏡を使うと，一般に上下左右が逆に見えるので，観察するものを動かしたい向きと逆方向にプレパラートを動かす。
② 顕微鏡の倍率を高くすると，観察物の見える範囲はせまくなり，視野に入る光の量も少なくなるため，明るさは暗くなる。また，対物レンズの長さは高倍率になるほど長くなるので，プレパラートと対物レンズの距離はせまくなる。

2 (1) **エ**　(2) **エ**　(3) **イ**
解説 (1) 顕微鏡の拡大倍率＝接眼レンズの倍率×対物レンズの倍率　となるので，15倍の接眼レンズと10倍の対物レンズを使ったときの拡大倍率は，15×10＝150〔倍〕 (2) 接眼レンズはそのままで，対物レンズを10倍のものから40倍のものに変えるので，縦も横も40÷10＝4〔倍〕の長さに見える。**イ**は細胞の縦横の長さの比率が変わってしまっていることからも誤りと判断できる。 (3) **ア** 対物レンズにほこりが落ちないように，接眼レンズを先につけるのが正しい。 **ウ** 低倍率のほうが広い範囲を見ることができるので，はじめは低倍率で観察の目的にあった部分をさがし，その後，高倍率にしてくわしい観察を行う。 **エ** この方法では，プレパラートと対物レンズがぶつかり，対物レンズをきずつけたり，プレパラートをこわしたりするおそれがある。これを防ぐため，横から見ながらプレパラートと対物レンズをできるだけ近づけたあと，接眼レンズをのぞきながら，徐々に遠ざけてピントを合わせる。

生物　第2章 生物の生活と種類

▶ P.350～P.353

1 (1) **イ**　(2) **A：道管**　**B：維管束**
解説 (1) ホウセンカは双子葉類，トウモロコシは単子葉類である。双子葉類，単子葉類ともに，道管は茎の中心側，師管は茎の外側にある。**図2のa・e**は道管，**b**は形成層，**c・d**は師管である。水の通り道となるのは道管なので，**イ**が正しい。 (2) 葉でつくられた物質の通り道は師管である。道管と師管が集まっている部分を維管束という。

2 (1) **柱頭**　(2) **ウ**　(3) **イ**
(4) 観点①：**オ**　観点②：**イ**
解説 (1) めしべの先端を柱頭といい，花粉がつきやすいように柱頭はべたべたしている。 (2) イヌワラビの茎は地中にある**d**，根は茎から出ている**e**である。葉は，**b**，**c**の部分である。
(3) **図3**のスギゴケや**図4**のゼニゴケには，雄株と雌株があり，雌株には胞子のうがある。スギゴケの雄株は**f**，雌株は**g**，ゼニゴケの雄株は**i**，雌株は**h**である。
(4) エンドウは種子植物で，イヌワラビ，スギゴケ，ゼニゴケは種子をつくらない植物である。イヌワラビなどのシダ植物は，葉・茎・根の区別があり，維管束があるが，スギゴケやゼニゴケなどのコケ植物は，葉・茎・根の区別がなく，維管束がない。

3 (1) **A**　(2) **イ，ウ，カ**　(3) 目のつき方：(例) **前向きについている。**
利点：(例) **両目で同時に見る範囲が広くなり，えものとの距離を正確につかむこ**

とができる。

解説 (1)　目のつき方や歯のようすから，Aはライオンの頭骨，Bはシマウマの頭骨であることがわかる。　(2)　シマウマのような草食動物では，草をかみ切ってすりつぶすために，臼歯や門歯が発達している。一方，ライオンのような肉食動物では，えものをしとめるための犬歯が発達している。また，肉食動物の臼歯は，肉を切りさくためにするどくとがっている。　(3)　シマウマなどの草食動物の目は横向きについていて，広い範囲を見わたすことができるため，敵を発見したり，敵からにげたりするのに役立つ。

4 (1)　**b，d**　(2)　**a，d，f**
(3)　**b**　(4)　**e，g**

解説 カメ（a），ヤモリ（f）はハチュウ類，ウサギ（b）はホニュウ類，コイ（c）は魚類，カラス（d）は鳥類，カエル（e），イモリ（g）は両生類である。
(1)　親が子の世話をする動物は，鳥類とホニュウ類である。これらの動物は，親が子を保護しているために，産卵（子）数が少ない。　(2)　陸上で卵をうむ動物は，ハチュウ類，鳥類である。これらの卵は乾燥に耐えるため，じょうぶな殻でおおわれている。　(3)　卵ではなく子をうむ動物は，ホニュウ類である。　(4)　両生類は，成長にともなって生活の場所が水中から水辺へと変化し，呼吸の方法もえら呼吸（と皮膚呼吸）から肺呼吸（と皮膚呼吸）へと変わる。

5 (1)　**a**　(2)　**b**　(3)　**イ，エ，オ**

解説 カブトムシ（a）は節足動物（昆虫類），アサリ（b）は軟体動物，クラゲ（c）は刺胞動物である。　(1)　節足動物のからだは外骨格におおわれているが，軟体動物や刺胞動物には骨格がない。
(2)　イカは，アサリと同じ軟体動物である。　(3)　昆虫類のからだは，頭部・胸部・腹部の3つに分かれ，胸部には3対のあしがついている。カブトムシのはねは，胸部に2対ついている。

生物　第3章
生物のからだのつくりとはたらき

▶ P.404～P.407

1 (1) (例)**水面からの水の蒸発を防ぐため。**
(2)　**92倍**　(3)　**蒸散**

解説 (1)　植物の蒸散についての実験では，減少する水の量を比較するので，水面からの水の蒸発を防ぐ必要がある。そのためには，アルミニウムはくでおおう以外に，油などを水面に落として行うこともある。　(2)　aの減少量は，葉から出ていった水の量と葉以外の部分から出ていった水の量の和を表しており，bの減少量は，葉以外の部分から出ていった水の量を表している。よって，葉から出ていった水の量は，　a − b =0.93−0.01=0.92〔g〕　したがって，葉以外の部分から出ていった水の量の

$\frac{0.92}{0.01}$=92〔倍〕　である。　(3)　植物のからだから水が水蒸気となって出ていく現象を蒸散という。蒸散によって，植物は体内の水分量を調節している。

2 (1)　**ウ**　(2)　(例)**葉を脱色するはたらき。**　(3)　**ア**　(4)　**光：AとC　二酸化炭素：AとB　葉緑体：AとD**

解説 (1)　BTB溶液は，中性では緑色となり，アルカリ性では青色，酸性では黄色となる。ふくろCは，アルミニウムはくでおおわれていたために光が通らず，内部の緑色の葉は光合成を行っていない。ふくろDは，光は当たっていたが，葉緑体をもたない白色の葉であるために光合成を行っていない。しかし，ふくろC，Dとも，葉は呼吸を行っているので，二酸化炭素が放出されてふくろのなかにたまる。二酸化炭素は水にとけると弱い酸性を示すので，BTB溶液は黄色に変化する。(2)　エタノールには，葉緑素などの色素をとかすはたらきがある。したがって，エタノール処理をすると葉は脱色されるので，ヨウ素反応が見やすくなる。
(3)　**ア**　葉は，光が当たっているときは光合成を行い，呼吸は光の有無にかかわらずいつも行っている。二酸化炭素と酸

素の吸収・放出についてみると，光合成と呼吸は逆の関係にあるといえる。操作③の結果から，ふくろAの葉にはデンプンがたまっていたので，呼吸より光合成のほうがさかんであったことがわかる。
イ ふくろBには，二酸化炭素を吸収する薬品が入っているので，最初の空気中にあった二酸化炭素も呼吸で生じた二酸化炭素も薬品に吸収されてしまったと考えられる。そのため，光が当たっていても原料となる二酸化炭素が不足しているために光合成を行うことができない。また，ふくろCはアルミニウムはくによって葉に光が当たらないので光合成はできない。 **ウ** この実験からはわからない。
エ ふくろDの葉は葉緑体をもたないため，光合成を行うことはできないが，呼吸はしている。 (4) 光…ふくろAとふくろCの比較から，光合成には光が必要なことがわかる。二酸化炭素…ふくろAとふくろBの比較から，光合成には二酸化炭素が必要なことがわかる。葉緑体…ふくろAとふくろDの比較から，光合成には葉緑体が必要なことがわかる。

3 (1) **ウ** (2)① **C** ② **B**
(3) (例)**だ液によってデンプンがなくなる。** (4) **アミラーゼ**

解説 (1) 消化液にふくまれる消化酵素は体温くらいの温度（40℃前後）でもっともよくはたらく。 (2) ヨウ素液はデンプンの検出に使われ，デンプンがあると青紫色になる。また，ベネジクト液はブドウ糖やブドウ糖がいくつか結びついたものがあると加熱によって赤褐色の沈殿ができる。試験管Aでは，だ液のはたらきでデンプンが分解されているため，ヨウ素液を加えても青紫色にならない。試験管Bでは，デンプンが分解されているので，ベネジクト液を加えて加熱すると赤褐色の沈殿ができる。 (3) だ液を加えた試験管Aではデンプンがなくなっているが，水を加えた試験管Cにはデンプンが残っていることから，だ液のはたらきで，デンプンがなくなったことがわかる。 (4) だ液にふくまれる消化酵素は，アミラーゼである。デンプンを麦芽糖に分解するはたらきをもつ。

4 (1) **エ** (2) **次図** **ア，イ，エ，オ**
(3)① **感覚神経** ② **せきずい**
(4) 反応：**反射** ある部分：**大脳(脳)**
(5) **イ**

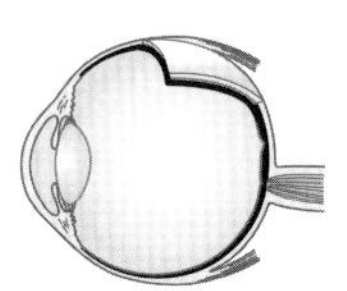

解説 (1) 表より，ものさしが落ちる平均の距離は，(16.1＋15.8＋16.4＋15.6＋15.9＋16.2) ÷ 6 ＝16.0〔cm〕 **図2**より，ものさしが16.0cm落ちるのに要する時間は，約0.18秒であることがわかる。 (2) **ア**は角膜，**イ**はひとみ，**ウ**は虹彩，**エ**はレンズ（水晶体)，**オ**はガラス体である。光は，角膜（**ア**）→ひとみ（**イ**）→レンズ（**エ**）→ガラス体（**オ**）を通って網膜にたっするので，これらの部分は透明になっている。 (3) 目で刺激を受けとり，信号が感覚神経を通って大脳へと伝えられ，その後，大脳からの命令の信号がせきずいを通って運動神経へと伝えられる。せきずいより上にある感覚器官（目，耳，鼻，舌など）で受けとった刺激は，せきずいを介さずに大脳へと直接伝えられることに注意しておこう。
(4) 刺激に対して無意識に起こる反応を反射という。反射では，感覚器官（この場合は皮膚）で刺激を受けとると，信号は感覚神経からせきずいに伝わる。この信号はせきずいから直接運動神経に伝えられて，運動が起こる。このとき，せきずいは大脳にも刺激を伝えるため，反応が起きたあとに「熱い」という感覚が生じる。このように，反射では，大脳を通る場合よりもはやく反応が起こり，危険から身を守ることができる。 (5) 筋肉の両端は，けんとよばれる繊維の束になっている。けんは，関節をまたいでとなりの骨についている。これによって，関節のところで曲げたり，のばしたりすることができる。

生物　第4章 生物の連続性

▶ P.430～P.431

1 (1)①　**c**　②　**ウとエ**　③　記号：**b**　名称：**染色体**　(2)　**減数分裂**

解説 (1)①　根の先端の少し上には，細胞がさかんに分裂しているところがある。根の先端は根冠とよばれ，細胞分裂は行われていない。　②　**ア**は細胞分裂前の間期，**イ**は前期，**ウ**は後期，**エ**は中期，**オ**は終期，**カ**は細胞分裂後の間期の細胞のようすを表している。　③　染色体のなかには遺伝子が何重にもまかれて入っている。　(2)　体細胞が分裂するときは，細胞分裂の前後で染色体の数は変化しないが，減数分裂では，ひとつの細胞の染色体数はもとの細胞の染色体数の半分になる。

2 (1)①　**胚珠**　②　**核**　③　**果実**
(2)　**下図**　(3)　**ウ**

精細胞　子の細胞

解説 (1)　被子植物では，子房のなかに胚珠があり，胚珠のなかに卵細胞がある。(2)　問題文に「Aにできた種子を…」とあるので，植物Aの卵細胞と植物Bの精細胞が受精して，種子ができたことがわかる。したがって，精細胞はBの細胞の染色体を１本もっている。また，受精してできた新しい個体は，植物Aと植物Bのもつ染色体を１本ずつ受けつぐ。　(3)　**ウ**のギンナンはイチョウの種子である。種子は受精によってできるので，これが有性生殖。残りの**ア**，**イ**，**エ**はすべて受精が必要ないので，無性生殖である。

3 (1)　**ウ→イ→ア→エ**　(2)　**胚**
(3)　**13本**　(4)　**無性生殖**　(5)　(例) **親とまったく同じ遺伝子が伝わる。**

解説 (1)　発生の初期では，分裂した細胞は成長せずに細胞分裂をくり返す。したがって，細胞の数の多いものほど，成長がすすんでいる。　(3)　減数分裂によって，カエルの精子の核にある染色体の数は，体細胞の核にふくまれる染色体の数の半分になる。　(4)　無性生殖には，分裂，出芽，栄養生殖，胞子生殖などがある。　(5)　雌雄にもとづかない生殖(無性生殖)では，生じた子は親の染色体とまったく同じ染色体をもつ。

生物　第5章 自然と人間

▶ P.452～P.453

1 **ウ→ア→イ**

解説 捕食者である肉食動物の数が減れば，被食者である草食動物の数はふえる。すると，植物は以前より多く食べられてしまうために減ってしまう。一方，草食動物がふえると，捕食者である肉食動物はえさがたくさんあるのでふえはじめるが，草食動物は食べられて逆に減る。草食動物が減ると植物は再びふえるが，肉食動物はえさ不足のために減る。以後，同じようなことがくり返されながら，しだいにつり合いが保たれた状態になっていく。

2 (1)　**ウ**　(2)　**A**

解説 (1)　土壌動物は湿った暗いところで生活していることからもわかるように，光をきらう性質がある（このような性質を負の光走性という)。図のツルグレン装置は，土壌動物のそのような性質を利用したものである。よって，**ウ**が正しい。エタノールは，落ちてきた土壌動物を殺して固定するために使用される。もし土壌動物がエタノールを好むとすると，電球を用いる必要はないはずである。また，熱を好むのであれば，下にペトリ皿をおいても，土壌動物を集めることはできない。　(2)　Aはムカデの一種であり，ムカデは肉食性。Bはトビムシの一種。トビムシは昆虫に近いなかまで，(ほとんどの種類は）雑食性である。Cはダンゴムシで雑食性，Dはミミズの一種で，くさった落ち葉などを食べる草食動物。

3 (1)　**a：分解者**　**b：生産者**
(2)　**二酸化炭素**　(3)　**①**

解説 (1)　植物は，光合成を行い有機物をつくり出すので，生産者とよばれる。また，菌類や細菌類は，植物や動物の死がいや排出物などの有機物を無機物に分解するので，分解者とよばれる。 (2) 図中の②・③・④・⑤は呼吸で，炭素（C）を二酸化炭素(CO_2)の形で放出している。 (3) ①の矢印は，石油・石炭などの化石燃料の燃焼による二酸化炭素の放出を表す。⑥の矢印は，植物が行う光合成による二酸化炭素の吸収を表す。

4 (1) **フロン（ガス）** (2) (例) **生物に有害な紫外線が地表にたっするのを防ぐ役割。**

解説 (1) フロンには塩素（Cl）がふくまれていて，上空でフロンが分解されると塩素が遊離し，その塩素によりオゾン層が破壊される。 (2) 紫外線は遺伝子（DNA）に損傷をあたえることが知られている。

地学　第1章 大地の変化

▶ P.508〜P.509

1 (1) **X：初期微動　Y：主要動** (2) **ア** (3) **20時16分10秒** (4) **17秒**

解説 (1) はじめに続く小さなゆれを初期微動，あとからくる大きなゆれを主要動という。 (2) 初期微動のはじまりはP波，主要動のはじまりはS波の到着である。 (3) 震源からの距離が0kmの地点でのゆれはじめの時刻を求めればよい。100kmはなれたC地点で20時16分25秒，200kmはなれたA地点で20時16分40秒にゆれはじめている。C地点とA地点の距離100kmを伝わるのに15秒かかっているので，0kmの地点でのゆれはじめの時刻は20時16分25秒の15秒前の20時16分10秒である。 (4) 初期微動継続時間は震源からの距離に比例する。震源からの距離が100kmのC地点での初期微動継続時間は10秒なので，震源から170kmはなれた地点での初期微動継続時間をxとすると，

100〔km〕：170〔km〕＝10〔秒〕：x〔秒〕
x＝17〔秒〕

2 (1) **a：海溝，しずみこむ境界　b：海嶺，拡大する境界** (2) **Z, Y, X** (3) **イ**

解説 (2) 海底は海嶺で生産され，海嶺からはなれるように移動していくので，海嶺に近いほど若い。また，海底は海嶺から両側に同じように拡大していくので，海洋の岩石の年齢の分布は海嶺を軸に対称になる。このことから，太平洋での海嶺の位置はZのあたりと考えられる。

3 (1) **かぎ層** (2) **新生代新第三紀** (3) (例) **温暖なきれいな浅海** (4) **示相化石** (5)① **C** ② **深く**

解説 (2) ビカリアは新生代新第三紀の代表的な示準化石である。 (5) 海岸に近いほど大きな粒子が堆積する。凝灰岩イが堆積する前の層を見ると，地点Aは砂岩，地点B，Cはれき岩である。また，凝灰岩アが堆積する前の層を見ると，地点A，Bは泥岩，地点Cは砂岩である。よって，Cがもっとも海岸に近かったと考えられる。また，海が深くなると一般に細粒なものが堆積するようになる。A，B，C 3地点とも上位ほど（新しい地層ほど）細粒になっているので，海は深くなっていったことがわかる。

4 (1) **斑状組織** (2) **ア：斑晶　エ：石基** (3) **エ** (4) **c** (5) (例) **(4)の岩石は地下でゆっくり冷えたため，すべての鉱物が大きく成長した等粒状組織になり，dの岩石は地表付近で急に冷やされたため，斑状組織になった。** (6) **玄武岩** (7) **小さい，ゆるやかな**

解説 (3) 石基は，マグマが冷やされ，最後にもっとも低い温度で急激に固結した部分である。ア〜ウは多少大きな鉱物の結晶なので，地下のマグマだまりで時間をかけて結晶となった部分である。したがって最後にもっとも低い温度で固結したのはエであり，加熱したときに最初にとけると考えられる。 (4) aは不定形な砂の粒子が集まってできた砂岩であり，bはフズリナの化石をふくむ石灰岩であり，ともに堆積岩である。 (6) カンラン石がふくまれる斑状組織の岩石（火山岩）は玄武岩である。 (7) 玄武岩質のマグマは温度が高くねばりけが小さい（粘性が小さい）ため，ゆるやかな傾斜の火山をつくる。

地学　第2章　天気とその変化

▶ P.552～P.553

1 (1)　**水銀（Hg）**　(2)　**760mm**
(3)　**1023hPa**　(4)　**海面更正**
(5)　**真空になっている。**

解説 (1)　トリチェリーは水の約13.6倍の密度の水銀を用いて，大気圧と水銀柱の圧力のつり合いから大気圧を測定した。(3)　760mmのときの気圧は1013hPaと定義されている。

$$\frac{1013〔hPa〕}{760〔mm〕}\times 767.6〔mm〕=1023.1\cdots$$
$$\fallingdotseq 1023.1〔hPa〕$$

(5)　この実験でできたガラス管のAの部分は「トリチェリーの真空」とよばれている。

2 (1)　**引いたとき**　(2)　**下がる。**
(3)　（例）**フラスコの中の圧力が減り，温度が下がり線香の煙を凝結核として，水が凝結したから。**　(4)　（例）**凝結核がほとんどないため，線香を入れたときに比べて雲はあまりできない。**

解説 (1)(2)(3)　雲は水が凝結したすがたである。水を凝結させるためには，温度を下げ露点以下にしなければならない。この実験は，ピストンを急に引いて，フラスコの中の圧力を減らすことで温度を強制的に露点以下にして，雲を発生させている。　(4)　露点以下になり，空気中の水蒸気の量が飽和水蒸気量になったとしても凝結核が存在しないと，水はなかなか凝結しない。煙は細かい固体の粒子（固体微粒子）の集まりなので，凝結核の役割を果たす。

3 A(1)　（例）**実験開始時の水温を気温と同じにするため。**　(2)　（例）**金属コップの周囲の空気が冷やされて，露点にたっしたため，凝結した。**　(3)　**60%**
(4)　水滴：**1560g**　湿度：**100%**
B(1)　**1830g**　(2)　**約18℃**

解説 A(1)　この実験は，教室の（金属コップのまわりにある）水蒸気量を露点から推定する実験である。そのため，教室の気温と実験に使う水の温度とをそろえてから，徐々（じょじょ）に温度を下げていく必要がある。
(3)　問題文から，この教室の露点は22℃とわかる。この露点のときの飽和水蒸気量がもともと教室にあった水蒸気量である。表から，露点が22℃のときの飽和水蒸気量は19.5g/m³だから，31℃のときの湿度は，

$$\frac{19.5〔g/m^3〕}{32.5〔g/m^3〕}\times 100=60 \text{ より } 60\%$$

(4)　もともと教室にあった水蒸気量（19.5g/m³）から15℃のときの飽和水蒸気量（13.0 g/m³）を引いた値が1 m³あたり水滴になった水蒸気量である。これに教室の容積をかければ，教室全体で水滴になった量を求めることができる。
$(19.5-13.0)〔g/m^3〕\times 240〔m^3〕=1560〔g〕$
露点以下になれば，湿度は常に100%である。　B(1)　露点のときの飽和水蒸気量がもともと**ア**の部屋にあった水蒸気量である。$18.3〔g/m^3〕\times 100〔m^3〕=1830〔g〕$
(2)　部屋**ア**，**イ**および仕切りを取った部屋（**ア＋イ**）の物理量をまとめると次のようになる。

	ア	イ	ア＋イ
容積〔m³〕	100	60	160
温度〔℃〕	23	23	23
露点〔℃〕	21	12	Z
水蒸気量〔g/m³〕	18.3	10.7	Y
教室の水蒸気量〔g〕	1830	642	X

部屋（**ア＋イ**）全体の水蒸気量Xは，1830+642=2472〔g〕であるから，1 m³あたりの水蒸気量Yは，2472〔g〕÷160〔m³〕=15.45〔g/m³〕。この値が部屋（**ア＋イ**）の露点のときの飽和水蒸気量なので，表から露点Zは約18℃とわかる。

4 **ア　高　イ　低　ウ　右（側）
エ　等圧線　オ　せま　カ　反時計
キ　時計　ク　上昇　ケ　下降**

解説 地球上を移動する物体は地球の自転による見かけの力（転向力・コリオリの力）を受ける。コリオリの力は北半球では進行方向右側に，南半球では進行方向左側にはたらく。また，風が強くふくためには，気圧差が大きいだけでは不十分で，低圧部と高圧部の距離が短く，気圧が急激に変化しなければならない。

5 (1)冬：**ア**　夏：**イ**　梅雨：**ウ**

(2)冬：**西高東低**　　夏：**南高北低**
(3)冬：**シベリア気団**　　夏：**小笠原気団**

解説 (1)(2) 西高東低の気圧配置で，日本列島を南北に間隔の狭い等圧線が通っている天気図が冬型，南高北低の気圧配置で，北太平洋高気圧が南から張り出している天気図が夏，停滞前線が日本列島の東西に分布しているのが梅雨の時期の天気図である。

地学　第3章　地球と宇宙

▶ P.594〜P.595

1 **ア　109　　イ　水素（H）　　ウ　ヘリウム（He）　　エ　恒星　　オ　核融合　　カ　1600万　　キ　160**

解説 太陽の基本的な特徴である。太陽は太陽系唯一の恒星で，その組成のほとんどは水素とヘリウムでしめられている。また，太陽をかがやかしているエネルギー源は，水素の核融合反応である。水素の核融合反応は，超高温・高密度（超高圧）な条件のもとでしかおこらない。

2 (1)　**およそ30′（分）**　　(2)　**皆既日食，あるいは金環日食**　　(3)（例）**月と地球の公転軌道面がずれているから。**
(4) A　**木星**　　B　**火星**　　C　**水星**　　D　**土星**　　E　**金星**
(5)地球型惑星：**水星，金星，地球，火星**
　木星型惑星：**木星，土星，天王星，海王星**

解説 (1)(2) 地球からながめたときの天体の大きさを角度で表したものを視直径とよぶ。太陽と月は視直径がほぼ同じなので，月が太陽をすっぽりとかくす皆既日食や金環日食が起こる。　(3) 月と地球の公転軌道面が約5°ずれているため皆既(金環)日食が起こるのは，太陽－月－地球が3次元的に一直線に並んだときだけである。　(5) 太陽系の天体はおもに岩石で構成されている地球型惑星と，おもにガス（気体）でできた木星型惑星に分けられる。それぞれの惑星の特徴はP.581〜584で確認すること。

3 (1)　**9時間**　　(2)　**東経105度**
(3)　**4月30日の午後10時（22:00）**

解説 (1) 地球は24時間で1回自転（360度）するので，1時間あたり15度回転していることになる$\left(\dfrac{360〔度〕}{24〔時間〕}=15〔度/時間〕\right)$。したがって，日本とイギリスの緯度の差が135度なので，

$\dfrac{135〔度〕}{15〔度/時間〕}=9〔時間〕$　となる。

(2) 太陽は天空上を東から西に移動している。これは東経でいうと大きいほうから小さいほうへ移動していることになる。また，2時間で自転する角度は，

$15〔\dfrac{度}{時間}〕\times 2〔時間〕=30〔度〕$　なので，

東経135度の場所で南中した太陽が2時間後に南中する場所は，東経135度－30度=東経105度になる。　(3) 東経135度と西経45度の差は180度である。各地の時刻は西回りでもどっていくため，アルゼンチンとの時差は$180〔度〕/15〔\dfrac{度}{時間}〕=12〔時間〕$となり，日本が5月1日午前10時のとき，アルゼンチンは4月30日の午後10時(22:00)である。

4 (1)　**ア　地平　　イ　高度　　ウ　方位角　　エ　赤道**　　(2)　**東**
(3)　**春分点**　　(4)　**赤経18時**

解説 (2) 地平座標の方位角は，南を0度として西回りで360度であるから，90度が西，180度が北，270度が東になる。
(3)(4) 赤経は春分点（春分のときの太陽の位置）を0時として，夏至点を6時，秋分点を12時，冬至点を18時で表す。

5 **(a)　日本　　(b)　北極点**
(c)　赤道　　(d)　南極点
(e)　オーストラリア
ある日：**春分の日と秋分の日**

解説 太陽が真東から出て，天頂で南中し，真西にしずむ(c)は赤道であり，そのような日は1年のうちでも春分の日と秋分の日しかない。また，北半球では太陽が天空の南側を通り，南半球では天空の北側を通る。したがって，日本が(a)でオーストラリアが(e)になる。(a)と(e)の太陽の動きを地平線まで倒したものがそれぞれ北極点(b)と南極点(d)になる。

6 (1)（例）**昼間の長さが夏に長く，冬に短くなるから。太陽高度が高くなる夏は，単位面積当たりに太陽から受けとるエネルギーが多くなり，太陽高度が低くなる冬は，単位面積当たりに太陽から受けとるエネルギーが少なくなるから。**　(2) 夏至の日：**73.4度**　冬至の日：**26.6度**

解説　地球は，地軸を公転軌道面と垂直な方向から23.4°かたむけながら公転しているため，季節の変化がおこる。地軸がかたむいて公転していることで季節の変化を引きおこす直接的な原因は，昼間の時間と，太陽から受けとる単位面積当たりのエネルギーが変化する（P.576参照）ことである。また，春分と秋分の日の太陽の南中高度は90度からその土地の緯度を引いた値になる。夏至の日はこの値に地軸のかたむき23.4度をたし，冬至の日はこの値から23.4度を引いたものが太陽の南中高度になる。

南中高度
春分・秋分：90－(その土地の緯度)〔度〕
夏至：90－(その土地の緯度)＋23.4〔度〕
冬至：90－(その土地の緯度)－23.4〔度〕

新傾向問題

P.596～P.603

1 (1)　a：**(例) 大きさが等しい。**
b：**(例) 向きが反対向きである。（a，bは順不同）**
(2) **右図**
(3) **ウ**

糸2　F　糸3
F_2　F_3
物体A
重力

解説 (1)　2つの力がつり合う条件は，①2つの力の大きさが等しい。②2つの力の向きが反対向きである。③2つの力が同一直線上にある。の3つである。(2) Fを糸2，3の方向に分解した分力がF_2，F_3なので，Fを対角線とする平行四辺形を作図し，作図した平行四辺形の辺をF_2，F_3とする。　(3)　糸2，3をFの向きと一致させれば，それぞれの糸が物体を引く力の大きさはFの大きさの$\frac{1}{2}$でよい。糸2，3の間の角度を大きくしていくと，F_2，F_3のF方向の分力の大きさは小さくなっていく（F方向の分力の大きさを保つためには，F_2，F_3を大きくしていく必要がある）。糸2，3の間の角度を180°にしてしまえば，F方向の分力の大きさは0となり，F_2，F_3をどんなに大きくしても，Fとつり合わせることはできない。したがって，糸2，3の間の角度が小さいほど，物体Aを引く2つの力の大きさは小さくなる。この角度を小さくするには，塔の間隔が一定のときは，塔の高さが高いほどよい。

2 (1) **エ**
(2) **試験管a**　理由：**水の多くは液体のままであるが，エタノールの多くは気体に変化するので，エタノールの割合が大きい液体の入った袋の方がより膨らむから。**
(3) ① **ウ**　② **イ**
(4) **イ，エ**

解説 (1) 図1から水の沸点は100℃，エタノールの沸点は約79℃(点X)とわかる。点Xにおけるエタノールは沸騰しているが，点Xは水の沸点より低い温度なので，点Xにおける水は沸騰していない。　(2) エタノールは水より沸点が低いため，エタノールが多く含まれる方がよく膨らむ。よって，袋Dの次によく膨らむ袋Aにはエタノールが多く含まれていると考えられる。　(3) 口が密閉されているから，袋内のエタノールの質量は変化しない。温度が低くなると，分子の運動は穏やかになる。　(4) 約79℃（点X）が，融点と沸点の間にある物質は，この温度では液体である。したがって，融点が17℃，沸点が118℃の酢酸，融点が63℃，沸点が351℃のパルミチン酸は79℃では液体である。融点が79℃以上の銅，塩化ナトリウムは，79℃では固体である。沸点が79℃以下の窒素は，79℃では気体である。

3 (1) **ア：質量**　**イ：大きく**
(2) $\frac{100a}{b}$ g/cm^3

（解説）(1) 密度は，以下の式によって求められる。

$$密度〔g/cm^3〕=\frac{物質の質量〔g〕}{物質の体積〔cm^3〕}$$

状態変化しても質量は変化しないので，体積が小さくなると，密度は大きくなる。
(2) 液体のパルミチン酸が1gあったとすると，その体積は，

$$\frac{1〔g〕}{a〔g/cm^3〕}=\frac{1}{a}〔cm^3〕$$

このパルミチン酸が固体になると体積は，$\frac{1}{a}\times\frac{b}{100}=\frac{b}{100a}$〔$cm^3$〕となる。パルミチン酸の質量は変化せず1gのままだから，その密度は以下のようになる。

$$1\div\frac{b}{100a}=\frac{100a}{b}〔g/cm^3〕$$

液体　固体

1g　固体→　1g

体積 $\frac{1}{a}$ (cm^3)　体積 $\frac{1}{a}\times\frac{b}{100}=\frac{b}{100a}$ (cm^3)

4 (1) a：**8cm**　b：**エ**
c：**ア，網膜**　d：**エ**
(2) a：**ウ，エ，オ**　b：**虚像**
(3) **下図　イ**

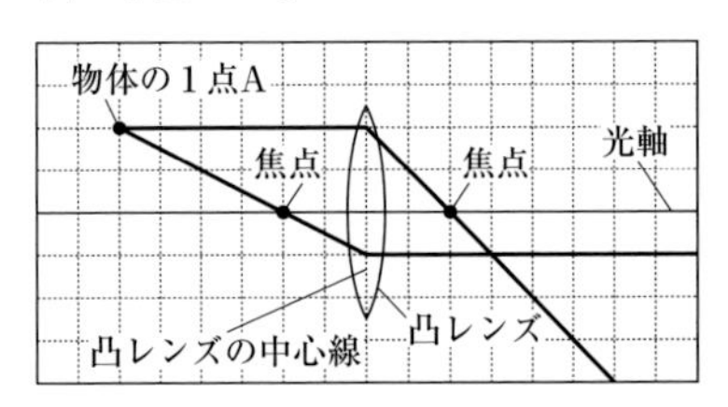

（解説）(1) a：物体と実像とが同じ大きさのとき，下の図のように，物体と実像は凸レンズの中心からそれぞれ焦点距離の2倍の位置にある。

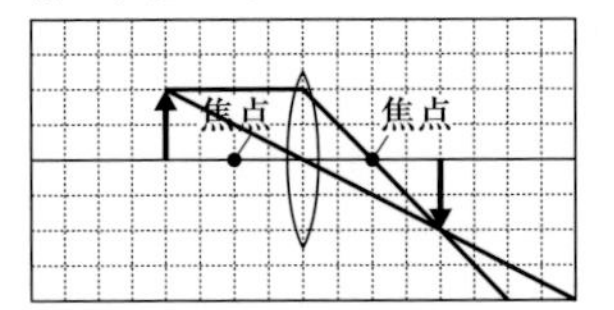

b：実像はもとの物体に比べて，上下左右が反対になる。このとき，物体と実像を同じ方向から見て向きを比べることに注意する。　c：**ア**は網膜，**イ**は神経，**ウ**はレンズ（水晶体），**エ**は虹彩である。　d：**ア**は全反射による現象，**イ**と**ウ**は光の反射による現象，**エ**は光の屈折による現象である。　(2) 虫めがねなどで拡大して見ている像は虚像とよばれており，スクリーンに映すことができない。焦点と凸レンズの間に物体があるときに，凸レンズを通して虚像を見ることができる。
(3) 物体の1点から出た光のうち，光軸に平行な光線は凸レンズを通過後に焦点を通り，凸レンズの手前で焦点を通る光線は凸レンズを通過後，光軸と平行に進む。2本の光線の交点に点Aの像ができる。

5 (1) **感覚器官**
(2) **発泡ポリスチレンは熱を伝えにくいので，容器外から容器内へ伝わる熱を少なくできるから。**
(3) **4**
（解説）水にクエン酸と重そう（炭酸水素ナトリウム）を入れてかき混ぜると二酸化炭素が発生して温度が下がる。このように，熱を吸収する化学変化を吸熱反応という。　(1) ヒトの感覚器官には目，耳，鼻，舌，皮膚などがある。それぞれの感覚器官によって，視覚，聴覚，嗅覚，味覚，触覚などが生じている。　(2) 発泡ポリスチレンには細かい気泡がたくさん含まれている。このことによって熱が伝わりにくくなっているので，発泡ポリスチレンの容器は保温，保冷に優れている。
(3) **図2**のグラフで，温度が一定になるまでの時間が最低温度になるまでの時間である。その時間はクエン酸と重そうの質量の合計が大きいほど長くなっている。また，グラフからクエン酸と重そうの質量の合計を変えても温度が18℃になるまでの時間はほぼ同じである。

6　**湿度は飽和水蒸気量に対する水蒸気量の割合で，飽和水蒸気量は気温が高いほど大きくなる。そのため，この日のように晴れた天候で水蒸気量が変わらず気温だけが上がれば，飽和水蒸気量だけが大**

きくなるので湿度は下がる。

(解説) 字数制限のない記述式問題では，主語と述語の対応に注意し，前提，根拠，結論という順に文章を並べよう。問題によってはどれか一つだけで良い場合もある。何が問われているのかを理解して作文しよう。この問題では「理由」を問われているので，根拠が重要であり，「飽和水蒸気量は気温が高いほど大きくなる」という文があるかないかで正誤が分かれる。

7 (1) ① **ウ**　② **高くなる。**
(2) **おひつじ座**

(解説) (1) ①　この問題のポイントは「日の出の位置」,「昼夜の地域を示した世界地図の見方」である。まず，日の出の位置は秋分の日から冬にかけて真東から南側へ移動する。そのため**図1**から，この日は冬と判断できる。次に選択肢の図を見て昼の範囲と時間帯，白夜と極夜から季節を見分ける。この日は北半球が冬なので，正解は北極周辺が極夜である**ウ**と**エ**に絞れる。また，この問題は太陽がBの位置，すなわち神戸市が朝方であるので**ウ**が導ける。　②　那覇市は神戸市よりも南方，つまり低緯度側に位置する。同じ日であれば，日本列島の緯度の範囲だと，低緯度ほど太陽の南中高度は高くなる。　(2)　**図2**から1月1日に地球からみた太陽は（実際は昼なので星座は見えないが,）いて座の手前にある。太陽と反対側の時間帯が夜中の24時であるので，夜中の24時に南中している星座は6か月後の（いて座に対して180°の位置にある）ふたご座と読みとれる。この問いは，20時すなわち24時の4時間前に南中する星座を選ぶ。日周運動は1時間あたり15°西に移動するため，正解はふたご座よりも60°西にある星座である。**図2**の方角は太陽の年周運動が西から東であることから，若い月のほうが西と読みとる。360°の黄道に12の星座があるから星座間の角度は30°である。したがって，ふたご座より2つ若い月にあたるおひつじ座が正解であると導ける。

索　引

- 調べたい語句や項目がわかっている場合は，この索引で調べると便利です。
  （教科書で学習したことにそって調べたい場合は，巻頭のもくじのほうが便利です。）
- 50音順に配列してあります。そのあと，アルファベットの用語をＡＢＣ順に配列してあります。「は→ば→ぱ」というように清音・濁音・半濁音の順です。

あ

い

う

え

お

か

き

く

け

し

る

れ

ろ

わ

A～Z，α～γ

関係者一覧

編集協力	井上紗希，峰山俊寛　有限会社マイプラン
校　　正	株式会社東京出版サービスセンター
	田中麻衣子
	出口明憲
	平松元子
	山﨑真理
本文デザイン	内津剛　及川真咲デザイン事務所
カバーデザイン	内津剛　及川真咲デザイン事務所
イラスト	長谷川盟
	オフィスぴゅーま
	日吉正英
	丸茂昌勝
写真提供	dpa/ 時事通信フォト
	NNP
	アーテファクトリー
	ジャンプデザイン
	上原隼
	有山智雄
	アマナイメージズ
	毎日新聞社
	skyseeker.net